江西省钨矿地质志

江西省地质局 编著

中国地质大学出版社

内 容 提 要

江西省是中国钨业的发祥地，也是全球钨矿资源最丰富的地区，享有"世界钨都"的美誉。钨矿床广布，矿床类型与典型矿床众多，拥有世界上规模最大的钨矿床和多处超大型钨矿床。经百余年来地质调查，特别是新中国成立以来大规模普查勘探与科学研究，从实践中探索出寻找隐伏钨矿床有效的理论方法，实现了一系列重大的钨矿找矿突破，不断提升了钨矿地质理论水平。本书是一部全面集成江西钨矿资源状况、勘查成果、矿床地质特征、成矿规律及相关研究成果的专著。

全书主要内容有：江西钨矿的发现史、勘查史、科学研究史；区域成钨地质条件；钨矿床矿物、成矿物质来源、成矿流体、成矿温度压力、四维时空、构造模式等主要特征；S型、I型两大岩浆成矿系列成钨特征；矽卡岩型、石英脉型、细脉浸染型等矿床类型的矿床分布；西华山、漂塘、木梓园、茅坪、盘古山、黄沙、淘锡坑、香炉山、焦里、东坪、大湖塘、石门寺、狮尾洞（蓑衣洞）、朱溪等65个典型或代表性矿床特征；钨成矿单元区划与各成矿区带、矿集区、主要矿田的成矿条件、矿床分布规律与成矿特征；多旋回花岗岩与成钨作用的时序演化、燕山期陆内活化造山岩浆成矿"大爆发""核幔状"时空扩展模式与钨区域成矿分带特征及动力学模型；钨矿床"多层楼""多位一体""多台阶""多成矿组合"成矿模式；隐伏钨矿床"顶、上、中、下"找矿模型；区域"上、中、下"三大成（储）钨台阶与资源潜力分析，江西成为全球成钨中心的地质基因分析、找矿方向与"深地"找钨攻略等。

本书可供从事地质勘查、科研、教学工作等专业人士参考使用，也可以供社会公众使用。

图书在版编目（CIP）数据

江西省钨矿地质志 / 江西省地质局编著. —武汉：中国地质大学出版社，2022.6
ISBN 978-7-5625-5426-4

Ⅰ.①江… Ⅱ.①江… Ⅲ.①钨矿床-矿产地质-概况-江西 Ⅳ.①P618.670.625.6

中国版本图书馆CIP数据核字(2022)第197757号

江西省钨矿地质志 JIANGXI SHENG WUKUANG DIZHI ZHI		江西省地质局　编著
责任编辑：周　豪	选题策划：周　豪　张晓红	责任校对：张咏梅
出版发行：中国地质大学出版社（武汉市洪山区鲁磨路388号）		邮政编码：430074
电　　话：(027)67883511	传　　真：(027)67883580	E-mail:cbb@cug.edu.cn
经　　销：全国新华书店		http://cugp.cug.edu.cn
开本：889毫米×1194毫米　1/16	字数：1018千字	印张：39.75
版次：2022年6月第1版		印次：2022年6月第1次印刷
印刷：江西山水印务有限公司		
ISBN 978-7-5625-5426-4		定价：480.00元

如有印装质量问题请与印刷厂联系调换

江西省钨矿地质志

江西省地质局　编著

指　　　导：杨明桂
主编单位：赣南地质调查大队
主　　　编：曾载淋
副 主 编：陈小勇　丁　明
主编单位人员：

曾载淋	陈小勇	丁　明	彭琳琳	李　伟
贺根文	游　磊	朱宏新	邓以超	彭正泉
陶建利	赵　磊	谢　刚	徐九发	陈为光
范世祥	曾以吉	邬思涛	廖志权	孙　杨
刘翠辉	刘俊生	李江东	陈　伟	莫　信
郑兵华	胡论元	周金定	黄书远	

参编单位与人员

局 机 关：谢春华　余雅霖　董　晨　胡　涵

江西省地质调查研究院：楼法生　李吉明　胡正华

九一二大队：陈国华　欧阳永棚　何细荣　饶建锋　曾祥辉　吴筱萍

九一六大队：项新葵　孙德明　余振东

赣西地质调查大队：徐敏林　周建廷　王　昆　熊　燃

赣西北大队：詹国年　罗小洪　占岗乐　孔凡斌　陈　波　叶少贞
　　　　　　但小华　汪国华

江西省地质矿产开发研究中心：蔡小龙

物化探大队：鄢新华

江西工程高级技工学校：杨华全

特邀参与编写人员：何发林　吴忠如　吴文钧　马有涌　李淑琴

文图编制人员：毛　影　王桂枝　丁小华　陈　丹　钟建国　于长琦
　　　　　　卢国安　黄　健　谭　友　鲁　捷　尹积扬　连敦梅
　　　　　　曾德华　袁启文　严　丽　杨彩清　龚淑伟　赵　晨

英文翻译：龙　梅　姚　悦

序

江西省处于全球钨矿成矿中心地区，有"世界钨都"之称，是我国的一个重要宝库。《江西省钨矿地质志》首次全面承载了江西丰硕的钨矿资源与具有典型意义的矿床及取得的一系列重大钨矿地质科学成果。

自 1907 年在全国率先发现西华山钨矿床的一百多年来，一代又一代地质人不辞辛苦，开拓创新，实现了一系列找钨重大突破，取得了引领世界的钨矿地质科学研究成就，为中国社会主义建设做出了重要贡献。

1932 年毛泽东派毛泽民到赣南调查，成立了铁山垅公营钨矿，开办了中华钨矿公司，有力地支援了土地革命战争。

1936—1938 年徐克勤、丁毅在翁文灏、卢其骏、燕春台、周道隆等学者调查的基础上，对赣南当时发现的 36 处石英脉型、蚀变花岗岩型钨矿进行了全面调查。所著的《江西南部钨矿地质志》是一部科学价值很高的钨矿地质著作。

1949 年新中国成立以来，江西钨矿的找矿勘查、开发、地质科学研究进入了大发展时期。作为重要的战略资源，在国家经济恢复时期就开始了江西重点钨矿山的勘探，在"一五"经济建设计划时期，率先建成了西华山等 10 个现代化钨矿山。同时开展了全省钨矿普查，实现了"南钨北扩"，钨矿床在江西大地处处开花。除大量黑钨矿床外，还新发现了宝山、焦里、香炉山等多处重要的矽卡岩型白钨矿床。

20 世纪 60 年代初，我国困难时期，江西钨砂出口，换取粮食，立了功。为了解决国家扩大钨矿资源的急需，根据漂塘细脉带钨锡矿床向深部合并成大脉的垂直分带和隐伏成矿花岗岩体的发现，江西地质工作者提出了寻找隐伏钨矿床的攻关目标。经精细调查，首次发现由含钨石英线脉组成的钨矿床标志带，经钻探验证，于 1963 年发现了大余县木梓园世界上第一个隐伏石英脉型钨矿床。通过研究，总结了西华山 - 漂塘地区钨矿床"等距、等深、侧列、侧伏、分带"的四维时空结构规律，建立了石英脉型钨矿内接触带矿床的"三带"垂直分带和外接触带矿床的"四带"垂直分带。广东冶勘地质工作者从大脉带中细分出薄脉带或大脉细脉混合带，发展为著名的"五层楼"钨矿床模式。该模式被称为打开半隐伏、隐伏石英脉型钨矿床之门的"金钥匙"。

作为钨矿床成矿主因的花岗岩调查研究，在江西境内不断取得新的进展。1952—1955 年西华山钨矿勘探期间，发现了燕山期花岗岩株多次成岩、三次成钨的规律，这是华南复式花岗岩体分解的开端。在江西区域地质调查发现的基础上，1963 年徐克勤等系统总结了华南多旋回花岗岩的发展演化与成矿特征。1965 年江西省地质局科学研究所成功预测了西华山 - 漂塘多峰状半隐伏花岗岩基及其成钨作用。1977 年江西地质科学研究所总结提出了江西燕山期壳源成钨、壳幔混源成铜的两大岩浆成矿系统。这些调查研究工作有力地推动了找钨找铜工作的进展。

1981—1988年，江西新发现了都昌县阳储岭斑岩型与隐爆角砾岩筒型钨钼矿床，出版了朱焱龄等所著的《赣南钨矿地质》、冶金部南岭钨矿专题组华友仁等所著的《华南钨矿》、吴永乐等所著的《西华山钨矿》、李逸群等所著的《中国南岭及邻区钨矿床矿物学》等著作，江西地质科学研究所李崇佑等完成了《江西钨矿地质特征及成矿规律》研究总结。1981年在南昌召开了国际钨矿地质研讨会，发表了与江西钨矿地质相关的论文16篇，使江西找钨经验和成矿理论研究成果传向世界。

21世纪以来，江西钨矿山进入了绿色开发新时期。新中国成立以来江西开采钨砂累计100多万吨，产业链不断延伸，钨加工产品占全国之半，成了江西省重要经济支柱。在不断创新的地质科学带动下，江西出现了找钨大爆发，新发现或扩大的钨矿床，有规模居世界之首的三大钨矿床：深隐伏的朱溪矽卡岩型钨矿床、石门寺细脉浸染型钨矿床和东坪隐伏的"五层楼"式石英大脉黑钨矿床。朱溪巨型钨矿床的发现成了一只探寻深隐伏钨矿床之"眼"。此外，超大型矿床有狮尾洞、大湖塘；大型矿床有香炉山、淘锡坑、香元、昆山等。出现了石英脉型、矽卡岩型、细脉浸染型三大钨矿床类型登上世界之巅的局面。已发现钨矿床、矿点400多处，查明钨资源总量达820万t，占全国总量的一半以上。

2005年以来，《中国区域地质志·江西志》《中国矿产地质志·江西卷》《华南洋-滨太平洋构造演化与成矿》等著作的面世，全面提升了江西钨矿地质科学研究水平。

江西钨矿床一系列重大发现催生了"五层楼+地下室""楼下楼""多台阶""多位一体"等重要钨矿床模式，经进一步综合优化，归纳为"多层楼""多位一体""多台阶""同源演化多成矿组合"的"四多"钨矿床模式，为找钨深部预测、缺位预测、潜力预测提供了重要科学支撑。以区域成矿条件、成钨规律为基础，首次运用"四多"模式进行了钨矿资源潜力分析，揭示了江西成岩成钨的"上、中、下"3个台阶和巨大的钨资源潜力。

研究表明，处于欧亚板块东南部的扬子、华夏古板块与古太平洋板块相互作用，发生了超强的燕山期陆内活化造山，在华夏壳型钨地球化学块体背景上，形成了钨资源居世界之首的华夏成钨省，在钦（州湾）杭（州湾）晋宁期华南洋潜没构造带背景上形成了全球最重要的成钨带。

研究发现，华夏成钨省燕山期岩浆成钨大爆发，于中晚侏罗世以钦杭带中段和南岭地区为"爆心"，早白垩世向外侧大范围扩展，成岩成矿环境随之呈由深变浅、由浅及表发展演化，构成了独特的"核幔式"时空扩展模式。呈现以欧亚板块与古太平洋板块间强扭动为主，并与大洋俯冲、陆内多向会聚以及陆内蠕散效应相复合的独特的成岩成钨动力学特征。

回望新中国成立以来，在党的领导下，江西钨矿大发现、钨矿地质科学大发展的征程，广大地质职工充满了对党无限崇敬之情。《江西省钨矿地质志》这部凝聚群体汗水与智慧之作，于2021年完稿，谨以此书向党的百年华诞献礼。

2022年5月

Preface

Jiangxi Province, located in the center of tungsten mineralization in the world, is known as the "Tungsten Capital of the World", also an important treasure house in China. The newly published *Geology of Tungsten in Jiangxi Province* is the first comprehensive description of abundant tungsten resources, typical deposits and a series of significant achievements in geological sciences of tungsten in Jiangxi Province.

Since first discovery of the Xihuashan Tungsten Deposit in China in 1907, for more than 100 years, generations of geologists have spared no effort to innovate and get a series of major breakthroughs in tungsten prospecting and the world-leading achievements in geological research of tungsten, making important contributions to China's socialist construction.

In 1932, Mao Zedong sent Mao Zemin to carry out an investigation in southern Jiangxi and set up a publicly-owned operation of Tieshanlong Tungsten and China Tungsten Resources Company, which effectively supported the Agrarian Revolutionary War.

From 1936 to 1938, Xu Keqin and Ding Yi conducted a comprehensive survey of 36 quartz vein-type and altered granite-type tungsten deposits discovered in southern Jiangxi at that time, based on the investigation made by Weng Wenhao, Lu Qijun, Yan Chuntai, Zhou Daolong and other scholars. The book *Geology of Tungsten in Southern Jiangxi* is a geological work of high scientific value on tungsten deposits.

Since the founding of the People's Republic of China in 1949, the exploration, development and geological research of tungsten resources in Jiangxi have entered a period of great development. The exploration for key tungsten mines in Jiangxi began during the period of national economic recovery, and the building of ten modern tungsten mines such as Xihuashan has also taken the lead during the period of the "First Five-Year Plan for Economic Construction". At the same time, a general survey of tungsten mines in the whole province has been carried out, thus realizing the "tungsten expansion from south to north", and tungsten deposits have been discovered successively everywhere in Jiangxi. Apart from a large number of wolframite deposits, there were new discoveries of many major skarn-type scheelite deposits in Baoshan, Jiaoli and Xianglushan, etc.

During the period of natural disasters in the early 1960s in China, Jiangxi tungsten sand was exported in exchange for grain, which made a contribution to the China's socialist construction . In order to solve the urgent need of expanding tungsten resources, the geologists in Jiangxi put forward the key target of searching for concealed tungsten deposits according to the vertical zoning of tungsten-tin deposits in Piaotang veinlet belt merging into big veins and the discovery of concealed metallogenic granitoids. After the careful investigation, the tungsten deposit marker belt composed of tungsten-bearing quartz vein was discovered for the first time. After timely drilling and verification, the world's first concealed quartz vein-type tungsten deposit was discovered in Muziyuan, Dayu County in 1963. Through research, the four-dimensional spatial and temporal structure pattern of "equal distance, equal depth, lateral aligning, lateral trending and zoning" of tungsten deposits in Xihuashan-Piaotang area was summarized, and the vertical zoning of "three zones" in the inner contact zone and the vertical zoning of "lineation zone, stringer (veinlet) zone, thick vein zone and root zone" in the outer contact zone for quartz vein-type tungsten deposits were established. The veinlet belt or the mixed belt of big vein and veinlet from the big vein belt was subdivided by the metallurgical exploration geologists in Guangdong, and developed into the famous "five-storeyed-style" tungsten deposit model, which is known as the "golden key" to open the door of semi-concealed and concealed quartz vein-type tungsten deposits.

New progress has continuously been made in the investigation and study of granite, which is the main metallogenic factor of tungsten deposits in Jiangxi. During the exploration of the Xihuashan tungsten mine from 1952-1955, the law of multiple diagenesis and tri-tungsten formation for Yanshanian granite stocks was discovered, which was the beginning of the decomposition of the compound granite body in South China. On the basis of the discovery of Jiangxi regional geological survey, in 1963, Xu Keqin and other scholars, systematically summarized the development, evolution and metallogenic characteristics of multicyclic granites in South China. In 1965, Scientific Research Institute of Jiangxi Provincial Geological Bureau successfully predicted the Xihuashan-Piaotang multi-peak semi-concealed granite batholith and its tungsten mineralization. In 1977, Jiangxi Institute of Geological Sciences summarized and proposed two major magmatic metallogenic systems in which tungsten was formed from crust sources, and copper was formed from mixed crust and mantle sources during the Yanshanian Period, which strongly promoted the progress of tungsten and copper prospecting.

From 1981 to 1988, Yangchuling porphyry-type and crypto-explosive breccia cylinder-type tungsten and molybdenum deposits were newly discovered in Duchang County, Jiangxi Province. At the same time, the works including *Tungsten Geology of Southern Jiangxi* written by Zhu Yanling et. al., *Tungsten Resources of South China* by Hua Youren et al. in the Special Group of Nanling Tungsten Resources, the Ministry of Metallurgy, *Xihuashan Tungsten Resources* by Wu Yongle et al., *Mineralogy of Tungsten Deposits in Nanling and its Neighboring Areas* by Li Yiqun et al., and *Geological Characteristics and Metallogenic Regularities of Tungsten Desposits in Jiangxi Province* by Li Chongyou et al. in Jiangxi Institute of Geological Sciences were published. The International Symposium on Tungsten Geology was held in Nanchang in 1981 and sixteen papers on the tungsten geology of Jiangxi were published, thereby presenting the experiences of tungsten prospecting and the research results on metallogenic theory to the world.

Since the beginning of the 21st century, tungsten mines in Jiangxi have entered a new era of green development. Since the founding of PRC, more than one million tons of tungsten sand has been mined in Jiangxi. The industrial chain has continuously been expanded. Tungsten processing products account for about 50% of the country, thus becoming an important economic pillar of Jiangxi Province. With the driving force of the continuous innovation of geological sciences, in Jiangxi, there have been tungsten prospecting breakthroughs and newly discovered or expanded tungsten deposits, including three tungsten deposits with the largest scale in the world: Zhuxi deeply concealed skarn-type tungsten deposit, Shimensi veinlet-disseminated-type tungsten deposit and the Dongping concealed "five-storeyed-style" quartz vein wolframite deposit. The discovery of the Zhuxi giant tungsten deposit has become an "eye" to explore the deeply concealed tungsten deposit. In addition, the super-large deposits are Shiweidong and Dahutang; and the large-scale deposits are Xianglushan, Taoxikeng, Xiangyuan, Kunshan and so on. The three famous major types of tungsten deposits, namely, the quartz vein type, skarn type, and veinlet-disseminated type are on the top list of the world. More than 400 tungsten deposits and ore-spots were found, with their total number of tungsten resources reaching 8.2 million tons, more than half of the country's total.

Since 2005, the scientific research level of tungsten geology in Jiangxi has been comprehensively promoted through the publications of such works as *Regional Geology of China: Jiangxi, Mineral Geology of China:*

Jiangxi Volume, and *South China Ocean-Peri-Pacific Tectonic Evolution and Mineralization*.

A series of significant discoveries of tungsten deposits in Jiangxi have given rise to the major tungsten deposit models such as "five-storeyed building + basement" "downstairs building" "multi-step" and "multi-stage integration", which were further optimized and summarized as the "Four Multiple" model, namely, "multi-storeyed building", "multi-step", "multi-stage integration" and "homologous evolution of multiple metallogenic assemblages". This model has provided important scientific support for tungsten deep prediction, deficiency prediction and potential prediction. Based on the regional metallogenic conditions and tungsten-formation pattern, the "Four Multiple" model was employed for the first time to analyze the tungsten mineral potential, revealing the three steps of "upper, middle and lower" for diagenesis and tungsten-formation and the huge tungsten resource potential in Jiangxi.

The studies show that the interaction between the Yangtze and Cathaysian Paleoplates in the southeast of the Eurasian Plate and the Paleo-Pacific Plate resulted in a super-strong Yanshanian intracontinental activation orogen. In the setting of the Cathaysian crustal type tungsten geochemical block, Jiangxi has become the Cathaysian tungsten-formation province in China with tungsten resources ranking the first in the world. The most important tungsten-formation belt in the world was formed in the context of the subduction tectonic belt of the South China Ocean in the Qinzhou Bay-Hangzhou Bay during the Jinning period.

It was found that the Yanshanian magmatic eruption of the Cathaysian tungsten-metallogenic province took place, with the middle part of the Qinhang Belt and the Nanling region as the "explosion center" in the Middle and Late Jurassic, and then expanded outwards in a large range in the Early Cretaceous. In this way, the subsequent diagenetic and metallogenic environment was developed and evolved from deep to shallow and from shallow to surface, forming a unique model of "core-mantle" spatial-temporal expansion. It presents the unique dynamic characteristics of diagenesis and tungsten-formation, mainly due to the intensive shear between the Eurasian Plate and the Paleo-Pacific Plate which is combined with ocean subduction, intracontinental multidirectional convergence and intracontinental creep effect.

Looking back upon the great discovery of tungsten resources and the great development of tungsten geosciences in Jiangxi under the leadership of the Party since 1949, the vast number of geological workers are filled with infinite reverence for the Party. *Geology of Tungsten in Jiangxi Province*, a work that condenses the sweat and wisdom of the group, was completed in 2021, and we would like to dedicate this book to the Party for its centennial birthday.

Chen Xiangjun

May 2022

目 录

绪 言 ··· 1

上篇 区域成钨矿地质基因

第一章 地层与钨矿赋矿地层 ·· 24
第一节 区域地层 ·· 24
第二节 地层钨地球化学 ·· 27
第三节 钨矿床赋矿地层与"层源"钨矿床讨论 ·· 28

第二章 多旋回岩浆活动与花岗岩成钨作用 ··· 32
第一节 多旋回花岗岩地质特征 ··· 39
第二节 多旋回花岗岩成钨体系 ··· 43
第三节 晋宁—加里东—印支造山期S型花岗岩成钨作用 ·· 43
第四节 燕山期陆内活化造山花岗岩类大规模成钨作用 ·· 47

第三章 区域地质构造与钨矿床控矿构造特征 ··· 57
第一节 多旋回多体系地质构造发展演化 ··· 57
第二节 构造单元及其控矿特征 ··· 62
第三节 区域地球物理地球化学特征与岩石圈结构 ··· 65
第四节 构造形迹控矿特征与样式 ·· 73

中篇 钨矿床类型与钨矿床

第四章 钨矿床分类与矿床基本特征 ··· 91
第一节 钨矿床类型划分 ·· 91
第二节 钨矿床基本特征 ·· 93
第三节 成矿物源与成矿流体特征 ·· 99

第五章 矽卡岩型钨矿床 ··· 119
第一节 矽卡岩型钨矿床主要特征 ·· 119
第二节 接触带矽卡岩型钨矿床 ··· 125
第三节 似层状矽卡岩型钨矿床 ··· 152

第六章 石英脉型钨矿床 ······ 214
第一节 概　述 ······ 214
第二节 内接触带型钨矿床 ······ 219
第三节 外接触带石英脉型钨矿床 ······ 261

第七章 细脉浸染型钨矿床 ······ 389
第一节 蚀变花岗岩型钨矿床 ······ 390
第二节 斑岩型和角砾岩筒型钨矿床 ······ 441
第三节 似层状浸染型钨矿床 ······ 452
第四节 江西省其他钨矿床 ······ 462

下篇　区域成矿规律与找钨攻略

第八章 成钨区带及其特征 ······ 473
第一节 成矿域、成钨省、成钨带 ······ 474
第二节 赣北成钨区 ······ 483
第三节 赣南成钨区 ······ 525

第九章 区域成钨时空演化规律与动力学特征 ······ 556
第一节 晋宁－加里东－印支期花岗岩成钨作用的时空演化特征 ······ 556
第二节 燕山期岩浆成钨大爆发的时空演化规律 ······ 558
第三节 燕山期陆内活化造山岩浆成钨的动力学特征 ······ 562

第十章 找钨攻略与资源潜力分析 ······ 566
第一节 找钨攻略 ······ 566
第二节 钨矿资源潜力分析 ······ 580

结　语 ······ 588
Concluding Remarks ······ 593
附　图 ······ 601
主要参考文献 ······ 604
主要引用的内部资料 ······ 623

绪　言

江西省简称赣，位于中国东南大陆中部，长江中下游南岸。地处北纬 24°29′—30°05′、东经 113°35′—118°29′之间，国土面积 16.71 万 km²。东邻浙江、福建，南连广东，西接湖南，北毗湖北、安徽。因公元 733 年唐玄宗设江南西道而得省名，古称"吴头楚尾、粤户闽庭"，现为长江三角洲、粤港澳大湾区和海峡西岸三大经济区的腹地。北边的长江是重要的水运航道，上与武汉三镇相通，下与南京、上海相连；陆路通道分别有高速铁路、高速公路、国道、省道等，可通达武汉、上海、南京、杭州、长沙、合肥、福州、厦门、广州、深圳等地；还有航班通往全国各大中城市，南昌昌北国际机场已开辟多条国际航线、赣州黄金机场也开通了东南亚航线。便利的交通，为全省矿业发展创造了有利的条件。

一、自然地理

全省以丘陵、山地为主，其中丘陵占全省面积的 42%，山地占 36%，平原占 12%，水面占 10%。主要山脉分布于江西省的边界，东和东北有武夷山和怀玉山，南有大庾岭和九连山，西有罗霄山脉，内侧腹地有零山，构成周高中低，由外向里、自南而北，渐次向鄱阳湖倾斜、往北开口的盆地。山峰一般海拔 1000m 左右，少数山峰海拔超过 2000m，武夷山主峰黄岗山海拔 2157m，是全省最高峰。全境有大小河流 2400 余条，大部分属长江支流的赣鄱水系，先汇向鄱阳湖，再注入长江，赣江、抚河、信江、修河、饶河是省内 5 条主要河流。全省星罗棋布地分布有 1000 余个大小湖泊，其中鄱阳湖为全国最大的淡水湖。

江西属于亚热带季风气候，春季温暖多雨，夏季炎热湿润，秋季凉爽少雨，冬季寒冷干燥。年平均气温 16.3~19.5℃，年平均降水量 1351~1934mm，年均日照时数 1482~2085h，年平均无霜期 240~307d。

江西素有"物华天宝、人杰地灵"之称，矿产资源丰富，有"世界钨都""世界瓷都""亚洲铜都""稀土王国""有色金属之乡"等美誉。矿产开发利用历史悠久。先祖们早在新石器时代，就利用陶土烧制陶器，商代就能制造青铜器，唐宋时期铜、银、金、锡、铅等采冶业已臻鼎盛。特别是新中国成立以后，通过大规模的地质勘查工作，矿业发展取得了辉煌成就，成为全省的重要经济支柱，其中与钨相关的产业经济在世界上占重要地位。

二、钨的性能与用途

人类使用铜、锡已有 4000~5000 年历史，早在公元前 1800 年就有铜锡合金的青铜器。与铜锡相比，钨的发现与应用要晚得多。钨是在 18 世纪 80 年代被发现的。1781 年，瑞典化学家谢勒（Scheele）在研究一种白色矿石时从中分离出一种物质，称为钨酸，并指出还原这种酸可以得到一种新的金属，并取名为"tungsten"。后来为了纪念 Scheele，把这种矿物命名为"scheelite"，即白钨矿。1783 年，西班牙人德普尔亚（de Elhuyar）兄弟用碳粉还原的方法，从黑钨矿中成功得到金属钨，并称之为"wolfram"。自此，科学家们开始对该金属的性能与用途开展广泛研究。

1. 钨的物理化学性能

钨是典型的亲氧元素，在元素周期表中属第六周期ⅥB 族元素，与钼同族，原子序数为 74，原子量 183.84。它有 5 个稳定的同位素，即 ^{180}W、^{182}W、^{183}W、^{184}W、^{186}W，其中 ^{180}W 在自然界含量极少，以 ^{184}W、^{186}W 存在居多。钨的地壳克拉克值为 1×10^{-6}，在各类岩浆岩中，其丰度由超基性岩向基性岩、酸性岩逐渐增高，自然界中常呈钨酸盐出现。已发现钨矿物有 20 多种，但只有黑钨矿族 [(Fe，Mn) WO_4] 和白钨矿（$CaWO_4$）是当前开发利用的矿石矿物。

钨金属呈银白色，钨粉呈暗灰色，是一种耐热金属，其熔点高达（3410±20）℃，沸点 5927℃，是熔点最高的金属。金属钨质地致密，密度（单晶钨）$19.35g/cm^3$，与黄金相近，具有较强的光泽、很大的硬度、很高的耐磨性和很好的高温强度。钨在高温下的抗张强度超过任何金属，膨胀系数与压缩系数在所有金属中最小，具有良好的导热性、导电性，散热系数低，电导率仅为铜的 1/3。

钨具有很强的化学稳定性与抗腐蚀性。在常温下，钨不易被酸碱溶液和王水侵蚀，但可溶于硝酸和氢氟酸的混合酸中，氧化性的溶液或溶盐能腐蚀钨生成相应的化合物，当有氧化剂时，钨能迅速地溶解于氨溶液中。在常温下，钨在空气中是稳定的，在 400℃时开始氧化而失去光泽，表面形成蓝黑色致密的三氧化钨保护膜；在 740℃时，三氧化钨由三斜晶系转变为四方晶系，保护膜被破坏；在高于 600℃的水蒸气中，钨氧化为二氧化钨。在高温下，钨能与卤族元素、一氧化碳、二氧化碳、硫等反应。在 800~1000℃下，钨能与固体碳及含碳的气体反应，生成极为坚硬的钨的碳化物。

2. 钨的主要用途

由于特殊的物理化学性能，钨被广泛地应用于冶金、电子、石化和军事等重要工业领域。钨矿石通过选矿获得钨精矿，再通过各种选冶、加工过程得到金属钨、碳化钨、钨合金及钨的其他化合物或钨酸盐。

金属钨是电器、电子工业的重要材料，特别是制造灯丝的最好材料，所以在白炽灯、抗震灯泡、电子管和 X 射线管的阴极与阳极、碘钨灯和民用灯泡中得到运用。

钨同一些金属制成各种合金钢、硬质合金和高密度合金，用于制造装甲钢板、枪管、炮筒和一些武器的轴心，如装甲炮弹和穿甲弹心，内燃机的气阀，喷气飞机的引擎，火箭的喷嘴、喷管，金属成型压模和各种高速切削工具；高密度的钨、镍、铜合金用作防辐射的防护屏；钨铜和钨银合金用作电接触点材料，如电器开关、断电器、点焊电极等；钨铝合金多用于航空、航海和汽车工业；钨铼合金用于显像管、热电偶、特种高温炉、计算机弹簧和宇航器等。

钨可同一些非金属制成高熔点、硬度大和化学性质稳定的化合物，其中碳化钨是硬质合金的原料，可制造高速钻头、高速切削工具、耐磨零件等。钨的化合物还用于染料、油漆、橡胶、纺织、石油、化工等工业领域。

钨的用途还在不断地扩大，特别是在高科技、尖端工业，如宇航、核子工程等领域。许多国家将钨作为一种战略金属加以生产与储备。

三、世界钨矿分布

世界各大洲都有钨矿分布，但大部分钨矿床分布在滨太平洋两岸，部分钨矿床分布在地中海地区，少部分钨矿床分布在亚洲、欧洲、美洲和非洲腹地，且很分散（图0-1）。

主要产钨国家：亚洲有中国、哈萨克斯坦、朝鲜、韩国、日本、缅甸、泰国、越南、马来西亚；北美洲有加拿大、美国；中南美洲有墨西哥、玻利维亚、秘鲁、阿根廷、智利、巴西；大洋洲有澳大利亚；欧洲有俄罗斯、瑞典、英国、法国、奥地利、葡萄牙、西班牙；非洲有尼日利亚、扎伊尔、乌干达、卢旺达、刚果（金）、南非等国。

据美国地质调查局矿物产品统计，截至2015年，世界钨储量330×10^4t，中国是世界钨资源最丰富的国家，钨储量190×10^4t，占世界钨总储量的57.58%。据中国地质科学院矿产资源研究所（2018）资料，截至2015年底，中国累计查明钨资源量$1\,220.63\times10^4$t，保有资源量958.79×10^4t。需要说明的是，2015年以来，中国又发现了江西朱溪钨矿床、大湖塘钨矿田，钨资源储量大幅增长，遥居世界之首。

美国地质调查局统计数据显示，近年钨精矿（钨金属，下同）产量一直在$8\times10^4\sim9\times10^4$t之间徘徊，产量较高的有中国、俄罗斯、越南、加拿大、奥地利、玻利维亚、卢旺达等7个国家。2015年，上述7个国家的产量达8.327×10^4t，占当年世界总产量的95.71%。中国一直是世界上最大的钨矿生产国，2015年产量7.1×10^4t，占当年世界产量的81.61%。中国也是世界上最大的钨产品出口国和消费国。统计数据显示，国际市场钨产品需求的80%来源于中国，中国钨消费量基本稳定在3.5×10^4t左右，约占世界总消费量的50%。因此，中国在国际钨市场上具有举足轻重的影响。

世界上最主要的钨矿床类型是矽卡岩型、石英脉型和细脉浸染型，其次为伟晶岩型和砂矿型等。矿石以白钨矿石为主，占钨矿总储量的2/3以上，占总生产能力的60%以上。加拿大的坎通（Cantung）钨矿，马克通（Mactung）钨矿，美国的斯特劳伯里（Strauberry）钨矿，奥地利的米特西尔（Mittersill）钨矿，澳大利亚的金岛（King Island）钨矿，韩国的桑东钨矿都是资源储量大而品位富的白钨矿床。哈萨克斯坦上凯拉克特石英网脉型白钨矿床规模巨大，但品位偏低。

20世纪90年代，劳动力昂贵的发达国家，如美国、英国、法国、加拿大、日本，甚至韩国、澳大利亚的钨矿山纷纷关闭或停产。开发利用对象更集中在品位高、易采、易选的热液石英脉型黑钨矿。随着白钨矿选矿技术的不断改进，尤其是可利用黑钨矿资源的大量减少，白钨矿的开发潜力必将进一步显现，储量大而品质优的白钨矿床将是世界最重要的开发利用对象。

四、中国钨矿分布

自1907年发现江西西华山黑钨矿以来，历经几代地矿人的卓越努力，中国钨矿工作飞速发展，地质找矿、科学研究、选冶精深加工等方面都取得重大进步。截至2015年底，在全国的24个省（自治区、直辖市）发现有钨资源储量的矿区464处，其中达到中型以上钨资源储量规模的矿区122处（图0-2）。

中国钨矿产地及其资源储量集中分布于华南东部的华夏成矿省，以江西省为中心。截至2020年底，江西一省提交矿产地达到141余处，查明WO_3资源储量820×10^4t，是我国钨资源最丰富的省份。湖南钨资源储量也很丰富，在200×10^4t以上。安徽、甘肃、云南、广西、福建、内蒙古、广东、河南、新疆等9个省、自治区也有较丰富的钨资源分布，各省查明资源储量均在20×10^4t以上。

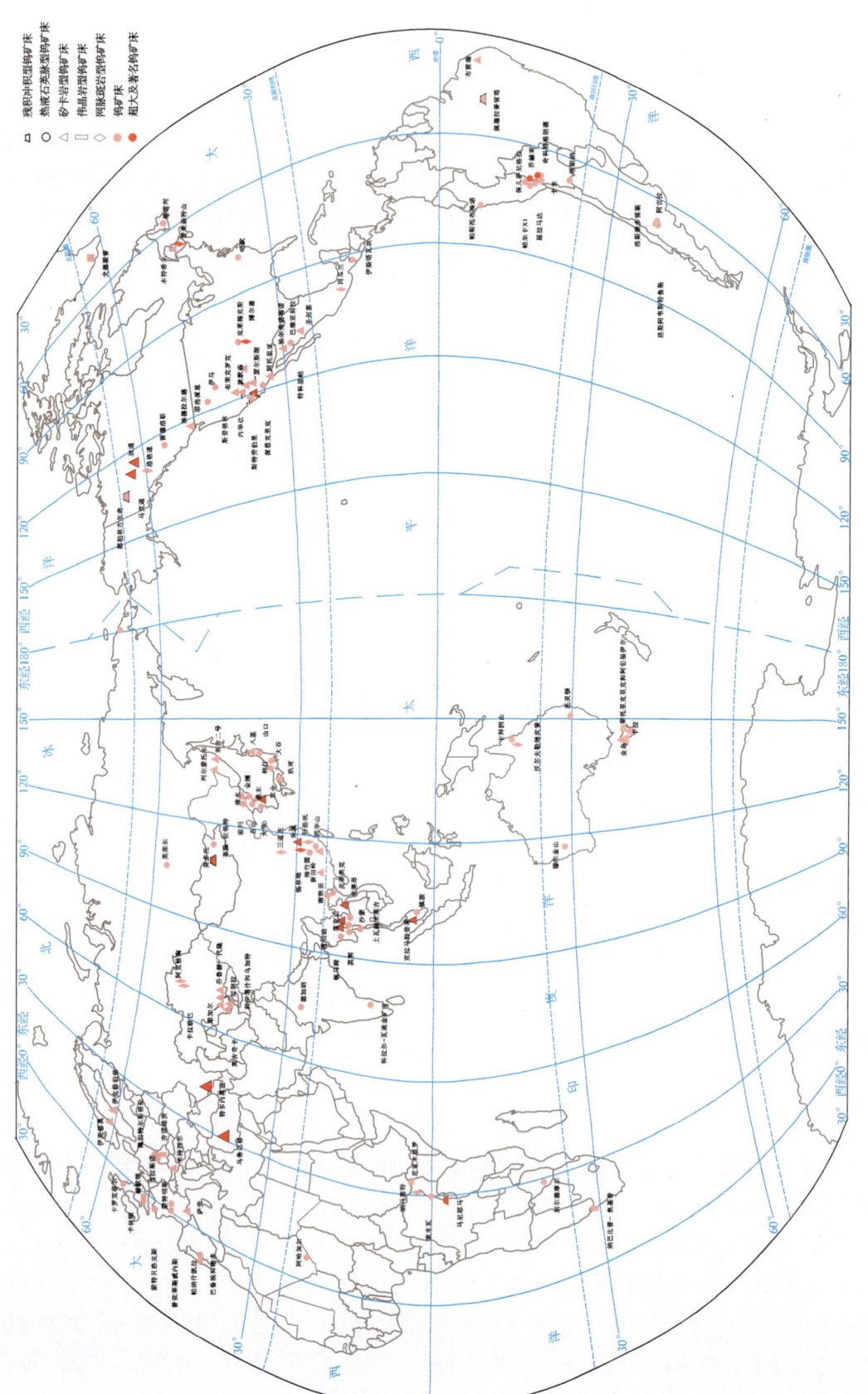

图 0-1 世界主要钨矿床分布图（据中国有色金属工业总公司北京矿产地质研究所，1987 有补充）

Fig. 0-1 Distribution of main tungsten deposits in the world

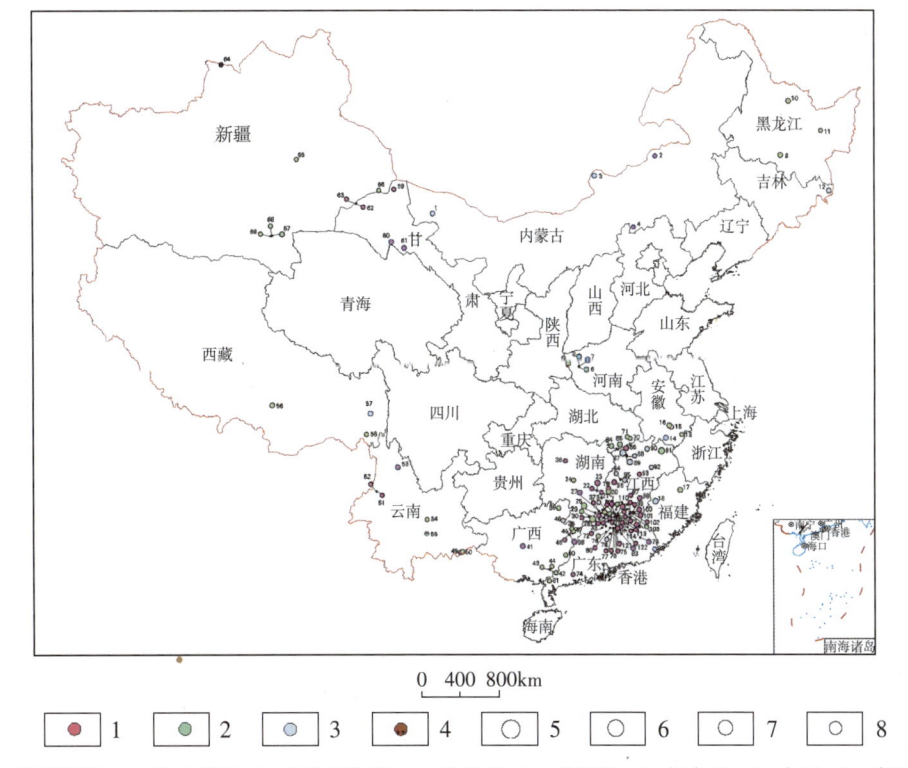

1—石英脉型；2—矽卡岩型；3—细脉浸染型；4—砂矿型；5—世界级；6—超大型；7—大型；8—中型。

图 0-2 中国钨矿床分布图（据国土资源部，2015 绘制）

Fig. 0-2 Distribution map of tungsten deposits in China

全国有查明钨资源储量的矿区 464 处。中国拥有 8 处超大型矿床（大型矿床资源储量的 5 倍），分别是江西省大湖塘钨矿、香炉山钨矿、东坪钨矿、狮尾洞钨矿，湖南省新田岭钨矿、杨林坳钨矿，福建省行洛坑钨矿，河南省三道庄钼矿。全球世界级钨矿床（大型矿床资源储量的 10 倍以上）共 4 处，中国占 3 处，为江西省朱溪、石门寺和湖南省柿竹园。中国有大型钨矿床 36 处，分布在江西等 14 个省（区、市）；中型矿床 81 处，分布在江西等 15 个省（区、市）。而占 74% 的小型矿区多数工作程度偏低，仅占 1% 左右的资源储量，表明中型以上钨矿床是我国钨产业的重要支柱（图 0-3）。此外，全国有近 900 处低工作程度的钨矿点分布在各个钨矿成矿远景区，表明我国钨资源潜力仍然巨大。

根据钨矿石成分不同，我国钨矿资源可分为黑钨矿资源、白钨矿资源和混合钨矿资源。黑钨矿资源主要产在江西、广东、湖南、广西，西北的甘肃、新疆等省（区）也有分布，是长期以来开发的主体对象。至 2015 年，我国查明的白钨矿资源储量占总资源储量的 73%，主要集中在江西和湖南两省，其他如河南、甘肃、广西、云南、内蒙古等省（区）也有一定分布。我国混合钨矿查明资源储量约占

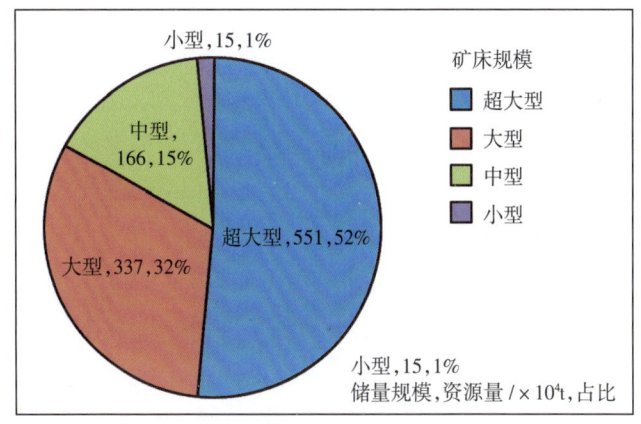

图 0-3 全国钨矿床资源储量结构图
（据国土资源部，2015）

Fig. 0-3 Reserves structure map of tungsten deposits in China

查明总资源储量的32%，分布在江西、湖南、福建、广东、广西、云南、甘肃等省（区）。

我国钨矿不仅查明资源储量大，矿床（点）分布广，而且矿床类型多，并具共（伴）生有益组分多、综合利用价值大等特点。已有资料表明，我国钨矿主要形成于燕山期，约有80%的矿床（点）数量和85%的钨资源储量形成于燕山期，但从元古宙到中生代，直至喜马拉雅期，都有钨矿床形成。钨资源属华夏成钨省最丰富，矿床规模以钦杭成矿带赣湘段最大。钨矿床的分布虽然遍及全国各地，又以华南东部赣湘粤闽最为集中，其中赣南的崇（义）-（大）余-（上）犹地区约2300km²范围内，密集分布着钨矿床（点）90余处，大型钨矿床6处，显示出成矿集中爆发、矿床（点）成群产出的特征。

统计数据显示，除现代热泉沉积和含钨卤水-蒸发岩钨矿床罕见外，几乎世界上所有已知主要钨矿床类型在我国均有发现，包括热液充填石英脉型、接触交代矽卡岩型、岩浆热液细脉浸染型（包括斑岩、蚀变花岗岩、似层状、角砾岩筒状等亚型）、破碎带低温热液型、砂矿型等。它们往往以成矿花岗岩为主因形成多种矿床式，组成"多位一体"矿床，也由于成矿有利因素的普遍交替出现，在少数矿床中，呈现不同成因多型矿床（体）共生（存）的现象。

我国钨矿床往往具有多种矿物组合、多元素共（伴）生的特点，有的矿床伴生矿物多达50种以上。常见的元素组合有W-(Sn, Bi, Mo)、W-Be、W-(Cu, Pb, Zn, Ag)、W-Nb-Ta、W-(Li, Cs, Rb)、W-Au-Sb、W-Cu-Fe、W-REE等，综合利用价值大，前景广阔。

五、江西钨矿的发现与勘查简史

自1907年江西西华山黑钨矿床在全国率先被发现的100余年，是一代又一代地质人历尽艰辛的找矿、开发、研究的历史，是一个钨矿矿产地、矿床类型不断发现，钨矿资源储量不断扩大，钨矿理论不断丰富，钨矿认识不断深入的发展过程。江西已成为我国发现钨矿产地数量最多、提交钨资源储量最大、钨精矿产量和钨加工产品最多的省份，也是全球钨资源最丰富的省份。江西钨矿找矿勘查技术和钨矿地质科学研究在世界上起引领作用。

1. 钨矿的发现

据《大余县志》记载，西华山在宋朝就有采锡活动，清朝末期德籍传教士邬礼亨在游玩西华山时，发现满目乌黑发亮的矿物，后来带回德国化验，确认为黑钨矿矿石，便以贱价收买。光绪三十三年（1907年），经江西地方政府交涉，将西华山山权收回，开始开采。自此相继在赣南的其他地方发现了大量的石英脉型、细脉浸染型黑钨矿产地，并逐步由赣南向其毗邻的湘、粤等省和江西中、北部扩展。期间，于1955年首次发现了赣县黄婆地和崇义县宝山白钨矿床。迄今已形成了石英脉型、矽卡岩型、细脉浸染型钨矿床"三星同辉"的局面。

2. 钨矿的地质勘查

江西钨矿地质勘查始于对民采钨矿的调查，至今大致经历了3个主要阶段。

1）民国时期钨矿地质调查

翁文灏先生于1916年在江西等省开展了零星钨矿探查。卢其骏于1917年对赣南钨矿进行了调查，《矿业概论》反映了其调查成果；1929年，江西地质调查所燕春台、查宗禄赴赣南调查钨矿，编著有《赣南地质矿产调查报告》；1935年，江西地质调查所周道隆、上官俊等调查赣南钨矿，编著了《赣南钨矿志》；1936—1938年，徐克勤、丁毅3次调查赣南当时发现的36处石英脉型、云英岩化蚀变花岗岩型钨矿，所著的《江西南部钨矿地质志》是第一部全面系统、科学价值很高的赣南钨矿地质著作；1941—1946年间，孟宪民、吴磊伯、南延宗、严坤元、马振图、张文佑、王嘉荫、谷德振等先后调查了赣南钨锡矿，并分别著有调查报告；1948年，中央地质调查所黄懿、朱明湘与江西钨锡公司共同调查了武功山钨矿，并著《赣西武功山钨矿地质》。该时期的地质工作，受国力贫弱、矿业经济不发达的制约，主要是对矿区表露矿体和民窿进行初步调查，了解石英脉型钨矿床的分布和地质特征，为后来的重点钨矿床勘查和研究奠定了初步基础。

2) 1952—1985年大规模钨矿普查勘探

新中国成立后，钨矿勘查得以空前展开。1952年建立了第一支钨矿勘查队，1953年组建了赣南粤北（钨矿）地质勘探大队，1954年改建为重工业部中南地质勘探公司，1956年成立了冶金工业部地质局江西分局，实施了重点钨矿的勘探和全省钨矿普查。特别是应国家"一五"重大项目西华山、大吉山、岿美山的矿山建设急需，集中力量对重点钨矿区进行了勘查，勘查方法得到了苏联专家的帮助，至"一五"末，分别探明了西华山、大吉山、岿美山、盘古山、黄沙、画眉坳、上坪、浒坑、小龙等大中型钨矿床，并通过"就矿找矿"勘查实践，总结了一套完整的黑钨矿床勘探方法。至20世纪50年代末，又分别探明了盘古山、九龙脑、黄婆地、樟斗、下垅、荡坪、大龙山、洪水寨、宝山、白石山、大坪、大王山等钨矿床。以此为基础，在赣南、赣中迅速建立起了一批机械化大中型钨矿山。

1955年开始了全省钨矿普查，江西冶勘二二〇队（1958年改组为江西省地质局区域地质测量大队）在赣南采用1:5万地质、重砂法，后改用1:20万地质、重砂路线法，向武夷山、九岭、鄣公山等新区推进，历时4年，新发现了宝山、焦里、徐山、香元（聚源）、大湖塘、石门寺、蓑衣洞（狮尾洞）、香炉山、明月山、下桐岭、莲花山及闽西清流县行洛坑等100余处矿床（点），使钨矿分布扩展至赣北、闽西地区，被誉为揭开了"江南古陆""华夏古陆"藏钨之谜。1958年江西省地质局成立，钨矿地质工作得到进一步加强。1961年我国困难时期，国家急需扩大钨砂出口，进口粮食，要求江西省地质局在已建的西华山钨矿山外围，寻找新的钨矿资源，在江西省地质局苗树屏总工程师的主持下，江西地质工作者依靠群体智慧，开始了隐伏、半隐伏矿床找矿攻关。根据漂塘细脉带钨矿床向下合并为大脉的垂向分带特征，经精细普查，在木梓园发现了线脉细脉标志带，经钻探验证，找到了世界上第一个石英脉型隐伏钨矿床。之后相继又在赣南新发现一批隐伏钨矿床、隐伏钨矿体，如新安子钨矿、九龙脑西矿带、石雷钨锡矿床等，使矿床规模不断扩大，已知矿山（床）深部、边部及外围找矿的思路得到开拓。同时，江西的钨矿勘查重点逐步北移，江西省地质局与冶勘地质队伍陆续探明了下桐岭、徐山、香炉山等一批大型矿床，发现了阳储岭大型斑岩型、隐爆角砾岩筒型等新类型钨矿床，还评价了枫林、永平铜矿的共（伴）生钨资源，钨矿勘查领域得到新的拓展。1985年前后，我国已探明钨资源储量基本可满足生产需求，江西大规模钨矿勘查活动告一段落。

3) 新时期找钨重大突破

21世纪以来，因钨资源储量的不断消耗，不少黑钨矿山资源枯竭，国家把找钨工作又提上重要日程，江西进入了新一轮钨矿普查勘探。一是使一批资源枯竭矿山焕发了青春，小型矿变大中型矿：赣南地质大队补充勘查的淘锡坑钨矿床WO_3资源储量由$1.2×10^4t$增至$6.75×10^4t$；西华山、浒坑钨矿深部探获了盲脉钨矿体，通过进一步查明，崇仁县香元（聚源）等矿床由中型变大型、修水县昆山等一批钨矿床由小型变中型。二是在一批石英脉型钨矿床深部发现了"地下室"式蚀变花岗岩型钨矿床，其中江西有色地质局勘查的崇义茅坪、丰城徐山钨铜矿床均达大型规模。三是江西北部取得了找钨重大突破：赣中南地质矿产勘查研究院新发现了修水县花山洞晋宁期中型钨矿床；江西省地质调查研究院新发现了武宁县东坪世界上规模最大的隐伏超大型石英脉型黑钨矿床；九一六大队、赣西北大队在九岭大湖塘原以石英脉型黑钨矿床为主的矿田中新发现石门寺、狮尾洞（蓑衣洞）、大湖塘3个超大型蚀变花岗岩型钨矿床；九一二大队在浮梁县朱溪发现了规模居世界之首的以矽卡岩型为主的"五位一体"型深隐伏钨矿床。

六、江西钨矿的开发

江西是中国钨业的发祥地，钨矿开采已有百余年历史，钨矿冶炼加工也伴随着新中国的成立与发展，经历了从小到大、从弱到强的发展历程，大致可分为4个阶段。

浅部开采阶段：1908—1935年。最初只是民工对浅表矿体进行捡拾、挖掘、淘洗。第一次世界大战期间，因制造军械需要，钨矿开采甚是活跃。1918年，除西华山外，又新增了大吉山、盘古山、下垄、漂塘、荡坪、金华山等钨矿区，民工数万人、产量超万吨，开采方式除了简单的地表捡拾、淘洗外，也有对露头矿脉的手工挖掘。1919年后，开始使用炸药开采原生钨矿脉，民采技术得到发展。1930年春，毛泽东撰写的《仁凤山及其附近》，指出要以矿山为重点，以矿工为骨干，形成波翻浪涌、星火燎原之势。仁凤山即为盘古山钨矿，矿工们踊跃参加红军，与当地农民组建了红26纵队和红22纵队。1932年初毛泽东派毛泽民到赣南组织500多民工，成立苏区第一个公营铁山垅钨矿，在盘古山、上坪、安前滩、白鹅等钨矿进行了开采，至1934年产钨达3925t，职工发展到5000多人。又在铁山垅开办了中华钨矿总公司，到1935年红军长征前，钨砂贸易创收620万元，占区政府财政收入的70%，用以购买盐、药品、弹药等军用品，有力地支援了土地革命战争。

中浅部开采阶段：1936—1948年，当地政府设立钨业管理处对钨精矿实行统购统销，在大吉山、西华山、岿美山、画眉坳、小龙等钨矿区也设立工程处，进行国营的简易手工坑道开采，选矿方面仍以手工锤碎、淘洗分选为主，出现了选矿机械的使用与工艺的改进。其中，1936年旋转式磁选机投入使用，1942年焙烧除砷工艺得到运用，1948年引进了美国一家公司的重选设备。

机械化开采阶段：新中国成立后，随着社会生产力的解放与恢复，西华山、大吉山、岿美山成为国家"一五"156项重点建设项目，在苏联帮助下开始了我国机械化钨矿山的兴建，3座矿山生产规模分别为日处理矿石量1875t、1600t、1560t，并于1959—1960年间先后建成投产。"一五"期间，除3座大型机械化钨矿山外，江西境内的盘古山、画眉坳、浒坑、小龙、漂塘、黄沙、荡坪等矿区也分别实现了机械化生产，曾称江西"十大"钨矿山。这些矿山实行井下机械掘进、火攻爆破、机车运输、机械破碎、过筛、磨细、筛选重选，告别了手工作业的时代。

矿业延伸开发与绿色发展阶段：20世纪80年代以后，我国的钨矿开采与选冶技术、工艺都进入了成熟时期，但作为世界最大的钨精矿生产地区和出口地区，收益却大受制约，特别是20世纪90年代世界经济萧条时期，钨精矿价格暴跌致使不少钨矿山停产，倒逼钨行业进行结构调整。在党的改革开放方针的引领下，钨矿山进行股份制改革，使钨的精深加工得到重视与发展，我国也逐步变钨精矿出口为钨制品出口，2000年首开从国外购进钨精矿进行深加工的记录。由于钨矿下游产品的开发，加之国家注意钨生产、出口配额与市场需求的平衡，钨企业利润空间得以保障，刺激了钨产业的发展，包括对老矿区残矿的回收、低品位矿与难选矿的开发、设备的自动更新与升级、集约节约化生产。白钨矿的选矿技术取得突破性进展，选矿回收率也有了大幅度提升，为白钨矿资源不断得到开发创造了条件。强化资源节约、绿色发展理念，取得阶段性进展。围绕资源不可再生，充分用好现有资源做文章，矿山不但大幅提高了采矿回收率、选矿回收率、综合利用率水平，还调整与优化了钨加工产品结构，不断向钨精深加工发展，显著延长了产业链条，在超细钨粉、碳化钨粉、硬质合金方向取得了新突破。同时，坚持"谁开发，谁保护，谁污染，谁治理，谁破坏，谁恢复"的原则，在矿山节能减排、环境保护与恢复治理等方面，也与以往相比有了长足进步，绿色矿山建设正成为一种文化在不断普及与完善。江西钨业步入了集采、选、冶、深加工一体化的快速、环保、可持续发展轨道，成了我国钨开采、冶炼、深加工的重要基地，也是世界钨及其制品集散地之一。

截至 2015 年底，全省有钨矿山 88 座，年生产能力 1169×10^4 t（矿石量）、钨精矿（WO_3 含量 65%，质量分数，下同）年生产能力约 4×10^4 t；矿山坑采平均回采率约为 90%，选矿平均回收率约为 80%。全省有钨冶炼企业 39 家，其中 APT（ammonium paratungstate，仲钨酸铵）年生产能力为 7×10^4 t，占全国的 58%；钨粉和碳化钨粉年生产能力为 4×10^4 t，约占全国的 45%；钨深加工企业 11 家，其中硬质合金生产能力 5000t，占全国的 16%。全省钨冶炼和钨加工产品约占全国同类产品的一半。江西钨矿经 100 余年的开发，消耗钨精矿逾 110×10^4 t。

七、江西钨矿地质科学研究

江西的钨矿地质科学研究一直贯穿于钨矿找矿开发的整个过程，引领世界钨矿地质科学理论认识的不断提升，推动找钨工作取得了一个又一个突破。

1. 民国时期的钨矿地质调查研究

1929 年燕春台、查宗禄编制出第一张 1:200 万江西赣南钨矿分布图；1936 年周道隆等出版《赣南钨矿志》，记录了泰和小龙、遂川良碧洲至定南岿美山、全南大吉山共 15 个县 29 个钨矿床的概略特征与采掘历史。1935—1938 年，徐克勤、丁毅曾 3 次赴赣南开展钨矿的调查研究，于 1943 年出版《江西南部钨矿地质志》，第一次详细论述了江西南部地层、构造、火成岩特征及其与钨矿成矿关系，探讨了成矿时代与矿床类型划分，分论了 36 个石英脉型、云英岩化蚀变花岗岩型钨矿床矿化特征等，为世界领先之作。1942—1943 年，中国科学院地质研究所李四光、张文佑、孙殿卿等研究了赣南钨锡矿床深度与构造的关系，指出了钨矿床、矿脉主要受新华夏构造分级控制。

2. 钨矿床勘探方法研究总结

进入 20 世纪 50 年代，应钨矿勘查所需，借鉴苏联勘探方法，重点开展了矿床地质特征和勘探方法研究，形成了两部代表性研究成果，即 1958 年由莫柱荪、李洪谟、康永孚等合著的《中国南部钨矿工业类型和勘探方法的初步总结》，1959 年由冶金部地质局湖南、江西、广东地质分局合编的《中国南部黑钨矿脉状矿床地质与勘探》。

3. 花岗岩研究划分

1952—1955 年，西华山钨矿勘探期间，发现了西华山花岗岩是一个多次侵入形成的岩株，为华南复式花岗岩体分解的开端。1969—1979 年，全省 1:20 万区域地质调查对花岗岩时代、岩性、岩相进行了详细划分，发现了上犹、龙回花岗岩体与泥盆系，九岭花岗岩体与南华系为不整合关系。经中国科学院李璞等利用同位素年龄测定证实分别为加里东期和晋宁期花岗岩。1963 年，徐克勤等经进一步调查，总结了华南多旋回花岗岩的发展演化与成矿特征。1977 年，江西地质科学研究所总结提出了江西燕山期壳源成钨、壳幔混源成铜的两大岩浆成矿系统，有力地推动了找钨进程。

4. 隐伏钨矿床找矿攻关研究

1961 年，江西省地质局在苗树屏总工程师主持下组织实施了寻找半隐伏、隐伏钨矿床的科技攻关。颜美钟根据钨矿地质大队勘查的大余漂塘细脉带型钨锡矿床向下变为大脉型矿床，并在深部出现隐伏花岗岩体的重大发现，提出了寻找半隐伏、隐伏钨矿床的找矿方向。钨矿地质大队王达忠带领的分队根据莫信提供的线索在西华山与漂塘矿区之间的木梓园，发现了线脉、细脉找矿标志带，1964 年经钻探验证，见到了隐伏的石英大脉黑钨矿体，实现了世界上第一个隐伏石英脉型钨矿床的找矿突破，由钨矿地质勘探大队组建的九〇八大队通过勘查将其确定为中型钨矿床，这一发现和攻关成果受到地质部通报表彰，使线脉、细脉标志带下找隐伏钨矿床的经验迅速传遍南岭。九〇八大队吕凡应用地质力学理论方法，查明了木梓园矿区矿脉带呈侧列展布特征，又依据侧列规律，新发现了大余九龙脑隐伏的花岗岩细脉浸染型西矿带。同一时期，江西地质科学研究所李亿斗等与九〇九大队吴永乐、朱焱龄等合作对漂塘钨锡矿床脉动成矿分带、时空迁移特征进行了精细研究。

1965 年江西地质科学研究所与九〇九大队、宜昌地质研究所合作，在杨明桂带领下对西华山－漂塘钨矿带进行了整体性研究。在已有勘查研究基础上，取得了 3 项创新成果：一是朱贤甲等根据热变质带等标志首次成功地预测了西华山－棕树坑半隐伏成矿花岗岩基及多峰状成矿花岗岩株；二是杨明桂、王伦、卢德揆、李择善等，从"四维"时空总结了西华山－漂塘钨矿带、矿床、矿脉的"等距、等深、侧列、侧伏、分带"规律及其形成机制；三是杨明桂与李亿斗、卢德揆等以漂塘和木梓园为原型，建立了外接触带石英脉型钨矿床由线脉带、细脉带、大脉带、根部带组成的垂直分带图式和以西华山内接触带型石英脉型钨矿床为原型由脉芒带、大脉带、根部带组成的垂直分带图式以及量化分带特征（江西地质科学研究所等，1965）。1966 年春，针对木梓园等一批隐伏钨矿床的发现及总结的这套寻找隐伏钨矿床的理论和方法，国家科学技术委员会与地质部在大余召开了钨矿地质现场会，总结交流这一找矿与科研成果，会上广东冶勘部门地质工作者通过粤东梅子窝钨矿床勘查研究，将大脉带上部较薄（5~20cm）的工业矿体，细分为薄脉带，命名为"五层楼"式钨矿床，得到了参会者的赞同，即后来著名的"五层楼"钨矿床模式，有效地指导了隐伏、半隐伏石英脉型钨矿床的找矿勘查。内接触带石英脉型钨矿床"三带"模式，在"脉芒带"下找盲脉也见成效，西华山、浒坑矿床盲脉的发现即为其例。江西地质科学研究所、九〇八大队、九〇九大队取得的赣南钨矿地质科学研究成果获 1978 年全国科学大会奖。

5. 1977—2000 年钨矿地质理论成果总结

1977 年后迎来了科学的春天，江西钨矿地质研究成果迎春绽放。西华山－漂塘地区的钨矿地质科学研究成果相继发表，江西地质科学研究所先后通过江西钨矿与铜矿地质研究，总结提出了燕山期壳源成钨、壳幔混源成铜的两大岩浆成矿系统，并由刘家远等（1981）总结了江西钨矿成矿体系。1978 年，吴永乐、梅勇文等在苗树屏、吴永乐、王云政、韩久竹等 20 世纪 50 年代早期发现的西华山钨矿田燕山期花岗岩多次成岩成矿特征的基础上著有《西华山钨矿地质》，进一步研究总结了矿床的演化模式。1980 年，柳志青在江西地质科学研究所研究的基础上，经进一步调查，著有《脉状钨矿床成矿预测理论》一书。1981 年，北京大学穆治国等与江西省地质局合作进行了西华山－漂塘石英脉型钨矿床碳、氢和氟稳定同位素研究，宜昌地质研究所张理刚等进行了西华山－漂塘地区花岗岩及其钨锡矿床的稳定同位素地球化学研究，成都地质学院蒋建明等进行了盘古山钨矿流体包裹体及其与成矿关系的研究；中国科学院地球化学研究所刘义茂等、南京大学刘英俊等分别发表了《华南花岗岩类钨矿及演化问题》《华南钨矿实验地球化学研究》。江西地质科学研究所李崇佑总结划分了江西及邻区钨矿成因类型。陈毓川等研究了枫林铜钨矿床钨锡在氧化带中的次生富集作用。1981年，赣南地质调查大队在赣县赖坑钨矿发现新矿物——赣南矿（氟铋矿）；江西地质科学研究所李亿斗等对黑钨矿的铁锰成分与生成系列进行了研究；武汉地质学院徐国风等对丰城徐山钨铜矿床黑钨矿进行了矿物学研究，在此基础上1991年李逸群等出版了《中国南岭及邻区钨矿床矿物学》一书。

1981年10月，中华人民共和国地质部与联合国亚太经济社会委员会矿产资源开发中心在江西举办了钨矿地质讨论会，由中国等14个国家的知名钨矿地质学专家，宣读发表了中外48篇论文，其中江西钨矿地质论文16篇，使江西钨矿找矿经验和成矿研究理论成果进一步传向全世界。

1981年，朱焱龄、李崇佑等著《赣南钨矿地质》，对赣南钨矿成矿规律进行了总结。1982年，九一六大队、赣南地质调查大队、江西地质科学研究所共同完成"江西省钨矿资源总量预测方法试验研究"项目，预测1:20万赣州幅范围内钨矿资源总量为$90×10^4$~$150×10^4$t。1984年，陈实完成"矿产资源战略分析"（钨）课题，在系统分析钨的资源状况、勘查开发研究现状基础上，提出了钨矿的勘查布局与钨业发展建议。1985年，江西、湖南、广东的冶勘公司和南京大学等单位合作出版了《华南钨矿》一书，运用板块构造学说、花岗岩成矿理论等，对南岭地区钨矿地质进行全面总结；花友仁、刘远征等完成"江西省西华山–扬眉寺地区钨锡成矿预测研究"项目，预测该区可增加钨储量$8×10^4$~$9×10^4$t、锡储量$4×10^4$~$5×10^4$t；九一六大队莫名浈等出版了《江西省都昌县阳储岭斑岩钨钼矿床地质》一书；江西地质科学研究所李崇佑、朱焱龄等完成"江西钨矿地质特征及成矿规律"项目，首次对江西全省钨矿地质进行了全面总结，发现大湖塘钨矿区除石英脉型、云英岩型外有斑岩（脉）型钨矿体。同时，江西地质科学研究所刘家远等完成了"江西省花岗岩类的基本特征及与钨矿成矿的关系"课题、"与花岗岩有关的脉状钨矿床成因研究"课题。1986年，江西地质科学研究所周耀华、王发宁等完成了"南岭及其邻区钨矿成矿远景区划"项目。1989年，陈毓川、裴荣富、张宏良等编著《南岭地区与中生代花岗岩类有关的有色及稀有金属矿床地质》。1994年，康永孚、苗树屏、李崇佑等编著《中国钨矿床》。1998年，江西省地质矿产勘查开发局出版《江西省地质矿产志》。这一时期可谓是钨矿地质科研成果丰收时期。

6. 新时期钨矿地质理论的开拓创新

进入21世纪，在我国万众创新时代，江西钨矿地质研究向纵深发展。为探索钨矿床"第二空间"资源，2008年许建祥、王登红等根据江西多处石英脉型钨矿床深处发现了称作"地下室"的隐伏的蚀变花岗岩型矿床，建立了"五层楼+地下室"找矿模式。同年，杨明桂、曾载淋等综合江西大量的钨矿床勘查研究成果，以西华山–漂塘钨矿带为原型，在"五层楼"和"三层楼"模式基础上，根据茅坪、徐山等矿床"地下室"或蚀变花岗岩矿床的发现建立了"五层楼+地下室"矿床模式；根据西华山（王泽华等，1981）、淘锡坑钨矿床，以花岗岩体侵入界面形成的"两层脉带"，提出了"楼下楼"矿床模式；根据成矿花岗岩侵位的多峰、多标高，提出了"多台阶"成岩成矿模式，共同组成以成矿花岗岩为主因的由不同矿床式组成的"多位一体"钨矿床模式。通过进一步综合提出了"多层楼""多位一体""多台阶"的"三多"普适性"深地"找矿模式。2011年在盘古山钨矿实施的孔深2000m的科学钻孔发现了隐伏成矿岩体上部新的断裂带石英大脉型钨矿体与岩体内"地下室"式钨矿化体；竣工于2012年的银坑3000m科学钻孔揭露了逆冲推覆断裂带上盘与I型斑岩有关的贵多金属矿，下盘与S型花岗岩有关的钨钼多金属矿化的构造与成矿分带特征。在朱溪深隐伏钨铜矿床勘查研究的基础上，

2018年施工的科学钻孔,揭露了矿区受逆冲推覆断裂带控制形成的"多峰状成矿花岗岩"以及矽卡岩型钨矿体向上"飘移"特征,打开了我国一只"深地"找矿之"眼"。

在陈毓川院士指导下由盛继福、王登红研究员等编著的《中国矿产地质志·钨矿志》(2018),对全国钨矿地质进行了全面系统总结与理论提升。江西省地质矿产勘查开发局研著出版的《中国区域地质志·江西志》(2017)、《中国矿产地质志·江西卷》(2015)、《中国矿产地质志·华南洋–滨太平洋构造演化与成矿》(2021)专著,对江西区域地质、矿产地质进行了全面系统的综合研究与归纳总结,将江西成矿条件、成矿规律研究提升到了新的水平,认识到中新元古代以来钦杭古华南洋潜没带与扬子、华夏古板块多旋回地质构造–花岗岩浆活动构成了区域独特的地质成矿背景;燕山期超强的陆内活化造山、岩石圈物质大规模调整、华南壳型地球化学块体大规模重熔,发生的岩浆成矿大爆发,成为举世瞩目的地质事件,形成了钨资源居全球之首的华夏成矿省和钦杭成矿带,居于华夏成矿省中部钦杭成矿带中段的江西省成了全球钨矿成矿中心。研究发现,燕山期岩浆成矿大爆发呈现以南岭地区赣西南—湘东南为"爆心",时空上呈现"核幔状"扩展模式,构建了燕山期欧亚板块与古太平洋板块相对左旋扭动、洋壳俯冲、陆内多向汇聚、陆壳蠕散相复合的成岩成矿动力学模型。

八、江西钨矿的分布

江西省钨矿床(点)遍布。截至2020年底,全省发现有钨矿登记的矿床141处,待登记或补登记的11处,合计152处(表0-1、图0-4)。钨矿点众多,已知钨矿点252处(详见第七章),另有少数矿点

表0-1 江西省钨矿产地一览表

Table 0-1 List of tungsten ore areas in Jiangxi Province

序号	钨矿地名称	地区	矿床主要类型	规模	主矿种	共(伴)生矿种
1	瑞昌市东雷湾铜(钨)矿区	九江	矽卡岩型	小型	铜	钨
2	瑞昌市武山铜硫铁钨矿区	九江	矽卡岩型	小型	铜	钨
3	都昌县阳储岭钨钼矿区	九江	细脉浸染型(斑岩型)	大型	钨	钼
4	修水县香炉山钨矿区	九江	矽卡岩型	超大型	钨	金、银、铜、铋
5	修水县张天罗–大岩下钨矿区	九江	矽卡岩型	大型	钨	
6	修水县花山洞钨(铜)矿区	九江	细脉浸染型	中型	钨	
7	修水县昆山钨矿区	九江	石英脉型	小型	钨	
8	武宁县东坪铜多金属矿区	九江	石英脉型	超大型	钨	铜、银
9	武宁县石门寺钨矿区	九江	细脉浸染型	世界级	钨	铜、钼
10	武宁县狮尾洞钨矿区	九江	细脉浸染型	超大型	钨	铜、钼
11	靖安县大湖塘钨矿区	宜春	细脉浸染型	超大型	钨	铜、钼
12	靖安县欣荣钨矿区	宜春	石英脉型	小型	钨	
13	鄱阳县莳山钨矿区	上饶	矽卡岩型	小型	钨	

续表 0-1

序号	钨矿地名称	地区	矿床主要类型	规模	主矿种	共(伴)生矿种
14	浮梁县八字脑矿区	景德镇	石英脉型	小型	钨	
15	浮梁县大山坞钨锡矿区	景德镇	石英脉型	小型	钨	锡
16	浮梁县徐家尖钨锡矿区	景德镇	石英脉型	小型	钨	铜、锡
17	浮梁县牛角坞(青术下)矿区	景德镇	细脉浸染型(斑岩型)	中型	钨	
18	浮梁县朱溪钨铜矿区	景德镇	矽卡岩型	世界级	钨	铜、锌、银
19	万年县虎家尖银(钨)矿区	上饶	石英脉型	大型	银	金、钨(小型)
20	弋阳县杨家坞矿区钨铜矿	上饶	矽卡岩型	小型	铜	钨
21	横峰县钨锡矿区	上饶	石英脉型	小型	钨	
22	横峰县松树岗钽铌钨锡矿区	上饶	细脉浸染型	世界级	钽铌	钨(小型)
23	玉山县西坑坞钨矿区	上饶	矽卡岩型	小型	钨	钼
24	东乡县枫林铜钨矿区	抚州	细脉浸染型	中型	铜	钨、铁
25	铅山县永平天排山铜钨硫银矿区	上饶	矽卡岩型	大型	铜	钨
26	铅山县南阳钨铅锌矿区	上饶	矽卡岩型	中型	铅锌	钨
27	上栗县志木铜多金属矿区	萍乡	矽卡岩型	小型	铜	钨、钼、银、硫铁
28	宜春市新坊钨矿区	宜春	细脉浸染型	小型	钨	钼
29	分宜县黄竹坪钨矿区	宜春	石英脉型	小型	钨	钼、铋
30	分宜县下桐岭钨矿区	宜春	石英脉型	大型	钨	钼、铋
31	丰城市徐山钨铜矿区	宜春	石英脉型	大型	钨	铜、银
32	崇仁县香元(聚源)钨矿区	抚州	石英脉型	大型	钨	
33	崇仁县清鸡山钨铜多金属矿区	抚州	石英脉型	小型	钨	铜
34	资溪县架上(三口峰)钨矿区	抚州	石英脉型	小型	钨	钼
35	安福县武功山钨矿区	吉安	石英脉型	小型	钨	
36	安福县浒坑钨矿区	吉安	石英脉型	大型	钨	钼、铋
37	乐安县傍岭钨矿区	抚州	石英脉型	小型	钨	
38	宜黄县大王山钨矿区	抚州	石英脉型	小型	钨	铜、钼、铋
39	宜黄县上南源矿区塔下矿段铜钨铋矿区	抚州	石英脉型	小型	钨	
40	永丰县仙山钨铜矿区	吉安	石英脉型	小型	钨	

续表 0-1

序号	钨矿地名称	地区	矿床主要类型	规模	主矿种	共(伴)生矿种
41	泰和县小龙钨矿区	吉安	石英脉型	中型	钨	
42	井冈山钨矿杨坑矿区	吉安	石英脉型	小型	钨	
43	遂川县凤凰山钨矿区	吉安	石英脉型	中型	钨	
44	遂川县良碧洲钨矿区	吉安	石英脉型	小型	钨	
45	万安红桃峰钨矿区	吉安	石英脉型	小型	钨	
46	兴国县崇贤见龙钨铜矿区	赣州	石英脉型	小型	钨	铜、钼
47	兴国县黄金坑钨铜钼矿区	赣州	石英脉型	小型	钨	铜、钼
48	兴国县廖竹窝钨矿区	赣州	石英脉型	小型	钨	铜
49	兴国县画眉坳钨铍矿区	赣州	石英脉型	大型	钨	铜、钼、铍、锌、铋
50	兴国县山棚下钨矿区	赣州	矽卡岩型	小型	钨	钼
51	宁都县廖坑钨矿区	赣州	石英脉型	小型	钨	钼、铋
52	宁都县青塘狮吼山硫铁钨矿区	赣州	矽卡岩型	小型	硫	钼、钨
53	上犹县长窝子钨铜矿区	赣州	石英脉型	小型	钨	铜
54	上犹县马岭钨矿区	赣州	石英脉型	小型	钨	铋、锆、重稀土、轻稀土
55	上犹县牛塘矿区	赣州	石英脉型	小型	钨	铜、锌
56	上犹县大社龙钨铜铅锌矿区	赣州	石英脉型	小型	钨	铜、锡、银
57	上犹县焦里白钨铅锌矿区	赣州	矽卡岩型	中型	钨	铜、铅、锌、铋、银、镉、普通萤石
58	上犹县枫树排钨矿区	赣州	石英脉型	小型	钨	锡
59	上犹县张天堂钨锡矿区	赣州	石英脉型	小型	钨	锡、铋
60	上犹县皮鞘坑钨铅矿区	赣州	石英脉型	小型	钨	铅、锡、银
61	上犹县大棚山钨矿区(整合)	赣州	石英脉型	小型	钨	铜
62	崇义县乌地矿区钨铜矿区	赣州	石英脉型	小型	钨	铜
63	崇义县思顺社官钨铜矿区	赣州	石英脉型	小型	钨	铜
64	崇义县黄竹垅钨铜矿区	赣州	石英脉型	小型	钨	铜
65	崇义县小坑钨铜矿区	赣州	石英脉型	小型	钨	铜
66	崇义县高垄黄竹垅钨矿区	赣州	石英脉型	中型	钨	铜
67	崇义县长流坑钨铜矿区	赣州	石英脉型	小型	钨	铜、锡
68	崇义县石咀脑钨矿区	赣州	石英脉型	小型	钨	锡

续表0-1

序号	钨矿地名称	地区	矿床主要类型	规模	主矿种	共(伴)生矿种
69	崇义县仙鹅塘(锡坑)钨锡矿区	赣州	石英脉型	小型	钨	锡
70	崇义县柯树岭钨锡矿区	赣州	石英脉型	小型	钨	铜、锌、钨、锡
71	崇义县淘锡坑钨锡矿区	赣州	石英脉型	大型	钨	铜、锡、钼、银
72	崇义县碧坑钨矿区	赣州	石英脉型	小型	钨	铜、锡
73	崇义县东峰矿区钨锡矿区	赣州	石英脉型	小型	钨	铜、锡
74	崇义县大黄里黑钨矿区	赣州	石英脉型	小型	钨	铋
75	崇义县合江口钨铜锌多金属矿区	赣州	石英脉型	小型	钨	铜、锡、锌
76	崇义县茅坪钨锡钼矿区	赣州	石英脉型	大型	钨	铜、锌、锡、钼
77	崇义县东岭背钨锡矿区	赣州	石英脉型	小型	钨	锡
78	崇义县八仙脑(牛角窝)钨铅锌矿区	赣州	石英脉型	小型	钨	铅、锌、银
79	崇义县大坪(龟子背)钨矿区	赣州	石英脉型	中型	钨	铜、铅、锌、锡、铋、钼、银、铍
80	崇义县宝山(铅厂)钨铅锌银矿区	赣州	矽卡岩型	大型	钨	铜、铅、锌、铋、钼、银、铟、镉
81	崇义县铅厂罗形坳钨矿区	赣州	石英脉型	小型	钨	铜、锡、钼
82	崇义县天井窝钨矿区	赣州	矽卡岩型	小型	钨	锡
83	崇义县聂都梅树坪钨矿区	赣州	石英脉型	小型	钨	钼
84	崇义县新安子钨锡矿区	赣州	石英脉型	中型	钨	铜、锡、钼、银
85	崇义县龙潭面北(东山垇)钨矿区	赣州	石英脉型	小型	钨	铜、锡、钼
86	崇义县龙潭面钨锡矿区	赣州	石英脉型	小型	钨	铜
87	崇义县铅厂香菇棚钨矿区	赣州	石英脉型	小型	钨	锡、钼
88	崇义县塘漂孜钨矿区	赣州	石英脉型	小型	钨	锡
89	崇义县杨眉寺区域钨锡砂矿区	赣州	砂矿	小型	钨	锡、金
90	大余县白井钨矿区	赣州	石英脉型	小型	钨	铜、铋、钼
91	大余县满埠钨矿区	赣州	石英脉型	小型	钨	铋
92	大余县樟东坑钨矿区	赣州	石英脉型	中型	钨	铋、钼、铍
93	大余县九龙脑钨矿区	赣州	石英脉型	中型	钨	钼
94	大余县洪水寨钨锡矿区	赣州	细脉浸染型	中型	钨	铜、锌、锡、铋、钼、银、铍、硫铁
95	大余县牛斋钨矿区	赣州	石英脉型	小型	钨	锡
96	大余县洞脑钨矿区	赣州	石英脉型	小型	钨	锡

续表 0-1

序号	钨矿地名称	地区	矿床主要类型	规模	主矿种	共(伴)生矿种
97	大余县生龙口钨矿区	赣州	石英脉型	小型	钨	钼
98	大余县荡坪钨矿区	赣州	石英脉型	中型	钨	铜、锡、铋、钼、铍
99	大余县西华山钨矿区	赣州	石英脉型	大型	钨	铜、锡、铋、钼、锆
100	大余县牛孜石钨矿区	赣州	石英脉型	小型	钨	铜、钼
101	大余县木梓园钨钼矿区	赣州	石英脉型	中型	钨	钼
102	大余县竹山脑钨矿区	赣州	石英脉型	小型	钨	锡、钼
103	大余县漂塘钨锡矿区	赣州	石英脉型	大型	钨	铜、铅、锌、锡、铋、钼
104	大余县石雷钨矿区	赣州	石英脉型	中型	钨	铜、锡、银
105	大余县左拔钨矿区	赣州	石英脉型	中型	钨	铋、钼
106	大余县樟斗钨矿区	赣州	石英脉型	中型	钨	
107	大余县牛岭钨矿区	赣州	石英脉型	中型	钨	铜、锡
108	大余县铁仓寨钨矿	赣州	石英脉型	中型	钨	
109	大余县下垄钨锡矿区	赣州	石英脉型	小型	钨	铜、锡、钼、银
110	赣州市南康区张天坞铜多金属矿区	赣州	石英脉型	小型	钨	铜、铋、钼、银
111	南康市红桃岭钨矿区	赣州	石英脉型	小型	钨	铜、锡、银
112	南康市罗垅钨矿区	赣州	石英脉型	小型	钨	
113	赣州市笔架山钨矿区	赣州	石英脉型	小型	钨	
114	赣县新安钨矿区	赣州	石英脉型	小型	钨(白)	
115	赣县龟湖钨铜多金属矿区	赣州	石英脉型	小型	钨	
116	赣县小塘坑钨钼多金属矿区	赣州	石英脉型	小型	钨	铜、钼
117	赣县合龙(金竹坪)钨矿区	赣州	石英脉型	中型	钨	
118	赣县赖坑钨矿区	赣州	石英脉型	小型	钨	
119	赣县长坑钨矿区	赣州	石英脉型	小型	钨	
120	赣县福竹山钨钼多金属矿区	赣州	石英脉型	小型	钨	钼
121	赣县黄婆地钨矿区	赣州	矽卡岩型	中型	钨	铜、锌、钼、铋、铍
122	赣县东埠头钨矿有限公司东埠头钨矿区	赣州	石英脉型	小型	钨	
123	赣县白水寨铜钨(钼)矿区	赣州	石英脉型	小型	钨	铜、钼
124	赣县麒鹿山钨钼矿区	赣州	石英脉型	小型	钨	钼

续表 0-1

序号	钨矿地名称	地区	矿床主要类型	规模	主矿种	共(伴)生矿种
125	赣县樟水坑钨铜矿区	赣州	石英脉型	小型	钨	
126	于都县小东坑钨矿区	赣州	石英脉型	中型	钨	铜、锡、铋、银
127	于都县庵前滩钨矿区	赣州	石英脉型	中型	钨	铋
128	于都县上坪钨矿区	赣州	石英脉型	中型	钨	铜、锡、铋、钼
129	于都县黄沙钨矿区	赣州	石英脉型	大型	钨	铜、锌、锡、铋、钼、银
130	于都县铁山垅钨锡砂矿区	赣州	砂矿型	小型	钨	锡
131	于都县隘上区域砂钨矿区	赣州	砂矿型	小型	钨	锡
132	于都县隘上钨矿区	赣州	细脉浸染型	小型	钨	钼铋
133	于都县猪栏门钨矿区	赣州	矽卡岩型	小型	钨	
134	于都县盘古山钨矿区	赣州	石英脉型	大型	钨	铜、锡、铋、钼
135	于都县岩前钨矿区	赣州	矽卡岩型	小型	钨	滑石、透闪石
136	会昌县狮子钨铜多金属矿区	赣州	石英脉型	小型	钨	铜
137	会昌县白鹅钨矿区	赣州	石英脉型	小型	钨	铜
138	瑞金市胎子崇钨矿区	赣州	细脉浸染型	小型	钨	铜、银
139	信丰县上坪钨矿区	赣州	石英脉型	小型	钨	
140	信丰县笔架山钨铜矿区	赣州	石英脉型	小型	钨	铜、铅、锌
141	全南县官山钨锡矿区	赣州	石英脉型	中型	钨	锡
142	全南县大吉山钨矿区	赣州	石英脉型	大型	钨	铋、钼、铌、钽、铍
143	龙南县狮坑钨钼矿区	赣州	石英脉型	小型	钨	铋、钼、银
144	龙南县九曲钨铜多金属矿区	赣州	石英脉型	小型	钨	铜、铅、锌、银
145	龙南县岗鼓山钨矿区	赣州	矽卡岩型	小型	钨	
146	龙南县夹湖旺达钨矿区	赣州	矽卡岩型	小型	钨	铜、锡
147	龙南县石宝山矿区钨铜矿区	赣州	石英脉型	小型	钨	铜、银
148	龙南县临塘乡蒲罗合钨铜矿区	赣州	石英脉型	小型	钨	铜、铋、银
149	定南县岜美山钨矿区	赣州	石英脉型	大型	钨	铜、锡、铋、铌、钽
150	安远县金竹矿区钨矿区	赣州	石英脉型	小型	钨	铜、锌、铋、银、镉
151	安远县大面岭钨铜钼铋多金属矿区	赣州	石英脉型	小型	钨	铜、铋、钼
152	寻乌县老墓钨铁矿区	赣州	石英脉型	小型	铁铅	钨

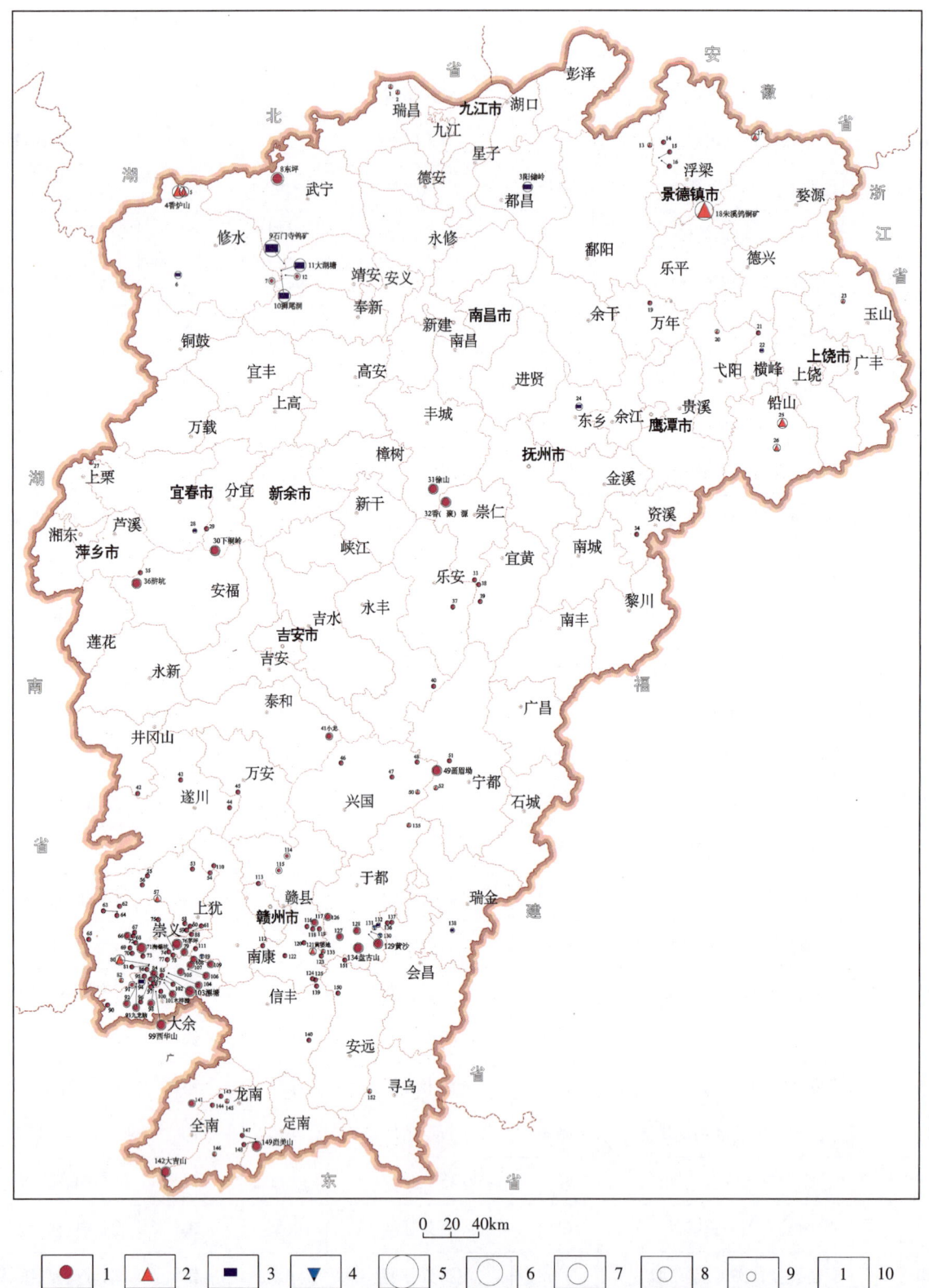

1—石英脉型；2—矽卡岩型；3—细脉浸染型；4—砂矿型；5—世界级；6—超大型；7—大型；8—中型；9—小型；10—矿床序号。

图 0-4 江西省钨矿床分布图

Fig. 0-4 Distribution of tungsten deposits in Jiangxi Province

没有收集到。矿床与矿点总计400余处。钨资源储量超过$50×10^4$t的世界级巨型矿床有朱溪、石门寺、松树岗2处；超过$25×10^4$t的超大型矿床有狮尾洞、大湖塘、香炉山、东坪4处；介于$5×10^4$~$25×10^4$t之间的大型矿床有17处，介于$1×10^4$~$5×10^4$t之间的中型矿床有26处，$1×10^4$t以下的小型矿床有103处。

江西省列入2020年底资源储量表的钨（WO_3）保有资源储量$589.32×10^4$t，累计查明资源储量$726.78×10^4$t，加上待上表探明的资源储量大湖塘矿田$42.47×10^4$t，朱溪矿区$45×10^4$t，凤凰山$2.89×10^4$t，长坑矿田$1.25×10^4$t，八仙脑5 205t，山棚下4 633t，岩前5 229t，合计WO_3资源储量约$820×10^4$t（其中伴生WO_3资源储量$12.37×10^4$t）。已上表钨矿床累计探明的共（伴）生锡$19.2×10^4$t，铋$10.6×10^4$t，铜$186.5×10^4$t，钼$19.8×10^4$t，铅$30.2×10^4$t，锌$40.2×10^4$t，铍$1.04×10^4$t，银5 465t，不包括以铜为主的武山、永平、东雷湾矿床，其中共（伴）生的铋资源储量居全国前列。

九、本次工作情况

2014年5月，江西省地质矿产勘查开发局办公室文件《关于下达江西省地矿局2014年地质科研项目的通知》（赣地矿办发〔2014〕30号），项目名称"江西钨矿成矿规律研究与成矿预测"，由赣南地质调查大队牵头，九一二大队、九一六大队、赣西北大队、赣西地质调查大队、江西省地质调查研究院参加。

研究工作在江西省地质矿产勘查开发局余忠珍副局长、洪文忠总工程师直接领导下，科技处周雷（前）、周小彬（后）处长具体领导下进行，原江西省地质矿产勘查开发局总工程师杨明桂教授级高级工程师担任技术指导。赣南地质调查大队由曾载淋负责，九一二大队由陈国华负责，九一六大队由项新葵负责，赣西北大队由罗小洪负责，赣西地质调查大队由徐敏林负责，江西省地质调查研究院由楼法生负责。

2015年6—9月，江西省地质矿产勘查开发局科技处组织编制单位的人员实地到江西省内典型的钨矿山朱溪、大湖塘、浒坑、下桐岭、香炉山、淘锡坑、漂塘、茅坪、徐山、阳储岭等考察。经过考察后，2015年9月21日在项目研讨会议上议定将成果报告定名为《江西钨矿地质》。

在广泛收集江西省内各地质队多年的勘查成果、江西省地质矿产勘查开发局以及科研院校有关研究成果基础上，本书历经7年，于2020年12月集体编写完成。

全书由曾载淋、陈小勇负责组织编写。先期由游磊、朱宏新、彭琳琳负责整理，后期由丁明负责整理。

《江西钨矿地质》绪言由曾载淋、陈小勇、彭琳琳、游磊、丁明编写。

各章节的编写人员如下。区域地质背景：陈小勇、曾载淋、胡正华、王昆、游磊、朱宏新、丁明；钨矿床类型及其特征：曾载淋、陈小勇、朱宏新、丁明；钨矿床成因：曾载淋、贺根文；成矿区带及其特征：陈小勇、曾载淋、游磊、朱宏新；区域成矿规律：曾载淋、王昆、朱宏新；隐伏钨矿床预测与找矿实践：陈小勇、陶建利、欧阳永鹏、占岗乐；资源预测：楼法生、胡正华、陈小勇、丁明。

典型钨矿床编写人员如下。浮梁县朱溪钨铜矿床：欧阳永棚、陈国华、曾祥辉、何细荣、吴筱萍、饶建锋；崇义县宝山（铅厂）钨铅锌矿床：丁明、曾以吉、廖志权；修水县香炉山钨矿田：陈波、汪国华；上犹县焦里钨银铅锌矿床：丁明、游磊、廖志权；赣县黄婆地钨矿床、于都县前滩钨矿床：陶建利、刘俊生；铅山县永平天排山铜钨钼银矿床、丰城市徐山钨铜矿床、安福县浒坑钨矿床、分宜县下桐岭钨钼铋矿床：周建廷；玉山县西坑坞铜钨钼矿床、宜黄县大王山钨矿床、抚州市东乡区枫林铜钨铁矿床：何细荣；于都县岩前钨滑石透闪石矿床：丁明、刘翠辉、李江东；宁都县狮吼山硫（铜钨）

矿床、于都县猪栏门钨矿床、龙南县岗鼓山钨矿床、寻乌县老墓钨铁铅矿床：丁明、孙杨、邓以超；兴国县山棚下钨钼矿床：蔡小龙；大余县西华山钨矿田选自《中国矿产地质志·江西卷》；大余县牛岭钨锡矿床、大余县洪水寨钨锡矿床、崇义县茅坪钨锡矿床：丁明；大余县九龙脑钨矿床、崇义县淘锡坑钨矿床：丁明、游磊、陈伟、郑兵华；大余县樟东坑钨矿床：李伟、丁明；武宁县东坪钨矿床：李吉明、胡正华；修水县昆山钨钼铜矿床：叶少贞；崇义县八仙脑钨矿田：谢刚、丁明；崇义县新安子钨锡矿床、大余县漂塘钨锡矿床、大余县石雷钨锡矿床、大余县木梓园钨钼矿床、大余县樟斗钨矿床、大余县左拔钨矿床：丁明、游磊、邬思涛；全南县大吉山钨铌钽（铍）矿床、定南县岿美山钨矿床：谢刚；全南县官山钨锡矿床：谢刚、李伟、丁明；于都县盘古山钨铋矿床：陶建利、陈伟；于都县黄沙钨铜铋矿床、于都县隘上钨矿床：陶建利；赣县－于都县长坑钨矿田：丁明、范世祥、陶建利；兴国县画眉坳钨矿床、泰和县小龙钨矿床、修水县花山洞钨矿床：赵磊；大湖塘钨铜钼多金属矿田：占岗乐、但小华、孔凡斌和项新葵、孙德明、余振东；崇仁县香元（聚源）钨矿床：何发林、谢春华；横峰县松树岗铌钽钨锡矿床：李伟；都昌县阳储岭钨钼矿床：孙德明；瑞金市胎子岽钨矿床：彭琳琳；赣县新安钨矿床：莫信；遂川县凤凰山钨矿床、于都县小东坑钨矿床：谢春华、董晨；遂川县岗上钨矿床：杨华全。

2021年1月16日，江西省地质矿产勘查开发局组织局杨明桂教授级高级工程师（组长）、唐维新高级工程师、周雷高级工程师和东华理工大学潘家永教授、江西应用技术职业学院陈洪冶教授、江西理工大学吴开兴教授组成专家组，在赣州对赣南地质调查大队提交的项目成果报告《江西钨矿地质》进行了评审，质量评为"优秀"级，并提出进一步修改补充意见。

2021年3月，江西省地质局党组书记宋斌、局长陈祥云决定将《江西钨矿地质》进一步完善，将正式出版的书名定为《江西省钨矿地质志》，局长陈祥云教授级高级工程师为书作序。在江西省地质局科技教育处叶琴处长组织下，由杨明桂教授级高级工程师对成果报告进行了章节调整与全面修改补充，由丁明负责进行整编与文图表补充校改，吴文钧、熊燃对全省钨矿床共伴生组分资源进行了综合整理，鄢新华进行物化探资料整理。参加整理的主要人员有李伟、贺根文、余雅霖、董晨、胡论元。文、图制作人员有毛影、胡涵、龙梅、王桂枝、邓以超、丁小华、孙杨、陈丹、钟建国、于长琦、卢国安、黄健、谭友、鲁捷、尹积扬、连敦梅、曾德华、袁启文、严丽。

2021年9月完成了修改书稿，复根据谢春华、曾载淋、楼法生、周建廷、欧阳永鹏、项新葵、占岗乐、陈波、余振东、叶少贞、汪国华、孙德明、李吉明、吴忠如提出的修改意见进行了补充，最后由杨明桂、丁明统编定稿。龙梅对结语进行了英译，并对姚悦译的序英文稿进行了校改，中国地质大学（武汉）外语学院英语教师高永刚进行了译校，谨致感谢。

参加研著人员历时8年，众志成城，不忘初心，方得始终，以此向中国共产党的百年诞辰献礼！

上篇 区域成钨矿地质基因

江西省位于欧亚板块东南部，东邻太平洋-菲律宾海板块，地跨扬子、华夏-东南亚两个古板块（图1-1）。处于古华南洋构造域与滨太平洋构造域强烈复合地带，历经古元古代早前寒武纪克拉通、中元古代—晚青白口世早期华南洋、晚青白口世晚期—早古生代华南裂谷系、晚古生代—中三叠世陆表海、晚三叠世—早侏罗世成煤陆盆、晚白垩世—古近纪等伸展断陷成（红）盆期和晋宁、加里东、印支、燕山4个重要的造山期，以燕山期陆内活化造山最为强烈，形成了复杂而独特的区域地质背景和有利的成钨地质条件。

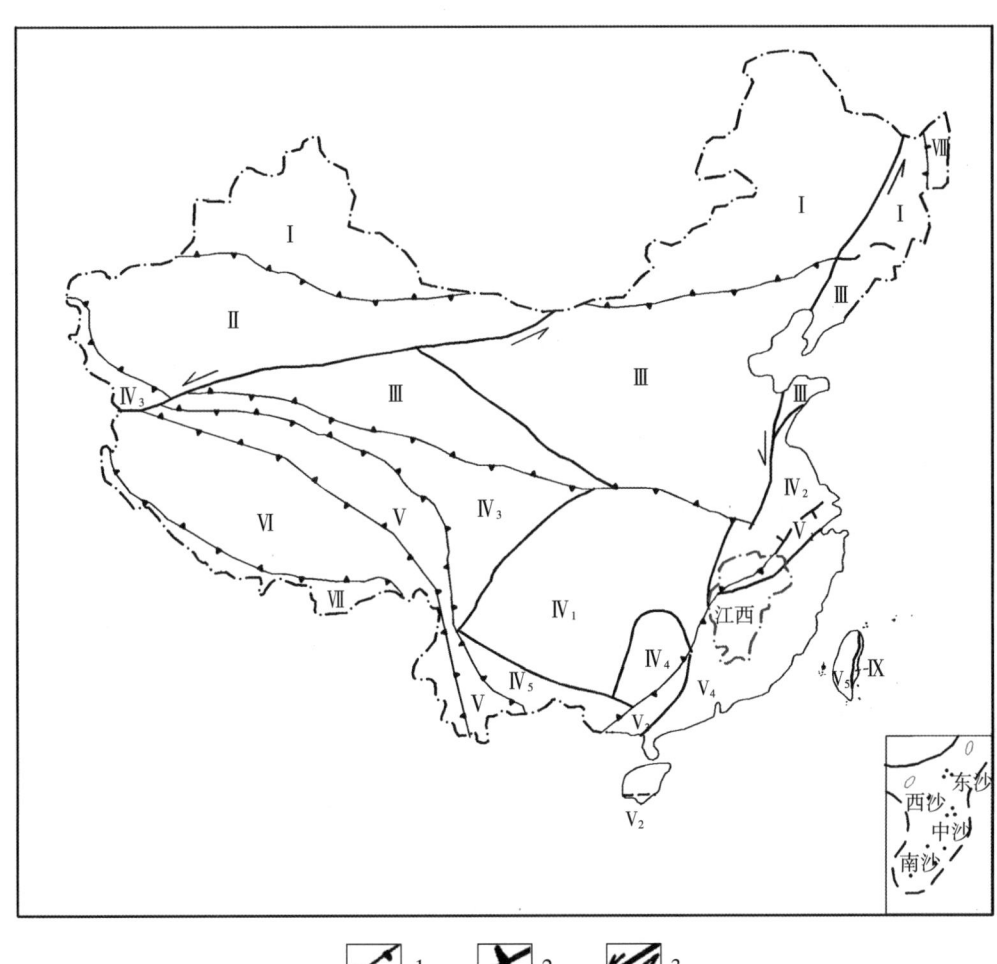

Ⅰ—西伯利亚板块；Ⅱ—塔里木板块；Ⅲ—柴达木-华北板块；Ⅳ—扬子板块；Ⅳ$_1$—扬子陆块；Ⅳ$_2$—下扬子地块；Ⅳ$_3$—巴颜喀拉-松潘造山带；Ⅳ$_4$—湘桂造山带；Ⅳ$_5$—右江造山带；Ⅴ—华夏东南亚板块；Ⅴ$_1$—信江-钱塘地块；Ⅴ$_2$—三亚残留陆块；Ⅴ$_3$—钦州造山带；Ⅴ$_4$—东南造山带；Ⅴ$_5$—台湾中央造山带；Ⅵ—滇藏板块；Ⅶ—印度板块；Ⅷ—太平洋板块；Ⅸ—菲律宾海板块。

图1-1 江西省构造位置图
（据程裕淇，1994；杨明桂等，2020，修改）
Fig. 1-1 Tectonic location map of Jiangxi Province

第一章　地层与钨矿赋矿地层

第一节　区域地层

江西省古元古代—新生代地层皆有分布。古—中元古代地层零星，新元古代、早古生代、晚古生代及中新生代和第四纪地层比较完整。以凭祥-宜丰-歙县-苏州断裂带为界，南面为华夏地层区，北面为扬子地层区，二者之间为钦杭带中段地层区。在《中国区域地质志·江西卷》划分的基础上，根据杨明桂等（2020）的研究成果对青白口系进行了时代调整（表1-1）。

一、元古宇—下古生界

江西省北部扬子地层区与南部华夏地层区，元古宇—下古生界显著不同；江西中部即钦杭华南洋潜没带中段，北、南区地层交错，叠覆复杂多变。

（一）北部下扬子地层区

下扬子地层区主要出露于江南隆起中部。上青白口统下部双桥山群主要为一套巨厚的浅变质砂岩、板岩，夹少量凝灰质碎屑岩，偶见碳酸盐岩层。在江南隆起北缘武宁—庐山一带含细碧岩、石英角斑岩。在庐山东麓星子核杂岩构造核部出露有深变质的星子岩群。晋宁运动时形成区域褶皱基底。其上为上青白口统上部由陆相砂砾岩、火山岩组成的"准盖层"。南华系—志留系组成扬子型沉积盖层。下南华统以滨海沉积碎屑岩为主，中上南华统为饥饿的极薄冰期、间冰期湖相-浅海相沉积。下震旦统为碳酸盐岩、碎屑岩；上震旦统分别为以白云岩为主的灯影组和以硅质岩为主的皮园村组；底下寒武统为含铀钒碳质页岩夹灰岩、硅质层；中上寒武统为碳酸盐岩。奥陶系在长江南岸为以白云岩为主的碳酸盐介壳相，在修（水）武（宁）都（昌）一带为钙沉质碎屑岩夹硅质泥灰岩，主要为笔石页岩相。志留系仅出露下、中统，主要为黄绿色、紫红色具复理石韵律的泥砂质碎屑岩。

（二）南部华夏地层区

华夏地层区为扬子-加里东期南华裂谷海盆闭合后形成的加里东期造山带，仅在武夷山脉西坡资溪、黎川县境出露有零星的古元古界天井坪岩组，主要为混合岩化的变粒岩夹片岩，为造山带根部出露的早前寒武纪结晶基底。全区广泛出露的褶皱基底为上青白口统上部—下古生界。上青白口统上部—下南华统主要为含海相火山岩泥砂质浊流沉积，下南华统间夹白云岩层。中南华统下部和上南华统为冰海沉积，中南华统上部为间冰期磁铁石英岩与含锰碳酸盐岩。震旦系以底部、顶部硅质岩为标志与其他地层分界。寒武系主要由一套含铀钒碳质层（石墨）泥砂质碎屑沉积组成，上寒武统中夹大理岩层。奥陶系主要为笔石页岩相，崇义-南康东西向断裂带以北为碎屑岩，以南为碎屑岩中夹碳酸

表 1-1 江西省岩石地层单位划分对比一览表

(据江西省地质矿产勘查开发局，2017，修改)

Table 1-1 Division and correlation of lithostratigraphic units in Jiangxi Province

续表 1-1

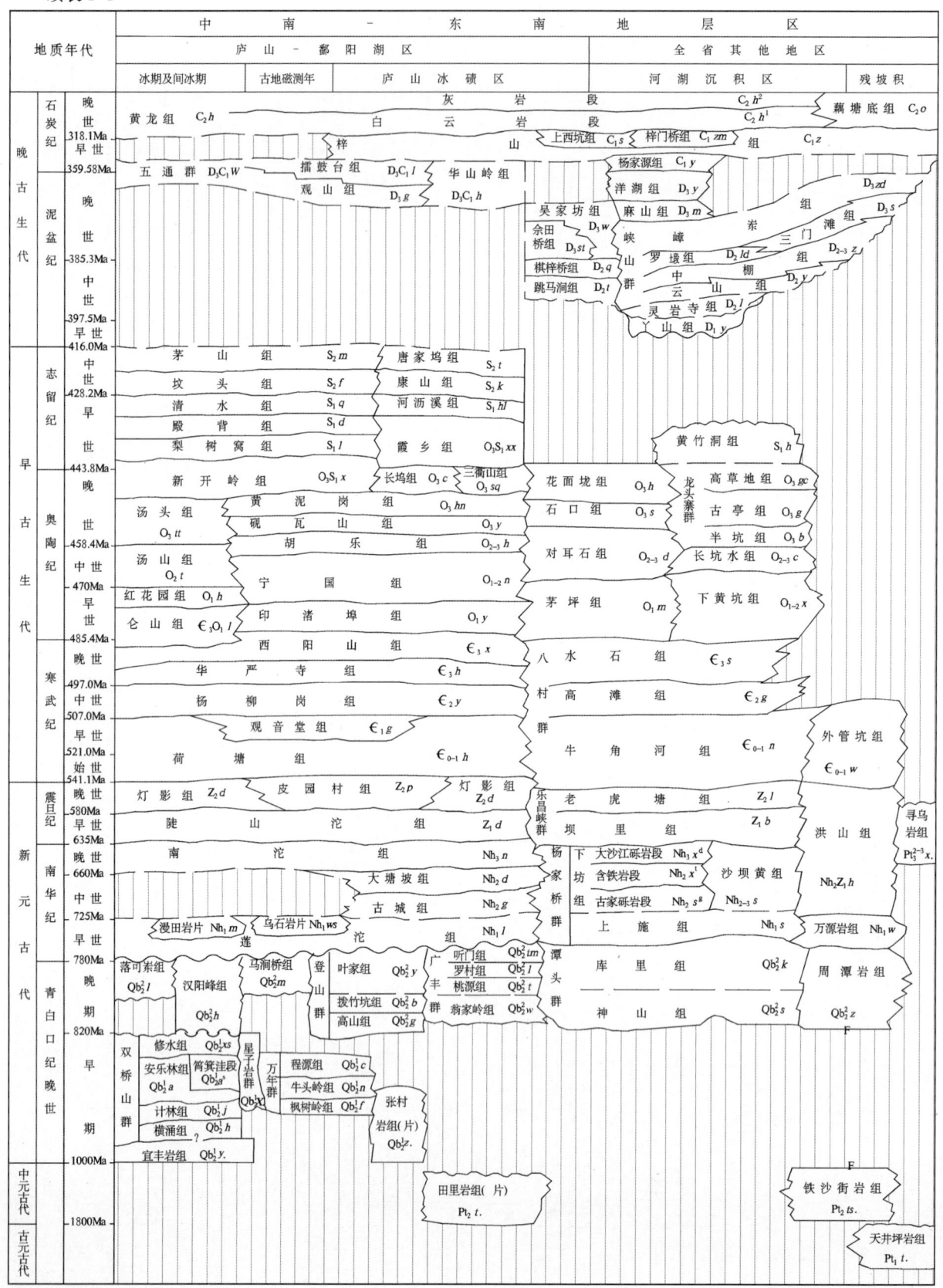

盐岩。仅赣西南分布有下志留统碎屑岩。整个下古生界以浅变质岩为主，而震旦系—上青白口统上部，从诸广山脉向武夷山脉随造山带剥露出的造山带上部带向下部带、根部带，由浅变质向中深变质递变。

（三）中部钦杭带中段

该带大部分被晚古生代以来地层覆盖，在万载—宜丰、德兴—弋阳出露有准原地的新元古代含蛇绿岩块的华南洋壳宜丰岩片、张村岩片；在广丰残留陆块有中元古界田里岩片，在弋阳县南部残留有中元古界铁沙街岩片，为弧后盆地含铜细碧岩、石英角斑岩建造。在怀玉山区上青白口统上部登山群为裂谷海槽的一套深海泥砂质浊积岩、浅滨海碎屑岩与双峰式火山岩，其上南华系—下古生界转变为扬子型陆表海盆沉积。在上高县一带从深部推挤出露的漫田岩片为浅变质海相碎屑浊流沉积；在万年地区形成于加里东期的万年推覆体，由上青白口统下部万年群浅变质的含火山凝灰质的泥砂质浊积岩组成。

二、上古生界—中三叠统

志留纪发生的加里东期造山后，江西进入统一的华南陆块发育阶段，北、南沉积差异不大，形成中晚泥盆世—中生代华南型沉积盖层。赣中南中上泥盆统发育齐全，为含铁陆源碎屑岩与碳酸盐岩；赣北仅有上泥盆统上部厚度不大的含砾砂岩，赣东北部分地区缺失泥盆系。下石炭统在赣西为碎屑岩、碳酸盐岩，其余地区主要为含煤碎屑岩，赣北部分地区缺失；上石炭统黄龙组分布很广，为白云岩、白云质灰岩，藕塘底组分布于饶南坳陷，为砂砾岩与碳酸盐岩互层。下中二叠统底部局部为含煤碳质页岩，其上为碳酸盐岩夹硅质岩、镁质黏土、碳质层；上二叠统为含煤碎屑岩、碳酸盐岩。下三叠统赣北主要为灰岩、白云岩，赣中南由碎屑岩、薄层碳酸盐岩组成。中三叠统仅分布于赣西，为紫红色碎屑岩。

三、上三叠统—第四系

中三叠世末印支运动结束了大规模海相沉积，进入了大陆发展阶段。上三叠统—下侏罗统主要为含煤碎屑岩，在赣南南部下侏罗统为双峰式火山岩，称菖蒲组。江西省内中侏罗世开启了燕山运动，局部有杂色碎屑岩沉积。晚侏罗世因燕山运动激化而缺失沉积。早白垩世早期形成武夷群鸡笼嶂组火山岩，晚期形成火把山群火山岩碎屑岩。上白垩统—古近系为断陷盆地红色碎屑岩沉积，新近系分布局限，第四系除庐山地区有冰碛地层外，主要为冲洪积层。

第二节 地层钨地球化学

谢学锦等（2002）根据1:20万分散流测量结果，得出华南地区是一个世界级的钨地球化学块体，面积$1.3 \times 10^5 km^2$，江西处于其中心。江西省地质矿产勘查开发局（2017）研究认为华南地区是壳型钨地球化学块体，其范围与华夏成矿省吻合，笔者称其为华夏钨地球化学块体。已取得有关地层W元素含量的数据较多，主要有原地矿部南岭地球化学专题组的资料（1998）南岭地区南华系—下三叠统岩石W平均含量为3.26×10^{-6}；冶金部南岭钨矿专题组（1981）测得的华南地区新元古界—三叠系岩石W平均含量高达10.60×10^{-6}；刘英俊（1981）取得的结果与之相近，为9.53×10^{-6}；江西地质科学研究所

（1985）采集350个样品取得的江西地层岩石W元素平均含量为5.96×10^{-6}，其中上青白口统下部双桥山群103个样品，W元素平均含量高达10.5×10^{-6}，赣北新元古界—上寒武统为8.7×10^{-6}，其中底下寒武统荷塘组碳质泥岩为钒铀钼（钨）矿化层。在都昌南山钒矿层中含WO_3达$0.04\times10^{-6}\sim0.068\times10^{-6}$；赣南南华系—上石炭统为$4.1\times10^{-6}$，总体显示变质基底地层W元素含量高，火山凝灰岩地层W元素含量特高，赣县长洛—于都三门滩下石炭统凝灰质地层W元素含量$69\times10^{-6}\sim152.5\times10^{-6}$，说明地壳熔融形成的火山物质，使W元素进一步富集。

《江西省地质矿产志》（江西省地质矿产局，1998）所载江西地层岩石W元素含量平均值为1.8×10^{-6}。其中碎屑岩为1.6×10^{-6}，泥质岩为2.7×10^{-6}，碳酸盐岩仅为0.3×10^{-6}。各时代地层岩石W元素含量以三叠系（2.9×10^{-6}）、寒武系（2.3×10^{-6}）、上青白口统（1.9×10^{-6}）最高；志留系（1.7×10^{-6}）、奥陶系（1.5×10^{-6}）、泥盆系（1.4×10^{-6}）、石炭系（1.2×10^{-6}）较高，以碳酸盐岩为主的二叠系W元素含量最低，仅0.4×10^{-6}。据《江西钨矿地质特征及成矿规律》（江西地质科学研究所，1985）资料，江西震旦系中赣北陡山沱组和赣南老虎塘组中局部地层W元素含量较高。全省地层土壤W元素含量平均值为2.6×10^{-6}；水系沉积物W元素含量平均值为3.2×10^{-6}。

以上资料显示，地层中W元素含量测试数值不一，但普遍高于全球地壳中W元素平均含量1.1×10^{-6}（黎彤，1976），显示江西地壳是一个高背景的钨地球化学块体。

第三节　钨矿床赋矿地层与"层源"钨矿床讨论

一、钨矿床赋矿地层

江西省地层分布面积约$1.3\times10^5\,km^2$。内生钨矿床赋矿地层从新元古界—中生界，面积约$1.08\times10^5\,km^2$。其中主要分布于隆起区变质基底岩层为大量花岗岩与石英脉型、细脉浸染型钨矿床出露区，面积$6.05\times10^4\,km^2$；分布于坳陷区的沉积岩层，出露的成矿岩浆岩体与钨矿床稀少，为矽卡岩钨矿床成矿地区，占全省钨资源总量过半。晚白垩世—第四纪，主要分布于盆地中，为内生钨矿床覆盖层，面积约$2.2\times10^4\,km^2$，其中第四纪冲积层中有钨砂矿床（点）分布。

纵观江西内生钨矿床，不同类型矿床与地层岩性具有不同的相关关系，有以下3种情况。

1. 砂泥质变质岩中花岗岩浆热液充填钨矿床

赋矿地层主要为褶皱基底砂泥质变质岩系：赣北为上青白口统下部双山桥群、万年群；赣南为上青白口统上部—下志留统砂泥质变质岩系，为固结程度较高岩层，其中变质砂岩较有利。以裂隙充填成矿为特征，包括石英脉型、细脉浸染型钨矿床，分布最广，矿床、矿点众多。仅盘古山等少数石英脉型钨矿床围岩为中上泥盆统弱变质的砂砾岩、砂岩、板岩。

2. 碎屑岩层中花岗岩浆气液似层状（细脉）浸染型钨矿床

于都县隘上似层状细脉浸染型钨矿床产于燕山期成矿花岗岩外接触带下石炭统梓山组热变质碎屑岩中，黑钨矿呈浸染状或网脉状分布于砂页岩与层间错动带中（详见第七章第三节）。

东乡县枫林为燕山期先铜后钨叠生矿床。与S型花岗斑岩有关的钨矿床，钨呈离子状态赋存于石炭系沉积赤铁矿层中，并形成白钨矿、黑钨矿细脉、网脉、晶洞，矿物呈浸染状（详见第七章第三节）。

此外，德安县彭山矿田产于燕山晚期成矿花岗岩外接触带下南华统莲沱组上部含细砾粗粒砂岩中，形成了尖峰坡似层状浸染型锡矿床和张十八似层状浸染状铅锌矿床。上述矿床实例均显示孔隙度较高的砂岩层是岩浆气液成矿流体扩散的有利通道和赋矿层位。

3. 碳酸盐岩层接触交代矽卡岩型钨矿床

江西自1955年首次发现矽卡岩型钨矿床以来，迄今已知形成该类矿床（点）的层位众多，自新元古代至早三叠世，地层中的碳酸盐岩层，当与燕山期成钨花岗岩侵入体接触，几乎都有钨矿床或矿化发生。

表1-2中似层状矽卡岩型钨矿床赋矿碳酸盐岩地层在石炭系—二叠系中与沉积碎屑岩呈互层，在

表1-2 江西省矽卡岩型钨矿床赋矿地层表

Table 1-2 Ore bearing strata of skarn tungsten deposit in Jiangxi Province

时代	地层	矿床(点)	燕山期成矿花岗岩	规模
早三叠世—晚二叠世	青龙组、长兴组	瑞昌市东雷湾矽卡岩型铜(钨)矿床	I型花岗闪长斑岩	小型
中二叠世	茅口组	于都县猪栏门矽卡岩型钨矿床	S型花岗岩	小型
早中二叠世	栖霞组、马平组	崇义县宝山矽卡岩型钨铅锌银矿床	S型花岗岩	大型
晚石炭世	黄龙组	浮梁县朱溪矽卡岩型钨铜矿床	S型花岗岩	世界级
	藕塘底组	铅山县永平层状矽卡岩型铜硫钨矿床	I型富斜花岗岩	大型
早石炭世	梓山组	于都县黄婆地似层状矽卡岩型钨钼铋矿床、宁都县大棚下似层状矽卡岩型钨钼矿床、宁都县狮吼山矽卡岩型硫铁钨矿床	S型花岗岩	中型、小型、小型
晚泥盆世	麻山组	龙南县岗鼓山似层状矽卡岩钨矿床、	S型花岗岩	小型
	三门滩组	于都县庵前滩似层状矽卡岩型钨矿床	S型花岗岩	中型
	佘田桥组	龙南县岗鼓山似层状矽卡岩型钨矿床、遂川县邹家地似层状矽卡岩型钨矿点	S型花岗岩	小型、矿点
晚奥陶世	长坞组	玉山县西坑坞似层状矽卡岩型钨矿点	I-S型斜长花岗岩	矿点
	古亭组	崇义县天井窝矽卡岩型钨矿床	S型花岗岩	小型
晚寒武世	水石组	上犹县焦里似层状矽卡岩型钨铅锌矿床	S型花岗岩	中型
中寒武世	杨柳岗组	修水县香炉山似层状矽卡岩型钨矿床	S型花岗岩	超大型
始寒武世	牛角河组	定南县岿美山"地下室"式矽卡岩型钨矿床	S型花岗岩	大型
早震旦世	陡山沱组	修水县张天罗-大岩下似层状矽卡岩型钨矿床	S型花岗岩	大型
	坝里组	寻乌县老墓矽卡岩型钨铁矿床、兴国县城岗矽卡岩型钨矿床	S型花岗岩	小型、矿点
早南华世	上施组	丰城市徐山"地下室"式矽卡岩型钨铜矿床	S型花岗岩	大型
晚青口白世	万年群	婺源县邦彦坑似层状矽卡岩型钨矿点	I-S型花岗闪长斑岩	矿点

新元古界—下古生界变质岩中主要呈夹层状。

上青白口统下部双桥山群中也有零星的似层状矽卡岩矿化点发现，牛角坞（青术下）产于双桥山群横涌组含钙板岩地层中的斑岩(墙)型白钨矿床，也有似层状矽卡岩型白钨矿薄层。江西地质科学研究所（1985）在都昌飞鹅山双桥山群红柱石化凝灰质板岩层中，发现由含碳酸盐岩结核形成的含白钨矽卡岩结核，可见石榴子石、绿帘石等蚀变矿物，WO_3 品位 0.02%。

二、"层源"钨矿床讨论

（一）"层源同生"钨矿床问题

江西"层源同生"钨矿床之说，自 20 世纪 60 年代以来江西和我国众多地质工作者做了大量研究工作。早期为石炭纪海相火山成因说，因地层中火山岩很少，后来流行海底热水喷流说，以永平似层状矽卡岩型铜（钨）矿床为典型一例。又有以焦里似层状褶皱矽卡岩型钨银铅锌矿床为例，提出上寒武统水石组碳酸盐岩夹层为钨矿源层，被燕山期花岗岩叠改成矿说。但长期找矿勘查实践与地质科学研究表明，江西不同类型的钨矿床或多或少从赋矿围岩中萃取钨等成矿物质，但迄今并未发现同生沉积的层源层状钨矿床，主要依据如下：

前已述及，江西碳酸盐岩地层中 W 元素平均含量很低，仅 $0.4×10^{-6}$，低于全球平均值，不可能是钨沉积矿源层；底下寒武统荷塘组底部碳质泥岩钒铀钼矿层中局部有含钨矿化体，但未形成矿床。

江西已发现 2 处似层状细脉浸染型钨矿床，形成于燕山期花岗岩外接触带，主要为岩浆气热流体沿砂岩层裂隙、孔隙充填浸染而成。

江西钨矿床主要为高温热液矿床，绝大多数位于燕山期成矿花岗岩体内外接触带，其中似层状钨矿床（体）成矿最大半径一般不超过 2km（永平铜钨矿床），成矿花岗岩隐伏深度最大为 1600m（朱溪）。

似层状矽卡岩型钨矿床往往与脉状、接触带矽卡岩型、蚀变岩型钨矿床组成"多位一体"钨矿床，隘上似层状浸染型钨矿床与石英大脉型钨矿床组成"二位一体"矿床。

不同类型成矿花岗岩与赋矿碳酸盐岩层耦合，形成的成矿组合有所不同，如东雷湾 I 型花岗闪长斑岩形成接触带矽卡岩型伴有白钨的铜矿床；永平 I 型富斜花岗岩形成似层状矽卡岩伴生白钨的铜矿床，I–S 型花岗闪长斑岩形成钨钼矿床（阳储岭）或钨钼矿点（邦彦坑）；大量 S 型花岗岩形成以钨为主的多金属矽卡岩型矿床。

上石炭统黄龙组或藕塘底组被认为是最典型的石炭纪海底热水喷流沉积形成钨铜铅锌的地层。但研究表明，该期地层均为形成于角度不整合或平行不整合面上海侵浅海或潮坪环境，不具备高温、高压、大规模钨成矿物质喷流沉积的条件。

江西省内从南华系到石炭系都有通过人工重砂发现钨矿物的报道。以江西地质科学研究所李崇佑、朱焱龄等研究较详（1985），通过人工重砂调查，在赣南多处中泥盆统云山组、下石炭统梓山组碎屑岩中发现有少量白钨矿，偶见黑钨矿，与其伴生矿物有锆石、石榴子石、磷灰石、电气石、萤石、硅灰石、辉铜矿、黄铁矿、黄铜矿、闪锌矿等，钛铁矿与磁铁矿最多，白钨矿等没有明显磨圆，被认为是同生沉积的含矿建造。需要注意的是赣南加里东期花岗岩分布较广，迄今未发现与之有关的钨矿床。仅上犹陡水加里东期花岗岩分异程度较高，形成钨矿化点和风化壳型砂锡矿点，为中泥盆统云山组底部砂砾岩不整合覆盖。砂砾岩中也有少量锡石、黑钨矿。赣南中东部于奥陶纪末—志留纪初发生加里东期造山，缺失志留纪、早泥盆世沉积，形成的加里东期花岗岩有相当一部分被剥露至地表。上述地层中所含钨矿物及众多金属、非金属钨矿组合类型显示主要是该期花岗岩的副矿物和热液矿化体蚀变矿物风化剥蚀，近距离搬运沉积形成的产物，也不排除有的是隐伏钨矿床的浅部层间矿化标志。

大规模钨矿普查勘探表明，当成矿岩体处于隐伏状态时，"以脉找体""以层找体"屡屡成功。当越出"成矿岩体成矿半径"，"顺层"找矿屡屡失败。世界级巨型朱溪钨矿床浅部是产于上青白口统下部万年群不整合面之上黄龙组中的似层状小型铜矿，通过"以层找体"缺位预测，在深部燕山期隐伏花岗岩接触带发现了巨型的矽卡岩型钨铜矿床。研究表明，似层状铜矿体不但不是石炭纪海底热水喷流沉积产物，而且铜矿化稍晚于白钨矿化。

综上所述，燕山期花岗岩是江西似层状钨矿床的成矿主因，碳酸盐岩互层、夹层、不整合面、滑动面、"钙硅面"是形成似层状矽卡岩型钨矿床的有利围岩与构造条件。孔隙度较高的碎屑岩利于形成浸染状钨多金属矿床。

（二）岩浆热液萃取围岩成矿元素的问题

江西大量钨矿床勘查研究表明，钨矿床在形成过程中岩浆热液（水）从围岩中萃取或多或少的成矿元素，且成矿流体活动方式与不同矿床类型有关。S型花岗岩成矿系列大量石英脉型钨矿床均以黑钨矿为主，白钨矿较少，且形成稍晚。这种沿裂隙充填的石英矿脉，一般仅有数厘米宽的围岩蚀变，从围岩蚀变中萃取成矿物质很少，成矿以岩浆流体为主；个别矿床如崇仁县香元（聚源），围岩地层为含有碳酸盐岩层的下南华统上施组，在岩浆热液活动中从围岩中萃取较多钙质，形成石英大脉与细脉、网脉混合型白钨矿体。

接触交代矽卡岩型钨矿床均产白钨矿，钙显然来自碳酸盐岩围岩。朱溪矿床产于碳酸盐岩中的矽卡岩型、脉型矿体均以白钨为主，而隐伏花岗岩体中却形成石英脉黑钨矿体。大湖塘矿田产于成矿花岗岩与晋宁期花岗岩内外接触带，其中形成的细脉浸染蚀变花岗岩矿床为白钨矿，而形成的石英大脉矿床以黑钨矿为主，产于花岗岩体内的蚀变岩型矿床也以黑钨矿为主，隐爆角砾岩型矿床黑钨矿多于白钨矿。

从以上现象推测：交代矿床比充填矿床从围岩中萃取的成矿元素多，大面积蚀变体积较大的矿床比脉状矿床从围岩中萃取的成矿物质多。江西与华夏成矿省地层岩石中含钨均较高，在成矿过程中不同类型矿床从成矿流体中萃取或多或少的钨，尤其是沃溪式远外接触带中低温热液型钨锑金矿床，岩浆热液与大气降水混合热液在长距离成矿活动中，可以从围岩中萃取较多的钨、锑、金。

第二章 多旋回岩浆活动与花岗岩成钨作用

江西省处于华夏多旋回岩浆活动区中部（图2-1），古元古代以来伴随多期板块活动与"陆海开合"发展演化，发生了多旋回的岩浆活动，是我国重要的岩浆岩分布区。

江西境内火山活动多发生于地壳伸展期。零星出露的古元古界天井坪岩组变粒岩、斜长角闪岩的原岩分别为中酸性火山岩和基性火山岩。中新元古代晋宁期有残留在钦杭带浏（阳）德（兴）歙（县）地区的华南洋壳蛇绿混杂岩带，以及广泛发育的陆缘弧盆沉积碎屑岩中含有凝灰质岩层与细碧岩、石英角斑岩建造。扬子-加里东期华南裂谷系扩张期，晚青白口世晚期—南华纪有强烈火山活动。晚古生代—中三叠世，陆表海地层中仅有少量凝灰岩夹层，偶见火山熔岩，晚三叠世—早侏罗世含煤地层中多处见玄武质火山岩。其中赣州南部下侏罗统菖蒲组为双峰式火山岩。早白垩世燕山期陆内活化造

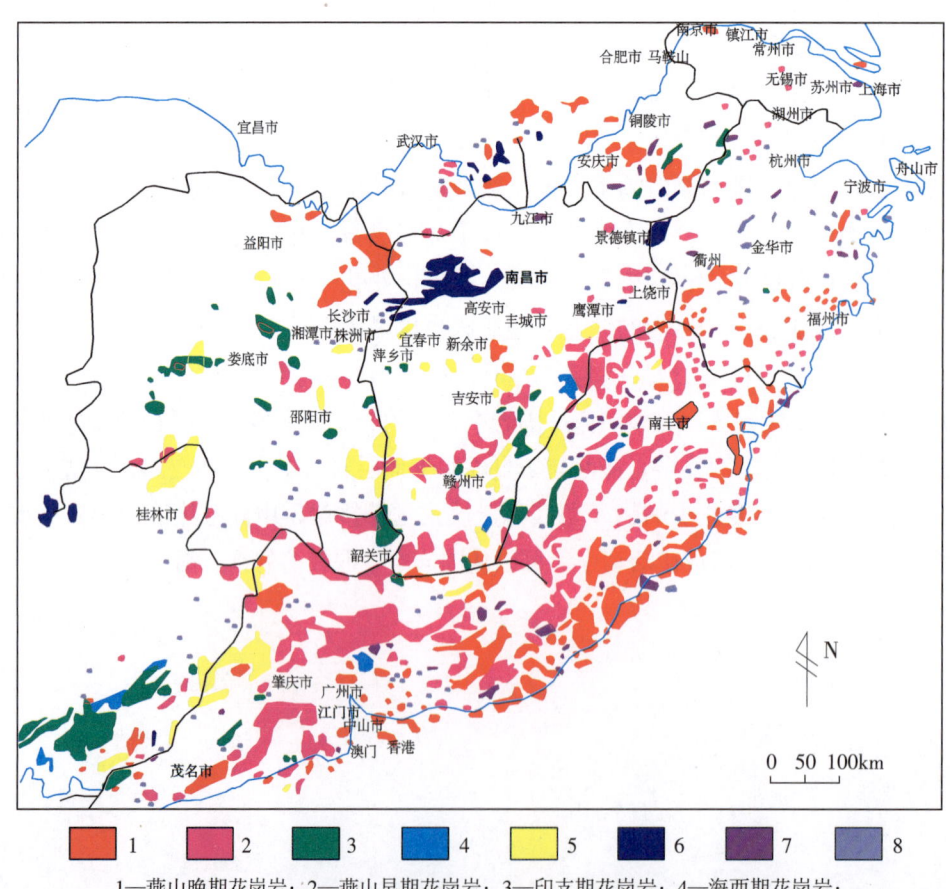

1—燕山晚期花岗岩；2—燕山早期花岗岩；3—印支期花岗岩；4—海西期花岗岩；
5—加里东期花岗岩；6—扬子期花岗岩；7—晋宁期花岗岩；8—吕梁期花岗岩。

图2-1 华夏成矿省花岗岩分布图（据孙涛，2006，修改）
Fig. 2-1 Distribution of granites in Cathaysian metallogenic province

山晚期，发生了强烈的火山活动，形成全南-寻乌，丰城-广丰两条火山岩带和德（兴）乐（平）火山盆地，面积3300km²，以S型酸性火山岩为主，唯有下部打鼓顶组在钦杭带为流纹质-英安质-安山质反序I型火山岩、潜火山岩。该期火山岩为独特的陆内造山-蠕散型火山岩（杨明桂等，2020）。晚白垩世—古近纪红层盆地中往往有玄武质熔岩发育。

江西省内晋宁、扬子（休宁）、加里东、海西（东吴）、印支、燕山、喜马拉雅（四川）等造山活动都有侵入岩形成。超基性、基性、中性、中酸性岩类均有分布，面积35 000km²。其中花岗岩类占绝大部分。江西省处于华夏成矿省多回旋花岗岩区中部，花岗岩分布很广（图2-2），《中国区域地质志·江西卷》（2017）对其进行了系统划分（表2-1）。伸展环境下形成的侵入岩很少，规模较小，仅有德兴西湾晋宁期M型大洋钠长花岗岩瘤，横峰一带晚青白口世晚期浆混岩，赣州南部有中侏罗世塔背A型碱性花岗岩，寨背A型铝质花岗岩及零星的正长岩。

江西钨矿床的形成主要与花岗岩类有关，与多旋回S型

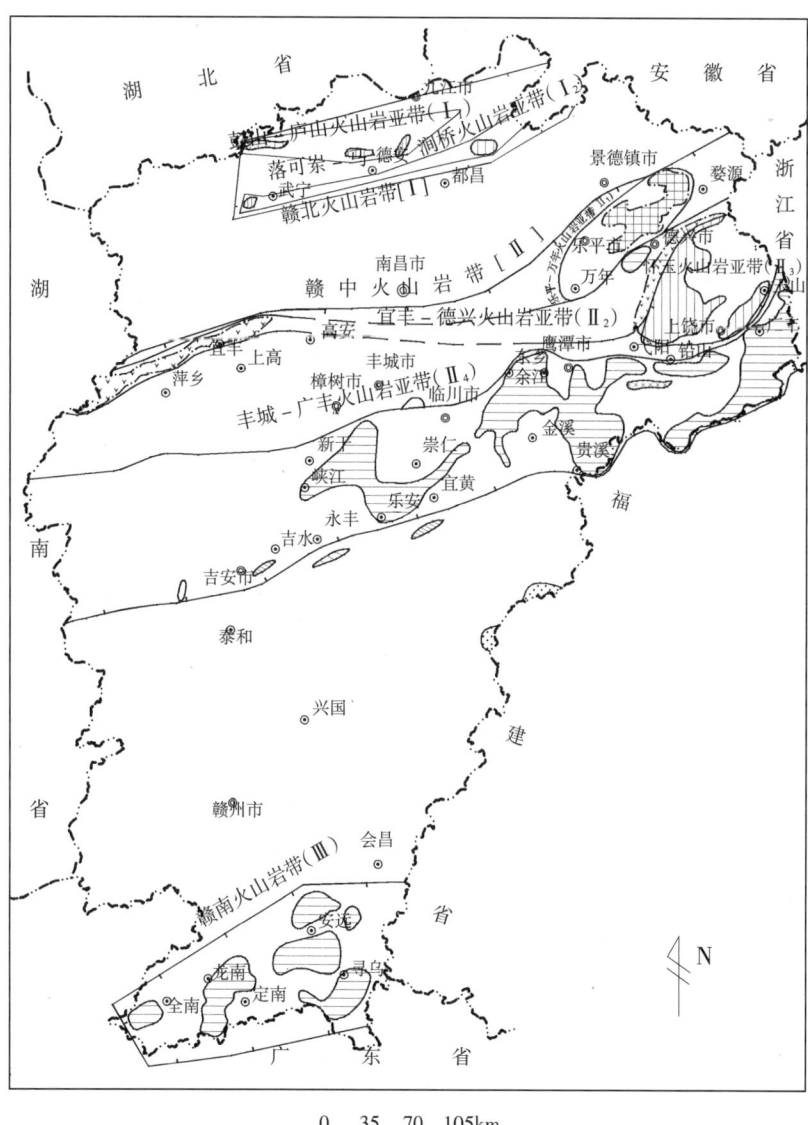

赣北火山岩带（Ⅰ）：彭山-庐山火山岩亚带（Ⅰ₁），落河紫-马涧桥火山岩亚带（Ⅰ₂）；赣中火山岩带（Ⅱ）：乐平-万年火山岩亚带（Ⅱ₁），宜丰-德兴火山岩亚带（Ⅱ₂），怀玉火山岩亚带（Ⅱ₃），丰城-广丰火山岩亚带（Ⅱ₄）；赣南（全南—寻乌）火山岩带（Ⅲ）。
1—中生代火山岩；2—南华纪火山岩；3—晚青白口世火山岩；4—晚青白口世早期火山岩；5—新元古代早期蛇绿岩片；6—中元古代火山岩；7—古元古代火山岩。

图2-2 江西省火山岩分布及岩带划分略图
（据江西省地质矿产勘查开发局，2017，修改补充）
Fig. 2-2　Distribution of volcanic rocks and division of rock zones in Jiangxi Province

花岗岩关系尤为密切。据《中国矿产地质志·江西卷》，其总体地质特征与主量元素及相关指数见表2-2和表2-3。燕山期除大规模S型花岗岩浆成钨外，有较多I型、I-S型中酸性侵入岩形成，分别以成铜为主伴生钨和以钨钼成矿为主。本章重点论述花岗岩的多旋回演化地质特征和以燕山期花岗质岩浆为主的多系列岩浆成钨作用。

表 2-1 江西省侵入岩事件序列表（据《中国区域地质志·江西志》，2017，修改）

Table 2-1　Geochronology of intrusive rocks in Jiangxi Province

地质时代		地质年龄/Ma	岩浆期	构造环境	构造岩浆组合	侵入岩类	序列	岩性	同位素年龄/Ma
新生代	新近纪	23.03	喜马拉雅岩浆期	陆内伸展	与陆内裂谷有关的侵入岩组合	基性岩脉	苗圃辉绿岩	辉绿(玢)岩、辉长辉绿岩	9.4，27.3 (K-Ar)
	古近纪	65.0				超基性岩筒	暖水岩筒	爆破角砾岩、超铁镁质岩	37.6±2.2(Rb-Sr)
							路迳岩筒	似金伯利岩	43.9(K-Ar)
						镁铁质侵入岩	支家桥基性岩	橄榄辉长岩、橄榄辉石岩	47.40 (LA-ICP-MS)
中生代	白垩纪	晚世 96.0	燕山岩浆期	大陆活化造山（局部伸展）	武夷同造山潜火山-侵入杂岩组合	基性岩脉、层状侵入体	华源辉绿岩	辉绿(玢)岩、辉长辉绿岩等	91±3(SHRIMP)
							杨林橄榄辉绿岩	橄榄辉绿岩、橄榄辉绿玢岩	135.9~100(K-Ar)
						潜火山斑岩	岩背花岗质火山侵入杂岩	花岗斑岩、英安斑岩	97.3±0.9(SHRIMP) 136~99(LA-ICP-MS)
						花岗质侵入杂岩	冷水坑潜火山杂岩	正长花岗斑岩、石英正长岩、二长斑岩、碎斑花岗斑岩、浅红色流纹斑岩	133.5~121.9(SHRI-MP)
					同造山江南组合	铝质A型花岗岩	怀玉山序列	（晶洞）碱长花岗岩	115.6±2.0(SHRIMP)
								正长花岗岩	
								二长花岗岩	123.0±2.2(SHRIMP)
								花岗闪长岩	
						过铝花岗岩	鹅湖序列	正长花岗岩	127.2±1.2(SHRIMP) 142.9~130(TIMS)
								二长花岗岩	
								花岗闪长岩	
						二云母花岗岩	大湖塘序列	白云母二长花岗岩	133.0±2.1 (LA-ICP-MS)
								二云母二长花岗岩	
								黑云母二长花岗岩	
						晶洞花岗岩、环斑花岗岩	灵山序列	晶洞碱长花岗岩	115(K-Ar)
								环斑二长花岗岩	140~127(K-Ar)
					扬子组合	潜火山斑(玢)岩	银山潜火山杂岩	闪长玢岩类、英安玢岩类、流纹玢岩类	138~99 (LA-ICP-MS)
						壳幔混合花岗闪长斑岩	城门山序列	石英斑岩	144.5~138 (SHRIMP)
								花岗闪长斑岩	
								石英闪长(玢)岩	
	侏罗纪	早世 145.0				花岗闪长斑岩	阳储岭序列	花岗斑岩	160~146 (SHRIMP)
								花岗闪长岩	
								花岗闪长斑岩	
					钦杭组合	花岗闪长斑岩、花岗岩	永平序列	花岗闪长岩	162Ma （辉钼矿Re-Os）
								复斜花岗斑岩	
						花岗闪长斑岩、花岗岩	塔前序列	花岗斑岩	162~146 (SHRIMP)
								花岗岩	
								花岗闪长岩	
					扬子组合	复斜花岗岩		花岗闪长斑岩	
					同造山南岭组合	二云母花岗岩	西华山序列	白云母二长花岗岩	151.8~151.4(SHRIMP)
								二云母二长花岗岩	151.1(LA-ICP-MS)
								黑云母二长花岗岩	163.1~126(TIMS)
						二长花岗岩	葛仙山序列	正长花岗岩	150.9~145.7

续表2-1

地质时代		地质年龄/Ma	岩浆期	构造环境	构造岩浆组合	侵入岩类	序列	岩性	同位素年龄/Ma
中生代	侏罗纪	晚世 163.5			三南陆内伸展花岗岩岩组合			二长花岗岩	(SHRIMP) 145.8(LA-ICP-MS)
								花岗闪长岩	148.8~136 (TIMS)
								石英二长闪长岩、石英二长岩	169~158.9 (TIMS)
						A型碱性岩	塔背序列	碱长正长岩	164.6±2.8(SHRIMP)
								石英正长岩	161+4(SHRIMP)
								碱长花岗岩	
						铝质A型花岗岩	寨背序列	碱长花岗岩	171.6±5(SHRIMP)
								正长花岗岩	172.2~168 (SHRIMP)
								二长花岗岩	
								花岗闪长岩	
						辉长闪长岩	车步序列	闪长岩	173~170 (SHRIMP)
								辉长闪长岩	
								辉长岩	
					扬子组合	花岗闪长斑岩	铜厂杂岩	花岗闪长斑岩类	171±3(SHRIMP)
		早世 199.6			同造山南岭组合	二长花岗岩	古阳寨序列	正长花岗岩	178.6±0.3（U-Pb）
								二长花岗岩	
								花岗闪长岩	
	三叠纪	晚世 235.0	印支岩浆期	陆内造山	同造山花岗岩组合	过铝—强过铝二云母花岗岩	罗珊序列	白云母二长花岗岩	220.3~207 (TIMS)
								二云母二长花岗岩	
								黑云母二长花岗岩	
		中世 247.2				S型花岗岩	富城序列	正长花岗岩	247.7~233 (LA-ICP-MS)
								二长花岗岩	231±3(SHRIMP)
								花岗闪长岩	238~210 (TIMS)
		早世 252.17				含红柱石花岗岩	隘高序列	二云母二长花岗岩	249±6(SHRIMP)
								含红柱石黑云母二长花岗岩	
晚古生代		416.0	海西岩浆期			S型花岗岩	熊村侵入体	正长黑云母花岗岩	270.1±4.6 (LA-ICP-MS)
早古生代	志留纪	中世 428.2	加里东岩浆期	裂谷海盆闭合造山	陆内同造山侵入岩组合	石英闪长岩	前吴序列	石英闪长岩	423~419 (LA-ICP-MS)
								闪长岩、黑云母角闪闪长岩	423.5±3.4 (LA-ICP-MS)
						角闪黑云母花岗岩类	丰顶山序列	二长花岗岩	423~402 (LA-ICP-MS)
								花岗闪长岩	423~409 (TIMS)
								英云闪长岩	422±11 (LA-ICP-MS)
						基性岩		角闪辉石岩、(角闪)辉长岩、辉石闪长岩、变辉绿岩、角闪石岩	446(K-Ar)
						镁铁质侵入岩			
						超基性岩		蛇纹石化橄榄辉石岩、透辉石化橄榄岩、橄榄岩、辉闪橄榄岩等	555±21 (Sm-Nd) 394±5(SHRIMP) 241.4±5.6 (LA-ICP-MS)
						紫苏辉长岩	董家洲侵入体	紫苏辉长岩	436±2 (LA-ICP-MS)
						变质深成岩	下坑仔侵入体	花岗闪长质片麻岩	440±9.3 (LA-ICP-MS)

续表2-1

地质时代	地质年龄/Ma	岩浆期	构造环境	构造岩浆组合	侵入岩类	序列	岩性	同位素年龄/Ma
早古生代	志留纪 早世 443.8				环斑状花岗岩	万洋山序列	二长花岗岩	441~424 (LA-ICP-MS) 432.8±3.9(SHRIMP) 446~427(TIMS)
							花岗闪长岩	
							英云闪长岩	
					眼球状花岗岩、含石榴子石花岗岩	付坊序列	细粒正长花岗岩	457~432(LA-ICP-MS) 464±11(SHRIMP) 517~441.7(TIMS)
							中细粒黑云母二长花岗岩	
							中细粒黑云母花岗闪长岩	
							中细粒黑云母英云闪长岩	
新元古代	奥陶纪—震旦纪 635 南华纪 780	扬子岩浆期	大陆裂解(伸展)	与裂谷有关的侵入岩组合	条带状过铝花岗岩	细坳侵入体	条纹条带状黑云母二长花岗岩	742.3±9.3(SHRIMP)
					镁铁质岩岩墙	基性岩墙	辉绿岩、辉绿玢岩、辉长辉绿岩等	752±4（U-Pb） 796±1（U-Pb）
	晚青白口世晚期 820				钙碱花岗岩	石耳山序列	浅肉红色碱长花岗斑岩	785±11(LA-ICP-MS)
							细粒似斑状正长花岗岩	
							中粒黑云母二长花岗岩	814±26(LA-ICP-MS)
							中细粒(含堇青石)石英闪长岩	
					超浅成斑岩	次火山斑岩	次流纹斑岩	811（TIMS）
					浆混岩	港边浆混岩 岩浆混合岩	混合二长花岗岩岩	848±4（LA-ICP-MS） 822±4（TIMS）
						酸性端元	斑杂状花岗岩闪长岩	
						基性端元	石英正长岩类	
							闪长岩类	
	晚青白口世早期 850 1000	晋宁岩浆期	陆陆碰撞	陆陆碰撞同造山花岗岩组合	变形深成岩	石花尖序列	片麻状花岗岩	815±16(SHRIMP) 823±64（TIMS）
					强过铝含堇青石、二云母花岗闪长岩及花岗岩		黑云母二长花岗岩	823±16(LA-ICP-MS) 825±3(U-Pb)
							黑云母花岗闪长岩	
							黑云母英云闪长岩	
						九岭序列	含堇青石黑云母二长花岗岩	831~820 (SHRIMP)
							含堇青石黑云母花岗闪长岩	
							含堇青石黑云母英云闪长岩	
					基性侵入岩	基性岩墙	变辉绿岩、辉绿玢岩	
							辉长岩	
			早期洋壳活动	蛇绿岩组合、早期洋壳活动组合	超镁铁-镁铁质岩	程浪坂超基性岩墙群	蛇纹石化角闪橄榄岩、辉石橄榄岩、绿泥闪石岩、变斜长角闪岩、辉长岩、辉长辉绿岩等	828.6±27.9(Sm-Nd)
					大洋斜长花岗岩	西湾侵入体	钠长花岗岩	968±23 (SHRIMP)
中元古代	1800				超镁铁-镁铁质岩	赣东北蛇绿混杂岩	细碧岩、玄武岩等	880±19 (SHRIMP) 1000~900(Sm-Nd、U-Pb)
							变辉长岩杂岩体	
							蛇纹岩化橄榄岩类	
							未分超镁铁-镁铁质岩	

表 2-2　江西省各期 S 型花岗岩主量元素平均含量(%)及相关指数表

Table 2-2　Average content of major elements of S-type granite in Jiangxi Province(%) and related indexes

期	序列	时代	岩系	SiO_2	TiO_2	Al_2O_3	Fe_2O_3	FeO	MnO	MgO	CaO	Na_2O	K_2O	P_2O_5	K_2O+Na_2O	K_2O/Na_2O	DI	SI	AR	σ	A/CNK
燕山晚期	怀玉山[6]	K_1	钙性	76.66	0.11	12.65	0.39	1.10	0.06	0.14	0.56	3.10	4.31	0.10	7.41	1.40	92.74	1.17	2.55	1.63	1.17
	灵山[6]	K_1	钙碱性	73.42	0.27	12.44	0.70	1.78	0.04	0.38	1.40	3.70	4.71	0.42	8.41	1.27	90.41	3.37	4.10	2.32	0.906
	鹅湖[4]	K_1	钙碱性	70.95	0.27	14.75	0.88	1.21	0.04	0.55	1.25	3.32	4.64	0.18	7.96	1.4	87.61	5.19	2.98	2.24	1.16
	大湖塘[6]	K_1	钙碱性	73.76	0.14	13.82	0.67	1.29	0.23	0.24	0.71	3.53	4.27	0.17	7.80	1.21	90.73	2.40	3.32	1.97	1.179
	平均值			73.70	0.20	13.42	0.66	1.35	0.09	0.33	0.98	3.41	4.48	0.22	7.90	1.32	90.37	3.03	4.11	2.04	1.10
燕山早期	西华山[18]	J_3	钙碱性	74.01	0.16	13.37	0.85	1.09	0.08	0.27	0.80	3.49	4.79	0.07	8.28	1.37	91.70	2.57	3.81	2.20	1.08
	葛仙山[22]	J_3	钙碱性	73.19	0.22	13.55	0.91	1.33	0.06	0.42	1.02	3.17	4.72	0.08	7.89	1.49	89.36	3.98	3.36	2.05	1.11
	古阳寨[9]	J_2	钙碱性	71.42	0.22	14.39	1.05	1.25	0.10	0.6	1.57	2.90	4.51	0.16	7.41	1.56	70.49	5.82	1.92	2.00	1.15
	平均值			72.87	0.20	13.77	0.93	1.22	0.08	0.43	1.13	3.18	4.67	0.10	7.86	1.47	83.85	4.12	3.03	2.08	1.11
印支期	罗珊[4]	T_{2-3}	钙碱性	72.19	0.20	14.61	1.09	0.78	0.04	0.45	0.60	2.51	5.46	0.14	7.97	2.18	90.26	4.37	3.20	2.16	1.31
	富城[18]	T_2	钙碱性	72.09	0.30	13.8	1.01	1.77	0.10	0.55	1.13	3.10	5.00	0.13	8.10	1.61	87.76	4.81	3.37	2.24	1.10
	隘高[3]	T_1	钙碱性	72.61	0.26	13.93	0.55	1.62	0.04	0.73	0.64	2.84	5.24	0.19	8.08	1.85	89.33	6.65	3.49	2.19	1.21
	平均值			72.30	0.25	14.11	0.88	1.39	0.06	0.58	0.79	2.82	5.23	0.15	8.05	1.86	89.12	5.28	3.35	2.20	1.21
加里东期	丰顶山[14]	S_{2-4}	钙性	67.72	0.45	15.03	1.46	2.36	0.07	1.93	2.09	2.44	4.04	0.19	6.48	1.66	76.32	15.78	2.22	1.67	1.23
	万洋山[18]	S_1	钙性	66.90	0.54	14.91	2.00	2.52	0.08	2.04	2.62	2.64	3.82	0.15	6.46	1.45	73.90	15.67	2.17	1.72	1.13
	付坊[20]	S_1	钙性	68.93	0.42	14.95	1.08	2.51	0.07	1.10	1.91	3.06	3.62	0.15	6.68	1.18	79.57	9.67	2.31	1.70	1.20
	平均值			67.85	0.47	14.96	1.51	2.46	0.07	1.69	2.21	2.71	3.83	0.16	6.54	1.41	76.50	13.71	2.23	1.70	1.19

续表2-2

期	序列	时代	岩系	SiO$_2$	TiO$_2$	Al$_2$O$_3$	Fe$_2$O$_3$	FeO	MnO	MgO	CaO	Na$_2$O	K$_2$O	P$_2$O$_5$	K$_2$O+Na$_2$O	K$_2$O/Na$_2$O	DI	SI	AR	σ	A/CNK
晋宁期	石花尖[3]	Pt$_3$	钙性	71.28	0.32	14.86	0.57	2.05	0.06	0.96	1.29	2.83	3.84	0.17	6.67	1.36	83.21	9.37	2.41	1.56	1.33
	九岭[3]	Pt$_3$	钙性	69.43	0.49	14.84	1.39	2.58	0.06	1.42	1.64	2.61	3.56	0.18	6.17	1.36	78.72	12.28	2.20	1.43	1.33
	平均值			70.36	0.41	14.85	0.98	2.32	0.06	1.19	1.47	2.72	3.70	0.18	6.42	1.36	80.97	10.83	2.31	1.50	1.33

注:()内数字表示样品数(据《中国区域地质志·江西志》,2017)。

表2-3 江西省部分成矿岩体成矿元素含量表

Table 2-3 Contents of metallogenic elements in some metallogenic rocks in Jiangxi Province

单位:×10^{-6}

矿区名称	岩性	W	Sn	Mo	Bi	Pb	Zn	Cu	Nb	Ta	Li	U	参考文献
西华山	黑云母花岗岩	10.60	26.90	2.69	5.47	73.70	43.30	6.05	34.80	15.60	52.10	25.70	肖剑等,2009
漂塘	黑云母花岗岩	17.92	13.67	12.08	14.45	79.86	31.69	2.86	33.30	11.53	93.86	25.91	华仁民等,2003
陶锡坑	黑云母花岗岩	115.00	92.80	2.51	22.56	45.18	187.00	84.06	35.49	15.08	213.51	19.60	蔡运花等,2016
盘古山	钾长花岗岩	8.67	10.90	1.38	5.35	56.30	29.70	6.10	29.10	7.37	82.50	20.20	方桂聪等,2003
大吉山	黑云母花岗岩	183.43	45.21	27.28	36.28	31.38	12.78	10.80	69.54	142.47	58.65	10.33	华仁民等,2003
朱溪	细粒花岗岩	3.24	7.53	1.52	5.47	34.90	46.70	19.20	12.70	2.37	72.40	11.40	王先广等,2015
大湖塘	花岗斑岩	208.00	52.50	1.15	1.86	19.90	50.50	72.70	16.20	8.10	492.00	18.70	黄兰椿等,2013
中国平均	花岗岩	1.00	2.20	0.70	0.24	26.00	40.00	5.50	16.00	1.40	19.00	2.90	鄢明才等,1997

第一节　多旋回花岗岩地质特征

中新元古代以来，由于扬子板块与华夏－东南亚板块多期碰撞挤压，中侏罗世—早白垩世时欧亚板块与古太平洋板块之间发生强烈俯冲扭动，形成了东亚多旋回花岗岩发展演化最系统和最完善的华夏成矿省以及规模最大的成钨体系，江西省正处在其中心地带（图2-1）。

江西省地质矿产勘查开发局所著《中国区域地质志·江西志》（2017）建立了江西花岗岩类旋回（期）、成因类型、组合、序列的岩浆谱系，为此次研究提供了良好基础。江西空间上分为下扬子、钦杭、华夏3个侵入岩区（图2-3）。

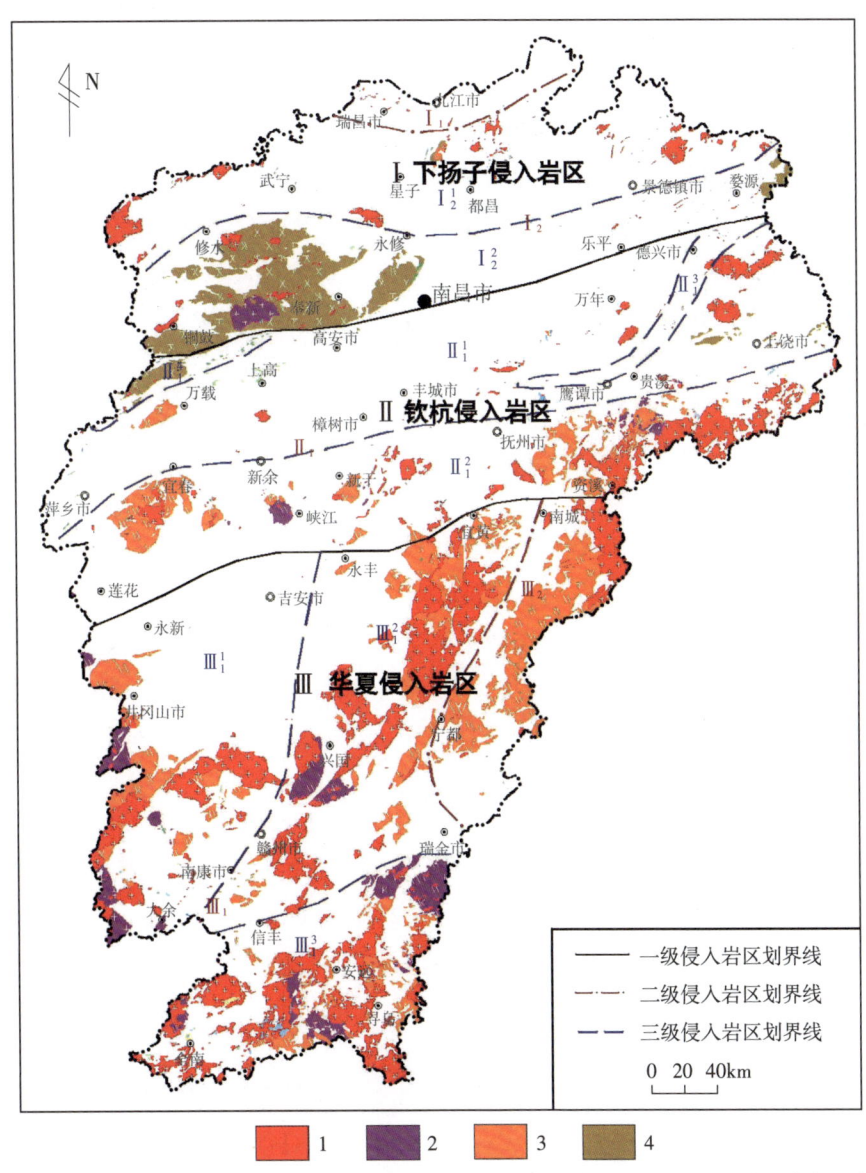

1—燕山—喜马拉雅期侵入岩；2—印支期侵入岩；3—加里东期侵入岩；4—晋宁—扬子期侵入岩。

图 2-3　江西省中酸性侵入岩分布图（据江西省地质矿产勘查开发局，2015）

Fig. 2-3　Distribution of intermediate-acid intrusive rocks in a Jiangxi Province

一、中新元古代—中晚三叠世花岗岩

江西已知最古老的岩浆岩属晋宁期。德兴西湾 M 型大洋钠长花岗岩呈小岩瘤侵入混杂于华南洋残留洋壳德兴–弋阳蛇绿混杂岩中，SHRIMP 锆石 U–Pb 年龄为 (968±23)Ma（李献华等，1994）。

（一）晚青白口世早期

该期岩浆岩又称晋宁期岩浆岩，有 S 型星子观音桥花岗岩株和九岭花岗岩基。后者是江南晋宁期花岗岩带中段规模最大岩体，面积 4878km^2，包括九岭、石花尖先后两个岩性相同的序列：含堇青石黑云母云英闪长岩（导体）–含堇青石黑云母花岗闪长岩（主体）–含堇青石黑云母二长花岗岩（补体），SHRIMP 锆石 U–Pb 年龄为 (828±8) ~ (820±10)Ma（钟玉芳等，2005），形成于华南洋消亡，扬子、华夏–东南亚板块碰撞的造山环境。

（二）晚青白口世晚期

石耳山 S 型花岗岩基：含堇青石石英闪长岩（导体）–黑云母二长花岗岩+似斑状正长花岗岩（主体）–碱长花岗斑岩（补体），侵入上青白口统上部登山群中，被南华系不整合覆盖。形成于钦（州）苏（南）裂谷海槽苏皖段闭合对接发生的休宁弱造山环境。赣粤交界的定南细坳黑云母二长花岗岩体，获 SHRIMP 锆石 U–Pb 年龄为 (742.3±9.3)Ma（广东省地质调查院，2009），其形成环境有待进一步研究。

（三）奥陶纪末—志留纪

该期岩浆岩又称加里东期岩浆岩，广泛分布于赣中南地区，面积 10 648.4km^2。付坊序列为（近）原地侵入–交代成因的 S 型变形（片麻状）花岗岩，黑云母英云闪长岩（导体）–黑云母花岗闪长岩+黑云母二长花岗岩（主体）–细粒正长花岗岩（补体），主要分布于武夷山、武功山岩带；万洋山、丰顶山序列为远源地侵入成因的 S 型非变形花岗岩，英云闪长岩（导体）–花岗闪长岩（主体）–二长花岗岩（补体），主要分布于雩山、诸广山岩带及钦杭岩区。同位素年龄值介于 457~385Ma 之间，形成于华南裂谷系闭合加里东期造山环境。

（四）中二叠世

该期花岗岩由《中国矿产地质志·江西卷》研著组发现于武夷山脉黎川县熊村、加里东期—燕山期 S 型复式正长花岗岩基中，ICP-MS 锆石 U–Pb 年龄为 (270.1±4.6)Ma，形成于东吴运动弱造山环境，有待进一步研究。

（五）中晚三叠世

该期花岗岩主要分布于钦杭、华夏岩区，面积 2906km^2。隘高序列为黑云母二长花岗岩–白云母二长花岗岩；罗珊序列为黑云母–二云母–白云母二长花岗岩；富城序列演化较完整，为花岗闪长岩（导体）–二长花岗岩（主体）–正长花岗岩（补体）。同位素年龄值介于 249~207Ma 之间，为形成于印支运动造山期的 S 型花岗岩。

二、中侏罗世—早白垩世花岗岩

中侏罗世—早白垩世为岩浆活动最强烈时期，除大规模的 S 型花岗岩外，有较多 I 型中酸性侵入岩出现，并有少量 A 型花岗岩，即燕山期岩浆岩。

(一) S 型花岗岩类

S 型花岗岩在隆起区形成岩基带，在坳陷区分布较少，主要呈岩株出露，具有同源演化多组合、多序列特征。分布面积约 10 600km²。

1. 侏罗纪燕山早期

该时期 S 型花岗岩属南岭组合，以中深成花岗岩为主，早侏罗世花岗岩较少。仅有九岭古阳寨岩株，具花岗闪长岩（导体）- 二长花岗岩（主体）- 正长花岗岩（补体）序列，未见成矿，锆石 U-Pb 年龄为 (178.6±0.3)Ma（江西省地质调查研究院，2003），可能属印支晚期花岗岩。南有上犹营前黑云母花岗岩株，SHRIMP 锆石 U-Pb 年龄为 172.2~168.0Ma（郭春丽等，2010），形成于中侏罗世燕山运动启动期。

晚侏罗世花岗岩广泛分布于华夏岩区，其次为钦杭岩区，下扬子岩区较少。主要有赣南西华山序列：斑状中粒黑云母花岗岩（导体）- 中粒黑云母花岗岩（主体）- 含斑细粒二云母碱长花岗岩（补体）- 斑状中细粒黑云母花岗岩（主体）- 细粒含石榴子石二云母花岗岩（补体）（160~145Ma），斑状细粒花岗岩、花岗斑岩（尾体年龄晚于 130Ma）；北武夷葛仙山序列：石英闪长岩、石英二长岩、花岗闪长岩（导体）- 二长花岗岩主体 - 正长花岗岩（补体），同位素年龄值介于 158~136Ma 之间，形成于燕山运动剧动期。

2. 早白垩世（燕山晚期）

江南组合花岗岩主要分布于江南、武夷、岭南岩带，以中深成—中浅成花岗岩为主。怀玉山序列：花岗闪长岩（导体）- 二长花岗岩（主体）- 正长花岗岩（补体）；大湖塘序列：黑云母二云母 - 白云母花岗岩（主体）- 花岗斑岩（补体）；鹅湖序列：以过铝花岗岩为特征，为花岗闪长岩（导体）- 二长花岗岩（主体）- 正长花岗岩（补体）。

灵山序列比较独特，为中粒环斑角闪黑云二长花岗岩 - 细粒环斑角闪长云二长花岗岩（主体）- 晶洞碱长花岗岩大岩墙（补体）- 细粒角闪黑云正长花岗岩（主体）- 晶洞中粗粒黑云碱长花岗岩（补体）。

武夷组合潜火山杂岩：冷水坑杂岩，为一套高钾型潜火山岩，以碱长花岗斑岩为主（K_2O 6.49%），其次有流纹斑岩、石英正长斑岩、正长花岗斑岩等；锡坑迳潜火山杂岩为富钾巨斑细粒黑云母花岗岩、含斑细粒黑云母花岗岩、花岗斑岩。

(二) I 型、I-S 型中酸性侵入岩类

该类侵入岩主要分布于钦杭岩区、长江中下游岩带，华夏岩区较少，主要形成于坳陷带、隆坳交接带、深断裂带，均以小岩株为主。

1. 扬子组合

扬子组合以花岗闪长斑岩成铜为主。

（1）中侏罗世花岗闪长斑岩：主要分布于钦杭岩区，有著名的德兴铜厂、富家坞、朱砂红"三星连珠"式岩田和枫林、村前、志木山、船坑、铜山等小岩株。同位素年龄值主要介于172~169Ma之间；形成于燕山运动启动期。

（2）晚侏罗世岩体较少。永平序列为富斜花岗岩株（主体）- 隐爆花岗闪长斑岩筒（补体），具有I-S型过渡色彩。于都银坑高山角、浮梁张家坞、弹岭等花岗闪长岩株，同位素年龄主要为160~150Ma。

（3）早白垩世岩体：主要有分布于九（江）瑞（昌）矿集区的城门山序列，为石英闪长斑岩（岩体）- 花岗闪长斑岩（主体）- 隐爆石英斑岩（补体）。另有德兴银山以英安玢岩为主的潜火山杂岩。同位素年龄值主要介于145~120Ma之间，形成于燕山运动扩展期。

2. 晚侏罗世钦杭I-S型组合

都昌阳储岭序列为二长花岗斑岩（147Ma）- 花岗闪长斑岩（146Ma）+ 隐爆岩筒 - 花岗闪长岩（144.4Ma）（江西省地质矿产勘查开发局，2017），为弱酸性岩石，SiO_2含量偏高，为66%~69%，具以壳源物质为主的I-S型过渡特征。尚有乐平塔前、婺源邦岩坑等岩株，成矿以钨钼为主。

（三）A型花岗岩

A型花岗岩分布于赣南南部。寨背铝质A型花岗岩序列：花岗闪长岩（导体）- 二长、正长花岗岩（主体）- 碱长花岗岩（补体）；塔背A型碱性花岗岩仅见于龙南、全南境内，龙南塔背杂岩主要由正长斑岩 - 石英正长斑岩、含霓辉石钠闪石碱性花岗岩组成。年龄值介于172~161Ma之间。形成于印支运动造山后、燕山运动造山前的伸展环境。

综上所述，江西境内多旋回花岗岩类，S型、I型、I-S型、M型、A型都有分布。伸展期形成的M型花岗岩仅为一小岩瘤，A型花岗岩主要见于赣南南部。形成于同造山期的S型花岗岩类具多序列特征，以晋宁、加里东、印支强造山期花岗岩类规模较大，扬子（休宁）、海西（东吴）弱造山期形成的花岗岩类分布局限。以燕山期陆内超强活化造山形成的花岗岩类，规模最大，分布最广，同时出现I型、I-S型花岗质岩类。S型花岗岩序列，由晋宁期向燕山期岩性由中酸性—酸性—超酸性呈链式演化，总体以酸性为主；I型、I-S型岩类，以中酸性为主，由I型向I-S型，酸性趋强（表2-2）。

三、侵入岩W元素丰度

江西省及华南岩浆岩W元素含量各家所获结果不尽一致，但花岗岩类含钨普遍高于全球地壳钨的丰度值$1.1×10^{-6}$（黎彤，1976），为$1×10^{-6}$~$1.5×10^{-6}$（刘英俊，1982）。据刘义茂等资料（1981）华南主要成钨区（华夏成钨省），岩浆岩W元素平均含量玄武岩为$0.4×10^{-6}$，中性岩为$0.3×10^{-6}$；花岗岩W元素平均含量晋宁期为$0.5×10^{-6}$~$2.2×10^{-6}$，加里东期为$2.7×10^{-6}$，海西期—印支期为$2.5×10^{-6}$，燕山期为$4.1×10^{-6}$，远高于世界花岗岩的$2.2×10^{-6}$（低钙）、$1.3×10^{-6}$~$2×10^{-6}$（高钙）。

在《中国区域地质志·江西志》（江西省地质矿产勘查开发局，2017）中，江西省岩浆岩W元素平均含量橄榄岩为$0.65×10^{-6}$，辉长岩为$0.56×10^{-6}$，闪长岩为$0.88×10^{-6}$，花岗岩为$2.9×10^{-6}$。花岗岩类W元素平均含量晋宁期为$1.3×10^{-6}$，加里东期为$5.3×10^{-6}$，印支期为$3.4×10^{-6}$，燕山期为$3.5×10^{-6}$。

以上数据总体显示，主要源自地壳的花岗岩类含钨高于源自上地幔的基性、超基性岩类，为华南壳型钨地球化学块体提供了佐证。各期花岗岩以燕山期花岗岩含钨最高，说明在多旋回花岗岩演化过程中，W元素不断富集。

值得引起注意的是，江西地质科学研究所（1985）所获江西省西华山等 8 个燕山期 S 型成钨花岗岩体，W 元素平均含量高达 27.2×10^{-6}。阳储岭 I–S 型斑岩钨钼矿区二长花岗斑岩、花岗闪长斑岩，与花岗闪长岩平均含钨 48.7×10^{-6}。同时有多位学者取得的江西省部分主要钨矿床成矿花岗岩 W 元素测试结果也很高（表 2-3）。

四、成钨花岗岩微量元素特征

江西地质科学研究所（1985）对江西 S 型成矿花岗岩和 I–S 型成矿中酸性斑岩进行了微量元素测定。阳储岭 I–S 型花岗闪长斑岩、二长花岗斑岩钨钼矿床与大湖塘蚀变花岗岩钨矿床细粒黑云母花岗岩、花岗斑岩 W、Sr、Ba 等元素含量远高于石英脉型、矽卡岩型 S 型成矿花岗岩，说明斑岩型矿床与蚀变花岗岩型矿床，W 元素分散于成矿岩体中较多，石英脉型、矽卡岩型成矿 S 型花岗岩 W 元素集中于矿体中，残留于花岗岩中较少。Mo、Co、Ni、U 元素较高说明混入有上地幔物质。但 S 型成矿花岗岩，其他元素均高于阳储岭 I–S 型成矿斑岩体。S 型花岗岩中 F、B、Li、Sn、Bi、Be、Rb 元素含量特高。S 型花岗岩 Nb/Ta 值为 3.7，比 I–S 型斑岩 Nb/Ta 值（2.7）高。

另据盛继福和王登红（2018）综合分析，江西石英脉型钨矿区花岗岩 Zr 元素含量范围为 $166\times10^{-6}\sim49\times10^{-6}$，与地壳 Zr 元素含量（$130\times10^{-6}$）相近，Zr/Hf 值与 U 元素含量均是普通花岗岩的 6 倍左右。朱溪矽卡岩钨矿床花岗岩 Nb/Ta 值为 2 左右，Zr/Hf 值与 U 元素含量也是普通花岗岩的 6 倍左右。

第二节　多旋回花岗岩成钨体系

华南东部的华夏成矿省是世界上多旋回花岗岩类成钨体系发展演化最典型的地区，江西省处于该成矿省中部。江西花岗岩类的钨矿成矿作用研究表明，该体系具有多旋回花岗岩类成钨活动，以燕山期为主；具有 S 型、I 型和 I–S 型三大花岗岩类成矿系列，以 S 型为主。S 型成矿系列具有高温热液钨锡多金属成矿和中低温热液金（银）锑钨多金属成矿两大成矿系统，以前者为主。花岗岩类成岩成钨主要形成于同造山环境，晋宁期、加里东期、印支期为 S 型花岗岩类弱或较强钨成矿期，其间扬子期（休宁）、海西期花岗岩类分布不广，未发现钨矿床。燕山期陆内活化超强造山，除大规模 S 型花岗岩类成钨之外，新出现的 I 型、I–S 型花岗岩类也具较重要的成钨作用。但在南岭东段的赣南南部及邻区，形成于中侏罗世伸展环境的 A 型花岗岩，未发现与其有关的钨矿床。据此将江西及邻区多旋回花岗岩类成矿体系进行划分，如表 2-4 所示。下面按晋宁 – 加里东 – 印支造山期成钨作用与燕山期陆内超强活化造山岩浆成钨大爆发分两阶段进行论述。

第三节　晋宁 – 加里东 – 印支造山期 S 型花岗岩成钨作用

自中新元古代以来，江西及邻区历经晋宁期、加里东期强烈造山，陆壳基本固结，印支运动实现了由海向陆的转变。随同多旋回造山形成的多旋回花岗岩序列，晋宁期为云英闪长岩（导体）– 花岗闪长岩（主体）– 二长花岗岩（补体），加里东期为英云闪长岩（导体）– 花岗闪长岩 + 二长花岗岩（主

表 2-4 江西省及邻区多旋回花岗岩类成钨体系简表
Table 2-4 Tungsten forming system of multicycle granitoids in Jiangxi Province and its adjacent areas

成钨体系	成矿组合	成矿体系	亚系列	主要矿床类型
多旋回花岗岩类成钨体系	燕山陆内活化造山期花岗质岩浆钨多金属成矿系列组合	晋宁-加里东-印支造山期S型花岗质岩浆高温热液钨多金属成矿系列		接触交代矽卡岩型 热液充填石英脉型 热液充填（交代）细脉浸染型 断裂破碎带蚀变岩型
		1. I型、I-S型中酸性岩浆高中温热液钨铜钼多金属成矿系列	(1)扬子组合铜钨成矿亚系列	
			(2)钦杭组合钨钼成矿亚系列	
		2. S型花岗质岩浆热液钨锡多金属成矿系列	(1)南岭组合深中成成钨亚系列	
			(2)江南组合中深—中浅成成钨亚系列	
			(3)武夷组合浅成—潜火山成钨亚系列	
		3. S型花岗质岩浆混合热液钨锑金银多金属成矿系列		

体）-正长花岗岩（补体），印支期为花岗闪长岩（导体）-二长花岗岩（主体）-正长花岗岩或二云母、白云母花岗岩（补体）。岩石主体由中酸性→酸性→超酸性，呈链式演化，稀土配分模式均为右斜式，Eu 亏损由微弱→弱→较强（图 2-4），碱度增高，F、Cl、B 气热流体增多。于晋宁期造山时揭开了成钨序幕，岩浆成钨作用由弱发展到较强，为接踵而来的燕山期岩浆成钨大爆发构成了一个有序的由渐变到突变的演化过程。

1. 晋宁期同造山 S 型花岗岩成钨作用

晚青白口世华南洋消亡，扬子、华夏-东南亚板块碰撞，晋宁运动造山（约 820Ma）形成的江南 S 型花岗岩带，规模较大，九岭岩基是该带最大的复式侵入体。九岭序列 Nd 模式年龄为 1.81~1.66Ga，该年龄值代表其源岩物质的平均地壳存留年龄，略大于双桥山群的 T_{2DM}（1.7~1.5Ga），故双桥山群不是九岭花岗岩体的重要物质来源，可能为扬子陆块古—中元古代混入有华南洋壳或弧盆火山物质的变质

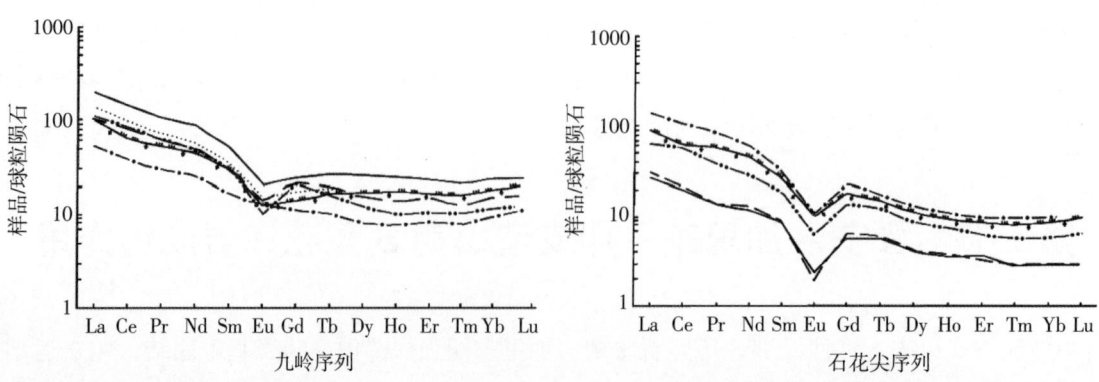

图 2-4 晋宁期（九岭序列、石花尖序列）稀土元素球粒陨石标准化配分型式图
Fig. 2-4 Chondrite normalized REE distribution pattern of Jinning Period granite (Jiuling Sequence and Shihuajian Sequence)

基底，其岩浆成熟度低，岩石的分异指数（DI）由初期（云英闪长岩）的 78.72 发展到后期（二长花岗岩）的 83.21，固结指数（SI）一般在 9~12 之间，岩浆固结慢。铝饱和指数（A/CNK）平均值大于 1.3。岩体含有壳源成因的堇青石、石榴子石及白云母等富铝矿物。在 A/MF-C/MF 摩尔比值图中，样品点均落入变质泥岩、变质砂岩部分熔融和基性熔融重叠区。其岩石以中酸性为主体，SiO_2 含量略低，70%左右，碱质含量小于 6.5%，从早到晚（由英云闪长岩到二长花岗岩），硅质（SiO_2）及碱质（Na_2O+K_2O）含量升高，MgO 及 Fe_2O_3+FeO 逐渐降低，与上述酸性增强，由中酸性向酸性演化及黑云母含量降低等特征相一致，其中 Fe_2O_3/FeO 值时而大于 1，时而小于 1，表明成岩过程中，氧化环境不稳定。成矿元素含量低，多数岩体无明显金属成矿流体活动，九岭岩基至今未发现与之有关矿床，仅在宜丰芳园等地发现云英闪长岩、花岗闪长岩由于副矿物局部富集，其风化壳含独居石、磷钇矿，平均 70g/t，最多达 230g/t。稀土总量（ΣREE）低，平均含量为 $154×10^{-6}$（江西省地质矿产勘查开发局，2015）。

该期花岗岩在黔东南四堡岩体的从江县有乌牙小型钨矿床，在梵净山岩体有黑湾河、标水岩小型钨矿床。2013 年，江西省地质矿产勘查开发局赣中南地质矿产勘查研究院，在进行赣北修水县花山洞钨矿床勘查时，发现成矿岩体与矿床时代为晋宁期（刘进先，2015），矿床位于九岭隆起九岭晋宁期花岗闪长岩西侧，成矿闪长岩－花岗闪长岩－二长花岗岩株隐伏于地表下 560~800m 深处。围岩为上青白口统下部双桥山群变质岩系，为蚀变花岗岩型、石英脉型、隐爆角砾岩筒型"三位一体"式钨钼矿床。主要矿物为白钨矿，其次为辉钼矿、黑钨矿。锆石 LA-ICP-MS 年龄，二云母二长花岗岩为 807Ma，闪长岩为（863±18）Ma，辉钼矿 Re-Os 模式加权平均年龄为（805±5）Ma。以花岗闪长岩为主体的九岭、石花尖序列得到充分分异，其中二云母二长花岗岩补体可以形成具中型规模的钨矿床。

2. 加里东期同造山 S 型花岗岩成钨作用

江西境内该期花岗岩总体岩石酸度 SiO_2 平均含量为 67.85%，碱质 Na_2O+K_2O 含量平均为 6.54%，与晋宁期岩体比较含量逐渐升高，MgO 及 Fe_2O_3+FeO 含量降低，平均为 7.6%。稀土元素配分曲线呈右缓斜式，Eu 低亏损（图 2-5），其中以万洋山序列属远源地侵入型岩石，分异程度较高，部分岩体钨、锡矿化明显。其中上犹岩体最具代表性，岩体由黑云母二长花岗岩－二云二长花岗岩组成，具高硅（SiO_2 含量 73.07%）、高碱（K_2O+Na_2O 含量 7.72%）、高铝（Al_2O_3 含量 13.68%）等特征，铝过饱和指数为 1.5，属铝过饱和、高硅、碱性岩体，其上覆中泥盆统云山组沉积的花岗质碎屑岩（古风化壳）中见 2~3 层砂锡矿，厚度小于 4cm，表明锡石来自上犹岩体。此外，在岩体内见到与云英岩化伴生的锡矿化，在接触带见鸡笼罩钨矿点，可能为该期岩浆热液富集而形成的矿化点。

该期花岗岩成钨作用在越城岭地区有重要发现，江西地质科学研究所 20 世纪 90 年代认为桂北兴安县牛塘界矽卡岩型钨矿床形成于加里东期花岗岩接触带。杨振（2014）对牛塘界钨矿的成矿时代与成矿作用作了进一步的研究。钨矿床位于资源县与兴安县交界处，越城

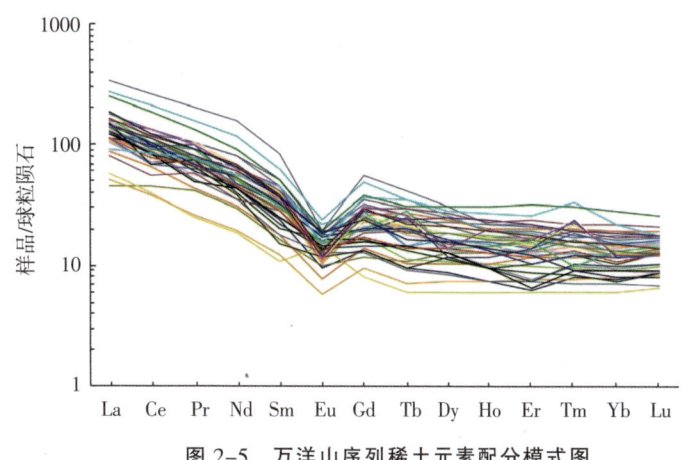

图 2-5 万洋山序列稀土元素配分模式图
（据江西省地质矿产勘查开发局，2017）
Fig. 2-5 REE pattern of the Wanyangshan Suite Granitoids

岭花岗岩体南端，属似层状矽卡岩型白钨矿床，产于加里东期细粒二云母花岗岩株与寒武系清溪组中上部砂页岩与灰岩互层的中薄灰岩中。花岗岩 LA-ICP-MS 锆石 U-Pb 年龄为（421.8±2.4）Ma；矽卡岩中白钨矿 Sm-Nd 同位素年龄为（421±24）Ma。又据陈文迪（2016）研究，在越城岭岩体北东部独石岭大型蚀变岩型－矽卡岩型钨（铜）矿床成矿花岗岩 LA-ICP-MS 锆石 U-Pb 年龄为 423~421Ma，也属加里东期，此外，尚有较多钨矿点。

3. 印支期同造山 S 型花岗岩成钨作用

印支期 S 型花岗岩以酸性岩占主导地位，中酸性岩急剧减少，岩石类型以黑云母二长花岗岩或二（白）云母二长花岗岩为岩浆主体，少量岩体由正长花岗岩作为补体。岩性酸度增强（表 2-3），SiO_2 含量超过了 70%，平均 72.3%；碱质（K_2O+Na_2O）含量普遍达 8% 以上，且 K_2O 含量（平均 5.23%）大于 Na_2O 含量（平均 2.82%）；分异指数（DI）平均为 89.12；MgO 和 CaO 的含量平均小于 1.0%，总体向富硅、钾、碱，贫钙、钠方向演化。稀土元素（REE）配分曲线为缓右斜式，Eu 中强亏损（图 2-6）。

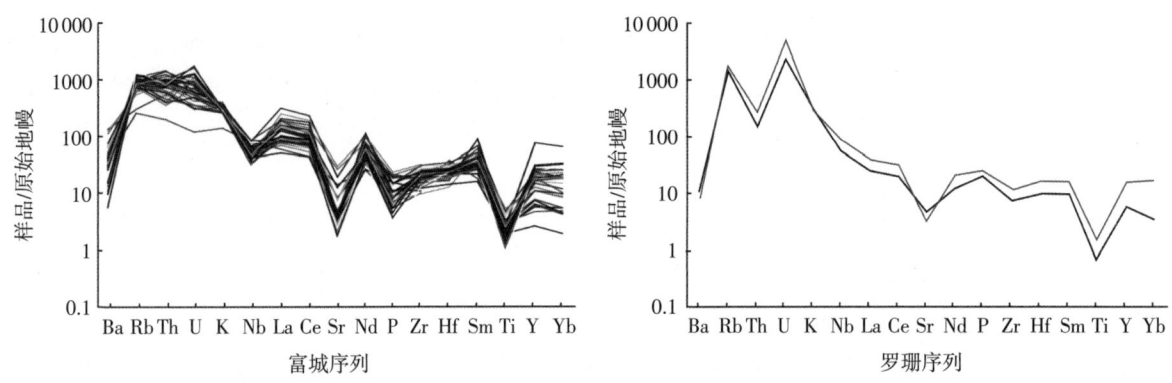

图 2-6 三叠纪侵入岩代表性岩体稀土元素配分模式图

Fig. 2-6 REE pattern of representative Triassic plutons

江西近期发现新余市－上高县蒙山硅灰石矿田形成于印支期。蒙山花岗岩大型岩株由中粗粒黑云母二长花岗岩、细粒二长花岗岩和正长花岗岩组成，LA-ICP-MS 锆石 U-Pb 年龄为（236±3）Ma、（220±3）Ma、（217±1）Ma（钟玉芳等，2011），侵入于蒙山北东东向复向斜，形成了硅灰石矿田，伴有透辉石、透闪石、大理石等矿床。但岩浆热液金属成矿较弱，发现有热液型铅锌（银）矿点，矽卡岩型锡、白钨矿点。新发现的石竹山硅灰石矿床，规模居世界之首，产于中二叠统茅口组含硅质层灰岩中，距花岗岩大于 50m 形成热液接触变质似层状硅灰石矿床，近接触带（50m 以内）形成接触交代矿化，形成硅灰石锡、钨、钼、铜矿体，规模小，不具矿床规模（陈国华等，2019）。

该期花岗岩近期在桂东、湘南有多处钨矿床（点）发现。据陈骏（2014）报道，广西含锡－铌－钽花岗岩锆石 U-Pb 年龄为 218~214Ma。桂东北苗儿山－越城岭复式岩体中云头界成钨白云母花岗岩锆石 U-Pb 年龄为 220Ma，矿床辉钼矿 Re-Os 年龄为 216Ma；湘南王仙岭成钨花岗岩锆石 U-Pb 年龄为 224.9~212.6Ma，辉钼矿 Re-Os 定年结果为 216Ma。据徐德明等（2017）研究，都庞岭花岗岩基的中体与东体为环斑花岗岩，SHRIMP 锆石 U-Pb 年龄分别为（226.6±6.9）Ma 和（209.7±3.1）Ma，属印支期，认为岩基中的中体、东体环斑花岗岩分别为李贵福钨锡多金属矿床，栗木老虎头、金竹源稀有（钽、铌、钨、锡、稀土）矿床的成矿母岩，时代为印支期。

刘善宝（2008）在仙鹅塘矿区获得含矿石英脉中白云母 $^{40}Ar/^{39}Ar$ 年龄为（229.2±2.3）Ma，首次报道有印支期成矿。根据九龙脑矿田成矿规律研究成果，柯树岭石英脉型钨锡多金属矿床黑云母花岗岩锆石 U-Pb 年龄为 233~220Ma，含矿石英脉中辉钼矿 Re-Os 成矿年龄为 (228.7±2.5)Ma，含矿石英脉中白云母 $^{40}Ar/^{39}Ar$ 年龄为 (229.2±2.3)Ma，矿床成岩与成矿时代属印支期（赵正等，2018；王登红等，2020；李伟等，2021）。需要说明的是，柯树岭、仙鹅塘与淘锡坑矿床相邻，成矿特征相似，成矿花岗岩可能属同一半隐伏花岗岩基，从矿床成矿裂隙和控矿断裂解析，主要是燕山早期新华夏系构造的成分，因此其成岩成矿时代有待进一步研究。

从上述可知，晋宁期、加里东期、印支期都有钨矿床发现，且有逐渐增多趋势，但分布显得零散。值得进一步研究的是，加里东期、印支期钨矿床主要形成于越城岭、都庞岭地区，即钦杭带南段与南岭带西段复合地带。印支期成矿作用向西与滇藏地区古特提斯成矿域有连接趋势，向东成矿趋弱。

第四节　燕山期陆内活化造山花岗岩类大规模成钨作用

江西及邻区于中侏罗世—早白垩世，由新形成的欧亚超级板块与古太平洋板块间发生剧烈的扭动与俯冲，发生了举世瞩目的燕山期陆内活化造山花岗质岩浆成矿大爆发，这一时期是最重要的成钨时期（表 2-5），与前期多旋回造山、多旋回花岗岩成钨作用相比，具有空前超强、超深、超长构造岩浆成矿特征。引发岩石圈物质调整，除形成大规模壳熔 S 型花岗质岩浆高温热液钨锡多金属成矿系列与中低温热液钨锑金银多金属成矿系列外，新出现了壳幔同熔 I 型铜钨钼多金属成矿系列。形成了居于世界前列的矽卡岩型、石英脉型、细脉浸染型三大钨矿床类型以及丰富多彩的钨矿床式（详见中篇）。

一、I 型、I-S 型中酸性岩浆铜钨钼多金属成矿系列

该系列有 I 型扬子组合与 I-S 型钦杭组合两个亚成矿系列，成矿岩体主要呈小岩株状。

（一）I 型扬子组合中酸性侵入岩铜（钨）多金属成矿亚系列

I 型扬子组合中侏罗世铜厂花岗岩斑岩、晚侏罗世永平富斜花岗岩-花岗闪长斑岩与早白垩世城门山石英花岗斑岩-花岗闪长斑岩-石英斑岩，是江西及邻区的重要成铜岩体，有的铜矿床中伴有规模不等的钨矿。

该组合侵入岩 SiO_2 含量主要介于 62%~66% 之间；碱质（K_2O+Na_2O）含量主要集中于 6.2%~7.2% 之间，$K_2O/(K_2O+Na_2O)$ 值一般为 0.50~0.70，含铁量（$FeO+Fe_2O_3$）为 3%~5%；$CaO+MgO$ 含量多数为 4%~6%；具中硅、富碱、贫钠、贫铁特点。成矿岩体 $\delta^{34}S$ 绝对值小，变化范围窄，最大离差仅 5.9‰，呈塔式图形。全岩或石英的 $\delta^{18}O$ (SMOW) 为 8.17‰~13.26‰；岩石 $^{87}Sr/^{86}Sr$ 的初始值为 0.704~0.707，均显示为壳幔同熔型岩浆岩。成矿岩体稀土配分曲线呈右斜式，无或弱 Eu 亏损（图 2-7），为以上地幔

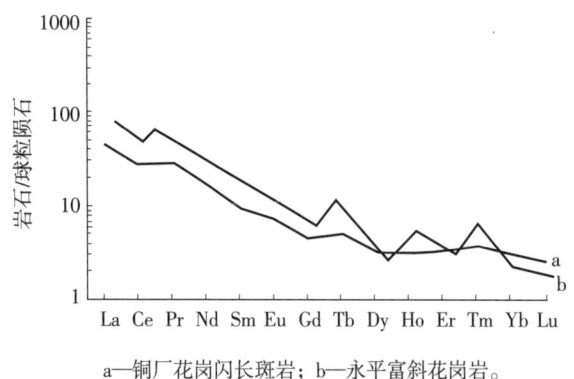

a—铜厂花岗闪长斑岩；b—永平富斜花岗岩。

图 2-7　I 型岩体稀土元素球粒陨石标准化配分图

Fig. 2-7　Chondrite normalized REE distribution pattern of I-type rock mass

表 2-5 燕山期主要花岗岩类成岩、成（钨）矿同位素年龄表

Table 2-5 Isotopic ages of diagenesis and mineralization of main tungsten granitoids in Yanshanian Period

构造岩浆组合	矿床名称（主成矿元素）	同位素年龄值/Ma		资料来源
		成岩年龄	成矿年龄	
江南组合	香炉山（W）	126.2±2.6 (Rb-Sr)、131.1(K-Ar)	128±3(Rb-Sr)、121±11(Sm-Nd)	张家菁，2008
	石门寺（W）	138、134.6±1.2(LA-ICP-MS)	143.7(Re-Os)	九一六大队，2012；丰成友等，2012
	大湖塘（W、Cu）	144.2、134.6(LA-ICP-MS)	143.7±1.2(Re-Os)	黄兰椿等，2012；丰成友等，2011
	狮尾洞（W）	144.2±1.3(LA-ICP-MS)		罗兰等，2012
扬子组合	永平（Cu、Mo、W）	160±2.3(SIMS)	156.7~55.7(SIMS)	丁昕等，2005
	村前（Cu、Mo）	169.3±1.1(SHRIMP)		王强等，2012
	枫林（Cu、W）	161.15(K-Ar)		张宾元等，1981
钦杭组合	朱溪（W、Cu、Ag）	151、149.5(LA-ICP-MS)		李岩等，2014；丰成友等，2012；
		146 (SHRIMP)		黄安杰等，2013
	塔前（Mo、Cu、W）		162±1.2(Re-Os)	九一二大队，时间不详
	邦彦坑*（W、Mo）	155.4(K-Ar)		江西地质科学研究所，1985
	阳储岭（W、Mo）	146、144.4~142.3(K-Ar)、		江西地质科学研究所，1982；九一六大队，1984
		141.5(Rb-Sr)、160±2.3(SHRIMP)		江西省地质调查研究院，2013
南岭组合	雅山（Nb、Ta、Li）	150(LA-ICP-MS)	148.6±2.9(Rb-Sr)	杨泽黎等，2014；楼法生等，2005
		161±1 (U-Pb)		陈毓川等，2013
	浒坑（W）	151.6±2.6(LA-ICP-MS)	（150.2±2.2）~149.82(Re-Os)	刘珺等，2008； 楼法生等，2005
		149±3 (Rb-Sr)	147.2±1.4(Ar-Ar)	
	下桐岭（W、Mo、Bi）		152(Re-Os)	李光来等，2011
	徐山（W、Cu）		147(Rb-Sr)	李光来等，2011
	小龙（W）	158、146±3 (K-Ar)		江西地质科学研究所，1985；南岭项目专题组，1989
	大吉山（W、Nb、Ta）	161(Rb-Sr)、159(Rb-Sr)	147~144(Ar-Ar)、161(Re-Os)、151.7±1.6(U-Pb)	孙恭安等，1985；李华芹等，1993 张文兰等，2006
	岿美山（W）	157.7(SHRIMP)	153.7(Re-Os)	陈郑辉等，2006
	盘古山（W、Bi）	168、155(SHRIMP)	155.5	丰成友等，2010；
			157.75±0.76	王登红等，2010；
			158.8±5.7	曾载淋等，2011

续表 2-5

构造岩浆组合	矿床名称（主成矿元素）	同位素年龄值(Ma) 成岩年龄	同位素年龄值(Ma) 成矿年龄	资料来源
南岭组合	小龙(W)	158、146±3 (K-Ar)		江西地质科学研究所,1985；南岭项目专题组,1989
	铁山垅(W)	159.7、154.9(SHRIMP)		张文兰等,2012
	画眉坳(W、Be)	175(K-Ar)	158.5(Re-Os)	李璞,1963；丰成友等,2010
			154.2~153.4 (Ar-Ar)	王登红等,2010
	园岭寨(Mo)	165.5(SHRIMP)	162.7、160(Re-Os)	周雪桂等,2011
	夏汶滩*	161.3±3 (U-Pb)		江西调研队,1990
	西华山(W)	152.6、151.15、150.3(SHRIMP)	156.5、152.4、	吕科等,2009；杜安道等,2012
			146.64(Re-Os)	李晓峰等,2008
	漂塘(W、Sn)	161.8(TIMS)	(153.62±1.6)~ 152.9(Ar-Ar)	张文兰等,2009；陈郑辉等,2006；Feng et al., 2011
			151.1±8.5(Re-Os)	
	茅坪(W、Sn)	167、151.8(SHRIMP)	151、141.41(Re-Os)	丰成友等,2010；曾庆涛等,2007 曾载淋等,2009
	木梓园(W)	153.3±1.9(SHRIMP)	151.1±8.5(Re-Os)	张文兰等,2009
	九龙脑(W)	158.7、154.9(SHRIMP)	151.1、150	刘善宝等,2008；郭春丽等,2011 丰成友等,2010
	淘锡坑(W、Sn)	158.7、157.6(SHRIMP)	157.2、154.4±3.8 (Re-Os)	郭春丽等,2007；陈郑辉等,2006
	焦里(Ag、W)	171.6(K-Ar)	170.6±4.6(Re-Os)、170(Re-Os)	江西地质科学研究所,1983；郭春丽等,2010；丰成友等,2012
		172.2、164.4±1.1 (SHRIMP)		
	铅厂(W、Pb、Zn)	157.7(SHRIMP)	156.6±3.9 (SHRIMP)	丰成友等,2012
	摇兰寨(W)	156.9±1.7(SHRIMP)	155.8±2.8(Re-Os)	丰成友等,2007
	牛岭(W)		154.9±4.1(Re-Os)	丰成友等,2007
			154.6±9.7(Re-Os)	
	红桃岭(W)	151.4±3.1(SHRIMP)		丰成友等,2012
	葛仙山*	145.7、150.9(SHRIMP)；158.9、169(TIMS)		江西省地质调查研究院,2013

注：*表示为岩体名称。

为主的壳幔同熔岩浆岩。著名的德兴斑岩铜矿床，矿石中含少量黑钨矿，在矿床的强蚀变带细脉浸染状矿体中，矿化元素以 Cu、Mo 为主，伴生 Au、W。九（江）瑞（昌）矿集区，东雷湾矽卡岩型铜矿床伴生白钨矿化；通江岭脉带大型矽卡岩型 – 热液充填型铜矿体中也发现伴生白钨矿化。

铅山县永平天山铜硫钨矿床的成矿岩体十字头似斑状富斜黑云母花岗岩株，与铜厂城门山花岗闪长斑岩相比，SiO_2 含量偏高，为 68.72%，主要为似斑状结构，为中浅成侵位。但稀土配分曲线与之相同，均为右斜式，Eu 无明显亏损，显示 I 型向 I–S 型过渡色彩。岩体中成矿元素丰度 Cu $62×10^{-6}$，W $30×10^{-6}$，Mo $38.5×10^{-6}$（朱碧等，2008）。似层状矽卡岩型铜矿床，查明 Cu $175.53×10^4$t，伴生 WO_3 $13.34×10^4$t，平均品位 0.08%。铜、钨资源储量达大型规模。

（二）I–S 型钦杭组合中酸性侵入岩钨钼成矿亚系列

属于该亚系列的矿床主要分布于赣东北地区，有都昌县阳储岭大型斑岩钨钼矿床、乐平塔前毛家园钼钨（铜）中型斑岩矿床和婺源邦彦坑似层状矽卡岩（白）钨矿点与隐爆岩筒钼矿点。成矿岩体：均属弱酸性岩石（SiO_2 66%~69.5%），富碱（K_2O+Na_2O 7%~7.25%），富钾（K_2O/Na_2O 1~1.35）；为稀土总量低，轻稀土富集型，稀土配分曲线为右斜式（图 2–8），Eu 轻度亏损。$^{87}Sr/^{86}Sr$ 初始值为 0.707 69~0.710 01（李秉伦等，1985），显示属于壳幔同熔以地壳物质为主的成岩特征。

与赣东北地区相邻的皖南地区，21 世纪以来取得了找钨的重大进展，矿床主要属该亚系列。该地区有祁门县东源大型斑岩型钨钼矿床，绩溪伏岭岩体大金山钨铜银矿床，逍遥钨铜矿床、际下、巧川钨矿床，宁国刘村 – 仙霞岩体竹溪岭、大坞尖钨矿床，桂林郑铜钨铅锌矿等大中型钨矿床（吴礼彬等，2016）。

成矿岩浆岩主要呈花岗闪长（斑）岩 – 二长花岗岩 – 正（碱）长花岗岩演化，阳储岭成矿岩体成岩序列特殊，闪长花岗斑岩–花岗闪长岩由浅成向中浅成反序演化，二长花岗斑岩与花岗闪长斑岩呈相变关系。该类岩体成岩时代介于 160~138Ma 之间，多数为晚侏罗世晚期—早白垩世早期。成矿岩体以花岗闪长（斑）岩为主。

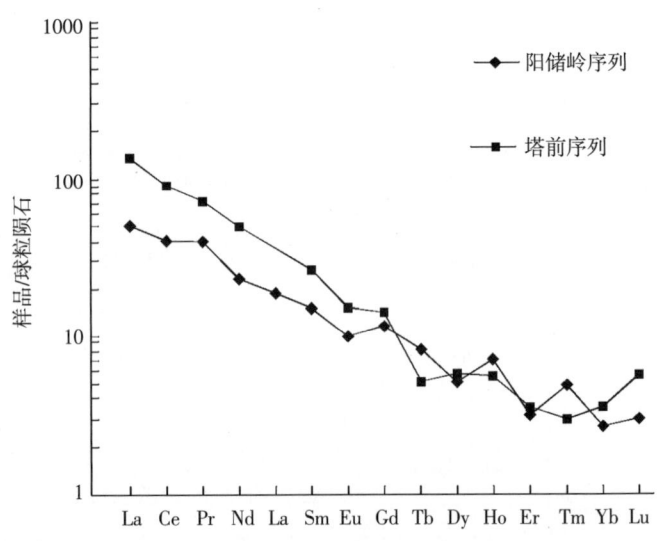

图 2-8 钦杭组合各岩浆序列稀土元素球粒陨石标准化配分型式图
Fig. 2-8 Chondrite normalized REE distribution pattern of each magmatic sequence of Qinhang combination

二、S 型花岗质岩浆高温热液钨锡多金属成矿系列组合

江西及邻区 S 型花岗质岩浆钨多金属成矿系列组合包括最重要的 S 型花岗质岩浆高温热液钨锡多金属成矿系列和富有特色的 S 型花岗质岩浆中低温热液钨锑金多金属成矿系列。该成矿系列组合成矿花岗质岩体主要为酸性—超酸性花岗岩类，成矿时期为中侏罗世至晚白垩世初期，主要为晚侏罗世—早白垩世（160~100Ma），最有利的成矿岩体为浅剥蚀 – 半隐伏 – 隐伏花岗岩株。

(一) S 型花岗质岩浆高温热液钨锡多金属成矿系列

该系列成矿花岗岩体分布最广，钨产地最多，钨资源总量占总钨矿总量的绝大部分，共（伴）生金属、非金属矿产十分丰富，是长期以来勘查与地质研究工作的重中之重。在《中国矿产地质志·江西卷》(2015) 研究总结的基础上，本书对 S 型同源花岗质岩浆高温热液成矿组合演化序列作了进一步总结，将钨锡多金属成矿系列进一步划分为南岭深中成、江南中深—中浅成和武夷浅成—潜火山 3 个成矿亚系列，并对其特征进行了研究总结。

1. 燕山早期 S 型南岭组合深中成花岗岩钨锡多金属成矿亚系列

该亚系列钨锡多金属矿床主要分布于赣中南、武功山-徐山、诸广山-雩山等地以及赣东北浮梁朱溪等，出露面积 6708 km^2，包括西华山、葛仙山两个花岗岩序列，从导体到主体形成于深成—中成环境，少部分补体或尾体花岗质斑岩形成于浅成环境（如西华山、白石山）。

1) 岩石化学成分演化

从早到晚，各序列岩石主量元素及相关指数具有如下特点。

（1）酸度、碱度及分异指数增强：SiO_2 含量均大于 70%，多数在 71.42%~74.01% 之间，平均达 72.87%，表明岩浆在演化过程中酸度逐步增强趋势。K_2O+Na_2O 含量普遍大于 7.4%，由早期的 7.41% 增加到晚期的 8.28%，平均 7.86%；K_2O (4.67%) > Na_2O (3.18%)，K_2O/Na_2O 平均等于 1.47；部分岩体晚期钠化阶段 $Na_2O>K_2O$，这时形成铌、钽矿床。分异指数（DI）由初级阶段 70.49→中阶段 89.36→晚阶段 91.7，个别岩体如大余大龙山碱长花岗岩可达 95.32。

（2）CaO 含量及固结指数（SI）降低：CaO 含量从早阶段的 1.57% 降低到晚阶段的 0.80%，几乎降低了一半；固结指数（SI）较小，没有超过 6，这与岩浆在演化过程中固结慢是一致的，利于岩浆分异，形成矿床。

（3）Al_2O_3、MgO、TiO_2 等的含量变化不大，总体表现出高酸、高碱、高钾，贫铁、钠的特点。

2) 稀土元素

随着岩浆演化从早到晚，稀土总量逐渐富集，中侏罗世古阳寨序列 REE = 8.11×10^{-6} ~ 152.18×10^{-6}，晚侏罗世葛仙山序列 REE = 95.6×10^{-6} ~ 430.37×10^{-6}，西华山序列 ΣREE = 29.83×10^{-6} ~ 547.60×10^{-6}。各岩性稀土配分型式为轻稀土相对富集型，分馏较明显，呈现向右略倾斜的海鸥型水平曲线，早期 Eu 负异常不明显，呈浅 "V" 字形，晚期葛仙山序列及西华山序列 Eu 具中等—强负异常（$\delta Eu<0.7$）（图 2-9）。

（1）各分布区内，稀土配分型式均以呈海鸥型曲线为主，轻稀土相对富集。在崇余犹（崇义、大余、上犹）地区重稀土含量大于轻稀土，这与该区矿床中重稀土含量高相一致，表明各地区岩浆岩稀土含量不一样。

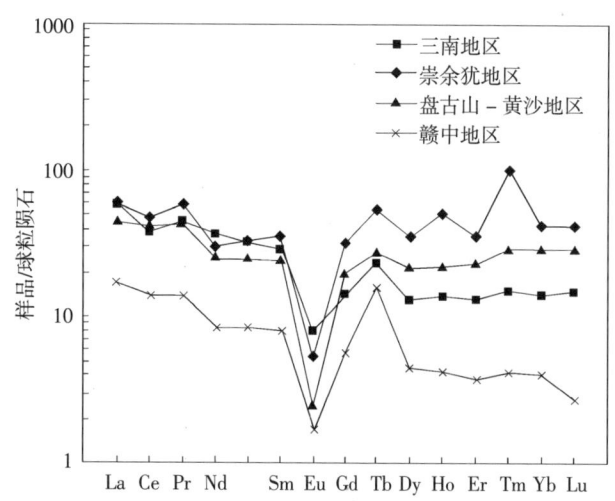

图 2-9　南岭组合的 S 型花岗岩在不同成矿区内稀土元素球粒陨石标准化配分型式图
（以钨、锡矿床中岩体为例，据江西省地质矿产勘查开发局，2017）
Fig. 2-9　Chondrite normalized REE distribution pattern of S-type granite of Nanling combination in different metallogenic areas

（2）Eu 出现中等—强负异常，从赣南向赣中，由燕山早期到燕山晚期，Eu 有逐渐亏损加大趋势。

（3）曲线反映壳源岩浆分布特点。

3) 成岩成矿时序

先锋期：上犹县焦里矿床是江西境内燕山期花岗岩成钨最早的矿床，成矿花岗岩 SHRIMP 锆石 U-Pb 年龄为 172.2~（164.4±1.1）Ma，辉钼矿 Rb-Os 等时线成矿年龄为（170.6±4.6）~170Ma。

主成矿期：晚侏罗世为该亚系列钨锡钼铋多金属主要成矿期，也是江西及邻区钨的主成矿期。成岩成矿年龄介于 161~145Ma 之间，少数补体或尾体形成时间远至早白垩世初。西华山式花岗岩内带石英大脉型钨矿床成岩年龄为 152.6~150.3Ma，成矿年龄为 152.4~146.64Ma；漂塘产于花岗岩外带细脉带型钨锡矿床，成岩年龄为 161.8Ma，成矿年龄为 151.1Ma；宝山（铅）厂接触交代型钨铅锌银矿床，成岩成矿年龄为 157.7~156.6Ma；大吉山石英大脉型＋蚀变花岗岩型钨钽铌矿床成岩成矿年龄分别为 161~159Ma 与 161~144Ma。浒坑石英脉型钨矿床花岗岩成岩年龄为 151.6Ma，成矿年龄为 150.2~147.2Ma。

后主成矿期：为形成钽、铌、钨、锂、铯、铷等矿产的主要时期。宜春雅山超大型钽铌矿床为典型一例，花岗岩成岩年龄为 161~150Ma（杨泽黎等，2015；楼法生等，2002），铌钽成矿年龄为 148.6Ma（陈毓川等，2014）。

该亚系列以深中环境成岩成矿为特征，主要形成于赣中南隆起区，形成了世界上最重要的石英脉型黑钨矿床，其中成矿花岗岩外接触带矿床，尤以形成"五层楼"式垂直分带矿床为特征。蚀变花岗岩型矿床多数形成于隐伏成矿花岗岩体顶盖，成"地下室"式矿床，构成独特的"五层楼"＋"地下室"式钨矿床。在坳陷带成矿花岗岩与碳酸盐岩耦合，形成矽卡岩型白钨矿床。

2. 燕山晚期 S 型江南组合中深—中浅成花岗岩钨锡钽铌多金属成矿亚系列

该亚系列为第二个重要成钨亚系列，主要为大湖塘、灵山两个成钨花岗岩序列。在时间上晚于南岭组合亚系列，在空间上围绕南岭序列成岩成矿地区分布于江南、岭南以及粤西桂东地区。武夷山脉南岭组合花岗岩成钨作用较弱，以江南组合花岗岩成矿为主。

1) 岩石化学成分特征

岩石具高酸、高碱、高铝特点：SiO_2 含量均大于 70%，多数在 72%~74% 之间，以怀玉山岩体的黑云母二长花岗岩最高，达 78.13%。K_2O+Na_2O 含量高，由早期的 7.5% 增加至晚期的 8.0%，平均 7.90%；K_2O（4.48%）>Na_2O（3.41%），K_2O/NaO 平均在 1.32 左右。各岩石均为过铝花岗岩，Al_2O_3 在 13%~14% 之间，平均 13.42%。岩石的分异指数（DI）在 87.61~92.74 之间，其中含黄玉花岗岩达 95.02；固结指数（SI）小，在 1.17~5.19 之间；铝过饱和指数（A/CNK）在 0.91~1.12 之间，平均 1.10；碱度率（AR）平均为 4.11；里特曼指数（σ）平均为 2.04。总体显示为高酸、高碱、高钾、过铝质钙碱性岩石类，属壳熔 S 型花岗岩。

2) 稀土元素特征

各杂岩稀土元素总量较低，REE 变化在 24.16×10^{-6}~241.84×10^{-6} 之间，多数为 60×10^{-6}~120×10^{-6}，平均 99.72×10^{-6}（图 2-10）。各成矿组合岩石以轻稀土富集型为主，轻稀土总量（LREE 71.46×10^{-6}）大于重稀土（HREE 28.26×10^{-6}），Eu 以中等亏损为主，在 0.2~0.8 之间，平均 0.62。

3) 成岩成矿时序

先锋期：少数钨矿床形成于晚侏罗世晚期，如九岭昆山大型石英大脉与细脉带型钨钼铜矿床，成矿隐伏黑云母似斑状花岗岩株 LA-ICP-MS 锆石 U-Pb 年龄为（151.7±113）Ma（张明玉等，2016）。

主成矿期：早白垩世早中期（145~120Ma），为钨锡钼铜主要成矿期。香炉山矽卡岩型钨矿床成岩、成矿年龄分别为 131.1~126.2Ma 与 128~121Ma；大湖塘钨铜钼矿田成岩年龄为 144.2~134.6Ma、成矿年龄为 143.7Ma。

后主成矿期：早白垩世中晚期（130~110Ma），为第二钽、铌、锡、钨、锂矿成矿期；为与S型江南组合灵山强分异钠长石（化）花岗岩有关的蚀变岩型、伟晶岩型（黄山式）矿床，分布于横峰灵山矿田、武夷成矿带南部（海罗岭、姜坑里）；黄山伟晶岩型钽铌矿成岩年龄为 136~130Ma；海罗岭蚀变岩型矿床成岩体年龄为 127.7Ma。此外，鄱阳莲花山钨锡矿田（130~100Ma）和彭山锡（铅锌）矿田（129~128Ma）也形成于这一时期。

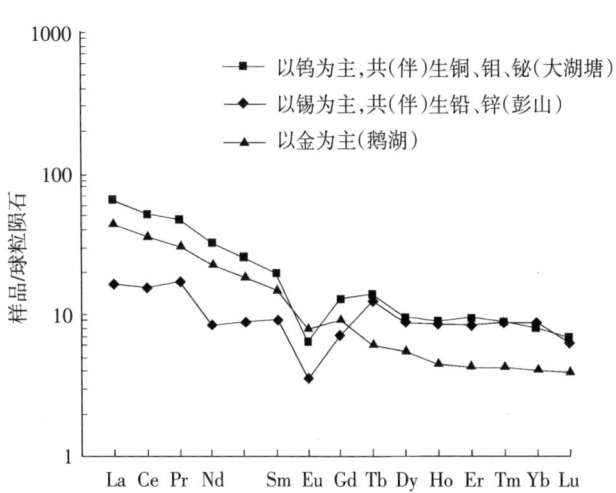

图 2-10　江南组合 S 型花岗岩各成矿组合稀土元素球粒陨石标准化分布型式图

Fig. 2-10　Chondrite normalized REE distribution pattern of various metallogenic assemblages of Jiangnan S-type granite

该成钨亚系列主要以中深—中浅成环境成岩成矿为特征，花岗岩序列补体出现晶洞结构（灵山）或斑状结构（大湖塘）。最重要矿床类型为蚀变花岗岩型，主要形成于隆起区（大湖塘、海罗岭、姜坑里），也有形成于后隆起的坳陷区（灵山矿田）。坳陷区形成矽卡岩钨矿床（香炉山、张天罗-大岩下）。石英脉型钨锡矿床分布也较广，但规模较小，多数不具"五层楼"垂直分带结构，其中武宁东坪隐伏石英脉型钨矿床呈"五层楼"式分带结构，为世界上规模最大的石英脉型黑钨矿床。

3. 燕山晚期 S 型武夷组合浅成—潜火山酸性岩钨锡多金属成矿亚序列

该成矿亚序列主要分布于武夷成矿带，江西境内冷水坑、锡坑迳火山—潜火山杂岩成岩成矿时代为早白垩世晚期。岩石具高硅（SiO_2 71%~73%）、高碱（K_2O+Na_2O 6.3%~7.9%）、高钾（K_2O/Na_2O 1.33~9.19）特征。稀土配分曲线呈不对称海鸥型（图 2-11）。年龄值介于 120~90Ma 之间。成矿以锡、银、

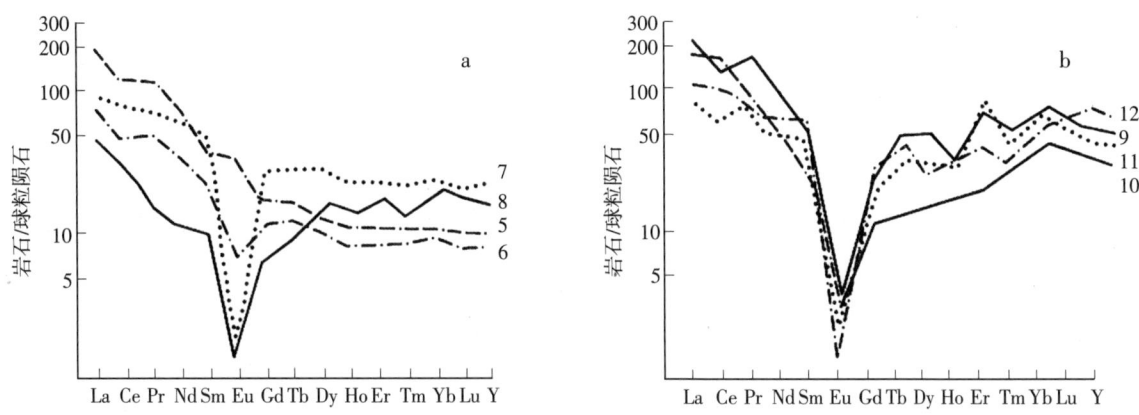

a—铅锌银成矿斑岩：5—冷水坑石英二长岩，6—冷水坑花岗斑岩，7—冷水坑流纹斑岩、正长花岗岩，8—磊肚山花岗岩；
b—锡多金属成矿斑岩：9—岩背花岗斑岩，10—密坑山似斑状花岗岩，11—铜坑嶂花岗斑岩，12—松岭石英斑岩。

图 2-11　武夷组合火山岩-斑岩稀土元素球粒陨石标准化配分型式图

Fig. 2-11　Chondrite normalized REE distribution pattern of Wuyi volcanic-porphyry combination

铅、锌为主。燕山晚期江西境内成钨已趋于尾声。武夷山脉南西坡的锡坑迳锡矿田岩背斑岩锡矿床、石城松岭斑岩（墙）锡矿床均含钨。瑞金市胎子崇小型隐爆角砾岩筒型钨矿床，岩筒内为细脉浸染状黑钨矿化，岩筒周缘有细粒花岗岩脉、花岗斑岩脉分布，形成于浅成环境。

武夷山脉以东的福建境内直至沿海地带有闽侯县广坪等多处成矿与晚侏罗世—早白垩世火山—潜火山有关的小型钨矿床（点），已处于区域成钨的外缘地带。

4. 燕山期 S 型花岗质岩浆高温热液成矿组合与时序演化模式

江西燕山期 S 型花岗岩是众多有色、稀有、贵金属矿产成矿最密切的岩浆岩类，由石英、长石、云母为主的硅酸盐矿物以不同的量比，构成成分相近但结构构造有一定差别的亚类岩石，各具特征的岩类，分别具有各自的矿物组成、化学成分、岩石地球化学习性与成矿属性特征，它们是同源壳熔岩浆在分异演化过程中与之相适应的成岩环境下形成的产物。

S 型花岗质岩浆在运移过程中，熔浆具有较大黏稠度和含有较多的气液成分，呈韧塑性的熔融体易于移动，主要为主动侵位，受外部构造和内部热传导双重动力作用影响，上侵途中普遍遵循同期但不一定同时的岩浆运移演化发展方式，在空间上形成侵位深浅不一和时间上形成侵入时段不同的成岩演化关系，还因为各演化阶段岩浆自身状态和所处空间的成岩环境不同，所形成岩浆岩的物质成分与产出状态也必然产生差异。依附于岩浆中的成矿元素，受岩浆分异演化制约，在不同演化阶段的成岩过程中，伴随相应分异演化程度岩浆运移，当岩浆后期残余溶液中气液与挥发组分充足，成矿元素逐渐集聚并达到富集程度时，相似或相近地球化学特征的成矿元素与其岩浆类型相匹配，并具有一定共性特点的一组金属元素汇集，可以形成一套特征性的矿物共生组合，当矿物（或元素）富集达到现阶段具有工业利用价值时，即成为矿床。

江西燕山期超强陆内活化造山，形成了高分异的 S 型花岗岩，从燕山早期南岭深中成花岗岩组合到燕山晚期江南中深—中浅成花岗岩组合，其成岩环境总体上由中深成向中浅成以及岩墙群演化，岩浆分异程度逐渐增强。花岗岩岩石类型由酸性向超酸性，由深色花岗岩向淡色花岗岩演化。总体岩石序列由花岗闪长岩（导体）→黑云母二长花岗岩（主体）→正长或碱长二（白）云母花岗岩（次主体）→锂云母钠化花岗岩（补体）演化。形成了 S 型花岗质岩浆高温热液钨-锡-钽铌成矿链，表明岩浆分异、成岩成矿组合与成矿时序具有规律性演化特征。

燕山期 S 型花岗岩序列的导体花岗闪长岩出露较少，迄今未发现可以认定与之有直接成矿联系的内生金属矿床，成矿主要发生在序列演化至主体与补体的中后期酸性—超酸性花岗岩形成阶段。

5. 主要金属成矿组合与时序演化

江西燕山期 S 型花岗岩与钨矿最密切的有 3 个主要的金属成矿组合。

（1）南岭、江南以黑云母二长花岗岩为主的金属成矿组合：为燕山期 S 型成矿花岗岩的主体，分布最广。属钙低、钾稍高于钠的超酸性岩类。Ti/Ta 从早到晚降低，由 200 至 9.4，K/Rb 从早到晚降低，由 80 至 50；F/Cl 从早到晚升高。赣中南幕阜山—莲花山形成燕山期以钨矿为主的钨、锡、钼、铋、铍矿床。其次在矿区外围还有铜、铍、锌、金、银矿体或矿（化）体形成。此成矿组合的钨矿床类型以气成高温热液石英脉型、蚀变花岗岩型、接触交代型、似层状型为主，也是重要的富铀、富稀土型花岗岩。

（2）正长或碱长二（白）云母花岗岩金属成矿组合：为燕山期 S 型南岭、江南组合花岗岩序列的次主体或补体，较多发育于燕山晚期江南组合，主要形成以锡为主的锡、钨、铅、锌、铍（钽、铌、锂、铯、铷）组合。钨矿床类型也有蚀变花岗岩型、石英脉型、似层状气液型、接触交代型。

（3）锂（铁锂）云母钠化花岗岩金属成矿组合：为燕山期S型南岭、江南组合花岗岩序列的终端补体或次主体，属钠高，钾、钙低的亚碱性强分异岩类。主要形成以钽、铌为主的锂、铍（锡、钨、铯、铷）成矿组合。矿床类型以蚀变花岗岩型为主，次为脉状伟晶岩及细晶岩，Ta、Nb元素主要以副矿物或赋存于造岩矿物中的形式产于岩体或岩墙中，Cs、Rb、Li等亲石元素主要存在锂云母、锂辉石、含Cs-Rb长石、云母内，一般均难进入热液期石英脉型矿体。

上述花岗岩同源演化成矿时序因地质构造背景不同，成矿组合有所差异。钦杭岩区S型花岗岩成矿变异性比较明显，钨矿床中共（伴）生铜显著增多，形成"钨铜同床"，如朱溪、徐山钨铜矿床，大湖塘钨铜矿田等。处于宜丰－景德镇古板块结合带北（上）盘的鹅湖S型花岗岩体，为一小型岩基（150km^2），具花岗闪长岩（导体）－二长花岗岩（主体）－白（二）云母正长花岗岩（补体）序列，花岗岩SHRIMP锆石U-Pb年龄为（121.7±2.9）Ma（赵鹏等，2010），SiO$_2$含量为68.07%~73.96%，Al$_2$O$_3$含量为13.26%~16.39%，A/CNK为1.16~1.5，K$_2$O+Na$_2$O含量为6.1%~8.44%，为高硅、过铝、富碱、贫钙岩石。花岗岩铀同位素初始值在0.171 62~0.721 40之间，岩浆物质来源于地壳。但特异之处是稀土元素配分曲线呈平缓右斜式，Eu为弱亏损（图2-12）。成矿以金、高岭土为主，形成鹅湖破碎带蚀变岩型金矿田，值得进一步研究。

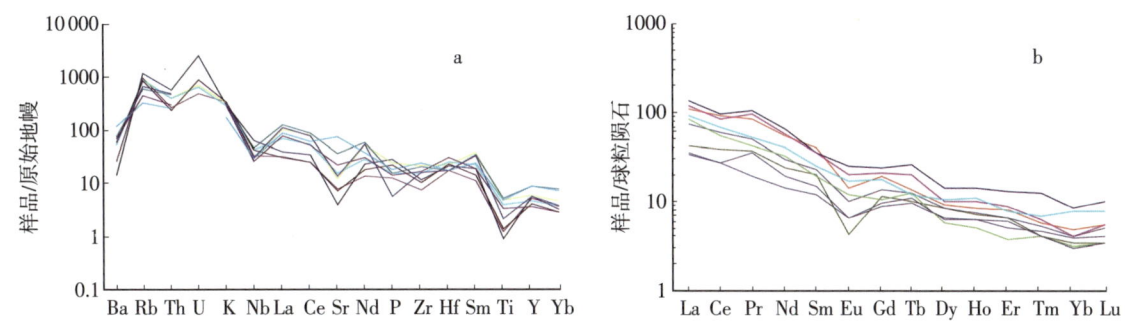

图 2-12　鹅湖花岗岩类序列微量元素蛛网图（a）和稀土元素配分模式图（b）

Fig. 2-12　Spider diagram of trace elements (a) and rare earth element distribution pattern (b) of Ehu granite series

（二）S型花岗质岩浆中低温热液钨锑金银多金属成矿系列

该系列中低温热液金属矿床在华南地区分布颇广，以江南、钦杭及其相邻地区尤多。其中金、锑矿床较多，钨矿床较少。矿床规模较小，钨多以共（伴）生组分产出。

江西境内有东乡县枫林中型铜铁钨矿床，产于上石炭统黄龙组白云岩、碎屑岩中，晚石炭世形成沉积赤铁矿层。燕山早期形成与I型成矿花岗闪长斑岩有关的似层状铜矿床及斑岩型铜矿化，稍晚形成与S型花岗斑岩有关的铁钨矿床，钨铁矿、钨锰矿、白钨矿细脉浸染于似层状赤铁矿体中，钨或以离子状态赋存于赤铁矿层中。矿床出露花岗斑岩脉，矿区南面被断陷盆地破坏，未揭露到成铁主岩体。万年县虎家尖为断裂破碎带蚀变岩型大型银（钨）矿床，产于上青白口统下部万年群浅变质碎屑岩地层中，南面约3km处有丰林塘燕山期黑云母二长花岗岩株出露，其中有含钨铁矿石英脉。在虎家尖矿床南矿带西南段晚期形成的断裂破碎带中充填有角砾状玉髓钨铁矿脉，品位高，规模小，被民采成残体。

皖南青阳县百丈岩大型似层状矽卡岩钨铜矿床，形成于由震旦系—寒武系组成的北东向黄柏岭背斜与青阳九华山燕山晚期江南组合复式花岗岩基的接触带，成矿岩体主要为细粒花岗岩。在其北东向沿黄柏岭背斜 3km 处形成了金家冲锑银矿床，在 8~10km 处形成了 4 处锑金、锑银、锑矿点。

广西钟山县珊瑚长营岭大型高温热液石英脉钨锡矿床，产于下中泥盆统碎屑沉积岩中，钻孔中见热接触变质角岩、矽卡岩、长石脉。矿区西面的盐田岭有燕山晚期云英岩化细粒花岗岩枝出露，均显示深部存在成矿花岗岩体，但最深钻孔 900m 未见岩体，说明其隐伏较深。长营岭矿床西 1~2km 下泥盆统页岩中形成杉木冲 – 龙门冲似层状钨锑萤石石英脉矿体，西 2~4km 处的八步岭 – 九华，下泥盆统砂岩张裂隙中形成极不规则的含钨铁矿角砾状石英脉。

湖南境内钨锑金矿床具较大规模。著名的阮陵县沃溪钨锑金矿床，产于上青白口统上部"红板溪"马底驿组中上部浅变质岩层间错动带中，主要呈似层状，其次有支脉、网脉。矿石矿物以白钨矿、辉锑矿、自然金为主。近矿围岩蚀变以硅化、黄铁矿化及矽卡岩化为主。矿体走向长度（50~500m）小于倾向延深（150~1700m），由西向东侧伏（盛继福和王登红，2018）。石英包裹体 Rb–Sr 年龄为（144.8±11.7）Ma（史明魁等，1993）。矿床形成温度为 147~288℃。根据上述特征，推断成矿岩体隐伏在矿床东部地表以下深处。

湖南安化县渣滓溪大型锑（钨）矿床锑矿产于下南华统五强溪组第二段 1~3 层含凝灰质层碎屑岩中，第 3 层也是赋白钨矿地层。矿区西侧走向 295°、倾向北东、倾角 52°~80° 的断裂带（F_3）为重要控矿构造，77 条锑矿脉产于其上盘，走向近于平行，密集分布，向下收敛合并，在剖面上呈扇形，向南东侧伏。矿床深部白钨矿体与地层产状一致，走向与 F_3 斜交。辉锑矿成矿温度平均为 243℃，白钨矿成矿温度平均为 300℃，高于辉锑矿。根据上述特征，推断成矿岩体在矿床南东深处（蒋中和等，2014）。

湖南平江县黄金洞金矿床产于上青白口统下部冷家溪群浅变质碎屑岩中，为破碎带蚀变岩型金矿床。矿体走向近东西、北西西，发现部分矿体向西侧伏。金矿石中含白钨矿，其中 3 号矿体伴生钨（WO_3） 0.012%~0.83%，平均 0.03%。矿区未发现成矿岩体。据电磁异常，推断矿床西部存在隐伏成矿花岗岩体，这一推断与矿体侧伏方向吻合（蒋中和等，2014）。

该系列矿床产于距出露或深隐伏成矿侵入岩体 1~3km 处，形成"卫星式"矿床，有的矿床与高温热液钨锡矿床构成水平分带。据出露的成矿岩体分析，形成于燕山晚期的 S 型江南组合花岗岩类为成矿主因。已有研究资料显示，矿床物质具多源特色，矿床成因不同认识较多，拟在本书第四章进一步讨论。

第三章　区域地质构造与钨矿床控矿构造特征

中国南部及邻区约于中元古代中晚期克拉通裂解，形成华南洋与扬子、华夏－东南亚两个古板块，经晋宁、扬子、加里东、海西—印支多旋回发展演化，成为欧亚板块的一部分。中侏罗世以来进入燕山—喜马拉雅旋回，欧亚板块与太平洋－菲律宾海板块、印度板块相互作用与板内伸展、挤压，形成了由隆起带、坳陷带、断陷盆地、褶皱带、断裂带组成的多种构造体系，分级依次控制着岩浆成矿作用。由于江西境内古元古界分布零星，自中元古代晚期以来地质记录基本完整，并开始了多旋回岩浆及其成钨活动，本章从晋宁期开始探讨。

第一节　多旋回多体系地质构造发展演化

一、晋宁期华南洋消亡，扬子、华夏－东南亚板块碰撞与扬子反 S 型构造体系奠基期

杨明桂等（2015-2021）在前人调研工作的基础上，对浏阳－宜丰、德兴－弋阳、歙县 3 个新元古代［(968±23)～(837±10)Ma，李献华，1998；张彦杰，2011］准原地蛇绿岩片以及德兴西湾、绕二一带的蓝闪片岩［(799.3±9.2)Ma］（舒良树等，1993）作了进一步研究（图 3-1）。结合华南区域中新元古代地层、构造的综合分析，构建了中新元古代（1200~820Ma）华南洋及其陆缘弧盆结构。洋盆消亡，扬子、华夏、东南亚板块碰撞，发生了晋宁运动（约 820Ma），形成了古华南洋构造域，在华南东部为钦（州湾）－杭（州湾）华南洋潜没构造带和凭祥－歙县－苏州结合带（图 3-2）。

华南洋可能呈北东—东西—南西向展布，在近南北向俯冲消亡、陆陆对接碰撞过程中，又受到上扬子陆核阻挡，在扬子东南陆缘，形成了东段走向北东、中段走向近东西、西段走向北北东—北东，总体呈反"S"形的构造带，主要由江南构造－花岗岩带、钦杭华南洋潜没构造带组成，其中有大量走向韧性剪切带，为扬子反 S 型构造体系的奠基时期。

二、扬子—加里东期华南裂谷系闭合造山，"北贴西拼"构造变形期

杨明桂等（2012）对华南裂谷系的进一步研究表明，裂谷活动始于青白口纪晚期 815Ma 前后，其结构以钦杭裂谷海槽为主轴，以南华裂谷海盆为主体，东北面为皖浙赣堑垒区，西北面为湘黔桂斜坡堑垒区。裂谷海盆于志留纪时封闭，发生了加里东期造山，江南及其以北隆升，南钦杭带及其以南造山，呈现"北贴西拼"的运动学特征，由于北贴构造变形十分复杂，反"S"形的钦杭带褶皱两侧发生

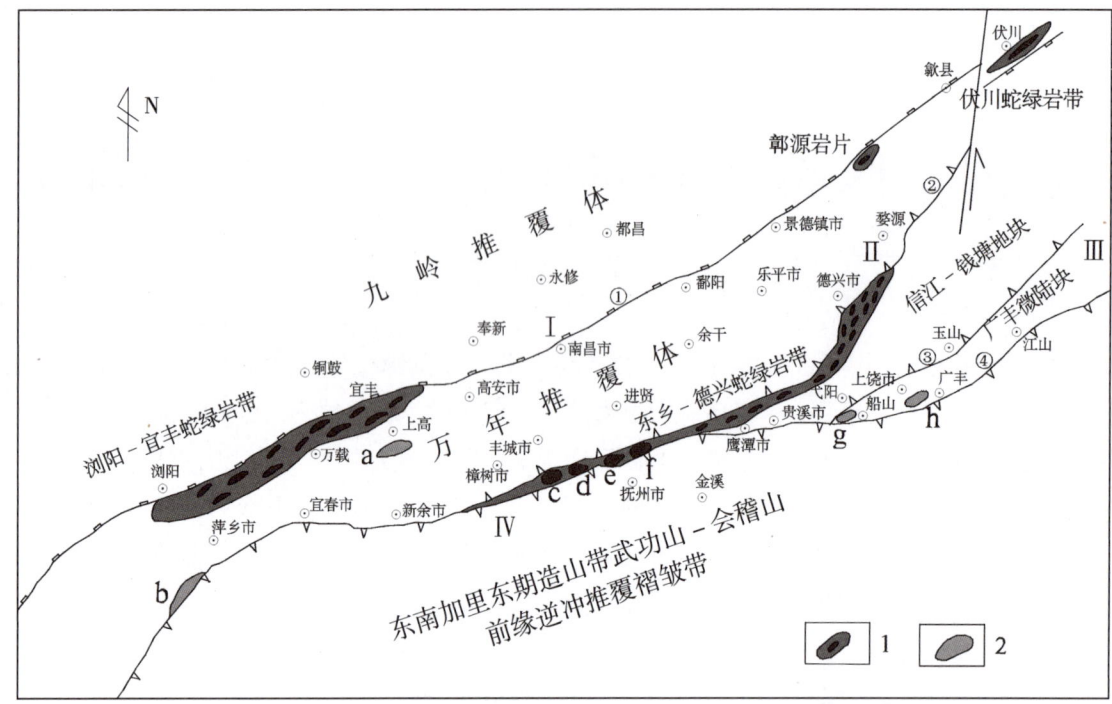

1—中新元古代洋壳残迹岩片；2—新元古代构造岩片；a—下南华统漫田岩片；b—南华系-寒武系广寒寨岩片；
c—下南华统-青白口系上部白土混杂岩块；d—下南华统乌石岩片；e—震旦系黄马岩片；f—何坊-杨溪登山群混杂岩片；
g—中元古界铁沙街岩片；h—中元古界田里岩片露头点；Ⅰ—凭祥-歙县-苏州结合带；Ⅱ—赣东北深断裂带；
Ⅲ—上饶-萧山深断裂带；Ⅳ—北海-萍乡-绍兴深断裂带。

图 3-1　浏阳-德兴-伏川地区蛇绿岩片与构造岩片分布略图（据杨明桂等，2015，修改）

Fig. 3-1　Distribution of ophiolite and tectonic slices in Liuyang–Dexing–Fuchuan area

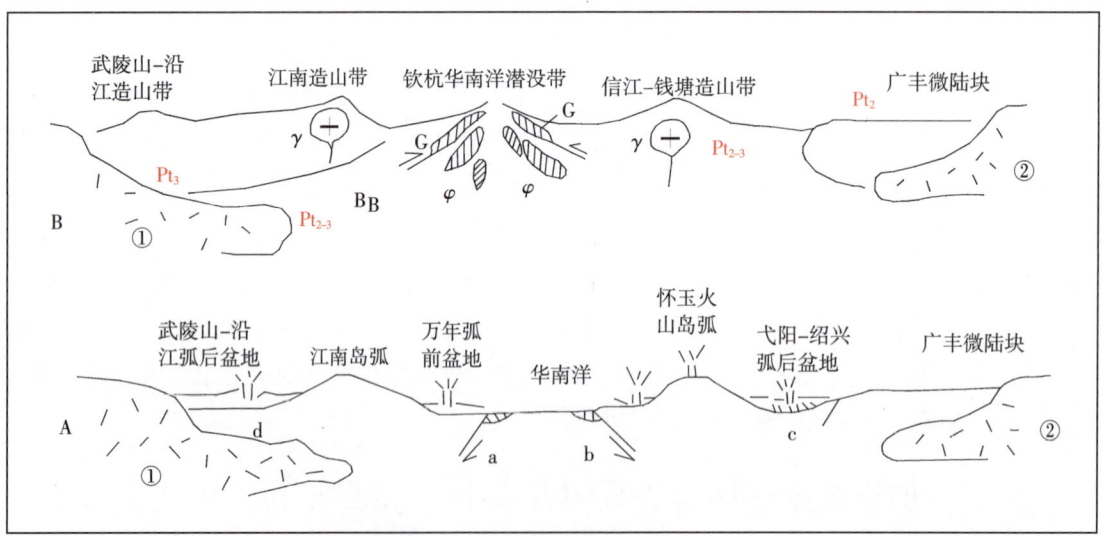

A—华南洋弧盆结构；B—华南洋消亡造山构造；①扬子古元古代克拉通；②华夏古元古代克拉通；Pt_3—新元古界下部；
Pt_{2-3}—中元古界—新元古界下部；Pt_2—中元古界；φ—蛇绿岩套；γ—花岗岩；G—高压变质带；a—宜丰含铜蛇绿岩片；
b—德兴含金蛇绿岩片；c—铁沙街-平水含铜火山建造；d—枕状熔岩、细碧岩、石英角斑岩建造。

图 3-2　中新元古代华南洋发展演化示意图（据杨明桂等，2015）

Fig. 3-2　Development and evolution of the middle Neoproterozoic South China Ocean

对冲（图3-3），其东南侧的南华造山带向前陆拼贴，形成了诸广山—万洋山—武功山—会稽山略呈反"S"形的褶皱-花岗岩带，构成扬子反S型构造体系东南侧的一条增生带。同时在南岭地区出现一些东西向褶皱片段，为南岭东西向构造带雏形。由于北贴作用不均衡发生差异扭动，在武功山、东岗山出现北西向褶皱带和武夷山北东向褶皱带，西拼作用形成了于山、诸广山南北向褶皱花岗岩带，万洋山-九连山帚状褶皱带和吉水向西突出的弧形构造带。相伴有北东向、北西向、东西向、南北向断裂和韧性剪切带。

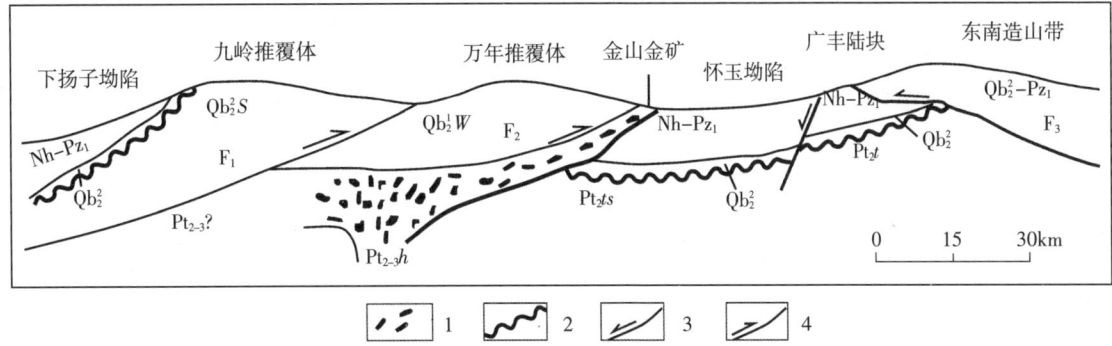

1—蛇绿岩；2—不整合面；3—正断裂；4—逆冲推覆断裂带；Nh-Pz$_1$—南华系—下古生界；Qb$_2^2$—上青白口统上部；Qb$_2^2$-Pz$_1$—上青白口统上部—下古生界；Qb$_2^1$S—上青白口统下部双桥山群；Qb$_2^1$W—上青白口统下部万年群；Pt$_2$ts—铁沙街岩片；Pt$_{2-3}$?—推测的扬子陆缘中新元古代岛弧沉积；Pt$_{2-3}$h—中新元古代张村蛇绿混杂岩；F$_1$—宜丰-景德镇板块结合带；F$_2$—德兴-弋阳（赣东北）深断裂带；F$_3$—萍乡-绍兴深断裂带。

图3-3 加里东造山期江西北部扬子陆缘与东南造山带对冲构造示意图
（据江西省地质矿产勘查开发局，2017，修改）

Fig. 3-3 Schematic diagram of opposition structure between Yangtze continental margin and Southeast orogenic belt in northern Jiangxi during Caledonian orogeny

三、海西—印支期陆表海沉积，盖层褶皱时期

江西及邻区海西—印支期形成了泥盆系—中三叠统以陆表海为主的沉积。中二叠世末发生的东吴运动在江西境内以隆升为主。中三叠世末发生的印支运动对前期形成的反S型构造格局无重大改变，主要使钦杭带及其以南地区沉积盖层褶皱，伴有花岗岩入侵。江南带及其以北地区地壳以隆升为主，完成了区域由海到陆的转变。盖层褶皱显示，运动也呈现"北贴西拼"的汇聚特点。其中，钦杭带受前期构造约束，形成了一条总体呈反"S"形的大型沉积盖层褶皱带。

此外，由于印度板块向北西方向施压，在形成右江北西向褶皱带的同时，也波及本区。本区有零散的北西向盖层褶皱形成。

四、燕山期陆内活化造山，扬子反S型构造体系增生定型与新华夏构造体系形成期

燕山期陆内活化造山，中侏罗世启动于钦杭带，晚侏罗世活化于南岭及其相邻地区。早白垩世向外侧扩展，形成了滨太平洋构造域的主体构造新华夏构造体系。扬子反S型构造体系大规模增生定型，形成华南两类重要的构造体系，同时形成了南岭东西向构造带和南北向构造带。该时期为岩浆成钨大爆发时期。

(一)扬子反 S 型构造体系

该构造曾归属华夏构造体系,根据其燕山期时显著的反"S"形扭动构造特征和多期成型历程厘定命名(江西省地质矿产勘查开发局,2017),是江西北部基础性控岩控矿构造。在燕山期造山时地表发生了强烈的大规模左行扭动,扬子陆块由江南地区至四川盆地东缘的华蓥山一带,晚青白口世晚期以来形成的沉积盖层广泛发生褶皱,构造体系基本定型,形成了淮阳、华蓥山、九华山-通山-武陵山、江南、雪峰山、钦杭-会稽山-诸广山-云开大山等一系列弧形构造,组成总体向北东方向收敛、中部横亘、向南西方向撒开的巨型 S 型构造体系。其中,九华山-通山-武陵山、江南、钦杭 3 带反 S 型构造尤为连贯清晰。在川东、武陵山地区形成一个北端近东西向,中段转为北东向,南段转为北北东、近南北向的隔档式弧形褶皱裙,总体显示呈逆时针扭动(图 3-4)。

(二)新华夏构造体系

江西省处于东亚巨型新华夏构造体系陆内活化造山地带,松辽-华北-北部湾沉降带东部和长白山-武夷山隆起带西部。由于松辽-华北-北部湾沉降带进入华南规模变小,在罗霄山脉黄山-武夷

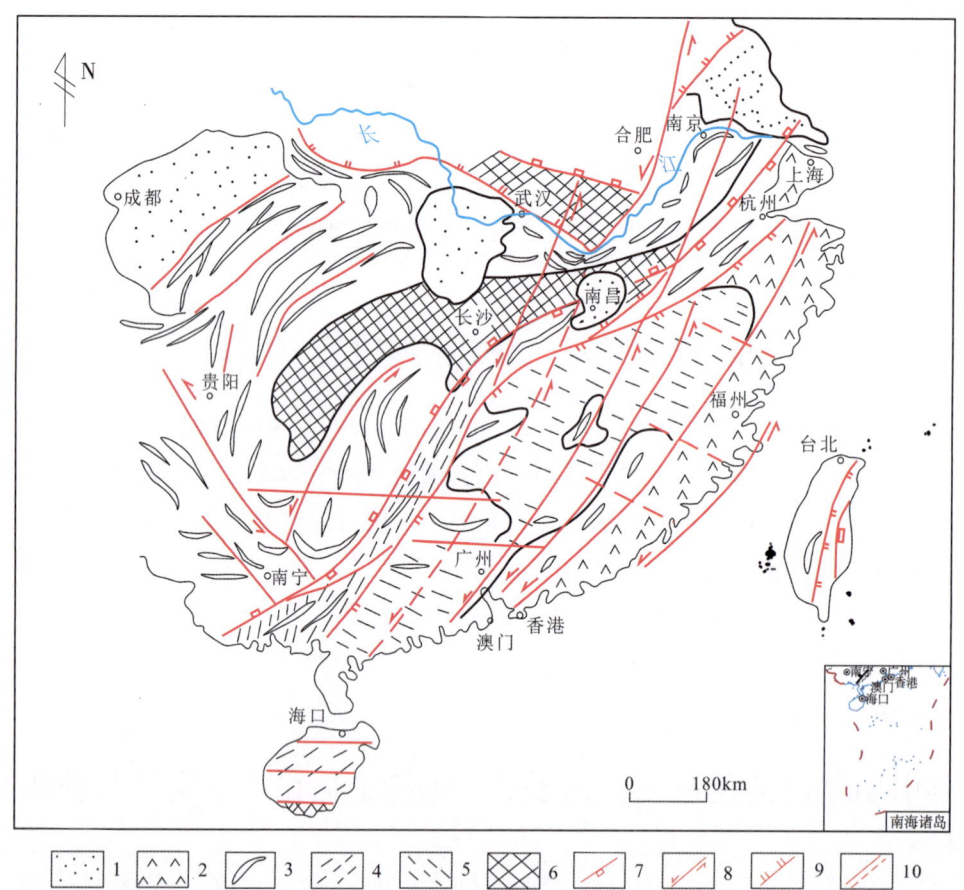

1—地块上叠中新生代盆地;2—沿海白垩纪火山带;3—晚古生代以来褶皱;4—加里东—海西期变质基底;
5—加里东期变质基底隆起(含古—中元古代岩块);6—元古宙变质基底;7—板块对接界线;8—走滑断裂带;
9—张性断裂;10—性质未分断裂及推断断裂。

图 3-4 华南陆区构造体系略图(据杨明桂等,2012,修改)

Fig. 3-4 Chematic diagram of tectonic system in South China Continent

山脉间，为一北北东向巨大的新华夏系隆起区。新华夏构造在江西北部与江南及钦杭反 S 型构造中段近东西向的隆起和坳陷带以断裂样式复合，分段切错，但未改变其基本形态。在江西南部归并包容加里东期与印支期变形带，形成了诸广、于山、武夷隆起复式花岗岩带及宁（都）于（都）小型坳陷。

燕山期滨太平洋构造活动形成的北东向、北北东向两套左行挤压走滑断裂带。前者长期归于华夏构造体系，后者称新华夏构造体系，并认为前者早于后者。区内经杨明桂等（2019）调查研究，二者均形成于燕山期，后期经历了同样性质转变，并延续至今。前人所称的华夏式构造，实际是二者后期继续活动和不断发展转化的产物。根据观察，华南燕山期北东向褶皱带不多，其断裂带部分为归并复合前期不同体系不同性质的北东向断裂，部分为北北东向断裂派生或复合加强。部分断裂带中段为北北东向，南、北两端为北东向。多数北北东向断裂带近东南沿海时向北东向、北东东向偏转，显然与弧形陆缘的边界条件有关。二者往往可互相派生，如在诸广、于山北北东至近南北向的隆起带之间，由于两条隆起带相对左行扭动形成了北东向赣郴断裂系，发育一系列北东向左行挤压走滑断裂带，所以，北东向与北北东向断裂带的形成一是与边界条件不同有关；二是在陆、洋板块近南北向左行扭动作用下，初期形成北东向断裂带，随扭动发展形成北北东向断裂带，以致后者走滑特征更为明显。但也有不少北东向断裂带形成较晚，甚至出现于早白垩世晚期，二者总体上为同期形成、同发展演化、同构造动力学环境形成的构造。北北东向规模大，形成不同等级隆起带、坳（断）陷带；北东向构造未形成大型构造带，其行迹主要被复合、包容于北北东向构造带之中。二者宜分为北东向华夏式和北北东向新华夏式两种构造样式，统一归于新华夏构造体系，以利于区域构造格局构建和具体构造解析。华夏式构造在中大比例尺度调研中往往具有重要意义（杨明桂等，2020）。

（三）南岭东西向构造带

赣南地区处于南岭东西向构造带东段，是在加里东期东西向褶皱片段和断裂的基础上，于印支运动后欧亚板块形成以来形成的板内变形带，主要是在沉积盖层中形成近东西向宽缓褶皱。主要断裂带以河池-寻乌东西向断裂带规模较大，其次有崇义-南康等东西向断裂带。南岭带最显著的特征是 4 条巨大的东西向复式花岗岩带，自北而南依次为越城岭-瑞金，都庞岭-会昌，河池-寻乌，百色-梅州（图 3-5）。同时又是一条燕山期全南-寻乌-龙岩东西向火山岩带，向东与沿海火山岩带相连。

（四）南北向构造带

南北向构造带主要分布于赣中南的南北向基底褶皱于山、诸广等地，在沉积盖层中形迹比较散漫。自西而东有崇义向斜、西华山-漂塘残留背斜，于山褶皱带，陈坊-将乐断裂带等。

五、喜马拉雅期，新华夏构造体系转型期

晚白垩世以来以新华夏系为主导的构造体系发生了两次转型，构成了钨矿床的剥露与保存条件。

晚白垩世进入燕山运动造山后，新华夏系由扭动转型为伸展，北东向、北北东向断隆成山，断陷成盆，形成隆、坳、盆构造格局，为钨矿床的出露、保存提供了不同环境。赣南地区发生大面积隆升，古生界—侏罗系被大量剥蚀，强剥蚀区燕山期花岗岩呈岩基出露，部分钨矿床遭到剥蚀。

古近纪以来，发生了四川运动弱造山，断陷盆地封闭。进入新近纪，由于青藏高原隆升，地壳向南东逃逸，与菲律宾海板块扩张向北西施压的相向作用，地壳处于均衡隆升状态。第四纪时菲律宾海

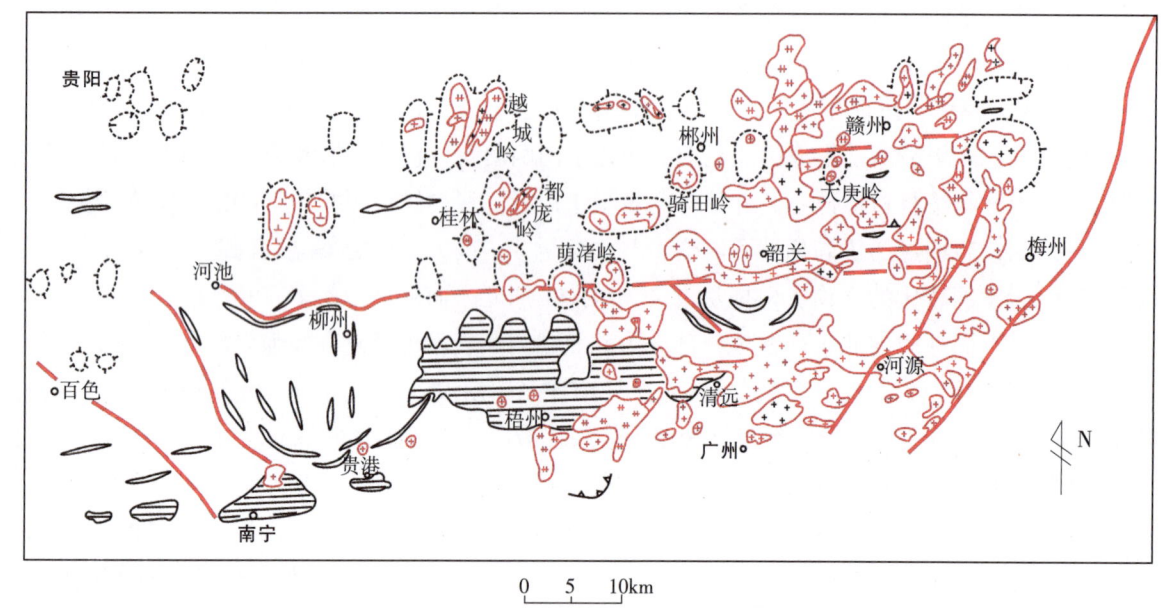

1—晋宁期花岗岩；2—加里东期花岗岩；3—印支期花岗岩；4—燕山期花岗岩；5—穹隆构造或短轴背斜；
6—短轴向斜；7—加里东期东西向褶皱隆起区；8—盖层褶皱；9—断裂；10—滑脱构造。

图 3-5 南岭东西向带构造 – 花岗岩带简图（据杨明桂等，2020）

Fig. 3-5 Schematic diagram of Nanling east-west extending structure granite belt

板块扩张作用增强，地壳发生不均衡隆升与沉降，新华夏断裂体系发生"回春"，造就了今日的"山、江、湖"格局，形成了河流冲积型砂钨矿床。

第二节 构造单元及其控矿特征

江西省以凭祥－歙县－苏州板块结合带宜丰—景德镇段为界，北面为扬子板块下扬子地块，南面为华夏－东南亚板块东部的钦杭华南洋潜没构造带与南华加里东期造山带。下分隆起带、坳陷带和断陷盆地（图3-6），各具独特的控矿特征。

一、构造单元及其特征

（一）下扬子地块

北部为长江中下游坳陷带九江坳陷，由弧后盆地型含细碧－石英角斑岩建造的上青白口统下部双桥山群浅变质基底，上青白口统上部陆相火山碎屑岩准盖层和南华系—下三叠统扬子型沉积盖层组成的一个大型弧形复式向斜南翼。

南部为江南隆起带，由岛弧型以泥砂质沉积岩为主的双桥山群组成浅变质基底。北侧为九宫山凸起，中间为扬子型沉积盖层组成的修（水）-武（宁）-都（昌）大向斜，南侧为九岭逆冲推覆型隆起，由九岭复式花岗闪长岩基构成其核心。

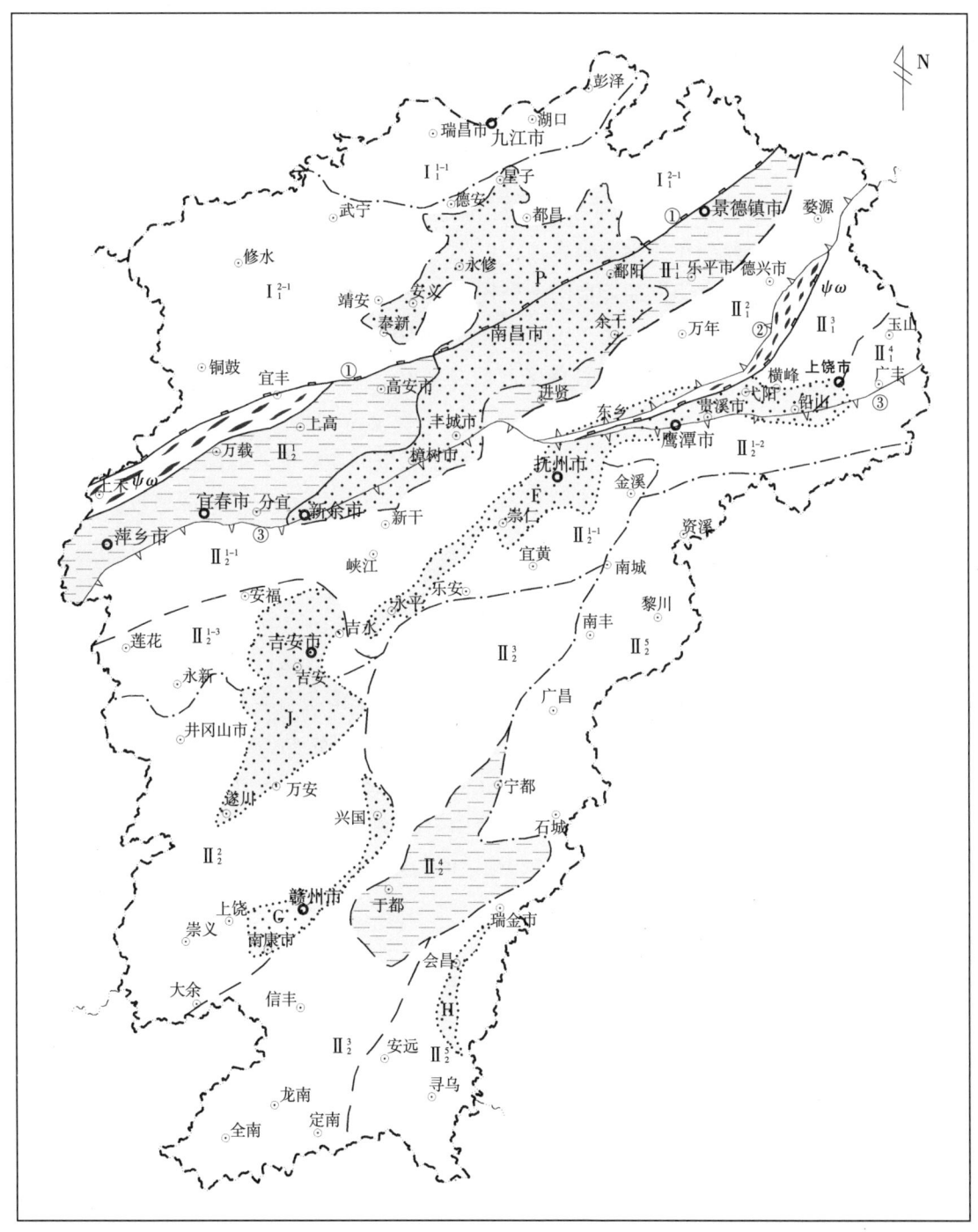

I_1—扬子板块—扬子陆块—下扬子地块；I_1^{1-1}—长江中下游坳陷带九江坳陷；I_1^{2-1}—江南隆起带九岭逆冲隆起；II—华夏-东南亚板块；II_1—华南洋潜没构造带；II_1^{2-1}—萍乡-乐平坳陷；II_1^{2}—万年推覆隆起；II_1^{3}—信江-钱塘地块；II_1^{4}—残留微陆块；II_2—南华加里东期造山带；II_2^{1}—武功山-会稽山前缘褶冲带；II_2^{1-1}—武功山隆起；II_2^{1-2}—饶南坳陷；II_2^{1-3}—江永莲坳陷；II_2^{2}—诸广隆起带；II_2^{3}—于山隆起带；II_2^{4}—宁（都）-于（都）坳陷；II_2^{5}—武夷隆起带；①宜丰-景德镇板块结合带；②赣东北深断裂带；③萍乡-绍兴深断裂带；赣郡断陷系：P—鄱阳盆地；X—信江盆地；F—抚州盆地；J—吉泰盆地；G—赣州盆地；H—会昌盆地；$\psi\omega$—晋宁期蛇绿岩片。

图 3-6 江西地质构造单元综合区划图 （据江西省地质矿产勘查开发局，2017，修改）

Fig. 3-6 Comprehensive zoning map of geological structure units in Jiangxi Province

(二) 钦杭华南洋潜没构造带

该带江西段处于凭祥－歙县－苏州结合带宜丰—景德镇段与北海－萍乡－绍兴深断裂带萍乡－广丰段之间，为晋宁期华南洋潜没带与板块碰撞带。扬子—加里东期裂谷期为钦（州）苏（州）主干裂谷海槽，加里东造山期为南北大规模对冲消减叠覆带。海西—印支期为陆表海沉降带与印支造山期侏罗山式褶皱带。燕山期为陆内活化造山启动期。燕山晚期为推滑对冲叠覆带，造山后形成鄱阳、信江、锦江等一串断陷红盆带，其次级单元均为残体。

信江－钱塘地块是晋宁期华夏陆块残留的一个较大地块，以中新元古代火山岛弧沉积为变质基底，以晚青白口世晚期裂谷沉积为准变质基底，从南华纪始形成扬子型沉积盖层。

万年逆冲推覆隆起为加里东造山期由江南隆起前缘推覆于钦杭带的外来地体，由上青白口统下部万年群组成。

萍（乡）乐（平）坳陷带为由中上泥盆统—中侏罗统组成的坳陷带。北部燕山期遭九岭逆冲推覆体叠覆，西部萍乡—高安一带燕山晚期遭北推南滑对冲，为一个深坳陷、强对冲地带。东部乐平—婺源一带形成推覆对冲式构造岩片堆叠构造。

(三) 南华加里东期造山带

北部为武功山－会稽山前缘褶冲带。主体为北东东向的武功山先逆冲推覆后隆滑的构造带，由上青白口统上部—下古生界变质岩系与复式花岗岩组成。东部为华南型石炭系—中侏罗统盖层组成的饶南坳陷，西南部为华南型中泥盆统—下侏罗统盖层组成的永（新）莲（花）坳陷。

中南部自西向东为诸广、于山、武夷3条近南北向或北北东向隆起复式花岗岩带，由上青白口统上部—下古生界变质岩系组成。自西向东依次出露造山带的顶、上、中、根带，在武夷造山带根部剥露出古元古界天井坪组结晶基底，于山、武夷隆起带之间为规模较小的宁（都）于（都）华南型坳陷。

二、构造单元控矿特征

(一) 南、北成钨差异

江西大致以永新—乐安—资溪为界，北部为下扬子地块，钦杭带呈北东东—近东西向隆坳交替结构，构成横向成矿分带；南部为加里东期造山后以隆起为主的块体，构成北北东—近南北向的纵向成矿分带。燕山期成钨作用：南以黑钨为主，北以白钨为主；南以深中成岩成矿为主，北以中深—中浅成成岩成矿为主；南以燕山早期成矿为主，北以燕山晚期成矿为主；南以石英脉型为主，北以矽卡岩型、细脉浸染型为主。南部矿床密集，以大、中、小型为主；北部矿床稀疏，拥有世界级超大型矿床，钨资源储量大于南部。

(二) 隆、坳控矿差异

江西境内的隆、坳、盆构造格局对钨矿床分布具有显著的约束作用。

1. 成钨功能

隆起区地壳相对较厚，莫霍面下拗，以形成大规模的S型花岗岩成矿系列为主，主要由变质岩、花岗岩基带组成，以形成石英脉型细脉浸染型矿床为主。坳陷带地壳相对较厚，莫霍面上拱，成矿花岗岩体稀少，规模小。除了形成 S 型成钨花岗岩外，有 I 型或 I-S 型成铜钨、钨钼中酸性侵入岩形成，以矽卡岩型矿床为主。

2. 钨矿床的剥露与保存功能，总体具"隆剥露、坳隐伏、盆叠覆"特征

隆起带普遍为变质基底与复式花岗岩基带。依燕山期成矿花岗岩剥蚀出露情况分为强剥蚀带（北武夷），较强剥蚀带（于山带北部、罗霄—诸广带中部），其他为弱剥露区，如崇余犹，于山带南部，九岭、武功山、莲花山等重要钨矿集区、矿田。

坳陷带沉积岩广布。一类是坳变隆，如怀玉山、灵山，有花岗岩基出露，钨矿床剥露，保存条件与隆起区近似；二类是浅坳陷，如宁于坳陷，矿床剥露与保存均较好；三类是中坳陷，如朱溪钨铜矿床，形成于萍乐坳陷带东段，构造岩片堆叠带由上石炭统—上三叠统组成的单斜岩片中，为深隐伏矿床；四类是强推滑叠覆深坳陷，萍乐坳陷带西段属于此类，中浅部以少量中低温热液矿床为主，而且多为准原地"断根"矿床，深部资源潜力大，找矿开发难度大。

第三节　区域地球物理地球化学特征与岩石圈结构

一、区域布格重力场特征

江西省布格重力场（图 3-7）重力值高低与隆、坳、盆正负构造负相关，即隆起带地壳厚重力值低，坳陷带地壳较薄重力值较高，断陷盆地地壳薄重力值最高。省境自西向东，三带分明，西部为罗霄隆起低重力带，中部为赣郁断陷盆地高重力带，东部为怀玉－于山－武夷隆起低重力带。自北向南，东西向分带也比较清晰，自北向南为九江坳陷弧形高重力带、江南隆起串珠状低重力带、钦杭坳陷盆地与高重力带、南岭隆起低重力带。赣江、鹰潭－安远、九江坳陷南缘，遂川－临川、大余－南城、龙南－版石等断裂带也显示对重力场明显的分划作用。尤以复式花岗岩基为最显著的重力低值区，正是重要的钨矿产地。

布格重力低异常与花岗岩类岩体的分布基本对应。全省 87% 的中酸性侵入岩体集中分布在由 $-32.5\times 10^{-5}m^2/s^2$ 等值线围闭的重力低值区。用上延 30km 区域重力异常图推断出露和预测隐伏的花岗岩体，具有较好的吻合关系（图 3-8），对钨矿床预测有重要实用价值。

二、区域航磁场特征

江西省区域磁异常大致有 3 类：第一类是蛇绿混杂岩，超基性、基性岩浆岩正异常，分布不广；第二类是武功山－饶南的南华系新余式磁铁矿正异常，赣东北晚青白口世晚期登山群，广丰群火山岩弱正异常，早白垩世火山岩丰城－广丰带航磁 ΔT 异常升高带，正异常达 460nT，负异常也有 -200nT，赣南南部龙南－寻乌火山岩带组成正负异常带；第三类是与花岗岩有关的磁异常，花岗岩类岩石本身为无磁性或弱磁性，在其接触交代矽卡岩带特别是其中含磁铁矿、磁黄铁矿时出现高异常，在其热变质角岩带，所含黄铁矿变成磁黄铁矿，形成环岩体异常，这类异常不高，但分布较广。赣中南花岗岩广布，南部磁场复杂，异常较多偏高；赣北花岗岩较少，磁场总体平缓，异常较少，异常偏低（图 3-9）。

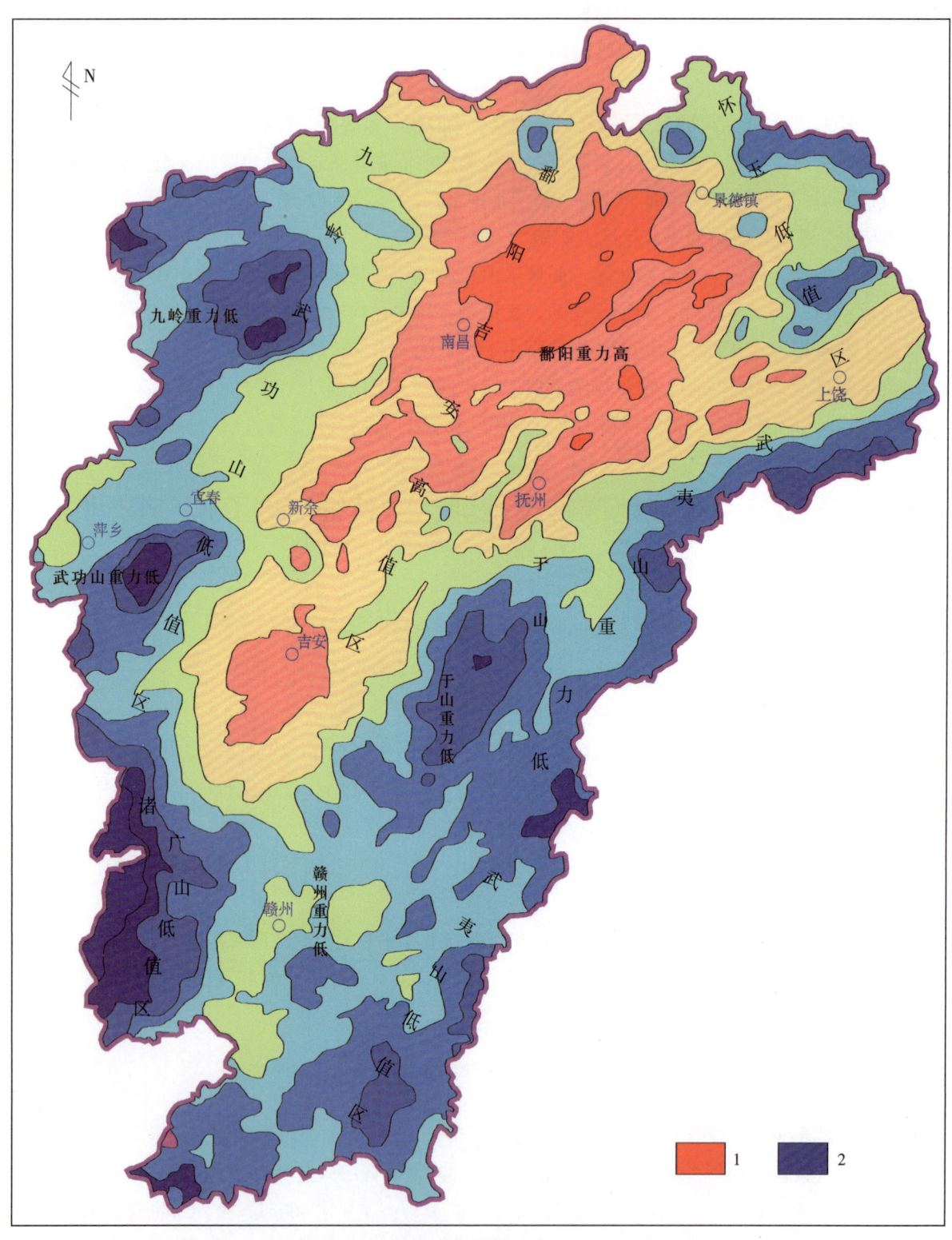

1—布格重力异常高值区；2—布格重力异常低值区。

图 3-7　江西省布格重力异常图（据江西省地质调查研究院，2014，修改）

Fig. 3-7　Bouguer gravity anomaly map of Jiangxi Province

第三章 区域地质构造与钨矿床控矿构造特征

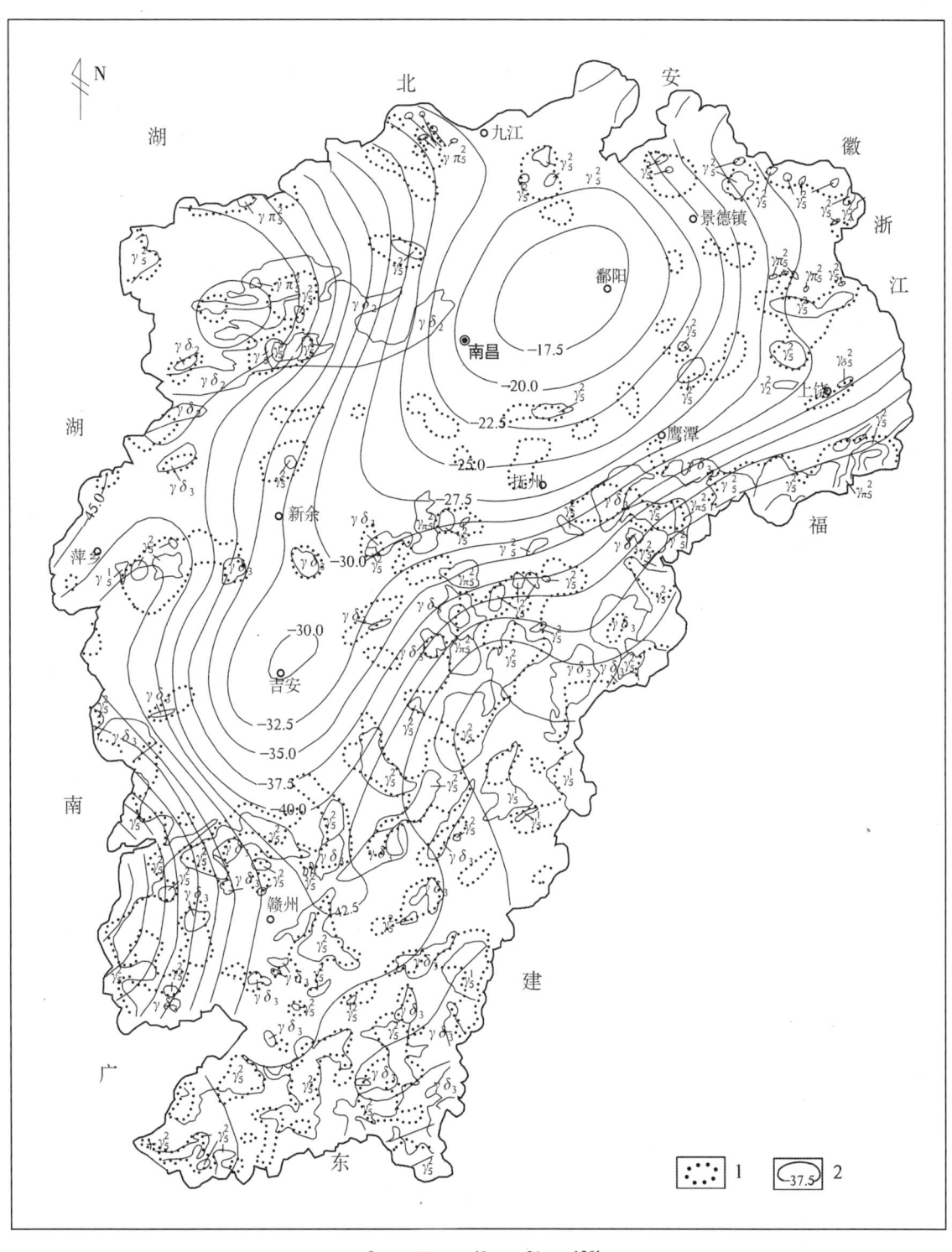

1—重力推断隐伏、半隐伏中酸性岩体范围及编号；2—上延30km区域重力异常值线（$10^{-5}m/s^2$）；
$\gamma\pi_5^2$—燕山期潜花岗斑岩、碎斑熔岩；γ_5^2—燕山期花岗岩；γ_5^1—印支期花岗岩；$\gamma\delta_3$—加里东期花岗闪长岩；
γ_2^2—扬子期花岗岩、浆混岩；$\gamma\delta_2$—晋宁期花岗闪长岩。

图 3-8 江西省主要花岗岩类侵入体与区域重力场关系图（据江西省地质矿产勘查开发局，2017）

Fig. 3-8 Relationship between main granite intrusions and regional gravity field in Jiangxi Province

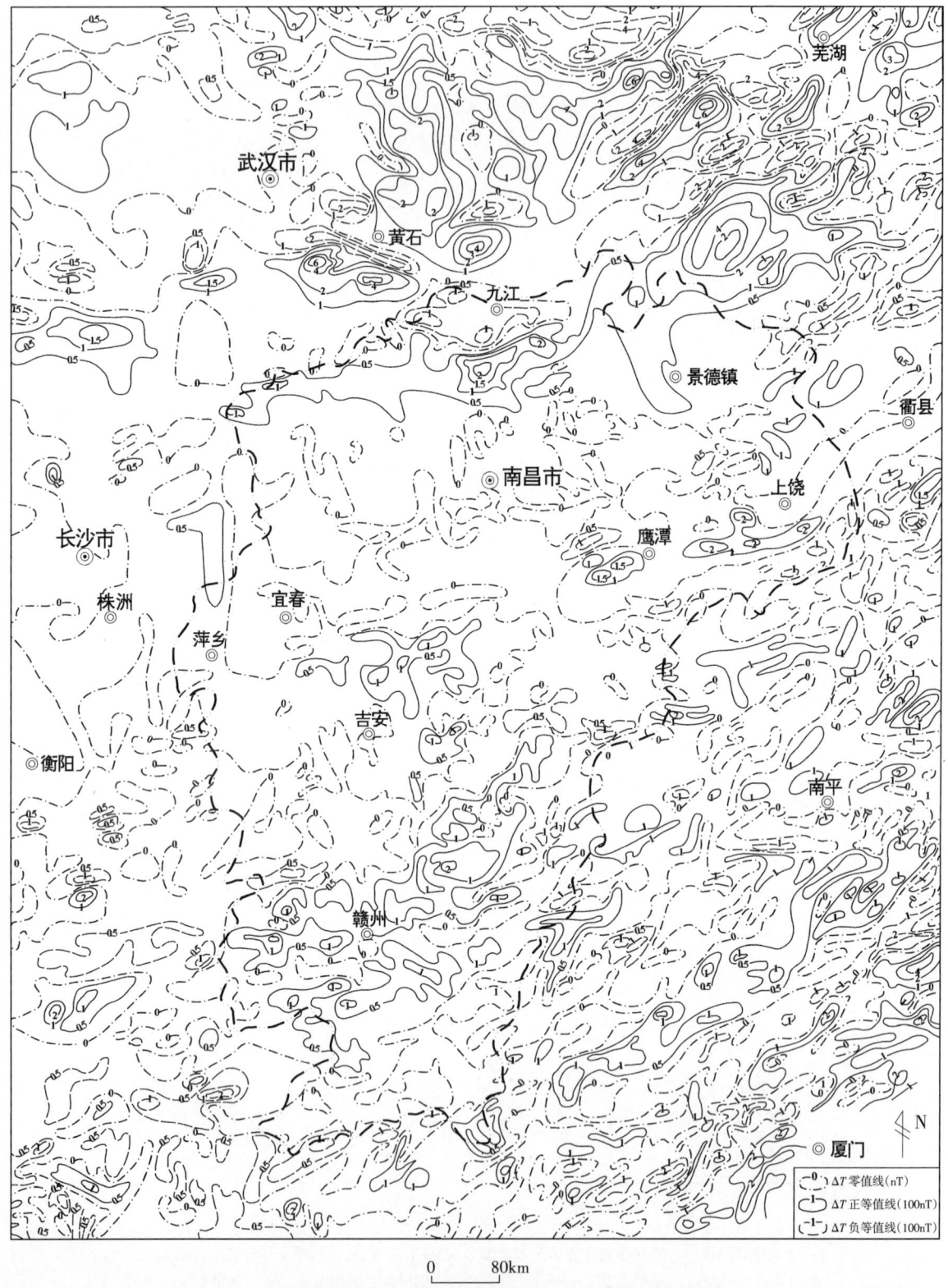

图 3-9 江西省及邻区航磁 ΔT 平面图（据江西省地质矿产勘查开发局，2017）

Fig. 3-9 Aeromagnetic ΔT plan map in Jiangxi Province and its adjacent areas

三、区域水系沉积物 W 元素地球化学异常特征

江西省水系沉积物元素的背景与全国水系沉积物中元素的背景值相比，W、Sn、Hg、B、Sb、U、As、Li、Zr、Y 等元素背景含量明显高于全国背景平均含量。

利用水系沉积物化探资料，全省 W 元素以 7.2×10^{-6} 为异常下限，共圈定钨异常区域共 504 处，异常总面积约 9332km^2，W 元素与 Mo、Sn、Bi、Au、Ag 等元素组合异常 217 处，异常面积 8047km^2（图 3-10）。这一成果较好地反映了江西钨矿资源分布的总体格局与态势。

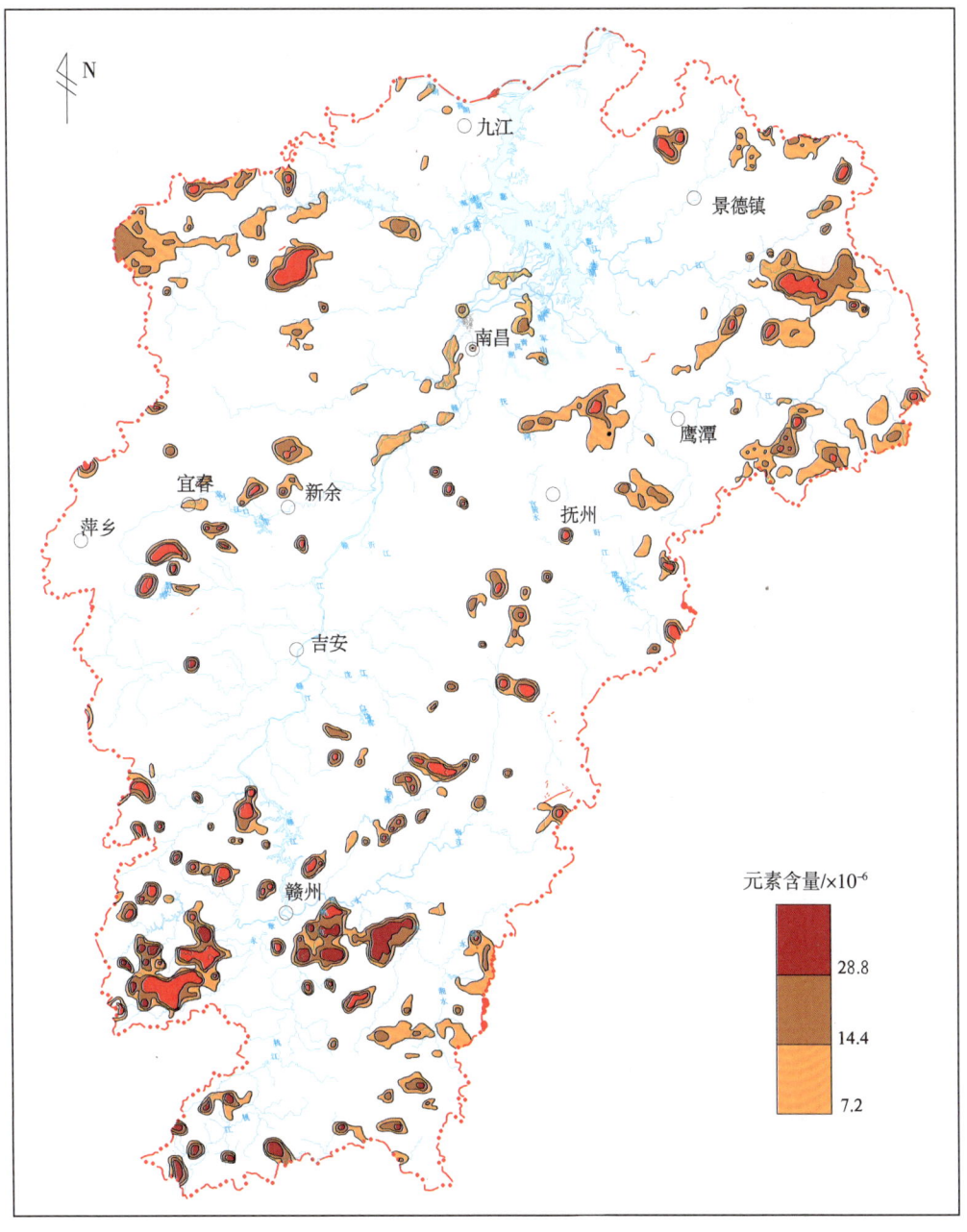

图 3-10　江西省 W 元素地球化学异常图

Fig. 3-10　Geochemical anomaly map of W element in Jiangxi Province

四、岩石圈结构

江西省处于中国东南部"薄壳中幔"岩石圈构造区中部，地壳与上地幔厚度总体由内陆向沿海方向减薄。

（一）地壳

江西及邻区地壳厚度可分为弱减薄区（38~36km）、次减薄区（35~32km）、中强减薄区（31~29km）和强减薄区（图3-11），具有上壳蠕散，中壳拆离，下壳拉薄，钦杭带为陆洋混杂壳体等特征。

赣北为地壳的次减薄区，由扬子型沉积盖层与上青白口统下部褶皱基底，以及叠伏于深部的中、古元古界组成。赣南为地壳次减薄区，由华南型沉积盖层，上青白口统上部—下古生界褶皱基底及中、古元古界结晶基底组成。前已述及，地层与S型花岗岩W元素含量普遍较高，为华南钨地球化学块体的核心地带，赣北又是江南锑、金地球化学块体的组成部分。需要讨论的是，北武夷于造山带根部，暴露出古元古界结晶基底，其下地壳厚30km左右，据此推测江西地壳深部有可能存在太古宙地质体。钦杭带与逆冲推覆于其上的九岭隆起和武功山前缘褶冲带，深部地壳主要为陆壳与华南洋壳或火山岛弧的混杂体，推测是该带S型花岗岩成钨富铜的主要基因。

区内隆起区地壳较厚，江南隆起壳厚37~38km，断陷盆地地壳明显减薄。鄱阳盆地壳厚29~30km。下地壳厚度最小，一般6~10km，显示塑性高，严重拉薄。中地壳具拆离特征。江西北部中地壳低阻高导层断续分布，埋深18~22km；赣南永新—泰和以南低速高导层呈层状断续分布于中地壳上部，兴国—石城以南有一层连续性水平低速层，v_P为6.1~6.2km/s，分布于中地壳下部，深度在20km左右。在低速层发育地段往往有燕山期花岗岩形成，这些低速层很可能是下部岩浆房或岩浆熔融层。

（二）莫霍面

全省莫霍面大致与区域隆起花岗岩带、断陷带格局相辅相成，即北东向"两隆夹一陷"构造对应莫霍面"两坳夹一隆"。莫霍面有4条幔坡带，即赣江、鹰潭－安远北北东向幔坡带，宜春－上饶近东西向幔坡带以及九江－上饶北西向幔坡带（图3-12）。

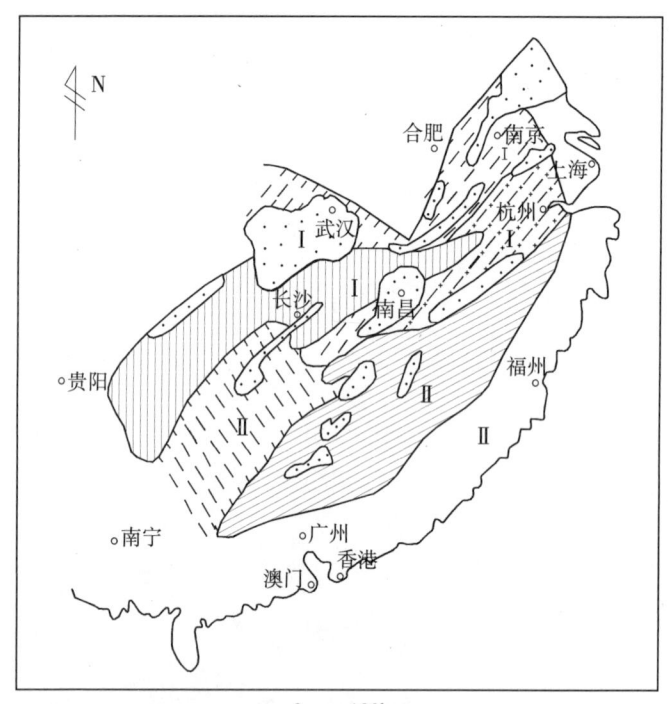

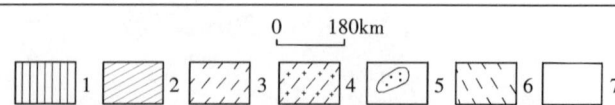

Ⅰ—中下扬子弱—次减薄壳体；Ⅱ—华南次—中强减薄壳体；
1—江南隆起带地壳弱减薄区；2—赣闽粤隆起区地壳次减薄区；3—扬子坳陷区地壳次减薄区；4—晚白垩世—古近纪盆地地壳中强减薄区；5—湘桂坳陷地壳次—中强减薄区；6—江南沿海地壳中强减薄区；7—东南沿海地壳中强减薄区。

图3-11 中国东南陆区地壳构造分区简图（据扬明桂等，2009）
Fig. 3-11 Schematic diagram of crustal structure zoning in the southeastern China

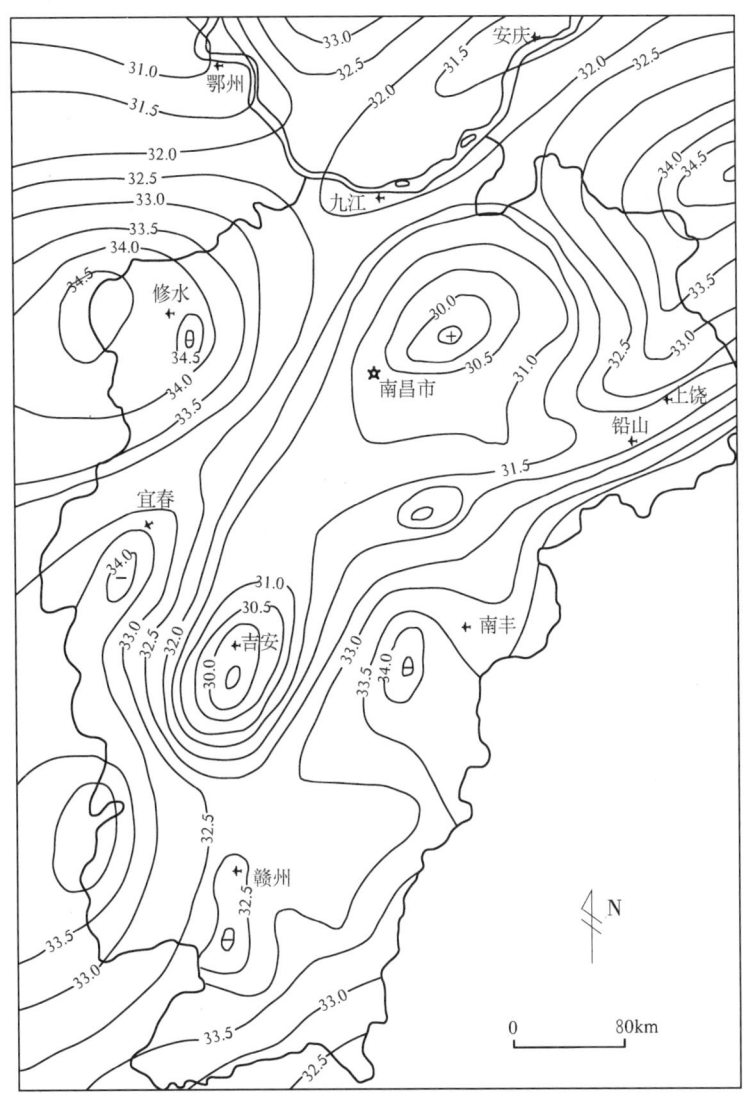

图 3-12 江西省及邻区莫霍面等深线图（单位：m）
（据江西省地质矿产勘查开发局，2017；顾心如、丁鹏飞等资料编）
Fig. 3-12 Moho isobath of Jiangxi Province and its adjacent areas

（三）岩石圈地幔

据袁学成等（1986）测制的台湾—黑水地学断面，江西及邻区上地幔底面的软流圈顶面在湘中坳陷深达 200km 左右，向东南沿海方向逐渐变浅。在罗霄山脉深度为 140km，武夷山脉西部为 130km，武夷山脉东部为 90km，至沿海一带为 70~65km。江西境内主要为中厚地幔（图 3-13），岩石圈地幔的电阻率面有明显的不均一性，隆起带下方为高阻块体，坳（断）陷下方主要是电阻率低的地幔软体。华南软流圈中存在高速与低速异常带（图 3-14）。

现今所见的岩石圈结构组成主要形成于燕山期陆内造山以来，燕山期为江西主要内生金属成矿时期，从燕山期的岩浆活动与成矿作用，可以看出其与岩石圈结构组成之间的某些联系。

江西以钨、铜矿产资源丰富著名，钨矿遍及全省，南北皆丰，而铜矿资源主要富集于江西中北部，据杨明桂等（1990）研究，这一现象有着重要的深部地质因素。

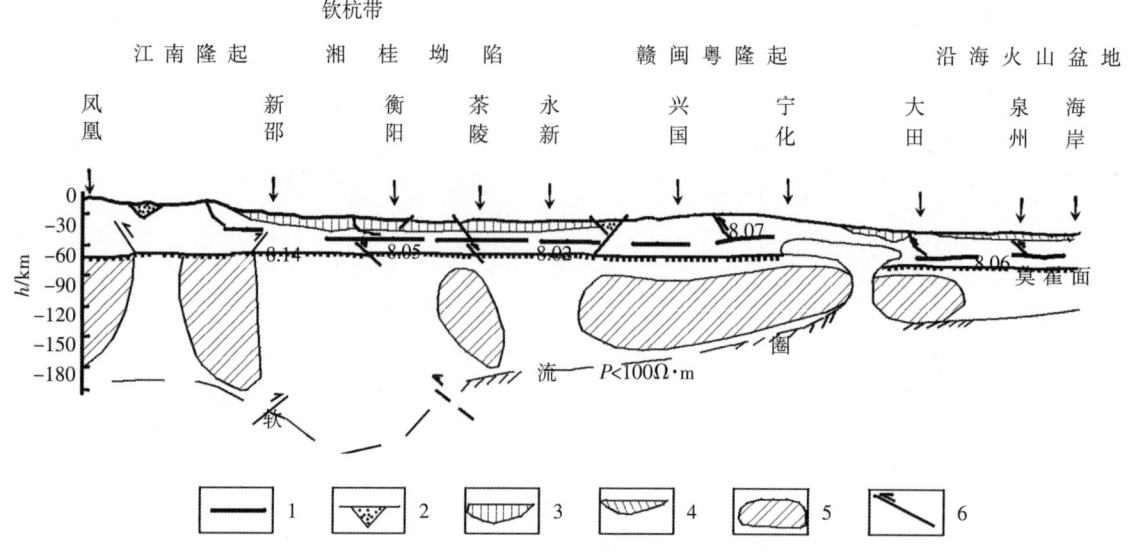

1—壳内低速带；2—晚白垩世—古近纪断陷盆地；3—晚古生代—早中生代坳陷；
4—晚中生代火山盆地；5—岩石圈地幔硬块；6—断层。

图 3-13　江南（雪峰段）隆起—沿海北西向剖面的岩石圈构造略图（据袁学诚等，2007，修改）
Fig. 3-13　Nothwest section of lithospheric structure from Jiangnan (Xuefeng) Uplift to the coast

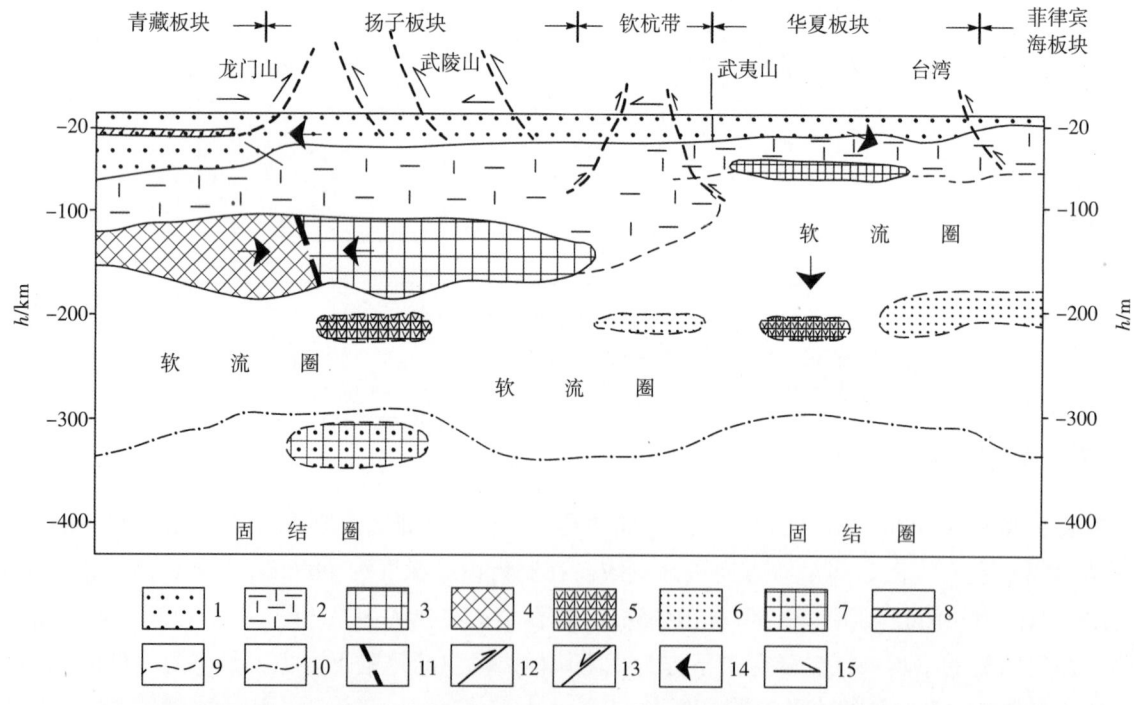

1—岩石圈地壳；2—岩石圈地幔；3—华南岩石圈下部高速块体；4—印度板块岩石圈下部高速块体；5—软流圈内高速块体；6—软流圈内低速块体；7—固结圈高速块体；8—壳内低速层；9—岩石圈底界面；10—软流圈底界面；11—古板块俯冲带；12—板块俯冲带及大型逆冲断裂带；13—伸展正断裂带；14—板块及块体运动方向；15—地壳表层岩块运移方向。

图 3-14　龙门山－武陵山－台湾地区 v_S (km/s) 剖面与岩石圈及软流圈结构解释图（据朱介寿等，2005）
Fig. 3-14　v_S section and interpretation of lithosphere and asthenosphere structure in Longmenshan–Wuling Mountain–Taiwan area

首先，华夏壳型钨地球化学块体（图3-15）、江南金-锑壳型地球化学块体、华南幔型铜地球化学块体构成了重要的成矿基因（江西省地质矿产勘查开发局，2015）。需要说明的是，华夏钨地球化学块体的厘定，是以分散流地球化学资料为基础，其中心在南岭，钨资源量居世界之首的江西中北部被边缘化，其主要原因是江西中北部钨矿规模大，但数量与开发程度低，尤其是坳陷区深隐伏钨矿床未出现钨地球化学异常，规模巨大的朱溪深隐伏矿床即为其例。前已述及江西北部地层岩石W元素平均含量双桥山群为10.5×10^{-6}，新元古界—寒武系为8.7×10^{-6}，高于全省地层岩石W元素平均含量5.96×10^{-6}，远高于赣南南华系—石炭系的4.1×10^{-6}，说明赣北是华南钨地球化学块体的重要组成部分。

江西北部处于弱减薄壳体与弱减薄岩石圈区，为硬化程度较低的软质地幔，利于富铜地幔供热并发生壳幔同熔造浆和I型岩浆上侵形成铜矿床。同时该区宜丰—德兴一带处于华南洋潜没带，地壳中混杂有洋壳蛇绿岩套物质，为形成铜矿提供了物质条件。该区处于华南壳型钨地球化学块体北部，钨矿床分布不如赣南密集，但具有矿床少而规模大的特征。

江西南部是燕山期以来的一个大型隆起区，其岩石圈特征为薄壳"硬幔区"。该区首先是一个世界级的壳型钨（锡）地球化学块体。其次为地壳次—中强减薄区，地壳硬化程度比下扬子陆块稍弱，又处于大陆东南部，是中生代陆内造山最强烈的地区，形成了以南岭为中心的华南花岗岩区和东南部的陆相火山岩区。成矿花岗岩以S型壳熔花岗岩为主。值得注意的是，岩石圈地幔中有一个饼状硬质块体（图3-14），导致地幔软流圈虽然大量向地壳供热，形成大量壳熔岩浆，而未能提供铜、铬、镍等地幔成矿物质。仅宁于等小型坳陷和石城-寻乌等深断裂带有I型岩浆与成矿活动。

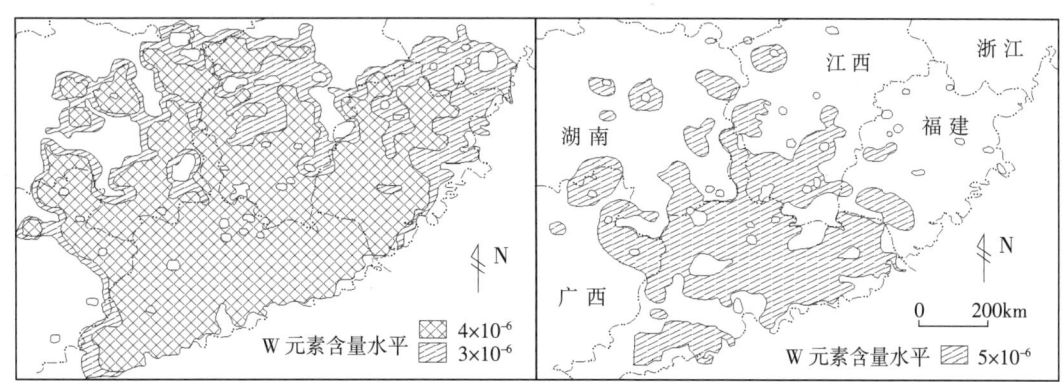

图 3-15　华夏钨地球化学块体略图（据谢学锦等，2001，修改）

Fig. 3-15　Schematic diagram of tungsten geochemical block in Cathaysian Block

第四节　构造形迹控矿特征与样式

一、褶皱控矿特征

（一）变质基底紧密褶皱型构造

上犹县焦里钨银铅锌矿床处于诸广山加里东期褶皱带，燕山早期营前花岗岩体外接触带。似层状矽卡岩型矿体产于上寒武统水石组以浅变质碎屑岩为主的灰岩夹层中，形成紧密的褶皱型矿床（图3-16）。

（二）沉积盖层褶皱控岩控矿作用

形成于坳陷带内沉积盖层褶皱控制燕山期 S 型花岗岩与内生矿床的实例在江西北部较多，如沿九江坳陷南部有一串短轴背斜形成香炉山－横山等花岗岩株带，其中香炉山大型钨矿床形成于扬子型沉积盖层北东向宽缓背斜中，早白垩世成矿花岗岩株沿背斜轴部出露并向南西方向倾伏端下潜。主要在中寒武统杨柳岗组碳酸盐岩层中形成似层状矽卡岩钨矿床（图 3-17）。赣东北万年县境为由华南型沉积盖层组成的北东向福泉山背斜轴部形成了燕山期花岗岩株，周缘有钨矿床分布。在怀玉坳陷大茅山、灵山燕山期花岗岩基主要形成了扬子型盖层复背斜部位，前者有钨矿点形成，后者形成了灵山钽铌钨铜钼矿田。

赣南地区坳陷规模小，隆起区沉积盖层遭到剥蚀，华南型沉积盖层背斜褶皱多数成了残体。著名的西华山-张天堂钨矿集带与半隐伏燕山早期成矿岩基受成矿后遭到剥蚀的西华山－张天堂北北东向中上泥盆统组成的宽缓背斜与北北东向断裂带复合控制。该带西侧为保留较好的近南北向崇义向斜。该带南面梅岭附近，东部扬眉寺附近与丫山中部云山等山岭上均残留有中泥盆统残体。崇义向

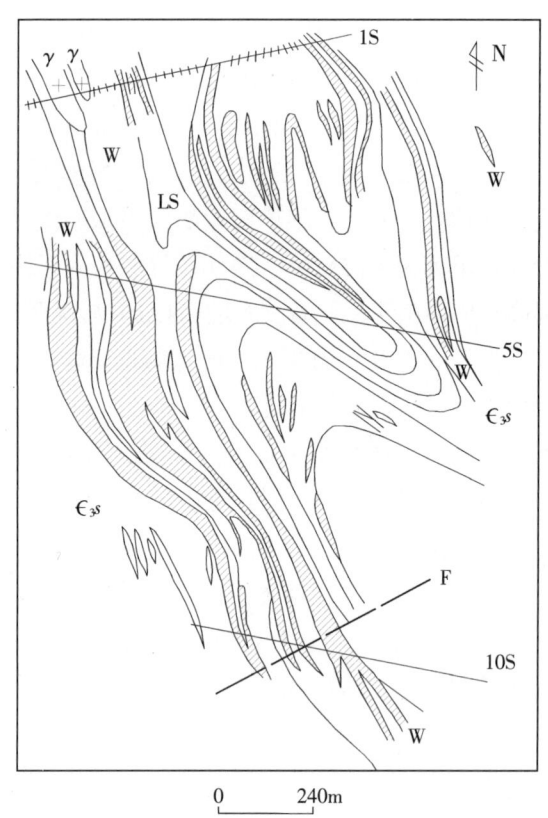

1S、5S、10S—剖面线及编号；F—断层；W—白钨银铅锌矿体；
$\epsilon_3 s$—上寒武统水石组；γ—花岗岩脉；LS—矽卡岩化石灰岩层。

图 3-16　焦里钨银铅锌矿床（南矿段）250m 中段投影图
（据李崇佑等，1981，修改）

Fig. 3-16　Projection of middle section 250m of South ore section in Jiaoli W-Ag-Pb-Zn Deposit

斜西侧的九龙脑－焦里矿集带也形成于北北东向残留背斜。赣南"三南"、兴国、清溪、于山南部主要 S 型花岗岩体也出露于沉积盖层背斜部分。

于都县隘上似层状细脉浸染型钨矿床，形成于下石炭统梓山组红柱石化砂岩中，矿体呈条带状发育于层间小型褶皱的鞍部（图 3-18）。

纵观全省，燕山期 S 型花岗岩带主要分布于隆起带，同时研究表明沉积盖层背斜利于花岗岩基或大型岩株侵位。小型 S 型花岗岩体和 I 型中酸性侵入体导岩构造是深大断裂带。江西南部地区沉积盖层残留背斜的再造，有待进一步工作。

二、新华夏构造体系复合控岩控矿特征

燕山陆内活化造山时期，欧亚板块与古太平洋板块间洋壳俯冲与强烈的左旋扭动在东亚陆区形成具有主导意义的新华夏构造动力与体系，包括华夏式和新华夏式两大断裂组合样式。前者由以北东向压性和左行压扭性断裂为主干，与近南北、近东西向一对"X"形共轭断裂及北西向以张性为主的断裂带组成；后者由以北北东向压扭性断裂为主干与北东东向右行压扭性断裂、北北西向左行扭张性一对"X"形共轭断裂及北西西向左行张扭性断裂组成。

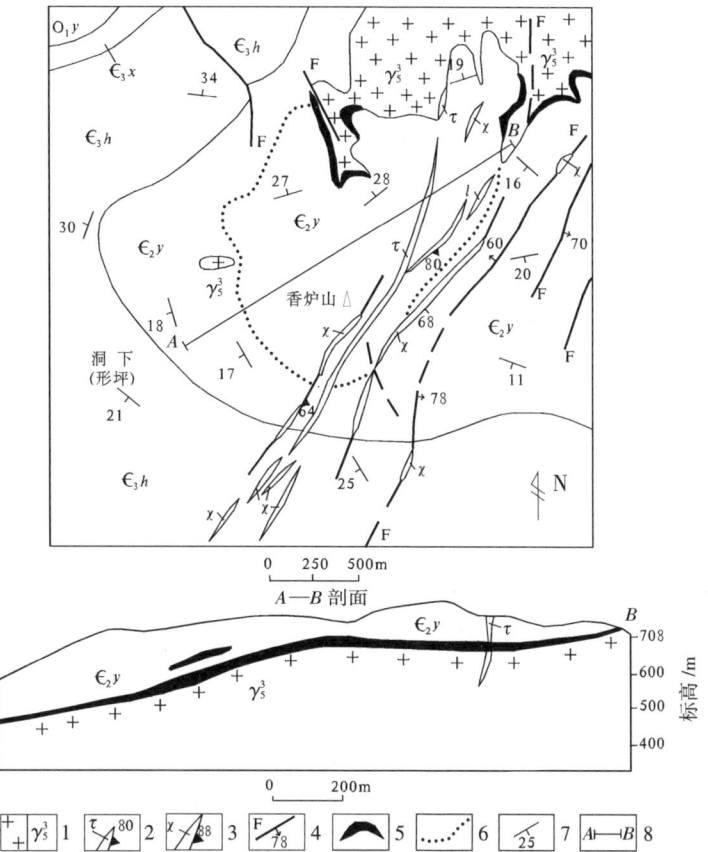

1—燕山晚期花岗岩；2—细晶岩（脉）；3—煌斑岩（脉）及产状；4—断层及产状；5—钨矿体；
6—矿体尖灭投影线；7—地层产状；8—剖面线；O_1y—下奥陶统印渚埠组；ϵ_3x—上寒武统西阳山组；
ϵ_3h—上寒武统华严寺组；ϵ_2y—中寒武统杨柳岗组。

图 3-17 修水县香炉山钨矿区地质简图及 $A—B$ 剖面图（据包家宝等，2002，修改）

Fig. 3-17 Geological sketch and $A—B$ section of Xianglushan tungsten mining area in Xiushui County

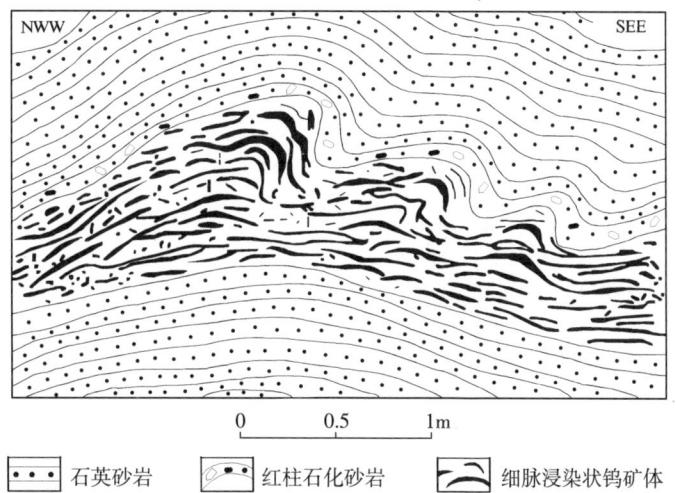

图 3-18 于都县隘上浸染型钨矿体呈条带状发育在小型褶皱的鞍部，矿体厚度随褶皱形态而变化

（据江西地质科学研究所，1985）

Fig. 3-18 The Aishang disseminated tungsten ore body in Yudu County is developed in strips at the saddle of small folds, and the thickness of the ore body changes with the shape of folds

新华夏构造体系的形成以区域近南北向强烈左行扭动为特征：一是对前期断裂进行了复合归并、改造，形成了强大的断裂网络；二是对隆起带、坳陷带、盖层褶皱进行了分割、错动、扭动，控制着大规模岩浆活动与成矿大爆发。

（一）块体扭（错）动与控岩控矿作用

江西及邻区在区域左行扭动作用下形成了北北东向团风－萍乡－北海、郯庐－赣江－四会－吴川和宁国－鹰潭－安远－广州、永平－石城－寻乌－河源断裂带，将扬子反S型构造体系进行了分割、错动、扭动，形成了九江多重帚状旋卷构造、赣西反S型变形带，九岭、郭公山反S型推覆隆起带，武功山反S型推覆隆起－隆滑带（图3-19）。在隆起带形成北东东向、近东西向S型复式花岗岩带和九

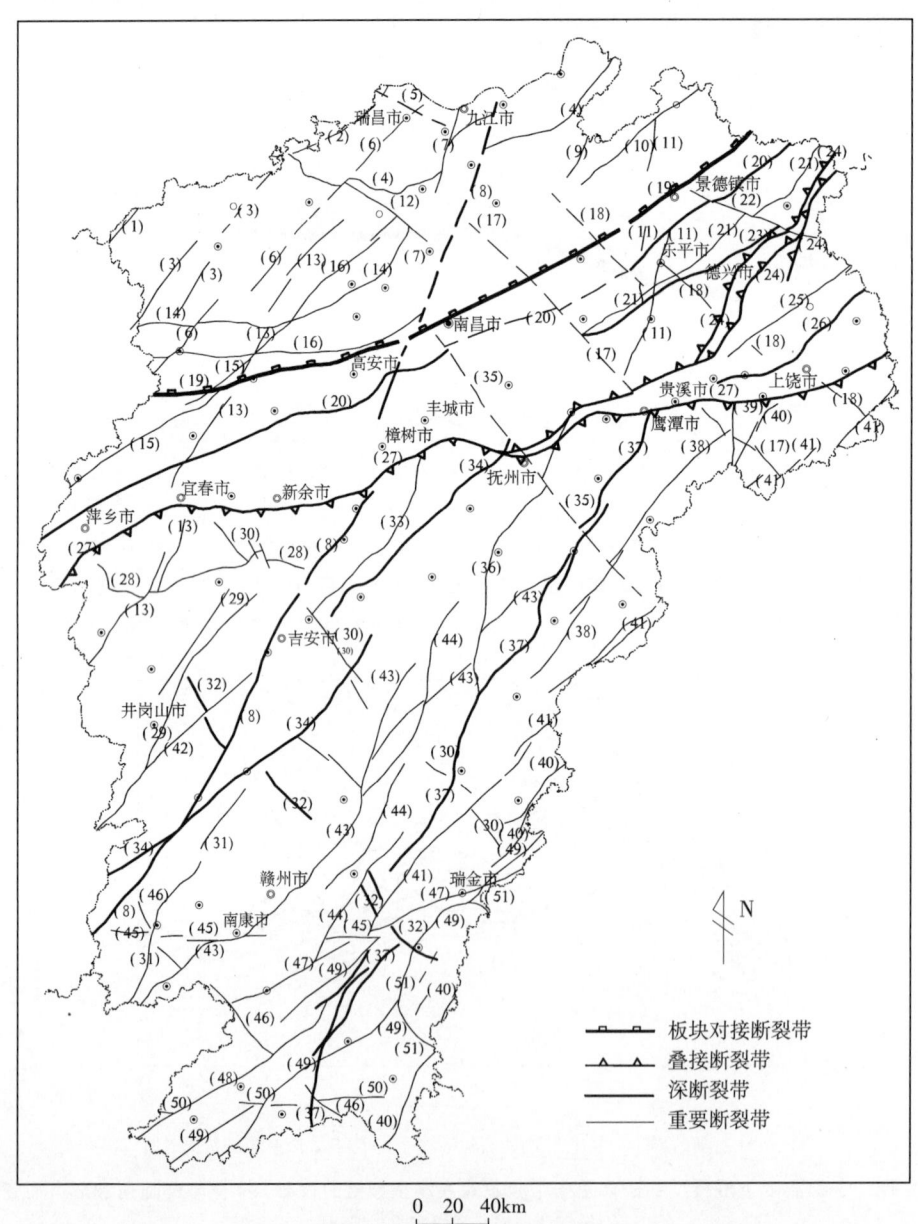

图3-19 江西省主要断裂分布图（据江西省地质矿产勘查开发局，2017）
Fig. 3-19 Distribution of main faults in Jiangxi Province

岭尖、武功山等北北东向燕山期重要的成钨花岗岩株带。九江、钦杭、饶南等坳陷边缘沿深断裂带形成了Ⅰ型、S型成铜钨小型岩株带。

江西南部在前期构造背景上，被北北东向断裂带分割成诸广山、于山、武夷近南北向和北北东向隆起成钨复式花岗岩带。近南北向的崇义、西华山、张天堂、宁（都）于（都）坳陷受到挤压扭动，向北东向偏转，并出现了青塘-银坑"S"形褶皱带。并与南岭东西向复式花岗岩带复合，形成了世界上石英脉型黑钨矿床最密集的地区。总体上构成了江西北横向南纵向的隆坳控制花岗岩钨矿带的格局。

（二）新华夏断裂体系分级控岩控矿特征

强大的新华夏构造体系席卷全省前期不同时期、不同方向、不同性质的断裂形迹，形成了强大的分级控岩控矿断裂体系（图3-20）。其中钦杭带反S型断裂系统包括凭祥-歙县结合带，赣东北、北

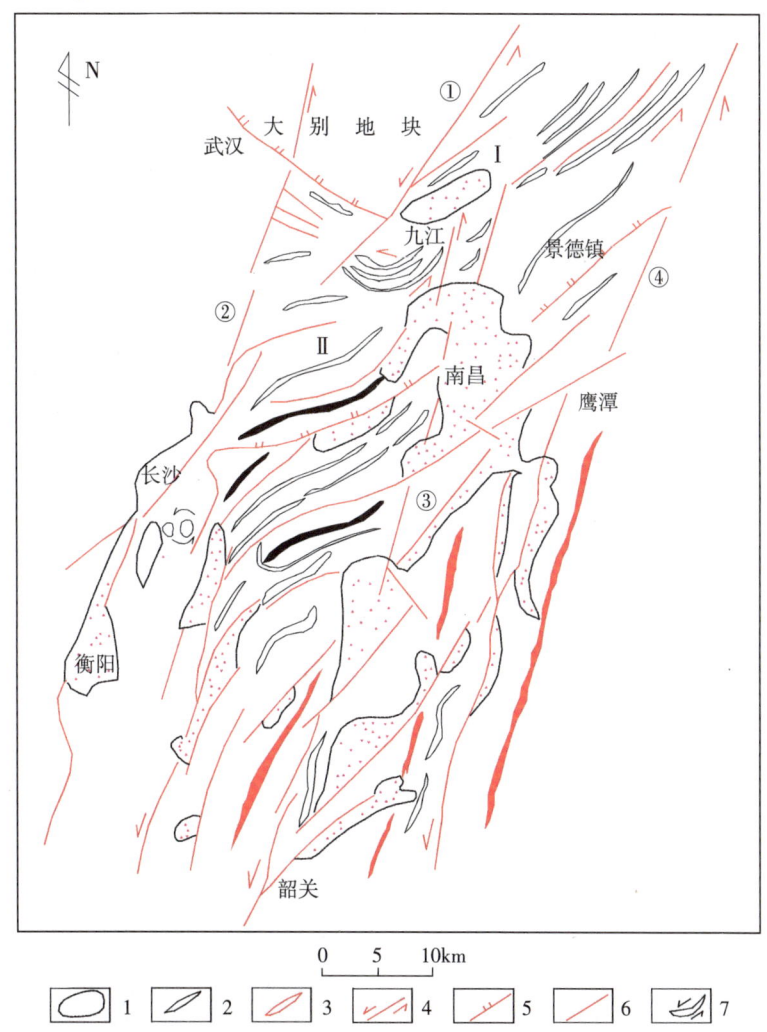

1—燕山期造山后晚白垩世—古近纪断陷盆地；2—沉积盖层褶皱；3—隆起带轴线；4—走滑断裂带；
5—逆冲推覆断裂带；6—性质未明断裂；7—旋卷构造；①团风-萍乡-郴州断裂带；②赣江断裂带；
③宁国-鹰潭-安远断裂带；Ⅰ—沿江旋卷褶皱带；Ⅱ—赣西反S型变形带。

图3-20 江西及邻区燕山期扭动构造带略图（据杨明桂等，2021）
Fig. 3-20 Schematic diagram of Yanshanian torsional structural belt in Jiangxi and its adjacent areas

海－萍乡－绍兴地壳叠接断裂带以及多条北东东向、北东向深断裂带，此时再次受到扭动挤压逆冲推覆，部分加里东期形成的北东向断裂带，如遂川－临川，大余－南城等进一步发展。崇义－南康等近东西向断裂带这时转化为左行挤压走滑，新形成了一系列北北东向挤压走滑断裂带。其中鹰潭－安远、永平－石城－寻乌断裂带具深断裂特征。北西向张裂带较多，以连续性差为特征，其中鄂州－九江、铜厂、会昌－上杭等具深张断裂带特征。同时形成了大量挤压破碎带以及派生出低序次的不同性质的裂隙带。这一巨大的断裂体系具有分级控岩控矿特征。

三、断裂构造控矿特征

1. 钦杭带江西段断裂构造控矿特征

钦杭华南洋潜没构造带江西段由5条深断裂带组成了岩石圈不连续带，形成了重要的I型斑岩铜矿带。21世纪以来经进一步勘查发现，钦杭带江西段是一个世界上最重要钨矿床集群，拥有朱溪、石门寺等世界级钨（铜）矿床和狮尾洞、大湖塘、阳储岭等超大型、大型钨矿床（图3-21）。

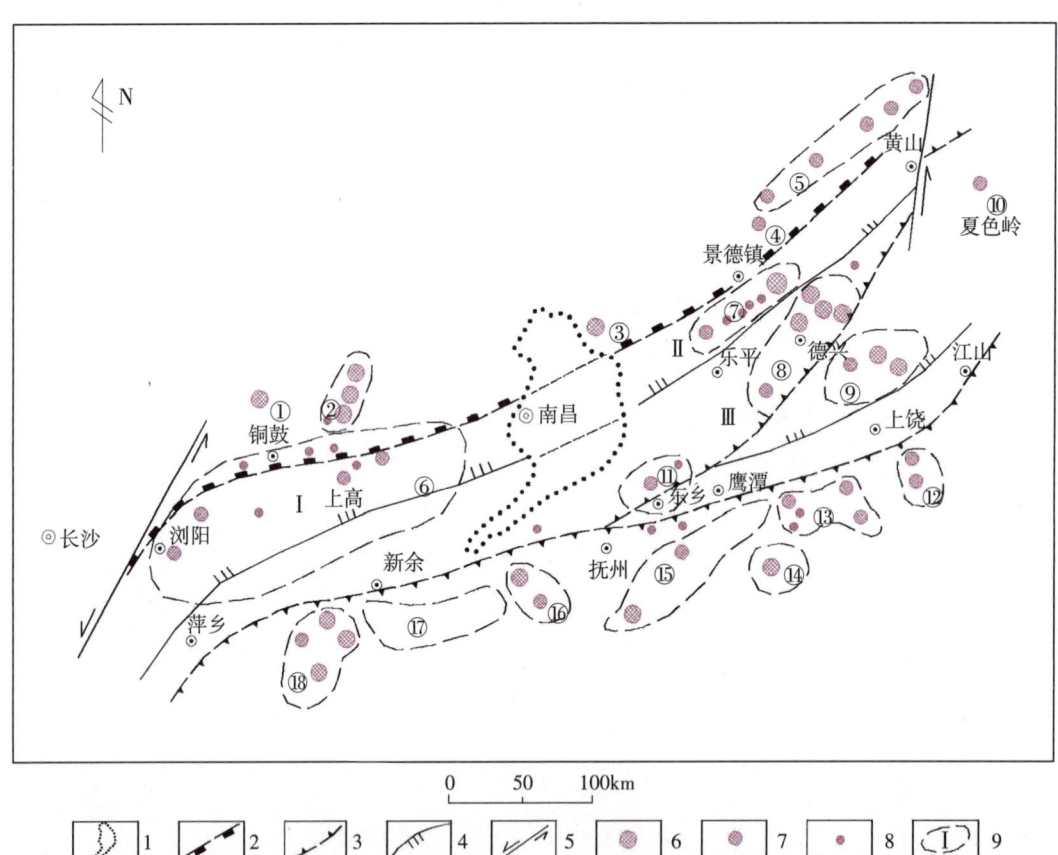

1—鄱阳盆地；2—板块对接带；3—地壳叠接带；4—逆冲深断裂；5—走滑断层；6—超大型、大型；7—大中型；8—中小型；9—重要矿田、矿集区及编号：①花山洞（W）；②大湖塘（W、Cu、Mo）；③阳储岭（W、Mo）；④青术下（W）；⑤东源－逍遥－竹溪岭－西坞口（W、Mo）；⑥村前－七宝山（Cu、Pb、Zn、Au、Co）；⑦朱溪（W、Cu）；⑧德兴（Cu、Au、Ag、Pb、Zn）；⑨灵山（Ta、Nb）；⑩夏色岭（W）；⑪东乡（Cu、W、Au）；⑫焦塘（Pb、Zn、Cu）；⑬永平（Cu、Mo）；⑭冷水坑（Ag、Pb、Zn）；⑮相山（U）；⑯徐山（W）；⑰新余（Fe）；⑱武功山（Ta、Nb、W、Mo）。

图 3-21 钦杭北段成矿带赣中区段深断裂带与钨铜金属矿床分布略图 （据杨明桂等，2012，修改）

Fig. 3-21 Distribution of deep fault zone and tungsten-copper deposits in North Qinhang metallogenic belt in the central Jiangxi Province

2. 新华夏断裂带与隆起带复合控岩控矿样式

江西北部新华夏断裂体系与北东东—近东西向江南、武功山隆起复式花岗岩带反接复合，形成了北北东向钨矿集带、矿田，如九岭、武功山、莲花山等。江西南部北北东向断裂带与前期隆起复式花岗岩带重接复合，形成北北东向钨矿带，与近东西断裂带的反接复合结点利于形成钨矿田，如于山钨矿带（图3-22）。

3. 石英脉型钨矿床成矿裂隙带特征与矿床构造样式

1）成矿裂隙特征

赣南是世界上石英脉型钨矿床最密集的地区，石英钨矿脉数以万计。其成矿裂隙成组成带密集分布，但对其裂隙性质一直有不同认识。究其原因，一是裂隙无明显错动位移；二是在矿脉形成过程中受到扩容改造；三是后期矿脉发生错动影响了其原始性质的判别。江西地质工作者在经过长期研究后发现西华山等产于花岗岩中的石英脉矿体羽脉发育良好，为成矿裂隙性质判别与构造配套研究提供了可靠依据。

研究表明，石英脉钨矿床最具优势的成矿裂隙为新华夏构造体系中新华夏式与华夏式构造的配套成分，主要有北东东向、近东西向、北西西向3组，其次有北北西向、北东向或北北东向。

（1）北东东向—东西向剪张性裂隙带：曾有北东东向、东西向压扭性裂隙带之说。观察表明新华夏系北东东向扭裂带常常为右旋压扭性断裂，但形成的裂隙带呈小角度（<10°）右行侧列（图3-23），羽脉指示为右旋剪张裂隙带（图3-24）。近东西向裂隙带往往伴随北东向压扭性断裂带出现，属华夏式剪张裂隙带。

（2）北西西向张剪性裂隙带：矿脉、中小脉体多呈左行侧列式，侧列角稍大（图3-25），为最重要的石英脉型钨矿床成矿裂隙带。脉幅往往较大。有的形成了"王牌脉"、羽脉（裂），指示为左旋张剪性裂隙（图3-26），为新华夏式张剪裂隙带。

（3）其他比较重要裂隙带：北北西向左行剪张裂隙带（如龙南甾美山钨矿等钨矿床），为新华夏式剪张性裂隙带；北东向剪张裂隙带如武宁东坪钨矿床1号、2号矿带为华夏式北东向剪张型裂隙带，3号矿带为新华夏式剪张性裂隙带；丰城徐山钨铜矿床、宜黄大王山钨矿床为华夏式近南北向左旋扭性断裂带派生的北东向"入"字形剪张断裂带（详

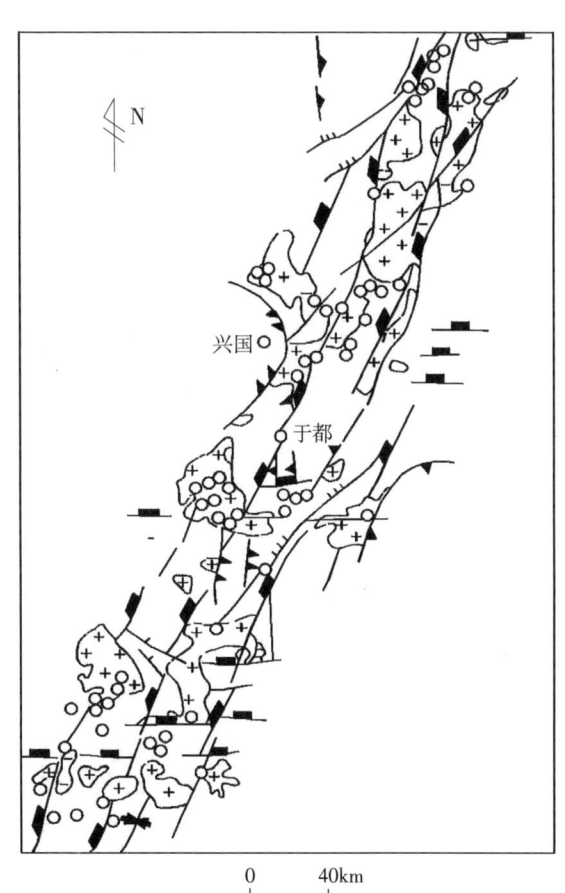

1—燕山期花岗岩；2—南北向构造压性断裂；3—华夏式压扭性断裂；4—弧形、环状压扭性断裂；5—新华夏式压扭性断裂；6—张扭性断裂；7—东西向压性断裂；8—向斜轴；9—钨矿床（点）。

图3-22 于山钨矿带构造控矿略图
（据钟南昌等，1988，修改）

Fig. 3-22 Sketch map of structural controlled deposits in Yushan tungsten ore belt

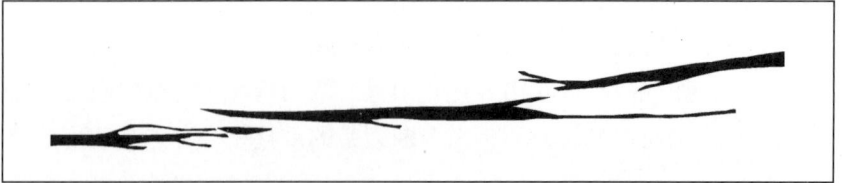

图 3-23 于都黄沙右行侧现矿脉（据江西地质科学研究所，1985）
Fig. 3-23 Existing vein on the right side of mining area, Yudu County

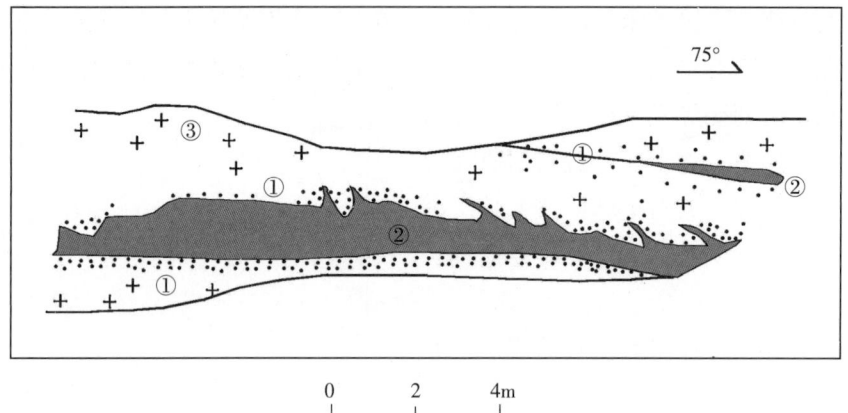

①硅化云英岩化花岗岩；②含黑钨矿石英脉；③花岗岩。

图 3-24 北东东向矿脉羽脉特征（据吴永乐等，1987）
Fig. 3-24 The plume vein characteristics of NEE trending veins

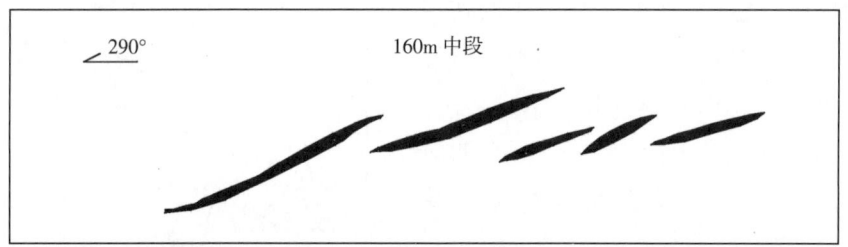

图 3-25 泰和县小龙钨矿北西西向左行侧现矿脉（据江西地质科学研究所，1985）
Fig. 3-25 Occurrence on the left side of NWW trending vein of Xiaolong tungsten mine in Taihe County

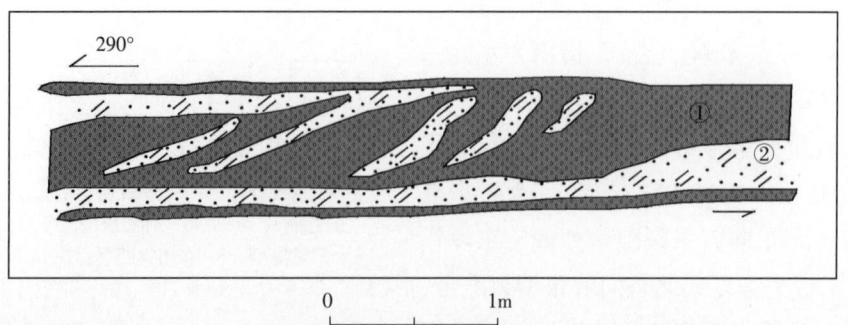

①黑钨矿石英脉；②云英岩化花岗岩

图 3-26 北西西向矿脉羽脉与中石特征（据杨明桂等，1981，西华山北区坑道顶板照片素描）
Fig. 3-26 Characteristics of plume and middle stone of NWW trending vein

见第七章)。

2) 石英脉型矿体特征

受裂隙性质约束,石英脉型钨矿体有以下特征:石英脉型钨矿体的裂隙性质以剪张性、张剪性为主,普遍由小脉体(图3-23、图3-25)侧列分布组成矿脉,矿脉组成脉组,脉组组成矿床。矿脉普遍平直伸长,小脉体、矿脉、脉组展布具大致等距性与韵律性。脉组中往往有1~2条规模较大的主矿脉或"王牌脉",构成脉组或矿床主体。

剪张性与张剪性脉组比较,前者矿脉密集成带,侧列或斜列展布,深度比较大;后者矿脉多成平列式展布,深度稍小,但幅度较大。

3) 石英脉型钨矿床构造样式

石英脉型钨矿床在新华夏构造体系扭动构造控制下,形成了多彩的构造样式。

(1) 右行侧列式:以大余县木梓园钨矿床为典型代表(图3-27a)。地表由线脉与细脉组成的标志带,呈右行侧列分布。深部由小脉体右行侧列分布组成矿脉,矿脉组也呈右行侧列展布。

(2) 右行斜列式:以丰城市徐山钨铜矿床为典型代表。石英钨矿脉为华夏式近南北向左旋走滑断裂派生的呈右行斜列式展布的3个北东向脉组(图3-27b)。

(3) 北西西向平列式:以全南县大吉山钨矿床为典型代表。在新华夏动力体系近南北向扭动作用下,早期形成的北东向断裂复活呈左行挤压走滑控制矿床,新生成的北西向矿脉组成平列式展布(图3-27c)。

(4) 交叉式:以于都县盘古山钨矿床为典型代表。由新华夏构造体系北东东向、近东西向、北西西向3组断裂和同向裂隙带形成的3组矿脉构成交叉状构造样式,以北西西向、近东西向脉组为主(图3-27d)。

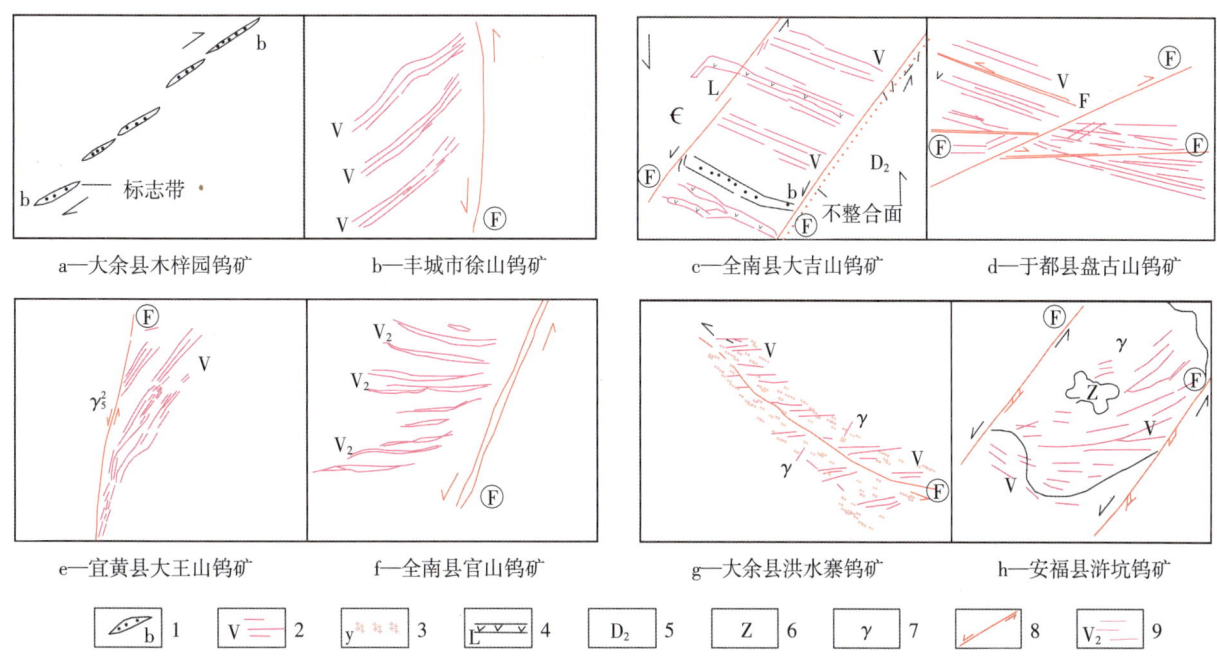

1—标志带;2—石英钨矿脉;3—云英岩矿体;4—岩脉;5—中泥盆统;6—震旦系;7—花岗岩;8—断层;9—石英细脉带钨矿体。

图3-27 石英脉型钨矿床构造样式

Fig. 3-27 Structural style of quartz vein type tungsten deposit

(5)"人"字形：以宜黄县大王山钨矿床为典型代表。华夏式近南北向左行走滑断裂派生两个"人"字形脉组，显示向北北东方向撒开（图3-27e）。

(6)剪张式羽脉带：以全南县官山钨矿床为典型代表。新华夏式北北东向左行走滑断裂派生一系列近东西向、北东东向、北西西向细脉带型钨矿体（图3-27f）。

(7)张性羽脉式：以大余县洪水寨钨矿床为典型代表。华夏式北西向左行张剪性断裂带派生羽状张裂隙形成短小石英脉型、云英岩型钨矿床（图3-27g）。

(8)帚状：以安福县浒坑钨矿床为代表。在华夏式北东向左行压扭性断裂驱动下，围绕卵形成矿花岗岩体形成帚状剪张性裂隙带控制的石英脉型钨矿床（图3-27h）。

四、岩浆侵入构造与成矿流体扩容控矿特征

对石英脉型钨矿床进行的大量研究表明，成矿花岗岩既是一个矿源体、热源体，也是一个力源体。成矿花岗岩浆及成矿流体在区域地应力驱动下上侵产生的垂向动能，对矿体空间展布、产状形态有明显约束作用。

（一）岩浆顶托效应

由于岩体顶托与成矿流体强力注入，张剪性或剪张性容矿裂隙带发生开裂扩容，著名的石英脉钨矿床的"五层楼"模式，就是在这种动力条件下形成的垂向扩容断面，且由于垂向顶托，矿脉组成黄沙式对倾扇状结构（图3-28）。盘古山钨矿床原呈东部半扇状结构，近期据扇形规律，在深部发现了西半扇矿脉，扩大了资源量。

由于斜向顶托，形成徐山斜拉式产状结构（详见第七章）。矿脉大都是向成矿隐伏岩体前锋方向侧伏，这成了"以脉找体"指向规律。而且钨矿脉的分布范围与隐伏花岗岩顶部的轮廓大体一致，显示了隐伏成矿岩体的成矿热液作用与顶托扩容范围，反过来这也指示了隐伏岩体的空间位置（图3-29）。

脉状矿体在平面上侧现还与成矿侵入岩体顶托、矿液扩容作用相关。如图3-30~图3-32所示，位于隐伏成矿侵入体南侧上方的近东西向矿脉，东段小脉体呈右行排列，其西段小脉体作左行侧现。脉状矿体或脉组在剖面上往往呈右行侧现，是成矿岩体上侵产生的垂直剪切作用造成的（杨明桂等，2020）。

成矿花岗岩体主动侵位，可以导致围岩发生蠕散。崇义县柯树岭钨锡矿床，矿脉在平面上迁就北东东向、北北东向两组裂隙带，呈膝状折曲（图3-33），围绕花岗岩株西接触带展布，为蠕散效应典型一例。

1. 成矿岩体原生裂隙

成矿花岗岩体原生裂隙形成的石英大脉型钨矿床不多，信丰县月岭小型钨矿床为其一例。矿脉产于燕山早期花岗岩体内。岩体呈半圆形（图3-34）。矿脉呈扇形展布，充填于原生张裂隙中，局限于岩体内，具短、浅、散特征。

原生裂隙常发育于细脉浸染型钨矿床中，以短、小、不规则为特征，往往与构造裂隙混杂。在斑岩矿床中往往有隐爆、碎裂作用，使矿体矿石构造复杂化。隐爆角砾岩筒式钨矿床（都昌阳储岭、武宁石门寺、瑞金胎子崠）则以角砾与细脉浸染结构为特征（详见第七章）。

值得进一步研究的是成矿花岗岩原生裂隙与构造裂隙形成的复合关系。下面以西华山钨矿床为例

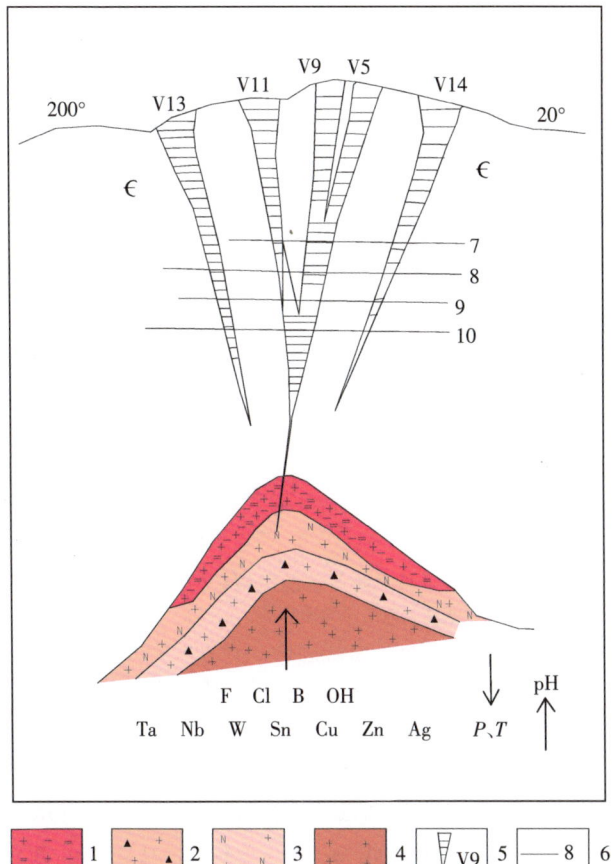

1—二云母花岗岩；2—电气石化花岗岩；3—钠长石化花岗岩；4—云英岩及云英岩化花岗岩（矿体）；5—矿化带与编号；6—坑道中段及编号。

图 3-28 黄沙钨矿床地质剖面图
（据江西有色地质勘查局、赣南地质调查大队资料；
引自杨明桂等，2020）

Fig. 3-28 Geological profile of Huangsha tungsten deposit

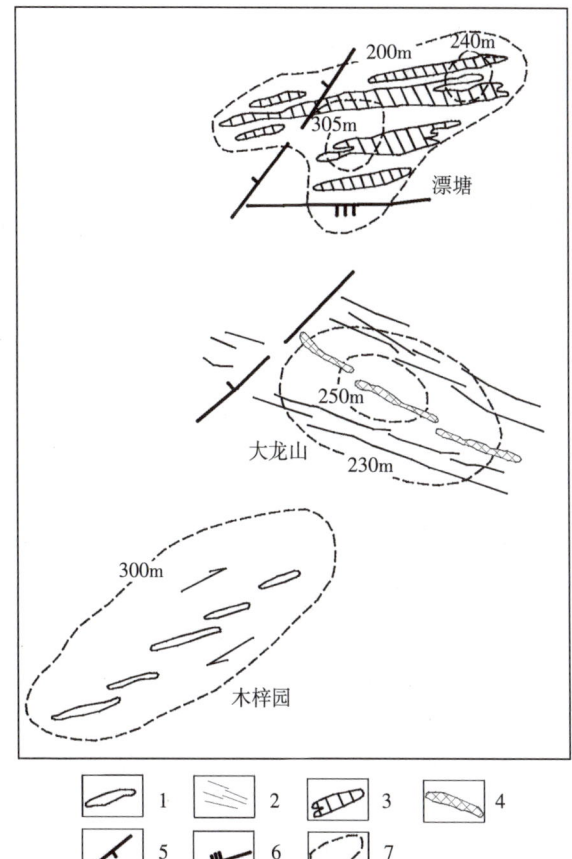

1—石英-黑钨脉组；2—石英-黑钨脉；3—石英-钨锡细脉带；4—花岗岩脉；5—挤压-走滑断层；6—逆断层；7—隐伏花岗岩体顶面等深线。

图 3-29 隐伏花岗岩株与钨矿床空间分布图

Fig. 3-29 Spatial distribution of concealed granite strains and tungsten deposits

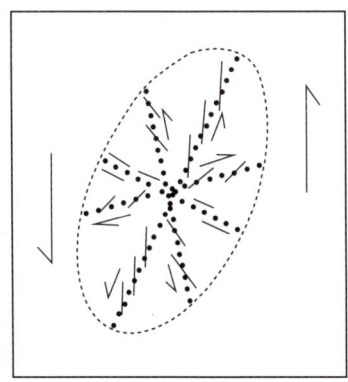

图 3-30 北北东向容矿断裂系统侧现特征示意图

Fig. 3-30 Lateral characteristics of NNE trending ore bearing fault system

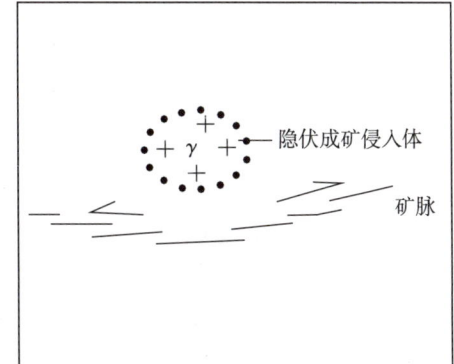

图 3-31 矿脉侧现形式示意图

Fig. 3-31 Schematic diagram of lateral characteristics of ore vein

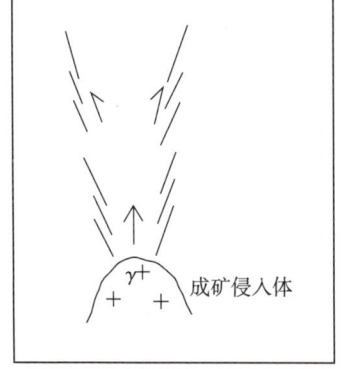

图 3-32 矿脉后行侧现示意图

Fig. 3-32 Schematic diagram of backward lateral characteristics of ore vein

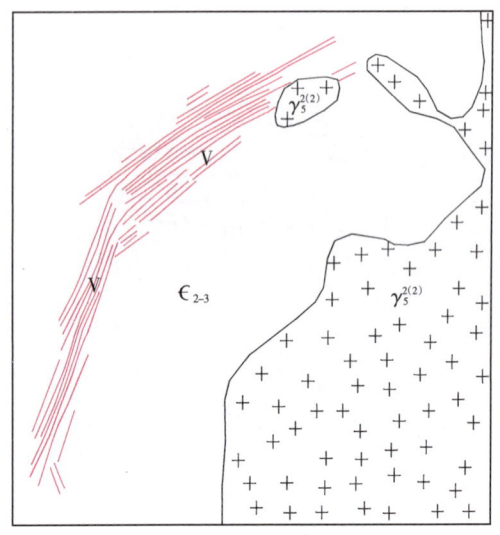

∈₂₋₃—中上寒武统；γ₅^{2(2)}—燕山早期花岗岩；V—石英脉。

图 3-33　柯树岭石英脉型钨矿的膝状构造
(据江西地质科学研究所，1985)

Fig. 3-33　Knee structure of quartz vein type tungsten ore body in Keshuling mining area

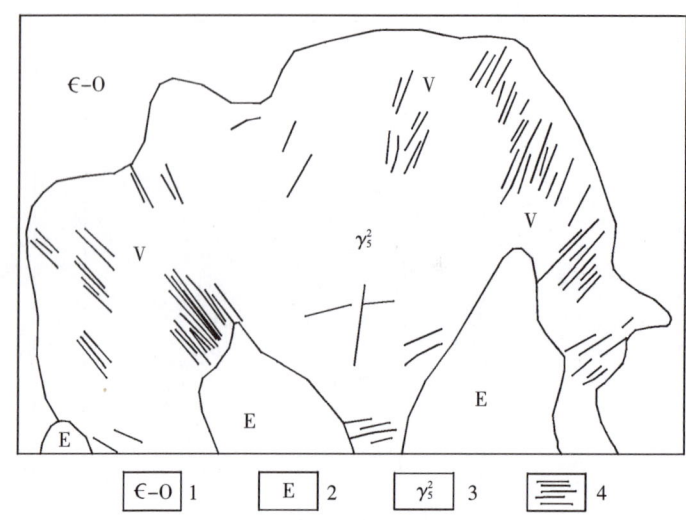

∈-O—寒武系—奥陶系；E—古近系；γ₅²—燕山早期花岗岩；V—石英脉。

图 3-34　信丰县月岭石英脉型钨矿的扇状构造
(据江西地质科学研究所，1985)

Fig. 3-34　Fan structure of quartz vein type tungsten ore body of Yueling mining area in Xinfeng County

进行介绍。西华山－漂塘半隐伏花岗岩基向北北东向潜伏。南端西华山出露的花岗岩株由北北西向南东超覆侵入，由长石形成的流线也是北北西向。矿区右行北东东向剪张性与左行北西西向张剪性成矿裂隙带，为新华夏式的构造成分，但恰与侵入体一对"X"形原生节理吻合，而且处于岩株南部的西华山钨矿脉，羽脉指向"北升南降"(图 3-35)。岩株北部的荡坪钨矿脉羽脉指向为"北降南升"(图 3-36)，显示岩株中部侵入上拱的动力效应。

西华山等花岗岩中的钨矿床还可见到少量的近水平状规模不大的石英钨矿脉。其中成矿裂隙的形

图 3-35　西华山后列式矿脉
(据江西地质科学研究所，1985)

Fig. 3-35　Backward vein in Xihuashan mining area

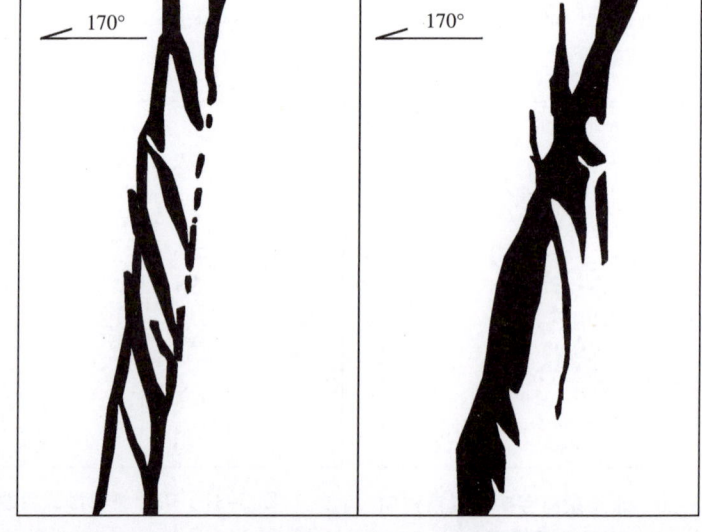

图 3-36　江西省荡坪石英脉型矿脉 (据江西地质科学研究所，1985)

Fig. 3-36　Quartz vein in Dangping mining area, Jiangxi Province

成可能与岩浆近水平流动形成的滑动及岩浆冷缩有关。

2. 侵入面控矿特征

成矿岩体的侵入面是一个重要的地质边界条件和成矿界面，具有各自的成矿控矿作用特点。

（1）以侵入面为界分别形成外带、内带、内外带3种不同部位、不同特征的石英脉型钨矿床。外带以"五层楼"式为特征，内带以"三层楼"式为特征（详见下篇）。前者往往密集成带，后者往往较为宽散（图3-37）。内外带矿脉有的以侵入面为界，形成"楼下楼"式矿床（图3-38）。多次侵入的花岗岩侵入面也出现"楼下楼"式矿床（图3-39）。

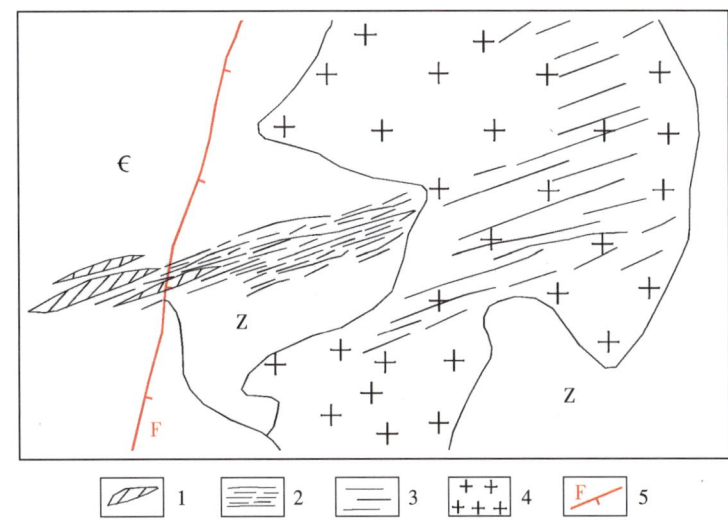

1—细脉带-矿化标志带；2—大脉细脉混合带；3—含钨石英脉大脉带；4—花岗岩；5—断层；Z—震旦系；∈—寒武系。

图 3-37　平案脑—墨烟山内带与外带石英脉型矿脉

Fig. 3-37　Inner and outer quartz vein type veins from Ping'annao to Moyanshan

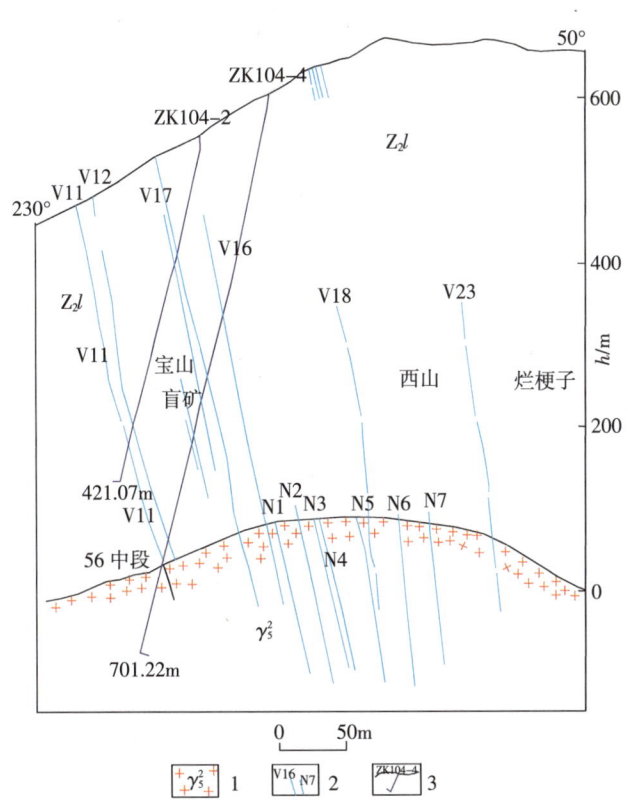

1—晚侏罗世花岗岩；2—含钨石英脉及编号；3—钻孔及编号；Z_2l—震旦系老虎塘组。

图 3-38　淘锡坑矿区宝山—西山剖面示意图（据徐敏林等，2012）

Fig. 3-38　Baoshan–Xishan section of Taoxikeng mining area

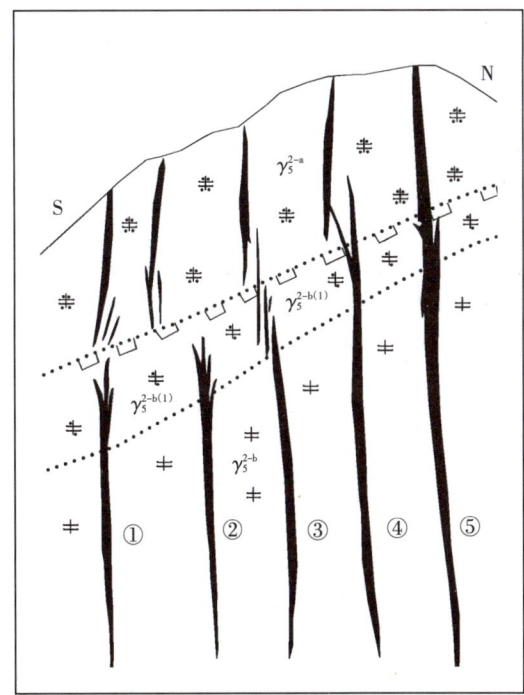

①不相连；②互不相关；③侧幕相连；④线脉相连；⑤上下贯通。

图 3-39　西华山两层矿脉的相互关系

（据王泽华等，1981）

Fig. 3-39　Schematic diagram of the relationship between two layers of ore veins in Xihuashan deposit

（2）侵入面矽卡岩钨矿床：成矿花岗岩体与碳酸盐岩层耦合状态，约束着矿体产状形态与富集规律。如崇义县宝山矽卡岩型钨矿床，矿体富集于侵入体凹部（图3-40）。

（3）侵入面是伟晶岩壳、石英壳型钨矿体与"地下室"式蚀变花岗岩型钨矿体的重要成矿部位。前者如大湖塘钨矿床，后者如茅坪、徐山等钨矿床。

（4）侵入面产状控制钨矿床的侧伏方向，如西华山矿床向西侧伏，荡坪矿床向东侧伏，九龙脑蚀变花岗岩型矿床向南西西方向侧伏等。

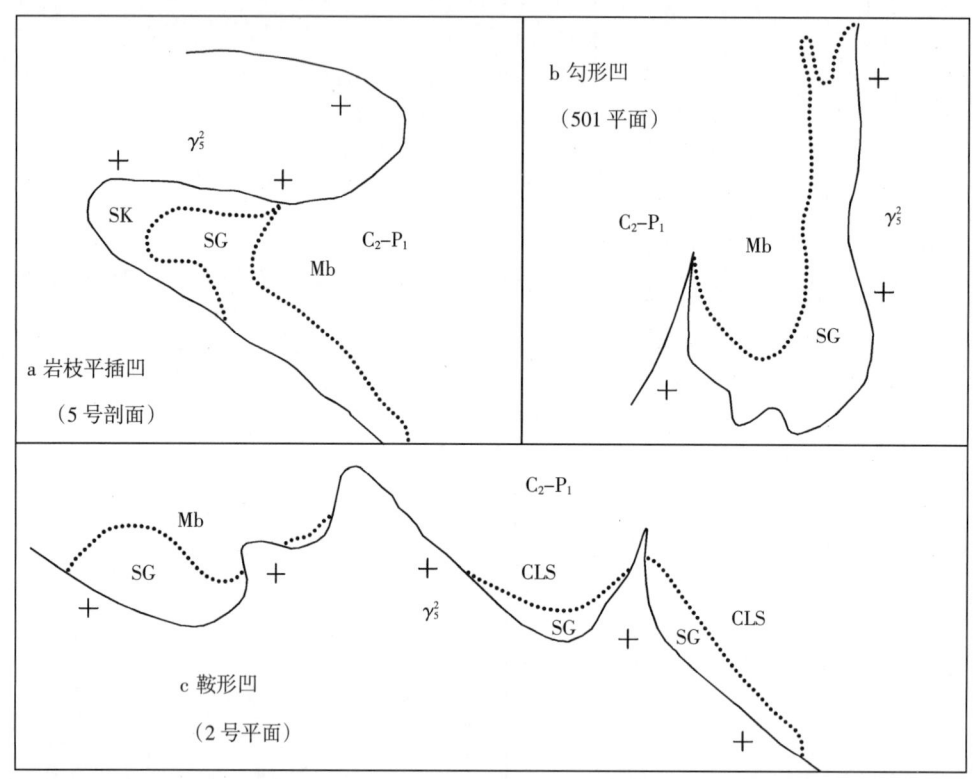

γ_5^3—燕山早期花岗岩；C_2-P_1—上石炭统—下二叠统；Mb—大理岩；CSL—结晶灰岩；SK—矽卡岩；SG—硫化物矿体。

图3-40　崇义县宝山钨铅锌银矿床花岗岩顶面凹部控矿形式（据刘荣军，2012，修改）

Fig. 3-40　Ore control form of granite top depression of Baoshan tungsten-lead-zinc deposit in Chongyi County

（二）成矿流体扩容特征

含钨石英流体沿裂隙充填的过程大致有早、晚两个阶段。早阶段处于花岗岩主动上侵，围岩热胀扩展，成矿流体沿裂隙充填导致裂隙横向张裂扩容。两脉壁无明显水平与垂向错动。黑钨矿等矿物呈犬牙状、花朵状沿脉壁垂直生长（图3-41a），或呈星散状、团块状（砂包）分布于矿脉中（照片3-1、照片3-2）。斜交矿脉生长的黑钨矿比较少见，北东东向与东西向矿脉黑钨矿生长指向横向扩容兼弱右旋剪切活动（照片3-3），北西西向矿脉黑钨矿生长指示兼有弱左旋剪切活动。仅有安福浒坑等少数钨矿床，部分北东东向矿脉细小的黑钨呈条带状分布，其中小褶纹指示兼有右旋走滑（图3-41b）。不少矿床同时由于横向拉张，矿脉中有时形成平行的"脉中脉"，称为复脉。

含钨成矿流体的充填扩容，在受裂隙产状约束的同时，也对裂隙进行了改造。有的使平面上部分小矿脉侧列步调发生了改变，在剖面上均以后行侧列为主。由于不均一扩容，矿脉在剖面上由一系列

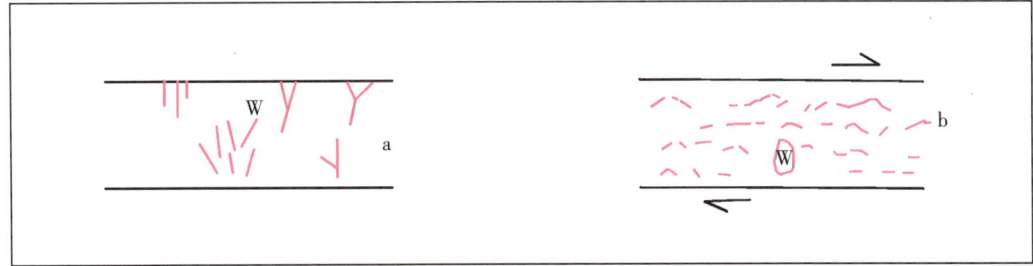

图 3-41 含钨石英脉中黑钨矿矿石结构（据杨明桂等，2004）

Fig. 3-41 Structure of wolframite in tungsten bearing quartz vein

照片 3-1 淘锡坑钨矿 206m 中段 V23 黑钨矿 "砂包"（据丁明等，2018）

Photo 3-1 "Sand bag" of V23 wolframite in the 206m middle section of Taoxikeng tungsten mine

照片 3-2 淘锡坑钨矿 056m 中段内带脉 Vn3 黑钨矿垂直脉生长，局部形成钨 "砂包"，矿脉切穿变质砂岩与花岗岩接触界线（据丁明等，2018）

Photo 3-2 Vn3 wolframite grows vertically in the 056m middle section of Taoxikeng tungsten mine, forming tungsten "sand bag" locally, Ore vein cut the contact boundary of meta sand stone and granite

 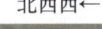

 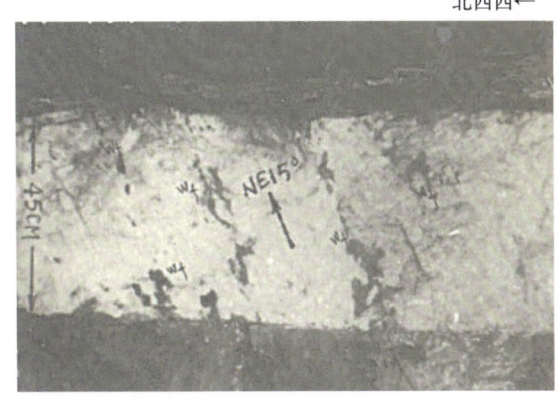

照片 3-3 西华山钨矿黑钨矿排列样式（据杨明桂等，1981）

Photo 3-3 Arrangement pattern of wolframite in Xihuashan tungsten mine

小透镜体与线脉贯穿，呈串珠状（图 3-42）；有时追踪北东东向、近东西向与北西向裂隙，矿脉呈折线状；由于迁就多组裂隙强烈扩容形成撕裂状矿体（图 3-43）。

宜黄县大王山钨矿在形成石英脉型钨矿体的同时，在多组裂隙结点，强力扩容形成上部囊状、下部网状的 "大矿包"（详见第五章）。大量石英脉型钨矿床早期成矿活动以气化高温热液钨铜钼铋铍氧化物多次脉动充填为主。进入晚期成矿活动，向高中温热液钨多金属硫化物阶段－中低温热液萤石碳酸盐沉积转变，围岩由热胀逐渐转为松弛，剪切面发生滑落，部分成为正断层破碎带，形成充填式石英钨多金属含金银硫化物大脉。在崇义县牛角窝、淘锡坑和于都县盘古山等矿床都有发现（详见第六章）。

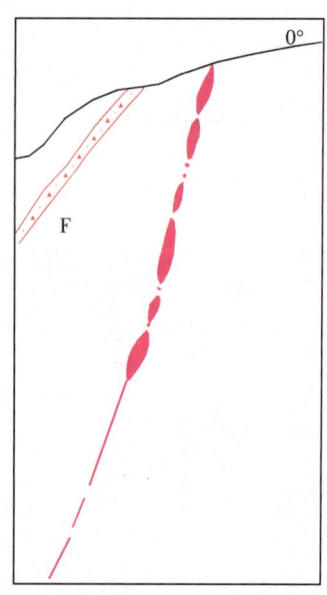

图 3-42 安福县武功山钨矿剖面上的串珠状石英脉型钨矿体（据杨明桂等，2021）

Fig. 3-42 Beaded tungsten ore body of quartz vein type in Wugongshan tungsten mine, Anfu County

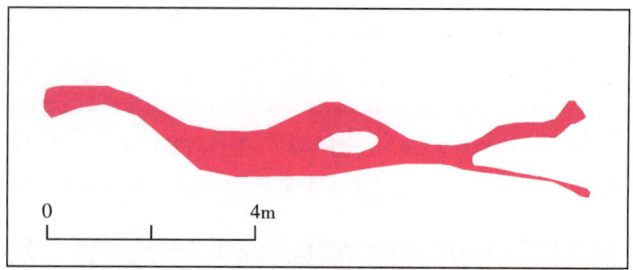

图 3-43 江西省樟斗钨矿区折线追踪状矿脉和撕裂状的含矿石英脉示意图（据李崇佑等，1985）

Fig. 3-43 Schematic diagram of broken line tracking vein and tearing ore bearing quartz vein in Zhangdou tungsten ore area, Jiangxi Province

中篇 钨矿床类型与钨矿床

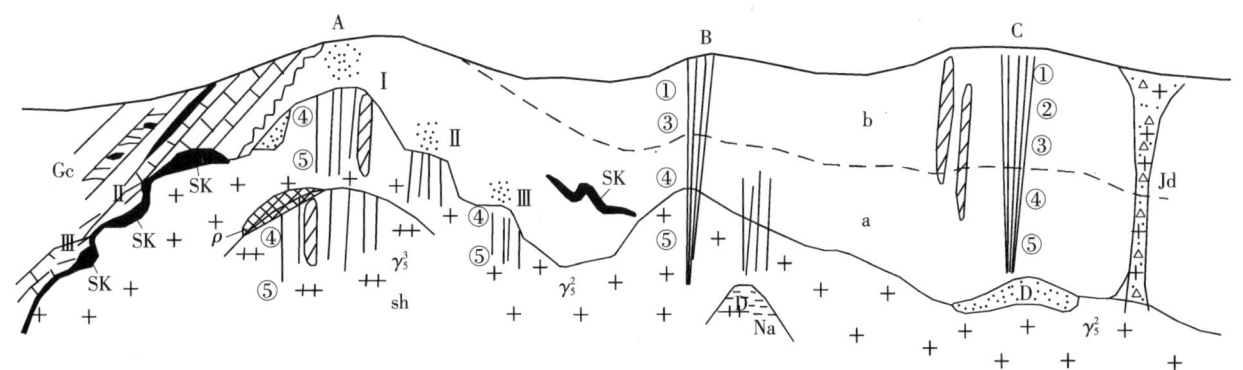

第四章　钨矿床分类与矿床基本特征

第一节　钨矿床类型划分

一、钨矿床成因类型的探讨

矿床类型划分是矿产资源勘查开发利用以及成矿条件、成矿规律、矿产预测研究的基础性工作。人们早在16世纪中叶就开始了矿床类型划分的探索。中国钨矿床类型划分随着新类型矿床不断发现和研究深化，经徐克勤（1943）、莫柱孙等（1958）、李洪谟等（1959）、陈毓川等（2007）、江西省地质矿产勘查开发局（2015）、盛继福和王登红（2018）研究划分，已逐渐形成了钨矿床成因类型与工业类型比较系统的划分方案。但其中仍存在不同认识和有待研究的问题。下面在已有划分的基础上，结合江西省及邻区钨矿床地质勘查研究的新进展、新认识就有关问题做些探讨。

江西省及至华夏成钨省，钨矿床成因类型主要为S型、I-S型、I型花岗质侵入岩岩浆期后热液矿床，其中尤以高温热液、接触交代矿床为主，成因已无疑义。其次的中低温热液矿床成因争议较多。伟晶岩（壳）型钨矿床未形成独立矿床，规模很小。表生矿床主要是冲积型砂矿，规模小，因开采影响河道安全，已停止开采。

关于同生沉积或海相火山海底热水喷流沉积成钨之说，在本书第一章已进行了讨论，江西境内迄今未发现这类钨矿床，不再赘述。

需要讨论的是江西及邻区中低温热液钨矿成因问题，这类矿床虽然不是区内主要钨矿床类型，但是江南及邻区还涉及与其相关分布较广的锑、金银矿床成因问题。著名的湘北沅陵县沃溪钨锑金矿床就有层控变质热液、同生热水沉积和中元古代矿源层—早期改造成矿—燕山期岩浆作用成矿物质再次活化迁移富集等多种认识（盛继福和王登红，2018）。

江西境内低温热液钨矿点仅见于万年县虎家尖大型银金（锑钨）矿床。主体为矿区北带破碎带蚀变岩银金矿床。矿床含银矿物以铜、锑（砷）硫盐为主，有硫锑铜银矿等。矿区南带有辉锑矿脉和角砾状玉髓钨铁矿脉，矿石呈团块状、角砾状。矿区南面约3km的丰林塘燕山期S型二长花岗岩株中有钨铁矿石英小脉。广西钟山县珊瑚钨矿田在长营岭石英脉型钨矿床外围1~4km范围内分布着杉木冲-龙门冲钨锑萤石石英脉、八步岭-九华极不规则的含钨铁矿角砾状石英脉。赣北浮梁县鹅湖破碎带蚀变岩金矿田，矿床距鹅湖成金花岗岩体1~10km，金家坞破碎带蚀变岩金矿床距莲花山钨矿田燕山晚期花岗岩基约4km，德安县彭山燕山晚期锡铅锌锑萤石矿田百福脑铅锌矿床、宝山锑矿床距成矿花岗岩株分别为1km、6km。以上说明这些钨、锑、金、银矿床均为燕山期S型成矿花岗岩体远外接触带矿床，可与内、近岩体高温热液或矽卡岩矿床构成规律性成矿温度分带。

在湖南境内的黄金洞破碎带型金矿床和沃溪钨锑金矿床附近均未发现出露成矿侵入岩体。值得注意的是，黄金洞金矿中也含白钨，沃溪矿床产于"红板溪"马底驿组层间错动带中，矿体呈似层状，但也有支脉、网脉，近矿围岩蚀变以硅化、黄铁矿化及矽卡岩化为主（盛继福和王登红，2018）。热液氢氧同位素显示成矿流体为岩浆水和变质水，推测燕山早期成矿花岗岩体隐伏在矿床侧伏方向深处，距离可能有数千米。前已述及，江南隆起及其邻侧是一个壳型钨锑金地球化学块体，地层中 W 元素含量普遍较高，是这类矿床成矿物质来源之一，但燕山期花岗岩既是成矿热源，也是重要成矿物质来源，是形成这类矿床的主因。可以说，区内含钨地层处处有，但离开了成矿花岗岩体矿源热液和有利构造难以成矿。

二、江西钨矿床工业类型

江西从 1907 年发现西华山钨矿床至 20 世纪 70 年代，钨矿床以石英脉型、矽卡岩型为主，其次有云英岩型、冲积砂矿型，其后相继发现了阳储岭斑岩型钨钼矿和茅坪、徐山等一批"地下室"钨矿床。特别是 21 世纪以来九岭大湖塘矿田巨大的蚀变花岗岩型矿床的发现，地质界对这类矿床出现了不同认识，有细脉浸染型、花岗岩型、斑岩型之说。事实上这种矿床包括浅成斑岩型、潜火山斑岩型、云英岩型，均以细脉浸染状矿化为特征，细脉浸染特征是勘查和开发利用的重要要素，宜统称为细脉浸染型矿床，包括斑岩型（含潜火山斑岩）、蚀变花岗岩型、似层状细脉浸染型等亚型。至于爆破角砾岩筒型钨矿床，在斑岩矿床中往往伴有隐爆碎裂作用，角砾岩筒矿体结构以角砾状细脉浸染状为特征，也可作为细脉浸染型矿床的一个独特亚类。因此，江西钨矿床可分为矽卡岩型、石英脉型、细脉浸染型三大钨矿床工业类型。

三、划分方案

通过以上讨论，基于成矿作用特征、成矿作用方式、成矿作用环境、矿体产状形态以及成矿物质来源等因素，从成因结合工业类型将江西钨矿床类型划分为大类、类型、亚型和矿床式四级单位。

1. 大类

大类是江西钨矿成因分类的最高级单位。根据钨矿的矿物质来源作为划分成因大类的主要原则："在考虑矿床成因分类的各种因素时，矿质的来源问题，应是最基本因素之一，其次则是矿床形成处所问题"（谢家荣，1963），从而将钨矿床划分为接触交代型、岩浆期后热液充填型、岩浆期后热液（自）蚀变型、表生型四大类。

2. 类型

根据工业类型将钨矿又分为矽卡岩型、石英脉型、细脉浸染型、伟晶岩型、砂矿型 5 类矿床类型。

3. 亚型

根据矿体赋存在成矿地质体的部位和方式不同，将石英脉型矿床细分为内带型和外带型；细脉浸染型矿床分为蚀变花岗岩型、斑岩型、角砾岩筒型、似层状型、云英岩型。

4. 矿床式

矿床式是矿床工业类型中的最基本单元，分别隶属于不同的类型和亚型，显示钨矿体是以何种形态、空间展布呈现在矿床中。

依上述分类原则，江西钨矿划分方案如表 4-1 所示。

表 4-1 江西省钨矿床类型划分表

Table 4-1 Classification of tungsten deposit types in Jiangxi Province

矿床成因	矿床类型	亚型	矿床式	矿例
接触交代型矿床	矽卡岩型		接触带式	朱溪、香炉山、宝山
			似层状式	焦里、黄婆地、张天罗-大岩下、永平
岩浆期后热液充填矿床	石英脉型	内(接触)带型	石英长石大脉式	西华山
			石英大脉式	浒坑
			石英网脉、大脉式	下桐岭
			石英大脉、矿囊式	大王山
		外(接触)带型	石英大脉式	盘古山、大吉山、东坪、木梓园、黄沙、画眉坳
			石英细脉带式	漂塘
			石英网脉状脉式	香元
			断裂破碎带石英大脉式	八仙脑
			石英大脉"楼下楼"式	淘锡坑
			破碎带(低温热液)玉髓脉式	虎家尖
岩浆期后热液(自)蚀变矿床	细脉浸染型	蚀变花岗岩型	内、外接触带式	石门寺、花山洞
			内接触带式	大湖塘
			外接触带细脉浸染+大脉式	狮尾洞
			"地下室"式	茅坪、徐山、大吉山
		斑岩型	岩体式	阳储岭
			岩墙式	牛角坞(青术下)、大湖塘
		角砾岩筒型		阳储岭、胎子岽、石门寺
		似层状型		隘上、枫林
		云英岩型		洪水寨
	伟晶岩型		石英壳式	大湖塘
表生矿床	砂矿型			铁山垅、赤土、扬眉寺、隘上

第二节 钨矿床基本特征

一、"多位一体"特征

江西省钨矿床随着普查勘探工作广泛深入开展,不断发现不少矿床以成矿岩体为中心,因围岩、构造等条件的差异,形成"脉、层、体"等多样的矿床式。2008年杨明桂等借鉴江西斑岩铜矿床"多位一体"模式，建立了钨矿床"多位一体"模式。这种以成矿岩体为主因具有普适性的矿床模式，通过矿床缺位预测，"以脉找体""以层找体""以体找层"，使矿床一式变多式，不断扩大矿床规模。这种模式是以成矿侵入体为必要条件，形成具有生成联系的多个矿床式组合矿床，与"多型共生"矿床的含义不完全相同。后者可以包括不同成矿物质、不同成因类型矿区，如东乡县枫林I型斑岩成铜、S型花岗岩成钨、沉积成铁三型矿区，乐平市乐华沉积锰矿与热液型铅锌铜矿床二型矿区等。

"二位一体"矿床较多，如石英脉型与矽卡岩型组合（庵前滩、峁美山）、似层状矽卡岩型与斑岩型组合（永平），石英脉型与蚀变花岗岩型组合（茅坪、九龙脑、狮尾洞），石英脉型与层状浸染型组合（隘上），裂隙充填石英脉型与断裂带充填石英脉型组合（八仙脑、淘锡坑、盘古山）等，石门寺以蚀变花岗岩型为主体并有石英脉型、隐爆角砾岩型，徐山石英脉型、蚀变花岗岩型、矽卡岩型"三位一体"矿床。大湖塘矿田为蚀变花岗岩型、石英脉型、隐爆角砾岩筒型、斑岩（脉）型、伟晶岩型"五位一体"矿床。朱溪以矽卡岩型为主，兼有似层状型、云英岩型、白钨矿脉、黑钨矿脉"五位一体"矿床。

二、成矿组合特征

通过矿床物质组合勘查研究的深化，发现江西钨矿床共、伴生矿产组分十分丰富，具有极高综合利用价值，除了常见的共生非金属矿物石英、萤石、方解石、长石、云母外，还有共（伴）生多金属矿产，其表现为不同矿床类型组分有所差异，同时受地质构造条件约束物质组分也有所不同。全省南岭成矿组合以钨锡钼铋铍共生为特征；分布于钦杭带的钦杭成矿组合以钨铜钼共生为特征。

石英脉型钨矿床的南岭成矿组合，常见共生矿种为锡、钼、铋，共（伴）生矿种为铍（绿柱石），分别为钨锡二元组合（漂塘等），钨铋二元组合（盘古山等），钨钼二元组合（木梓园等），钨钼铋三元组合（西华山、茅坪等），钨钼铋铍四元组合（下桐岭等），常见伴生组分为铜、铅、锌、钽、铌、银、砷、硫等；钦杭成矿组合以钨铜钼共生为主，次为钨铜二元组合（徐山、东坪等），钨铜钼三元组合（昆山等），常见伴生组分与南岭成矿组合类似。细脉浸染型钨矿床的南岭成矿组合共生组分基本一致，常见伴生组分为钽、铌、银、锡等；钦杭成矿组合共生组分以钨、钼、铜、锡为主，有钨铜二元组合（石门寺），钨锡铜钼四元组合（大湖塘），常见伴生组分有铅、锌、铍、锂、铯、铷、金、银等；I-S型中酸性斑岩钨矿床以钨钼二元组合为特征（阳储岭、塔前）。矽卡岩型钨矿床的南岭成矿组合以钨、铅、锌、银、硫铁矿共生为主，常伴生锡、钼、铋等，铅厂宝山、焦里都是钨铅锌银四元组合，青塘狮吼山为钨硫（铁矿）二元组合；钦杭成矿组合以钨、铜、硫共生为特征，常见共（伴）生铅、锌、金、银等，如朱溪矿床，伴生银达到大型规模，永平为铜锌钼三元组合，伴生钨、银均具大型规模，金具中型规模，铅具小型规模。

三、主要类型钨矿床统计

截至2020年，江西已发现152处主产钨矿区（包括砂矿床3处）。其中，石英脉型钨矿床或以石英脉型为主的钨矿床114处，累计探明钨资源储量和保有资源储量分别占全省总资源储量的23.54%和10.70%；矽卡岩型钨矿床21处，累计探明钨资源储量和保有资源储量分别占全省总资源储量的51.86%和48.95%；细脉浸染型钨矿床14处，累计探明钨资源储量和保有资源储量分别占全省总资源储量的 24.34%和 23.39%。以上三大类矿床类型钨矿资源储量占全省钨矿累计探明资源储量和保有资源储量的 99.74%和 83.03%（表 4-2）。

表 4-2　不同类型钨矿床（主产）数量和占比统计表

Table 4-2　Statistics of quantity, resources / reserves of different types of tungsten deposits

矿床类型	矿产地数量/处	不同规模矿床数量/处			探明资源		保有资源	
		大	中	小	储量/t	占比/%	储量/t	占比/%
石英脉型	114	13	19	82	1 929 940	23.54	877 105	10.70
矽卡岩型	21	5	3	13	4 252 571	51.86	4 014 117	48.95
细脉浸染型	14	5	4	5	1 996 237	24.34	1 917 615	23.39
合计	149	23	26	100	8 178 748	99.74	6 808 837	83.03

四、钨矿物

江西钨矿床众多，类型多样，矿石矿物极为丰富。钨矿物以黑钨矿、白钨矿为主，其次有钨铅矿、钨铋矿、钨华等。钨矿种共（伴）生矿物繁多，是一个矿物宝库（表 4-3）。

表 4-3　江西省主要钨矿床矿石矿物和脉石矿物组成统计一览表

Table 4-3　Statistical list of ore minerals and gangue minerals of main tungsten deposits in Jiangxi Province

矿区名称	矿床类型	规模	成矿元素组合	主要矿石矿物	次要矿石矿物	脉石矿物
西华山	石英脉型	大型	W、Mo、Bi	黑钨矿、辉钼矿、辉铋矿	锡石、白钨矿、黄铁矿、毒砂、黄铜矿、方铅矿、闪锌矿、斑铜矿、磁黄铁矿、赤铁矿、软锰矿、硬锰矿、蓝铜矿等	以石英为主，其次是正长石、斜长石，少量冰长石、绿柱石、萤石、石榴子石、白云母、绢云母、高岭土、方解石、黄玉、电气石、黑云母等
漂塘	石英脉型	大型	W、Sn	黑钨矿、锡石	绿柱石、辉钼矿、黄铜矿、闪锌矿-铁闪锌矿、方铅矿、辉铋矿（自然铋）、白钨矿、铁锂云母-黑鳞铁锂云母等	石英、白云母、黄玉、萤石、方解石、绿泥石
淘锡坑	石英脉型	大型	W、Sn、Cu	黑钨矿、锡石、黄铜矿	白钨矿、闪锌矿、辉钼矿、毒砂、黄铁矿、辉铋矿	石英、黄玉、萤石、白云母、铁锂云母、电气石、方解石、叶蜡石、绿泥石、绢云母等
盘古山	石英脉型	大型	W、Bi	黑钨矿、辉铋矿	白钨矿、黄铁矿、闪锌矿、辉钼矿	石英、云母、方解石、电气石
画眉坳	石英脉型	大型	W、Be、Bi、Mo、Zn	黑钨矿、闪锌矿、辉铋矿、绿柱石、辉钼矿	白钨矿、黄铁矿、方铅矿	石英、白云母、长石、锂云母、萤石、方解石
八仙脑	石英脉型	小型	W、Bi	黑钨矿、自然铋	白钨矿、锡石、辉钼矿、辉铋矿、闪锌矿、毒砂、绿柱石	石英、长石、萤石

续表 4-3

矿区名称	矿床类型	规模	成矿元素组合	主要矿石矿物	次要矿石矿物	脉石矿物
茅坪	石英脉型	大型	W、Mo、Sn、Cu、Zn	黑钨矿、锡石、辉钼矿、黄铜矿、闪锌矿	少量黄铁矿、辉铋矿、毒砂、方铅矿、自然铋、白钨矿	以石英、黄玉、铁锂云母、白云母、萤石为主，少量黑云母、钾微斜长石、绿泥石、方解石、电气石、氟磷酸铁锰矿等
黄沙	石英脉型	大型	W、Mo、Bi（Pb、Zn、Cu、Au、Ag）	黑钨矿、闪锌矿、黄铜矿、辉钼矿、辉铋矿	白钨矿、锡石、黄铁矿	石英、萤石、方解石、黄玉
大吉山	石英脉型	大型	W、Mo、Bi、Be、Ta、Nb（Sn）	黑钨矿、钽铌铍矿、绿柱石、辉钼矿、辉铋矿、自然铋	白钨矿、磁黄铁矿、黄铁矿、黄铜矿、方铅矿、闪锌矿和毒砂	石英、长石、白云母、电气石、方解石、萤石等
浒坑	石英脉型	大型	W(Zn、Bi、Mo、Ag)	黑钨矿、闪锌矿	黄铁矿、辉钼矿以及少量白钨矿、方铅矿、黄铜矿和辉铋矿	主要为石英，其次有长石、白云母及少量萤石、绿泥石
岿美山	石英脉型	大型	W、Sn、Bi、Cu(Nb、Ta)	黑钨矿、白钨矿、黄铜矿、辉铋矿、锡石	黄铁矿、闪锌矿、方铅矿	石英、白云母、萤石、石榴子石、符山石和方解石
下桐岭	石英脉型	大型	W、Mo、Bi、Be(Nb、Ta)	黑钨矿、辉钼矿、辉铋矿、绿柱石	白钨矿、磷钇矿和黄铁矿	石英、长石、白云母、萤石和方解石
徐山	石英脉型	大型	W、Cu、Ag、Mo、Sn、Nb、Ta	黑钨矿、黄铜矿	白钨矿、锡石、辉钼矿、辉铋矿、闪锌矿、毒砂、绿柱石、自然铋	石英、白云母、电气石、长石、方解石、萤石
小龙	石英脉型	中型	W、Cu、Bi	黑钨矿、黄铜矿、辉铋矿	白钨矿、方铅矿、闪锌矿、辉钼矿、黄铁矿、锡石、毒砂、绿柱石、锆石、辉锑矿、自然铋、自然银等	石英、白云母、电气石、长石、萤石、磷灰石、黄玉、方解石等
官山	石英脉型	中型	W、Sn	黑钨矿、锡石	黄铁矿、黄铜矿、闪锌矿、辉钼矿、方铅矿、绿柱石、毒砂等	石英、少量萤石、黄玉、云母、长石等
荡坪	石英脉型	中型	W(Be)	黑钨矿	辉钼矿、辉铋矿、锡石、绿柱石、白钨矿、自然铋、黄铜矿、闪锌矿、方铅矿、赤铁矿、磁黄铁矿、黄铁矿、毒砂	石英，次为白云母、黑云母、铁锂云母、萤石、方解石、黄玉、绿泥石、钾长石、钠长石、电气石、白云石、层解石、水晶
九龙脑	石英脉型	中型	W、Sn	黑钨矿、锡石	绿柱石、辉钼矿，少量含铜矿物、铅锌矿	石英、萤石
昆山	石英脉型	中型	W、Cu、Mo	黑钨矿、辉钼矿	黄铜矿、黄铁矿、辉铋矿及闪锌矿	石英、白云母
木梓园	石英脉型	中型	W、Mo	黑钨矿、辉钼矿	锡石、黄铜矿、黄铁矿、闪锌矿	石英、铁锂云母、含锂白云母、绿柱石、黄玉、长石、萤石、绢云母、绿泥石和方解石

续表4-3

矿区名称	矿床类型	规模	成矿元素组合	主要矿石矿物	次要矿石矿物	脉石矿物
东坪	石英脉型	超大型	W、Cu	黑钨矿、黄铜矿	辉银矿、辉铋矿、黄铁矿、磁黄铁矿、闪锌矿、毒砂，含少量辉铜矿、白钨矿、蓝铜矿、褐铁矿	石英、白云母和方解石
花山洞	蚀变花岗岩型	中型	W、Mo、Cu	黑钨矿、白钨矿、辉钼矿	黄铁矿、黄铜矿、毒砂	石英、白云母、云母角岩
朱溪	矽卡岩型	世界级	W、Cu(Ag、Zn)	白钨矿、黄铜矿、闪锌矿	黄铁矿、方铅矿、黑钨矿、磁黄铁矿、辉锑矿、辉钼矿、辉铋矿、砷黝铜矿、毒砂等	方解石、白云石、石榴子石、透辉石、透闪石、阳起石、石英、绢云母，次要非金属矿物为蛇纹石、绿泥石、绿帘石和硅灰石等
香炉山	矽卡岩型	超大型	W、Cu、Bi、Zn、Au、Ag	白钨矿、磁黄铁矿、白铁矿	黄铁矿、黄铜矿、闪锌矿、方铅矿	石英、钾长石、斜长石、透辉石、方解石
铅厂	矽卡岩型	中型	W、Pb、Zn、Ag	白钨矿、方铅矿、闪锌矿	黄铜矿、辉钼矿、磁铁矿、黄铁矿、磁黄铁矿	透辉石、石榴子石、硅灰石、绿泥石、绿帘石、长石、萤石、方解石、石英、白云母、绢云母
焦里	矽卡岩型	中型	W、Pb、Zn	方铅矿、闪锌矿、白钨矿	磁黄铁矿、黄铁矿、黄铜矿、自然银、辉银矿、碲银矿	钙铝榴石、钙铁榴石、次透辉石、萤石、石英、方解石
黄婆地	矽卡岩型	中型	W、Cu、Mo	白钨矿、黄铜矿、辉钼矿、辉铋矿	黄铁矿、磁黄铁矿、闪锌矿、黑钨矿等	钙铁辉石、石榴子石、石英、符山石、硅灰石、透闪石、透辉石、方解石、萤石、绿帘石、阳起石、长石、绢云母、绿泥石等
永平	矽卡岩型	大型	Cu、W、Mo	黄铜矿、白钨矿、辉钼矿	黄铁矿、方铅矿、闪锌矿和辉铋矿	石英、石榴子石、透辉石和方解石
大湖塘	蚀变花岗岩型	超大型	W、Sn、Cu、Mo	白钨矿、黑钨矿、黄铜矿、辉钼矿	斑铜矿、方铅矿、闪锌矿、黝铜矿、磁铁矿、毒砂、黝锡矿、黄铁矿、磁黄铁矿	石英、绢(白)云母、金云母、黏土矿物，其次为白云石、萤石、方解石、长石
石门寺	蚀变花岗岩型	世界级	W、Cu(Au、Cd、Ag)	白钨矿、黑钨矿、黄铜矿、辉钼矿	磁黄铁矿、毒砂、斑铜矿、闪锌矿、黄铁矿、硫砷铜矿、砷黝铜矿	石英，其次是云母、长石、白云石等
枫林	似层状浸染型	中型	W、Fe	黄铁矿、黄铜矿、含钨赤铁矿、针铁矿、白钨矿、钨铁矿	纤铁矿、软锰矿、钨锰矿、辉铋矿	石英、萤石、重晶石、高岭石
阳储岭	斑岩型	大型	W、Mo(Cu、Pb、Zn、Be、Au、Ag)	辉钼矿、白钨矿、钨铁矿	钛铁矿、磁铁矿、黄铁矿、磁黄铁矿	石英、长石、绿泥石、白云母、绿帘石、萤石、高岭石

(一)钨矿床共生矿物

钨矿床已知的矿物有300余种,其中新发现有赣江矿、赣南矿、网顶石、钛钇矿、钛钽锰矿、香花石、纤钡锂石、锂铍石等新矿物,并有30余种矿物在我国属首次发现。

单个矿区常存在以某种成因类型为主,多种成因类型共存的复合型成矿作用,使得与成矿相关的矿物及其组合类型更加多样。矿床成矿过程又往往存在多个成矿期次,具体有硅酸盐、氧化物、硫化物和碳酸盐四期;各成矿期因成矿物理化学条件及流体组分的变化,会形成相异的矿物组合。

钨矿床最常见的金属矿物:石英脉型钨矿床以黑钨矿为主,共(伴)生矿物有锡石、白钨矿、辉钼矿、辉铋矿、黄铜矿、方铅矿、闪锌矿、黄铁矿、绿柱石,偶见钽、铌、锑、金、银矿物。矽卡岩型钨矿床以白钨矿为主,共(伴)生辉钼矿、方铅矿、闪锌矿、银矿物、黄铜矿、磁黄铁矿、黄铁矿等。外带蚀变花岗岩型与斑岩型钨矿床以白钨矿为主,云英岩化内带蚀变花岗岩型钨矿床以黑钨矿为主,共(伴)生辉钼矿、黄铜矿、方铅矿、闪锌矿等。赣北以矽卡岩型、蚀变花岗岩型、斑岩型钨矿床为主,以白钨矿为优势;赣南以石英脉型、云英岩化内带蚀变花岗岩型钨矿床为主,以黑钨矿为优势。

(二)黑钨矿

江西黑钨矿主要产于石英脉型钨矿床中,其次见于蚀变花岗岩型钨矿床中。黑钨矿由于易选一直是世界上最具优势的开采利用对象。黑钨矿是由钨铁矿、钨锰矿两种端员组分构成的类质同象连续固溶体系列。除主要成分Fe^{2+}、Mn^{2+}、WO_4^{2-}外,还有含有Nb、Ta、Sc等。李崇佑等(1985)取得的江西71个矿区(点)1190个单矿物化学分析数据的统计结果显示黑钨矿中$MnWO_4$分子含量占40.4%,总体属于含铁略为偏高的锰钨铁矿(图4-1),并认为黑钨矿Mn、Fe成分变化复杂,主要与成矿的地质地球化学场有关。黑钨矿中微量元素有Nb、Ta、Sc、REE、Sn、Ti、Zr、Pb、Zn等,以亲氧元素居多,含量变化大。据大量样品统计结果,Nb_2O_5平均含量为$(0.329\pm0.239)\%$($n=1136$)、Ta_2O_5平均含量为$(0.0584\pm0.0544)\%$($n=1136$)、Sc_2O_3平均含量为$(0.021\pm0.022)\%$($n=590$)、REE_2O_3平均含量为

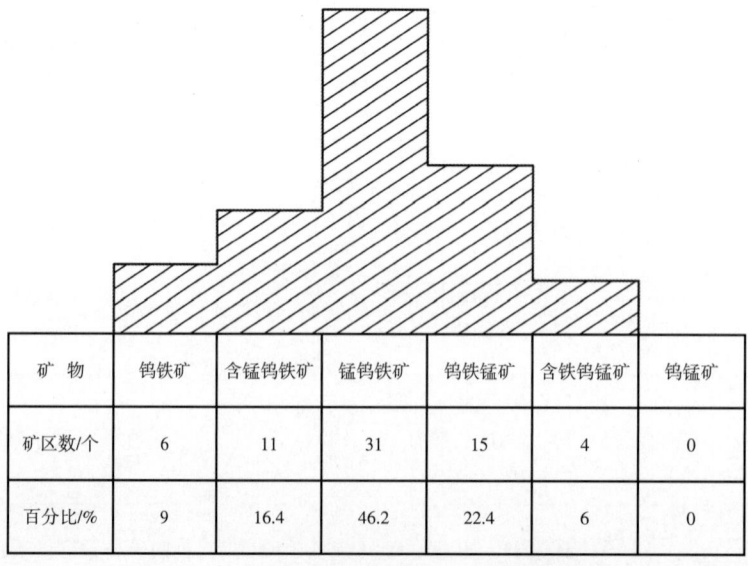

图4-1 江西省各种黑钨矿的矿区数频率直方图

Fig. 4-1 Histogram of mining area quantity and frequency of various wolframite in Jiangxi Province

矿 物	钨铁矿	含锰钨铁矿	锰钨铁矿	钨铁锰矿	含铁钨锰矿	钨锰矿
矿区数/个	6	11	31	15	4	0
百分比/%	9	16.4	46.2	22.4	6	0

（0.038±0.018）%（n=283），黑钨矿中 Nb_2O_5/Ta_2O_5 值为 5.73（李逸群等，1991）。通过西华山等 14 个高温热液石英脉型黑钨矿床的 550 个样品统计，黑钨矿中 $MnWO_4$ 分子含量主要介于 30%~50%之间，铁锰含量在这一区间变化，均为钨锰铁矿，并细分为含锰钨铁矿、锰钨铁矿、铁钨锰矿等。这类钨矿物以晶形良好，晶粒较大为特征，为易选矿石。

李亿斗等（1981）研究表明，高温热液石英脉型矿床黑钨矿铁锰成分的变化主要与成矿流体的 Fe、Mn、W 离子浓度变化有关，如漂塘主要矿化阶段（四阶段）含矿石英脉中黑钨矿从上到下铁含量递增，脉中的云母上部主要为铁锂云母，向下递变为黑鳞云母，均反映矿液中铁的浓度往下递增。

徐国风（1981）通过对丰城市徐山钨铜矿床的研究显示，石英脉型钨矿床黑钨矿 16 个单矿物样平均含 $MnWO_4$ 分子 41.9%，$MnWO_4/FeWO_4$ 值为 0.709，包裹体爆裂温度为 215~270℃；深部蚀变花岗岩型 4 个黑钨矿样品，平均含 $MnWO_4$ 分子 46%，$MnWO_4/FeWO_4$ 值为 0.851，形成温度为 260~290℃。这说明在影响黑钨矿锰铁比值其他因素相同或相近条件下，成矿温度是一个不容忽视的因素。

中低温、低温热液钨矿床（点）以形成钨铁矿为主，东乡枫林中温热液型钨矿床黑钨矿以钨铁矿为主，钨锰矿次之，两端员钨矿物共生；万年虎家尖低温热液钨矿点为钨铁矿，这类矿床中钨矿物晶体一般比较细小，在虎家尖呈非晶质土块状。

（三）白钨矿

江西于 21 世纪以来，由于朱溪矽卡岩型钨矿床和大湖塘矿田蚀变花岗岩型白钨矿床的发现，白钨矿资源储量远超黑钨矿资源储量，逐渐成为重要的开发利用矿产。白钨矿又称钨酸钙矿（$CaWO_4$），其中常含 Mo、Cu。据李逸群等（1991）研究，南岭地区白钨矿平均成分 WO_3 78.46%，CaO 19.29%，MoO_3 0.747%，CuO 0.009 7%。当 Mo、Cu 含量高时称含钼或含铜白钨矿。江西的白钨矿中还含有 Be、Nb、Ta、Sb、Bi、Pb、Zn、REE、Ge、Ga、In 等元素。除少数矿区（如枫林矿区）白钨矿中 REE 含量较高外，一般都比较低。白钨矿的颗粒度是选矿回收率的重要因素，也是关系到开发利用的重要条件。江西石英脉型钨矿床除崇仁县香元（聚源）和赣县新安矿床以白钨矿为主外，多数为共生矿物。矿物颗粒度较粗，晶形较好，可选性较好。矽卡岩型、细脉浸染型矿床白钨矿颗粒较细，多数矿石品位偏低，但可选性均较好。朱溪钨矿床中富矿约占 1/3，由于矿床规模大，具有优越的开发利用条件。

第三节　成矿物源与成矿流体特征

前人对江西钨矿床成矿物质来源与成矿流体特征进行了大量研究工作，尤以西华山、朱溪、石门寺等代表性矿床研究较详细。

一、成矿物质来源示踪

（一）钨来源

前已述及江西钨矿床钨主要来源于华南壳型地球化学块体。于造山期发生壳体熔融，如形成 S 型花岗质岩浆流体，分异富集形成钨矿床。源自壳幔混源的 I 型中酸性侵入岩体为钨的次要来源。在成矿流体活动过程中，从围岩中也可萃取少量或微量的钨，其中内接触带石英脉型钨矿床最少，外接触带石英脉型、矽卡岩型、蚀变花岗岩型稍多。远接触带的中低温热液型钨矿床，由于成矿流体远程活动，从围岩中萃取的钨较多。值得注意的是，钦杭带钨矿床往往共（伴）生较多的铜，如大湖塘钨铜矿田、朱溪、徐山等钨铜矿床，推测与该带陆壳中混入有华南洋壳或火山岛弧物质有关。

（二）硫来源

对江西省部分矿床硫同位素测试结果进行统计（图4-2，表4-4），发现硫同位素范围主要集中于-3.0‰~5.0‰之间，具明显的岩浆硫特征，多数矿床具有较小的$\delta^{34}S$值变化范围，不同成因类型矿床，其$\delta^{34}S$值特征略有不同。石英脉型和蚀变花岗岩型钨矿多数具有弱的负$\delta^{34}S$值，具明显的岩浆硫特征，说明成矿物质来源多与燕山期成矿花岗岩相关。铅厂、焦里等多数矽卡岩型和层控热液型钨矿则具有弱的正$\delta^{34}S$值，部分大于3‰，尤其是永平钨矿，$\delta^{34}S$值最高至21.6‰，可认为该类型钨矿成矿物质仍是以岩浆硫为主，一些学者以此作为海底热水喷流沉积成矿依据，实际是因为这种似层状矽卡岩铜（钨）矿床在接触交代成矿过程中从矿层顶底板围岩中带入了海水硫。矽卡岩型矿床的成矿物质和成矿流体比石英脉型钨矿的来源复杂得多，碳酸盐岩对岩浆的同化混染作用向岩浆添加了大量Ca质以及部分的S，引起矽卡岩型锡钨多金属矿床$\delta^{34}S$值偏高（祝新友等，2015）。

石门寺矿区15件金属硫化物样品的硫同位素测试结果显示，其中6件黄铜矿样品的$\delta^{34}S$值介于-1.69‰~-0.91‰之间，平均值为-1.29‰，极差为0.78‰；9件辉钼矿样品的$\delta^{34}S$值介于-2.53‰~-1.02‰之间，平均值为-1.90‰，极差为1.51‰。这些说明，硫化物$\delta^{34}S$值的变化范围较小，分布比较集中，其变化范围在-2.53‰~-0.91‰之间，平均值为-1.65‰。硫的来源比较均一。硫同位素组成更多地显示出岩浆硫的特征，推测成矿流体中硫来自岩浆。

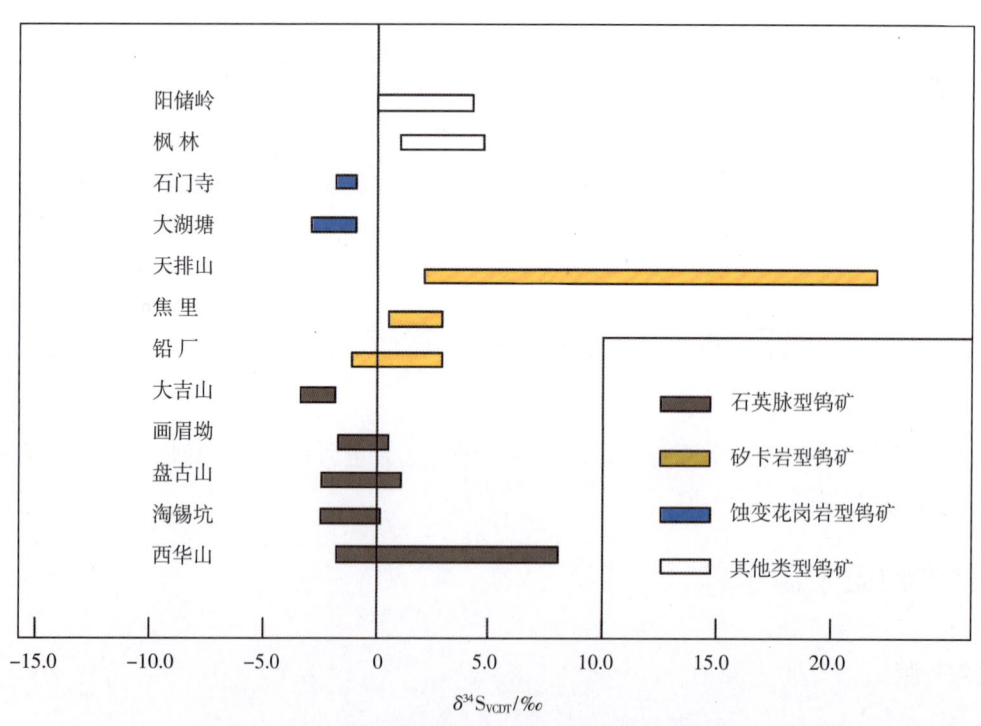

图4-2 江西省部分钨矿床硫同位素值分布

Fig. 4-2 Distribution of sulfur isotope values of some tungsten deposits in Jiangxi Province

表 4-4 江西省部分钨矿床硫同位素值统计

Table 4-4 Statistics of sulfur isotope values of some tungsten deposits in Jiangxi Province

矿区名称	矿床类型	硫同位素值	矿区名称	矿床类型	硫同位素值
西华山	石英脉型	−2.1‰~7.9‰	铅厂	矽卡岩型	−0.8‰~3.0‰
淘锡坑	石英脉型	−2.3‰~0.1‰	焦里	矽卡岩型	0.5‰~2.7‰
盘古山	石英脉型	−2.3‰~1‰	天排山	矽卡岩型	21.6‰~2.1‰
画眉坳	石英脉型	−0.5‰~−1.5‰	大湖塘	蚀变花岗岩型	−3.1‰~−1.0‰
大吉山	石英脉型	−1.9‰~3.30‰	石门寺	蚀变花岗岩型	−1.69‰~−0.91‰
朱溪	矽卡岩型	2.06‰~4.3‰	枫林	似层状浸染型	0.8‰~4.5‰
香炉山	矽卡岩型	3.1‰	阳储岭	斑岩型	−0.1‰~3.9‰

朱溪钨铜矿床黄铜矿、黄铁矿、闪锌矿等金属硫化物，$\delta^{34}S$ 均为正值，变化范围较小，集中在 1.5‰~2.2‰ 之间 [陈国华等，2012；饶建锋等，2016；中国地质大学（北京），2017]，平均值为 1.81‰（n=18），极差为 0.7‰。硫同位素组成直方图呈单峰塔式特征（图 4-3），说明硫的来源比较单一，具有典型的岩浆硫特点。

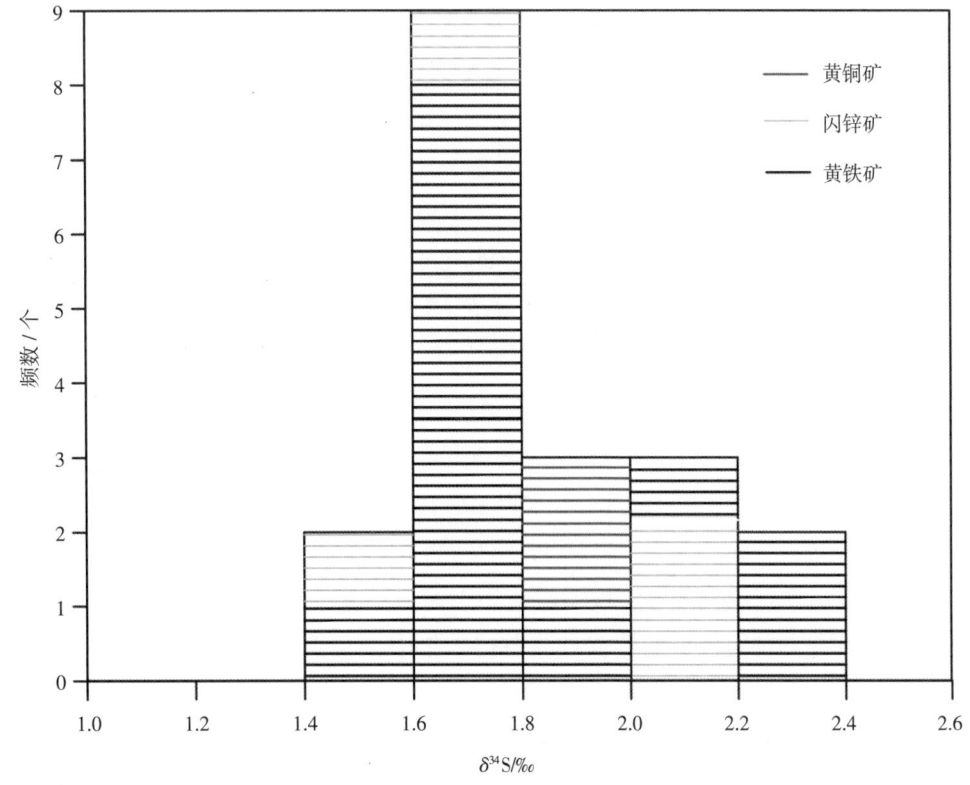

图 4-3 江西省浮梁县朱溪矿床硫同位素组成直方图

Fig. 4-3 Histogram of sulfur isotopic composition of Zhuxi deposit in Fuliang County, Jiangxi Province

根据朱溪矿区黄铁矿-黄铜矿-磁黄铁矿-闪锌矿-方铅矿-方解石等矿物组合，可以确定朱溪矿床硫化物矿物组合属于 f_{O_2}（氧逸度）和 pH 改变单一影响流体组成变化区间（Rye et al., 1974；Ohmoto et al., 1997），可以采用黄铁矿的硫同位素组成代表溶液的平均硫同位素组成，即 $\delta^{34}S_{py} \approx \delta^{34}S_{\Sigma s} \approx 2.06‰$，所得到的 $\delta^{34}S_{\Sigma s}$ 值比较小，接近硫化物矿物 $\delta^{34}S$ 的平均值（1.81‰）。朱溪矿区硫化物形成时的环境为中等氧化条件，黄铜矿单矿物 $\delta^{34}S$ 平均值为 1.67‰（$n=9$），黄铁矿单矿物 $\delta^{34}S$ 平均值为 2.06‰（$n=5$），闪锌矿单矿物 $\delta^{34}S$ 平均值为 1.8‰（$n=4$），硫化物 $\delta^{34}S$ 总体上满足了平衡分馏体系下 $\delta^{34}S_{py} > \delta^{34}S_{sp}$ 的顺序，显示朱溪矿区硫化物形成时热液体系为一种稳定平衡的状态。

（三）铅来源

通过对江西省内铅同位素研究，各钨矿床成矿物质多与成矿岩浆岩关系密切，显示壳源的特征。赣南多数石英脉型钨矿床的矿石铅同位素组成与含钨花岗岩的长石铅同位素组成相比，均具高放射性成因铅，在铅构造模式图上，均位于上地壳铅演化线上，反映属同一来源（张理刚，1989），胡聪聪（2014）对徐山石英脉型钨铜矿硫化矿物进行了铅同位素测试，测得结果为：$^{206}Pb/^{204}Pb$ 在 18.133~18.711 之间，$^{207}Pb/^{204}Pb$ 在 15.605~15.669 之间，$^{208}Pb/^{204}Pb$ 在 38.400~38.772 之间，极差较小，表明矿石铅来自地壳。许泰等（2014）对西华山石英脉型钨矿床辉钼矿、黄铁矿及成矿岩体中的长石进行了铅同位素测试，铅同位素比值比较一致，变化范围很小，说明西华山成钨物质来源单一，矿石矿物与长石的铅同位素组成相似，可推测成矿物质来源于岩浆岩；根据硫化物样品的 μ 值均大于 9.58 这一特征，判断西华山钨矿床的成矿物质来源于上地壳。根据铅同位素的 μ 值特征，认为该矿区成矿物质来源既有深部地壳也有上地壳。

石门寺钨矿床铅同位素特征：矿区内 14 件硫化物矿石样品的铅同位素组成相当均一，$^{206}Pb/^{204}Pb$ 值范围为 18.109~18.268（平均为 18.201），$^{207}Pb/^{204}Pb$ 值范围为 15.586~15.708（平均为 15.627），$^{208}Pb/^{204}Pb$ 值范围为 38.208~38.715（平均为 38.472）。其中来自矿石中的 8 件辉钼矿样品的铅同位素变化范围为 $^{206}Pb/^{204}Pb$ 18.158~18.268，$^{207}Pb/^{204}Pb$ 15.591~15.681，$^{208}Pb/^{204}Pb$ 38.353~38.609，变化范围较小；来自矿石中的 6 件黄铜矿样品的铅同位素变化范围为 $^{206}Pb/^{204}Pb$ 18.109~18.261，$^{207}Pb/^{204}Pb$ 15.586~15.708，$^{208}Pb/^{204}Pb$ 38.208~38.715，变化范围也较小。矿区矿石铅同位素组成低 μ（9.58 左右）、高 ω（36.889~39.589）值的特征指示了矿石铅来源于富 Th、亏 U 的源区，具有下地壳来源的特征，但同时也有部分来源上地壳，可能混入有洋壳或岛弧火山物质的壳体。中国地质大学（北京）（2017）对朱溪钨铜矿床进行了铅同位素测试，铅同位素研究结果显示：$^{206}Pb/^{204}Pb$ 变化范围为 18.094~18.382，平均值为 18.244；$^{207}Pb/^{204}Pb$ 变化范围为 15.622~15.688，平均值为 15.64；$^{208}Pb/^{204}Pb$ 变化范围为 38.404~38.696，平均值为 38.49。$^{208}Pb/^{204}Pb-^{206}Pb/^{204}Pb$ 及 $^{207}Pb/^{204}Pb-^{206}Pb/^{204}Pb$ 图解分别显示 $^{208}Pb/^{204}Pb$ 与 $^{206}Pb/^{204}Pb$ 及 $^{207}Pb/^{204}Pb$ 与 $^{206}Pb/^{204}Pb$ 呈现良好的相关性，说明硫化物中铅为正常放射成因铅。$^{207}Pb/^{204}Pb-^{206}Pb/^{204}Pb$ 和 $^{208}Pb/^{204}Pb-^{206}Pb/^{204}Pb$ 图解（图 4-4）显示数据点分布较为集中，几乎所有点均落于上地壳和造山带之间，且主要集中于造山带演化线附近，并有往地幔演化线靠近的趋势。铅同位素 μ 值为 9.49~9.68，均值为 9.55，依据 Doe 等（1979）的标准，上地壳 μ 值大于 9.58，下地幔 μ 值小于 9.58，显示了壳幔混合铅的特征，与铅同位素演化曲线的趋势相吻合。这也佐证了上述推测朱溪钨铜矿床源自混杂型陆壳特征的观点。

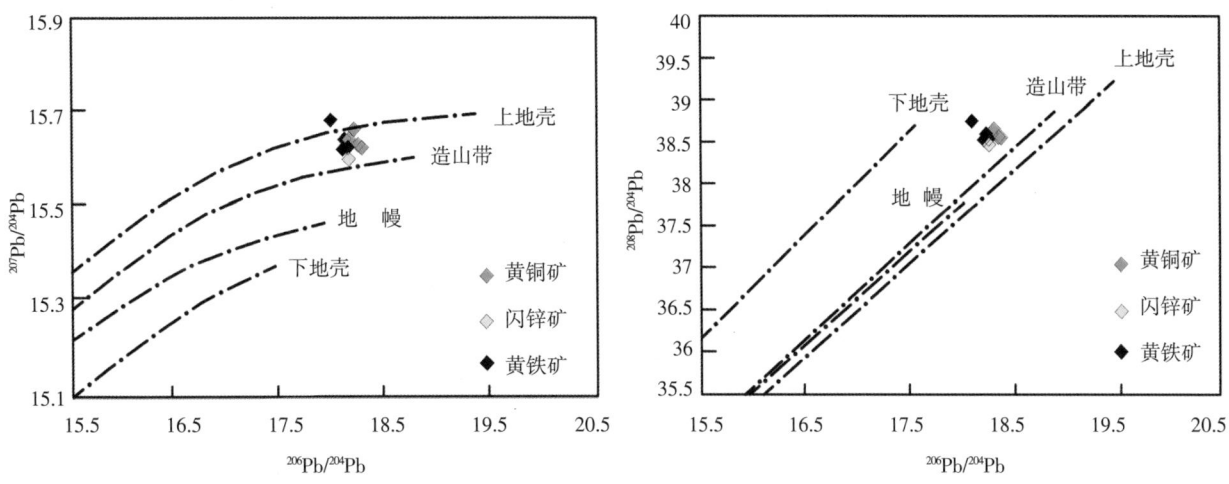

图 4-4 江西省浮梁县朱溪矿床 $^{206}Pb/^{204}Pb-^{207}Pb/^{204}Pb$ 和 $^{206}Pb/^{204}Pb-^{208}Pb/^{204}Pb$ 图解

Fig. 4-4 $^{206}Pb/^{204}Pb-^{207}Pb/^{204}Pb$ 和 $^{206}Pb/^{204}Pb-^{208}Pb/^{204}Pb$ diagrams of Zhuxi deposit in Fuliang County, Jiangxi Province

二、成矿流体特征

（一）成矿流体基本特征

不同钨矿床，受其成矿地质条件、成因类型等因素影响，具有不同的成矿流体特征。譬如，赣南地区不同的石英脉型钨矿，具有不同的成矿元素组合，除 W 元素以外，不同程度共（伴）生 Sn、Bi、Mo、Nb、Ta、Cu 等有用组分；石英脉型与矽卡岩型钨矿也具有不同的成矿流体差异性，在其酸碱度、盐度及离子成分等方面均有所不同。

石英脉型黑钨矿床的成矿流体可能为一种熔浆-热液过渡性流体，为富含 SiO_2，富含 CO_2 等挥发组分及成矿元素的黏稠性流体，富 F^-、Cl^-、Na^+、K^+ 等离子，贫 Ca^{2+} 和 Mg^{2+} 等离子，中低含盐度，具弱酸性，是搬运金属物质的良好介质（祝新友等，2015；王莉娟等，2012；张德会，1987）。流体中 F、Cl、B 等是钨的主要运移矿化剂，F 可能主要迁移 W、Sn、Nb、Ta 等金属元素，成矿流体中大量的 CO_2 对 W 的迁移和富集可能也起到重要作用。W 在成矿流体中主要以络合物的形式存在。

矿石矿物与相伴脉石矿物中常保留有流体包裹体，包裹体特征可不同程度反映了成矿流体的特征。对赣南主要矿集区内典型石英脉型钨矿床进行流体包裹体研究，发现不同矿床黑钨矿中的流体包裹体类型均为富液相两相水溶液包裹体，其原生包裹体总体均一温度范围在 150~380℃之间，盐度在 2%~9%NaCleqv 之间，流体密度在 0.65~0.9g/cm³ 之间，流体均一压力在 47~177MPa 之间（王旭东等，2012）。同一矿床中，黑钨矿中流体包裹体的均一温度、盐度、密度、压力和包裹体类型与共生的石英存在明显的差异，黑钨矿所测均一温度和压力均高于共生石英，表明黑钨矿与共生的脉石矿物经历的流体作用过程是不同的，黑钨矿的形成相对早于伴生石英脉。

矽卡岩型钨矿的成矿花岗岩浆受碳酸盐岩同化混染的影响，Ca、S 含量增高。与矽卡岩类矿床多成矿阶段相对应，成矿流体的温度、盐度常具有一定的跨度，均一温度 550~100℃，盐度 35%~2%NaCleqv。岩浆期后的含矿热液大量聚集于接触带附近，与内外接触带岩石发生化学交代反应，均一温度 450~250℃，盐度低于 15%NaCleqv，大气降水参与成矿体系导致温度、盐度迅速降低，流体中高度富含

Ca^{2+}，是导致白钨矿沉淀富集的主要机制；硫化物阶段，均一温度低于250℃，盐度低于10%NaCleqv，成矿流体中大气降水比例进一步增加，成矿环境向弱酸性转变（祝新友等，2015；熊欣等，2015）。江西省内部分钨矿床盐度值见图4-5和表4-5。

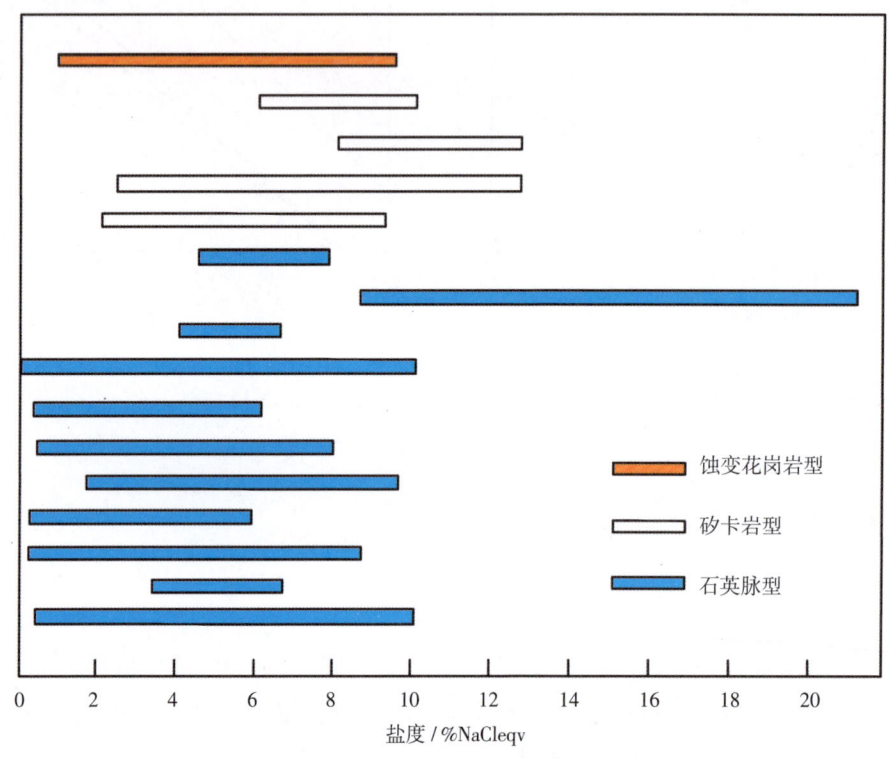

图 4-5 江西省部分钨矿床成矿流体盐度值分布范围

Fig. 4-5 Distribution range of salinity value of ore-forming fluid of some tungsten deposits in Jiangxi Province

表 4-5 江西省部分钨矿床盐度值统计

Table 4-5 Salinity statistics of tungsten deposits in Jiangxi Province

矿区名称	矿床类型	成矿元素组合	盐度值/%NaCleqv
漂塘	石英脉型	W、Sn	0.35~10
淘锡坑	石英脉型	W、Sn、Cu	3.23~6.74
盘古山	石英脉型	W、Bi	10.00
画眉坳	石英脉型	W、Be、Bi、Cu	0.18~8.68
八仙脑	石英脉型	W、Bi	0.18~5.86
茅坪	石英脉型	W、Sn、Mo	1.6~9.6
黄沙	石英脉型	W、Mo、Bi、Cu	0.4~7.9
大吉山	石英脉型	W、Nb、Ta、Be	0.22~6.03
浒坑	石英脉型	W、Zn	0~10

续表 4-5

矿区名称	矿床类型	成矿元素组合	盐度值/%NaCleqv
岿美山	石英脉型	W、Mo、Bi、Cu	4~6.5
徐山	石英脉型	W、Cu、Ag	13.20
小龙	石英脉型	W	8.6~21.2
荡坪	石英脉型	W	4.5~8.7
朱溪	矽卡岩型	W、Cu	2.0~9.2
香炉山	矽卡岩型	W、Cu	2.41~12.73
焦里	矽卡岩型	W、Pb、Zn、Ag	8~12.7
永平	矽卡岩型	Cu、W、Au、Mo、Ag	6~10
石门寺	蚀变花岗岩型	W、Cu、Mo	0.88~9.47

（二）含钨成矿流体来源

含钨成矿流体主要来源于岩浆分异演化作用，这一结论是比较明确的。目前存在争议的是，变质水与大气降水在成矿流体中的参与情况如何？是否有地幔流体的加入？黑钨矿等矿物流体包裹体及成矿流体 He-Ar 等同位素地球化学的研究表明，赣南石英脉型黑钨矿床的成矿流体主要为花岗质岩浆流体，成矿过程中没有明显地幔流体的加入（王旭东等，2010）。

1. 氢氧同位素特征

对江西省内部分钨矿床的氧、氢和碳同位素值进行了统计（表 4-6）。石英脉型钨矿 δD 值主要位于 $-78‰ \sim -40‰$ 之间（图 4-6），$\delta^{18}O$ 值主要位于 $2‰ \sim 9‰$ 之间（图 4-7），同位素分布区间较小。从其分布范围来看，成矿流体主要来自于岩浆水，盘古山、漂塘等钨矿区可能存在较多大气降水的加入，大吉山、画眉坳等矿区可能存在变质水的加入。从永平钨矿来看，矽卡岩型钨矿具有较宽的同位素分布范围，成矿流体以岩浆水为主，有少量大气水的加入。另外，大湖塘、石门寺等蚀变花岗岩型钨矿仍主要以岩浆水为主，但相对而言，具有更多的大气降水或变质水的混入。部分矿床的碳同位素变化范围大致在 $-2‰ \sim -9‰$ 之间，基本落在岩浆源碳的变化范围之内（$-8‰ \sim -3‰$）（杨学明等，2000）。

表 4-6 江西省部分钨矿床氧、氢和碳同位素值统计

Table 4-6 Statistics of oxygen, hydrogen and carbon isotope values of some tungsten deposits in Jiangxi Province

矿区名称	矿床类型	氧同位素值/‰	氢同位素值/‰	碳同位素值/‰
西华山	石英脉型	7.4~13.41	−69.1~−41	−7.53~−1.0
漂塘	石英脉型	3.6~2.1	−63~−59	−9.03~4.44
淘锡坑	石英脉型	5.51~6.53	−77~−45	
盘古山	石英脉型	−1.5~5.21	−64.5~−49.3	

续表 4-6

矿区名称	矿床类型	氧同位素值/‰	氢同位素值/‰	碳同位素值/‰
画眉坳	石英脉型	7.2~13.2	−53~−49	
八仙脑	石英脉型	5.44~6.44	−78~−65	
茅坪	石英脉型	7.04~8.59	−145.8~−60.3	
黄沙	石英脉型	5.0~7.0	−68~−56	
大吉山	石英脉型	2.8~10.5	−59.7~−48.8	−4.68
浒坑	石英脉型	3.74~7.73	−58~−49	
荡坪	石英脉型	1~6.4	−62.00	−2.34
永平	矽卡岩型	−0.24~9.22	−153.55~−45.81	
大湖塘	蚀变花岗岩型	3.8~14.7	−76~−64	
石门寺	蚀变花岗岩型	1.82~5.16	−77.8~−60.6	
枫林	层控热液型	5.91~21.40	−74.00	
阳储岭	斑岩型	5.1~6.9	−69~−54	−8.9~−6.7
朱溪	矽卡岩型	5.01~13.81	−65.2~−79.1	

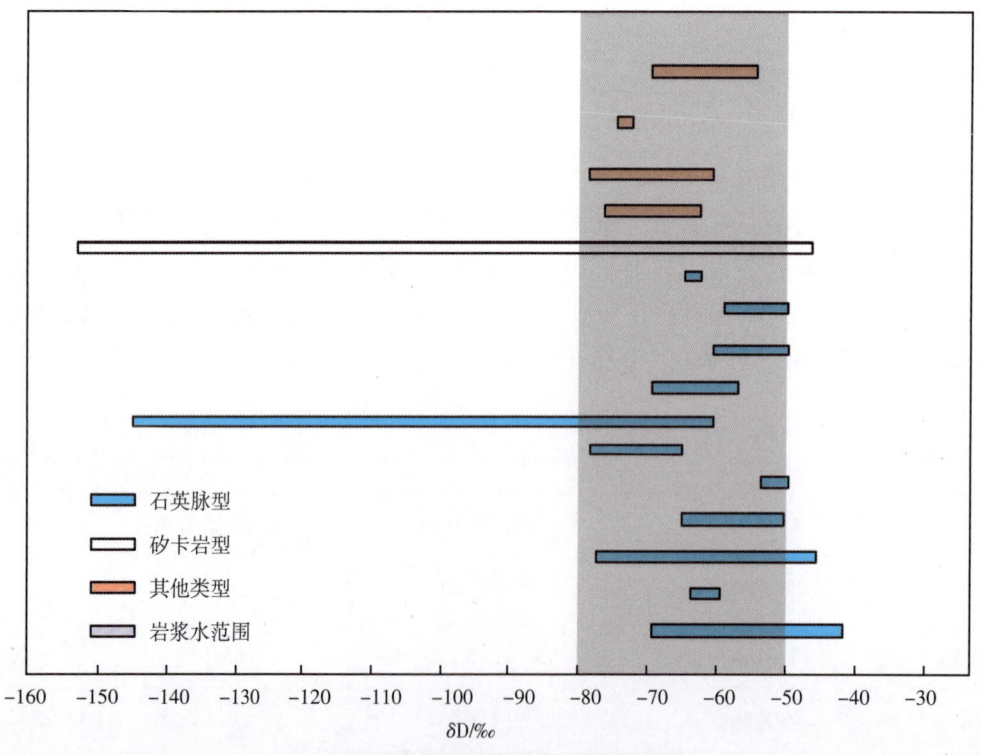

图 4-6 江西省部分钨矿床 δD 值分布图

Fig. 4-6 δD value distribution of some tungsten deposits in Jiangxi Province

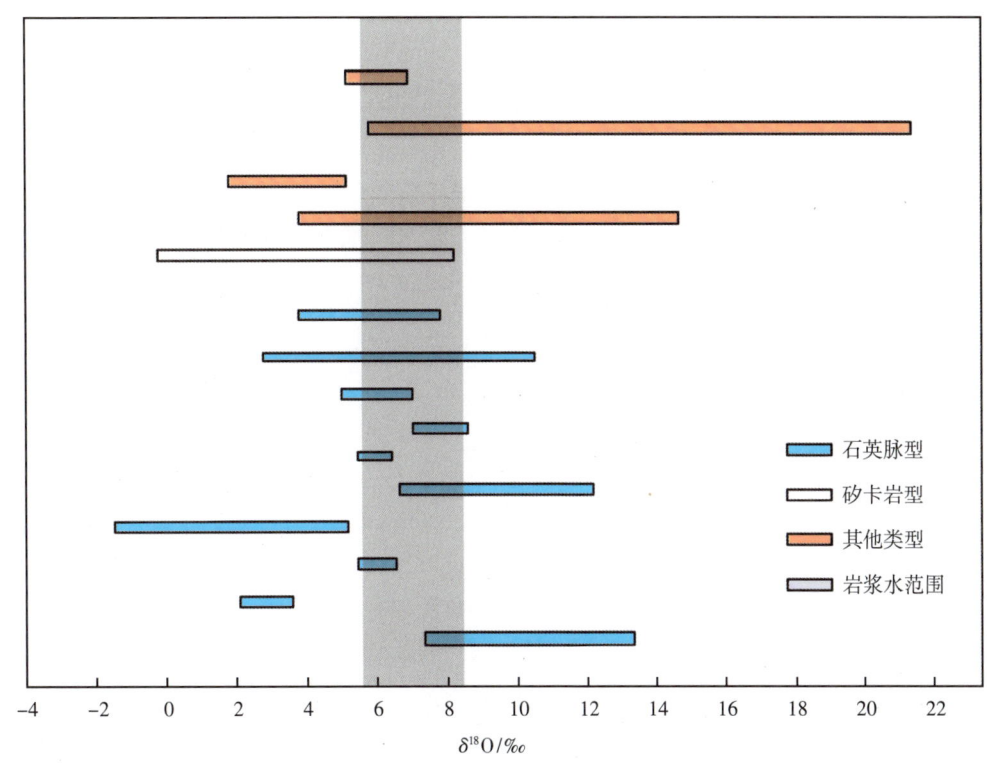

图 4-7　江西省部分钨矿床 $\delta^{18}O$ 值分布范围
Fig. 4-7　$\delta^{18}O$ value distribution of some tungsten deposits in Jiangxi Province

前人对西华山钨矿床氢氧同位素做了大量工作（张理刚等，1984；穆治国等，1984；吴永乐等，1987；陈振胜等，1990；刘家齐，2002；魏文凤，2011）。为了进一步探明西华山钨矿床成矿流体来源，采用 MAT251EM 进行 δD、$\delta^{18}O$、$\delta^{13}C$ 同位素成分分析，并收集了部分流体包裹体的氢氧同位素数据，以期更清晰阐明成矿流体特征。

泰勒所确定的岩浆水范围：$\delta^{18}O_{H_2O}$=7.0‰~9.5‰，δD_{H_2O}=-80‰~-50‰。西华山钨矿床石英 $\delta^{18}O$ 值在 7.4‰~13.41‰ 之间，平均值为 11.35‰，对应的成矿流体 $\delta^{18}O$ 值在 -1‰~7.6‰ 之间，平均值为 3.18‰，$\delta^{18}O_{H_2O}$ 比泰勒（Touret，2001）所确定的岩浆水稍低；除个别样品外，δD 值比较稳定，在 -69.1‰~-41‰，平均值为 -58.08‰，比泰勒所确定的岩浆水稍高，但在其范围内，与现大气降水（δD=-38.7‰±10.2‰）相差较远，说明成矿流体基本来自岩浆水，与西华山复式花岗岩全岩 δD 值（-57.9‰~2.38‰）及其平均值（-63.51‰±4.21‰）（吴永乐等，1987）对比，二者 δD 值的范围都较窄，意味着水来源是单一的。

从西华山钨矿床成矿流体 $\delta^{18}O$-δD 关系图（图 4-8）可以明显看出，西华山钨矿床流体包裹体的 $\delta^{18}O$ 和 δD 投影点相对集中，投影点均在岩浆水和雨水线之间，从早期到晚期 $\delta^{18}O_{H_2O}$ 值逐渐降低。其中，第一期次的投影点大部分都落在原生岩浆水范围内，即便个别投影点也是落在原生岩浆水附近；第二期次的投影点绝大多数落在岩浆水和雨水线之间范围内，并且有向大气降水线方向漂移的迹象。由此推断，早期成矿流体以岩浆水为主，混入了少量的大气降水，随着成矿流体的不断演化，后期受大气降水的影响越来越明显；由于受大气降水的影响或者交代具有低 $\delta^{18}O$ 值的围岩，矿床 $\delta^{18}O$ 值低于标准岩浆水。

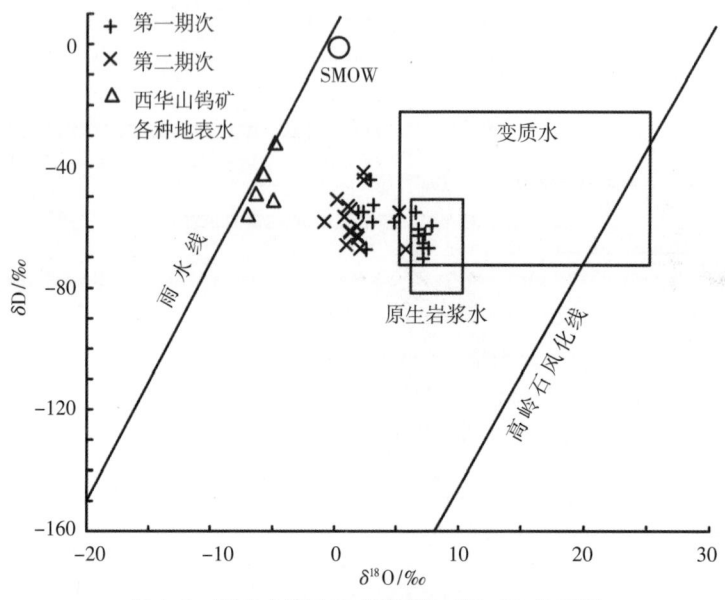

图 4-8 西华山钨矿床成矿流体 $\delta^{18}O$-δD 关系图

Fig. 4-8 $\delta^{18}O$-δD diagram of ore forming fluid of Xihuashan tungsten deposit

朱溪钨铜矿床与矿化关系密切的碳酸盐阶段所形成的方解石及白云石、与矿化密切相关的石英、矿石中的白钨矿氢氧同位素结果显示，方解石 $\delta^{18}O_{water}$ 变化范围为 5.01‰~13.81‰ ($n=9$)，均值为 8.10‰；石英 $\delta^{18}O_{water}$ 变化范围为 1.67‰~5.67‰ ($n=13$)，范围比较集中，均值为 4.10‰，石英 δD_{V-SMOW} 变化范围为-79.1‰~-65.2‰，也比较集中；白钨矿 $\delta^{18}O_{water}$ 变化范围为 1.46‰~4.16‰ ($n=9$)，范围比较集中，均值为 2.73‰，白钨矿 δD_{V-SMOW} 变化范围为-112.1‰~-69.5‰，变化范围较宽［中国地质大学（北京），2017］。整体上 $\delta^{18}O_{water}$ 变化范围为 1.46‰~13.81‰，根据 $\delta^{18}O_{water}$ 范围图解（图 4-9），氧同位素具有岩浆水的典型特点，同时又位于大气降水范围内；而 δD_{V-SMOW} 变化范围较宽，推测受大气降水影响，成矿流体有部分大气降水深循环形成的热卤水混入。氢氧同位素组成图解（图 4-10）显示，成矿流体来源远离变质水区域，靠近岩浆水范围，且成矿流体更具有岩浆水和与大气降水相关的热卤水混合特征，推测其中部分大气降水来自围岩白云岩、灰岩。

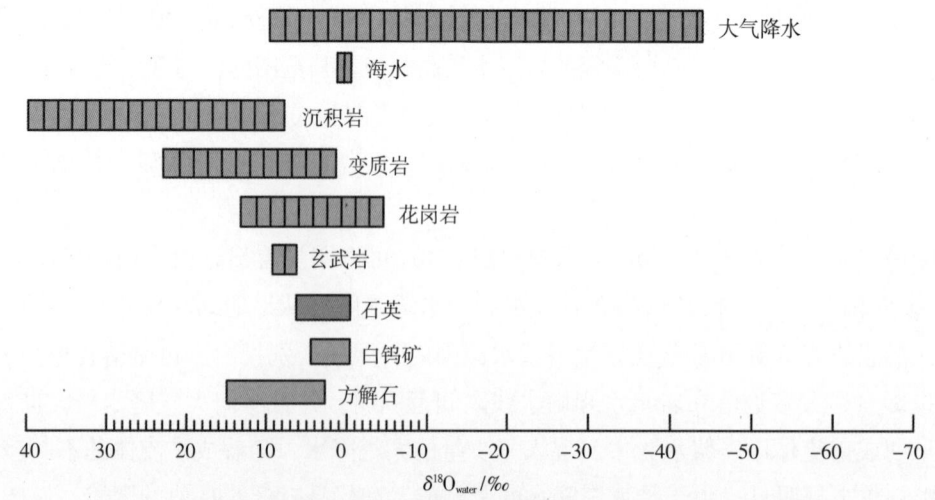

图 4-9 江西省浮梁县朱溪矿床氧同位素分布范围图（底图据 Hoefs，1997）

Fig. 4-9 Oxygen isotope distribution range of Zhuxi deposit in Fuliang County, Jiangxi Province

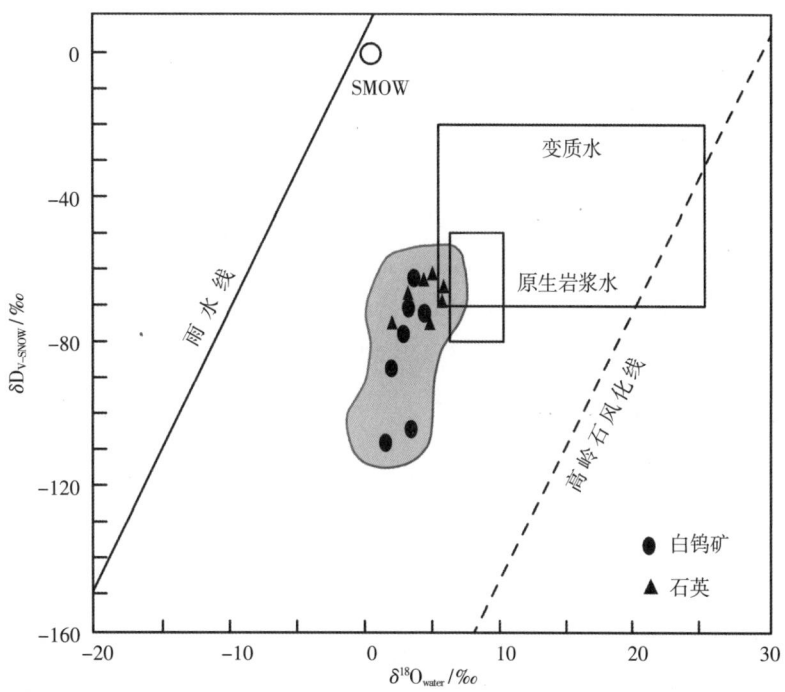

图 4-10　江西省浮梁县朱溪矿床氢氧同位素组成图解（底图据 Taylor，1974）

Fig. 4-10　Diagram of hydrogen oxygen isotopic composition of Zhuxi deposit, Fuliang County, Jiangxi Province

2. 碳同位素特征

流体中 C 元素存在的形式多样，矿床流体中 $\delta^{13}C$ 取决于流体来源和流体中碳的形式，不同的 $\delta^{13}C$ 具有不同的存在形式，但总体来说 $\delta^{13}C$ 趋向富集在高价碳的化合物中（陈骏等，2004），一般呈 $\delta^{13}C_{CO_2}$>$\delta^{13}C_{CO}$>$\delta^{13}C_{CH_4}$。在 $\delta^{13}C$-$\delta^{18}O$ 关系图（图 4-11）中，给出了地壳流体中 CO_2 的三大主要来源（岩浆-地幔源、沉积有机物和海相碳酸盐岩）和碳氧同位素值的变化范围，并且还可以看出三大物源经过 8 种主要过程产生 CO_2 时，其同位素组成的变化趋势（刘建明等，1997；毛景文等，2002；刘家军等，2004；王长明等，2007）。

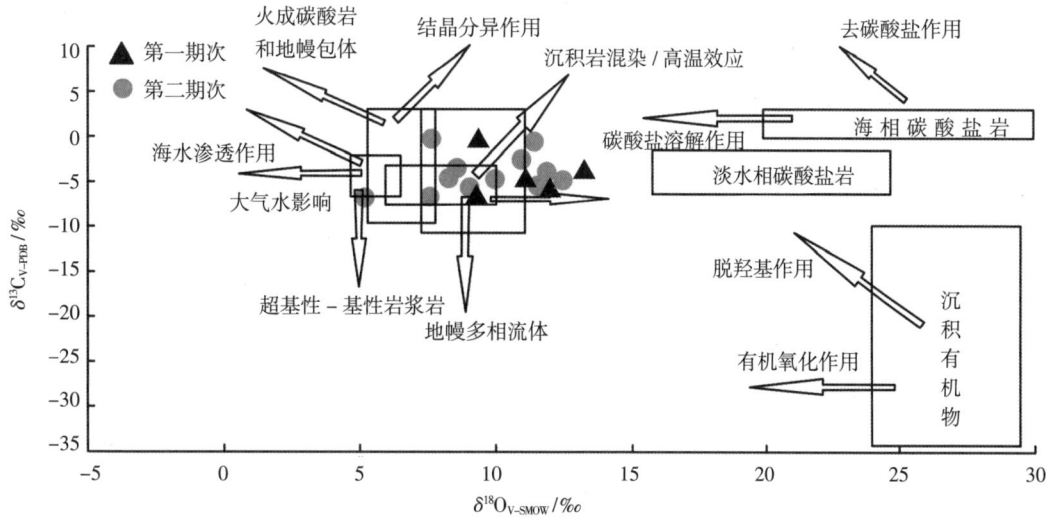

图 4-11　西华山钨矿床流体包裹体 $\delta^{13}C$-$\delta^{18}O$ 图解（底图据刘建明等，2021，修改）

Fig. 4-11　Fluid inclusion $\delta^{13}C$-$\delta^{18}O$ diagram of Xihuashan tungsten deposit

西华山钨矿床流体包裹体碳同位素组成研究，测试矿物为石英，分析结果显示 $\delta^{13}C$ 值在 $-7.53‰$~$-1.0‰$ 之间，平均为 $-4.65‰$，系深源碳的特点，接近壳源碳范围（$-8‰$~$-5‰$），同时也在火成岩/岩浆系统范围内（$-30‰$~$-3‰$）。将所得数据投影到 $\delta^{13}C$-$\delta^{18}O$ 组成图上可以发现，样品投点几乎全部落在花岗岩区及其边缘，其中第一期次样品投点大部分落在花岗岩区及其边缘，第二期次投点主要落在花岗岩区，少数落在花岗岩区周围及其地幔多相流体，这些都表明西华山钨矿中的碳可能少数由地幔源提供，主要为岩浆水提供，且受低温蚀变作用的影响。

对朱溪钨铜矿床与矿化关系密切的碳酸盐阶段所形成的方解石和白云石样品进行碳氧同位素测定示踪，$\delta^{13}C_{V-PDB}$-$\delta^{18}O_{V-SMOW}$ 图解（图 4-12）显示，碳受到碳酸盐阶段温度较低的影响，更具有沉积岩（即矿区石炭纪—二叠纪碳酸盐岩沉积）的特点。这进一步说明了朱溪矿区成矿作用的复杂性，它与深部岩浆活动密切相关，同时又受地层的影响，热液交代作用显著，矽卡岩化强烈。

综上所述，朱溪钨铜矿床成矿流体主要来源于深部岩浆水与大气降水的混和。

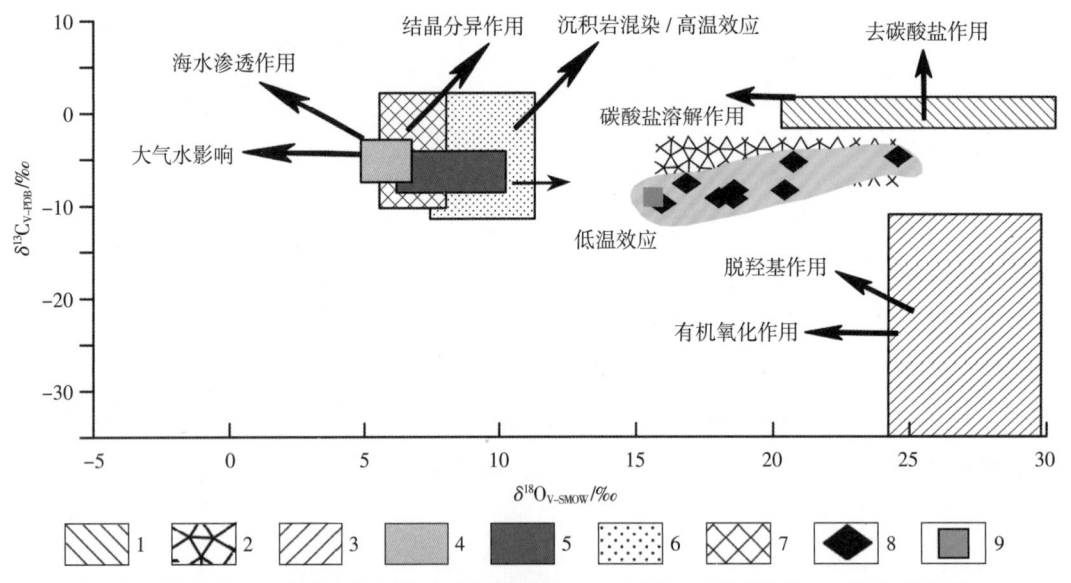

1—海相碳酸盐岩；2—陆相碳酸盐岩；3—沉积有机物；4—超基性-基性岩浆岩；5—地幔多相流体；
6—花岗岩；7—火成碳酸岩和地幔包体；8—方解石；9—白云石。

图 4-12 江西省浮梁县朱溪矿床方解石的碳同位素组成图（底图据王长明等，2011，修改）
Fig. 4-12 Carbon isotope composition of calcite in Zhuxi deposit, Fuliang County, Jiangxi Province

（三）钨在成矿流体中的状态

含钨成矿流体主要来源于花岗质岩浆，是由成矿岩体冷凝结晶分异而来的，因此称为岩浆期后热液。对于不同类型的矿床，其成矿流体的成分也有区别，并在运移演化过程中发生改变。石英脉型钨矿床的成矿流体主要成分可能是由硅氧基团骨架所组成的高硅酸盐熔体，具有较高的聚合度，黏度大，流动性弱。国内学者对钨在成矿流体中的状态研究较少，李逸群等（1991）主要对苏联学者的一些研究成果进行了总结，另有部分专家学者在论文中略微提及，这里主要是综合前人的研究成果。

由于金属元素本身的性质以及成矿流体的物理化学性质不同，金属元素在流体中存在不同的赋存状态，主要包括氧化物、络阴离子或阳离子三种状态，以络合物形式为主，主要的络合物形式有钨酸（H_2WO_4）、碱质钨酸盐 $[(Na, K)_2WO_4]$、氧卤钨酸盐 $[(Na, K)_2WO_3,(F, Cl)$ 或 $(Na, K)_2WO_3(F, Cl)_2]$

以及钨的同多酸盐[Me(W$_2$O$_7$)]和钨的杂多酸盐[MeSi(W$_3$O$_{10}$)$_4$或MeB(W$_3$O$_{10}$)$_4$]等。这些多种形式的络合物易结合形成高聚合的络合物基团——Me$_2$WO$_4$群聚态基团，它们在硅质流体中活动性较低。Me$_2$WO$_4$群聚态基团可能是形成块状、团块状钨矿物集合体以及"砂包"的重要原因。

但具体对于哪种络合物基团在成矿流体中占有主导地位，未有明确的结论。钨在成矿流体中所呈的络合物形式可能不只是一种，而是多种形式共存，受它所赋存熔体的物理化学条件所制约，在不同的流体中，其形式也有所不同，并随成矿流体物理化学条件的改变而改变。

但目前部分学者认为钨的主要迁移形式为H$_2$WO$_4$、HWO$_4^-$、WO$_4^{2-}$、NaWO$_4^-$等简单钨酸（根）以及碱性钨酸盐离子等，这种迁移形式可以使得白钨矿/黑钨矿的溶解度达到$n×10^{-4}$~$n×10^{-3}$，足以迁移形成具规模的钨矿床（Wood and Samson，2000）。低温阶段（200~300℃）时，成矿热液中HWO$_4^-$和NaWO$_4^-$是最重要的迁移形式，而WO$_4^{2-}$仅在低Na$^+$和高pH时存在；随着温度升高（400~600℃），NaHWO$_4$变得越来越重要，当压力增至100MPa时，NaHWO$_4$逐渐成为钨在热液中的主要迁移形式。当考虑到离子活度系数时，与不带电价离子相比，带电价离子显得更为重要，所以一般条件下，H$_2$WO$_4$不是重要的钨迁移形式，但当流体中含有较高氟（F）时，钨可以H$_3$WO$_4$F形式存在（叶天竺等，2014；Sushchevskaya et al.，2010）。

热液型钨矿床的沉淀富集成矿作用本质上就是钨的络合物的分解、沉淀作用。络合物在热液中分解、沉淀的机制有多种，包括成矿流体体系的自然冷却、不同流体的混合、流体不混溶、pH值升高、水岩交换反应、压力的降低及围岩中非极性挥发分的加入等（王旭东，2012）。Wood和Samson（2000）根据含钨热液在迁移过程中溶解度随周围环境的变动，总结了钨富集沉淀的机制：①pH的升高，这种条件可能出现于成矿热液与围岩发生交换反应、成矿热液沸腾作用（尤其是CO$_2$逸出）以及与碱性流体混合等过程；②成矿热液的盐度（Cl$^-$）降低，可能发生于与不同地质流体间的混合作用；③成矿流体的自然冷却；④围岩压力降低，可能与水力致裂作用导致的压力骤降或早期裂隙的存在有关。

（四）成矿流体演化过程

对流体包裹体所测压力值进行统计，石英脉型钨矿成矿压力主要分布在30~135MPa之间。

江西地质科学研究所（1985）通过观察江西石英脉型钨矿床，综合已有矿床成矿温度、压力以及人工硅酸盐熔体实验资料，对钨矿床成矿流体的生成发展演化过程提出了以下认识。

(1) 石英脉型黑钨矿床成矿过程中的热流体，实质上就是花岗岩浆上部源液态分离和三相共存的下部源结晶分异出的SiO$_2$被水稀释或饱和的含钨氟络阴离子的盐和氯氧化钨等矿质填隙熔融体(interstitial fluid)。从岩石学角度来说，饱和水熔融体进入构造裂隙结晶后就是"石英岩"脉。它和一般所谓岩浆期后金属造矿元素溶解于大量水溶液中的成矿热水流体有本质上的差别。

(2) 依据微观活动包体三相共存及其测温资料和氧同位素平衡测温资料（260~280℃，320~340℃），建立了石英脉型黑钨矿床成矿流体成生演化简示表（表4-7），提出了"适时性"构造，产生裂隙瞬间真空，导致结晶下部源流体（即填隙流体）绝热膨胀减压沸腾，随同钨氟络阴离子的盐和氯氧化物，在一起进入裂隙腔的同时，就开始分解反应（除自身反应外，还包括和围岩交代反应），通过湍流碰撞，形成液态群聚团（液态分离作用）（图4-13a），待流体自下部源向上充满裂隙，裂隙停止开张一段时间后，才缓慢冷却结晶的观点。因此，用石英所做包裹体测温和包裹体成分测定资料，反映的并不是流体进入裂隙腔分解反应时的性质，而是分解反应后，冷却时石英结晶生长过程中被其捕获的残余流体的产物，它只能代表大量 SiO_2 在裂隙腔内结晶生长时，从 SiO_2 熔体内部被排挤出的流体的性质。最后以中基性岩脉出现，宣告成岩成矿活动终结。

（3）由于液态矿质（$FeO+WO_3 \rightleftharpoons FeWO_4$，$MnO+WO_3 \rightleftharpoons MnWO_4$）群聚团被圈闭在 SiO_2 熔融体中，结晶时不受其他组分干扰，形成了相对的孤立封闭系统，这就可用热力学平衡常数、化学动力学和反应自由能变化等理论，计算黑钨矿单晶自生长点至晶体末端的 FeO、MnO 的递变问题。

（4）从相图（图4-13b）可知，当来自熔浆结晶（下部源）的含矿流体中，如果钨以 WO_2Cl_2 的形式进入裂隙腔时，随氧分压和 $\lg \frac{p_{CO_2}}{p_{CO}}$ 的增高，WO_2Cl_2 分解为 WO_3。这说明石英脉中黑钨矿的富集与 CO_2 分压的升高有关。

表4-7 石英脉型黑钨矿床成矿流体生成演化简示表

Table 4-7　Generation and evolution of ore-forming fluid of quartz vein type wolframite deposit

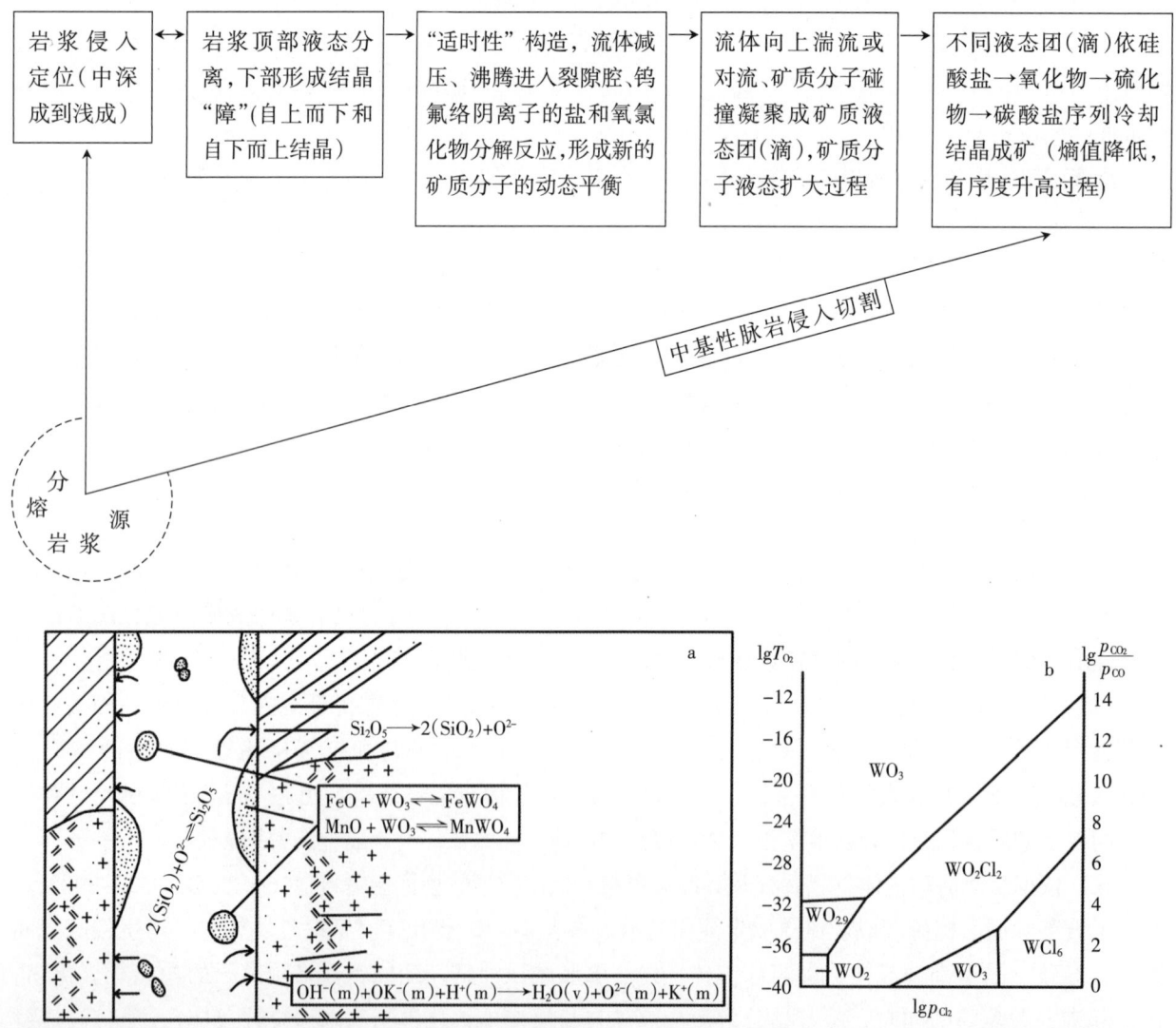

图 4-13　裂隙腔内 $FeWO_4$、$MnWO_4$ 分子碰撞形成液态群聚团理想模式图(a)、600K 时 W-O-Cl 体系的热力学平衡图（b）

（据李洪桂等，2010）

Fig. 4-13　Ideal mode diagram of liquid cluster formed by collision of $FeWO_4$ and $MnWO_4$ molecules in fracture cavity (a), thermodynamic equilibrium diagram of the W-O-Cl system at 600K (b)

三、钨成矿流体温度与压力

成矿温度和压力条件与钨成矿作用关系密切,温度或压力的降低是钨矿床沉淀的主要机制之一。目前国内外地质学家对成矿温度与压力的研究,多采用流体包裹体显微测温技术,结合相关软件计算包裹体内流体密度及均一压力。江西省内多数钨矿床均进行过相应的包裹体研究,积累了较多的成果数据。这里主要从统计学角度上,归纳总结江西省内钨矿床的成矿温度和压力(表4-8)。

表4-8 江西省主要钨矿床成矿温度和压力一览表
Table 4-8 Metallogenic temperature and pressure of main tungsten deposits in Jiangxi Province

矿区名称	矿床类型	成矿温度/℃	成钨期温度/℃	成矿压力/MPa	参考文献
西华山	石英脉型	180~460	310~360	30~60	
漂塘	石英脉型	162~390	280~390	100~135	王旭东等,2012
淘锡坑	石英脉型	160~410	310~390	10~28	张大权等,2012
盘古山	石英脉型	150~365	240~365	46~188	王旭东等,2012
画眉坳	石英脉型	130~380	220~340		
八仙脑	石英脉型	150~315	290~310		
茅坪	石英脉型	120~360	300~360		
黄沙	石英脉型	160~351	256~351	97~156	王旭东等,2012
大吉山	石英脉型	170~369	241~369	62~122	王旭东等,2012
浒坑	石英脉型		250~280	20~25	
岿美山	石英脉型	170~310	279~310		
徐山	石英脉型	190~428	260~320	13.6~46.4	周文婷等,2014
小龙	石英脉型	210~430	250~370		
荡坪	石英脉型	180~380	280~320	64~114	王璇等,2016
九龙脑	石英脉型		306~347		
朱溪	矽卡岩型	125~370	290~370	85~97	
香炉山	矽卡岩型	143~383	225~408		
焦里	矽卡岩型	280~400	280~390		
天排山	矽卡岩型	220~350	280~360		
石门寺	蚀变花岗岩型	119~378	142~268		
枫林	层控热液型		305		
阳储岭	斑岩型	186~284	253		

(一) 钨成矿温度

钨矿床多位于花岗岩内外接触带及顶部一定范围内，成矿温度相对较高，属中高温型矿床。不同成因类型钨矿及同一矿床不同成矿阶段和期次，其成矿温度也会发生变化。对于石英脉型钨矿，其成矿流体自岩浆源分异后，分别经历云英岩化气化期（硅酸盐期）、气化－高温热液期（氧化物期）、高中温热液期（硫化物期）及低温热液期（碳酸盐期），氧化物期为脉状黑钨矿床形成的主要矿化期，随成矿流体演化，成矿温度逐步降低。王旭东等（2012）对大吉山花岗岩型钨矿体中石英进行流体包裹体测温，显示均一温度最高可至592℃；对已发表的多数石英脉型钨矿成矿温度进行统计，发现不同矿床成矿温度基本一致，集中在150~380℃之间，最高可至460℃，其中在250~370℃之间存在一个温度集中区，多代表主要钨矿物的形成温度。石英脉型钨矿成矿温度从内带至外带，在不同深度上也有所变化，从大脉带、薄脉带至细脉带成矿温度有降低的趋势。

对于矽卡岩型钨矿，一般可划分为矽卡岩期、石英－硫化物期和碳酸盐期，其中矽卡岩期又可进一步三分为干矽卡岩阶段、湿矽卡岩阶段和氧化物阶段，白钨矿床主要形成于矽卡岩期。从干矽卡岩阶段开始，成矿温度逐渐降低，形成不同的蚀变－矿化矿物组合。已有包裹体测温结果显示，矽卡岩型钨矿成矿温度范围较为宽泛，主要集中于125~400℃之间，钨矿化期温度集中于280~390℃之间，与石英脉型钨矿成矿温度较为一致。吴胜华等（2014）对香炉山矽卡岩型钨矿各阶段成矿温度分别进行了包裹体测试，发现近接触带的矽卡岩中流体包裹体均一温度为209~383℃，远接触带的石英－白钨矿脉中包裹体温度为163~278℃，石英－白钨矿－硫化物脉中包裹体温度为204~284℃，晚期方解石脉的包裹体温度为143~235℃，从成矿早期到晚期，含矿流体温度逐渐降低。

通过对石门寺钨矿床流体包裹体研究，3种类型矿体中的包裹体可分为富液相包裹体（Ⅰ型）、纯液相包裹体（Ⅱ型）、富气体包裹体（Ⅲ型）以及纯气相包裹体（Ⅳ型）4种类型。富液相包裹体占包裹体总量的70%以上，气液比在10%~30%之间，大小大部分在5~10μm之间。

细脉浸染型矿体的均一温度分布在119~378℃之间，主要集中在142~268℃之间，平均值为218℃；盐度分布在0.88%~9.47%NaCleqv之间，集中在4.03%~8.81%NaCleqv之间（图4-14）。

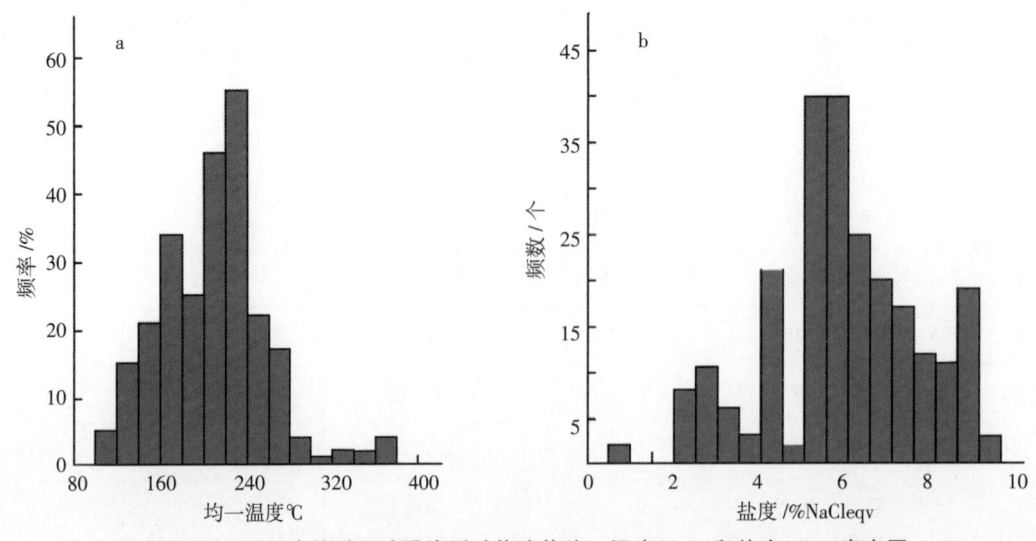

图4-14 石门寺钨矿细脉浸染型矿体流体均一温度（a）和盐度（b）直方图

Fig. 4-14 Histogram of fluid average temperature (a) and salinity (b) of veinlet disseminated ore body in Shimensi tungsten mine

热液隐爆角砾岩型矿体的均一温度分布在 139~354℃ 之间，主要集中在 171~287℃ 之间，平均值为 229℃；盐度分布在 2.57%~8.00%NaCleqv 之间，集中在 3.06%~6.45%NaCleqv 之间（图4-15）。石英大脉型矿体的均一温度分布在 153~335℃ 之间，主要集中在 190~270℃ 之间，平均值为 238℃；盐度分布在 2.90%~8.95%NaCleqv 之间，集中在 4.0%~7.0%NaCleqv 之间（图4-16）。

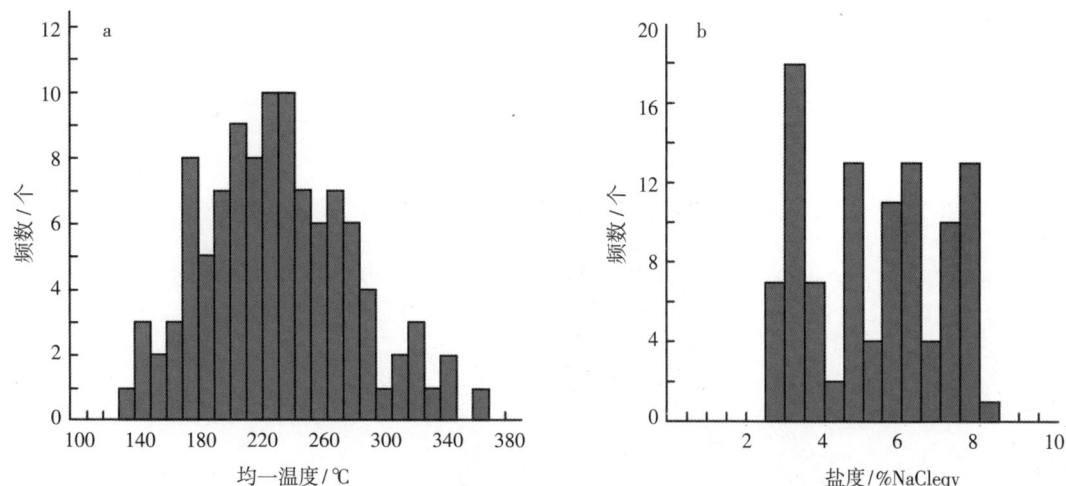

图 4-15 石门寺钨矿热液隐爆角砾岩型矿体流体均一温度(a)和盐度(b)直方图

Fig. 4-15 Histogram of fluid average temperature (a) and salinity (b) of hydrothermal cryptoexplosive breccia ore body in Shimensi tungsten mine

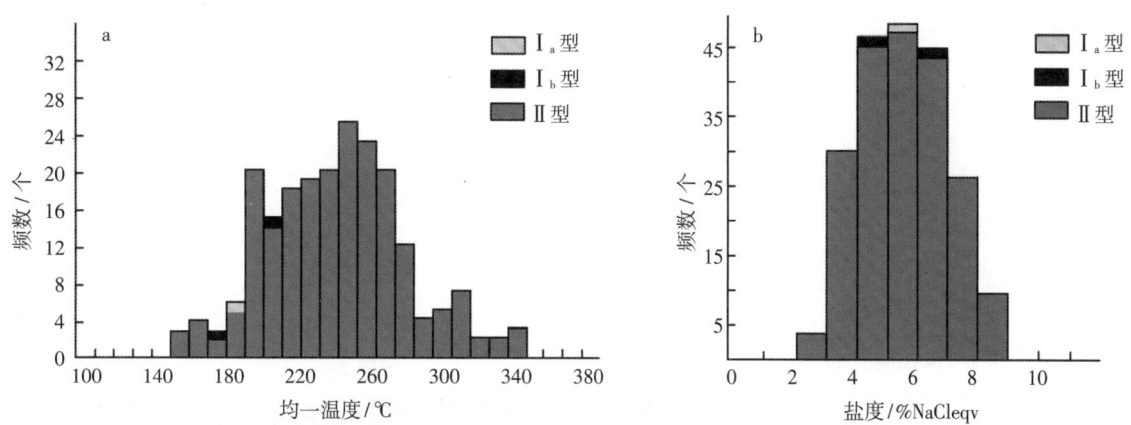

图 4-16 石门寺钨矿石英大脉型矿体流体均一温度(a)和盐度(b)直方图

Fig. 4-16 Histogram of fluid average temperature (a) and salinity (b) of quartz vein type ore body in Shimensi tungsten mine

石门寺钨矿流体密度介于 0.64~0.99g/cm³ 之间，其中细脉浸染型矿体流体的密度介于 0.64~0.99g/cm³ 之间，热液隐爆角砾岩型矿体流体的密度介于 0.68~0.96g/cm³ 之间，大脉型矿体流体的密度介于 0.69~0.96g/cm³ 之间。三种矿体的密度基本相同，均属于低密度型流体。

矿区三种不同类型矿体中的 I 型包裹体，除检测到 CH_4 外，还不同程度地检测到 N_2、CO_2、H_2O。其成矿流体为中—高温、中—低盐度的 $NaCl$-H_2O-CH_4±（CO_2、N_2）体系。

石门寺矿区细脉浸染型矿体中的富液包裹体的均一温度及盐度可能代表了花岗岩成岩时捕获并封存在矿物晶格缺陷中的岩浆水的均一温度和盐度。流体包裹体均一温度的区间较大，显示出流体体系经历了一个降温的过程，因此，在冷却过程中发生连续的流体不混溶作用是该矿区流体的演化特征。

包裹体岩相学表明朱溪矿区各阶段包裹体的相态类型均以Ⅰ型中亚类I_a型富液相包裹体为主，该亚类包裹体大量发育于石榴子石、透辉石、阳起石、石英、方解石、白钨矿等矿物中，约占包裹体总数的80%以上，室温下为气液两相（V+L），气液相比在2%~30%之间，大小不一，长轴范围为4~60μm，主要呈椭圆形、长条形、四边形、三角形和不规则状，少量呈负晶形。其次为Ⅱ型含子晶多相包裹体（V+L+S），该类在早期矽卡岩矿物中和石英硫化物阶段的石英中均可见，但数量较少，长轴大多在3~30μm之间，呈椭圆形、四边形、长条状或不规则状等。另外，在石英-硫化物阶段的石英、退化蚀变阶段的白钨矿中亦可见少量Ⅲ型纯液相（L）、纯气相（V）包裹体等，形态以椭圆和不规则状居多（图4-17）（李岩，2014）。

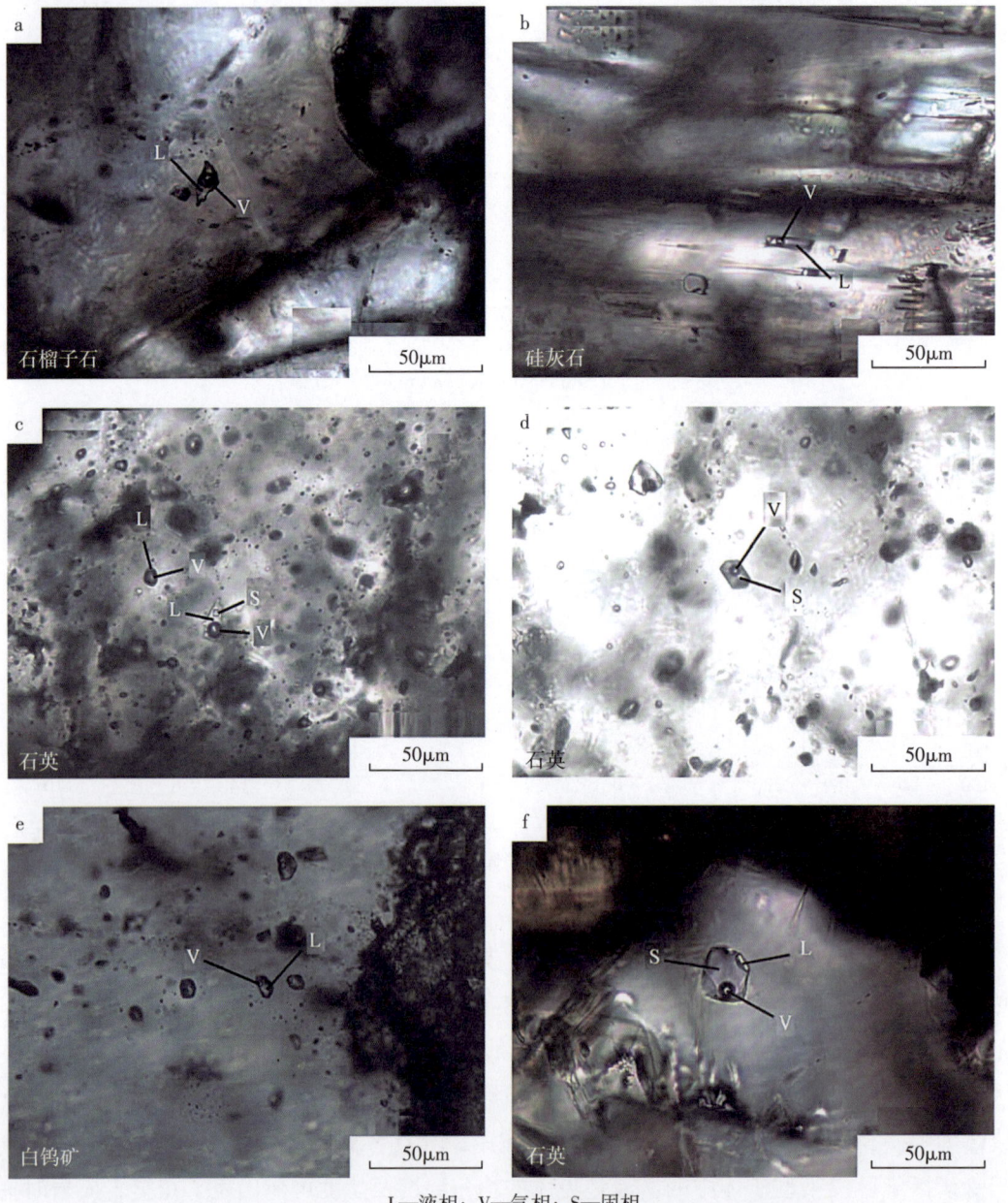

L—液相；V—气相；S—固相。

图4-17 江西省浮梁县朱溪矿区主要流体包裹体显微特征（据李岩，2014）

Fig. 4-17 Microscopic characteristics of main fluid inclusions in Zhuxi mining area, Fuliang County, Jiangxi Province

李岩（2014）测得朱溪矿床早期矽卡岩阶段（石榴子石+透辉石）流体包裹体均一温度为231~358℃（均值为318.9℃）（图4-18a），相对应的流体盐度为3.87%~5.86%NaCleqv（均值为4.97%NaCleqv）（图4-18d），密度为0.60~0.79g/cm³（均值为0.67g/cm³）。退化蚀变阶段（白钨矿+石英+萤石）流体包裹体均一温度为167~355℃（均值为270.29℃）（图4-18b），相对应的流体盐度为0.78%~0.93%NaCleqv（均值为4.04%NaCleqv）（图4-18e），密度为0.64~0.90g/cm³（均值为0.75g/cm³）。石英硫化物阶段（石英）流体包裹体的均一温度为114~351℃（均值为205.9℃）（图4-18c），相对应的流体盐度为0.88%~8.00%NaCleqv（均值为4.98%NaCleqv）（图4-18f），密度为0.62~0.97g/cm³（均值为0.87g/cm³）。方解石阶段（方解石）流体包裹体的均一温度为186.9~188.5℃（均值为187.5℃）（图4-18c）。由此表明，朱溪白钨矿及硫化物大量沉淀时的成矿热液属于中温、低盐度、低密度的流体体系。

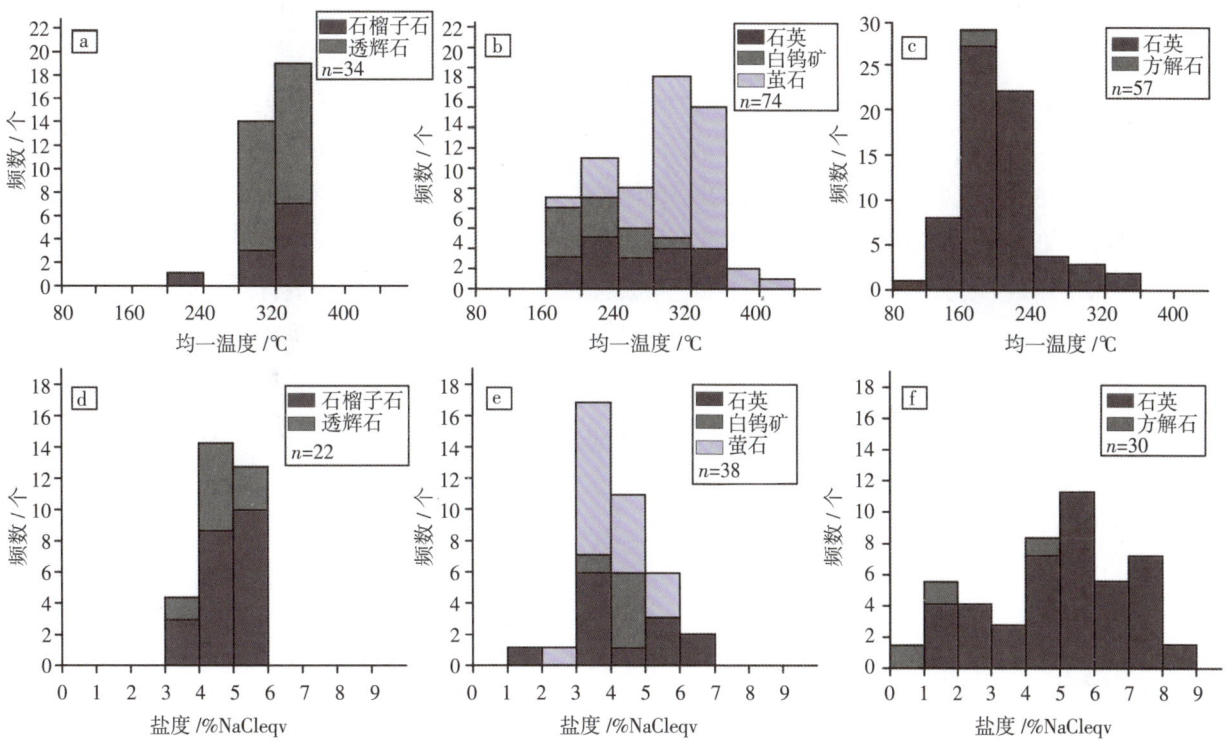

图4-18　江西省浮梁县朱溪矿床不同阶段流体包裹体均一温度和盐度频率直方图（据李岩，2014）

Fig. 4-18　Frequency histogram of homogenization temperature and salinity of fluid inclusions at different stages of Zhuxi deposit, Fuliang County, Jiangxi Province

朱溪矿床中石榴子石以钙铝榴石为主，而且从Ⅰ→Ⅱ→Ⅲ世代石榴子石钙铝成分渐增，钙铁成分渐减，表现出朱溪矿床形成环境由弱氧化→还原环境的变化趋势。与此同时，朱溪矿区表征氧化环境的赤铁矿、磁铁矿不发育，而表征还原环境的磁黄铁矿广泛发育；李岩（2014）采用激光拉曼进行测试的结果显示，朱溪退变质流体包裹体中常见CH_4，据此认为其成矿流体为中酸性、弱氧化—还原环境。

（二）钨成矿压力

由于矿体常在垂向上具有一定的延伸，矿床形成的压力或深度包括上限值和下限值，上限值表征最上部矿体的顶界压力或深度，下限值表征最下部矿体的底界压力或深度。

张德会等（2011）指出，与花岗岩有关的脉状钨-锡-钼矿床常见成矿压力为50~150MPa，深度范围为 1.5~5km，矽卡岩型矿床的成矿压力范围为 50~300MPa，深度范围为 1.5~12km，可知矽卡岩型钨矿床成矿压力可能大于脉状钨矿床。对已知钨矿床矿化深度进行验证统计，外接触带大脉型钨矿矿化深度为 400~800m，矽卡岩型钨矿矿化深度为 100~1000m，蚀变花岗岩型钨矿矿化深度为 200~800m，也可推测矽卡岩型和蚀变花岗岩型钨矿形成压力或深度可能大于石英脉型钨矿。对流体包裹体所测压力值进行统计，石英脉型钨矿成矿压力主要分布在 30~135MPa 之间，部分矿区（淘锡坑、浒坑等）所计算出压力值较低，仅 10MPa，值得进一步研究。

以上综述了前人从钨矿床测试数据中得出的认识，结合矿床地质观察和研究，可以得出以下重要认识：

(1) 一个钨矿床不同成矿阶段，温度总是由高到底，由多种矿床式形成的"多位一体"矿床，均同处一室的标高区间。不同规模矿床标高跨度可以相差很大，由上部 100~200m 到下部 1000~2000m（如盘古山、朱溪）。外接触带型石英脉+"地下室"钨矿床，脉在上，蚀变岩型、矽卡岩型矿体在下，但也有石英大脉型与蚀变岩细脉浸染型矿体叠加在一起（如狮尾洞）。同一矿床同一类型矿体，可出现于不同标高的成矿台阶，说明同一矿床成矿温压条件受区域成矿地质构造环境约束。

(2) 同一隐伏、半隐伏成矿岩基形成的矿田内钨矿床在空间上大致具有等深性，如西华山－漂塘，大湖塘（详见第十章），说明在矿田或矿集区范围内矿床定位标高受一定温压条件约束。

(3) 钨矿床成岩成矿的台阶性，说明钨矿床成岩成矿温压条件受地质构造背景如隆起、坳陷、背斜、向斜的约束，地质构造在时间上的发展演化可导致温压条件变化。在一个矿集区、矿田、矿床范围内，微地质构造可导致成岩成矿的多台阶性与成矿温压条件变化。

总之，这方面的研究只有在地质观察与实验测试的结合上下功夫，才能有效指导勘查工作。

第五章 矽卡岩型钨矿床

第一节 矽卡岩型钨矿床主要特征

一、概述

矽卡岩型钨矿床系指产于岩浆侵入岩体接触带及其附近，并由侵入岩体生成过程中产生的岩浆热液或相关的各类流体与含钙、含镁质类围岩发生双交代作用，在形成钙、镁、铁、锰、铝硅酸盐矿物及其组合的同时或稍后，发生了以钨为主的成矿作用而形成的矿床。江西矽卡岩型钨矿床的有利侵入岩为燕山期S型中深、中浅成环境的花岗岩类，其次为I型花岗岩，以中小型岩株为主。有利的围岩是薄层状或夹层中的成分不纯的碳酸盐类岩石；如有层间破碎、断裂以及不整合面等构造的叠加，更利于成岩成矿。

江西矽卡岩型钨矿床不多，但规模较大，由于朱溪钨铜矿床规模巨大，探明的（白）钨资源总量居各类型钨矿之首，另有香炉山超大型，宝山大型，张天罗-大岩下、焦里、黄婆地、庵前滩、岗鼓山中型，山棚下、猪栏门、狮吼山、岩前、西坑坞等小型矿床，峀美山、徐山石英脉型钨矿床及邦彦坑钨矿点有共生的矽卡岩型矿体，均属于S型花岗岩成矿系列。此外，与I型中酸性岩有关的部分铜矿床中伴生钨，以永平似层状矽卡岩型铜矿床中伴生钨规模最大，达大型规模，东雷湾、武山、通江岭矽卡岩型铜矿床中也伴生钨。

矽卡岩型钨矿床分接触带矽卡岩型和似层状矽卡岩型两个亚型，往往具"多位一体"矿床特征，形成各具特色的矿床式（表5-1）。

矿床多产于距成矿岩体接触面100~300m范围内，外接触带似层状矿床可远达1000m以上。矿化作用既与矽卡岩化有关，也与后期热液作用（复杂矽卡岩化阶段）有关。

二、矿体特征

（一）矿体分布

矽卡岩型钨矿体主要产于燕山期花岗岩体与碳酸质围岩的内、外接触带，绝大部分或主要产于外带（如朱溪钨铜矿、焦里钨银铅锌矿、天排山铜钨钼银矿、西坑坞铜钨钼矿等），少部分产于内接触带中（如宝山钨铅锌银矿的部分矿体）。江西省矽卡岩型钨矿的有利围岩主要为上石炭统，其次有南华系、寒武系、奥陶系、二叠系等含钙、镁的碳酸盐岩地层。

表 5-1 江西省矽卡岩型钨矿主要矿床式及特征

Table 5-1 Main deposit types and characteristics of skarn tungsten deposit in Jiangxi Province

亚型	矿床式	矿床特征	同式矿床(点)
接触带矽卡岩型	朱溪式	以接触带层块状矽卡岩型钨矿为主，与似层状蚀变花岗岩型、石英－云英岩型、细网脉型白钨矿及石英脉型黑钨矿体组成"五位一体"矿床	
	宝山式	接触带矽卡岩型白钨矿床	猪栏门、志木山
似层状矽卡岩型	香炉山式	以似层状接触带矽卡岩型白钨矿为主	张天罗－大岩下、狮吼山、邦彦坑、邹家地
	焦里式	紧密褶皱型似层状型白钨矿床	瓦窑坑
	黄婆地式	外接触带似层状、条带状矽卡岩型白钨矿与石英脉型黑钨矿床组成"二位一体"矿床	庵前滩
	永平式	以似层状矽卡岩型铜（白钨）矿为主，与斑岩型钼铜矿组成"二位一体"矿床	
	老墓式	以似层状矽卡岩型铁（白钨）矿为主，伴生黑钨矿	

（二）矿体产状、形态及规模

矿体紧密依附于接触带，由于受岩浆分异演化、围岩性质、接触带构造以及交代作用强度等的综合影响，矿体的产状、形态、规模变化大。产状形态既与花岗岩边缘形态有关，也与发生接触交代变质作用的围岩关系密切。矿体形态不一，连续性差，常呈似层状、层状、透镜状、扁豆状、囊状、不规则状等（图 5-1~图 5-6）。在一些大中型矿床中呈多层状、似层状及简单的透镜状产出。

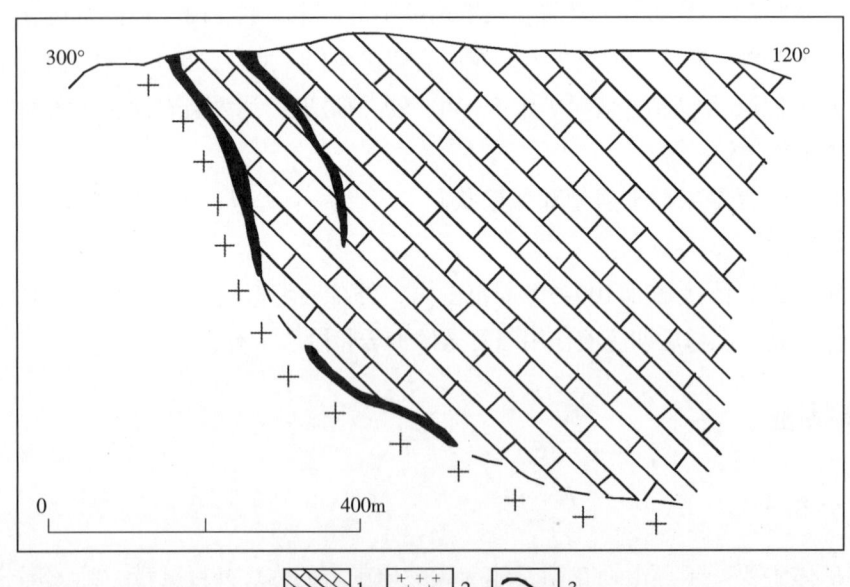

1—灰岩；2—花岗岩；3—矽卡岩白钨矿体。

图 5-1 岩前矿区扁豆状矽卡岩型钨矿体（据朱焱龄等，1981）

Fig. 5-1 Lenticular skarn tungsten ore body in Yanqian mining area

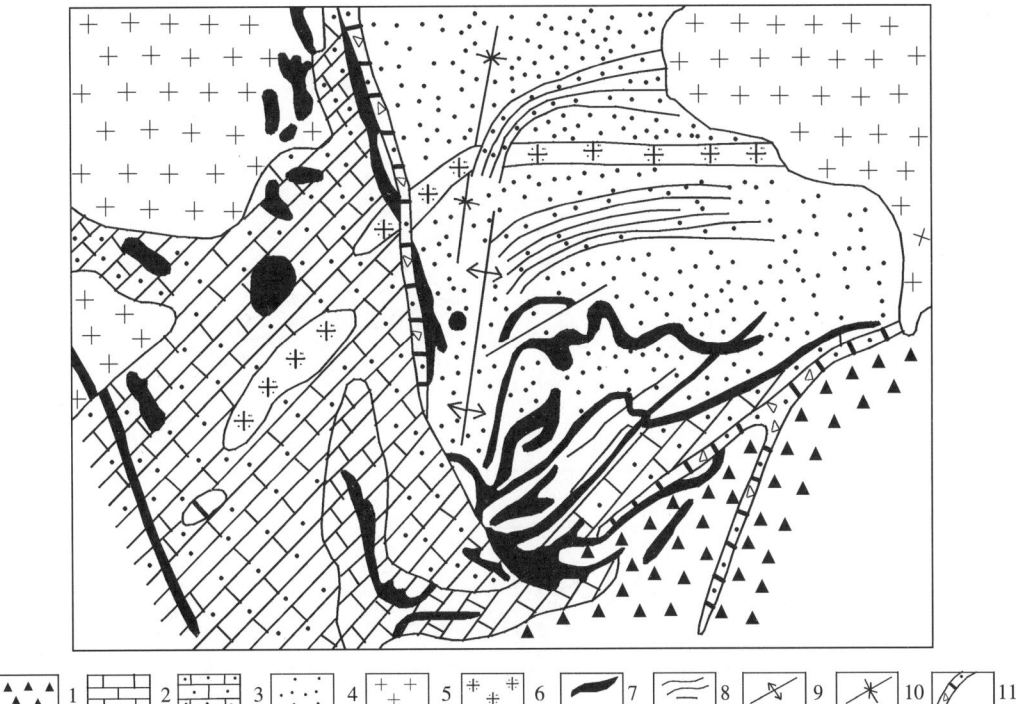

1—中二叠统栖霞组阳起石角岩；2—中二叠统栖霞组灰岩；3—中二叠统栖霞组大理岩；4—下石炭统梓山组砂页岩互层；
5—花岗岩；6—花岗斑岩；7—矽卡岩白钨矿体；8—黑钨矿石英大脉；9—背斜轴；10—向斜轴；11—破碎带及断层。

图 5-2 黄婆地矿区囊状、透镜状矽卡岩型钨矿体（据朱焱龄等，1981）

Fig. 5-2 Saccular and lenticular skarn tungsten ore body in Huangpodi mining area

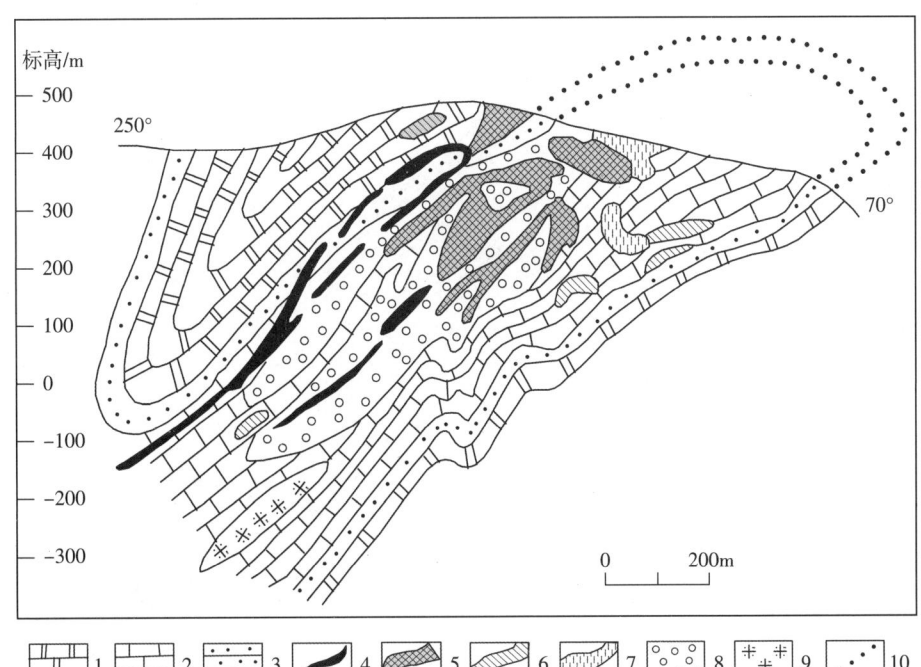

1—白云岩；2—灰岩；3—石英砂岩；4—矽卡岩白钨矿-钼铜铋矿体；5—矽卡岩黄铜矿体；
6—矽卡岩铅锌矿体；7—矽卡岩铋矿体；8—矽卡岩；9—花岗斑岩；10—断层。

图 5-3 宝山矿区囊状、透镜状矽卡岩型钨矿体（据朱焱龄等，1981）

Fig. 5-3 Saccular and lenticular skarn tungsten ore body in Baoshan mining area

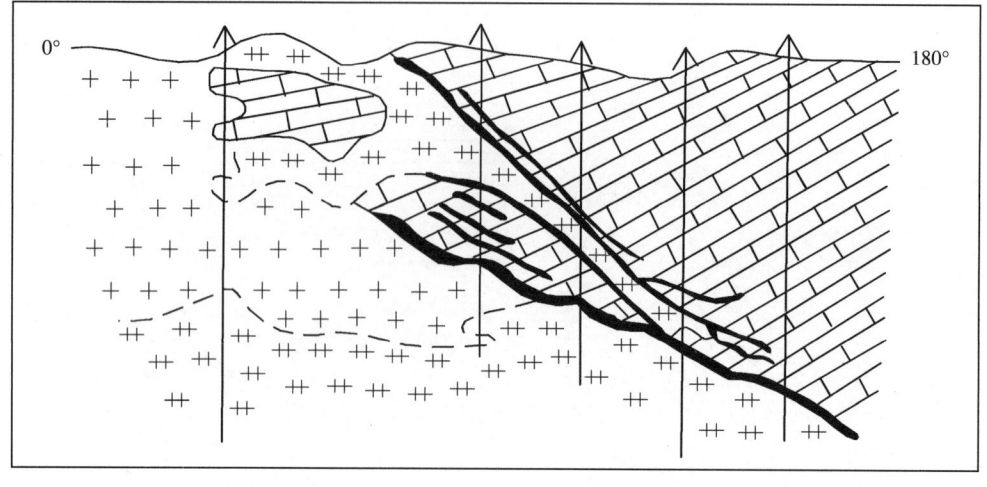

1—灰岩；2—矽卡岩白钨矿体；3—细粒花岗岩；4—中粒花岗岩。

图 5-4　岩前矿区扁豆状、脉状矽卡岩型钨矿体（据朱焱龄等，1981）
Fig. 5-4　Lenticular and vein skarn tungsten ore body in Yanqian mining area

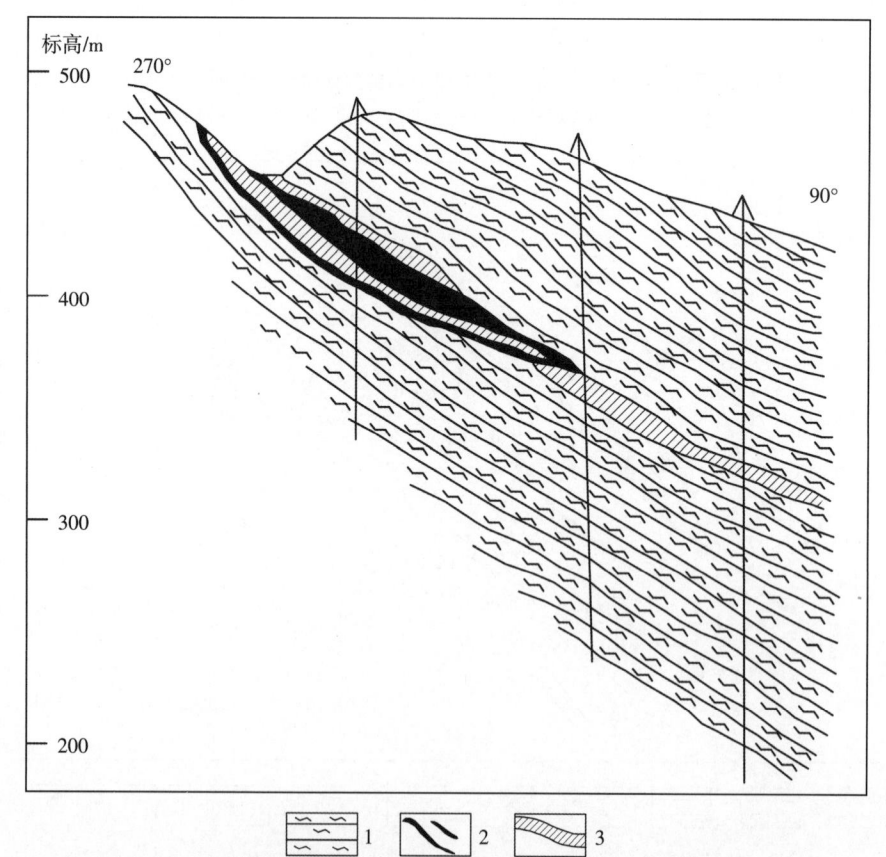

1—黑云斜长片麻岩；2—白钨矿体；3—硫铁矿体。

图 5-5　乌石坑矿区透镜状矽卡岩型钨矿体（据朱焱龄等，1981）
Fig. 5-5　Lenticular skarn tungsten ore body in Wushikeng mining area

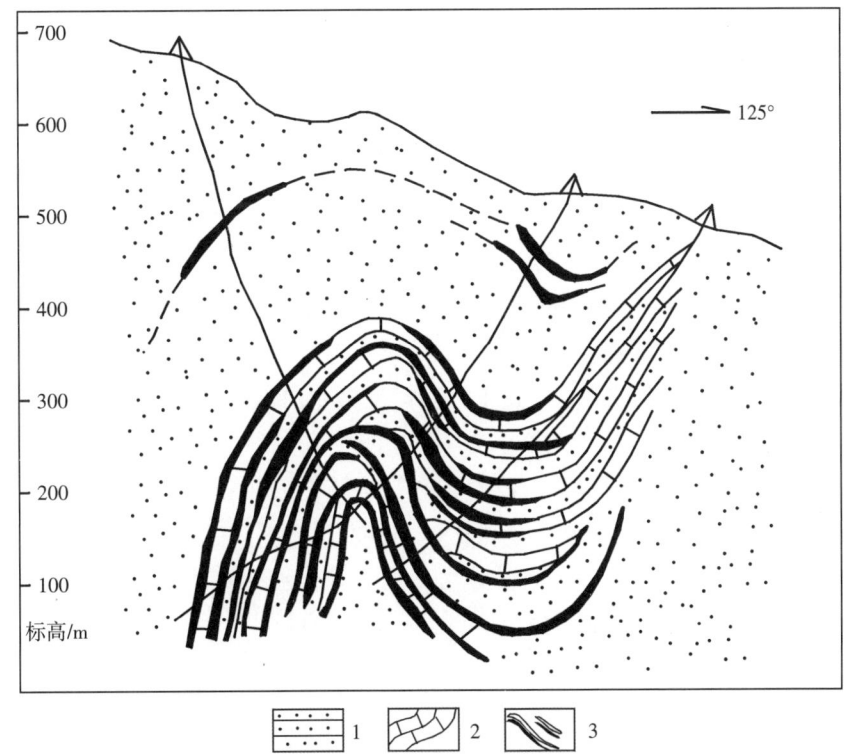

1—石英砂岩；2—灰岩；3—似矽卡岩白钨矿-铅锌矿体。

图 5-6 焦里矿区似层状、透镜状矽卡岩型钨矿体（据朱焱龄等，1981）

Fig. 5-6 Stratiform and lenticular skarn type tungsten ore body in Jiaoli mining area

矽卡岩型白钨矿体的长度，自 10 余米至 1000 余米不等，最长达 2000~2500m（朱溪、永平）。倾斜延深一般为 100~500m，最长达 2500m（永平）。厚度一般为 1~18m，最厚达 60 余米（宝山）。呈层状、似层状者矿体长度及延深较大，呈囊状、透镜状者矿体厚度较大。

三、矿物成分与成矿期次、成矿阶段

（一）矿物成分

矿石矿物成分复杂，一般多达几十种，有的达 140 种以上（永平天排山）。各个矿床由于其成矿环境的不同，其矿物种类、组合及含量有所不同。矿石矿物主要有白钨矿、方铅矿、闪锌矿、黄铜矿、自然银、辉银矿、黄铁矿、辉钼矿、辉铋矿、磁黄铁矿、硼镁石、硅铍石等；脉石矿物主要有石榴子石、透辉石、透闪石、阳起石、绿帘石、绿泥石、金云母等钙、镁、铁、铝的硅酸盐矿物，石英、萤石及铁、镁的碳酸盐矿物等。

（二）成矿期次及成矿阶段

本节以朱溪矿床为基础，将矽卡岩型钨矿划分为 6 个成矿期：岩浆岩期、矽卡岩期、氧化物期、石英-硫化物期、碳酸盐期、表生氧化期。矽卡岩期分为早矽卡岩、晚矽卡岩两个阶段。

1. 岩浆岩期

在岩浆侵位期间，发生其本身的固结作用。主要为物质的准备阶段，主要形成各种岩浆期矿物，主要包括长石、石英、黑云母等。

2. 矽卡岩期

该时期主要形成各种钙、铁、镁、铝的硅酸盐矿物，成矿作用为重熔岩浆（热液）交代成矿。这一时期是白钨矿主要成矿时期，并为后来的铜多金属成矿提供部分物质基础。该成矿期可分为两个成矿阶段：早矽卡岩阶段和晚矽卡岩阶段。其中早矽卡岩阶段主要形成铁—钙铝过渡类型的矽卡岩，矿物组成主要为无水硅酸盐矿物，非金属矿物有钙铁－钙铝榴石、透辉石（主要）、硅灰石（次要），少量含水硅酸盐矿物符山石等，主要发育在岩体内接触带或近岩体的围岩之中，有少量白钨矿生成。晚矽卡岩阶段主要生成透闪石、阳起石、绿泥石、绿帘石及蛇纹石等含水硅酸盐矿物，普遍表现为交代早矽卡岩阶段所形成的矽卡岩矿物，并在矽卡岩中发生大规模浸染状白钨矿化及少量磁黄铁矿化和黄铁矿化。

3. 氧化物期

该时期主要交代黑云母花岗岩形成白云母－绢云母－石英及少量电气石、萤石，同时伴生有白钨矿及少量锡石、黄铜矿、闪锌矿、辉钼矿、磁铁矿、赤铁矿等。

本阶段是白钨矿的主矿化阶段之一。其矿物组合类型主要有白钨矿－矽卡岩矿物型、白钨矿－闪锌矿－方铅矿－矽卡岩矿物型、白钨矿（黑钨矿）－多金属硫化物－石英型、白钨矿（黑钨矿）－碳酸盐－石英型。

4. 石英－硫化物期

该时期主要形成大量石英，并有萤石、典型的热液矿物绿泥石、白云母等，伴随有大量黄铜矿、闪锌矿、黄铁矿，次为方铅矿、磁黄铁矿、辉钼矿、斑铜矿和少量白钨矿。本阶段所形成的金属硫化物常与富白钨矿体在空间上有密切叠生联系。

5. 碳酸盐期

该时期主要生成方解石和绿泥石，局部伴随有极微弱的黄铁矿化和黄铜矿化。

6. 表生氧化期

该时期主要为地表氧化作用。根据矿床原生矿物的不同，在地表由于氧化淋滤作用，形成次生的以褐铁矿为主的铁锰质物质。主要次生矿物有针铁矿、水针铁矿、菱铁矿、硬锰矿、软锰矿、铅钒、白铅矿、泡铋矿、辉铜矿、蓝铜矿、斑铜矿、孔雀石、钨华等。

四、围岩蚀变

矽卡岩型钨矿床的产出与其特定的含钙（镁）围岩有关，以矽卡岩化、萤石化、绿泥石化、碳酸盐化、大理岩化等最为发育，其中以复杂矽卡岩化、萤石化与钨的成矿关系密切。

当然，各个矽卡岩型钨矿床的蚀变因围岩的岩性不同，其种类与强度也有所不同。如朱溪钨铜矿床，主要有矽卡岩化、大理岩化、钾长石化、云英岩化、碳酸盐化、硅化、蛇纹石化、角岩化，次为萤石化、绿泥石化、绿帘石化、滑石化、绢云母化。香炉山钨矿床则以矽卡岩化、角岩化、大理岩化为主。铅厂（宝山）钨铅锌银矿床则以简单矽卡岩化为主，如硅灰石－石榴子石化、透辉石化、石榴子石化等。焦里－井子坳钨银铅锌矿床为大理岩化、矽卡岩化、硅化、斜长石－金云母－萤石化、绢云母－绿泥石化、方解石－石英化等。黄婆地钨矿床则以硅化、高岭土化、云英岩化、角岩化、钾长石化、碳酸盐化为主。天排山铜钨钼银矿床蚀变类型主要为矽卡岩化、硅化、钾化、绿泥石化。西坑坞铜钨钼矿床则表现为泥灰岩层选择交代为简单矽卡岩等。

矽卡岩型钨矿蚀变的分带主要表现在水平分带上。一般而言，靠近岩体一侧的主要是与岩体有关的蚀变，如钾长石化、云英岩化；靠近围岩一侧的主要是与含钙、镁碳酸盐岩有关的蚀变，如矽卡岩化、大理岩化、脉型云英岩化、角岩化等。如朱溪钨铜矿床，自岩体到围岩主要表现为黑云母花岗岩→钾长石化带→岩壳型云英岩化花岗岩带→矽卡岩（化）带→大理岩化带（角岩化带）→脉型云英岩化带→白云岩、灰岩；铅厂矽卡岩型白钨矿床的水平分带自岩体向外为黑云母花岗岩→云英岩化花岗岩→钾长石化带→透辉石、钙铝（铁）榴石矽卡岩→钙铁榴石、钙铁辉石矽卡岩→大理岩。

五、矿化分带及其富集规律

成矿作用具多期多阶段性，矿体类型、元素及矿物分布具顺向分带特征。每个矿床由于成矿作用、成矿环境的不同而具有不同的矿化分带及富集规律。

朱溪钨铜矿在垂向上依次表现为深部成矿花岗岩内为石英脉黑钨矿脉，顶部为蚀变花岗岩型矿体→中深部为矽卡岩型矿体→中浅部为云英岩细脉－网脉（蚀变花岗岩）型矿体→浅部为似层状铜钨矿体。

香炉山钨矿床钨矿化表现为沿走向上，北东端较高，往南西稍变低；沿倾斜方向，轴部较高，向翼部逐渐变低；垂直方向上，中部高，上、下部则变低。矿化强度以香炉山－太阳山背斜褶皱轴为界，向背斜两翼（南西、北东）逐渐变弱，并向背斜的倾伏方向有变差的趋势。

宝山（铅厂）钨铅锌银矿床银矿具明显的垂向分带，自上而下依次为辉银矿带→银黝铜矿带→碲硫银锡矿带。演化上由简单硫化银、自然银向复杂硫盐矿转变。

焦里钨银铅锌矿床垂直分带也明显，银铅锌矿化主要赋存在 200m 标高以上，白钨矿化主要赋存于 200m 标高以下。

黄婆地钨矿床的矿石在近地表普遍有不同程度的氧化，往深部逐渐过渡为原生矿。其氧化带深度达 30~40m。白钨矿化富集规律有如下特征：矽卡岩体特别发育，如层数多、成群出现，则矿化富集；矽卡岩矿物成分复杂，特别是含钙质矿物较多者，如萤石、钙铁辉石等矿物，则矿化富集；构造变动剧烈，特别是两种构造相交处以及矽卡岩体内部小裂隙发育的地方，则矿化富集。

永平天排山似层状矽卡岩型铜铅锌钨金银矿床的矿物分带比较明显。以十字头－火烧岗成矿斑岩为中心，自下而上，由内向外总体呈辉钼矿－辉钼矿、黄铜矿－黄铜矿、黄铁矿－方铅矿、闪锌矿－金，作正向分带。层状硫化物沿矿层走向自北而南，依次出现方铅矿、闪锌矿、菱铁矿（毒砂）（Pb、Zn、Ag）带→黄铁矿、黄铜矿、白钨矿、磁黄铁矿（Cu、S、Au、W）带→方铅矿、闪锌矿（Pb、Zn）带等矿化分带；而顺倾向则由上而下依次出现黄铜矿、黄铁矿（Cu、S）为主→白钨矿、黄铜矿、黄铁矿（Cu、S、W）组合→（方铅矿）、闪锌矿、白钨矿、黄铜矿、黄铁矿（W、Cu、Zn、S）组合的分带现象，一般下部矿带较上部矿带硫高铜低。

第二节　接触带矽卡岩型钨矿床

接触带矽卡岩型钨矿床主要是指产于岩浆侵入岩体接触带及其附近，并由侵入岩体生成过程中产生的岩浆热液或相关的各类流体和钙质围岩进行接触交代作用形成的钨矿床。这类矿床矿体形态多呈层状、囊状、透镜状，代表性矿床有朱溪、宝山。

一、浮梁县朱溪钨铜矿床

朱溪钨铜矿床位于江西省景德镇市浮梁县与乐平市交界处，矿区北西距离景德镇市 13km，南西距离乐平市 30km，行政区划隶属浮梁县寿安镇、乐平市涌山镇。

朱溪浅部铜矿由江西省地质局物化探大队进行 1:5 万物化探测量时发现，经赣东北大队、九一六大队、冶金地质勘探四队、赣西北大队等开展勘查评价工作，共提交 Cu 6.42×10^4t、Zn 2.44×10^4t、WO_3 0.34×10^4t，并建矿山开采。从 2010 年开始，由江西省地质矿产勘查开发局九一二大队再次勘查，取得了找钨重大突破。截至 2020 年，完成钻孔 53 个，累计总进尺 7.78 万余米。朱溪钨铜矿区 78 线—21 线已提交 333 类 WO_3 资源量 363.40×10^4t，平均品位 0.54%，上表资源储量 WO_3 327.92×10^4t；Cu 10.49×10^4t，平均品位 0.55%，伴生 Cu 23.77×10^4t、伴生 Ag 金属量 2 037t。矿区深边部未完全控制，矿床规模将进一步扩大。

（一）矿区地质

朱溪钨铜矿床处于钦杭构造带江西段萍（乡）乐（平）坳陷带之东端，构造岩片堆叠带朱溪上石炭统—上三叠统组成的单斜式构造岩片中。塔前－赋春推覆深断裂带呈北东向从矿区北面通过。

1. 地层

朱溪矿区及外围出露的地层主要有上青白口统下部万年群、石炭系、二叠系、三叠系以及第四系（图 5-7）。

上青白口统下部万年群（Qb_2^1W）：为一套深海盆地相的泥砂质复理石建造，间伴有海底火山喷发产物。岩性主要为青灰色、灰绿色绢云母千枚岩、含碳绢云千枚岩、砂质绢云母千枚岩、千枚岩、变质（变余）砂岩、绢云母板岩夹变余沉凝灰质板岩。发育纹层理、韵律条带等原生构造，局部浊流沉积特征明显，可见粒序层理及鲍马序列。厚度大于 500m。

上石炭统黄龙组（C_2h）：为一套浅海相沉积，岩性组合为灰白色、浅灰白色（或浅肉红色）厚—巨厚层状白云质灰岩或白云岩，底部局部有厚 1m 左右的黏土岩或厚 0.5~0.8m 厚的石英细砾岩。下与上青白口统下部万年群呈不整合接触，受构造错动，为重要控岩控矿界面。地层厚度为 160~210m。该组为主要赋矿层。

下二叠统马平组（P_1m）：为一套浅海相灰岩，属于地形较封闭和水体环境较为平静的陆表海碳酸盐岩台地沉积环境。岩性为灰色、浅灰色、灰白色厚—巨厚层块状纯灰岩、微晶灰岩、生物碎屑灰岩等。厚度为 120~200m。

中二叠统栖霞组（P_2q）：主要为一套碳酸盐岩台地相沉积。下部为灰色、深灰色中厚层状含碳质灰岩，间夹薄层状碳质页岩，局部含燧石团块，厚度为 90~220m；上部岩性为深灰色厚层状含燧石灰岩，厚度为 75~110m。与下伏马平组呈平行不整合接触。

中二叠统小江边组（P_2x）：为一套灰黑色钙镁质泥（页）岩夹大量灰岩透镜体及少量泥灰岩，局部见沉凝灰岩。厚度为 100~120m。

中二叠统茅口组（P_2m）：下部为灰黑色薄层状硅质岩，中部为灰色、灰黑色薄层中厚层状灰岩；上部为硅质含量较高硅质岩、硅质粉砂岩、硅质页岩等。厚度为 150~200m。

上二叠统乐平组（P_3l）：主要为一套海陆交互相含煤碎屑岩建造。岩性主要为中细粒长石石英砂

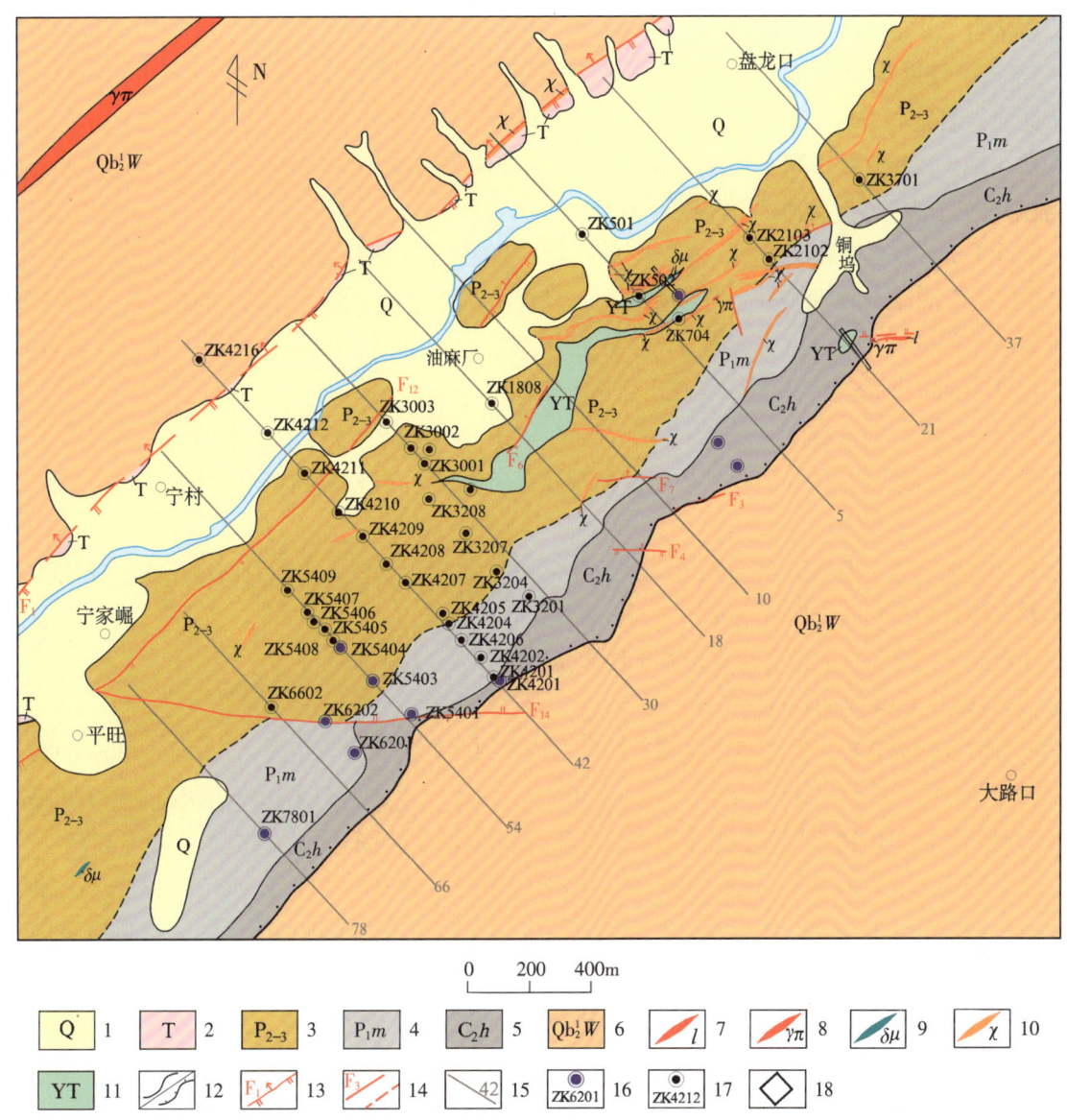

图 5-7 江西省浮梁县朱溪矿区地质简图（据江西省地质矿产勘查开发局九一二大队，2020，修改）

Fig. 5-7 Geological map of Zhuxi mining area, Fuliang County, Jiangxi Province

1—第四系；2—三叠系；3—中—上二叠统；4—下二叠统马平组；5—上石炭统黄龙组；6—上青白口统下部万年群；7—细晶岩；8—花岗斑岩；9—闪长玢岩；10—煌斑岩；11—透闪石－阳起石化带；12—地质界线/平行不整合界线；13—逆冲推覆构造带；14—实/推测断裂；15—勘探线及编号；16—未见矿钻孔；17—见矿钻孔；18—朱溪铜矿采（探）矿权范围。

岩、粉砂岩、含碳页岩，局部夹有煤线。岩层受强烈挤压往往产生倒转褶皱。下与茅口组呈平行不整合接触。厚度在 50m 左右。

上二叠统长兴组（P_3c）：主要为一套内陆海碳酸盐岩台地相沉积。岩性为浅灰色中厚层状微晶灰岩，上部夹白云质及燧石结核，顶部为鲕状灰岩。与下伏乐平组呈整合接触。厚度为 30~150m。

下三叠统（T_1）：被第四系所掩盖，于矿区西南部仅见青龙组零星出露，为薄层灰岩夹泥页岩。

上三叠统安源组（T_3a）：为一套海陆交互相含煤碎屑岩建造。岩性为粉砂质页岩、粉砂岩、细砂岩，部分见砾岩，局部为碳质页岩及煤层。与下伏地层呈角度不整合接触。厚度为 150m。

第四系（Q）：上部为浅黄色亚黏土层，下部为砂土、砂砾石层。厚度为 7~13m。

2. 岩浆岩

1) 形态、规模及展布

矿区成矿岩浆岩为燕山期隐伏花岗岩，岩性呈现为黑云母二长花岗岩株－二云母花岗岩－白云母花岗岩株－碱长花岗岩枝序列，另有花岗闪长斑岩、花岗斑岩以及煌斑岩、闪长岩、闪长玢岩。此外，在23线附近见有晋宁期"断根"的铜矿化花岗闪长斑岩枝。

在标高-400m处出现花岗岩枝，花岗岩株呈多峰状隐伏于1580m深处。总体走向北东，倾向北西，倾角较陡，往深部岩体产状变陡，规模亦变大，呈现出由北西往南东斜向侵位的趋势，与围岩呈侵入接触关系。钠化碱长花岗岩枝、云英岩化二长花岗岩枝，规模较大，钻孔控制岩体视厚度在140~300m之间；标高-1600m以下为黑云母二长花岗岩株。

二云母花岗岩：见于54线—30线之间钻孔中，为矿区规模最大的岩体，呈岩株状。岩体顶部出现云英岩化现象，与万年群变质（粉）砂岩接触带发育角岩化，与晚古生代碳酸盐岩接触带发育矽卡岩化。钻孔中未见底部界面。

白云母花岗岩：主要见于42线—10线之间钻孔中，呈岩舌状侵入于黄龙组地层中，规模较小。由南西向北东侵入，沿侵入方向逐渐变浅。围岩可见强烈矽卡岩化。

花岗斑岩：多为细小岩脉，视厚度几十厘米至数米。

2) 岩石学及岩相学特征

黑云母二长花岗岩株：灰白色，等细粒花岗结构，块状构造，岩石主要由正长石（30%~35%）、斜长石（20%~25%）、石英（30%~35%）和黑云母（5%~10%）组成。副矿物有磷灰石、锆石和榍石等。岩石蚀变明显，长石矿物部分可见泥化和绢云母化，部分黑云母亦有绿泥石化。

二云母花岗岩：灰白色，块状构造。镜下为细粒花岗结构。矿物成分为石英、斜长石、钾长石、黑云母、白云母等。石英含量约40%，粒径0.5mm左右。斜长石含量约20%，绢云母化强烈，可见明显的聚片双晶、卡纳复合双晶、肖钠双晶等。钾长石含量15%，一般发育高岭土化。黑云母含量约15%，半自形片状，部分蚀变强烈，周围可见铁质析出，发生绿泥石化等。白云母含量约10%，自形片状，晶形较好，为原生白云母。

白云母花岗岩：灰白色，块状构造。镜下为细粒花岗结构，矿物成分为石英、长石、白云母以及少量其他矿物。石英含量约60%，粒径0.08~0.15mm。斜长石含量15%左右，蚀变程度较强，但仍明显可见聚片双晶等。钾长石含量15%左右，蚀变程度较弱。白云母含量10%左右，自形程度较好。

钠化碱长花岗岩枝：灰白色，多为等细粒花岗结构，也有中—细粒花岗结构，块状构造。主要由微斜长石（30%~35%）、正长石（10%~15%）、石英（30%~35%）、白云母（10%~15%）、钠长石（2%~5%）、黑云母（1%~2%）组成，含有少量磷灰石、锆石等副矿物。

云英岩化二长花岗岩枝：灰白色，细粒花岗结构，块状构造。主要由石英（45%~55%）、长石（30%~35%）、绢云母（5%~10%）组成，可见细小石英、绢云母交代长石现象，多数长石还见有不同程度的碳酸盐化。

花岗斑岩：灰白色，斑状结构，块状构造，主要由斑晶（15%~20%）和基质（80%~85%）组成。斑晶以石英（8%~10%）和长石（4%~6%）为主，含少量白云母（1%~2%）；基质主要由显微显晶质长英质矿物组成。副矿物有磷灰石、金红石及锆石、榍石等。岩石蚀变较强，绢云母化、碳酸盐化、高岭土化、绿泥石化发育。

3) 岩石化学特征

矿区黑云母二长花岗岩 SiO_2 含量 66.09%~74.46%（平均 70.70%），Al_2O_3 含量 13.12%~18.45%（平均 15.59%），（Na_2O+K_2O）含量 3.59%~4.86%（平均 4.31%），$K_2O>Na_2O$，A/CNK=1.47~2.39（平均 1.91）；ΣREE 为 53.67×10^{-6}~91.24×10^{-6}（平均 77.68×10^{-6}），$\Sigma LREE/\Sigma HREE$=6.73~11.92，δEu=0.42~0.61。

二云母花岗岩 SiO_2 含量变化于 69.37%~74.22% 之间，平均值为 71.24%；Al_2O_3 含量变化于 13.99%~17.62% 之间，平均值为 15.86%；全碱（Na_2O+K_2O）含量变化于 5.52%~7.53% 之间，平均值为 6.45%；K_2O 含量高于 Na_2O。A/CNK 变化于 1.13~2.30 之间，平均值为 1.62，属于过铝质岩石。

白云母花岗岩 SiO_2 含量变化于 73.58%~75.58% 之间，平均值为 74.3%；Al_2O_3 含量变化于 12.74%~15.03% 之间，平均值为 13.52%；全碱（Na_2O+K_2O）含量变化于 2.33%~4.94% 之间，平均值为 3.74%。K_2O 含量一般高于 Na_2O。A/CNK 变化于 1.13~2.48 之间，平均值为 1.49，属于过铝质岩石。

花岗斑岩 SiO_2 含量 75.49%~77.54%（平均 76.52%），Al_2O_3 含量 13.8%~14.1%（平均 13.95%），（Na_2O+K_2O）含量 4.50%~4.55%（平均 4.52%），$K_2O>Na_2O$，A/CNK 平均 2.15；ΣREE 为 18.26×10^{-6}~36.88×10^{-6}（平均 27.3×10^{-6}），$\Sigma LREE/\Sigma HREE$=2.65~5.55，δEu=0.09~0.37，负 Eu 异常明显，$(La/Yb)_N$=2.05~4.87。碱长花岗岩 SiO_2 含量 70.08%~75.12%（平均 71.92%），Al_2O_3 含量 11.58%~14.30%（平均 12.84%），（Na_2O+K_2O）含量 3.09%~4.58%（平均 3.84%），$K_2O>Na_2O$，A/CNK=1.30~1.72（平均 1.48）；ΣREE 为 24.85×10^{-6}~37.6×10^{-6}（平均 31.12×10^{-6}），$\Sigma LREE/\Sigma HREE$=5.39~5.95，δEu=0.42~0.56。云英岩化二长花岗岩 SiO_2 含量 68.12%~75.48%（平均 72.70%），Al_2O_3 含量 10.51%~15.68%（平均 14.08%），（Na_2O+K_2O）含量 2.07%~8.48%（平均 6.42%），$K_2O>Na_2O$，A/CNK=1.44~2.22（平均 1.57）；ΣREE 为 36.35×10^{-6}~103.18×10^{-6}（平均 70.78×10^{-6}），$\Sigma LREE/\Sigma HREE$=6.93~11.13，δEu=0.38~0.92，$(La/Yb)_N$=8.71~21.47。

对朱溪矿区 9 件蚀变花岗岩样品和 4 件蚀变花岗斑岩样品进行主量、微量和稀土元素测试，其结果见表 5-2。主量元素数据显示，矿区内蚀变花岗岩和蚀变花岗斑岩均以富硅、富铝、富钾（SiO_2 含量 77%~79%，Al_2O_3 含量 12.96%~14.13%，K_2O 含量 4.2%~5.1%）为主要特征，钠含量较低（Na_2O=0.6%~0.8%），铝饱和指数 A/CNK 值均大于 1.1（A/CNK=1.03~1.37），属于铝强过饱和型，反映岩浆源自陆壳物质的部分熔融。

在 SiO_2-（Na_2O+K_2O）(wt%) 岩系分类图中，花岗岩类的样品都落在花岗岩区内（图 5-8a），属于高钾钙碱性岩系（图 5-8b）。

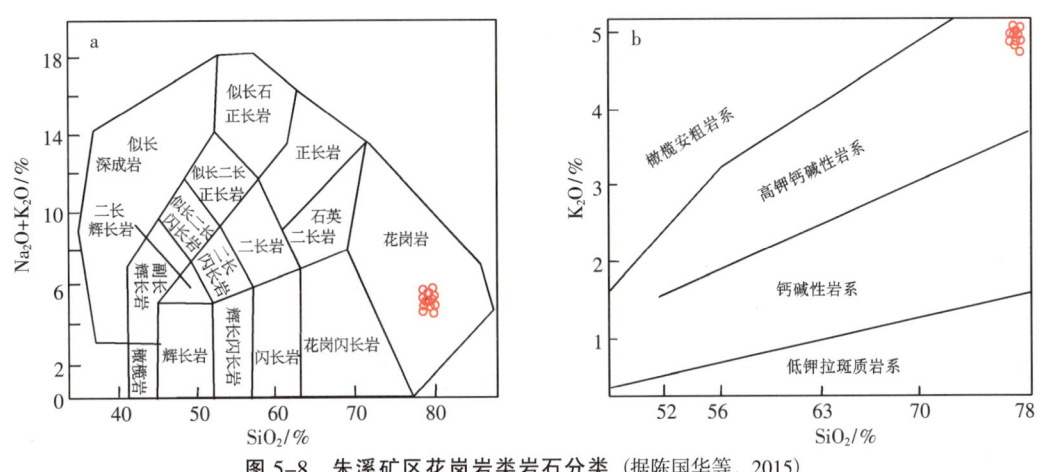

图 5-8 朱溪矿区花岗岩类岩石分类（据陈国华等，2015）

Fig. 5-8 Classification of granite rocks in Zhuxi mining area

表 5-2 朱溪矿区内花岗岩类岩石地球化学分析数据
Table 5-2 Geochemical analysis data of granite in Zhuxi mining area

岩石	蚀变花岗岩										蚀变花岗斑岩			
样品号	1227	1227-1	1227-2	1227-3	1228	1228-1	1228-2	1228-3	1228-4	1229	1229-1	1229-2	1229-3
	主量元素 /%												
SiO$_2$	77.68	77.93	77.69	78.34	78.28	78.09	77.76	78.61	77.85	77.76	77.28	77.82	76.93
TiO$_2$	0.05	0.06	0.05	0.08	0.05	0.05	0.06	0.06	0.07	0.07	0.08	0.08	0.06
Al$_2$O$_3$	14.13	13.56	13.62	12.96	13.95	13.83	13.84	13.71	13.86	13.47	13.84	13.68	14.08
Fe$_2$O$_3$	0.15	0.18	0.19	0.23	0.03	0.03	0.03	0.13	0.18	0.09	0.08	0.15	0.17
FeO	0.08	0.10	0.07	0.07	0.06	0.05	0.05	0.09	0.09	0.08	0.06	0.06	0.05
MnO	0.03	0.03	0.04	0.03	0.02	0.02	0.02	0.02	0.03	0.04	0.05	0.05	0.04
MgO	0.58	0.63	0.62	0.71	0.52	0.51	0.50	0.48	0.63	0.81	0.53	0.49	0.73
CaO	0.89	0.93	1.02	0.98	0.97	0.96	0.96	1.01	0.97	0.86	0.92	0.96	0.89
Na$_2$O	0.56	0.61	0.63	0.56	0.58	0.58	0.57	0.62	0.65	0.62	0.83	0.58	0.56
K$_2$O	4.23	4.41	4.34	4.82	4.31	4.32	4.27	4.91	4.89	4.76	5.03	5.12	5.26
P$_2$O$_5$	0.27	0.26	0.28	0.25	0.25	0.25	0.25	0.26	0.28	0.24	0.30	0.28	0.28
SO$_3$	0.25	0.23	0.34	0.28	0.35	0.32	0.13	0.08	0.21	0.15	0.08	0.11	0.05
LOI	0.86	0.93	1.02	0.91	0.61	0.63	0.46	0.58	0.82	0.58	0.87	0.67	0.73
总量	99.76	99.86	99.91	100.22	99.98	99.64	98.9	100.56	100.53	99.53	99.95	100.05	99.83
A/CNK	1.11	1.06	1.10	1.37	1.26	1.26	1.23	1.16	1.14	1.14	1.08	1.08	1.03

续表 5-2

岩石	蚀变花岗岩									蚀变花岗斑岩			
样品号	1227	1227-1	1227-2	1227-3	1228	1228-1	1228-2	1228-3	1228-4	1229	1229-1	1229-2	1229-3
	微量元素/$\times 10^{-6}$												
Li	50.40	49.71	51.48	52.38	51.67	50.67	50.30	51.21	51.76	51.68	50.92	50.84	50.66
Be	10.34	11.16	11.58	10.63	11.06	10.88	10.78	10.83	11.63	11.53	11.46	11.79	11.54
Sc	1.03	1.20	1.02	1.09	1.13	1.41	1.31	1.26	1.256	1.27	1.18	1.13	1.26
Ti	356	361	334	342	339	346	359	363	358	360	361	349	350
V	1.86	1.86	1.54	1.88	1.76	1.68	1.76	1.73	1.56	1.63	1.83	2.11	1.86
Cr	1.79	1.97	2.28	2.13	2.08	2.36	2.18	1.96	1.79	1.93	1.98	2.11	2.33
Co	1.03	0.22	0.12	0.15	0.17	0.15	0.16	0.18	0.20	0.19	0.17	0.18	0.23
Ga	24.61	25.67	24.24	24.87	24.96	25.32	24.63	25.13	25.68	23.96	24.13	24.65	24.58
Rb	505	551	523	509	513	523	531	538	542	513	509	511	522
Sr	6.44	7.49	6.55	6.86	8.12	7.67	6.39	6.65	7.13	7.24	7.53	6.39	6.68
Zr	34.52	31.33	29.67	30.38	32.36	31.73	32.21	33.10	30.76	31.06	30.88	29.78	32.25
Nb	20.17	21.34	20.41	20.56	20.86	20.96	21.13	21.63	21.18	20.56	20.91	20.68	20.73
Sn	17.22	17.66	16.53	16.63	16.78	16.94	16.98	17.11	17.18	17.31	16.95	16.88	17.03
Cs	80.84	80.73	80.57	75.38	79.88	73.28	78.56	83.12	81.18	79.35	79.68	79.78	81.23
Ba	33.78	42.68	37.58	37.68	39.83	53.36	38.13	39.28	40.18	43.21	41.32	40.73	46.85
Hf	2.05	2.18	1.92	2.10	1.98	2.01	2.13	2.05	1.96	2.21	2.15	2.23	2.31
Ta	12.83	12.48	12.56	12.13	12.69	11.96	12.53	13.13	13.35	12.96	12.85	12.79	13.46
Pb	26.50	35.60	30.43	31.62	33.76	29.40	32.35	31.57	26.80	28.30	34.10	27.80	30.70
Th	1.26	1.59	1.33	1.53	1.60	1.28	1.43	1.63	1.53	1.48	1.63	1.78	1.59
U	17.45	20.50	17.49	18.31	19.18	18.26	19.27	18.82	19.21	19.28	18.36	18.63	19.26
Nb/Ta	1.57	1.71	1.63	1.69	1.64	1.75	1.69	1.65	1.59	1.59	1.63	1.62	1.54
Zr/Hf	16.80	14.40	15.50	14.50	16.30	15.80	15.10	16.10	15.70	14.10	14.40	13.4	14.00
(Th/U)$_N$	0.18	0.20	0.19	0.21	0.21	0.18	0.19	0.22	0.20	0.23	0.24	0.21	0.23

续表 5-2

岩石	蚀变花岗岩									蚀变花岗斑岩			
样品号	1227	1227-1	1227-2	1227-3	1228	1228-1	1228-2	1228-3	1228-4	1229	1229-1	1229-2	1229-3
稀土元素 /×10^{-6}													
La	8.80	9.05	8.75	8.55	9.15	8.65	9.25	4.90	6.41	8.95	11.75	9.05	9.40
Ce	18.25	21.50	18.90	19.10	20.30	20.60	19.30	9.09	10.10	19.55	18.95	20.65	21.90
Pr	2.55	2.65	2.45	2.40	2.35	2.55	3.20	1.33	1.46	2.65	3.15	2.80	2.90
Nd	9.80	11.20	9.75	10.10	10.65	11.40	9.90	5.43	5.02	9.30	9.65	10.65	10.35
Sm	3.70	3.80	3.65	3.95	3.80	3.70	4.05	1.73	1.75	3.80	3.55	3.45	4.25
Eu	0.15	0.20	0.15	0.20	0.15	0.25	0.30	0.12	0.38	0.40	0.65	0.60	0.60
Gd	3.80	4.10	3.95	4.55	4.20	4.05	4.65	1.91	2.09	4.45	4.85	3.80	3.95
Tb	0.65	0.75	0.65	0.70	0.90	1.05	0.75	0.37	0.38	1.15	0.85	0.90	0.75
Dy	4.60	4.95	4.65	4.75	4.80	4.85	4.15	2.21	2.30	5.10	4.55	4.25	5.35
Ho	0.80	1.00	0.80	0.90	0.90	0.95	0.90	0.48	0.38	0.95	0.85	0.90	0.75
Er	2.20	2.70	2.25	2.30	2.55	2.80	2.45	1.22	1.46	2.80	2.65	2.40	3.15
Tm	0.40	0.50	0.40	0.35	0.30	0.45	0.55	0.16	0.17	0.45	0.40	0.45	0.30
Yb	3.20	3.55	3.00	3.40	3.15	3.25	3.65	1.56	1.70	3.55	2.80	3.45	2.60
Lu	0.45	0.55	0.50	0.55	0.55	0.65	0.50	0.28	0.31	0.65	0.55	0.45	0.60
Y	26.20	26.55	24.50	25.65	25.90	26.30	25.80	12.03	11.74	25.25	25.55	24.8	20.65
ΣREE	86	93	84	87	90	92	89	45	46	89	91	89	88
(La/Yb)$_N$	1.90	1.70	2.00	1.70	2.00	1.80	2.10	1.70	1.70	2.80	1.80	2.50	2.40
Eu/Eu*	0.12	0.15	0.12	0.14	0.11	0.20	0.19	0.21	0.30	0.48	0.50	0.61	0.44

(数据引自陈国华等,2015)

在初始地幔标准化配分蛛网图（图5-9）上，矿区内蚀变花岗岩和花岗斑岩都以富集Rb、U、Ta、Pb、Hf，亏损Ba、Sr、La、Ce、Ti为主要特征，属低Ba-Sr花岗岩类。

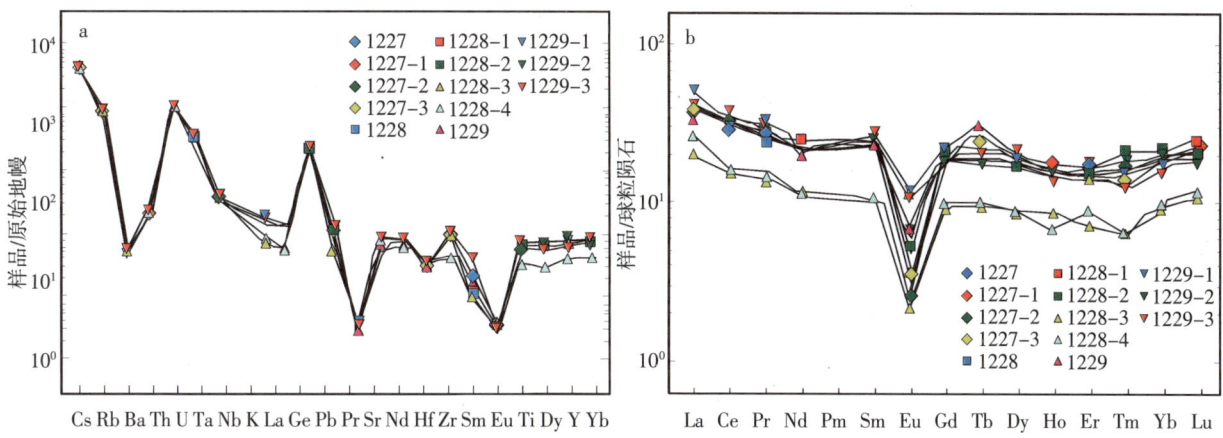

图5-9 朱溪矿区花岗岩类微量元素蛛网图（a）与稀土元素配分曲线（b）（据陈国华等，2015）

Fig. 5-9 Spider diagram of trace elements and REE distribution curve of granite in Zhuxi mining area

综上所述，朱溪隐伏酸性花岗岩类均表现出高硅、高钾、钙碱性—碱性、准铝质—过铝质的特征；稀土总量偏低、ΣLREE/ΣHREE和(La/Yb)$_N$值均大于1、相对富集轻稀土元素而亏损重稀土元素的特点，各花岗岩类稀土配分模式大致平行紧密分布，配分曲线型式总体上基本一致，均表现为具有强负Eu异常、弱正Ce异常的海鸥型轻稀土富集配分曲线，暗示它们之间具有相同的物源，而不同岩石类型之间稀土元素含量、富集或亏损程度不同，明显富集Rb、U、Pb、Zr等大离子亲石元素，亏损Ba、Nb、Ti、Y等元素，总体上属S型花岗岩。

3. 构造

萍（乡）乐（平）坳陷带受九岭逆冲推覆构造作用，自北向南形成毛公尖、景德镇、朱溪、涌山等构造岩片。朱溪矿区处于塔前–赋春逆冲推覆深断裂带下盘朱溪单斜构造岩片中，被景德镇变质岩系组成的岩片叠覆。地层呈北东–南西走向，倾向北西，倾角22°~86°。

1）断裂构造

断裂构造以北东走向的七宝山–朱溪逆冲推覆深断裂东段的塔前–赋春断裂为主体，另有近东西向、北西向和北北东向断裂。

（1）塔前–赋春断裂：宽数米至百余米。在矿区向南东呈铲式陡倾斜，北西侧（上段）将上青白口统下部万年群叠覆于上三叠统安源组之上，在矿区南东侧受推覆构造作用影响，沿上石炭统黄龙组与下伏上青白口统下部万年群浅不整合面产生滑动。在东段镇头—赋春一带产状趋缓，并出现飞来峰、构造窗。该断裂为一条规模巨大的逆冲推覆，为导岩导矿断裂带，控制着矿区多峰式成矿花岗岩与矿床的形成。

（2）东西向断裂：在矿区范围内较为常见，切割新元古代、石炭纪—晚三叠世地层。该组断裂所显示的力学性质主要是压扭性或扭性。其中F_{14}断裂延长大于900m，具压扭性，顺断层岩石破碎，发育构造角砾岩及断层泥，且断层内团块状石英脉发育，千枚岩一侧围岩因受挤压而揉皱。深部东西向隐伏断裂较发育，与北东向断裂复合处往往是岩体侵入和蚀变矿化的重要场所，容易形成较厚的矿体。

（3）北西向断裂：分布于矿区北东部，规模较小，切割石炭纪—二叠纪地层。该组断裂主要显示张性或张扭性特征。

（4）北北东向断裂：规模较小，以压扭性为主。

此外，在朱溪矿区，由于围岩岩性的差异、层理间成分的不同，产生的一系列层间滑动构造，是矿区内脉型矿体的主要控矿构造。

2）褶皱构造

走向 50°~55°、倾向北西的单斜构造岩片中，局部有次级褶皱。

（二）矿床地质

1. 矿体特征

矿体总体走向北东，倾向北西，沿走向已控制长度大于 1200m，沿倾向控制长度近 2000m，且主矿体沿走向和倾向均未封闭，仍有延伸。按矿体空间分布特征、产出形态及赋矿围岩特征，可将矿体分为矽卡岩型白钨铜矿体、蚀变花岗岩型白钨铜矿体、似层状铜（钨）矿体、岩体外接触带云英岩（石英）细脉－网脉型白钨铜矿体和岩体内接触带石英脉型黑钨矿体，构成极为罕见的朱溪式"五位一体"型钨铜矿床（图 5-10、图 5-11）。

矽卡岩型白钨铜矿体：为区内最主要矿体类型，形成于花岗岩株前锋部位，呈层状、顺层产出于不整合错动带上盘黄龙组－马平组中，其中尤以 I 号矿体规模最大。该矿体主要分布于 18 线—66 线，走向北东、延伸 1200m，倾向北西、延深 140~1918m，倾角变化较大（29°~77°），由南东往北西倾角由陡变缓，矿体在剖面上由南东往北西向总体呈现上小下大的特点，上部或边部见有分支，往下部（深部）则合并为厚大矿体；矿体平均厚度 146.66m，WO_3 平均品位 0.57%，Cu 平均品位 0.57%。零星小矿体主要受裂隙带控制，多呈脉状、透镜状产于石炭系黄龙组中上部、二叠系茅口组和栖霞组灰岩中，浅部为铜锌（铅）矿化、中深部为钨铜矿化。

蚀变花岗岩型白钨铜矿体：集中分布于矿区 30 线—54 线，形成于隐伏花岗岩顶盖和花岗岩枝内，具绢云母化、绿泥石化、绿帘石化蚀变，WO_3 平均品位 0.164%，Cu 平均品位 0.28%。

似层状铜（钨）矿体：主要分布于浅部黄龙组中，矿体呈似层状、透镜状，与黄龙组地层产状基本一致。矿体厚度变化较大，品位较富，单条矿体平均厚度 0.96~4.6m，Cu 品位 0.24%~3.29%。

细脉－网脉型白钨铜矿体：此类可进一步细分为云英岩细脉－网脉型白钨矿体和石英细脉－网脉型白钨铜矿体。其中，云英岩细脉－网脉型白钨矿体主要分布于 30 线—54 线，矿体形态呈脉状或透镜状，厚度较薄、变化大，连续性较差，品位低。矿带走向北东、延伸 600m，倾向北西、延深 139~510m；单条矿体厚度 1.70~6.24m，平均 3.60m；单条矿体 WO_3 品位 0.140%~0.298%，平均品位 0.191%。钨矿体由沿层间构造裂隙系统穿插充填的云英岩细脉－网脉带组成，白钨矿主要分布于云英岩细脉－网脉脉壁或脉体内细小裂隙中，脉宽多为 0.5~5.0cm，含脉密度 2~4 条/m，含脉率介于 2%~10% 之间。石英细脉－网脉型白钨铜矿体在区内分布较广，主要产于浅部茅口组和栖霞组中，少部分赋存于 F_2 断裂下盘万年群浅变质岩中。矿体多呈扁透镜状产出，受断裂破碎带、层间错动带等构造控制，以不规则石英细脉、网脉或团块大量出现为特征，部分地段为蚀变碎粉岩、角砾岩。矿带总体走向北东、延伸 300m，倾向北西、延深 106~446m；矿体厚度较薄，连续性差，品位低；单条钨矿体厚度 1.52~4.84m，平均 2.81m；单条矿体 WO_3 品位 0.125%~0.329%，最高品位 0.767%，平均品位 0.226%；低品位铜矿体厚度 5.34m，Cu 品位 0.25%。

第五章 矽卡岩型钨矿床

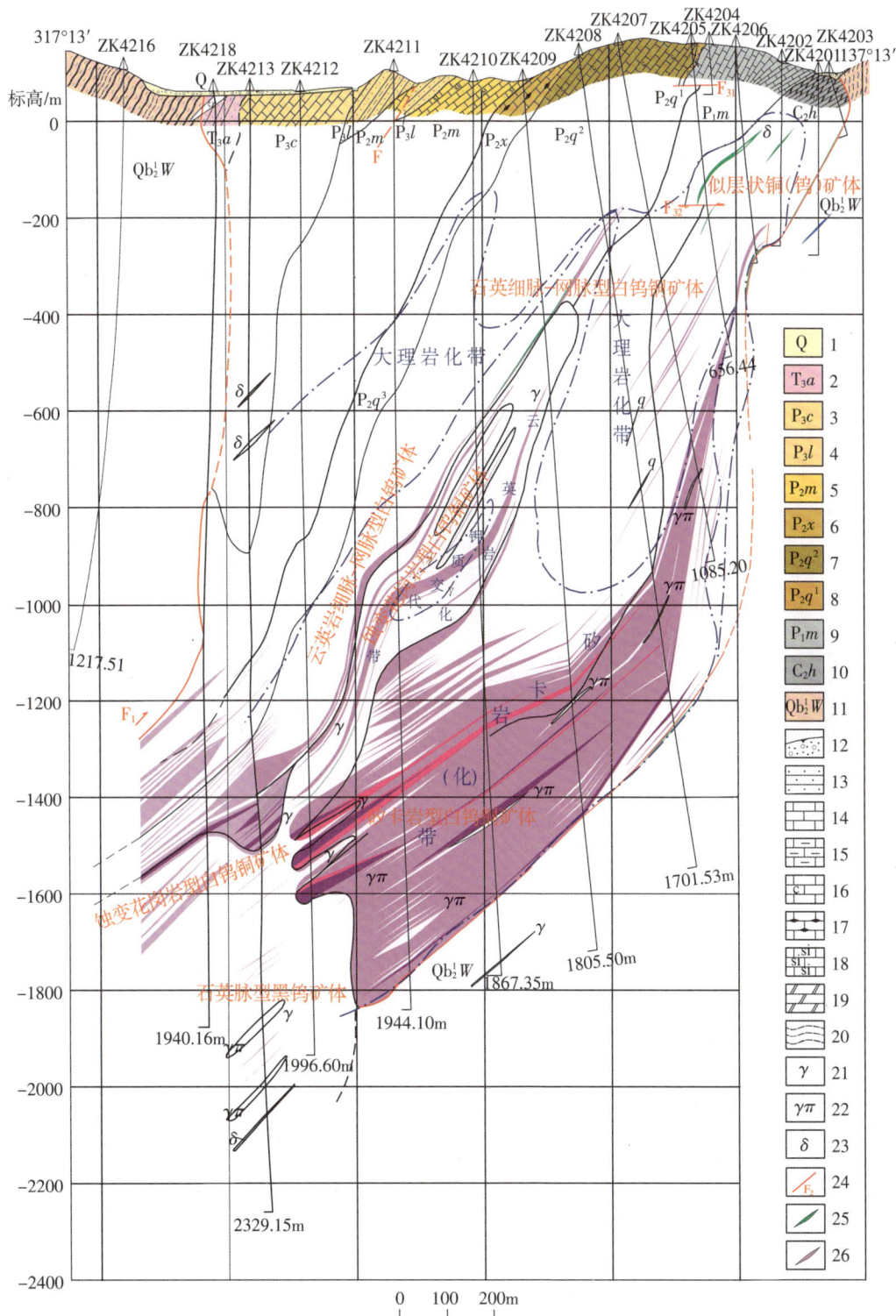

1—第四系；2—上三叠统安源组；3—上二叠统长兴组；4—上二叠统乐平组；5—中二叠统茅口组；6—中二叠统小江边组；7—中二叠统栖霞组上段；8—中二叠统栖霞组下段；9—下二叠统马平组；10—上石炭统黄龙组白云岩段；11—上青白口统下部万年群；12—浮土；13—砂岩；14—灰岩；15—泥质灰岩；16—含碳灰岩；17—燧石灰岩；18—硅质灰岩；19—白云岩；20—千枚岩；21—花岗岩；22—花岗斑岩；23—闪长岩；24—断层；25—铜矿体；26—钨矿体。

图 5-10 朱溪矿区42线矿体特征图

Fig. 5-10 Characteristics of line 42 ore body in Zhuxi mining area

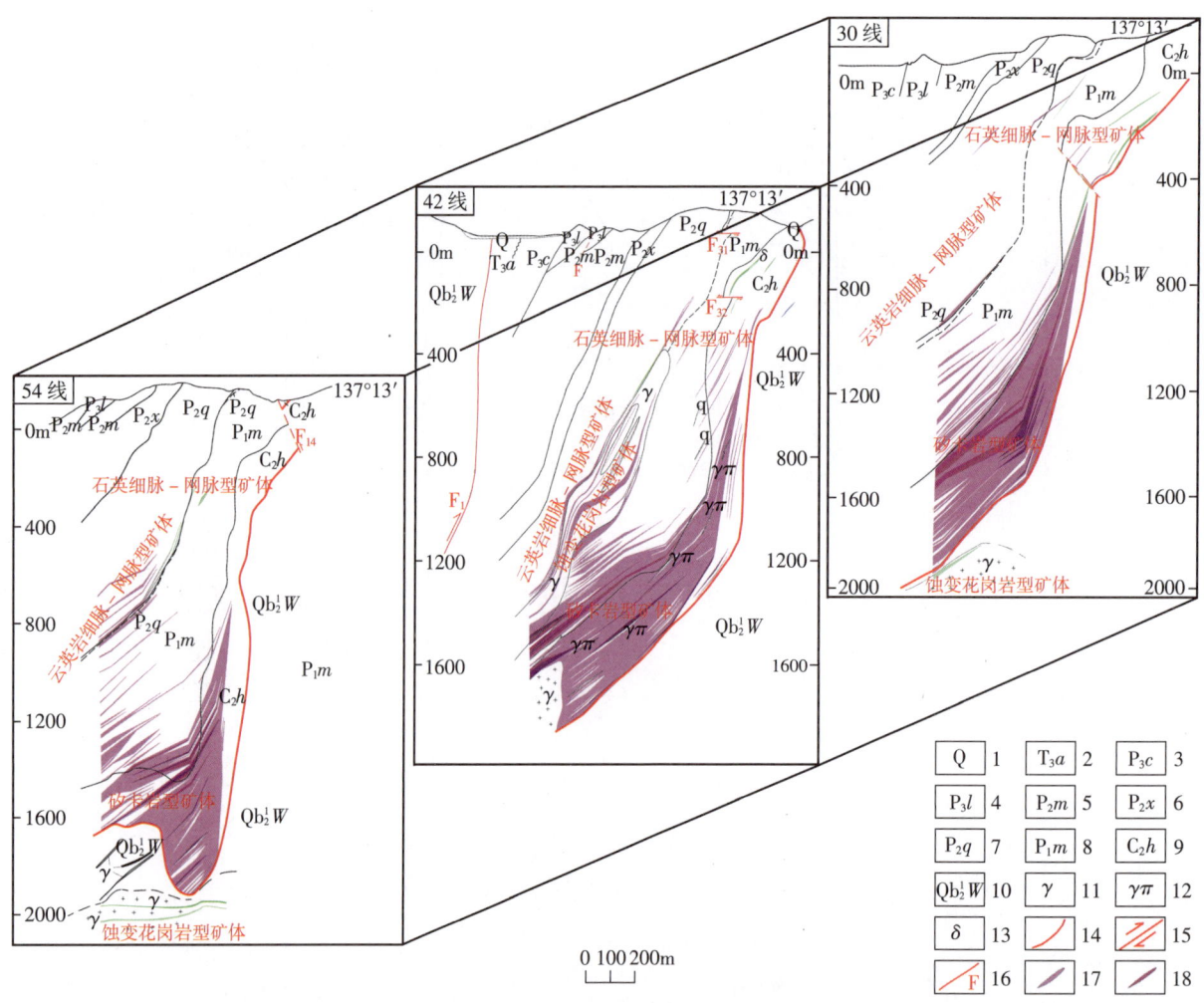

1—第四系；2—上三叠统安源组；3—上二叠统长兴组；4—上二叠统乐平组；5—中二叠统茅口组；6—中二叠统小江边组；7—中二叠统栖霞组；8—下二叠统马平组；9—上石炭统黄龙组；10—上青白口统下部万年群；11—花岗岩；12—花岗斑岩；13—闪长岩；14—不整合滑动面；15—逆冲推覆断裂带；16—断层；17—钨矿体；18—铜矿体。

图5-11 朱溪矿区30-42-54线联合剖面图（据江西省地质矿产勘查开发局九一二大队，2020）

Fig. 5-11 Joint section of line 30-42-54 in Zhuxi mining area

内接触带石英脉型黑钨矿体：此类型矿体系朱溪矿区首次揭露。最新施工完成的 ZK4213 钻孔在岩体内接触带发现多处石英脉型黑钨矿体，可见早期黑钨矿被晚期白钨矿交代的现象。矿体厚度相对较小，品位相对较低且变化较大，单条钨矿体厚度 1~2.5m，WO_3 品位 0.16%~0.43%。

2. 矿石特征

1）矿石类型

依据矿区主要有用矿物及组合对矿石进行分类，主要有白钨矿矿石、黄铜矿矿石、闪锌矿-白钨矿-黄铜矿矿石、黄铜矿-闪锌矿-黄铁矿矿石和辉铜矿矿石等 5 种类型；根据各有用元素的工业利用指标，可分为铅锌（银）矿石、铜（铅锌）矿石、铜（钨）矿石、钨矿石、钨铜（锌）矿石等 5 类；根据赋矿岩石进行分类主要有矽卡岩型矿石，次为蚀变花岗岩型矿石、云英岩细脉-网脉型矿石与石英细脉-网脉型矿石；根据矿石构造进行分类主要有浸染状矿石、脉状矿石，次为块状矿石、条带状矿石、星点状和角砾状矿石。

2) 矿石矿物

金属矿物以白钨矿、黄铜矿为主，次为闪锌矿、黄铁矿、方铅矿、黑钨矿、磁黄铁矿、辉锑矿、辉钼矿、辉铋矿、砷黝铜矿、毒砂等。非金属矿物主要有石英、长石、白云母、绢云母、石榴子石、透辉石、硅灰石、透闪石、阳起石、绿帘石、绿泥石、萤石等，次为蛇纹石、黑云母、电气石、滑石、高岭土、方解石及少量磷灰石、黝帘石、葡萄石、符山石、斜硅镁石、镁橄榄石、雄黄、雌黄。

白钨矿作为朱溪矿床中分布最为广泛的金属矿物，呈白色、米黄色、浅棕色，透明—半透明，具金属光泽—油脂光泽，形成于3个世代；常与黄铜矿、磁黄铁矿、闪锌矿、石榴子石、透辉石、石英等共生，部分白钨矿具交代石榴子石的现象。单偏光下白钨矿呈他形—半自形粒状结构，等轴粒状或不规则状外形，粒径一般为0.1~1mm，大者可达5mm，无色，正极高突起，解理不完全，部分有裂纹，多表现为一级橙黄至橙红干涉色。白钨矿中WO_3含量79.019%~82.27%，平均值80.334%；CaO含量19.754%~20.53%，平均值20%，含有少量的MoO_3（0~0.263%）、SiO_2（0.179%~0.36%）及微量MnO、Cr_2O_3、FeO等，分子式为$Ca_{1.01\sim1.06}W_{0.98\sim0.99}O_4$（胡正华，2015），与白钨矿的理论化学组成$Ca[WO_4]$比较接近。朱溪有色（米黄色—浅棕色）白钨矿、无色白钨矿的颜色成因与这些主量元素无关或关系较小。

朱溪矿区白钨矿常呈星点状、浸染状、脉状以及团块—块状分布于矽卡岩、花岗（斑）岩中，少量产出于变质粉砂岩内石英脉、方解石脉及热液角砾岩中。具体如下：①在矽卡岩矿石中，白钨矿常与黄铜矿或闪锌矿、磁黄铁矿呈团块—块状、浸染状、脉状产于石榴子石矽卡岩或透辉石、透闪石、蛇纹石矽卡岩中，为白钨矿的主要产出形式（图5-12A）；②在花岗（斑）岩矿石中，白钨矿常呈稀疏浸染状产出于云英岩化花岗（斑）岩中，与硅化、白云母化、绢云母化关系密切，同时可见少量呈细脉状独立产出的白钨矿-石英脉（图5-12B）；③在变质粉砂岩内石英脉中，白钨矿常呈浸染状、细脉状产出，与硅化、绿泥石化关系密切，有时与黄铜矿、辉钼矿、闪锌矿、黄铁矿等共生（图5-12C）；④在方解石脉中，白钨矿主要以浸染状形式产出，偶见少量团斑状（图5-12D）；⑤在热液角砾岩中，白钨矿主要以团斑状产出（图5-12E，F）；⑥在栖霞组灰岩中白钨矿主要以细脉-浸染状产出于石英-白云母-绢云母细脉中。

黄铜矿为矿区最主要的铜矿物，其分布仅次于白钨矿。黄铜矿颜色由浅黄色至深黄色，常呈他形粒状集合体产出，粒径一般为0.01~0.5mm，大者可达1.2mm。镜下可见黄铜矿以客晶形式与闪锌矿形成固溶体分离结构而呈乳滴状产出，同时可见黄铜矿交代闪锌矿、磁黄铁矿、白钨矿等现象。

3) 矿石组构

矿石构造以浸染状构造、脉状构造为主，次为块状构造、条带状构造、星点状构造、角砾状构造（图5-13）。矿石结构按照成因类型主要分为结晶结构、交代结构和固溶体分离结构。交代结构包括浸（溶）蚀结构、骸晶结构和交代残余结构等。固溶体分离结构主要有乳滴状结构、格状结构，最主要的是黄铜矿-闪锌矿固溶体，其次黄铁矿-闪锌矿；闪锌矿为主晶，黄铜矿、黄铁矿为客晶最普遍。浸（溶）蚀结构：常见黄铜矿和闪锌矿等矿物沿磁黄铁矿、黄铁矿等矿物的边缘、解理、裂隙部位进行轻度交代，交代边缘凹凸不平。交代残余结构：黄铜矿交代闪锌矿、方铅矿，黄铁矿交代磁黄铁矿，磁铁矿交代黄铁矿，黄铜矿交代黄铁矿等，可见被交代矿物呈岛屿状、不规则状残余，被交代矿物少于交代矿物。骸晶结构：黄铜矿交代自形黄铁矿晶体，并保留后者的残余和外形。

4) 矿石化学成分

矿石组合样多元素化学分析结果显示，矿石中主要有用元素除W、Cu外，伴生有益组分还有Zn、

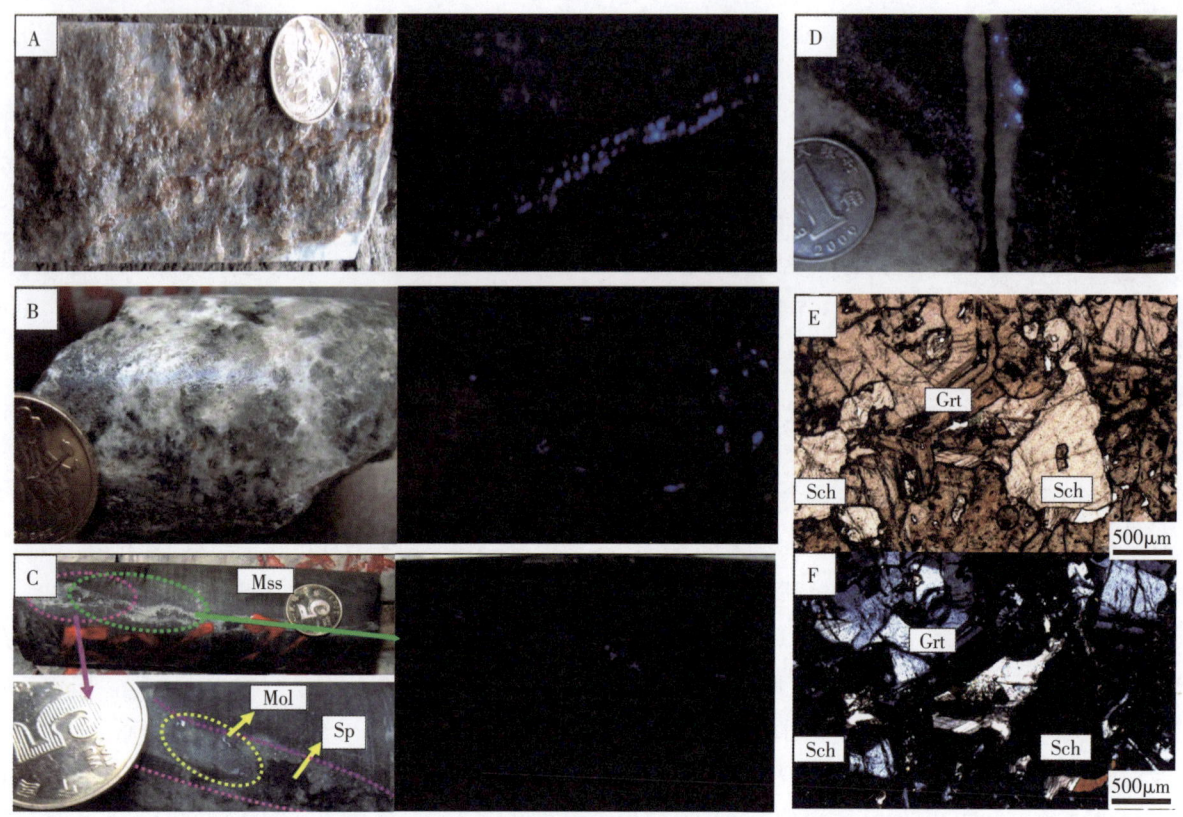

A—浸染状、脉状白钨矿化石榴子石矽卡岩；B—斑点状白钨矿化矽卡岩化花岗岩；
C—粉砂岩中浸染状 Mol+Sp+Sch 矿化含 Chl 石英脉；D—矽卡岩中的 Sch-Cal 脉；E、F—白钨矿交代石榴子石单偏光/正交光下照片；
Sch—白钨矿；Sp—闪锌矿；Mol—辉钼矿；Grt—石榴子石；Mss—变质粉砂岩。

图 5-12　江西省浮梁县朱溪矿区白钨矿矿石照片

Fig. 5-12　Photo of scheelite in Zhuxi mining area, Fuliang County, Jiangxi Province

Pb、Ag、Au、Be、Sn、Mo、Bi、Nb、Ta、Cd、Co、Ga、Ge 等（表 5-3）。

仅有 Ag 达伴生有用组分综合利用指标要求，Ag 平均品位 2.825g/t（钨铜矿伴生有用组分综合利用工业指标 Ag 含量 1g/t）；局部地段 Zn、Be、Sn、Mo、Bi、Cd、Ga 等元素可达伴生有用组分综合利用指标要求。

5）矿物共生组合

朱溪矿区矿物种类繁多，但每种矿物都不是单独产出，而是以特定的矿物组合存在。矿物共生组合主要反映一定成因的一类矿物的共生关系，矿石类型不同，其所代表的矿物共生组合、产出部位及形态、矿石组构、成矿元素等均有所不同（表 5-4）。

3. 围岩蚀变特征

矿区围岩蚀变强烈，蚀变种类较多，主要有矽卡岩化、大理岩化、钾长石化、云英岩化、蛇纹石化、硅化、碳酸盐化、角岩化等，次要有萤石化、绿泥石化、绿帘石化、滑石化、绢云母化等。与区内成矿关系较为密切的主要有矽卡岩化、云英岩化、硅化、萤石化和绿泥石化等，主矿体赋存部位与矽卡岩化空间产出位置及形态近乎一致，且矽卡岩化蚀变越强烈，矿体越厚大，矿石也呈稠密浸染或致密块状。另外，一些脉型矿体则主要与云英岩化、硅化和绿泥石化共生；且硅化对成矿具有叠加作用；而矽卡岩中出现大量的萤石，表明其可以为成矿提供大量的流体，有利于交代成矿作用的发生。

A—ZX4208-1 325.1m 团斑状、稠密浸染状白钨矿化透辉石矽卡岩；B—ZX5406-1 520.5m 稠密浸染状-块状白钨矿+磁黄铁矿+闪锌矿+黄铜矿矽卡岩矿石；C—ZX4210-1 579.3m 浅棕色团斑状-块状白钨矿矿石；D—ZX5406-1 489.4m 大理岩由中心到两侧呈现白钨矿化石榴子石→白钨矿化透辉石透闪石→硅灰石→大理岩对称分布特征；E—ZX5406-1 582.6m 白钨矿+黄铜矿+闪锌矿+磁黄铁矿化石榴子石透辉石矽卡岩；F—黄铜矿呈他形包含闪锌矿，磁黄铁矿呈尖角状交代黄铜矿，黄铜矿呈细小乳滴状弱定向分布于闪锌矿中；G—黄铜矿呈大小不等乳滴状出溶于闪锌矿中；Sch—白钨矿；Cp—黄铜矿；Sp—闪锌矿；Py—黄铁矿；Pyr—磁黄铁矿；Grt—石榴子石；Tre—透闪石；Di—透辉石；Wol—硅灰石。

图 5-13　江西省浮梁县朱溪矿区矿石组构

Fig. 5-13　Ore fabric of Zhuxi mining area, Fuliang County, Jiangxi Province

表 5-3　江西省浮梁县朱溪矿区矿石组合样多元素化学分析结果

Table 5-3　Multi element chemical analysis results of ore combination samples in Zhuxi mining area, Fuliang County, Jiangxi Province

元素	Zn	Pb	Ag	Au	As	Be	Sn	Mo
含量/$\times 10^{-6}$	232.450	29.116	2.825	0.007 8	208.254	70.839	114.974	19.372
元素	Bi	Nb_2O_5	Ta_2O_5	Cd	Co	Ga	Ge	
含量/$\times 10^{-6}$	247.570	7.004	0.666	13.672	3.315	12.822	1.476	

表 5-4　江西省浮梁县朱溪矿区主要矿物共生组合特征表

Table 5-4　Symbiotic assemblage characteristics of main minerals in Zhuxi mining area, Fuliang County, Jiangxi Province

矿石类型		代表性矿物共生组合	矿石构造	产出部位及形态	成矿元素
矽卡岩型	早期矽卡岩矿物共生组合	石榴子石-白钨矿(-黄铜矿-闪锌矿) 石榴子石-透辉石(-石英)-硅灰石-白钨矿 石榴子石-透辉石(-石英)-符山石-白钨矿(-黄铜矿-闪锌矿) 石榴子石-透辉石-透闪石-白钨矿(-黄铜矿-闪锌矿) 透辉石-符山石-硅灰石(-白钨矿-黄铜矿)	浸染状、细脉浸染状、团斑状、星点状	呈厚大似层状、细脉状产于上石炭统黄龙组灰岩段大理岩中，呈皮壳状产于蚀变花岗岩边部	W、Cu 为主，共(伴)生 Zn、Ag 等，局部见 Mo、Zn 等矿化
矽卡岩型	晚期矽卡岩矿物共生组合	透闪石-透辉石(-石榴子石)-白钨矿(-闪锌矿) 透闪石-白钨矿(-黄铜矿) 透闪石-阳起石(-石英)-绿泥石-黄铜矿(-闪锌矿)-白钨矿 透闪石-蛇纹石-绿泥石-绿帘石-白钨矿(-黄铜矿-闪锌矿) 蛇纹石-绿泥石-碳酸盐矿物-白钨矿	细脉浸染状、浸染状、细小团斑状	呈细脉状产于上石炭统黄龙组白云质大理岩中	W、Cu 为主，共(伴)生 Zn、Ag 等，局部见 Mo、Zn 等矿化
蚀变花岗岩型		石英-长石-白云母(绢云母)-绿泥石-方解石-白钨矿(-黄铜矿-闪锌矿-辉钼矿) 石英-白云母(绢云母)-绿泥石-黄铜矿(-闪锌矿)-辉钼矿-黄铁矿 石英-长石-白云母(绢云母)-石榴子石-白钨矿(-透辉石)	细脉浸染状、浸染状、细小团斑状	呈面型产于蚀变花岗岩中，少部分也呈细脉状产于黑云母花岗岩中	W、Cu 为主，局部 Mo、Zn、Pb 等矿化
云英岩细脉-网脉型		石英-白云母(绢云母)-方解石-绿泥石(+萤石)-白钨矿 石英-绢云母-绿泥石-白钨矿(-黄铁矿)	细脉浸染状、星点状	主要呈网脉型产于栖霞组不纯灰岩中，极少部分产于石炭纪碳酸盐岩中	W 为主，偶见 Cu、Mo、Zn 等矿化
石英细脉-网脉型		方解石-石英-绿泥石-黄铜矿(-白钨矿-闪锌矿) 方解石-透闪石-阳起石-绿泥石-黄铁矿(-闪锌矿) 石英-白云石-黄铁矿-黄铜矿-磁黄铁矿-毒砂-闪锌矿 石英-绿泥石-黄铁矿-辉铋矿-方铝矿-闪锌矿 碳酸盐矿物-方解石-方铅矿-蓝铜矿-斑铜矿 碳酸盐矿物-褐铁矿-孔雀石-铜蓝	脉状、土状、蜂窝状	主要呈网脉状产于浅部碳酸盐岩中，局部呈星点状或浸染状产于破碎带中，地表多呈土状、蜂窝状产出	以 W、Cu、Zn 为主，次为 Mo、Pb，局部偶见 Sb 等矿化

矿区围岩蚀变分带明显，以岩体为中心，自内向外产生不同的蚀变分带，岩体的围岩岩性不同又产生不同的分带。当岩体侵入在碳酸盐岩中，自岩体到碳酸盐岩为黑云母花岗岩→钾长石化带→云英岩化花岗岩带→矽卡岩（化）带→大理岩（化）带→大理岩化（云英岩化）灰岩→正常灰岩（白云岩）。当岩体与新元古代浅变质岩接触时，其蚀变较为简单，自岩体由内向外主要为黑云母花岗岩→角岩（化）带→正常千枚岩或变质粉砂岩。

4. 矿化分带特征

矿体类型分带：就目前钻孔控制程度而言，矿体类型在空间上具有一定的分带性。在垂向上表现出深部为蚀变花岗岩型矿体→中深部为矽卡岩型矿体→中浅部为云英岩细脉－网脉（蚀变花岗岩）型矿体→浅部为似层状矿体（图 5-10）。在水平方向上，矿体也具有一定的分带性，矿区南西侧 30 线—54 线间矿体类型较多，以矽卡岩型和蚀变花岗岩型矿体为主，还有规模相对较小的云英岩细脉－网脉型和石英细脉－网脉型矿体（图 5-11）；10 线—30 线矿体类型以矽卡岩型矿体为主，见有较少量石英细脉－网脉型矿体，但规模明显较南西侧偏小；再往北东侧浅部则主要以石英细脉－网脉型矿体为主，深部是否存在矽卡岩型矿体还有待进一步验证。

成矿元素分带：最新勘查成果显示，朱溪矿区成矿元素在水平和垂向上均呈现出较为明显的分带性。水平方向主成矿元素自南西至北东表现出 W→W-Cu-(Fe)→Cu-W→Cu-Zn→Zn-(Pb-Ag) 的矿化分带特征，并具有矿体厚度增大、品位变高、埋藏变深的趋势（图 5-14）；在垂向上由深到浅矿化类型依次出现蚀变花岗岩型钨（－铜）矿化→厚层状矽卡岩型钨－铜（－锌）矿化→脉状矽卡岩型（或脉状云英岩型）钨－铜（－锌）矿化→似层状铜－(锌－铅－钨)。这一特征表明朱溪矿床由南西至北东、由深到浅显示出由高温→中高温的变化趋势。剖面上，42 线剖面由岩体向外到中部至矽卡岩前缘原生晕具有 W+Cu±Sn±Bi→Cu+Zn±Mo±Bi±Sn±Au→Cu+Pb+Zn±Sn±W 的元素分带性（苏晓云等，2015；胡正华，2015），自南东至北西显示出高温→中高温元素分带特征。以上分析表明，深部隐伏花岗岩在成矿作用过程中起着至关重要的作用；此外，水平方向上由北东往南西及垂直方向由深到浅，矿化强度增强（矿体厚度及品位均存在增加趋势），同时有用元素及与之共（伴）生的有益元素种类增多。由此可以推测矿化富集中心可能向南西侧伏，成矿花岗岩体沿塔前－赋春断裂带由南西向北东上侵，为朱溪世界级超大型钨铜多金属矿床的形成提供了充足的成矿物质、源源不断的成矿流体和热能，驱使成矿作用叠生出现。

5. 矿化阶段

朱溪矿床具有多期次、多阶段成矿作用特点。根据矿物共生组合类型、矿物交代和矿脉穿切关系、矿石结构构造特征、成矿作用等，可划分为岩浆岩期、气水热液矿化期和风化期。气水热液矿化期可划分为早期矽卡岩阶段、退化蚀变阶段、云英岩阶段、石英－铜铅锌钨阶段、方解石－钨阶段等。上述 5 个阶段均有钨的富集，以退化蚀变阶段为主（表 5-5），且总体上钨矿形成早于铜矿。

（三）矿床控矿因素分析

1. 断层构造因素

逆冲推覆构造控矿：塔前－赋春深断裂带为矿床导岩导矿断裂带，并控制着上石炭统—上三叠统单斜式沉积岩片。北西侧浅变质岩由于逆冲推覆作用盖在晚古生代碳酸盐岩地层之上，起到了盖层、遮挡层的作用，这对燕山期岩浆侵位、成矿作用中流体的超大规模聚集起到了圈闭作用。逆冲推覆构造是朱溪矿床规模之所以如此巨大的关键性控矿因素之一（欧阳永棚等，2018）。

岩体接触带构造控矿：上石炭统黄龙组含钙白云岩、白云质灰岩是区域也是朱溪矿区利于接触交代成矿最有利地层。成矿岩体与碳酸盐岩的接触带在物理化学性质上具有明显的差异，原生及次生裂隙叠加，有利于矿液的充填交代，从而形成内外接触带矽卡岩型钨铜多金属矿体。

不整合构造错动面控矿：上石炭统与上青白口统下部万年群不整合面上下岩层十分破碎，并且可见有明显的片理化及糜棱岩化，且基底万年群由于含硅较高的泥质－粉砂质岩类的屏蔽隔挡作用，成了矿床底板。朱溪矿区厚大矽卡岩型矿体均赋存于该不整合面上盘。

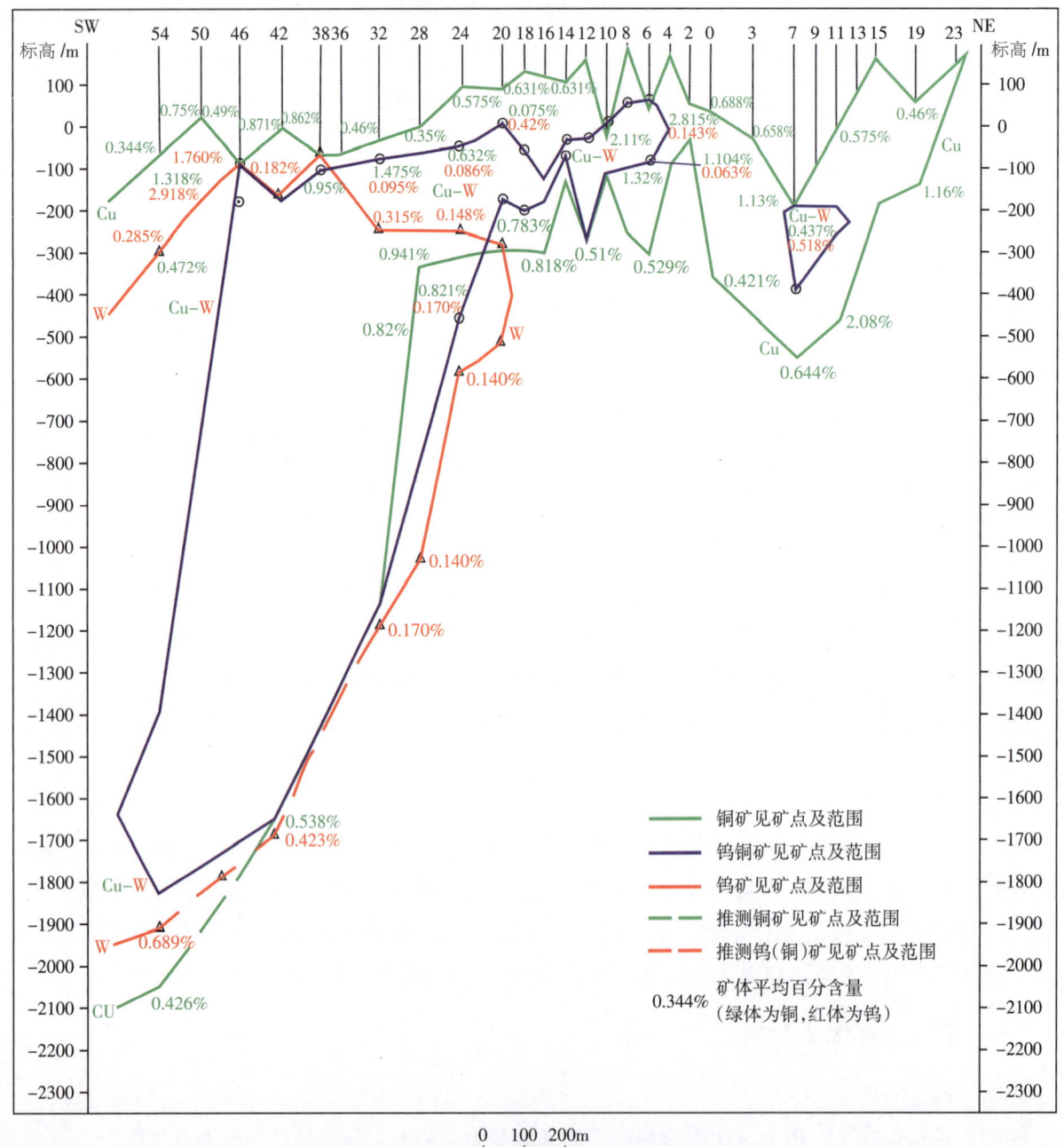

图 5-14　江西省浮梁县朱溪矿区主要成矿元素分布图（据陈国华等，2012，修改）

Fig. 5-14　Distribution of main metallogenic elements in Zhuxi mining area, Fuliang County, Jiangxi Province

表 5-5 江西省浮梁县朱溪矿床矿化阶段的划分及矿物生成顺序表（据胡正华，2015，略修改）

Table 5-5 Division of mineralization stages and mineral generation sequence of Zhuxi deposit in Fuliang County, Jiangxi Province

成矿期	岩浆岩期	气水热液矿化期					风化期
成矿阶段		早期矽卡岩阶段	退化蚀变阶段	云英岩阶段	石英-铜铅锌钨阶段	方解石-钨阶段	
斜长石	●						
黑云母	●		●				
石榴子石Ⅰ		●					
石榴子石Ⅱ		●	●				
石榴子石Ⅲ		●	●				
透辉石Ⅰ		●					
透辉石Ⅱ		●	●				
硅灰石Ⅰ		●					
硅灰石Ⅱ		●	●				
透闪石			●				
符山石			●				
阳起石			●				
镁橄榄石		●					
蛇纹石			●				
绿帘石			●				
绿泥石			●	●			
白钨矿			●	●	●	●	
辉钼矿			●	●	●		
磁黄铁矿			●		●		
毒砂			●		●		
黄铜矿					●		
闪锌矿					●		
方铅矿			●		●		
辉铋矿					●		
辉锑矿					●		
黝铜矿					●		
黝锡矿		●		●			
白云母	●		●		●		
石英			●	●	●		
萤石			●		●		
电气石			●				
绢云母						●	
方解石						●	
葡萄石							●
蓝铜矿							●
铜蓝							●
孔雀石							●
褐铁矿							●
主要矿石构造	—	浸染状	细脉浸染状、脉状、团块状	细脉浸染状	脉状、团块状、团斑状	脉状、浸染状、团斑状	蜂窝状、多孔状、土状
主要矿石结构		自形—半自形	半自形—他形侵蚀交代残余	自形—半自形	格状、乳滴状、侵蚀交代残余	交代、自形—半自形	他形

注：表中透镜体长度表示矿物结晶沉淀时间的相对长短，透镜体的前后端分别表示矿物晶出与结晶结束的次序，透镜体面积代表矿物在矿石中的相对百分含量。

层间裂隙－破碎带构造控矿：由于推覆构造作用影响，加之矿区内围岩岩性和层理间成分的差异，岩层间黏合力不同，受力后容易产生一系列层间滑动、裂隙和破碎带，为岩浆期后热液的运移提供良好的通道，同时含矿热液沿着层间裂隙上升的过程中与碳酸盐岩发生接触交代作用形成含矿矽卡岩脉，更晚期则形成含矿（绢云母）石英脉。

2. 岩浆岩因素

据统计，区内岩浆岩中 Cu、Zn、WO_3 含量均较高，有的岩体已是矿体。花岗闪长岩 Cu 含量 0.38%~0.6%（陈国华等，2012）；42 线多个钻孔揭露到蚀变花岗岩或花岗斑岩，蚀变花岗岩和花岗斑岩中出现全岩白钨矿化并具黄铜矿、辉钼矿、闪锌矿等金属矿化，且多个钻孔在蚀变花岗岩中圈出多层钨铜矿体，厚度主要介于 1.5~20m 之间，WO_3 平均品位介于 0.12%~0.28% 之间。这些成矿元素（氧化物）含量较高的岩浆岩，构成了朱溪矿床成矿母岩。

前已述及朱溪矿区自南西向北东水平方向以及沿倾斜方向由下向上成矿元素依次出现 W→W-Cu-(Fe)→Cu-W→Cu-Zn→Zn-(Pb-Ag)（由高温到中温）变化趋势。这种成矿元素由高温到中温的分带趋势是与岩浆活动有关的成矿作用的基本特点，表明岩浆活动与成矿作用密切相关。

（四）成岩成矿时代

近些年所获得朱溪矿区成岩－成矿测年数据的统计结果表明：朱溪钨铜矿床成岩年龄集中在（146.9±0.97）~（153.5±1）Ma 之间，成矿年龄集中在（144±5）~（153±3）Ma 之间（表 5-6），成岩、成矿年龄在误差范围内较为一致，均发生于晚侏罗世。

表 5-6 江西省浮梁县朱溪矿床燕山期主要成岩–成矿时代

Table 5-6　Main diagenetic metallogenic ages of Yanshanian in Zhuxi deposit, Fuliang County, Jiangxi Province

成岩–成矿时代	测试对象及方法	年龄值/Ma	数据来源
成岩时代	细粒黑云母花岗岩（锆石 U-Pb 法）	146.9±0.97	王先广等，2015a
		149.38±0.86	Song et al., 2018b
		153.5±1	Pan et al., 2018
	花岗斑岩（锆石 U-Pb 法）	151±2、149.5±1.9	李岩等，2014
		148.4±4.3	陈国华等，2015
		148.3±1.4	Song et al., 2018b
		153.4±1、150±1	Pan et al., 2018
	二云母花岗岩（锆石 U-Pb 法）	147±1、148.6±1.3	中国地质大学（北京），2017
	云英岩化(碱长)花岗岩（锆石 U-Pb 法）	152.9±1.7、152.4±3.3	李岩，2014
		149.2±1.5	陈国华等，2015
		149±1	Song et al., 2018b
		152.9±1.7	Pan et al., 2018

续表 5-6

成岩-成矿时代	测试对象及方法	年龄值/Ma	数据来源
成矿时代	白钨矿（Sm-Nd法）	144±5	刘善宝等，2017
	白云母（Ar-Ar法）	150.6±1.5、150.1±1.8	李岩，2014
	辉钼矿（Re-Os法）	145.1±1.5	
		145.9±2.0~148.7±2.2	Pan et al., 2017
	白云母（Ar-Ar法）	145.9±1~150.6±1.5	
	热液榍石（U-Pb法）	153±3	于全等，2017
		148.1±7.4	宋世伟等，2018
		148.9±1.5	
		149.9±1.3	

（五）花岗岩类型

朱溪隐伏黑云母二长花岗岩株具典型的源自地壳的 S 型花岗岩特征，其成钨富铜原因前已述及，与钦杭华南洋潜没带洋壳中混入富铜洋壳有关。

（六）成矿模式与找矿方向

朱溪深隐伏钨矿床的发现，打开了华南"深地"矿床之眼，揭示了钦杭成钨带深部巨大的资源潜力，具有重大典型意义。

1. 成矿模式

燕山早期 S 型花岗岩为朱溪钨铜矿床成矿主因，受导岩导矿的塔前-赋春深断裂带逆冲推覆作用，沿空间与不整合面发生叠瓦式错动，使成矿花岗岩呈多峰状产出，在花岗岩前缘带外接触带形成以矽卡岩为主的钨铜矿体，以黄龙组为最有利围岩，形成厚大层块状主矿体。同时在浅部黄龙组中形成似层状铜钨矿体和石英网脉型钨矿体，在花岗岩顶盖形成蚀变花岗岩型钨铜矿体，在原岩体内形成石英脉型黑钨矿体，构成罕见的以矽卡岩钨铜矿为主体，伴生有似层状铜（钨）矿体、蚀变花岗岩型、云英岩（石英）细脉-网脉型白钨铜矿体和石英脉型黑钨矿体的"五位一体"矿床。其矿床模式见图 5-15。

2. 找矿方向

朱溪矿床上述成矿模式，说明其成矿物质极为丰富。就目前控制程度而言，朱溪矿区范围内由南东往北西、多峰成矿岩体由浅入深钨铜矿体倾角逐渐变缓，矽卡岩化及钨铜矿化总体趋弱，深部未完全控制；水平方向自南西向北东、垂向上由下向上成矿元素依次呈现出 W→W-Cu-(Fe)→Cu-W→Cu-Zn→Zn-(Pb-Ag)（由高温到中温）变化趋势，此类成矿元素的分带特征对找矿具有很好的指示意义。因此，在矿区北东侧具有找寻脉型铜锌银矿体的潜力；尤其在岩体与碳酸盐岩接触带附近、碳酸盐岩与浅变质岩接触部位、破碎带和裂隙等发育处，更有利于钨铜多金属矿的找寻。

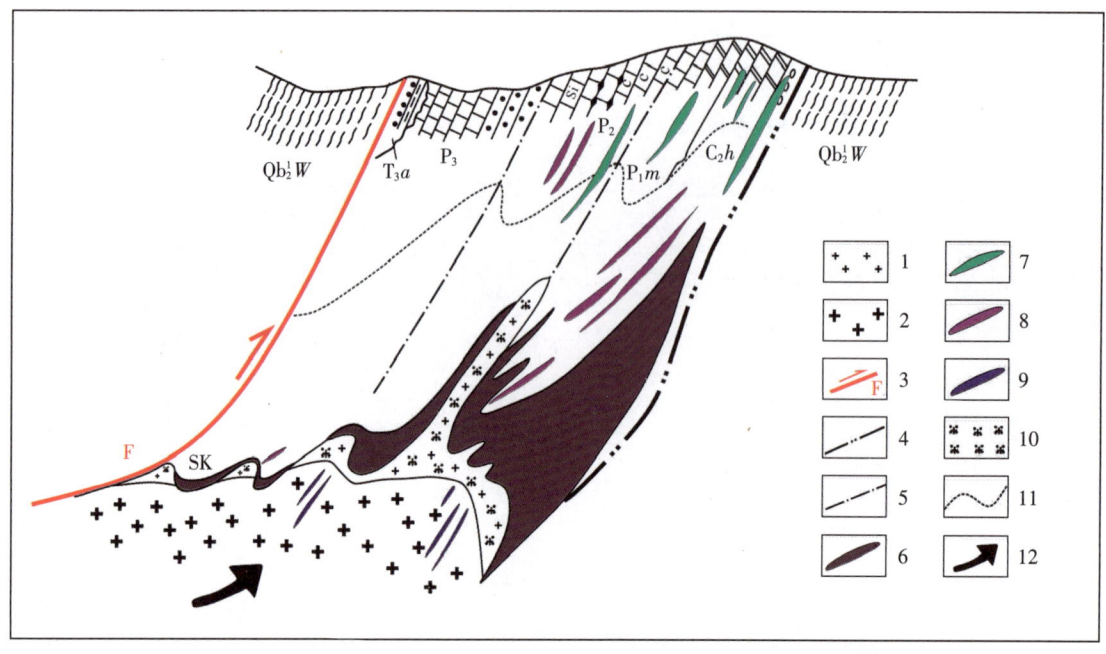

1—晚侏罗世碱长花岗岩枝；2—晚侏罗世黑云母二长花岗岩；3—塔前－赋春逆冲推覆深断裂带；4—不整合面滑动带；5—层间错动带；6—矽卡岩（白）钨铜（银）矿体；7—似层状铜（钨锌）矿体；8—石英细（网）脉白钨矿体；9—石英脉黑钨矿体；10—云英岩化蚀变花岗岩（白）钨铜矿体；11—大理岩化及边界；12—S型成矿花岗岩浆入侵方向；T_3a—上三叠统安源组；P_3—上二叠统；P_2—中二叠统；P_1m—下二叠统马平组；C_2h—上石炭统黄龙组；Qb_2^1W—上青白口统下部万年群；SK—矽卡岩。

图 5-15 "朱溪式"矽卡岩型矿床成矿模式图 （据江西省地质矿产勘查开发局九一二大队，2020）
Fig. 5-15 Metallogenic model of "Zhuxi type" skarn deposit

二、崇义县宝山（铅厂）钨铅锌矿床

宝山（铅厂）钨铅锌矿床位于赣州市崇义县南24km处，行政区划隶属崇义县铅厂镇，是赣南钨成矿区典型的矽卡岩型钨多金属矿床。

宝山（铅厂）矿床开采历史悠久，银铅锌的采冶最早可追溯至宋代始。因采铅，故名铅厂。1955年冶金部地质局江西分局二二○队在本区进行1:5万钨矿普查时，发现矿区西部铁石岭一带有大量炉渣，经采样分析，钨、铅、锌品位都很高，并见花岗岩体侵入石炭纪灰岩地层中，推测有接触交代矿床存在的可能，于是进行了概查，发现北区和南区二地有零星矽卡岩露头，经化验证明有白钨矿存在。1956—1959年江西省地质局钨矿普查勘探大队一分队提交了《江西省崇义县铅厂白钨铅锌地质勘探总结报告》，并计算了白钨、铅锌等矿的储量，矿床规模达中型。1967—2012年，江西有色地勘二队多次在矿区及周围进行勘查，找到了深部白钨、铅锌矿体及独立的银矿体，矿区资源储量进一步扩大。截至2011年底，全区累计查明资源储量：钨 $7.51×10^4t$，铅 $10.79×10^4t$，锌 $9.77×10^4t$，银512t，为一大型钨、铅、锌、银矿，伴生的铜、金、镉、钼、铋等可综合利用。矿区已于1966年投产开发利用，至今形成年产钨（铅、锌、铜）精矿 2000~3000t 能力。

（一）矿区地质

矿床位于诸广隆起中的南北向崇义向斜南端，崇余犹矿集区中部。

1. 地层

矿区出露地层为上古生界，东侧外围为震旦纪浅变质岩系（图 5-16）。

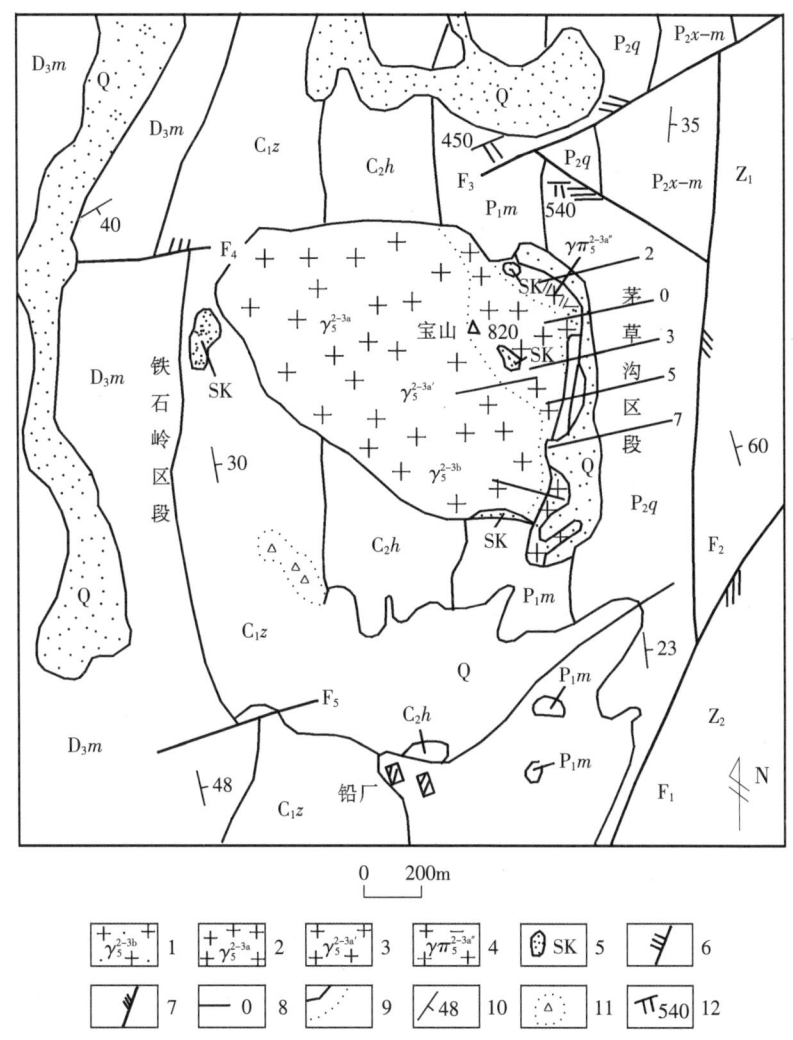

1—细粒黑云母花岗岩；2—中粒黑云母花岗岩；3—粗粒黑云母花岗岩；4—花岗斑岩；5—矽卡岩或矽卡岩矿体；6—张扭性断层；7—压扭性断层；8—勘探线及编号；9—地质界线；10—地层产状；11—古代冶炼炉渣；12—坑道口位置；Q—第四系；P_2x-m—中二叠统茅口组—小江边组并层；P_2q—中二叠统栖霞组；P_1m—下二叠统马平组；C_2h—上石炭统黄龙组；C_1z—下石炭统梓山组；D_3m—上泥盆统麻山组；Z_2—上震旦统；Z_1—下震旦统。

图 5-16　崇义县宝山钨矿区地质图（据曾宪荣等；朱焱龄等，1981，修改）

Fig. 5-16　Geological map of Baoshan tungsten mine area, Chongyi County

上泥盆统麻山组：仅出露于矿区西部边缘，为石英砂岩、粉砂岩、砂质页岩夹一层灰黑色泥质灰岩。

石炭系：是矿区西部铁石岭区段赋矿围岩。下石炭统梓山组，上部为粉砂岩与黑色碳质页岩互层，含劣质煤，下部以石英砂岩为主，夹粉砂岩及页岩；上石炭统黄龙组，为灰白色厚层状白云岩及白云质灰岩，局部大理岩化。

二叠系：下二叠统马平组，下部为结晶灰岩，上部为白色大理岩，是矿区茅草沟区段主要矿化围岩之一；中二叠统栖霞组，为深灰色含燧石结核灰岩，是矿区主要赋矿围岩之一；中二叠统小江边组，为镁质页岩、硅质页岩组合；中二叠统茅口组，为不纯灰岩。

2. 岩浆岩

宝山（铅厂）花岗岩株（面积1.4km²）侵入晚古生代地层中，岩体东侧为栖霞组，西侧与梓山组接触，南、北两侧分别与黄龙组、马平组接触。

岩株内部相为中粒黑云母花岗岩，过渡相为中细粒斑状黑云母花岗岩，边缘相位于东部，为花岗斑岩。此外尚有伟晶岩、细粒花岗岩、细晶岩、长英岩和闪长岩等脉岩侵入岩株中。

中粒黑云母花岗岩同位素年龄为156.6Ma、157.7Ma（SHRIMP锆石U-Pb法，丰成友等，2012；郭春丽等，2011），为燕山早期晚侏罗世产物。据郭春丽等（2011）研究，花岗岩属富碱（K_2O+Na_2O含量7.78%~8.44%）、富钾（K_2O/Na_2O=1.36~2.14）、低钙铁镁钛、铝过饱和（A/CNK=1.03~1.12）、酸性（SiO_2含量69.67%~72.76%）岩石。岩石$\Sigma REE=119.91\times10^{-6}$~$262.92\times10^{-6}$、$\Sigma Ce/\Sigma Y$=3.48~5.43、$\delta Eu$=0.226~0.418；Sr、P、Ti强亏损；$^{87}Sr/^{86}Sr$初始值为0.718~0.7201、$\varepsilon_{Nd}(t)$为-9.4~-8.6，具壳熔S型花岗岩特征。岩石含钨为一般花岗岩的14~29倍（蔡世海，1993）。

宝山花岗岩的SiO_2含量（73.56%~77.04%）更高，P_2O_5含量（0.02%~0.06%）较低，K_2O/Na_2O值为1.13~3.31，平均2.04。

根据稀土和微量元素组成及其配分曲线分布型式，宝山花岗岩具有更强的负Eu异常（δEu=0.14~0.44），稀土配分曲线相对平坦［$(La/Yb)_N$=1.42~3.98）］。在原始地幔标准化微量元素蛛网图上，富集大离子亲石元素（如Th、U、K）和轻稀土元素（如Nd），明显亏损高场强元素（如Sr、P、Ti），相对于Rb和Th明显亏损Ba。

3. 构造

矿床所在崇义向斜，东翼断失，成为单斜构造，为走向南北、长15km、宽2.5km的狭长条带，带内晚古生代地层产状比较稳定，总体向东倾斜。

区内断裂构造发育，主要有北北东—北东向、近南北向和北西向3组断裂。其中，主干断裂为F_1、F_2和F_3。

F_1：出露于矿区东南，走向北北东，倾向南东东，陡倾，延伸达40余千米，是区域一条主干断裂，斜切断陷盆地的南端，使变质岩系逆冲于上古生界之上。

F_2：位于矿区东部，走向南北，倾向东，控制铅厂断陷盆地的东缘，使其东侧变质岩逆冲推覆于二叠系之上。

F_3：走向北东，倾向南东，斜切二叠系，属左行走滑断层。

区内裂隙构造以走向近东西、倾向南、倾角80°~85°的一组最发育，具张剪性质，广泛分布于岩体接触带内外，以内接触带最发育，呈平行密集产出，为含矿石英脉充填，含脉率最高可超过20条/m。

（二）矿床地质

1. 矿体形态、产状、规模

宝山矿体主要产于花岗岩体东（茅草沟区段）、西（铁石岭区段）两侧与大理岩、灰岩接触带上。

铁石岭区段：矿体主要赋存于梓山组顶部与黄龙组底部花岗岩脉发育的部位。矿体厚1.0~13.27m，为钨、铅（锌）银矿体，平均品位：WO_3 0.63%、Pb 1.38%、Zn 2.20%、Ag 29×10^{-6}~250×10^{-6}，属花岗岩体顶部接触带帽壳状的矽卡岩强风化矿体。

茅草沟区段：为矿床主体，矿体产于灰岩与花岗斑岩的接触带上，呈巢状、囊状、透镜状产出，受灰岩层面控制。矿体走向近南北，倾向东，倾角25°~40°，赋矿标高700~150m，分上部（标高700~300m）、下部（300~150m）两部分（图5-17）。

上部矿体：为钨和钨银多金属矿体，分布于岩体长900余米的东接触带上，由7个矿体组成。单个矿体平均长86m，平均延深86m；平均厚10m。岩体与碳酸盐岩的凹部接触构造是矿化富集地段。

下部矿体：为银多金属钨矿体，主要赋存于300~150m标高范围花岗岩的3个凹部内，由9个矿体组成，分布于长600余米的接触带上，呈透镜状、似层状产出。局部单个矿体长31~500m，延深20~400m，厚0.11~60m。

2. 矿化及矿化分带

矿石主要金属矿物有白钨矿、方铅矿、闪锌矿、黄铜矿、辉钼矿、磁铁矿、黄铁矿、磁黄铁矿；非金属矿物有透辉石、石榴子石、硅灰石、绿泥石、绿帘石、长石、萤石、方解石、石英、白云母、绢云母等，其中白钨矿、方铅矿、闪锌矿为矿床主产有用矿物。

矿石中主要有益组分为钨、铅、锌，共（伴）生银、铜。矿床可分为铅锌银钨多金属矿石和矽卡岩型钨（铅锌银）矿石2类。

矿石中银主要以类质同象形式赋存于硫化物矿物中，主要载体矿物为方铅矿（含Ag 3156×10^{-6}~4480×10^{-6}），银分配率为61.6%~85.8%，其次为黄铜矿、磁黄铁矿、闪锌矿等。

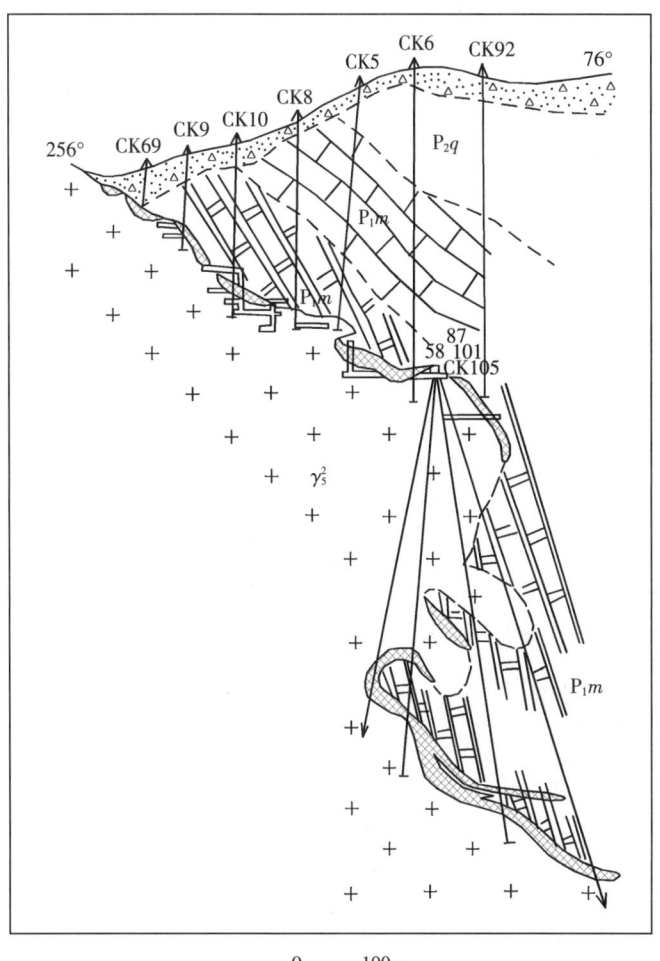

1—大理岩；2—灰岩；3—燕山早期花岗岩；4—白钨铅锌矿体；
5—钻孔及编号；6—坑道

P_2q—中二叠统栖霞组；P_1m—下二叠统马平组。

图5-17 崇义县宝山（铅厂）矿区3线剖面图
（据江西有色地勘二队，1978，修编）

Fig. 5-17 Profile of line 3 in Baoshan tungsten mining area, Chongyi County

独立银矿物有辉银矿、自然银、银黝铜矿、深红银矿、脆银矿、碲硫银锡矿等。银矿物垂向上具明显分带性，自上而下依次为辉银矿带→银黝铜矿带→碲硫银锡矿带。演化上呈现由简单硫化银、自然银向复杂硫盐矿转变。

矿床中，有益组分在水平方向上分布相对较均匀，垂向上总体呈上富下贫的变化趋势，全区有益组分平均含量：WO_3 0.55%、Pb 1.22%~1.64%、Zn 0.85%、Ag 114.50×10^{-6}。

3. 成矿期次与成矿年龄

1）矽卡岩成矿期次

矽卡岩阶段：早期矽卡岩化（硅灰石-石榴子石为主），无金属矿化；晚期矽卡岩化（形成透辉

石 – 石榴子石）有弱的细脉浸染状金属矿化。有益组分平均含量：WO_3 0.07%、Pb 0.14%、Zn 0.07%。

氧化物阶段：主要形成磁铁矿、萤石等，伴有少量白钨矿、辉钼矿化。

2）热液成矿期

硫化物阶段：早期以形成磁黄铁矿、白钨矿为主，伴生方铅矿、闪锌矿矿化；晚期形成方铅矿、闪锌矿、白钨矿、黄铜矿、黄铁矿矿化。该阶段是矿床的主要成矿阶段。

碳酸盐（硫化物）阶段：仅伴生有少量白钨矿、黄铜矿、方铅矿和闪锌矿矿化。

4. 矿化富集规律

（1）富矿体主要赋存于岩体边缘相花岗斑岩与灰岩接触带，而边缘相不发育地段，矿化弱或无矿化；

（2）断裂、裂隙发育，围岩比较破碎的地段，矿化强，矿体规模大；

（3）岩体接触面平缓，超覆或岩体内凹部位，矿化富集；

（4）不同成矿阶段矿脉发育和叠加地段，矿化富集；

（5）含挥发组分矿物（如萤石等）发育部位，白钨矿富集；

（6）含碳质围岩（如黑色条带结晶灰岩）有利于硫化物矿化富集。

5. 围岩蚀变

1）蚀变类型

矽卡岩化是矿区最主要蚀变类型，与成矿关系密切。主要围绕岩体与灰岩接触带分布，其蚀变强弱受接触面破碎程度控制，在接触面较平缓且向岩体内凹部位及围岩强破碎地段矽卡岩化较发育。早期为硅灰石 – 石榴子石矽卡岩化；晚期为透辉石 – 石榴子石矽卡岩化。由岩体内往外依次为蚀变花岗岩带、石榴子石带、透辉石 – 石榴子石带、大理岩化带。

2）蚀变组合及空间展布

花岗岩内部蚀变：岩体内部不同程度出现钾化、钠化、硅化、云英岩化、绢云母化及萤石化，断裂带内及两侧蚀变较为强烈。细粒花岗岩脉、花岗斑岩钠化 – 硅化部位往往伴有浸染状钨钼矿化。

接触带蚀变：宝山花岗岩在侵位演化过程中，对围岩强烈交代，沿接触带形成形态复杂的套筒状蚀变环带。因围岩岩性及构造差异，由浅入深、由内向外，套筒状蚀变环带不同部位的产状形态、矿物组合有明显差异。

3）蚀变组合分带

顶部帽壳状矽卡岩带：岩体顶部与黄龙组 – 船山组碳酸盐岩接触，形成帽壳状矽卡岩带。由于岩体顶面迁就地层产状，顶面矽卡岩向东缓倾，厚度较稳定；周边接触面陡，矽卡岩厚度小，连续性差。该带大部分已被剥蚀，仅在东部茅草沟有残存。

岩体顶面小凹槽部位矽卡岩相对厚大，为钨多金属矿化有利部位。从接触带内侧向围岩，蚀变分带大致为正常花岗岩→钠化硅化花岗岩→石榴子石矽卡岩→石榴子石透辉石矽卡岩→矽卡岩钨铅锌银（萤石）矿体→透闪石绿帘石矽卡岩（→硅灰石矽卡岩）→大理岩→结晶灰岩→灰岩。

上部项圈状矽卡岩环带：岩体上部与黄龙组碳酸盐岩接触，形成矽卡岩环带，而黄龙组厚层—块状灰岩层向东斜套岩体，构成凹槽状接触构造，凹槽部位蚀变较强，矽卡岩相对厚大，构成项圈状矽卡岩环带斜绕岩体产出，为钨多金属矿化有利部位。项圈状矽卡岩环带蚀变分带与帽壳状矽卡岩带基本相同。

下部帽檐状矽卡岩化环带：岩体下部与梓山组碎屑岩接触，热液向接触带外侧沿层间构造渗透交代，含钙砂岩、碳酸盐岩夹层为有利交代岩性段，形成似层状矽卡岩、矽卡岩化砂岩。由接触带向外宽200~500m，构成帽檐状矽卡岩化环带斜绕岩体产出。似层状矽卡岩、矽卡岩化砂岩伴有钨、钼、铅、锌、磁铁矿等金属矿化。

帽檐状矽卡岩化环带内页岩夹层不同程度角岩化。

（三）成岩成矿时代

1. 花岗岩SHRIMP锆石U-Pb测年结果

宝山中细粒黑云母花岗岩中锆石主要为短柱状，长100~300μm，长宽比为3:1~2:1，亦发育岩浆振荡环带。对其中12粒锆石的12次分析，点2.1和点4.1的 $^{206}Pb/^{238}U$ 年龄分别为（327±11）Ma和（221.1±6.7）Ma，从阴极发光图像上看可能为碎屑锆石。其他的10个分析点的 $^{206}Pb/^{238}U$ 年龄为（148.1±6.0）~（164.1±5.9）Ma，均位于谐和线上，$^{206}Pb/^{238}U$ 加权平均年龄为（156.6±3.9）Ma（MSWD=0.58），可代表该花岗岩的结晶年龄，时代为晚侏罗世。

2. 辉钼矿Re-Os同位素测年结果

宝山钨矿5件样品的 ^{187}Re 和 ^{187}Os 含量均较低，分别变化于 $502.0×10^{-9}$~$1171×10^{-9}$ 和 $0.843×10^{-9}$~$2.036×10^{-9}$，获得的5个模式年龄十分一致，为（160.0±3.1）~（163.8±7.2）Ma，加权平均年龄为（161.0±1.9）Ma（MSWD=0.35），$^{187}Re-^{187}Os$ 等时线年龄为（162.9±5.1）Ma（MSWD=0.40），与花岗岩成岩年龄比时代偏早，有待进一步研究。

（四）矿床成因

矿区花岗岩体富含矿化元素，含钨为一般花岗岩的14~29倍。空间上钨银多金属矿体产于岩体内外接触带，矿体形态、产状、规模乃至矿化富集均受岩体接触带形态、产状控制；矿床硫同位素组成 $δ^{34}S$ 为–0.8‰~3.0‰，具陨石硫特征，应源自岩浆。矿床为与燕山期S型花岗岩有关的接触交代矽卡岩型白钨矿床。

（五）找矿方向

宝山矿区花岗岩体顶部帽壳状矿化矽卡岩，岩体接触带内侧有浸染状钨钼矿化蚀变花岗岩，接触带茅草沟下矿带下方产出铁石岭矿带（即共4层矿化矽卡岩项圈），其下伏有梓山组似层状矿化矽卡岩，深部梓山组底部有富硫化物矿化矽卡岩，接触带外侧有裂隙充填型钼多金属矿脉分布共6种矿化类型。接触带上部凹槽项圈状矿化矽卡岩环带、外接触带梓山组帽檐状矿化矽卡岩环带是矿区今后勘查主探对象，内接触带浸染型钨钼矿化蚀变花岗岩、梓山组底部富硫化物多金属矿化矽卡岩是矿区整体勘查工作中兼顾探索与评价的对象（韦星林等，2010）。矿区西南部在钻孔深150m处发现古采矿遗迹，有待进一步探索。

矿山地质工作者认为，尽管成矿元素的矿化富集呈现出由北西向南东方向减弱的趋势，但不排除茅草沟南东方向深部存在赋矿"凹槽"的可能性。这是因为15线附近深部-300~-500m范围矿体矿化情况良好，品位较高，WO_3平均品位0.568%、Pb平均品位2.389%、Zn平均品位2.001%、Ag平均品位大于150g/t，表明深部仍具成矿潜力（蔡富春等，2015，2016）。

第三节　似层状矽卡岩型钨矿床

似层状矽卡岩型钨矿床主要是指产于岩浆侵入岩体生成过程中产生的岩浆热液成矿流体侵入外接触带中特定含钙质围岩中，通过接触交代作用形成的钨矿床，受层位控制，矿体形态呈多层状、似层状，代表性矿床有香炉山、张天罗-大岩下、焦里、黄婆地、永平天排山。

一、修水县香炉山钨矿田

香炉山钨矿田地处江西北部赣鄂交界的九宫山地区，地理坐标东经114°19′45″—114°27′10″、北纬29°16′00″—29°19′50″，面积约840km²，是赣北重要的钨多金属矿集区之一。矿田分香炉山矿区和张天罗-大岩下矿区（图5-18）。

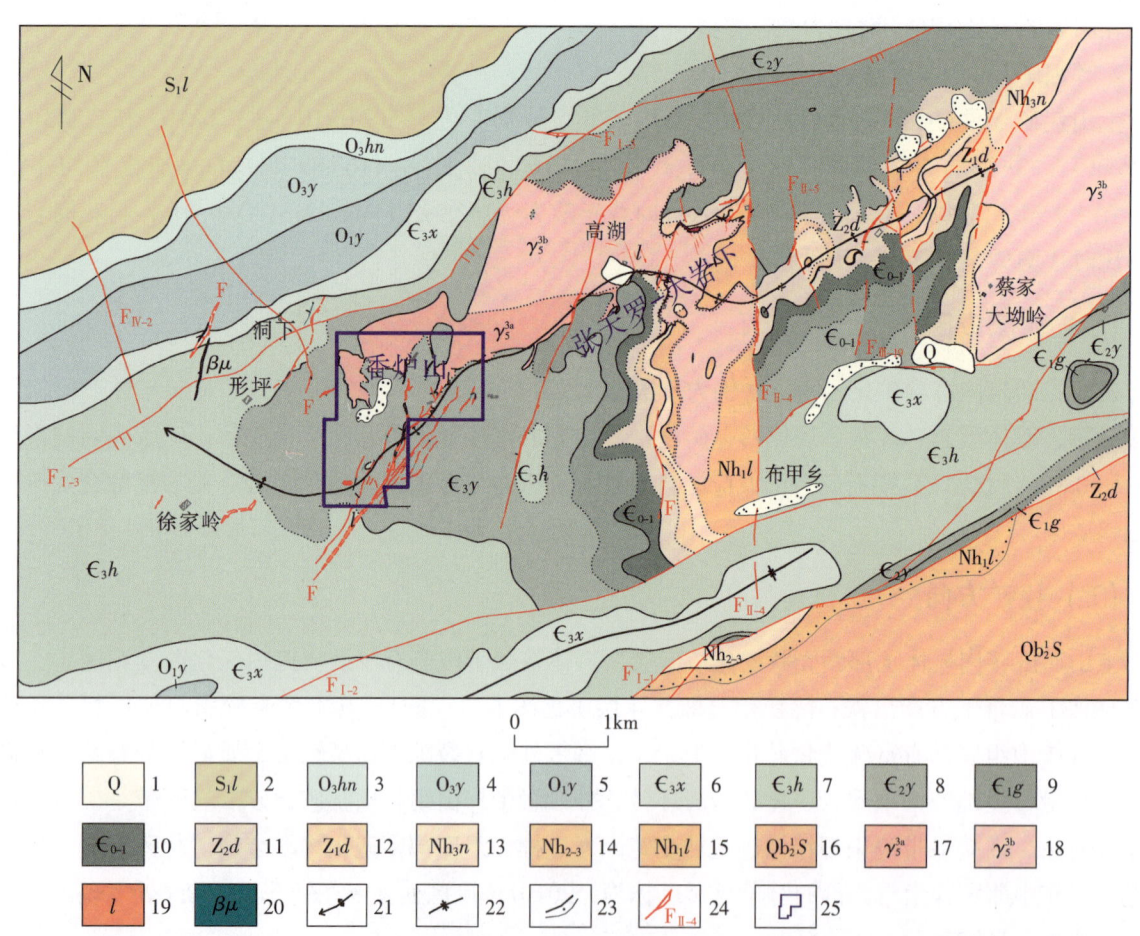

1—第四系；2—下志留统梨树窝组；3—上奥陶统黄泥岗组；4—上奥陶统砚瓦山组；5—下奥陶统印诸埠组；6—上寒武统西阳山组；7—上寒武统华严寺组；8—中寒武统杨柳岗组；9—下寒武统观音堂组；10—底下寒武统；11—上震旦统灯影组；12—下震旦统陡山沱组；13—上南华统南沱组；14—中上南华统；15—下南华统莲沱组；16—上青白口统下部双桥山群；17—燕山晚期细粒黑云母二长花岗岩；18—燕山晚期中细粒黑云母二长花岗岩；19—细晶岩；20—辉绿岩；21—倾伏背斜轴；22—向斜轴；23—地质界线及地层不整合界线；24—断层及编号；25—矿区范围。

图5-18　修水县香炉山钨矿田区域简图（据江西省地质矿产勘查开发局赣西北大队资料，2021，修改）

Fig. 5-18　Regional diagram of Xianglushan tungsten ore field in Xiushui County

香炉山钨矿曾经是江西规模最大的钨矿床，对赣北地区寻找白钨矿床起到了积极的作用。矿床于1957年由冶金部地质局江西分局二二〇队（1958年改组为江西省地质局区域测量大队）发现，九江专区地质队、物化探大队陆续进行过矿区地质、物化探查评工作。1977—1988年，江西省地质局赣西北大队对该矿床进行勘查，并提交矿区详查地质报告。后经勘查，累计查明WO_3资源储量$21.9764×10^4t$，近期又查明香炉山西延的洞下（形坪）区段资源储量$2.2×10^4t$，合计达$24.1764×10^4t$，深部接触带未完全控制，为一超大型钨矿床。矿区于1987年建矿，1991年投产。

张天罗-大岩下矿区是21世纪初，江西省地质矿产勘查开发局赣西北大队在香炉山矿床边缘及外围开展钨矿普查，陆续发现和探明的白钨矿床，规模达大型。

（一）修水县香炉山钨矿

1. 矿区地质

香炉山矿区位于九岭隆起与九江坳陷接壤处，区域上处于北东向香炉山背斜南西倾伏端、香炉山钨矿田西南段（见图3-17）。

1) 地层

矿区出露地层有杨柳岗组、华严寺组、西阳山组和印诸埠组，外围有南华系、震旦系和志留系。

杨柳岗组由薄—中厚层状含碳泥硅质灰岩和灰质泥岩组成，多已变质为钙硅角岩，矿床（体）基本赋存在杨柳岗组不纯灰岩与花岗岩接触带上，为主要赋矿地层。华严寺组为薄—中厚层条带状灰岩与微晶瘤状灰岩不等厚互层，夹层状灰岩，偶夹角砾状灰岩。西阳山组为扁豆状、透镜状、似条带状灰岩夹薄—中厚层状灰岩。印诸埠组以薄—中厚层状泥页岩为主，夹灰岩透镜体或钙质结核。

2) 岩浆岩

矿区主体为燕山晚期黑云母二长花岗岩，其次有细晶岩脉和煌斑岩脉。

黑云母二长花岗岩侵位于香炉山背斜核部，绝大部分隐伏于地下。岩体与背斜形态一致，总体呈北东走向，向西南倾伏，倾伏角15°~25°。伴生的脉岩有细晶岩、辉绿岩。主要分布在香炉山背斜以南（背斜南东翼），充填在断裂内。北北东—北东向成群产出，倾向以南东为主，倾角大于70°。细晶岩边缘局部成生有小钨矿体和铅锌银矿体，辉绿岩斜切地层，与岩体、矿体关系不清。

岩体K-Ar法同位素年龄为131.1~125.9Ma，系燕山晚期产物。岩体剥蚀极浅，边缘相为黑云母花岗岩，呈面形展布，厚20~120m。相带厚度由东向西有增大趋势。内部相为中细粒黑云母二长花岗岩。

矿区主岩体为酸性（SiO_2含量71.8%~74.21%）、铝过饱和至偏铝质（A/CNK=0.99~1.05）、富钾（K_2O/Na_2O=1.51~1.69）钙碱性岩石，富含W、Bi、Ag、Cu、Mo等成矿元素，为同类岩石维氏值（1962）的3~62倍不等。

岩石ΣREE为$185×10^{-6}$~$242×10^{-6}$，$\Sigma Ce/\Sigma Y$为2.46~2.54，δEu为0.32~0.34，Eu亏损较明显，稀土配分曲线呈向右倾斜的"V"形，为轻稀土富集型。岩石$^{87}Sr/^{86}Sr$初始值为0.71305（张家菁等，2008），具壳源重熔S型花岗岩特征。

细晶岩脉和煌斑岩脉主要分布在背斜南东翼，并充填于北北东—北东向断裂中，成群出现，长数百米至3000m，切割矿脉，形成于成矿后。

3) 构造

矿区位于长江中下游坳陷带，九江坳陷西部与九宫山隆起交接地带。

香炉山背斜核部呈北东向横贯矿区，控制着矿区和矿床地质形态。

香炉山背斜在成岩成矿过程中起着主导作用，导致岩体、矿床形态与背斜构造高度协调，属宽缓型倾伏背斜。背斜长大于 8km，东延至太阳山，被太阳山花岗岩体所截，西延倾伏于付水井，宽 3~4km，矿区范围内出露长 3.4km。枢纽呈正弦曲线起伏。总体呈北东（55°）方向展布。背斜倾伏角 10°~25°，两翼岩层倾角 10°~35°。南翼略陡，核部产状近乎水平，倾角小于 10°。震旦系构成背斜核部，翼部由寒武系构成。由于花岗岩体侵占核部，上述地层岩石均遭热变质作用，转变为角岩或角岩化岩石。矿床主要赋存在背斜核部接触带上。

矿区内断裂可分为北北西向、北北东—北东向两组。北北西向断裂切割地层，倾向总体呈南西西，局部反倾，倾角 45°~88°，沿走向长 80~580m，最宽处 6.8m。构造面平直、弯曲并存，局部见似角砾、角砾岩，属张扭性。北北东—北东向断裂主要分布在背斜南东翼，呈 12°~40°方向斜切地层、岩体、矿体。倾向南东，局部反倾，倾角 47°~84°。走向长 100~1860m，断裂带宽 0~15m，断面呈缓波状，常见压碎岩、透镜体，属压扭性。此组断裂常被后期脉岩充填。

矿区层间挤压带厚数厘米至数十厘米，最厚 1m。主要发育在接触带外侧，且多被矿体充填。远离接触带矿体的层间挤压带保存较好。挤压带主要特征为岩石破碎，发育破劈理、透镜体，有较强的硅化、绿泥石化。层间挤压带对矿床成生的贡献较上述两组断裂更大。

4）变质作用及变质岩

矿区所有岩石地层遭受热变质作用，原岩转化为各种角岩及角岩化岩石。根据标志矿物及其组合，划分了两个变质带。

（1）透辉石-黑云母变质带（Di-Bi）：标志矿物有透辉石、黑云母、石榴子石、红柱石、符山石、钾长石、斜长石等。由这些矿物参与构成的岩石为角岩类岩石。主要岩石有钙硅角岩、长英角岩、矽卡岩化角岩等，主要特点是具隐晶质-细粒角岩结构，条纹条带构造。角岩带分布在接触带附近，带宽 48~145m。

（2）透闪石-绢云母变质带（Tr-Ser）：标志矿物有透闪石、阳起石、绢云母、绿泥石、绿帘石、高岭石等。角岩化岩石主要有透闪石化大理岩、透闪石绢云母化板状灰质泥岩、绢云母化（含）碳质板状泥岩、板状斑点泥岩、板状含碳泥硅质岩、大理岩化灰岩等。岩石基本保留原岩特点，具变余结构。

角岩化岩石分布在角岩带外侧。带宽 300~1000m，两者过渡接触。矿体主要赋存在透辉石-黑云母变质带（Di-Bi）中钙硅角岩与花岗岩接触带上。

5）围岩蚀变

岩体内外接触带岩石普遍遭受蚀变，其范围相对热变质较小但更强烈，主要蚀变类型有矽卡岩化、云英岩化和硅化，绿帘石化、方解石化、萤石化等次之。

矽卡岩化：是钨矿成矿阶段的主要蚀变，与成矿关系最为密切。广泛分布于岩体接触带及钨矿体内，厚 30~50m。岩石黄绿色，呈条带状，板状构造，主要由透辉石、透闪石、绿泥石、绿帘石、硅灰石、石英、白云母组成，常伴生较强的白钨矿、磁黄铁矿等金属矿化。

云英岩化：广泛分布在接触带的细粒花岗岩及钨矿体顶底板。厚 50~100m。石英、白云母呈粒状、片状、不规则细小鳞片状集合体，普遍交代长石和黑云母等矿物。云英岩化的细粒黑云母花岗岩呈灰白色。

硅化和萤石化：基本为石英-硫化物阶段蚀变。主要分布在矿体及其外30~50m围岩中。总的趋势是越近接触带蚀变越强，常与硫化物等金属矿化相伴而生。蚀变矿物主要交代铁镁矿物和长英质矿物，硅化呈面状、带状产出，萤石化则呈浸染状、不规则细小团块状不均匀分布。

方解石化、绿泥石化、高岭土化：广泛分布于矿区各类岩（矿）石中，为成矿期后或成矿晚阶段蚀变。

2. 矿床地质

香炉山钨矿为半隐伏钨矿床，包括香炉山和背斜南西倾末端的洞下（形坪）两个区段，并以前者为主。

1）矿床特征

矿体产于香炉山背斜倾伏端，赋存在侵入于背斜核部的燕山晚期黑云母二长花岗岩与中寒武统杨柳岗组含碳硅质泥质灰岩接触带上。矿体呈面形展布，总体呈北东-南西向展布，埋深40~450m，分布于标高400m以上，由接触带、内接触带和外接触带3类50个钨矿体组成，工业矿体主要分布于0线—24线1200m标高范围内。

接触带似层状矿体：为矿床主要矿体，WO_3资源储量占全区总量的90%，共有钨矿体2个，其中1W为主矿体。矿体产于以背斜核部为中心的接触带上，为受平缓岩体侵入界面与背斜核部杨柳岗组平缓产状形成的接触带控制的似层状矿体，中部厚，两端薄。矿体长1800余米，倾斜长400~1000m，厚1~45.59m。其中，主矿体长1250m；倾斜长305~813m，平均576m；厚0.44~45.59m，平均12.69m；埋深40~300m；矿头标高658~358m。WO_3资源储量约占全区总量的82%。矿体顺背斜发育，呈北东向展布，背斜脊部最厚，平均28.53m；翼部渐薄，平均7.8m；含矿系数0.99。

内接触带矿体：代表性矿体5W，与6W、7W构成一组近乎平行的矿体产于矿区背斜西北翼，接触带矿体之下，离接触带界面70~150m的捕虏体中，WO_3资源储量约占全区总量的10%，共有矿体14个。主要有3个近于平行的似层状、扁豆状矿体，矿体走向北东，倾向北西，倾角11°~65°。单个矿体长50~250m，倾斜长20~290m，厚1.5~25.52m。主矿体长250m，平均倾斜长160m，平均厚8.28m，埋深230~410m，含矿系数1。

外接触带矿体：产于岩体外接触带40~100m的围岩中（图5-19、图5-20），主要受层理、层间破碎带和岩性控制，多分布在产状较陡的背斜南东翼，WO_3资源储量占全区总量的5%。共有矿体34个，多为小透镜体，单个矿体一般长50~150m，倾斜长17~230m，厚0.55~13.95m，矿头标高200~703m。主矿体长350m，倾斜长65~350m，平均174m；厚8.74~25.52m，平均16.21m；埋深150~250m。

矿区内主要矿体特征见表5-7。

矿区的矿石矿物组分较复杂，通过光片、薄片、微化分析、激光光谱分析、X-射线粉晶分析，确认存在57种矿物（表5-8）。

主要金属矿物为白钨矿（约占重砂矿物的10.37%）、磁黄铁矿（占6.44%）、黄铁矿、白铁矿（占60.96%）、黄铜矿（占0.68%）、闪锌矿（占1.82%）、方铅矿（微量）。主要非金属矿物为石英、钾长石、斜长石、透辉石、方解石。

矿石结构按成生特点划分3类12种。主要结构为粒状结构、填隙结构、熔蚀结构、共生边界结构和固熔体结构。矿石构造主要有浸染-条纹条带状构造，其次为不规则团块状构造、显微脉状构造。

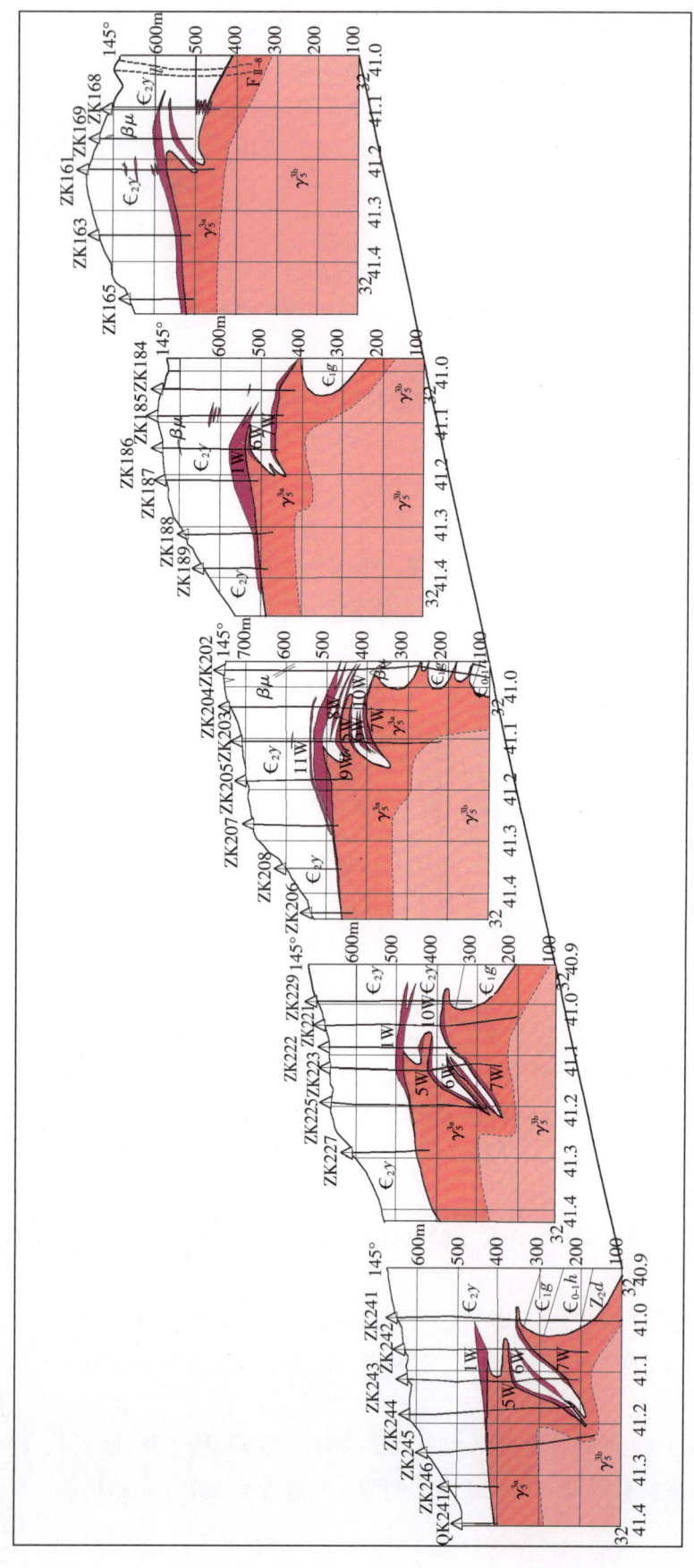

图 5-19 香炉山矿床 16 线—24 线矿体形态及组合规律剖面对比示意图

Fig. 5-19 Comparison diagram of ore body shape and combination law profile of line 16—line 24 of Xianglushan deposit

1—中寒武统杨柳岗组；2—下寒武统观音堂组；3—底下寒武统荷塘组；4—上震旦统灯影组；5—燕山晚期细粒黑云母花岗岩（边缘相）；6—燕山晚期中细粒黑云母花岗岩（内部相）；7—辉绿岩；8—破碎带及编号；9—矽卡岩型钨矿体；10—控制钻孔及编号。

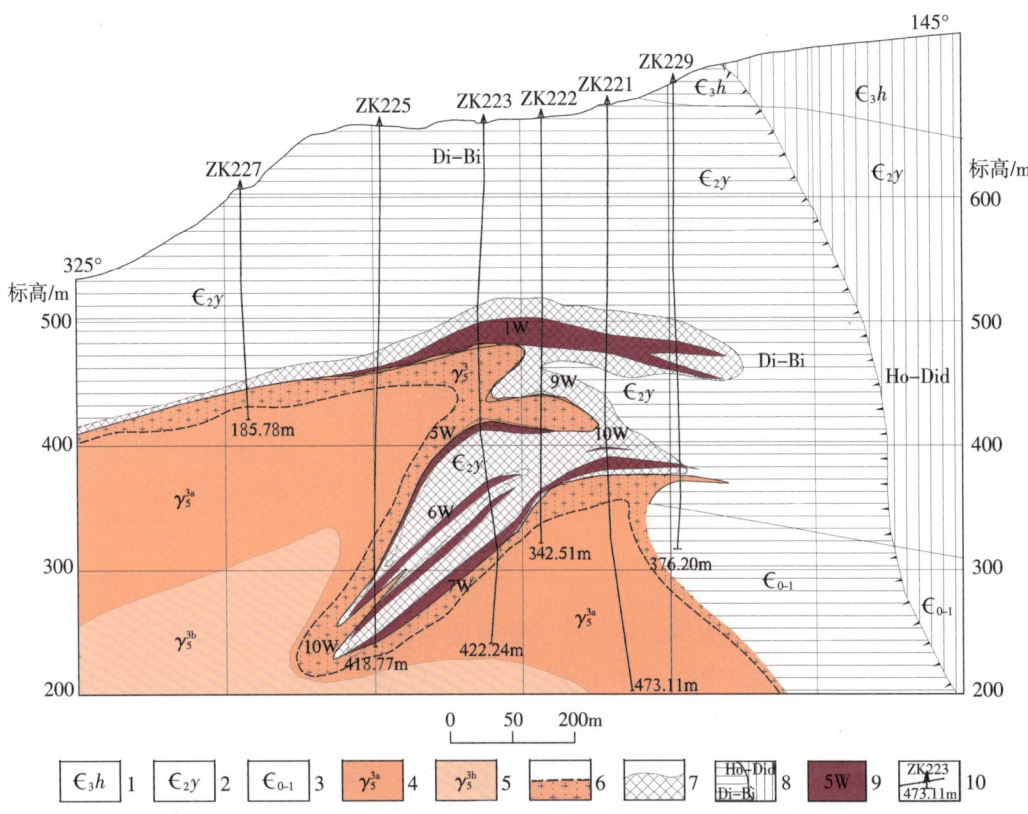

1—上寒武统华严寺组；2—中寒武统杨柳岗组；3—底下寒武统；4—燕山晚期中细粒黑云母花岗岩；
5—燕山晚期中粗粒黑云母花岗岩；6—云英岩化区；7—矽卡岩化；
8—角岩带（Di-Bi：透辉石-黑云母角岩带/Ho-Did：透闪石-绢云母角岩化带）；9—矿体；10—钻孔编号及孔深。

图 5-20 香炉山矿床 22 线变质、蚀变分带示意图

Fig. 5-20 Schematic diagram of alteration zoning of line 22 of Xianglushan deposit

表 5-7 香炉山矿区主要钨矿体特征一览表

Table 5-7 Characteristics of main tungsten ore bodies in Xianglushan mining area

顺序号	矿体号	矿石类型	矿体形态	矿体产状	分布线号	走向长/m	倾斜长/m 最大	倾斜长/m 最小	倾斜长/m 平均	厚度/m 最大	厚度/m 最小	厚度/m 平均	矿头标高/m
1	1W	矽卡岩	似层状	接触带 NW∠7°~SE∠38°	0—24	1250	813	305	576	45.59	0.44	12.69	358~658
2	1W¹	矽卡岩	似层状	接触带 NW∠15°~30° SW∠5°~10°	3—9	350	220	1	73	16.05	0.97	5.84	610~700
3	5W	矽卡岩	扁豆状	内带 NW∠30°~65°	18—24	>350	290	65	174	10.13	0.60	4.31	200~530
4	6W	矽卡岩夹花岗岩	扁豆状	内带 NW∠11°~65°	16—24	>500	180	100	150	13.00	1.12	5.33	250~563
5	7W	矽卡岩夹花岗岩	扁豆状	内带 NW∠20°~58°	18—24	>350	330	170	250	14.50	1.10	6.15	220~470
6	9W	矽卡岩	扁豆状	内带 SE∠10°~15°	20—22	175	225	30	127	13.00	2.00	5.13	420~470
7	10W	矽卡岩	扁豆状	内带 NW∠10°~45°	20—22	175	180	90	135	5.25	0.76	3.11	250~420

表 5-8 香炉山矿区矿石矿物成分一览表

Table 5-8 Mineral composition of ore in Xianglushan mining area

工业矿物	金属矿物		脉石矿物	
	常见	少见	主要	次要
白钨矿	磁黄铁矿、黄铁矿、白铁矿、闪锌矿、方铅矿、黄铜矿	黑钨矿、磁赤铁矿、辉钼矿、毒砂、钨华、自然铋、泡铋矿、铋方铅矿、含银方铅矿、辉银矿、钼铅矿、辉锑矿、斑铜矿、镜铁矿、板钛矿、锐钛矿、金红石、碲铋矿(?)、硫铜银矿(?)、软锰矿、硬锰矿、锆石、蓝辉铜矿、铜蓝、赤褐铁矿、水绿矾	石英、钾长石、斜长石、透辉石、透闪石、方解石(总量>85%)	石榴子石、符山石、萤石、白云母、绢云母、红柱石、阳起石、黑云母、绿泥石、绿帘石、白云石、硅灰石、重晶石、榍石、电气石、磷灰石、沸石、硬石膏
计1种	计6种	计26种	计6种	计18种
计57种				

矿石主要组分为钨,伴生组分有铜、铅、锌、硫、金、银、铋、镓等。主要矿体中 WO_3 平均品位为(表内):1W 0.679%、5W 1.378%、6W 0.640%、7W 0.369%。WO_3 含量较稳定,品位变化系数96%。品位与厚度呈正相关系,受背斜枢纽控制,核部较高,沿走向及倾向逐渐降低。5W 为内接触带的主要矿体之一,WO_3 储量占矿区总储量的 5.1%,WO_3 品位变化系数 102%,品位较均匀。

矿石自然类型可细分为矽卡岩白钨矿矿石、角岩白钨矿矿石、磁黄铁矿白钨矿矿石、蚀变花岗岩白钨矿矿石。其中前 3 种矿石或互层或互为夹层,而呈条带、条纹状产出,无论从地质、采选角度,都不可能单独划分。因此,这 3 种矿石类型归纳为矽卡岩化钙硅角砾岩白钨矿矿石 1 种。蚀变花岗岩型白钨矿矿石零星产于 1W 底部或其中,储量不足 1%。所有矿体几乎全由前者组成。矿石量大于 99%,矿石呈浅灰绿、灰白、浅灰等杂色,坚硬块状。主要工业矿物和伴生的少量硫化物呈浸染-条纹条带状构造。最主要的非金属矿物有透辉石、石英、方解石、长石,其次有(绢)白云母、石榴子石、透闪石、萤石等。硫化物局部集中,构成的(含)白钨铅锌铜(银)硫矿石,零星分布,如 b4、ZK71、ZK203 等处见及,多不在主矿体中。

矿体围岩简单。1W 及 1W¹ 矿体,顶板为由中寒武统杨柳岗组泥质灰岩变质而成的矽卡岩、钙硅角岩,底板为云英岩化细粒花岗岩。10 线以西 1W 矿体的南东段顶、底板围岩均为由杨柳岗组泥质灰岩变质的矽卡岩。5W 矿体顶板为云英岩化细粒花岗岩,底板为杨柳岗组矽卡岩。6W 矿体顶板为杨柳岗组钙硅角岩,底板为云英岩化花岗岩。7W 矿体顶板为杨柳岗组矽卡岩,底板主要为云英岩化细粒花岗岩,局部为杨柳岗组钙硅角岩。近矿围岩均有矿化,WO_3 品位小于 0.08%、大于 0.03%,偶达工业要求,但厚度达不到最低可采标准。

矿体夹石不多,1W 矿体含矿系数 0.98,矿化连续,仅在 8 线 ZK85 孔和 14 线 ZK142 孔各见一层钙硅角岩夹石,厚 3~7m,倾向长 100~140m,产出标高 510~620m。其余钨矿体基本无夹石。

矿床共生矿产银、铅、锌分布在地表 b3、b4 矿体中,规模小,已被民采殆尽。主要钨矿体中,未发现其他共生矿产。矿石中伴生组分铜、硫、铋在各矿体中含量较高,银在 5W、6W 中较高。其余元素在各矿体中的含量均较低。其中铜、硫含量同步,由东向西渐高。锌在 10 线以东稳定,但含量低;在 10 线以西波动较剧烈,但含量较高。铋含量变化不大。

2) 矿化阶段及矿化和分带

矿化阶段：香炉山钨矿床是在花岗质岩浆侵入围岩热变质基础上，通过热液作用机制成生的。根据矿床成矿地质背景及矿石矿物的共生组合、成生序次、交代、连生等特征，本区的成岩成矿作用大致分为 3 期 6 个成矿阶段。即：①成岩期，主要包括岩浆阶段、成岩及热变质阶段；②成矿期，主要包括钨成矿阶段、硫化物成矿阶段及碳酸盐阶段；③表生期，矿床成生后，由于某种原因地史变迁，地质位置较高的边角矿体出露地表，在大气、生物等作用下，发生氧化作用，仅成生少量钨华、褐铁矿、玉髓状石英等表生矿物。值得指出的是，晚期细晶岩脉边缘见有（含）银钨铅锌矿体，但其规模太小，与细晶岩关系的证据尚不充分，因此其成矿作用未列入内生成矿（亚）期。

矿化分带（以 1W 矿体为例）：①WO_3 品位沿走向，北东端较高，往南西稍变低；沿倾斜方向，轴部较高，向翼部逐渐变低；垂直方向上，中部高，上、下部则变低。②钨矿体品位与厚度随香炉山 - 太阳山背斜褶皱轴空间变化而变化，这亦可从香炉山钨矿床 WO_3 矿化强度等值线图（图 5-21）得到证明。即矿化强度以香炉山 - 太阳山背斜褶皱轴为界，向背斜两翼（南西、北东）逐渐降低，并向背斜的倾伏方向有变差的趋势。

就伴生有益元素的变化而言，矿床呈现出原生分带的趋势。在水平方向上，按岩浆涌动的方向自北东向南西，矿床中的 Ag、Pb、Zn、Cu、S 等有益组分含量具有较明显的增高趋势。垂向方向上，钨矿体产于正接触带上，而银多金属矿体则赋存于钨矿体上方的外接触带。

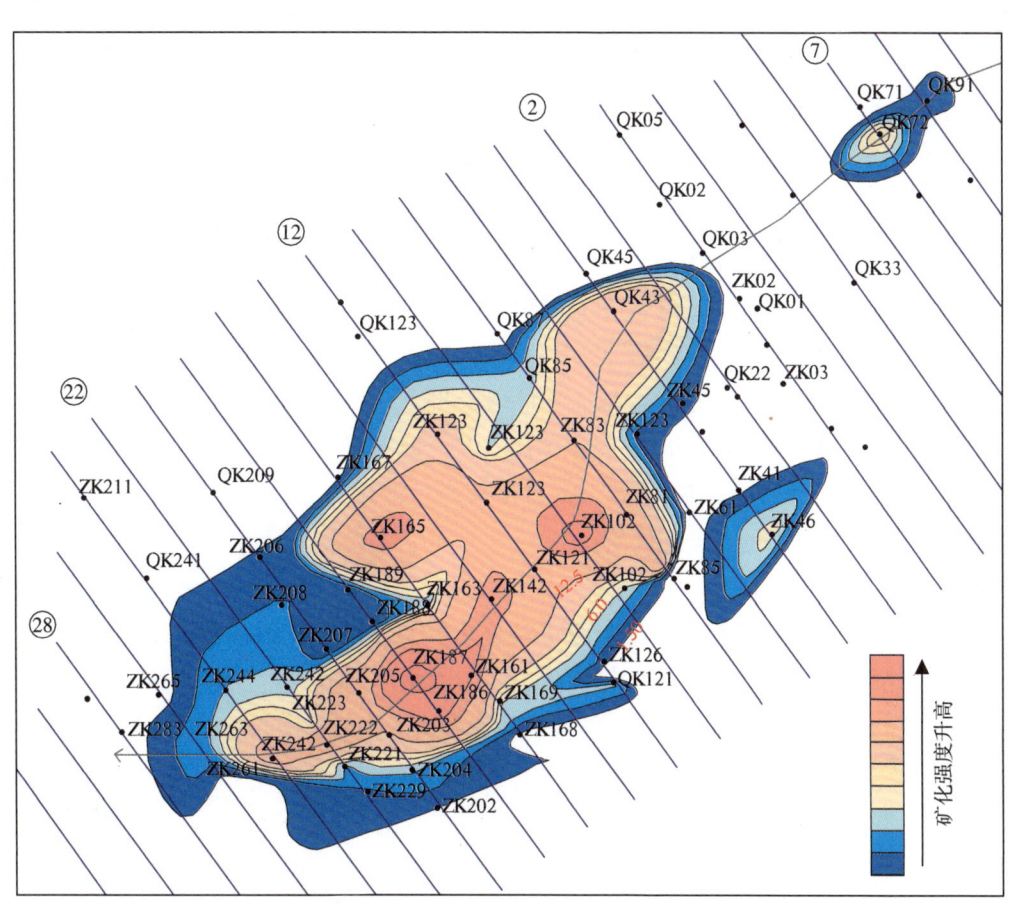

图 5-21　香炉山矿床 1W 矿体矿化强度等值线图

Fig. 5-21　Contour map of mineralization intensity of 1W ore body in Xianglushan deposit

（二）修水县张天罗-大岩下钨矿床

1. 矿区地质

1）地层

矿区内地层主要由南华系、震旦系、寒武系及第四系组成。

南华系莲沱组和冰碛层：主要由厚层—巨厚层状含砾长石石英砂岩及薄层状含砾粉砂质泥岩、冰碛角砾岩、含砾粉砂岩组成。厚度分别为109m和37m。

下震旦统陡山沱组（Z_1d）和上震旦统灯影组（Z_2d）：岩性主要由夹泥质灰岩的含碳质页（泥）岩和层状硅质岩构成，已变质为角岩，是有利成矿层位。厚度分别大于34m和57m。

底下寒武统荷塘组（$\epsilon_{0-1}h$）和下寒武统观音堂组（ϵ_1g）：岩性分别为碳质页岩和含碳页岩，底部含薄层状或条带状硅质岩，已变质为硅质角岩。厚度分别为65m和203m。

中寒武统杨柳岗组（ϵ_2y）：岩性主要为灰白色、灰色、灰黑色薄层夹中厚层含碳硅泥质灰岩，原岩已变质为角岩或大理岩。厚300m。

上寒武统华严寺组（ϵ_3h）和西阳山组（ϵ_3x）：岩性分别为灰色、灰黑色、灰白色薄—中厚层条带状灰岩及中厚层状泥质灰岩，普遍遭受角岩化、大理岩化变质，有时见磁黄铁矿化、黄铁矿化。厚220m。

第四系（Q）：为亚黏土碎石层、砂屑碎石层与腐殖土，厚0~11m。

2）岩浆岩

矿区内燕山期花岗岩属香炉山矿田的高湖岩体。岩体沿背斜轴部上侵，由北东向南西侵伏，边界面与围岩层理面近平行，系整合协调的侵入体，出露面积约4.0km^2。据K-Ar法同位素年龄测定，时代属早白垩世（131.1~125.9Ma）。

岩体为黑云母二长花岗岩，灰白色、浅灰带肉红色，风化后呈土黄色。粒状花岗结构，块状构造，局部见斑状构造。主要矿物为钾长石、斜长石、石英，次为黑云母。花岗岩局部见云英岩化、绿帘石化。岩石的化学成分具有如下特征：①SiO_2含量均大于70%；含铝指数除少数外，均大于或接近1.1；里特曼指数σ在1.50~2.48之间。岩体属超酸性、铝饱和或过饱和型、钙碱性系列，在CIPW标准矿物中还出现刚玉。②分异指数DI高达84~92；固结指数SI仅为1.70~10.4，说明岩体的分异程度高，酸性程度高。③稀土元素总量较高，ΣREE为197.76×10^{-6}，$\Sigma Ce/\Sigma Yb$为4.45，属轻稀土富集型。④岩体微量元素特征反映出成矿元素W、Bi、Cu、Ag含量较高，浓集系数较大。$^{87}Sr/^{86}Sr$初始值大于0.719，属高锶花岗岩。岩体属于典型的S型花岗岩。

3）构造

矿区内褶皱构造以北东向香炉山-太阳山背斜及其次级北北东向系列背、向斜为特征，其中香炉山-太阳山背斜呈北东向横贯矿区，是控制香炉山矿田的主体构造；断裂构造主要发育北北东—北东向断裂，对矿床或矿体的控制作用较为明显。控制矿体的构造主要是层间破碎带及岩体接触带等。

4）变质作用及围岩蚀变

大岩下、张天罗矿段的热变质与围岩蚀变类型和分布范围整体与香炉山矿区类似。受燕山期黑云母花岗岩接触带控制，主要集中在花岗岩顶部侵入接触的内外带，但因围岩成分差异而发生不同类型围岩蚀变，如大岩下、张天罗矿段灯影组硅质岩与陡山沱组泥岩等岩石中以角岩化为主，局部叠加了硅化，灯影组岩石中夹不纯灰岩而发生以矽卡岩化为主的蚀变，岩体内接触带则以云英岩化和硅化，以及钾长石化、黑云母化、绿帘石化为特征。

2. 矿床地质

1) 矿体主要特征

矿区内已初步圈定17个钨矿体，其中张天罗矿段12个、大岩下矿段5个。

张天罗矿段位于香炉山背斜中段近轴部南翼、张天罗北东向次级背斜西翼及北北东向断裂构造西盘等复合部位。矿体主要产于岩体与围岩的内外接触带，并受岩体接触带及陡山沱组与灯影组、南华系冰碛层的层间构造面控制。主要矿体为ⅠW、ⅡW、ⅢW、ⅣW及ⅤW。其中，ⅠW、ⅢW矿体规模较大，分布于岩体与围岩的顶上接触带附近和震旦系灯影组与陡山沱组层间破碎带及岩体的复合部位；矿体走向长1000m，倾向延伸280~500m，最大厚度10.14~18.52m；矿体总体倾向北西西，倾角5°~20°；矿石WO_3平均品位为0.18%~1.01%。其次为ⅡW、ⅣW矿体，分别产于王音铺组与灯影组层间破碎带和陡山沱组与南华系冰碛层层间破碎带附近；矿体走向长200m，倾向延伸120~240m，最大厚度0.88~1.80m；矿体倾向北西西，倾角10°~35°；矿石WO_3平均品位为0.13%~0.21%。ⅤW矿体分布于南沱组与莲沱组层间破碎带附近，规模相对较小；走向长200m，倾向延伸240m，最大厚度3.91m；矿体倾向北西西，倾角8°；矿石WO_3平均品位为0.28%。矿体的矿石类型主要为矽卡岩白钨矿矿石和角岩白钨矿矿石，部分为蚀变花岗岩白钨矿矿石。矿体顶、底板与赋矿围岩性质紧密相关，多为花岗岩、矽卡岩和角岩，次为硅质岩。当各层间破碎带附近的矿体叠加存在细粒黑云母花岗岩时则其矿化相对较好。经估算，不包括低品位矿体，张天罗矿段的WO_3资源储量（推断）为$2.29×10^4$t。

大岩下矿段位于香炉山背斜中段近轴部（偏北翼）与北北东断裂带西侧，在陡山沱组灰质泥岩夹灰岩与花岗岩的接触带上发现5个工业钨矿体，其中主要矿体为ⅠW、ⅡW、ⅢW、ⅣW。ⅠW矿体规模最大，走向长900m，最大倾向延伸566m，最大厚度29.85m；矿体倾向北北西或南南东，倾角3°~30°；矿石WO_3平均品位为0.33%；矿体赋存于岩体顶部接触带附近，受接触构造控制较明显，WO_3资源储量占矿段总量的90%。ⅡW、ⅢW、ⅣW矿体规模相对较小，其中ⅡW分布于震旦系灯影组地层的层间破碎带内，ⅢW主要受震旦系灯影组与陡山沱组间的层间破碎带控制，ⅣW则主要位于花岗岩体捕虏体的接触带中。矿体走向长200~400m，倾向延伸110~250m，最大厚度1.24~7.60m。矿体总体倾向北北西，倾角18°~30°。矿石WO_3平均品位为0.15%~0.65%。所有矿体的矿石类型主要为矽卡岩型，少量为蚀变花岗岩型。矿体顶板为角岩，底板以花岗岩、矽卡岩为主，部分为硅质岩，与赋矿围岩性质紧密相关。经估算，不包括低品位矿体，大岩下矿段的WO_3资源储量（推断）为$1.87×10^4$t，与张天罗矿段全区合计共$4.16×10^4$t。

矿体中夹石较少，仅产于大岩下矿段ⅠW、ⅡW矿体中，其中ⅠW矿体的夹石共有2个，分别位于63线和73线上，夹石厚度分别为5.65m和4.31m，长30~50m，岩性主要为由接触交代形成的矽卡岩和硅质角岩。

2) 矿石质量

矿石主要金属矿物为白钨矿，伴生有磁黄铁矿、黄铁矿、白铁矿、闪锌矿、方铅矿、黄铜矿等金属矿物，矽卡岩与非金属矿物由石英、钾长石、斜长石、透辉石、透闪石、方解石等构成。矿石结构以粒状结构、填隙结构、共生边界结构和熔蚀结构为主，构造主要有浸染-条纹条带状构造，次为不规则团块状构造、显微脉状构造。矿石的主要组分为钨，伴生有铜、铅、锌、硫、金、银、铋、镓等。矿石工业类型为矽卡岩型白钨矿，WO_3品位集中于0.08%~0.5%之间。

(三) 成矿模式与找矿方向

1. 成矿物质来源

据香炉山矿区分析资料的统计结果，区内黑云母花岗岩含钨大于 52.7×10^{-6}，而围岩含钨小于 10×10^{-6}（分析灵敏度下限，实际含量不明）；据 13 件硫同位素样品（其中黄铁矿 7 件、磁黄铁矿 3 件、方铅矿 2 件、闪锌矿 1 件）$\delta^{34}S$ 为 3.6‰，表明钨等成矿元素和硫化物主要来自岩浆岩，围岩可能提供部分物质，相较总量是微不足道的。

2. 成矿温度

矿区用爆裂法做了石英、白钨矿、磁黄铁矿、方铅矿累计 6 个矿样的测温，测温结果为 185~330℃，平均为 305℃，表明香炉山钨矿床是在高—中温条件下成生，且白钨矿成生温度高于硫化物成生温度。

3. 成矿模式

香炉山矿床的定位：①主要受北东香炉山-太阳山背斜与北北东—北东向构造（褶皱、断裂）复合控制。②矿床的矿体主要都沿层间破碎带（震旦系各组地层的层间破碎带或中寒武统杨柳岗组不纯灰岩中层间破碎带等）及岩体接触带赋存。③构造的叠加交汇（切）部位更有利于形成富厚矿体，如北东向断裂带 F_{1-10} 与香炉山背斜交切处的香炉山矿床 0 线—20 线处，矿体富而厚，最大矿化强度值达 42.56；香炉山矿床 1W 矿体南侧的层间破碎带与岩体接触带的交汇处，矿体厚度、品位变厚变富等。依照矿体的成矿环境及矿床定位、矿体赋存空间分布规律，总结出香炉山白钨矿床的构造控矿模式如图 5-22 所示。

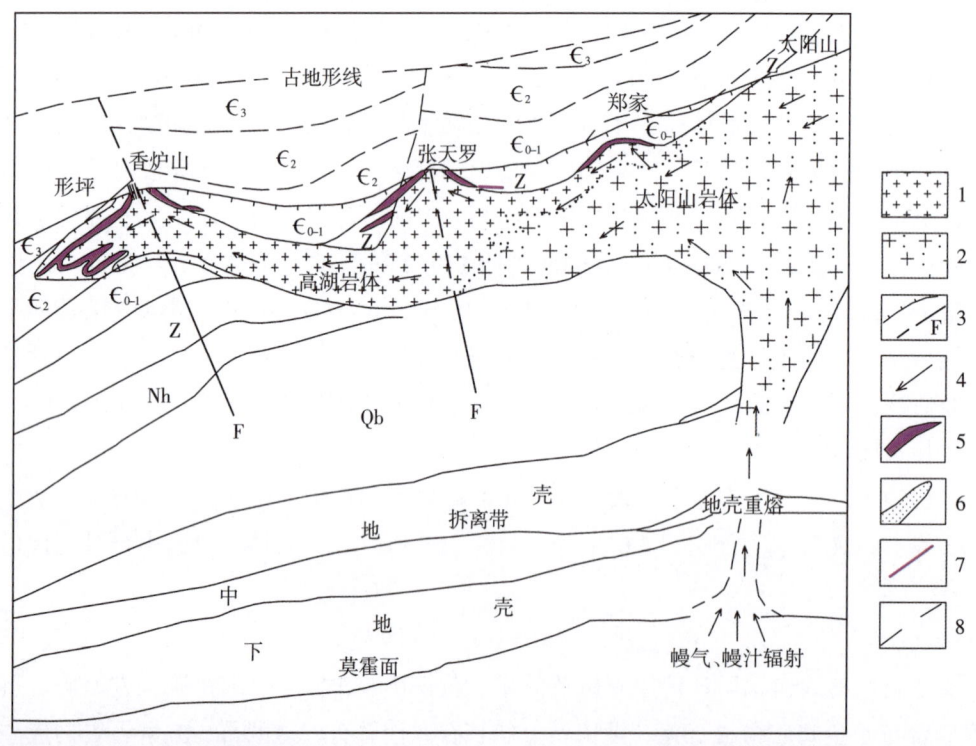

1—高湖岩体；2—太阳山岩体；3—推测断裂及角岩化蚀变带界线；4—岩浆侵入方向；5—接触交代型白钨矿体；6—似层状矽卡岩型白钨矿体；7—石英脉型黑钨矿体；8—古地形线；ϵ_3—上寒武统；ϵ_2—中寒武统；ϵ_{0-1}—底-下寒武统；Z—震旦系；Nh—南华系；Qb—青白口系。

图 5-22 香炉山矿田成矿模式示意图

Fig. 5-22 Schematic diagram of metallogenic model of Xianglushan ore field

总之,与燕山期 S 型花岗质岩浆有关的含矿热液,通过导矿系统运移,于背斜与断裂复合部位的岩体接触带和层间破碎带等有利地段存储富集,在香炉山地区各种地质作用和各类有利控矿因素的耦合下,成生了一系列规模较大的白钨矿床。

香炉山矿田的成矿条件优越,构造与成矿的动态耦合关系明显,成矿系统发育完整,其中的矿床成群、成带(沿北东东向背斜)产出,资源潜力巨大。矿床的形成和空间产出受诸多因素影响制约,燕山晚期花岗岩为成矿主因,但不纯的碳酸盐岩地层是重要的成矿条件。其中构造是控制矿田中各地质体耦合关系的重要因素,它与成矿流体、成矿作用构成了密切联系的系统。矿田内各矿床就位于不同方向构造的结合部,矿化富集于接触构造系统和褶皱构造系统的叠加部位。

香炉山矿田的钨多金属矿勘查,目前仅限于香炉山钨矿床的周边,而东部岩体外接触带区域具有良好的成矿地质条件,存在上述的各类控矿因素和矿化信息,应是下一步钨矿找矿突破的重点地区。

二、上犹县焦里钨银铅锌矿床

焦里钨银铅锌矿床位于上犹县城西约 50km。地理坐标:东经 114°18′40″,北纬 25°53′27″。矿区面积约 1.44km²。

1958 年江西省地质局区域测量大队三分队在路线调查时发现本矿床。1958 年 10 月—1961 年 4 月江西省地质矿产勘查开发局九〇八大队在该区开展了以白钨、铅、锌为主的详查评价及初勘工作。1984—2003 年江西省地质矿产勘查开发局赣南地质调查大队多次对矿区进行勘查,矿床规模为小型—中型。经详查探明,焦里白钨-铅锌(银)矿资源储量:WO_3 为 45 323t、Pb 为 140 467t、Zn 为 93 775t、Ag 为 846t、Cu 为 10 212t、Bi 为 3 883t、CaF_2(萤石)为 173×10⁴t,属中型钨矿区,且伴生铅、锌、银 3 个中型规模及伴生铜、铋 2 个小型规模的稀有多金属矿床,萤石达大型规模。

(一)矿区地质

区内上寒武统海相浊积的类复理石建造发育,沿营前复式背斜轴部侵入的燕山早期花岗岩株,形成焦里、茶亭圳、里坑、举望和寨下诸多矿床(点),焦里矿区是其中规模最大的一处(图 5-23)。

1. 地层

本区出露的地层有浅变质的上寒武统水石组($\epsilon_3 s$)和下奥陶统茅坪组($O_1 m$)及第四系。上寒武统水石组是矿区的赋矿围岩,含钨丰度值 $42.13×10^{-6}$,厚度大于 246m,主要岩性为变质细粒石英砂岩、变质粉砂岩,夹 4 层结晶灰岩,局部见砂质板岩。

结晶灰岩:为区内主要赋矿层位,出露于矿区中部,一般出现 4 层(编号 Ls^1、Ls^2、Ls^3、Ls^4),呈似层状、透镜状。厚度变化大,一般 1~30m,局部达 60m。岩石呈灰—灰白色,粒状变晶结构,中薄层状、条纹状、条带状构造,条纹和条带为泥质,少量为硅质,条带宽 0.2~2mm。粒度大小取决于其空间位置,靠近岩体或矽卡岩时粒度较粗;相反,则粒度较细,一般多在 0.2~1mm 之间。矿物成分以方解石为主(96%),少量滑石(4%),偶见黄铁矿。化学成分:CaO 45.25%~50.80%,SiO_2 5.19%~12.03%,Al_2O_3 1.03%~2.52%,Fe_2O_3 0.66%~1.55%,杂质含量较高。

2. 岩浆岩

矿区西北部出露营前岩体的南东缘部分,为中细粒似斑状角闪黑云母花岗岩,边缘出露花岗闪长

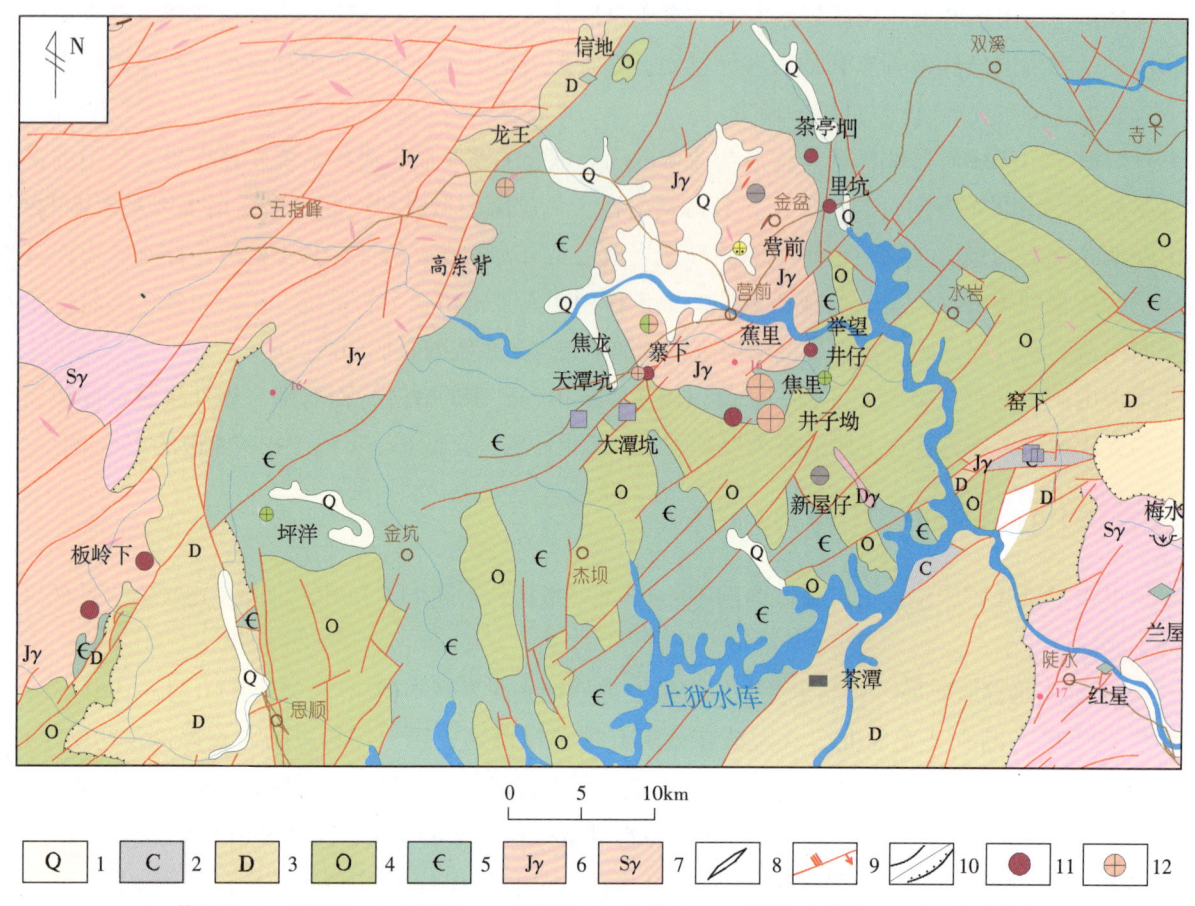

图 5-23 营前矿田地质简图
Fig. 5-23 Geological diagram of Yingqian ore field

1—第四系；2—石炭系；3—泥盆系；4—奥陶系；5—寒武系；6—侏罗纪花岗岩；7—志留纪花岗岩；8—脉岩；9—断裂；10—地质界线/不整合界线；11—钨矿床；12—银矿床。

岩，另有部分细粒黑云母花岗岩脉。

中细粒似斑状角闪黑云母花岗岩：呈灰白色，似斑状结构，斑晶主要为中性长石和钾长石，有时亦有角闪石斑晶，长石斑晶一般 2~5cm，最大者可达 15cm，角闪石斑晶大者 1~2cm；基质由斜长石、钾长石、石英、黑云母、角闪石组成，粒径 0.5~4mm。矿物含量：石英 22%~27%，斜长石 35%~45%，钾长石 18%~26%，黑云母 7%~10%，角闪石 3%~5%。副矿物有磷灰石、磁铁矿、钛铁矿、榍石、锆石、褐帘石。岩石化学成分：SiO_2 61.32%~66.90%，Al_2O_3 13.74%~16.07%，MgO 0.765%~1.794%，CaO 2.59%~2.65%，Na_2O 2.40%~2.64%，K_2O 3.34%~5.52%，属偏中酸性岩石。据江西地质科学研究所资料，K-Ar 法同位素年龄为 173.3Ma，说明侵入时代属燕山早期（中侏罗世）。

细粒黑云母花岗岩：呈脉状侵入中细粒似斑状角闪黑云母花岗岩及上寒武统水石组中。岩石呈灰白色，细粒花岗结构，块状构造组，组成矿物有石英、钾长石、斜长石黑云母等。矿物含量：石英 28%~35%，钾长石 35%~43%，斜长石 23%~27%，黑云母 3%~5%。副矿物有榍石、褐帘石、锆石、磁铁矿、金红石、磷灰石。岩石化学成分：SiO_2 71.86%，Al_2O_3 15.41%，属酸性岩石。

营前岩体的成矿元素丰度值：W $50×10^{-6}$~$100×10^{-6}$，Pb $70×10^{-6}$~$200×10^{-6}$，Zn $340×10^{-6}$，是黎彤花岗岩丰度值（1962）的数倍至数十倍，为环绕岩体周围分布的白钨、钨银多金属矿床（点）的成矿母岩。

3. 构造

本区构造复杂，褶皱构造和断裂构造均较为发育，构造活动表现为多期次的特点，对矿区影响最深的是加里东运动和燕山运动。加里东期，褶皱构造形态和一组主断裂（北北西向）就已基本形成，燕山运动主要表现为岩浆侵入活动和成矿作用。

褶皱构造：矿区发育一组紧密同斜倒转褶皱，轴线方向340°~345°，往北被营前岩体侵蚀。区内地层分布及矿体形态和产状严格受褶皱构造控制（图5-24）。

断裂构造：北北西向压性断裂是区内规模最大的一组断裂，即F_1、F_2、F_3。此组断裂具多期次活动特征，成矿期起导矿作用，成矿后继续活动，对矿体有破坏作用。受褶皱作用影响，北北西向层间破碎带在各种岩性中普遍发育，尤以结晶灰岩与变质砂岩的接触部位最发育，且多为层间滑动，造成层间虚脱，大多被热液充填交代形成矽卡岩或矿体。

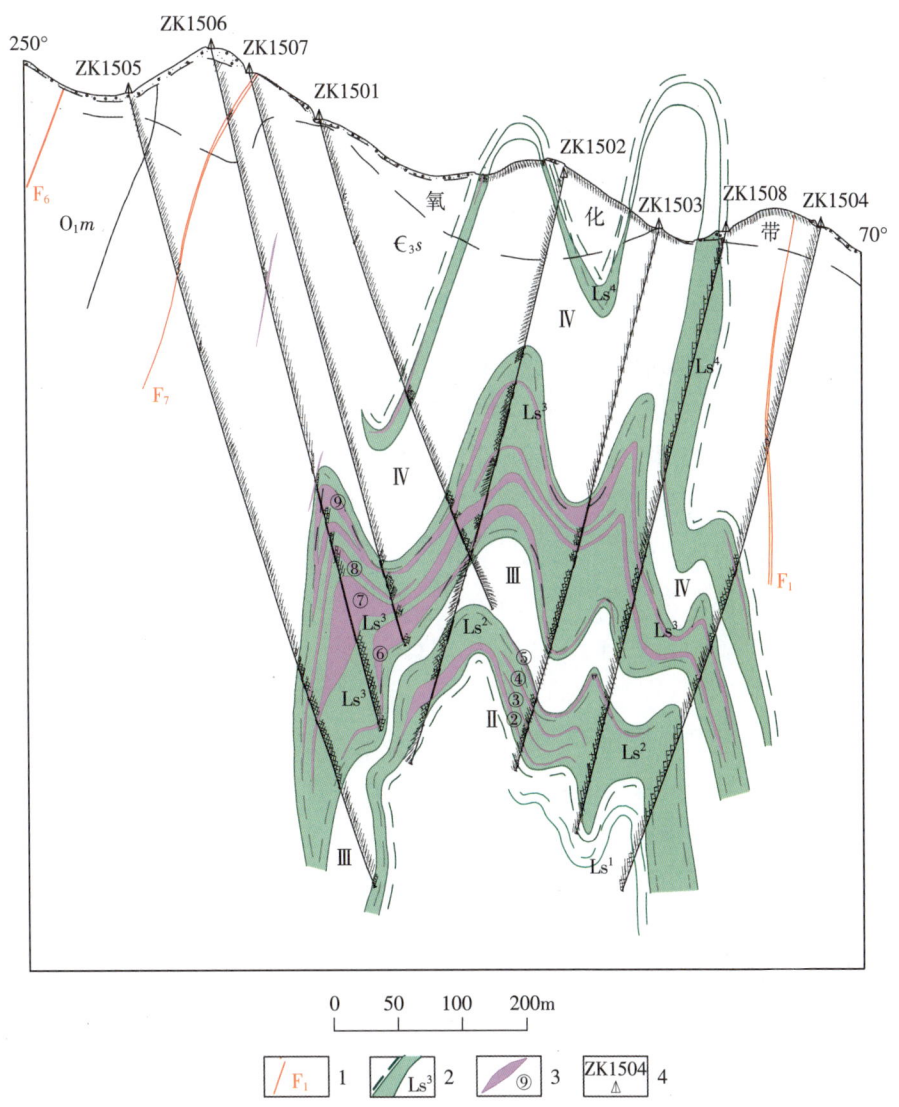

1—断层；2—结晶灰岩及编号；3—白钨矿体及编号；4—钻孔及编号；O_1m—下奥陶统茅坪组；ϵ_3s—上寒武统水石组。

图 5-24 焦里矿区典型剖面图（15线）

Fig. 5-24 Typical profile of Jiaoli mining area (line 15)

(二）矿床地质

1. 矿体分布及产状

本矿区共有 30 个矿体，分布于营前岩体东南缘呈"厂"字形外接触带凹部，距岩体约 500m 范围内。

矿体出露最高标高 470m，最低标高 365m。矿体走向延长一般 200~300m，最大延长 480m；矿体倾斜延深一般 100~300m，最大倾斜延深 400m。矿体赋存标高 50~400m，矿体剥蚀深度在 0~100m 之间。

矿体呈似层状、透镜状，走向近南北，倾向东，倾角 50°~80°。矿体受矽卡岩分布制约，矽卡岩含矿品位达工业要求，就是矿体。矿体、矽卡岩均严格受地层（水石组）和岩性（灰岩夹层）控制，绝大部分产于灰岩与石英砂岩或板岩的接触部位，或厚层灰岩层间及含钙砂岩中。一般矿体延至花岗岩附近则尖灭，仅个别穿入岩体。白钨矿体规模较大，主要赋存于近岩体或较深的部位，矿体长 70~500m，延深 45~400m，厚 3.07m，最厚达 13.34m，WO_3 含量 0.251%~0.459%。银铅锌矿体呈透镜状赋存于白钨矿体中，一般产于距岩体 100m 以外的 200m 标高以上，矿体长 50~400m，延深 25~370m，厚 1.30m，最厚 6.64m，含 Ag 92.81~244.04g/t，Pb 0.50%~6.079%，Zn 0.043%~3.045%，WO_3 0.054%~0.486%。

2. 矿石特征

1）矿石矿物组成

区内矿石中矿物近 60 种，主要金属矿物有方铅矿、闪锌矿、白钨矿、磁黄铁矿、黄铁矿、黄铜矿，主要银矿物与含银矿物有自然银、辉银矿、碲银矿、含银卡辉铅铋矿、富碲硫银锡矿。主要非金属矿物有钙铝榴石、钙铁榴石、透辉石、萤石、石英、方解石，其次为锰铝榴石、钙铁辉石、透辉石、锰钙辉石、硅灰石、阳起石、斜长石、绿泥石、绿帘石、金云母、符山石等。

根据矿物组合，矿区矿石自然类型可分氧化矿石和原生矿石两种。原生矿石按矿物组合可分 3 类。

（1）银铅锌矿石：主要金属矿物有方铅矿、闪锌矿、白钨矿，伴生金属矿物有磁黄铁矿、黄铁矿、黄铜矿。非金属矿物有锰铝榴石、锰钙辉石，少量阳起石、绿帘石、绿泥石、锰硅灰石、萤石、石英和方解石等。

（2）白钨矿石：金属矿物主要有白钨矿、磁黄铁矿，少量黄铜矿及微量方铅矿和闪锌矿。非金属矿物有钙铁榴石、透辉石、少量方解石、石英、斜长石、萤石、金云母等。

（3）铅锌矿石：主要为闪锌矿，次为方铅矿，少量白钨矿、黄铁矿、磁黄铁矿等。非金属矿物有富锰铝钙榴石、透辉石、次透辉石、萤石、石英等。

2）矿石结构构造

矿石结构较为复杂，包括结晶作用、交代作用和固溶体分离作用等形成的矿石结构，以结晶作用和交代作用形成的结构为主。结晶作用形成的有自形—半自形结构、他形晶结构及包含结构、嵌晶结构、填隙结构等，其中以他形晶结构为主；交代作用形成的结构有交代结构、交代次文象结构、交代条纹结构、反应边结构、交代残余结构等。

矿石构造最常见的有条带状构造、浸染状构造、细脉浸染状构造，其次为块状构造、团块状构造等。氧化矿石有蜂窝状构造、土状构造等。

3) 矿化阶段

本矿区矿化阶段根据矿物共生和矿物群的穿插关系，大致可分为 4 个阶段。

(1) 矽卡岩阶段：分为早矽卡岩阶段和晚矽卡岩阶段。前者以形成岛状和链状的无水硅酸盐矿物为主，多不含挥发分，且无附加阴离子存在，有极少的白钨矿形成；后者主要形成带状或复杂链状构造的含水硅酸盐矿物，明显表现为对前者的交代作用，并伴有辉钼矿化、白钨矿化。

(2) 氧化物阶段：本阶段具有过渡性质，介于矽卡岩阶段和石英硫化物阶段之间，为白钨矿主矿化阶段。斜长石、金云母、萤石是此阶段的特征矿物组合。金属矿物除白钨矿外，还有少量锡石、磁铁矿和赤铁矿。

(3) 石英硫化物阶段：本阶段形成的金属矿物主要为磁黄铁矿，其次为闪锌矿，少量或微量毒砂、黄铜矿、镍黄铁矿、黄铁矿、白铁矿等。

(4) 表生氧化阶段：矽卡岩多金属矿体形成以后，地表及浅部富含铁、镁、锰等矽卡岩矿物及金属硫化物在风化作用下极易氧化，形成大量表生矿物，如针铁矿、水针铁矿、硬锰矿、软锰矿、铅钒、白铅矿、泡铋矿等。

3. 矿化分带

矿床矿化分带明显，形态复杂，主要为似层状、透镜状、扁豆状等。矿化分带大致有水平分带和垂直分带。水平分带：1~6 号矿体主要为白钨矿化，7~17 号矿体主要为银铅锌矿化；垂直分带：银铅锌矿化主要赋存在标高 200m 以上，白钨矿化主要赋存于标高 200m 以下。

矿化分带明显与距离营前岩体的远近有关，即距离岩体愈近，成矿温度较高，钨矿化作用强烈，形成厚大的钨矿体；而远离岩体，成矿温度逐渐降低，钨矿化减弱，而相应银铅锌矿化活跃，形成银铅锌矿体；再远，则矿化变弱，矿体厚度变小并逐渐尖灭。

4. 变质、蚀变类型及分带

1) 热变质分带

本矿区内所有岩石地层均遭热变质作用，使原岩转化为各种角岩化岩石，其分带性不明显。

2) 岩石蚀变分带

区内围岩蚀变有大理岩化、矽卡岩化、硅化、斜长石 – 金云母 – 萤石化、绢云母 – 绿泥石化、方解石 – 石英化等。

大理岩化主要分布于靠近岩体附近及厚层灰岩中的早期矽卡岩两侧，呈宽 5~10cm 的条带或对称条带分布，极少见矿染。

矽卡岩化是本矿区最主要的和分布最广泛的围岩蚀变，是岩浆期后热液沿灰岩与砂岩接触带间活动，产生强烈的接触渗滤交代作用形成的。由石榴子石、透辉石两种主要矽卡岩矿物形成系列矽卡岩组合。

硅化广泛发育于近矿围岩并多呈条带状分布，使之蚀变为硅化砂岩或硅化灰岩。岩石致密坚硬，颜色变浅为灰色至灰白色。

斜长石 – 金云母 – 萤石化叠加于矽卡岩化中，并交代矽卡岩矿物，伴有白钨矿化，是钨的主要矿化作用类型。

绢云母 – 绿泥石化和方解石 – 石英化主要发育于远离岩体边缘 100m 以外，叠加于前期蚀变中。矿物组合有绢云母、白云母、绿泥石、石英和方解石。

5. 成矿物质来源

据矿区 12 件硫化物样品同位素测试资料，$\delta^{34}S$ 为 0.5‰~4‰，平均为 1.59‰，变化范围小，均为正值；矿石中方铅矿同位素测试结果：Pb^{208}/Pb^{204}、Pb^{208}/Pb^{207} 值分别为 1.14、1.18；采用 P-φ-K 法计算，模式年龄值为 173Ma。矿区岩石中石英 $\delta^{18}O$ 为 9.93‰，黑云母 $\delta^{18}O$ 为 3.82‰；矿石中石英 $\delta^{18}O$ 为 10.23‰。从上述数据可以看出，岩石和矿石中石英 $\delta^{18}O$ 值基本相近，表明钨成矿元素和硫化物主要来自岩浆，围岩提供了部分物质。

6. 成矿温度

对矿区石榴子石、磁黄铁矿、闪锌矿、方铅矿、黄铜矿及石英等样品开展了爆裂法测温，测温结果为 220~400℃，金属矿物为 220~390℃，主要集中于 220~300℃之间，表明矿床为中高温条件下成生。

（三）找矿方向

焦里白钨矿成矿物质主要来自燕山早期中细粒似斑状黑云母花岗闪长岩，在加里东期成生的焦里复式背斜及伴生断裂构造的基础上，燕山早期的岩浆沿背斜轴部及断裂构造侵入，含矿热液与围岩发生交代而成矿。矿体就位于灰岩层位中，呈似层状、透镜状。矿体与"M"形复式背斜一同弯曲，在褶皱转折端矿体加厚。

上述规律在其他有利地区有重要借鉴意义。江西在隆褶带变质地层碳酸盐岩夹层或含钙层位，如于都银坑、峃美山、徐山等，若叠加有燕山期岩浆活动，则会是矽卡岩型白钨矿床或热液型铅锌矿床有利的成矿场所。

三、黄婆地钨矿田

矿田位于赣县与于都县相邻地区，赣（县）于（都）矿集区中部，大埠晚侏罗世花岗岩基南东凸出部分，于都断陷盆地南面。区内由浅变质寒武系碎屑岩形成褶皱基底。东侧的盘古山由上古生界组成的北北西向向斜尚较完整。由矿田中部通过的北北东向于都-信丰大断裂带与东西向、北西向断裂交会。矿田有黄婆地中型钨矿床，庵前滩、猪栏门小型钨矿床，为矽卡岩型、石英脉型"二位一体"矿床（图 5-25）。

（一）赣县黄婆地钨矿床

矿区位于赣县南东，直距约 35km，地处赣县、于都县两县交界处，行政上属赣县韩坊乡小坪管理区管辖。矿区地理极值坐标：东经 115°12′00″—115°13′37″，北纬 25°38′06″—25°39′00″。

黄婆地是江西省发现最早的矽卡岩型钨矿床。1918 年民工在此发现黑钨矿，随即进行开采。1955 年重工业部地质局长沙地质勘探公司根据工人报送的含白钨矿矽卡岩标本，经研究后，组成二二四队对矿区进行勘查，1957 年提交《江西省赣县黄婆地钨矿初勘地质总结报告》。批准储量：三氧化钨 $2.49×10^4$t（其中白钨矽卡岩型氧化矿 $0.84×10^4$t，原生矿 $1.55×10^4$t，黑钨石英脉型 $0.1×10^4$t），钼 682t，铋 1400t。1967—1970 年江西有色冶金地质勘探公司六一七队对矿区进行了进一步的评价，提交了《江西省赣县黄婆地矽卡岩型多金属矿床详细评价报告》。新增储量：三氧化钨 $1.191×10^4$t（其中原生矿 $1.57×10^4$t，氧化矿 $0.34×10^4$t），铜金属量 6986t，锌金属量 5103t，钼金属量 2486t，铋金属量 7679t。

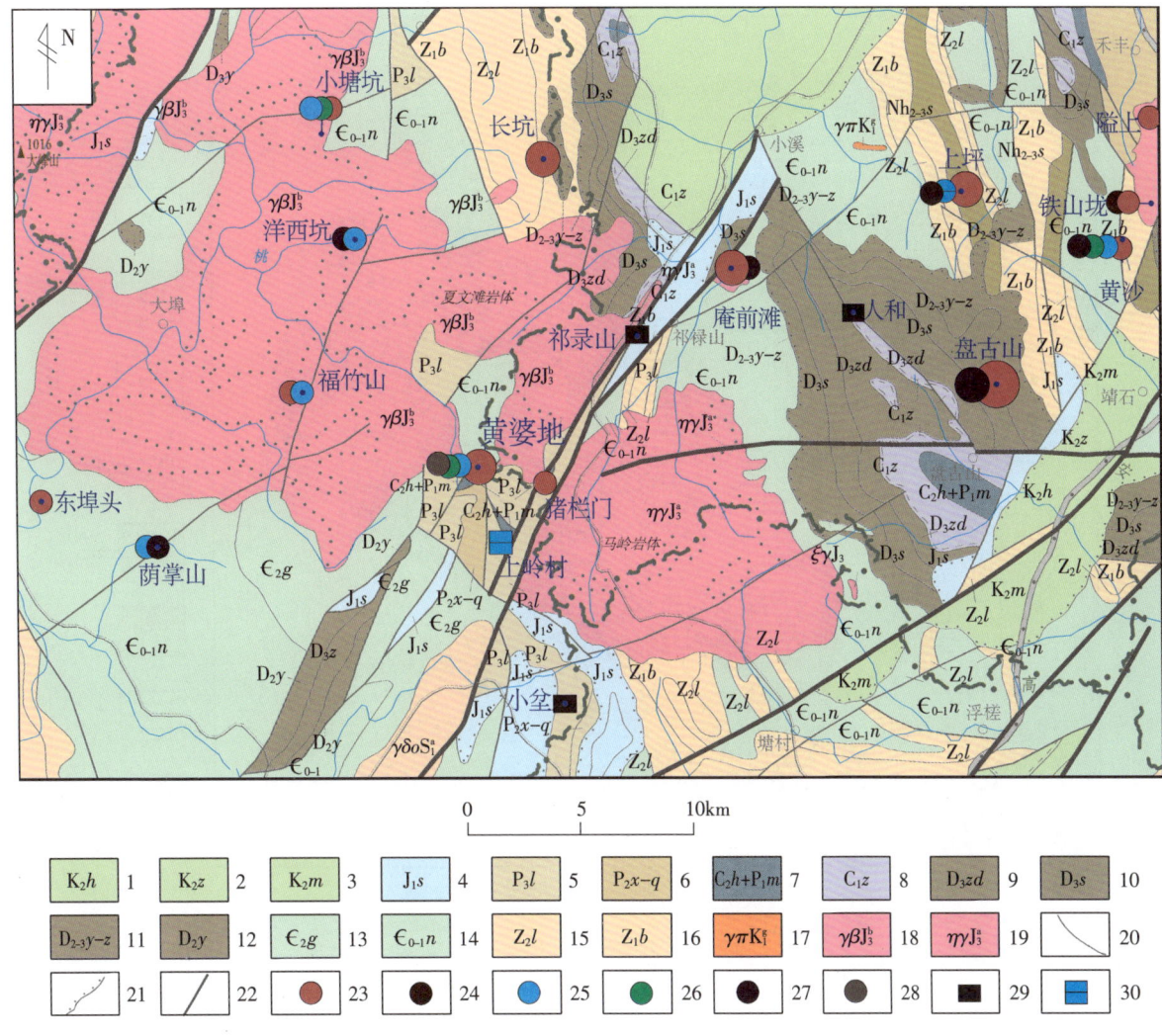

图 5-25　黄婆地矿田区域地质简图

Fig. 5-25　Regional geological map of Huangpodi ore field

1—上白垩统河口组；2—上白垩统周田组；3—上白垩统茅店组；4—下侏罗统水北组；5—上二叠统乐平组；
6—中二叠统小江边组—栖霞组；7—上石炭统黄龙组—下二叠统马平组；8—下石炭统梓山组；9—上泥盆统嶂紫组；
10—上泥盆统三门滩组；11—中上泥盆统云山组—中棚组；12—中泥盆统云山组；13—上寒武统高滩组；
14—底下寒武统牛角河组；15—上震旦统老虎塘组；16—下震旦统坝里组；17—早白垩世岗（石英）斑岩；
18—晚侏罗世黑云母二长花岗岩；19—晚侏罗世二长花岗岩；20—整合地质界线；21—不整合地质界线；22—断层；
23—钨矿；24—锡矿；25—钼矿；26—铜矿；27—铋矿；28—锌矿；29—煤矿；30—大理岩。

2018 年 12 月江西省地质矿产勘查开发局赣南地质大队在黄婆地钨锌多金属矿采矿权证内开展资源储量核实工作，提交储量核实报告，累计查明资源储量（122b+332+333）：WO_3 11 102t（其中氧化矿 1606t，原生矿 9496t），WO_3 平均品位 0.324%。伴生矿产 Mo 763t，Cu 2937t，Zn 12824t，Bi 3237t。

1. 矿区地质

矿区位于北北东向于山隆起带与东西向崇义－会昌构造带的交会部位，地处于都－赣县矿集区中南部。

1）地层

矿区出露地层有石炭系和二叠系以及沿低洼区分布的第四系松散沉积物（图 5-26）。

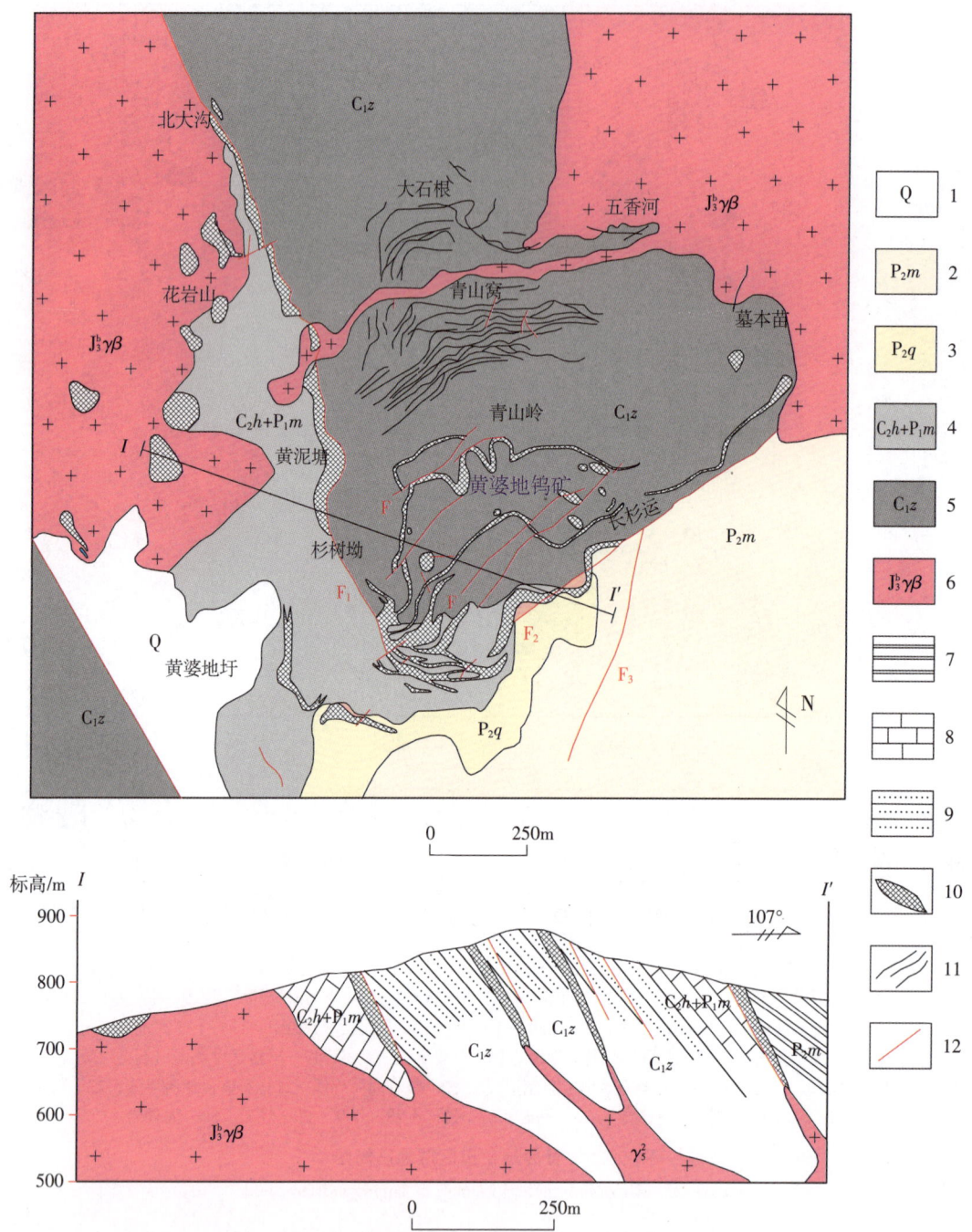

1—第四系；2—中二叠统茅口组；3—中二叠统栖霞组；4—上石炭统黄龙组+下二叠统马平组；5—下石炭统梓山组；6—晚侏罗世黑云母二长花岗岩；7—碎屑岩夹碳酸盐岩；8—碳酸盐岩；9—碎屑岩；10—矽卡岩型钨矿体；11—石英脉型钨矿体；12—断层。

图 5-26 黄婆地矿区地质简图和 I–I′ 剖面图

Fig. 5-26 Geological sketch and I–I′ profile of Huangpodi ore field

下石炭统梓山组（C_1z）：是矿区的主要赋矿层。走向北东、北北东，倾向南东，局部倾向西，倾角一般 30°~45°。岩性主要由砂岩、细砂岩、含钙砂岩及钙质粉砂岩、砂质板岩等组成。由于受燕山期花岗岩侵入的影响，地层发生了不同程度的热变质和交代蚀变作用，多形成致密块状的热蚀变角岩及斑点状角岩；钙质及含钙岩石则发育强度不等的矽卡岩化，进而交代形成白钨（铅锌）矽卡岩矿体，如

SK7、SK9 等矿体即赋存在此地层（或与花岗岩接触带）中。

上石炭统黄龙组（C_2h）：多呈近南北走向，倾向东，局部倾向西，倾角 15°~45°，变化较大，为质纯的灰白色白云质大理岩带，厚度大于 300m，大理岩呈细—中粒状结构，块状构造。与下伏梓山组呈整合接触。

二叠系：下二叠统马平组（P_1m）具浅灰色或灰白色巨厚层状含生物碎屑灰岩；中二叠统栖霞组（P_2q）为深灰色致密灰岩并含硅质结核；中二叠统小江边组（P_2x）为厚层黑色镁质黏土岩；中二叠统茅口组（P_2m）为黄褐色细粒泥质砂岩。

2) 岩浆岩

矿区岩浆岩属大埠花岗岩基的一部分，为晚侏罗世黑云母二长花岗岩（$\gamma\beta J_3^3$），分布于西北部的黄泥塘一带，展布方向为北东-南西向。岩性为中粗粒似斑状黑云母花岗岩，靠近围岩部位则为细粒花岗岩，但不连续，属岩体的边缘相带。化学成分属 SiO_2、Al_2O_3 过饱和岩石。按扎氏分类，属二类三科过碱性类岩石，与区内成矿关系密切。

3) 构造

矿区构造以断裂为主，褶皱属小垄-黄婆地南北向背斜的一部分。矿区见有中北部的小型背斜和西部石灰山一带小型向斜。背斜长度 150~400m 不等，轴线向南倾伏消失，褶皱西翼狭窄，岩层倾角 50°，东翼稍宽，岩层倾角较缓，为 25°~35°，主要由下石炭统组成。石灰山向斜及南部褶皱倾没区由上石炭统及下二叠统组成，倾伏区地层走向近东西，倾向南，倾角 30°左右。

矿区断裂分为成矿前和成矿后两类，前者是矿液运移和交代沉淀的良好通道及场所，后者则对矿床起一定的破坏作用。此外，区内层间破碎较为强烈，沿石炭系不同岩性界面常可见层间破碎，如梓山组与上覆灰岩接触界面和梓山组中的砂岩与板岩界面处，这种层间破碎多为成矿构造，是矿区内层状矿体交代场所和重要容矿构造，SK7、SK8、SK9、SK12 等矿体均赋存在这些部位。

2. 矿床地质

1) 矿床特征

黄婆地钨矿区按矿床的工业类型可分为矽卡岩型白钨矿床和石英脉型黑钨矿床两大类。

矽卡岩型白钨矿床分布在矿区西部及中南部，呈"V"字形，划定矿区范围内累计查明矿（化）体共 21 个，矿化分布范围北北西长约 1700m，宽 100~50m，北东长 1400m，宽 120~680m，面积约 $0.95km^2$；矿体主要赋存在下石炭统梓山组含钙砂岩、含钙粉砂岩及上石炭统白云质大理岩及早期形成的断裂带中，呈层状、似层状、条带状及不规则状产出，受地层层间破碎、层位以及早期形成的断裂带及岩浆侵入等因素控制明显；似层状矿体（如 SK7、SK8、SK9、SK12 等）产状总体倾向南东，倾角 15°~35°，条带状矿（化）体（如 SK2、SK3、SK4、SK5、SK6、SK10、SK22、SK23 等）产状倾向北东，倾角 60°~80°。不规则状矿（化）体（如 SK21、SK24、SK25、SK26、SK27 等）产状、形态极不规则。

石英脉型黑钨矿体主要分布在五香河、青山窝至墓本苗等区段，累计矿化分布范围约 $0.46km^2$；地表及浅部多已民采采空，深部揭露的 8 条矿（化）体多为隐伏、半隐伏状。矿（化）体赋存在花岗岩内外接触带附近，受断裂裂隙构造及岩浆侵入作用控制明显，沿构造及变质岩层间裂隙及陡倾斜节理呈断续分布，主要有北东—北北东向、北西向及近东西向 3 组矿（化）带，倾角一般较陡。

2) 矿体特征

（1）矽卡岩型白钨矿体特征。本矿区内的矽卡岩白钨矿矿（化）体，按其产出位置和产状形态可分似层状、条带状及不规则状 3 种。

似层状矿体或矿化体：产于石炭系梓山组钙质砂岩（含钙砂岩）层，或黄龙组白云质大理岩层中及层间破碎带中，包括 SK1、SK7、SK8、SK9、SK11、SK12、SK15、SK16，其中工业矿体有 SK1（原采损）及 SK7、SK8、SK9、SK12，其产状一般倾向南东，倾角 15°~35°，W 品位 0.150%~0.850%。似层状矽卡岩矿体为矿区主要矿体及现矿山开采的主要对象，资源储量占矿区 2/3 以上。

条带状矿体或矿化体：产于成矿前断裂带，其围岩为石炭系变质砂岩与大理岩，现已查明的含矿矽卡岩有 SK2、SK3、SK4、SK5、SK6、SK10、SK22、SK23，其中工业矿体有 SK2、SK3、SK4、SK5 和 SK22、SK23 共 6 个，W 品位介于 0.120%~0.554% 之间，SK2~SK6 矿体规模较小，资源储量不大；SK22、SK23 矿体规模较大，但氧化深度大，较难以利用。产状倾向北东，倾角 60°~80°（图 5-27，表 5-9）。

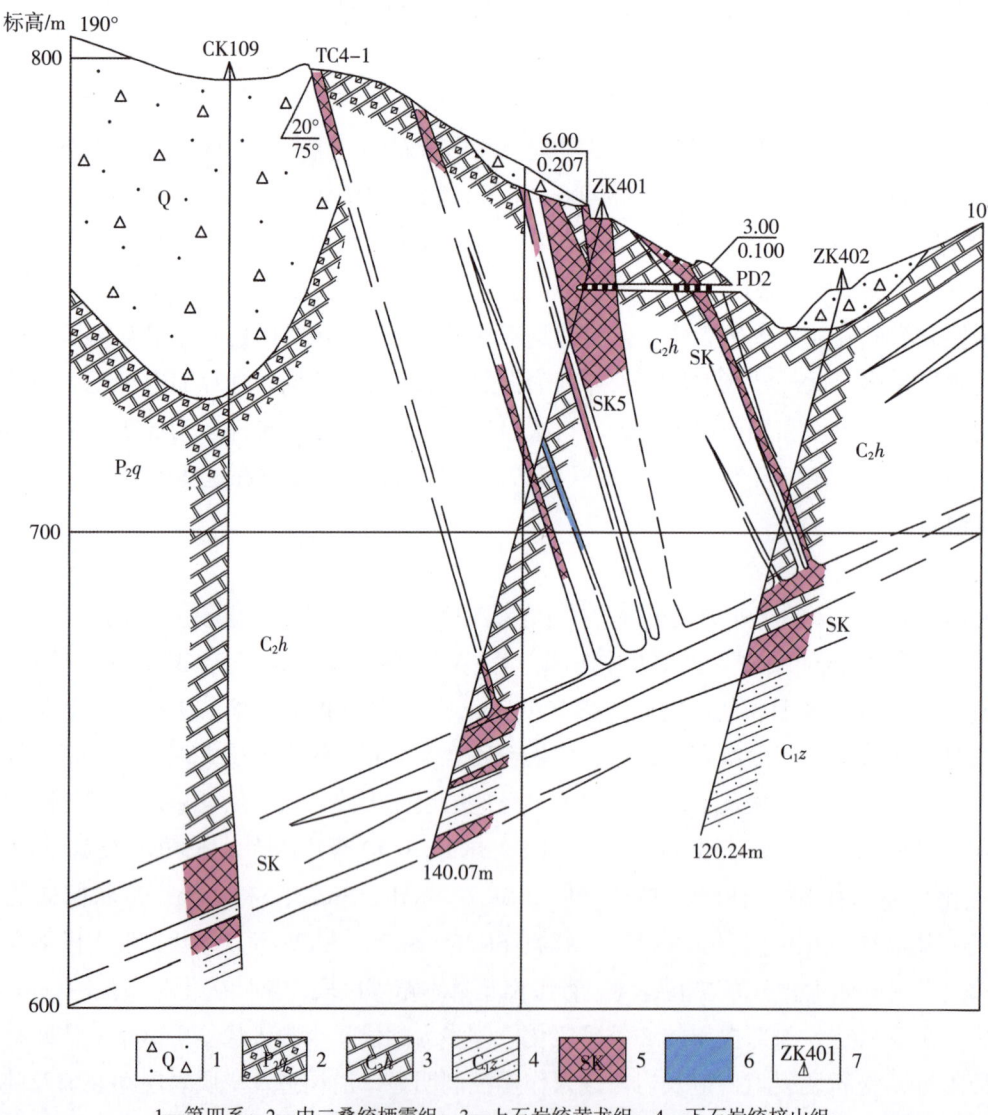

1—第四系；2—中二叠统栖霞组；3—上石炭统黄龙组；4—下石炭统梓山组；
5—矽卡岩矿体；6—矽卡岩；7—钻孔及编号。

图 5-27 黄婆地矿区 4 线剖面图

Fig. 5-27 Profile of exploration line 4 in Huangpodi ore field

表 5-9 黄婆地矿区矽卡岩型白钨矿体规模、产状及厚度与品位特征一览表
Table 5-9 Scale, occurrence, thickness and grade characteristics of skarn-type scheelite ore body in Huangpodi ore deposit

矿体编号	控制规模/m 走向延长	控制规模/m 倾向延长	形态	产状/(°) 倾向	产状/(°) 倾角	WO₃ WO₃量/t	WO₃ 占比/%	WO₃品位/%	品位变化系数/%	厚度/m	厚度变化系数/%
SK1	160	80	似层状	140	35	4085(Zn)		7.68(Zn)		6.97	
SK2	280	142	条带状	15	71	117	0.6	0.248	79.4	2.61	28.9
SK3	280	127	条带状	10	68	35	0.2	0.235	57.6	1.27	47.5
SK4	280	100	条带状	10	68	58	0.3	0.15	84.4	1.68	34
SK5	280	90	条带状	15	68	211	1.2	0.183	57	4.8	42.6
SK7	180	330	似层状	150	30	531	2.9	0.175	74	6.94	5.6
SK8	700	350	似层状	135	30	3133	17.4	0.301	91.6	3.66	105.3
SK9	800	500	似层状	135	30	6902	38.3	0.316	81.5	4.92	63.3
SK12	550	260	似层状	135	35	743	4.1	0.238	98.1	3	102.2
SK22	580	168	条带状	75	55	1492	8.3	0.414	80.7	15	81
SK23	280	296	条带状	85	56	4806	26.7	0.301	56.4	26	80.8

不规则状接触型矿体或矿化体：产于花岗岩与围岩接触带部位，呈小团块状或顶帽状等不规则状，产状形态极不规则，有平缓者亦有陡倾者。大致查明的含矿矽卡岩有 SK21、SK24、SK25、SK26、SK27，经地表槽探及浅部平硐工程揭露，矿（化）体均已氧化，W 平均品位介于 0.100%~0.150% 之间，品位分布不均匀，工业意义不大。

(2) 石英脉型黑钨矿体特征。石英脉型黑钨矿体主要分布在矿区中北部及东部的花岗岩内、外接触带附近，揭露控制的矿脉多为隐伏、半隐伏状，其中 8 条（即 V1、V2、V3、V4、V5、V6、V7 及 V101）具工业价值。按其产状可分为北东—北北东向、北西向及近东西向矿脉，其中主要以北东—北北东向及近东西向矿脉为主。

3) 矿体围岩蚀变

根据野外观察，矽卡岩型矿体的围岩蚀变主要有矽卡岩化、硅化、角岩化、钾长石化、碳酸盐化等。此外，在大理岩靠近花岗岩接触部位常出现滑石化、绿泥石化、蛇纹石化等蚀变作用，但蚀变强度均较弱。蚀变围岩的矿染，据初步观察在各类蚀变围岩中局部存在，如 SK9 钻孔顶底板硅化砂岩中，其 WO₃ 最高品位可达 0.15%，矿染宽 0.5~1m，但不连续。在硅化灰岩、滑石化大理岩、绿泥石化大理岩中，局部亦有白钨矿分布，但分布不均匀，品位一般都低于 0.15%。

4) 矿物成分及其特征

(1) 矽卡岩型白钨矿石矿物成分及其特征。矽卡岩属于钙矽卡岩。各矿体中的矿物成分及其含量大同小异。主要的金属矿物为白钨矿，其次金属矿物有黄铜矿、黄铁矿、辉钼矿、辉铋矿、磁黄铁矿、

闪锌矿、黑钨矿等。主要非金属矿物为钙铁辉石和石榴子石，次要非金属矿物有石英、符山石、硅灰石、透闪石、透辉石、方解石、萤石、绿帘石、阳起石、长石、绢云母、绿泥石等。

白钨矿：分布于矽卡岩中。几乎均为星点状、浸染状产出，极少部分呈细脉状充填形式产出。白色，油脂光泽，荧光灯照射下发蓝光，亦有发黄光者。颗粒较细，多为 0.01~0.05mm，大者达 0.1~1mm，个别可见 1cm 块状白钨矿，也可见白钨矿呈宽 1cm 左右的细脉状产出。由于颗粒较细，一般肉眼很难辨认，必须在荧光灯照射下才能明察其颗粒大小和分布情况。据野外观察，白钨矿常与钙铁辉石、石榴子石、萤石密切伴生，特别是萤石与石榴子石接触处，白钨矿常见。在符山石、透辉石等矿物的解理间也可见到小颗粒的白钨矿。据岩矿鉴定资料，白钨矿多以微粒晶嵌布于矽卡岩矿物中。而由纯石榴子石、透辉石等组成的简单矽卡岩，则难于见到白钨矿。

根据野外观察和室内岩矿鉴定，依矿物交代和穿插关系，初步确定矿物生成的先后顺序为钙铁辉石→石榴子石→符山石→硅灰石→磁铁矿→透闪石→阳起石→绿帘石→钠长石→白钨矿→方解石→石英→辉钼矿→萤石→云母→滑石→磁黄铁矿→黄铁矿→闪锌矿→方铅矿→绿泥石。

（2）石英脉型黑钨矿石矿物成分及其特征。石英脉型黑钨矿石矿物成分较简单，金属矿物以黑钨矿为主，其次有辉钼矿、辉铋矿、黄铜矿、黄铁矿，以及少量绿柱石等。非金属矿物以石英为主（占脉石总量的 98% 以上），其次有云母、绿泥石、萤石，以及少量长石、电气石等。

黑钨矿：褐黑色，条痕为棕褐色，金属光泽，密度大，结晶一般较粗大，分段富集，在石英脉中呈针状交织产出和呈板状或粒状集合体分布。板状体大小一般 1.5mm×0.5mm，集合体呈不规则团粒状或小团块状，常与辉钼矿或黄铜矿共生。

5）矿石结构构造

矿石结构主要有交代结构、乳滴状结构、填隙结构、包含镶嵌结构和网状结构等。

矿石构造主要有自形—半自形晶板柱状构造、鳞片状构造、针状或放射状构造、块状构造、角砾构造、条带状构造、细脉状构造、（细粒）浸染状构造、似层状构造，氧化矿石具松散蜂窝状构造和孔洞状构造。

6）氧化分带特征

矿区主要是矽卡岩型白钨矿石具不同程度的氧化，主要由石英、褐铁矿、硬锰矿、赤铁矿、黏土矿物和少量石榴子石、白云母、钨华、铋华及钼华，以及微量白钨矿、黑钨矿、辉铋矿及其他氧化矿物组成，分布于原生矽卡岩矿石的上部，氧化深度各处不同，一般为 3~30m 不等。矿石的氧化程度一般在地表甚深，为全风化氧化带，深度小于 5m，未保存原来矿石的结构构造和矿物晶形，呈褐黑色土状物，松散疏软，具孔洞状或蜂窝状构造，密度较小；地表向浅部，为半风化氧化带，深度小于 30m，一般残留矽卡岩原有组织结构，大致尚可辨明何种矿物，但较疏松，密度在 $2g/cm^3$ 左右；接近原生矿则为弱风化氧化带，一般范围不大，约 5m，此处的矽卡岩虽呈黑色，但一般较致密坚硬，保存原生结构，密度 $2~3g/cm^3$。

根据勘查情况，氧化带的界线在两工程之间是完全可以确定的，至于在两工程之间的具体位置，根据原勘查成果和矿山开采后的调查，一般在地表以下 20~30m，而近沟谷基岩裸露地区，其氧化深度只有几米到十几米。

7）成矿期次与成矿年龄

燕山早期花岗岩为成矿岩体，尤其是第二阶段侵入的花岗岩体，同位素年龄为 161.3Ma。

3. 矿床成因

矿区地层为下石炭统梓山组含钙砂岩、含钙粉砂岩和上石炭统、下二叠统的灰岩，地层受构造影响产生层间破碎，距离成矿花岗岩体较近（约500m），有利于矿液进行渗滤交代，同时围岩中富含的成矿物质也被萃取到矿液中，增加了矿液的浓度，促进成矿物质在接触带附近的地层层间破碎处交代沉淀，形成矽卡岩型白钨矿。

黑钨矿床属岩浆期后含矿热液（W、Sn、Cu、Pb、Zn、Ag等）充填交代形成。矿床的形成和分布与岩浆活动、构造及围岩等成矿条件有关。

矿床为矽卡岩型白钨矿和石英脉型黑钨矿"二位一体"矿床。

4. 找矿方向

（1）矿区大量矽卡岩在倾伏背斜、向斜翼部的层间裂隙及岩层内裂隙带，这些部位是找矿的重点区域。在背斜轴部及南部背斜倾伏端石炭系中，有可能存在隐伏的鞍状矿体，是新的找矿方向。矿区南西外围南大沟、西大沟一带与矿区具相似的成矿条件，是寻找新的矽卡岩型矿床较为有利的区域。

（2）在矿区北部变质岩与花岗岩接触带附近的青山窝至墓本苗及东部的东坑一线是寻找石英脉型黑钨矿床的有利区段。

（二）于都县庵前滩钨矿床

庵前滩矿区位于于都县城南（约185°）约27km，属于都县祁禄山镇管辖。矿区地理坐标：东经115°18′37″—115°21′19″，北纬25°41′38″—25°44′28″。

庵前滩石英脉型钨矿发现于1921年。1956年江西省地质局二二〇普查队对矿区进行过踏勘；1961年江西省地质局九〇八大队四分队进行了概查，发现了矽卡岩型矿体；1964年江西冶金勘探公司六一七队对矿区进行了系统查评工作；1979—1981年，江西省地质局九〇九大队五分队（1981年4月划属赣南地质调查大队第四直属队）进行了初步普查。2004—2010年赣南地质调查大队对矿区进行了多次的地质工作并提交了资源储量地质报告，累计查明矿区资源储量（金属量）：WO_3 19 733.94t，Bi 3 664.22t，达中型钨矿床规模。

1. 矿区地质

庵前滩钨矿区地处赣县–于都矿集区内，与黄婆地同处于宁都–龙南北东向构造带与于都–信丰北北东向断裂复合地带，构造形迹十分复杂。

矿区位于大埠花岗岩基和庵前滩花岗岩瘤的北东部。出露地层有底下寒武统牛角河组、中上泥盆统、上白垩统茅店组及第四系（图5-28）。

1）地层

与成矿有关地层为寒武系与泥盆系。

（1）底下寒武统牛角河组（$\epsilon_{0-1}n$）：呈南北向长带状展布，地层总体走向北北西，倾向南西西，倾角50°~80°；岩石受安（庵）前滩花岗岩侵入影响热变质较强，在近花岗岩区形成大量的角岩、角岩化岩石。该组为石英脉型矿体主要赋矿围岩。

（2）泥盆系：有中泥盆统云山组、上泥盆统中棚组和三门滩组。

中泥盆统云山组（D_2y）：分布于矿区中部，整体呈北西向狭长带状展布；出露不全，属下山坑向斜北西端西翼的组成部分；地层走向北北东—北东，倾向南东，倾角65°~70°，不整合覆盖于底下寒武统牛角河组之上。岩性在底部主要为灰白色块状石英砾岩夹薄层长石石英细砂岩，向上逐渐过渡为石英粗砂岩，局部夹灰黄色薄层泥质粉砂岩。

上泥盆统中棚组（D_3z）和三门滩组（D_3s）：分布于矿区西北部和东南部，西北部呈北北东向展布，东南部呈北北西向展布；地层走向北北东—北东，倾向南东，倾角45°~80°。三门滩组分3个岩性段共7层，其中薄层灰岩、透镜状大理岩为矿区北部矽卡岩型矿床围岩。

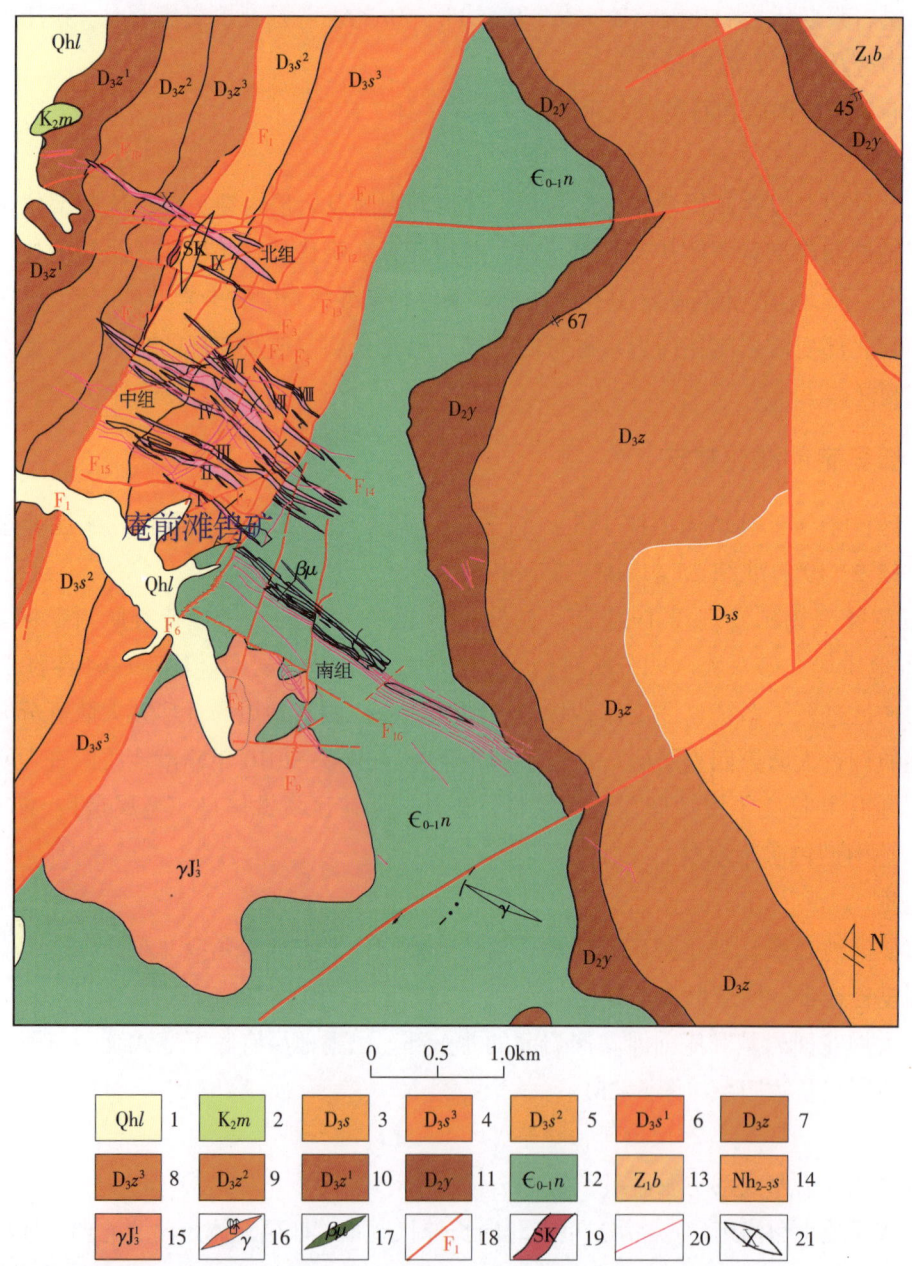

图 5-28　于都县庵前滩钨矿区地质简图

Fig. 5-28　Geological diagram of Anqiantan tungsten mine area in Yudu County

1—第四系；2—上白垩统茅店组；3—上泥盆统三门滩组；4—上泥盆统三门滩组上段；5—上泥盆统三门滩组中段；6—上泥盆统三门滩组下段；7—上泥盆统中棚组；8—上泥盆统中棚组上段；9—上泥盆统中棚组中段；10—上泥盆统中棚组下段；11—中泥盆统云山组；12—底下寒武统牛角河组；13—下震旦统坝里组；14—中上南华统沙坝黄组；15—晚侏罗世花岗岩；16—花岗岩脉；17—辉绿岩脉；18—断层及编号；19—矽卡岩矿（化）体；20—（含钨）石英脉；21—矿化标志带及编号。

2) 构造

(1) 褶皱构造：位于黄沙-盘古山南北向背斜西翼，由寒武系、泥盆系形成单斜构造，局部地段挤压形成表皮褶皱。

(2) 断裂构造：主要发育于矿区西北部，有近东西向、北东向、北西向、北北东向4组，北北东向断裂控制矽卡岩型矿床，近东西向、北西向裂隙为石英脉型矿床主要容矿裂隙。

3) 岩浆岩

矿区内岩浆岩主要有庵前滩花岗岩体和少量辉绿岩、花岗岩脉。

庵前滩花岗岩体（γJ_3^1）：分布于矿区西部边缘，区内只出露0.2km²，与寒武系呈侵入接触，与泥盆系呈断层接触，时代属燕山早期。花岗岩体除在矿区西部出露地表外，在ZK2、ZK4、ZK18-1、ZK12-1、ZK8、ZK3和ZK2601等钻孔中见到隐伏岩体，顶面标高一般在0~20m之间，向北至ZK3钻孔倾伏向下，顶界标高为-116m；向北东至ZK2601钻孔，花岗岩顶界标高为150m。据地表和钻孔中所见岩层热变质程度预测隐伏花岗岩顶峰整体呈北东向延展，向北西、南东方向倾伏，它对矿脉的形成与矿脉组的展布具有较严格的控制作用。根据3个硅酸盐样分析结果，庵前滩花岗岩体岩石化学成分以高硅质、高碱质、低暗色组分为特征，属硅过饱和过碱酸性花岗岩（表5-10）。

表5-10　庵前滩花岗岩体岩石化学成分一览表

Table 5-10　List of petrochemical compositions of Anqiantan granite body

地点	样号	岩石化学成分/%					
		SiO_2	Al_2O_3	TiO_2	CaO	MgO	MnO
V号窿	γQ_1	75.70	11.69	0.135	1.03	0.23	0.070
地表公路	γQ_2	73.88	12.42	0.175	1.05	0.27	0.054
ZK3	γQ_3	72.10	12.84	0.240	1.09	0.62	0.070

地点	样号	岩石化学成分/%					
		P_2O_5	K_2O	Na_2O	Fe_2O_3	FeO	SO_2	烧失量
V号窿	γQ_1	0.065	4.19	1.82	1.39	1.12	0.275	1.93
地表公路	γQ_2	0.100	4.73	2.25	0.86	1.36	0.22	1.55
ZK3	γQ_3	0.165	4.90	2.60	1.02	1.61	0.28	1.14

地点	样号	扎氏特征值								
		a	b	c	s	n'	f'	m'	a'	Q
V号窿	γQ_1	9.77	5.56	1.22	83.45	39.73	40.38	6.89	52.73	46.14
地表公路	γQ_2	10.50	4.70	1.30	82.90	40.50	50.60	8.20	41.00	43.50
ZK3	γQ_3	11.60	4.60	1.30	82.50	42.00	44.00	9.80	46.00	40.50

2. 矿床地质

1) 矿床类型及矿体分布

(1) 石英脉型矿体：主要分布于矿区中南部。矿体赋存于底下寒武统牛角河组（$\epsilon_{0-1}n$）和上泥盆统中棚组（D_3z）、三门滩组（D_3s），以及燕山早期中细粒似斑状二云母花岗岩（γJ_3^1）中。多数矿体出露地表，最高为标高340m左右，最低埋深可达-40m。全区矿化面积大于1km², 计有宽20cm以上石英脉32条；按含脉率不低于2%、含脉密度3条/m的原则，圈出石英线脉矿化标志带10条，根据矿脉空间分布和排列组合特征，全区分为南、中、北3个矿脉组，呈左行侧幕式排列，多为北西向展布；各矿脉在平面上多呈两端窄、中间宽的狭长脉体。

矿区内圈出矿化标志带10条（Ⅰ~Ⅹ），分布于中组大脉区（8条）和北组大脉区（2条）。其中以Ⅳ、Ⅴ号带规模最大，从乌石坑经高紫至直窝里，长1200m以上，宽20~50m。它们是由多组不同方向的石英细脉、石英线脉、云母线等网络交叉组成，并往往夹有1~3条石英大脉作为主干。各矿化标志带规模见表5-11。

表5-11 庵前滩矿区矿化标志带规模一览表
Table 5-12 Statistics of quartz vein group in Anqiantan mining area

矿化标志带编号	Ⅰ	Ⅱ	Ⅲ	Ⅳ	Ⅴ	Ⅵ	Ⅶ	Ⅷ	Ⅸ	Ⅹ
组别	中 组								北 组	
带长/m	490	500	820	1220	1270	400	470	330	230	920
带宽/m	8.7	21.7	15.2	22.8	30.8	18	16	10.8	9	25.7
含脉密度/条·m^{-1}	4	5	3.5	4	5.4	5.9	4	6.5	3.3	3.6
含脉率/%	3.5	3.7	2.9	3.4	3.1	2.8	1.8	2.5	2.2	2.8

(2) 矽卡岩型矿体：主要分布于矿区西北部，矿区其他地段有待进一步工作查明。矿体位于F_1断裂下盘，有2个矿体，产于三门滩组下段含钙砂岩层中，呈似层状产出；出露宽度3~14m，控制长度520m；走向北北东，倾向南东东，倾角55°~80°。上部为风化（氧化）矽卡岩，中下部为原生矽卡岩。矿体出露最大标高在260m左右，最低埋深在200m左右（图5-29）。

矽卡岩型矿体矿物组成有绿泥石、绢云母、萤石、石英、石榴子石、透辉石、硅灰石、阳起石、绿帘石、黄铁矿、铁锂云母、磷灰石、长石和少量的白钨矿、黑钨矿、铁闪锌矿、方铅矿、辉铋矿、黄铜矿等。

现查明南组10条矿脉，中组15条矿脉，北组7条矿脉，各矿脉特征、规模见表5-12。

（三）于都县猪栏门钨矿床

矿区位于于都县，祁禄山镇西南部与赣县相邻地区，赣县-于都矿集区黄婆地钨矿田，西距黄婆地矿床约5km。

据江西冶勘十三队勘查和江西地质科学研究所调研，猪栏门矽卡岩型钨矿床具有品位高，黑钨矿、白钨矿共生，矿床钠交代强烈的特征。

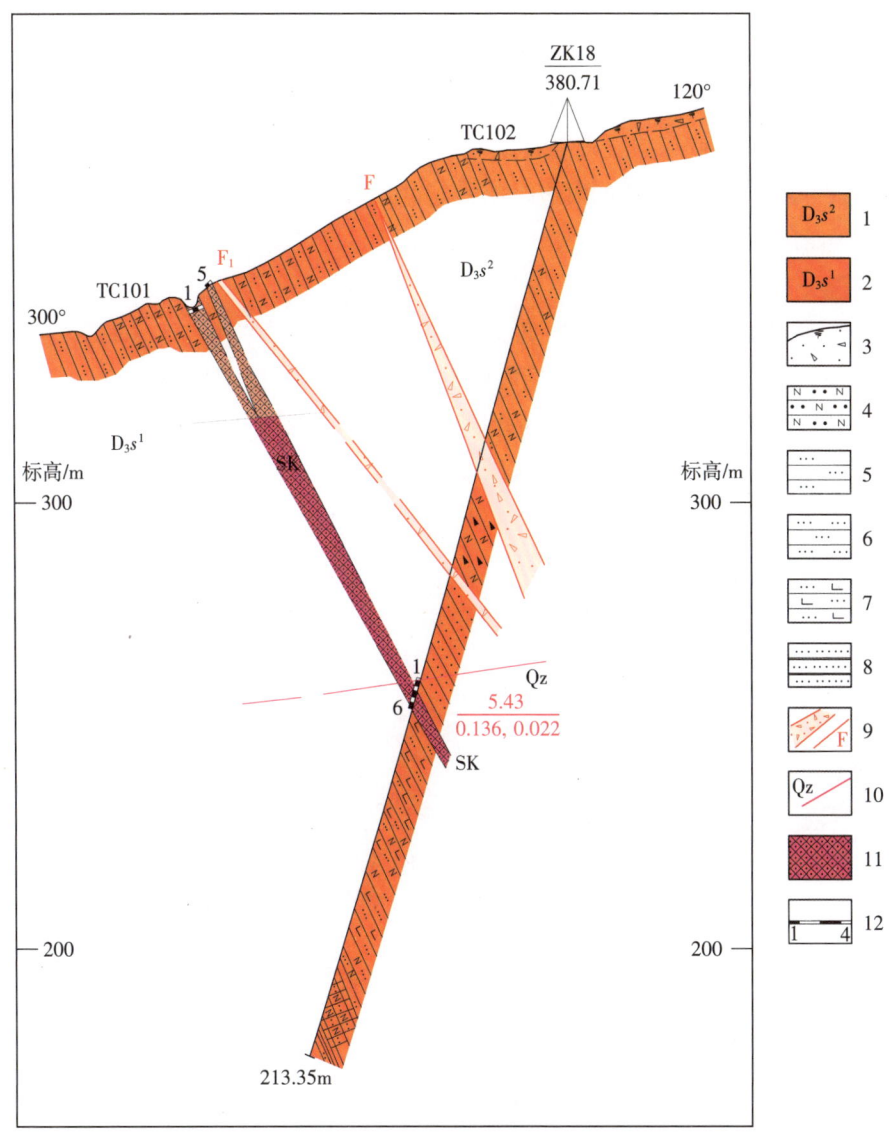

1—上泥盆统三门滩组中段；2—上泥盆统三门滩组下段；3—残积层；4—长石石英砂岩；5—泥质粉砂岩；6—粉砂岩；7—含钙砂岩；8—粉砂质板岩；9—断裂破碎带；10—石英脉；11—矽卡岩（矿体）；12—化学样及编号。

图 5-29 于都县庵前滩钨矿区 102 线剖面图

Fig. 5-29 Profile of line 102 in Anqiantan tungsten mining area, Yudu County

表 5-12 庵前滩矿区石英脉组情况统计表

Table 5-12 Scale of mineralized marker zone in Anqiantan mining area

组 别	矿化范围/km²	矿脉数量/条	走向长/m	总脉幅/m	矿脉延深/m
南 组	0.4	10	1200	2.14	300
中 组	0.5	15	461	2.02	300
北 组	0.1	7	353	1.25	300

1. 矿区地质

于都-信丰北北东向大断裂带在矿区呈岩片产出。地层为中二叠统茅口组（P_2m），岩性有砂岩、含长石砂岩、泥质粉砂岩、黑色页岩、钙质砂岩、含钙质页岩，下部钙质含量较高，局部出现透镜状灰岩和泥灰岩。含钙岩性段是矿床的直接围岩。

矿区成矿花岗岩是大埠花岗岩基东南边缘的舌状凸出部分，岩性有中细粒似斑状黑云母花岗岩、细粒白云母花岗岩，前者见于矿区，后者见于矿区东侧。

2. 矿床地质特征

1）含矿矽卡岩（矿体）的产状、规模、形态

含矿矽卡岩产于黑云母花岗岩与茅口组钙质岩石的内外接触带上（图5-30）。

矿区矽卡岩分南、北两段，南段是主要的含矿矽卡岩。主体矽卡岩长近200m，厚约30m，残留延

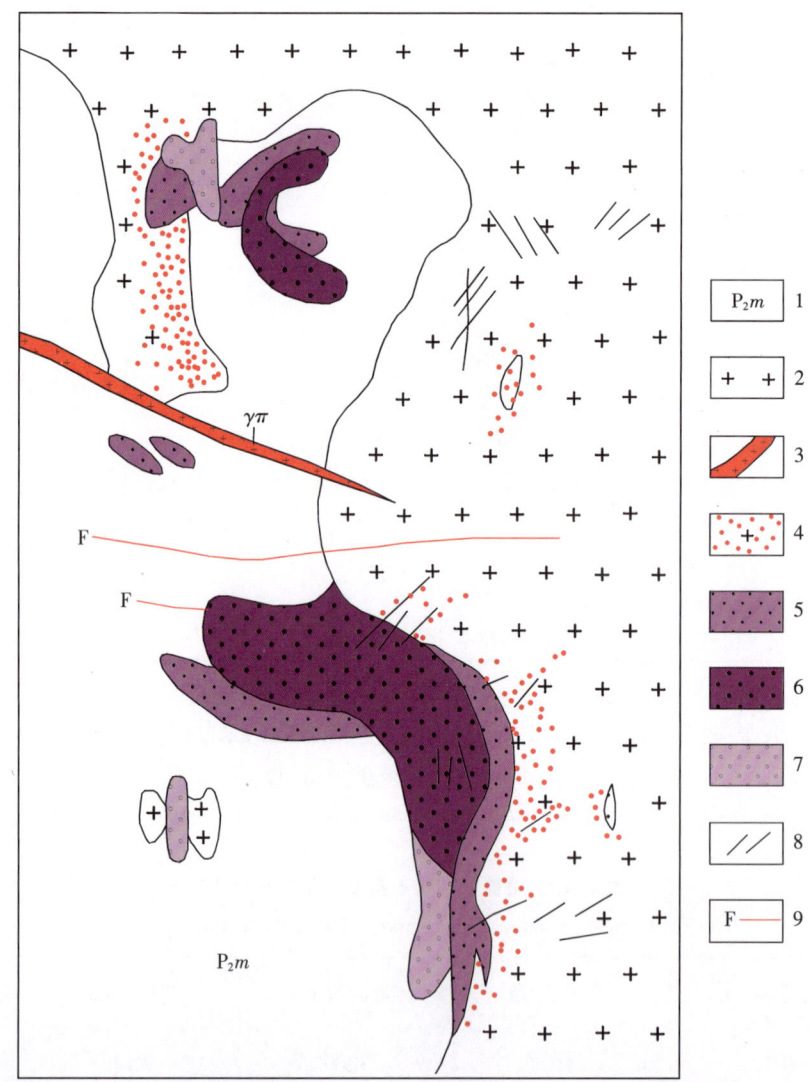

1—中二叠统茅口组；2—中细粒似斑状黑云母花岗岩；3—花岗斑岩；4—斜长石化花岗岩矿体；5—斜长岩钨矿体；6—石榴子石透辉石矽卡岩钨矿体；7—斜长石化砂岩钨矿体；8—含钨石英脉；9—断层。

图5-30 猪栏门矿区地质略图（引自《赣南钨矿地质》，1981）

Fig. 5-30 Geological sketch of Zhulanmen mining area

深 80 余米，沿走向和倾向变薄至尖灭，上部剥蚀呈似透镜状贴附于花岗岩体边缘，与接触带产状大体一致，向南西缓倾斜。成分不纯的碳酸盐岩地层处在与花岗岩体接触带的下凹部位、钙质岩层沿走向和倾斜方向，有大量裂隙将岩浆气液输导到含钙地层，产生广泛的渗滤交代作用。

按矿化原岩及主要矿物命名，矿床内分 4 种矿体，各种矿体的产状、规模、形态详见表 5-13。

表 5-13　猪栏门矿体产状、规模、形态一览表

Table 5-13　List of occurrence, scale and shape of Zhulanmen ore body

矿体形态	矿化原岩	产出部位	规模		形态
			长/m	宽/m	
矽卡岩矿体	石榴子石辉石矽卡岩	外接触带	120	7~10	透镜状、扁豆状
斜长岩矿体	花岗岩	内接触带边缘	10~70	1~6	带状、囊状、扁豆状
斜长石化砂岩矿体	砂岩	外接触带			不规则状、囊状、透镜状
斜长石化花岗岩矿体	花岗岩	内接触带斜长岩矿体内侧	10~70	1~8	不规则状、条带状、囊状

2) 矿石的矿物成分及主要矿物特征

从早期矽卡岩阶段到晚期中低温热液阶段，矿床经过了多期多阶段交代、矿化作用，形成矿物达数十种（表 5-14）。从表中可以看出，矿床矿物组分具有 3 个特点：一是硅酸盐矿物种类繁多，在矿石中占的量最大，而斜长石、黑云母、角闪石的大量出现为江西众多矽卡岩矿床所罕见；二是黑钨矿、白钨矿并重共生；三是矿床内金属硫化矿物数量较少。

表 5-14　猪栏门矿床矿物组成一览表

Table 5-14　Mineral composition of Zhulanmen deposit

矿物分类	矿物组成		
	主要	常见	少见
硅酸盐类	钙铁榴石、透辉石、斜长石	角闪石、阳起石、透闪石、绿帘石、黑云母、绢云母	硅灰石、符山石、钾长石、白云母
氧化物钨酸盐类	石英	白钨矿、黑钨矿、磁铁矿	
硫化物类			辉钼矿、黄铁矿、黄铜矿、闪锌矿
其他		萤石、方解石	磷灰石

上列各种矿物有一定的组合形式和主要空间产布。硅酸盐矿物中除斜长石、钾长石外，白云母、绢云母可产在矿床任何部位，例如斜长石矽卡岩产于内接触带，斜长石化砂岩中的斜长石产在外接触带地层中。

3) 矿区的蚀变矿化特征

(1) 矿床碱交代作用强烈，每次碱交代作用都伴随一次钨矿化，碱交代岩的空间部位构成矿化连续的工业矿体。

(2) 成矿具有交代和充填的复合作用，交代矿化是成矿的基本方式，充填矿化造成矿化局部富集。

(3) 矿床金属硫化物含量微小，黑钨矿与白钨矿含量接近。

(4) 蚀变矿化，从早到晚总体是由高温到低温、由面型到线型的过程。

3. 矿化富集规律及成矿地质条件

矿床矿化虽连续，但品位不均匀，不同类型的矿体，同一矿体的不同部位，矿化强弱不一，存在贫富悬殊的状况。归结起来，矿化富集规律如下。

(1) 矿区4种类型的矿体，其WO_3平均品位的高低和钠长石化、斜长石化强弱一致。

(2) 最富矿石出现在矽卡岩和花岗岩的接触面附近，这里裂隙发育，有富铁、富钙的内外接触带矽卡岩存在。

(3) 多阶段蚀变矿化的叠加，充填和交代成矿方式的复合部位，矿化最富。

形成矿床的基本地质条件可简括为三方面：第一，早期形成的矽卡岩，已具较高的钨丰度。以外接触带矽卡岩为例，在无明显热液矿化叠部位，WO_3丰度在0.2%以上。第二，矿床产在花岗岩成分不纯的碳酸盐岩的接触带上，不纯灰岩是重要条件。第三，矿床的形成或矿化的出现，主要依赖碱交代作用。不同阶段的钠交代，最终还以斜长石表现出来，早期钠交代仅形成拉长石，晚期出现钠长石、钠更长石或中长石。总之，斜长石化与成矿是间接相关。

四、铅山县永平天排山铜钨钼银矿床

永平天排山铜钨钼银矿区是自晋朝至明朝盛产铜矿的古矿山。1958年建矿开采铁矿，1964年江西省地质局赣东北大队发现了铁帽下的铜硫矿体，由九一二大队进行勘查，于1972年查明为大型铜矿床。该区多次补充勘查，又发现了丰富的伴生钨矿资源和十字头斑岩型钼铜矿体。至2012年累计查明铜$175.53×10^4t$，平均品位为0.71%；伴生钨$13.34×10^4t$，平均品位为0.08%；金17.08t，平均品位为0.10g/t；银2582.00t，平均品位为14.94g/t；铅$1.51×10^4t$，平均品位为2.12%；锌$5.66×10^4t$，平均品位为4.11%，为一大型铜钨银矿床。近期江西铜业集团地勘工程公司地质队对十字头隐伏隐爆花岗闪长斑岩形成的斑岩钼（铜）矿床进行了勘查，初步估算钼资源储量达中型矿床规模。

永平天排山是一个早阶段似层状铜硫钼（钨）矿床与晚阶段斑岩型钼（铜）矿床两次成矿的典型"二位一体"复型矿床。

（一）矿区地质

永平天排山矿区位于萍乡-绍兴深断裂带南侧的饶南晚古生代—中生代坳陷，钦杭北段成钨带武功山-饶南成钨亚带之中，处于铅山县境。受永平逆冲推覆断裂带控制，以永平天排山大型似层状矽卡岩-斑岩铜硫钼（钨）矿床为中心，北部为一条中低温热液矿化带，有应天寺含金硅化带矿床，观音寺含银铅黑土，乌石岗、港背微细金矿床；西南部有杨村、陈家坞接触交代型铜铅锌矿床（点）。

矿床为处于F_2与F_1逆冲推覆断裂带之间的一个构造岩片，下伏系统为周潭岩组及不整合于其上的上石炭统—二叠系，上覆系统为F_1逆冲推覆断裂带之上由周潭岩组组成的推覆体（图5-31）。

1. 地层

矿区出露两套地层：下为新元古界周潭岩组构成基底，原岩为海相（火山）碎屑岩，夹碳酸盐岩薄层透镜体，经加里东运动有花岗岩入侵并遭受变质-混合岩化，形成一套以黑云斜长片岩为主的混合岩化地层。其上不整合覆盖上石炭统—二叠系。主要赋矿地层为上石炭统藕塘底组，周潭岩组与二叠系中也有矿化。

上石炭统藕塘底组为矿区主要赋矿岩层，底部以石英砾岩不整合覆盖在周潭岩组上，与上覆马平组（灰岩）为连续沉积，厚150~330m，可分3段。

上段：中粗粒石英砂岩、含砾砂岩、粉砂岩、千枚状页岩夹瘤状灰岩和灰岩透镜体，厚40~50m。

中段：中厚层状灰岩和泥岩夹千枚状页岩、硅质岩、含砾石英砂岩、钙质石英砂岩。矿区主矿层（Ⅱ矿带）赋存于中段，Ⅱ$_4$矿体底板的变质石英砂岩分布十分稳定，是良好的对比标志层，厚214m。

下段：中厚层状石英砂岩夹薄层状石英细砾岩，矿区内与周潭岩组以断层接触为主，厚约45m。

据报道，在矿区及外围陆续发现藕塘底组中下部夹有凝灰质石英角斑岩、安山质晶质凝灰岩和多层凝灰质砂岩，值得进一步查证。

2. 岩浆岩

矿区有加里东期变形的片麻状花岗岩分布，成矿岩体为燕山期Ⅰ型十字头花岗岩与火烧岗花岗闪长斑岩。

十字头岩体侵入周潭岩组和藕塘底组中，呈岩株状，出露面积0.65km²。岩体为似斑状富斜黑云母花岗岩，边缘具斑状结构，有混染交代现象。有大量脉岩穿插于围岩和铜矿体中。岩石化学成分：SiO_2 68.72%、Al_2O_3 15.21%、Fe_2O_3 1.34%、FeO 1.21%、MnO 0.035%、TiO_2 0.48%、MgO 0.995%、CaO 1.21%、Na_2O 1.25%、K_2O 5.80%、P_2O_5 0.11%。岩石SIMS 锆石U-Pb 年龄为（160±2.3）Ma（丁昕等，2005），时代为晚侏罗世。岩体的稀土配分曲线为右斜式，其岩石化

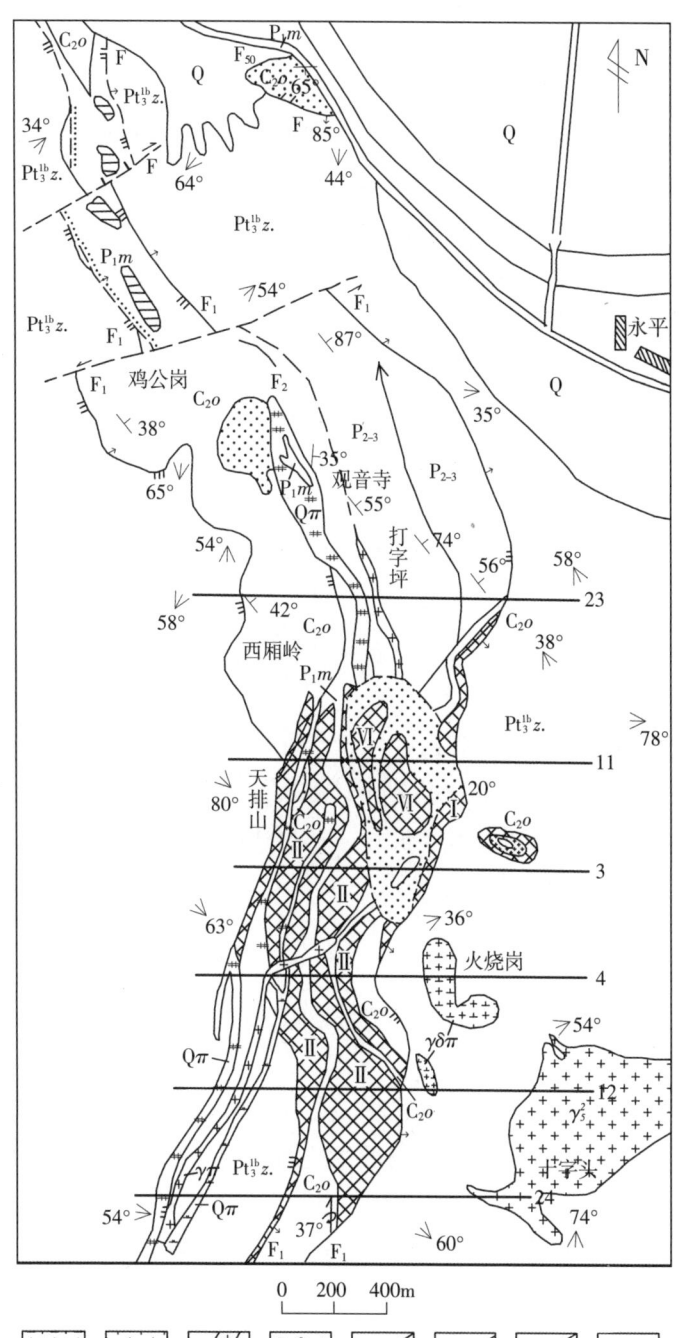

1—花岗闪长斑岩；2—黑云母花岗岩；3—花岗斑岩；4—石英斑岩；5—逆断层及编号；6—平移断层；7—倒转向斜构造；8—地层产状；9—片麻理产状；10—不整合界线；11—岩相界线；12—含铜、铅红土；13—含铅黑土；14—铜硫钨矿体及编号；15—勘探线及编号；Q—第四系；P_{2-3}—中上二叠统；P_1m—下二叠统马平组；C_2o—上石炭统藕塘底组；$Pt_3^{1b}z$.—新元古界周潭岩组。

图 5-31 永平天排山矿区地质图
（据江西省地质局九一二大队资料，1972，修编）

Fig. 5-31 Geological map of Tianpaishan mining area in Yongping County

学特征和稀土配分曲线型式与壳熔的 S 型花岗岩明显不同。花岗岩黑云母具有富镁、贫铁、高钛特点，岩浆形成时氧逸度很高，与长江中下游含铜花岗质岩体相吻合（朱碧等，2008）。岩体中成矿元素丰度：Mo $38.5×10^{-6}$、W $30×10^{-6}$、Cu $62×10^{-6}$，分别为花岗岩类岩石维氏值（1962）的 38 倍、36 倍、3 倍，属混入较多壳源物质的壳幔同熔 I 型花岗岩类，属形成于"笼盖式"热压环境中的浅成似斑状花岗岩，为形成铜硫钨（钼）矿床的主要岩体。

在十字头岩株的西南部出露有花岗闪长斑岩小岩瘤。经江西铜业集团地勘工程公司地质队在十字头岩体中部施工的 ZK1609 钻孔揭露，十字头花岗岩体是一个杂岩体，其中下部为隐爆花岗闪长斑岩角砾岩筒。地表的富斜黑云母花岗岩是一个残体。

火烧岗小岩株位于十字头岩体北西方约 300m 处，出露面积约 $0.15km^2$，曾定名为花岗斑岩。经野外观察和狄永军显微镜下鉴定，为斑状结构，斑晶主要为斜长石、碱性长石、石英、黑云母和少量角闪石，基质以石英和碱性长石为主，微细粒结构，定名为花岗闪长斑岩。可见地表岩石发生强烈绢英岩化和细脉浸染状铜钼矿化。钻孔中为辉钼矿化、钾化、绢英岩化蚀变岩，并与十字头隐爆斑岩角砾岩筒已连为一体，为钼（铜）成矿岩体，与十字头似斑状花岗岩组成永平似斑状富斜花岗岩 – 花岗闪长斑岩 – 石英斑岩脉 – 花岗斑岩脉 I 型中酸性岩石序列。

3. 构造

矿床的导岩导矿构造为 F_2 逆冲推覆断裂带，该断裂带至永平矿区西部被 F_4 北北东向挤压走滑断裂带错动，矿床上部被 F_1 推覆体叠覆，使石炭系—二叠系岩片形成"夹心饼干"式结构。伴随 F_2、F_1 逆冲推覆断裂带的活动，发育一系列高角度向东倾斜的叠瓦式断裂，为十字头、火烧岗小岩株和岩脉群的主要控岩断裂。

（二）矿床地质

矿区为华南上石炭统中规模最大的似层状型铜硫矿床。近期发现的十字头斑岩型钼（铜）矿床正在勘查评价。

1. 似层状矽卡岩型铜硫（钨银）矿床

矿体空间展布作大致平行的侧幕式排列，多呈似层状、透镜状，走向近南北，倾向东或南东东，I、II 矿带较缓（10°~40°），IV、V 矿带较陡（60°~70°），但均与所在地层产状近似一致。I、IV、V、VI 矿带受断裂控制明显。其中，I 矿带产于 F_1 断层下盘由马平组—小江边组灰岩所形成的矽卡岩中，呈似层状产出；VI 矿带见于 F_1 断层上盘"上推覆体"中，呈透镜状产出，产状与断层平行；IV、V 矿带受 F_2 断层控制，产于断裂带及其下盘藕塘底组和混合岩化变质岩中，浅部产状较陡，深部未完全控制，推测向下呈铲式变缓，有待查证。

矿区 II 矿带为主矿带，其铜金属量占全区铜总储量的 72%，产于藕塘底组中段，其中又以产于藕塘底组底部硅钙面及层间错动带的 II_4 矿体（层）规模最大，包括南、北两端各长 400m 的隐伏部分，整个矿层走向延长达 2500m 以上，倾向延深已控制 2900m，尚未尖灭，或呈侧列式延深（图 5-32）。II_4 矿层厚度 0.66~100.93m，平均厚度 17.97m，沿倾向浅部厚、深部薄，沿走向中部厚、两端薄，褶皱轴部厚、两翼薄，而且矿体厚度与含矿地层厚度呈显著正相关关系，相关系数 0.7054（曾祥福，1984）。此外，在十字头岩体外侧 200~300m 内，出现环带状矿化贫化圈。II 矿带平面上又有由北西转向南东的扭曲现象，扭幅最大处，也是矿层最厚部位。

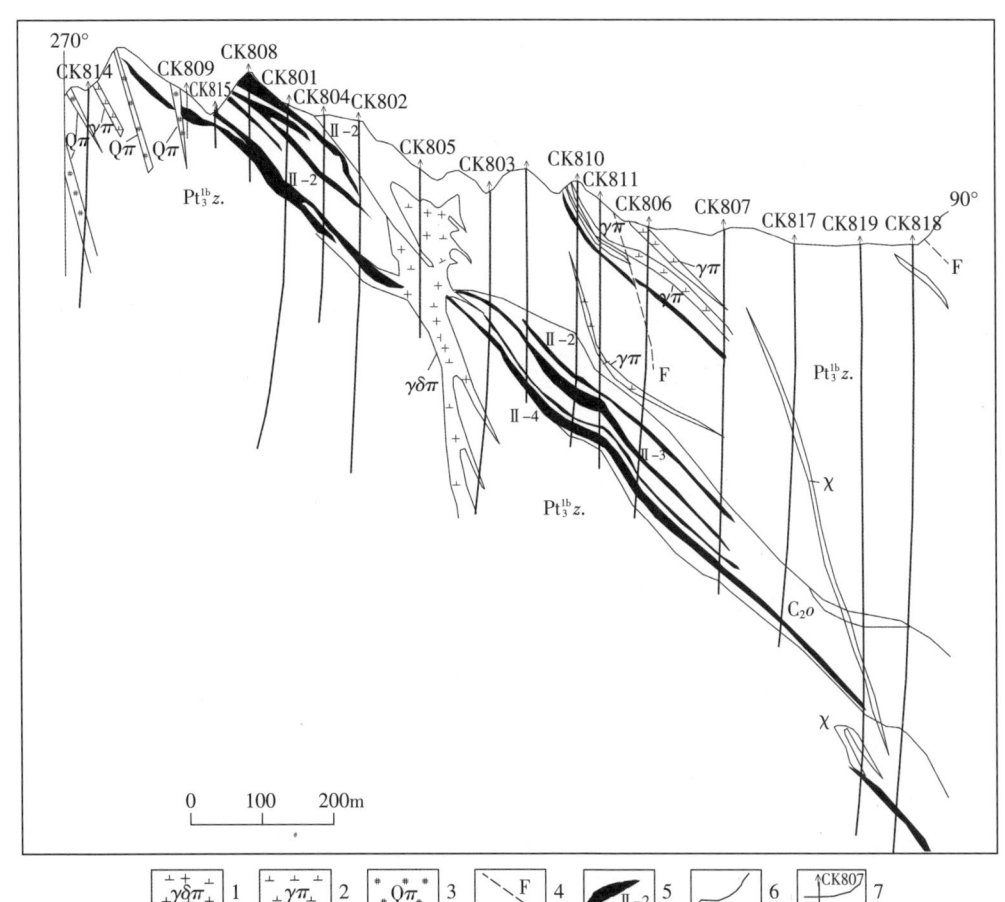

1—燕山早期火烧岗花岗闪长斑岩；2—花岗斑岩脉；3—石英斑岩脉；4—断层；5—矿体及编号；
6—地质界线；7—钻孔及编号；Q—第四系；C_2o—上石炭统藕塘底组；$Pt_3^{1b}z.$—新元古界周潭岩组；χ—煌斑岩脉。

图 5-32　永平天排山矿区 8 线剖面图（据江西省地质矿产勘查开发局赣东北大队资料，2010，修改）

Fig. 5-32　Profile of line 8 in Tianpaishan mining area, Yongping County

矿区矿石矿物达 140 多种，但多数矿石矿物组成简单。其中，金属矿物以黄铜矿、黄铁矿为主，见于各类矿石中，次为白钨矿、方铅矿、闪锌矿、辉钼矿和辉铋矿；非金属矿物主要有石英、石榴子石、透辉石和方解石等。还常见顺层产出的微晶状（含铜）胶黄铁矿、白铁矿、菱铁矿和玉髓、硬石膏等。矿石主要元素以 Cu、S、W 为主，伴（共）生 Pb、Zn、Mo、Bi、Te、In、Cd、Ag 和 Au 等元素，均可综合回收利用。

各类型矿石结构构造可分为两类：一类为层纹状和条带状等构造和残余粒状、草莓状、胶状等结构，它们多呈局部残留，属沉积交代组构；另一类为细脉状、网脉状、细脉浸染状、团块状、角砾状等构造和交代熔蚀、假象、乳浊状、固溶体分离、变晶、压碎等结构，显示多次成矿特征。

围岩蚀变类型主要为矽卡岩化、硅化、钾化、绿泥石化，其次为绿帘石化、阳起石化和黄铁矿化，并以矿区中部最强烈，总体属高中温蚀变范畴。

2. 斑岩型钼（铜）矿床

斑岩型钼（铜）矿床分别产于十字头 - 火烧岗花岗闪长斑岩隐爆角砾岩筒中及外接触带，包括十字头花岗岩、藕塘底组等围岩中。矿化蚀变主要为钾化、绢英岩化、黄铁矿化、绿泥石化。以细脉浸染状隐爆角砾矿化为主。矿床以辉钼矿化为主，上部黄铜矿较多，为钼铜矿体，主体为辉钼矿体。矿区斑岩钼矿化晚于似层状硫化物铜矿体，常见辉钼矿－石英细脉穿插于层状铜矿体中。矿床已控制远景规模为中型，正在进行勘查评价。

3. 矿化及矿化分带

1）矿化特征

矿石中铜、硫品位变化不大，Cu 为 0.5%~1.2%，S 为 10%~14%。但不同矿带、不同部位和不同矿石类型，铜、硫品位有所不同：一般下部矿带较上部矿带硫高铜低，即 V、Ⅳ、Ⅲ、Ⅵ矿带和 Ⅱ$_4$ 矿体硫高铜低，而 Ⅱ$_2$、Ⅱ$_3$ 矿体和 I 矿带硫低铜高；矽卡岩矿体硫高铜低，层状含铜黄铁矿硫低铜高；块状黄铜黄铁矿石铜、硫含量高于细脉浸染状和条带状矿石。此外，铅锌矿化主要见于矿区南、北两端，以北部含铅黑土品位最高。

2）蚀变类型及分带

藕塘底组在早期钾－硅热液交代变质背景上，叠加了与矿化有关的蚀变。蚀变类型主要有矽卡岩化、绿泥石化、绿帘石化、硅化、钾化、绢云母化及黄铁矿化等。矽卡岩化发育于藕塘底组的碳酸盐岩中，尤以不纯灰岩为甚，形成以石榴子石为主，次为透辉石、透闪石、阳起石、绿帘石等的矽卡岩矿物，与矿化关系密切（赣东北大队，2006）。此外，碳酸盐化、萤石化和石膏化等蚀变仅见于矿化富集地段，形成较晚，显然与岩体侵入、岩浆热液活动有关。

蚀变分带：从矿体往外依次为矽卡岩化→硅化（局部绿帘石化、碳酸岩化）→绢云母化、黄铁矿化。

4. 矿化富集规律

以十字头－火烧岗成矿斑岩为中心，自下而上、由内向外，总体为辉钼矿－辉钼矿、黄铜矿－黄铜矿、黄铁矿－方铅矿、闪锌矿－金，呈正向分带。层状硫化物矿化分带与蚀变一样，以顺层分带为特点：沿矿层走向自北而南，依次出现方铅矿、闪锌矿、菱铁矿（毒砂）（Pb、Zn、Ag）带→黄铁矿、黄铜矿、白钨矿、磁黄铁矿（Cu、S、Au、W）带→方铅矿、闪锌矿（Pb、Zn）带等矿化分带；而顺倾向则由上而下依次出现黄铜矿、黄铁矿（Cu、S）为主→白钨矿、黄铜矿、黄铁矿（Cu、S、W）组合→（方铅矿）、闪锌矿、白钨矿、黄铜矿、黄铁矿（W、Cu、Zn、S）组合的分带现象。

（三）矿床成因

永平似层状型铜硫（钨）矿床成因长期存在不同认识，以海相火山沉积、海底热水喷流之说影响较大。但越来越多的地质资料表明，其形成的主因为燕山期 I 型的十字头－火烧岗中酸性侵入岩。上石炭统藕塘底组砂砾岩、砂岩与灰岩互层构成了有利的交代成矿条件。但其形成于潮坪浅水环境，且在变质基底不整合面之上，不具备形成巨量的海底热水喷流铜硫堆积的条件。坳陷和超壳断裂带是永平矿床形成的前提，由上变质岩推覆体和原地变质岩之间的上石炭统一下二叠统碳酸盐岩层形成"夹心饼干"式结构，在燕山期岩浆侵入时形成的"蒸笼式"效应，使永平似层状矿体出现了独有特点：由于聚热成矿条件好，散热慢，十字头岩体呈似斑状结构，矿层矽卡岩化较强，成矿温度较高（250~348℃），交代层纹结构发育；成矿温度分带与演化充分，在成矿十字头岩体周边，铜质向外迁移，形成"无铜圈"，代之以钨钼矿化，自内而外形成 Mo-W、Cu、Pb-Zn、Ag-Au 顺向分布。同时使藕塘底组等砂岩地层出现细小的长英质交代脉，被误认为混合岩化。永平矿区属于燕山期 I 型岩浆成矿系列的似层状型－斑岩型"二位一体"矿床。但其成矿岩体与铜厂、城门山等典型扬子组合花岗闪长斑岩比较，SiO_2 含量偏高，岩石偏酸性，具有 I 型向 S 型岩浆过渡特征，所以矿床伴生钨达大型规模。

(四) 找矿方向

矿区的地表铁帽、铅黑土是直接找矿标志。富含火山质的上石炭统藕塘底组，与燕山早期中酸性侵入岩交代，在逆冲推覆构造控制的层间破碎带中富集成矿，是寻找似层状铜钨钼矿床的有利部位，顺层矽卡岩化是寻找矽卡岩型铜硫（钨银）矿床的直接标志。十字头–火烧岗花岗闪长斑岩隐爆角砾岩筒及外接触带是寻找斑岩型钼（铜）矿床的有利部位。

五、玉山县西坑坞铜钨钼矿床

矿区位于玉山县城 300°方向直距 13km 处，属玉山县南山乡和横街乡管辖。

（一）矿区地质

矿区位于钦杭构造带怀玉坳陷的东南部，寒武系—石炭系所组成临湖–紫湖复背斜南翼。

1. 地层

矿区内出露地层主要为上奥陶统长坞组（O_3c），下中志留统仕阳组（$S_{1-2}s$）及第四系（Q）（图 5-33）。

1—第四系；2—下中志留统仕阳组；3~9—上奥陶统长坞组 7~1 段；10—燕山晚期辉绿岩；11—燕山早期石英斑岩；12—燕山早期斜长花岗斑岩；13—实测、推测地质界线；14—层理产状；15—片理产状；16—实测、推测断裂及产状；17—断裂破碎带及产状；18—矽卡岩钨矿带及编号；19—实测、推测矽卡岩；20—勘探线位置及编号。

图 5-33 玉山县西坑坞铜钨钼矿区地质图

Fig. 5-33 Geological map of Xikengwu copper–tungsten–molybdenum mining area in Yushan County

（1）上奥陶统长坞组（O_3c）：为浅海相碳酸盐岩-碎屑岩建造，含有较多的碳酸盐岩夹层，是有利的成矿围岩，可划分出7个岩性段（表5-15），自矿区北西向南东从老到新展布，地层走向北东，倾向南东，倾角40°~70°，局部倒转（矿区北西部），倾角60°~90°。

（2）下中志留统仕阳组（$S_{1-2}s$）：分布于矿区外东南侧。岩性为页岩、粉砂岩、砂岩、含砾砂岩。厚度1240~1660m。

表5-15 西坑坞铜钨钼矿区上奥陶统长坞组7个岩性段岩性特征表

Table 5-15 Lithologic characteristics of seven lithologic sections of Upper Ordovician Changwu formation in Xikengwu mining area

地层代号	O_3c^7	O_3c^6	O_3c^5	O_3c^4	O_3c^3	O_3c^2	O_3c^1
岩性特征	砂岩夹页岩	砂页岩夹灰岩透镜体	含钙砂岩	含钙砂岩互层	钙质页岩夹钙质砂岩	钙质页岩夹透镜状灰岩	钙质页岩夹钙质砂岩

2. 岩浆岩

矿区岩浆岩有斜长花岗斑岩、斜长花岗岩、花岗闪长斑岩、石英斑岩，以及石英闪长玢岩、闪长玢岩、安山玢岩、闪斜煌斑岩、辉长辉绿岩和辉绿岩等十余种，全为燕山期浅成—超浅成侵入岩体，前四种为同期异相的产物，分布广泛，为矿区岩浆岩的主体，属第一次侵入。而中酸性—中性岩脉和基性岩脉为晚期侵入活动的产物（表5-16）。

根据对斜长花岗斑岩的岩性特征和成岩地质条件等方面进行地质类比的结果，暂将其定为燕山早期。

表5-16 西坑坞铜钨钼矿区岩浆岩活动期次及微量元素含量表

Table 5-16 Activity stages and trace element contents of magmatic rocks in Xikengwu mining area

岩石类型	产状	微量元素含量值/$\times 10^{-6}$											
		W	Sn	Bi	Mo	Cu	Pb	Zn	Ni	Cr	Co	V	Ti
辉绿岩	岩脉	×	5	×	4	60	10	35	55	<10	45	140	<1000
辉长辉绿岩													
闪斜煌斑岩													
安山玢岩		×	2	×	<2	55	20	70	120	200	27	130	2000
闪长玢岩													
石英闪长玢岩													
花岗闪长斑岩	岩株	×	7	30	120	140	70		<10	120	<10	<30	1300
石英斑岩	岩脉	×	2	×	2	100	25	70	20	20	10	45	2000
斜长花岗斑岩	岩株	<10	3.5	×	2.5	23	23	30	13	<10	<10	37	<1000
斜长花岗岩		15	3	20	30	100	70	70	5	18	4	84	2300

斜长花岗斑岩(斜长花岗岩、石英斑岩、花岗闪长斑岩)体具 I-S 型特征,呈脉群广泛分布在矿区中心部位的北东向断裂带中,走向 45°左右,多数倾向南东,倾角 60°~80°。岩脉长数米至数千米,宽 1m 至数百米,全矿区较大者计有 50 余条,这些岩脉平行侧列,尖灭再现,成组成带,在剖面上岩脉的局部产状往往与层理和片理一致。在北东向断裂带中部,主干断裂与其他构造的复合部位岩脉明显膨胀扩大,形成了矿区两个成矿主岩体:南冲岩体、王坊岩体。

岩体与围岩发生热接触变质,发育角岩化、大理岩化。

3. 构造

矿区构造的基本特点是以北东向断裂构造为主,其次有北北东向、北西向断裂,断裂构造继承性活动明显。

(二) 矿床地质

1. 矿床类型及矿体分布

矿区是一个复型的铜、钨、钼矿床,既有矽卡岩型铜(钨)矿体(伴生钼),又有斑岩型钼矿体。根据空间产出部位、产状和矿化不连续性,分为西坑坞(Ⅱ号)和王坊(Ⅰ号)两个矿化带。两个矿化带均具有复合矿床的特征。根据铜、钨、钼矿化特征可进一步划分为铜(钨)矿化带和钼矿化带。铜(钨)矿化带与矽卡岩带一致,而钼矿化带则与主岩体的内外接触带密切相关,两者部分重叠。Ⅰ号矿化带分布于 68 线—80 线;Ⅱ号矿化带分布于 17 线—6 线。

1) Ⅰ号矿化带

矿区范围内以铜(钨)矿化为主。铜(钨)矿化赋存于王坊主岩体上盘与砂岩夹灰岩接触带的矽卡岩中,矿化与矽卡岩一致,长 500 余米,走向北东,倾向南东,倾角 45°~55°,延深 40m,埋藏标高 260~100m,最大垂深 160m。Cu 品位 0.012%~0.815%,WO_3 品位 0.008%~2.12%,Mo 品位 0.001%~0.230%。北东端被 F_{14}、F_{15} 断裂错开,水平错距分别为 15m 和 50m。矿化层位稳定,呈透镜状、串珠状断续顺层分布,尖灭再现。厚度与 Cu、WO_3 品位的变化曲线呈正消长关系。黄铜矿呈粒状、白钨矿呈浸染状分布在矿石中。伴生有益组分 Mo 变化较大,无明显的变化规律。

2) Ⅱ号矿化带

Ⅱ号矿化带分为南、北两个矿化带。北矿化带为钨矿化,地质工作程度低。南矿化带可分铜(钨)矿化带和钼矿化带。

铜(钨)矿化带:铜(钨)矿化赋存于南冲主岩体上盘外接触带 O_3c^6 岩性段顶部的矽卡岩中。分布于 17 线—6 线之间,长 1050 余米。走向北东,倾向南东,倾角 62°~90°,埋藏标高 530~270m,最大垂深 260m。厚 0.88~3.42m。Cu 品位 0.02%~1.781%,WO_3 品位 0.010%~0.432%。矿化沿走向厚度和品位变化不大,呈正消长关系。黄铜矿呈粒状、白钨矿呈浸染状分布在矿石中。伴生元素 Mo 与 Cu、WO_3 之间呈正消长关系。沿倾向从地表至深部有铜、钨矿化变差,钼矿化变好的趋势。

钼矿化带:钼矿化主要赋存在南冲主岩体上盘外接触带,少量在内接触带,外接触带中钼矿化与铜(钨)矿化重叠。矿化呈半隐伏状态,分布于 1 线—4 线间,长 300 余米,斜深 0~200m,标高 100~300m。走向北东,倾向南东,倾角 56°~71°,向北东侧伏。形态为厚板状。Mo 品位为 0.001%~0.218%。外接触带为细脉状角岩辉钼矿矿石,内接触带为细脉浸染状斑岩辉钼矿矿石。钼矿化普遍但微弱,品位低,变化大,分布零星,很难连成单独的钼矿体,大多与铜钨相伴生。矿带含矿率与矿带厚度呈反消长关系。

矿区圈定矿体9个。其中，铜（钨、钼）矿体5个，平均品位Cu 0.638%、WO₃ 0.276%、Mo 0.034%；单一钼矿体4个，Mo平均品位0.079%。

铜（钨、钼）矿体分布于南冲主岩体上盘外接触带O_3c^6岩性段顶部的矽卡岩中。钼矿体主要分布于Ⅱ号矿带的下部。铜（钨、钼）矿体严格受北东向矽卡岩控制，矿体与矽卡岩一致。金属硫化物发育，矿化较好，矿体与围岩界线清楚，矿体按取样分析圈定，顺矽卡岩连矿。单一的钼矿体与构造及角岩、变质砂岩有关，矿体与围岩呈过渡关系，顺构造蚀变岩连矿。

主矿体（Ⅱ-3）走向长约450m，倾向延深约110m，平均真厚度2.20m，厚度变化系数114%；Cu平均品位0.758%，品位变化系数138%；WO₃平均品位0.202%，品位变化系数172%。分布于272~504m标高范围，求得（122b+333类）资源储量Cu 1 581.85t，占矿区总资源储量的74.6%；WO₃ 420.87t，占矿区总资源储量的45.8%。次矿体Ⅰ-1、Ⅱ-3的铜占总资源储量分别为6.9%、17.6%；WO₃占总资源储量分别为42.0%、8.8%。独立的钼矿为Ⅱ-4矿体，分布于100~300m标高范围，平均品位0.077%，厚度5.51m，（333类）资源量118.91t，占总钼矿资源储量的46.5%。

2. 矿石物质成分

矽卡岩铜（钨、钼）矿矿石：金属矿物以黄铁矿、磁黄铁矿、白钨矿、辉钼矿、黄铜矿为主，少量磁铁矿、赤铁矿、方铅矿、闪锌矿等。氧化矿物为孔雀石、蓝铜矿、钨华等。主要工业矿物有黄铜矿、白钨矿、辉钼矿。脉石矿物以石榴子石、透辉石、石英、绿泥石、绿帘石、透闪-阳起石为主，少量菱铁矿、白云石、方解石、绢云母、长石等。

细脉浸染状斑岩辉钼矿矿石：金属矿物以黄铁矿、辉钼矿为主，少量白钨矿、黄铜矿、方铅矿、闪锌矿，偶见锡石。辉钼矿具工业价值。非金属矿物以石英、绢云母、长石为主，白云母、绿泥石、黑云母、绿帘石、方解石次之，偶见萤石。

细脉状角岩（变质砂岩）辉钼矿矿石：金属矿物以黄铁矿、磁黄铁矿、辉钼矿为主，偶见少量黄铜矿、白钨矿、方铅矿、闪锌矿。非金属矿物以石英、黑云母、透辉石、透闪-阳起石、石榴子石、绢云母为主，少量长石、绿泥石、碳酸盐矿物。

矿石中成矿元素含量见表5-17，主要为W、Mo、Cu。S平均品位6.38%，可综合利用。据业主反映铼含量较高，局部达到工业品位。

表5-17 西坑坞铜钨钼矿区矿石中各种金属元素含量表

Table 5-17 Contents of various metal elements in ores of Xikengwu copper-tungsten-molybdenum mining area

矿石类型	元素含量/×10⁻⁶									
	Be	As	Ge	Mn	Pb	Sn	W	Ga	Bi	Ti
矽卡岩铜(钨、钼)矿矿石	10	20		1900	165	100	3000	18	14	1000
细粒浸染状斑岩辉钼矿矿石	10	20		200	150	6	17	18	27	1300
细脉状角岩辉钼矿矿石	<10	<20	6	1290	44	56	120	20	<10	1170

续表 5-17

矿石类型	元素含量/×10⁻⁶									
	Mo	V	Cu	Ag	Zn	Co	Ni	Cr	Ba	Au
矽卡岩铜（钨、钼）矿矿石	400	78	2150	3.2	350	10	35	30	500	0.03
细粒浸染状斑岩辉钼矿矿石	740	40	170	1.3		11	11	47	500	
细脉状角岩辉钼矿矿石	790	20	740	2	300	<10	30	41	<500	

3. 围岩蚀变

矽卡岩、蚀变斑岩、蚀变围岩 3 种不同蚀变岩类在时间和空间上相互叠加，在空间上形成不同的特定位置。

矽卡岩类：赋存于岩体上、下盘外接触带热变质圈内，沿上奥陶统钙质地层发育，与 3 个钨矿化带相对应。

蚀变斑岩类：斜长花岗斑岩体普遍受到较弱的热液蚀变，原岩矿物成分及结构构造保留比较完整，大致分两种岩石类型。①硅化绢云母化斜长花岗斑岩，长石类矿物普遍遭到不同程度的绢云母化、碳酸盐化面型蚀变，并伴有硅化和局部绿泥石化、绿帘石化和碱性长石化，局部矿化富集；②钾长石化斜长花岗斑岩，出现钾长石交代边（面型钾长石化的结果），伴有微弱的绢云母化、绿泥石化和局部钠长石化。钠长石化强烈处形成钠长石化斜长花岗斑岩，偶见矿化富集。

（三）矿床成因

铜（钨、钼）矿体分布于南冲主岩体上盘外接触带长坞组第 6 岩性段顶部的矽卡岩中，严格受北东向矽卡岩控制，矿体与矽卡岩一致。矿质来源于 I-S 型斑岩体。细脉浸染状钼矿化的分布与斑岩体接触带关系密切，矿化矽卡岩和铜、钨矿体仅分布在接触变质圈以内灰岩层位上，属接触交代成因，岩体中亦见到较好的黄铜矿化和白钨矿化。铜钨钼矿体（带）在空间、时间分布上与斑岩体紧相依存，形成"二位一体"铜钨钼矿床。

六、青塘钨矿田

青塘乌矿田位于小龙-画眉坳钨矿集区东南部，宁（都）于（都）北北东向小型坳陷北部，主要由上古生界组成。西临江背燕山早期花岗岩基，东侧为赖村小型晚白垩世断陷盆地。矿田主要赋矿层位为下石炭统梓山组上部含钙地层，其次为上石炭统黄龙组白云质灰岩。成矿岩体为茶山迳燕山早期晚侏罗世花岗岩小岩株。矿田中有狮吼山中型矽卡岩型硫（铜钨）矿床、山棚下具中型远景的矽卡岩型钨钼矿床、岩前中型矽卡岩型滑石透辉石矿床与赖坑小型钨矿床等。

（一）宁都县狮吼山硫（铜钨）矿床

矿床位于宁都县城南西方位（约 268°），直距约 11km 处，属宁都县青塘镇管辖。矿区地理坐标：东经 115°48′41″—115°49′19″，北纬 26°24′42″—26°25′59″；中心坐标：东经 115°49′00″，北纬 26°25′21″。

本区硫铁矿是在 20 世纪 50 年代进行矿产调查时发现的，1958 年 9 月—1960 年 8 月，赣南行署地质勘探大队六〇一队在本区进行铁矿地质勘探工作。2004 年，赣南地质调查队提交全区累计查明资源储量（122b 类）矿石量 903.38×10⁴t，S 品位 22.57%；伴生 Cu 金属量 20 729t，WO_3 金属量 9023t。

1. 矿区地质

矿区位处宁（都）于（都）坳陷带北部。

1）地层

矿区地层为中上泥盆统峡山群、下石炭统梓山组、上石炭统黄龙组（图 5-34）。

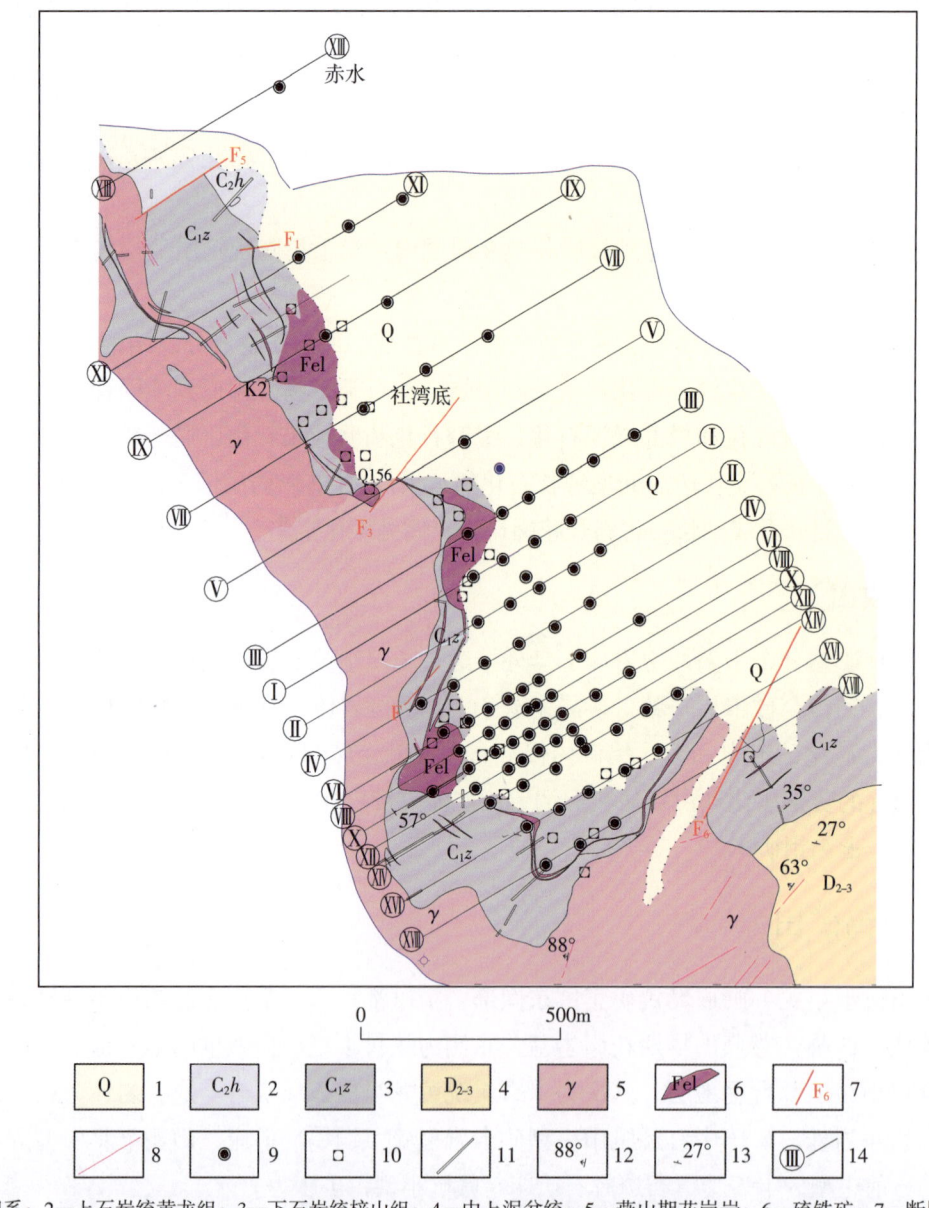

1—第四系；2—上石炭统黄龙组；3—下石炭统梓山组；4—中上泥盆统；5—燕山期花岗岩；6—硫铁矿；7—断层及编号；
8—石英脉；9—完工钻孔；10—井探；11—探槽；12—石英脉产状；13—地层产状；14—勘探线及编号。

图 5-34　宁都县狮吼山矿区地质简图

Fig. 5-34　Geological diagram of Shihoushan mining area in Ningdu County

下石炭统梓山组：下部以灰白色石英砂岩、钙质砂岩和砂质板岩为主，偶夹灰岩透镜体，厚度大于 30~145m，是区内硫铁矿的最主要赋矿岩段。该岩段有一定沉积韵律。据其岩性变化特征可划分出 2 个主要沉积旋回，每一沉积旋回均包含一层砂质板岩，即底部以砂质板岩开始至顶部以灰白色石英砂岩、钙质砂岩结束。第一旋回顶部砂质板岩在矿区分布较为稳定，可作为地层旋回及矿体连接的标志层。其中第一旋回赋存 V2-1、V2-2 矿体，第二旋回赋存 V1-1、V1-2、V1-3 矿体。第二旋回为矿区矿体主要赋存层位，V1-1 为矿区最大矿体。上部以灰黑色至黑色碳质板岩、碳质红柱石板岩和砂质板岩为主，夹有薄层石英砂岩。受深部花岗岩体的侵蚀在矿区保留不全。岩层厚度变化较大，为 10~143m。

上石炭统黄龙组（C_2h）：岩性为乳白色、灰白色、青灰色和微带红色白云质大理岩，偶夹矽卡岩。其上为大片第四系覆盖。厚度 30~183.60m。本层仅局部见弱硫铁矿化，赋存 V3 矿体。

2）岩浆岩

成矿花岗岩株分布于白石坳、狮吼山一带，即矿区西南边部。区内出露面积约 0.8km^2，其形成时代应为燕山期。

岩体与矿区含矿地层接触面一般较为平缓，在其外接触带即赋存了热液充填交代型硫铁矿床和矽卡岩型白钨矿床。其岩性主要为斑状黑云母花岗岩、粗中粒黑云母花岗岩。

从化学分析及光谱分析结果（表 5-18）可以看出，斑状黑云母花岗岩（岩株）与粗中粒黑云母花岗岩（主岩体）所含化学成分基本相同，其含量也很相近，同属铝氧过饱和系列，应同为燕山期的产物，即同属一个岩浆源。

表 5-18 宁都县狮吼山矿区岩浆岩化学成分分析表

Table 5-18 Chemical composition analysis of magmatic rock of Shihoushan mining area in Ningdu County

岩石名称	化学成分/%								
	SiO_2	Al_2O_3	Fe_2O_3	FeO	K_2O	Na_2O	CaO	Mg_2O	TiO_2
斑状黑云母花岗岩	70.36	14.33	0.598	7.616	4.14	3.34	1.46	0.63	0.24
粗中粒黑云母花岗岩	69.204	14.097	2.403	2.205	4.199	3.527	2.227	2.193	0.235

岩石名称	化学成分/%							
	MnO	P_2O_5	H_2O	S	WO_3	Cu	Be	Ga
斑状黑云母花岗岩	0.517	0.08						
粗中粒黑云母花岗岩	0.064			0.61	0.012	0.012	≤0.003	≤0.006

3）构造

矿区内为一弧形的单斜构造，矿区断裂分成矿前、成矿期和成矿后断裂。

成矿前断裂：产状与梓山组地层产状一致。根据实际观测，在硫铁矿矿层之中尚保留有角砾状的石英砂岩以及部分硫铁矿存在矿层顶底板岩石较破碎的现象。因而可以说明此组断裂是矿床导矿断裂和成矿断裂。本矿区部分硫铁矿体（层）的生成，从构造条件上来说，与此组断裂具有密切的关系。

成矿期断裂：根据钻孔岩矿芯观察，本区成矿至少有3个阶段。早期的磁黄铁矿矿石被磁黄铁矿、黄铜矿细脉所穿插，有的磁黄铁矿矿石呈角砾状被黄铁矿、黄铜矿所胶结包裹，形成较明显的角砾状构造；晚期硫化物和其细脉又为后期的含硫化物石英脉所切穿；而最晚期的硫化矿物及石英脉又为碳酸盐类矿物（方解石、菱铁矿）及其细脉所胶结和切穿。由此证明了在成矿过程中的断裂（成矿期断裂）存在多次活动，此构造是矿床储矿重叠富集的重要因素。

成矿后断裂：为与地层走向或山脊走向呈近乎直交的断裂。此组断裂在矿区内极为发育。大多数沟谷即为此组断裂造成，如F_2、F_3、F_5、F_6。大多断裂切穿了矿区内各时代地层、矿层和花岗岩。其性质推断均属正-平移断层。由于一般断距较大，将本矿床切割成数块。这种断裂不仅给矿床带来了较大的破坏作用，同时也给矿床的开拓带来一定的不利影响。

2.矿床特征

硫铁矿层多呈隐伏状，主要分布在梓山组砂岩与黄龙组灰岩的过渡地段的细—粉砂岩中。矿体的规模大小、矿层数量及形态变化，主要受含矿岩系控制。含矿岩系厚度大，则矿层的数量多；含矿岩系形态变化大，矿层随之变化亦大。矿体形态主要呈层状、似层状、透镜状，膨缩和分枝十分普遍。矿带长2000余米，延深在700m以上。单矿层长50~700m，厚10cm至十余米，斜深50~400m（图5-35）。

根据矿层与围岩的关系，可分为5种不同的矿体。

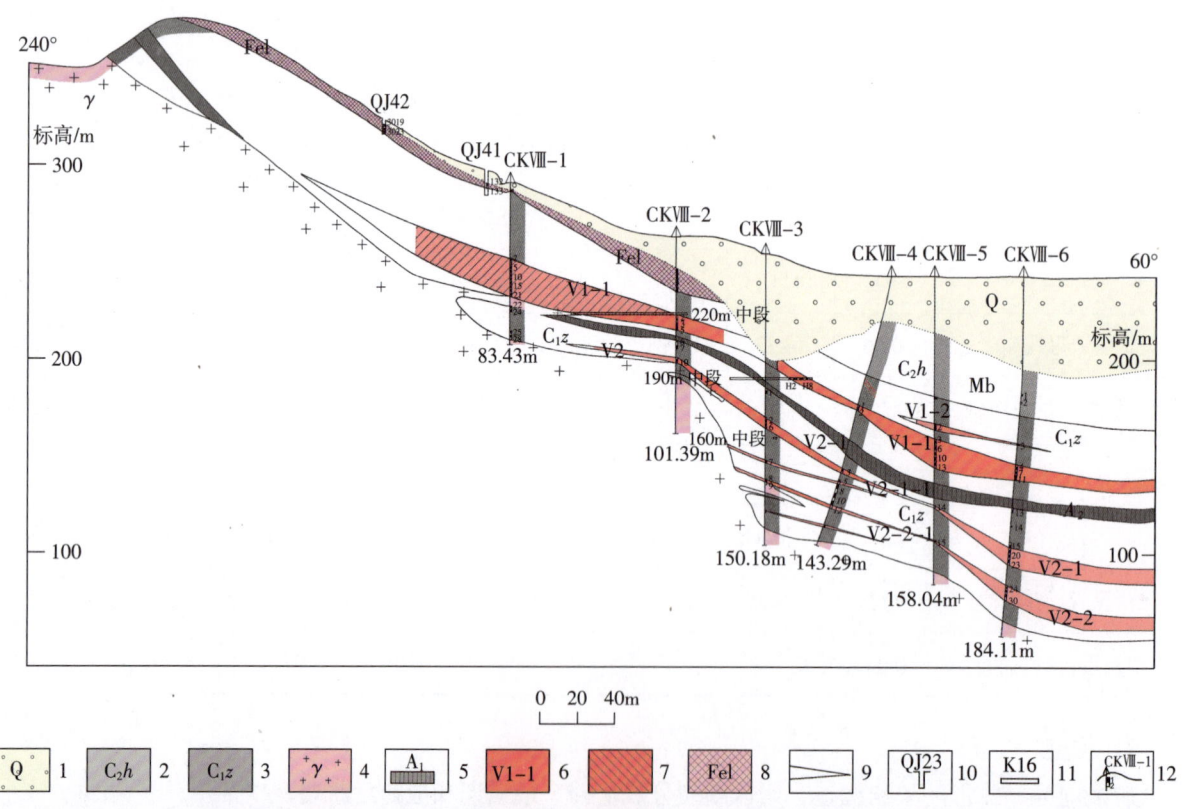

1—第四系；2—上石炭统黄龙组；3—下石炭统梓山组；4—燕山期花岗岩；5—标志层（砂质板岩）及编号；6—原生硫铁矿体及编号；7—采空区；8—次生褐铁矿体；9—非工业矿体；10—井探及编号；11—槽探及编号；12—钻孔及采样位置与编号

图5-35　宁都县狮吼山硫铁矿体剖面图

Fig. 5-35　Profile of Shihoushan pyrite ore body in Ningdu County

(1) 含钨赤铁矿层：赋存于细砂岩中，含 TFe 23%~40%，WO₃ 0.06%~0.08%，局部可达工业要求，未见钨矿物存在，可能呈离子吸附状态附于赤铁矿中，属同生沉积的产物。

(2) 砂岩中的白钨矿-硫铁矿层：可分为白钨矿星点状矿层，白钨矿-黄铁矿星点状矿层，块状黄铁矿、星点状白钨矿层和块状磁黄铁矿层。

(3) 砂岩与花岗岩接触面上的白钨矿-硫铁矿层：又可分为白钨矿层、白钨矿-磁黄铁矿层、磁黄铁矿层3种。共生矿物一般较复杂，并有石英细脉穿插。白钨矿晶粒较粗。

(4) 矽卡岩中的白钨矿-硫铁矿层：白钨矿、黄铁矿及磁黄铁矿浸染在矽卡岩中，或是硫铁矿层两侧强烈的矽卡岩化。围岩多半含较高的钙质，是接触交代作用的产物。

(5) 砂岩、板岩之间的硫铁矿层：主要为磁黄铁矿及黄铁矿两种组成。

矿区已编号且具工业意义的矿体有 14 条，其中 V1-1、V1-2、V1-3、V2-1、V2-2 矿体为主要工业矿体。矿体产出特征详见表 5-19。

表 5-19　宁都县狮吼山矿区主要硫铁矿体特征一览表
Table 5-19　Characteristics of main pyrite ore bodies in Shihoushan mining area, Ningdu County

矿体编号	走向延长/m		倾斜延长/m			平均厚度/m	产状		平均品位				
	最大	最小	最大	最小	平均		倾向	倾角/(°)	S/%	Cu/%	WO₃/%	Ag/g·t⁻¹	Au/g·t⁻¹
V1-1	2200	100	680	100	400	5.96	NEE—NNE	0~30	21.85	0.218	0.076	18.90	0.32
V1-2	790	75	680	98	260	3.01	NEE—NNE	0~30	22.98	0.236	0.056		
V1-3	700	75	660	88	288	3.23	NEE—NNE	0~30	22.48	0.246	0.085		
V2-1	700	100	560	90	280	3.90	NEE—NNE	0~30	23.05	0.210	0.051		
V2-2	600	50	320	64	270	2.20	NEE—NNE	0~30	25.48	0.166	0.084		

矿石中共生或伴生矿物达 20 余种，主要有硅灰石、石榴子石、透辉石、符山石、角闪石、电气石、透闪石、阳起石、石英、白云母、白钨矿、辉钼矿、磁黄铁矿、黄铁矿、闪锌矿、黄铜矿、方铅矿、绢云母、绿泥石及方解石等。矿石工业类型以磁黄铁矿矿石为主，次为黄铁矿矿石。主要矿物成分为磁黄铁矿，次为黄铁矿、黄铜矿等。

矿石结构构造有边缘交替结构、脉状交替结构及残留交替结构、乳浊状结构、脉状结构（在距岩体较远的黄铁矿呈脉状体），角砾岩状构造及条带状构造等。

围岩蚀变有矽卡岩化、云英岩化、硅化和黄铁矿化等。

与白钨矿共生的磁黄铁矿、黄铁矿硫同位素组成（12 个样品 ³²S/³⁴S=22.219~22.280，δ^{34}S=-2.7‰~0.1‰）表明，属岩浆均一化硫源。

3. 矿床成因及找矿方向

本矿床为似层状矽卡岩型铜、钨叠生矿床，主要工业矿体均赋存于下石炭统梓山组上部地层中。黄铁矿沉积成矿，与燕山期花岗岩形成接触交代矽卡岩型铜、钨矿，并有白钨矿、磁黄铁矿呈浸染状沿裂隙充填于黄铁矿层中。

本区硫铁矿床大部分为盲矿体，但近地表的硫铁矿体常易氧化生成铁帽铁矿。因此铁帽是找寻硫铁矿床的重要标志。其深部往往预示原生硫铁矿体（床）的存在。

燕山期花岗岩株与下石炭统梓山组（含钙地层）接触的地带并具有重复蚀变的地段，是寻找该类型矿床的良好标志。

铁矿地层中地下水 SO_2 的含量是正常地下水的 5~40 倍，因而富含有 SO_2 的地下水亦是找寻硫铁矿的重要标志。

（二）于都县岩前钨滑石透闪石矿床

矿区位于于都县城北东（40°）方向 50km 处。地理坐标：东经 115°40′15″—115°40′45″，北纬 26°17′30″—26°18′30″。该矿是一个矽卡岩型、热接触变质型、石英脉型"三位一体"钨滑石透闪石矿床。

1947 年在矿区白石岭发现含钨铋石英脉，开始民采。1956 年长沙地质勘探公司二二〇普查队发现了含钨矽卡岩，但由于矿层薄，品位不稳定，大部分矿体埋深在当地潜水面以下，加之当时白钨矿选矿技术不过关等问题，未进行下一步勘查。

1978—1982 年，江西省地质局九〇九大队（1980 年改为赣南地质调查大队）对矿区进行了普查。在钨矿普查同时对矿区发现的滑石、透闪石矿做出了概略的评价。

1983—1986 年，赣南地质调查大队对矿区的滑石、透闪石矿开展了详查地质工作，估算的滑石矿资源量（332+333 类）矿石量 $243.98×10^4t$，其中控制的内蕴经济资源量（332 类）$27.22×10^4t$，推断的内蕴经济资源量（333 类）$216.76×10^4t$，另有透闪石矿资源量（333 类）$119.87×10^4t$。

1. 矿区地质

岩前钨滑石透闪石矿床位于青塘矿田南部，处于宁（都）于（都）坳陷带北部，青塘-银坑向斜中，向斜中部被第四系覆盖。西部出露石炭系梓山组，东部为二叠系车头组、栖霞组、小江边组、马平组，中部大部分被岩体侵蚀或第四系覆盖。成矿花岗岩为燕山早期江背花岗岩基东南部呈舌状插入青塘-银坑向斜的一个岩株（图 5-36）。

2. 矿床地质

矿区以矽卡岩型白钨多金属矿与滑石矿、透闪石矿为主，另有石英脉型黑钨多金属矿产于白石岭，规模小、变化大，价值不大。矽卡岩型钨矿体产于下石炭统至中二叠统栖霞组中，滑石、透闪石矿体产于栖霞组之上的中二叠统小江边组中。即钨矿床在下部，滑石、透闪石矿在上部。

1）矽卡岩型钨多金属矿体

该类型矿体主要分布于花岗岩体与围岩接触的西部与南部末端，即岩体与石炭系梓山组及二叠系马平组、栖霞组接触部位，目前编号矿（化）体有 22 条。其中 V_7~V_{15} 产于岩体与围岩接触处，受侵入接触构造控制，多为石榴子石矽卡岩、石榴子石透辉石矽卡岩，矿体形态呈脉状、大透镜状，矿化强度较高，常伴生方铅矿、闪锌矿、黄铜矿等金属硫化物，是主要工业矿体；V_1~V_6、V_9 支、V_{13} 支及 V_{14} 支矿体，产于接触外带围岩中，呈层状，规模较小，矿化相对较弱，属热液沿顺层破碎带贯入交代的产物，为次要工业矿体。各矿体简要特征见表 5-20。

V_9 矿体：出露于岩前舌状岩枝西侧与近南端接触部位，地表出露标高约 270m。地表出露长 400 余米，倾向延深约 200m，矿体平均厚度 2.36m，WO_3 平均品位 0.291%。走向近北北东，倾向南东，倾角 55°左右，矿体往北北东向延至 103 线，往南西至 102 线有尖灭趋势（图 5-37）。

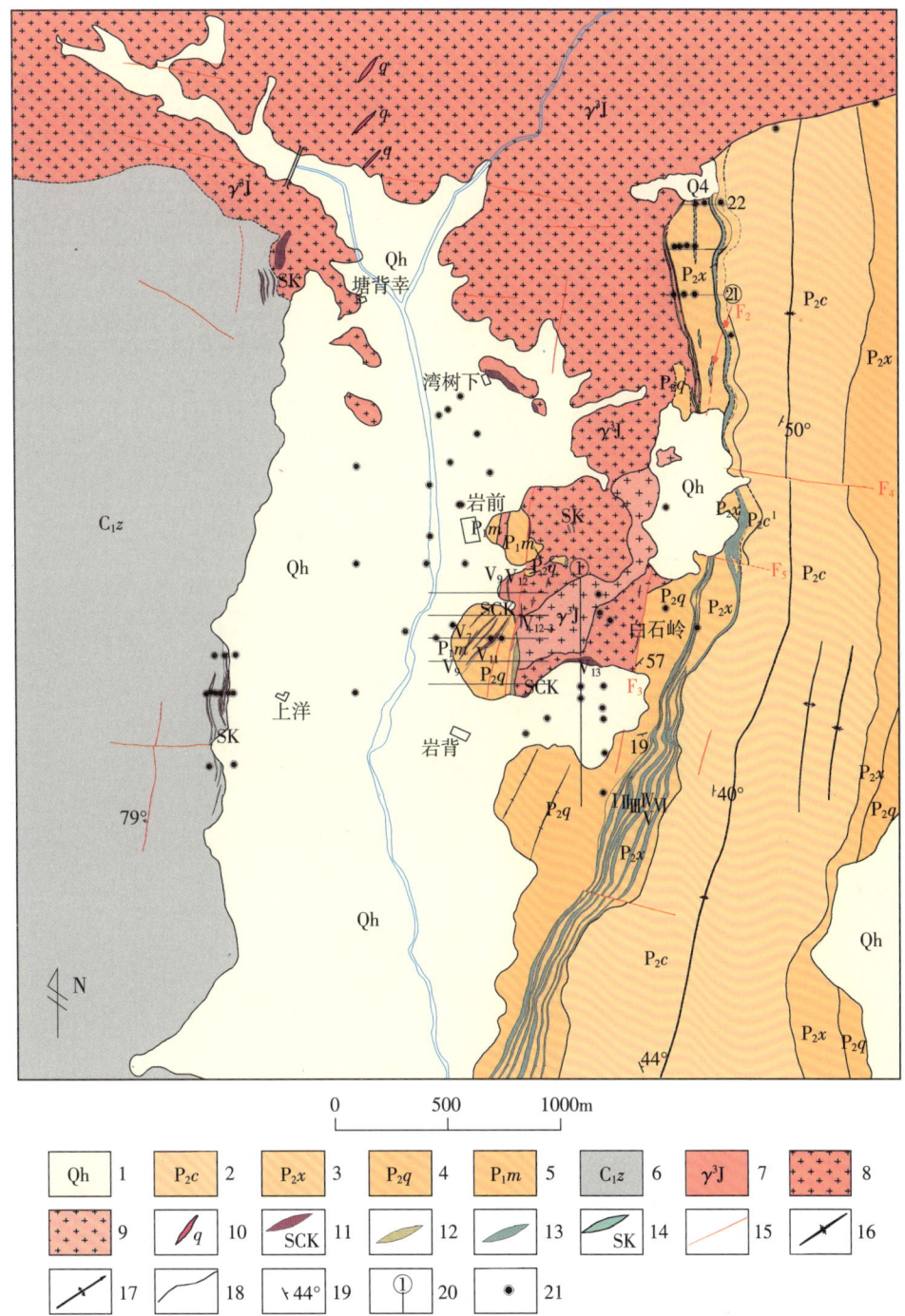

图 5-36 岩前矿区地质图

Fig. 5-36 Geological map of Yanqian mining area

1—第四系全新统；2—中二叠统车头组；3—中二叠统小江边组；4—中二叠统栖霞组；5—下二叠统马平组；6—下石炭统梓山组；7—晚侏罗世花岗岩；8—细粒黑云母花岗岩；9—中粒黑云母花岗岩；10—石英脉；11—接触交代矽卡岩型矿体；12—滑石矿；13—透闪石矿；14—矽卡岩；15—断层；16—向斜轴；17—背斜轴；18—地质界线；19—地层产状；20—勘探线及编号；21—钻孔。

V_{13} 矿体：出露于岩前舌状岩枝南部末端，地表出露标高 230m，深部控制标高 26.40~135.77m，地表断续出露长 400 余米，倾向延深约 350m，矿体平均厚度 4.67m，WO_3 平均品位 0.429%。走向近东西，倾向南，倾角 5°~45°，矿体在 1 线标高约 113m 处，厚度 11.08m，往东南 0 线开始变薄，有尖灭趋势。

表 5-20 岩前矿区接触交代矽卡岩型钨矿体主要特征一览表
Table 5-20 Main characteristics of contact metasomatic skarn tungsten ore body in Yanqian mining area

矿体	位置	规模/m			WO₃平均品位/%	产状		形态	备注
		长度	厚度	延深		倾向	倾角/(°)		
V_7	岩崇脑	125	4.35	60	0.262	SE	40	脉状	
V_8	岩崇脑	120	1.96	220	0.386	SE	55	脉状	
V_9	岩崇脑	400	2.36	200	0.291	SE	55	脉状	
V_{10}	岩崇脑	180	2.05	60	0.207	SE	40	脉状	
V_{11}	岩崇脑	240	1.85	100	0.266	SE	40	脉状	
V_{12}	岩崇脑	400	2.90	60	0.494	SE	40	大透镜状	
V_{13}	白石岭南	400	4.67	350	0.429	S	5~45	大透镜状	
V_{14}	白石岭南	226	0.66	210	0.437	S	30	透镜状	隐伏矿体
V_{15}	白石岭南	125	2.42	360	0.385	S	30	透镜状	隐伏矿体

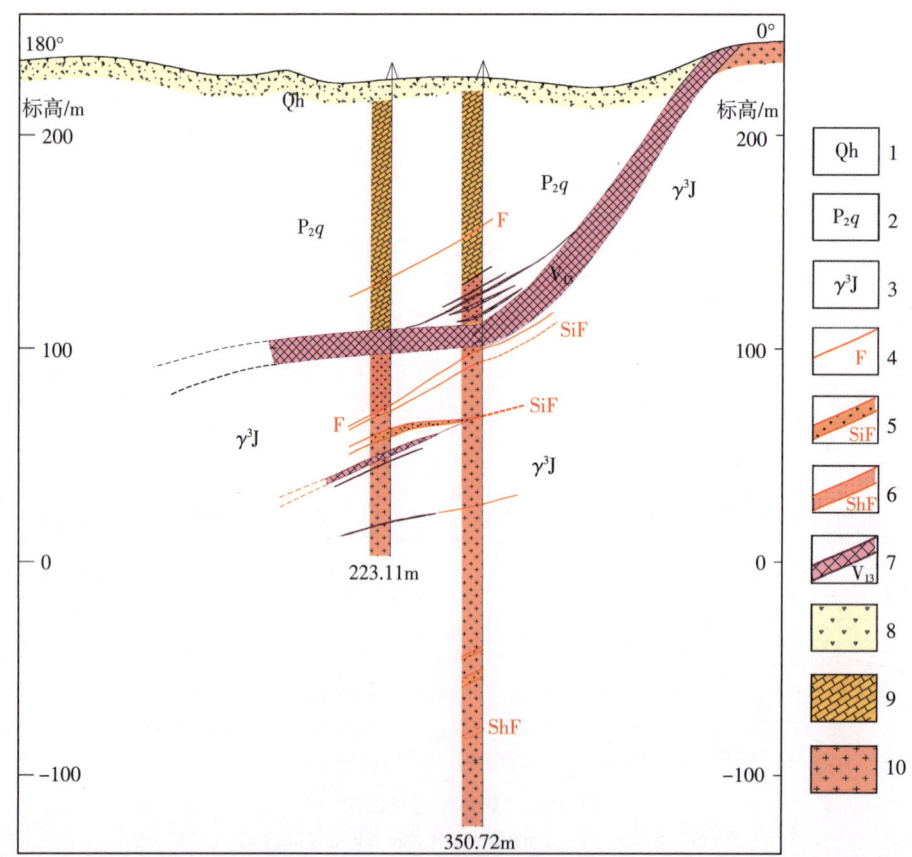

1—第四系全新统；2—中二叠统栖霞组；3—晚侏罗世花岗岩；4—断裂；5—硅化破碎带；6—白钨矿化破碎带；7—接触交代矽卡岩型矿体及编号；8—冲积、洪积层；9—灰岩；10—黑云母花岗岩。

图 5-37 岩前矿区 1 线剖面图

Fig. 5-37 Profile of line 1 in Yanqian mining area

矽卡岩钨矿体矿物成分目前已知的有20余种（表5-21）。

表5-21 岩前矿区含钨矽卡岩矿体矿物成分表
Table 5-21 Mineral composition of tungsten bearing skarn ore body in Yanqian mining area

含量	金属矿物			非金属矿物
	硫化物	钨酸盐	氧化物	
主要	闪锌矿、黄铁矿	白钨矿	磁铁矿	钙铝榴石、钙铁榴石、符山石、透辉石、透闪石、石英、方解石、萤石
次要	辉铋矿、黄铜矿			绿泥石、阳起石、绿帘石、滑石
少量	辉钼矿、方铅矿			绢云母、白云母、金云母、硅灰岩

白钨矿：为矿区的主要工业矿物，浅黄色、白色，油脂光泽，多为不规则粒状，少数为自形晶，粒径0.05~0.4mm，最大可达3mm。产出情况有两种：其一，在石榴子石矽卡岩中呈星散浸染状存在于其他矿物粒间，部分石榴子石裂纹充填交代；其二，在硫化物脉中与铁闪锌矿、黄铁矿等共生。

矿区WO_3最高品位为1.15%，最低品位为0.12%，平均品位为0.365%，品位变化系数为63.3%。WO_3在走向和倾向上矿化较均匀，品位变化小。钨矿化与石榴子石、硫化物含量变化成正相关。Mo含量大部分在0.002%~0.008%之间，最高0.052%；Bi含量多数为0.002%~0.017%，最高1.11%，可作副产品回收。

由于地表和浅部风化、淋滤作用，矿体上部出现少量的次生氧化物，原生矿石占主导地位。含钨矿石依矿物组合可分为白钨-石榴子石矽卡岩型、白钨-透辉石矽卡岩型、白钨-石榴子石透辉石矽卡岩型和白钨-透辉石石榴子石矽卡岩型4种矿石类型。

矿床主要有矽卡岩化、大理岩化等与成矿关系密切的围岩蚀变，花岗岩中也见云英岩化、白云母化、钠长石化、水白云母化、硅化、绿泥石化等蚀变发育。

采用LA-ICP-MS锆石U-Pb法和辉钼矿Re-Os等时线定年方法，对矿区中细粒黑云母花岗岩体及赋存于岩体内的含矿石英脉进行精确定年，获得赋矿岩体锆石U-Pb等时线年龄为(160.6±0.72)Ma。测得含矿石英脉中的辉钼矿Re-Os模式年龄为(159.2±2.3)Ma。

根据测试，矿区5件辉钼矿样品的Re含量在3.39~6.82ug/g之间，平均含量5.22ug/g，变化范围窄、分布较均匀，说明成矿物质主要来源于地壳，幔源物质有少量贡献。

2）接触热变质滑石矿体

滑石矿体均产于岩前岩体与小江边组下段地层的接触带，受岩浆热变质作用的小江边组下段地层内。该段地层由镁质泥岩层及灰岩透镜体组成，经热接触变质后，镁质泥岩变质成滑石矿，灰岩透镜体变成透闪石矿，显示区内滑石矿床明显的层控和与透闪石矿共生的特点。

根据矿体的产出层位、其上下岩性的特征与其关系，以及矿石结构等特征，经地质测量与大量钻孔揭露，区内可划分出3个滑石矿带（Ⅰ、Ⅱ、Ⅲ），共5条矿体，其中$Ⅰ_1$、$Ⅱ_1$、$Ⅲ_1$为主矿体。形态多呈层状、似层状，少部分呈透镜状，并随地层变化而变化。走向延长483~1640m，倾向延深50~230m不等；矿层厚度1.01~16.90m不等，主要在2~10m之间，并沿走向、倾向都有一定的变化。此外，在矿层的边部局部可见分枝尖灭现象（图5-38）。

滑石：白色、淡黄色，部分呈灰白色、淡褐色，镜下无色、淡黄绿色，片状，鳞片状，解理沿

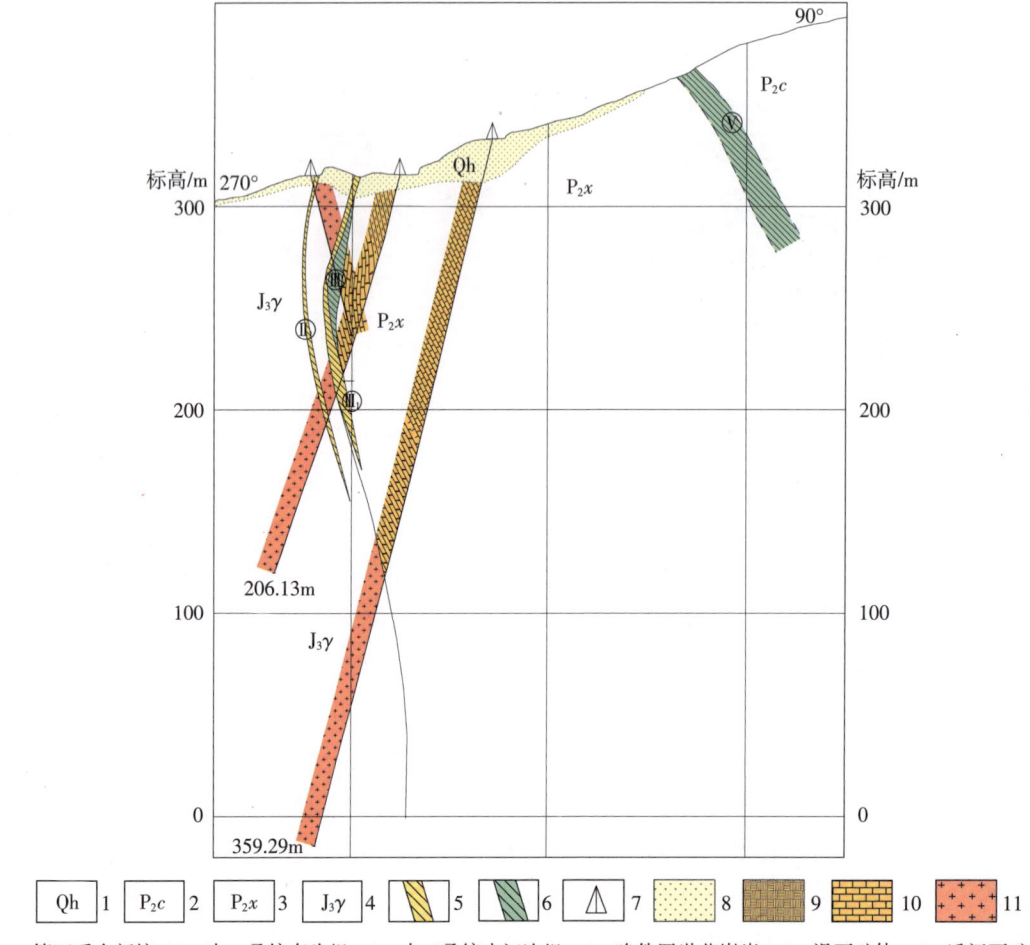

1—第四系全新统；2—中二叠统车头组；3—中二叠统小江边组；4—晚侏罗世花岗岩；5—滑石矿体；6—透闪石矿体；7—钻孔位置；8—冲积、洪积层；9—泥岩；10—灰岩；11—黑云母花岗岩。

图 5-38　岩前矿区 21 线剖面图

Fig. 5-38　Profile of line 21 in Yanqian mining area

{001} 极完全，粒径 0.03~0.2mm，主要呈交代透闪石的鳞片状集合体，有的受应力作用呈定向排列，丝绢光泽，少数呈珍珠光泽，硬度小，具强滑感。

3）接触热变质透闪石矿体

透闪石矿体除赋存于小江边组下段地层中由灰岩似层状透镜体热变质形成，与滑石矿紧密共生外，在小江边组的上段地层中还呈单独的透闪石矿体出现（距离岩体稍远），即Ⅳ、Ⅴ两条矿体。择其代表特征简述如下。

透闪（阳起）石赋存状况有两种：一种在滑石矿体中被滑石交代呈残晶或假晶保留，其含量与滑石含量呈明显的负相关；一种呈单独的透闪石矿体与滑石相伴组成滑石矿体的顶、底板围岩及夹石。

透闪石矿体形态、厚度变化较大，多呈似层状、扁豆状或透镜状，透闪石矿含量变化一般 50%~80%，部分小于 50%。透闪（阳起）石呈灰白色、灰绿色、暗灰绿色，常呈放射状、蒿束状、柱状、针状集合体出现，并与滑石紧密共生，被滑石交代呈残晶或假晶，或呈弧岛状残晶。镜下呈透明—半透明、无色—淡绿色的多色性，解理 {110} 完全，粒度 0.08mm×0.28mm~0.5mm×1mm，长 1~10mm，玻璃—丝绢光泽，斜消光，正延性，硬度 5~6。

3. 矿床成因探讨

岩前燕山早期花岗岩株与下石炭统梓山组、下二叠统马平组、中二叠统栖霞组的含钙为主的碳酸盐岩接触，形成了接触交代矽卡岩型钨矿床；与上覆的中二叠统小江边组接触，发生热变质，镁质黏土形成似层状滑石矿床，地层中似层状、透镜状灰岩形成透闪（阳起）石矿体，其中一部分水解后形成滑石矿体。因此，岩前矿区是一个独特的"三位一体"矿床。

（三）兴国县山棚下钨钼矿床

矿区位于兴国县北东（75°）约43.5km处，地理坐标：东经115°45′45″—115°47′30″，北纬26°25′15″—26°27′00″。矿区有公路与外界相连，交通条件较好。

区内地势属低山丘陵区，最高海拔818m，最低海拔310余米，相对高差508m。

2009年，江西省地质矿产开发总公司通过1:1万地质测量、1:1万土壤测量等工作，在区内南东部发现多个矽卡岩型矿（化）体，经普查，估得资源量WO_3（333类）0.4633×10^4t，（334类）0.6166×10^4t，（333+334类）资源量合计1.079×10^4t，伴生辉钼矿金属量0.2311×10^4t。Ⅴ、Ⅵ矿体为辉钼矿独立矿体，（334类）资源量495t。矿区具有良好的找矿远景。

1. 矿区地质

1）地层

矿区地层主要有下石炭统梓山组、上石炭统黄龙组和第四系。

梓山组分布于勘查区中部及南东部，呈北东-南西走向，倾向南东，倾角50°~75°，分上、中、下3个岩性段。

梓山组下段：岩性以青灰色千枚状页岩、石英粉砂岩及绢云母细砂岩为主，夹紫红色铁质粉砂岩、含碳粉砂岩或碳质页岩。

梓山组中段：岩性为灰黑—黑色碳质页岩（夹煤层）、青灰色千枚状页岩，含碳粉砂岩和细粒石英砂岩，底部见一层厚约2m的灰白色含砾石英粗砂岩或粗砂岩。

梓山组上段：岩性为紫红色、土黄色钙质粉砂岩，以及泥页岩、细粒石英砂岩、粉砂质页岩夹泥灰岩和白云质灰岩。底部为一层灰白色（含砾）石英砂岩。钙镁质岩层受侵入岩体接触交代作用影响普遍矽卡岩化，是区内矿体主要赋存层位。

黄龙组：分布于矿区南东部，呈北东-南西走向，倾向南东，倾角50°~75°，与下伏梓山组呈断层接触关系。岩性为乳白色或淡肉红色中层状至块状白云岩、灰质白云岩及白云质灰岩，间夹灰岩、硅质灰岩及硅质白云岩。受侵入岩热接触作用影响，岩层普遍发生强烈的大理岩化。

2）构造

（1）褶皱。矿区处于银坑-青塘复向斜的北西翼（图5-39），核部沿青塘、岩前一线分布，呈北北东-南南西走向，由华山岭组、梓山组、黄龙组等组成，向斜北西翼倾向南东，倾角35°~60°，梅窑一带局部陡倾，甚至倒转。两翼伴有与轴向一致的逆断层，和平移断层对褶皱形态造成破坏。中段核部因茶山迳岩体侵入抬高，将向斜分成两段。

（2）断层。区内断层可分为北北东向和北西向两组。

北北东向断层：倾向300°~320°，倾角35°~45°，主断面沿黄龙组和梓山组的不整合面发育而成，性质属逆冲断层。影响范围包括梓山组中上段岩层。断层规模较大，延伸较远，长可达十余千米，宽

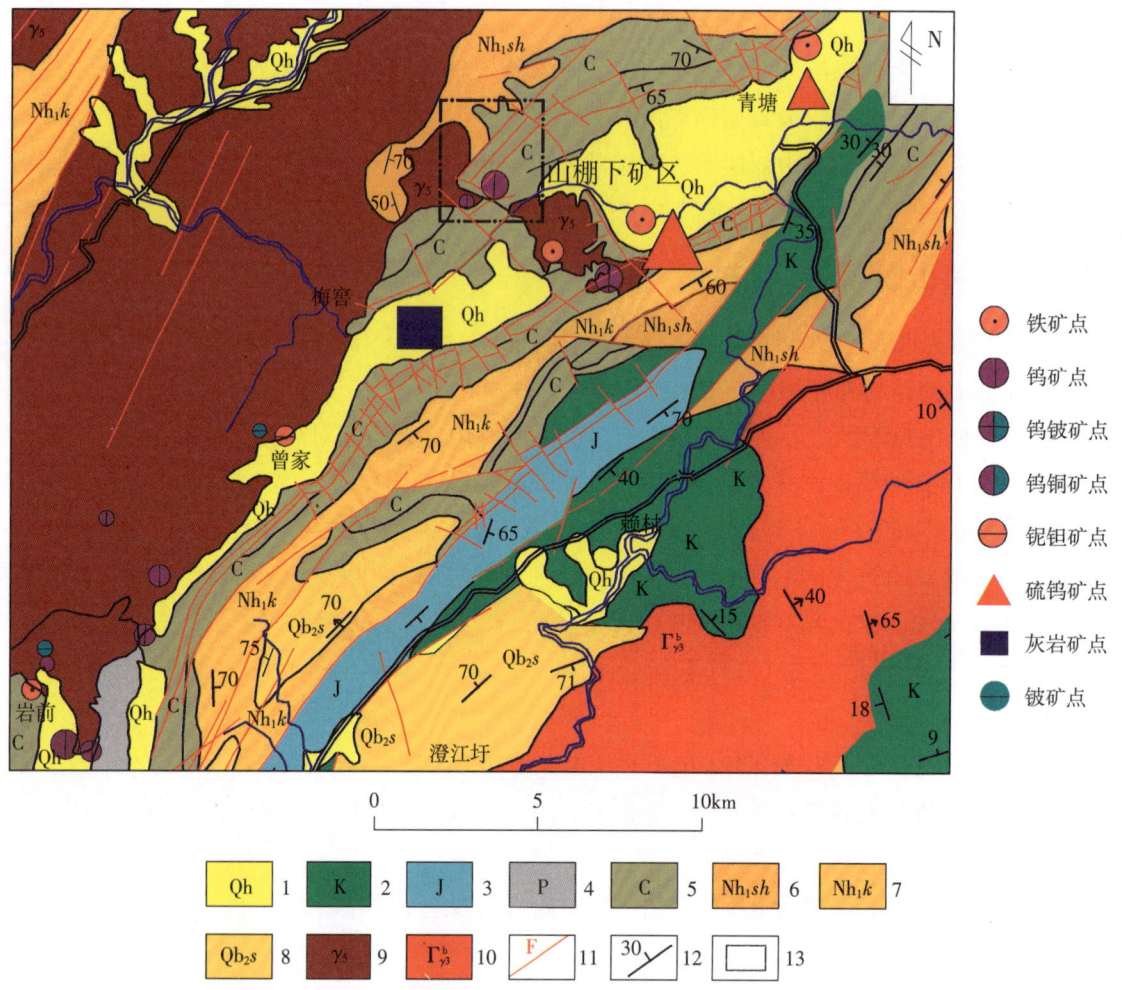

图 5-39 兴国县山棚下矿区外围区域地质略图

Fig. 5-39 Geological sketch of the surrounding area of Shanpengxia mining area, Xingguo County

数十厘米至几十米。断层内构造角砾岩、碎裂岩和片理化岩石发育，是区内钼钨矿（化）体重要赋矿构造。

北西向断层：倾向北东，倾角 60°~80°，规模较小，延伸较短，多为平移断层或平移正断层。断层内构造角砾发育，错断早期北北东向断层，内部常见破碎蚀变岩型钨钼矿体。

3）岩浆岩

矿区内成矿岩浆岩为燕山早期河头坑花岗岩体，分布在矿区中西部及南东角。岩性为中粗粒少斑黑云母二长花岗岩，呈岩株产出，出露面积约 4.5km²。岩石呈灰白色，具中粒少斑斑状结构。岩石斑晶含量 5%~10%，主要为钾长石。岩石矿物成分：钾长石 25%~40%、斜长石 30%~35%、石英 25%~35%、黑云母 5%~10%、白云母少量。含磁铁矿、磷灰石、锆石等包裹体。副矿物有磁铁矿、磷灰石、锆石、榍石、绿帘石、钛铁矿。岩体与石炭纪地层为侵入接触关系，接触处蚀变、矿化强烈。在岩体与围岩接触带附近的顶部区域，往往会发生钾化现象，出现肉红色钾化花岗岩，钾化蚀变带宽度 2~15m 不等，并伴随白钨矿体的产生。该岩体为区内钨钼矿体的形成提供了充足的热液条件。

4）热接触变质岩

区内地层分布在河头坑岩体周边，受岩体热接触变质作用影响较深，梓山组等地层中的泥页岩、粉砂质泥岩普遍热变质成红柱石角岩、堇青石角岩；硅质砂岩类岩石变质成为长英质角岩；黄龙组白云岩变质成为大理岩。

5）矿区地球化学特征

经1:1万土壤地球化学扫面，圈出W异常浓集区3个，总体呈北东－南西向展布，连续性较好。异常形态呈不规则面状，规模较大，W异常值为$0.95×10^{-6}$~$422×10^{-6}$，具三级浓度分带，与区内梓山组中上段地层分布大体一致，部分异常分布在黄龙组及岩体接触带附近。W异常的原因与分布在这些地质体中的钨钼矿化矽卡岩有关，已经钻探证实。Mo元素具5处异常浓集中心，其形态呈圆—椭圆状，似同心带状，Mo元素异常值为$0.44×10^{-6}$~$444×10^{-6}$，与W异常呈交叠状分布，具三级浓度分带，但规模较小，连续性较差。

6）矿区地球物理特征

高精度磁法测量：通过磁法扫面测量，在工作区内共圈出6个高精磁测异常区，Ⅰ、Ⅱ、Ⅵ异常为具有一定规模的磁异常，其中Ⅱ异常为已控矿带向南西方向延伸引起的（图5-40）。

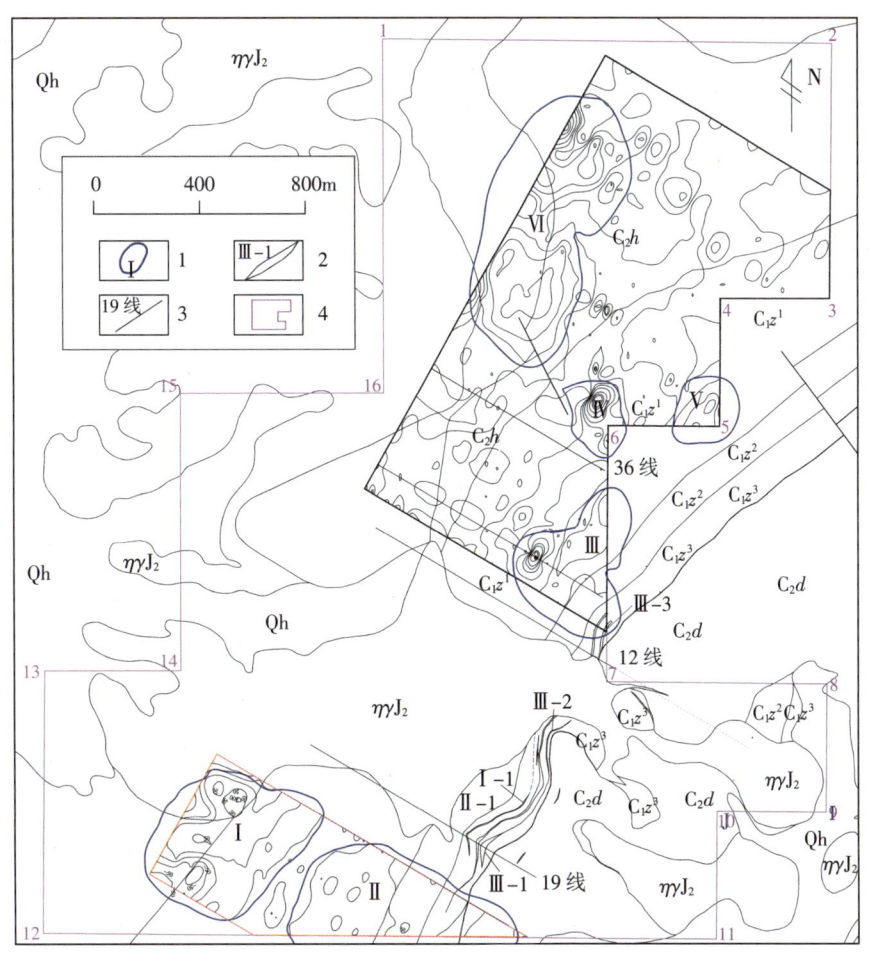

1—高磁异常区及编号；2—矿（化）体编号；3—地质勘探线及编号；4—探矿权边界。

图 5-40　山棚下矿区高精磁测 ΔT 异常等值线平面图

Fig. 5-40　Plan of ΔT anomaly contour of high precision magnetic survey in Shanpengxia mining area

激电中梯剖面测量：经激电中梯剖面测量，钨钼矿化体发育的矽卡岩地段的视电阻率比较低，低至300Ω·m左右；而视极化率变化梯度较大，最大值为9.66%，具有典型的低阻高极化的金属矿化特征。在27线激电中梯异常剖面部分地段也具有与19线类似的物探特征，推断27线这类地段极有可能存在钨钼矿化体，这类地段又恰好落在上述高磁测量Ⅱ异常区域，与地质钻探结果相吻合。

EH-4剖面测量：在19线、27线、36线布置了EH-4测量剖面，EH-4的二维视电阻率异常等值线图显示，3条测线地表电阻率相对较小，大多在500Ω·m以下，可能是地表大气降水和表层岩石风化破碎影响所致；浅部电阻率梯度变化较小，是因为浅部岩层产状较平缓。36线电阻率等值线图显示其深部可能有一凹型向形构造，对成矿比较有利。向形构造北部及深部出现高阻异常区，为花岗岩体造成。19线、27线（图5-40）深部电阻率变化梯度较大，说明深部可能存在一个构造带，该带总体倾向北西，地表附近产状较缓，中部则较陡，下部产状由陡倾变为平缓，下延深度达到1300m，构造带形迹显示出其深部可能也有一凹型向形构造。与地质钻探剖面资料进行对比分析，构造带对应梓山组上段和中段上部地层，是本区矽卡岩型钨钼矿体有利的赋存部位，ZK2702钻至孔深400m处探到该带，见到两层品质较好矿体，WO_3品位0.57%~3.92%，Mo品位0.405%~0.68%，矿体累计视厚度3.64m。因此该带陡倾部位及深部变缓地段极有可能出现厚大的矿体，深部资源远景可观。构造带南东部出现的高阻异常区为黄龙组大理岩。

2.矿床地质

矿区南东部新发现并控制了钨钼矿（化）带，包含矿体8个（图5-41、图5-42）。Ⅰ~Ⅵ号矿体产于

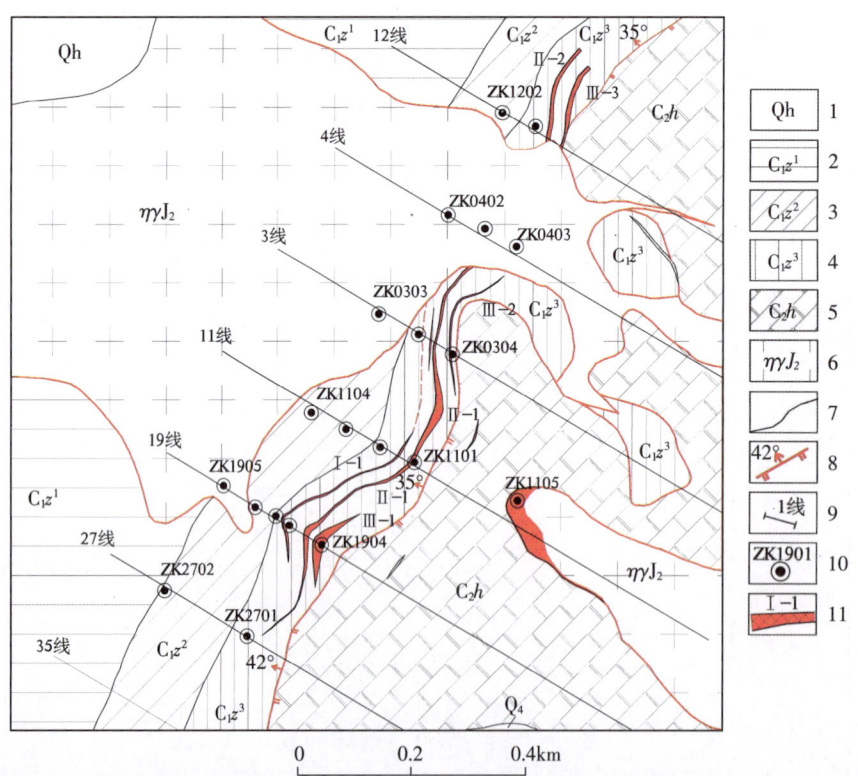

1—第四系；2—下石炭统梓山组下段；3—下石炭统梓山组中段；4—下石炭统梓山组上段；5—上石炭统黄龙组；
6—河头坑岩体；7—地质界线；8—逆断层及产状；9—勘探线及编号；10—钻孔及编号；11—矿体及编号。

图5-41 山棚下矿区地质简图

Fig. 5-41 Geological diagram of Shanpengxia mining area

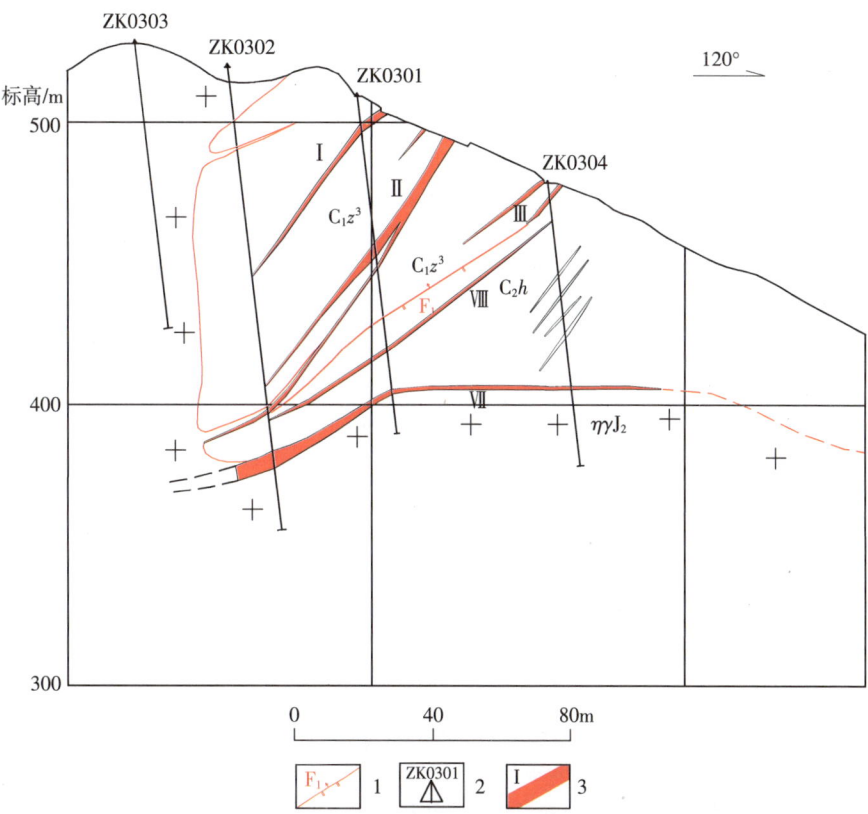

1—逆断层；2—钻孔位置及编号；3—矿体及编号；C_1z^3—下石炭统梓山组上段；C_2h—上石炭统黄龙组；$\eta\gamma J_2$—河头坑岩体。

图 5-42　山棚下矿区 3 线剖面图

Fig. 5-42　Profile of line 3 in Shanpengxia mining area

梓山组中上段中，属顺层交代的石榴子石透辉石矽卡岩型矿体，矿带走向北东，倾向北西，倾角 25°~70°，走向延伸大于 1.2km。Ⅶ号矿体分布于岩体与石炭系围岩接触内带上，属岩体型钾化花岗岩矿体。而Ⅷ号矿体沿黄龙组层间滑动带分布，属石榴子石透辉石矽卡岩型矿体。矿床中规模较大的矿体为Ⅰ、Ⅱ、Ⅲ号矿体。单个矿体特征呈似层状、脉状、透镜状、团包状。矿体沿走向延伸 100m 至数百米，斜深 50~400m，单个矿体厚度 0.57~11.4m，一般厚度 2~3m。矿床矿化特征见表 5-22。

3. 围岩蚀变

围岩蚀变分为早期矽卡岩化、晚期矽卡岩化、硅化、碳酸盐化、钾长石化、绢云母化。

早期矽卡岩化：以渗滤形式沿断裂带和一定层位选择性交代钙镁质杂相灰岩，形成相当规模的似层状矽卡岩带。矽卡岩矿物是在高温条件下形成，主要矿物为透辉石、石榴子石，其次还有符山石、硅灰石、镁橄榄石等矿物。

晚期矽卡岩化：这一阶段表现为对早期矽卡岩的蚀变交代，以阳起石的出现为特征，另见少量绿帘石、透闪石、蛇纹石、滑石、金云母等矿物组合。该期蚀变表现为两个阶段，前期表现为阳起石等矿物普遍交代透辉石等矽卡岩矿物，阳起石粒径 0.15~0.6mm，呈短柱-纤维状附着在透辉石表面或将透辉石矿物完全交代成晶体假象；后期则沿矽卡岩裂隙或角砾间隙进行填充交代。本阶段是矿区最主要成矿时期，形成的白钨矿、辉钼矿以星散状、细脉状赋存于矽卡岩中。同时伴生的金属矿物还有星散状-细脉状黄铁矿、磁铁矿、磁黄铁矿。

表 5-22 山棚下矿区矿体特征一览表
Table 5-22 Characteristics of ore bodies in Shanpengxia mining area

矿体编号	长度/m	平均厚度/m	斜深/m	钨(钼)平均品位/%	钨(钼)最低最高品位/%	倾向/倾角/(°)	矿体形态
Ⅰ	300	1.89	120~160	0.364(0.028)	0.067~1.03 (0.000 34~0.108)	290~332/35~65	似层状
Ⅱ	900	3.57	50~388	0.306(0.09)	0.136~0.823 (0.002 8~0.105)	300~332/25~70	似层状
Ⅲ	550	2.31	20~173	0.466(0.04)	0.067~0.873 (0.005 7~0.075)	280~332/30~65	似层状、透镜状
Ⅳ	100	5.7	25	0.369(0.063)	0.369(0.063)	330/65	瘤状、柱状
Ⅴ	250	5.64	50~126	(0.107)	(0.035~0.125)	300/50	似层状
Ⅵ	250	2.63	35~61	(0.071)	(0.033~0.081)	300/50	似层状
Ⅶ	270	2.4	130~185	0.207	0.12~0.62	210/20	似层状
Ⅷ	100	1.1	15~140	0.12(0.016)	0.078~0.21 (0.007 9~0.075)	300/35	透镜状

硅化：本阶段硅化蚀变强烈，SiO_2充裕但已不再和钙、镁、铝、铁发生作用形成矽卡岩。硅化石英呈他形粒状，粒径0.05~0.65mm，内部常含石榴子石包体。本期钨钼矿化往往叠加在早期矽卡岩矿体上，尤其是在矿液运移和存储方便的北东向和北西向断裂构造中，易形成团包状、短透镜状的破碎硅化蚀变岩型钨钼矿体，伴随黄铁矿及少量黄铜矿、萤石、方解石的产生。

碳酸盐化：分布广泛，多期活动。早期、中期碳酸盐化与钨钼成矿关系密切，呈粒状及不规则团块状，叠加改造早期矽卡岩矿物，有时以透辉石假象产出；晚期碳酸盐化沿裂隙成脉状分布，有时与石英脉同时产出，构成石英-方解石细脉，切穿早期矽卡岩，与矿区钨钼矿化关系不密切，伴生闪锌矿、黄铜矿、方铅矿等中低温金属矿物沉淀。

钾长石化：在花岗岩体与围岩接触带顶部区域，常出现钾长石化顶蚀现象，强烈钾长石化仅发生在内接触带。钾长石呈肉红色，主要表现为条纹长石交代斜长石，斜长石斑晶的边缘被钾长石交代，形成一圈红色的钾长石交代边包裹着白色斜长石内核的交代斑晶。钾长石化蚀变带宽度2~15m不等，伴随钾长石化常有细脉浸染状白钨矿体产生。

绢云母化：呈显微鳞片状，片径0.01~0.03mm。在岩浆岩中，绢云母以交代长石类矿物出现，在角岩中交代红柱石矿物，无矿化交代。

4.矿石矿物特征

1) 矿石矿物组成

矿石类型：矿区目前发现的主要矿石类型有钨钼矿化石榴子石矽卡岩、钨钼矿化透辉石矽卡岩、钨钼矿化石榴子石透辉石矽卡岩、钨钼矿化透辉石石榴子石矽卡岩，另外见少量钨钼矿化透闪透辉石矽卡岩、钨钼矿化符山石矽卡岩。

矿石矿物成分：金属矿物为白钨矿、辉钼矿，其他少量金属矿物为黑钨矿、磁黄铁矿、黄铁矿、褐铁矿、黄铜矿、闪锌矿、辉铋矿等。非金属矿物主要有石榴子石、透辉石等，其次有硅灰石、阳起石、方解石、石英、符山石、正长石、绿泥石、金云母、滑石、绿帘石、绢云母等。

白钨矿：粒径 0.06~0.5mm，大者可达到 1~3mm，以半自形—他形粒状晶、板状晶、浸染状或沿裂隙呈网脉状分布于石榴透辉矽卡岩中，正极高突起，干涉色Ⅰ级黄，一轴晶正光性。

辉钼矿：粒径 0.08~0.35cm，以鳞片状、半自形—他形块状晶、浸染状或沿裂隙呈网脉状分布于石榴透辉矽卡岩中。

分别在 ZK1901 和 ZK1904 钻孔采集两个物相分析样品，主要为白钨矿，伴生黑钨矿，少量氧化物钨华分析结果见表 5-23。

表 5-23 山棚下矿区物相分析结果表

Table 5-23 Phase analysis results of Shanpengxia mining area

样品编号	分析结果（占比）/%			备 注
	白钨矿	黑钨矿	钨华	
1	0.13(90)	0.006 8(4.7)	0.007 7(5.3)	采自 ZK1901,161~166m 处
2	0.17(45.7)	0.17(45.7)	0.032(8.6)	采自 ZK1904,23~34m 处

2）矿石化学成分

对采自 ZK1904 钻孔的 H06~H15 共 10 个样品进行组合分析，矿石中 WO_3 含量较高，伴生 Mo，是主要的有用元素，其余元素含量均较低，结果见表 5-24。

表 5-24 山棚下矿区组合样品分析结果表

Table 5-24 Analysis results of combined samples in Shanpengxia mining area

元 素	Au	Pb	Cu	Zn	Sn	Ag	Ti	V	As	Sb
含 量	8.80	33	325	600	14	0.95	3789	47	7.77	0.90
元 素	Bi	Be	Li	Nb	Rb_2O	Ta_2O_5	Mo	WO_3	Al_2O_3	SiO_2
含 量	166	22.5	63	33	18.0	3.98	590	3780	22.2	31.9

注：江西省地矿局地球物理地球化学实验测试所测试；Au、Ag 含量单位为 10^{-9}；Al_2O_3、SiO_2 含量单位为%，其余为 10^{-6}。

3）矿石结构

矿石结构主要有显微鳞片粒状变晶变余泥质结构、粒状变晶结构、柱状变晶结构、斑状变晶结构、他形粒状结构、交代残余结构、半自形结构、纤维状变晶结构及网脉状结构等。

4）矿石品位变化特征

全区 WO_3 品位 0.12%~3.92%，平均品位 0.312%；Mo 品位 0.06%~0.75%，平均品位 0.067%。地表钼矿品位明显低于钻孔中的品位，这可能是地表辉钼矿风化流失造成的，而地表的白钨矿贫化现象不明显。位于矿带两端的钼矿品位比矿体中部的品位要高。

5. 矿床远景评估

地质剖面资料与实测的磁法、中梯、EH-4 的异常资料显示结果完全吻合，已探明矿体的地质特征和矿体地球物理特征证据表明，12 线—27 线的矿体仅是本区矿体的冰山一角，沿矿体走向追索和向深部探索有望实现找矿重大突破。

七、龙南县岗鼓山钨矿

岗鼓山钨矿位于龙南县城西 16km，矿区面积约 4km²，海拔 400~780m。江西冶勘十三队于 1979 年提交初查报告，认为层状白钨矿床远景具中型规模。

（一）矿区地质

1. 地层

矿区出露的地层自西而东渐新，依次为上泥盆统、下石炭统（图 5-43）。上泥盆统与区内矿化关系

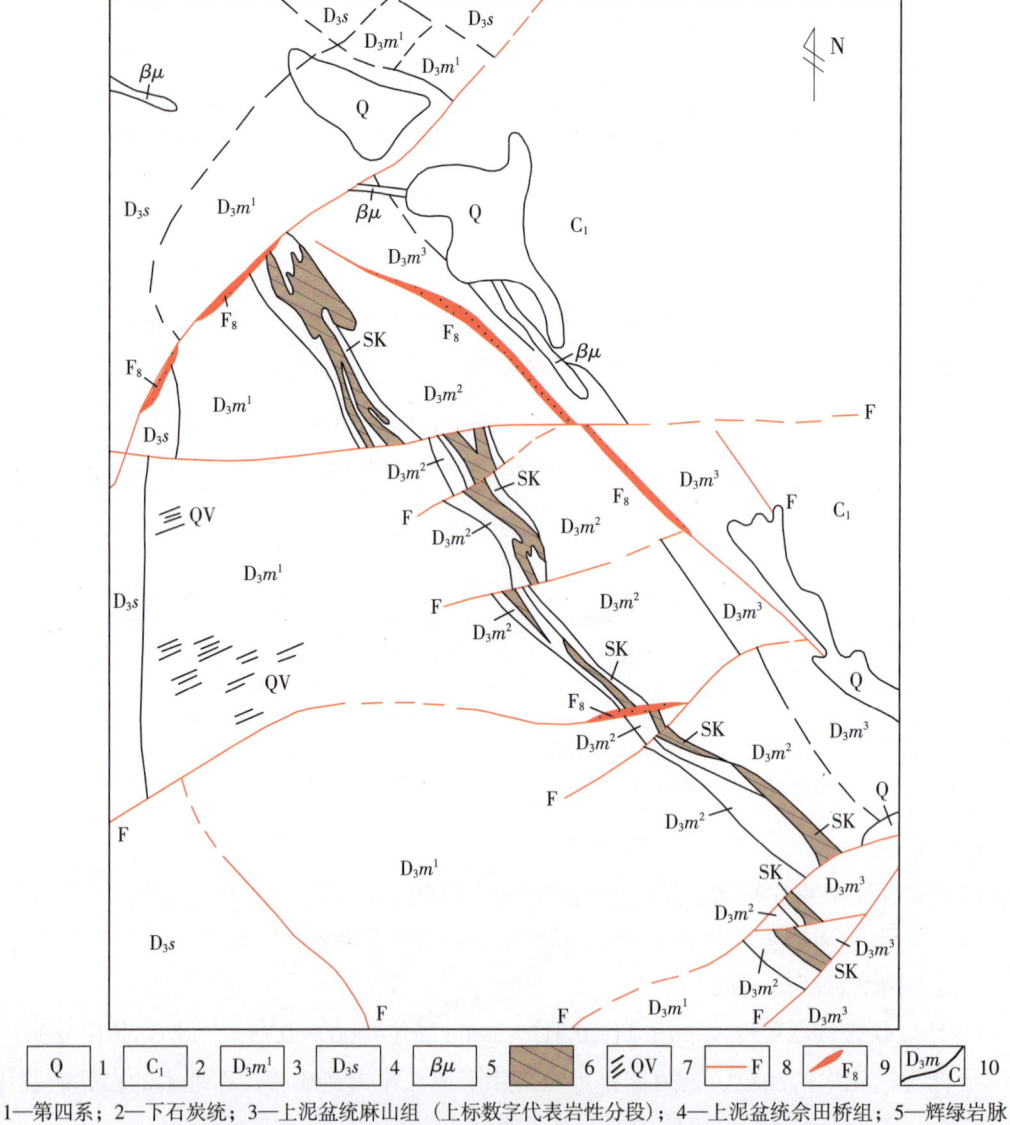

1—第四系；2—下石炭统；3—上泥盆统麻山组（上标数字代表岩性分段）；4—上泥盆统佘田桥组；5—辉绿岩脉；
6—矿化似矽卡岩；7—石英细脉型黑钨矿；8—断层；9—破碎带；10—地质界线。

图 5-43 龙南县岗鼓山钨矿区地质略图（引自《赣南钨矿地质》，1981）
Fig. 5-43 Geological sketch of Ganggushan tungsten mine area in Longnan County

密切，自下而上两分：

(1) 佘田桥组：下部为黄色薄层粉砂岩、绢云母页岩夹薄层长石石英细砂岩，厚35m；中部为深灰色不纯灰岩，厚20m；上部为深灰色厚层泥灰岩、钙质页岩及含钙砂岩，它们普遍发育似矽卡岩化、铅锌矿化，顶部有厚20m的符山石似矽卡岩，其余为似矽卡岩化砂岩或板岩。

(2) 麻山组：下部为灰绿色、紫灰色中细粒石英砂岩、石英粉砂岩、绢云母板岩及紫色厚层状铁质石英砂岩，厚20m，为矿层底板；中部厚70m，为主要赋矿层，由浅灰色不纯灰岩夹中厚层钙质粉砂岩、碳质页岩组成，其中不纯灰岩普遍发育矽卡岩化、白钨矿化，WO_3品位达工业要求，即为矿体，矽卡岩由透辉石、透闪石、钾长石等组成，含有符山石、萤石、石榴子石，少量绿帘石、黝帘石；上部为灰绿色，黄褐色薄千枚状页岩、石英粉砂岩，厚80m，是矿层顶板，在成矿中起屏蔽作用。

(3) 石炭系：分布于矿区以东，且以下统为主。

2. 岩浆岩

矿区外围燕山早期花岗岩广泛分布，北面为陂头花岗岩，南面为宝莲山、九曲山岩体。矿区以南上中坪小溪中见到的粗粒黑云母花岗岩可能就是九曲山岩体的北凸分支，另外见花岗岩脉沿北东向展布，闪长岩脉、辉岩脉呈北西向或近东西向产出。

矿区地表及浅部（钻探控制海拔标高100m以上）未见花岗岩体，矿区西部地表见花岗岩脉、花岗闪长岩脉，其中10条花岗岩脉具钠化，含Nb_2O_5 0.01%、Ta_2O_5 0.008%~0.017%；在钻孔中见花岗岩脉，脉幅均小于1m，据此推测矿区深部可能有隐伏岩体而且由西向东倾斜。

矿区南西方向上中坪村南700m溪流谷底出露的粗粒黑云母花岗的全岩化学分析结果（平均值）：SiO_2为74.86%、TiO_2为0.02%、Al_2O_3为13.35%、FeO为1.50%、Fe_2O_3为0.39%、MnO为0.10%、MgO为0.19%、K_2O为4.53%、Na_2O为3.50%、P_2O_5为0.03%、Cl为0.006%、F为0.260%、CO_2为0.10%、H_2O^+为1.02%、S为0.011%，微量元素W为0.005%、Sn为0.007%、Mo为0.007%、Bi为0.002%、Cu为0.005%、Pb为0.005%、Zn为0.009%。人工重砂见有白钨矿（130g/t）、萤石（18.52g/t）、黄铁矿（6.30g/t）和锆石（4.44g/t）、方铅矿（1.11g/t），还有少量（<0.37g/t）的磁铁矿、闪锌矿、石榴子石、独居石和毒砂。在该处还见有石英脉（宽2cm）穿切岩体。

3. 构造

矿区由上述地层构成单斜构造，为近东西向西源向斜南翼西端。显示自南而北地层走向由北西西（300°）转为北西（330°），均倾向北东，倾角25°~40°（图5-44）。单斜上发育有北东向、北西向、东西向3组断裂。

（二）矿床地质

1. 矿体形态产状

矿区顺不同层位有两套矽卡岩，伴随的金属矿化不同：一为产于佘田桥组中的矽卡岩化砂板岩、符山石矽卡岩，顺层产出，长1000余米，厚10~20m，白钨矿化微弱，但普遍具铅锌矿化，地表所见仍不构成工业矿化；二为分布于矿区东部麻山组中矽卡岩，称"东部矽卡岩"，是白钨矿化主体。

"东部矽卡岩"主体为矽卡岩，主要由透辉石等组成，产状与所在地层一致，走向310°~340°，倾向北东，倾角25°~80°。走向延长逾2000m，厚10~60m。其中以矿区中部白钨矿化较好，向南仅局部有断续的矿化现象。

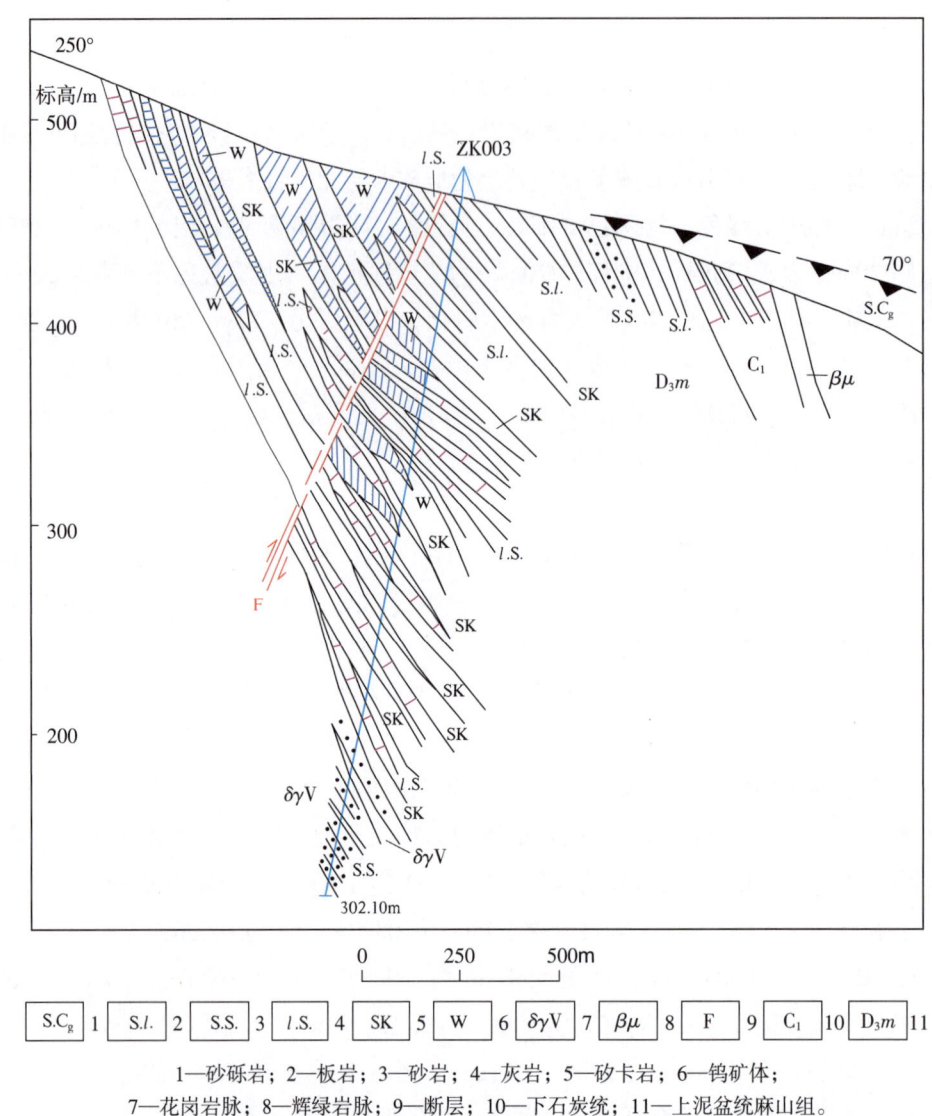

1—砂砾岩；2—板岩；3—砂岩；4—灰岩；5—矽卡岩；6—钨矿体；
7—花岗岩脉；8—辉绿岩脉；9—断层；10—下石炭统；11—上泥盆统麻山组。

图 5-44 龙南县岗鼓山钨矿区 0 线剖面图（据江西冶勘十三队资料缩编）
Fig. 5-44 Profile of line 0 in Ganggushan tungsten mining area, Longnan County

按工业指标圈定的白钨矿体顺"东部矽卡岩"地层产出，呈层状、似层状和透镜状。全区平均矿体长 625m，厚 13.62m，WO_3 品位一般浅部偏富，向深部逐渐变贫。

由于构造、岩性的影响各矿段厚度不一，矿化强度存在明显差异，显示矿化和似矽卡岩化的密切关系。矿区从北西向南东，矽卡岩产状由陡（60°）变缓（38°~49°）。厚度由 60m 变薄为 10m 左右，岩性由透闪石化钾长石透辉石矽卡岩变为透闪石化透辉石似矽卡岩，同时白钨矿体厚度由 56.90m 减薄为 1.50m，白钨矿化也减弱，WO_3 含量由 0.389% 降为 0.218%。

2. 矿化特征及矿石组成、结构构造

矿区中部东西向裂隙发育地段、石英细脉出现较多的部位，矿层中的白钨矿化明显增强。石英细脉一般脉幅较小，且延长不大，局部可圈成细脉带，脉中金属矿物以黑钨矿为主，但品位不高，而且从出露地形 200m 高差内脉幅、品位无明显变化，因而未进行评价。

白钨矿体呈层状、似层状和透镜状产在矽卡岩中。矿物生成顺序大致为：透辉石→钾长石→黄铁矿等硫化物→白钨矿→石英→萤石→方解石，透闪石为交代透辉石产物。矿石分透辉石－透闪石组合、钾长石－透辉石－透闪石组合和透闪石－透辉石组合。往往钾长石含量高的矿石，白钨矿化好、粒度也粗大。另外黑云母、萤石出现多的部位，白钨矿品位也较高。

白钨矿化矽卡岩中矿化由地表向深部逐渐变贫，深部矽卡岩白钨矿化被辉钼矿化取代，如 ZK001 钻孔海拔标高 215~220m（孔深 239.34~253.05m），似矽卡岩中 WO_3 为 0，而 Mo 为 0.025%~0.063%，含钼矽卡岩颜色较淡，结构更细，含钾长石较少。辉钼矿呈星点状浸染在似矽卡岩中。

岗鼓山白钨矿矿石组成简单，金属矿物以白钨矿为主，伴生有黄铁矿、磁黄铁矿及少量方铅矿、闪锌矿、黑钨矿等；非金属矿物以透辉石、透闪石为主，次为钾长石及符山石、萤石、石榴子石、黑云母，还有少量的绿帘石、黝帘石等。

3. 变质与蚀变

矿区上泥盆统普遍角岩化、矽卡岩化，中部石英细脉发育地段具东西向的硅化、云英岩化叠加。而主要的蚀变是广泛发育在佘田桥组上部和麻山组中部的似矽卡岩化，严格受岩位、岩性控制，与矿化关系密切。

"东部矽卡岩"主要有块状矽卡岩和条带状矽卡岩两种。前者主要由透辉石、钾长石组成，含有少量的石英、榍石、金红石、磁黄铁矿，偶见磷灰石、钠长石、符山石和锆石等；其中透辉石占 65%~75%；钾长石为他形粒状，多为粗大粒状，填充于透辉石晶间，尚有小脉状产出的钾长石；此外有绢云母、透闪石和方解石、石英。条带状矽卡岩，条带有的分别由透辉石、绢云母组成，有的由透辉石、绢云母和绢云母、长石、方解石相间组成，也见由以钾长石细脉顺层贯入组成。

岗鼓山矿床勘查程度低，中深部未进行钻孔探测。但据调查显示中深部有隐伏成矿花岗岩体存在，宜循"以层找体"原则，进一步勘查，有望扩大矿床远景。

八、寻乌县老塆钨铁铅矿床

老塆钨铁铅矿区位于寻乌县城以西 24km 与安远县交界处。地理坐标：北纬 24°55′44″，东经 115°26′4″。海拔 600~700m。

矿区远在明代时就已经发现，并开采炼铁。1954—1958 年，寻乌县组织进行露天开采和民窿开采。采铁约 3000t。

1958—1969 年，先后有赣南地质大队、寻乌县地质队、江西省地质局区域测量大队、九〇八大队、江西有色冶金地质勘探公司六一三队对本矿区开展了地表检查评价工作。1971—1972 年，江西省地质局九〇九大队在矿区进行详查，估算磁铁矿（C_1+C_2 类）资源量 $631×10^4t$，WO_3 金属量 2 965.4t，Pb 金属量 10 167.21t。

（一）矿区地质

1. 地层

矿区内浮土掩盖很深，岩层出露甚少。仅在东、西两侧山脊和切割较深的山沟中有零星露头。地层有震旦系、上石炭统黄龙组。

下震旦统坝里组：上段主要岩性为角岩化深灰色变质砂岩，其次为角岩化变质粉砂岩，呈互层关系。其南端和北端分别与壶天灰岩和火山岩呈断裂接触。中段主要为变质砂岩及变质粉砂岩，在钙质砂岩中形成一层厚 10~30m 的矽卡岩。其中含磁铁矿矽卡岩厚 5~12m。下段主要岩性为变质砂岩与板岩互层，厚层状，上部以板岩、变质粉砂岩为主，中部见有 1~2 层变质石英砂岩，下部为变质砂岩、粉砂岩、板岩互层。底段主要岩性为浅灰色巨厚层状变质石英砂岩，夹有斑点状板岩，硅化较强，质硬性脆，构成高山陡崖，产状变化较大，走向近东西，倾向北北西，倾角 50°~60°，厚度在 120m 左右。

上震旦统老虎塘组：主要岩性系千枚状板岩、变质砂岩，夹数层薄层状灰白色、青灰色硅质岩、硅化板岩，与黄龙组呈断层接触。

上石炭统黄龙组：分布于山间洼地，南起凹下，向北延展 2200m。宽度 200~700m，地表多被第四系和山间堆积所掩盖。仅在 ZK4 钻孔附近采石场小面积出露。主要岩性为白云质大理岩、钙质白云岩、大理岩、结晶灰岩，局部夹黑色碳质泥岩，岩溶发育。地层走向北—北西，倾向西—南西西，倾角 30°~50° 左右。厚度大于 250m。与前寒武纪地层呈断裂接触，在 ZK15 钻孔内采得化石，经中国科学院南京地质古生物研究所鉴定为犬齿珊瑚，属上石炭统。

2. 岩浆岩

矿区内岩浆岩分布甚广，主要为斑状黑云母花岗岩，其次有花岗斑岩、流纹斑岩、伟晶岩、石英斑岩、辉绿岩等。

斑状黑云母花岗岩出露于矿区南部、西南部、中部，呈岩基产出，为酸性侵入体，东西向展布，与震旦系、黄龙组呈侵入接触。局部地段边缘相宽度一般大于 20m，岩性为中细粒斑状黑云母花岗岩。过渡相一般为中粗粒斑状黑云母花岗岩。

3. 构造

矿区两侧出露的前寒武纪地层总体显示为单斜构造。

矿区内东西向断裂最为发育，由北至南，规模较大的有 6 条，最长者达 3000 多米。矿区出露的花岗岩、花岗斑岩、流纹斑岩大致都是呈东西方向展布，其次有南北向、北西向、北东向断裂。

（二）矿床特征

1. 矿体的产状、形态、分布及规模

矿区为接触交代矽卡岩型钨铁铅矿床。矿床矿体产出形态有两种：一种产于花岗岩与壶天灰岩的接触带；一种产于花岗岩与震旦系变质岩的接触带。以前者为主，矿体形成于矽卡岩含矿层内。

3 个矿体产于花岗岩与壶天灰岩接触面或其附近，其产状基本与接触面一致，沿走向延长 1120m，倾斜延深 146~449m，形态较简单，厚度较稳定，平均厚 7.14m，为本矿最主要的矿体。其余 2 个矿体规模都很小。

2. 矿石主要矿物

矿石的矿物成分多达 30 余种。金属矿物主要为磁铁矿和白钨矿，其次为方铅矿、闪锌矿和黄铜矿，其余少见；非金属矿物主要有透辉石、透闪石、石榴子石及硅镁石等。

白钨矿：多产于透辉石粒间和萤石、滑石脉中，少数与磁铁矿共生，交代粒硅镁石。粒径以 0.05~0.15mm 为主，个别为 0.4~2mm。

3. 接触变质与热液蚀变

1）接触变质

根据接触变质作用所生成的矿物组合特征，由内接触带到外接触带可分成以下 6 个蚀变带。

Ⅰ带：弱蚀变花岗岩，局部蚀变，主要为绿泥石化，并见黄铁矿化和辉钼矿化，宽6~23m。

Ⅱ带：弱蚀变花岗岩，强烈的绿泥石化，并有矽卡岩化及铅锌矿化、黄铁矿化，宽1m至数米。

Ⅲ带：矽卡岩含矿层，最宽35.5m。

Ⅳ带：矽卡岩化大理岩，主要为矽卡岩化，宽1~10m。

Ⅴ带：大理岩，只局部见有蚀变现象。

（三）矿床成因

矿床产于燕山期斑状花岗岩与上石炭统碳酸盐岩及震旦系钙质砂岩的接触带，是花岗岩浆与白云质大理岩、钙质白云岩、大理岩等发生接触交代作用生成的。早期岩浆中携带有铁、锡、钨和钾、铅等成分，最先形成硅镁石，随后生成磁铁矿和极微量的锡石、白钨矿等。此时钙的浓度相对增大，生成一系列的镁钙铝硅酸盐矿物，如透辉石、透闪石、萤石和少量金云母。岩浆交代作用继续进行，形成的矽卡岩矿物，将早期形成的矽卡岩矿物和磁铁矿交代熔蚀，从中夺取的一部分铁质和溶液中的钙结合生成少量钙铁榴石、钙铁辉石等。第二次成矿流体使早期结晶的磁铁矿被该期的一系列碱酸盐矿物熔蚀交代成骸晶和孤岛。铁离子重新分配组合，除生成硅酸盐矿物中所需要的一部分铁外，剩下的在适当的条件下沉淀下来，此时生成的磁铁矿大多数呈粒状集合体条带状分布，这便是成为贫矿石的重要原因之一，后期的滑石化、蛇纹石化、碳酸盐化作用使磁铁矿再一次被熔蚀而贫化，白钨矿是在大部分磁铁矿生成之后的一次热液作用下形成的。这次热液分解了矽卡岩矿物，如透辉石、透闪石变成滑石，钙铁榴石分解成方解石、绿泥石，此外，还有大量的钙离子进入溶液中，当溶液中氟和钨等随着温度下降，便和钙相结合而生成萤石、白钨矿，随着温度继续下降，局部硫化作用增强。这时，铁为惰性组分，而生成磁黄铁矿、黄铁矿、黄铜矿、毒砂（少）、闪锌矿、方铅矿等。与此同时还有石英、长石、萤石、绿泥石等矿物以及碳酸盐（方解石）脉充填。

总之，本矿床矽卡岩钨铁矿的形成过程是一个长期不断发展和变化的过程，在成矿过程中含矿溶液的组分、浓度及物理化学条件有规律变化，其中也包括温度逐渐降低的因素。矿床属于接触交代矽卡岩型磁铁矿钨铅矿床。

第六章　石英脉型钨矿床

第一节　概　述

石英脉型钨矿床是江西省传统优势钨矿床，也是江西省钨资源消耗幅度最大的类型，广布省境。截至2020年底，上江西省资源储量登记表的产地共计107处，其中大型13处，中型16处，小型78处，矿点众多。矿床源于花岗岩浆富钨成矿热液，于适时性构造扩容充填，形成含钨石英脉、含钨长石石英脉、含钨破碎带石英脉等。根据脉体产出部位，矿床可以分为内接触带石英脉型、外接触带石英脉型和破碎带石英脉型等。内接触带石英脉型矿床多为脉幅大于10cm的薄脉、大脉，垂向上具脉芒、薄脉或大脉，根部带，构成"三层楼"脉体结构模式；外接触带石英脉型矿床呈矿化线脉、细脉带、薄脉带、大脉带、根部带，垂向上构成"五层楼"脉体结构模式，发育完全者往往具备大型矿床资源潜力。近年在大余县八仙脑、崇义县淘锡坑、宁都县将军坳、于都县盘古山等矿区发现有破碎带石英脉型钨矿体，这类矿体形成于矿区高温热胀裂隙扩容充填期之后，地壳开始松弛，沿容矿裂隙带发生正断层式滑落，形成张性断裂带，并常有晚期金属硫化物充填胶结，形成破碎带石英脉钨多金属矿体。

石英脉型矿床以开发利用早，品质优，资源丰富，矿石易选，矿床数量多而驰名中外。除少量石英脉型白钨矿床外，绝大多数为黑钨矿床。成矿与壳源S型花岗岩类侵入体的关系密切，岩体与矿床形成时间先后衔接，在空间上严格受岩体控制，并随成矿岩体期次侵入或成矿热液多次充填而具脉动成矿特点。其围岩主要为晚青白口世—早古生代泥砂质浅变质岩，其次为泥盆纪—侏罗纪地层。典型矿床有西华山、漂塘、盘古山、淘锡坑、东坪等。

一、矿体特征

石英脉型钨矿体往往产于燕山期花岗岩体穿顶的内外接触带。成矿半径一般不大于1km。有的仅产于内接触带，即仅产于成矿花岗岩内（如西华山、浒坑、下桐岭等钨矿床）；有的仅产于或主要产于外接触带（如盘古山、画眉坳、东坪、上坪、徐山等钨矿床）；也有既产于外接触带、又产于内接触带的石英脉型钨矿床（如淘锡坑、木梓园等钨矿床），但数量相对较少。

石英脉型钨矿体的产状、形态及规模往往受容矿裂隙构造控制，既与构造的产状、状态有关，也与构造的性质有关。其产状、形态多种多样，规模不一。无论产于岩体内的、岩体外的，都以大脉为主，其次为细脉、网脉等，脉体数量不同，规模不同，并互有更替。其产状在平面上表现为平行、斜列、交叉及放射状等多种形式，反映了控矿构造多序次、多性质以及因地而异的制约性。

（一）矿体产状

石英脉型钨矿体的产状多种多样，走向以北东东向、东西向、北西西向和北西向为主，其次有北东向、南北向、北北东向等。倾角大多在70°以上，部分近于直立；少数矿区如徐山钨铜矿的矿体倾角较缓，产状为30°~40°

（二）矿体形态

矿体常成群成组分布于岩体内外接触带，以平行脉状、带状、侧列状或雁行状居多，也有帚状、扇状、网脉状等排列组合形式。单脉分支复合、膨大缩小、尖灭再现、尖灭侧现现象常见（详见第三章）。

（三）矿体规模

矿体由一系列小脉体组成矿脉，矿脉形成脉组（带）。矿体规模相差很大，长度可由数十米、数百米到近2000m。脉组（带）宽几米、几十米到百余米不等。内接触带矿床矿脉分布比较宽散（比如西华山、荡坪等钨矿床），外接触带、内外接触带矿床矿脉以密集带状居多。单脉长200~800m，最长1075m；脉幅多为0.10~1.10m，最大可达5.0m以上。内接触带矿床矿脉深度普遍较浅，以荡坪、金华山等矿床特浅，称"西瓜皮"式，深度在100m上下。西华山"王牌脉"V298、V299，深度在300m左右。武功山矿集区的浒坑、下桐岭以及湖南境内的邓阜仙钨矿床深度可达600~750m。外接触带、内外接触带石英脉型钨矿床深度普遍较大，盘古山钨矿床最大矿化深度达1200m。

二、矿物成分与成矿期次、成矿阶段

（一）矿物成分

石英脉型钨矿床共生或伴生的矿物种类繁多，据《赣南钨矿地质》（1981）统计，赣南已知该起源矿物约有111种，单个矿床多的达60余种（九龙脑）。各种不同矿物组合的形成主要取决于各矿床矿源岩（层）的专属性以及成矿演化的具体条件，具有7个阶段脉动成矿的漂塘钨锡矿床矿物极为丰富，已知矿物有60多种。

主要金属矿物有黑钨矿、锡石、辉钼矿、辉铋矿、黄铜矿、方铅矿、闪锌矿、黄铁矿、毒砂、白钨矿、自然铋、含银矿物和含铍、锂、铌钽、稀土金属矿物等，常有"上锡下钨再铜铅锌银"的逆向分带特征。常见的脉石矿物有石英、长石、白云母、黑云母、铁锂云母、电气石、黄玉、绿柱石、方解石以及萤石等。次生矿物有褐铁矿、铜蓝、孔雀石、叶蜡石、钨华等。

（二）成矿期及成矿阶段

矿床成矿期指的是成矿介质（主要是岩浆及成矿热液等）在成矿过程中物理化学条件发生显著的改变而形成的不同成矿时期，因而一个矿床的形成具有多期性。石英脉型钨矿床成矿期和主要成矿阶段为：①气化高温热液期（硅酸盐阶段，氧化物阶段），②中温热液期（硫化物阶段），③低温热液期（碳酸盐阶段）。当然，每个矿床有不同的矿物组合，相同成矿阶段的矿床也有不同的矿物组合，不同的成矿阶段同一矿物也具有不同的特点。但钨矿化（黑钨矿）主要集中于氧化物阶段，其次为硫化物阶段，其他阶段对成矿意义不大。

1. 硅酸盐阶段

本阶段是石英脉型钨矿普遍存在的最早阶段。主要以交代作用为主，间或以充填作用为主，形成以钠长石化、云英岩化花岗岩为主的蚀变岩及少量长石–石英脉，黑钨矿主要呈微细板粒状云集于蚀变（交代）岩中，具弱钨、锡等矿化。

2. 氧化物阶段

本阶段是石英脉型钨矿黑钨矿化的主要阶段。不同矿床的氧化物阶段有不同的矿物组合，反映了不同矿床矿化环境的基本特征。

氧化物阶段的主要组合类型具有显著的共同性。主要组合类型有 15 种：

(1) 绿柱石（辉钼矿）– 长石 – 石英（西华山）；

(2) 绿柱石 – 锡石 – 长石 – 石英（大吉山）；

(3) （锡石）绿柱石 – 黑钨矿 – 长石 – 石英（画眉坳）；

(4) 锡石（绿柱石）– 辉钼矿 – 黑钨矿 – 石英（左拔）；

(5) 黑钨矿（辉钼矿）– 绿柱石 – 石英（漂塘）；

(6) （绿柱石）锡石 – 黑钨矿 – 石英（漂塘）；

(7) 云母 – 辉钼矿 – 石英（大龙山）；

(8) 绿柱石 – 黑钨矿 – 铁锂云母 – 长石 – 石英（上坪）；

(9) 锡石 – 黑钨矿 – 石英（西华山、新安子）；

(10) 辉铋矿 – 黑钨矿 – 石英（盘古山）；

(11) 黑钨矿 – 石英（浒坑）；

(12) 辉钼矿 – 黑钨矿 – 石英（淘锡坑）；

(13) 硫化物 – 锡石 – 黑钨矿 – 石英（漂塘）；

(14) 硫化物 – 黑钨矿 – 石英（大吉山、黄沙、岿美山）；

(15) 白钨矿（辉铋矿）– 石英（香元、凤凰山、新安）。

本阶段前期，除了辉钼矿与钨具有某些地球化学相似性而在钨矿床中成为普遍的矿物外，以绿柱石和锡石的大量出现作为区别于其他阶段的显著矿物标志。而长石类（微斜长石、钠长石、斜长石等）、独居石、磷灰石、电气石、黄玉以及大量铁锂云母等更是本阶段代表性的脉石矿物。这些硅酸盐矿物的出现，显然是对硅酸盐阶段继承性的具体表现。晚期长石类和其他硅酸盐矿物突减或消失，绿柱石、锡石显著减少，黑钨矿稳定增多，金属硫化物出现或呈递增趋势。

3. 硫化物阶段

本阶段主要有两个矿物组合类型：其一为黑钨矿 – 硫化物 – 石英；其二为（萤石 –）硫化物 – 石英。本阶段矿物组合的特点是长石类以及气化高温的若干硅酸盐矿物近于绝迹，黑钨矿降至次要地位，锡则以黝锡矿的面貌出现。代表矿物有硫锑铅矿、绿泥石。

矿物晶出顺序以云母、黑钨矿为开始，以绿泥石、萤石及少量方解石为结束。这充分反映了本阶段矿化作用在整个矿化作用中承上启下的特点。

4. 碳酸盐阶段

本阶段通常是以（硫化物 –）萤石 – 石英（玉髓）– 方解石脉体的出现为标志，宣告整个成矿作用的结束。该阶段的硫化物或有或无。

三、围岩蚀变

围岩蚀变类型也是多种多样，但均以脉侧蚀变为主，宽度不大，呈窄带状。同一矿化作用，在不同的围岩中，往往形成由多种类型组成的蚀变系列；在同一性质的围岩中，不同矿化阶段则常常出现形形色色的蚀变类型。不同矿床类型钨矿床的蚀变特征及蚀变组合也有所不同。石英脉型钨矿床的主要围岩蚀变以碱性长石化、各种云母化、云英岩化、硅化、绿泥石化、碳酸盐化等最为常见，其中以各种云母化、云英岩化以及碱性长石化与钨矿化关系密切。

围岩蚀变是成矿流体对围岩作用的结果。由于成矿流体的物理化学性质随其演化而不断改变，不同类型的蚀变在空间上构成带状分布。相同类型的矿床不同的围岩，其蚀变类型和蚀变分带也有所区别。水平分带具体表现为：西华山钨矿经常出现的脉侧分带为石英矿脉→富云母石英岩→正常云英岩或黄玉云英岩→富石英云英岩→云英岩化花岗岩→（碱性长石化花岗岩）→黑云母花岗岩（图6-1）；大吉山钨矿脉侧蚀变分带为石英矿脉→富云母云英岩→电气石石英岩→弱蚀变岩→变质岩；崖美山钨矿脉侧蚀变分带为石英矿脉→富云母石英岩→正常云英岩→富石英云英岩→电气石相云英岩→

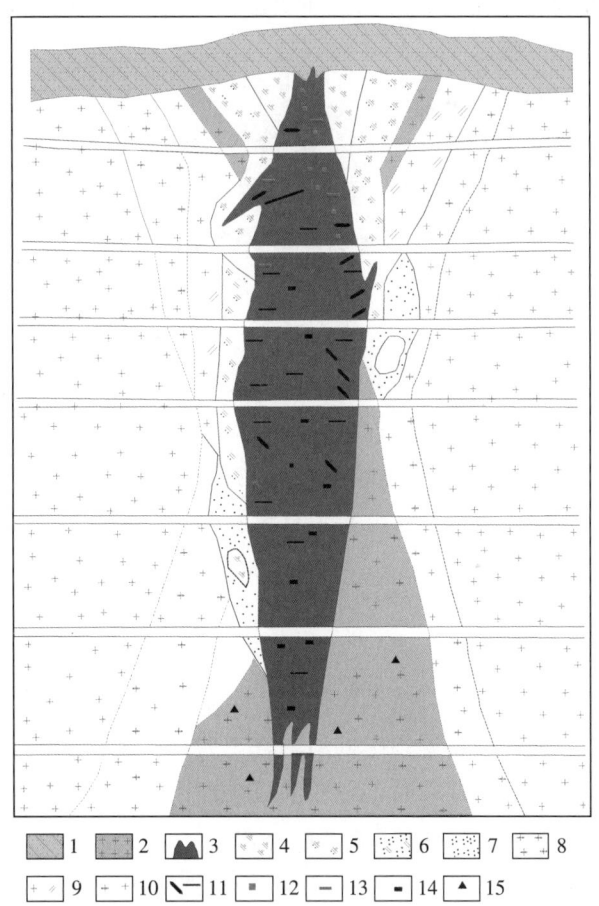

1—变质岩；2—花岗岩；3—矿脉；4—富云母云英岩；5—正常云英岩；6—富石英云英岩；7—硅化；8—钾长石化；9—云英岩化花岗岩；10—钾长石化花岗岩；11—黑钨矿；12—锡石；13—绿柱石；14—硫化物；15—稀土矿物。

图 6-1 江西省西华山钨矿围岩蚀变分带与矿化关系示意图（据吴永乐等，1987，有修改；刘家齐，1989）

Fig. 6-1 Schematic diagram of relationship between alteration zoning and mineralization of surrounding rock in Xihuashan tungsten mine, Jiangxi Province

砂岩或板岩等。

垂直分带与其矿化作用特点有关。一般来讲，脉侧垂直方向上的分带不如其在水平方向上的分带那么明显，其原因主要是多阶段蚀变叠加的影响。对于内接触带型石英脉钨矿床，其云英岩化随着深度的增加而变弱，碱性长石化则随着深度的增加而增强。如西华山钨矿，深部碱性长石化相当普遍，上部云英岩化发育，自上而下具富石英云英岩→正常云英岩→富云母云英岩的分带。有的矿床水平分带不明显，而垂直分带则较突出。如盘古山钨矿，其脉侧水平分带不明显，但垂直分带却较清晰，自上而下为碱性长石化、碳酸盐化、硅化、黄铁矿化→硅化、绿泥石化、黄铁矿化→电气石化、绿泥石化、黄铁矿化。不同矿床的演化规律虽不相同，但多数矿床呈自上而下蚀变温度降低的趋势，呈现"逆向分带"的特点；也有少数矿床呈自上而下蚀变温度升高的趋势，显示"正向分带"的特征。

四、矿化分带及富集规律

（一）脉体结构垂直分带

典型的外接触带、内外接触带石英脉型钨矿床具垂向结构分带特征。外接触带矿床具"五层楼"分带特征，从上到下分为线脉－细脉带－薄脉带（或细脉、大脉混合带）－大脉带－根部带。在具体名称上，不同的矿床会有所不同，但基本符合"五层楼"分带特征。另外，不同矿床分带性发育程度略有差别，会缺失或不发育某个或多个带。其中以南岭组合深中成岩成矿环境"五层楼"式矿床居多，江南组合中深—中浅成岩成矿环境"五层楼"特征不明显。内接触带矿床呈脉芒带－大脉带或薄脉带－根部带"三层楼"模式，脉芒带是发育于矿床顶部围岩的零星细小含矿石英脉。如西华山矿床西部、浒坑矿床南部及上部变质岩中形成不具工业价值的微小含钨石英脉，下部花岗岩中形成盲矿体－石英钨矿大脉。大中型矿床主体为大脉，小矿主体为薄脉。

矿化主要集中于细脉、大脉混合带及大脉带，其次为细脉带。钨及共伴生的锡、铋一般在矿脉的中上部富集，钼矿化一般位于矿脉的中部，而黄铁矿、黄铜矿、方铅矿、闪锌矿等硫化物则主要分布于矿脉下部，从而呈现出中上部富锡、钨，下部含硫化物相对较多的"逆向"分带特征。

有用矿物一般呈块状、团块矿、浸染状分布于石英脉中，或呈脉状沿石英脉壁充填。矿物自形程度高，矿物颗粒较粗大，钨分布不均匀，或分段富集，局部富集呈"砂包"出现。

（二）脉体矿化垂直分带

热液充填石英脉型钨矿床由于高温热液氧化物期、中温热液硫化物期、低温热液碳酸盐期依次从上而下充填，矿化成矿分带普遍，以高温至中低温垂直逆向分带为主。但当不同成矿期、不同成矿阶段的矿脉不同位时，即成矿空间发生迁移时，单一的成矿期矿脉可以形成顺向垂直成矿分带，如漂塘钨锡矿床既有垂直逆向成矿分带，也有顺向垂直成矿分带。

石英脉型钨矿床矿化元素垂向分带：通常 Sn 在 W 的上部贫矿带和富矿带上部富集；Be 在 W 的中部富矿带和下部贫矿带中富集；Mo 富集于 W 中下部；Cu 常产于矿带下部，有时富集于 W 上部贫矿带中，总体从上往下呈 Sn→W→Be→Mo Cu Pb Zn（Ag）的"逆向"垂直分带性。相反，亦可见"顺向"矿化垂直分带性。

矿物组合垂向分带总体上，顶部多为含挥发组分的矿物，如黄玉、电气等硫化物及碳酸盐矿物。

第二节 内接触带型钨矿床

一、西华山钨（钼铋铍）矿田

矿田位于大余县城西北约 9km，由西华山（大型）、荡坪（中型）及生龙口、罗坑、下锣鼓山和牛孜石等小型矿床组成（图 6-2），是一个产于花岗岩内接触带多次成岩成矿的典型钨矿田。

西华山原是江西名山之一，远在宋朝年间曾采炼过锡矿，自 1907 年发现钨矿至新中国成立前，累计采钨精矿 $4.73×10^4$t，折合 WO_3 $3.08×10^4$t（周玉振，2007），是我国第一个发现钨矿和最早开采钨矿的矿山。自 1952 年起先后有重工业部有色局属地质队及赣南-粤北地质大队、二〇一队等开展矿区勘

1—断层；2—角岩带；3—角岩化带；4—弱角岩化带；5—钨矿脉；6—流线；
Q—第四系；∈—寒武系；γ_5^3—燕山晚期斑状细粒花岗岩；γ_5^2—燕山早期黑云母花岗岩；
γ_5^{2-c}—斑状中细粒黑云母花岗岩；γ_5^{2-b}—中粒黑云母花岗岩；γ_5^{2-a}—斑状中粒黑云母花岗岩。

图 6-2 西华山钨矿田地质简图（据吴永乐等，1987，修编）
Fig. 6-2 Geological sketch of Xihuashan tungsten ore field

查，后者于1956年6月提交了矿区地质勘探总结报告。1962—1967年江西有色冶勘六一四队进行了矿区补充勘探。2006—2010年江西有色地质勘查二队对西华山、荡坪矿区进行了接替资源勘查。截至2011年底，矿田6个矿床累计查明资源储量：WO_3 $11.32×10^4$t（其中西华山钨矿床$9.44×10^4$t，占矿田资源总量的83.5%），平均品位1.24%~2.84%；共（伴）生钼$0.46×10^4$t，平均品位0.021%~0.38%；共（伴）生铋$0.22×10^4$t，平均品位0.031%；另有低品位的Nb_2O_5 730t、Ta_2O_5 112.0t，重稀土氧化物$37.65×10^4$t，为一大型钨矿田（床）。1987年吴永乐等著有《西华山钨矿地质》，对矿区地质特征进行了全面系统的研究总结。

矿区自1953年收归国有，为国家"一五"156项重点建设项目之一，矿山建成并开采至2011年，已采出钨精矿$10.22×10^4$t（折合WO_3 $6.64×10^4$t）。该矿近百年累计生产钨精矿$14.95×10^4$t（折合WO_3 $9.72×10^4$t）。西华山钨矿田WO_3总量（含已采）约为$14×10^4$t，是一个多次成岩成矿，内接触带"三层楼""楼下楼"式多台阶典型矿床。

目前，西华山钨矿田正在被建设成为矿山地质公园，2019年收录"中国工业遗产保护名录（第二批）"。

（一）矿田地质

矿田位于崇余犹矿集区南缘，张天堂–西华山钨矿带南端，南城–大余断裂带北西侧。

1. 地层

区内出露地层为寒武纪浅变质岩，为一套海相细碎屑泥砂质类复理石沉积建造，主要岩性为灰—深灰色变余砂岩、板岩、粉砂质板岩夹含碳硅质板岩。

2. 岩浆岩

1）岩浆侵入期次划分

区内岩浆岩主体为西华山复式花岗岩体，岩体呈北北西向的岩株状，自北北西往南南东侵入寒武系中，出露面积约$20km^2$，岩株接触面南陡北缓，并有向南东超覆现象。岩体形成时代为燕山期（160~130Ma），1955年发现为多次侵入形成的岩株，其侵入活动期次划分有不同认识，综合前人划分方案，将矿区岩浆岩分为燕山早、晚两期四阶段6次侵入（表6-1）。

表6-1 西华山矿田复式花岗岩体侵入期次划分表

Table 6-1 Division of intrusion periods of compound granite body in Xihuashan ore field

时代	阶段	次	演化	代号	岩石名称	同位素年龄/Ma	代表性岩体及产出形态	面积/km^2
燕山晚期	IV	6	尾体	γ_5^{3-1}	斑状细粒花岗岩（花岗斑岩）	<130	马鞍山岩墙	1.1
燕山早期	III	5	补体	$\gamma_5^{2-c^2}$	细粒含石榴子石二云母花岗岩	150~145	荡坪小岩株	8.2
燕山早期	III	4	主体	$\gamma_5^{2-c^1}$	斑状中细粒黑云母花岗岩	150~145	荡坪小岩株	8.2
燕山早期	II	3	补体	$\gamma_5^{2-b^2}$	含斑细粒二云母碱长花岗岩	160~150	西华山小岩株	5.02
燕山早期	II	2	主体	$\gamma_5^{2-b^1}$	中粒黑云母花岗岩	160~150	西华山小岩株	5.02
燕山早期	I	1	前锋（导体）	γ_5^{2-a}	斑状中粒黑云母花岗岩		罗坑残留岩盖	4.8

注：据江西省地质矿产勘查开发局（2015），吴永乐等（1987），刘家远等（2000）综合修改。

各期岩浆岩既显示一定的继承性，又具各自相对独立的演化序列。其中，早期分三阶段5次［前锋（导体）、主体和补体］侵入，晚期为1次（尾体）侵入。燕山早期为矿田成矿花岗岩主体，成岩时代为晚侏罗世（160~145Ma）；燕山晚期为早白垩世产物（<130Ma）。此外，在矿田内各期花岗岩均有衍生脉岩，包括细粒花岗岩、细晶岩和伟晶岩脉以及少量基性脉岩，主要发育于复式花岗岩体内。

早期Ⅰ阶段第一次前锋侵入体为斑状中粒黑云母花岗岩（SHRIMP锆石年龄152.6Ma，吕科等，2009），主要出露于复式岩体的东、西两侧及其他零星地段，呈不规则或残留顶盖产出，主要有"罗坑岩体"。Ⅱ阶段第一次主侵入体为中粒黑云母花岗岩，分布于矿田中南部，呈南北向长椭圆状产出，主体有"西华山岩体"（狭义，同位素年龄151.15~150.3Ma，SHRIMP锆石U–Pb法，吕科等，2009）；第三次补体为含斑细粒二云母碱长花岗岩，分布于主侵入体边部或侵入主体内。Ⅲ阶段第四次主侵入体为斑状中细粒黑云母花岗岩，分布于矿田北部，侵入前期岩体中，代表性岩体有"荡坪岩体"；第五次补体为细粒含石榴子石二云母花岗岩，呈岩墙或岩滴状分布于主侵入体边部。晚期Ⅳ阶段尾体为斑状细粒花岗岩（花岗斑岩），称"马鞍山岩体"，呈北北西向追踪式岩墙侵入前期岩体中。

2）岩石矿物组成特征

各期次岩体岩石主要造岩矿物有石英（28%~36%）、钾长石（31%~33%）和斜长石（2%~27%），其次为黑云母（2%~5%），部分岩石含有石榴子石，副矿物主要有钇族稀土矿物、锆石、黑钨矿、锡石、辉钼矿和白钨矿等。各期次花岗岩在岩石学上具很多相似性，但又存在一定的演化规律。

（1）各期次花岗岩均属黑云母花岗岩。

（2）早期次岩体岩石中副矿物锆石、磷灰石、萤石、钛铁矿含量较高；晚期岩体岩石中普遍含有石榴子石，稀土矿物以硅铍钇矿、氟碳钙钇矿为主，并出现黑稀金矿，金属硫化物增多。

（3）主侵入体中锆石一般为普通锆石；补体中锆石以变种锆石或含稀土锆石为主。

3）岩石化学成分及演化特征

矿田各期次花岗岩化学成分（表6-2）具如下特点。

表6-2 西华山钨矿田各期次岩体岩石化学成分及统计特征

Table 6-2 Petrochemical composition of rock mass in each stage of Xihuashan tungsten ore field and statistical characteristics

单位:%

岩体	样品数/件	统计特征	SiO_2	TiO_2	Al_2O_3	Fe_2O_3	FeO	MnO	MgO	CaO	Na_2O	K_2O	P_2O_5	F	烧失量
γ_5^3	3	$\bar{X}$	76.37	0.04	12.09	0.18	1.22	0.11	0.20	0.75	3.73	4.46	0.05	0.099	0.66
		σ	0.64	0.02	0.18	0.08	0.23	0.05	0.07	0.46	0.19	0.14	0.03	—	—
γ_5^{2-c}	14	$\bar{X}$	75.47	0.05	12.69	0.34	1.25	0.10	0.27	0.68	3.83	4.52	0.07	0.120	0.65
		σ	0.80	0.02	0.39	0.26	0.40	0.05	0.26	0.23	0.31	0.37	0.07	—	—
γ_5^{2-b}	39	$\bar{X}$	75.84	0.03	12.64	0.22	1.18	0.11	0.17	0.57	4.16	4.29	0.05	0.163	0.61
		σ	0.50	0.01	0.30	0.17	0.15	0.02	0.08	0.12	0.19	0.23	0.02	—	—
γ_5^{2-a}	9	$\bar{X}$	74.61	0.10	12.69	0.35	1.73	0.07	0.45	1.19	3.39	4.71	0.05	0.153	0.70
		σ	0.92	0.06	0.32	0.43	0.37	0.01	0.17	0.33	0.16	0.18	0.33	—	—

注：据吴永乐等（1987）修改。

(1) 各期次花岗岩的化学成分基本一致：均表现为高硅（SiO_2 含量大于 74%、Q 大于 34.5）、富碱（K_2O+Na_2O 含量大于 8%、a 大于 13.5），贫铁、镁、钙、钛、铝，$FeO+Fe_2O_3$ 含量一般小于 2%，MgO 含量仅 0.22%，属超酸性富碱的二长花岗岩类。

(2) 各期次花岗岩岩石化学指数表明矿田矿体是在岩浆分离程度较高、氧逸度较低的环境下形成的。

(3) 从早期到晚期，岩石的 SiO_2、Na_2O+K_2O 含量趋于增加，二价阳离子、TiO_2 及挥发组分含量逐渐降低，岩浆向酸、碱度增加，暗色基性组分降低，向高硅、低钾、富钠、贫钙、镁、铁、钛、铝方向演化。

(4) 与成矿关系密切的第一、二期花岗岩，钠质含量较高，$Na_2O/(K_2O+Na_2O)$ 值在 0.52~0.60 之间，碱质系数 ALK=0.8~1.0。

4) 岩石微量元素及其演化特征

矿田各期次花岗岩微量元素丰度及其演化具如下特点。

(1) 各期次花岗岩中主要成矿元素 W、Sn、Mo、Bi、Be、Y、Yb 等的丰度为酸性岩平均值（维诺格拉多夫，1962）的 1.2~22 倍，为华南燕山期花岗岩的 0.4~8.8 倍。

(2) 铌、钽、铜、铅、锌等含量一般都低于或接近于华南燕山期花岗岩平均值。

(3) 镓、锂、铷、铯含量均高于维氏酸性岩和华南燕山期花岗岩平均值。

(4) 氟、硼等挥发组分含量较高。

5) 岩石稀土元素及稳定同位素地球化学特征

各期次花岗岩稀土元素总量相近，ΣREE 为 193×10^{-6}~367×10^{-6}；相对富集钇族元素，$\Sigma Y/\Sigma Ce$ 1.19~4.95；具明显铕亏损，δEu 0.02~0.40，$(La/Yb)_N$ 0.24~1.81；岩石稀土元素配分型式呈海鸥型。各期次花岗岩相比较，钨矿化最佳的第一期花岗岩具有稀土总量高（ΣREE 303×10^{-6}~367×10^{-6}），富集钇族元素（$\Sigma Y/\Sigma Ce$ 3.92~4.95），铕亏损中等（δEu 0.17~0.40）的特点。

各期次花岗岩岩石氧同位素组成：$\delta^{18}O_{全岩\text{-SMOW}}$ 为 9.64‰~13.01‰，平均为 (10.96±0.74)‰；$\delta^{18}O_{石英\text{-SMOW}}$ 为 12.06‰~13.43‰，平均为 (12.43±0.21)‰。岩石 $^{87}Sr/^{86}Sr$ 初始值为 0.7169±0.0014（李亿斗，1982）、0.720、0.7160~0.7186（刘家齐等，2002）。

矿田花岗岩的稀土元素和稳定同位素组成具壳源重熔 S 型花岗岩特征。

6) 成岩温压条件

矿田岩体发育残留顶盖，表明岩体剥蚀不深。各期次岩体熔化实验表明，在压力 100~200MPa 条件下，初熔温度为 720~780℃，据此推断成岩压力在 100~160MPa 之间，相当于侵位深度 4~6km。

3. 构造

矿田位于八仙脑–西华山北北东向遭受侵蚀的盖层背斜和裸露的基底倒转向斜西南端轴部。

区内断裂构造发育，有东西向、北东东向、北东向、北北东向、北西向和南北向 6 组，以前 3 组最发育。

东西向压扭性断裂：主要有 F_3 和 F_{18}，其中 F_3 位于矿田南，长大于 2500m，宽 10~60m，倾向北（西段）或南（东段），倾角 80°，为以压性为主兼左行扭动的压扭性断裂，其伴生或派生断裂有脉岩充填。

北东东向断层：主要有 F_4，位于矿田北、中区交界处，走向 65°~75°，倾向北北西，倾角 70° 左右，为以右行扭动为主的压扭性断层，其成矿前后均有活动。

北东向断裂：F_1 位于矿田东南部，走向 50°~65°，早期倾向北西，倾角 70°~85°，为左行压扭性断裂，控制复式岩体南部边界并限制矿脉南延，晚期倾向南东，转化为控盆正断层。

北北东向断裂主要发育于矿田西部，并控制复式岩体西界；北西向断裂较少见；南北向断裂主要分布于矿田北部变质岩中。

矿田裂隙构造发育，与成矿关系密切的主要有 3 组，即北东东向、北西西向至近东西向裂隙，其次为近水平裂隙。3 组容矿裂隙特征见表 6-3。

表 6-3 西华山钨矿田主要容矿裂隙特征表
Table 6-3 Characteristics of main ore bearing fractures in Xihuashan tngsten ore field

组别	产状（倾向/倾角）	形态	侧列方向		羽脉	中石特征	黑钨矿生长特征	性质及演化
			平面	剖面				
北东东向	335°~345°∠85° 155°~165°∠85°	成组成带，平直稳定，变化小	右侧为主，个别左侧	后列为主	指示运动方向右正	指示运动同羽脉	垂直脉壁为主，少数指示运动同羽脉	右行剪切
北西西向—东西向	5°~20°∠80°	成组成带，平直稳定，形成西华山"王牌"脉	左侧	后列	指示运动方向左正	指示运动同羽脉	垂直脉壁为主，少数指示运动同羽脉	左行张剪
近水平	—	稀少、簇小	—	—	—	—	—	张性（岩体中）

注：据吴永乐等，1987 修改。

（二）典型矿床

矿田由西华山、荡坪、生龙口、罗坑、牛孜石和下锣鼓山等 6 个矿床组成，主要分布于复式岩株南部和北部。6 个矿床矿体产状规模见表 6-4。

1. 大余县西华山钨矿床

矿床位于复式岩体西南缘，赋存于燕山早期斑状中粒黑云母花岗岩和中粒黑云母花岗岩中，为大脉型黑钨矿 - 长石石英脉或石英脉型钨矿，全矿分北、中、南 3 个区段（图 6-3）。

矿区面积 4.3km^2，共发现钨矿脉 708 条。由于矿区矿化总体随西华山花岗岩株顶面向南西侧伏，近期在矿区西南部钨矿接替资源勘查中，又新发现盲矿脉 21~33 条。单脉长 200~600m，最长达 1075m；脉宽 0.1~0.5m，最宽 3.6m；矿化延深 50~140m，最深达 250m 以上。主矿体为 V299 号，长 920m，延深 370m，宽平均 0.94m，最宽 3.6m，WO$_3$ 占全矿总量 1.12%。矿化大部分仅限于岩体内，当矿脉进入变质围岩时则迅速变小或尖灭，个别矿脉可伸入变质岩十几米至数十米。

2. 大余县荡坪钨（铍）矿床

矿区位于复式岩体北缘，为一中型钨矿床。矿体绝大部分产于燕山早期第三阶段斑状中细粒黑云母花岗岩中，属绿柱石 - 黑钨矿 - 石英脉型钨矿。全矿共有矿脉 891 条，其中具工业价值的矿脉仅 262 条。单脉长一般为 100~500m，最长达 1000m；宽 0.15~0.60m，最宽 1.27m；延深 100~200m，但具工

表6-4 西华山钨矿田主要矿体产状、规模及排列组合特征

Table 6-4 Occurrence, scale, arrangement and combination characteristics of main ore bodies in Xihuashan tungsten ore field

矿床	矿床规模	矿化类型	矿脉数/条	产状 走向	产状 倾向	产状 倾角	排列方式 水平	排列方式 垂向	矿体规模(一般/最大)/m 长	延深	宽	主矿体(占WO₃总量比例)	矿组分区
西华山	大型	黑钨矿-长石石英脉型	708	65°~75°	NNW(SSE)	80°~85°	右行侧列为主	后侧式	200~600 (1075)	60~200 (>350)	0.2~0.6 (3.6)	V299脉 (1.12%)	北、中、南3组
				80°~90°	N	75°~85°	左行侧列为主	后侧式					
				275°~285°	NNE	80°	—	—					
荡坪	中型	绿柱石黑钨矿-石英脉型	891 (工业262)	85°~90°	N	85°	左行侧列为主	后侧式	100~500 (1000)	100~200	0.15~0.62 (1.27)	V490脉 (14.9%)	南、北2组
				75°~85°	SEE	80°	左行侧列为主	后侧式					
生龙口	小型	黑钨矿(锡石)-石英脉型	197 (工业20)	275°~295°	NE(SW)	80°~90°	左行侧列为主	后侧式	40~510	60	0.10~0.30 (0.60)	V87脉(8.9%)	—
牛牤石	小型	黑钨矿-石英脉型	123 (工业30)	75°~85° 近东西向	NNW N	55°~65° 60°~65°	—	—	50~200 (>300)	20	0.10~0.30 (>0.35)	—	东、西2组
下箩鼓山	小型	黑钨矿-石英脉型	59 (工业9)	70°~90° 40°~60°	N NW	60°~85° 50°~70°	左行侧列为主 右行侧列为主	—	200~400 (600)	30~50	0.10~0.30 (0.75)	V48脉	北、中、南3组
罗坑	小型	黑钨矿-石英脉型	152	285°~295° 80°~90°	NNE N	70°~85° 75°~85°	左行侧列为主 左行侧列为主	—	50~100 (>200)	100	0.10~0.20 (>0.30)	—	北、中、南3组

注：据吴永乐等（1987）及矿田勘探地质报告等资料综合。

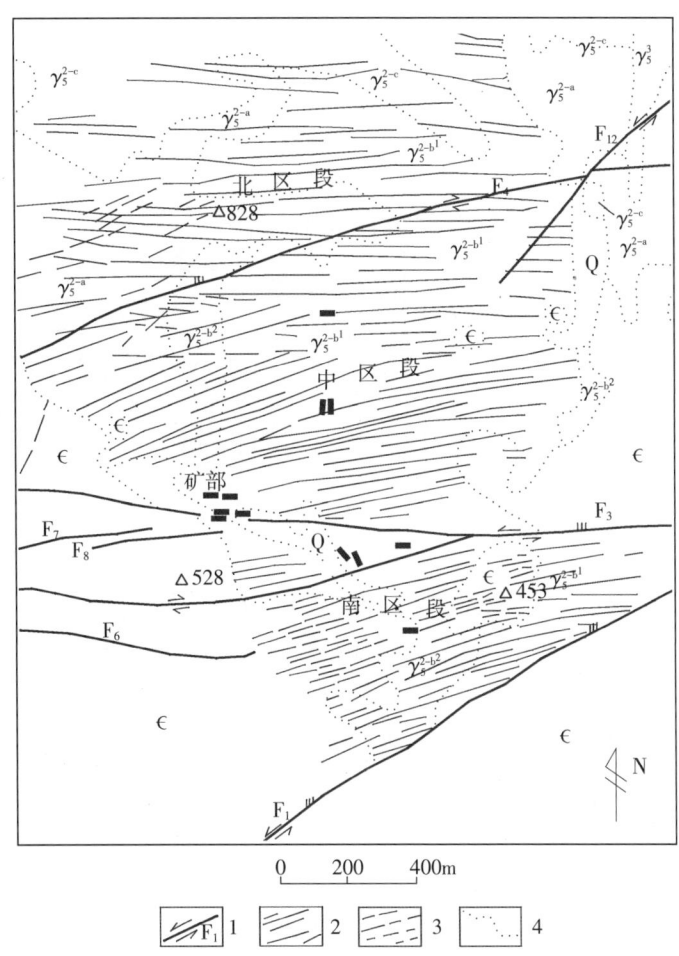

1—断层；2—含矿石英脉；3—隐伏含矿石英脉；4—地质界线；
Q—第四系；∈—寒武系；γ_5^3—燕山晚期斑状细粒花岗岩；γ_5^2—燕山早期黑云母花岗岩；γ_5^{2-c}—中细粒黑云母花岗岩；$\gamma_5^{2-b^2}$—细粒二云母碱长花岗岩；$\gamma_5^{2-b^1}$—中粒黑云母花岗岩；γ_5^{2-a}—斑状中粒黑云母花岗岩。

图 6-3 西华山钨矿区地质略图(据吴永乐等，1987，修编)

Fig. 6-3 Geological sketch of Xihuashan tungsten mine area

业价值部分，一般小于 80m，少数可达 120m。矿化深度与西华山矿区相比，明显较浅，具典型"广、多、浅"的"西瓜皮"特征。主矿体为 V490 矿脉，长 800m，延深 60~80m，宽 0.35m，其 WO_3 资源储量占矿床 WO_3 总量的 14.9%。按矿脉分布特点，全矿分南、中、北 3 个脉组（图 6-4），受花岗岩株接触带制约，3 个脉组呈左行侧带状分布，矿脉羽脉稀少，成矿裂隙、剪切作用较弱，显示以张性为主。

南组：矿脉以近东西向为主，倾向北，倾角 85°左右，呈等距分布，间距 10~20m；脉组长 400m，宽 600m；单脉长 100~250m，最长达 300m，宽 0.2~0.4m，最宽 1.0m 以上。矿脉平面上呈左行侧列；剖面上呈后侧斜列。

中组：半边山脉组向东延入寒武系之下的花岗岩中，形成第二台阶隐伏钨矿脉。

北组：矿脉走向以近东西（85°左右）为主，倾向南东，倾角 80°。脉组长 1500~2000m，宽 300m；单脉长 100~600m，宽 0.2~0.4m；脉距约 15m，矿脉以左行斜列为主，少数为右行斜列。

含钨石英脉中辉钼矿 Re-Os 等时线年龄为 146.64Ma（李晓峰等，2008），形成于燕山早期晚侏罗世。

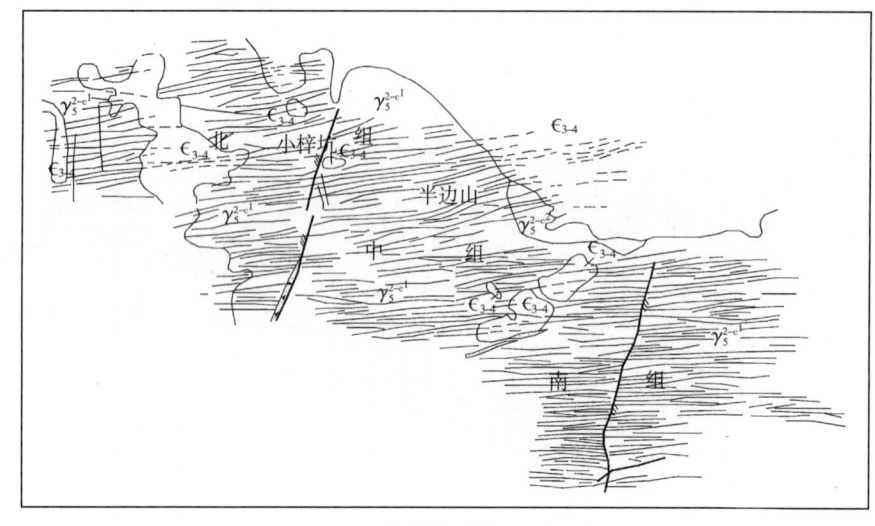

1—压扭性断层；2—扭性断层；3—硅化破碎带；4—含矿石英脉；5—地质界线；
ϵ_{3-4}—中上寒武统浅变质岩；γ_5^{2-2}—燕山早期细粒二云母花岗岩；γ_5^{2-1}—燕山早期斑状中细粒黑云母花岗岩。

图 6-4 荡坪钨矿区地质略图（据吴永乐等，1987，修编）
Fig. 6-4 Geological sketch of Dangping tungsten ore area

3. 大余县生龙口钨矿床

矿区位于矿田西北部，为黑钨矿（锡石）-石英脉型钨矿床，查明资源储量 WO_3 $0.32×10^4$t，为一小型钨矿。矿体产于燕山早期第四次斑状中细粒黑云母花岗岩及第五次补充侵入体细粒二云母花岗岩中，已查明矿脉 197 条，其中具工业价值矿脉仅 20 条。单脉长 40~510m，宽 0.1~0.3m，最宽 0.6m。主矿体为 V87 矿脉，其 WO_3 资源储量占全矿总量的 8.9%，矿脉走向 275°~295°，倾向北北东或南南西，倾角 80°~90°。矿脉在平面上呈左行侧列；在剖面上往下则向南斜列。

（三）矿田蚀变与矿化特征

1. 围岩蚀变及蚀变分带

矿田围岩蚀变以脉旁蚀变为主，蚀变类型主要有云英岩化、钾长石化、硅化，其次为黄玉化、黑云母化、电气石化、萤石化、绿泥石化、碳酸盐化等。

云英岩化：为矿田中广泛发育的脉侧蚀变类型，按其蚀变矿物组合分为富云母云英岩、富石英云英岩、正常云英岩和云英岩化花岗岩，局部有黄玉云英岩和萤石云英岩。云英岩化岩石富含 W、Sn、Mo、Be 等矿化元素。其中，W、Sn 含量为原岩（花岗岩）的 3~8 倍，局部有富集现象；Cu、Pb、Zn、REE、Nb、Ta 等元素含量降低。

钾长石化：主要为钾微斜长石化，常发育于脉旁内侧，也称"红长石化"，原岩蚀变后，W、Cu、Zn 矿化元素含量增加。

硅化：主要为脉旁硅化，常叠加、改造早期钾长石化和云英岩化，硅化岩石一般 W、Sn、Bi、Mo、REE、Cu、Pb、Zn 等元素含量较低。

蚀变的演化过程为早期气化-高温碱质交代蚀变期产生钾长石化、钠长石化、富云母化、云英岩化和正常云英岩化→高—中温硅质交代蚀变期产生富石英云英岩化和硅化→晚期中低温碱质交代蚀变期产生绢云母化、绿泥石化，晚期钾长石化、钠长石化→低温硅化、碳酸盐化蚀变期。

由矿脉往外，脉旁水平蚀变有如下几种分带形式：①富云母云英岩化→云英岩化→富石英云英岩化→云英岩化花岗岩→钾长石化花岗岩→花岗岩；②矿脉→硅化→富石英云英岩化→硅化花岗岩→花岗岩；③矿脉→钾长石化→硅化→花岗岩。

脉旁垂直分带：自下而上依次为钾长石化→硅化→富石英云英岩化→云英岩化→富云母云英岩化（局部黄玉化）。

上述蚀变分带在不同矿床（体）可能有某种蚀变类型缺失，或因多次成矿作用而产生蚀变的重叠或改造。矿化好坏与脉旁蚀变分带完整性关系更密切，脉旁蚀变分带较完整的一般矿化较好，单一的脉旁蚀变矿化相对较差。

2. 矿化分带及富集规律

1）矿物及矿物组合分带

矿脉由脉中至脉壁的矿物水平分带有3种情况。

矿脉上部：辉铋矿→黑钨矿→锡石（萤石）→辉钼矿（黄铁矿）；

矿脉中部：萤石→黄铁矿（闪锌矿）→辉钼矿→黑钨矿→绿柱石；

矿脉下部：方解石、萤石→黄铜矿→黄铁矿、毒砂→辉钼矿→黑钨矿。

矿物组合从矿脉中部的多矿物组合（黑钨矿、辉钼矿、绿柱石、黄铁矿、黄铜矿、辉铋矿等）至脉两端的较单一组合（1~2种矿物分带）。

垂向上：矿脉上部主要为黑钨矿（黄玉）、辉钼矿、锡石等；中部黑钨矿（较富集）、辉钼矿、辉铋矿、绿柱石、黄铁矿、毒砂，少量黄铜矿、白钨矿、石榴子石、闪锌矿等；下部以黄铁矿、黄铜矿为主，少量黑钨矿，局部萤石、方解石较多。相应在矿化组分上，上部锡、钨（钼），中上部钨、铋（锡），中下部铍、钼（铋），下部钼与铁、铜，呈现"逆向"分带形式。

2）矿物标型特征分带

黑钨矿：矿脉上部细小，呈薄板状或叶片状，排列方向性不明显。矿物中FeO含量相对较高，MnO/FeO值小，Nb/Ta值高；矿脉中部多呈厚板状，垂直脉壁生长，矿物MnO/FeO值高；下部多呈聚集体不均匀分布于矿脉中，Nb_2O_5和Ta_2O_5含量高，MnO/FeO值和Nb_2O_5/Ta_2O_5值低。

3. 矿化富集规律

(1) 主要矿化均赋存于岩体顶部或边缘，矿化富集区段限于各期次岩体接触面之下20~150m范围内，并沿岩体界面倾斜方向往下延深，富集部位处于岩体产状由陡变缓的部位，往深部可以出现多个陡缓转折的富集区。

(2) 矿田矿化强度具分区性：矿田中6个矿床，以中南部西华山矿区规模最大，次为北部荡坪钨矿，矿田周边4个矿床规模小（合计WO_3资源储量仅占矿田总量的6.4%）。

(3) 单个矿床有分区富集规律：西华山钨矿南区西段和北区较富，中区较差；北区矿化深度大，中区矿化浅。荡坪钨矿的北组东部钨（钼）矿化强，南组西部绿柱石增多。

(4) 不同产状矿脉矿化有明显差异：矿田以北西西—近东西向矿脉的矿化较强，矿物组合较复杂；北东向矿脉矿化稍弱。

(5) 矿床富矿体具一定的侧伏规律：处于花岗岩株东北部的荡坪矿床，以左行侧列为主的脉组或矿脉，富矿体主要向北东方向侧伏；呈北西西向右行侧列为主的脉组或矿脉，富矿体往深部向北西侧伏。如生龙口钨矿、西华山钨矿，这些富矿侧伏规律受岩体界面产状、控矿主导构造产状和矿脉及脉组侧伏产状控制。

（6）钨矿富矿"砂包"：常产于两组矿脉交会处，矿脉弯曲及产状变化地段，矿脉分支复合、膨大缩小以及斜列及羽列发育处，复脉发育处等地段。

（7）矿田内，主矿体——王牌脉（如西华山 V299 脉），一般产于岩钟一侧、岩脊陡缓变化的附近、岩体突出部位或岩体产状陡缓变化地段。

（8）矿化常在脉组或脉带内总脉幅最大处富集，主要矿脉产于矿脉密度变化地段或密集矿脉的一侧，处于控矿枢纽断层的一侧或两侧。

（9）矿脉中矿物共生组合复杂，氧化物和硫化物共生，蚀变类型及蚀变分带明显，多次成矿叠加部位往往是矿化富集区。

4. 成矿期次及成矿阶段

矿田具多次成岩成矿特点，即 3 期岩浆侵入均相应伴有 3 期不同程度、不同规模的矿化（钨、钼、铋、铍、锡和稀土）（图 6-5，表 6-5）。

每期热液成矿作用，钨、锡、铍、钼矿化大致始于主侵入体碱质交代作用晚期，黑钨矿、辉钼矿等多呈浸染细脉状产于强钾（钠）长石化花岗岩中；"补充侵入"花岗岩至细晶岩 - 伟晶岩期具微弱铍、钼、钨矿化；岩浆热液期为钨、锡、铍、钼、铋主要成矿期，形成含矿长石石英脉和含矿石英脉。成矿大致经历硅酸盐阶段、氧化物阶段、硫化物阶段和碳酸盐阶段 4 个阶段。其中，辉钼矿、绿柱石主要生成于第一、二阶段；黑钨矿、锡石以第二阶段最发育，延续至第三阶段，后者金属硫化物明显增加。从第一阶段至第三阶段，矿化组合由 W（Mo、Bi）→W（Mo、Bi、Be）→W、Be、Mo（Cu）→W、Sn（Cu、Pb）依次递变。

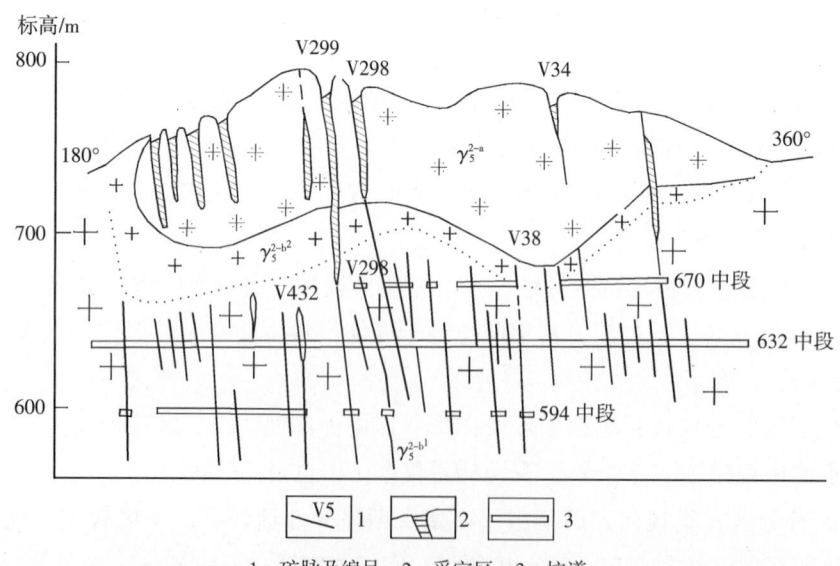

1—矿脉及编号；2—采空区；3—坑道；

γ_5^{2-b2}—细粒黑云母花岗岩；γ_5^{2-b1}—中粒黑云母花岗岩；γ_5^{2-a}—斑状中粒黑云母花岗岩。

图 6-5 西华山矿床 508 线剖面图

（据西华山钨矿资料等；引自江西省地质矿产勘查开发局，2015）

Fig. 6-5 Profile of line 508 in Xihuashan deposit

表 6-5　西华山钨矿田 3 次气化热液期成矿主要特征表

Table 6-5　Main metallogenic characteristics of three gasification hydrothermal periods in Xihuashan tungsten ore field

成矿岩体	成矿期次	成矿阶段	矿脉类型	主要矿物组合	黑钨矿 MnO/FeO	黑钨矿 Nb_2O_5/Ta_2O_5	脉侧蚀变	主要矿化	矿床实例
γ_5^{2-c}	第二次气化热液成矿期	①黑钨矿、锡矿、辉钼矿成矿阶段；②黑钨矿、绿柱石成矿阶段；③硫化物、碳酸盐阶段	含黑钨矿(锡石)、硫化物-石英脉；辉钼矿、绿柱石、黑钨矿-石英脉	黑钨矿、绿柱石、辉钼矿、黄铜矿、黄铁矿、闪锌矿、萤石、稀土矿	0.98	4.90	云英岩化(钾长石化)	W、Mo、Be(Cu)	荡坪 牛孜石 生龙口 下锣鼓山
γ_5^{2-b}	第一次气化热液成矿期(主成矿期)	①辉钼矿、绿柱石矿化阶段；②黑钨矿成矿阶段；③硫化物阶段；④碳酸盐阶段	黑钨矿-长石石英脉	黑钨矿、辉铋矿、辉钼矿、白钨矿、绿柱石、黄铁矿、黄铜矿、锡石、稀土矿	0.79	5.0	云英岩化、硅化、钾长石化	W(Mo、Bi、Be)	西华山
γ_5^{2-a}	第一次前锋热液成矿期	①黑钨矿、辉钼矿矿化阶段；②硫化物、碳酸盐阶段	辉钼矿、黑钨矿-石英脉	黑钨矿、辉钼矿、自然铋、辉铋矿、毒砂、黄铁矿、方解石、日光榴石、稀土矿	0.90	4.4	云英岩化	W、Mo、(Bi)	西华山 罗坑 牛孜石

注：据吴永乐等(1987)修改。

3 期成岩均伴生不同程度以重稀土为主的稀土矿化，形成异体共生矿物型重稀土矿，其中褐钇铌矿和硅钍钇矿为国内首次发现，呈浸染状产于矿化花岗岩中。各期次成矿稀土矿物组合有所不同：第一次前锋成矿期稀土矿化呈硅铍钇矿、磷钇矿、独居石等单矿物分散在钾长石化花岗岩中，部分呈类质同象赋存于造岩矿物中，含钨石英脉中稀土含量很低。第一主成矿期，TR_2O_3 含量较高，主要富集于钾长石化、钠长石化岩石中，60%的稀土元素呈独立矿物产出，主要有硅铍钇矿、氟碳钙钇矿、磷钇矿、独居石和黑稀金矿，40%的稀土元素呈类质同象或微包裹体形式赋存于造岩矿物和副矿物中；第二成矿期稀土矿化较强，但分布不均，稀土矿物主要为氟碳钙钇矿、硅铍钇矿、磷钇矿等；第三成矿期仅在局部地段富集。每个成岩成矿期稀土矿化从早到晚大致均经历了岩浆结晶矿化期→岩浆晚期自交代矿化期→岩浆期后热液成矿期，总体上呈现从早到晚稀土矿物从磷酸盐类→硅酸盐类→氟碳酸盐类→稀土铌（钽）酸盐类的演变规律，稀土配分由铈族稀土向钇族稀土的方向演化。

5. 成矿时代

矿床辉钼矿 Re-Os 等时线年龄为 156.5~152.4Ma（杜安道，2012），矿田钨矿化主要发生在燕山早期晚侏罗世。

(四) 矿床地球化学特征

1. 稳定同位素组成

矿田 33 个硫化物矿物的硫同位素测定，$\delta^{34}S$ 为 -2.25‰~2.43‰，平均为 -0.38‰，具陨石硫性质，硫源来自深处。

矿田中 100 多个岩石矿物氧同位素和包裹体水氢同位素测定结果如下。

花岗岩全岩和造岩矿物氢氧同位素组成为：$\delta^{18}O_{全岩-SMOW}$ 平均 12.34‰，$\delta^{18}O_{黑云母-SMOW}$ 平均 6.79‰，$\delta^{18}O_{钾长石-SMOW}$ 平均 8.73‰。花岗岩中石英包裹体 $\delta D_{H_2O-SMOW}$ 值平均为 -63.51‰，与石英平衡流体的 $\delta^{18}O_{H_2O-SMOW}$ 平均为 (10.01±0.68) ‰。

矿物及其包裹体氢氧同位素组成为：$\delta^{18}O_{石英-SMOW}$ 平均 (12.18±1.28)‰；$\delta^{18}O_{黑钨矿-SMOW}$ 平均 (5.86±0.52)‰；$\delta^{18}O_{白钨矿-SMOW}$ 平均 5.14‰，按其矿物 $\delta^{18}O$ 值减少排序，表明矿田中各矿物析出是处于氧同位素平衡状态下进行的，与石英呈平衡的矿液 $\delta^{18}O_{H_2O-SMOW}$ 平均为 6.96‰。矿物包裹体 δD_{H_2O} 值：石英 $\delta D_{H_2O-SMOW}$ 为 -35.71‰~-69.08‰，平均 -55.80‰；黑钨矿 δD_{H_2O} 为 -20.1‰~-152.42‰，大多数为 -31.48‰~-87.9‰，平均为 -74.19‰。

上述矿田氢氧同位素组成，在 $\delta D_{H_2O}-\delta^{18}O_{H_2O}$ 图上主要落于岩浆水范畴。时间上，从早到晚，含矿流体 $\delta^{18}O_{H_2O}$ 值有逐渐降低趋势 (7.96‰→5.90‰)，表明成矿后期可能伴有部分大气降水的参与。

2. 矿田矿物流体包裹体特征

1) 矿物流体包裹体类型及特征

据李亿斗 (1986) 的研究，矿田中各期次花岗岩中石英原生包裹体特征相似：均为以液态为主的气液两相包裹体，气液比 20%~35%；包裹体较小；包裹体内微量气体成分含量相近 (CO_2 含量 0.066%~0.340%；H_2O 含量 0.361%~0.456%)，反映花岗岩形成于相对较稳定的物化环境。

矿田中矿脉和蚀变岩中石英原生包裹体形态复杂，按气液比可分为 5 类：液相包裹体 (为矿田矿物包裹体主要类型)，气液两相包裹体，含液相 CO_2 的三相包裹体，含子矿物三相包裹体和气相包裹体。

近年在黑钨矿-石英脉中的绿柱石内发现了熔融包裹体 (常海亮等，2007)，其成分主要是 SiO_2 (70.72%)、Al_2O_3 (13.94%) 和少量 K_2O (2.0%)，并含大量挥发分 (主要是 H_2O，占 11.56%)。

2) 矿物流体包裹体成分

石英流体包裹体成分测定表明，矿田含矿流体以富含 Na^+、K^+、HCO_3^-、Cl^- 和挥发分 CO_2、H_2O 为特点；主成矿阶段绿柱石、石英、水晶、黑钨矿、萤石流体包裹体中含有少量短链羟酸 (甲酸、乙酸、丙酸、草酸等)；具中低盐度 (5%~14%NaCleqv)，弱酸性 (pH5.1~6.8)；$c(K^+)/c(Na^+)=0.16~0.36$、$c(Ca^{2+})/c(Na^+)=0.06~0.14$、$c(HCO_3^-)/c(Cl^-)=2.16~6.84$；流体密度 0.42~0.95g/m³。

3. 成矿温度

矿床中各种矿物爆裂温度不同，如石英爆裂温度变化范围为 110~420℃，可分 3 个区间，280~420℃、170~250℃ 和 110℃~150℃，分别代表钨矿高、中、低 3 个热液成矿阶段。依矿物爆裂温度从高到低排序依次为锡石 (450~250℃)、辉钼矿 (420~280℃) → 绿柱石 (350~230℃)、毒砂 (370~330℃)、磁黄铁矿、硅铍钇矿 (320~300℃) → 长石 (330~200℃)、黑钨矿 (310~200℃)、白云母 (280~160℃)、石英 (300~170℃) → 方解石、黄铁矿 (250~110℃)。

石英流体包裹体均一温度为 426~110℃，主要集中于 340~170℃，其中气相包裹体均一温度最高

(420~250℃)，液相包裹体最低（260~110℃）。

上述测温资料表明，矿田成矿温度区间宽（426~110℃），从气化高温至中低温，但钨的成矿温度主要在高中温期。

4. 成矿压力

根据矿脉中石英包裹体内气、液相 CO_2 的体积和均一温度，所测定的矿田成矿压力为 50~60MPa，相当于约 2km 成矿深度。近年黄惠兰等（2006）利用黑钨矿-石英脉中绿柱石的两相气液包裹体和不混溶硅酸盐熔融包裹体求得的成矿压力为 200MPa（相当于约 8km 成矿深度），后者可能偏大。

（五）矿床多台阶特征

西华山钨矿田矿床具多台阶特征，通过研究对指导找矿勘查有重要的意义。

（1）由于两次成岩成矿形成上、下两个成矿台阶，称"楼下楼"式矿床。

（2）成矿花岗岩体侵入面呈多台阶起伏，形成多台阶矿体。如西华山矿床根据岩体起伏规律在矿床西南部 250~350m 深处的成矿花岗岩内接触带探到了隐伏的钨矿脉（图 6-6）和荡坪钨（铍）矿床的三台阶成矿现象（图 6-7）。

（六）矿床成因、形成机制及成矿模式

1. 矿田成矿与西华山复式岩体有密切的时空和成因联系

（1）矿田各期次花岗岩富含成矿物质和挥发组分。矿田中各期次花岗岩中 W、Sn、Mo、Be、Bi 丰度高，比区域燕山期花岗岩平均含量高几倍至数十倍。具体为 W 5~9 倍、Mo 2~4 倍、Bi 10~100 倍、Be

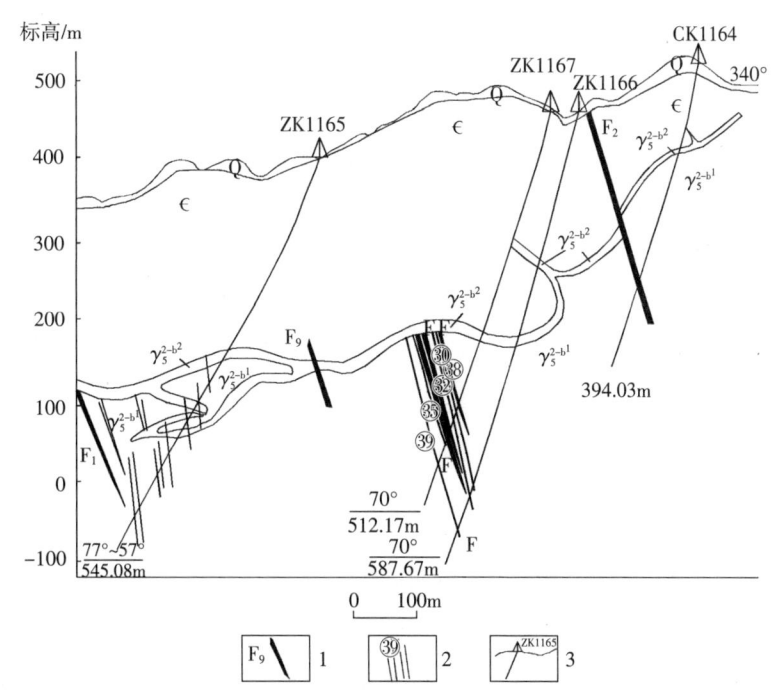

1—断层及编号；2—矿脉及编号；3—钻孔及编号；Q—第四系；
∈—寒武系碳质砂岩、千枚岩；γ_5^{2-b1}—燕山早期第二序次中粗粒黑云母花岗岩；γ_5^{2-b2}—边缘相细粒花岗岩。

图 6-6 西华山钨矿区西南部 116 线剖面图（据谢明璜等，2010）

Fig. 6-6 Profile of line 116 in the southwest of Xihuashan tungsten mining area

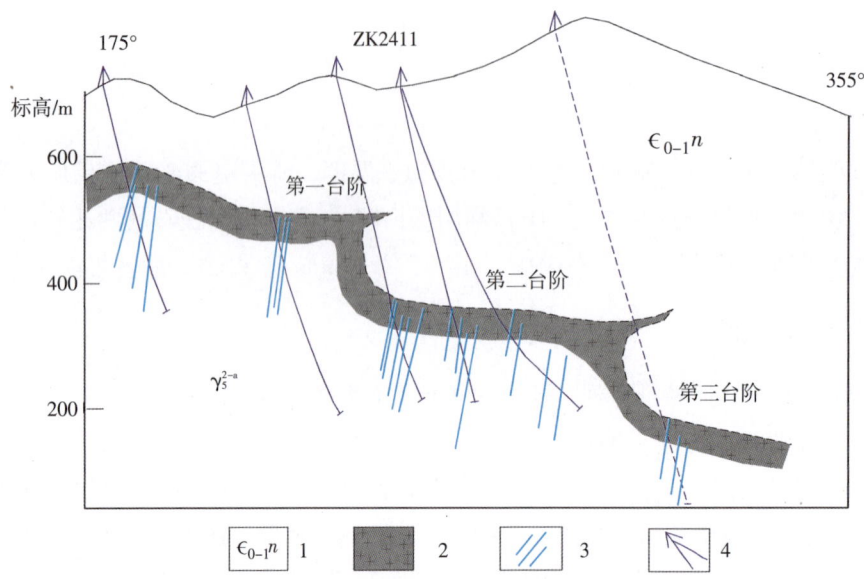

1—底下寒武统牛角河组；2—中细粒黑云母花岗岩；3—矿脉；4—钻孔。

图 6-7　荡坪钨（铍）矿床"三台阶"找矿示意图（据谢明璜等，2009，2013）

Fig. 6-7　Schematic diagram of "three steps" prospecting of Dangping tungsten (beryllium) deposit

2~3 倍。造岩矿物（如钾长石等）、副矿物亦富含钨，并富含黑钨矿、白钨矿、锡石、辉钼矿等副矿物。

（2）成矿物质和成矿流体与矿田花岗岩具同源性。岩体与矿脉的氢、氧、碳同位素组成及稀土元素地球化学特征相近，矿床含矿流体具熔 - 液流体及岩浆水的氢、氧、碳同位素组成特征；矿床具高 $^{87}Sr/^{86}Sr$ 初始值（0.7437~0.7485）和低 $\varepsilon_{Nd}(t)$ 值（-10.2~-9.7），与岩体的 $^{87}Sr/^{86}Sr$ 初始值（0.7169~0.720）和 $\varepsilon_{Sr}(t)$（186~230）、$\varepsilon_{Nd}(t)$（-11.40~-10.74）值相近，显示两者均源自上地壳。

（3）成岩与成矿的密切时空联系。矿田具有多次成岩，相应伴有多次成矿特点，但矿化强度有差异，主要矿化产生于燕山早期一、二主侵入阶段，成岩年龄 160~145Ma，成矿年龄 156.5~152.4Ma。成岩成矿都大体经历由岩浆结晶分异→自交代稀土（钨钼）矿化→分异脉岩 - 伟晶岩钼、铍（钨）矿化→岩浆期后气化 - 热液钨等金属成矿的演化过程。矿田属与燕山期 S 型花岗岩有关的石英（长石）脉 - 黑钨型矿床。

2. 矿田成矿模式

综合上述矿田成矿地质特征及形成机制研究，编制了矿田多次成岩成矿模式图（图 6-8）。

二、安福县浒坑钨矿床

浒坑钨矿位于安福县城北西西约 31km，由西家坳、新生坳、大脉区和南部盲脉区 4 个区段组成，主体为大脉区段。

1950 年武功山矿场工人彭银兰到浒坑探亲时发现含钨石英脉上报矿场，随后矿场派人到浒坑发现了钨矿床。1950—1952 年江西钨锡矿业有限公司、江西工业管理局、重工业部第四地质调查所、中南地质调查所先后来浒坑开展地质工作，1954 年起正式开采。

1954—1956 年重工业部中南有色金属管理局中南地质勘探公司二一二地质队（后改称冶金工业部

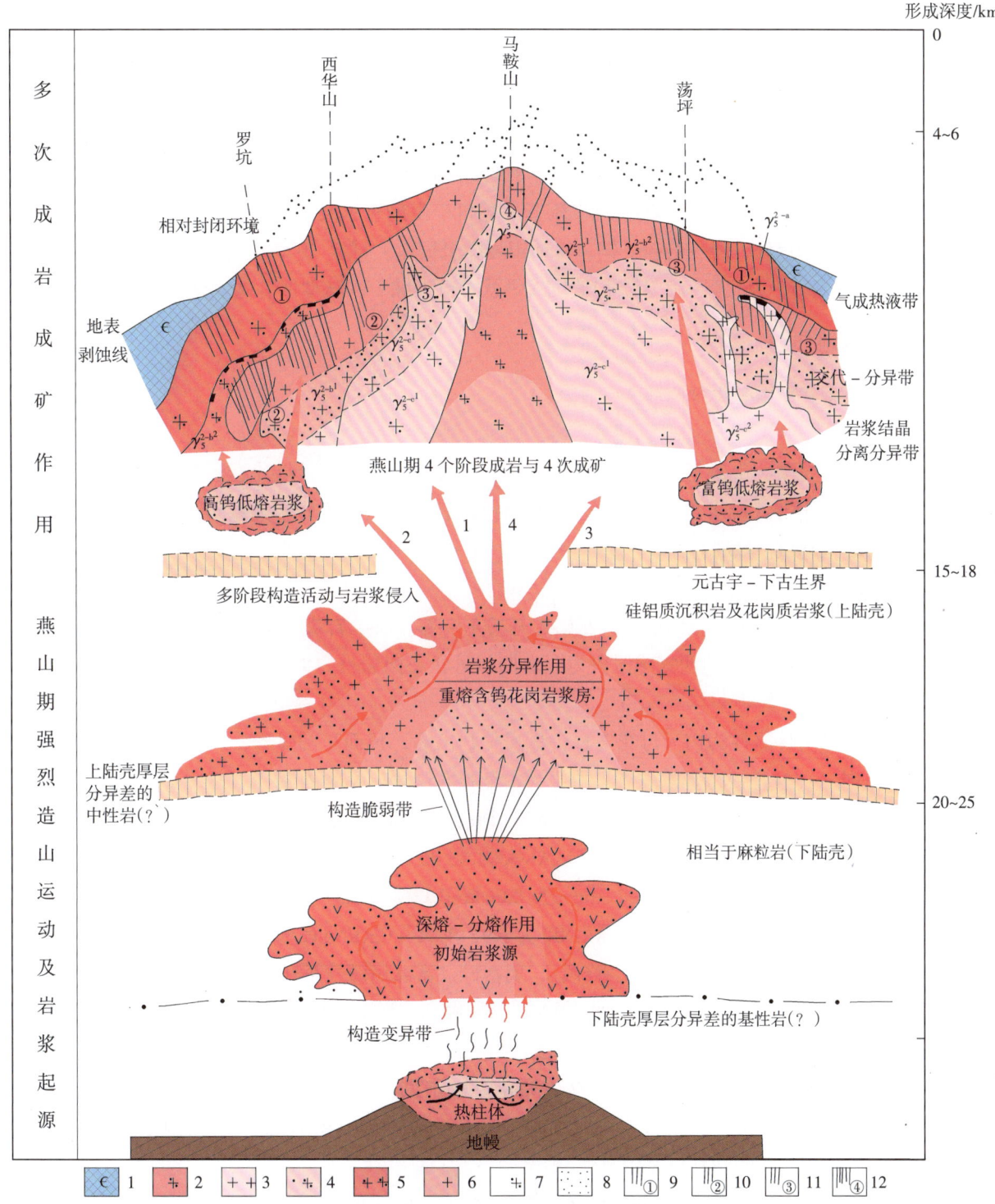

图 6-8 西华山钨矿田多次成岩、成矿模式图
(据吴永乐，1987；江西省地质矿产勘查开发局，2015，修改)
Fig. 6-8 Multiple diagenesis and mineralization model of Xihuashan tungsten ore field

1—寒武系浅变质岩系；2—燕山晚期第一阶段斑状细粒花岗岩（γ_5^3）；3—燕山早期第三阶段补充侵入细粒二云母花岗岩（γ_5^{2-c2}）；4—燕山早期第三阶段主侵入斑状中细粒黑云母花岗岩（γ_5^{2-c1}）；5—燕山早期第二阶段补充侵入含斑细粒二云母花岗岩（γ_5^{2-b2}）；6—燕山早期第二阶段主侵入中粒黑云母花岗岩（γ_5^{2-b1}）；7—燕山早期第一阶段前锋侵入斑状中粒黑云母花岗岩（γ_5^{2-a}）；8—钾长石化；9—第一次成矿钨、钼矿脉；10—第二次成矿钨（钼、铋、重稀土）矿脉；11—第三次成矿钨、铍、钼矿脉；12—第四次成矿钨、锡矿脉。

地质局江西分局二一二队）对矿区进行勘探，于1957年提交了《浒坑钨矿地质勘探总结报告》。1957—1963年浒坑钨矿地质队对矿区进行了补充勘探。1963—1966年江西冶金地质勘探公司六一二队对矿区再次进行补充勘探，并提交了《浒坑钨矿补充地质勘探总结报告》和《浒坑钨矿盲脉赋存规律的探讨》等科研专题报告。1980—1989年中国有色总公司江西有色地质勘查三队对矿区南区进行了预查和普查评价，发现有工业价值矿脉多条，并于1989年提交了《浒坑钨矿区南部详细普查地质报告》。2007—2009年经江西有色地质矿产勘查开发院开展危机矿山勘查，发现了一批新的盲矿脉。浒坑钨矿石中除主要有用组分钨外，伴生的硫、铜、锌和银可综合回收。截至2020年底，该矿床累计探明WO_3 $8.5857×10^4$t，Mo 507t，为大型钨矿床。但浒坑式帚状石英大脉、网脉型保有储量仅有$1.044×10^4$t。

（一）矿区地质

浒坑钨矿处于武功山矿集区西部。

1. 地层

矿区出露地层主要为上震旦统老虎塘组，由斜长云母片岩、石英云母片岩、石英斜长云母片岩及石英片岩组成；底下寒武统牛角河组主要岩性有石英岩、条带状石英片岩夹碳质绢云母千枚岩、千枚状砂页岩，局部夹钙质千枚岩（图6-9）。

2. 岩浆岩

矿区位于武功山加里东—燕山期复式花岗岩基的东南部。成矿岩浆岩主体为燕山期浒坑花岗岩株，出露面积约$5km^2$。矿区西部的西家坳区段为燕山期似斑状花岗岩株（面积约$9km^2$），其东南部与浒坑岩体呈断层接触。

浒坑含矿岩体主体岩性为白云母花岗岩，呈岩株状出露，顶面呈圆弧形，岩枝发育。岩体北东边缘相为细粒花岗岩；过渡相为岩株主体，主要为中细粒花岗岩，富含石榴子石；内部相位于岩体中深部，主要为中粗粒二长花岗岩，岩体周围变质围岩形成宽约300m的角岩化晕圈。

岩石化学成分：SiO_2为71.77%~73.74%、Al_2O_3为13.95%~14.44%、K_2O为4.02%~4.56%、Na_2O为5.06%~5.60%、P_2O_5为0.03%~0.04%、MnO为0.06%~0.17%、CaO为0.43%~0.82%；Na_2O+K_2O为9.19%~9.92%、K_2O/Na_2O为0.77~0.90、A/CNK为0.92~1.04、CaO/Na_2O为0.09~0.15、$\Sigma(TiO_2+Fe_2O_3+MgO)$为0.36%~0.76%（刘珺等，2008，修改），属富硅、富碱钙碱性系列准铝质-弱铝质花岗岩。

岩石稀土元素总量低（ΣREE为$19.82×10^{-6}$~$41.29×10^{-6}$），强负铕异常（δEu为0.013~0.012），稀土元素标准化配分曲线呈略向右倾斜的"V"形。

岩石的铅同位素组成：$^{207}Pb/^{204}Pb$为15.66~15.68；$^{208}Pb/^{204}Pb$为38.70~38.76。

上述浒坑岩体的岩石化学成分及稀土元素特征显示其属壳源重熔型花岗岩，来源于成熟上地壳的泥质岩源区，并经历较高的结晶分异作用。

岩石中LA-ICP-MS锆石U-Pb测定年龄（$^{206}Pb/^{238}U$加权平均年龄）为151.6Ma（刘珺等，2008），属燕山早期晚侏罗世产物。岩石的形成温度T_{Zr}（Zr饱和温度）为676~695℃，平均为690℃。

3. 构造

矿区由震旦系变质岩层构成单斜地层，走向北东，倾向南东。

区内主要发育北东向和北西向两组断裂。前者（F_1、F_3）为矿区主控岩控矿构造；后者（F_2）为正断层，限制了浒坑岩株南延。

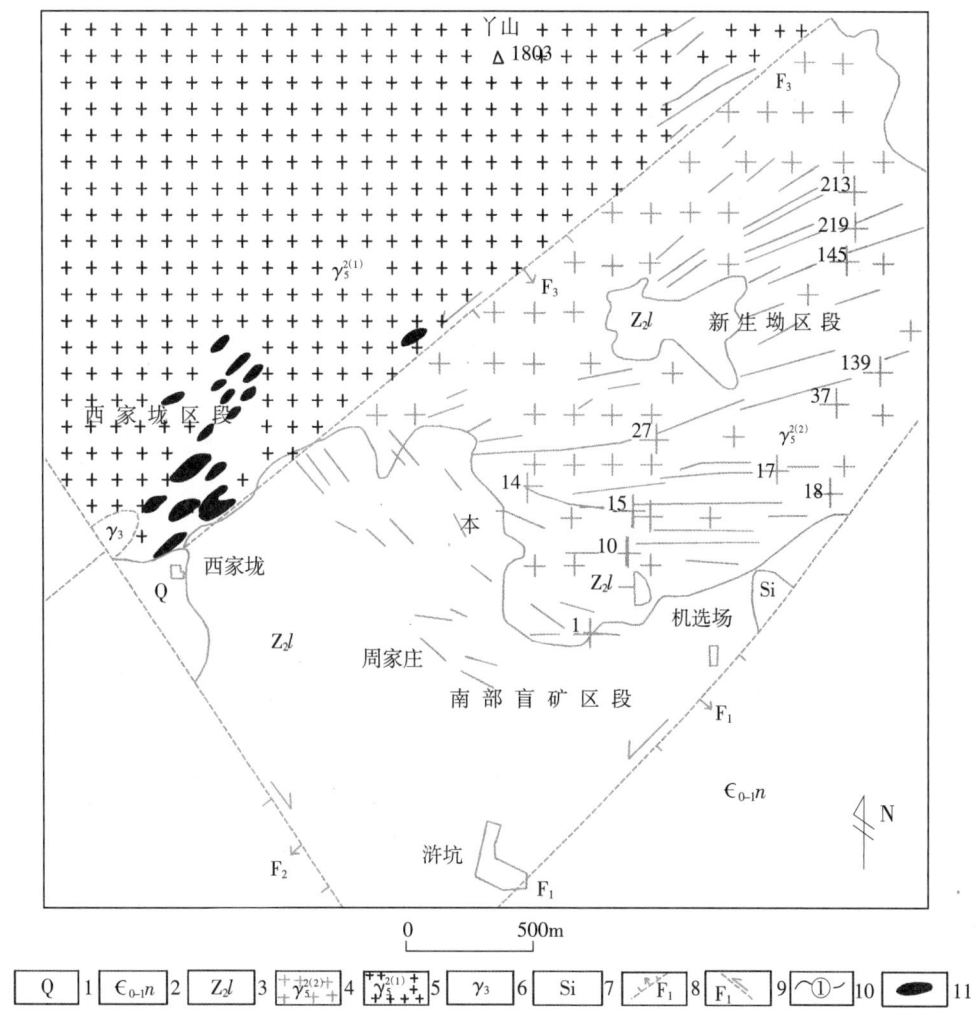

1—第四系；2—底下寒武统牛角河组；3—上震旦统老虎塘组；4—燕山早期第二次侵入白云母花岗岩；
5—燕山早期第一次侵入白云母花岗岩；6—加里东期片麻状花岗岩；7—硅质岩；8—平移正断层及编号；
9—走滑断层；10—石英大脉矿脉及其编号；11—网脉状矿体。

图 6-9　浒坑钨矿区地质略图(据张俊群等，2010，修改)
Fig. 6-9　Geological sketch of Hukeng tungsten mining area

北北东向断裂走向 30°~40°，倾向南东，倾角 60°~88°，具逆时针方向的扭动性质，并控制岩株东、西边界。该组断裂派生的含矿裂隙总体呈北西 - 近东西 - 北东向帚状展布，属剪张裂隙。

此外，沿岩株内接触带上部局部有一组平缓含矿裂隙，其产状与岩体接触面近于平行。

(二) 矿床地质

矿区钨矿类型有石英脉型、石英网脉型和蚀变（云英岩）花岗岩型 3 类，以石英脉型钨矿化为主，发育于大脉区段和新生坳区段，以其剪张容矿裂隙和条带状矿石构造为特色。矿区南部震旦系中有星散含矿石英脉（脉芒带），下伏花岗岩中形成盲脉带。石英网脉型钨矿化分布于西家垅区段；蚀变花岗岩型钨矿主要产于大脉区、新生坳区段岩体内接触带平缓裂隙中。

1. 矿体形态、产状、规模

全区已查明脉钨矿体 316 个，含钨石英脉主要产于花岗岩株南东凸出部位的内接触带 300~500m 范围内。矿脉的形态以大脉为主，主要产于大脉区，盲脉与少数细网脉矿体（13个）分布于矿区西南部。大脉长一般为250~400m，最长达820m；厚一般0.1~0.5m，最厚2.5m；延深600~700m；赋矿标高700~-520m，赋矿垂深达1220m。网脉状矿体延长一般小于60m（图6-10）。

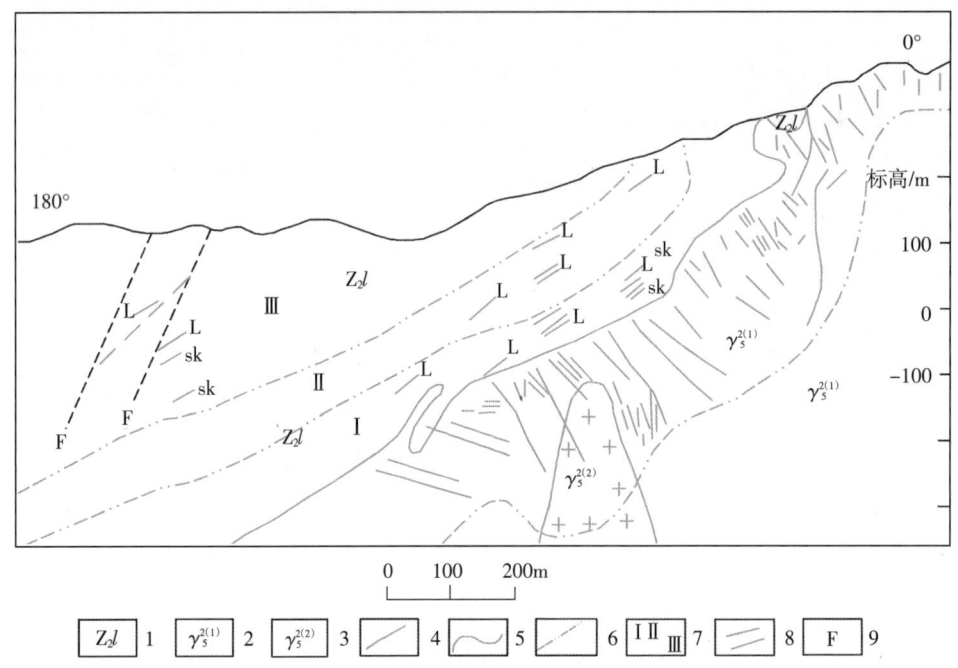

1—上震旦统老虎塘组；2—燕山早期白云母花岗岩；3—燕山早期细粒白云母花岗岩；
4—矿化范围；5—接触带界线；6—蚀变带界线；7—Ⅰ强角岩化带、Ⅱ弱角岩化带、Ⅲ原岩带；
8—钨矿脉；9—断层；sk—矽卡岩；L—岩脉。

图6-10 浒坑钨矿310线剖面图
Fig. 6-10 Profile of line 310 of Hukeng tungsten mine

矿床各区段矿体产出特征简述如下。

大脉区段：位于矿区东部，有近400条矿脉，总体呈北西向、近东西向、北向走向，向南西收敛、向北东撒开的帚状展布。矿脉长400~820m，延深250~280m，厚0.40~2.5m，WO_3平均品位0.925%~1.532%，具产状陡（倾角50°~87°）、规模大、品位高、形态简单、厚度稳定、矿化连续性较好等特点，属江西内接触带矿化深度较大的钨矿床。

新生坳区段：有含钨石英脉矿体54条，分布于矿区东北部，赋矿标高550~350m。矿体走向北东—北东东，倾向南东，倾角60°~80°，长一般为100~300m，脉幅0.1~0.22m，WO_3平均品位一般为0.1%~1.0%，目前其工业储量已基本采完。

西家垅区段：位于矿区西部，共有石英细小网脉型钨矿化体22条，一般含脉率10%~30%，局部高达50%。其中工业矿体13个，赋矿标高470~270m。矿体平均长30m，平均厚3.40m，平均品位WO_3为0.352%。矿体走向北东，大部分倾向南东，倾角85°左右，区段内工业储量已采完。

南部盲脉区段处于50m标高以下，有东西向脉组5个，北西向脉组1个，矿化延深至-390m标高。东西向脉组平均脉幅0.18~0.41m，单脉最大脉幅1.52m，WO_3平均品位0.206%~1.043%；北西向脉组平均脉幅0.21m，WO_3平均品位0.597%。

矿床中钨矿体的分布总体上呈现"上多下少、东密西疏"；矿体规模呈"上大下小"的产出特征。

2. 围岩蚀变

面型蚀变类型有钾长石化、钠长石化、云英岩化（白云母化）、硅化、绢云母化，面型蚀变发育部位与矿区主矿化空间基本吻合。

脉侧云英岩化、硅化、绢云母化微弱，常断续出现于各组脉中，其中云英岩化以北西向矿脉相对较强，其盲矿脉上部（顶部）蚀变宽度可达0.5~2.0m。

3. 矿化及矿化分带

矿石中主要金属矿物有黑钨矿、黄铁矿，其次为辉钼矿、闪锌矿以及少量白钨矿、方铅矿、黄铜矿和辉铋矿。脉石矿物主要为石英，其次有长石、白云母及少量萤石、绿泥石。黑钨矿主要富集于岩体接触带南部矿脉中，其MnO/FeO为5.78~12.98、MnO/(FeO+MnO)平均为0.91，属钨锰矿和铁钨锰矿，矿物中$Nb_2O_5+Ta_2O_5$为0.128%~0.518%，Nb_2O_5/Ta_2O_5为0.1~0.22。

矿石构造有块状、网脉状、条带状、细脉浸染状构造等。石英大脉中，以发育条带状构造或小型褶皱为特征。

矿石主要有用组分质量分数WO_3一般为1.0%~3.0%，最高可达20.5%，其中条带状石英脉型矿石含量最高（WO_3平均为1.62%）、块状石英脉型矿石次之（WO_3平均为1.159%），条带状蚀变岩体型矿石最低（WO_3平均为0.564%）。

矿石中伴生有用组分有钼、铋、银、锌，其中钼、铋含量分布较均匀，Mo平均品位为0.025%、Bi平均品位为0.081%；锌银含量分布不均，Zn平均品位为0.346%、Ag平均品位为9.79g/t。银铋主要载体矿物为黄铁矿，Ag品位为$126×10^{-6}$~$368×10^{-6}$、Bi品位为0.265%。

4. 成矿期次与成矿年龄

矿床成矿可分3个成矿期、5个成矿阶段，即伟晶期的伟晶岩矿化阶段，岩浆期后气化高温期和热液期的石英–长石–黑钨矿阶段、石英–黑钨矿阶段、石英–黄铁矿–闪锌矿–黑钨矿阶段，纯硫化物阶段。总体上遵循硅酸盐→氧化物→硫化物→碳酸盐的成矿演化进程。高中温热液阶段是矿床的主要成矿阶段，钨矿化主要形成于石英–黑钨矿阶段，矿床辉钼矿Re-Os等时线年龄和模式加权平均年龄分别为150.22Ma和149.82Ma（刘君等，2008）。含矿石英脉中石英包裹体Rb-Sr等时线年龄为149Ma，$^{87}Sr/^{86}Sr$初始值为0.72184。白云母$^{40}Ar-^{39}Ar$有效年龄为147.2Ma，等时线年龄为148.0Ma，表明矿床成矿年龄为150.2~147.2Ma，即燕山早期晚侏罗世。

5. 矿化富集规律

空间富集规律：浒坑钨矿床众多的钨矿脉几乎都赋存在岩体南侧内接触带。矿化带在水平方向保持在160~450m宽度。最高矿化标高在700m以上，已知最低矿化标高在-520m，即矿化垂直深在1220m以上。矿化带内，不同方向的含钨石英脉按照自身的构造控制因素分区段发育与富集。

主要有用组分WO_3的富集与变化规律：在垂深1220m的矿化范围（间距）内，矿化带、盲脉和主干脉的矿化强度均随标高下降而减弱。①南部盲脉区段处在矿化带的下部，盲脉平均长度178m，平均脉幅0.41m，WO_3平均品位为0.975%，与矿化带的中上部比较，脉幅规模明显变小，矿化强度明显减弱。②盲脉的矿化富集强度，随着标高的下降，呈现明显的减弱趋势。主干脉的矿化垂深400~500m，矿化富集部位在脉体的中部，随着标高的下降，矿化强度随之减弱。③钨品位富集于矿脉分支复合的变化处、矿脉膨缩现象显著处、矿脉弯曲处。矿床深部盲脉带主要沿内接触带附近产出，随着内接触带向西南缓慢侧伏延伸，是钨接替资源的主要地带。

伴生有益元素含量与主产钨在空间分布上呈显著正相关，主要富集在北西向脉组中，其中锌为局部富集，铜一般富集于矿体边缘，钼一般富集于矿脉边缘，呈条带状、块状、浸染状，局部呈块状产出，偶见于花岗岩中，呈星散浸染状产出。

（三）矿床地球化学特征

矿床中黑钨矿流体包裹体爆裂温度为250~280℃。矿物流体包裹体盐度为0%~10%NaCleqv，密度为0.7~10g/cm³，含矿流体属中温、低密度、低盐度的Ca^+-Na^+-F^--Cl^-型流体，富含碱、碱土金属和挥发组分CO_2、F^-，成矿在相对较氧化环境中形成。成矿压力为$200×10^5$~$250×10^5$Pa，对应成矿深度为0.6~0.9km。

矿床钨矿脉中石英及包裹体的$\delta^{18}O_{H_2O-SMOW}$为3.74‰~7.73‰，$\delta D_{H_2O-SMOW}$为-49‰~-58‰，表明含矿流体为以岩浆水为主，伴有大气降水的混合流体。

浒坑白云母花岗岩（-10m和-60m标高分析样品）的稀土总量低（$\Sigma REE=19.82×10^{-6}$~$41.29×10^{-6}$），负铕异常强烈（$\delta Eu=0.013$~0.021）；$(La/Yb)_N=1.89$~4.18，$(La/Sm)_N=0.97$~1.45，$\Sigma LREE/\Sigma HREE=2.27$~$3.97$，所有样品都具有相似的稀土元素标准化配分型式，均呈略向右倾的海鸥型配分曲线，轻重稀土分馏程度不明显。

浒坑含钨石英脉-10m中段的G28矿脉，辉钼矿呈浸染状与黑钨矿一起产出，辉钼矿样品的Re-Os同位素测试Re含量为285~7454ng/g，^{187}Re含量为1792~4686ng/g，^{187}Os含量为4.458~11.752ng/g。

（四）成矿机理与矿床成因（找矿模式）

（1）成矿物质来源。Mao等（1999）在综合分析、对比了中国各类型钼矿床中辉钼矿的Re含量后总结认为，从地幔到壳幔混源再到地壳，矿石中的Re含量呈数量级下降，从幔源、I型花岗岩到S型花岗岩有关的矿床，其Re含量具有$n×100×10^{-6}$→$n×10×10^{-6}$→$n×10^{-6}$的变化规律。浒坑钨矿床不同阶段矿脉中与黑钨矿共生的辉钼矿的Re含量较低，为$2.851×10^{-6}$~$7.454×10^{-6}$，反映了浒坑钨矿床的钼矿化可能与地壳重熔的岩浆活动或地壳流体有关，说明了矿区成矿物质来源于浒坑S型花岗岩。

燕山早期成矿花岗岩体属于铝过饱和成分类型，酸性强，含碱质高，而钙、铁、镁等成分偏低。主要岩性由外至内为中细粒白云母花岗岩→中粒二云母花岗岩→粗粒斑状黑云母花岗岩，成矿与前两种岩性密切相关。

（2）矿区内地层岩性富含黏土类矿物，渗透性差，直接盖在成矿花岗岩体之上，产状大致与岩体接触界面产状一致，构成成矿地球化学障。

（3）晚侏罗世在北北东向左旋走滑断层牵动下形成了北西-东西-北东向帚状容矿剪张性裂隙带。裂隙发育的岩体内接触带为钨质沉淀富集的良好场所。含钨石英矿脉主要赋存于自接触面往岩体深处300~500m的内接触带，近于垂直接触面发育，在剖面上呈后侧式排列。填充裂隙有碎裂化块状石英脉、条带状石英脉以及复合石英脉。

（4）在成矿流体上涌沿裂隙带充填扩容的同时，北北东向走滑断裂仍断续活动，使矿脉受到左旋走滑作用，除常见的扩容式矿脉外还形成了独特的条带状黑钨矿石结构。

（5）围岩蚀变主要发育云英岩化、硅化、黄铁矿化、黑云母褪色化（白云母化）、萤石化、钾长石化，为找矿的重要标志。

浒坑钨矿成矿模式见图6-11。

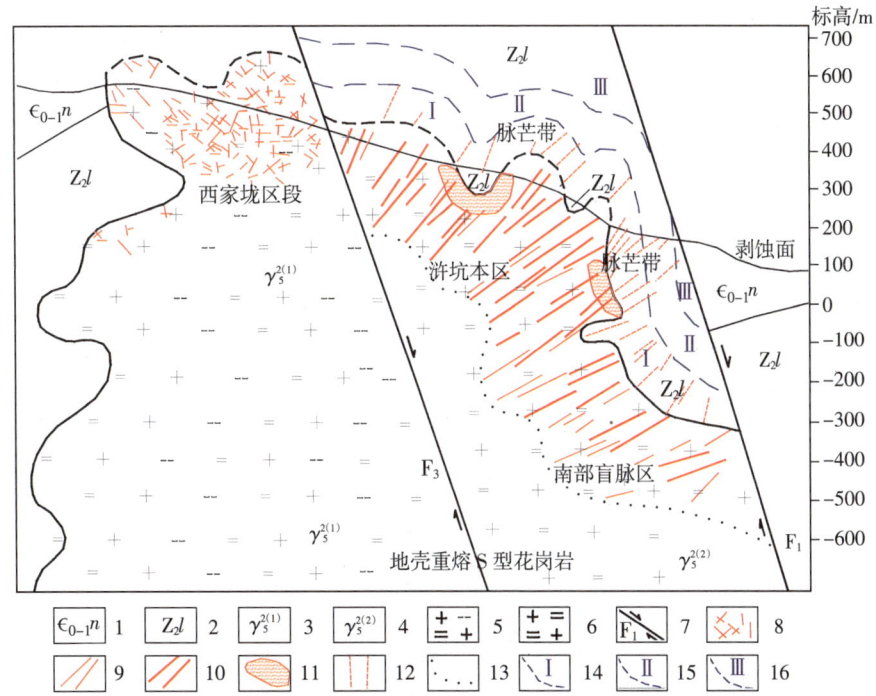

图 6-11 浒坑钨矿成矿模式图

Fig. 6-11 Metallogenic model of Hukeng tungsten deposit

1—底下寒武统牛角河组；2—上震旦统老虎塘组；3—燕山早期第一次侵入岩体；4—燕山早期第二次侵入岩体；5—二云母花岗岩；6—白云母花岗岩；7—正断层及编号；8—网脉状矿体；9—细脉状矿体；10—大脉状矿体；11—蚀变岩体型钨矿；12—脉芒带；13—矿化范围界线；14—强角岩化蚀变带；15—弱角岩化蚀变带；16—原岩。

三、分宜县下桐岭钨钼铋矿床

下桐岭钨钼铋矿位于分宜县城西南25km。1958年江西省地质局区域测量大队在武功山地区开展钨矿1:20万路线普查时，在重砂测量中发现了黑钨矿异常，后经追索在下桐岭发现了黑钨矿石英脉型矿床。1956—1964年，分别有分宜县地质队、江西有色冶金地质勘探公司六一二地质队在下桐岭地区开展地质普查评价工作。1964—1984年，江西有色冶金地质勘探公司六一二地质队先后完成了1号矿体勘探、2号矿体详查，合计探明 WO_3 储量 $12.2558×10^4t$（平均品位0.228%），钼 $3.3494×10^4t$（平均品位0.06%），铋 $2.0483×10^4t$（品位0.046%~0.023%）。分宜县下桐岭钨钼铋矿为下桐岭式石英大脉与网脉混合型大型钨钼铋矿床。

(一) 矿区地质

下桐岭钨钼铋矿位于武功山矿集区东部。

1. 地层

矿区出露地层主要为上震旦统老虎塘组，为一套浅变质的砂质、砂泥质岩石，局部夹有碳酸盐岩层及碳质层（图6-12）。

2. 岩浆岩

矿区侵入岩主要为燕山早期花岗岩，主体为1号、2号成矿花岗岩体，均受北西向与北东向两组断裂控制。其次有花岗斑岩及基性脉岩。

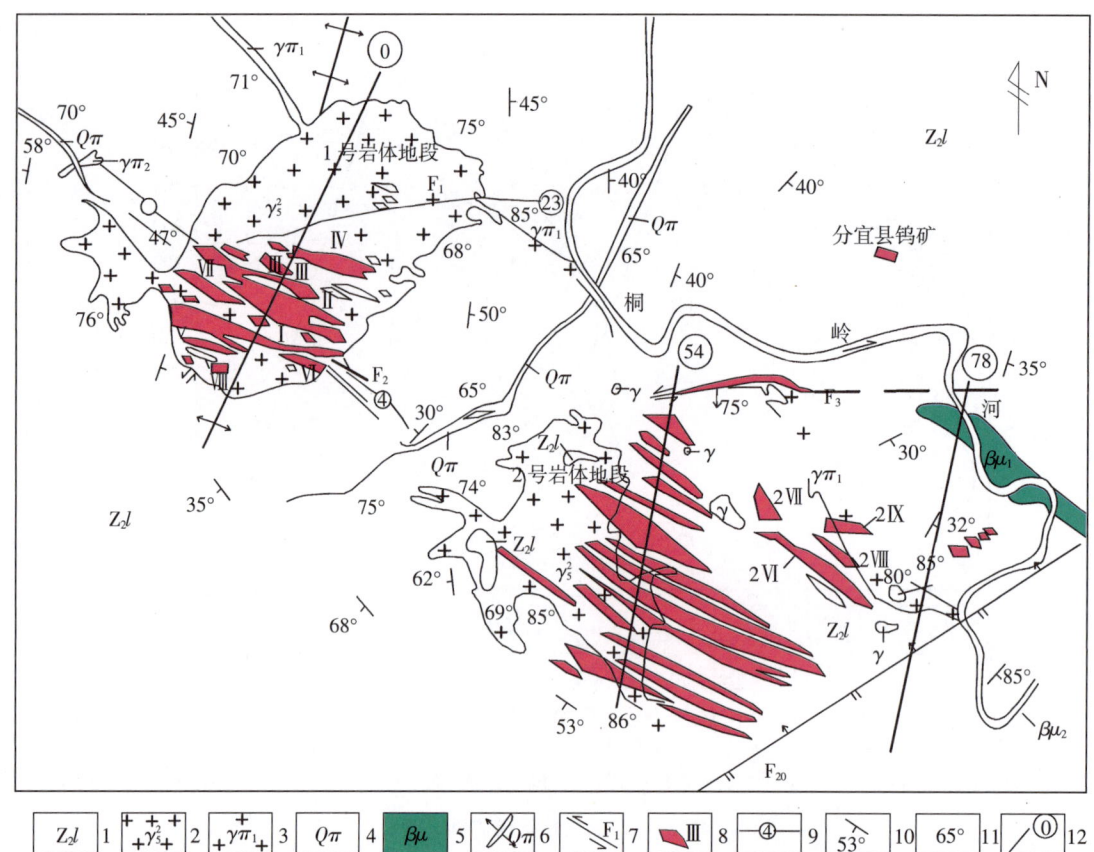

1—上震旦统老虎塘组；2—燕山早期花岗岩；3—花岗斑岩及编号；4—石英斑岩；5—辉绿岩；6—背斜轴；7—断层及编号；
8—网脉型钨矿体及编号；9—含矿大脉及编号；10—地层产状；11—接触面产状；12—勘探线及编号。

图 6-12 分宜县下桐岭钨矿区地质略图
(据江西有色地质勘查三队；引自江西省地质矿产勘查开发局，2015)
Fig. 6-12 Geological sketch of Xiatongling tungsten mine area in Fenyi County

1号岩体：出露于矿区西北部，呈小岩株状产出，出露面积约 0.17km²。东、西接触面均倾向北西，倾角 70°~80°；南、北接触面倾向北东，倾角 70°~75°。岩体东、西两边有变质岩残留顶盖。岩体中间为中粒斑状花岗岩，边缘为细粒花岗岩。岩性有黑云母花岗岩、白云母花岗岩和二云母花岗岩，前者主要分布于岩体边部、深部的非矿化地段；后二者主要分布于岩体中、南部的矿化地段。下桐岭钨矿区花岗岩体岩石化学成分见表 6-6。

岩体因蚀变作用，岩石矿物组成变化大，主要造岩矿物有石英（8%~50%）、钾长石（32%~58%）、斜长石（10%~35%）、钠长石（2%~30%）、黑云母（2%~3%）和白云母（1%~3%）；副矿物主要有石榴子石、锆石、磷灰石和磁铁矿等。岩体岩石为偏铝质（A/CNK=0.97~1.03）、高碱（Na_2O+K_2O=8.83%~9.06%）和超酸性（SiO_2 含量大于 76.0%）花岗岩；Fe、Ca、Mg 含量低，岩体中含有一定量稀有、稀土元素（含 Nb_2O_5 为 0.009 4%、Ta_2O_5 为 0.000 73%~0.000 92%、TR_2O_3 为 0.019 8%~0.020 8%）；岩体富含 W、Mo、Bi 矿化元素，其含量为地壳克拉克值的几十倍至几百倍。

2号岩体：出露于矿区中部，为中细粒花岗岩，面积约 0.08km²，南接触面向北倾斜，北接触面向南倾斜，呈"V"形。岩石矿物组成及化学成分与 1 号岩体相似，含 Nb_2O_5 为 0.006 4%、Ta_2O_5 为 0.000 8%、TR_2O_3 为 0.019 8%。两个岩体接触带附近发生角岩化和矽卡岩化。

表 6-6 下桐岭钨矿区花岗岩体岩石化学成分表

Table 6-6 Petrochemical composition of granite in Xiatongling tungsten ore area

单位：%

岩体编号	岩性	SiO_2	TiO_2	Al_2O_3	Fe_2O_3	FeO	MnO	MgO	CaO	Na_2O	K_2O	P_2O_5	H_2O^+	烧失量	总量
1号岩体	白云母碱性长石花岗岩	75.84	0.08	13.15	0.42	0.34	0.05	0.12	0.4	3.625	4.745	0.04	—	0.72	99.53
	二云母碱性长石花岗岩	72.12	0.1	14.69	0.96	0.53	0.05	0.4	0.12	2.45	7.20	0.06	—	1.58	100.26
	白云母碱性长石花岗岩	76.94	0.04	13.62	0.11	0.32	0.08	0.12	0.12	1.51	5.25	0.05	—	2.06	100.22
	二云母碱性长石花岗斑岩	75.83	0.1	13.56	0.1	0.27	0.03	0.32	0.36	4.45	4.67	0.09	—	0.42	100.20
2号岩体	白云母二长花岗岩	75.99	0.055	12.6	1.56	0.668	痕量	0.127	0.853	2.6	5.28	0.017	0.22⁻	0.94	100.91
	白云母碱性长石花岗岩	77.28	0.06	12.93	0.57	0.41	0.06	0.17	0.08	1.39	5.805	0.06	—	1.32	100.14
	二云母碱性长石花岗岩	74.48	0.05	13.42	1.49	1.17	痕量	0.102	0.213	3.5	5	0.02	0.16⁻	0.6	100.21
	二云母二长花岗岩	75.38	0.07	13	1.33	0.916	痕量	0.102	0.569	3.2	4.9	0.015	0.08⁻	0.64	100.22
	白云母二长花岗岩	75.4	0.05	12.87	1.07	0.58	痕量	0.051	0.498	3.08	5.17	0.02	0.08	0.92	100.46
	白云母碱性长石花岗岩	76.31	0.04	13.83	0.14	0.34	0.09	0.17	0.32	3.86	4.375	0.05	—	0.82	100.35
脉岩	白云母钾长花岗斑岩脉	75.42	0.04	13.58	0.987	0.271	痕量	0.153	0.498	0.225	7.92	0.02	0.40⁻	1.36	100.87
	白云母富石英花岗斑岩脉	74.85	0.1	14.19	0.79	0.53	0.07	0.23	0.12	0.325	5.08	0.17	—	3.1	99.5

3. 构造

矿区西北部变质岩形成轴向北北东向背斜构造，轴部为1号花岗岩体侵入。

区内断裂构造发育，有北西向、近东西向（北东东、北西西向）、北东向及北北东向4组断裂，其中，以北西向和近东西向断裂最发育。

北西向断层与裂隙带：走向297°，倾向南东，倾角72°，以F_2规模最大，破碎带宽达2m，充填有岩脉、矿脉。北西向裂隙带是矿区1号、36号大脉组及北西向组细脉的容矿构造。

近东西向断层与裂隙带：走向近东西，倾向北，倾角72°。近东西向裂隙带是23号大脉组及北东东、北西西组细脉的容矿构造，成矿后有活动。

北东向断层与裂隙带：走向56°，倾向北西，倾角74°，以F_1规模最大。断裂带中有矿脉和花岗斑岩脉充填。北东向裂隙带是北东向大脉组容矿构造。

北北东向断裂规模小，成矿期有细脉充填，主要为成矿后断裂。

矿区主要断裂裂隙组构成矿区交叉断裂裂隙构造，为岩脉及矿脉充填，形成大脉和网脉型钨矿，其中大脉构成网脉组的"骨架"。

（二）矿床地质

矿区有细网脉型和石英大脉型两种矿化类型，以前者为主，其 WO₃ 资源储量占全矿 WO₃ 总量的 98.4%，有少量矽卡岩型白钨矿化叠加于细网脉型钨矿体中。下桐岭矿床是网脉型钨（黑）钼铋矿床的典型代表，也是岩体内钨矿床深度大于长度的稀少矿区之一。

1. 矿体形态、产状、规模

以中部北东向石英斑岩为界，将矿区划分为两个矿段：北西侧为 1 号矿段；南东侧为 2 号矿段（图 6-13）。1 号矿段，矿化主要集中于 1 号岩体内，钨、钼、铋矿化均具工业价值，以网脉状矿化为主，次为大脉型钨矿体。2 号矿段，矿化产于岩体及内外接触带，以网脉型钨矿为主，大脉型钨矿体规模小、品位低，断续分布于网脉型矿体中，无工业意义。

1 号矿段细网脉型矿体：主要分布于 1 号岩体的中部和南部，共圈定细网脉型钨钼铋矿体和钼铋矿

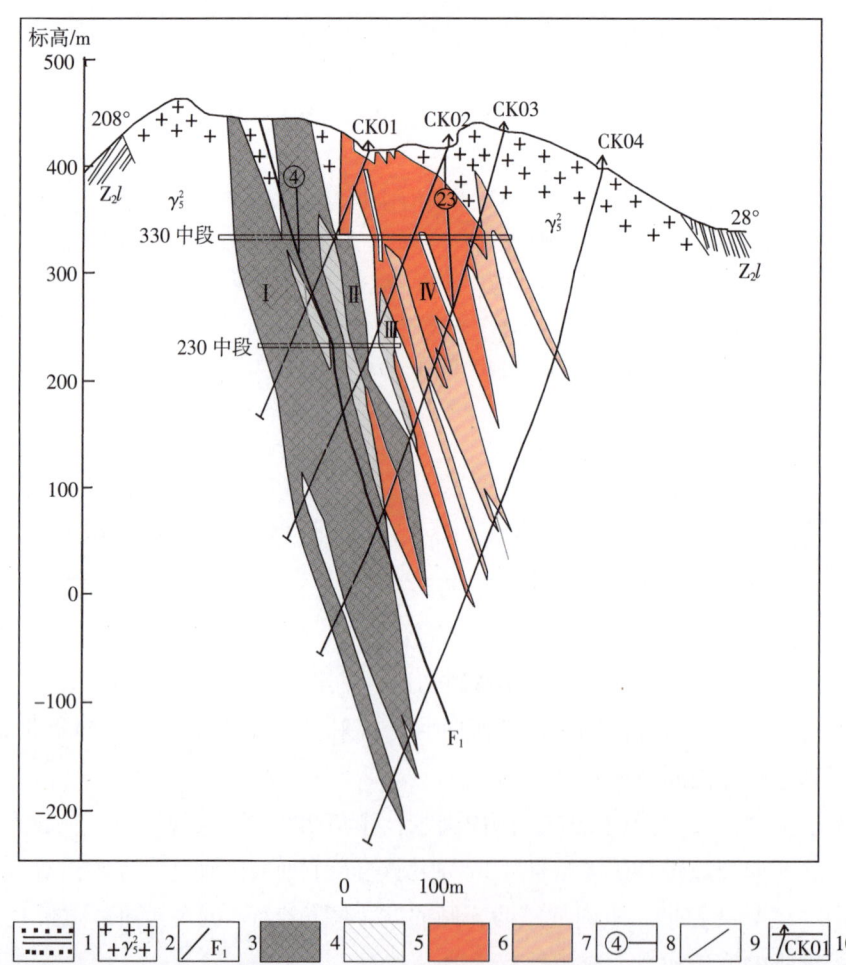

1—变质砂岩；2—燕山期花岗岩；3—断层及编号；4—钨钼铋工业矿体；5—钨钼铋低品位矿体；6—钼铋工业矿体；
7—钼铋低品位矿体；8—含矿大脉及编号；9—地质界线；10—钻孔及编号；Z₂l-上震旦统老虎塘组。

图 6-13 下桐岭钨矿区 0 线剖面图（据江西有色地质勘查三队，1984，修改）
Fig. 6-13 Profile of line 0 in Xiatongling tungsten ore area

体 14 个，单工程编号矿体 54 个。其中钨钼铋矿体（11 个），分布于岩体西南部，钼铋矿体分布于岩体中部，矿体沿 294°方向呈带状展布，矿带倾向北北东，倾角 75°；网脉型矿体由若干个宽 0.5~2.0cm 细网脉（次为宽 10cm 大脉）组成，含脉密度平均 7.1 条/m，含脉率平均 8.8cm/m。细脉产状有北西向、北西西向、北东向和北东东向 4 组，以倾向北东（或北西）为主。该 I 号矿体规模最大，长 400m，延深 670m，厚 48m，WO_3 资源储量占该矿段 WO_3 总量的 76.49%。

1 号矿段大脉型矿体：主要分布于 1 号岩体东西内、外接触带，主要有北西向脉组（11 个）和北东东向脉组（如 23 号脉），其次为北东向脉组。大脉型矿体空间上构成网脉型矿体的"骨架"，二者为同源同期产物。矿体形态变化大，膨大缩小、分支复合、尖灭再现常见，一般延深大于延长，矿体规模小，综合金属量仅占全地段总量的 1.6%。

2 号矿段矿体：包括 2 号花岗岩体和 1 号花岗斑岩及其外接触带。矿段内钼、铋含量低（Mo 为 0.023%、Bi 为 0.021%），仅钨具工业价值，共圈定网脉型钨矿体 21 个。矿体产于岩体内及其东外接触带（图 6-14），其中有零星小矿体 44 个。钨矿化类型以黑钨矿石英细脉型为主，其次有产于岩体外接触带变质岩中的矽卡岩型钨矿化叠加于网脉状矿体中。

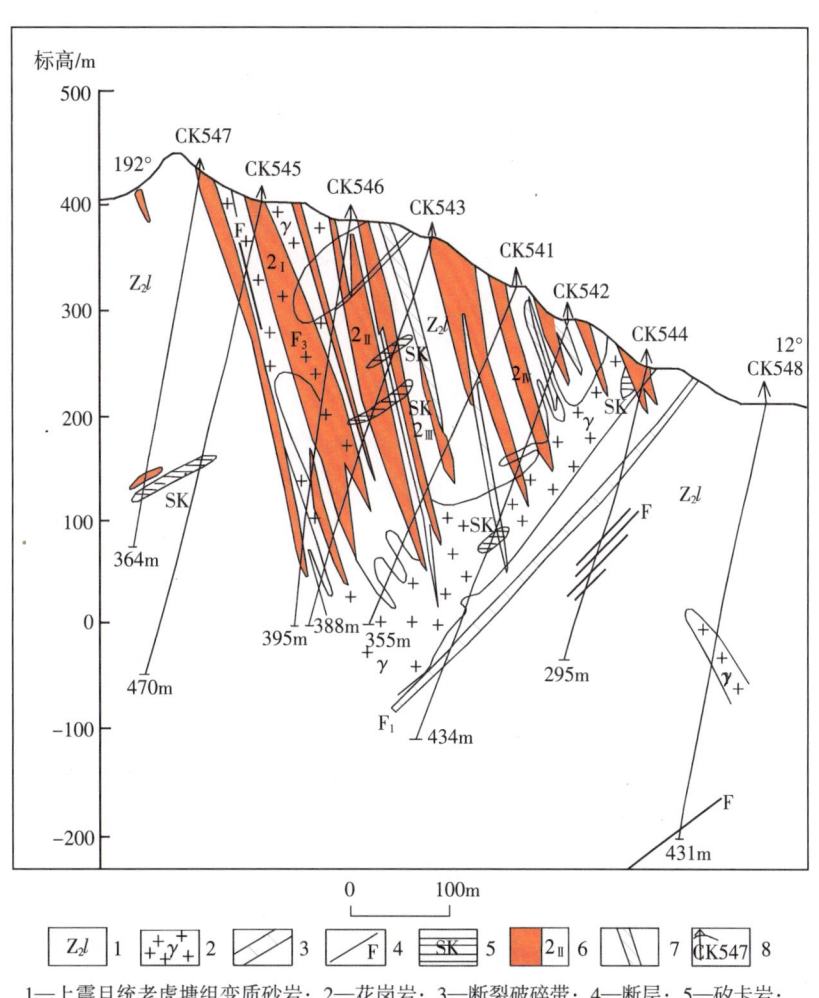

1—上震旦统老虎塘组变质砂岩；2—花岗岩；3—断裂破碎带；4—断层；5—矽卡岩；
6—工业矿体及编号；7—低品位矿体；8—钻孔及编号。

图 6-14　下桐岭钨矿区 54 线剖面图（据江西有色地质勘查三队，1984，修改）
Fig. 6-14　Profile of line 54 in Xiatongling tungsten ore area

网脉型钨矿体形态复杂、变化大，以走向300°、倾向北东、倾角75°脉组为主，矿体长50~440m，延深60~545m，厚2~17.9m，其中以2_I、2_{II}和2_{III}三个矿体规模最大，其WO_3资源储量占全地段总量的56.7%。

2. 围岩蚀变

钾长石化呈面型和线型蚀变发育于岩体中，与钼矿化有一定关系，与其他矿化无明显关系；云英岩化以线型为主，蚀变强钨铋钼矿化亦好；钠长石交代钾长石、斜长石、石英，一般钠长石化发育地段矿化也较好；硅化遍及整个岩体及矿化带中，与矿化无明显关系；矽卡岩化发育于岩体外接触带灰岩中，呈似层状产出，与白钨矿化有一定关系。

3. 矿化及矿化分带

1) 矿石物质组成及结构构造

矿石主要金属矿物有黑钨矿、白钨矿、辉钼矿、辉铋矿、绿柱石、磷钇矿和黄铁矿；脉石矿物主要有石英、长石、白云母、萤石和方解石。

矿石结构有自形、他形粒状结构，交代熔蚀结构，压碎结构等；矿石有块状、晶洞、浸染状、条带状、梳状及角砾状等构造。

矿石中有用组分为钨、钼、铋，伴生可综合利用组分为铍、钇，它们分别以相关独立矿物形式出现；钽铌有一定含量（平均品位Nb_2O_5为0.014%、Ta_2O_5为0.002%），主要赋存于含铌金红石中，无工业价值。有害组分硫、磷含量一般较低，部分稍高。

矿床中主要有用组分含量：一般WO_3为0.10%~0.30%，平均0.23%；Mo为0.014%~0.104%，平均0.051%；Bi为0.010%~0.066%，平均0.044%。品位变化系数：WO_3为88%~130%；Mo为83%~117%；Bi为106%~143%，为钨、钼、铋品位变化较稳定矿床。

2) 矿化空间分带

平面上：从南东往北西的纵向上，由钨（钼、铋）向钨钼铋演变，独立钼铋矿仅分布于矿区西北部；横向上，从南西往北东（以1号岩体矿段为例）由钨钼铋矿化向钼铋矿化演化。

垂向上：矿化深度具南深（达标高-200m）北浅特征。独立钼铋矿仅产于矿床中浅部，即矿带下盘为钨铋矿，上盘为钼、铋（钨为伴生组分）矿。

4. 成矿期次与成矿年龄

矿床成矿作用可分为3个成矿阶段。

气化-高温热液阶段：形成黑钨矿（白钨矿）-辉钼矿-辉铋矿-黄铜矿、黄铁矿组合，为钨的初始矿化阶段。

高温热液成矿阶段：形成绿柱石-黑钨矿-辉钼矿-辉铋矿-闪锌矿-黄铁矿组合，为钨的主要成矿阶段。

中温热液成矿阶段：钨矿化弱，以富含黄铁矿为特征。

李光来等（2011）对该矿床1号矿段成矿期形成的6件辉钼矿样品进行Re-Os同位素定年，获得其等时线年龄为(152.0±3.3)Ma，与6件辉钼矿样品模式年龄的加权平均值(150.6±1.3)Ma在误差范围内高度一致，因此(152.0±3.3)Ma可以代表该矿床的形成年龄。

5. 矿化富集规律

下桐岭是一个多金属矿床，除了钨外，还发育钼、铋、铍矿化。与赣南钨矿区主要产出黑钨矿石英脉型矿体不同，下桐岭的钨矿化主要集中在岩体内，矿床主要由充填于花岗岩体内的网脉型钨钼铋矿体构成主体，其次为石英大脉型，以及充填于岩体东、西外接触带变质岩中的网脉型钨钼铋矿体。

在1号岩体中，南部主要为以钨钼铋为主的网脉状矿体，黑钨矿含量较高，而往北黑钨矿有减少的趋势，辉钼矿和辉铋矿则略有增加，形成了以钼铋为主的网脉型矿体。石英大脉型矿体也可以分为以钨为主和以钼为主的两种类型。

（1）矿体中钨与钼、铋以及钼与铋品位呈正相关关系。

（2）钨、钼、铋、铍矿化与"含脉密度""含脉率"呈正相关，即"含脉密度"大和"含脉率"高的地段矿化较好。

（3）矿化与蚀变有一定关系：云英岩化强，钨、钼、铋矿化好；钾长石化部位钼矿化较好；钠长石化发育地段一般矿化也较好。

（三）成矿机理

李光来等（2011）用辉钼矿 Re–Os 法获得的下桐岭钨矿中辉钼矿 Re 含量为 $3.804 \times 10^{-6} \sim 14.38 \times 10^{-6}$，平均 9.157×10^{-6}，为与燕山早期 S 型花岗岩有关的岩浆期后高温热液成因的网脉状钨钼铋矿床。

1. 成矿母岩的自变质作用及围岩蚀变

矿区1号、2号成矿岩体中的中细粒蚀变花岗岩原岩实际为黑云母花岗岩，其中上部受岩浆后期的自变质作用和热液蚀变，发生钾长石化、钠长石化、云英岩化等蚀变而成为蚀变花岗岩。

据 H.B.别洛夫的研究，W 及 Mo 在岩浆岩中存在于斜长石晶格中，W 及 Mo 需要六次配位的三方柱状多面体，只有斜长石歪曲的六方晶格才易于分成两个三方柱。因此，低价的 W、Mo 可以在斜长石中代替 Ca^{2+} 而存在。花岗岩蚀变作用是产生大规模多金属矿化的前奏，是粒间流体不断交代先成固相矿物的过程。岩体从早到晚、自下而上不同程度地发生自变质和热液蚀变，原岩的斜长石、钾长石、黑云母等造岩矿物和部分副矿物被新生的钾长石、钠长石、白云母、石英所交代，使呈类质同象的 W、Mo、Bi、Be 等成矿元素从原岩斜长石、黑云母等造岩矿物和副矿物晶格中活化转移进入流体中，从而使成矿流体中的成矿元素进一步富集。有关计算表明，$1km^3$ 的花岗岩经钾化可释放出 45 000t 的 WO_3，为后期成矿奠定了物质基础。同时，岩体在自变质过程中，斜长石、黑云母等被交代，大量 Ca、Fe、Mn 也进入流体中（前者称为脱钙化），从而使成矿流体中除富含 W 等成矿元素外，还增加了 Ca、Fe、Mn 等沉淀剂，尤其是提供了大量钙质，对后来白钨矿、黑钨矿结晶沉淀具有重要意义。

2. 成矿流体成分特点

依据矿区大量的岩矿测试资料、化学分析数据和综合研究成果，本区与钨多金属成矿有关的1号和2号岩体富含 W、Mo、Bi、Be 等成矿元素，是高硅、富钾钠、富挥发组分、贫铁钙镁的蚀变花岗岩。而通过岩浆结晶分异、退化沸腾、射气分离和自变质作用从中分异出来的成矿流体与母岩具有"血缘"关系，富含 Si、K、Na、F、CO_2、HCO_3^- 及少量 Mn、Fe、Ca、W、Mo、Bi、Be、HS^- 等组分，而且随着温度、压力和物理化学环境改变而有所变化。黑钨矿的溶解实验表明，含碳酸盐的水溶液使钨矿物溶解度大幅增加，在高温高压的热液中，高浓度的 CO_2 不仅使钨在溶液中的含量增高，还能使 Fe^{2+}、Mn^{2+}、Ca^{2+} 等沉淀剂在溶液中保持稳定，因此，对钨的成矿作用具有重要意义。

上震旦统老虎塘组局部夹碳酸盐岩层形成矽卡岩矿化，为变质岩系中碳酸盐岩层矽卡岩矿化又一信息。

四、宜黄县大王山钨矿床

大王山钨矿床位于江西省宜黄县城南西（220°）方向，直线距离约21km，地处宜黄、乐安、崇仁三县交界处，行政区划属宜黄县二都乡管辖。

大王山钨矿发现于1953年，1955年长沙地质勘探公司二二○队、二○七队先后到矿区勘查。

（一）矿区地质

大王山钨矿床地处于山成钨带北部，探明WO_3资源储量3725t，伴有锡、钼、铋、铜、铅、锌等，为大王山式石英大脉+矿囊典型钨矿床（图6-15）。

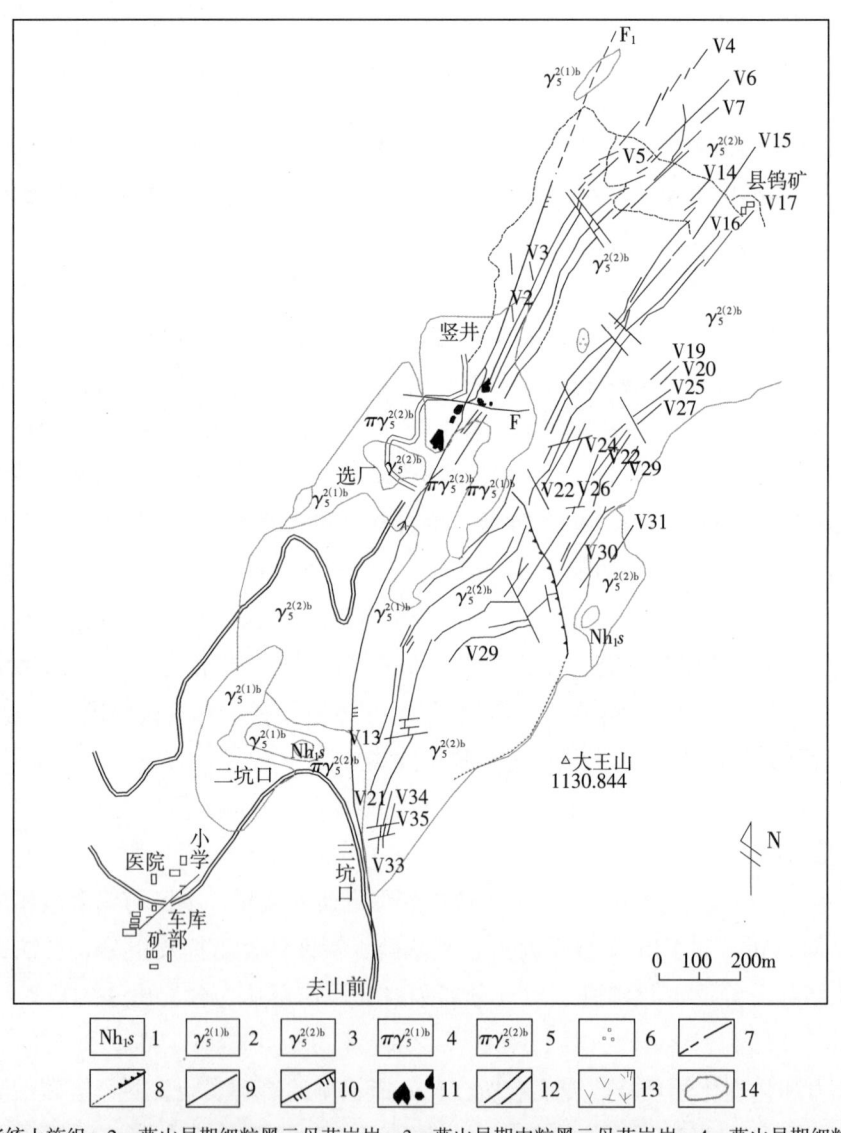

1—下南华统上施组；2—燕山早期细粒黑云母花岗岩；3—燕山早期中粒黑云母花岗岩；4—燕山早期细粒斑状黑云母花岗岩；5—燕山早期中粒斑状黑云母花岗岩；6—石英岩；7—实测或推测性质不明断层；8—重力陷落断裂；9—张扭性断裂；10—压扭性断裂；11—囊状矿体；12—矿脉；13—网状脉；14—地质界线。

图6-15 江西省宜黄县大王山钨矿区地质图（据江西省地质局九一二大队，1973）

Fig. 6-15 Geological map of Dawangshan tungsten mining area, Yihuang County, Jiangxi Province

1. 地层

矿区内仅零星出露下南华统上施组浅变质岩系，岩性主要有浅变质砂岩、板岩，两者互层产出，以变质砂岩为主。

2. 岩浆岩

大王山岩体为一北北东向、近南北向大型岩体。该岩体在矿区大面积出露，时代为燕山早期晚侏罗世黑云母花岗岩。

中粒黑云母花岗岩（$\gamma_5^{2(2)b}$）占矿区出露面积的60%以上，为区内矿体主要围岩。

细粒黑云母花岗岩（$\gamma_5^{2(1)b}$）在矿区内零星出露，占矿区面积的10%左右，分布于大王山顶北侧山脊，矿区西南端、东北端及北部。

中粒斑状黑云母花岗岩（$\pi\gamma_5^{2(2)b}$）分布于矿区中部偏西，占矿区出露面积的8%左右。

细粒斑状黑云母花岗岩（$\pi\gamma_5^{2(1)b}$）在矿区中部，呈近南北向条带分布，占矿区出露面积的5%左右。

上述花岗岩为同期多相的产物。

3. 构造

矿区构造以断裂构造为主。

F_1断裂分布于矿区西部，与成矿关系十分密切，起着导矿的作用，与走向北西西向、北北西向小型断裂交会处多为囊状矿体聚集处。F_1断裂延长5km，走向北北东（15°~20°），倾向南东，局部倾向北西，倾角较陡，多为70°~80°。断裂带宽度一般3~4m，断裂面平直光滑，断裂两侧常见平行于断裂走向的压性片理，属压扭性质。

矿区成矿裂隙主要分布于F_1断裂的上盘（东侧），即花岗岩的内接触带，有走向30°~50°、70°~80°和330°三组，但以走向30°~50°组为主，平均倾向125°，平均倾角75°。裂隙在平面上从F_1断裂往东又分为三组，即西组、中组和东组。西组裂隙总长约1100m，形成矿脉脉幅大；中组总长约1900m，带宽，条数多，形成的矿脉长而脉幅大；东组总长约800m，成矿裂隙小而稀。裂隙沿走向各组都具膨大缩小现象。三组裂隙整体呈向南西收敛、北东撒开的帚状分布。

（二）矿床地质

1. 矿体形态、产状、规模

区内矿体为黑钨矿石英脉型矿体，矿体主要产于大王山岩体黑云母花岗岩内接触带附近。矿体一般分布标高650~900m，以单脉为主，部分呈囊状、网脉状产出（图6-16）。在裂隙发育的囊状矿体周围，分布着许多网脉状矿脉。脉状、囊状、网脉状矿体三者无明显穿插关系，但总体走

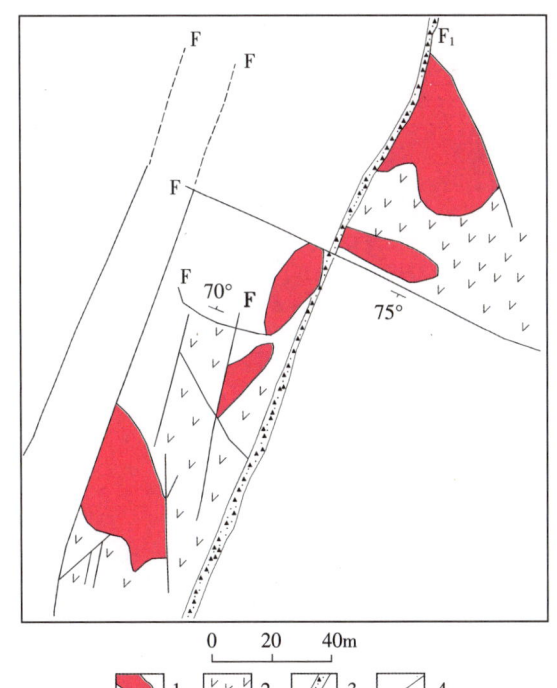

1—囊状矿体；2—网状矿体；3—断裂破碎带；4—性质不明断层。

图6-16 大王山钨矿区囊状矿体分布示意图
（据江西省地质局九一二大队，1973）

Fig. 6-16 Distribution diagram of saccular ore body in Dawangshan tungsten mining area

向是一致的。矿脉总体呈北北东走向，相互平行呈带状产出，矿带地表表现为向南西收敛、往北东撒开的帚状展布。矿脉为"入"字形剪张裂隙带的基础兼有逆时针旋扭的动力等特征，走向 25°~45°，倾向南东，倾角多较陡，在 65°~75°之间。矿带宽 40~400m。矿体形态复杂，常见追踪、弯曲、分支复合、膨大缩小、尖灭侧现、透镜状、网状等产出（图 6-17）。

大王山矿区共圈定黑钨矿石英脉 35 条。按其展布特征，可分为西、中和东三组脉带。各组脉带相隔间距不大，西组与中组相距 140m 左右，中组与东组相距 80m 左右。中组脉带为主体，以 V21 号脉

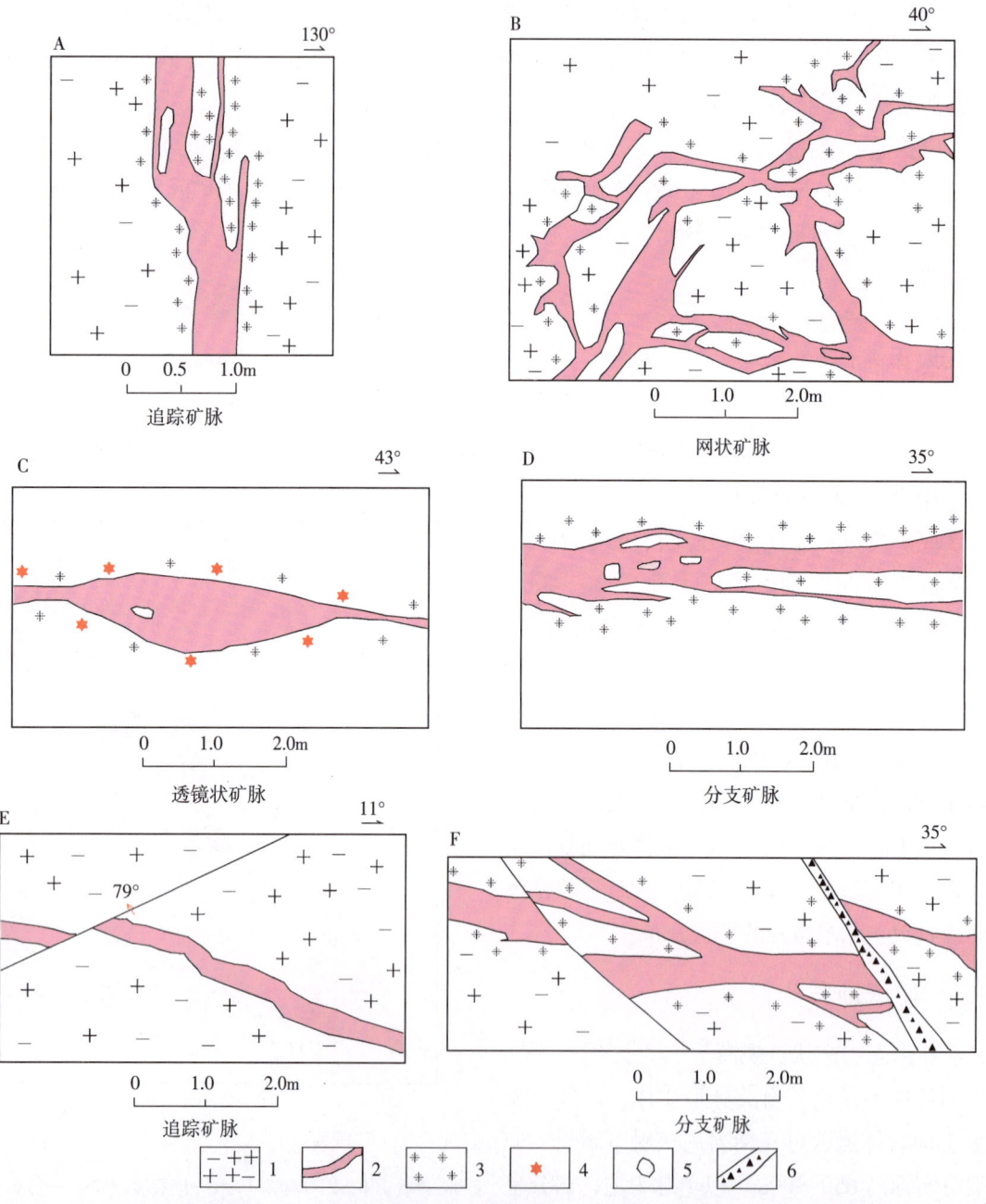

1—细粒斑状黑云花岗岩；2—含钨矿石英脉；3—云英岩化；4—硅化；5—晶洞；6—断层及角砾岩。

图 6-17 大王山矿区含钨石英脉分布示意图
（据江西省地质局九一二大队，1973）
Fig. 6-17 Distribution of tungsten bearing quartz veins in Dawangshan mining area

为主脉,整个脉带延长超过 1900m。西组脉带延长达 1100m,V4 号矿脉为该组脉带的主矿脉,囊状和网脉状矿体主要产于西组脉带。东组脉带以 V29 号矿脉为主脉,延长 800m 左右。现就区内最主要的 V4 号和 V21 号矿脉叙述如下。

V4 号矿脉:分布于西组脉带西侧,控制长约 600m,呈单脉产出,常具膨大缩小、尖灭再现等现象。脉幅一般 29~56cm,平均 48cm。矿石品位在平面上表现为中间贫,向两端变富,在 7 线附近为贫矿区段并向北东侧伏(图 6-18)。剖面上常表现为上富下贫,一般在地表下 50~100m 之间相对富集,往深部则逐渐贫化。矿体 WO_3 平均品位为 0.43%。

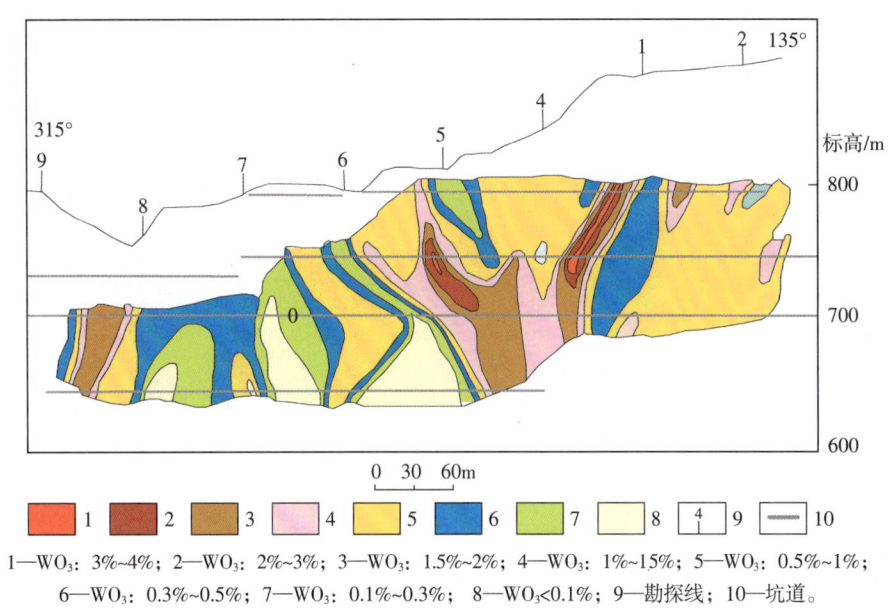

1—WO_3: 3%~4%; 2—WO_3: 2%~3%; 3—WO_3: 1.5%~2%; 4—WO_3: 1%~15%; 5—WO_3: 0.5%~1%;
6—WO_3: 0.3%~0.5%; 7—WO_3: 0.1%~0.3%; 8—WO_3<0.1%; 9—勘探线; 10—坑道。

图 6-18 大王山矿区 V4 号矿脉 WO_3 含量等值线图
(据江西省地质局九一二大队,1973)
Fig. 6-18 WO_3 content contour map of vein V4 in Dawangshan mining area

V21 号矿脉:分布于中组脉带中部,控制长约 650m,呈单脉产出,走向一般 25°~45°,倾向南东,倾角 65°~75°,矿脉形态变化甚为复杂,常见追踪弯曲、分支复合、膨大缩小、尖灭侧现等现象。脉幅一般 20~56cm,平均 36cm。走向上南西端矿化相对较富,矿脉 15 线以南 WO_3 平均品位 0.65%,15 线以北 WO_3 平均品位 0.37%。剖面上矿石品位表现为上富下贫特点。矿石中伴生元素平均品位:Cu 为 0.058%、Mo 为 0.02%、Bi 为 0.02%。

囊状矿体形成于断裂结点,其根部为网脉体,多为钨、钼、铋富矿体,一般含黑钨矿数十吨,最大者达千余吨。

2. 矿石矿物成分及分布特征

矿石中发现各类矿物共有 24 种。金属矿物有黑钨矿、白钨矿、黄铜矿、黄铁矿、辉钼矿、绿柱石、辉铋矿、自然铋、磁黄铁矿、闪锌矿、自然铜、磷钇矿、独居石、铜铀云母、钨华、铋华、孔雀石、胆矾等;非金属矿物有石英、白云母、长石、萤石、方解石、高岭土等。现就区内产出的主要矿物分布特征叙述如下。

黑钨矿:呈板状晶体产出,往往沿脉壁或捕虏体晶出(图 6-19A)。在矿体上部一般晶体较小,呈分散或鸡爪状集合体产出,矿体中、下部常见板状晶集合体(图 6-19D),有时还可见定向排列

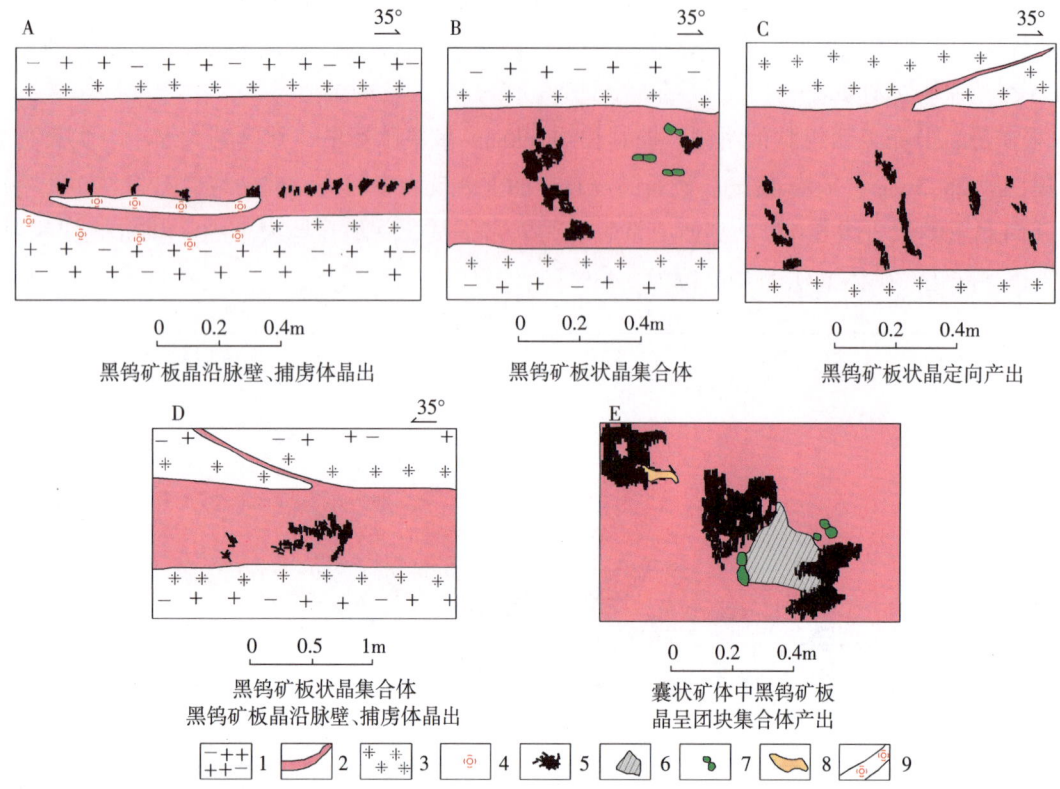

图 6-19 大王山矿区黑钨矿晶体产出示意图
(据江西省地质局九一二大队，1973)

Fig.6-19 Schematic diagram of wolframite crystal output in Dawangshan mining area

1—细粒斑状黑云母花岗岩；2—含矿石英脉；3—云英岩化；4—硅化；5—黑钨矿晶体；6—白钨矿；7—黄铜矿；8—黄铁矿；9—硅化岩。

（图6-19B，C）。在囊状矿体中黑钨矿分布很不均匀，主要呈大小不等的团块状产出（图6-19E）。此外在云英岩化蚀变岩石中可偶见星散状黑钨矿小板晶，一般亦产于矿脉的附近。

白钨矿：主要呈粒状或团块状产出（图6-19E）。白钨矿常与黑钨矿共生产于黑钨矿晶穴中或沿小裂隙交代黑钨矿，也常与黄铜矿、黄铁矿共生，被黄铜矿或黄铁矿所包围。在网状矿脉中也常有粒状白钨矿产出。在囊状矿体下部，白钨矿多呈团块状产出，且往往较为富集。

3. 围岩蚀变及其与成矿的关系

区内围岩蚀变主要有云英岩化，次为硅化、绿泥石化和绢云母化。

云英岩化：云英岩化是区内最主要且最普遍的围岩蚀变，其主要沿含矿石英脉两侧呈带状、扁豆状分布。一般其蚀变带宽度为10~30cm，在细脉密集或矿脉交叉处蚀变宽度变大。云英岩主要由石英和白云母组成，石英呈他形粒状，白云母呈细小片状聚晶或团块状。云英岩化与钨矿化的关系较为密切，含矿石英脉边部或两侧大多伴有云英岩化出现，云英岩化强烈地段往往钨矿化更富集。云英岩本身普遍含有黄铁矿化、黄铜矿化，偶见微量的黑钨矿化、辉钼矿化、辉铋矿化等。

硅化：区内硅化亦较常见，仅次于云英岩化。主要分布于云英岩化外带，一般宽度在10cm左右。主要由石英组成，含少量白云母，金属矿化甚微，偶见黄铁矿化。在囊状矿体或后期石英脉两侧硅化作用较强。

绿泥石化：在含矿石英脉旁或伴随云英岩化出现。区内总体绿泥石化不强，蚀变宽度也不大，一般仅几厘米。由石英、绿泥石、绢云母等组成。与矿化关系不明显。

绢云母化：仅见于后期石英脉旁侧，主要由石英和白云母组成。

（三）矿化特征及其富集规律

1. 钨矿化特征及富集规律

总的来看，区内钨矿化不太均匀，以黑钨矿为主，次为白钨矿，常与辉钼矿共生，总体表现为上富下贫的特点。矿体最富集地段往往在地表以下 50~100m 范围内。在囊状矿体中黑钨矿有时形成大团块或富矿包，富集的大矿包含黑钨矿可达上千吨。

2. 铜矿化特征及富集规律

铜矿化以黄铜矿为主，在各矿脉中均有产出，但主要富集于 V4 号、V5 号、V33 号等矿脉中，其 Cu 平均品位亦较高，在 0.5%~0.8%之间，其中 V4 号矿脉 Cu 品位变化曲线见图 6-20。据统计，区内 34 条矿脉在 1 线以南 Cu 的平均品位为 0.122%，1 线以北 Cu 的平均品位为 0.47%。

3. 铋矿化特征及富集规律

铋矿化以辉铋矿为主，还有微量的自然铋矿物，地表因氧化而产生铋华。在区内各矿脉中均有不同程度的铋矿化，以东、西两组脉及中组脉的南西端相对较富，全区 Bi 平均品位为 0.132%，1 线以南 Bi 平均品位为 0.158%，以北 Bi 平均品位为 0.054%。全区以 V4 号、V5 号矿脉中最为富集，其品位在 0.2%~0.4%之间，其中 V4 号矿脉 Bi 品位变化曲线见图 6-20。

4. 钼矿化特征及富集规律

钼矿化以辉钼矿为主，在平面上从东组脉到西组脉矿化由强变弱，在剖面上则表现为上富下贫的特征，其中 V4 号矿脉 Mo 品位变化曲线见图 6-20。据统计，1 线以南的 Mo 平均品位为 0.024%，1 线以北 Mo 平均品位为 0.019%。

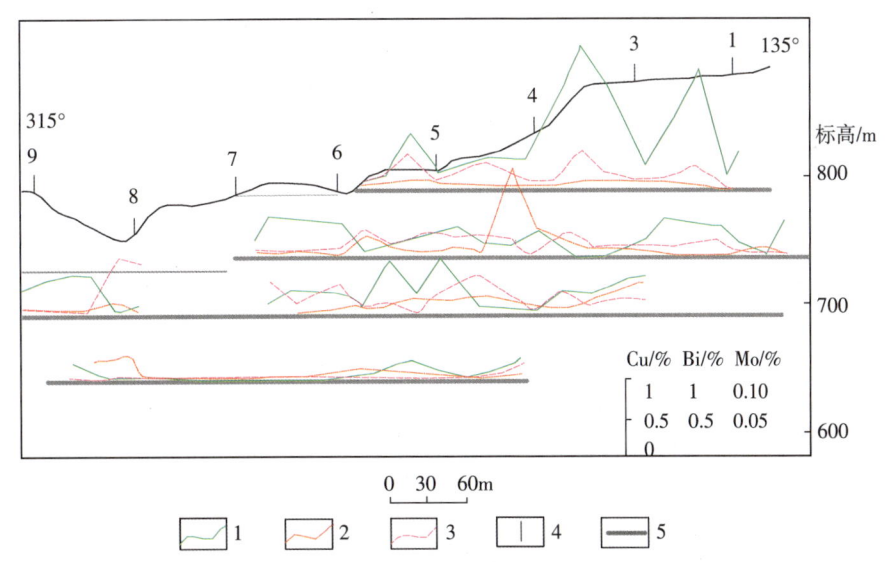

1—Cu 品位曲线；2—Bi 品位曲线；3—Mo 品位曲线；4—勘探线及编号；5—坑道。

图 6-20 大王山矿区 V4 号矿脉 Cu、Bi、Mo 品位变化曲线图
（据江西省地质局九一二大队，1973）

Fig. 6-20 Grade change curve of Cu, Bi and Mo in vein V4 of Dawangshan mining area

（四）成矿机理

宜黄近南北向断裂带（包括大王山 F_1 断裂）形成于加里东期造山运动，燕山期受北北东向左旋走滑断裂归并，控制了大王山近南北向、北北东向花岗岩株，并派生容矿"入"字形兼逆时针旋扭裂隙。北北东向剪张性裂隙带形成石英大脉，在其与北西西向、北北西向等小型断裂交会点处成矿流体强烈扩容，形成罕见的矿囊。

五、大余县牛岭钨锡矿床

牛岭矿区位于大余县城 51° 方向 24km 处，处于崇余犹矿集区，左拔－红桃岭矿集带中部，是一个由变质岩中线脉带（脉芒带）、花岗岩内带石英大脉带和根部带组成的内接触带"三层楼"式典型钨锡矿床。

1957 年 5 月—1958 年 11 月，江西有色地质勘查局二二七队对樟斗钨矿进行地质勘探的同时，对外围的牛岭矿点进行过预查。2003 年 5 月，赣州市地质队编制提交《江西省大余县丰兴矿业管理总站牛岭工区钨矿储量地质报告》，估算采矿权范围（标高 180m 以上）保有储量 D 级：WO_3 为 26.63t、Sn 为 18.13t。2003—2019 年，赣南地质调查大队对矿区进行了普查和详查，获累计资源储量：WO_3 为 11 635t，平均品位 2.149%，伴生的 Sn 为 3993t、Cu 为 1731t，达中型规模，是近年来勘查工作取得突破的花岗岩内带石英脉型钨锡矿床典型代表。

（一）矿区地质

1. 地层

矿区大部分由寒武系和震旦系占据，为一套韵律清楚的碎屑岩类复理石建造。岩层遭受了加里东期强烈褶皱，组成西部倒转、东部正常的复式背斜（图 6-21）。

震旦系出露上统老虎塘组（Z_2l），为绢云母板岩夹石英质砂岩，顶部为厚—巨厚层状硅质岩。

寒武系出露底下统牛角河组（$\epsilon_{0-1}n$），分上、下两段：下段由石英质砂岩夹薄层状绢云母板岩组成，底部为碳质板岩，微斜层理及板理发育；上段由石英质砂岩夹含粉砂质绢云母板岩组成。地层走向北东 30°，倾向南东，倾角 50°~80°。

2. 花岗岩

矿区出露牛岭花岗岩体，属左拔－红桃岭岩基的一个半隐伏型成矿岩株，为燕山早期晚侏罗世中细粒斑状黑云母花岗岩。

岩体因地形切割，沿沟谷低洼处有若干处小面积出露，其中较大的有桥孜坑、牛岭、中牛岭 3 处出露的岩凸，出露标高 250~330m，呈北北东向排列。

牛岭岩体主要成分为中细粒斑状黑云母花岗岩，呈灰白色，似斑状结构，块状构造，斑晶为石英、钾长石、斜长石。岩体边缘常见围岩捕房体，内部多顶垂体，云英岩化和面型硅化普遍，表明剥蚀不深。边缘相多为细粒结构，内部相似斑状结构显著。

岩体富含 W、Sn、Cu 等成矿元素，与钨锡矿化关系密切，是矿区的成矿母岩。岩体具体情况见表 6-7、表 6-8 和表 6-9。

岩体受 3 条北东向大断裂（F_2、F_3、F_4）控制，呈北东向带状隆起。据钻孔揭露，隆起宽度约 1km，

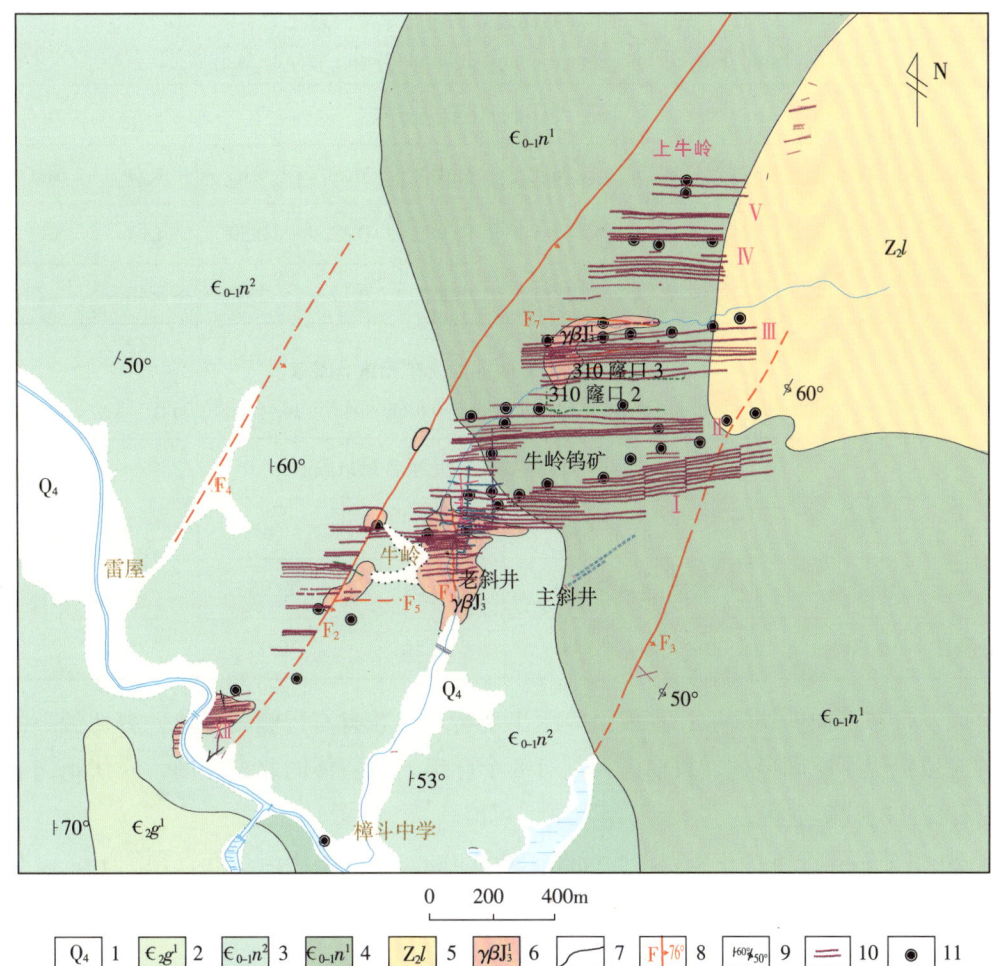

1—第四系；2—中寒武统高滩组；3—底下寒武统牛角河组上段；4—底下寒武统牛角河组下段；
5—上震旦统老虎塘组；6—燕山早期中细粒斑状黑云母花岗岩；7—地质界线；8—断层及产状；
9—正常、倒转地层产状；10—矿脉及其编号、产状；11—完工钻孔。

图 6-21 大余县牛岭钨矿地质简图

Fig. 6-21 Geological diagram of Niuling tungsten mine in Dayu County

表 6-7 牛岭花岗岩体岩石矿物成分及含量表

Table 6-7 Rock mineral composition and content of Niuling granite body

岩体名称	相带	岩石类型	主要矿物成分及含量/%					副矿物
			钾长石	斜长石	石英	黑云母	白云母	
下垅	边缘相	细粒斑状黑云母花岗岩	36	29	30	3	2	锆石、磷灰石、金红石
	过渡相	中细粒斑状黑云母花岗岩	36	30	30	4	—	锆石、磷灰石、金红石、磁铁矿
牛岭	未分	中细粒斑状黑云母花岗岩	38	28	28	4	2	磁铁矿、锆石、磷灰石、独居石、绿帘石

表 6-8　牛岭花岗岩体岩石化学成分表

Table 6-8　Petrochemical composition of Niuling granite body

岩体名称	岩石化学成分/%										
	SiO_2	TiO_2	Al_2O_3	Fe_2O_3	FeO	MnO	MgO	CaO	K_2O	Na_2O	P_2O_5
下垅	75.57	0.07	13.06	0.43	0.95	0.04	0.32	0.59	4.94	3.65	0.01
樟斗	74.18	0.18	13.47	0.47	1.53	0.06	0.17	1.07	5.48	2.78	0.08

表 6-9　牛岭花岗岩体主要成矿元素含量表

Table 6-9　Contents of main metallogenic elements of Niuling granite body

岩体名称	主要成矿元素含量/$\mu g \cdot g^{-1}$						
	W	Sn	Cu	Pb	Zn	Ag	Mo
下垅	54.03	34.97	26.80	76.01	43.96	0.26	5.00
地壳克拉克值	1.50	2.00	55.00	12.50	70.00	0.07	0.20

岩体的隆起区发育东西向剪切裂隙，具成组等距出现特点，并有右行侧列现象，剪切裂隙的发育为含矿石英脉的充填提供了空间条件。目前已控制有 8 个脉组，沿岩体的北东方向，隐伏花岗岩体边缘尚未控制，仍有良好的找矿空间，还有新脉组发现的可能。

据矿区 20 多个钻孔资料，花岗岩顶面标高 180~330m，往两侧逐渐变低，预测 F_2、F_4 是岩体的控岩构造。

3. 构造

矿区处于下垅 – 墨烟山近南北向复式背斜的西翼，褶皱倒转，轴向近南北，倾向南东，倾角 50°~80°。

区内有北北东向断裂 3 条，其延长一般大于 2000m，宽 2~10m，属燕山期形成的区域性断裂，在成矿前和成矿后均有活动迹象，为矿区燕山期花岗岩的导岩及控岩构造。断裂面常呈舒缓波状，挤压揉皱现象明显，常见构造透镜体、片理化带，具多期次活动特点。此外，矿区还发育有北西向、南北向断裂。

成矿裂隙在花岗岩中成组成带产出，局部可延伸至上覆的变质岩中数十米，是矿区主要的容矿构造，可分为 3 类：①倾向 358°~360°，倾角 65°~83°，大多数矿脉属此类型；②倾向 350°~355°，倾角 65°~75°，主要为Ⅱ、Ⅲ脉组一些矿脉；③倾向 5°~10°，倾角 70°~80°，主要为Ⅳ、Ⅴ脉组一些矿脉。

成矿裂隙延长可达 1000m，延深可达 200~300m，规模较大，为含矿石英脉的充填提供了空间。裂隙成组出现，组与组之间具"右行–斜列"组合型式。如自南往北的桥孜坑–牛岭–中牛岭–上牛岭，裂隙呈北北东向排列，数组矿脉有"右行"侧列现象，等距性明显，间距约 200m，往北、往南方向仍有发现新裂隙组的可能。

(二) 矿床地质

1. 矿体的产状、形态和规模

牛岭钨矿为内带石英脉型钨锡矿床，石英脉赋存于中细粒黑云母花岗岩顶面至其下 200m 垂距中，变质岩区分布零星，地表在 3 处岩凸处（牛岭、中牛岭、桥孜坑）出露。

矿区矿体成脉状，成组成带出现，已发现石英脉上百条，其中工业矿体 79 条，分 5 个矿脉组，已控 3 个脉组，即 I 号、II 号、III 号，而 IV 号、V 号脉组矿化较差。组与组密—疏—密近等距分布，具右行斜列组合型式，间距 200m 左右。其中 V6、V7、V13、V15、V16、V35 为主矿体。矿体大多埋藏于距地表 50~100m 以下，呈脉状产于中细粒黑云母花岗岩中。矿体延长 92~510m，延深 50~240m，倾向 348°~5°，倾角 70°~85°，产状较一致。脉幅 0.10~0.60m，最大厚度 1.05m，平均脉幅 0.18m。矿区工业矿体的平均品位：WO_3 为 2.149%、Sn 为 0.749%、Cu 为 0.325%。矿脉具分支复合、膨大缩小、尖灭侧现等现象，在水平方向和垂直方向上常呈右行前侧，向北侧间距数厘米至数十厘米（图 6-22、图 6-23）。

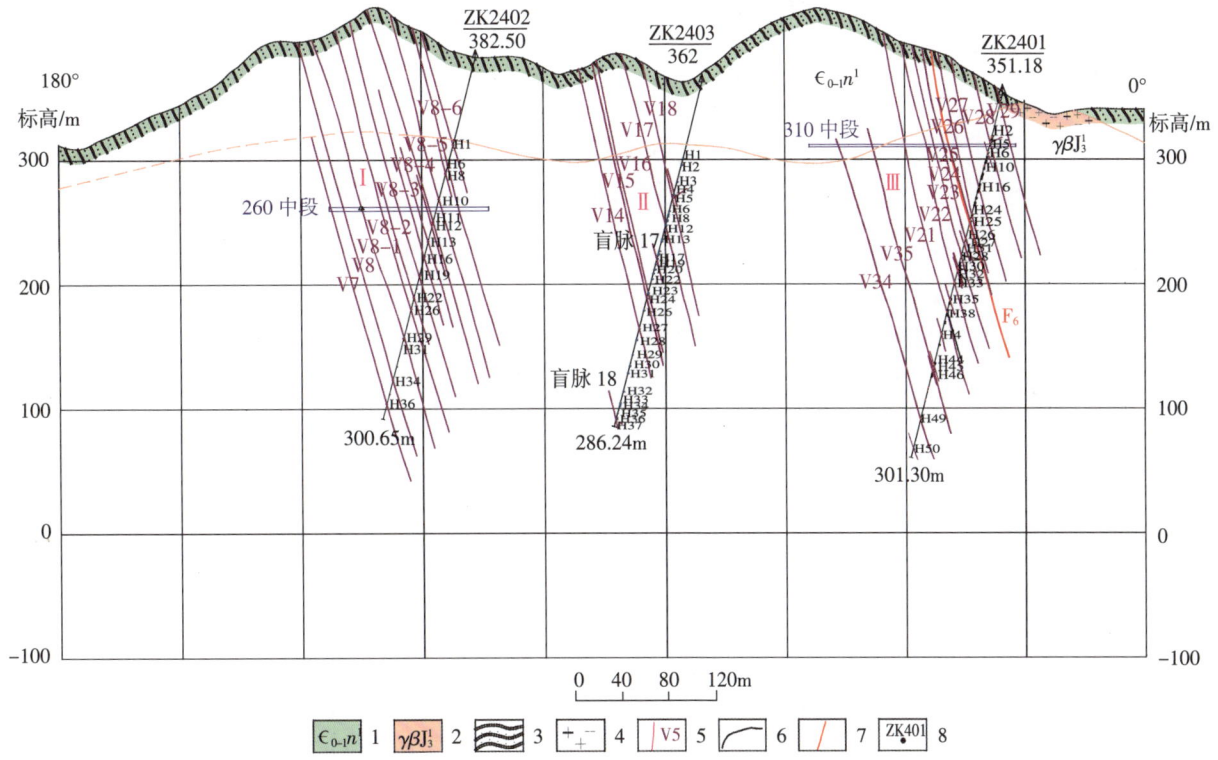

1—底下寒武统牛角河组下段；2—晚侏罗世中细粒斑状黑云母花岗岩；3—变质砂岩；4—中细粒斑状黑云母花岗岩；5—含矿石英脉及产状；6—地质界线；7—断层及产状；8—完工钻孔及编号。

图 6-22　大余县牛岭矿区 24 线剖面图

Fig. 6-22　Profile of line 24 in Niuling mining area, Dayu County

W—黑钨矿；Cu—黄铜矿；Q—石英脉；a. ZK2802-213.79m-富钨铜石英脉-25cm；b. 210 中段 V8-22cm。

图 6-23　大余县牛岭钨矿矿体矿物图

Fig. 6-23　Color map of ore body of Niuling tungsten mine in Dayu County

2. 矿石特征

1) 矿物成分

本矿区内矿石中常见矿物近 20 种，金属矿物有黑钨矿、锡石、黄铜矿、辉钼矿、黄铁矿、白钨矿等，非金属矿物有石英、钾长石、白云母、萤石、方解石、黄玉、绿泥石，次生矿物有绢云母、叶蜡石等。黑钨矿、锡石为主要工业矿物，黄铜矿为伴生工业矿物。

矿物生成顺序为石英→锡石→黑钨矿→萤石→黄铜矿→方解石→辉钼矿→绿泥石。

2) 矿石结构构造

矿石结构主要为自形粒状结构，他形—半自形结构，其次是熔蚀交代残余结构、碎裂结构。

矿石构造主要有块状构造、条带状构造、细脉状构造、网脉状构造、角砾状构造。

块状构造：石英、黑钨矿或其他矿物呈不规则集合体产出。

条带状构造：黑钨矿、铁锂云母及硫化矿物呈线型条带状和脉状垂直或平行脉体产出。

3) 矿石化学成分特征

据矿区 263 个矿体样品统计，矿石中钨锡含量变化较大，WO_3 为 0.005%~32.08%，Sn 为 0.004%~9.34%，全区平均品位 WO_3 为 1.476%、Sn 为 0.533%；10 个主矿体厚度变化系数为 64.31%~254.55%，平均值为 107.23%，属厚度较稳定—不稳定型；钨品位变化系数为 62.03%~224.46%，平均值为 153.29%，属品位不均匀型。

钨锡矿化在走向和倾向上分布不均，黑钨矿多呈"砂包"产出，矿物共生组合在垂向上显示了一定的分带现象：在矿床上部，黑钨矿、锡石组合较明显，但黑钨矿至深部保持连续矿化，锡石含量则随着标高降低渐趋减少，金属硫化物尤其是黄铜矿，随着标高降低渐趋增加，深部出现方解石等低温矿物。

（三）成矿规律

据中国地质科学院矿产资源研究所丰成友等 2009 年的研究成果，矿区的花岗岩年龄为 (151.4±3.1)Ma（锆石 U-Pb 法），成矿年龄为 154.9Ma 和 (154.6±9.7)Ma（辉钼矿 Re-Os 法）。

牛岭岩体受北北东向构造控制，呈北北东向带状延伸，北高南低，北部的墨烟山和下坑出露标高 600m，中部的中牛岭、牛岭出露标高 300m，矿体深部标高约-150m。沿岩株呈带状分布一批钨矿床，自北向南，有红桃岭钨矿、下垅钨矿、牛岭钨矿、樟斗钨矿、左拔钨矿，矿床标高大致相同，具有"等深"特征。牛岭矿区岩体受 3 条北东向断裂（F_2、F_3、F_4）控制，顶面标高 150~330m，往两侧逐渐变低，花岗岩的隆起部位成矿有利。

矿区花岗岩体呈北北东向侵入定位，并形成规模较大的东西向剪切裂隙系统。剪切裂隙延长可达 1000m，延深可达 200m，成组出现，为含矿石英脉的充填提供了空间。与一般矿区相比，本区的控矿剪切裂隙延长、延深均比常规大。同时，控矿裂隙系统具"右行－斜列"组合型式，自南往北的桥孜坑－牛岭－中牛岭－上牛岭，裂隙呈北北东向排列，数组矿脉等距性明显，间距约 150m，再往北的下垅钨矿方向仍有发现新脉组的可能。

矿区主要为内带石英脉型，局部见花岗岩顶帽云英岩型。内带石英脉型矿体呈脉状成组产出，组与组间有等距性特点，地表表现为云母线、石英线产于变质岩中，向下进入花岗岩后变为石英薄脉，成为工业矿体，再往下逐渐增大成大脉，花岗岩顶面至其下 250m 范围最具工业价值，再往下即进入根部带，垂向上具"三层楼"模式。

在变质岩中含矿石英脉垂向延伸有限，一般 10~30m，但也有一些云母线、石英线出现，密度一般 5~30 条/100m，邻近的变质岩多具斑点状热蚀变。因此地表重在对变质岩角岩化的调查以及云母线、石英线"脉芒"的揭露，为预测深部是否有隐伏工业矿脉提供信息。

内接触带型矿化受成矿岩体的起伏控制，隐伏岩体隆起的岩凸部位成矿有利，特别是成矿裂隙系统的发育地带，往往形成工业脉组。

六、大余县九龙脑钨矿床

九龙脑矿区位于大余县城北西 19km，属江西省大余县浮江乡管辖。地理座标：东经 114°8′11″，北纬 25°30′30″。东南方向距洪水寨钨锡矿 3km、西华山钨矿 14km；东北方向距宝山矽卡岩白钨铅锌矿区 10km。

九龙脑钨矿于 1918 年由两位造纸工人发现，采矿者最多时达 3000 余人。新中国成立后，政府组织了民麓生产合作社，主要开采大脉型钨矿。1960 年后矿山隶属荡坪钨矿，1970 年停产。1981 年，大余县重新成立九龙脑钨矿。

九龙脑一带的钨矿调查工作始于 1929 年，燕春台、查宗禄、周道隆、上官俊、胡文治、涂慎微、徐克勤、丁毅等曾到矿区调查。新中国成立后，重工业部地质局长沙地质勘探公司二○九队、二二○队到矿区踏勘，二二三队对矿区预查，估算储量 WO_3 万余吨，Sn 千余吨。1957—1958 年，冶金部地质局江西分局二○一队（后改称江西省地质局钨矿普查勘探大队）进入矿区开展普查评价与初步勘探。1963 年江西省地质局九○八大队重上九龙脑，运用侧列规律在矿区西段发现了隐伏钨矿体。九龙脑矿区累计探明 WO_3 资源储量 19 987.77t，为中型规模的云英岩化蚀变岩+石英细脉带混合型矿床。

（一）矿区地质

矿床地层岩性主要有上震旦统老虎塘组变质石英砂岩、板岩（图 6-24）。

矿床岩浆岩为燕山早期中侏罗世细粒（斑状）黑云母花岗岩，其同位素年龄测定结果表明，成岩年龄为 175~165Ma。岩体受区域性北北东向、东西向构造的复合控制，沿九龙脑－关田复式褶皱核部侵入，以岩基形式呈北北东向、东西向延伸，往北、往南隐伏，出露面积约 105km²，呈不规则椭圆状，向南倾伏，倾角 40°~50°，局部达 70°左右。

矿床构造主要表现为复式背斜构造及断裂－裂隙构造。复式背斜轴向北东－南西，为紧密褶皱形态，褶皱翼部倾角一般在 40°~75°之间。

矿床的断裂构造主要为北北东向左行走滑断裂，是一条区域性断裂带。另一条为北东东向右行挤压走滑断裂破碎带，倾向南西，倾角 70°~84°。破碎带宽介于 1.5~12.0m，破碎带中岩石挤压破碎明显，有云英岩角砾，被硅质胶结，断层西南端有疏松的变质岩角砾，具长期活动的性质。

石英大脉成矿裂隙按其产状可分为两组：北东东向脉组倾向 330°~350°，倾角 65°~80°，主要分布在矿区北部；近东西向脉组倾向 350°~25°，倾角 60°~83°，主要分布在矿区东部或东南部。后一组裂隙规律性较为明显，由南往北逐渐变陡，此组裂隙与区内北东东向断裂走向基本一致，部分大脉又见脉壁水平擦痕。综上所述，裂隙具剪张特征。

云英岩石英细脉带成矿裂隙极为发育，成矿裂隙走向 70°左右，倾角 20°~40°，裂隙延长短小，一

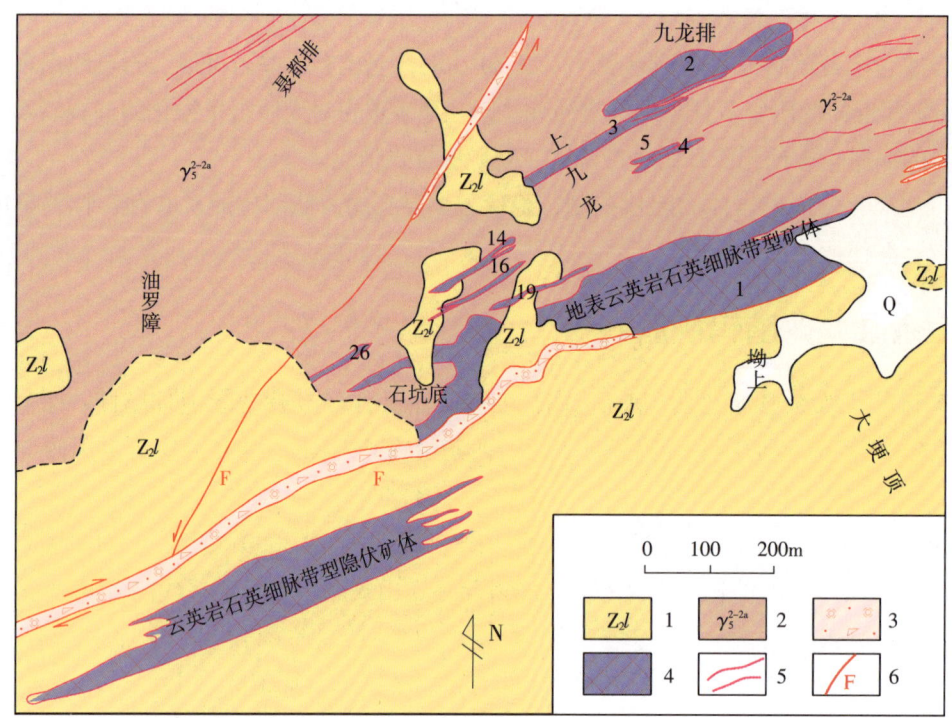

1—震旦系老虎塘组；2—中侏罗世中细粒（斑状）黑云母花岗岩；3—硅化破碎带；
4—云英岩石英细脉带型矿体及其编号；5—（含钨）石英脉；6—断层。

图 6-24 九龙脑钨矿地质图

Fig. 6-24 Geological map of Jiulongnao tungsten mine

般为 2~3m，延伸略小于延长；波状弯曲、膨大缩小现象显著，偶尔可见长石斑晶横跨裂隙未被切断，产状面多与花岗岩接触面近于垂直。

（二）矿床地质

1. 矿体类型及分布

矿床有云英岩石英细脉带矿体和石英大脉矿体两种类型，二者均赋存在花岗岩体内。其中以云英岩石英细脉带矿体为主要工业矿体。

本区云英岩石英细脉带共有 22 条，各带呈右行侧列展布，产状为 330°~345°∠50°~75°，由南往北有变陡趋势，带间距一般 15m 左右，各带规模大小不一，石英细脉带的总体走向与各期石英细脉平均走向一致，细脉多密集于接触面上部的内带，延深短浅，即形成一条沿接触面展布，沿走向中间一段膨大，向两端分散尖灭，似透镜状的狭长脉带（矿体）。

1 号带：分东、西两段，东段属表露矿体，控制长 820m，最宽 118m，平均 80m，沿倾向延深约 30m，沿走向向两端分支尖灭；西段为隐伏矿体，埋深在 100~300m 的变质岩之下，控制长度 700m，最大宽度超过 60m，工业矿化深度 20~25m。矿带走向介于 60°~75°之间，总体倾向南东，倾角 60°~76°，局部倾向北西。总体形态呈窄长带状或透镜状、囊状，具胀缩现象。与围岩分界较明显，局部与断层接触。带内主要由各种不同类型的细脉及蚀变围岩组成，细脉主要有含长石石英脉、含钨铍石英脉、烟灰色石英脉、乳白色石英脉、碱性长石脉、绿泥石脉及层解石脉等；带内蚀变围岩主要为云英岩、富石英云英岩、云英岩化花岗岩、硅化云英岩及似糖粒状硅化云英岩。与黑钨矿化密切相关的主要为含长石石英脉、含钨铍石英脉、烟灰色石英脉、乳白色石英脉。带内各种石英细脉形态主要为简单的脉状，但分支、复合、膨缩、弯曲等现象较常见，其组合形式一般为平行密集排列，或乳白色石英脉切割钨铍石英脉，以致其产生拖曳现象，形成波状弯曲，局部交切成网状，脉宽一般为1~20cm不等，且多为1~3cm，单脉延伸一般小于10m，少数延伸达数十米以上，脉体呈断续分布纵贯于矿带内，在岩体原始接触面附近矿化较好。主要有用矿物为黑钨矿，平均品位0.422%，伴生锡、铋、铍、钼、铜和铅锌等矿化。毒砂矿化主要富集在矿带的北部边缘，即矿带顶部，标高900m以上。黄铜矿等硫化物主要分布在矿带南部。黑钨矿、绿柱石等沿走向主要富集在矿带中部，沿倾向下部矿带较上部宽，钨品位较上部富，自西向东黑钨矿化下限标高为666~810m；同一平面上由南往北，即由接触面向花岗岩内部方向矿化逐渐降低（图6-25~图6-27）。

2. 矿石物质成分

矿床中共发现60余种矿物，金属矿物以黑钨矿为主，次为锡石、绿柱石、辉钼矿，少量铜、铅锌等的硫化物矿物，脉石矿物主要为石英。矿石类型以石英-黑钨矿矿石为主，其次为石英-黑钨矿-锡石硫化物矿石。

3. 围岩变质与蚀变

热液蚀变主要分布在接触带附近的地层中，使原岩中的砂岩蚀变为绢云母角岩、硅化砂岩；板岩局部因富含钙质受岩浆交代作用后形成矽卡岩，并含微量白钨矿。

云英岩化：一种是石英矿脉蚀变，多呈带状连续分布，局部地段呈断续的囊状或团块状不规则分布；另一种是云英岩石英细脉带矿体，云英岩带有时即为矿带/体，往外依次为似糖粒状硅化云英岩带、强硅化花岗岩带或硅化带。在剖面上，云英岩化或矿体分布在地表或浅部之变质岩与花岗岩接触内带附近，延深最深不超过50m，往下依次为云英岩化花岗岩→强硅化花岗岩→硅化花岗岩。

硅化：主要见于矿区西南部的变质岩中，因微小石英脉线贯穿于变质岩中而引起，硅化带较窄。在云英岩脉带中也见有硅化，当早期硅化叠加于云英岩之上，则形成硅化云英岩及似糖粒状硅化云英岩，叠加于花岗岩地区则形成强硅化花岗岩。硫化物越多的地方蚀变越强，反映其为石英-硫化物阶

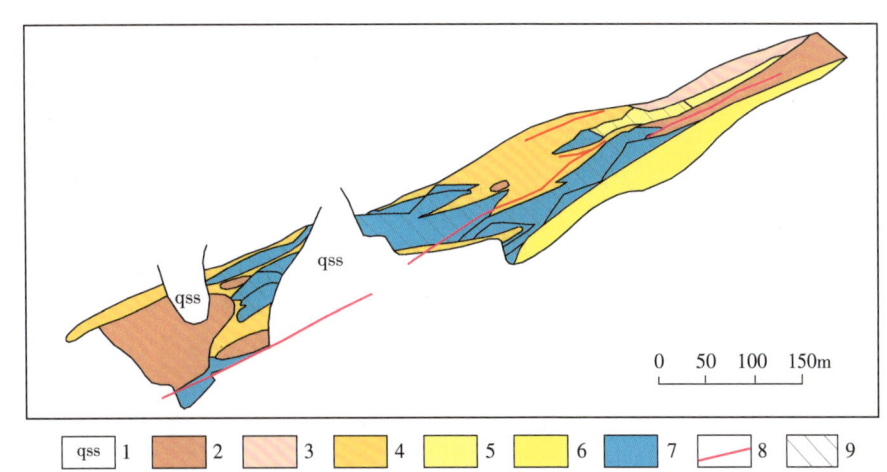

1—变质岩；2—黑云母花岗岩；3—强硅化花岗岩带；4—云英岩化花岗岩带；5—似糖粒状硅化云英岩带；
6—晚期硅化带；7—云英岩带；8—乳白色石英脉；9—细脉带型矿体。

图6-25 九龙脑钨矿1号云英岩石英细脉带及围岩蚀变平面分布图
Fig. 6-25 Plane distribution of quartz veinlet zone and wall rock alteration of No.1 greisen in Jiulongnao tungsten mine

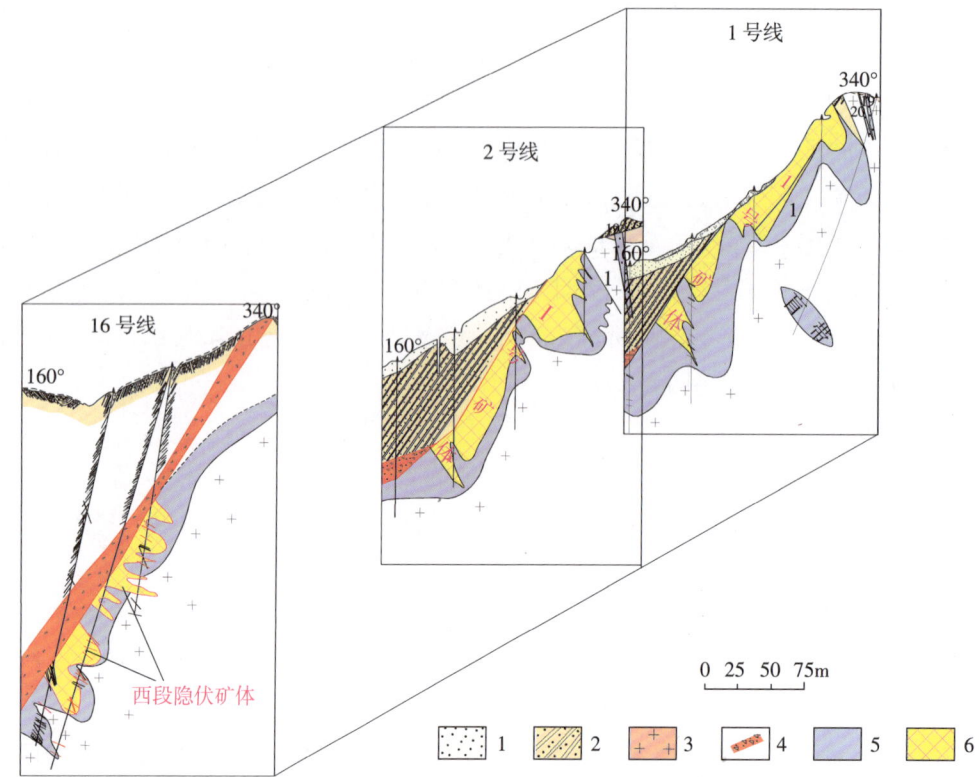

1—第四系；2—砂岩、板岩；3—中细粒（斑状）黑云母花岗岩；4—破碎带；5—云英岩带及编号；6—矿体。

图 6-26　九龙脑钨矿石英细脉带垂向分布典型剖面图

Fig. 6-26　Typical vertical distribution profile of quartz veinlets in Jiulongnao tungsten mine

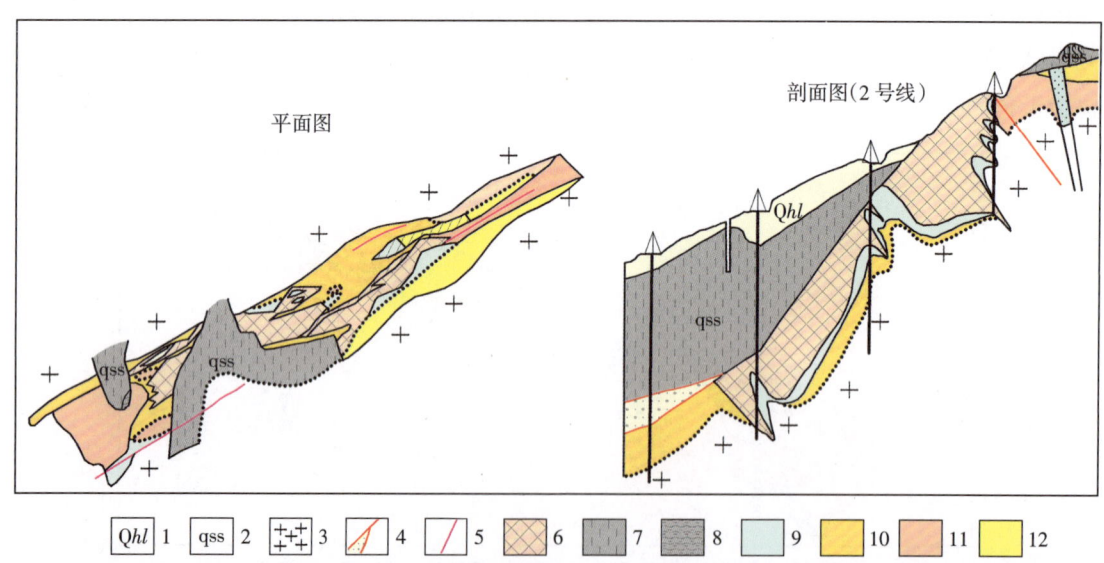

1—第四系；2—震旦系变质砂岩、板岩；3—正常花岗岩；4—断裂破碎带；5—晚期乳白色石英脉；6—矿体；
7—绢云母化、角岩化、硅化区；8—矽卡岩区；9—云英岩、碱性长石化、绿泥石化带；10—云英岩化花岗岩带；
11—强硅化花岗岩带；12—似糖粒状花岗岩带。

图 6-27　九龙脑钨矿床围岩蚀变分布平-剖面图（1号云英岩石英细脉带）

Fig. 6-27　Plan section of wall rock alteration distribution of Jiulongnao tungsten deposit
(No.1 greisen quartz veinlet zone)

段蚀变产物。

碱性长石化：包括钠长石化和钾长石化。一般在地表较少见，多分布于云英岩下部，具分段分布的特征，且钠长石化比钾长石化分布普遍。另有少量钾长石化表现为肉红色长石小脉。

4. 矿床类型

矿床赋存于花岗岩中，燕山期受新华夏系北北东向断裂约束，矿体呈北北东向右行侧列展布，成因类型属岩浆期后气化-（中）高温热液矿床。工业矿体以云英岩石英细脉带为主，矿石类型以石英-黑钨矿石为主，伴生 Sn、Mo、Be、Bi 及少量 Cu 等有用元素。钨锰铁矿中铌、钽及钪含量较高，平均含 Nb_2O_5 为 0.705%、Ta_2O_5 为 0.116%、Sc_2O_3 为 0.074%，钨锰铁精矿中平均含 Nb_2O_5 为 0.681%、Ta_2O_5 为 0.107%、Sc_2O_3 为 0.053%，均可综合利用。

第三节 外接触带石英脉型钨矿床

江西外接触带石英脉型钨矿床众多，现选择有典型意义或具有代表性的钨矿床进行论述。这类矿床包括：赣北成钨区的东坪、昆山；赣南成钨区西华山-张天堂矿集带的漂塘、石雷、木梓园、新安子、八仙脑、东岭背，九龙脑-营前矿集带的淘锡坑、樟东坑，左拔-红桃岭矿集带的左拔、樟斗，三南矿集区的大吉山、峁美山、官山，赣于矿集带的盘古山、黄沙、长坑、小东坑，小龙-画眉坳矿集区的小龙、画眉坳，徐山-香元矿田的香元及万洋山区凤凰山等。矿床多以石英脉黑钨矿为主，以石英脉白钨矿为主的矿床主要有崇仁香元和赣县新安两处。

一、武宁县东坪钨矿床

矿区位于武宁县城北西约 50km 处，为一半隐伏矿床。1965 年江西省地质局区调大队发现了东坪铜钨矿化点，先后有江西省地质矿产勘查开发局赣西北大队、江西省地质调查研究院对矿区胡家矿段进行了普查工作。2007—2015 年，江西省地质调查研究院对矿区进行详勘查。Ⅰ号、Ⅲ号矿带获资源储量 WO_3 为 21.99×10^4t，平均品位 0.408%；Cu 为 1.025×10^4t，平均品位 3.64%；Ag 为 53.36t，平均品位 189.22g/t；伴生 Ag 为 87t，Bi 为 357t，Ga 为 498t，Au 为 68kg，Zn 为 1690t。另有隐伏的Ⅱ号矿带估算的 333 类资源量 WO_3 4×10^4t，平均品位 0.626%，且Ⅰ号、Ⅱ号矿带深部交汇区未控制。估算总资源储量大于 25×10^4t，为规模居世界之首的石英脉型钨矿床。

（一）矿区地质

矿区位于江南隆起带北部九宫山凸起，香炉山-东坪矿集区东部。

1. 地层

矿区内出露的岩石地层单一，为双桥山群安乐林组。岩性为灰绿色、黄绿色、青灰色、灰色变质粉砂质、凝灰质变质细砂岩、粉砂质板岩、千枚状板岩、变沉凝灰岩等（图 6-28）。

2. 岩浆岩

1）岩体的产出状态

矿区地表无岩体出露，目前仅 ZK6-50、ZK10-50、ZK14-50、ZK50-50 钻孔发现了隐伏成矿黑云

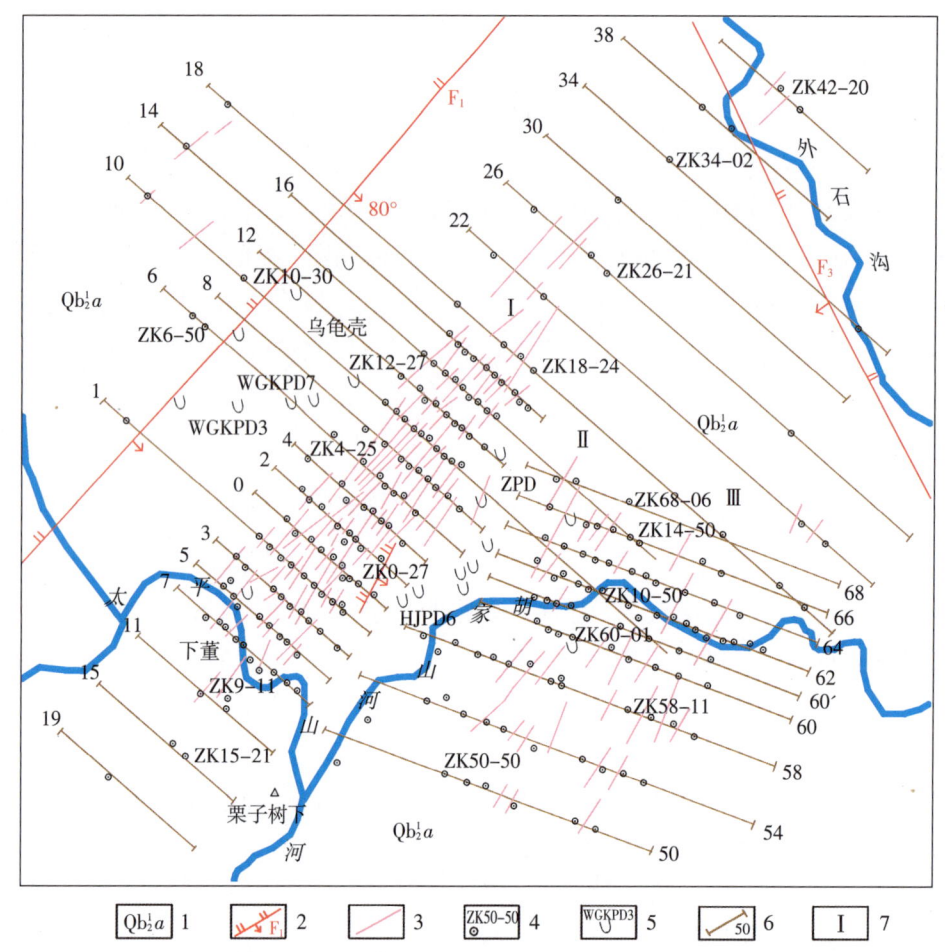

图 6-28 东坪矿区地质图

Fig. 6-28 Geological map of Dongping mining area

1—上青白口统下部双桥山群安乐林组；2—逆断层及编号；3—白云母-绢云母石英脉；4—钻孔位置及编号；5—平硐位置及其编号；6—勘探线位置及编号；7—矿带编号。

母二长花岗岩。岩体侵位于双桥山群浅变质碎屑岩系，岩体与围岩界线清晰。岩体内接触带普遍发育有细粒冷凝边，多具钠长石化、云英岩化、绿泥石化、绢云母化、高岭土化、硅化等。呈灰白色—深灰色，细粒花岗结构。矿物成分主要为石英（25%~30%）、斜长石（40%~46%）、钾长石（23%~35%）、黑云母（5%左右）；副矿物为磁铁矿、锆石、磷灰石、萤石等。

2）岩石地球化学

黑云母二长花岗岩 SiO_2 含量为 74.88%~76.21%，平均为 75.61%；Al_2O_3 含量为 13.83%~14.45%，平均为 14.12%；CaO 含量为 0.39%~0.54%，平均为 0.44%；MgO 含量为 0.08%~0.17%，平均为 0.12%；Na_2O+K_2O 含量为 6.67%~7.95%，平均为 7.27%；K_2O/Na_2O 为 0.52~0.99；A/CNK 值在 1.19~1.39 之间（表 6-10）；Fe_2O_3 含量为 0.12%~0.19%，平均为 0.16%；FeO 含量为 0.51%~1.25%，平均为 0.87%。上述数据显示岩石具高硅、高钾、钙碱性、过铝质特征。此外，总体上东坪矿区黑云母二长花岗岩还具有低 TiO_2、MnO、Fe_2O_3、P_2O_5 的特点。

3）微量元素特征

黑云母二长花岗岩主要富集高场强元素 Ta、P 与亲石元素 Rb、K，亏损高场强元素 Ti 与亲石元素

表 6-10 东坪矿区黑云母二长花岗岩元素分析结果表

Table 6-10 Analysis results of biotite monzogranite in Dongping mining area 单位:%

取样位置(孔号/孔深)	SiO_2	Al_2O_3	Fe_2O_3	FeO	CaO	MgO	K_2O	Na_2O	TiO_2	P_2O_5	MnO	灼失量
ZK14-50/989.25m	75.73	13.83	<0.01	1.25	0.39	0.08	3.48	3.71	0.06	0.29	0.03	1.04
ZK14-50/1 026.58m	76.21	14.45	0.19	0.51	0.40	0.11	2.29	4.38	0.05	0.24	0.03	1.08
ZK14-50/1 123.57m	74.88	14.08	0.12	0.86	0.54	0.17	3.96	3.99	0.10	0.34	0.04	0.81

Ba、Sr（表6-11，图6-29）。Ba和Sr的亏损暗示存在斜长石分离结晶现象，Ti亏损可能是由于钛铁矿、榍石、黑云母的分离结晶，也可能因Ti不易进入熔体而残留在源区，显示岩浆物质来源于地壳。

4）稀土元素特征

黑云母二长花岗岩稀土元素总量（ΣREE）偏低（表6-12），为$13.09×10^{-6}$~$32.66×10^{-6}$，平均为$21.10×10^{-6}$。轻、重稀土分馏不强烈，配分曲线整体呈右倾海鸥型（图6-30），LREE/HREE值较稳定，介于2.58~4.76之间，属轻稀土富集型。岩体Ce异常不明显，δCe值为0.85~1.07；Eu亏损明显，δEu值为0.10~0.29，表明其形成于弱氧化环境，Eu负异常可能是由源区部分熔融时残留斜长石所致。

SiO_2含量变化范围为74.88%~76.21%，图6-31A中Ir界线与图6-31B的特征表明，东坪黑云母二长花岗岩为钙碱性；A/CNK值为1.19~1.39，Na_2O+K_2O含量为6.67%~7.19%，为过铝质钙碱-高钾钙碱性花岗岩（图6-31C）；在ACF图解中（图6-31D），投点全部落在I型与S型花岗岩公共区域。东坪黑云母花岗岩Nb/Ta值（2.8~3.8）低于地壳平均值，表现为壳源岩浆特征。东坪黑云母二长花岗岩稀土总含量不高（$13.09×10^{-6}$~$32.66×10^{-6}$），配分模式呈右倾负Eu型，轻、重稀土分馏明显，有强烈的Eu负异常。

5）岩石源区讨论

东坪黑云母二长花岗岩CaO/Na_2O平均值为0.11，变化范围为0.09~0.14，都小于0.3，表明其源区

表 6-11 东坪矿区黑云母二长花岗岩微量元素分析结果表

Table 6-11 Analysis results of trace elements of biotite monzogranite in Dongping mining area 单位:10^{-6}

取样位置(孔号/孔深)	F	Cr	Ni	Co	Li	Rb	Cs	As	Sr	Ba	V	Nb	Ta	Zr	Be	Ga	Yb
ZK14-50/989.25m	2360	<5	<2	2.94	77.6	427	20.4	3.8	7.64	42.3	1.9	10.6	3.77	43.3	2.93	25.4	1.26
ZK14-50/1 026.58m	3580	<5	<2	<1	94.9	364	20.1	2.59	7.82	36.2	4.2	14.4	3.79	43.1	3.78	29.2	1.14
ZK14-50/1 123.57m	2910	<5	2.26	1.28	120	446	30.8	2.28	15.4	57.3	4.56	10.4	3.54	50.6	8.96	20.4	1.35

表 6-12 东坪矿区黑云母二长花岗岩稀土元素分析结果表

Table 6-12 Rare earth element analysis results of biotite monzogranite in Dongping mining area 单位:10^{-6}

取样位置(孔号/孔深)	La	Ce	Pr	Nd	Sm	Eu	Gd	Tb	Dy	Ho	Er	Tm	Yb	Lu	Y
ZK14-50/989.25m	<5.0	5.87	0.70	2.62	0.92	0.03	0.82	0.22	1.37	0.28	0.83	0.15	1.08	0.15	8.40
ZK14-50/1 026.58m	<5.0	4.06	0.48	1.92	0.66	0.04	0.58	0.16	0.94	0.19	0.56	0.11	0.78	0.11	5.70
ZK14-50/1 123.57m	5.54	12.60	1.46	5.79	1.47	0.13	1.22	0.27	1.54	0.32	0.92	0.16	1.08	0.16	9.00

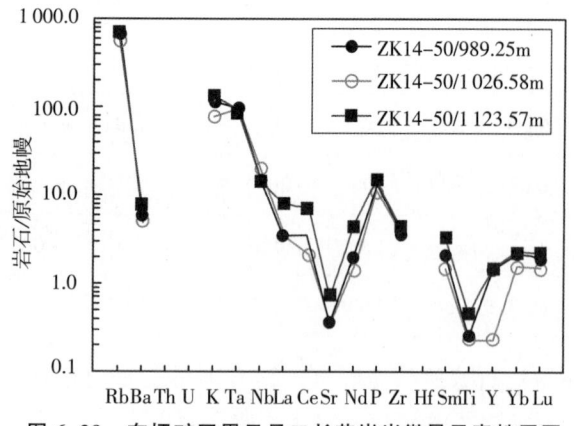

图 6-29 东坪矿区黑云母二长花岗岩微量元素蛛网图
（标准化值据 Wood et al., 1979）
Fig. 6-29 Spider diagram of trace elements of biotite monzogranite in Dongping mining area

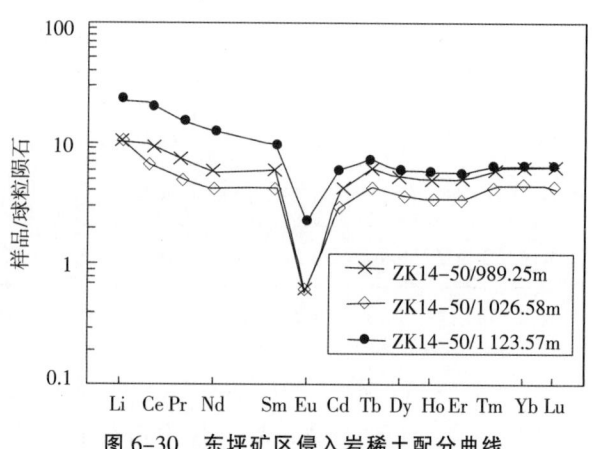

图 6-30 东坪矿区侵入岩稀土配分曲线
（标准化值据 Sun and McDonough, 1989）
Fig. 6-30 REE distribution curve of intrusive rocks in Dongping mining area

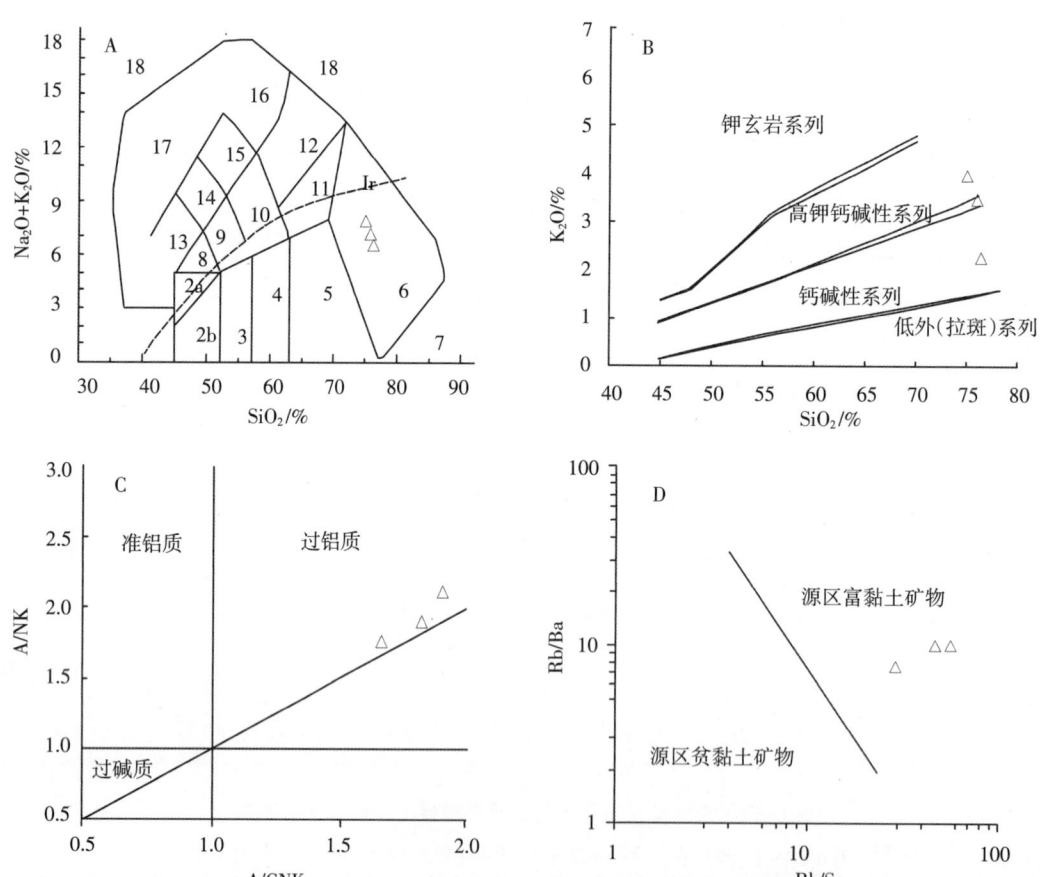

A: Ir—Ir-Irvine 分界线，上方为碱性，下方为亚碱性；1—橄榄辉长岩；2a—碱性辉长岩；2b—亚碱性辉长岩；3—辉长闪长岩；4—闪长岩；5—花岗闪长岩；6—花岗岩；7—硅英岩；8—二长辉长岩；9—二长闪长岩；10—二长岩；11—石英二长岩；12—正长岩；13—似长石辉长岩；14—似长石二长闪长岩；15—似长石二长正长岩；16—似长正长岩；17—似长深成岩；18—霓方钠岩/磷霞岩/粗白榴岩。

图 6-31 东坪矿区黑云母二长花岗岩成因类型判别图
Fig. 6-31 Genetic type discrimination of biotite monzogranite in Dongping mining area

可能以泥质岩为主。Rb 含量较高，为 $364×10^{-6}$~$446×10^{-6}$；而 Zr 含量较低，为 $43.1×10^{-6}$~$50.6×10^{-6}$，引起岩浆岩高 Rb 低 Zr 的原因可能是岩浆高度分异和（或）岩浆源区为富黏土矿物的变质沉积岩。

综上所述，东坪黑云母二长花岗岩为高硅富碱过铝质 S 型花岗岩，其原岩很可能是来自双桥山群中的富泥质岩石。

3. 构造

矿区位于九岭复背斜北翼，为近北东－南西走向的较紧闭的复式褶皱，轴迹近北东－南西走向。矿区内发现具一定规模的断裂 F_1、F_3 和小规模断裂 F_2，断裂及其两侧的次级裂隙为区内主要控矿构造。F_1、F_2 走向北北东，倾向南东，倾角 78°~80°。F_1 位于矿区西北部，走向延伸大于 1700m；F_2 位于矿区中部，走向延伸大于 60m；F_3 位于矿区东北部，走向北北西，倾向南西。

（二）矿床地质

1. 矿体形态、产状、规模

东坪矿区共发现矿（化）体 414 条，其中具有工业利用价值的 300 条。区内矿体主要赋存于安乐林组变质粉砂岩内。主成矿元素为 W、Cu，共（伴）生 Ag、Bi、Ga 等。根据矿体的产出位置与空间展布特征，可划分为 Ⅰ 号、Ⅱ 号、Ⅲ 号共 3 个矿带，矿体走向均为北东。Ⅰ 号、Ⅱ 号、Ⅲ 号矿带自矿区北西侧至南东侧依次分布（图 6-32）。

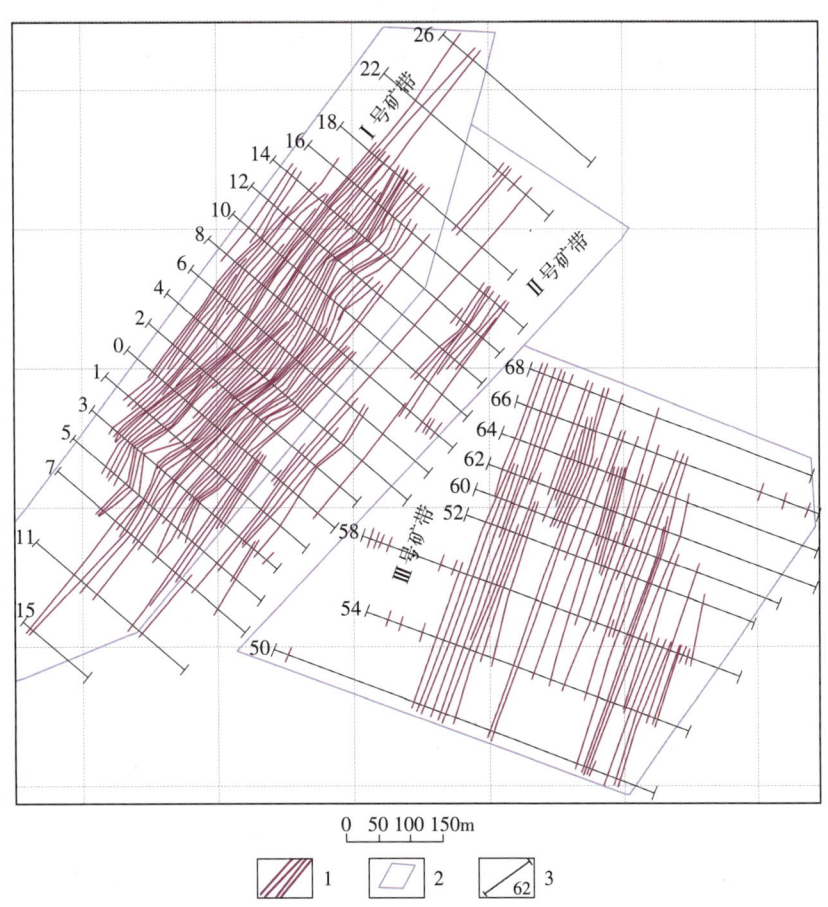

图 6-32 东坪矿区 Ⅰ 号、Ⅱ 号、Ⅲ 号矿带 100m 中段分布简图

Fig. 6-32 Distribution diagram of 100m middle section of ore belt Ⅰ, Ⅱ, Ⅲ in Dongping mining area

Ⅰ号矿带隐伏于矿区北西侧乌龟壳一带，为区内最大的矿带，约占总资源量的65%；倾向125°~138°，倾角50°~89°；延长1050m，延深达1018m，矿带宽20~250m。此矿带包含116条矿（化）体，其中具有工业价值的76条（图6-33）。Ⅱ号矿带隐伏于矿区中部胡家山、乌龟壳之间；倾向307°~313°，倾角67°~85°；延长770m，延深20~330m，矿带宽20~180m。此矿带内包含75条矿（化）体，其中具有工业价值的65条。Ⅲ号矿带位于矿区中东部胡家山以东；倾向286°~295°，倾角63°~81°；延长510m，延深20~691m，矿带宽40~450m（图6-34）。此矿带内包含179条矿（化）体，其中具有工业价值的159条。

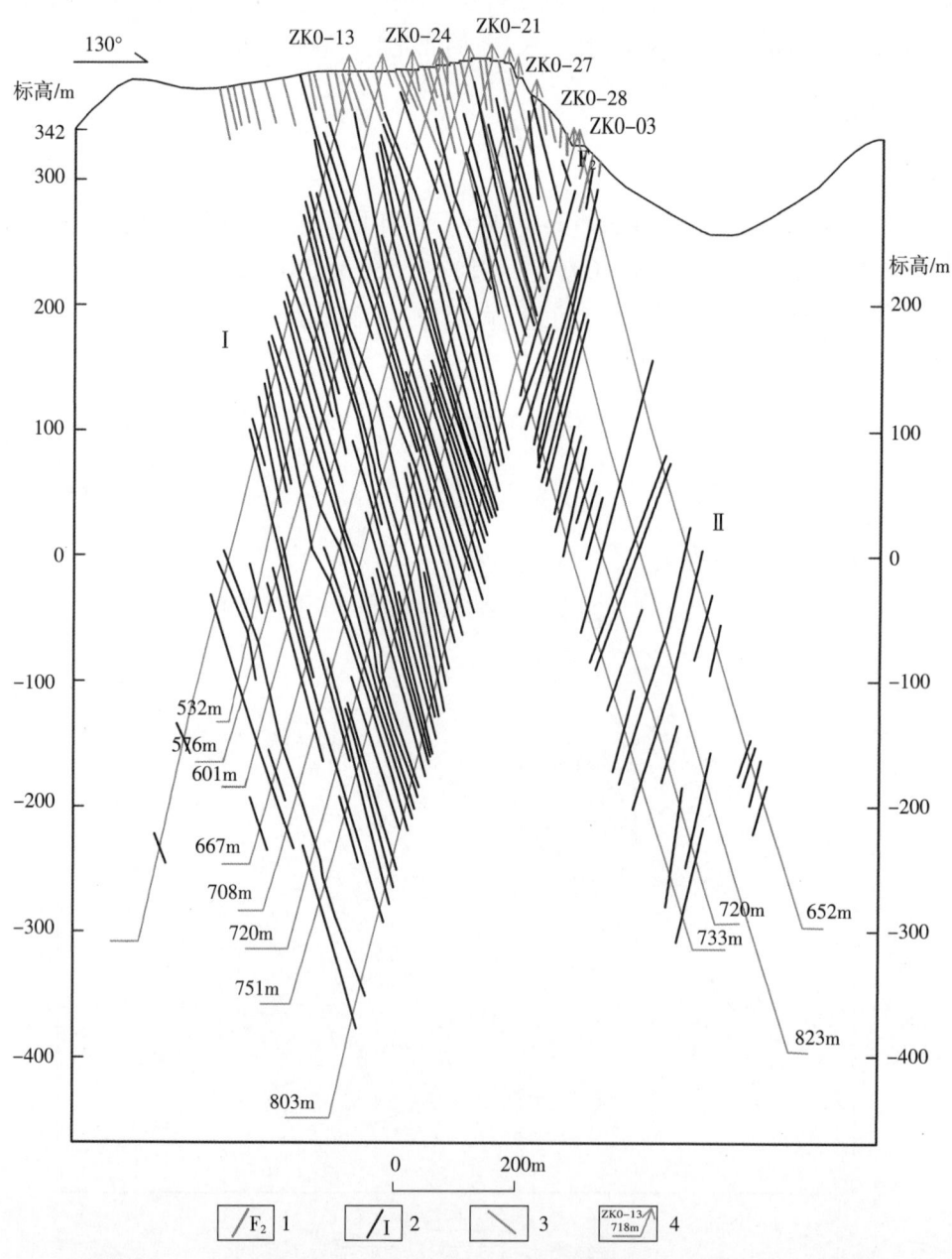

1—断层及编号；2—钨矿带及编号；3—白云母-绢云母-石英脉；4—钻孔位置、编号及孔深。

图6-33 东坪矿区0线剖面图

Fig. 6-33 Profile of line 0 in Dongping mining area

第六章 石英脉型钨矿床

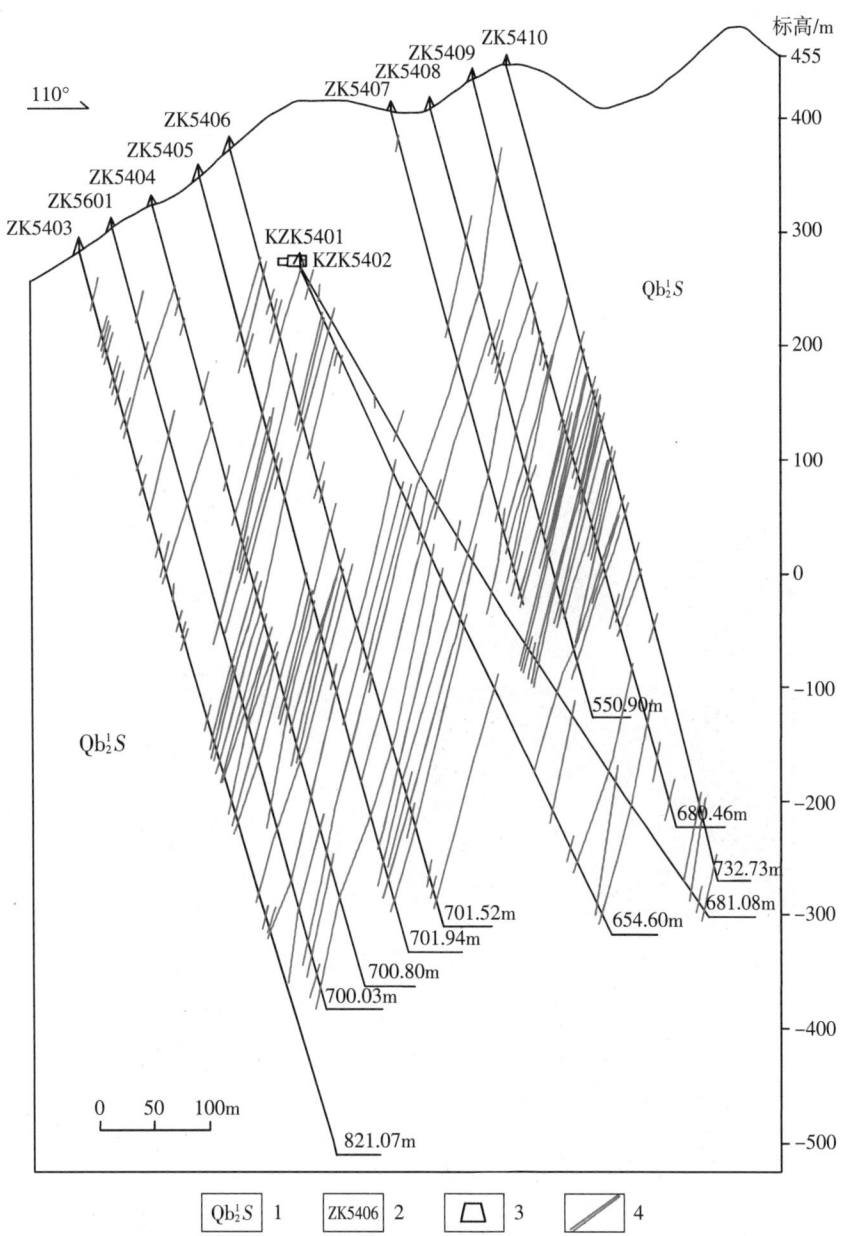

1—上青白口统下部双桥山群；2—钻孔编号；3—平硐口；4—钨矿脉。

图 6-34 东坪矿区 54 线剖面图

Fig. 6-34 Profile of line 54 in Dongping mining area

2. 围岩蚀变

岩体中的蚀变以绢云母化、绿帘石化、绿泥石化、碳酸盐化为主，部分可见云英岩化和黄铁绢英岩化。变质围岩中的蚀变以硅化为主，部分可见矽卡岩化。

3. 矿化及矿化分带

矿带发育"五层楼"式垂向分带，即垂向上自上至下矿脉具有 5 个分带：第一层石英–云母线脉带（脉宽 0.05~1cm，黑钨矿–黄铜矿–黄铁矿–辉银矿–白云母–绢云母–石英）→第二层细脉带（脉宽 2~10cm，黑钨矿–黄铜矿–辉银矿–闪锌矿–黄铁矿–白钨矿–白云母–绢云母–石英）→第三层薄脉带（脉宽 5~50cm，黑钨矿 – 白钨矿 – 辉银矿 – 黄铜矿 – 黄铁矿 – 白云母 – 石英）→第四层大脉带（脉宽 20~200cm，黑钨矿 – 黄铜矿 – 磁黄铁矿 – 黄铁矿 – 辉钼矿 – 辉铋矿 – 石英）→第五层尖灭带（脉宽 1~200cm，黑钨矿 – 黄铜矿 – 辉铋矿 – 辉银矿 – 黄铁矿 – 方解石 – 石英）。脉内矿化自上至下具钨、铜、银→钨、铋→钨、铋、银逆向分带特征。在走向上、倾向上、垂向上均未完全控制住矿带。

矿石结构以结晶结构、交代结构为主，局部可见固溶体分离结构（图 6-35）；矿石构造以脉状 – 网脉状、浸染状为主，次为梳状、块状、条带状、团斑状（图 6-36）。金属矿物主要为黑钨矿、黄铜矿，次为辉银矿、辉铋矿、黄铁矿、磁黄铁矿、闪锌矿、毒砂，含少量辉铜矿、白钨矿、蓝铜矿、褐铁矿等。黑钨矿多呈自形—半自形板柱状、针柱状与楔状分布在石英脉的边部，部分垂直石英脉壁生长形成梳状构造。黑钨矿多呈细脉浸染状，部分集合体呈团斑状、团块状、浸染状镶嵌在脉石英颗粒之间，

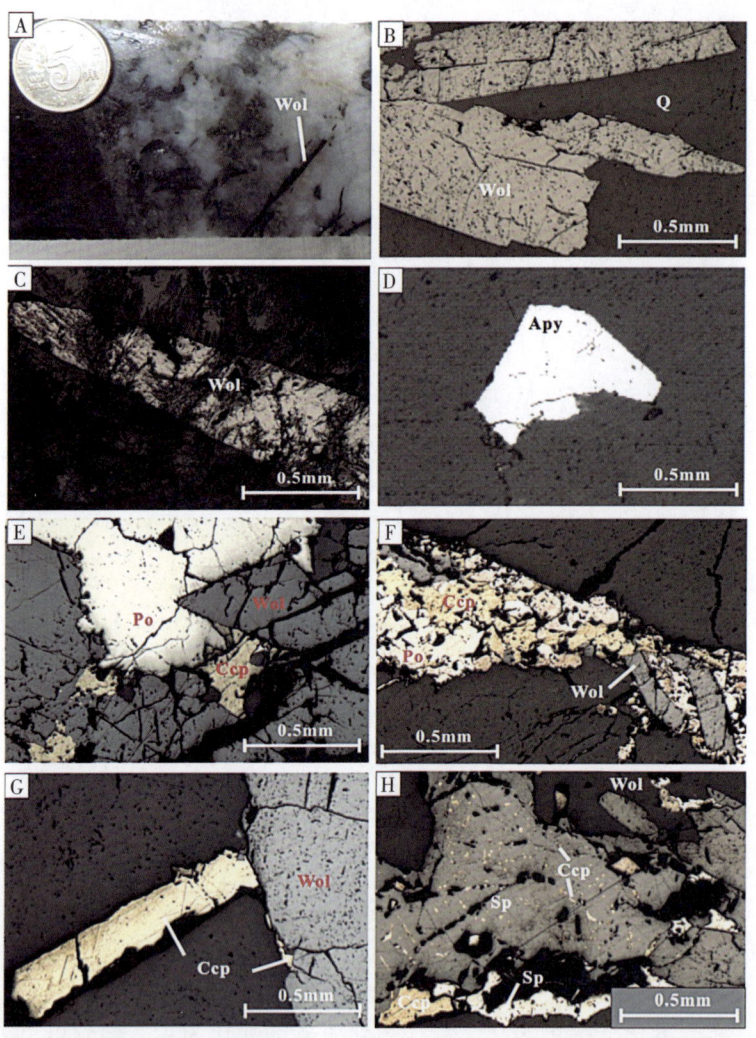

A—自形结构，黑钨矿呈长柱状产出于石英脉中，ZK5-26/279m；B—自形结构，黑钨矿呈板状，bHKZPD；C—半自形结构，黑钨矿呈半自形板状矿，bHKHJ270；D—半自形结构，毒砂呈半自形四边形，bHKHJPD3；E—交代熔蚀结构，黄铜矿、磁黄铁矿沿黑钨矿边缘进行交代，黄铜矿沿雌黄铁矿边缘进行交代，bHKHJPD3；F—交代残余结构，磁黄铁矿、黄铜矿沿黑钨矿边缘进行交代，磁黄铁矿被黄铜矿交代成孤岛状，bHKHJPD3；G—假象结构，早期生成的黑钨矿被黄铜矿交代，黄铜矿呈板状形态产出；H—乳滴状结构；Ccp—黄铜矿；Sp—磁黄铁矿；Wol—黑钨矿。

图 6-35　东坪矿区典型矿石结构（镜下）

Fig. 6-35　Typical ore structure of Dongping mining area（under the mirror）

A—脉状构造，黑钨矿、黄铜矿沿早期石英脉裂隙充填，ZPD-ph9；B—脉状、浸染状构造，黄铜矿呈浸染状产出于石英脉中，ZK2-27/120m；C—浸染状构造，黑钨矿、黄铜矿、黄铁矿呈浸染状产出于石英脉中，ZK5-26/78m；D—梳状构造，黑钨矿垂直于石英脉壁生长，ZK2-27/125m。

图 6-36 东坪矿区典型矿石构造
Fig. 6-36 Typical ore structure of Dongping mining area

部分镶嵌在黄铜矿、磁黄铁矿等矿物粒间，可见硫化物如黄铜矿、黄铁矿或白钨矿等沿着其解理或边缘交代黑钨矿。依据矿区主要有用矿物及组合对矿石进行分类，主要类型为黑钨矿矿石、黑钨矿-黄铜矿矿石两类；根据矿石有用组分进行分类主要有钨矿石、钨铜矿石两类，且以钨矿石为主。

4. 成矿期次与成矿年龄

1）成矿期次

根据东坪矿区矿物共生组合和矿脉间的相互穿插关系，按从早到晚的顺序将成矿作用分为 3 期，即岩浆岩期、热液成矿期、表生期，成矿以后两期为主。

热液成矿期为主要成矿期，可进一步划分为 5 个阶段：①退变质阶段，主要是黑云母、斜长石、钾长石等矿物在岩浆期后热液的作用下退化蚀变成白云母、绢云母、绿泥石等矿物，同时有少量白钨矿、黑钨矿生成。②云母-石英阶段，主要是由石英和云母组成的石英细脉或云母线，是主成矿作用的前奏。在局部可见到石英脉与云英岩脉的逐渐过渡现象。③氧化物阶段，即黑钨矿-石英脉阶段。该阶段云母锐减，富含白钨矿，黑钨矿最为发育，是矿床形成主成矿阶段之一。④硫化物阶段，即硫化物-石英脉阶段。该阶段富含黄铜矿、磁黄铁矿、黄铁矿、闪锌矿、辉钼矿等硫化物，白钨矿、黑钨矿含量较少。⑤碳酸盐阶段，即萤石-方解石-石英脉阶段。该阶段仅含有少量的黄铜矿、黄铁矿等，黑钨矿、白钨矿已基本绝迹。黑钨矿、白钨矿最早生成于第一阶段，在第二阶段最为发育，至第三阶段虽仍有少量黑钨矿、白钨矿晶出，而金属硫化物相对发育。

表生期主要为氧化作用，见于近地表、断裂带与开采平硐中。少量原生铜矿石风化形成铜蓝、蓝铜矿；在碳酸盐环境中，则将被继续氧化成孔雀石，同时形成褐铁矿等。主要矿物有孔雀石、铜蓝、褐铁矿等。矿石构造多为蜂窝状、土状。

2）成矿年龄

自 ZK50-50 钻孔 1500m 处采取黑云母二长花岗岩，共选择了 25 粒锆石进行 LA-ICP-MS 测定，所有测点的 Th、U、Pb 含量范围分别为 58~697ug/g、249~1341ug/g、8~29ug/g。Th/U 值大多介于 0.11~1.1 之间，显示出岩浆锆石的特征。25 粒锆石分析结果在误差范围内，$^{207}Pb/^{235}U$、$^{206}Pb/^{238}U$ 值基本一致。其中，$^{206}Pb/^{238}U$ 年龄的加权平均值为 (132.9±1.4)Ma（MSWD=0.40, n=25）（图 6-37），代表东坪矿区黑云母二长花岗岩的结晶年龄。

（三）成矿模式

东坪矿床"五层楼+地下室"成矿模式见图 6-38。

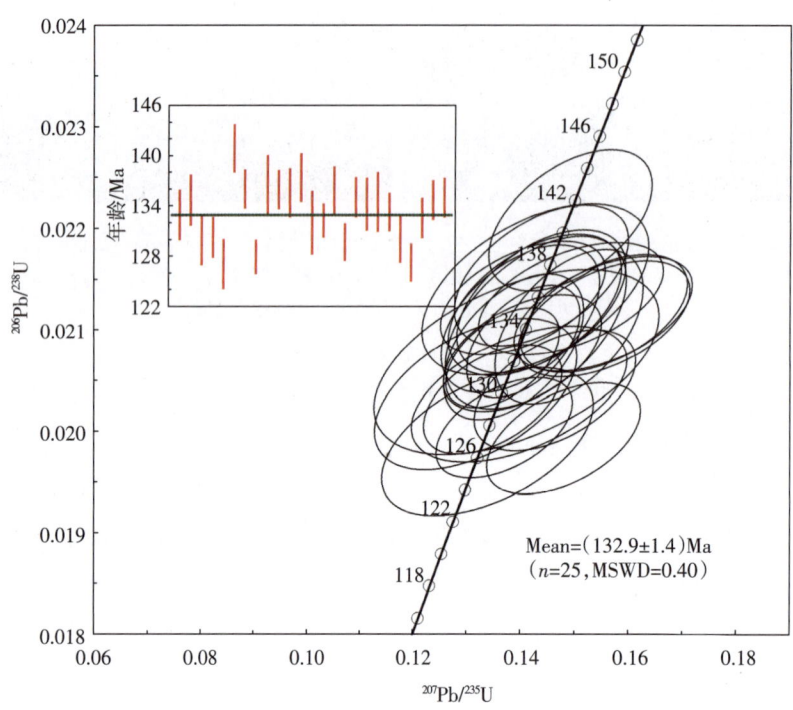

图 6-37　东坪矿区黑云母二长花岗岩 LA-ICP-MS 锆石 U-Pb 年龄谐和图

Fig. 6-37　LA-ICP-MS zircon U-Pb age concordance of biotite monzogranite in Dongping mining area

部位	带名	标高/m	工业价值	形态示意图	主成矿元素 W Bi Cu Ag Ga	含脉密度/ 条·m^{-1}	含脉率 /%	带宽 /m	单脉厚 /cm	主要矿物组合
顶部	矿化标志带（云母线）	600~400	无			3~13	1~5	3~30	0.1~0.8	Wol-Cp-Py-Mus-Ser
上部	细脉带	400~200	大			2.5~6	5~28	20~55	2~5	Wol-Cp-Sph-Py-Sch-Mus-Ser 等
中部	中脉带	200~-300	巨大			1.2~3.4	15~42	8~25	20~50	Wol-Sch-Cp-Py-Mus 等
下部	大脉带	-300~-500	大			1~2	45~90	3~15	20~200	Wol-Cp-Pyr-Py-Mol 等
深部	地下室	-500~-600	弱			钨多金属矿化沿岩体顶部云英岩化带发育，呈似层状产出				Wol-Cp-Py-Mol-Mus-Ser-Chl-Ep 等
根部	巨脉-尖灭带	-500~-700	弱			1~2	0.6~25	20~45	0.5~200	Wol-Cp-Py-Cal

图 6-38　东坪矿床"五层楼+地下室"成矿模式图

Fig. 6-38　Metallogenic model of " five floors + basement" of Dongping deposit

二、修水县昆山钨钼铜矿床

昆山矿区位于赣北九岭成钨亚带九岭矿集带大湖塘矿田南部,是一个以石英细脉为主与大脉混合,兼有斑岩铜矿的先钨(钼)后铜、上钨下钼(铜)的典型矿床。

昆山钨钼铜矿于1957年由冶金部江西分局二二〇队发现。1958年该队改名为江西省地质局区域测量大队后,对本区开展了概查。1977—1978年、2004—2008年、2009—2017年,赣西北大队先后对矿区进行了普查评查、外围调查和详查工作。获取资源储量 WO_3 $4.32×10^4$t,Mo $5.97×10^4$t,Cu $1.08×10^4$t。包括已采部分,矿床已接近大型规模,钼达中型规模。

昆山矿区原来是一小型石英大脉型钨矿床,资源已基本枯竭。通过赣西北大队勘查,实现了资源危机矿山找矿重大突破。

(一)矿区地质

1. 地层

矿区出露地层为上青白口统下部双桥山群安乐林组(Qb_2^1a)(图6-39),主要为变余粉砂岩和变余细砂岩,次为板岩等。在后期普遍遭受了程度不一的热变质作用。

2. 岩浆岩

1)晋宁期岩浆岩

晋宁期岩浆岩以岩基形式在矿区深部隐伏,仅在矿区西北和东南有部分出露。侵入在双桥山群浅

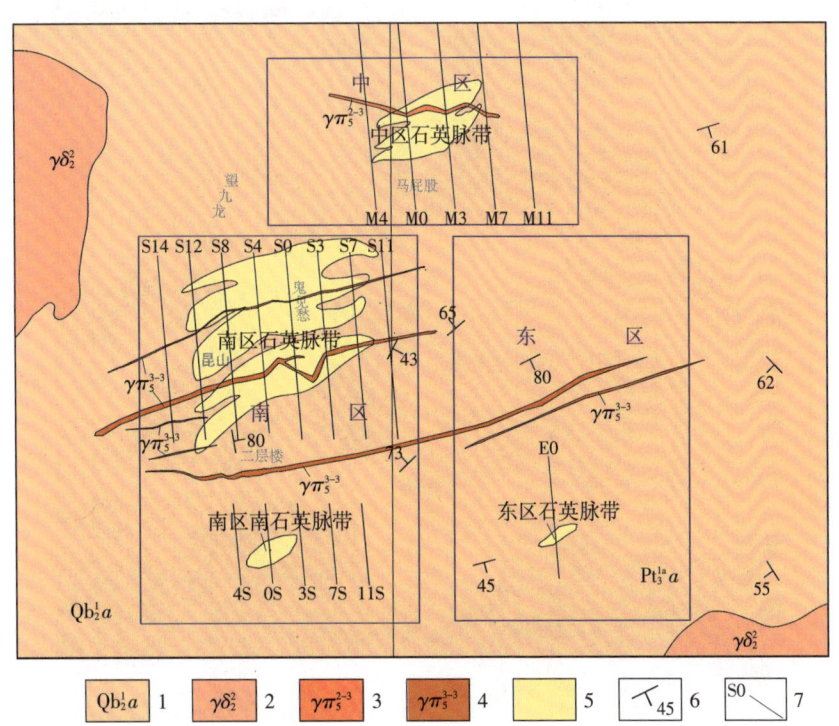

1—上青白口统下部双桥山群安乐林组;2—晋宁期中粗粒黑云母花岗闪长岩;3—燕山早期第三阶段花岗斑岩;4—燕山晚期花岗斑岩;5—石英脉带;6—地层产状;7—勘探线及编号。

图6-39 昆山矿区地质略图(据叶少贞等,2016)

Fig. 6-39 Geological sketch of Kunshan mining area

变质岩中，岩性为中粗粒黑云母花岗闪长岩（$\gamma\delta_2^2$）（图 6-40A）。

2）燕山期岩浆岩

燕山期岩浆多次侵入，从早到晚渐次减弱，早期侵入为规模较大的不规则岩株、岩瘤；晚期侵入的规模较小，呈岩枝或岩脉状。不同形态、产状和规模的侵入体呈北东向或近东西向侵入在晋宁期黑云母花岗闪长岩和双桥山群浅变质岩中。

矿区燕山期岩浆岩可见燕山期中—细粒似斑状黑云母二长花岗岩（$\eta\gamma_5^{2-1}$）（图 6-40B）和花岗斑岩（$\gamma\pi_5^{2-3}$）（图 6-40C），以及燕山晚期花岗斑岩（$\gamma\pi_5^{3-3}$）（图 6-40D）。前二者是矿区成矿母岩，后者是成矿后的一次侵入，切割破坏了矿体。

(1) 燕山早期中—细粒似斑状黑云母二长花岗岩（$\eta\gamma_5^{2-1}$）。未出露地表，呈隐伏岩株状产出，仅在南区 3 个钻孔中见到。可见云英岩化、硅化、碳酸盐化；同时，可见辉钼矿化、白钨矿化、黄铜矿化和黄铁矿化。独居石 U-Pb 年龄为 (151.8±1.5)Ma（林黎等，2006），属燕山早期第一次侵入岩。该岩体为本区主要的成矿母岩，与钨、钼成矿关系密切。

(2) 燕山早期花岗斑岩（$\gamma\pi_5^{2-2}$）。在中区 6 线—7 线出露，在钻孔 ZK9-1、ZKM6-1、ZKM2-7 及中

A—晋宁期花岗闪长岩；B—燕山早期似斑状黑云母花岗岩；C—燕山早期花岗斑岩；
D—燕山晚期花岗斑岩；E—地表石英脉带形态；F—钨矿石；G—钼矿石；H—铜矿石。

图 6-40 昆山矿区花岗岩及矿石照片（据叶少贞等，2016）

Fig. 6-40 Photos of granite and ore in Kunshan mining area

区 0 线—9 线坑道中均可见到。总体呈东西走向脉状产出，走向长大于 700m，倾向南，倾角 65°~75°，厚度 10~35m。具云英岩化、硅化，并可见黄铜矿化、黄铁矿化、白钨矿化。以 2 线为界，西段矿化好于东段。独居石 U-Pb 年龄为 (151.7±0.9)Ma（林黎等，2006），属燕山早期第二次侵入岩。该岩体是矿区成矿母岩之一，与铜矿成矿有关。

（3）燕山晚期花岗斑岩（$\gamma\pi_5^3$）。常以岩脉或岩墙产出。地表可见岩脉（墙）20 余条，探矿钻孔和坑道中也常可见到。岩脉（墙）规模不一，走向一般长 100~500m，厚 10~20m。岩脉（墙）走向以北东东向为主。与燕山早期花岗斑岩相比较，其斑晶与基质都明显较早期花岗斑岩要细小，无暗色矿物，无矿化。锆石 U-Pb 年龄为 (136.6±2.5)Ma（张明玉等，2016），属燕山晚期侵入岩。与成矿没有关系，对矿体起到破坏作用。

昆山燕山期成矿花岗岩是大湖塘半隐伏花岗岩基南部的一个岩株。大湖塘岩基锆石 U-Pb 年龄为 144.2Ma，石门寺岩基锆石 U-Pb 年龄为 138~135Ma。昆山花岗岩、花岗斑岩独居石 U-Pb 年龄是否偏老，有待进一步研究，时代宜归于燕山早期末—燕山晚期初。

3. 构造

1）褶皱

矿区地处九岭复式背斜之次一级背斜靖林－操兵场背斜向东延伸部分，东延部分呈半岛状从西向东由昆山向狮尾洞至茅公洞附近延伸。矿区地层走向总体为北东东。

2）断裂

矿区控岩控矿断裂分布在矿区外围西北侧及东南侧，主要有两组：一组是北东向断裂，即罗溪－石门－观前断裂与严阳－丘家街－石溪断裂；一组是北东东向断裂，即何市－石门－严阳断裂、观前－丘家街断裂。北东向断裂控制了燕山期岩体的分布，北东东向断裂控制了含矿石英脉带及矿体的展布。

3）节理裂隙

矿区内节理裂隙非常发育，并且成群成带产出，是本区石英细脉带型矿体主要容矿构造。依据产状分为北东东向、北东向、北西向、北西西向、北北西向和北北东向 6 组，前 4 组较发育。北东东向节理裂隙最为发育，是矿区主要含矿节理裂隙之一。

4. 围岩蚀变

矿区脉侧围岩蚀变普遍，多发生硅化、云英岩化、绢云母化、白云母化、绿泥石化、高岭土化等。其中，绿泥石化与铜矿化关系密切，云英岩化与钨、钼矿化关系密切，绢云母化与黄铁矿化关系相对较密切。

（二）矿床地质特征

昆山矿区以石英细脉带型矿体为主，兼有石英大脉型矿体组成的混合脉带。另有斑岩型铜矿体（1Cu 矿体）分布于中区，规模小。

1. 石英细脉带矿体特征

矿区共有 4 个石英脉带密集区，即南区石英脉带密集区、中区石英脉带密集区、南区南石英脉带密集区、东区石英脉带密集区。以南区密集区规模最大，中区密集区规模次之，南区南密集区和东区密集区规模较小。

南区石英脉带密集区以钨矿化和钼矿化为主，钨钼矿体主要产在这一区段，矿体总体走向 65°~

85°，倾向南南东，倾角 65°~85°。走向一般长 550~780m；倾向延深 400~600m。矿体厚度一般 3~9m，最大可达 40m。矿体 WO_3 品位 0.064%~0.98%，Mo 品位 0.03%~0.72%；矿床 WO_3 平均品位 0.285%，Mo 平均品位 0.125%（图 6-40E、图 6-41）。

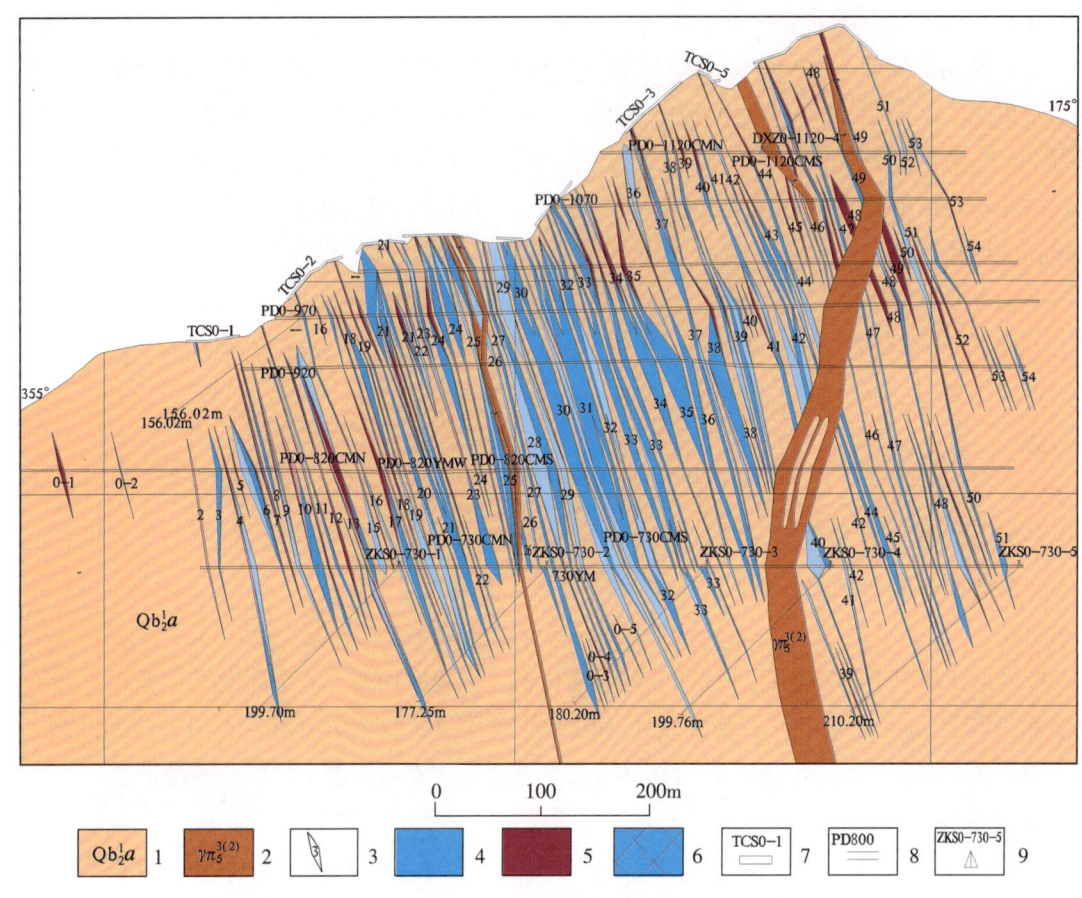

1—上青白口统下部双桥山群安乐林组；2—燕山晚期花岗斑岩；3—矿体及编号；4—钼矿石；5—钨矿石；6—钨钼矿石；7—探槽及编号；8—坑道及编号；9—钻孔及编号。

图 6-41 昆山矿区南区 S0 线地质剖面图（据叶少贞等，2016）

Fig. 6-41 Geological profile of line S0 in the south area of Kunshan mining area

中区石英脉带密集区以铜矿化为主，是铜矿体产出地。矿化集中在 800m 中段—1010m 中段。矿体多呈隐伏状，部分出露地表。矿体形态较复杂，呈脉状和复脉状，沿走向及倾向上常见分支复合、膨大缩小现象。矿体总体走向 59°~80°，除 2Cu 矿体倾向南南东外，其他矿体一般倾向北北西，倾角 61°~81°。走向一般长 200~400m；倾向延深 200~400m。矿体厚度一般 2~3.5m。Cu 品位 0.20%~0.48%（图 6-42）。

2. 斑岩型铜矿体特征

斑岩型铜矿体仅有 1Cu 矿体，分布在中区 M6 线—M3 线 975~300m 标高。矿体赋存于燕山期花岗斑岩岩墙中，矿体产状与岩墙产状一致。矿体西段出露地表，东段呈隐伏状。矿体形态较复杂，呈脉状、复脉状、透镜状，走向及倾向上常见分支复合、膨大缩小现象。矿体总体走向近东西，倾向 149°~212°，倾角 71°~76°。走向长 600m，倾向最大延深 420m。矿体厚度 1.5~8.5m，平均 3.92m。Cu 品位 0.21%~0.38%，平均品位 0.25%。以铜矿化为主，可见白钨矿化（图 6-42）。

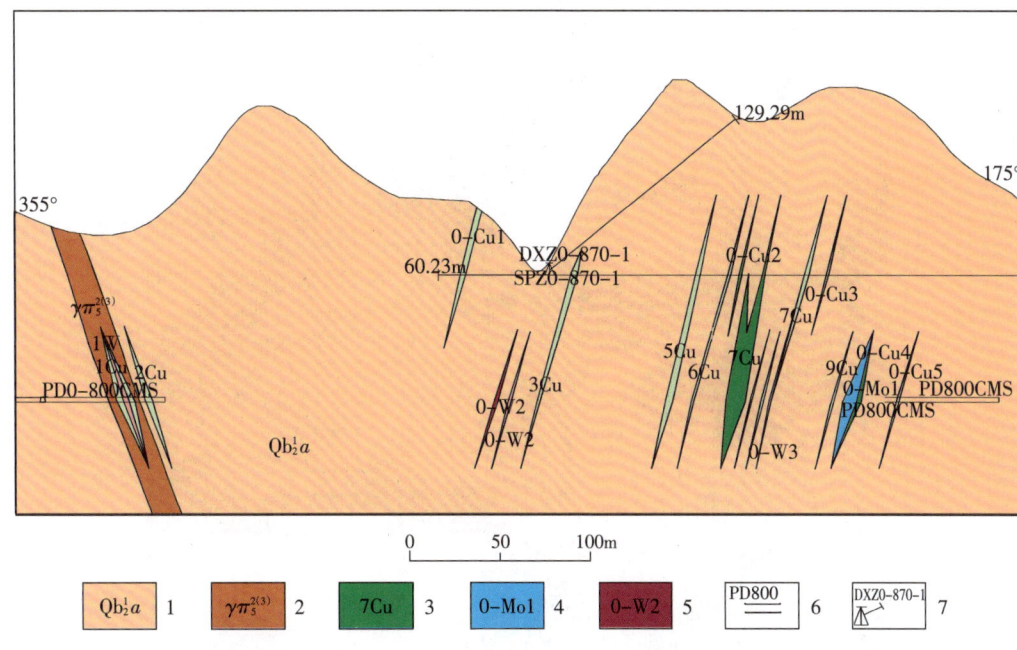

图 6—42 昆山矿区中区 M0 线地质剖面图（据叶少贞等，2016）
Fig. 6–42 Geological profile of line M0 in the middle area of Kunshan mining area

1—上青白口统下部双桥山群安乐林组；2—燕山早期花岗斑岩；3—铜矿体及编号；
4—钼矿体及编号；5—钨矿体及编号；6—坑道及编号；7—钻孔及编号。

3. 矿石物质组成与特征

矿区主要矿石类型有钨矿石（图 6-40F）、钼矿石（图 6-40G）和铜矿石（图 6-40H），次为钨钼矿石。矿石中金属矿物主要有黑钨矿、辉钼矿、黄铜矿、黄铁矿、辉铋矿及闪锌矿，少量辉铜矿、磁黄铁矿、白铁矿、自然铋、钛铁矿、锐钛矿等。

矿石结构主要有他形晶粒状结构、自形–半自形晶结构、包含结构、交代残余结构和固溶体分离结构等。矿石构造主要有细脉状构造、浸染状构造、鳞片状构造和晶簇状构造等。

矿石中钨矿物主要有黑钨矿和白钨矿，占有率分别为 62.88%、33.33%，含微量的钨华。黑钨矿以半自形板状或他形粒状分布于脉石中，白钨矿、黄铜矿、辉铋矿呈细脉状穿插其中（图 6-43A），粒径多为 0.005~3.0mm，常被闪锌矿、黄铜矿、辉铋矿等沿颗粒边缘及裂隙交代（图 6-43B）。白钨矿以他形粒状沿黑钨矿颗粒边缘及裂隙分布（图 6-43A），颗粒粒径多在 0.01~1.0mm 之间。

钼主要以辉钼矿形式产出，占有率为 80%，其次有少量的钼华、钨钼钙矿、钨酸铅矿等。辉钼矿主要以自形—半自形鳞片状或他形粒状分布于脉石矿物颗粒裂隙中，可见辉铋矿及黄铜矿沿辉钼矿解理裂隙交代，局部被黄铜矿包裹呈包含结构（图 6-43C，D）；辉钼矿常发生弯曲变形呈揉皱结构特征，沿解理裂隙被黄铜矿充填交代呈细脉状构造（图 6-43E），矿物颗粒粒径为 0.02~6.0mm 不等。

铜主要为黄铜矿，其次为斑铜矿、辉铜矿，微量铜蓝等。黄铜矿主要呈不规则粒状充填于脉石矿物颗粒间隙及裂隙中，可见闪锌矿呈不规则状交代黄铜矿（图 6-43F）。

4. 共（伴）生组分

南区钨、钼紧密共生，组成钨钼同体共生矿体，铜、银等为伴生组分。中区则以铜为主要矿种，钼、钨、银、硫等为伴生组分。

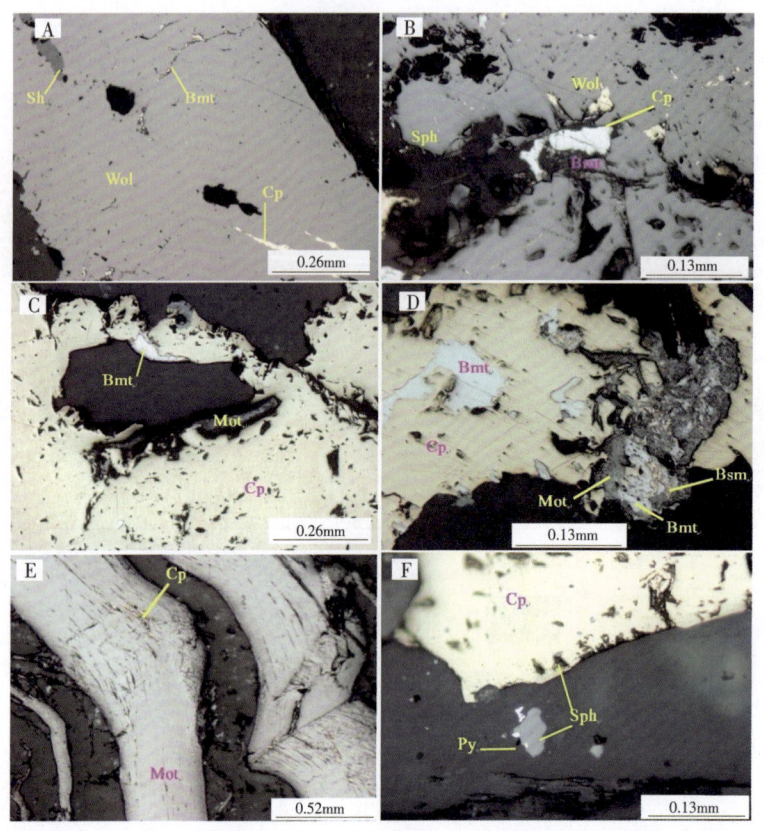

A—黑钨矿呈半自形板状；B—黑钨矿被闪锌矿、黄铜矿、辉铋矿交代；C—辉钼矿呈半自形鳞片状；
D—辉钼矿被辉铋矿及黄铜矿交代；E—辉钼矿发生弯曲变形；F—黄铜矿呈不规则粒状，被闪锌矿交代；
Wol—黑钨矿，Cp—黄铜矿，Py—黄铁矿，Bmt—辉铋矿，Bsm—自然铋，Sph—闪锌矿，Sh—白钨矿，Mot—辉钼矿。

图 6-43　昆山矿区矿石显微照片（据叶少贞等，2016）
Fig. 6-43　Micrograph of ore in Kunshan mining area

各主要矿体伴生组分 Cu、S、Ag 含量较高，其他伴生组分含量较低。Cu 含量 0.047%~0.158%，平均 0.085%；S 含量 0.038%~0.94%，平均 0.37%；Ag 含量 0.91×10^{-6}~2.31×10^{-6}，平均 1.48×10^{-6}。

（三）成矿分带

矿区成矿有"先钨（钼）后铜"，矿化分带具有"南钨北铜，上钨下钼（铜）"的规律。即在南区（矿区南部），以钨、钼矿化为主，是钨钼矿体的产出地；在中区（矿区北部），则以铜矿化为主，是铜矿体的产出地；而南区的矿化分带又有"上钨下钼"的特点，即钨矿体主要产在标高 920m 以上，越往上钨矿化越好，钼矿化则相对减弱，标高 920m 以下，以钼矿化为主，钨矿化减弱。

三、大余县漂塘钨锡矿田

漂塘钨锡矿田位于江西省大余县城 10°方位直距 13km 处，由漂塘矿床与其北面的石雷矿床组成，出露标高 810~530m。

（一）大余县漂塘钨锡矿床

该矿床是世界著名的钨锡共生大型矿床，也是脉动成矿分带研究程度最高的矿床，为江西省钨锡矿的主要生产矿山之一。该矿床是我国最早发现矿床有由线脉带、细脉带、混合带到大脉带的垂直分带，即钨矿"五层楼"模式建立的原型矿床之一。截至 2011 年底，累计查明：钨 11.63×10^4t，品位 0.25%；锡 7.178×10^4t，品位 0.13%；钼 0.21×10^4t，品位 0.01%。伴生铜 1.5449×10^4t，铋 1866t，铅 9199t，锌 28749t，另有伴生铍、锂、铌、钽、镉、铱、硒、铟等稀有、分散元素矿产。

漂塘钨锡矿在新中国成立前曾有过多次地质调查，主要有 1929 年燕春台与查宗禄、1936 年郭耀华与周嘉言、1938 年徐克勤和丁毅等开展的调查工作；新中国成立后，1951 年吴磊伯、严坤元曾到矿区调查。该矿床的地质勘探工作始于 1953 年，先后有中南地质勘探公司、江西分局二二〇队进行了预查，1958—1966 年由江西省地质局钨矿大队（后改称九〇九大队）进行了详查与勘探。

漂塘钨锡矿从 1918 年开始开采砂矿，后转入开采地表原生矿脉，1955 年收归国有，建立国营漂塘钨矿。

1. 矿区地质

1) 地层

矿区出露地层主要有中上寒武统浅变质岩和下泥盆统（图 6-44）。

中上寒武统的高滩组和水石组为一套海相类复理石沉积建造，岩性由粗至细，由下而上依次为变余长石石英砂岩、变余长石砂岩和粉砂质板岩、板岩互层，上部为含碳质板岩，顶部发育透镜状灰岩。

下泥盆统丫山组为灰色磨拉石碎屑岩夹火山凝灰岩，残留于云山山巅之上，以高角度不整合于上

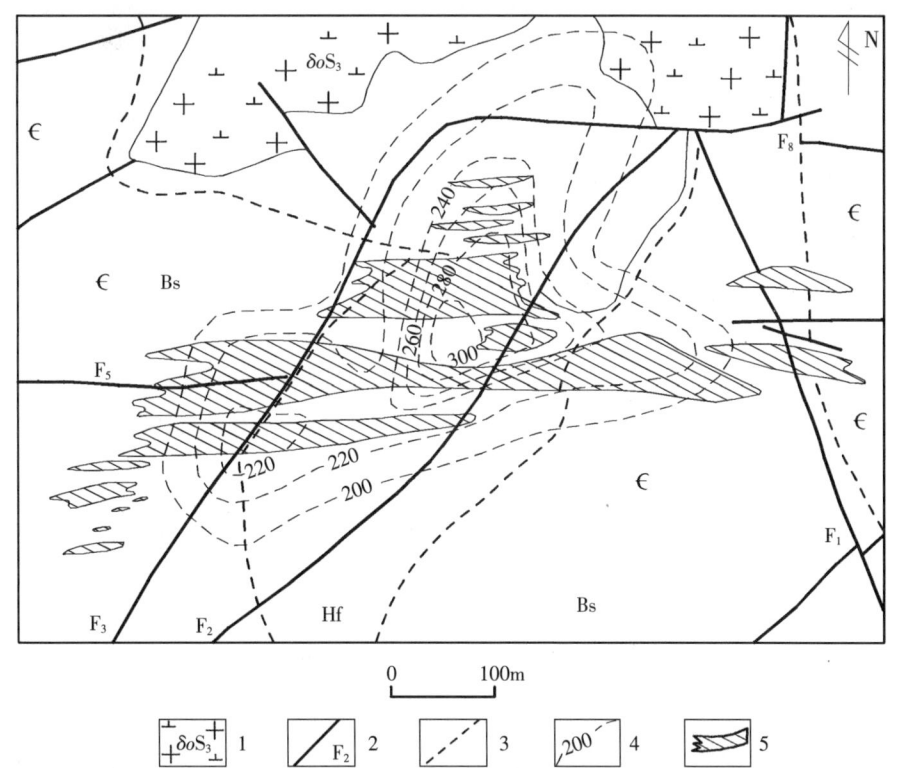

1—海西期石英闪长岩；2—断层及编号；3—接触变质带界线；4—隐伏花岗岩顶板等高线 (m)；
5—含矿石英细脉带；Hf—角岩带；Bs—斑点板岩带；∈—寒武系。

图 6-44 漂塘矿区地质简图
（据山峰，1976；江西省地质矿产勘查开发局赣南地质调查大队，1997）
Fig. 6-44 Geological diagram of Piaotang mining area

寒武统之上。

2) 岩浆岩

区内岩浆岩主要有海西期成矿前石英闪长岩和燕山期花岗岩。石英闪长岩分布于矿区北部，K-Ar年龄为274Ma（穆治国等，1988）。成矿花岗岩隐伏于矿床深部，与围岩接触界线清晰，接触变质作用发育，围岩广泛角岩化，是西华山－棕树坑半隐伏岩基一个凸起的岩株。以细粒似斑状花岗岩为主，次为中细粒似斑状和细粒花岗岩。花岗岩岩石化学成分：SiO_2 75.45%、TiO_2 0.068%、Al_2O_3 12.49%、Fe_2O_3 0.77%、FeO 1.62%、MnO 0.22%、MgO 0.46%、CaO 0.64%、Na_2O 3.08%、K_2O 4.57%、P_2O_5 0.036%、H_2O 0.34%、烧失量0.42%，具有酸度大、富碱，含钙、铁组分较低的特点（江西地质科学研究所，1985）。华仁民等（2007）利用单颗粒锆石U-Pb法测得矿区的斑状中细粒黑云母花岗岩的年龄为（161.8±1）Ma。

3) 构造

区内加里东期形成基底褶皱构造，主要有北东向大江－左拔复背斜和木梓园－漂塘北北东、近南北向复向斜。该基底皱褶构造由若干次级的向西倒转、中—陡倾斜的紧密线状同斜褶皱组成，并由南西至北东逐渐向北偏转。

断裂构造按照方向可划分为3组：①北北东向断裂，规模大，极发育，大多数倾向南东，但在复背斜和局部地区倾向北西，同属逆断层形状。矿区内主要的断层为F_2、F_3，主要控制着西华山－棕树坑成钨带。②东西向断裂，次发育，形成于加里东期，为崇义－赤土断裂组成部分。主要断层为F_5、F_8，是矿区主要复合控矿构造。③北西向断裂也是复合控矿断裂之一。

F_2、F_3为矿区内的主要断层，与成矿关系最为密切。走向30°，倾向南东，与隐伏花岗岩体的分布大体一致，细脉带主要分布于断层的两侧，且以下盘为主。充填物有：①灰白色的断层黏土及围岩与脉石英的角砾，结构疏松；②半胶结的绢云母、铁质、断层黏土及围岩与脉石英角砾；③受动力变质作用而形成的糜棱岩，为后期石英脉充填胶结，结构紧密。

2. 矿床地质

1) 矿体的空间分布及产状规模

矿体主要产于隐伏中细粒黑云母花岗岩体（γ_5^{2-1a}）的外接触带，矿带的根下部已进入花岗岩体的上部，矿体受隐伏花岗岩顶部形态约束，以近东西向和北北东向为主轴，总体呈右行侧列展布。矿体分为石英细脉带型及大脉型两类，以前者为主。

细脉带矿体集中分布于矿床中上部的变质岩中。共揭露大小矿带17条，编号分别为Ⅰ、ⅠN、ⅡS、Ⅱ、ⅡN、ⅢS、Ⅲ、ⅢN、Ⅳ、Ⅴ、Ⅵ、Ⅶ、Ⅷ、Ⅸ、Ⅹ、Ⅺ、Ⅲ1，其中以Ⅲ、ⅢS矿带工业规模最大，次为Ⅰ、ⅢN矿带，再次为Ⅱ、Ⅶ、Ⅷ矿带。各矿带系由无数平行密集的大小石英脉组成，走向渐趋变窄或分叉收敛成大脉，并延入隐伏花岗岩体内。

组成矿体的矿脉，以走向近东西、陡倾斜的平行密集黑钨矿－锡石－石英脉为主。这一组矿脉的分布、产状及含矿情况往往决定了矿带的产状及形态，一般在矿带的两端分布较稀疏、脉幅稍小；在中部则较为密集、脉幅稍大。它们在形态变化上非常复杂，弯曲、折曲现象较为常见，分支复合、膨大缩小、尖灭再现、网络交错等现象亦不一而足。

各矿带间，在平面上，自Ⅰ矿带至Ⅹ矿带，呈南西－北东向侧幕式排列；在横剖面上，大部分平行排列，部分呈后幕式排列。矿体与矿体的间距5~50m，平均间距22m。各矿带规模、产状详见表6-13。

表 6-13 漂塘钨锡矿区细脉带矿体规模、产状一览表

Table 6-13 List of ore body scale and occurrence in veinlet belt of Piaotang tungsten tin ore area

矿带编号	长度/m 448m中段以下	长度/m 328m中段	宽度/m 448m中段以上 最大	宽度/m 448m中段以上 平均	宽度/m 328m中段 最大	宽度/m 328m中段 平均	深度/m 延深	深度/m 埋藏深度 上限	深度/m 埋藏深度 下限	平均产状 倾向	平均产状 倾角	平均品位/% WO_3	平均品位/% Sn
Ⅰ	880	850	39	21	15	8.7	470	680	210	360°	81°	0.142	0.115
ⅠN	—	300	0	0	5	5	160	400	240	2°	81°	0.182	0.218
ⅡS	385	0	13	6	0	0	200	585	400	13°	66°	0.113	0.120
Ⅱ	365	300	15	8	8	5	450	705	275	12°	64°	0.108	0.177
ⅡN	180	0	16+	8	0	0	180	560	400	14°	65°	0.147	0.059
ⅢS	330	0	34	21	0	0	287	735	448	2°	80°	0.138	0.130
Ⅲ	1230	1100	70	20	21	12	560	760	200	3°	82°	0.168	0.130
ⅢN	350	400	38.7	22	26	15.6	595	810	215	359°	83°	0.164	0.101
Ⅳ	220	0	18	7	0	0	137	580	448	360°	84°	0.143	0.093
Ⅴ	250	—	7	4.5	—	—	200	500	300	5°	78°	0.150	0.077
Ⅵ	220	—	13	6	—	—	155	555	400	3°	73°	0.212	0.096
Ⅶ	520	—	15	7.5	—	—	380	610	330	4°	76°	0.172	0.102
Ⅷ	320	—	13	6.7	—	—	210	540	330	5°	73°	0.210	0.098
Ⅸ	245	—	12	6	—	—	255	585	330	2°	80°	0.154	0.139
Ⅹ	200	—	8	4	—	—	185	585	400	7°	82°	0.218	0.124
Ⅺ	100	—	4	4	—	—	195	595	400	360°	80°	—	—

注：ⅠN为盲矿体、ⅢS在328中段与Ⅲ合并、Ⅳ在328中段与Ⅲ合并。

石英细脉带矿体的基本特征：①石英细脉带矿体主要由宽3~10cm的含矿石英脉平行密集成带状构成。脉体形态一般较规整，但分支复合、膨胀收缩、尖灭侧现和网络交错等现象亦不一而足。②构成矿带的矿脉类型有（黑钨矿）辉钼矿、绿柱石–石英脉，（绿柱石）、锡石、黑钨矿–石英脉，硫化物、锡石、黑钨矿–石英（或黄玉）脉，（黑钨矿）硫化物–石英脉。③矿体内含脉率，448m中段以上一般在6%~8%之间，平均9.81%；328m中段一般在8%~16%之间，平均21.97%。含脉密度，448m中段以上，一般为3条/m，平均2.55条/m，最大可达8条/m；而328m中段一般为2条/m，平均1.67条/m。脉幅，448m中段以上常见的为1~4cm，平均4cm，最大幅1m左右，在组成矿体的矿脉总厚度上，以1~14cm这个级别的矿脉为最重要；而328m中段则以3~14cm矿脉为最常见，平均14cm，最大脉幅2m

以上，在组成矿体的矿脉总厚度上，以大于15cm的矿脉为最重要（占60%）。在主要矿带下部，一般都有1~2条大脉，作为矿带的主干脉，主干大脉的脉幅大小与矿带规模成正比关系。在主干大脉两侧，矿脉平行密集，由近而远，脉幅由大变小，继续下延即收敛成单独大脉。大脉型矿体包括矿带以外的单独大脉和矿带下延收敛而成的大脉。前者主要分布在矿区西北部，共计有20余条，其中工业价值较大、计算储量的有V1、V7、V8、V10、V13、V17，共6条。矿脉长度一般300~700m，最长800m；一般脉宽0.25~1.10m，最大脉宽可达1.46m；延深200~500m。矿脉根据产状可分3组：以走向近东西、倾向北、倾角70°~80°一组为主，其次为走向北东、倾向北西、倾角70°~80°和走向北西、倾向南西、倾角60°~80°两组。

主要单独大脉的规模、产状详见表6-14。矿带下延的单独大脉的规模与矿带的规模大小有关，其产状也与矿带的产状基本一致。如Ⅲ带下延至328m中段，在0线、3线等处矿带收敛成2~3m单独大脉出现，至328m中段以下花岗岩体内均为几条单独大脉所替代，至268m中段已完全收敛成单独大脉，矿石品位升高，矿石量减少。

表6-14 漂塘钨锡矿区单独大脉型矿体规模、产状一览表

Table 6-14 List of scale and occurrence of single large vein ore body in Piaotang tungsten tin mining area

矿脉编号	矿脉类型	产状	宽度/m 最大	宽度/m 平均	延长/m	延深/m	埋藏深度（标高）/m
V1	锡石、黑钨矿(绿柱石)石英脉	192°∠62°	0.48	0.35	700	490	605~115
V7	辉钼矿、绿柱石(黑钨矿)石英脉	13°∠75°	1.08	0.54	310	370	550~180
V8	辉钼矿、绿柱石(黑钨矿)石英脉	13°∠77°	0.84	0.34	500	300	580~280
V10	辉钼矿、绿柱石(黑钨矿)石英脉	348°∠72°	0.73	0.37	450	240	600~320
V13	辉钼矿、绿柱石(黑钨矿)石英脉	12°∠82°	0.65	0.29	350	240	670~430
V17	辉钼矿、绿柱石(黑钨矿)石英脉	11°∠83°	0.56	0.35	320	410	690~280

2）矿体特征

矿区探明工业矿体有22条，其中细脉带矿体有18条，石英大脉矿体有6条。这些矿体中工业储量较大的细脉带型主要矿体为Ⅲ矿带、Ⅰ矿带，石英大脉型主要矿体有V1矿脉、V7矿脉。各主矿体特征分述如下。

（1）Ⅲ矿带（包括ⅢS、ⅢN）矿体：分布于矿区中部，西自20线，东止31线，横贯全区，全长1300m，最大延深可达800m（延至标高0m左右），平均带宽21m，最宽78m，是本矿床最大的一条矿带，所获钨锡储量占总储量的72%，带宽变化系数在448m中段以上为40%，388m中段以下为53%。形态尚属稳定带状，尤其矿带中部宽而规整，而向东、向西和向上矿带分支变窄，逐渐分散尖灭。矿带总体产状为3°∠80°。268m中段以下收敛成单独石英大脉型钨矿体（图6-45）。Ⅲ矿带平均品位WO_3为0.176%，Sn为0.118%。总体上，自上而下WO_3显著增高，Sn的变化不大；水平上自中部向两端WO_3、Sn品位均逐渐降低。

（2）Ⅰ（包括ⅠN）矿带矿体：分布于矿区的西南部，北距Ⅲ矿带100m左右。带长880m，最大延

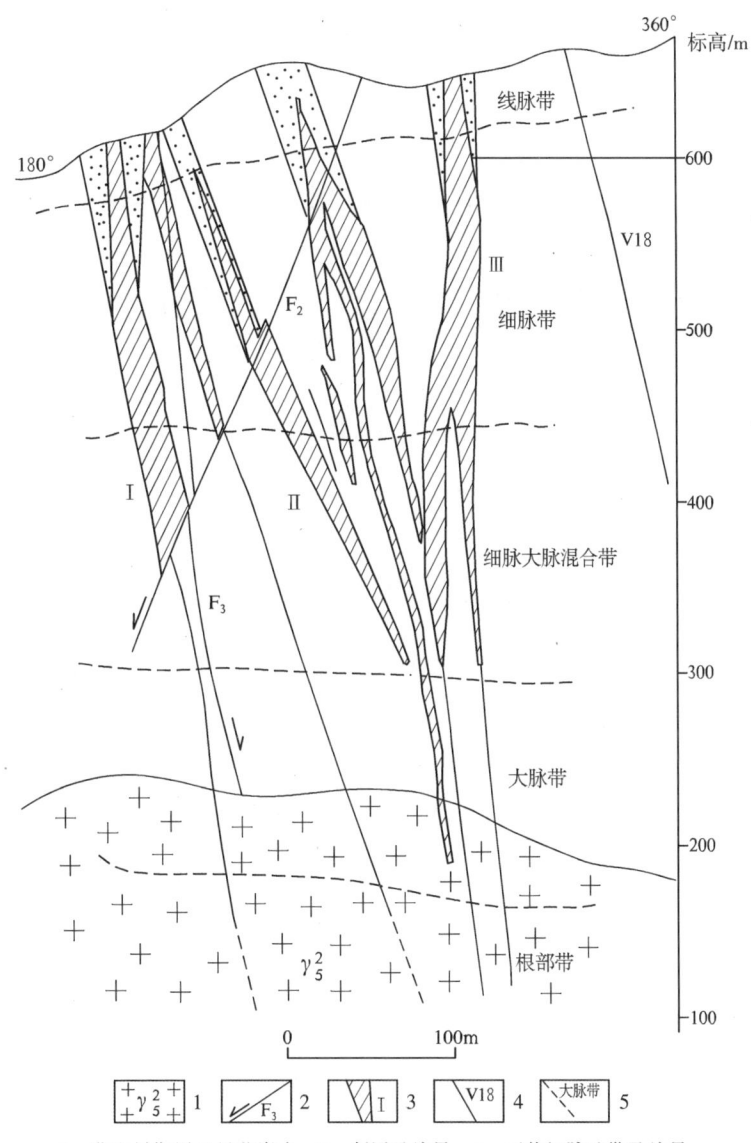

1—燕山早期黑云母花岗岩；2—断层及编号；3—石英细脉矿带及编号；
4—石英大脉矿体及编号；5—矿化垂向结构分带；∈—寒武系。

图 6-45 漂塘矿区 12 线剖面图

Fig. 6-45 Profile of line 12 in Piaotang mining area

深可达 500m（延至 100m 标高左右），平均带宽 16.3m，最宽 39m，规模仅次于Ⅲ矿带，所获钨锡储量占总储量的 16.6%。产状、形态都较稳定，特别在 328m 中段，呈一狭长的规整的带状体。Ⅰ矿带在 496m 中段以上基本上是一整体，到 448m 中段，矿带东部分支侧现，到 328m 中段又合并为一支，同时在Ⅰ矿带以北又出现一盲矿体，编为ⅠN。矿带平均品位 WO_3 为 0.155%，Sn 为 0.130%。变化规律与Ⅲ矿带基本相同，但在垂向上增高幅度比Ⅲ矿带大。

（3）Ⅴ、Ⅵ、Ⅶ、Ⅷ、Ⅸ、Ⅹ矿带矿体：这些小矿带均分布在矿区 3 线—23 线之间。它们产状一致，呈平行带状展布，各带长度在 100~500m 之内，最大带宽 18m，带宽变化系数Ⅶ矿带为 56%，Ⅸ矿带为 48%。大部分矿带在 448m 中段和 328m 中段之间收敛成大脉，个别矿带可能延至 328m 中段，但规模也不会很大。

(4) V1、V7 矿脉：分布于矿区中部，西自 10 线，东止 5 线，目前揭露延长 150~600m，最大延长可达 800m，总体延深 260~300m，单脉沿走向延伸或沿倾向延深 100~300m 不等，脉宽一般 0.20~1.08m，平均脉宽 0.40m。矿脉形态简单，矿脉互相呈现紧密的尖灭侧现及短距离内的尖灭再现或分支相连等关系。在水平方向上，尖灭侧现为左侧斜列式，矿脉分支复合牵连、交叉也较常见。矿脉走向近东西向，V1 矿脉倾向南，V7 矿脉倾向北，V1 矿脉总体产状 192°∠74°，V7 矿脉总体产状 15°∠78°。

主矿脉有益组分含量：V1 矿脉 WO_3 一般品位 0.12%~1.86%，最高 5.79%，平均 0.857%；Sn 一般品位 0.20%~0.75%，最高 2.0%，平均 0.382%。V7 矿脉 WO_3 一般品位 0.11%~1.35%，最高 4.56%，平均 0.597%；Sn 一般品位 0.06%~0.624%，最高 1.06%，平均 0.203%。从有益组分含量看，矿石主要是以钨为主，共生锡。

V1、V7 矿脉厚度往深部逐渐变宽，钨锡品位各中段分布均匀（表 6-15）。

表 6-15　漂塘矿区主要单独大脉型矿体（V1、V7 矿脉）特征
Table 6-15　Characteristics of main single large vein type ore bodies (V1 and V7 veins) in Piaotang mining area

主矿脉编号	中段/m	矿脉规模/m			矿脉产状/(°)		矿石平均品位/%	
		长	宽	平均宽	倾向延深	倾向	倾角	WO_3	Sn
V1	388	150	0.11~0.48	0.32	300	190	73	1.117	1.480
	268	800	0.08~1.08	0.36		193	75	0.641	0.247
V7	388	230	0.10~0.74	0.41	260	16	70	0.720	0.359
	268	270	0.19~0.85	0.50		14	85	0.594	0.235

3) 矿物

漂塘矿床是石英脉型钨锡矿床矿物最丰富的矿床，已发现矿物 68 种，分别见于各成矿阶段。

4) 矿石化学成分

以往勘探报告的矿石分析结果为：① 448m 中段以上石英细脉矿石 WO_3 0.747%、Sn 0.332%、Cu 0.065%、Pb 0.123%、Zn 0.142%、Bi 0.013%、Mo 0.018%、BeO 0.018%、Li_2O 0.27%、P_2O_5 0.015%、As 0.13%、S 0.175%、F 1.573%；② 448m 中段以上石英细脉带内围岩夹石 WO_3 0.022%、Sn 0.018%、Cu 0.036%、Pb 0.02%、Zn 0.031%、Bi 0.000 59%、Mo 0.003 5%、BeO 0.011%、P_2O_5 0.119%、S 0.098%、F 2.88%；③ 328m 中段Ⅲ矿带内矿石 WO_3 0.85%、Sn 0.441%、Cu 0.18%、Pb 0.089%、Zn 0.26%、Bi 0.024%、Mo 0.017 5%、BeO 0.015%、Li_2O 0.145%、P_2O_5 0.03%、As 0.010 6%、S 0.347%、F 0.95%。除主产元素钨、锡外，铜、铅、锌、钼、铋含量较富集，可供付产回收。其他稀散元素矿石中含量虽然低微，但如经选矿浓集后，在精矿中其含量可大大提高，也具有工业回收价值，尤其是铌、钽、钪、镉、铟、银、硒等元素。

黑钨矿 WO_3 总含量中全区平均占 72.98%，白钨矿占 22.18%~26.6%，另根据对粗精矿及细精矿合理分析结果，白钨矿所占比例分别为 13% 和 12%；白钨矿在Ⅰ矿带内 WO_3 总含量中所占比例较Ⅲ矿带大，在垂向上黑钨矿在 WO_3 总含量中所占比例向深部有增高的趋势。

5) 矿体围岩

矿体脉侧围岩蚀变主要有：①产于变质岩中含钨石英脉两边蚀变以硅化、云英岩化最为普遍，次为矽卡岩化、黑云母化、绢云母化、绿泥石化、碳酸盐化、电气石化；②产于花岗岩中含钨石英脉两旁蚀变为云英岩化，次为红长石化，云英岩化蚀变宽度几厘米至几十厘米，其岩性主要为正常云英岩、富石英云英岩、云英岩化花岗岩。

3. 矿床地球化学特征

黑钨矿是漂塘钨矿中最主要且最早晶出的矿石矿物之一，黄铜矿为主要成矿阶段最主要的硫化物矿物，其中的流体包裹体可以在最大程度上反映成矿期成矿流体的原始信息。测试取得的漂塘钨矿黄铜矿、黑钨矿流体包裹体中的 ^{3}He/^{4}He 值及 Ar 同位素组成（表6-16）能够代表流体包裹体被捕获时成矿流体的初始值。

表6-16　漂塘矿床黄铜矿和黑钨矿中流体包裹体 He 和 Ar 同位素组成

Table 6-16　He and Ar isotopic compositions of fluid inclusions in chalcopyrite and wolframite of Piaotang deposit

样品号	样品名称	^{4}He/ $\times 10^{-6}$	^{3}He/ $\times 10^{-12}$	^{3}He/^{4}He / $\times 10^{-6}$	误差/%	R/Ra	误差	^{40}Ar/ $\times 10^{-7}$	^{40}Ar/ $\times 10^{-9}$	^{38}Ar/^{36}Ar	误差	^{40}Ar/^{36}Ar	误差/%
Pt-1	黄铜矿	5.394 2	5.294 7	1.068 2	1.901 4	0.763	0.014	13.158 8	2.373 2	0.193 8	0.003 8	554.27	3.05
Pt-2	黄铜矿	3.377 6	3.735 7	1.206 9	1.231	0.862	0.009	11.052 2	1.865 3	0.190 4	0.001 9	396.84	3.13
Pt3	黄铜矿	3.239 3	1.182 7	0.395 4	0.379 6	0.282	0.003	6.888 3	1.819 3	0.191 2	0.004 9	378.62	2.27
Pt-1-1	黑钨矿	4.824 3	3.251 3	0.740 3	0.444 1	0.529	0.003	10.354 7	1.811 3	0.194 4	0.005 0	590.65	3.28
Pt-2-2	黑钨矿	8.238 5	1.972 7	0.254 2	0.297 4	0.182	0.002	6.453 6	1.653 5	0.195	0.005 8	575.03	3.14
Pt3-3	黑钨矿	6.752 9	1.502 9	0.238 7	0.138 4	0.170	0.001	6.618 6	1.909 2	0.194	0.006 9	354.45	3.90

由表6-16可知，黄铜矿流体包裹体的 ^{3}He/^{4}He 值为 0.282~0.862 R/Ra，^{40}Ar/^{36}Ar 值为 378.62~554.27；黑钨矿流体包裹体的 ^{3}He/^{4}He 值为 0.17~0.53 R/Ra，^{40}Ar/^{36}Ar 值为 354.45~590.65，黑钨矿的 ^{3}He/^{4}He 值略低于黄铜矿，两者的 ^{40}Ar/^{36}Ar 值相近。在 ^{40}Ar/^{36}Ar –^{3}He/^{4}He 图解（图6-46）上，黄铜矿、黑钨矿流体包裹体的 ^{3}He/^{4}He 值投点落在地壳端元和饱和大气水之间，与地幔端元相距较远，反映出漂塘钨矿成矿流体主要为地壳流体和饱和大气水的混合，没有明显的地幔流体成分混入。

对漂塘钨矿已进行的流体包裹体研究表明，该矿床主成矿阶段含矿石英脉石英中流体包裹体的类型主要是不含或仅含微量 CO_2 的两相水溶液包裹体，其均一温度介于 180~290℃之间，盐度范围为 0.35%~10% NaCleqv 当量，成矿流体为盐度、均一温度不高但范围较宽的 $NaCl-H_2O$ 体系，其均一温度、盐度特征体现了成矿流体由花岗岩岩浆冷凝分异产生的均一温度、盐度较高的岩浆水与均一温度、盐度较低的大气水混合而成。

漂塘钨矿床成矿流体的氢氧同位素组成研究显示，主成矿阶段含矿石英脉中石英和黑钨矿的 $\delta^{18}O_{H_2O}$ 值分别为 1.1‰~6.1‰ 和 2.1‰~3.6‰，石英中 δD_{H_2O} 值为 -63‰~-59‰，表明漂塘钨矿床主成矿阶段成矿流体中的水为初始岩浆水与大气水混合而成，并且大气水成分占了较大的比例。

综上所述，漂塘钨矿主成矿阶段成矿流体的 ^{3}He/^{4}He 值为 0.17~0.86 R/Ra，介于地壳放射成因的

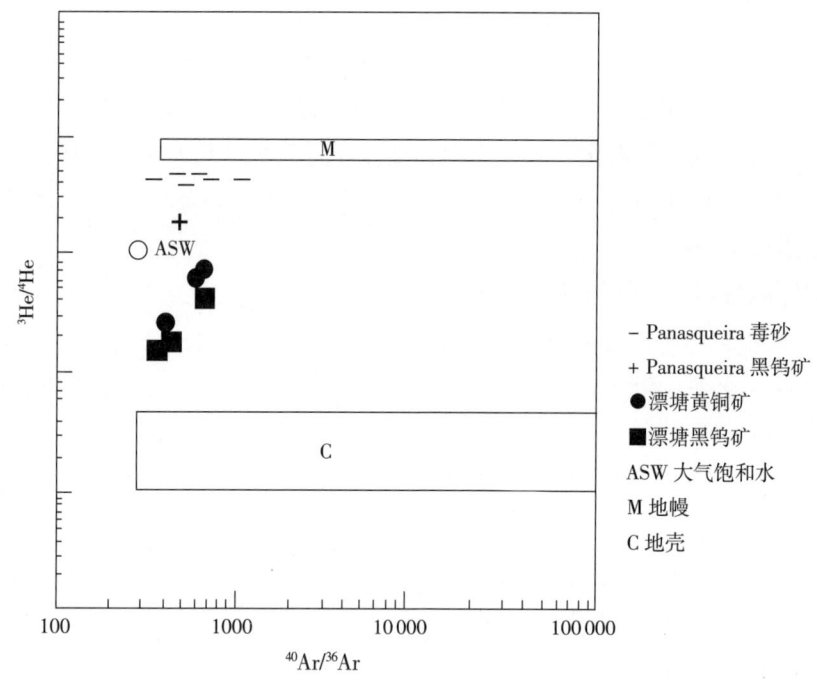

图 6-46　漂塘钨矿 $^{40}Ar/^{36}Ar$ – $^{3}He/^{4}He$ 图解
Fig.6-46　$^{40}Ar/^{36}Ar$ – $^{3}He/^{4}He$ diagram of Piaotang tungsten mine

$^{3}He/^{4}He$ 值（0.01~0.05 R/Ra）和饱和大气水的 $^{3}He/^{4}He$ 值（1R/Ra）之间，明显低于地幔的 $^{3}He/^{4}He$ 值（6~9 R/Ra）。样品的 $^{3}He/^{4}He$ 值略高于地壳的 $^{3}He/^{4}He$ 值可能是岩石及矿床中矿石矿物 Li 元素含量较高所致。主成矿阶段成矿流体的 $^{40}Ar/^{36}Ar$ 值为 354.45~590.65，稍高于饱和大气水，其原因是成矿流体与流经岩石的相互作用过程中捕获了部分放射成因的 ^{40}Ar。结合该矿床的具体地质情况，我们认为，漂塘钨矿与成矿有关的流体主要为与饱和大气水混合的地壳流体。

4. 成矿阶段与矿床分带

矿区成矿阶段研究较详细，山峰（1976）将区内成矿分为 4 个成矿期 7 个成矿阶段。4 个成矿期：硅酸盐期、氧化物期、硫化物期、碳酸盐期。矿床经历近南北向挤压与近南北向左行扭动动力过程，以及地壳由热胀到松弛的转变过程。

第一成矿阶段：矽卡岩阶段。本阶段矿脉在空间上构成一北东向长条形地带，长达 1800m，最宽为 600~700m，位于花岗岩体顶部角岩带内，与隐伏花岗岩体的长轴方向基本一致，在垂直方向上从岩体外接触带开始，向上可达 500~600m 距离。在这一范围内，单个矽卡岩体均呈脉状产出，脉体杂乱细小。主要矿物成分为粒状石英及呈条带状分布的阳起石、透辉石、石榴子石。脉体可分为石榴子石、透辉石矽卡岩脉，阳起石、石榴子石、透辉石矽卡岩脉及阳起石脉 3 种。受后期热液叠加，生成白钨矿、锡石、磁黄铁矿、黄铜矿、黄铁矿、方铅矿、闪锌矿、毒砂、绢云母、绿泥石、萤石及方解石等，因其数量稀少，分布零散，暂无工业价值。

第二成矿阶段：（黑钨矿）、辉钼矿、绿柱石、石英阶段。本阶段矿脉大部分分布于矿区西北部，主要产状有 3 组：①走向近东西，倾向北，倾角 70°~80°；②走向北西，倾向南西，倾角 60°~80°；③走向北东，倾角北西，倾角 70°~80°。其中以第一组最为发育，全区这类矿脉的数量约占 13.34%。矿脉主要由辉钼矿、绿柱石、白云母和石英组成，并有少量黑钨矿、锡石及钠长石，而黑钨矿、锡石仅在第一组矿脉中较多见,甚至达到工业富集程度。矿石有块状构造和对称条带状构造。脉侧围岩蚀变有黑云母化和白云母化。

这类矿脉由于分布稀散,且钨、锡含量少,一般不能单独构成细脉带矿体。但矿床富产钼、铍,当与第二、第三阶段矿脉重叠构成细脉带矿体或呈单独大脉出现时,仍具有工业意义。

其中北东、北西陡倾成矿裂隙为近南北向挤压,形成的一对"X"形剪张裂隙形成稍早,近东西主成矿裂隙带为北东向断裂伴生的剪张裂隙带(图6-47)。

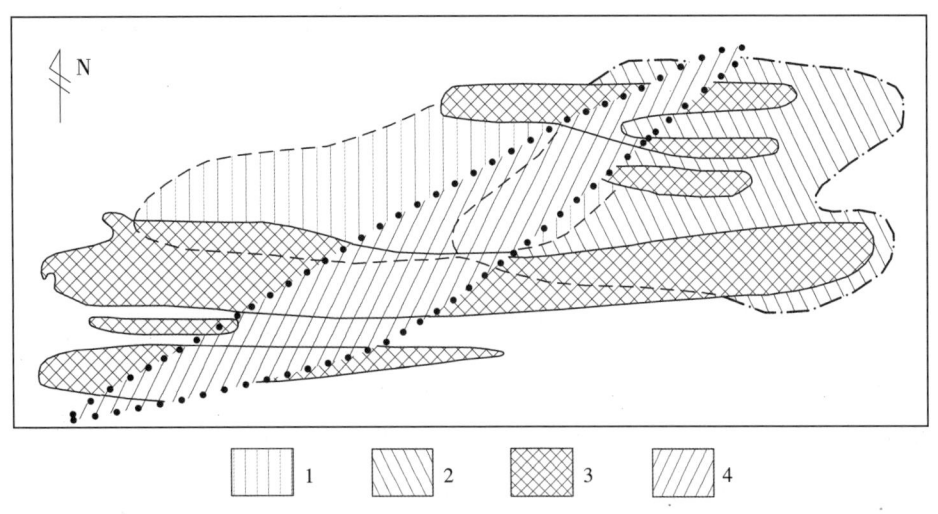

1—第二成矿阶段;2—第三成矿阶段;3—第四成矿阶段;4—第六成矿阶段。

图6-47 漂塘矿区448m中段第二、第三、第四、第六成矿阶段矿脉分布示意图(据朱焱龄,1981)
Fig. 6-47 Distribution of ore veins in the second, third, fourth and sixth metallogenic stages in the middle section 448m of Piaotang mining area

第三阶段成矿阶段:(绿柱石)、锡石、黑钨矿石英阶段。本阶段矿脉主要分布在矿区东北部,少量分布在西南部。由走向近东西,倾向北,倾角55°~75°的一组矿脉组成,略呈带状分布。这类矿脉的条数占全区的16.94%。主要由黑钨矿、锡石、白云母和石英组成,有时能见到有少量的绿柱石和辉钼矿、黄铜矿、闪锌矿等。这些矿物一般构成对称条带状构造。脉旁的围岩蚀变有白云母化、电气石化等。

这一成矿阶段矿脉产状单一,钨锡含量尚好,一般因矿脉密集程度不够、含脉率低,难以单独构成细脉带矿体,只有当它与第二、第四成矿阶段矿脉重叠时,才能共同构成矿体。但也有少数呈单独工业大脉出现。这是本区仅次于第四成矿阶段的重要矿脉。

第四成矿阶段:锡石、黑钨矿、硫化物、石英阶段。本阶段矿脉在区内广泛分布,且富含钨、锡,矿脉密集成带,产状单一,走向近东西,向北陡倾(80°~90°),构成区内Ⅲ、Ⅰ、Ⅷ、Ⅸ等重要工业矿带。Ⅲ矿带规模最大,东西横贯矿区。平面上脉带彼此呈南西-北东向斜列。矿脉的条数占全区的63.35%,总厚度占54.23%,平均脉幅2.08cm,最宽的大脉可达2m左右,常见为1~5cm。大脉为构成细脉带的主要骨干。总的说来,本阶段的矿脉在平面上自中部向东、西两端分支变小、撒开;剖面自上而下可分为5个部位:矿化标志带→细脉带→细脉、大脉混合带→大脉带→单独大脉。各带的内部结构明显有别。成矿裂隙有北东东向、北西西向、东西向3组,受成矿流体追踪扩容形成复杂的网络交错细脉带(图6-48)。

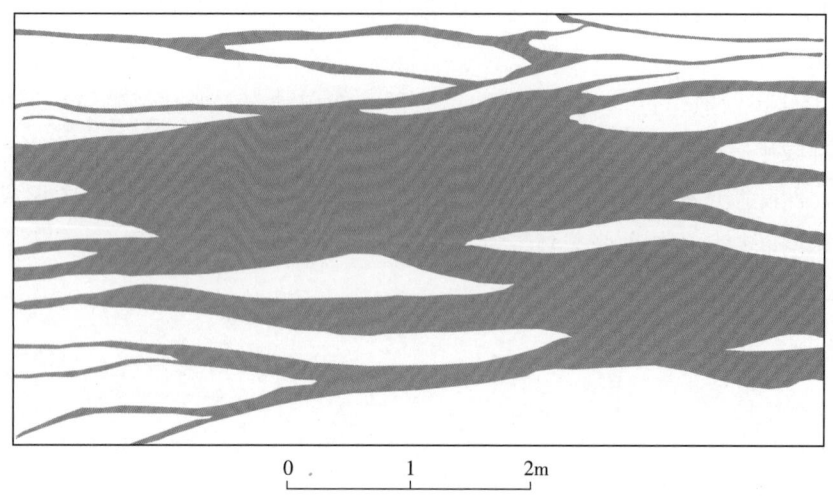

图 6-48　漂塘矿区 496m 中段 833 采场第四成矿阶段矿带结构（局部平面）及单脉形态素描图
Fig. 6-48　Sketch of ore belt structure (local plane) and single vein shape in the fourth metallogenic stage of stope 833 in the middle section of 496m in Piaotang mining area

第五成矿阶段：（黑钨矿）、硫化物、石英阶段。主要分布于矿区中部，常重叠发育在第四成矿阶段矿脉所构成的脉带范围内。矿脉产状单一，走向近东西，倾向北，倾角 75°~85°，大致成带状分布。脉幅以 5~20cm 者常见。矿脉中非金属矿物有石英、萤石、绿泥石、方解石、白云石、黄玉等。矿石构造有块状构造、角砾状构造和梳状构造。矿床这时热力衰退，成矿流体开始枯竭，地壳开始松弛，裂隙带转化为正断层破碎带。围岩蚀变以绿泥石、绢云母化为主，硅化、碳酸盐化次之。

这类矿脉一般没有独立工业意义，有时含铜、铅、锌矿物可作综合利用回收。它在 448m 中段以上常见与第四成矿阶段矿脉组成复合脉，在 328m 中段则多以独立大脉出现，并切割早期矿脉。

第六成矿阶段：硫化物、绿泥石、石英阶段。本阶段矿脉主要分布于矿区中部，呈南西 – 北东向侧幕式排列。矿脉的产状有：①走向东西，倾向北（倾角 50°~75°）；②走向东西，倾向南（倾角 60°左右）。矿脉产状以前者为主，这类矿脉条数占全区的 1.36%，总厚度占 5.20%，平均脉幅 9.69cm。

矿脉主要由石英和绿泥石组成，并有少量的黄铜矿、闪锌矿、毒砂、黄铁矿和方铅矿等硫化物。

矿区地壳进一步松弛，高角度裂隙带广泛呈正断层下滑。矿石构造有条带状构造、角砾状构造、梳状构造、次生晶洞构造。条带状构造中条带成分为绿泥石和围岩的碎片，条带是在多次裂隙活动过程中碾磨围岩而成，部分被绿泥石交代。次生晶洞断面呈透镜状、规则裂隙状，有时还可见到许多小晶洞呈线状排列，说明这些晶洞是在矿液充填过程中裂隙再次活动而形成的。

脉旁的围岩蚀变类型有绢云母化、绿泥石化和硅化等。

本阶段矿脉与第三阶段矿脉产状相同，容易成复合脉，因而贫化了早期矿脉。

第七成矿阶段：（黄铁矿）、萤石、碳酸盐阶段。本阶段矿脉在本区零星分布，不发育，产状零乱。最典型的一条矿脉位于 448m 中段 31 线（东部），宽 20cm，倾向 70°，倾角 82°，脉中主要矿物有萤石（蓝绿色、蓝紫色）、方解石、白云石、玉髓及少量黄铁矿等。矿石构造有次生晶洞构造、角砾构造（围岩角砾）、块状构造。脉旁围岩蚀变有绢云母化、碳酸盐化。

矿区具典型的"五层楼"结构模式，从标志带→细脉带→细脉、大脉混合带→大脉带→巨脉带，构成"五层楼"立体空间（图 6-49）。

部位	带名	深度/m	工业价值	形态示意图	含脉密度/(条·m^{-1})	含脉率/%	带宽/m	单脉厚/m	主要矿物组合
顶部	矿化标志带	80~400	无		0.50~5	0.1~3	20~200	0.001~0.010	锡石、黑钨矿、白云母、电气石
上部	细脉带	100~250	大		5~20	6~50	10~50	0.02~0.10	黑钨矿、锡石、绿柱石、黄铜矿、黄铁矿、白云母等
中部	细脉-大脉混合带	40~500	巨大		1~8	10~70	5~30	0.05~0.50	黑钨矿、白钨矿、锡石、黄铜矿、黄铁矿、方铅矿、闪锌矿、白云母等组分复杂,矿化重叠
下部	大脉带	100~800	大		0.03~2	10~50		0.20~2.00	黑钨矿、黄铜矿、黄铁矿、方铅矿、辉钼矿等
根部	大脉-巨脉-尖灭带	50~800	小—无		0.05~0.10			2.00~0.05	黑钨矿、辉泪矿、黄铁矿、碳酸盐矿物

图 6-49 漂塘钨锡矿"五层楼"成矿模式图

Fig. 6-49 "Five storey building" metallogenic model of Piaotang tungsten tin deposit

(二) 大余县石雷钨锡矿床

石雷矿床位于漂塘矿床北面(图 6-50)。地表有零星小脉,新中国成立前,曾有民工在雷公紫和石头坝等地进行过开采。20世纪60年代中期,江西省地质局钨矿地质大队(后成为九〇九地质大队),在勘探漂塘矿区时,曾对石头坝和雷公紫进行过地质普查。1977—1987年,江西冶金地质勘探公司二队对矿区进行了普查、详查,获取资源储量:WO$_3$ 2.91×10^{4}t,共伴生 Sn 1.08×10^{4}t,伴生 Cu 1689t,Ag 12.6t。

1. 矿体分布

矿区为外接触带石英脉型钨锡矿床,往下延伸至深部的隐伏花岗岩体。

本矿区矿体在地表仅表现为矿化标志带,往深部渐变为石英单脉型钨锡工业矿体,为半隐伏—隐伏矿床。地表矿化标志带主要集中分布于矿区内中带、北带、东带和南带4个地段,每个带由十几个至几十个首尾相连或平列和侧列的小带组成,小带大致呈走向近东西、倾向北产出,局部波状弯曲,倾向北北西或北北东,它们构成大带后大致呈近东西或北东东走向,而矿体集中分布于北带、东带及中带3个区段。矿体主要赋存于寒武系砂板岩、海西期石英闪长岩及花岗岩中,矿化面积约8km^2。

全区编号矿脉230条,其中北带92条,中带60条,东带78条。有工业价值的矿体75条(钨矿体69条,锡矿体6条)。单脉型钨矿体平均厚度0.18m,WO$_3$平均品位2.461%,Sn平均品位0.723%。

所有矿体均埋藏于距地表以下50~150m,一般赋存在标高600m以下,主要赋存在标高0~500m之间,距地表埋深150m以上。已控制标高最低-24m,一般110~790m;走向延长50~718m,最长1000m;倾向延深80~500m,最深516m;单脉厚0.04~0.38m,最大厚度0.68m。总体产状:倾向340°~20°,倾角60°~89°。单脉形态比较复杂,以薄脉状为主,有分支复合、尖灭侧现、膨大缩小、树枝状以及撕裂、棱角状拐弯等形态。组合形态见平行排列、侧现排列、羽状排列等。整体形态在水平方向和垂向上皆表现为由中心大脉带→细脉带→外围线脉带构成的半环状或似环状体。

本矿区矿脉按区段划分为中带、北带、东带3个部分。

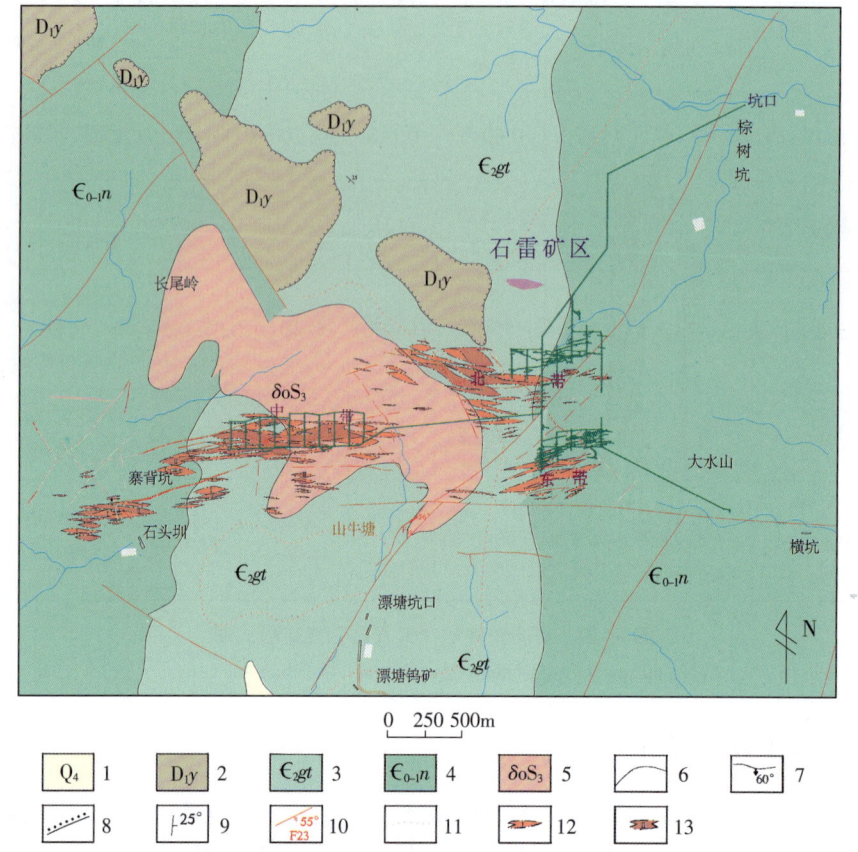

1—第四系；2—下泥盆统丫山组；3—中寒武统高滩组；4—底下寒武统牛角河组；
5—华力西期中细粒石英闪长岩；6—地质界线；7—侵入岩与围岩接触界线；8—不整合接触线；
9—地层产状；10—断层及产状；11—热变质相带界线；12—1级矿化标志带；13—2级矿化标志带。

图6-50 大余县石雷矿区地质简图

Fig. 6-50 Geological diagram of Shilei mining area in Dayu County

（1）中带：位于矿区西部，为主要矿带，产于寒武系与石英闪长岩的接触带中。矿体总体呈右行侧列展布，主要矿体有10条。单脉呈近东西向展布，倾向北，倾角60°~87°，延长100~750m，延深100~460m，单脉厚度为0.05~0.37m，平均0.11m。

（2）北带：位于矿区东北部，主要产于寒武系砂板岩中。矿体在花岗闪长岩体东缘呈左行斜列展布，主要矿体有20余条。单脉呈近东西向展布，倾向北，倾角60°~89°，延长100~400m，延深360~600m，厚度0.05~0.70m，平均0.17m，坑道控制长48~200m。

（3）东带：位于矿区南部，主要矿体有13条，产于寒武系砂板岩中。单脉呈北东东向展布，走向上较平直，各脉近平行排列，倾向342°~3°，倾角67°~80°，延长100~450m，延深320~500m，脉宽0.05~0.36m，平均0.15m。

2. 矿石物质成分

本矿区内矿石中常见矿物近30种，金属矿物有黑钨矿、锡石、黄铁矿、黄铜矿、闪锌矿、方铅矿、白钨矿、辉钼矿、辉铋矿、毒砂、磁黄铁矿等；非金属矿物有石英、云母、萤石、绿柱石、长石、黄玉、绿泥石、氟磷酸铁锰矿、方解石；次生矿物有绢云母、叶蜡石、钨华等。黑钨矿、锡石为主要工业矿物，黄铜矿、黄铁矿、闪锌矿、方铅矿为共生工业矿物。

矿区主要矿产为钨、锡，伴生矿产为铜。钨主要以黑钨矿，少量白钨矿形式存在，锡以锡石形式存在，铜则以黄铜矿、斑铜矿等形式存在。其他杂质元素主要有 Mo、Be、As、Pb、Bi、Zn、Mn、Mg、Si、Ga、Fe、Al、Ca、Ba 等。

矿石中 WO_3 和 Sn 含量变化较大，分别为 0.01%~49.2% 和 0.004%~14.200%。全区单脉钨矿体平均品位 WO_3 2.461%，Sn 0.723%。据对矿区 764 个样品主要钨矿体的统计，WO_3 品位变化系数为 41.52%~135.56%，Sn 品位变化系数为 81.08%~213.62%。

矿区矿脉沿走向上 WO_3 与 Sn 均呈间断性跳跃式富集趋势，高值点出现间距 WO_3 为 30m 左右，Sn 为 20~50m，两者相关性差（相关系数 -0.12~-0.05），但在垂向上由地表至深部，钨锡具有同步增长的趋势，从各带 WO_3、Sn 含量大于 1% 样品于不同标高出现频率也明显反映钨锡矿化强度在总体上呈和谐的同步变化，自上而下由贫→富→贫，各矿带峰值出现标高为中带 300~400m、北带 300~500m、东带 200~400m 之间。

3. 围岩蚀变

矿区围岩蚀变主要与围岩岩性和矿化类型有关。常见的围岩蚀变有硅化和云英岩化，其次有黑云母化、电气石化、萤石化、绿泥石化、绢云母化、黄铁矿化、矽卡岩化，其中以前两种围岩蚀变与成矿关系较为密切。

四、大余县木梓园钨钼矿床

木梓园钨钼矿床位于荡坪与大龙山钨矿床之间，是世界上首个以线脉带为标志带找到的隐伏脉状钨矿床。它以漂塘式细脉带 + 大脉钨矿床为原型，总结了外接触带脉状钨矿床的垂直分带图式。

1963 年 5 月，由江西省地质局区域测量大队六分队组成的江西省地质局钨矿普查勘探大队四分队在开展西华山-漂塘 1:5 万区域普查找矿时根据莫信提供的信息对地表细脉进行了系统的槽探揭露，发现的脉虽细小但密度很高，且有锡钨矿化，引起了分队技术负责人王达忠的注意，圈出细脉密集带。在队技术负责人吴永乐主持下，于 1964 年 4 月 12 日施工第一个钻孔，没有见到工业矿体。经深入研究后认为：云母线的数量比地表少，而石英细脉增多且厚度也略有增加；深部锡矿化减弱，而钨矿化已明显增强；角岩化强度向下逐步增强，预测深部有隐伏岩体。考虑到第一个孔控制主矿化标志带距地表只有 160m 的事实，初步认为是钻孔控制深度不够。为此，决定继续在同一剖面上施工控制深度较大的钻孔，结果在孔深 350 多米处开始见到黑钨矿富集的工业矿脉（真厚 0.32m），至孔深 440m 见到隐伏花岗岩体，并在岩体中见到了较好的工业矿脉。正在此时，江西省地质局总工程师苗树屏及大队总工程师吕凡等来到矿区检查指导工作，认为矿化标志带的深部存在隐伏工业矿脉已被初步证实。从此，木梓园隐伏钨矿床的地质评价、科学研究工作拉开了序幕。当时参加矿区及外围研究工作的单位有江西地质科学研究所，地质部中南地质科学研究所，江西省地质局九〇九、九〇八地质大队的综合小队等。深部找矿和研究成果引起了时任地质部部长李四光和国家科学技术委员会的重视。

为了总结和推广木梓园找矿的经验，国家科学技术委员会地质矿床组于 1966 年 3 月 7—15 日，在江西省大余县召开扩大会议（即大余现场会）。地质部副部长、国家科学技术委员会地质矿床组组长许杰亲自主持会议并作了会议总结。参加现场会的有地质部、冶金部、建材部、二机部、中国科学院及有关高等院校共 101 个单位。地学界知名学者孟宪民、孙云铸、谢家荣、马杏垣、郭文魁、徐克勤、吴磊伯、俞建章等出席了会议。会议认为，江西省地质局九〇八大队应用地质力学的理论和方法，结合侵入岩及矿化规律的研究，创造了一条多快好省寻找隐伏钨矿床的道路。会议论文由《中国地质》杂志于1966年3月出了增刊专号。该研究成果还获得1978年全国科学大会奖。

经江西省地质局九〇八大队等单位勘查，累计获得资源储量 WO_3 1.603 7×10^4t，Mo 0.139×10^4t。

木梓园隐伏矿的找矿成功，促进了脉钨矿床垂直分带的"五层楼"成矿模式的建立，使新安子、石雷、茅坪、黄沙等一批钨矿床相继发现和扩大。这些都是该成矿模式成功的例证，对促进脉钨矿床的地质研究和普查找矿具有重要的历史意义。

（一）矿区地质

矿区位于北北东向倒转向斜轴部附近，地层由一套中厚层状的中—上寒武统浅变质砂岩夹薄层板岩组成（图6-51）。岩层走向北北东，倾向南东，倾角50°~80°。岩层均遭受热变质，坑道内可见黑云母角岩、角岩化砂岩、板岩及斑点状板岩分布。

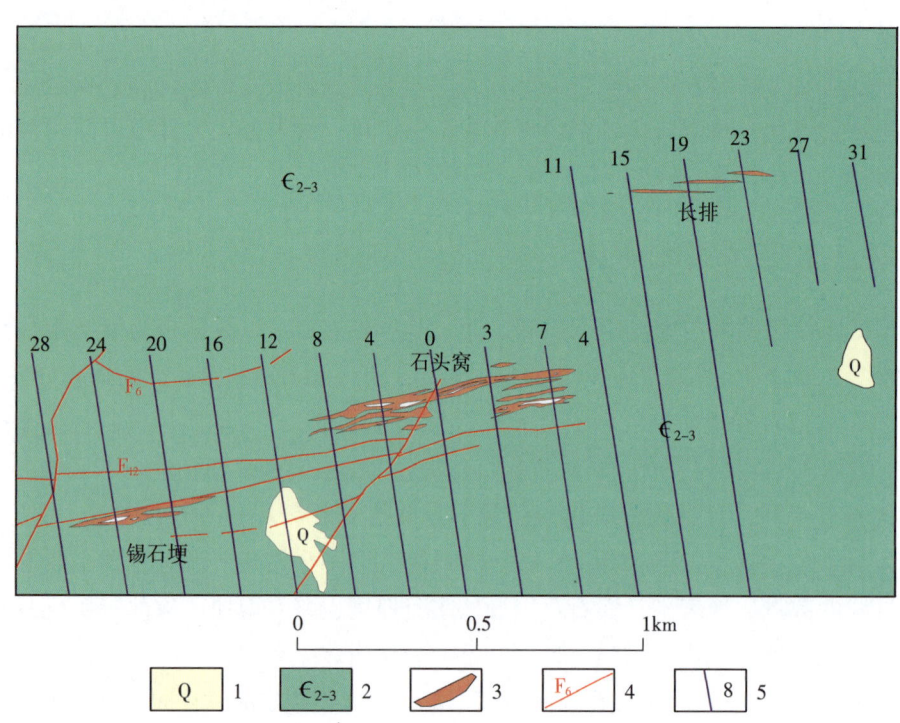

1—第四系；2—中—上寒武统浅变质砂岩板岩；3—细脉带；4—断层及编号；5—勘探线及编号。

图 6-51 木梓园矿区地质简图

Fig. 6-51 Geological diagram of Muziyuan mining area

燕山早期黑云母花岗岩隐伏于矿区深部标高360m以下，为西华山-棕树坑半隐伏岩基的凸起。岩体出现两个峰部：一个波峰出现在中组矿脉的2线V5、V9矿脉之间，岩体轴向垂直于矿脉走向；另一个波峰在南组矿脉的8线之间，岩体轴向却与北东东向矿脉走向一致。锆石U-Pb年龄值为153.3Ma（张文兰等，2009）。在岩体上部的变质砂岩中常见有宽20~80cm不等的细晶岩脉和白岗岩脉。

（二）矿床地质

1. 矿体分布、形态、产状及规模

矿区地表为线脉（标志带），浅部（标高720~550m）为云母-石英细脉带，浅中部—深部（标高

550~175m）为石英大脉矿体（图 6-52）。线脉不具工业价值，但却是重要找矿标志，往深部变为石英大脉型矿体。

矿区自南西往北东依次划分为锡石埂、石头窝和长排 3 个近东西向脉组（带），呈右行侧幕式排列，主矿带为石头窝脉组。矿脉上部产于变质岩中，下部分布于花岗岩内，具上小下大特点。在接触带附近，云英岩化强烈地段，矿化最好；标高 100m 以下矿化显著减弱，不具工业价值。

全区共圈定工业矿脉 25 条。其中 24 条在石头窝区段，主矿脉有 3 条；锡石埂区段仅 1 条。矿脉走向近东西（70°~85°），倾向南（少数北倾），倾角 75°~85°。脉带长 550~900m，宽 320m，脉带中矿脉呈右行前侧式排列。单脉长 100~350m，最长 620m；延深 100~350m；脉幅一般 0.20~0.85m，最大 1.00m，平均 0.30m。

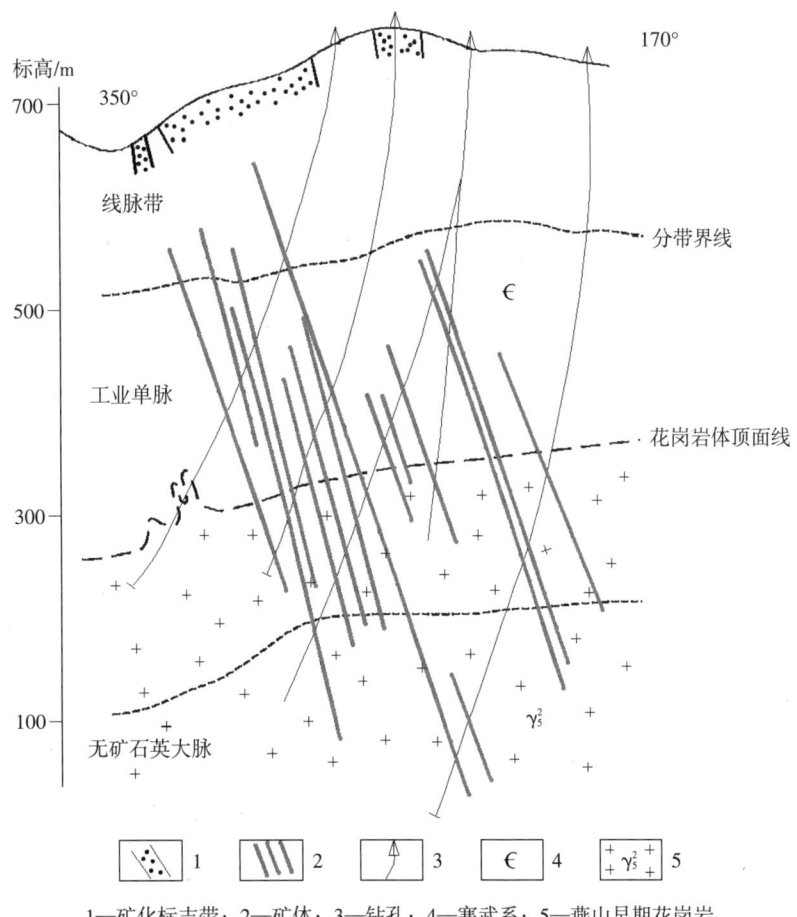

1—矿化标志带；2—矿体；3—钻孔；4—寒武系；5—燕山早期花岗岩。

图 6-52 木梓园矿区矿体剖面图

Fig. 6-52 Profile of ore body in Muziyuan mining area

2. 矿石矿物成分、结构形态及矿化富集特征

矿石中主要金属矿物为黑钨矿、辉钼矿，其次为锡石、黄铜矿、黄铁矿、闪锌矿等，毒砂、白钨矿、方铅矿、自然铋、磷黄铁矿等常见；脉石矿物有石英、铁锂云母、含锂白云母、绿柱石、黄玉、长石、萤石、绢云母、绿泥石和方解石等。其中黑钨矿、辉钼矿为主要有用金属矿物，黑钨矿为钨锰铁矿；自然铋、锡石、黄铜矿、闪锌矿为有用伴生工业矿物。

矿床中矿石分两种类型：辉钼矿-黑钨矿-石英脉型矿石（占全区的76%）和黑钨矿-石英脉矿石。

3. 矿化及矿化分带

矿石主要有益共生组分为 WO_3、Mo，平均品位：WO_3 1.50%；Mo 0.14%。

矿床垂直方向上，WO_3 主要富集于矿区中部（标高340~240m）范围内，Mo 在矿脉上部（标高493~440m）较富；水平方向上，中部富，两端贫。总体上，WO_3 具如下富集特征：①矿脉脉幅与品位呈正相关关系；②岩体内矿脉 WO_3 品位较变质岩中矿脉品位高，尤以内接触带100m范围内最高；③单个矿脉一般均为中部富，往两侧变贫，并主要富集于岩体接触带附近。Mo 呈现中部及西部较富，东部较贫的变化趋势。

金属矿物黑钨矿由地表至地下标高250m最富集；锡石以地表含量最高，往下显著减少；深部黄铜矿、黄铁矿、方铅矿、闪锌矿等硫化物显著增多，呈现"逆向"矿化分带特点。

矿床具典型的"五层楼"垂向矿化分带特点：地表（标高610~720m）为云母线标志带，往深部依次为云母-石英细脉带、石英细脉大脉带、石英大脉带、矿化尖灭带。

（三）矿床地球化学特征

1. 流体包裹体岩相学

木梓园矿区含黑钨矿石英脉中的流体包裹体有3种类型：富液相两相水溶液包裹体（Ⅰ型），占包裹体总数的90%以上；富气相两相水溶液包裹（Ⅱ型），此类包裹体数量不多；纯气相包裹体（Ⅲ型），此类包裹体数量较少。

2. 流体包裹体热力学

对 Ⅰa 型及 Ⅱ 型包裹体的测温及计算得到的盐度结果，利用均一温度、盐度数据作图（图6-53、图6-54）。微测温结果显示，Ⅰa 型包裹体的均一温度范围为168~361℃，并且均一温度分为区间明显不同的两组，均一温度高的区间，其均一温度为260~340℃；均一温度低的区间，其均一温度为170~240℃。盐度的总体分布范围为3.2%~7.9%NaCleqv。Ⅱ 型包裹体的均一方式为均一到气相，均一温度范围为267~281℃，盐度的分布范围为0.5%~0.9%NaCleqv。

把测得的流体包裹体均一温度和计算得到的流体包裹体盐度数据投点到 $NaCl-H_2O$ 体系的 T-W-P 相图（图6-55）上，可以看出均一温度区间高的流体包裹体流体密度为0.7~0.85g/cm³，均一温度区间

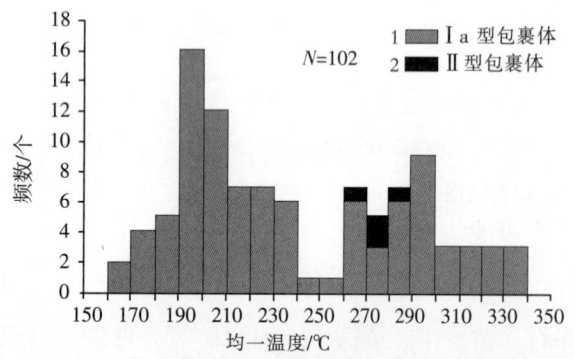

图6-53 木梓园矿区流体包裹体均一温度直方图
（据王旭东等，2012）

Fig. 6-53 Histogram of homogenization temperature of fluid inclusions in Muziyuan mining area

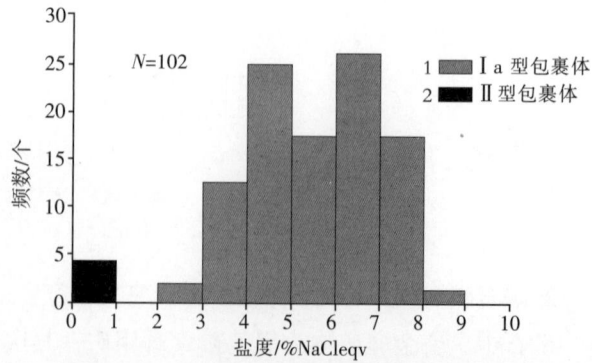

图6-54 木梓园矿区流体包裹体盐度直方图
（据王旭东等，2012）

Fig. 6-54 Salinity histogram of fluid inclusions in Muziyuan mining area

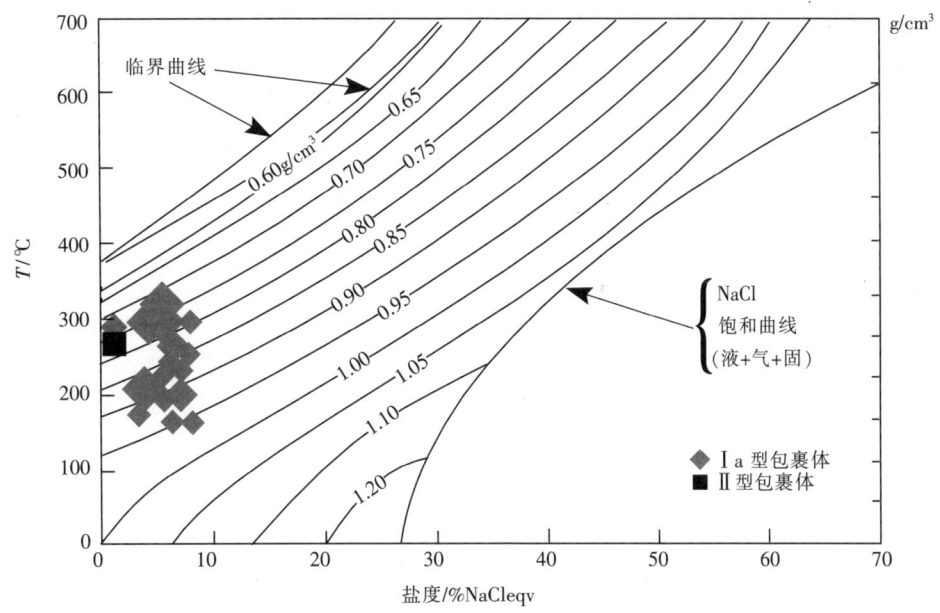

图 6-55　木梓园矿区 NaCl–H_2O 体系的 T–W–P 相图 (据王旭东等，2012)

Fig. 6-55　T–W–P phase diagram of NaCl–H_2O system in Muziyuan mining area

低的流体包裹体流体密度为 0.85~1.0g/cm³。

3. 成矿流体的性质

测试结果表明，木梓园钨矿石英脉中流体包裹体的均一温度分布范围较宽，并可分为明显不同的两个区间（260~340℃，170~240℃），表明该矿床的成矿作用至少经历了两期流体活动。这两类均一温度区间不同的流体分属中—高温、中低盐度、中低密度的 NaCl–H_2O 流体体系和中—低温、中低盐度、中等密度的 NaCl–H_2O 流体体系。

矿床辉钼矿 Re-Os 等时线年龄为 (151.1±8.5)Ma（张文兰等，2009），为晚侏罗世形成的内外接触带型"五层楼"式石英脉型钨矿床。

五、崇义县新安子钨锡矿床

新安子钨锡矿床位于江西省崇义县城 170°方向 21km 处，矿区地理坐标：东经 114°20′15″—114°21′30″，北纬 25°29′15″—25°30′30″。该矿床是继木梓园之后发现的又一个隐伏钨矿床，也是一个未揭露出根部带且隐伏成矿花岗岩刚揭露顶部有望进一步扩大资源储量的矿床。

1958 年，江西省地质局区域测量大队三分队在该区进行地质概查工作。1966—1968 年，江西省地质局九○八大队根据木梓园矿床发现的经验，在矿区作了较详细在地表地质工作，并进行了深部评价，在地表标志带下发现了隐伏的石英大脉型矿床。

1973 年，江西省冶金地质勘探公司十三队在该区进行地表补充调查。1980 年，江西省冶金地质勘探公司十三队、二队对该矿区进行了深部评价工作。

2003—2018 年，崇义章源钨制品有限公司（现改制为崇义章源钨业股份有限公司）委托赣南地质调查大队继续进行勘查，累计查明资源储量 WO_3 21 276t，Sn 7248t，Cu 5761t，Mo 97t，Ag 8.74t。随着勘查和采矿工作的不断进行，矿床规模有望达大型。

(一)矿区地质

矿区位于崇余犹矿集区西华山–张天堂矿集带南段,漂塘矿田西侧。

1. 地层

矿区内大面积出露底下寒武统牛角河组,沿沟谷低洼处有少许第四系覆盖(图6-56)。地层总体产状:340°∠30°~70°。主要由变质石英砂岩、板岩组成。变质石英砂岩是矿区主要岩石,一般呈厚层状、巨厚层状产出;板岩在矿区较次要,多呈薄层状产出。

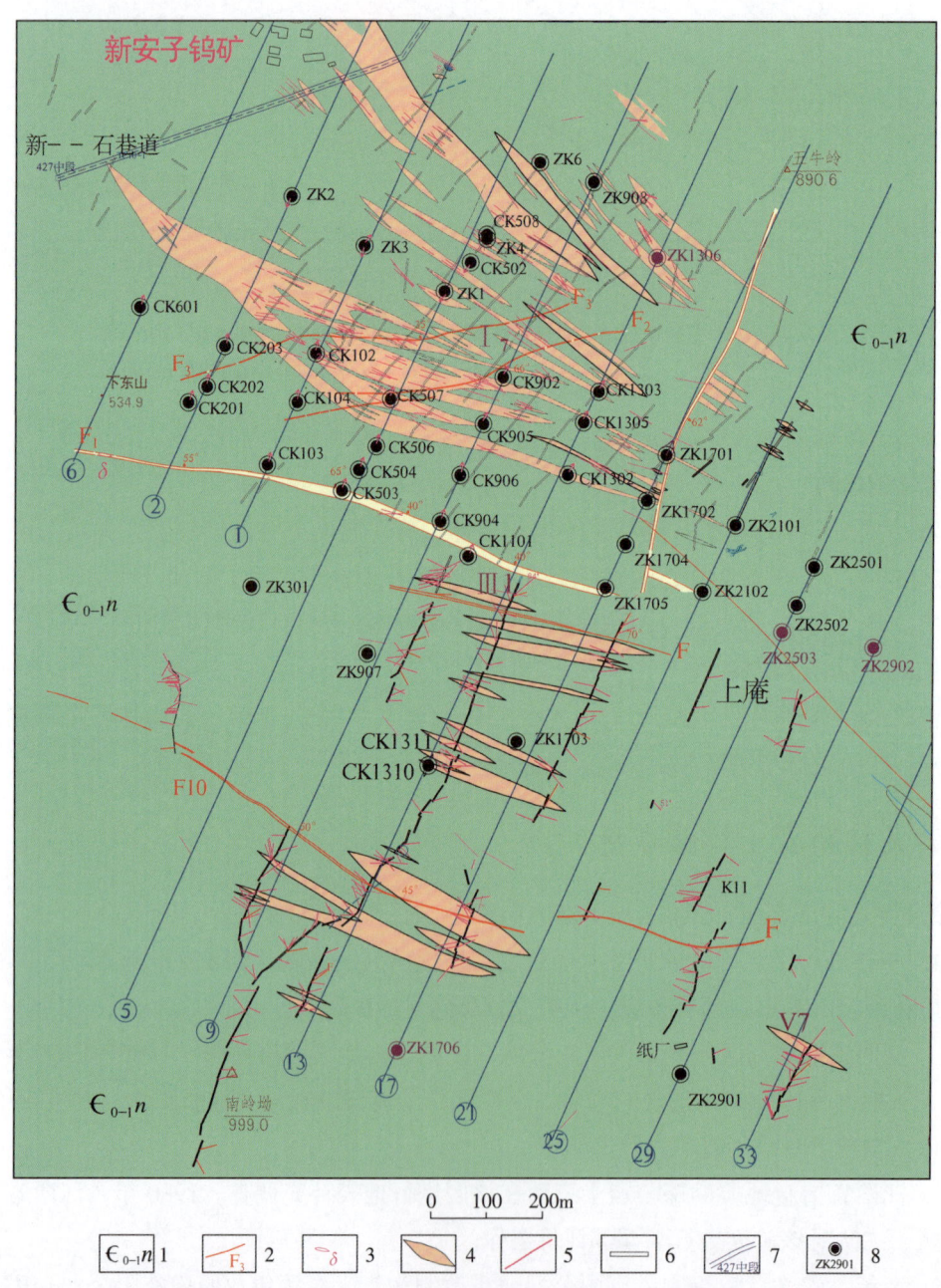

1—底下寒武统牛角河组;2—断层及编号;3—闪长岩;4—矿化标志带;5—石英脉;6—探槽;7—坑道及编号;8—钻孔及编号。

图6-56 江西省崇义县新安子钨锡矿区地质图(据丁明等,2018)

Fig. 6-56 Geological map of Xin'anzi tungsten tin mining area, Chongyi County, Jiangxi Province

2. 岩浆岩

矿区地表及深部均见有闪长岩脉,花岗岩隐伏于深部,钻孔 KN501 和 KN901 揭露出隐伏成矿花岗岩体,顶面标高为-220~250m。

(1) 闪长岩脉 (δ)。地表见充填于 F_1 的 1 条,深部见有 5 条闪长岩脉,走向北东东,倾向北。闪长岩属海西期—印支期产物。

(2) 花岗岩 (γ)。地表未出露花岗岩,在钻孔 CK503 标高-26.02~-125.76m 见 8 条厚度为 0.01~0.07m 的岩脉,KN501 和 KN901 揭露出隐伏细粒白云母花岗岩,顶面标高为-220~250m。矿物成分有钾长石 (31%)、酸性斜长石 (29%)、微斜条纹长石 (3%)、石英 (28%)、白云母 (6%)、石榴子石 (2%),以及微量的独居石、锆石、绿帘石、榍石、绢云母、萤石、帘石、碳酸盐等矿物。花岗岩微量元素化学分析成果见表 6-17。

表 6-17 新安子矿区白云母花岗岩脉微量元素结果表

Table 6-17 Trace element results of muscovite granite vein in Xin´anzi mining area

微量元素样号	WO_3	Sn	Mo	Cu	BeO	Bi	Ta_2O_5	Nb_2O_5	$\sum R_2O_3$
1	0.022	0.016	0.001	痕量	0.002		0.001	0.002	0.036
2	0.033	0.032	0.004	痕量	0.023	0.005	0.0025	0.0025	0.027
3	0.001	0.069	0.003		0.004		0.003	0.004	0.028
平均值	0.022	0.039	0.003	痕量	0.01	0.005	0.002	0.003	0.03

3. 构造

1) 褶皱

矿区地处西华山-漂塘加里东期基底褶皱复向斜之西翼,翼部主要由寒武系组成,印支期盖层开阔背斜褶皱西翼,已遭剥蚀,轴向均为北北东,总体上控制了区内岩浆岩尤其是燕山期花岗岩的分布。

2) 断裂

区内断裂发育,属新华夏断裂系统。

(1) 北北东—北东向断裂。本组构造在矿区内最为发育,倾向南东,倾角60°~70°。常见断层泥、挤压片理化、构造透镜体、棱角状或椭圆形断层角砾,局部见团块状、脉状乳白色石英充填,其宽度可达 1~2m。同时,断裂处具强烈的硅化和弱矿化。

(2) 北西西向、近东西向断裂。倾向北东东,倾角43°~82°,有反倾现象。以右行斜冲为主,是本矿床的导矿构造之一。具张扭性断裂特征,沿 F_1 有闪长岩墙贯入。

(3) 成矿裂隙。以北西西向为主,倾向 10°~35°,倾角 60°~80°,其次为北东向,还有少量南北向裂隙。

矿区内成矿裂隙具下列特征:裂隙面陡而平直光滑,或呈舒缓波状,裂隙延伸长,一般成组成带密集产出,有明显的疏密韵律,无论是单个裂隙,还是裂隙组,均有侧列现象,多为左行侧幕排列,而右行侧幕排列者较少。

4. 变质作用

矿区内变质作用有角岩化和矽卡岩化。矽卡岩矿物有透闪石和透辉石,呈纤状或放射状变晶。在矽卡岩化过程中生成滑石、帘石、绿泥石、磁铁矿、萤石、黄铁矿等矿物。

（二）矿床地质

1. 矿床类型及矿体分布

矿区矿体在地表仅表现为矿化标志带，往深部渐变为石英薄脉-大脉型钨工业矿体，尚未揭露到矿体根部带，为隐伏矿床。地表矿化标志带主要集中分布于矿区内新安子和上庵两个地段，每个带由几个至十几个首尾相连或平列和侧列的小带组成。

新安子区段的小矿带大致呈北西-南东走向，倾向南西产出，局部波状弯曲，倾向南南西或南西西，它们构成大带后大致呈北西-南东走向；矿体集中分布于新安子区段，共有工业矿体24条，矿体呈脉状，产于变质岩中。

上庵区段有3组矿脉，呈北西-南东走向，倾向南西，均为宽100~120m的线脉、细脉带，脉幅0.02~0.07m，粗略估算每个矿化带有超过15条小脉。

矿化标志带长200~300m，最长1130m，宽30~120m不等，标志带总宽650m。矿化标志带呈北西西方向展布，有向北西撒开、向南东收敛之势。标志带中的脉线走向多为280°~315°，与北东东向成矿裂隙有追踪现象，且沿北西西追踪较长。

据钻孔及矿山中段资料，矿体赋存标高600~-100m，主要赋存于标高500~-100m，距地表埋深200m以上，深部工程尚未揭露成矿岩体，预测矿化可延深至标高-300m。

矿区共发现矿脉66条，除5条为北北东向的次要矿脉之外，其余61条均为北西西向，北西西向矿脉也是矿区的探矿目标及主采对象。

矿脉以薄脉为主，有部分大脉。形态比较复杂，有波状弯曲、分支复合、膨大缩小、树枝状以及撕裂、棱角状拐弯等现象。矿脉按走向划分为北西西向矿脉和北北东向矿脉，以北西西向矿脉为主。

北西西向矿脉：共发现61条矿脉，有工业价值的矿体24条，其中主要矿体有8条。矿脉延长200~640m，延深300~600m，有从北向南逐渐变深的趋势，矿脉宽一般0.05~0.40m，个别脉幅为0.63m，整体产状为205°∠80°。各矿脉集中呈带状产出，带宽500m，平均脉距8.50m。另局部可构成少量细脉带，如390m中段9线南、中部及345m中段5线南部，产状与主干矿脉平行（图6-57），局部见有钨矿化及少量锡矿、黄铜矿。但与其他中段没有对应，难于构成可采矿体，故没对其进行开采。

北北东向矿脉：仅在CK502之北产出，共有5条矿脉，产状110°∠70°~75°，脉幅0.04~0.22m。据C629民窿资料，最大的一条矿脉（V101）脉幅为0.22m，品位：WO_3 1.268%、Sn 0.388%、Cu 0.086%、Mo 0.002%。该组矿脉采矿标高600~585m，经此次调查，标高585m以下矿脉已尖灭。

2. 矿石物质成分

本矿区已发现的矿物约49种。其中主要金属矿物为黑钨矿、锡石，其次为黄铜矿、辉钼矿、闪锌矿、方铅矿等；脉石矿物主要有石英、云母、萤石、黄玉等。

矿石结构主要为自形粒状结构、他形—半自形结构，其次为熔蚀交代残余结构、碎裂结构。

矿石构造主要为块状构造、浸染状构造，其次为条带状构造和角砾状构造。

矿物共生组合为锡石、黑钨矿、黄铜矿、辉钼矿、黄铁矿、石英、钾长石、铁锂云母、白云母、萤石、绢云母、绿泥石、毒砂、绿柱石、方解石。

根据野外观察，类比邻近矿区资料，本矿区矿物晶出顺序大致如下：绿柱石→辉钼矿→锡石→黑

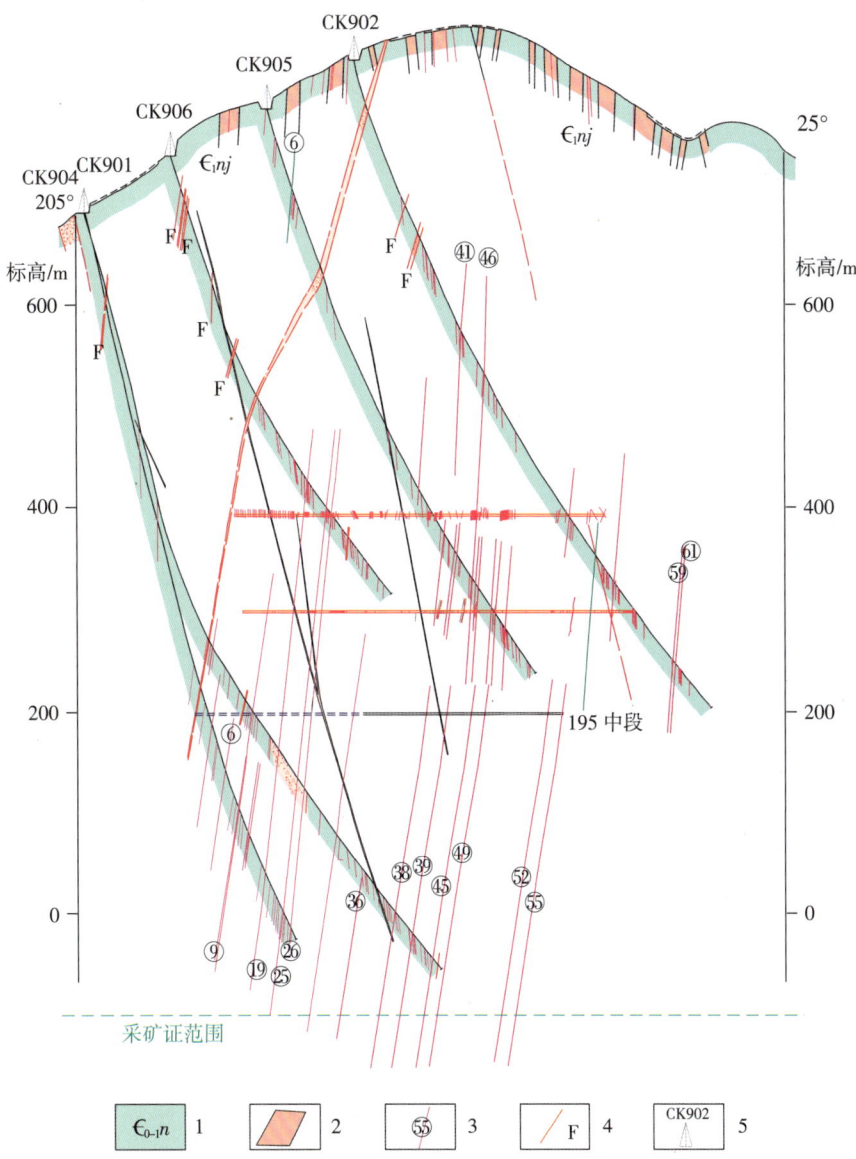

图 6-57. 江西省崇义县新安子钨锡矿区 9 线剖面图（据丁明等，2018）

Fig. 6-57 Profile of line 9 of Xin'anzi tungsten tin mining area, Chongyi County, Jiangxi Province

1—底下寒武统牛角河组；2—矿化标志带；3—石英脉及编号；4—断层；5—钻孔及编号。

钨矿→白钨矿→磁黄铁矿→石英→黄铁矿→黄铜矿→萤石→石髓→方解石。

本矿区主要矿产为钨、锡，伴生矿产为铜、钼。钨主要以黑钨矿形式存在，锡以锡石形式存在，铜则以黄铜矿、斑铜矿等形式存在，钼以辉钼矿产出。

矿石中钨锡铜含量变化较大，WO_3 为 0.008%~31.99%，Sn 为 0.008%~31.178%，Cu 为 0.08%~3.84%，平均品位 WO_3 2.752%、Sn 0.649%、Cu 0.612%。厚度变化系数 45.69%~130.23%，平均为 83.93%。钨品位变化系数 58.34%~157.69%，平均为 111.52%；锡品位变化系数 183.16%~803.27%，平均为 426.84%。

钨锡矿化在走向和倾向上分布不均，黑钨矿多呈"砂包"产出，矿物共生组合在垂向上显示了一定的分带现象。在矿床上部，黑钨矿、锡石组合较明显，但黑钨矿至深部保持连续矿化，锡石含量则随着标高降低渐趋减少，金属硫化物尤以黄铜矿随着标高降低渐趋增加，深部出现方解石等低温矿物。

3. 围岩蚀变

矿区围岩蚀变主要是硅化，其次是白云母化、锂云母化，萤石化、电气石化。近脉围岩蚀变宽度一般为 3~10cm，为脉幅的几倍到几十倍。近脉蚀变围岩成矿元素平均含量：WO_3 0.005 4%、Sn 0.010%、Mo 0.000 2%、Li_2O 0.186%。

（三）矿床成矿阶段

根据野外及显微镜下光薄片观察，新安子钨锡矿床的形成大致可划分为石英–锡石–黑钨矿阶段、石英–硫化物阶段及萤石–碳酸盐阶段 3 个阶段。

（1）石英–锡石–黑钨矿阶段（高温阶段）。该阶段矿物一般呈自形—半自形晶分布于脉壁，相互交代包裹关系不明显，主要矿物组合为白云母（铁锂云母）–黄玉–石英–锡石–黑钨矿。

（2）石英–硫化物阶段（高中温阶段）。硫化物多数沿构造裂隙分布于石英中，有时沿黄玉、黑钨矿晶体之间分布，并常沿解理裂隙和边缘交代黄玉和黑钨矿，黄玉伴随有绢云母化、白云母化及绿泥石化等。该阶段主要矿物组合为磁黄铁矿–黄铜矿–闪锌矿–石英或辉钼矿–石英。

（3）萤石–碳酸盐阶段（中低温阶段）。萤石、方解石、层解石等呈细脉状产于黄玉–石英脉中，或呈团斑状分布于黄玉和石英颗粒之间。该阶段一般无金属矿化，相反萤石常交代硫化物，使硫化物含量降低。

六、崇义县八仙脑钨矿田

矿田位于崇义县城东南 100°，直距 13km，行政区划隶属崇义县长龙镇。地理极值坐标：东经 114°24′54″—114°26′13″、北纬 25°39′37″—25°40′35″。八仙脑主峰海拔 1 048.2m，最低海拔 209.63m。

八仙脑矿田于 1962 年发现，陆续有民采、民窿、废石遍布。矿田包括牛角窝、千家地、大黄里、唐屋里、东岭背矿区。矿田以发育破碎带石英大脉型钨多金属硫化物矿床为特征。

1955 年中南地质勘探公司二二○队进行了 1:5 万普查。1962—1963 年，江西省地质局九○八大队对大黄里进行了详查。1965—1967 年，江西省地质局九○八大队五分队在八仙脑—东岭背进行普查评价工作，发现石英细脉带型钨矿体，钻孔揭露了石英细脉带型、隐伏岩体顶盖的云英岩型和脉间富硫化物破碎带钨锡矿化体。2001—2015 年，江西省地质矿产勘查开发局赣南地质调查大队发现牛角窝区段破碎带石英大脉型钨锡多金属矿体，扩大了矿区远景。

根据历年来的勘查资料，赣南地质调查大队 2005 年对唐屋里、千家地和牛角窝 3 个区段的 V1-1、V2-1、V2-2、V3-1、V8、Ⅱ-1、Ⅱ-2、Ⅱ-3 共 8 条矿体进行估算，获得资源储量 WO_3 5 258.66t、Sn 4 882.89t、Cu 7 942.2t、Pb 17 797.8t、Zn 10 183.14t、Ag 93.89t。

（一）矿田地质

八仙脑矿田位于赣南西部的崇余犹矿集区，西华山–张天堂矿集带中段，东面与红桃岭钨锡多金属矿床相邻。矿田内燕山期成矿岩体均受东西向构造–岩浆–成矿带与北北东向构造–岩浆–成矿带控制。

1. 地层

矿田出露地层有上震旦统老虎塘组、底下寒武统牛角河组和第四系全新统（图6-58）。

上震旦统老虎塘组（Z_2l）：分布于矿区的千家地一带。成分为岩屑石英杂砂岩、板岩、粉砂质板岩，顶部为杂色厚—巨厚层状硅质岩。该套地层构成背斜构造的轴部。地层走向北北东，倾向西或东，倾角40°~75°。

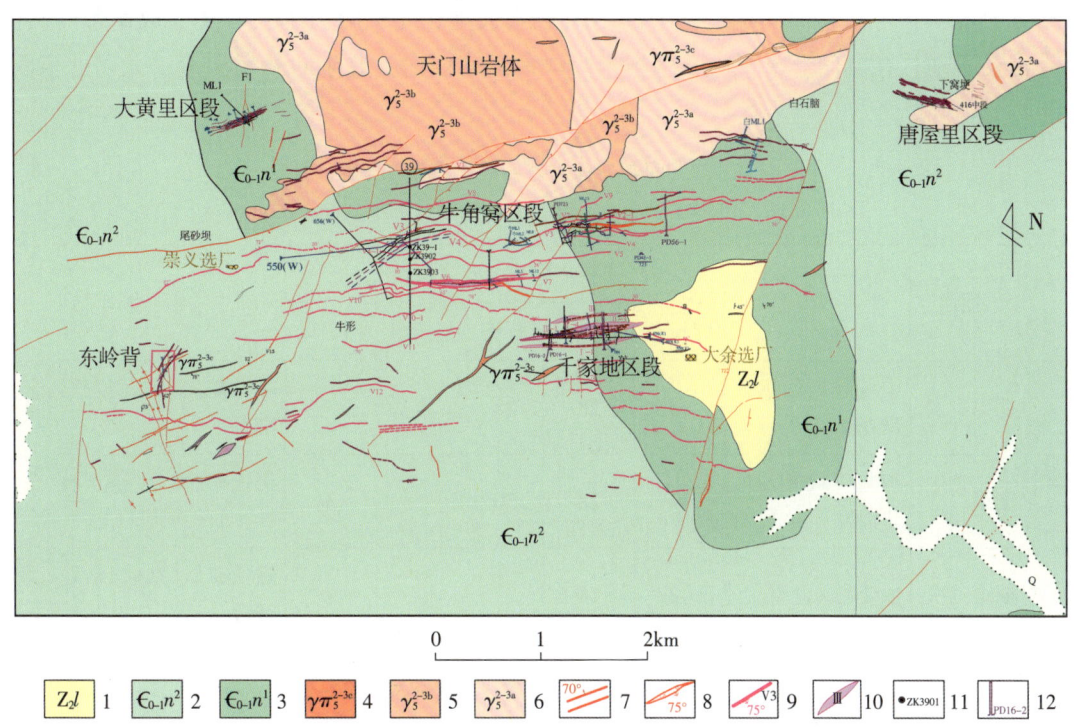

1—上震旦统老虎塘组；2—底下寒武统牛角河组上段；3—底下寒武统牛角河组下段；4—燕山早期花岗斑岩；
5—燕山早期细粒斑状黑云母花岗岩；6—燕山早期中细粒斑状黑云母花岗岩；7—断层及产状；8—硅化破碎带；
9—破碎带石英大脉型矿体；10—石英细脉带型矿带；11—钻孔及编号；12—坑道及编号。

图6-58 八仙脑矿田地质简图

Fig. 6-58 Geological diagram of Baxiannao ore field

底下寒武统牛角河组（$\epsilon_{0-1}n$）：分布在矿区大部分地区，下段由岩屑石英杂砂岩、粉砂质板岩夹含碳板岩组成；上段为岩屑石英杂砂岩、含碳板岩，底部为高碳质板岩。本套地层为矿区的主要围岩。地层走向近南北，倾向东或西，倾角50°~80°。

2. 岩浆岩

矿田北侧为橄榄形展布的天门山岩株，南部有少量酸性岩脉。

天门山岩株时代为燕山早期，为一复式岩株。岩体由早至晚，分别为中细粒斑状黑云母花岗岩、细粒斑状黑云母花岗岩、花岗斑岩。

中细粒斑状黑云母花岗岩：分布于矿区北部，为灰白色、浅肉红色，中细粒似斑状花岗结构，块状构造。

细粒斑状黑云母花岗岩：呈小岩株、岩瘤、岩滴状侵入早期主岩体与寒武系中，其内发育围岩捕房体、顶垂体，具面型云英岩化、白云母化蚀变等，岩石为灰白色、肉红色，细粒似斑状花岗结构，块状构造。

花岗斑岩：呈脉状沿北东向断裂及构造裂隙侵入变质岩及花岗岩中。

各期岩体特征见表6-18、表6-19。

天门山岩株富含W、Sn、Pb、Zn、Cu、Ag等成矿元素（表6-20），与矿田的钨、锡多金属矿化关系密切，是本区成矿母岩。

3. 构造

矿田位于古亭-赤土东西向构造带与西华山-张天堂北北东向构造-岩浆-成矿带的交会部位。多次构造岩浆活动，在其间形成了一系列规模较大的近东西向、北东向断裂构造，尤以近东西向断裂构造发育。

表6-18 燕山早期花岗岩岩石矿物成分与含量一览表

Table 6-18 Mineral composition and content of early Yanshan granite

岩体名称	侵入期次	岩石类型	主要矿物成分及含量/%					副矿物
			钾长石	斜长石	石英	黑云母	白云母	
天门山	早期第一次	中细粒斑状黑云母花岗岩	35	28	28	4	3	磁铁矿、锆石、磷灰石、金红石、褐帘石
天门山	早期第二次	细粒斑状黑云母花岗岩	34	28	30	2	3	磁铁矿、锆石、磷灰石、金红石、帘石、榍石、独居石
牛形	早期第三次	蚀变花岗斑岩	42	14	27		4	磁铁矿、钛铁矿、锆石、磷灰石、金红石

表6-19 燕山早期花岗岩岩石化学成分与含量一览表

Table 6-19 Petrochemical composition and content of early Yanshan granite

岩体名称	侵入期次	岩石化学成分/%										
		SiO_2	TiO_2	Al_2O_3	Fe_2O_3	FeO	MnO	MgO	CaO	K_2O	Na_2O	P_2O_5
天门山	早期第一次	75.05	0.1	13.1	0.5	1.15	0.04	0.33	0.63	5.75	3.48	
天门山	早期第二次	75.57	0.07	13.06	0.43	0.95	0.04	0.32	0.59	4.94	3.65	0.01
牛形	早期第三次	74.58	0.13	12.82	1.03	0.77	0.05	0.49	0.97	5.55	2.55	

表6-20 燕山早期花岗岩主要成矿元素含量一览表

Table 6-20 Contents of main metallogenic elements of early Yanshan granite

岩体名称	侵入期次	主要成矿元素含量/$\mu g \cdot g^{-1}$						
		W	Sn	Mo	Cu	Pb	Zn	Ag
天门山	早期第一次	15	39.4	5.0	67.6	113.15	38.3	1.3
天门山	早期第二次	15	29.35	11.8	63.45	111.25	15	1
牛形	早期第三次	15	6.33	7.67	36.33	33.33	93.33	

(1) 近东西向断裂构造。区内近东西向断裂较为发育，总体走向80°~100°，倾向南，倾角50°~80°。其走向延伸规模大，长一般在1000~4000m，宽在1~3m之间。该构造属区域上古亭－赤土断裂构造带的一部分，控制近东西向天门山岩株，还往往产出脉状钨锡多金属矿带（体），是区内破碎蚀变岩型矿带（体）的导矿及容矿构造，也是石英脉型矿带（体）的主要控矿构造之一。

(2) 北北东向断裂构造。该组断裂在区内延长一般在1000~2000m之间，宽0.5~2m。主要为成矿期后构造，对矿体有一定的破坏作用。该组断裂总体走向30°~45°，倾向南东或北西，倾角60°~80°。

(二) 矿床地质

矿田发现3种钨锡矿床类型：破碎带石英大脉型、石英脉型、云英岩型，分布于天门山岩株南侧2km范围内外接触带中，矿化范围东西长5000m、南北宽1800m，面积约10km²，包括牛角窝、千家地、大黄里、唐屋里和东岭背矿区。矿田的矿石矿物有黑钨矿、白钨矿、锡石、辉钼矿、辉铋矿、闪锌矿、方铅矿、毒砂、绿柱石、自然铋、钨华、褐铁矿等。整个矿田具有不同类型和强弱不等的热变质。变质与蚀变从花岗岩体往外依次划分为云英岩化带（岩体接触带附近）、强角岩化带（堇青石黑云母带）、弱角岩化带（黑云母白云母带或绿泥绢云母带）。各带宽度各处不一，一般为300~900m。

矿田内3种矿化类型具有大致相同的矿物组成特征，均为硫化物－锡石－黑钨矿－石英组合，只因赋矿围岩和赋矿部位的物理化学条件的不同而产生个性差异。一般而言，不同矿床类型钨锡品位大致相当，但银、铜、铅锌含量差异较大。蚀变破碎带中的钨锡含量最不均匀，呈现跳跃式变化，石英细脉带中的钨锡含量较为均匀，高值点较少，而云英岩中的钨锡含量则介于两者之间。银、铅锌含量在各类型矿石中也有差异：蚀变破碎带中含量最高（不均匀）；石英细脉带中含量最低，不能综合利用；云英岩中的含量介于两者之间。硫化物的颗粒大小和产出状态在各类型矿体中也各不相同：蚀变破碎带中的硫化物除赋存于胶结物中外，还以条带状赋存于石英脉中，含量较高，颗粒相对较粗；石英细脉带中硫化物含量少，呈星点状产出；云英岩中硫化物居于两者之间，呈星点状或小团块分布。

1. 牛角窝矿区

矿区位于矿田中部，天门山岩株南部，具有破碎带石英大脉型、云英岩型两种矿化类型。

(1) 破碎带石英大脉型钨锡铅锌铜银矿（化）体：已发现12条，其中10条延长大于1km，2条延长300m~500m，矿带呈近东西向，赋存于东西向断裂带内，占据断裂带的一侧或全部。已控制矿带走向长0.3km~5km，宽0.5m~5.15m，倾向165°~195°，倾角55°~75°，往东逐渐变陡，局部倾角达85°。地表主要为由褐铁矿化构造角砾岩构成的矿化标志带，带内常有石英脉或碎裂状石英脉，少量硅化碎裂岩。硅化、绿泥石化、碳酸盐化等蚀变较强，铁锰质含量较高。

据民窿编录及钻孔揭露，矿带向下到浅部、深部可变成厚大的工业钨锡铜铅锌银矿体，呈脉状产于矿带中，横向上占据矿带的全部或一侧。其中，有6条矿脉（V1、V2、V2A、V3、V6、V7）达工业价值，各个矿脉主要特征见表6-21。

矿带内产出钨锡铜铅锌银矿，最高见矿标高875m，矿体最低标高472m，目前未控制最低矿化深度。现有大部分矿体赋存在标高500~700m之间，走向延长500~3000m，已有工程控制最大倾斜延深约300m，最小厚度0.20m，最大厚度5.15m。品位：WO_3 0.014%~20.36%、Sn 0.016%~1.760%、Pb 0.034%~13.00%、Zn 0.061%~10.60%、Cu 0.013%~8.290%、Ag $2.00×10^{-6}$~$1183.00×10^{-6}$。

V3矿脉是最典型的破碎带石英大脉型矿体，产于天门山岩株外接触带，距岩体200~600m处。地

表 6-21 牛角窝矿区破碎带石英大脉型矿体特征表

Table 6-21 Characteristics of quartz vein type ore body in fracture zone of Niujiaowo mining area

矿脉号	控制标高/m	走向延长/m	矿带平均厚度/m	产状/(°)		矿带平均品位					
				倾向	倾角	WO$_3$/%	Sn/%	Pb/%	Zn/%	Cu/%	Ag/10^{-6}
V1	581~670	950	0.67	165~180	65~85	0.072	0.681	2.474	2.115	1.923	135.36
V2	680~870	2000	0.51	165~180	65~78	0.283	0.514	1.321	1.643	1.692	203.879
V2A	690~880	1000	0.34	170~190	75~85	0.038	0.222	1.057	1.393	1.708	69.141
V3	590~920	3900	0.82	160~195	52~75	0.285	0.315	2.66	1.708	0.889	108.574
V6	472~970	900	0.46	170~185	60~80	1.026	0.043	1.095	1.425	0.269	22.806
V7	550~1015	2300	1.21	170~195	55~75	0.048	0.021	0.187	0.052	0.04	2.3

表为矿化带，即褐铁矿化构造角砾岩带，常伴有石英脉充填，石英脉以梳状石英为主，部分石英脉被破碎呈角砾状。浅部民窿及深部 3 个钻孔控制矿体长 2000m，其中累计沿脉控制矿体长 800m，控制矿体最高标高 811m，最低标高 517m，矿体厚 0.20~5.15m，平均厚 0.82m。总体较稳定，多呈大透镜状、脉状、串珠状，具分支复合、膨大缩小、尖灭侧现（一般左行侧列）现象。矿体中常见黄铜矿、方铅矿、闪锌矿，呈密切共生的团块状或浸染状分布于破碎带中，黑钨矿多呈板状集合体分布于石英脉中，另见少量锡石（图 6-59 和图 6-60）。V3 矿带平均品位 WO$_3$ 0.285%、Sn 0.315%、Pb 2.66%、Zn 1.708%、Cu 0.889%、Ag 108.574×10^{-6}。

2. 千家地矿区

矿区位于矿田南部，发现石英细脉型钨锡矿带 4 条，呈东西向产于天门山岩株南侧 600~1400m 范围内寒武系浅变质岩中，组成矿化带的矿脉宽度一般为 0.5~3cm，以石英细脉为主，云母线较少，含脉密度一般大于 3~5 条/m，最大密度可达 12 条/m。地表含脉率均达 3%以上，大部分超过 5%，局部可达 20%。矿化带长 600~1200m、宽 20~80m，一般在 15~30m 之间，总体倾向南，局部北倾，倾角 80°~88°（图 6-61）。矿区具"五层楼"分带特征，中深部有待进一步查证。

图 6-59 崇义县八仙脑破碎蚀变带石英大脉型矿体

Fig. 6-59 Quartz vein type ore body in Baxiannao fracture erosion zone, Chongyi County

第六章 石英脉型钨矿床

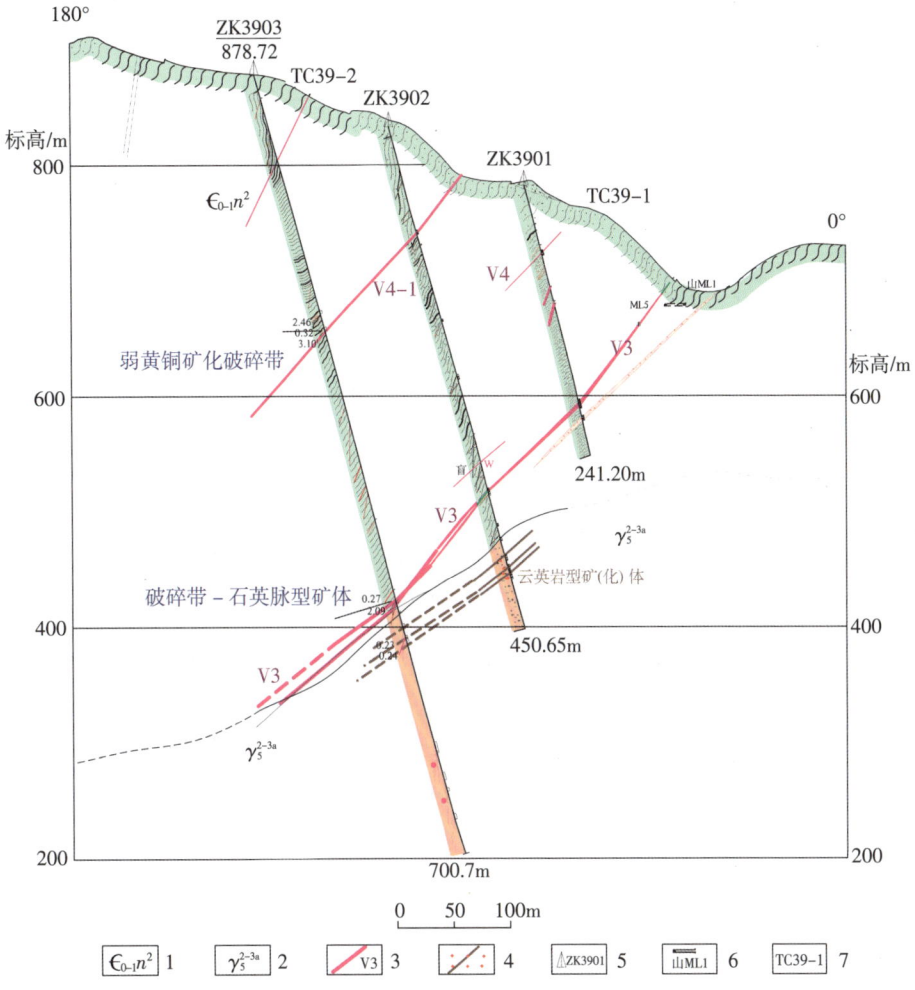

1—底下寒武统牛角河组下段；2—燕山早期第三阶段第一次中细粒斑状黑云母花岗岩；
3—破碎带-石英脉复合型矿体；4—云英岩型矿（化）体；5—完工钻孔及编号；6—硐子及编号；7—槽探编号。

图 6-60 崇义县八仙脑牛角窝 39 线剖面图

Fig. 6-60 Profile of line 39 in Niujiaowo, Baxiannao, Chongyi County

图 6-61 八仙脑矿田千家地矿区石英细脉带型矿体

Fig. 6-61 Quartz veinlet belt type ore body in Qianjia geological and mineral area of Baxiannao ore field

石英细脉带型矿化特征见表 6-22。

表 6-22 千家地矿区石英细脉带型矿体特征表

Table 6-22 Characteristics of quartz veinlet belt type ore body in Qianjiadi deposit

矿(化)体号	控制标高/m	走向延长/m	平均厚度/m	产状/(°) 倾向	产状/(°) 倾角	平均品位 WO₃/%	平均品位 Sn/%	平均品位 Pb/%	平均品位 Zn/%	平均品位 Cu/%	平均品位 Ag/10⁻⁶	平均品位 WO₃+Sn/%
Ⅰ	700~970	1100	25	170~185	75~80	/	/					/
Ⅱ-1	440~880	500	2.88	170~185	80~88	0.238	0.279					0.517
Ⅱ-2	390~900	500	2.3	170~185	80~88	0.472	0.168					0.64
Ⅱ-3	365	/	1.77	170~185	80~85	0.072	0.337					0.409
Ⅲ	430~920	600	20	165~180	75~80	/	/					
Ⅳ-1	490~876	600	0.19	165~185	80~85	0.051	0.268	3.671	8.98	2.111	235.1	0.319
Ⅳ-2	517~876	600	0.81	165~185	80~85	0.231	0.075	2.034	1.401	1.061	114.97	0.306

3. 大黄里矿区

矿区位于矿田的西北部，天门山岩株的西边。矿脉赋存于外接触带之变质砂岩中，宽度大于 5cm 以上的矿脉 38 条（产于花岗岩中 3 条），大于 20cm 的 12 条，最大延长 620m，延深 250m 左右，产状较稳定，主要矿体产状 150°~160°∠65°~84°，脉距 20m。据以往采集 300 个样品的资料统计，矿区矿脉平均厚度 0.34m，平均品位：WO_3 0.905%，Sn 0.005%，Mo 0.097%，Bi 0.111%。

4. 唐屋里矿区

矿区位于矿田的东北角，天门山岩株的东边。地表有民采，共有含钨石英脉 12 条，产于变质岩中，脉宽 5~20cm，延长 200~300m，走向 300°~305°，赋矿标高 580~400m，走向北西，倾向南西，倾角 70°~85°。开拓有坑道 416m 中段，已基本采空。

5. 东岭背矿区

东岭背矿区位于矿田的东北部，天门山岩株的东边。矿山有石英薄脉型和破碎带石英大脉型矿体两种类型，目前有编号的钨矿体 4 条，矿体产状倾向 110°，倾角 65°~70°，且具有延深大于延长的特点。矿体赋存于底下寒武统牛角河组变质岩地层中，控矿裂隙主要为北北东向剪张性裂隙，成矿裂隙成群成组产出，裂面光滑、平直。矿区累计资源储量 WO_3 3 657.26t，平均品位 WO_3 1.76%。

V2 矿体为最主要矿体，地表长 350m，斜向延深大于 500m；矿体水平厚度 0.15~0.65m，平均 0.29m。WO_3 品位介于 3.5%~0.34% 之间，平均 1.40%；伴生 Sn 品位介于 1.49%~0.005% 之间，平均 0.056%。

（三）矿田成因

矿田成因类型属岩浆期后热液充填 – 交代型，形成破碎带石英大脉型、裂隙充填石英脉型、云英岩型 "三位一体" 矿床类型。

其中破碎带石英大脉型钨多金属矿床是在牛角窝矿区首次发现，并且是该矿区首要矿体，现已在江西境内多处发现，这种矿体以脉幅较大、角砾状结构、中温热液多金属硫化物成矿为特征。研究表明，在矿床成矿早期石英－黑钨－锡石成矿阶段地表热胀，以成矿流体沿剪张裂隙带充填扩容为特征；进入成矿中晚期地壳松弛，陡倾的成矿裂隙转化为正断层，被石英－黑钨矿及金属硫化物充填形成破碎带石英大脉型钨多金属硫化物矿床，这类矿脉有的与早期裂隙充填石英钨矿脉组成复脉。

此外，矿田内部分石英细脉带型矿化带未进行深部查证，存在较大找矿空间。

七、崇义县淘锡坑钨矿床

淘锡坑钨矿位于江西省崇义县城240°方向9km，行政区划属崇义县横水镇。矿区为低山地貌，海拔273.5~769.75m。

淘锡坑钨矿于1936年发现后，徐克勤、周道隆等人曾进行过踏勘。1955年长沙地质勘探公司二二〇队，1958—1960年江西省地质局钨矿普查勘探大队曾先后做过概查工作。1963—1968年，江西省地质局九〇八大队在矿区进行初查、详查。1976—1978年，江西省地质局九〇八大队再次在矿区进行详查补充工作。1980—1982年，赣南地质调查大队在矿区开展初普查工作。

2002—2018年，由于资源枯竭，受崇义章源钨制品有限公司委托，赣南地质调查大队运用"五层楼"模式找矿取得重大进展，矿区累计查明资源储量 WO_3 71 632t，伴生 Sn 752t，Cu 4977t，Mo 402t，Ag 28.25t，矿床规模达到大型。

（一）矿区地质

淘锡坑钨矿位于崇义铅厂南北向向斜西北部，九龙脑矿集区西部，九龙脑－营前矿集带中部，是一个具帚状旋扭特征的石英脉"楼下楼"式大型钨矿床。

1. 地层

区内出露地层主要为下震旦统坝里组、上震旦统老虎塘组，底下寒武统牛角河组、中寒武统高滩组，下志留统黄竹洞组，东麓有泥盆系、二叠系、石炭系的部分地层（图6-62）。

上震旦统老虎塘组为矿床主要围岩。下部为暗灰色、紫灰色、灰绿色中厚层状变余石英杂砂岩与中薄层状粉砂质板岩、板岩、硅质板岩；中部为灰紫色厚—巨厚层状变余细粒长石石英杂砂岩、岩屑石英杂砂岩、中细粒或不等粒长石石英砂岩、岩屑石英砂岩夹变余粉砂岩、粉砂质板岩、板岩；上部为灰—深灰色含碳粉砂岩与含碳粉砂质板岩、含碳板岩、硅质板岩、硅质岩互层；顶部发育灰白色硅质岩或硅质板岩。与寒武系为整合或断层接触，厚度大于712m。

2. 岩浆岩

区内花岗岩隐伏于深部，地表没有出露。有16个钻孔揭露到隐伏花岗岩，成分为中细粒含斑黑云母花岗岩。总体呈近南北的椭圆状。花岗岩顶面标高最高50m，高于标高-100m的岩体隆起段面积4.18km²。成岩年龄为（158.7±3.9）Ma（郭春丽等，2010）。

隐伏岩体总体呈近南北向延伸，在北西段（宝山、西山、烂埂子）—枫岭坑、西坑口—滴水寨两个地段隆起，两处隆起地带岩体顶面标高50~160m。隐伏岩体的隆起地带有利于矿液汇集形成工业矿脉，岩体隆起段产出石英脉型钨矿。岩性为中细粒含斑黑云母花岗岩。岩石矿物成分：钾长石30%~40%、斜长石20%~30%、石英28%~32%、黑云母5%~8%、白云母1%~2%，绿帘石、绿泥石、萤石微量。岩体富含W、Mo、Bi、Be、Cu、Ag等元素，是矿区的成矿母岩。

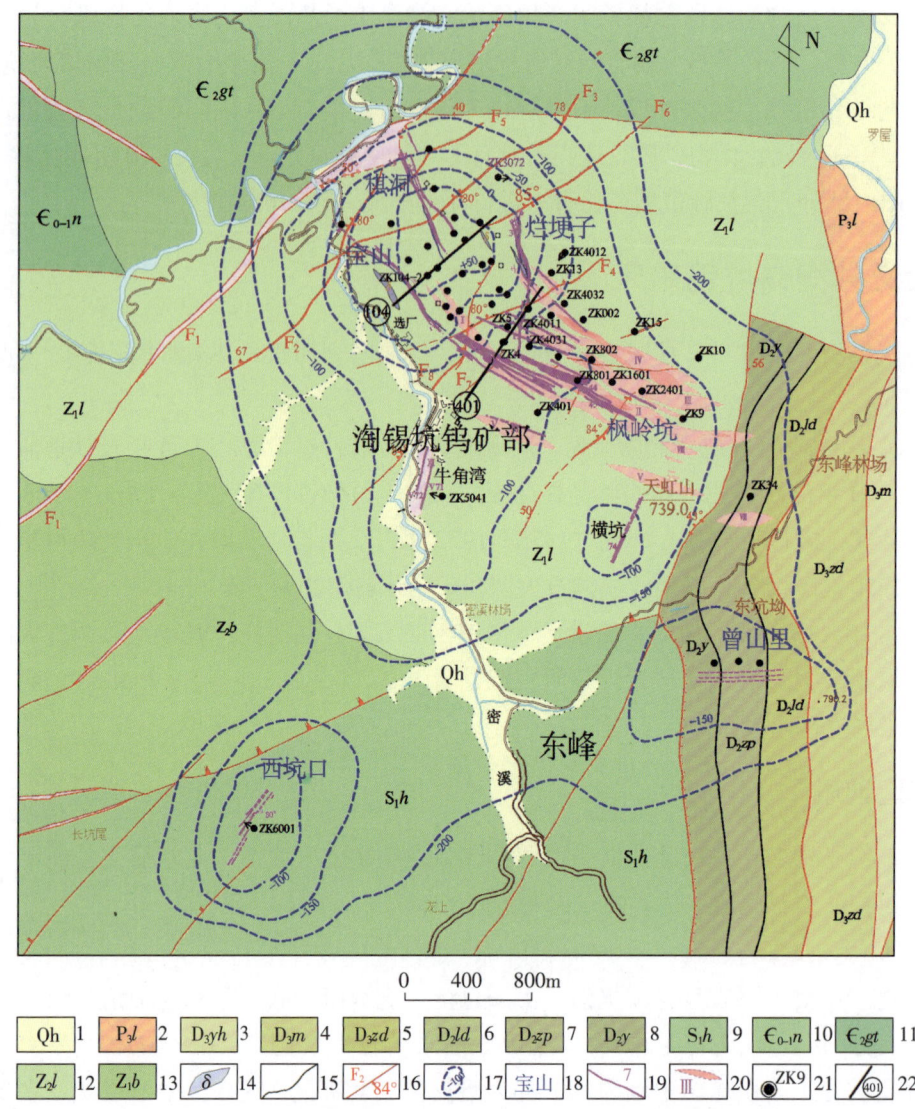

图 6-62 淘锡坑矿区地质简图

Fig. 6-62 Geological diagram of Taoxikeng mining area

1—第四系；2—上二叠统乐平组；3—上泥盆统洋湖组；4—上泥盆统麻山组；5—上泥盆统嶂东组；6—中泥盆统罗塅组；7—中泥盆统中棚组；8—中泥盆统云山组；9—下志留统黄竹洞组；10—中寒武统高滩组；11—底下寒武统牛角河组；12—上震旦统老虎塘组；13—下震旦统坝里组；14—闪长岩脉；15—地质界线；16—断裂产状及编号；17—隐伏花岗岩体顶板等值线（实测/预测）；18—矿化区段；19—矿体及编号；20—矿化标志带及编号；21—钻孔及编号；22—勘探线及编号

3. 构造

1）褶皱

矿区褶皱为基底褶皱，遭多组断裂错动。矿区中部淘锡坑倒转复式背斜，轴向近南北，两翼地层倾向东，西翼地层倒转，总体向北倾伏。核部由震旦系组成，翼部由震旦系、寒武系组成。盖层背斜遭受剥蚀，残留下矿区东部的泥盆系。

2）断裂

矿区断裂十分发育，主要有北东向、北北东向断裂，南北向断裂，北东东向断裂，东西向断裂，构成了断裂围绕的格局。

(1) 北东向、北北东向断裂：规模较大，延长 1~4km。绝大部分表现为硅化带，裂面多数向北西倾斜，倾角 55°~80°。为成矿前形成，据现有资料分析其力学过程是压—张—扭。主要断裂有 F_1、F_2、F_3、F_4、F_5、F_6、F_7，其中 F_1 对控岩控矿最重要，分布于矿区西北侧，使震旦系、寒武系发生 500~2000m 左行错移。

北北东向断裂分布于矿区东部的东峰地区，与 F_1 左行走滑，控制矿区北西西向帚状成矿裂隙带的展布。

(2) 南北向断裂：分布于矿区东部。走向近南北向，倾向西，长达 5km，宽 1~20m，控制了淘锡坑隐伏岩体的东界。

(3) 北东东向断裂：分布于矿区的南部，倾向北西，具逆冲特征，控制隐伏岩体南界。

(4) 东西向断裂：多为低温石英细脉构成的硅化破碎带。走向 260°~280°，倾向北，倾角 60°~85°。此组断裂反映出压扭—张—压的形迹特征。

3）容矿裂隙

矿区主要容矿裂隙为北西西向，倾向 30°~60°，倾角 72°~80°，延伸较稳定，分支复合，成带状分布，总体向南东东方向收敛，向北西方向撒开。其力学特征以剪张性为特色，切割南北向矿脉，代表矿脉有宝山、西山、枫岭坑脉组。其次有南北向裂隙，倾向 270°~285°，倾角 80°~85°，延伸较稳定，具明显的左行尖灭侧现现象，代表矿脉有烂埂子脉组；北东向裂隙（V25 等），倾向 330°~340°，倾角 78°~80°，脉体短小，形态简单。

（二）矿床地质

1. 矿体特征

淘锡坑钨矿矿化地段面积约 6km²。矿区主要为外接触带石英脉型黑钨矿化和内接触带石英脉型钨矿化（楼下楼），其次有云英岩型、蚀变岩体型等多种矿化类型，但云英岩型、蚀变岩体型目前未探明达到工业利用价值。石英脉矿体产于震旦系—志留系变质岩中。地表为矿化标志带或细脉带，向深部逐渐变大成工业矿体。平面展布略呈北西撒开、南东收敛姿态。按脉组的空间展布位置可分为：宝山、棋洞（西山）、烂埂子、枫岭坑四大脉组及深部隐伏岩体内接触带石英脉型钨矿脉组。其中宝山、棋洞（西山）、烂埂子 3 个脉组位于矿化区的北西部，是矿山历年的主采对象；枫岭坑脉组在矿化区的东南部，地表产出规模较大的矿化标志带，2008 年后坑道工程揭露证实赋存一定数量的工业矿体，目前正进行开拓工程。

矿脉总体平直，存在膨大缩小、分支复合现象。矿体厚度为 0.02~2.09m，一般为 0.2~0.92m，延长 170~780m，倾向延深 100~660m；WO_3 品位 0.004%~35.36%，平均品位 3.241%。

(1) 宝山区段矿脉组：位于矿化区的北西部，有工业价值的矿体有 5 条。脉组整体倾向 30°~60°，倾角 75°~80°，脉间距 5~20m。该组矿脉地表厚度大于 5cm，脉距 2~10m，深部至 156m 中段厚度逐渐增大。其中 V16 与脉组产状不同，横切 V17，倾向 331°，倾角 75°~77°。

(2) 棋洞（西山）区段矿脉组：位于矿化区的北西部，与宝山矿脉组相距 250~300m。有工业价值的矿体有 2 条。矿脉倾向 50°~75°，倾角 75°~80°。矿脉间近平行排列，地表厚度大于 5cm，脉距 5~20m，深部至 156m 中段厚度逐渐增大。

(3) 烂埂子区段矿脉组：位于矿化区的北部。矿脉呈南北向延展，总体倾向 270°~285°，倾角 80°~

85°左右。矿脉延伸较稳定，具明显的左行尖灭侧现。有 2 条矿脉具有工业价值矿体。

（4）枫岭坑区段矿脉组：位于矿化区的东南部，西邻宝山脉组。矿脉赋存标高因隐伏岩体倾伏更深，整体比宝山脉组约低 100m；矿体延长、延深规模比北西段 3 个脉组均更大。枫岭坑脉组分 5 个带，各带之间具有一定间距，总体产状倾向 20°~45°，倾角 70°~85°。具有工业价值的有 6 条矿体，另还有 8 条矿化体值得下一步重点开展工作。

Ⅰ号矿化带有矿脉 5 条，具工业价值矿体。矿体总体产状倾向 25°~45°，倾角 73°~80°。脉距 2~10m。矿脉地表宽 2~8cm，局部 12cm，品位较好。主要矿脉体走向控制延长 600m，延深至-100m。矿体往深部有逐渐变大的趋势，可延深至花岗岩浅部，脉宽 0.20~0.91m，品位较富（图 6-63）。

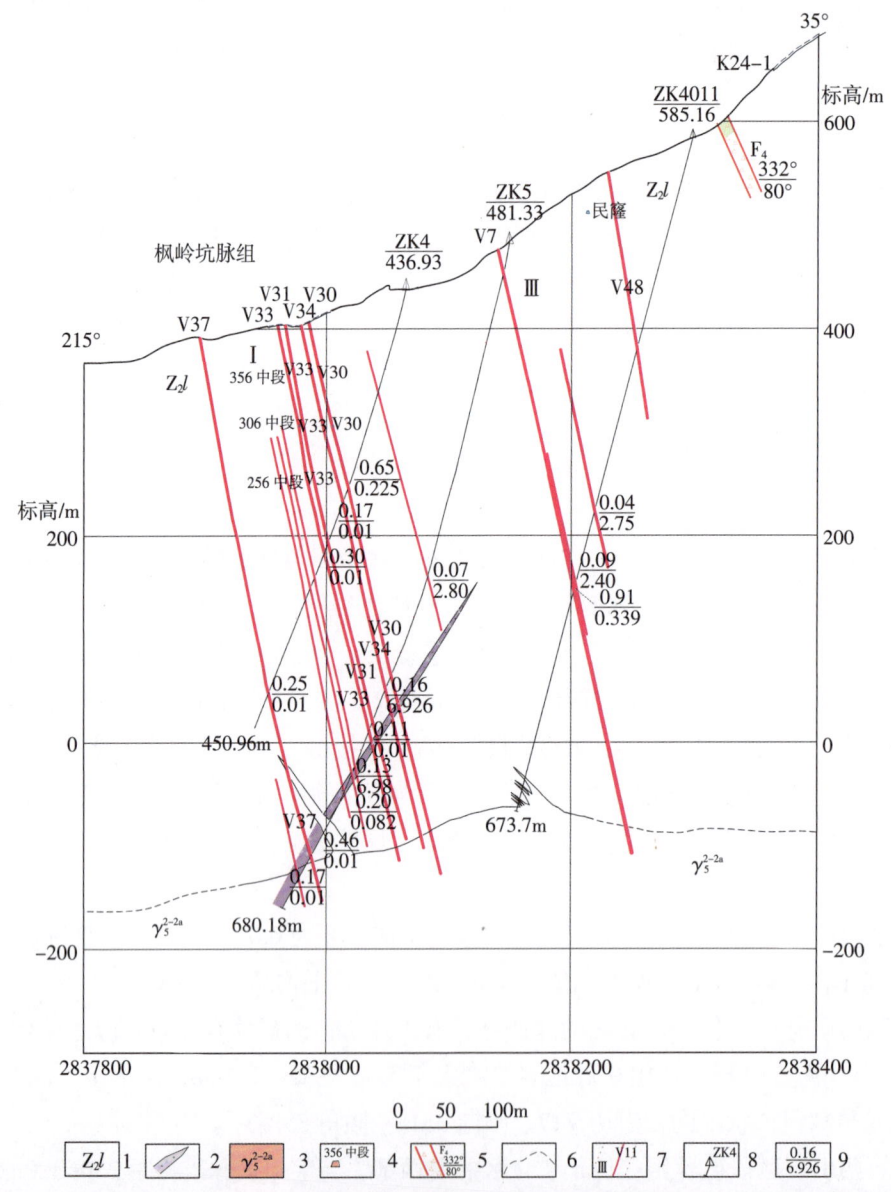

1—上震旦统老虎塘组；2—闪长岩脉；3—燕山期中细粒黑云母花岗岩；4—平硐及编号；5—硅化破碎带编号及产状；
6—花岗岩顶面界线；7—矿化标志带、矿体及编号；8—钻孔及编号；9—矿体厚度 (m) /钨品位 (%)。

图 6-63 淘锡坑钨矿 401 线剖面图

Fig. 6-63 Profile of line 401 of Taoxikeng tungsten mine

该矿带地表宽 2~8cm，局部 12cm；至 306m 中段单脉宽 15~25cm，至 256m 中段单脉宽 20~40cm，深部钻孔揭露脉体最宽 91cm。矿脉地表含黑钨矿、锡石，浅部钨品位较低，一般 0.5%；256m 中段开始变富，矿脉钨品位平均达 3.58%，出现数厘米宽的厚板状黑钨矿晶体。矿脉中矿化分段富集的特点较明显。

Ⅱ、Ⅲ、Ⅳ、Ⅴ号矿化带，总体走向 280°~300°，倾向北北东，倾角 70°~80°。矿化标志带地表延长 300~1600m，宽 70~95m。含脉密度 1~2 条/m，含脉率 1% 左右。绝大多数细脉厚度在 0.1~1cm 之间，形态平直、稳定。

Ⅱ号矿化带有矿化体 5 条，通过 2004 年至 2013 年施工的 9 个钻孔，矿脉延长 300~900m，延深至 -100m 之下，倾角最大达 84°，地表宽 5~10cm，见黑钨矿，深部脉幅 10~40cm。Ⅲ号矿化带有矿体 1 条，地表矿脉宽 2~10cm，总体产状倾向 25°，倾角 80°，延长 400m。深部钻孔探获主脉宽 0.18m、0.31m。坑道 156m、106m 中段揭露矿体最宽 0.91m。Ⅳ号矿化带有矿化体 1 条，即 V49。Ⅴ号矿化带有矿化体 2 条，即 V50、V51。经地表槽探揭露，这些矿化带是下一步工作的重点。

(5) 花岗岩体内接触带矿脉组：在宝山区段与棋洞（西山）区段，至 106m 中段向下见花岗岩内接触带矿脉组（"楼下楼"式）。目前控制了 106m、056m 中段，006m 中段仍在开拓中。其中有 2 条控制程度较高，达到工业价值矿体，产状倾向 10°~35°，倾角 70°~80°。矿脉在上部变质岩中有出露，但普遍较小，呈细脉带状，只有少数的矿脉在 156m 中段具有工业价值，脉幅达 0.10m 以上；在 056m 中段进入花岗岩后矿脉数量变多，延长也具有规模，脉幅为 0.03~0.40m，平均 0.20m 左右。其中 V3 矿体厚度变化系数为 59.44%。矿体中钨含量较高，伴生少量的铜矿。WO_3 品位 0.64%~7.82%，平均 4.245%，品位变化系数为 40.06%。

淘锡坑钨矿主要矿体特征见表 6-23。

表 6-23　淘锡坑矿区钨矿主要矿体特征一览表

Table 6-23　Characteristics of main ore bodies of tungsten mine in Taoxikeng deposit

区段	编号	延长/m	厚度/m	延深/m	产状/(°)	WO_3 平均品位/%	WO_3 保有资源储量（122b+333）	资源量占比/%
宝山	V11	670	0.15~2.09	450	50∠72~82	4.963	5757	14.29
	V12	550	0.11~1.53	450	45~67∠75	4.732	4732	11.75
	V13	340	0.30~1.15	250	40~50∠70	2.361	94	0.23
	V16	170	0.15~0.33	150	331∠75~77	4.988	399	0.99
	V17	326	0.05~0.38	270	55~70∠70~75	5.977	1793	4.45
棋洞(西山)	V18	664	0.08~1.67	540	55~65∠80	5.898	6311	15.67
	V23	552	0.05~1.00	380	50~75∠80	5.085	4068	10.10
烂埂子	V2	780	0.05~1.50	660	272∠83	4.768	4530	11.25
	V5	458	0.10~1.50	530	250~280∠85	3.772	2565	6.37

续表 6-23

区段	编号	延长/m	厚度/m	延深/m	产状/(°)	WO₃平均品位/%	WO₃保有资源储量(122b+333)/×10⁴t	资源量占比/%
枫岭坑	V30	590	0.04~1.20	550	18~25∠73~78	2.536	3271	8.12
	V31	400	0.10~0.85	550	25~33∠72~77	1.791	1845	4.58
	V33	450	0.13~0.81	510	28~37∠73~77	3.22	1676	4.16
	V34	744	0.06~0.38	540	25~35∠74~79	3.357	739	1.83
	V37	724	0.10~0.46	530	30~45∠71~76	3.603	144	0.36
	V7	380	0.10~0.91	560	20~25∠72~79	3.011	1084	2.69
花岗岩体内矿体	Vn3	300	0.02~0.20	100	25~65∠72~88	4.245	467	1.16
	Vn4	440	0.05~0.15	100	25~35∠76~87	1.971	808	2.01

2. 矿石特征

1）矿物成分

本矿床矿石中主要的金属矿物有黑钨矿、锡石、白钨矿、黄铜矿、闪锌矿、辉钼矿、毒砂、黄铁矿、辉铋矿；非金属矿物有石英、黄玉、萤石、白云母、铁锂云母、电气石、方解石、叶蜡石、绿泥石、绢云母等。次生矿物主要有铜蓝、高岭土、褐铁矿；黑钨矿为主要工业矿物，锡石、黄铜矿、辉钼矿为伴生工业矿物。

镜下鉴定资料显示，本区黑钨矿可分早、晚两期。早期黑钨矿呈黑色，金属光泽，板状晶体，长轴一般 2~5cm，最大达 10cm，多呈集合体近于垂直脉壁生长，可被黄铜矿、黄铁矿穿插；晚期黑钨矿呈暗黑－蓝紫色，光泽较弱，多呈细小板状和不规则块状晶体产出，有的穿插交代早期的黑钨矿（图 6-64）。

锡石常与铁锂云母、黑钨矿共生，在烂埂子脉组较富，且晶体粗大。

黄铜矿多与毒砂、闪锌矿、黄铁矿共生。黄铜矿在宝山脉组、枫岭坑脉组中较富。

毒砂可分早、晚两期。早期毒砂呈钢灰色，强金属光泽；短柱状或块状晶体，柱面具纵纹；星点状分布于脉中；主要产于烂埂子脉组。晚期毒砂呈浸染状及不规则的大块集合体与黄铜矿、黄铁矿紧密共生，有时沿石英脉破碎裂隙及脉壁呈条带状分布。

辉钼矿为鳞片状集合体。颜色铅灰，条痕微带灰黑色，金属光泽。一组极完全解理。薄片具挠性，可以搓成团，且有滑感，污手。

石英为主要的脉石矿物。无色、灰白色、乳白色，多呈致密块状，油脂光泽，透明度好。晶洞内常发育较完整的六方柱状锥体。常与锡石、黄玉共生。不含矿或贫矿的石英的光泽和透明度较差。

黄玉最大者长达 8cm。晶体中有气体及固体（毒砂、锡石）包裹。与锡石、黑钨矿、萤石共生。主要赋存于烂埂子脉组。

萤石呈浅紫色、淡绿色或无色。一般为块状或粒状，自形较好。在脉中较多，其形成具多世代。

云母主要为白云母、含锂白云母、铁锂云母。多沿脉壁生长，对称梳状镶边，也有少数呈条带状、

第六章 石英脉型钨矿床

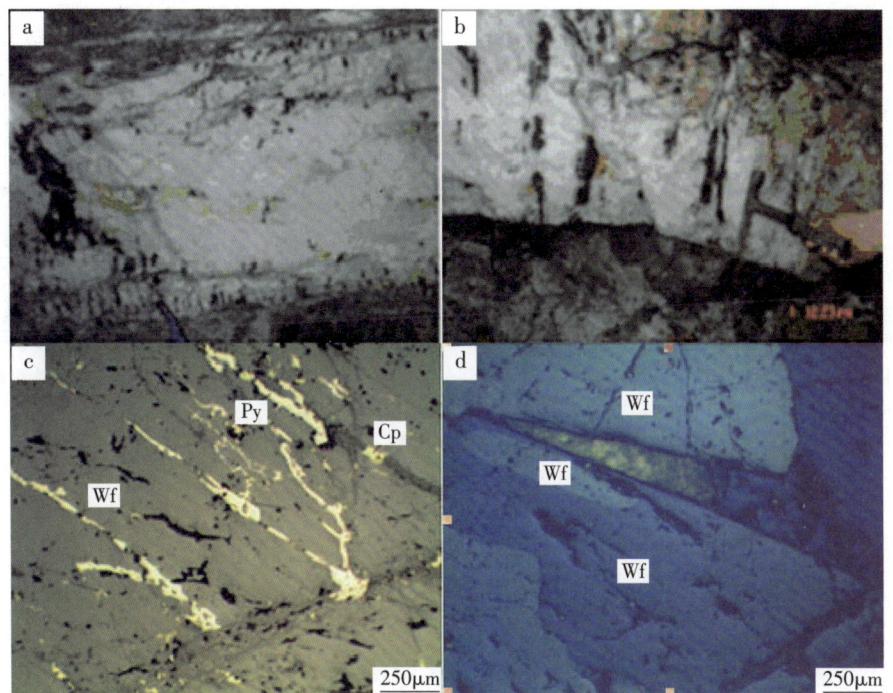

a—石英脉中的两期黑钨矿；b—自形程度高的黑钨矿；c—早期黑钨矿被黄铜矿、黄铁矿穿插；
d—晚期黑钨矿穿插交代早期黑钨矿；Wf—黑钨矿、Py—黄铁矿、Cp—黄铜矿。

图 6-64 淘锡坑钨矿石英脉中的两期黑钨矿（反射光）

Fig. 6-64 Two phases of wolframite (reflected light) in the quartz vein of Taoxikeng tungsten ore

团块状分布于脉中。片径一般为 0.5~2mm。含锂白云母呈灰带绿色，多沿脉壁呈锯齿状、鳞片状、梳状对称产出，片径大的为 0.5~3mm。

2）矿石结构构造

矿石结构主要为自形粒状结构，他形—半自形结构，其次是交代结构（图 6-65）、交代残留结构、乳滴状交代结构、碎裂结构。

矿石构造主要有致密块状构造、条带状构造、角砾状构造和晶洞构造。

块状构造：石英，黑钨矿或其他矿物呈不规则集合体产出。

条带状构造：黑钨矿、铁锂云母及硫化矿物呈线型条带状和脉状垂直或平行脉体产出。

角砾状构造：为成矿晚期地壳松弛，陡倾成矿裂隙转变为正断层破碎带，矿质充填形成的石英大脉构造，除黑钨矿外，以硫化物为主。石英或围岩呈角砾状、透镜状、扁豆状的角砾岩，被黄铁矿、黄铜矿、闪锌矿、毒砂等硫化矿物胶结而成，并仍保存着原角砾的形态（图 6-66）。

晶洞构造：规模一般不大，矿体中下部较发育，晶洞中发育水晶、黄玉、萤石或辉铋矿晶体（图 6-67）。

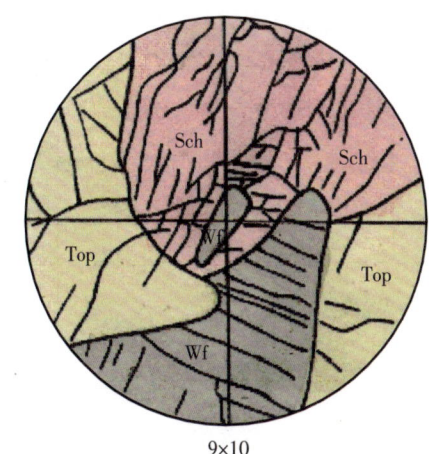

9×10

Top—黄玉；Wf—黑钨矿；Sch—白钨矿。

图 6-65 淘锡坑钨矿矿石交代结构素描图
（黑钨矿被黄玉和白钨矿所交代）

Fig. 6-65 Sketch of ore metasomatic structure of Taoxikeng tungsten mine

图 6-66 淘锡坑钨矿矿石角砾状构造

Fig. 6-66 Breccia structure of Taoxikeng tungsten ore

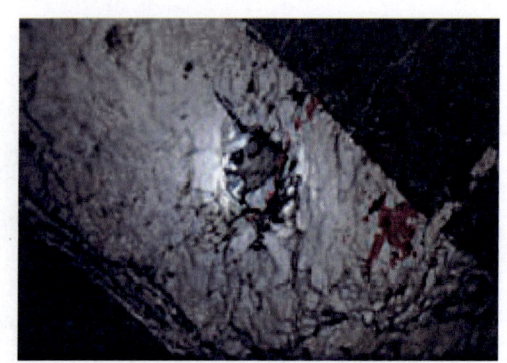

图 6-67 淘锡坑钨矿 006m 中段晶洞构造
（洞内发育有水晶、萤石、辉铋矿晶体）

Fig. 6-67 Cave structure in the middle section of 006m of Taoxikeng tungsten mine

3）矿物共生组合及生成顺序

矿物共生组合为黑钨矿、锡石、毒砂（烂埂子）、黄铜矿、斑铜矿、辉钼矿、黄铁矿、闪锌矿、黄玉、萤石、铁锂云母、白云母、绢云母、绿柱石。

根据野外观察和镜下鉴定资料，本区矿物生成顺序分两期：第一期为石英－锡石－黑钨矿－白钨矿－黄玉－萤石－黄铁矿－黄铜矿－闪锌矿－毒砂－方解石－绿泥石－斑铜矿－辉钼矿－辉铋矿；第二期为石英－黑钨矿－黄玉－白钨矿－黄玉－毒砂－闪锌矿－黄铜矿－黄铁矿－方解石－萤石－叶蜡石－绿泥石－白云母－绢云母。

4）矿石品位及变化特征

本区主要矿产为钨，伴生矿产为锡、铜、银、钼。钨主要以黑钨矿形式存在，锡以锡石形式存在，银以硫化银的形式赋存于闪锌矿等硫化物中，钼以辉钼矿形式存在，铜则以黄铜矿、斑铜矿等形式存在。

矿石中 WO_3 含量变化较大，为 0.004%~35.36%。全山累计查明资源储量 WO_3 平均品位 3.943%，保有资源储量 WO_3 平均品位 4.004%。

钨矿化在矿床内连续性较好，但走向和倾向上分布不均，呈分段富集的特点。总体而言，钨矿化在矿脉的中下部较富。据本次对宝山、棋洞（西山）、烂埂子、枫岭坑 4 个区段的样品统计，WO_3 品位变化系数为 40.06%~245.847%，最低品位为 0.004%，最高品位为 35.36%。

根据历年报告的化学样分析统计，矿区伴生元素品位变化情况为：Sn 0.001%~2.46%，平均 0.112%；Cu 0.001%~2.95%，平均 0.225%；Mo 0.005%~0.070%，平均 0.025%；Ag 4.5~23.9g/t，平均 11.7g/t。

矿物组合方面，矿床上部黑钨矿、锡石组合较明显，至深部黑钨矿保持连续矿化，锡石含量则随着标高降低渐趋减少。而金属硫化物尤以黄铜矿随着标高降低渐趋增加。深部出现一些方解石、辉铋矿等低温矿物，至花岗岩体接触带附近见有少量辉钼矿。

（三）矿床地球化学特征

淘锡坑钨矿区的隐伏蚀变花岗岩的微量元素测试结果列于表 6-24（陈郑辉等，2006），其微量元素的特征可归纳为：①自交代蚀变花岗岩富集 Rb、Th、U、Nb、Ta 等大离子元素和高场强元素，贫 Ba、

表 6-24 淘锡坑蚀变花岗岩微量元素组成
Table 6-24　Trace element composition of Taoxikeng altered granite

单位：10^{-6}

样品编号	QD-106-1	BSE-106-1	QD-106-3	QD-106-2	FLK-ZK802	TXK-BS-56-1	BSL-106-2
岩性	钠长石化花岗岩		似伟晶岩	含硫化物云英岩	富硫化物云母云英岩	云英岩体	
Cu	6.00	50.5	12.4	852	0.747%	60.2	27.1
Mn	0.264%	0.278%	0.217%	0.186%	0.333%	0.126%	631
Pb	45.0	31.0	84.0	117	256	84.5	43.0
Zn	37.4	165	520	0.500%	930	227	37.9
As	11.0	16.3	14.1	15.6	181	247	44.7
F	0.18%	0.27%	0.53%	0.54%	1.08%	0.55%	0.44%
Li	96.7	206	435	317	1029	327	127
Ti	60.1	51.1	58.4	94.4	330	227	44.7
W	31.5	324	85.3	350	69.4	194	333
Rb	341	608	970	892	1905	1030	774
Be	71.20	6.43	4.84	4.31	9.98	5.23	8.10
Sc	2.41	4.00	5.97	1.70	9.29	6.76	4.68
V	1.36	1.15	1.66	2.41	4.94	5.08	3.85
Cr	1.34	1.55	1.67	1.76	0.83	2.82	1.27
Co	0.97	0.83	1.27	7.79	2.17	0.75	1.07
Ni	<2.0	<2.0	<2.0	<2.0	<2.0	<2.0	<2.0
Ga	37.0	29.0	32.9	18.0	39.7	30.6	35.4
Ge	5.39	5.03	3.69	3.72	4.15	3.05	2.81
Sb	0.21	0.25	0.20	0.24	0.37	0.18	0.30
Zr	22.9	21.5	20.5	9.89	52.8	49.4	21.7
Nb	16.6	33.8	39.8	22.0	64.2	44.9	26.8
Mo	5.50	313	2.49	1.48	5.49	10.8	3.57
Sn	43.4	70.8	142	128	377	82.9	85.6
Te	0.41	0.77	<0.05	0.34	0.22	0.06	0.89
Hf	4.31	3.34	3.11	1.32	3.84	3.65	3.73
Ta	33.6	26.3	23.6	2.57	12.9	15.1	20.0

续表6-24

样品编号	QD-106-1	BSE-106-1	QD-106-3	QD-106-2	FLK-ZK802	TXK-BS-56-1	BSL-106-2
岩性	钠长石化花岗岩		似伟晶岩	含硫化物云英岩	富硫化物云母云英岩	云英岩体	
Th	8.81	12.3	11.6	7.33	21.4	23.1	12.4
U	7.27	7.80	10.9	7.09	12.5	18.5	11.9
Cl	50.0	28.0	43.0	<20.0	<20.0	35.0	57.0
Ag	0.19	0.78	0.93	6.80	19.8	1.46	0.8
Au	0.002	0.021	0.002	0.003	0.001	0.002	0.001
B	6.08	28.7	10.0	9.93	22.0	7.42	7.53
Sr	9.86	6.4	9.31	3.13	<0.05	36.6	43.2
Ba	19.6	11.6	21.2	10.5	28	38.2	39.9

Sr、Ti等元素；②虽然岩石的蚀变程度不同，但其微量元素蛛网图右倾（图6-68），为近平行分布特征，表明其是由同一岩浆源进一步高度分异演化的结果或由主岩浆的成分控制的；③K/Rb值介于25.32~31.01，明显低于南岭地区的西华山和大吉山等含钨岩体的微量元素比值（毛景文等，1998；邱检生等，2004）；④Nb/Ta值介于0.494 048~8.560 311，低于分异花岗岩的比值（Dostal et al.，2000），是在岩浆的晚期，Ta的富集程度高于Nb造成的；⑤成矿元素W、Sn明显富集，W的含量变化在$31.5×10^{-6}$~$350×10^{-6}$之间，Sn的含量介于在$43.4×10^{-6}$~$377×10^{-6}$之间，Ag有一定程度的富集，Cu、Pb、Zn、Mo等元素富集不明显；⑥富集Li、F元素，尤其在富云母云英岩中达到最高值，Li为$1029×10^{-6}$，F为1.08%；⑦元素Sr的含量由钾化花岗岩、钠化花岗岩到云英岩呈逐渐降低趋势，与成矿W、Sn呈负相关性，与整个南岭地区钨锡矿床的成矿母岩的演化趋势是一致的（陈毓川等，1989）；⑧在陡倾角的云英岩脉内元素Be含量最高达到$71.20×10^{-6}$，表明可能存在富含Be的矿物（绿柱石）。

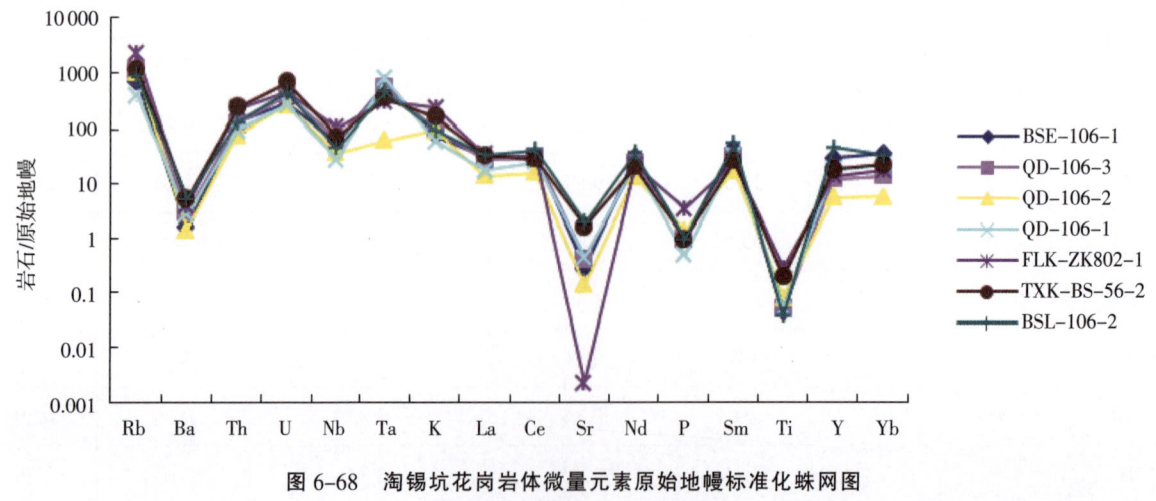

图6-68 淘锡坑花岗岩体微量元素原始地幔标准化蛛网图
（原始地幔值据Sun et al.，1989）

Fig. 6-68 Spider web diagram of trace element primitive mantle standardization of Taoxikeng granite body

淘锡坑钨矿区蚀变花岗岩稀土总量中等，$\Sigma REE=82.63\times10^{-6}\sim265.91\times10^{-6}$，$LREE/HREE=2.202\,335\sim4.078\,672$，$(La/Yb)_N=0.746\,56\sim2.304\,33$；轻、重稀土分馏不明显，铕亏损强烈，$\delta Eu=0.013\,92\sim0.033\,40$。岩石的稀土元素球粒陨石标准化配分曲线几乎相互平行（图6-69），铕负异常明显，是典型的海鸥型稀土配分模式。

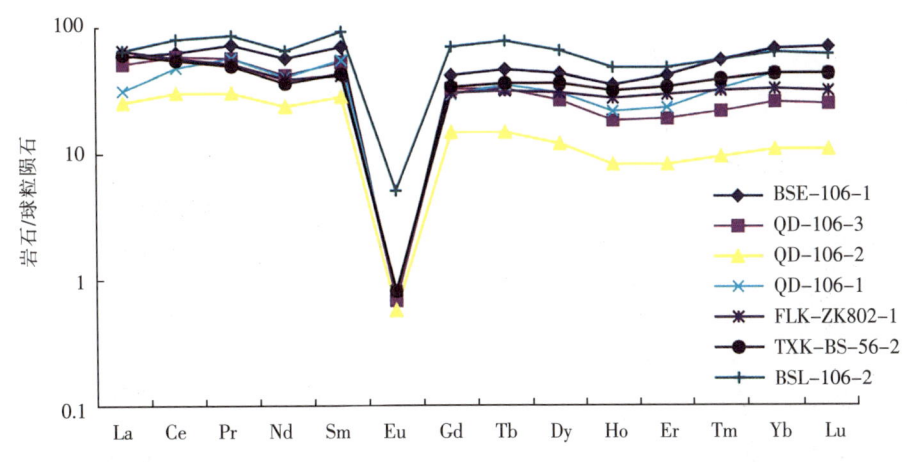

图 6-69　淘锡坑矿区蚀变花岗岩稀土元素球粒陨石标准化配分模式图

Fig. 6-69　Normalized REE chondrite distribution pattern of altered granite in Taoxikeng mining area

（四）成矿机理与矿床成因（找矿模式）

矿区钨矿体呈脉状，产于燕山期花岗岩外接触带的变质岩内，矿体的形成与隐伏花岗岩体的侵入就位密切相关，在其顶峰有利部位成矿，脉内矿物组合主要为石英、萤石、白云母、黑钨矿、锡石、黄铜矿，脉侧围岩主要有硅化，近花岗岩围岩有角岩化，反映其成矿温度主要为高—中温。因此，属高—中温热液石英脉型矿床。淘锡坑西、东两侧以北东向、北北东向构造为框架，北西西向成矿裂隙布于其间。燕山期岩体隐伏于深部，隆起地段有利于形成工业矿脉，矿化最好的地段是岩体顶面至其上300m。

矿体平面上具"左行－逆时针旋扭"组合型式，外接触带矿脉剖面上具典型的"五层楼"模式，由标志带－细脉带－细脉大脉混合带－大脉带－巨脉带，内接触带云英岩化和"三层楼"石英脉，构成"五层楼＋地下室＋楼下楼""新模式（图6-70）。

近年根据"五层楼＋地下室＋楼下楼" 新模式及"楼外楼""等距、等深、侧列、侧伏、分带"等找矿研究并经实践勘查，在淘锡坑北部约2km处发现碧坑石英细脉型钨锡铜多金属矿床，南部约1km处发现东峰石英大脉型钨铜矿床，矿体延长达数百米至上千米，延深达数百米，矿床规模均达中型以上，为淘锡坑钨矿接替资源找矿取得的突破性成果。

（五）找矿预测标志

本区地表分布大量的云母线、石英线、石英小脉，据此圈出的矿化标志带即是直接的找矿标志。对地表出露的矿化标志带进行调查，对标志带所处的构造部位、线脉体态、组合式、指示性矿物进行系统了解，对其往下能否合并成大脉作出判断，其中民窿调查可作为一项重要工作内容，对于识别矿化强弱、补充地质工作程度具有重要的作用。深部隐伏岩体的隆起也是预测工业矿脉的一项重要判别依据。

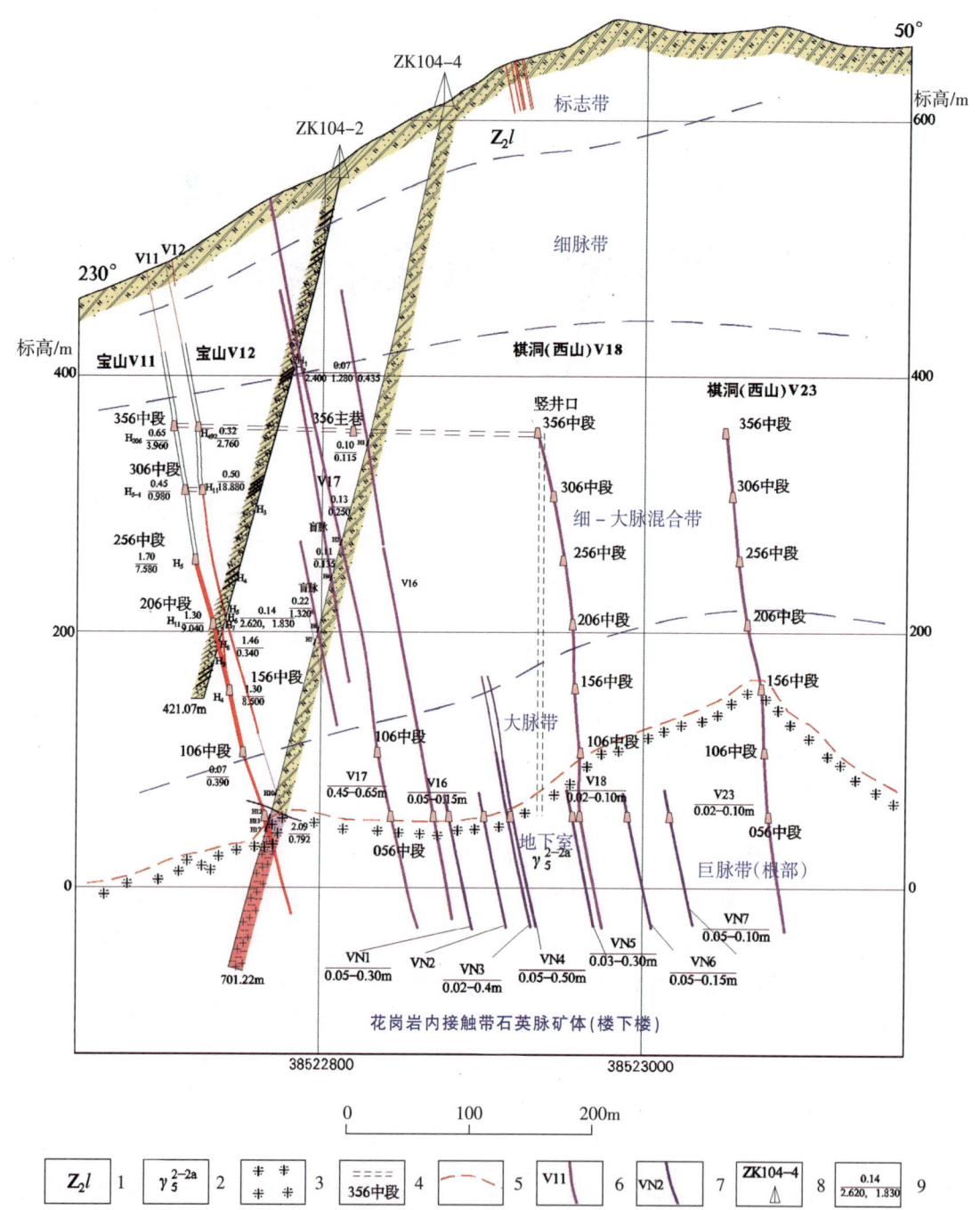

图 6-70 淘锡坑矿区典型成矿剖面图（104 线）

Fig. 6-70　Typical metallogenic profile of Taoxikeng mining area (line 104)

1—上震旦统老虎塘组；2—燕山早期花岗岩；3—云英岩化钨矿化带；4—坑道及中段编号；5—花岗岩顶面界线；6—矿脉及编号；7—岩体内矿脉及编号；8—钻孔及编号；9—矿脉水平厚度/钨品位 (%)、铜品位 (%)。

八、大余县樟东坑钨矿床

矿床位于大余县城 300°方位直距约 16km 处，中心地理坐标：东经 114°12′23″，北纬 25°28′12″。本矿床最早由当地民工于 1928 年发现，已有 90 余年的开采历史。最初，长沙地质勘探公司二〇九队、二二〇队在该区进行了地质踏勘概查；1957 年，冶金部地质局江西分局二〇一队开展了矿区普查工作；1959—1960 年，江西省地质局钨矿普查勘探大队二分队开展了勘探工作；1964—1967 年，江西省有色冶金勘探公司六一四队再次进行勘探；2007—2009 年，在矿区开展危机矿山找矿工作，新增资源储量；2011—2012 年，江西省勘察设计研究院完成矿区的资源储量核实工作。矿区累计查明资源量：WO_3 金属量 $1.07×10^4 t$，Mo 金属量 $0.35×10^4 t$，属中型钨矿床。

（一）矿区地质

矿床位于诸广山成矿亚带，崇余犹钨锡矿集区西南部九龙脑矿田南端。矿床产于九龙脑岩体南面的寒武系中，属典型的花岗岩外接触带石英脉型钨矿床。

1. 地层

矿区出露的地层为中寒武统高滩组（图 6-71），走向北东 – 南西，倾向北西或南东，倾角 21°~47°。根据岩性组合可分为上、中、下 3 段。

上段：分布在 660m 中段以上地段，主要由绢云母千枚岩、绢云母绿泥石板岩、绢云母板岩、砂质板岩和碳质板岩组成。碳质板岩层厚 4~8m，为上层的底部岩性层。

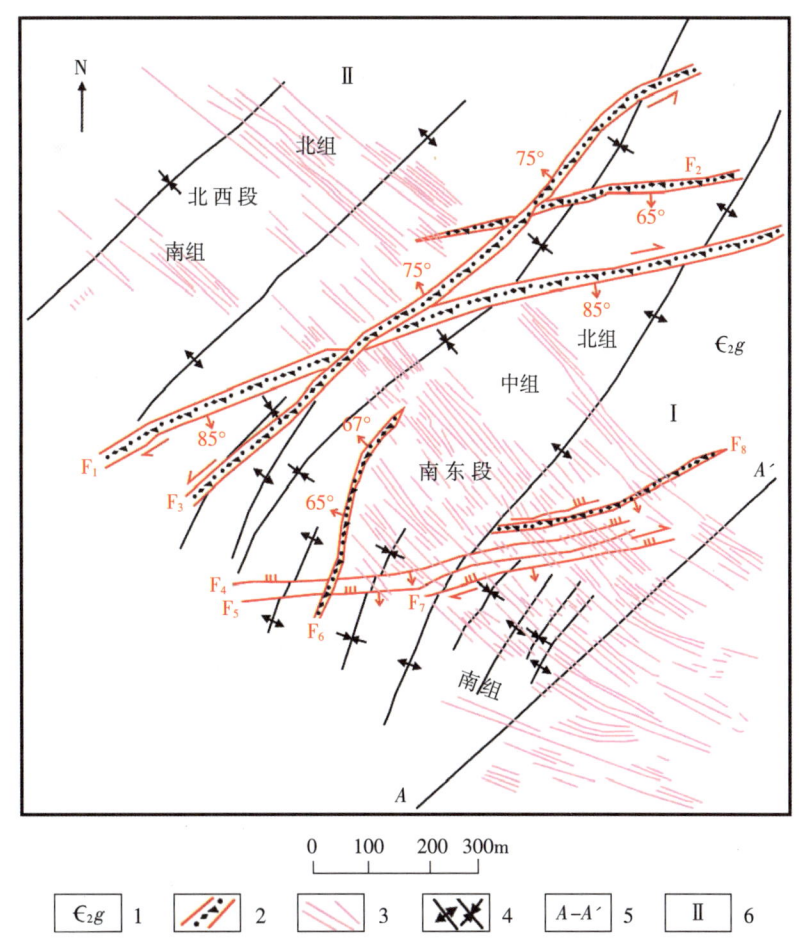

1—中寒武统高滩组；2—破碎带；3—石英矿脉；4—背向斜轴线；5—剖面；6—石英脉组编号。

图 6-71 樟东坑钨矿床地质简图（据幸世军等，2010，修改）

Fig. 6-71 Geological map of Zhangdongkeng tungsten deposit

中段：分布在 660~577m 中段之间地段，主要由砂质板岩和浅变质砂岩互层组成。

下段：分布在 500m 中段以下地段，主要由变余砂岩、变余长石石英砂岩、变余砾石质砂岩和变余粉砂岩组成。

2. 构造

1）褶皱

矿区以樟东坑复式背斜为主轴，其两翼发育着次一级的小向斜和小背斜。由于受褶皱叠加作用影响，矿区构造显得错综复杂。如：地表和 660m 中段轴向为北东，倾向北西，倾角 78°，577m 中段轴向变为北北西—北北东，500m 中段又变为北东。

2）断裂

矿区断裂构造发育，主要有北东东向、北东向和北西向断裂（隙）带，北西向裂隙带是主要的容矿构造。

北东东向断裂：走向约 70°，倾向南南东，倾角 65°~85°。以 F_1 规模最大，延长数千米，最宽 27m，为右旋斜冲断层，成矿前后均有活动，将容矿裂隙带分隔为东、西两个矿化强度显著差异的矿段。位于 F_1 上盘的南东矿段，延长、延深大，是主要工业矿脉分布地段；位于 F_1 下盘的北西矿段，延长小，延深浅，工业矿脉少见。

北东向断裂：走向约 40°，总体倾向北西，倾角 65°~75°，形成略晚于北东东向断裂，成矿前后有活动。如 F_3，破碎带宽 10 余米，左旋错动。

北西向裂隙带：为矿区容矿裂隙带，宽约 560m，长约 1440m，总体倾向北东，陡倾斜，与褶皱走向垂直相交，可能为在北东东向右旋断裂牵动下，迁就北东向褶皱内的横张裂隙，形成剪张性裂隙带。

3. 岩浆岩

矿床位于九龙脑复式岩体南端，地表未见岩浆岩出露，但深部揭露有隐伏花岗岩体和花岗岩脉。花岗岩体主要岩性为中细粒似斑状黑云二长花岗岩，岩体顶面海拔为 126~276m。在岩体顶部 100m 范围内，揭露有多条呈火焰状的花岗岩脉。

结合区域岩浆岩分布特征，推测矿区隐伏花岗岩为九龙脑复式岩体的延伸隐伏岩株，属燕山早期斑状细粒黑云母花岗岩。

（二）矿床地质

矿床有石英脉型和蚀变花岗岩型两种钨矿化类型，呈"上脉下体""上钨下钼"的变化规律。矿区主要开采对象为石英脉型钨矿。

1. 石英脉型钨矿体

1）矿（化）带特征

矿床主要是一个北西–南东向延长的矿脉带，长约 1440m，宽约 560m，以 F_1 为界，将矿带划分为南东、北西两段（图 6-72）。

南东矿段：位于 F_1 上盘，含矿石英脉成组成带分布，脉组宽 120~240m，长 700m，延深达隐伏花岗岩顶部，工业矿化最深达标高 100m，是樟东坑矿床主要工业矿段。据矿脉的产出位置和密集度又分为北组、中组和南组，北组与中组间距 95m，中组与南组间距 110m。中组是主干脉组，宽度大，走向延长及倾斜延深亦大，工业矿脉多，储量占全山的 2/3。

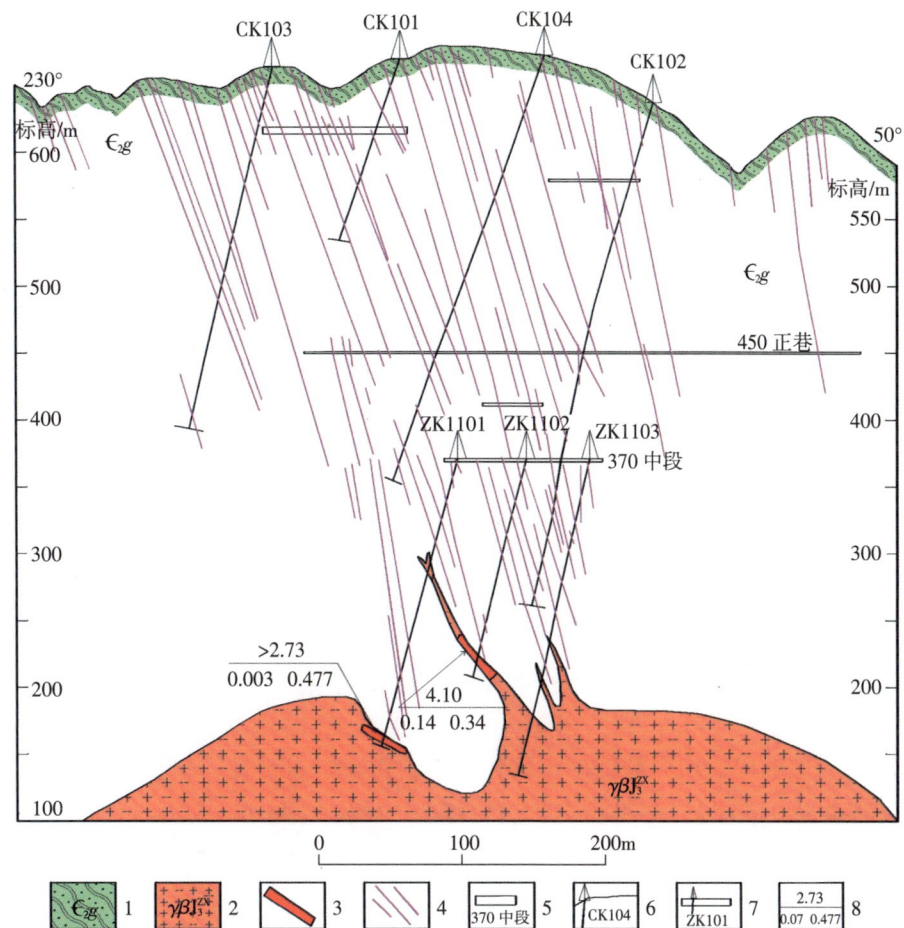

1—中寒武统变余砂岩；2—燕山早期中细粒花岗岩；3—蚀变花岗岩型钼矿体；4—石英矿脉；
5—坑道及编号；6—钻孔及编号；7—窿内钻孔及编号；8—矿体真厚度（m）/WO_3、Mo 品位（%）。

图 6-72 樟东坑矿床 A-A′剖面图（据幸世军等，2010，修改）

Fig. 6-72 A-A′ profile chart of Zhangdongkeng tungsten deposit

北西矿段：北脉组宽 130~340m，延长 480m；南脉组位于 II 号脉组南西相距约 150m，脉组延长 300m，宽约 100m。单脉长 30~100m，脉幅 0.03~0.45m，成组成带分布。脉体短小，延深浅，少有工业矿脉。

2）矿脉特征

矿脉形态复杂，侧列再现、分支复合现象明显。单脉主要是呈透镜体状，沿走向和倾向表现为中间大、两头小的明显膨缩现象。在倾向和走向上，单脉往往具有锯齿状、羽毛状等形态。

矿体厚度往深部逐渐增大，北组厚度最大地段标高 450~340m，中组标高 500~340m，南组标高 500~350m。北组矿脉往深部厚度增大，但 WO_3 品位逐渐减弱，最终无工业价值。各脉组厚度和品位变化情况见表 6-25。

一条大脉往往是由许多透镜体状、脉状的单脉组成的复脉。已知单脉最大长度达 100m 左右（如 577m 中段 V51、500m 中段南组 V14），一般的 30~40m，最小的 10~20m。单脉组成复脉的方式有侧幕式、分支复合式、间断式 3 种。侧幕式是最普遍的组合形式，包括左行侧幕和右行侧幕，以右行侧幕为主，侧距一般在 2m 以内。

表 6-25 樟东坑钨矿床矿组平均厚度和品位

Table 6-25 Variation of orebodies' average grade and thickness in Zhangdongkeng tungsten deposit

中段标高	北组		中组		南组	
	WO_3 品位/%	厚度/m	WO_3 品位/%	厚度/m	WO_3 品位/%	厚度/m
660m			1.693	0.21	0.879	0.17
577m	2.476	0.19	1.916	0.16	1.406	0.17
500m	2.409	0.19	2.500	0.16	2.235	0.18
500m 以下	1.968	0.20	2.990	0.19	2.874	0.22
平均	2.246	0.19	2.356	0.17	1.954	0.18

3) 矿石矿物成分

主要矿石类型为黑钨矿 – 石英型和黑钨矿 – 辉钼矿 – 石英型，矿物成分简单。矿石构造以团块状构造和对称条带状构造为主，矿石结构常见有交代结构、交代残余结构、固溶体分离结构和自形粒状结构等。

主要金属矿物为黑钨矿，次为辉钼矿、辉铋矿、白钨矿、自然铋、绿柱石、黄铜矿、磁黄铁矿、黄铁矿、毒砂、褐铁矿、闪锌矿、钨华、矽铍石（极少）、锡石（极少）等。

脉石矿物有石英、绿泥石、白云母、黑云母、萤石、长石、方解石等。

4) 矿化富集规律

矿区矿化富集不均匀，不同的矿脉组矿化富集区域有所差异。以南东矿段的北、中、南 3 个矿脉组有益组分变化为例（表 6-26），北组矿化富集中心在标高 577m 附近，钨钼共生；中组矿化富集中心在标高 500m 附近，伴生钼含量低；南组矿化富集中心在标高 420m 附近。3 个矿脉组钨矿化中心北高南低，共、伴生钼亦表现出北高南低规律；就单组脉而言，共、伴生钼含量同样显示出由上往下逐渐增高趋势。

钨矿化在垂向上呈弱→强→弱变化格局，即由地表向下钨品位逐渐增高，标高 570~500m 为钨富集区，WO_3 平均品位 2.163%。钼矿化在垂向上总体呈弱→强变化趋势，在标高 500m 以上钼含量总体上还是较低的，到了标高 450~370m 矿脉钼含量呈上升趋势，Mo 平均品位为 0.477 %。

钨钼矿化垂向变化和富集与隐伏花岗岩顶面位置和标高有关。本区隐伏花岗岩顶面在南东区标高 126~276m 区间波状起伏变化，钼矿化富集带介于岩体顶面之上 25~100m（即标高 500m 以下区间），与钨矿化变弱区间重合。

5) 垂向分带特征

矿床在垂向上，黑钨矿、辉钼矿的富集程度有着明显的变化，总体呈现"上钨下钼"的特征。根据富集程度，在垂直方向上基本上可以分成以下 3 个带。

黑钨矿带：北组在标高 620m 以上地段，部分已被剥蚀；中组在标高 600m 以上，带宽 200m；南组在标高 500m 以上，带宽 300~350m，为矿区中保存较完整的黑钨矿带。黑钨矿带的下段含较少量的辉钼矿，黑钨矿品位较低，但仍达工业品位。

表 6-26 樟东坑钨矿床有益组分含量（%）

Table 6-26 Beneficial components of Zhangdongkeng tungsten deposit

元素组别中段		WO_3	Mo	BeO	Bi	Nb_2O_5	Ta_2O_5	Sc_2O_3
660m	中	1.693	0.009	0.025	0.050	0.0597	0.0011	0.0044
	南	0.879	0.009	0.006	0.047	0.067	0.0011	0.0107
577m	北	2.476	0.321	0.056	0.198	0.0753	0.0011	0.0124
	中	1.916	0.027	0.144	0.090	0.0485	0.0048	0.0129
	南	1.406	0.020	0.014	0.050	0.0393	0.0021	0.0140
500m	北	2.409	0.369	0.042	0.143	0.2228	0.0155	0.0189
	中	2.500	0.068	0.149	0.094	0.0961	0.0032	0.0141
	南	2.235	0.047	0.008	0.106	0.030	0.001	0.0160
500m 以下	北	1.968	0.414	0.012	0.137			
	中	2.990	0.109	0.095	0.102			
	南	2.874	0.079	0.007	0.128			
平均		2.279	0.094	0.095	0.098	0.0780	0.0035	0.0123

黑钨矿、辉钼矿带：北组在标高 620~350m 之间，宽 270m；中组在标高 600~300m 之间，宽 250m；南组在标高 500~200m 之间，宽 300m。在黑钨矿、辉钼矿带中，辉钼矿含量增多，黑钨矿最富集，为矿床中主要工业矿化富集地段。

辉钼矿带：北组在标高 350m 以下地段，宽约 150m，辉钼矿特别富集；中组在标高 300~400m 之间地段，宽 100m；南组在标高 200m 以下地段，宽约 10m，下限可能延至花岗岩。在辉钼矿带中，辉钼矿富集，成为具有工业意义的钼矿带，黑钨矿化减弱至工业品位以下。

各带的起伏与深部花岗岩体的起伏有着密切的关系。距花岗岩越近，辉钼矿便越富集。因而，可根据辉钼矿带的出现来推测钨的工业矿化将消失和花岗岩将要出露的部位。

2. 蚀变花岗岩型钼（钨）矿体

在矿区接替资源勘查过程中，钻探工程揭露出蚀变花岗岩钼（钨）矿（化）体。ZK102 揭露出蚀变细晶岩厚 4.16m，Mo 0.441%、WO_3 0.168%；ZK103 在隐伏云英岩化细粒二长花岗岩体内接触带顶壳揭露厚大于 2.73m，Mo 0.447%、WO_3 0.007%钼矿体。因此，矿区有蚀变花岗岩脉的辉钼矿化和隐伏花岗岩内顶壳两种矿化类型。

矿区对隐伏花岗岩型钼（钨）矿化工程揭露较少，未开展系统评价工作，已有少量工程揭露具工业意义的矿体，显示矿区深部具有"地下室"上脉下体的找矿前景。

3. 围岩变质与蚀变

矿床外接触带围岩普遍发育有强角岩化，石英脉型钨矿近矿蚀变包括云英岩化、黑云母化、电气石化、白云母化、绿泥石化、绢云母化、硅化、萤石化、黄铁矿化、碳酸盐化等，以硅化最发育，分布最广泛。隐伏花岗岩体内发育有不同程度的硅化、钾化、钠化、云英岩化等蚀变，尤以云英岩化与钨钼矿化关系密切。

（三）矿床地球化学

1. 花岗岩地球化学特征

据黄小娥等（2012）对矿区花岗岩的研究可知，樟东坑成矿花岗岩主要具有以下岩石地球化学特征：SiO_2含量中等偏高（65.73%~74.31%）；高碱、富钾，K_2O+Na_2O含量较高（6.46%~11.2%），且$K_2O>Na_2O$；镁、铁含量较低（0.03%~0.8%）；Al_2O_3含量较高（13.08%~18.84%），$Al_2O_3>K_2O+Na_2O$，A/CNK值变化范围0.99~1.37，为准铝质—过铝质花岗岩，显示壳源岩石重熔改造型花岗岩的成因特征，即为陆壳重熔S型花岗岩。

矿区花岗岩微量元素以富Rb、Th、U、K、Ta、Y等低场强元素和贫Ba、Nb、Sr、P、Ti等高场强元素为特征，Zr/Hf值为45.5~101.48，Nb/Ta值为0.63~3.15，Rb/Sr值为2.57~31.68，进一步说明花岗岩壳型特征明显，而且演化程度较高；成矿金属元素W、Mo、Pb、Zn、Bi、Be、Cd等，含量随花岗岩演化而同步增长。

2. 黑钨矿微量元素特征

王少轶等（2016）对樟东坑钨矿床外带石英脉中黑钨矿的化学成分进行研究，显示矿区黑钨矿中WO_3含量在74.709%~75.321%之间，平均值为75.45%；MnO含量在7.789%~8.645%之间，平均值为7.87%；FeO含量在16.039%~16.786%之间，平均值为16.72%。该矿床与盘古山典型的外带型石英脉中黑钨矿化学成分相近，Mn/Fe值明显低于西华山、九龙脑等内带型钨矿床。

（四）矿床形成时代与成因

1. 花岗岩锆石U-Pb年龄

樟东坑钨矿床和九龙脑钨矿床相毗邻，受北东向断层分隔。九龙脑钨矿位于北东向下盘的岩体内，樟东坑位于上盘的外接触带内。据勘查资料推测樟东坑矿区深部隐伏花岗岩同属九龙脑岩体。王少轶等（2017）对九龙脑钨矿床成矿花岗岩锆石U-Pb测年结果显示，成岩年龄为（151.1±2.2）Ma，属燕山早期晚侏罗世。

2. 辉钼矿Re-Os等时线年龄

李光来等（2014）对樟东坑钨矿床成矿时代进行研究，分别对石英脉和花岗岩中辉钼矿进行Re-Os同位素定年工作。研究结果显示：细粒花岗岩型矿化的时间为（155.4±2.1）Ma，石英脉型矿化时间为（154.6±1.7）Ma。两类矿化成矿时限在误差范围内几乎一致，反映了细粒花岗岩型矿化与石英脉型矿化属同一成矿作用阶段，成矿时代为晚侏罗世。樟东坑钨矿床的辉钼矿具有较低的Re含量，可能指示成矿物质为壳源。

3. 矿床模式

樟东坑外接触带型钨矿床位于九龙脑花岗岩体与内接触带钨矿床南面，矿区"上脉下体""上钨下钼"的矿化特征与隐伏花岗岩的特征密切相关（图6-73）。

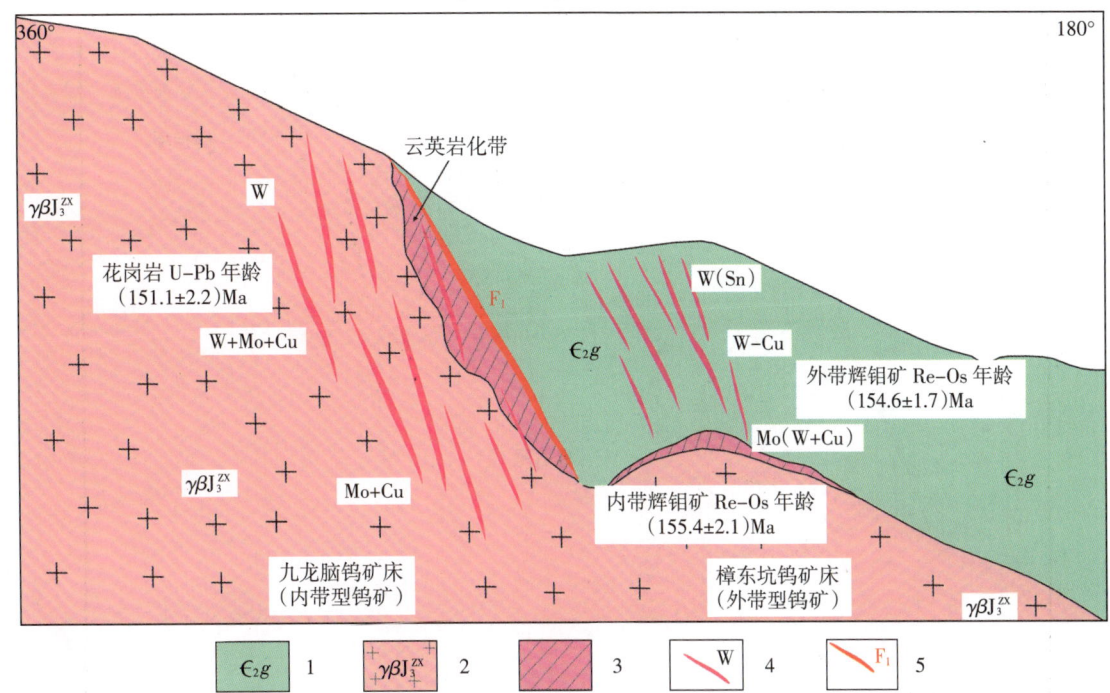

1—中寒武统高滩组；2—晚侏罗世黑云母花岗岩；3—云英岩化蚀变带；4—石英矿脉（组）；5—断层。

图 6-73　樟东坑矿床成矿模式图（据王少轶等，2017，修改）

Fig. 6-73　Metallogenic model of Zhangdongkeng tungsten deposit

九、大余县左拔钨矿床

左拔矿区位于大余县城北东 18km 处左拔村。地理坐标：东经 114°26′15″，北纬 25°32′05″。

矿区发现于 1918 年，周道隆、上官俊、徐克勤、丁毅曾到矿区调查。1955 年，冶金部地质局江西分局二二〇队进行概查。1958—1960 年江西省地质局钨矿普查勘探大队、1964—1976 年江西冶勘二队对矿区进行初勘和勘探。累计探明资源储量 WO_3 25 435t，Bi 853t，Mo 644t，矿床规模达到中型。

（一）矿区地质

左拔矿区位于北东向大余－临川断裂带北西盘，崇犹余钨锡矿集区东侧的左拔－红桃岭矿集带南部。

1. 地层

区内主要地层为下中寒武统浅变质砂岩、长石石英砂岩，含碳板岩、粉砂质绢云母板岩。地层走向近南北，倾向东或西（图 6-74）。

2. 岩浆岩

矿区地表岩浆岩少见，但钻孔在矿区深部见较多酸性—基性岩脉，且越向深部岩脉越发育。根据矿区所处的东西向构造与北东向构造在此相交部位，接触变质强度等预测，矿区深部存在成矿隐伏花岗岩体，岩体顶面标高在-100~-200m 之间，是左拔－红桃岭半隐伏花岗岩基南部的一个隐伏岩株。

3. 构造

1）褶皱

矿区位于龟子背－大坳倒转复式向斜南端，褶皱轴走向近南北，轴面西倾，倾角 60°~80°，横贯矿

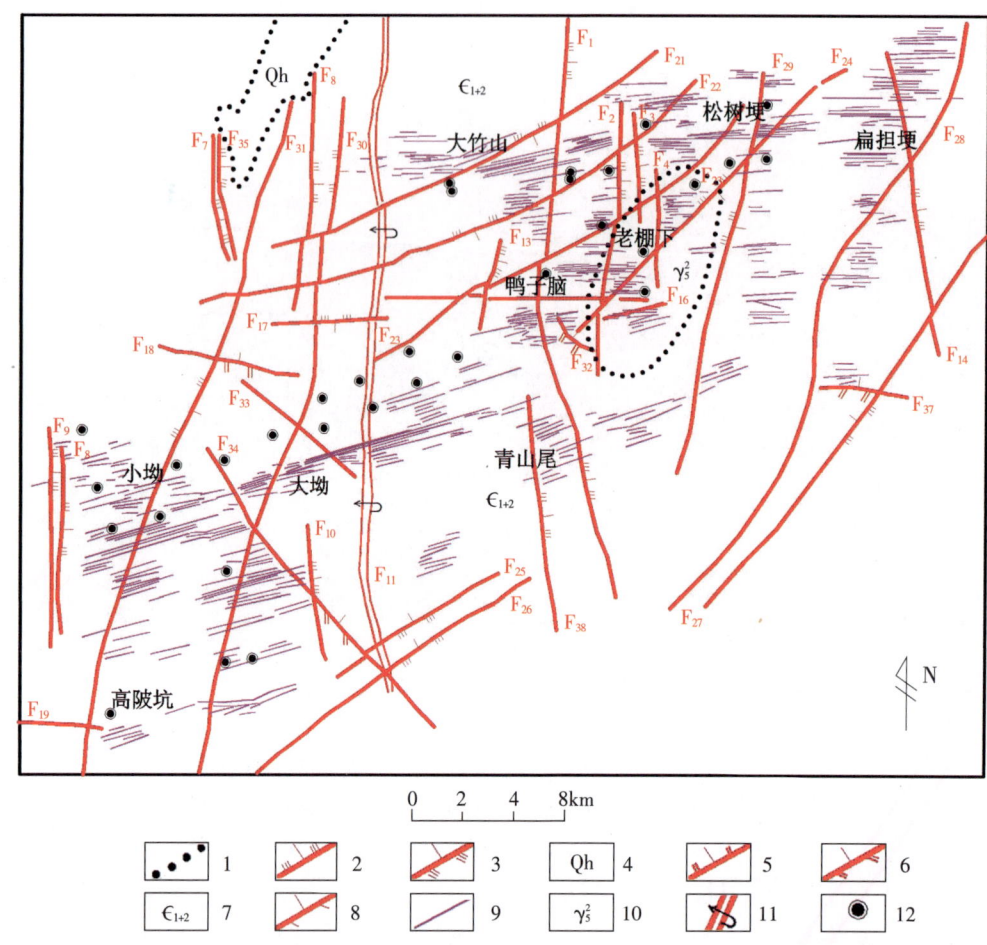

图 6-74　大余县左拔矿区地质简图

Fig. 6-74　Geological diagram of Zuoba mining area in Dayu County

1—地质界线；2—压性断层；3—压扭性断层；4—第四系；5—张性断层；6—张扭性断层；7—下中寒武统；8—扭性断层；9—矿脉；10—隐伏岩体；11—倒转复向斜；12—钻孔。

区西部。两翼次级褶皱紧密，背斜和向斜轴线与复式向斜一致，两翼岩层东缓西陡、上陡下缓。

2）断裂

矿区断裂主要为北北东向、北东向、北东东向3组，其次有近南北向、北西向2组，为新华夏、华夏式两套断裂系统。其中北东东向断裂很发育，共有F_{21}等7条，主要分布在矿区北部和东南部，规模都比较大，延长都在1300m以上。破碎带的宽度一般为1~3m，成矿后活动显著，常错断矿脉。北北东向有4条横贯矿区的主干断裂，分布在矿区东部和西部，延展在2200m以上，宽度一般在2~4m之间。

3）成矿裂隙

本区的成矿裂隙主要为北东东向，走向60°~80°，倾向北为主，南倾的少，倾角陡，一般大于80°。单条裂隙规模一般不大，平直并有擦痕。成组成带出现的裂隙延长、延深较大，它们是本区的主要容矿构造。

4. 变质作用

矿区的围岩蚀变类型主要有角岩化、硅化。角岩化范围较大，遍及全矿区，蚀变较强的地段在矿区东部的大竹山东段、老棚下等地段，硅化与角岩化相伴产出。

(二) 矿床地质

1. 矿床类型及矿体分布

左拔矿区的矿化范围 $9km^2$，是赣南地区矿化面积较大的钨矿区之一。矿区矿体赋存在浅变质砂、板岩中，多成组成带出现，是一个外接触带的石英脉型黑钨矿床。

从北往南可划分近乎平行的大竹山、老棚下、大坳和高陂坑 4 个脉带，共 22 个脉组（见图 6-74）。

大竹山脉带分布于矿区的北部，走向近东西，大多数倾向南，少数倾向北，倾角陡。长 2550m，宽 200~400m，由 6 个脉组组成，共有矿脉 162 条。在勘探的 2 个脉组中，有主脉 13 条，平均厚 0.19cm，平均品位 1.636%，矿脉长 200~300m，最长 480m，控制的矿化深度大于 500m。

老棚下脉带分布于矿区的中部，介于大竹山脉带东端与大坳脉带东端间，长 1100m，宽 450~500m，走向近东西，大多倾向北，少数倾向南，倾角陡。矿带由 7 个脉组组成，共有矿脉 135 条。主脉有 5 条，脉间距较大，脉相对较短，一般长 100~400m，最长 450m，厚 0.08~0.19m，品位 0.928%~2.664%，控制的矿化深度 200~400m。

大坳脉带分布于矿区的南部，是矿区内最长的脉带。脉带由 7 个脉组组成，出露长度 3250m，宽 300~600m，走向北东东，向北陡倾，共有矿脉 173 条，勘探的Ⅲ-5 脉组有主脉 11 条。脉间距较小，延长较大，一般长 100~300m，最长 1000m，平均厚 0.19m，平均品位 1.65%，控制的矿化深度大于 650m。

高陂山脉带分布于大坳脉带以南的矿区西南部，是矿区内最短的脉带。脉带由 2 个脉组组成，出露长度 800m，宽 50~100m，走向北东东，向北陡倾，共有矿脉 100 条。脉密集，延长不大，一般长 100~150m，最长 350m，平均厚 0.08m，WO_3 平均品位 1.981%，控制的矿化深度大于 300m。

矿区内矿体有如下特征：成群成带产出，脉密集，矿化普遍。所谓"有带就有脉，有脉就有矿"。但单脉规模不大，厚度一般为 0.05~0.25m，水平延长一般为 100~300m，延深大于延长；单脉的分支复合、尖灭再现频繁，水平变化大于垂直变化，形态较复杂，诸如膨胀缩小、尖灭再现、尖灭侧现、分支复合、分支尖灭、侧幕状、网格状、折线状等都可见及。地表矿体的品位、厚度小于深部工程控制矿体的品位、厚度。矿带以倾角 35°~40°向东侧伏。

脉组或矿体的矿化深度与脉组或矿体长度成正比，长深之比约为 1，工业矿化深度往往大于工业矿化长度。推测矿区工业矿化深度最低标高-250m。

大竹山、老棚下脉带，主要矿脉的品位变化系数在 157%~283%之间，WO_3 富集于脉组的中心部位。大坳脉带Ⅲ-5 脉组，主要矿脉的品位变化系数为 120%~295%。含矿系数为 0.73~0.92。全区矿体品位变化与脉宽无依赖关系，但总体来说，矿脉宽度大于 0.1m。

在垂直方向上，本区最大工业矿化深度在 650m 以上，WO_3 矿化以中上部最好，主要工业脉组分布在标高 400~0m 间，其上下品位逐渐降低。

矿体厚度较小，全区矿体平均厚度为 0.18m，参加储量计算矿脉的平均厚度为 0.27m、平均品位为 1.381%。脉组矿体平均厚度向下增加，主要工业脉组的矿体总厚度以标高 300m 为最大，标高 300m 以下矿体条数显著减少。

矿体密度较大，矿化中心部位单脉一般 1~2m 就有一条，个别地段达 2 条以上。大竹山脉带Ⅰ-1 脉组主要矿化地段，每 100m 内有 25 条矿体。Ⅰ-2 脉组主要矿化地段每 100m 内有 29 条矿体。大坳脉带Ⅲ-5 脉组矿化中心 101 线—107 线主要矿化地段每 100m 内有 34 条矿体。

2. 矿石物质成分

矿石中的金属矿物主要为黑钨矿，其次为辉钼矿、辉铋矿、锡石、绿柱石、白钨矿、自然铋、黄铜矿、闪锌矿、方铅矿、赤铁矿、磁黄铁矿、黄铁矿、毒砂；非金属矿物主要为石英，次为白云母、黑云母、铁锂云母、萤石、方解石、黄玉、绿泥石、钾长石、钠长石、电气石、白云石、层解石、水晶、氟磷酸铁锰矿。

沿走向上，中部钨矿化较富，两侧为云母线等；垂向上白云母、绿柱石、萤石、锡石等高温矿物多分布在矿床上部，向下递减，黑钨矿以中上部最为富集。辉钼矿、辉铋矿、黄铁矿、黄铜矿等高—中温矿物多见于矿床的中、下部，并向下递增。本区矿物以逆向分带为主。

矿石结构有自形晶结构、他形晶结构、缝合状结构、包裹结构、半自形结构、交代结构、熔蚀结构等。

矿石构造主要有块状构造、条带状构造、晶洞构造、梳状构造和细脉状、树枝状、网状构造。

矿石类型为含钨石英脉型。

矿区保有资源储量 WO_3 平均品位 1.382%。主要有益组分为 WO_3、Mo、Bi、BeO、Sn，主产元素 WO_3 含量较高，有害元素 S 和 As 含量低微。据矿区组合样分析，Bi 品位 0.126%，Mo 品位 0.085%。根据单矿物的分析结果，主要有益组分黑钨矿的化学成分：WO_3 为 74.24%；FeO 为 14.58%；MnO 为 8.82%；Nb_2O_5 为 0.0583%；Ta_2O_5 为 0.023%。

十、大余县樟斗钨矿床

樟斗矿区位于江西省大余县樟斗镇，地理坐标为东经 114°29′56″，北纬 25°33′08″。矿区距大余县城 25km，距赣韶铁路大余车站 23km，交通较为便利。

（一）矿区地质

矿区位于北东向大余-南城断裂带北西盘的左拔-红桃岭矿集带中部，西南方向是左拔矿区，东北方向为牛岭钨矿。三者成矿地质背景基本相同。矿床探明 WO_3 资源量 23 219t，达中型规模。

矿区地层主要为寒武系的变质长石石英质砂岩和砂质板岩，性脆。走向北北东或近于南北，向西倾斜，倾角 60°~80°（图 6-75）。

矿区褶皱有石窝里背斜、苎麻园-火烧壁向斜和苎麻园背斜。褶皱轴向 25°~30°，呈右行斜列排布，轴面向北西陡倾。

主要断裂有北东向和东西向两组，斜切矿区南东的两条北东向大断裂是大余-临川大断裂的一部分，破碎宽度数米至 10 余米，破碎带中有大量的硅质、铁质充填，断裂南西为池江盆地。

规模较次的一组为东西向断裂，宽度 1~3m 不等。延长数百米至千余米，向北倾斜为主，倾角较陡，为一组压性冲断层。断裂中见石英矿脉充填，亦见矿脉被错碎。

矿区表露燕山早期的中粗粒斑状黑云母花岗岩（γ_5^{2-1a}），分布于两条北东向大断裂间呈瘤状产出，面积约 0.15km²。岩体侵入于断裂破碎带中，岩体与矿床无明显关联。

矿床的深部存在隐伏花岗岩，钻孔所见岩体的顶面标高 −170~−265m。其岩性为浅肉红色中细粒黑云母花岗岩，块状构造，中细粒花岗结构。与区域花岗岩对比，属燕山早期花岗岩（γ_5^2），矿物成分有：斜长石 15%~25%，钾长石 45%~50%，石英 25%~30%，黑云母、白云母各占 1% 左右；副矿物成分有锆石、金红石、石榴子石，属 SiO_2 过饱和的偏碱性花岗岩。岩体在时间、空间和成因上与矿床形

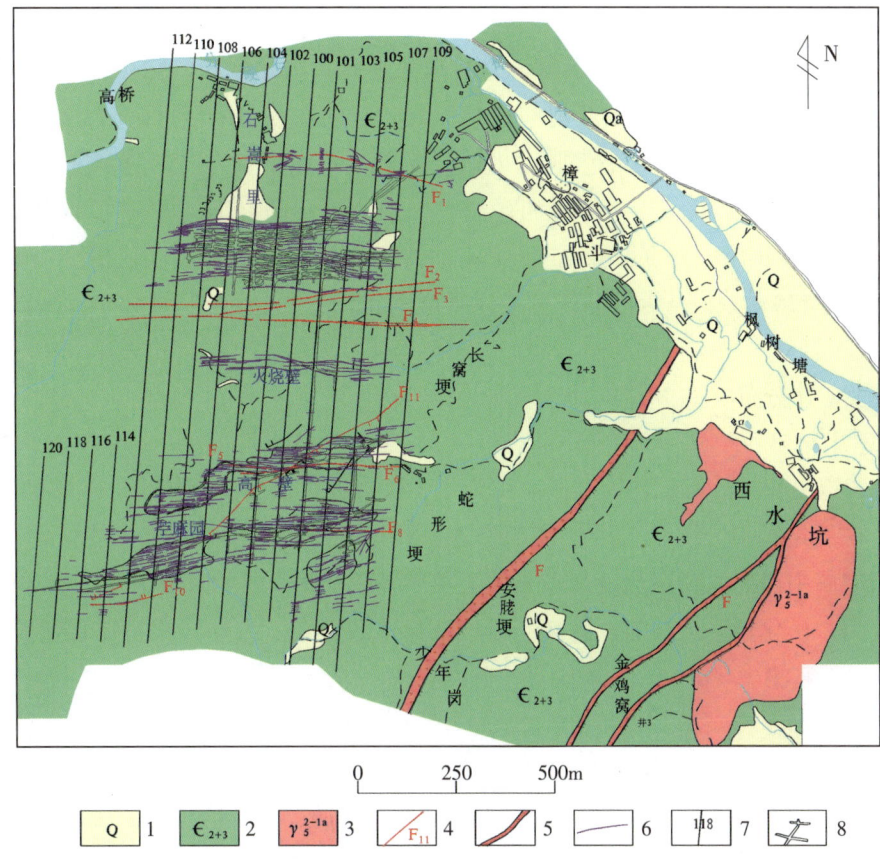

1—第四系；2—中上寒武统；3—燕山早期花岗岩；4—断层及编号；5—硅化破碎带；
6—含钨石英脉；7—勘探线及编号；8—坑道。

图 6-75 大余县樟斗矿区地质简图

Fig. 6-75 Geological diagram of Zhangdou mining area in Dayu County

成有密切的关系。

在矿区内（南组）还见有中细粒黑云母花岗岩脉、长英岩脉等。

（二）矿床地质

矿区矿体呈脉状产于寒武系浅变质砂、板岩中。全区矿化面积 0.43km²，有脉宽 3cm 以上矿脉 100 余条，主要工业矿脉 51 条。按矿脉的分布情况，可分石窝里北部、石窝里、火烧壁和高壁－苎麻园四个脉组。各脉组相距 150~200m，石窝里和高壁－苎麻园脉组规模较大，是矿区的主要脉组。

石窝里北部脉组：分布于矿区最北部，走向东西，倾向南，倾角陡。长 400m，宽 50m，有石英脉 12 条。

石窝里脉组：分布于矿区北部，出露于地表标高 350~500m，向下延深至标高 -200~-300m。延长、延深都在 700~800m 之间。走向近东西向，向南倾斜，倾角 75°~85°。矿脉比较密集，脉距一般 1~5m，尤其石窝里脉组的中部，脉距在 1~2m 之间，含脉率在 10% 以上。矿脉普遍品位较高，形态复杂、相互交织，曾按脉带圈连矿体、采矿，脉组储量占矿区总储量的 77%。脉组勘探时标高 -100m 以上已系统控制，深部有少量钻探工程控制，目前矿山采矿工程开拓至标高 -110m，已达主矿脉 V5 根部，钨矿化减弱，标高 -60~-210m 间钼矿化较强，直至标高 -310m 以下仍有钼矿化。

火烧壁脉组：位于石窝里脉组南 180m 处，走向东西，向南陡倾。长 500m，宽 50m。本脉组矿体条数不多，延深不大，标高 240m 穿脉所见矿化已较弱。

高壁－苎麻园脉组：分布于矿区最南部，呈北东东走向，向北陡倾。脉带长 800m，宽 300m，地表有矿脉出现，但规模及密度不及石窝里脉组，矿脉延长一般在数十米至百余米，尖灭侧现延长 300~400m。脉宽多在 5~10cm 之间，局部最大脉宽 1.8m，矿脉水平和垂直方向的脉宽变化不大，厚度变化系数多在 35%~50% 之间。高壁－苎麻园脉组矿脉勘探控制到标高-40m，采矿工程开拓至标高-10m，达主矿脉 V26 根部；140m 中段西部已探至 120 线，而 90m、40m、-10m 中段仅探至 106 线附近。根据上部 140m 中段探至 120 线发现 V26、V27 两条工业矿脉推断，南组西延（140m 标高以下）尚有部分工业矿脉未控制。

1. 矿床类型及矿体分布

1) 矿床类型

矿床矿物组合以黑钨矿、辉钼矿等高温矿物为主，气成或中低温矿物较少。围岩蚀变主要为硅化，云英岩化较弱。矿石结构多为块状、浸染状。矿体脉状充填，交代作用不强，隐伏花岗岩深度较大。综上所述，矿床应属中深成的高温热液裂隙充填石英脉黑钨矿床。综合矿床所知，其规模尚大，矿脉延长、延深都较大，矿化较连续均匀，脉宽、品位变化系数不大。另外，钼、铋含量较高，在主要元素钨的矿化区间以下富集。

2) 矿体分布

矿区矿脉平面上呈右行侧列展布。总体上，矿脉形态变化具一定的规律性。平面上，石窝里脉组 V6 以南的矿脉，往东脉幅渐大，往西逐渐缩小；V6 以北的矿脉，则恰恰相反，往东脉幅渐小，而往西则逐渐变大。高壁－苎麻园脉组，V25 以南的矿脉，向北倾斜，往东脉幅渐大，往西脉幅变小；V25 以北的矿脉，向南倾斜，往东脉幅渐小，往西脉幅渐大。在剖面上，绝大多数矿脉，由上向下，形态相对简单，矿脉脉幅逐渐增大，而 WO_3 品位相对下降。矿区较有价值的伴生组分为钼、铋。WO_3 平均品位为 1.551%，Mo 平均品位为 0.085%，Bi 平均品位为 0.126%。

石窝里脉组和高壁－苎麻园脉组自地表至标高-60m 均见矿化，以标高 400~40m 钨矿化较强，标高 40m 以下钨品位变贫。石窝里北部脉组钨的富集大致与上述两脉组相似，而火烧壁脉组在标高 240m 就开始变贫。

矿床的主要伴生组分 Mo 的含量在火烧壁脉组较高，向两侧依次降低。Bi 则以石窝里脉组含量较高；BeO 在高壁－苎麻园脉组含量较高。

在垂向上，Mo 有自上向下含量逐步增高的趋势，Mo 品位较富的区间在标高-60~-210m 之间。

矿脉发育于地表标高 350~500m，向下延深至标高-20~300m。延长、延深都在 700~800m 之间。

单脉延长一般在数十米至百余米，尖灭侧现延长 300~400m。脉宽多在 5~10cm 之间，局部最大脉宽 1.12m。矿脉水平和垂直方向的脉宽变化不大，变化系数多在 35%~50% 之间。

2. 矿石物质成分

矿区金属矿物主要有黑钨矿、白钨矿（黑钨矿与白钨矿数量之比 3:1~5:1）、辉钼矿、辉铋矿、自然铋（分布于矿床下部），其次有绿柱石、黄铜矿、黄铁矿、磁黄铁矿、锡石等。非金属矿物有石英、长石、萤石、方解石、白云母、绿泥石、玉髓等。

3. 围岩蚀变

硅化是矿区矿脉旁侧的主要蚀变类型。蚀变宽度一般在 1cm 至数厘米，最宽者达 20 余厘米。蚀变岩石中常见星点状的黄铁矿染，尚有黑钨矿染，个别样品的分析结果显示 WO_3 含量为0.051%。

云英岩化脉侧蚀变随矿体的围岩不同，其发育强度不一。在变质岩中，宽度一般在数毫米至1cm，主要为细小的锂云母组成，为单一的锂云母相云英岩。在深部花岗岩中，矿脉两侧的云英岩化则十分发育，其蚀变宽度在数厘米至数十厘米不等，一般脉宽愈大，蚀变宽度愈大。

绿泥石化发育于脉旁岩石比较破碎或两端为石英矿脉充填，中间为岩石碎屑充填矿脉地段。在火烧壁、高壁－苎麻园地段的240m、190m、140m中段的坑内变质岩中普遍发育矽卡岩化，其形似扁豆状、带状、圆球状，直径大小数十厘米至1m，呈灰白色、浅肉红色。矿物成分有一定的分带性，由内向外由黄玉、石榴子石、磁黄铁矿和绿帘石组成矿物带，最外层为灰白色的硅化原岩，成因可能是原岩含钙成分较高，热液沿裂隙孔隙上升交代。

（三）矿床成因

矿区矿体的生成与构造活动有着密切的关系，受矿区东侧大余－南城北东向大断裂带牵动，形成东西向断裂和一组右行侧列的压扭性裂隙带，在构造活动的早期，仅形成少量规模短小的早期石英脉。由于构造运动的进一步发展，本区主要的容矿裂隙生成，大规模的含矿热液上升，渐次充填绿柱石辉钼矿石英脉、辉钼矿黑钨矿石英脉和黑钨矿石英脉、黑钨矿萤石石英脉。晚期构造活动减弱，矿液已处于衰竭阶段，形成碳酸盐矿物和玉髓等。成矿后的构造活动使矿体轻微破坏。

本区的4个脉组矿化强度、深度不一，石窝里和高壁－苎麻园脉组矿化深、富，其余两组矿化较贫而浅，这是由于前两脉组内断裂较发育，断裂多次活动，裂隙也较发育，利于矿液上升并叠加。

据矿脉的穿插关系、矿物共生组合和结构构造的不同，本区可划分为不同期、不同阶段侵入充填的矿脉（表6-27）。

矿床的生成分布与矿区隐伏中细粒黑云母花岗岩基有关，岩体呈东西向的脊状隆起，矿体产于岩体的凸起部位，有利于矿液的上升充填。

表6-27 樟斗矿区成矿阶段特征表

Table 6-27 Characteristics of metallogenic stages in Zhangdou mining area

期	阶段	矿脉名称	矿物组合及特征	产状/(°)	分布地点
早期	一	黄铁矿-石英脉	烟灰色石英，浸染状黄铁矿，偶见细小白云母	230∠45、90∠20 180∠20~30	火烧壁、苎麻园
中期	一	绿柱石辉钼矿石英脉	绿柱石、辉钼矿、黑钨矿、自然铋，辉铋矿等。灰白色、淡棕色石英	175~180∠80，近东西	高壁、石窝里、火烧壁
中期	二	辉钼矿黑钨矿石英脉	黑钨矿、辉钼矿、自然铋，乳白色石英，透明度差，油脂光泽较弱	175~180∠80，近东西	高壁、火烧壁
中期	三	黑钨矿石英脉	主要为黑钨矿，少量辉钼矿、辉铋矿、自然铋。石英强油脂光泽，透明度强	175~180∠80	石窝里、石窝里北组
中期	四	黑钨矿萤石石英脉	主要为石英、萤石，次有黑钨矿、黄铁矿等	270∠60、5~10∠85	石窝里、高壁
晚期	一	萤石碳酸盐石英脉	萤石、方解石、黄铁矿等。乳白色、不透明石英	65∠75、305∠79、175∠80	高壁、石窝里、火烧壁

十一、全南县大吉山钨铌钽（铍）矿床

大吉山矿床位于全南县城南西约 25km。矿山发现于 1918 年，1929—1938 年先后有燕春台、查宗禄、徐克勤、丁毅到矿区调查。中华人民共和国成立后，1950 年康永等曾对矿区调查，1953 年重工业部中南有色金属管理局地质勘探公司二〇五队对大吉山钨矿进行详细勘探，探明储量 WO_3 金属量 $12.78×10^4t$，Bi 金属量 $4.79×10^4t$，Mo 金属量 $0.12×10^4t$，为矿山现代化建设提供了资料。1961—1966 年又对矿床进行补充勘探，新增 WO_3 $1.8×10^4t$。1969—1975 年江西有色冶金地质勘探公司六一七队（1972 年组成冶金二队）在矿床深部找到了 69 号花岗岩型钨矿体，并于 1983 年获取资源储量 Ta_2O_5 22 170t，Nb_2O_5 1258t，WO_3 $2.81×10^4t$，BeO 4724t，Bi 金属量 2247t，Ta 储量可达大型规模（《中国矿床发现史·江西卷》编委会，1996）。

矿区累计探明储量：WO_3 $19.8×10^4t$，品位 WO_3 0.156%~1.848%；Bi 金属量 $1.66×10^4t$，平均品位 0.09%；Mo 金属量 2974t，平均品位 0.02%；Nb 1313t，平均品位 0.01%；Ta 2067t，平均品位 0.02%；Be 4273t，平均品位 0.03%；均属可供利用储量。大吉山钨矿为世界上规模最大的石英脉型钨矿床之一，也是一个石英大脉钨铋矿+"地下室"式铌钽钨铍矿的典型矿例。

（一）矿区地质

矿区位于"三南"矿集区西南部。

1. 地层

矿区出露地层主要为上寒武统，由变质砂岩、砂质板岩、板岩和千枚岩组成；中泥盆统云山组由砾岩、砂岩夹少量板岩组成，分布于矿区东南部（图 6-76）。

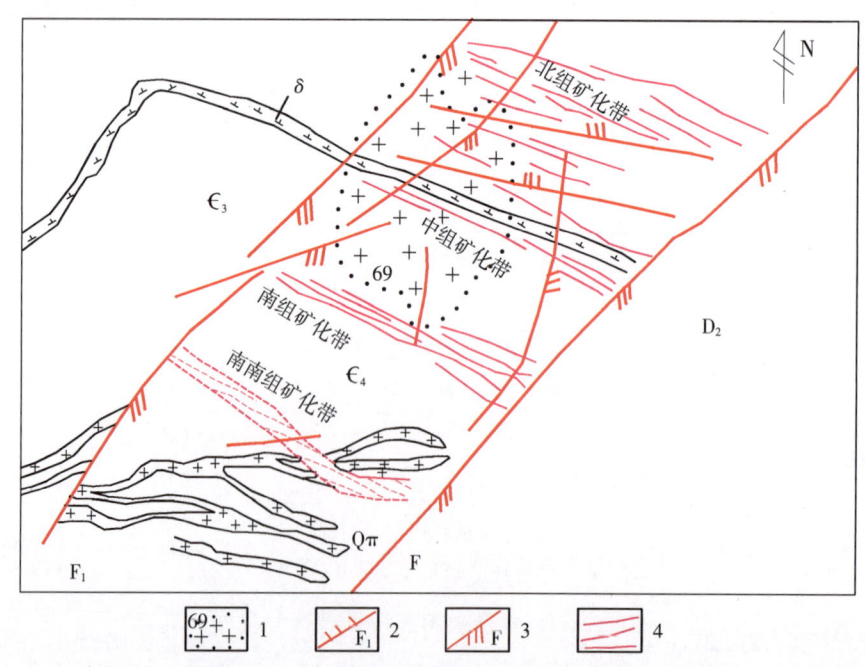

1—隐伏花岗岩；2—逆冲断层；3—压扭性断层；4—含钨石英脉；D_2—中泥盆统；ϵ_3—上寒武统；δ—闪长岩；Qπ—石英斑岩

图 6-76 大吉山钨钽铌矿区地质简图

Fig. 6-76 Geological diagram of Dajishan tungsten-tantalum-niobium mining area

2. 岩浆岩

区内岩浆岩有成矿前的印支期花岗闪长岩（中粒黑云母花岗岩）和成矿时的燕山期晚侏罗世二云母花岗岩、白云母花岗岩以及闪长岩、石英斑岩，成矿后有细晶闪长岩、玄武玢岩、煌斑岩等岩脉。

二云母花岗岩：隐伏于矿区深部，仅由钻孔揭露，控制面积大于 $2km^2$，呈小岩株产出。岩体峰部位于中组矿脉中部，顶面呈北西高、南东低，显示向南东倾伏。全岩 Rb-Sr 等时线年龄为 161Ma（孙恭安等，1985），云母 K-Ar 法年龄为 160Ma（蒋国豪等，2004）。岩石 $^{87}Sr/^{86}Sr$ 初始值为 $0.712\,8\pm0.001\,9$（孙恭安等，1985）。

白云母花岗岩：隐伏于矿区深部，呈岩盖、岩枝和岩脉状产出。主体为 69 号岩体，面积约 $0.4km^2$，呈岩盖状产出，顶部与围岩间有一层厚度小于 0.5m 的似伟晶岩壳（石英、长石壳），并被含钨石英脉穿切。单颗粒锆石 U-Pb 法年龄为 151.7Ma（张文兰等，2006）。岩体强烈钠长石化、白云母化，富含钽铌矿物，因此该岩体亦是矿床主要钽铌矿体，全岩 $^{87}Sr/^{86}Sr$ 初始值为 $0.714\,3\pm0.006\,8$（孙恭安等，1985），$\varepsilon_{Nd}(t)$ 为 -10.29（邱检生，2004）。

成矿后岩脉均为延伸不长的小岩体，常侵位于北北东向和北西西向断裂中。

矿区印支期花岗闪长岩与燕山期二云母花岗岩和白云母花岗岩具同源继承性演化特征：①三类岩石的锶、铷、氧同位素组成以及稀土元素、微量元素地球化学特征相似，均为 S 型岩浆岩；②从早到晚，规模由大到小，岩石钠长石化、白云母化自变质程度增强；③岩石造岩矿物组成白云母含量增加，黑云母含量减少，岩石副矿物组合由早期的榍石–磁铁矿–锆石–磷灰石组合演化到晚期的锰铝石榴子石–稀有金属、有色金属组合；④岩石化学成分 SiO_2、Na_2O、MnO 含量增加，K_2O、CaO、Fe_2O_3+FeO、MgO、TiO_2 和 P_2O_5 含量减少，由贫硅（相对）富钙镁、铁向超酸、富碱、富集矿化元素高分异方向演化，由铝饱和向铝过饱和系列演化；⑤岩石微量元素 Cs、Rb、Ga、Nb 含量增加，Li、Sr、Th、Zr、V、Co、Ni 含量减少，Rb/Sr、Rb/Ba、U/Th 值增大，K/Rb 值减小；⑥岩石稀土元素由 LREE 富集（$\Sigma Ce/\Sigma Y=6.86$）、Eu 异常不明显（$\delta Eu=0.62\sim0.94$），向 LREE 亏损 $\Sigma Ce/\Sigma Y=0.95$）、Eu 负异常明显（$\delta Eu=0.03$）演变，岩石 La–La/Sm 图解显示岩浆从分熔作用向分离结晶演变。

3. 构造

矿区发育断裂构造，主要为北北东向断裂，其次为东西—北东东向断裂、南北向断裂和北西西向断裂。矿床主要限制于 2 条主干北北东向逆冲左行走滑断裂之间，但也有少量北西西向矿脉穿过北北东向断裂带。

北北东向断裂：为矿区控矿主干断裂，主要有大吉山峰（东侧）和船底窝沟（西侧）2 条大断裂。断裂走向 40°，倾向北西，倾角 40°~80°，由数个侧列分布的次级压扭性断裂及两侧挤压破碎带组成，破碎带宽 100~200m，延长大于 1000m，属左行压扭性断裂。

东西—北东东向断裂：生成时间较早，并被后期断裂破坏，倾向北，倾角 70°，形成五里亭花岗岩体南界东西向硅化破碎带和外接触带围岩岩层直立带，断裂带有石英斑岩和钨矿脉充填。

南北向断裂：为规模不大的断裂和裂隙构造带，主要发育于矿区的矿化地段，倾角较陡，以成矿后活动为主，少量有含钨石英脉充填。

裂隙构造：主要为北西西向裂隙构造，走向 290°~300°，倾向北东，以陡倾（倾角 75°~80°）为主，成组成带产出。其形成原因为在近南北向扭动作用下与北北东向断裂相伴的张裂带，在北北东向断裂带左行走滑牵动下具左行张剪性特征，是矿床主要容矿构造，为钨矿脉和成矿后岩脉充填。

（二）矿床地质

矿区有石英脉型黑钨矿和蚀变岩体型钨钽铌铍矿两个类型。以前者为主，其 WO_3 资源储量占全矿总量的 80%，呈脉状赋存于上寒武统浅变质砂岩、板岩和闪长岩中，部分矿脉可延深至隐伏白云母花岗岩中（图 6-77）。

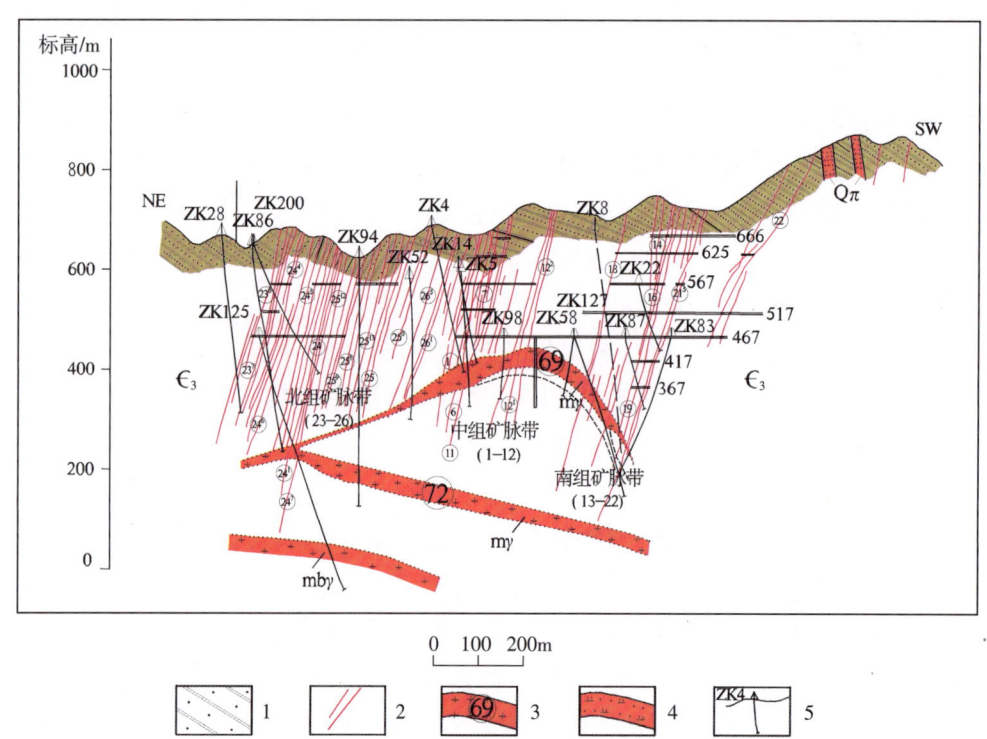

1—变质砂岩；2—含钨石英脉；3—钨钽铍矿体及编号；4—钻孔及编号；ϵ_3—上寒武统；$mb\gamma$—二云母花岗岩；$m\gamma$—白云母花岗岩。

图 6-77　大吉山钨钽铌矿区矿脉分布剖面图（据江西冶勘二队资料修编）

Fig. 6-77　Distribution profile of ore veins in Dajishan tungsten-tantalum-niobium mining area

1. 石英脉型黑钨矿体

矿区含钨石英脉密集成组产出，分北、中、南 3 个脉组，脉组中矿脉具等距（组距 70~280m，组宽 60~70m）产出特征。其中，南组矿化深度最大，北组次之，中组最浅，受深部隐伏含矿（白云母花岗岩）岩体侵位深度和形态控制。脉组长 600~800m，最长 1150m，延深最大 900m，单脉长 50~700m 不等，厚 0.01~3.0m，平均 0.45m。组中矿脉平面上呈平行、密集、成带并近于等距展布；垂向上向西侧伏，具侧列、尖灭再现特征。据统计，全矿区共有矿脉 111 条，其中，主要矿脉有 12 条，5 号脉为"王牌脉"，以走向北西西向矿脉占绝大多数（90%），其次为近南北向矿脉（占 8%），为薄脉带，近东西向和北东向矿脉各 1 条。

矿脉中，金属矿物有黑钨矿、白钨矿、绿柱石、辉钼矿、辉铋矿、自然铋、磁黄铁矿、黄铁矿、黄铜矿、方铅矿、闪锌矿和毒砂；脉石矿物有石英、长石、白云母、电气石、方解石、萤石等。矿石中有益组分为 W、Bi、Mo、Ag。矿石中钨、铋、钼均呈独立矿物产出，唯银呈类质同象赋存于铋的硫化物中。钨矿化很不均匀，WO_3 品位变化系数：南组 191%、中组 161%、北组 260%，属不稳定型矿床，WO_3 平均品位为 1.925%。

脉旁围岩蚀变主要有硅化、云英岩化、电气石化和黑云母化等，矿脉由内往外脉旁水平蚀变分带为石英脉→富云母云英岩→电气石石英岩→弱蚀变岩→变质岩。其中，电气石化、黑云母化和云英岩化强烈地段，钨矿化增强。矿化具中部富，上、下贫，中间富、两侧贫特点；矿脉有在分支复合、交叉、弯曲部位富集的特点。

2. 蚀变岩体型钨钽铌铍矿体

矿区已发现此类矿（化）体 5 个，均产于隐伏的蚀变白云母花岗岩岩盖中，形成钽、铌、钨、铍矿化花岗岩矿体，69 号钨钽铍矿体规模最大，品位富。矿体呈椭圆状小岩盖，产出标高 217~467m，顶部距地表 150m，南北长 630m，东西宽 520m，面积约 0.33km^2。岩盖顶部平缓，底部凹凸不平，下部见有围岩捕房体和角砾。

矿体围岩以面型蚀变为主，主要有钠长石化、白云母化、云英岩化、绢云母化、碳酸盐化和锰铝石榴子石化。其中，钠长石化分布广、蚀变强，在岩体顶部蚀变最强，形成钠长石条带岩和白云母（锰铝石榴子石）条带岩。钠长石化和白云母化与钽、铌、钨、铍矿化关系密切，彼此呈正相关关系，其次为云英岩化。

矿石类型为钨、钽、铌（铍）花岗岩矿石。矿物共有 46 种。其中，金属矿物主要有细晶石、钽铌铁矿、黑钨矿、白钨矿，其次为绿柱石、似晶石、羟硅铍石、自然铋、黄铁矿、磁黄铁矿、黄铜矿、毒砂、闪锌矿、黝铜矿、磁铁矿、锡石、铌钇矿、独居石、磷钇矿等；脉石矿物有石英、长石、锰铝石榴子石等。

矿石结构有变余花岗结构、交代残余结构和镶嵌变晶结构；矿石构造有浸染状构造和条带状构造。

矿石中主要有用组分为 WO_3、Ta_2O_5 和 Nb_2O_5，伴生有用组分有 BeO、Rb_2O、Cs_2O、Sn、Bi、Mo 和 TR_2O_3。

主要有用组分多呈独立矿物形式存在。其中，钨呈独立矿物者占 97.83%；钽、铌独立矿物分别占 65.75% 和 57.26%，其余分散在其他矿物中。黑钨矿呈粒状，呈不均匀浸染状分布于花岗岩中，且常呈数十平方厘米的矿巢出现；钽、铌矿物主要为细晶石和铌钽铁矿，其余赋存于黑钨矿、硅酸盐矿物中；铍矿物主要为绿柱石，其次有似晶石和羟硅铍石。

矿床中钽铌矿化较均匀，品位变化系数：Ta_2O_5 为 70%；Nb_2O_5 为 123%，分别为均匀型和比较均匀型。钨矿化不均匀，WO_3 品位变化系数可高达 426%，为不均匀型。矿体中，钨、钽铌矿物主要集中于矿巢中，其平均含量 WO_3 为 5.267%、Ta_2O_5 为 0.0785%、Nb_2O_5 为 0.0538%，较全矿平均品位高 5 倍。

蚀变花岗岩矿体（岩盖）自外向内（由上而下）依次为块状石英壳（不连续）→似伟晶岩（长石带）→钠长石化白云母花岗岩→网脉状花岗岩。石英壳和似伟晶岩带厚数厘米至十几厘米，最厚达 11m，矿化微弱，不具工业价值，工业矿体主要赋存于蚀变白云母花岗岩中。

3. 成矿期次及成矿年龄

矿床成矿作用可分为 2 期 5 个阶段，即岩浆晚期残余气液成矿期硅酸盐（氧化物）阶段（Ⅰ），岩浆期后 – 热液成矿期的氧化物阶段（Ⅱ）、氧化物 – 硫化物阶段（Ⅲ），硫化物阶段（Ⅳ）和碳酸盐阶段（Ⅴ）。

硅酸盐（氧化物）阶段（Ⅰ）：为岩浆晚期气液作用产生的自交代变质作用，产生钠长石化、白云母化和云英岩化，是钽、铌主要矿化期，伴有铍、钨矿化，形成蚀变岩体型钽铌钨铍矿体。

岩浆期后 – 热液成矿期（Ⅱ+Ⅲ）：为矿床脉钨矿体的主要成矿期，钨、铍、钼（钽铌）矿化主要形成于氧化物阶段（Ⅱ）和氧化物-硫化物阶段（Ⅲ），形成绿柱石-黑钨矿-锡石-长石、石英组合和黑钨矿-硫化物石英组合，伴生云英岩化、云母化、硅化、电气石化和萤石化。

硫化物阶段（Ⅳ）：钨矿化减弱，硫化物矿化增强，形成硫化物-（黑钨矿）-石英组合，伴生硅化、绢云母化。

碳酸盐阶段（Ⅴ）：成矿作用的末期，矿化终止，伴生方解石化、绿泥石化。

据有关资料，矿床成矿年龄为150.4Ma（石英流体包裹体Rb-Sr等时线年龄；李华芹等，1993）、147~144Ma（云母 $^{40}Ar/^{39}Ar$ 快中子活化法；张文兰等，2006）、161.0Ma（辉钼矿等时线年龄；张思明等，2011），为燕山早期晚侏罗世成矿。

（三）矿床地球化学特征

据席斌斌等（2008）的研究，脉钨矿体中矿物包裹体有3种类型：富液包裹体型（Ⅰ），含 CO_2、CH_4 三相包裹体（Ⅱ型）和含子矿物包裹体（Ⅲ型）。

Ⅰ型包裹体：气液相成分主要是 H_2O，包裹体均一温度176.2~291.2℃，爆裂温度250~389℃，盐度1.06%~12.16%NaCleqv。

Ⅱ型包裹体：气相成分主要为 CO_2 和 CH_4，液相成分主要为 H_2O。测温结果显示，均一温度区间宽，为245.5~324.8℃，爆裂温度为268.2~367.8℃，χCO_2 为0.06~0.76mol。CO_2 相密度和包裹体总密度分别为0.77~0.84g/cm³ 和0.83~1.00g/cm³；水溶液相盐度为0.22%~6.03%NaCleqv。此类包裹体是在流体不混溶条件下捕获的，均一压力为114~132MPa，形成深度为4.6~5.3km。

Ⅲ型包裹体：包裹体以含1个或多个固体子矿物为特征，子矿物含量变化大，个别可达80%以上，子矿物形态多不规则。

矿床 $\delta^{34}S_{硫化物}$ 为-1.90‰~-3.30‰；含矿流体 $\delta^{34}S_{H_2O-SMOW}$ 为4.1‰~7.4‰，$\delta^{18}O_{H_2O-SMOW}$ 为-58.5‰~48.8‰，$\delta^{13}C_{PDB}$ 为-4.68‰，具岩浆热液特征。

（四）成矿机理与矿床成因

1. 成矿物质来源

矿区 δD 值为-48.8‰~59.7‰，$\delta^{18}O$ 值为-1.0‰~11.8‰，表明主成矿期成矿流体为岩浆水与大气降水混合形成。无论是岩浆期花岗岩中的硫化物，还是岩浆期后热液期黑钨矿石英脉中的硫化物，其 $\delta^{34}S$ 值的变化范围一致，主要集中在-1.50‰~-3.5‰的范围内，表明矿区的成矿物质来源于花岗岩岩浆。

2. 成矿时代

五里亭印支期岩体（中粗粒黑云母）与隐伏的二云母花岗岩和细粒白云母花岗岩（69号岩体），构成了同源、不同阶段的复式岩体，其中后两者分别与钨和钽、铌矿化相关。钨矿化主要为产在寒武系中的石英大脉黑钨矿，与之共生的有用金属组分有Be、Mo、Bi等，矿脉根部硫化物增多。钽、铌矿化则以蚀变花岗岩中的细脉浸染型为主，除Nb、Ta外，也有W、Be伴生。孙恭安等（1989）曾利用全岩Rb-Sr法测定上述大吉山3个阶段花岗岩的年龄分别为167Ma、161Ma和159Ma，即五里亭花岗岩与后两个阶段的白云母花岗岩均属于燕山早期，值得进一步研究。与黑钨矿共生的辉钼矿Re-Os同位素等时线年龄为(161.0±1.3)Ma，同时，获得石英脉型黑钨矿中石英Rb-Sr同位素等时线年龄为(150.9±2.4)Ma，含钨石英脉中白云母K-Ar年龄为(152.6±2.35)Ma和(158.1±2.8)Ma，它们均属燕山早期产物。钨成矿与花岗岩的成岩基本不存在时差，特别是与二云母花岗岩和白云母花岗岩，成岩成矿只有 0~11Ma 的时差。上述证据表明大吉山石英脉型钨矿形成时代为燕山早期。

3. 成矿模式

矿区蚀变岩体型和石英脉型两类矿化，是同一岩浆演化不同阶段形成的两期矿化。前者形成于岩浆高度分异演化晚期交代自变质阶段，由富含挥发组分（CO_2、CH_4）碱金属和稀有金属元素的气化高温流体（熔体－溶液）交代（充填）形成；后者是岩浆期后（气化）高中温含矿流体沿裂隙充填（交代）形成的。两类矿体成矿物质均源自富含成矿元素（W、Ta、Nb、Be、Mo 等）的壳熔 S（型）岩浆；两类矿体的物质组分显示了成岩成矿的继承性和演化特征，体现了 Ta 和 Na 亲"体"、W 亲"脉"的普遍特征，为蚀变岩体型钨钽铌铍矿与石英脉型黑钨矿共生的石英大脉+"地下室"式"二位一体"矿床（图 6-78）。

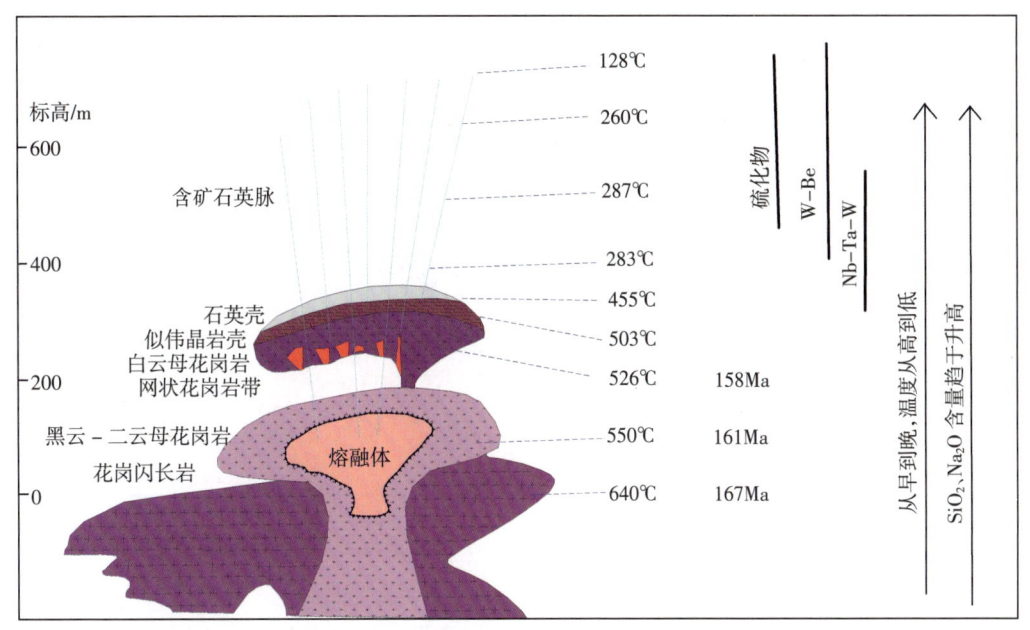

图 6-78　江西省大吉山钨矿成矿模式图（据李崇佑等，1981，修改）

Fig. 6-78　Metallogenic model of Dajishan tungsten deposit, Jiangxi Province

十二、全南县官山钨锡矿床

官山钨锡矿床位于全南县城正北直线距离约 16km 处。地理坐标：东经 114°31′00″—114°31′43″，北纬 24°53′56″—24°54′28″。

矿床发现于 1955 年，冶金部地质局江西分局二二〇普查队、北京地质学院、江西有色地质勘探二队、赣州精达矿业技术有限公司先后在该区开展过勘查工作。全区累计查明资源储量：WO_3 金属量 $1.35×10^4$t，Sn 金属量 $0.96×10^4$t，属中型钨锡矿床。该矿床是一个典型的似带状、扇形石英细脉带钨矿床，深部存在隐伏岩体，尚待进一步勘查。

（一）矿区地质

矿区位于于山成矿亚带南西端"三南"钨锡矿集区北部。

1. 地层

矿区地层主要为下南华统上施组，岩性为变余凝灰质砂岩、变余粉砂岩、板岩。该地层分布面积约占矿区面积的95%以上。地层走向呈近南北或北北西，倾向北东东，倾角45°~65°（图6-79）。第四系少量分布。

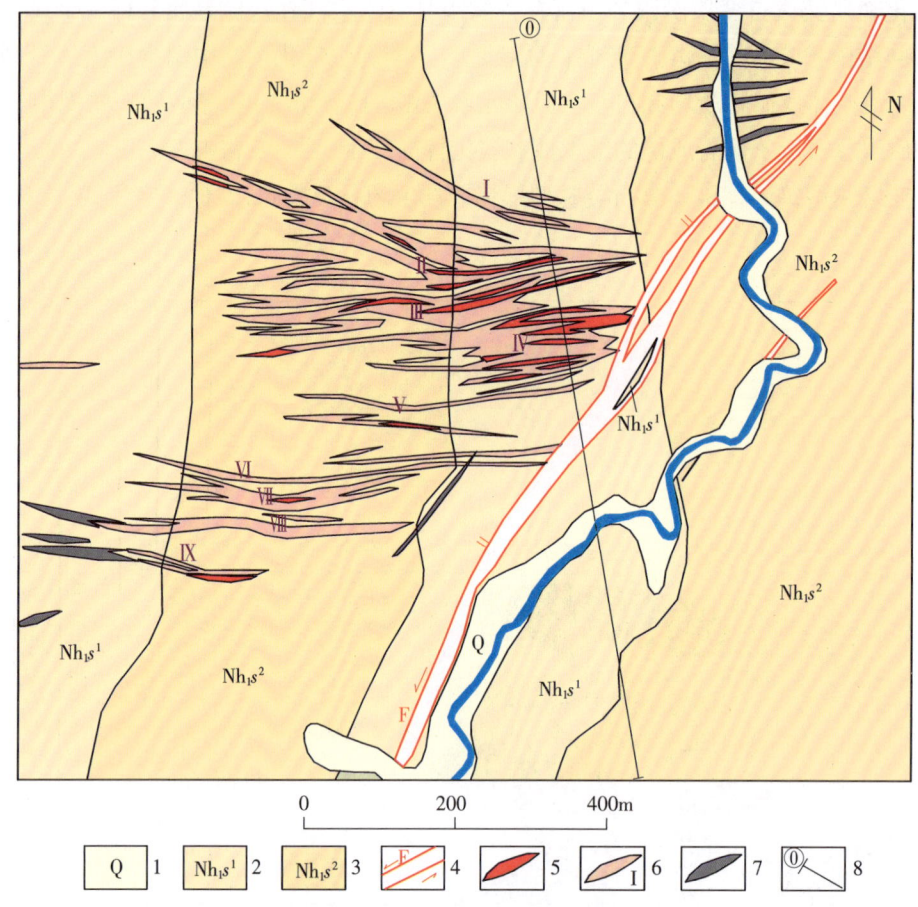

1—第四系；2—下南华统上施组上段；3—下南华统上施组下段；4—断层；5—细脉带矿体；
6—细脉带及编号；7—含脉裂隙；8—勘探线及编号。

图 6-79 官山钨锡矿床地质简图
Fig. 6-79 Geological map of Guanshan tungsten-tin deposit

2. 岩浆岩

矿区位于龙源坝中粗粒斑状黑云母花岗岩体东面。矿区内岩浆岩不发育，仅见有闪长玢岩脉出露。受西部大规模岩浆侵位与深部隐伏成矿花岗岩体作用影响，矿区普遍发育有热变质晕带，形成了强弱不等的角岩化带和斑点状板岩带。

3. 构造

1) 褶皱

矿区位于官山至五坊仓紧密褶皱向斜的西翼，上施组走向近南北或北北西，自北而南，倾向由北东东转向南东东，倾角40°~60°。

2) 断裂构造

矿区断裂发育，以北东向官山断裂规模最大。

官山断裂（F_1）位于矿区东部，走向北北东，倾向300°，倾角65°，转为向南东陡倾。成矿前表现为上盘向南西错动的左行平移断层，在平面上表现平直整齐，构造面上具水平擦痕，上盘矿体及下盘地层均受明显的牵引作用，幅度达3.8~6.5m；带内主要充填有被矿液所胶结的角砾。官山断裂对容矿裂隙生成后的演化起着直接控制作用。除官山断层外，在坑道内尚见有一较大的断裂，它由一组平行小断裂所构成，见有闪长玢岩脉充填，走向多为北北东，倾向南东或北西。

矿区容矿裂隙，以东西向最为发育，向南或北陡倾斜，属剪张性质，是矿区主要工业价值矿体的容矿裂隙。

（二）矿床地质

1. 矿体特征

官山钨锡矿属石英细脉带型矿床，分布于官山南面，东部紧依官山断裂，集中分布于0.3km²的面积内，呈东西向或近东西向展布。按5%的含脉率圈出平行的10个矿化细脉带，以Ⅱ、Ⅲ、Ⅳ为主矿带，带长200~600m，宽6~40m，主要单脉受一组东西向裂隙所控制。产状：倾向183°~200°，倾角80°左右，向下变陡。单脉形态小于10cm，矿脉沿走向变化稳定，脉壁平直，沿倾向有弯曲现象。矿脉形态复杂，分支复合、相互穿插交织等现象明显。脉带在平面上略呈帚状，向东收敛，向西撒开，延深达600m。在垂向上，矿体总的形态呈树枝状，上部散开，下部合并，构成一走向较短、延深较大的扇状矿体。Ⅰ、Ⅱ、Ⅲ、Ⅳ带向南倾，Ⅴ、Ⅵ带向北倾，两边向中间的Ⅳ带集中，由缓而陡，由宽而窄，向深部合并而后偏向南倾（图6-80）。

矿区每一组细脉带均由数条大于10cm的矿脉组成，其余的多为小于10cm的一系列小脉，平均含脉率为8%，最高达11%以上；平均密度1.9条/m，最大达3条/m；平均脉宽0.05m，最大达0.2m。

矿区共圈定工业矿体20条，走向延长60~200m，宽2~11m，平均品位WO_3 0.14%，Sn 0.13%。矿体平均含脉率12.9%，最高27%；平均密度2.3条/m，最大4条/m。单一矿脉脉幅以1~5cm居多，约占50%以上；5~10cm者次之，在10%~40%之间；大于10cm的大脉稀少，仅占10%以下。单一矿脉往深部逐渐增大，至232m中段Ⅳ号主矿带单一脉体局部已增至1m，往下还有变大的趋势。下面以Ⅳ号主矿带为例进行描述。

Ⅳ号主矿带是矿山规模最大的矿体，也是矿山最重要的生产采掘对象，位于Ⅲ号主矿带的南侧，近东西向展布，总体与上述脉带平行排列。据272m中段所揭露资料，矿带长330m，沿脉工程控制达160m，推断延深至0m标高左右。矿带近于直立，倾向北，倾角86°~90°。矿带水平厚度为15.4~19.4m，平均18.65m（232m中段1线、0线、2线）。矿带总体WO_3品位为0.167%~0.207%，平均品位0.185%；Sn品位为0.086%~0.154%，平均品位0.123%。

2. 矿石矿物成分

本矿区内矿石类型主要为黑钨矿–锡石–石英型，主要工业矿物为黑钨矿，锡石、黄铁矿、黄铜矿为共（伴）生工业矿物。

主要金属矿物有黑钨矿、锡石，其次为黄铁矿、黄铜矿、闪锌矿、辉钼矿、方铅矿、绿柱石、毒砂等；次生矿物有褐铁矿、孔雀石、蓝铜矿等。

非金属矿物主要有石英，少量萤石、黄玉、云母、长石等。

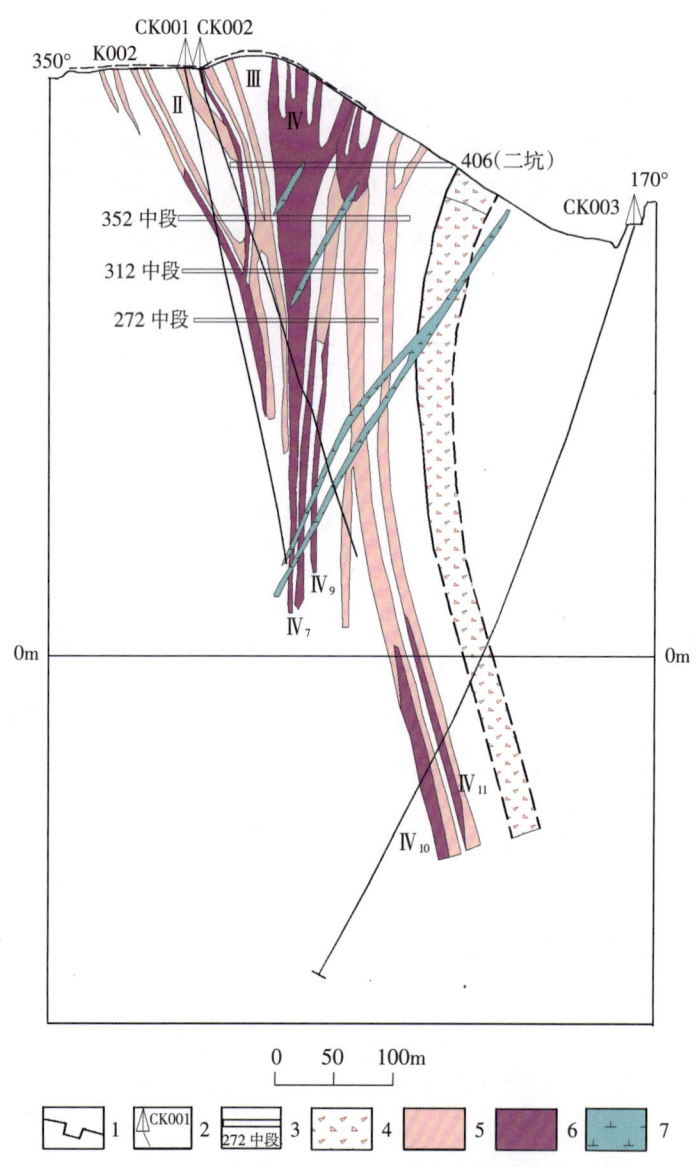

1—槽探；2—钻探；3—坑探；4—断层；5—矿化脉带；6—细脉带矿体及编号；7—闪长岩脉。

图 6-80 官山钨锡矿 0 线剖面图

Fig. 6-80 Profile of line 0 in Guanshan tungsten-tin deposit

3. 围岩蚀变

矿区围岩蚀变种类较多，普遍发育有硅化，其次有黄铁矿化、萤石化、绿泥石化、白云母化、碳酸盐化，局部见有云英岩化、萤石矿化及红柱石化，以硅化、云英岩化与成矿关系较为密切。

（三）矿床成因

矿床含钨石英脉呈细脉带，充填于 F_1 断裂派生的"入"字形裂隙带中，平面上略具帚状特征，剖面上呈扇形展布，下部应是深部隐伏花岗岩凸起的部位，矿脉中矿物含有黑钨矿、锡石、强油脂光泽石英、黄玉、白云母等气化高温热液矿物，围岩蚀变以硅化最为常见。矿床成因类型为气化高温热液充填石英细脉带型钨锡矿床，应以"以脉找体"控制深部矿体，扩大矿床远景。

十三、定南县岿美山钨矿床

矿区位于定南县城南西 16km。矿床发现于 1918 年,燕春台等(1919)、周道隆等(1930)、徐克勤等(1937)进行过矿区地质调查。1952—1956 年重工业部地质局长沙地质勘探公司岿美山勘探队、1962—1965 年江西有色地勘局六一三队先后对矿区进行勘查,经过矿山的地质工作,累计探明资源储量 WO_3 5.503 9×10^4t,Sn 250t,Bi 993t,Cu 3094t。该矿床是一个以北西向石英大脉为主与矽卡岩型、闪长玢岩型组成的"三位一体"式钨矿床。

(一)矿区地质

矿区位于"三南"矿集区东南部。出露地层主要有底下寒武统牛角河组和上泥盆统。牛角河组由板岩及变质石英砂岩组成,矿区南部夹有薄层大理岩。其中,变质岩为脉钨矿的赋矿围岩;矽卡岩型钨矿产于大理岩中(图 6-81)。

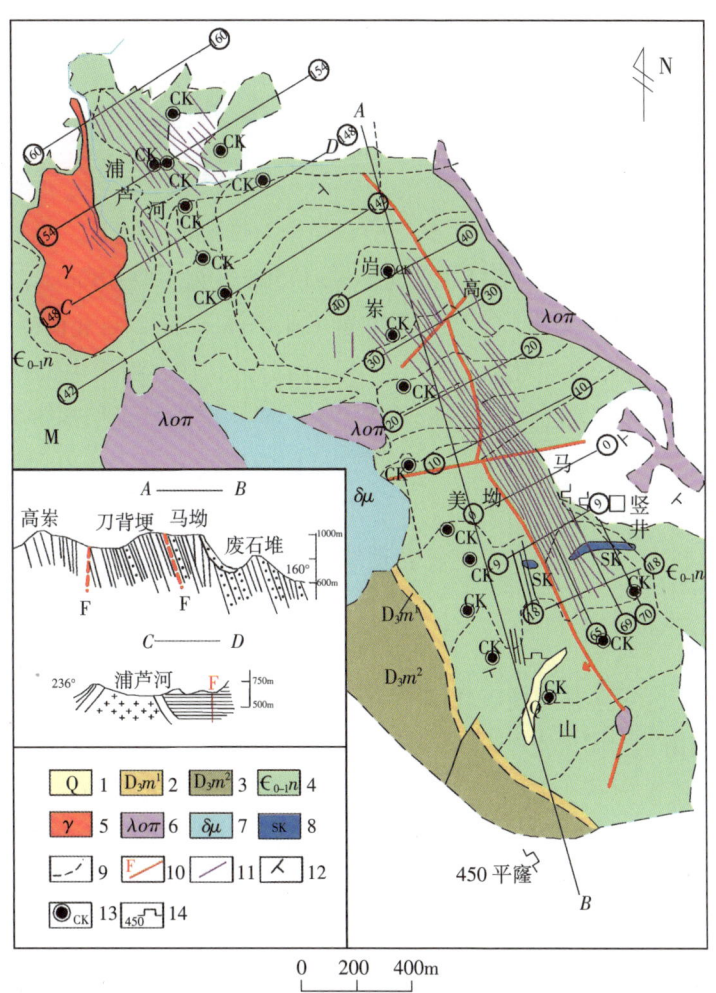

1—第四系;2—变质砂岩;3—底砾岩;4—底下寒武统牛角河组;5—花岗岩;6—石英斑岩;7—闪长玢岩;
8—矽卡岩;9—地质界线;10—断层;11—矿体;12—岩层产状;13—钻孔;14—硐口标高。

图 6-81 岿美山钨矿区地质简图

Fig. 6-81 Geological diagram of Kuimeshan tungsten ore area

花岗岩出露于矿区西北部蒲芦河区段，呈似椭圆形的小岩钟状产出，长轴近南北向，长1200m，短轴600m，出露标高460~686m。岩性中部为粗粒斑状黑云母花岗岩，往边缘为中粒黑云母花岗岩和细粒白云母花岗岩。岩体的SHRIMP锆石U-Pb年龄为（157.7±2.7）Ma（李丽侠等，2014），为燕山早期产物，矿区成矿花岗岩隐伏于深处。此外，有闪长玢岩瘤及石英斑岩岩墙等脉岩分布。

矿区为一轴向北北西，向南东倾伏的背斜构造。背斜轴平面呈扭曲状弯转，两翼受岩浆岩侵入而破坏，岩层产状变化很大，岩层倾向分别为137°与225°，倾角30°~60°。区内断裂构造发育，有东西向、北北西向、北东向断裂，其中以北北西向断裂规模最大，有岩墙充填。

容矿构造有3组：①北东东向层间破碎带，发育于矿区南部，为似层状矽卡岩体赋存空间；②325°~335°走向裂隙群广布全区，倾向南西，倾角75°~85°，规模大，密集成带，自北而南沿背斜西翼向轴部发育。裂隙带长1750m，宽100~380m，延深700m以上，为矿床主要容矿构造。裂隙在进入不同岩性围岩时，形态变化较大，为区域新华夏断裂体系的北西向剪张性裂隙带。

（二）矿床地质

矿区钨矿化类型有石英脉（-黑钨矿）型、接触交代似层状型和闪长玢岩型三类，以前两类为主，外围发育有蚀变破碎带型金矿和砂金矿床。

1. 矿体形态、产状及规模

1) 石英脉型钨矿体

脉钨矿体产于牛角河组变质砂岩和砂质板岩中，呈平行密集脉带产出。矿化带以马坳为中心沿北北西向山脊往两端延伸，北至高崟，南抵竹扫地，长1750m，宽100~380m，延深700m；走向325°~342°，倾向南西，倾角75°~85°。矿带内包括盲脉共有工业矿体27条，自北而南依次分为北、中、南3个脉组。矿化带在水平方向上，中部密集收缩，向南扭曲分散，往北稀疏尖灭；垂向上向下延伸收拢，单脉合并，条数减少，有盲脉出现，主大脉带脉幅增大，矿化增强，至根部带矿化变得极不均匀，钨矿物呈稀疏团块状、球团状，显示黑钨矿团块在成矿流体中滚动下沉，并出现新的前侧侧列脉组。主矿体厚度沿走向和倾向较稳定，如11号、13号矿体长1300m，延深700m，厚0.8~2.0m。赋矿围岩岩性不同，矿脉形态变化较大，有弯曲、分支复合现象，脉厚一般为0.4~1.5m，WO_3平均品位为0.612%（图6-82）。

2) 似层状矽卡岩型白钨矿体

该类型矿体分布于矿区正南部神埠、新山两地，产于牛角河组大理岩中，呈似层状、扁豆状产出。矿体走向65°~75°、倾向南东，倾角45°~65°，因受倾伏褶皱影响，产状变化较大。矿体长200~490m，延深600m，厚1.5~8.5m，沿走向厚度变化较大，沿倾向厚度较稳定，全矿WO_3平均品位为0.7%~1.8%。按矿体展布分南部、西部和北部3个矿体，主矿体为南部矿体，其资源储量占似层状（矽卡岩型）钨矿总量的90%。

（1）南部白钨矿体：分布于矿区中部—马坳之西南部，与脉钨矿体近于直交产出。矿体长470m，平均厚7.20m，矿化深度从地表下延至标高400m以下。矿体走向50°~57°，倾向南东，倾角43°~65°，上陡下缓，垂向上形态呈上大（地表标高-645m）、中间小（标高645~570m）、下大（标高570~400m）的变化特征，矿体WO_3平均品位为0.702%。

（2）西部白钨矿体：位于南部白钨矿体西侧约200m地段，为隐伏矿体，走向332°，倾向南西，倾

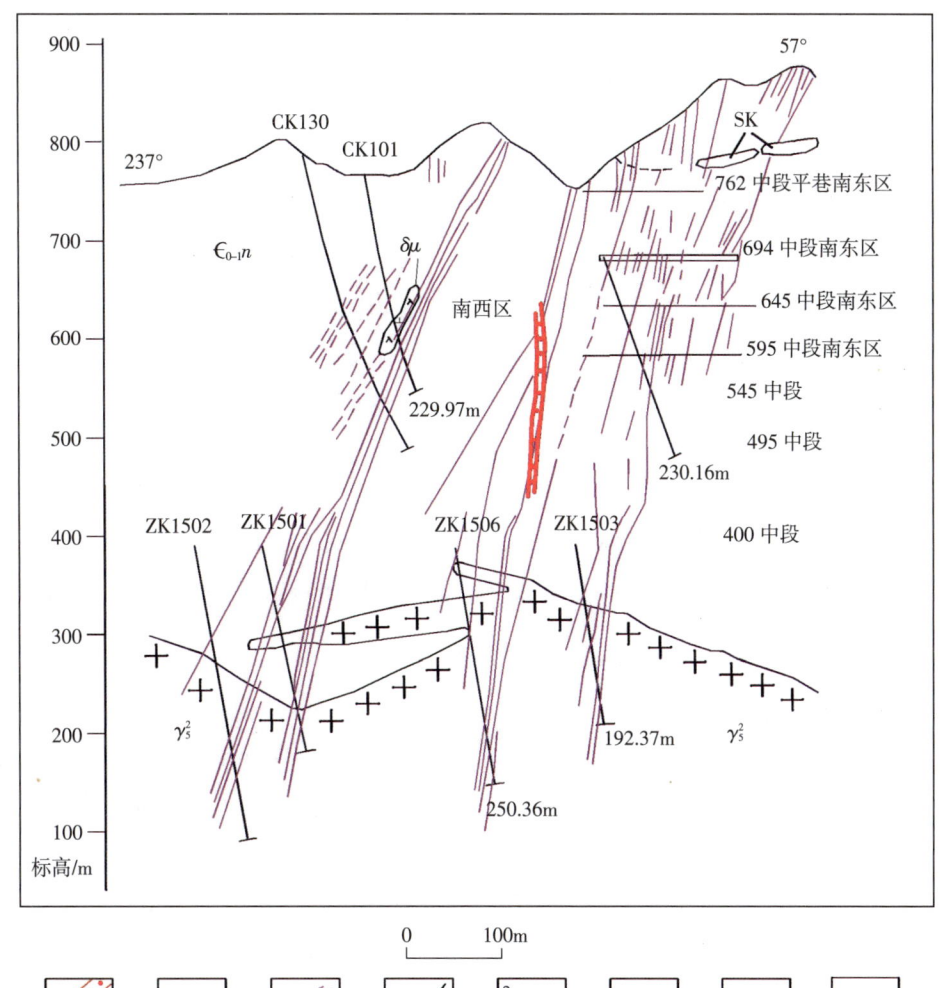

图 6-82 峝美山钨矿区 15 线剖面图

Fig. 6-82 Profile of line 15 in Kumeishan tungsten ore area

1—构造破碎带；2—矽卡岩矿体；3—矿脉；4—地质界线；5—闪长玢岩矿体；6—坑道；7—老钻孔编号；8—新钻孔编号；$\epsilon_{0-1}n$—底下寒武统牛角河组；γ_5^2 燕山期花岗岩。

角 60°，长 200m，延深 180m，平均厚 5.1m，WO_3 平均品位为 0.353%。

(3) 北部白钨矿体：位于南部白钨矿体北端约 320m 地段，规模最小，由产于大理岩层上下的 2 个扁豆状矿体组成，产状与西部白钨矿体相近，但倾角更陡，走向长 65m，单层厚 2~2.2m，延深 80m，WO_3 平均品位为 0.383%。

3) 闪长玢岩型白钨矿体

该类型矿体为白钨矿化闪长玢岩矿体，产于神埂－马坳地段，走向 308°~330°，倾向南西，倾角 62°，矿体断续延长 570m，延深大于 450m，厚 10~35m，WO_3 平均品位为 0.138%~0.312%。

2. 矿石物质组成及结构构造

矿石类型分黑钨矿矿石和白钨矿矿石两大类。

矿石主要金属矿物有黑钨矿、白钨矿，其次为黄铜矿、黄铁矿、辉铋矿、闪锌矿和锡石等；脉石矿物主要为石英、白云母、萤石、石榴子石、符山石和方解石等。

矿石结构主要有自形、他形、固溶体分离和交代结构，局部有交代残余结构；矿石构造有块状、浸染状、条带状和晶洞构造。

矿石主要有用组分为 WO_3，伴生有益组分为 Cu、Bi、Sn，有害组分为 P、S、As 等，矿石 WO_3 含量为 0.33%~1.8%，其中石英脉型黑钨矿矿石 WO_3 含量为 0.33%~1.5%，似层状（矽卡岩）型白钨矿矿石为 0.3%~1.8%。伴生有益组分含量：Cu 0.11%、Bi 0.029%、Sn 0.037%，黑钨精矿中含 Nb_2O_5 0.149%、Ta_2O_5 0.041%。

3. 成矿期及成矿阶段

似层状（矽卡岩）矿床分早、晚矽卡岩阶段：早阶段形成简单（或无水）矽卡岩；晚阶段为复杂（含水）矽卡岩阶段，白钨矿矿化仅与晚阶段有关，是似层状矽卡岩型白钨矿矿体的重要成矿阶段。

石英脉型黑钨矿床分为氧化物、硫化物和碳酸盐 3 个成矿阶段：黑钨矿（白钨矿、黄铜矿）主要形成于高温热液氧化物阶段；黄铁矿、黄铜矿、方铅矿、闪锌矿（黑钨矿）主要形成于中温热液硫化物阶段；碳酸盐阶段，形成萤石、方解石组合，为热液活动晚期，成矿作用结束。

矿床含钨石英脉中辉钼矿 Re-Os 等时线年龄为 (153.7 ± 1.5)Ma（李丽侠等，2014），成矿时代为燕山早期晚侏罗世。

（三）矿床地球化学特征

含钨石英脉中石英以液体包裹体为主；含铜石英脉中石英以纯液相包裹体为主。成矿温度有 2 个区间：279~310℃，平均 292℃；170~210℃，平均 190℃。石英包裹体盐度为 4%~6.5%NaCleqv，平均 5.5%NaCleqv，表明石英脉型黑钨矿体主要形成于高中温—中温环境，含矿流体为低盐度热液。

（四）矿床成因

1. 成矿物质来源

岿美山钨矿床钨主要来自 S 型花岗岩，其次为闪长玢岩。矿床辉钼矿的 Re 含量基本为 10~100μg/g；成矿物质完全来自壳源的矿床，其辉钼矿的 Re 含量基本为 1~10μg/g 或更低。岿美山的辉钼矿单矿物中的 Re 含量为 0.4132~4.397μg/g，平均含量为 2.073μg/g，说明其成矿物质来自壳源。

2. 成矿特征与成矿模式

岿美山是江西著名钨矿山，"一五"时期与西华山、大吉山同为三大重点勘查建设的钨矿山之一，但当时勘探结果只是一个中型石英脉型黑钨矿床。此后在开发过程中发现一批盲脉和似层状矽卡岩型、闪长玢岩型矿体，成为一个独特的"三位一体"大型钨矿床，但矿床研究程度偏低，现就其成矿特征与成因问题进行一些探讨。

一是岿美山矿床是江西少见的以北北西向剪张裂隙带形成的石英脉型钨矿床，推测其成矿裂隙带是新华夏断裂体系中北西向左行剪切带迁就东西走向的地层横向张裂隙带形成的。该矿床具密集成带特征。主矿带上部线、细、薄脉带以及部分大脉遭到剥蚀是其规模变小的一个原因。

二是底下寒武统牛角河组大规模夹层似层状中型矽卡岩型白钨矿床的发现是江西基底变质岩系中矽卡岩型钨矿床又一成矿层位与矿例。

三是江西钨矿床往往以残浆型中基性岩墙的出现，宣告成岩成矿活动的终结。岿美山长条状小岩瘤白钨矿床的发现说明这类岩墙、岩瘤可以成为矿体，值得在今后找矿中注意（图 6-83）。

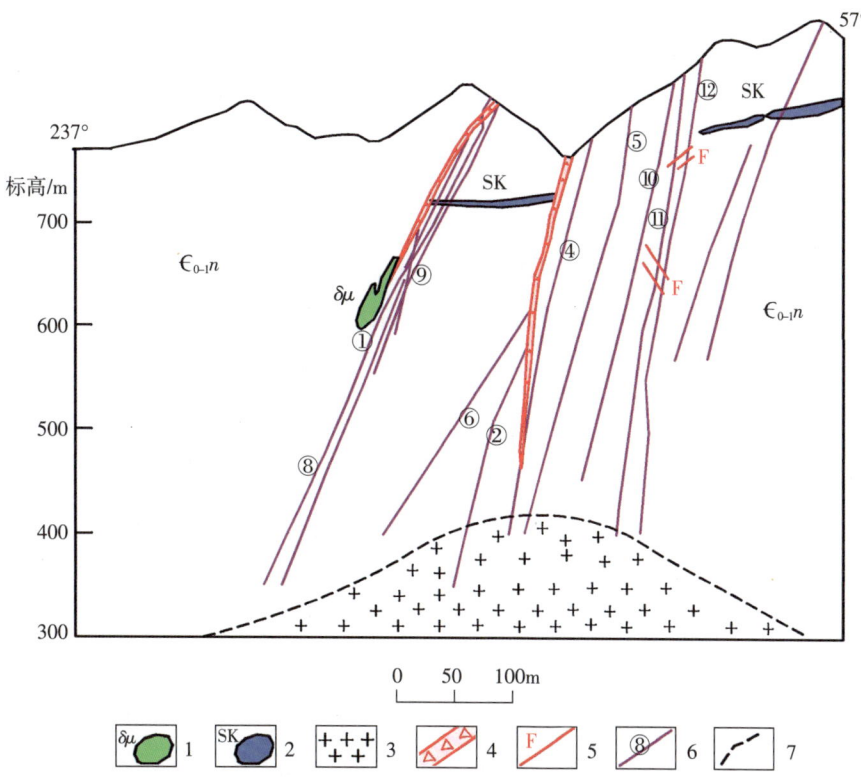

1—闪长玢岩；2—矽卡岩；3—花岗岩；4—断裂构造带；5—断层；6—矿脉及编号；
7—推测岩体界线；$\epsilon_{0-1}n$—底下寒武统牛角河组。

图 6-83　岿美山矿田成矿模式图
Fig. 6-83　Metallogenic model of Kumeishan ore field

十四、于都县盘古山钨铋矿床

盘古山钨铋矿位于江西省于都县城以南 66km，属于都县盘古山镇管辖。地理位置：东经 115°26′12″，北纬 25°40′10″。

矿区于 1918 年由当地居民发现，1919 年开采，1925 年民采最盛时民工达 6000 余人。1930 年 4 月毛泽东到盘古山一带（当时称为仁风山）开展工人运动调查，并整理出调查报告《仁风山及其附近》。中共赣西南特委 1930 年 6 月 4 日用毛边纸油印出版了这本 32 开本的小册子。

1954 年该矿收归国有，成立江西有色金属管理处盘古山钨矿。矿区地质调查工作始于 1929 年，到 1949 年，先后有燕春台、查宗禄、周道隆（1935），徐克勤和丁毅（1937），南延宗（1940）等在矿区开展过地质调查。

新中国成立后，先后开展了 4 次比较系统的勘查工作。1953—1958 年，赣南粤北地质勘探大队二〇三队对该区开展普查、勘探。1965—1966 年江西省地质局九一〇大队、九〇九大队，对 535m 中段进行勘探。1983—1989 年，江西有色地质勘查二队四分队对矿区南组 385m 以下，以 335m 中段为重点进行补充勘探。2005—2008 年，江西盘古山钨业有限公司在全国危机矿山勘查项目的支持下，由江西有色地质勘查局第二地质队承担对盘古山矿区及周边勘查工作。2011—2015 年，中国地质科学院矿产资源研究所在盘古山矿区东南部实施了 2000m 科学钻探，揭露出 6 段钨矿化，单矿体视厚 0.68~

7.66m，累计视厚 18.85m，WO_3 平均品位达 5.067%，初步估算新发现的矿体可新增 WO_3 资源量应在 $1×10^4$t 以上。

盘古山钨矿经历了近百年的开采和多次正规勘查，累计探明资源储量 WO_3 $10.2866×10^4$t，Bi $1.918×10^4$t，还探明了锡、铜和压电石英等的储量。

(一) 矿区地质

盘古山矿区处于赣（县）于（都）矿集区东部盘古山钨矿田南部，矿床赋存于上泥盆统中，燕山早期花岗岩隐伏于矿床深部，是一个矿体深度最大的石英大脉型钨铋矿床（图 6-84）。

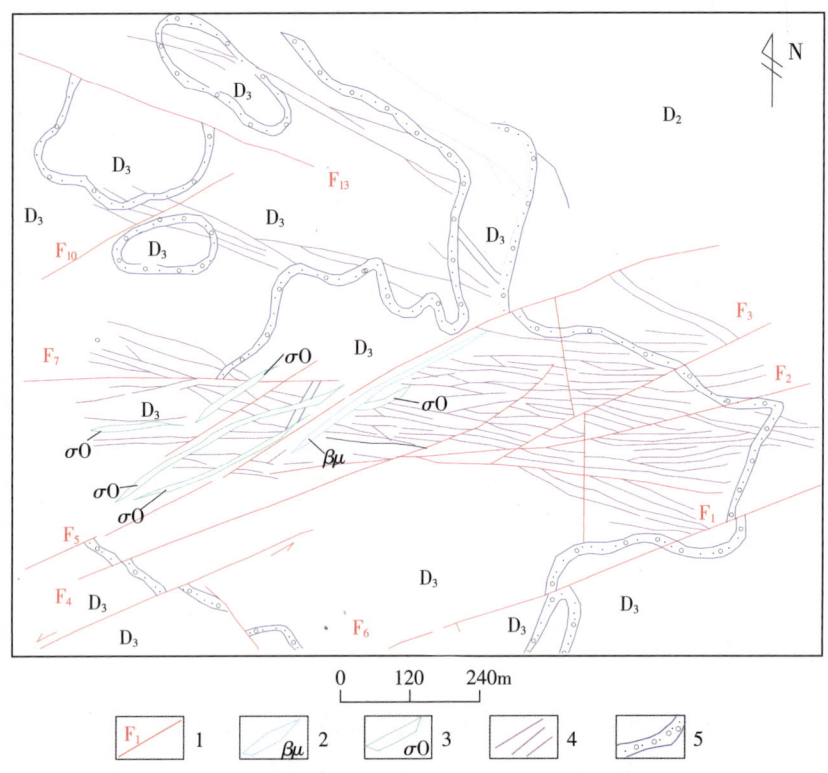

1—断裂及编号；2—玄武玢岩脉；3—石英闪长玢岩；4—矿脉；5—含砾石英粗砂岩；D_2—中泥盆统；D_3—上泥盆统。

图 6-84 盘古山矿区地质简图

Fig. 6-84 Geological diagram of Pangushan mining area

1. 地层

1) 震旦系坝里组

坝里组分布于矿区北部及矿床深部（标高 200m 以下），主要由一套浅变质深灰色和灰绿色含云母石英质砂岩、千枚岩、板岩等组成，偶夹扁豆状燧石条带。矿体在垂直方向纵贯泥盆系并延至本层。

2) 中上泥盆统（峡山群）

中上泥盆统广泛分布于矿区，组成北北西向向斜，与震旦系呈不整合接触，是矿体的主要围岩，总厚度 803m。

中泥盆统：厚层至巨厚层状，由灰白色粗—细粒含白云母石英砂岩及含砾石英粗砂岩夹少量薄层板岩组成，底部以一厚 2~5m 底砾岩与震旦系呈角度不整合接触。本层厚 408m。

上泥盆统中棚组：按岩性可分为上、中、下三部分。下部的顶部为厚层状含云母粉砂岩，夹厚层状石英砂岩，底部为厚层状含云母石英砂岩，夹薄层云母砂岩；中部顶部为厚层状含云母粉砂岩，夹薄层石英砂岩，底部为厚层状云母石英砂岩夹薄层粉砂岩；上部顶部为厚层状深灰色含云母粉砂岩，底部为厚层状粗—细粒含云母石英砂岩和含砾粗砂岩。本层总厚205m。

上泥盆统三门滩组：由厚层状杂色云母粉砂岩组成，顶部有1~2层扁豆状含钙石英砂岩，底部为厚约2m的灰白色含砾石英粗砂岩，局部经变质为板岩、千枚岩、片岩等。

上泥盆统嶂崇组：由厚层至巨厚层状杂色云母粉砂岩夹云母石英砂岩及砂质板岩组成，底部为厚约2m含砾石英粗砂岩，局部经变质为千枚岩、片岩等。本层总厚190m。

本区地层对矿床的生成有一定的影响。矿区深部震旦系以泥质、细砂岩为主，矿化裂隙较短小；中上泥盆统以砂质岩为主，为矿床矿体的主要赋存部位，矿化裂隙发育深、长且广。

2. 岩浆岩

矿区岩浆岩有隐伏于深部的细粒黑云母花岗岩及出露于地表的岩脉——石英闪长玢岩及玄武玢岩两种。

细粒黑云母花岗岩：地表未出露，经ZK101揭露，花岗岩隐伏于矿区深部标高-115m以下，地面1300m深处，侵入震旦系中，时代为晚侏罗世，略呈北东向延伸。为岩体边缘相。颜色为灰白至肉红色。细粒花岗结构或花岗变晶结构，块状构造。主要矿物：石英25%~67%，微斜长石35%~50%，斜长石13%~24%，钾长石0%~2%，黑云母1%~6%，白云母少量；副矿物：锆石、磷灰石、金红石、榍石等。由表6-28中的化学成分可知，本区花岗岩属富硅超酸性铝过饱和的岩石类型。

花岗岩中所含微量元素有W、Bi、Be、Mo、Cu、Co、Nb、Zr等（表6-29）。

表6-28 盘古山矿区花岗岩化学成分含量表

Table 6-28 Chemical composition content of granite in Pangushan mining area

氧化物	SiO_2	TiO_2	Al_2O_3	Fe_2O_3	FeO	MgO	CaO	Na_2O	K_2O	MnO	P_2O_5
含量/%	75.72	0.08	12.19	0.33	0.72	0.15	0.52	1.29	0.13	0.05	0.05

表6-29 盘古山矿区花岗岩微量元素含量表

Table 6-29 Contents of trace elements in granite in Pangushan mining area

元素	W	Bi	Be	Mo	Cu	Nb	Co	Zr
含量/$\times 10^{-6}$	0.015	0.005	0.005	0.002	0.005	0.005	0.35	0.008

岩体的侵入致使震旦系、泥盆系形成了强而广的角岩、角岩化及斑点状岩石。另外，ZK101已证明，本区矿脉穿过了泥盆系、震旦系，进入到花岗岩内，显示花岗岩顶壳有蚀变岩钨矿化。

3. 矿区构造

矿区位于盘古山北北西向向斜东翼，上坪背斜南端的西翼，靖石断陷盆地西侧，仁风断陷盆地以北。矿区东侧为走向北北东的靖石断裂，南侧为走向近东西的仁风断裂（图6-84）。区内石膏窝大断层（F_5）成矿前后均有活动，与矿床成矿关系密切。

1) 褶皱

矿区深部的震旦系为紧密基底褶皱，其轴向北北西；泥盆系—石炭系组成盘古山向斜，为北北西—北西向平缓褶曲，其中泥盆系处在矿区东翼倾向南西的单斜构造，同方向的小型褶曲也比较发育。

2）断层

盘古山矿田控矿断裂系统相当复杂，初步分析认为，印支期形成北北西向上古生界褶皱，相伴形成北东东向横张正断层，向南南东陡倾，断距80~100m。燕山早期矿田东南侧形成瑞金－信丰北东向压扭性大断裂，相伴形成利村－上坪南北向与盘古山南东西向一对X型断裂带以及庵前滩等北西向张裂带。稍后矿田东侧的鹰潭－安远北北东向左行挤压走滑断裂带形成。形成了北东东向、近东西向成矿剪张裂隙带和北西西向张剪裂隙带。北东向、北北东向断裂带复合控制了马岭、盘古山（隐伏）、上坪（隐伏）、铁山垅、隘上（隐伏）、白鹅成矿花岗岩区与钨矿田。燕山期造山运动后，晚白垩世时地壳伸展，矿田东形成白鹅－靖石一串小型断陷盆地。盘古山矿区内北东东向、东西向断裂转化为正－左行走滑断裂，北西向断裂转化为正－右行走滑断裂。

（二）矿床地质

1. 矿体特征

矿区面积2.85km², 矿化面积1.2km²。有矿脉70多条，分北、中、南、西4组，以南组矿脉最大，西组为新发现的隐伏脉组。矿脉向隐伏岩体倾斜，矿组近于等距（180~200m）产出。矿带延长、延深超过1000m，地表矿脉条数较多，往下条数逐步减少，但总的脉幅变化不大。南组在隐伏花岗岩正上方，产状近于直立，由北东东向、北西西向、近东西向矿脉组成，呈"X"状密集成带，矿化最强、规模最大，是目前矿山生产的主要地段。地表矿脉有57条，脉带宽280m、长1150m，总脉幅7.72m，至335m中段有矿脉45条，脉带宽190m、长1000m，总脉幅仍有8.0m。中、北组矿脉走向北西西，中组矿脉倾角55°~75°，北组矿脉倾角35°~60°。

南组矿脉规模最大，占总储量的90.2%；北组矿脉占总储量的7.6%；中组矿脉占总储量的2.2%。详见表6-30。

矿床上部呈半扇状（图6-85）。2018—2019年，桂林理工大学、中国地质科学院矿产资源研究所运用扇状成矿规律，在深部用巷道掘进432m，揭露南组南半扇状石英钨矿盲脉102条，脉幅0.3~1m，与北、中组脉相向倾斜，总体呈不对称扇状结构。

矿区以裂隙充填石英大脉矿体为主，在深部钻孔中见有断裂带石英大脉矿体。剪张容矿裂隙由于成矿流体充填追踪扩容，矿脉规模以大脉为主，比较复杂。

（1）矿脉的分支及分支复合：沿矿脉走向及倾向的分支现象均较普遍，主要包括单独分支、羽毛状分支、侧翼交替分支、树枝状分支、网状支脉5种（图6-86）。

（2）矿脉牵连：两条或两条以上的矿脉沿走向或倾向在不定距离内常以小脉体互相牵连。有时构

表6-30 盘古山钨矿南、中、北组矿脉规模表

Table 6-30 Scale of veins in the south, middle and North formations of Pangushan tungsten mine

矿组	走向延长/m	倾向延深/m	倾角/(°)	矿脉总厚/m	主矿脉/条	矿带宽度/m	平均品位/%	储量百分比/%
南组	1300	1300	大于75	7.72	57	280	1.402	90.2
中组	750	650	55~75	0.36	3	70	1.315	2.2
北组	800	620	35~60	0.60	4	120	1.186	7.6

第六章 石英脉型钨矿床

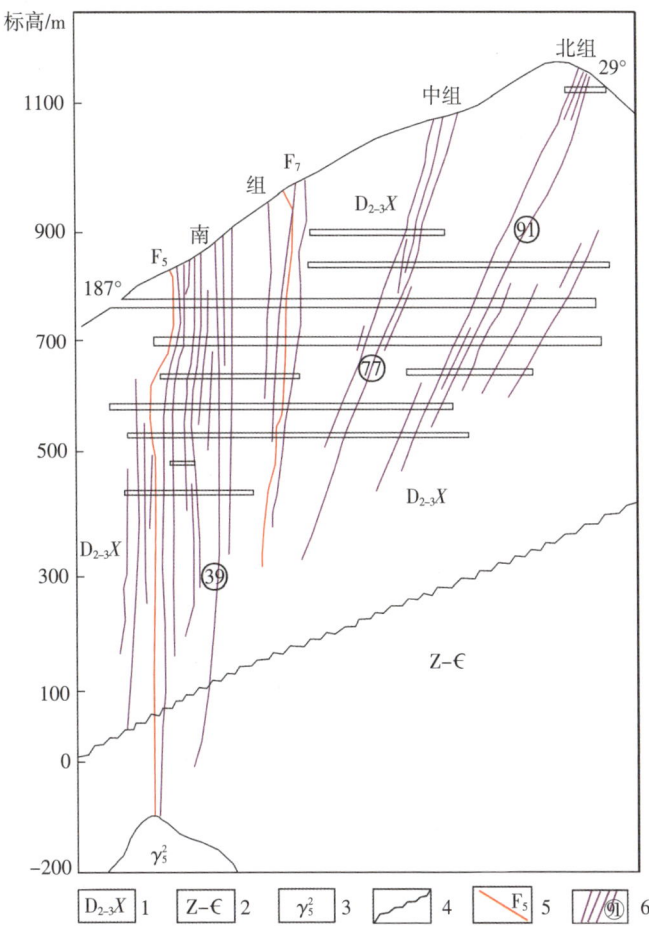

1—中上泥盆统峡山群砂岩夹板岩；2—震旦-寒武系千枚岩、板岩；3—燕山期花岗岩；
4—不整合地质界线；5—断层及编号；6—含矿石英脉及编号。

图 6-85 盘古山钨矿地质剖面示意图

Fig. 6-85 Geological profile of Pangushan tungsten mine

图 6-86 盘古山矿区矿脉形态特征

Fig. 6-86 Vein morphological characteristics of Pangushan mining area

成较规则的网状，一般则呈不规则状。

（3）矿脉交叉切割：两条矿脉沿走向延长有时互相交叉，有时相互切割，前者属同期矿脉，后者则属非同期矿脉。同期矿脉交叉有时呈斜交，有时略呈直交。非同期矿脉切割时则往往呈直交。

（4）尖灭再现和尖灭侧现：矿脉沿走向或倾斜延展，有时暂时尖灭，隔一段距离后（一般为5m左右）在前方又重新出现，或者在脉侧（多在北侧5m以内）交替出现。

（5）矿脉尖灭：矿脉尖灭有渐次尖灭和分散尖灭两种情况。前者在窿内较常见，以主脉延展到两端时逐渐变小以至尖灭；后者在地表光山上一带较多见，即主脉延展到两端时便分散成许多短乱的小支脉而后逐一尖灭。

2. 围岩蚀变

本区近矿围岩蚀变有由热液作用及气化作用所形成的硅化、电气石化、绿泥石化、绢云母化，以及由循环水溶解沉淀而生成的褪色化作用。

硅化：围岩的硅化在本区极具特征，普遍而且分布广泛。硅化的规模与矿体规模有一定的关系，即围岩硅化范围是随着矿体规模增大而扩大的，一般硅化的规模相当于矿体规模的2~5倍。但在细脉密集成带的地段或在破碎带附近，硅化的强度及广度常甚大，两端渐次渐弱，而沿垂直方向以中上部较强，向下部渐弱。

电气石化：在矿床中上部泥质岩石中（千枚岩、板岩）较为显著，而在下部变质砂岩及石英质砂岩中则很微弱。

绿泥石化：仅发育于中上部泥质岩石中。例如在中组矿脉带近矿围岩普遍见到此种蚀变现象，而在矿床的中下部则未见到。

绢云母化：发育于矿床中上部，而且比较微弱。一般形成于脉旁数十厘米至200m内。

3. 成矿期次与成矿年龄

1）成矿阶段的划分

石英的形成温度为170~190℃，黑钨矿的形成温度为190~310℃。由于岩浆的演化和多次构造活动，本矿床大致可分为如下3个矿化阶段。

硅酸盐成矿阶段：为矿区早期成矿阶段，形成云英岩型钨矿和不规则糖粒状石英脉、团块状石英体及含少量黑钨矿、白钨矿石英小脉，产于岩体顶部及盖层的早期裂隙中。此阶段形成的矿体品位低，无工业价值。

石英硫化物阶段：是本区的主要成矿阶段，大部分黑钨矿在此阶段形成，具有工业价值。按矿石类型及矿石组合特征，可分为以下3种：石英 - 绿柱石 - 黑钨矿，主要有石英、绿柱石、白云母、黑云母、电气石、萤石等，含有少量的黑钨矿，产于北东东 - 南西西向的裂隙中形成初期矿脉；石英 - 黑钨矿 - 硫化物，主要为石英、磁黄铁矿、辉钼矿、辉铋矿、毒砂、白钨矿，并且含有大量的黑钨矿，产于近东西向、北东向、北西向裂隙的石英脉；石英 - 硫化物，主要为石英、白钨矿、黄铜矿、黄铁矿和少量的黑钨矿，此阶段使原矿脉矿化加强，使矿床更加富集。

碳酸盐阶段：石英 - 方解石，是成矿阶段的尾声，结束了整个成矿过程（图6-87）。

2）矿化富集规律

区内矿化富集与矿液活动有着密切的关系，矿液沿构造裂隙上升扩散沉淀，在扩散沉淀的过程中，以WO_3为主的矿物组分的浓度由矿液中心往边缘扩散，逐渐降低。晚期的矿液活动，或是重叠或是交

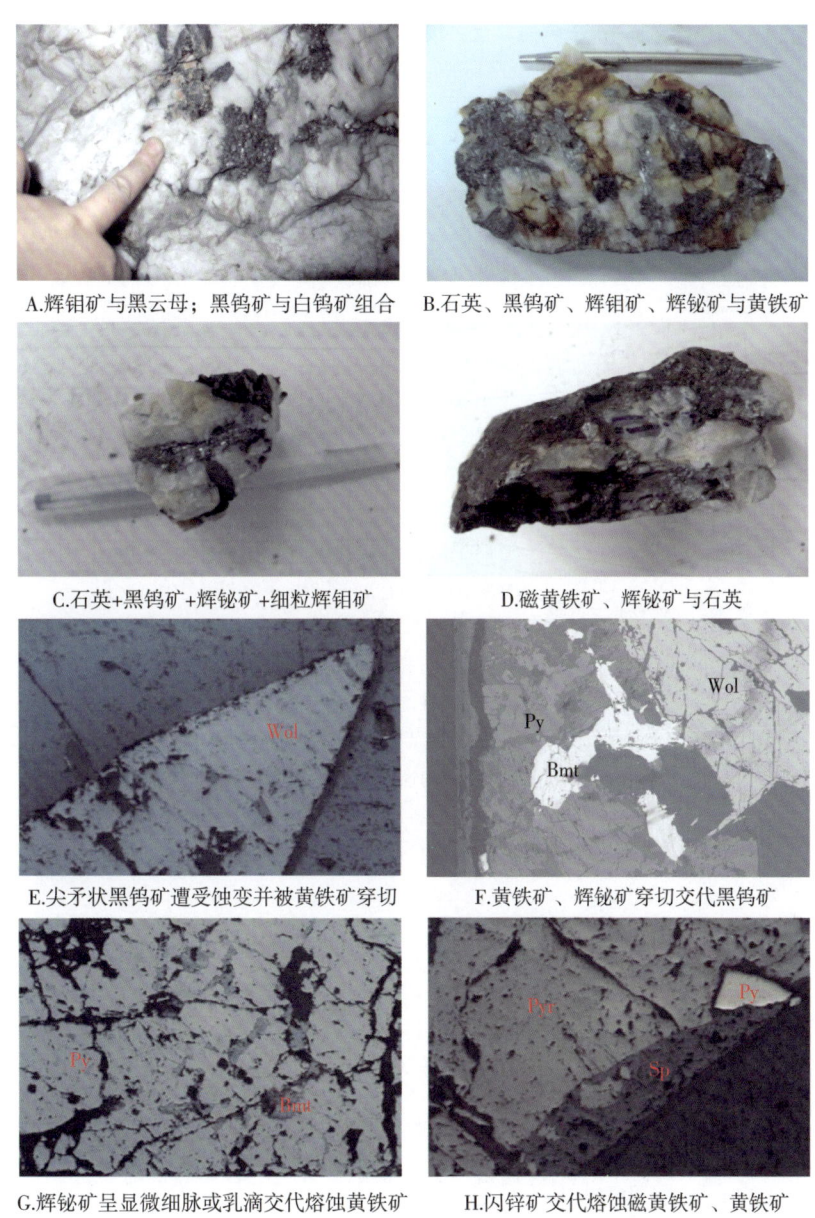

A. 辉钼矿与黑云母；黑钨矿与白钨矿组合
B. 石英、黑钨矿、辉钼矿、辉铋矿与黄铁矿
C. 石英+黑钨矿+辉铋矿+细粒辉钼矿
D. 磁黄铁矿、辉铋矿与石英
E. 尖矛状黑钨矿遭受蚀变并被黄铁矿穿切
F. 黄铁矿、辉铋矿穿切交代黑钨矿
G. 辉铋矿呈显微细脉或乳滴交代熔蚀黄铁矿
H. 闪锌矿交代熔蚀磁黄铁矿、黄铁矿

图 6-87 盘古山矿区矿物的共生组合关系

Fig. 6-87 Symbiotic association relationship of minerals in Pangushan mining area

切于早期的基础上，并造成矿物组分（特别是硫化物）在中心地区更加富集。区内矿化富集规律的具体表现：①在矿脉内垂直矿脉走向横裂隙发育较富集；②在矿脉分岔、弯曲或由小变大处较富集；③在围岩富含铁、锰的泥质或砂质岩石的地段较富集；④在两组裂隙交叉处较富集；⑤在由砂质岩石过渡到泥质岩石的接触处较富集。

4. 成矿垂直分带

盘古山矿床矿脉最高出露点标高为 1150m。据王云政等（1981）研究，矿床遭受剥蚀较浅，保留较好，自上而下可分为 5 个具渐变过渡特点的矿化带（表 6-31）。

第（一）带：由石英和铁锂云母构成云母石英细脉，脉侧围岩出现广泛的热液蚀变是其主要标志。在这个带，肉眼难以看见黑钨矿，只有通过化学分析才能了解钨矿的存在。此带的上限推测在标高

表 6-31 盘古山钨矿床垂向分带表

Table 6-31 Vertical zoning of Pangushan tungsten deposit

名称	标高/m	特征性矿物	主要矿物分布特点	矿石或脉石构造	围岩蚀变
（一）石英、云母、电气石-钨铋矿化标志带	1200	铁锂云母、白云母、电气石	云母或电气石有时见于脉壁两侧，有时构成云母石英细脉或电气石石英线脉	梳状构造发育	黄铁矿化、电气石化、硅化、绢云母化
（二）石英、（硫化物）-钨铋矿带	900	黑钨矿、辉铋矿、黄铁矿、黄铜矿、铁锂云母、白云母	黑钨矿大多呈薄板状，长与厚一般为(4~7)cm×0.2cm，(100)面无定向排列，但晶体常垂直脉壁生长。辉铋矿呈短小的板状或针柱状，多靠近石英脉的边部产出	梳状构造和晶洞构造	黄铁矿化、硅化、电气石化
（三）石英、硫化物-钨铋矿带	400	黑钨矿、辉铋矿、黄铁矿、磁黄铁矿、白铁矿、黄铜矿、斜方辉铅铋矿及其他含铋矿物、白钨矿、绿柱石、毒砂	黑钨矿呈长矛状，晶体粗大，在主脉中由(10~20)cm×1.5cm，往下变到30cm×1.5cm，基本垂直脉壁生长，但斜向的也常见，分段富集现象明显，常呈"砂包"产出，辉铋矿往往呈束状集合体，或与黑钨矿或与黄铁矿、磁黄铁矿的囊状体共生。在761m中段以下相继出现辉碲铋矿→碲铋矿A→碲铋矿B以及含铅较高的辉铅铋矿和斜方辉铅铋矿	块状构造，少量晶洞	黄铁矿化、硅化为主
（四）石英、硫化物-钨钼铋矿带	0	黑钨矿、辉钼矿、辉铋矿及其他含铋矿物、白钨矿、黄铁矿、磁铁矿、黄铜矿、长石、方解石、白云母	黑钨矿，辉铋矿局部富集，矿化明显减弱，辉钼矿逐渐增多，分布于石英脉边部与白云母共生，长石、方解石和白钨矿等也较常见	致密块状，少量晶洞	硅化、碳酸盐化、碱性长石化
（五）石英、云母-钨钼矿带	-200	白云母、辉钼矿、黑钨矿	白云母或辉钼矿常富集于石英脉壁两侧，对称产出，黑钨矿局部可见，并有少量黄铁矿等	致密块状	硅化、碳酸盐化，花岗岩中发育云英岩化和叶蜡石化

1300m 上下。

第（二）带：分布有少量的硫化物。黑钨矿呈薄板状，晶体短小，(100)面的生长环带比较发育。石英脉中的晶洞较为常见。

第（三）带：硫化物最为富集，矿物种类也比其他带要多。黑钨矿呈长矛状，晶体粗大，在构造有利部位常常形成大小不等的"砂包"。这个带是区间最大和钨矿最富的。

第（四）带：辉钼矿逐渐增多，以至超过辉铋矿等含铋矿物。白云母、方解石及白钨矿等也较常见，并出现较多的"红长石"。黑钨矿分布很不均匀，品位明显下降。

第（五）带：矿物组合简单，云母石英细脉比较发育，白云母或辉钼矿常富集于石英脉两侧。对于钨来说，这个带可能只有局部地段矿化尚好。此带的下限推测在标高-200m附近。

(三）矿体地球化学特征

1. 微量元素

盘古山矿区 95~335m 中段石英单矿物微量元素 Ga、Nb、Cd、In、Hf、Ta、Tl、Th、U 等含量普遍较低，绝大部分小于 $0.05\mu g/g$。故仅对现有的 Sr、Rb、Ba、Ti、Pb 元素绘制了原始地幔标准化图（图 6-88）。图中显示 Rb、Pb 富集，Sr、Ti 强烈亏损。

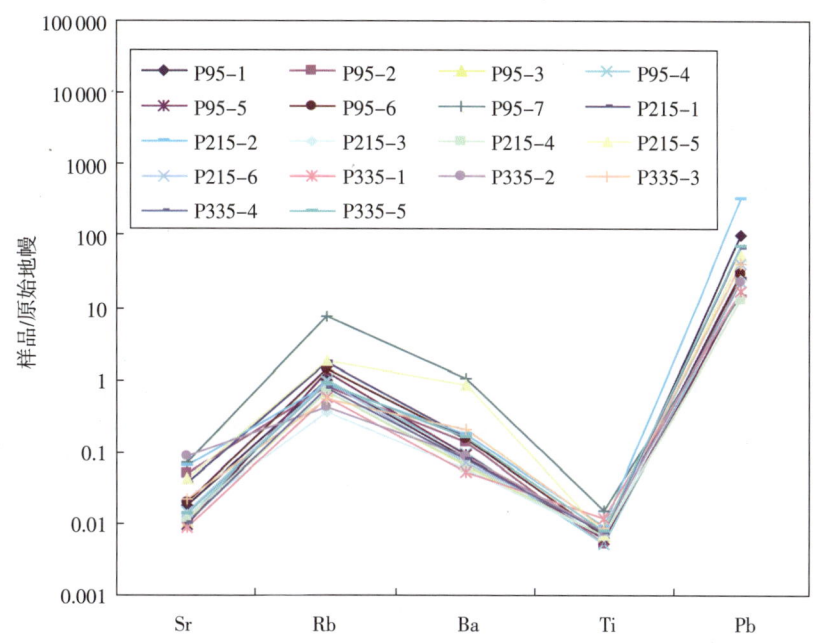

图 6-88　盘古山矿区 95~335m 中段石英单矿物微量元素原始地幔标准化图（标准据 Sun et al., 1989）

Fig. 6-88　Original mantle standardization diagram of quartz single mineral trace elements in the middle section 95~335m of Pangushan mining area

2. 稀土元素

盘古山矿区 95~335m 中段石英单矿物稀土元素显示除 Sc 元素外，所有稀土元素含量基本都小于 $0.05\mu g/g$，说明盘古山矿区 95~335m 中段石英单矿物几乎不含稀土元素。

3. 流体包裹体岩相学特征

根据 Roedder（1984）和卢焕章等（2004）提出的流体包裹体在室温下相态分类准则及冷冻回温过程中的相态变化，可将盘古山钨矿流体包裹体划分为 H_2O-NaCl 型包裹体（Ⅰ型）、H_2O-NaCl-CO_2 型包裹体（Ⅱ型）、纯液相 CO_2 型包裹体（Ⅲ型）3 种类型。

Ⅰ型为 H_2O-NaCl 体系包裹体，包括富液相 L+V 两相 H_2O-NaCl 体系包裹体（Ⅰa）和纯液相 L 单一相 H_2O-NaCl 体系包裹体（Ⅰb）。

Ⅰa 型：富液相 L+V 两相 H_2O-NaCl 体系包裹体，L 主要为水溶液，V 主要为水蒸气。本类包裹体在成矿阶段石英中占流体包裹体总量的 80% 以上。包裹体体积变化较大，一般为 5~20μm，最小的长径在 0.5μm 以下，最大的长径可达 40μm。形状一般为椭圆形、楔形、半负晶形、负晶形和不规则形等。气相体积分数通常在 5%~15%，个别可达到 30% 左右。

Ⅰb 型：纯液相 H_2O-NaCl 体系包裹体。此类包裹体出现量不多，在室温下呈纯液相产出，大小一一般为 5~8μm，最大可达 20μm 以上。形态为不规则形、管状和椭圆形等。

Ⅱ型为 $H_2O-NaCl-CO_2$ 体系包裹体。在所测样品中，该类包裹体数据比Ⅰ型包裹体数量少，占包裹体总数的比例约 15%。在室温条件，按相态可进一步划分为含液相 CO_2 的三相 $H_2O-NaCl-CO_2$ 体系包裹体（Ⅱa）和不含液相 CO_2 的两相 $H_2O-NaCl-CO_2$ 体系包裹体（Ⅱb）。

Ⅱa 型：三相 $H_2O-NaCl-CO_2$ 体系包裹体，由水溶液、液相 CO_2 和气相 CO_2 构成。CO_2 体积变化较大，从 20%~95% 不等。与Ⅰa 型包裹体相比，Ⅱa 型包裹体一般气相体积分数更大，在冷冻过程中则有液相 CO_2 的出现。包裹体形态一般为半负晶形、椭圆形和不规则状等，大小一般为 10~25μm，最大者可达 45μm。呈孤立状或与Ⅰa、Ⅱb 型包裹体相伴生产出。一般为原生包裹体。

Ⅱb 型：两相 $H_2O-NaCl-CO_2$ 体系包裹体，室温条件下，由液相 CO_2 和水溶液组成。CO_2 占包裹体总体积的 30%~75% 不等。包裹体形态呈不规则形、管状和椭圆形等，大小一般为 10~25μm。呈孤立状或与Ⅰa、Ⅱa 型包裹体共生。一般为原生包裹体。

4. 关于成矿物质来源的认识

综合以上对矿床地质、成矿地质作用与成矿地质体以及流体包裹等的研究表明，盘古山钨矿的成矿物质主要来源于地壳重熔型花岗质岩浆。具体情况分析如下。

1）石英流体包裹体特征表明成矿流体与岩浆有关

盘古山钨矿流体包裹体分为 $H_2O-NaCl$ 型包裹体（Ⅰ型）、$H_2O-NaCl-CO_2$ 型包裹体（Ⅱ型）、纯液相 CO_2 型包裹体（Ⅲ型）3 种类型，其中Ⅰ型包裹体分布最多。所测定成矿流体的盐度较低，温度和压力变化区间较大，而且成矿温度较高，表明钨矿床的成矿流体为岩浆分异的气热流体相。

2）稳定同位素组成表明成矿物质主要来源于花岗岩浆

矿区测得石英包裹体水的氢氧同位素：$\delta D=-64.5‰~-49.3‰$，$\delta^{18}O_{H_2O}=-1.5‰~5.3‰$，根据泰勒所确定的岩浆水范围（$\delta^{18}O=7.0‰~9.5‰$；$\delta D=-80‰~-50‰$）可以看出，盘古山钨矿床的 δD 与标准岩浆水 δD 的相近，而 $\delta^{18}O_{H_2O}$ 比标准岩浆水的 $\delta^{18}O_{H_2O}$ 稍低。盘古山钨矿床流体氢氧同位素投点均在岩浆水和雨水线之间，且主要集中分布于岩浆水范围内。由此，可推断成矿液体主要来自岩浆水并有不同程度的大气降水的混合。

朱焱龄等在盘古山矿区采集的 23 件样品的分析结果显示，盘古山硫化物的 $\delta^{34}S$ 介于 -2.3‰~1‰ 之间，落在泰勒等提出的壳源重熔型花岗岩（S 型）$\delta^{34}S$ 值范围（-9.4‰~7.6‰）内，因此矿区硫化物可能来源于地壳重熔型花岗岩浆。

3）金属硫化物矿床内辉钼矿的 Re 含量指示成矿物质来源以壳源为主

前人研究表明，金属硫化物矿床内辉钼矿的 Re 含量也可以示踪其来源。成矿物质完全来自壳源（上地壳）的矿床，其辉钼矿 Re 含量明显偏低，每克辉钼矿中仅几微克或更低（李红艳等，1996；Mao et al.，1999）。

矿区对辉钼矿 Re-Os 同位素的测试中 15 个辉钼矿样品的 Re 含量为 90.61~9577ng/g（0.090 61~9.577μg/g）。据此可初步推断，盘古山矿床的成矿物质来源以壳源为主。

十五、于都县黄沙钨铜铋矿床

黄沙矿床位于于都县城南东约 26km，包括黄沙、芭蕉坑、杨坑山、丰田、铁山垅和中坑 6 个区段，是一个以扇状"五层楼"式石英脉型为主 + "地下室"钨钼矿化的矿床典型代表。矿床于 1925 年为当地居民发现。1929—1949 年先后有燕春台、查宗禄、周道隆、上官俊、徐克勤和丁毅进行调查。1954—1958 年重工业部长沙地质勘探公司二〇三队、赣南行署地质勘探大队对矿区进行勘探。1962—1969 年江西有色冶金地质勘探公司六一七队、1973—1985 年江西有色地质勘探二队对矿区进行勘查，累计探明资源储量 WO_3 7.709 8×10⁴t，可综合利用共（伴）生 Cu 2.81×10⁴t、Bi 0.99×10⁴t、Zn 1.07×10⁴t、Ag 273t、Sn 0.19×10⁴t、Mo 0.16×10⁴t。

（一）矿区地质

黄沙矿区位于赣于矿集区盘古山矿田中心，南与盘古山钨矿床、北与铁山垅、西与上坪钨矿床相邻。矿区东北有铁山垅花岗岩株出露，位于北东向断裂带和北西向断裂带的交会处，矿床成矿花岗岩为其南西隐伏部分。

矿区内出露地层主要为底下寒武统牛角河组浅变质砂岩和板岩，东缘有少量中上泥盆统砂砾岩、砂岩、粉砂岩分布（图 6-89）。

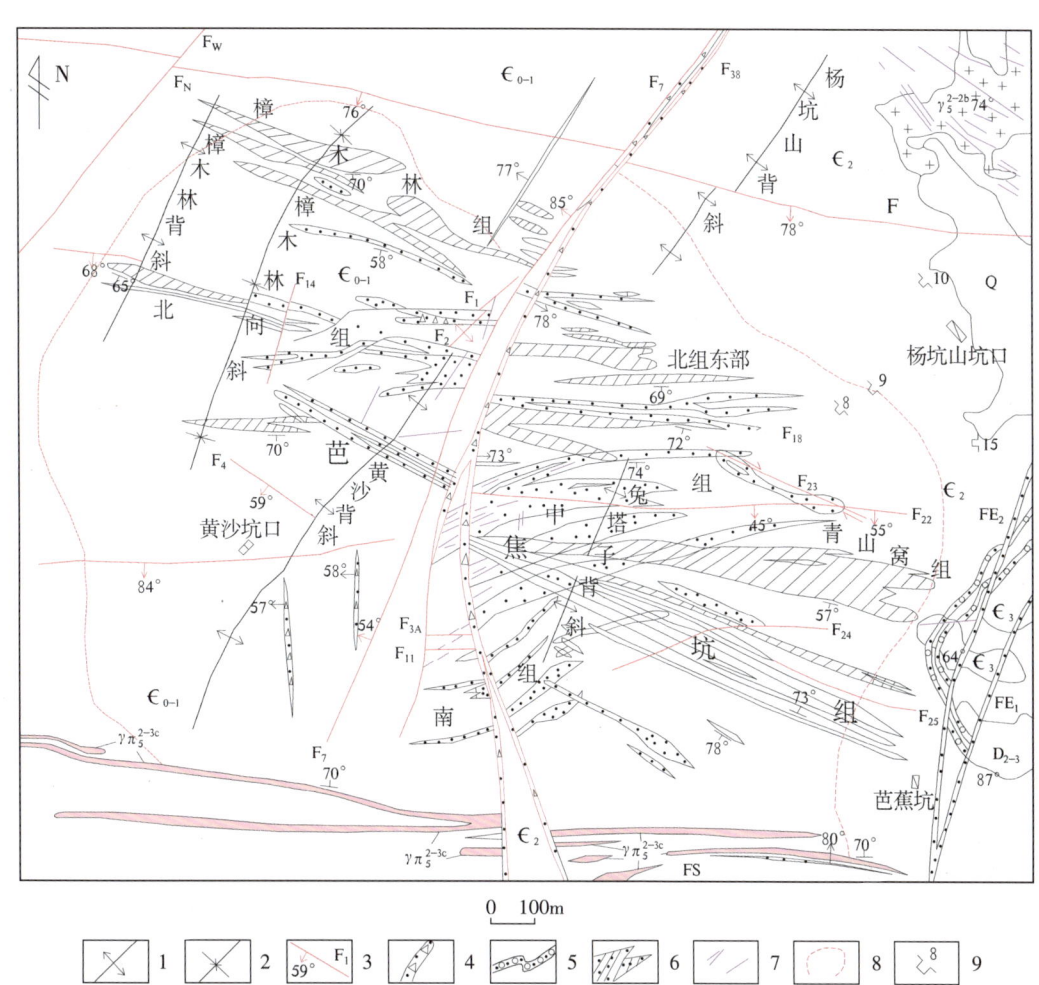

1—背斜；2—向斜；3—断层编号及产状；4—断层破碎带；5—砾岩层；6—标志带；7—含矿石英脉；8—隐伏花岗岩范围；9—坑口及编号；Q—第四系；D_{2-3}—中上泥盆统；ϵ_3—上寒武统；ϵ_2—中寒武统；ϵ_{0-1}—底下寒武统；$\gamma\pi_5^{2-3c}$—花岗斑岩；$\gamma\pi_5^{2-3b}$—中粒似斑状黑云母花岗岩。

图 6-89 黄沙钨矿区地质简图

Fig. 6-89 Geological diagram of Huangsha tungsten ore area

矿区位于铁山垅复式花岗岩体东北面，黄沙花岗岩体隐伏于矿区西南部，在标高0m处的水平截面面积为3km²，推测两岩体在深部相连。铁山垅花岗岩体为多期次复式岩体，出露面积约24km²。黄沙隐伏花岗岩顶部为云英岩化花岗岩，往下则钠长石化花岗岩，再往深部为电气石化锂白云母花岗岩，更深部为二云母花岗岩和黑云母花岗岩。K-Ar年龄值介于（156.6±1.4）～（146.19±1.5）Ma之间。花岗斑岩呈岩脉或岩墙出露于矿区北部和南部，沿东西向断层断续分布。

黄沙矿区位于盘古山与铁山垅两个北北西向由泥盆系—石炭系组成的向斜之间的背斜。矿区内为由寒武系组成的北北东向紧密背向斜，近南北向、北东东向、近东西向断裂交织发育。成矿后中部近南北向弯曲的正-右行错动断裂带将矿区分成东、西两部分，使隐伏花岗岩顶面高差相差约150m。成矿裂隙以北西向左行张剪性裂隙带为主，其次为近东西向、北东东向剪张裂隙带。

（二）矿床地质

1. 矿体形态、产状、规模

黄沙钨矿兼具石英脉型和蚀变岩体型两种矿床类型，前者主要分布在变质岩中，部分下延到隐伏花岗岩内，垂向上具扇状"五层楼"分布特点；后者发育在隐伏花岗岩的凸出部位——岩钟顶部，具典型的"五层楼+地下室"成矿模式（图6-90）。

石英脉型钨矿：呈单脉或脉带主要赋存在隐伏花岗岩的内外接触带，大部分产在变质岩中，部分下延到隐伏花岗岩内。内接触带盲脉只赋存在隐伏花岗岩内，矿脉（带）的分布与隐伏花岗岩体的形态密切相关（图6-91）。全区共有石英脉型工业矿脉（即单脉）282条，平均长187m，最长731m；平均延深127m，最大延深795m。矿脉自北向南分8组，即樟木林组、北组、中组、青山窝组、芭蕉坑组、南组、南北脉组及内接触带盲脉组。前5组呈脉带状产出，由芭蕉坑地表的矿化标志带起，在垂向上组成"五层楼"，平面上呈似环状的分带特征；后3组多呈单脉产出，其储量和规模均次于脉带型。各脉组规模以芭蕉坑组为最大（储量占全区的36%），其次为中组和北组。在南区隐伏岩体中出现盲脉与外带矿脉构成"楼下楼"式矿床。

蚀变岩体型（云英岩化花岗岩型）钨矿：位于黄沙隐伏花岗岩的凸出部位——岩钟顶部，云英岩化广泛发育，其上部形成云英岩型钨（钼）

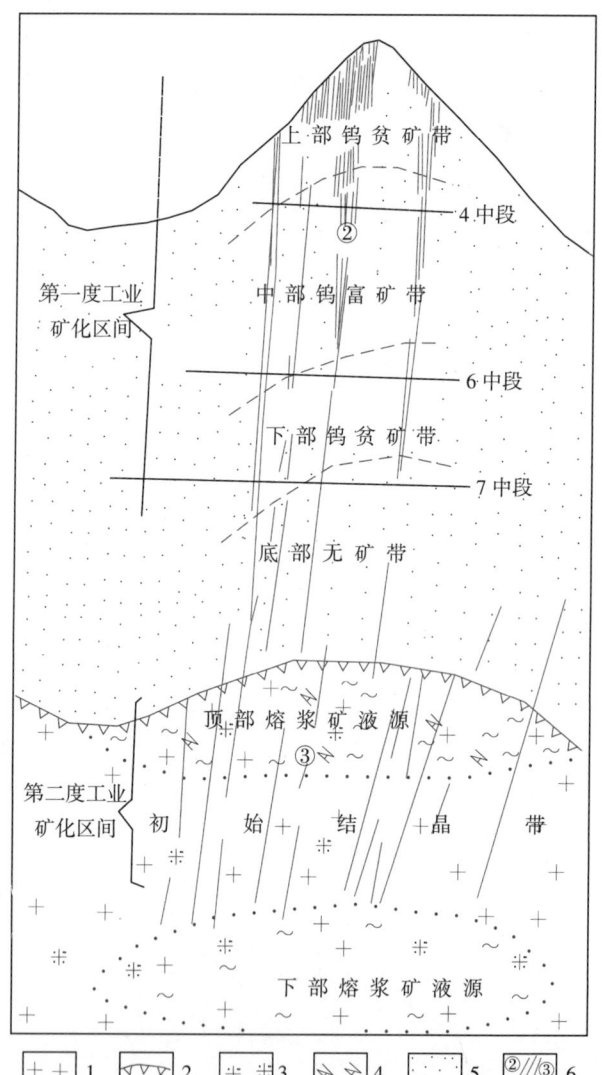

1—含电气石二云母花岗岩；2—伟晶岩；3—云英岩化钨矿化带；4—钠长石化（铌、钽矿化带）；5—寒武系浅变质岩；6—矿脉；②、③—脉动成矿阶段的顺序号。

图6-90 黄沙矿区北组二度工业矿化区间横剖面示意图
Fig. 6-90 Cross section diagram of secondary industrial mineralization interval of North formation in Huangsha mining area

矿体，矿化厚度达20余米，矿化较好，WO_3最高品位1.84%，平均品位0.361%（江西有色地质勘探二队，1977），WO_3储量达近万吨，具有较大规模。具浸染状和细脉-浸染状结构。有矿体存在部位的花岗岩顶部分带性良好，呈石英（伟晶岩）壳-云英岩化花岗岩（云英岩）-二云母花岗岩-黑云母花岗岩-电气石化、钠长石化花岗岩分带，局部见有钠长石化带，并有钽、铌矿化。

2. 围岩蚀变

绢云母化、黄铁矿化和硅化主要为脉侧蚀变，常发育于碎屑岩中。岩体内面型蚀变由下（中心）往上（外缘）依次为电气石化→钠长石化→云英岩化，具蚀变分带特征。

3. 矿化及矿化分带

1）垂直分带

矿床矿石类型有黑钨矿石英矿石及黑钨矿多金属硫化物石英矿石两类。矿床单阶段成矿呈顺向沉淀分带。如北组的单阶段支脉，沉淀晶出的细粒黄铜矿和黄铁矿多散布于矿脉的上部，有的充填于黑钨矿裂缝内；黑钨矿在中上部较富集，含量不多的绿柱石也主要分布于中上部；向下长石渐次增多。

成矿期内构造的间歇性活动，导致矿液作脉动式充填，使脉带，尤其是带中的主脉多次张开造成多阶段矿化重叠，矿脉由此变大加富成为复合脉，形成逆向成矿分带。晚晶出的闪锌矿、黄铜矿和黄铁矿常熔蚀、包围或穿插早析出的黑钨

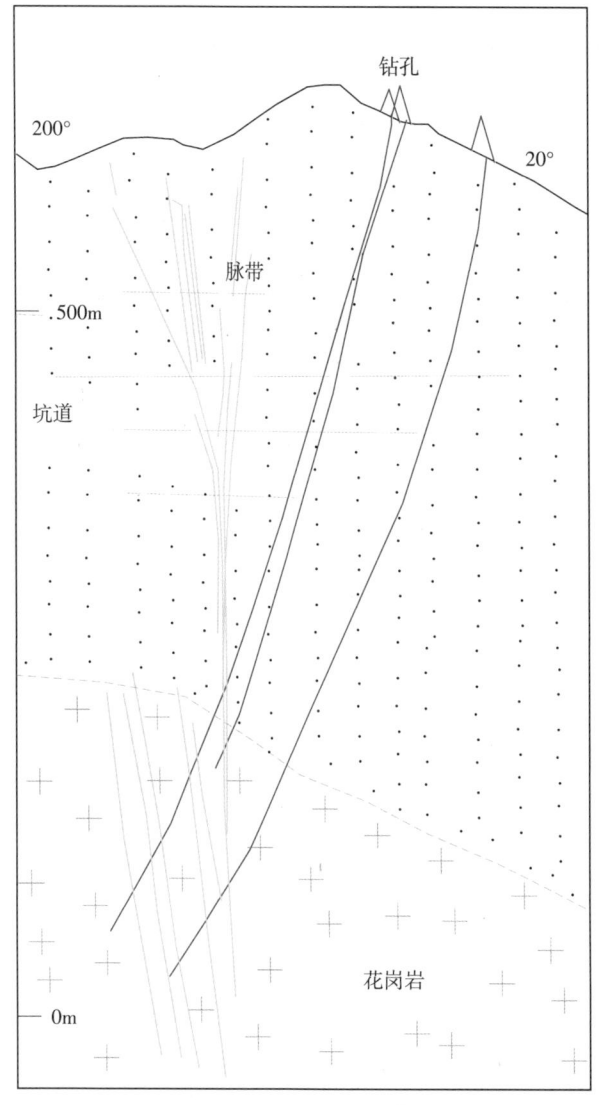

图6-91 黄沙矿区南区的带外盲脉
（据陈尊达等，1981）

Fig. 6-86 Blind vein outside the belt in the south of Huangsha mining area

矿，黄铜矿与黄铁矿又沿闪锌矿裂缝充填。白钨矿呈被膜状充填于黑钨矿板状晶体间隙或呈完好晶体嵌布于石英脉内，常与萤石共生。较高温的早阶段黑钨矿石英脉主要分布于矿床中上部，上部很少出现硫化物阶段细脉，较低温的后阶段多金属硫化物-黑钨矿石英脉分布于下部及深部。黄铜矿与黄铁矿是矿床中形影相随的共生矿物，它们成块富集于矿化阶段居于最后的芭蕉坑组深部，并与黑钨矿在一定范围内共消长。闪锌矿主要分布于北组与芭蕉坑组，尤以北组中下部最多。

总之，黄沙矿床的成矿作用是脉动多阶段的。当脉动的构造应力逐步减弱并向深部转移时，多期次的成矿活动渐次向深部转移，造成矿物在空间上的复杂组合及常说的成矿脉动逆向分带特征。

2）水平分带

黑钨矿沿脉带走向在脉的中部富集，而硫化物、碳酸盐矿物及萤石等矿物则在脉带两端含量较高，呈不完全对称的纵向分带。如7中段中组42脉带，中部富钨贫硫，但在东端742.8m采场中，除黑钨

矿外，后结晶的黄铜矿、黄铁矿、霞石及氟磷酸铁锰矿显著增多，还见少量黄玉和呈被膜状产出的辉钼矿以及后期叠加的乳白色方解石。这说明在裂隙端部挥发组分较集中且矿液温度相对较低，成矿时钨酸根与Fe^{2+}、Mn^{2+}的结合能力比磷酸根强。因此，只能在形成黑钨矿之后才生成氟磷酸铁锰矿，晚期再相继析出硫化矿物及碳酸盐矿物。

在横向上，矿区中部的中组各带以黑钨矿石英脉矿化类型为主，两侧的北组与芭蕉坑组以钨铜矿化为主，距花岗岩峰脊更远的矿体，如樟木林矿段，则以铜钼锌硫化物矿化为主。这些不同的矿物相构成了矿体横向分带。

总之，本区成矿活动期长，成矿过程复杂，不同的矿化阶段随温度递降及其他物理化学条件的变化而出现不同的矿物组合。本区矿床深部辉钼矿的出现可能表明含矿溶液从弱酸性变为弱碱性，从而不利于钨析出。因此，可以把辉钼矿增多的矿带看作矿化处于还原状态，即黑钨矿逐步消失之带。上部裂隙若无显著重张，会造成矿区中上部钨富集，中下部钨铜富集，深部以铜、锌、钼为主的分带。成矿演化发展到低温方解石沉积或萤石充填、交代早期矿物的阶段，即为成矿作用的尾声。

4. 成矿期次与成矿年龄

矿床钨多金属矿化主要形成于岩浆期后热液成矿期，早期的岩浆自变质交代阶段虽有铌钽（钨）矿化，但未构成具工业价值矿化。矿床有6个脉动成矿阶段，即硅酸盐阶段、氧化物阶段、氧化物－（硫化物）阶段、硫化物－（氧化物）阶段、硫化物阶段和碳酸盐阶段。

矿床成矿年龄为153.0Ma（辉钼矿Re-Os法；丰成友等，2010），说明为燕山早期晚侏罗世成矿。

5. 矿化富集规律

（1）钨矿化自下而上分为5个带：底部无矿带、下部贫矿带、中部富矿带、上部贫矿带和顶部矿化带，即钨矿富集区位于矿床的中部，其上下变贫。硫化物黄铜矿、黄铁矿、闪锌矿组合和辉钼矿、辉铋矿组合分别趋向富集于矿脉的中上部和下部，空间上呈现上下硫化物、中部钨的富集特点。

（2）钨的富矿段与脉带最大总厚度区相吻合，伴生元素Cu、Mo、Sn、Be、Bi、Pb、Zn、Ag均在一定部位富集。

（3）岩体内外接触带钨矿脉产出部位均为隐伏岩体的峰脊区，如芭蕉坑组矿脉，并在空间上构成二度（层）工业矿化区间，中间为无矿区隔开，无矿区间距自北往南依次递减。

（三）矿床地球化学特征与矿床成因

1. 矿物液体包裹体

据冯志文等（1989）的研究，矿床中矿物流体包裹体类型有液相、气液相，以及含硅酸盐子矿物和含液态CO_2的多相包裹体等多种类型，以液相包裹体为主。包裹体测温结果表明，钨矿化温度主要在340~240℃之间，即高—高中温区；硫化物主要形成于270~180℃的中温区；包裹体盐度为0.3%~10.55%NaCleqv，从早到晚包裹体盐度依次降低；包裹体溶体相似，以H_2O为主（485.8~610.9mg/g）；气相成分有CO_2和CH_4，前者含量远高于后者。流体相中，阳离子$Ca^{2+}>Na^+>K^+>Mg^{2+}$；阴离子$HCO_3^->Cl^->F^->SO_4^{2-}>CO_3^{2-}$，$Cl^-/F^-$为1.45~7.22；总矿化度为30.63~54.17mg/g；pH为6.37~7.59，Eh（计算值）为-0.63~0.95V。

矿物流体包裹体研究表明，含矿流体为中低盐度、富碱质和挥发组分，含一定矿化元素的弱碱性热液。成矿作用过程中，从早至晚流体温度、盐度逐步降低，从气化高温向中低温流体演化。

2. 稳定同位素组成

据冯志文等（1989）的研究，矿床含矿流体 $\delta^{18}O_{H_2O}$（SMOW）为 4.97‰~7.08‰；石英包裹体 $\delta^{18}O_{H_2O}$（SMOW）为 -57.9‰~-67.9‰，以岩浆水为主，并有部分大气降水参与。矿床矿脉中硫化物 $\delta^{34}S$ 为 -3.1‰~2.3‰（胡立楼，1983），具陨石硫源性质；从成矿早期至晚期，从北向南 $\delta^{34}S$ 值有增大的趋势。

综上所述，黄沙矿床为与燕山期 S 型花岗岩有关的岩浆期后高温热液成因矿床，为石英脉型与蚀变花岗岩型的扇状"五层楼"式石英脉型为主+"地下室"钨钼矿床。

十六、赣县－于都县长坑钨矿田

长坑钨矿田位于赣县县城东南方位约 136°，直距约 31km，行政区划属赣县长洛乡和于都县罗江乡。地理极值坐标：东经 115°11′40″—115°14′19″，北纬 25°44′27″—25°45′59″。矿田分为长坑矿区、合龙（金竹坪）矿区、赖坑矿区及才逢寮和草坪嶂矿点。

1965 年江西有色冶金地质勘探公司六一七队对长坑矿区进行查评。1979—1984 年，赣南地质调查大队在矿田范围进行了普查，长坑矿区是普查的重点矿区，估算了 D 级钨储量 17 049t（其中长坑 15 554t，赖坑 1495t）。工作中发现了新矿物氟铋矿，经 1983 年国际新矿物和矿物委员会正式命名，被称为"赣南矿"。

2002—2019 年先后受矿山、赣州市赣源钨业有限公司委托，赣南地质调查大队对长坑、赖坑、合龙（金竹坪）矿区进行补充勘查及资源储量核实。查明保有资源储量（122b+332+333 类）矿石量 161.97 万 t、WO_3 金属量 35 448t，WO_3 平均品位 2.189‰。累计查明 WO_3 35 622t。其中，长坑矿区查明保有资源储量（122b+332+333 类）WO_3 9454t，累计查明 WO_3 9550t；赖坑矿区查明保有资源储量（122b+332+333 类）WO_3 391t，累计查明 WO_3 469t；合龙（金竹坪）矿区查明保有资源储量（122b+332+333 类）WO_3 25 603t，累计查明 WO_3 25 603t。矿床有望达大型规模。

（一）矿田地质

矿田位于于山－九连山成钨带于山亚带，赣于矿集区中部，大埠燕山早期花岗岩东北侧。区内大面积分布震旦系—寒武系浅变质陆源碎屑岩。成矿花岗岩呈隐伏状态。

1. 地层

矿田内地层主要为下震旦统坝里组和上震旦统老虎塘组、底下寒武统牛角河组，东侧有泥盆系和第四系分布（图 6-92）。地层中钨含量高于地壳克拉克值几倍到几十倍。

2. 岩浆岩

矿田西侧为大埠复燕山早期花岗岩基。矿田内地表花岗岩不发育，仅在北东向断裂带（F_8）中见有花岗斑岩，但钻孔中见有花岗斑岩、细粒二云母花岗岩脉和隐伏花岗岩（标高一般在 0~-200m 之间）等。其特征如下所述。

花岗斑岩脉（$\gamma\pi_5^3$）：沿 F_8 分布，在矿区只出露长约 150m，宽 20~60m，走向北东，倾向北西，倾角 50°~70°，向深部脉变缓。岩石成分：斑晶中石英 25%、斜长石 10%、钾长石 15%、黑云母 2%；基质中长石+石英 30%。有益元素含量 WO_3 0.004%~0.045%，平均 0.02%；Sn 0.002%~0.007%，平均 0.004%；Mo 0.002%~0.19%，平均 0.05%；Cu 0.005%；Bi 0.008%；Ta_2O_5 0.001%~0.006%，平均 0.003 4%；Nb_2O_5 0.000 5%~0.002 2%，平均 0.001 3%；TR_2O_3 0.029%。脉岩含钼较高。

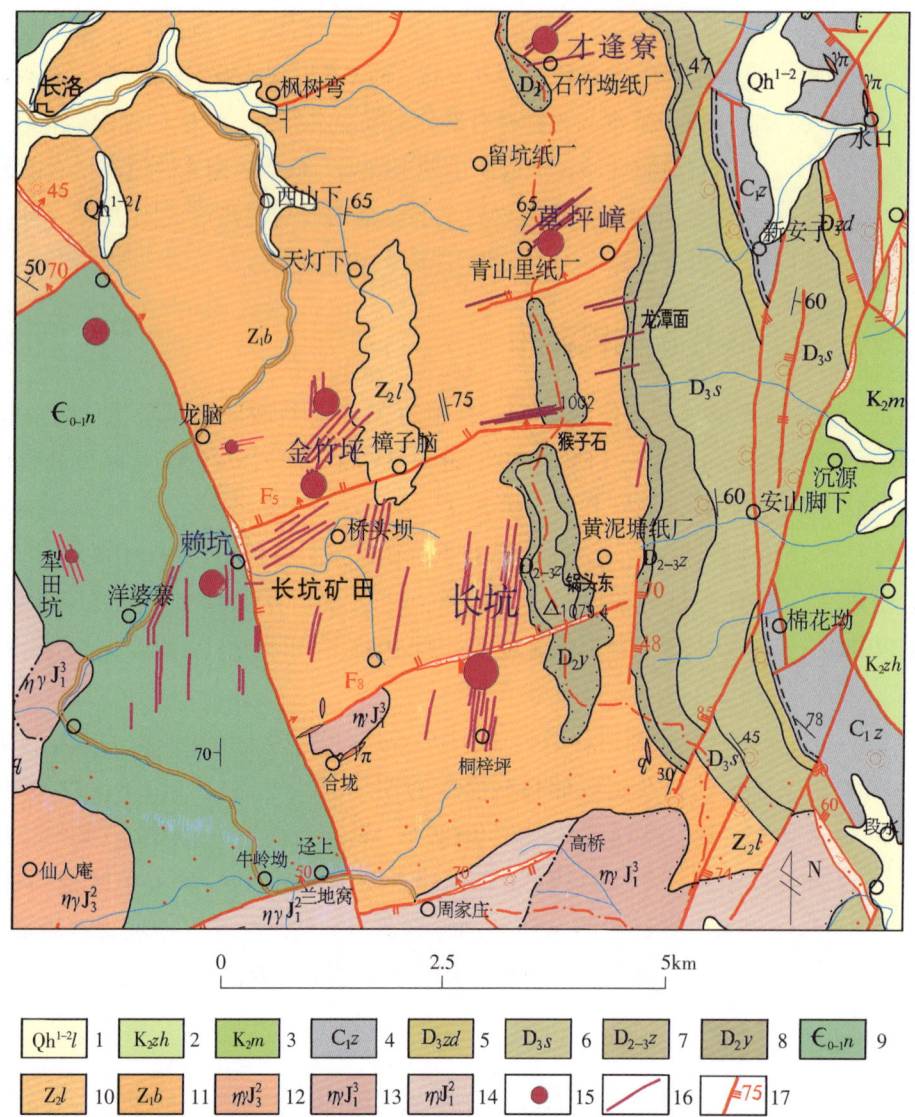

图 6-92 长坑矿田地质简图

Fig. 6-92 Geological diagram of Changkeng ore field

1—第四系；2—上白垩统周田组；3—上白垩统茅店组；4—下石炭统梓山组；5—上泥盆统嶂紫组；6—上泥盆统三门滩组；7—中上泥盆统中棚组；8—中泥盆统云山组；9—底下寒武统牛角河组；10—上震旦统老虎塘组；11—下震旦统坝里组；12—燕山早期中细粒少斑黑云二长花岗岩；13—燕山早期细粒含斑黑云二长花岗岩；14—燕山早期中粒斑状黑云二长花岗岩；15—钨、钨锡矿床（点）；16—含钨石英脉；17—断层及产状。

细粒二云母花岗岩脉：分布在标高 200m 以下，倾角 40°左右，脉厚多为 1~8m，控制长 200~500m，分布在花岗岩顶部附近。岩石呈灰白色，成分矿物组成：石英 25%~40%，钾长石 35%~55%，斜长石 16%~22%，以及少量黑云母、白云母。有益元素含量：WO_3 0.004%；Mo 0.000%~0.228%，平均 0.078%；Ta_2O_5 0.0012%~0.0033%，平均 0.0021%；Nb_2O_5 0.0025%~0.005%，平均 0.0029%；TR_2O_3 0.0348%~0.0452%，平均 0.041%。脉岩钼、稀土含量较高。

隐伏岩体：仅在钻孔中见及，岩性为似斑状黑云母二长花岗岩。边缘相宽 2~30m，粒径 1~2mm，白云母多于黑云母，石榴子石较多，但蚀变不强，以绿帘石化、白云母化、碳酸盐化常见，与内部相呈过渡关系；内部相粒度较粗，晶径 3~5mm，黑云母多于白云母，有后期岩脉穿插。斑晶主要成分为石英

（24%）、钾长石（30%）、斜长石（8%）、黑云母（3%），黄铁矿少量；显晶基质主要为长石（22%）、石英（12%），为自形晶至半自形晶。据样品分析，有益元素含量：WO_3 0.001 5%、Sn 0.004%~0.008%、Mo 0.000 8%、Bi 0.000 8%、Ta_2O_5 0.001 3%~0.001 8%、Nb_2O_5 0.002%~0.006 5%。详见表6-32。

表6-32 长坑矿田岩石化学成分分析结果表

Table 6-30 Analysis results of rock chemical composition of Changkeng ore field

单位：%

岩石名称	SiO_2	TiO_2	Al_2O_3	Fe_2O_3	FeO	MnO	MgO	CaO	Na_2O	K_2O	P_2O_5
花岗斑岩	73.52	0.175	12.47	0.339	1.88	0.033	0.66	1.14	2.7	4.8	0.06
石英斑岩脉	73.53	0.163	12.39	0.2	1.87	0.04	0.39	1.41	2.34	5.02	0.06
细粒花岗岩	75.07	0.01	13.61	0.15	1	0.12	0.08	0.74	4.25	4.88	0.025
花岗岩	74.8	0.02	12.36	0.14	1.78	0.1	0.14	0.9	3.4	4.68	0.025
二云母花岗岩	76.84	0.53	9.82	0.12	4.3	0.08	1.54	1.79	1.64	2.18	0.15
花岗岩	75.59	0.01	13.38	0.02	1.24	0.12	0.17	0.79	4.06	4.68	0.03
岩石名称	WO_3	Sn	Bi	Cu	Zn	Pb	Ta_2O_5	Na_2O_5	TR_2O_3	烧失量	合计
花岗斑岩	0.01	0.004	0.008	0.004	0.006	0.004	0.000 5	0.004	0.02	1.93	99.77
石英斑岩脉	0.015	0.004	0.008	0.007	0.007	0.002	0.000 5	0.003 5	0.02	1.81	99.29
细粒花岗岩										0.36	100.30
花岗岩										1.02	99.37
二云母花岗岩	0.004									0.77	99.76
花岗岩	0.008	0.002								0.32	100.42

3. 构造

矿区加里东期由震旦系和寒武系形成南北向紧密褶皱，东侧泥盆系角度不整合覆盖其上。呈一轴向南北、轴部在赖坑的复式向斜。纵贯全区，西翼地层倾向东，倾角60°~75°；东翼地层倾向西，倾角50°~60°，内部发育有一些小褶曲。东侧与近南北向的于都盖层复向斜相邻。

燕山运动以强烈的断裂活动为特征，主要有南北向、北北东向、北北西向及北东东向4组断裂。成矿裂隙带以南北向、北东向为主，矿化标志带或矿脉即呈南北向及北东向为主。

（二）矿床地质

矿田钨矿体主要为内、外带石英脉型，在草坪嶂区段有少量的破碎带石英大脉。其中外带型赋存于震旦系和寒武系变质细砂岩、粉砂质板岩中，主要由一系列沿构造裂隙充填的含钨石英脉矿体组成，局部破碎带中也含矿，构造控矿明显；内带型是新发现的矿化类型，内带型矿化产于深部隐伏花岗岩中，受岩体和断裂裂隙控制较明显。根据工程揭露，区内矿（化）体有近南北向、北东向、北西向和东西向4组，后两组规模较小，近南北向和北东向含钨石英脉是本矿床主要矿体，也是工作的主要对象。根据矿体分布、规模、形态、产状及矿化等特征，矿床类型属陡倾斜（内、外带）石英薄—大脉状黑钨矿床。

外带石英脉矿体在平面、剖面上成组成带平行分布，剖面上具典型的"五层楼"模式，从标志带—细脉带—细脉大脉混合带—大脉带，地表一般表现为石英细脉，无工业矿体。矿体多呈半隐伏至隐伏，往深部（岩体接触界面上标高 600m）普遍具脉幅变大、WO_3 品位变富的趋势。矿体形态呈脉状，脉壁较平直，沿走向及倾向具尖灭再现、分支复合等现象，局部呈透镜状或囊状，底深部石英大脉进入隐伏岩体内（约标高-200m），矿化变弱并往深部逐渐尖灭。

内带石英脉矿体从围岩开始少量出现，地表脉体细小稀疏，往下脉体逐渐变大，到隐伏花岗岩内数量变多，矿脉厚度变大，矿化变富，矿体形态较复杂，延长 100~1000m，延伸一般 100~300m，脉幅 0.1~4.74m，平均 1.03m。受构造破碎带和岩体双重控制，以大脉状产出为主。在平面上和垂直方向上，矿脉均有尖灭侧现、分支复合现象；在岩突部位矿脉密且厚大，品位富；在岩体界面 300m 以下矿脉稀疏且厚度小，品位变贫。

矿化以黑钨矿化为主，伴生锡、钼、铋、铜、银等。钨矿物赋存于石英脉体内及脉体附近的蚀变围岩中。矿石矿物成分主要为黑钨矿、锡石、白钨矿、黄铜矿、闪锌矿、辉钼矿、毒砂、黄铁矿、辉铋矿、石英、黄玉、萤石、白云母、铁锂云母、电气石、方解石、叶蜡石、绿泥石、绢云母等。内带型以富含钨锡铋锌银为特点，外带型以富含钨铜钼为特色。矿床成因类型为岩浆期后高中温热液石英脉型，矿体工业类型属黑钨矿-石英薄-大脉型。

1. 长坑矿区

长坑矿区位于矿田东部，矿化范围长 2000 余米，宽 200~550m，面积约 1.2km²。矿体总体产状：走向近南北向，倾向西，倾角 50°~80°，往深部变陡，局部反倾。受近东西向的将军石断裂影响，分为北部长坑、南部桐仔坪 2 个矿带。已圈定工业矿体 32 条，其中长坑圈定 28 条（编号为 V0-V7、V7-1、V7-2、V8-V10、V10、V11-V19、V20-1、V21-V24）。桐仔坪圈定 4 条（编号为 V58-V61），多呈半隐伏—隐伏产于震旦系变质砂岩或板岩中（图 6-93、图 6-94）。

地表石英云母细脉条数多，脉幅较小，脉体沿倾向至 150~200m 具合并现象，数量变少，脉幅变宽，平面上在不同标高成组成带、密集近等间距分布，各组/带间距 10~70m 不等。矿体真厚度 0.07~0.41m，平均厚度 0.17m，厚度变化系数 5%~187.39%。脉内除黑钨矿外，还见有白钨矿、黄铜矿、辉钼矿、闪锌矿、黄铁矿、辉铋矿等，多数呈不规则团块状产于石英脉中，锡石少见。WO_3 平均品位 0.615%~8.443%，平均 3.186%，最高达 43.4%（V16），品位变化系数 26.65%~182.96%。在垂向上标高 300m 以上以钨矿化为主，伴生钼、铋，向深部距隐伏岩体越近钼逐渐变富，初步反映了本区矿化具逆向分带特点。脉侧一般发育有铁锂云母边，厚度一般为 0.5~2cm。矿化控制标高多在 200~700m 之间。共有两条主矿体（编号为 V6、V7），其余为次要矿体。

2. 合龙（金竹坪）矿区

合龙（金竹坪）矿区位于矿田中部金竹坪、桥头坝一带，受近北东向的 F_6 断裂影响，分为北东部金竹坪、南西部桥头坝 2 个矿带。

金竹坪地表多为石英细脉，大多以 2~3 条含矿石英细、薄脉近平行展布，间距一般为 5~30m。矿（化）体厚度不稳定，走向长度 150~400m，其中地表脉幅大于 10cm 的矿脉有 2 条，未见钨、锡等矿化。在金竹坪地表圈定一组矿化标志带，编号为 I，深部隐伏岩体内钻孔揭露了北东向含钨锡石英大

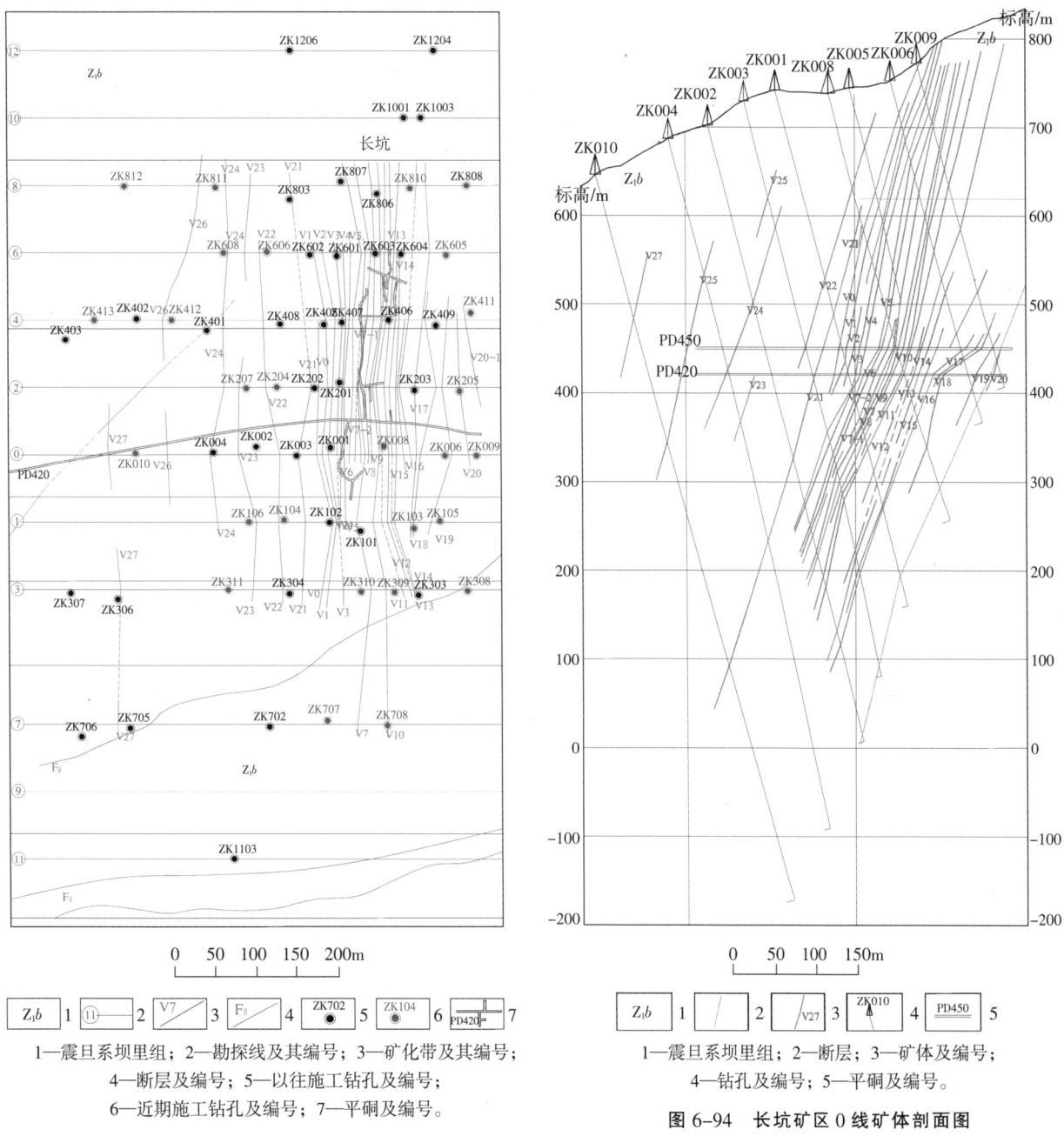

1—震旦系坝里组；2—勘探线及其编号；3—矿化带及其编号；
4—断层及编号；5—以往施工钻孔及编号；
6—近期施工钻孔及编号；7—平硐及编号。

图 6-93　长坑矿区 420m 中段平面图
Fig. 6-93　Plan of 420m middle section of Changkeng mining area

1—震旦系坝里组；2—断层；3—矿体及编号；
4—钻孔及编号；5—平硐及编号。

图 6-94　长坑矿区 0 线矿体剖面图
Fig. 6-94　Profile of ore body of line 0 in Changkeng mining area

脉组，共圈定了 7 条工业矿体，自东往西编号为 V203、V202、V201、V211、V212、V213、V215，主要矿体为 V201、V212（图 6-95）。总体产状：走向近北东，倾向北西，倾角 60°~80°，往深部变陡。矿体为内带石英大脉型。

桥头坝矿体主要分布在地表标志带 50~100m 以下，控制标高为 500~100m，为外带石英薄脉矿化类型。共圈定 2 条矿化标志带，编号为 Ⅱ、Ⅲ。矿化标志带由石英细脉组成，细脉脉幅介于 0.1~15cm 之间，标志带宽介于 40~120m 之间，带长 600~1000m；标志带走向以南北向、北北东—北东向为主，倾向北西；矿化面积约 2.5km²，共圈定 2 条工业矿体（编号为 V228、V245）。总体产状：走向近北北

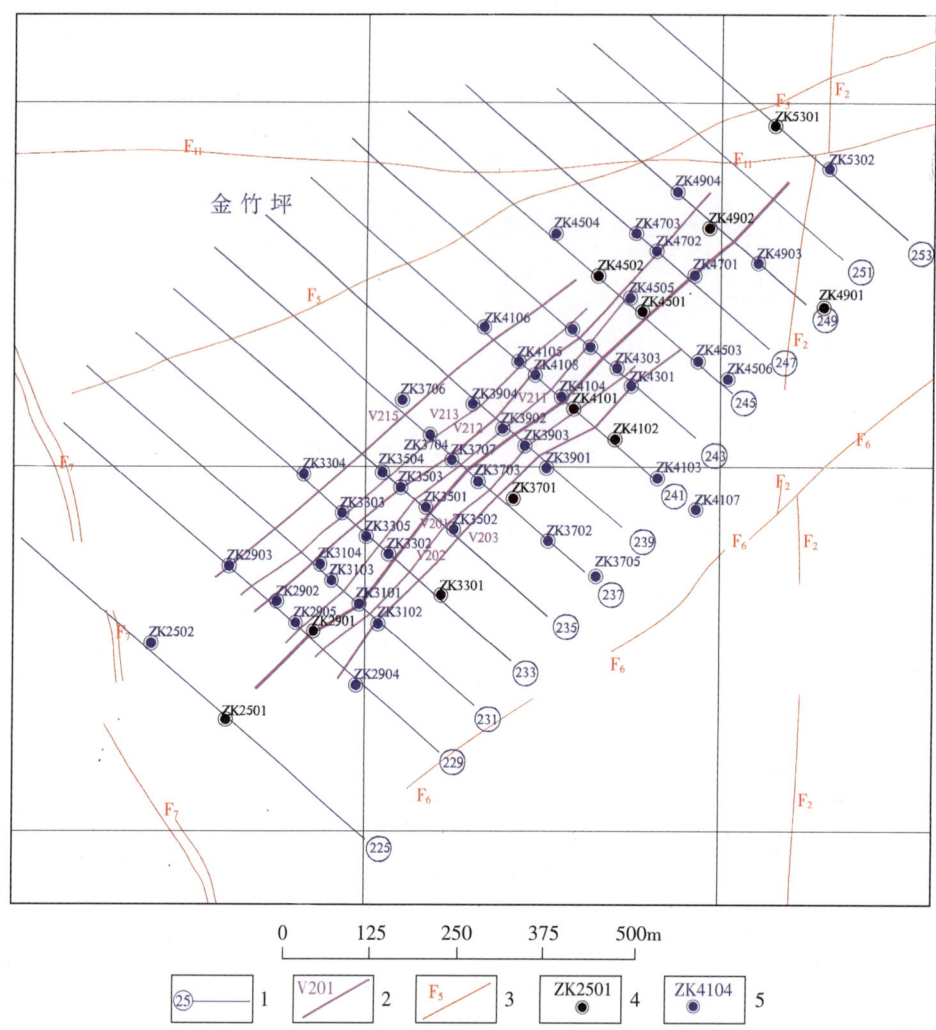

1—勘探线及其编号；2—矿化带及其编号；3—断层及其编号；4—以往施工钻孔；5—新施工钻孔。

图 6-95　金竹坪矿区 0m 中段平面图

Fig. 6-95　Plan of 0m middle section in Jinzhuping mining area

东，倾向北西—西，倾角 70°~80°。矿体为外带石英薄脉矿化类型。各矿体间距 20~60m 不等，矿体真厚度介于 0.1~2.1m 之间，矿体厚度较大，V214 真厚最大 7.19m（ZK4504），平均厚度 0.84m，厚度变化系数 63.06%~127.68%。本区段矿脉内除黑钨矿外，还见有锡石、白钨矿、黄铜矿、辉钼矿、闪锌矿、方铅矿、辉铋矿等（图 6-96），多数呈不规则团块状产于石英脉中。WO_3 平均品位介于 0.6%~5.864% 之间，平均 2.264%，最高达 21.4%（V201），品位变化系数介于 62.67%~221.93% 之间。矿化控制标高多在 -300~100m 之间。

3. 赖坑矿区

赖坑矿区位于西部及中南部牛屎坑一带，包括原赖坑钨矿赖坑矿区及周边空白区。共圈定 5 条矿化标志带，编号自西向东分别为Ⅶ、Ⅷ、Ⅸ、Ⅹ、Ⅺ。矿化标志带由石英细脉组成，细脉脉幅介于 0.5~20cm 之间，标志带宽 20~100m、长 200~500m；走向以南北向为主，倾向西；矿化面积约 2km²。控制矿体长 50~200m，延深 500~100m，控制标高 500~100m。矿体为外带石英薄脉矿化类型。按矿（化）体走向可分为南北组、东西组，以南北走向（南北组）为主。共计圈定矿体 7 条，其中南北组 6

条，东西组1条。南北向矿脉组是本区主要脉组，由北往南，自东向西，分别编号为V303、V306、V316、V318、V319、V320，主要矿体为V303。矿体平均真厚度介于0.02~0.73m之间，平均厚度0.25m，厚度变化系数介于0%~105.83%之间。脉内除黑钨矿外，还见有白钨矿、黄铜矿、辉钼矿、闪锌矿、方铅矿等，多数呈不规则团块状产于石英脉中。WO_3平均品位介于1.25%~19.78%之间，平均4.61%，最高达27.72%（V319），品位变化系数介于11.56%~121.06%之间。矿化控制标高多在200~400m之间。总体产状：走向近南北或近东西，倾向西或北，倾角70°~80°。

图6-96 金竹坪矿区矿体特征及钨、锡、铜矿化
Fig. 6-96 Ore body characteristics and tungsten, tin and copper mineralization in Jinzhuping mining area

4. 才逢寮和草坪嶂矿点

才逢寮矿点：为外接触带石英脉型，主要赋存于下震旦统坝里组浅变质岩中。地表有较多的石英细脉出露，共圈出6组矿化标志带，均分布于矿区中西部，由西向东呈帚状撒开分布。

矿化标志带总体矿化弱，且矿化不均匀，脉带中见少量金属硫化物，如黄铁矿、黄铜矿，少量的黑钨矿、闪锌矿、辉钼矿、辉铋矿。脉石矿物除石英和长石外，主要见有萤石、方解石。金属硫化物常以细小晶体或粉末状集合体产于脉的中部及两侧，黑钨矿则常以长板状或放射状垂直脉壁生长。

通过勘查，本区段6组矿化标志带内共发现了7条矿（化）体，有3条达到钨矿体规模（编号为V1、V5、V6-1），为外接触带石英脉型。矿（化）体形态均呈脉状，沿走向或倾斜方向具膨大缩小、尖灭、侧现的变化特征。矿体控制程度总体偏低，地表及浅部有槽探和硐探控制，深部（沿倾向）有少量钻孔控制，WO_3品位0.1%~1.12%，Cu品位0.5%~6.32%。

草坪嶂矿点：地表发现了两种类型的含钨锡矿体，一种是石英脉型，另一种是破碎带石英大脉。根据其成组成带出现之产状特征，共圈出了5组（Ⅰ~Ⅵ）矿化标志带，标志带地表由大量0.1~3cm的石英细线脉组成，较密集近平行展布，延伸较短且不稳定，单脉延长一般0.5~3m，少量大于5m，一般延长与脉幅呈正相关关系。普遍见分支复合、尖灭侧现、尖灭再现、膨大缩小等现象，局部脉体密集分布呈网络，由地表往深处在20~30m之间已向细脉发展，脉体条数向归并发展，再往深处数十米至百米部分变为石英大脉。根据样品品位圈定出45条矿（化）体。

（三）矿床控矿因素分析

矿床深部揭露的隐伏花岗岩体，推测与外围大埠岩基在深部连成一体，均属燕山早期侵入，W、Sn、Mo、Bi、Cu、Ag等成矿元素丰度值高，是本区的钨等成矿母岩。花岗岩同位素年龄为（189.2±0.6）~170.7Ma（陈郑辉等，2009）。

本区断裂构造发育，主要为南北向构造，北东向及东西向构造次之，具多次复活活动，形成了近南北向的剪张裂隙和北东向剪张裂隙带容矿。

震旦系、寒武系为一套以泥、砂岩为主的复理石和类复理石建造，夹火山岩、硅质岩建造，岩石性质及岩性组合对矿床的形成，对矿体矿化富集和形态特征以及蚀变交代等都起到了一定的控制作用。一方面，岩石物理性质对矿化作用有影响，如震旦系砂岩，岩石性脆，裂隙容易生成，矿脉较连续、稳定，而板岩具有粒度细、塑性和不透水性的特点，当矿脉延至板岩处，裂隙不发育或规律性不稳定致石英脉厚度、产状等变化较大。另一方面，岩石化学性质对矿化作用也有影响，如围岩中含钙成分较高，矿脉中除了形成黑钨矿之外，白钨矿也发育。

根据2010年，赣南地质调查大队在矿区采集的钨矿Re–Os同位素样品测试结果，成矿模式年龄为159.9~157.1Ma，等时线年龄为(158.1±1.2)Ma，属燕山早期晚侏罗世。

（四）找矿方向

以往本区找矿主要是以岩体接触带外带石英脉型为主，对产于深部隐伏岩体内带型钨矿化探索不够。金竹坪内带型矿床的发现，打开了区域内深部钨矿找矿空间，如本区域内的赖坑、草坪嶂、才逢寮，深部有个别钻孔揭露了隐伏花岗岩，且岩体内也揭露有钨矿化石英脉，可参照金竹坪内带型钨矿床的成矿特征，加强对隐伏岩体、岩凸的探索和研究，将发现更多的内带型钨矿床，实现本区钨矿找矿的新突破。另外，草坪嶂、才逢寮矿点的工作程度低，矿化信息多，隐伏花岗岩体埋深大于300m，找矿空间巨大，是下一步工作的重点。通过后续的勘查工作，矿床规模有望达大型。

十七、于都县小东坑钨矿床

小东坑钨矿区位于于都县城西南直距29km处，隶属于都县罗江乡。

矿床发现于1929年，1956年长沙冶金地质勘探公司二〇三队在本矿区开展地表概查工作；1965年1—6月，江西冶金地质勘探公司六一〇队在矿区开展地表普查评价；1966年9月—1967年5月，江西冶金地质勘探公司六一七队进一步在矿区开展地表普查评价。2006—2018年，江西有色地质勘查二队在矿区断续开展了详查、勘探工作，通过"老点新评""攻深找盲"，对矿区已发现的标志带开展深部隐伏矿勘查工作，取得较大找矿突破。矿区圈定石英脉型黑钨矿体40余条，查明矿区资源储量（探明+控制+推断资源量）矿石量707.4×10^4t，WO_3金属量18 992t，伴生Cu 2358t、Sn 910t、Bi 424t、Ag 18.531t。矿床为一个浅表只有北东东向矿化标志带，深部为北北东向、北东东向隐伏石英脉型中型"五层楼"式钨矿床。

（一）矿区地质

小东坑矿区地处于山成钨亚带东南部，于都–赣县矿集区中部。矿区属于大埠花岗岩隆起区与于都断陷盆地之间的接壤处，成矿地质条件十分有利。

1. 地层

矿区主要出露底下寒武统牛角河组，其次为上泥盆统三门滩组、上泥盆统中棚组、下石炭统梓山组等地层（图6-97）。

底下寒武统牛角河组：具复理石式建造特点，由厚层的石英砂岩夹薄层的粉砂岩、砂质板岩等组成，局部有接触变质，呈现角岩化。地层走向近南北，倾向230°~270°，倾角30°~70°，厚2176m，是区内石英脉矿体主要赋存围岩。

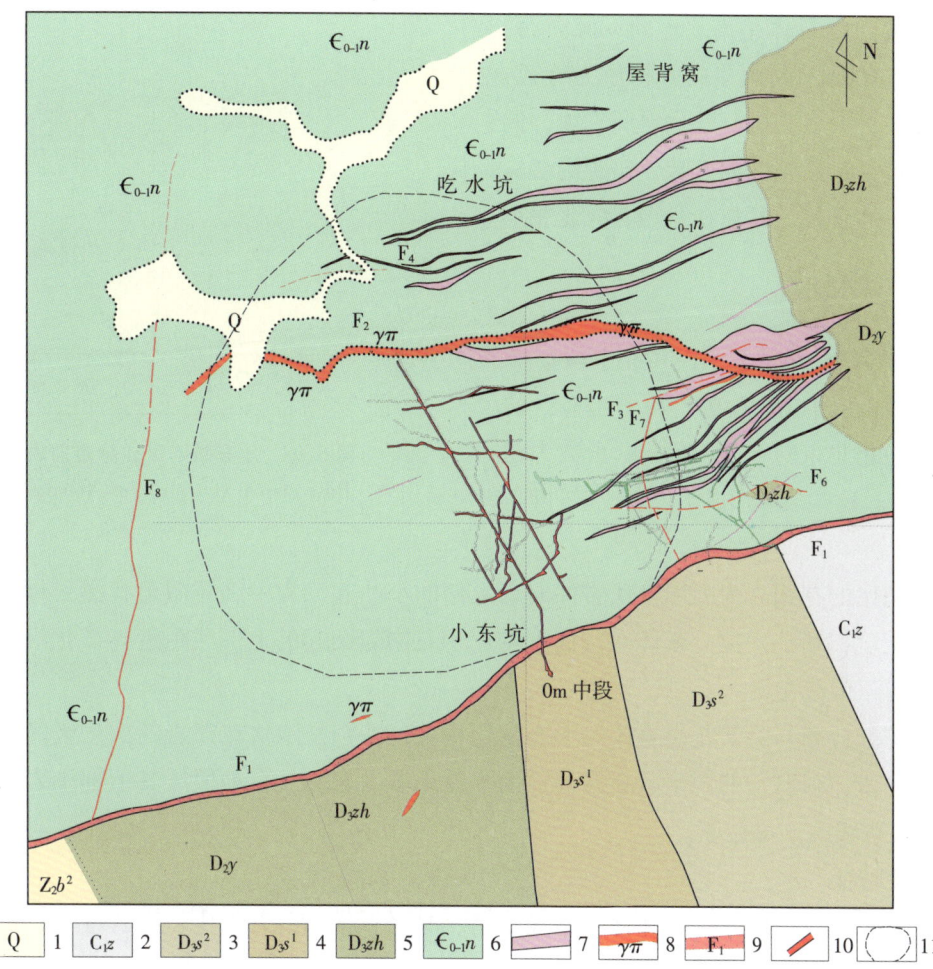

1—第四系冲积层；2—下石炭统梓山组；3—上泥盆统三门滩组上段；4—上泥盆统三门滩组下段；5—上泥盆统中棚组；6—底下寒武统牛角河组；7—矿化标志带；8—花岗斑岩脉；9—断层破碎带及编号；10—巷道；11—深部花岗岩投影。

图 6-97　小东坑矿区地质图（据谢明璜等，2018）

Fig. 6-97　Geological map of Xiaodongkeng mining area

2. 构造

1) 断裂构造

矿区内发育下列 5 组主干断裂。

东西向断裂：以矿区中部被石英斑岩充填的一组断裂为代表。总体走向东西，倾向以北为主，倾角 54°~72°，已知沿走向呈舒缓波状，推测沿倾向亦呈舒缓波状。是区内燕山构造－岩浆旋回中生成较早的一组断裂。

北东东向断裂：是控制成矿的主要构造。规模大，分布广，多次活动，性质复杂。以矿区南部 F_1 断裂带为代表。

北北东向断裂：主要以较密集的成矿后压扭性小断层的形式出现于矿化范围内。一般走向 10°~30°，倾向北西，倾角较缓（30°~50°），少数同一产状的裂隙被含钨石英脉充填。

北西向断裂：F_6 位于矿区东部，延长 70m，走向北西，倾向 247°，倾角 70°。表现为构造角砾，角砾为变质石英砂岩和板岩，大小不等，呈棱角状；胶结物为断层泥、砂质和铁质。断层本身被破碎、不规则、不连续的石英充填，根据断层结构面的擦痕，为上盘南移的平移断层。

南北向断裂：F_7总体呈南北走向，倾向西，倾角74°，延长400m。断裂以破碎挤压为特征，挤压片理化较强，大多为破碎硅化岩所充填，偶见石英碎块。可见错断东西向矿脉，错距约2m。由于受其他构造的干扰，断裂在北端有向北北东偏转的趋势。

2) 裂隙

矿区成矿裂隙十分发育，从0m中段矿脉（裂隙）走向玫瑰花图（图6-98）可看出矿区的成矿裂隙主要为北北东向、北东东向，少数为北东向和北西西向。这些裂隙形成于成岩成矿过程。

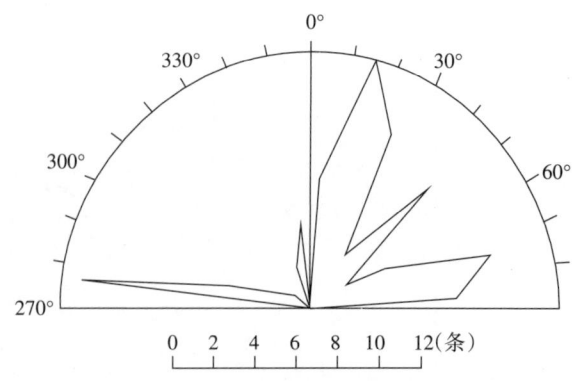

图6-98 小东坑矿区矿脉走向玫瑰花图
Fig.6-98 Rose map of vein strike in Xiaodongkeng mining area

3. 岩浆岩

矿区深部隐伏的花岗岩为大埠隐伏岩体向东延伸的小凸起，为中细粒似斑状黑云母花岗岩和花岗斑岩，控制小东坑钨矿床定位。矿体在空间上均产于花岗岩凸起的上部或附近，矿化沿围岩地层中具有一定规模的裂隙构造充填。

矿区内的矿脉分布与隐伏花岗岩体的形态密切相关，特别是隐伏花岗岩的次一级隆起或岩体顶面控制外接触带脉带（矿脉）的产出，在岩体顶面平缓地段及岩脉发育地段，其上部围岩矿脉发育，条数多，密度高且厚度大、品位富。

4. 围岩蚀变特征

石英脉旁侧的围岩蚀变主要有硅化、电气石化、绿泥石化、白云母化、绢云母化、黄铁矿化，其中与成矿关系密切的是硅化。

（二）矿床地质

1. 矿体地质特征

1) 地表矿化标志带特征

矿区仅表露有北东东向细脉或线脉带，出露标高450~300m，未见工业矿化体。每个脉带由十几个至几十个首尾相连或平列和侧列小带组成，小带含脉密度至少达2条/m，带宽5m之内连续出现者圈带。每个小带均由1条至数条脉幅稍大（≥1mm）、延长较稳定的主干脉组成，绝大多数为0.1~1cm的石英线、云母线或网状的褐铁矿化细脉。根据含脉密度和断续连接情况将全区细脉划分为14个细脉矿化标志带（≥2条/m）。总体来看，地表花岗斑岩脉以南，脉带较好；岩脉以北，脉带次之。大多数细脉中的黑钨矿已风化为黄褐色及黑灰色的铁锰质。其次见少量锡石，晶体很小，粒径一般为0.1~0.3cm，多靠近脉壁产出。云母以金云母为主，主要产于脉壁呈镶边状，或在小脉和细脉中构成石英云母线或云母线。萤石以紫色为主，脉中、脉壁均有产出。矿化大致有向下增高的趋势。地表标志带中石英线脉向下变大得不明显，深部隐伏的工业矿体与地表标志带在垂直方向上不对应。已知的隐伏钨矿体头部集中于F_1断层以北标高350~200m范围内。

2) 矿体特征

小东坑矿区脉钨矿床主体的石英脉是全隐伏的近北北东向较缓脉组，其次是北东东向陡脉组。深部隐伏岩体的就位和矿脉的就位受北北东向断裂的控制，制约着矿床的分布、矿脉展布方向和排列组合形式（图6-99）。

矿区范围长800m，宽700m，面积约0.52km²。矿脉组呈平行、密集、间疏、分组成带展布，出露标高350m，工业矿化的下限已知可达标高-300m，矿化深度650m。已编号的矿脉有41条，脉幅总厚14.66m，脉间距一般3~10m，最大20m，最小2m。

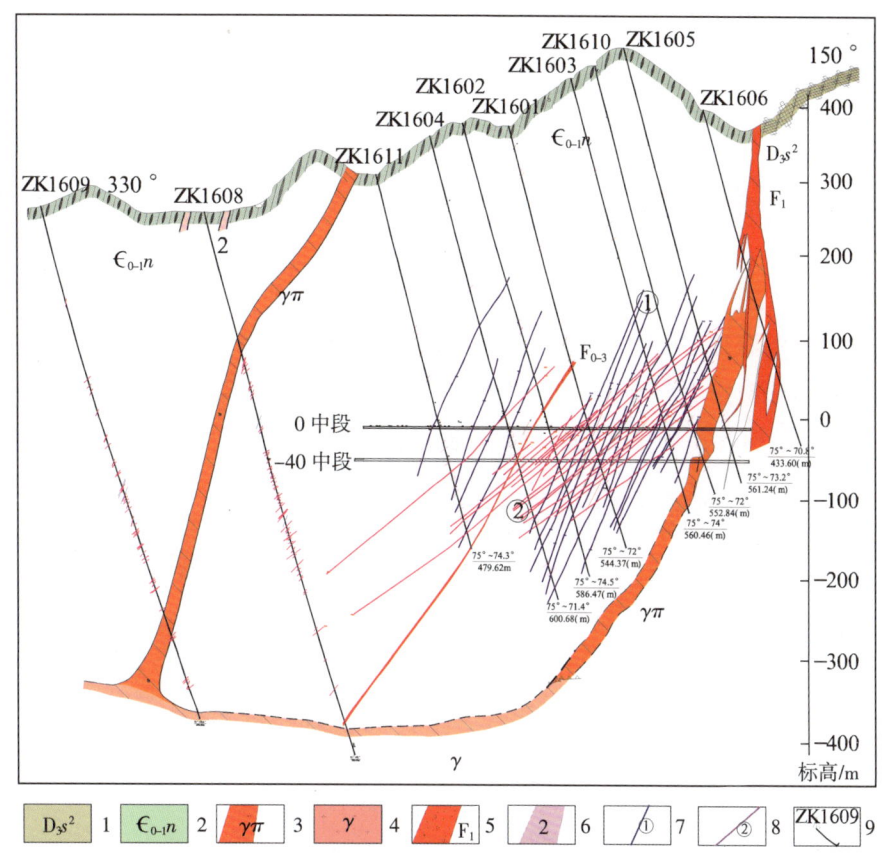

1—上泥盆统三门滩组上段；2—底下寒武统牛角河组；3—花岗斑岩脉；4—花岗岩；5—断层和破碎带及编号；
6—矿化标志带及编号；7—北东东向陡矿脉及编号；8—北北东向缓矿脉及编号；9—竣工钻孔及编号。

图6-99 小东坑钨矿区16线剖面图（据谢明璜等，2018）
Fig. 6-99 Section of line 16 in Xiaodongkeng tungsten mine area

矿区由北向南分成两个脉组，即北北东向脉组和北东东向脉组。

北北东向矿脉：走向5°~15°，倾向北西西，倾角45°~55°，脉带走向延长520m，延深450m。单脉走向长160~430m，倾向延深150~450m，标高-200m以下均有矿脉存在。脉幅一般为0.10~0.25m，平均0.19m，最厚0.42m。WO_3平均品位2.39%。有编号矿脉21条，脉幅总厚3.28m，脉间距一般3~10m，最小的2m，最大的15m。矿脉以缓倾斜产出，沿走向、倾向变化很大，由北西往南东方向侧伏。在水平断面图上表现为由南南东往北北西呈左行雁列式排列。矿体形态较简单，连续性较好，厚度变化较大，呈明显的舒缓波状，尖灭侧现、再现常见，局部具分支复合现象。主矿体为V212、V215、V237。

北东东向矿脉：矿脉走向55°~65°，倾向北西，倾角55°~75°。脉带走向延长800m，倾向延深650m。单脉走向延长100~410m，倾向延深120~358m。脉幅一般0.1~0.25m，平均0.22m，最大可达0.37m。WO_3平均品位2.78%。有编号的矿脉19条，脉幅总厚3.48m，脉间距5~10m，最大20m，最小5m。矿体形态较简单，连续性较好，但厚度变化较大，局部具分支复合现象，脉幅明显反映出中部大，上、下部较小，沿走向和倾向尖灭侧现、再现常见。主矿体为V109、V129、V301。

2. 矿石特征

1）矿物组成

矿区已发现矿物近30种。钨矿物主要为黑钨矿，次为白钨矿；铜矿物以黄铜矿为主，偶见银黝铜矿；铋矿物以斜方辉铋铅矿居多，次为辉铋矿和自然铋；锡矿物主要为锡石和黝锡矿；独立的银矿物见辉银矿、硫铋银矿，但含量甚微；其他金属硫化物较常见的有黄铁矿、白铁矿，次为磁黄铁矿、毒砂、闪锌矿、磁铁矿、钛铁矿和金红石。

脉石矿物最主要的是石英，次为黑云母、白云母、绢云母、斜长石、钾长石、绿泥石、方解石、白云石、菱铁矿和萤石；尚见少量阳起石、透辉石、石榴子石、褐帘石等。

2）矿石组构

矿石常见的结构有结晶作用形成的自形—半自形粒状结构和他形粒状结构，交代作用形成的乳滴状结构，压力作用形成的碎裂结构和揉皱状结构。

常见的矿石构造有热液作用形成的脉状穿插构造、块状构造、浸染状构造、细脉状－树枝状构造、胶状构造、晶洞（晶簇）构造、条带状构造、梳状构造和压力形成的角砾状构造。风化后呈粉末状构造。

3. 成矿期次

矿区主要矿物的生成顺序划分为高温热液阶段、中温热液阶段和低温热液阶段。

锡石、黑钨矿、白钨矿早于硫化物，而闪锌矿、黄铜矿、磁黄铁矿等硫化物紧密共生。方铅矿晶出一般较晚。矿床受燕山期花岗岩侵入体的控制，构成由高温到低温不同阶段的矿物组合。

高温热液阶段：金属矿物组合有黑钨矿、黄铁矿、黄铜矿、锡石、辉铋矿、毒砂。非金属矿物组合有石英、黄玉、白云母、萤石、钾长石。围岩蚀变中，硅化是主要的蚀变，发育于矿体的上、下围岩及含矿构造带中，它由早期富硅的含矿溶液交代围岩而成，对后期阶段的含矿热液的运移起着屏蔽作用，其次是电气石化、黄铁矿化。

中温热液阶段：早期金属矿物组合有黑钨矿、黄铜矿、黄铁矿、闪锌矿、辉铋矿、辉钼矿、含银硫矿物；晚期金属矿物组合有黄铁矿、黄铜矿、闪锌矿、方铅矿、黑钨矿。非金属矿物组合有石英、白云母、黄玉、萤石、钾长石、氟磷酸铁锰矿、绿泥石。围岩蚀变主要有硅化、黄铁矿化、萤石化、电气石化、黑云母化、白云母化和黄玉化。

低温热液阶段：金属矿物为黄铁矿，非金属矿物组合有石英、方解石和萤石。围岩蚀变主要有硅化和黄铁矿化。

4. 矿化富集规律

（1）矿脉均分布于寒武系浅变质岩内。矿化富集区段处于两组矿脉相交或矿脉发生转变的部位，沿走向在矿脉中部羽毛状裂隙比较发育、夹石较多的地方，以及在矿脉分支、弯曲、尖灭的情况下，黑钨矿、黄铜矿、斑铜矿及黄铁矿等矿物较为富集。

（2）矿化富集区段处于总脉幅之和最大的部位。在矿脉脉幅较大的中部，常常可见黑钨矿聚集成囊状。钨矿化强度与硅化最为密切。自上而下，黑钨矿晶体由小→大→小、由自形到他形、由均匀到不均匀，赋存部位由脉壁到脉中，含量由较多→多→无。

（3）方解石愈到矿床的下部愈多。萤石普遍发育，多产于矿脉上盘脉壁处，随着深度的增加颜色变浅。

(三) 找矿远景预测

矿床经过勘探工作，初步探明矿床规模达中型以上。矿体沿倾向未完全控制，在 F_1 断层的下盘仅有少量的钻孔控制，均揭露到具有工业价值的钨矿体。在矿区的东、西方向工程仅探到矿体的边部；矿区最北部仅有一个钻孔（16线ZK1609孔）控制，见一组有工业价值的矿脉。因此，小东坑矿区周边4线以东和34线以西沿着 F_1 断层上、下盘接触带附近均有找矿前景。

通过地表缓倾斜小矿脉追踪，在小东坑发现走向北北东、倾向北西西的矿脉群，可能是隐伏岩体上方扇状组合矿脉东半部，推断矿区西部有可能产出向南东东倾斜的另一组矿脉，而相向倾斜的矿脉组交会部位可能是隐伏含矿花岗岩产出的有利部位。矿床规模有进一步扩大的潜力。

十八、遂川县凤凰山钨矿床

矿区位于遂川县城335°方向直距约10km处，属遂川县大坑乡管辖，位于灵潭村一带。1958年由江西省地质局区域测量大队发现，经江西冶勘十三队普查；2009—2013年，赣州鑫宇矿冶有限公司对凤凰山矿区进行普查、详查，估算（控制+推断）资源量矿石量 9264.93×10^4 t，WO_3 28851t，WO_3 平均品位0.311%。凤凰山矿床为一处罕见的石英脉型以白钨矿为主的中型矿床，是万洋山区找钨的一个突破。

(一) 矿区地质

凤凰山钨矿床处在万洋山隆起东部，黄坳断裂带南东一系列背向斜所组成的北北西向基底褶皱带中南部，凤凰山背斜轴部附近，背斜往北西倾伏。矿区属于诸广山成矿亚带北部，万洋山地区东部钨矿床稀少地区。

1. 矿区地层

矿区内出露地层有寒武系和第四系（图6-100）。

底下寒武统牛角河组（$\epsilon_{0-1}n$）分为3个岩性段。

下段（$\epsilon_{0-1}n^1$）：位于矿区中部，主要岩性为角岩化中细粒长石石英砂岩，浅黄色、浅灰—青灰色，变余泥砂质结构。矿区地层总体产状为走向北北西，倾向南南东或北东东，倾角50°~85°，厚度74.99m，为主要赋矿层段。

中段（$\epsilon_{0-1}n^2$）：位于矿区的中东部及中西部，主要岩性为砂质板岩，深灰—灰色，岩石裂隙较发育。地层总体产状为走向北北西，倾向南南东或北东东，倾角55°~85°。

上段（$\epsilon_{0-1}n^3$）：位于矿区的东侧及西侧，主要岩性为变质砂岩，灰—浅灰色，厚度409.51m。

2. 构造

1）褶皱

矿区主要出露寒武系浅变质岩，构成北西向展布的凤凰山背斜，走向330°，倾向南西翼南西西、北东翼北东东，倾角30°~80°。轴部为牛角河组（$\epsilon_{0-1}n$），远离轴部的北东翼为高滩群（ϵ_2g）。轴部地段为矿区硅化最强烈地段，也是钨矿体分布地段，因此矿区含矿断裂裂隙带的形成与背斜有密切的关系。

2）断裂容矿裂隙

区内断裂与容矿裂隙主要呈北北西向，分布在北西向凤凰山背斜轴部，总长1400多米，宽55~

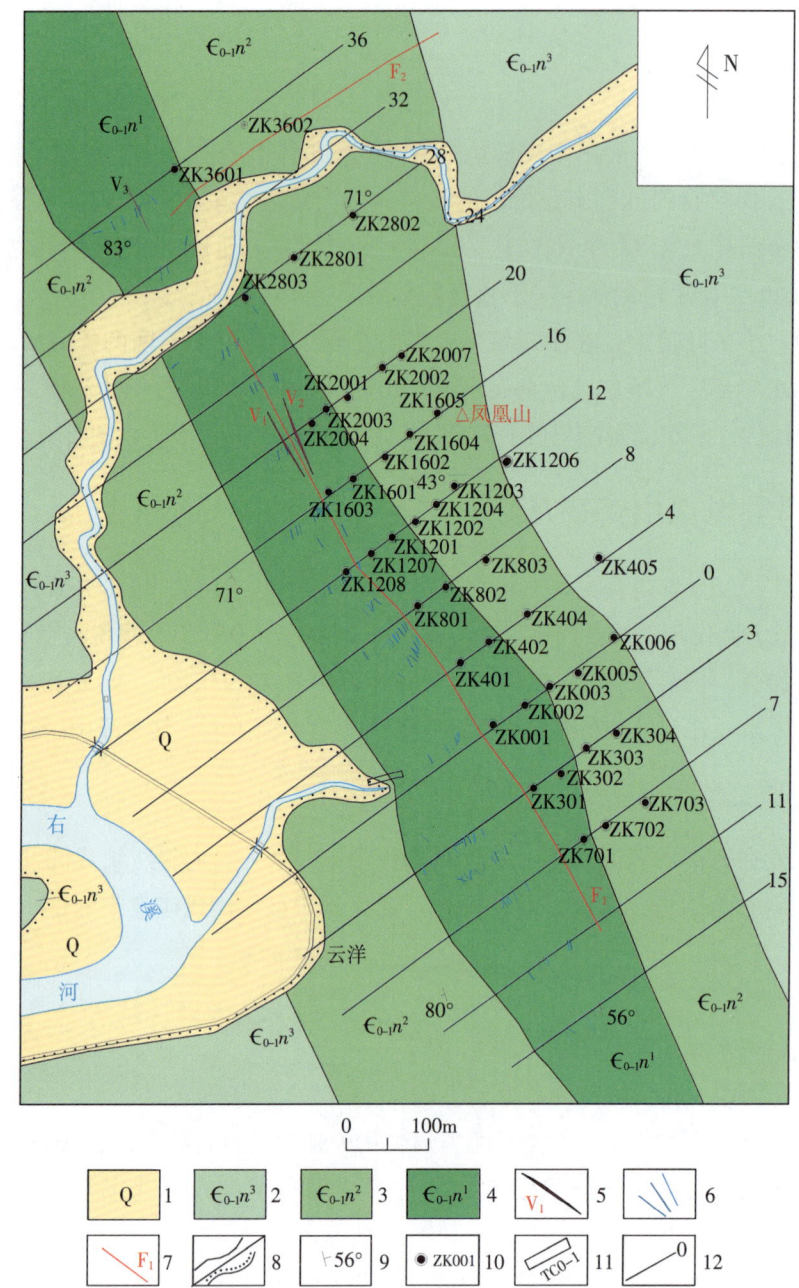

1—第四系;2—底下寒武统牛角河组上段;3—底下寒武统牛角河组中段;4—底下寒武统牛角河组下段;
5—矿体及编号;6—石英脉;7—断层及编号;8—整合地质界线/不整合地质界线;9—地层产状;
10—钻孔及编号;11—探槽及编号;12—勘探线及编号。

图 6-100　凤凰山钨矿区地质图（据李淑琴等，2020）

Fig. 6-100　Geological map of Fenghuangshan tungsten mining area

85m，延深 200~750m，由许多平行的、密集的断裂裂隙组成，走向 320°~340°，与背斜轴部平行，倾向北东，倾角 73°~87°，平行的含矿石英脉密集充填在断裂裂隙带。

3. 岩浆岩

矿区内地表未见岩浆岩出露，在部分钻孔深部相继见到花岗岩体，为中细粒弱云英岩化含电气石二长花岗岩，具富硅、富钾、低钙镁特征，推测为燕山期花岗岩。

4. 围岩变质与蚀变

矿区围岩变质主要为角岩化。岩石已遭受了弱的接触热变质作用，角岩化主要表现为原岩之泥质胶结物受热重结晶为显微他形粒状长石、石英和显微鳞片状次生黑云母等变晶所取代。在岩体周边形成广泛的热接触变质晕（带），宽达数百米，围绕岩体呈环带状分布。

近矿围岩蚀变主要有云英岩化、硅化和白云母化。

云英岩化：线型蚀变沿石英脉侧发育，面型蚀变主要发育在中细粒二云母花岗岩中。

硅化：位于矿脉近旁两侧围岩，硅质增高，质地坚硬，呈灰白色。石英细脉越发育，硅化越强。

白云母化：沿裂隙顺片理产出短脉和定向分布的白云母线脉体，石英脉两侧脉壁有白云母聚集。

（二）矿床地质

1. 矿体地质

矿体主要分布在北北西向凤凰山背斜轴的北北西向断裂裂隙带内（图6-101）。圈出钨矿体26条，具半隐伏特征，浅部为石英细脉标志带，其下为大脉细脉带矿体，控制深度-600m，未完全控制，具

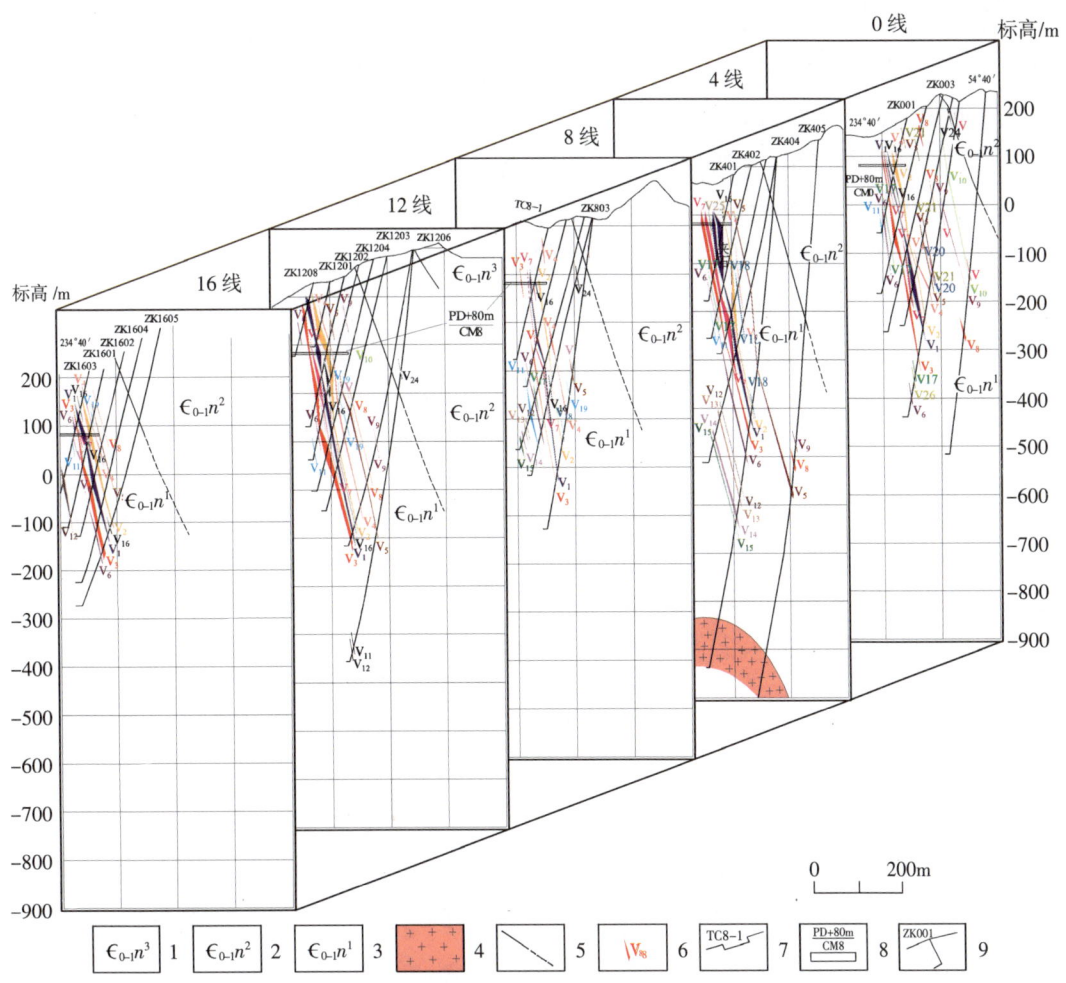

1—底下寒武统牛角河组上段；2—底下寒武统牛角河组中段；3—底下寒武统牛角河组下段；4—花岗岩；5—地质界线；6—矿体及编号（每种颜色对应一条矿体）；7—槽探及编号；8—穿脉坑道及编号；9—钻孔及编号。

图6-101 凤凰山钨矿区联合剖面图（据李淑琴等，2020）

Fig. 6-101 Combined profile of Fenghuangshan tungsten mining area

"五层楼"矿床特征。一个单工程矿体中的石英脉少者 3~5 条，多者有几十条，矿体产状走向 320°~340°，倾向北东，倾角 65°~87°。

2. 矿石特征

矿石为含白钨矿、黑钨矿的石英脉体和白钨矿化、黑钨矿化、角岩化长石石英砂岩的混合矿石。矿石矿物成分比较简单，金属矿物主要有白钨矿、黑钨矿、黄铁矿、辉钼矿、辉铋矿、锡石、褐铁矿、赤铁矿、磁铁矿等。矿区物相分析结果显示黑钨矿/白钨矿约为 1:3.86。

白钨矿见于石英脉中或分布于其他蚀变岩中，灰白黄—黄灰色，常为半自形—他形的单独颗粒或粒状集合体，粒径为 0.02~0.8mm。黑钨矿仅见于部分石英脉中。

非金属矿物成分较复杂，包括石英、长石、黑云母、白云母、绢云母、水云母、高岭石、电气石、黄玉、碳酸盐矿物等。

3. 矿床成因

矿床为燕山期花岗岩浆高温热液"五层楼"式石英脉白钨（黑钨）矿床。

（三）找矿远景预测

矿区钨矿床北西向主矿带具有钨矿"五层楼"的特征，向深部石英脉由小变大，矿化强度增高，深部圈出厚大矿体，钻孔控制垂深已达到 -600m，矿体还没有尖灭，深部钻孔控制不足，还有很多地段能增加资源量。在 4 号勘探线 ZK403 和 ZK405 孔标高 -700m 处见燕山期侵入的花岗岩体，岩体上部变质岩发生强烈的角岩化，并有区域微弱布格重力异常，预测深部岩体规模较大，在岩体的上凸部位可能形成蚀变花岗岩型钨矿床，值得今后进行钻孔验证。

根据矿区周边 1:1 万地质填图和 1:1 万化探次生晕测量结果，在矿区北部的黄坑口区段和南部的后园区段，地表有石英细脉带和较好的化探 W、Cu、Mo 异常，深部有很好的找矿前景。

十九、泰和县小龙钨矿床

小龙矿区位于泰和县城 115° 方位直距 40km 处。地理坐标：东经 115°14′41″—115°15′57″，北纬 26°40′43″—26°41′21″。

小龙钨矿床发现于 1924 年，迄今已历经近百年的开采，江西冶金地质勘查单位、矿山地质部门开展过多次的地质工作。累计探明资源储量 WO_3 2.29×10⁴t，属中型钨矿床。

（一）矿区地质

小龙钨矿位于于山成钨亚带，小龙－画眉坳矿集区西部。

1. 地层

矿区地层以上震旦统、底下寒武统为主，沿沟谷分布有第四系。上震旦统老虎塘组为一套浅变质岩系，是矿区的赋矿围岩。岩性主要为浅变质的长石石英砂岩、石英砂岩、石英粉砂岩、板岩、硅质岩等。地层走向 25°~80°，多数 60°，倾向北西，局部倾向南东，倾角 40°~80°，黄土坳、上紫坑一带部分地层受构造影响弯曲成东西走向或北西西走向。

2. 岩浆岩

燕山早期成矿花岗岩株隐伏于矿区地下深部，石英斑岩、花岗斑岩、闪长玢岩、花岗岩和安山玢岩等各种岩脉甚为发育。燕山早期花岗岩体按岩性分为白云母花岗岩、二云母花岗岩、黑云母花岗岩。

(1) 白云母花岗岩：主要呈脉状、岩枝状产出，也呈面状分布于隐伏花岗岩体顶面。其产出标高较高，麻疯崬和松寺区南部在标高160m开始出现白云母花岗岩脉，松寺区段南部常见白云母花岗岩脉（已云英岩化）与钨矿石英脉充填于同一北西向裂隙中，二者形影相随，往往含钨石英脉居中，花岗岩位于两侧，这是成矿裂隙多次开张、反复充填的结果。白云母花岗岩在深部规模逐渐增大，岩枝厚度超过100m，分布于岩体顶面的厚度为30~90m。

(2) 二云母花岗岩：为白云母花岗岩与黑云母花岗岩的过渡产物，厚度数十米，矿区赋存深度在标高-200m以下。

(3) 黑云母花岗岩：赋存深度主要在标高-240m以下，是东侧东固花岗岩基的卫星岩株。花岗岩体有南、北两个峰，南峰呈北东向展布，顶部标高-170m，位于麻疯崬区段南部；北峰呈近东西向展布，顶部标高-220m，位于松寺区段东部；矿区东部黄土坳区段钻孔至标高-280m仍未见花岗岩，可见其隐伏很深。花岗岩体南峰较陡，南面坡度为20°~30°；北峰平缓，南西陡，北东缓，坡度3°~15°。

白云母花岗岩、二云母花岗岩、黑云母花岗斑岩三者为渐变关系，在空间分布上自上而下属于同源分异演化的产物。

3. 构造

矿区位于东固近南北向复背斜西翼，水槎、东固两条北北东向断裂带之间。矿区东部有F_1北东向断裂，倾向北西，倾角70°，以压性为主，兼具左行扭动，该断层经过多期次活动，对成岩成矿具有控制作用；北北东向构造以F_2断层为代表，斜贯矿区中部，走向20°~30°，倾向北西，倾角50°~80°，成矿前后均有活动，是以压为主的压扭性断层，是控岩控矿的主要构造。据工程揭露，矿区深部隐伏花岗岩体峰脊沿F_2断层作南北向分布，具有工业价值的矿化区段位于其上、下盘，上盘为松寺区段，下盘为麻疯崬区段（图6-102）。

矿区发育4组容矿构造裂隙。

(1) 东西向构造裂隙：走向80°~90°，倾向南，倾角65°~70°，在矿区内普遍发育，主要分布于麻疯崬区段北组和黄土坳区段，裂隙短小密集，平行排列，具侧幕状，脉壁粗糙不平，已知工业矿化深度在300m左右。

(2) 北西向构造裂隙：该组裂隙走向295°~335°，倾向北北东，倾角60°~85°，以松寺区段最为发育，构成松山坳、寺前山北西向裂隙带，纵横延展规模较大，分支复合，形态多变，脉壁光滑，常见擦痕，具剪性特征，深部有向北西方向延展的趋势，已知矿化深度达400m以上，是本区重要的成矿裂隙。

(3) 北东向构造裂隙：以麻疯崬区段深部最为发育，走向25°~65°，倾向南东，倾角50°~80°，构成中、南组工业矿体，已知矿化深度达450m以上，是矿区最重要的容矿构造。

(4) 南北向构造裂隙：分布在麻疯崬区段东部和松寺区段西端，倾向东，倾角60°~70°，平行排列，工业矿化深度300~350m。

（二）矿床地质

1. 矿床类型及矿体分布

小龙钨矿床矿化面积1.75km²，分为麻疯崬、松寺、黄土坳、上崇坑4个区段，其中前3个区段为本区成矿的重要区段。含矿石英脉均赋存于震旦系变质岩中，少量石英脉延伸进入隐伏花岗岩内。

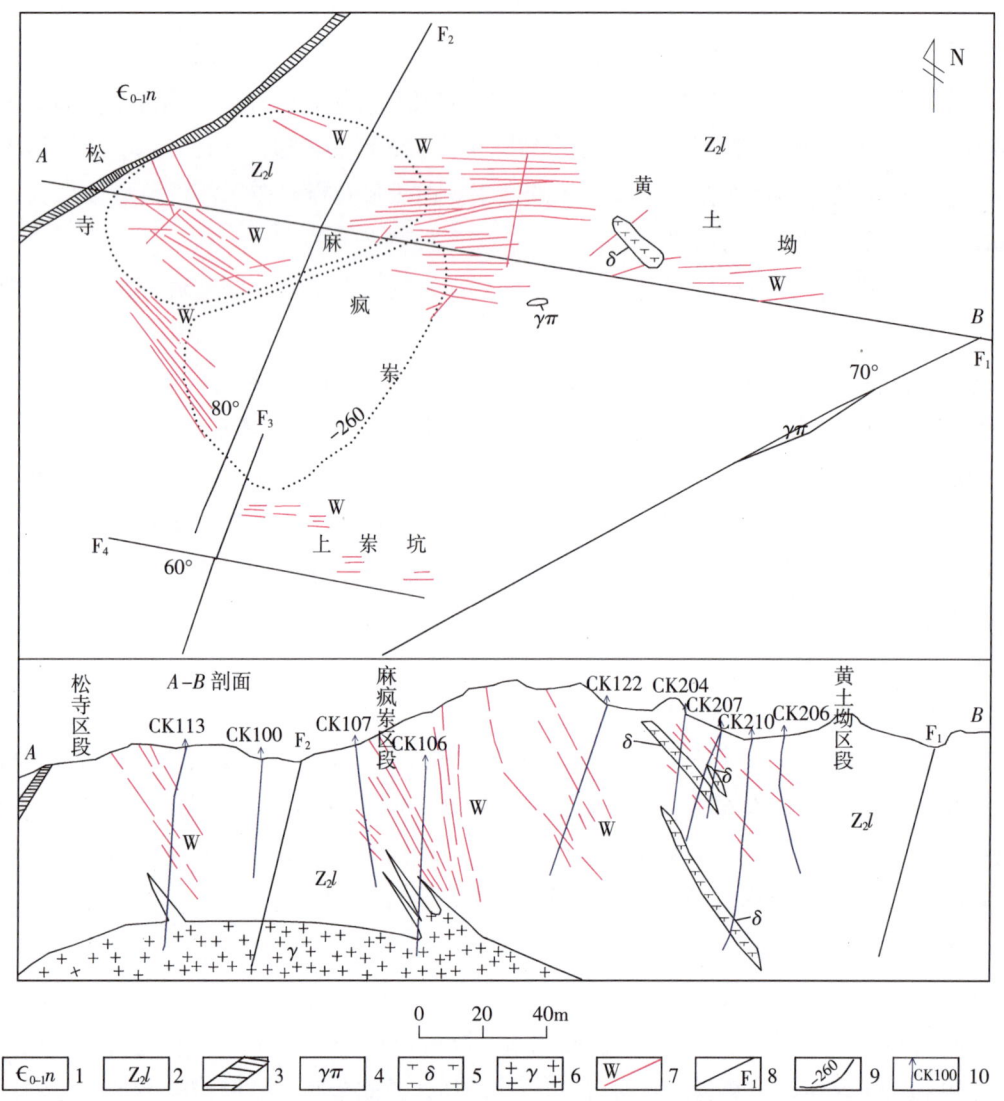

1—底下寒武统牛角河组；2—上震旦统老虎塘组；3—硅质层；4—花岗斑岩脉；5—闪长岩脉；6—花岗岩；
7—钨矿脉；8—断层及编号；9—隐伏岩体范围及深度（m）；10—钻孔及编号。

图 6-102 小龙钨矿地质略图

Fig. 6-102 Geological sketch of Xiaolong tungsten mine

矿脉按走向可分为东西向、北东向、北西向、南北向 4 组，主要受构造和隐伏花岗岩体控制。F_2 断层上盘的松寺区段以北西向矿脉为主，下盘麻疯崟区段以东西向、北东向、南北向矿脉为主。矿脉的矿化强度、深度与隐伏岩体的深度及其凸起展布方向密切相关。矿体侧列等现象多见。脉组成组成带出现，在 F_2 断层附近 600m 范围内成群成组按一定间距平行排列。矿床上部为石英脉型，深部为云英岩型，二者为同源、不同环境的产物，在空间上常相伴产出，有的甚至相连通，可同时开采利用。

1）麻疯崟区段

麻疯崟区段位于矿区中部，F_1 断层下盘，地表矿化带长、宽约 500m。按自然排列组合成北、中、南 3 个脉组及南北向脉组。

（1）北组脉带：北组脉带长 500m，宽 100m，走向 80°~90°，局部走向北东、北西，倾向南为主，倾角 70°。矿化区间标高 500~600m。矿脉脉幅 0.1~1.4m，平均 0.2~0.4m，脉组平均品位 WO_3 1.553%。矿脉中部厚度大，自上往下分为薄脉带、大脉带、尖灭带。

(2) 中组脉带：中组脉带位于北组矿脉以南，带长 500m、宽 100m，矿脉走向浅部以东西向为主，往下常被北东向矿脉代替，矿脉倾向南，倾角 50°~80°，上陡下缓，东陡西缓，矿脉走向长 100~400m，延深 50~390m，矿化区间标高 500~600m，略具向南西侧伏趋势。矿脉脉幅 0.1~1.8m，平均 0.13~0.56m，平均品位 WO_3 1.648%。

(3) 南组脉带：南组脉带位于中组脉带南部，地表脉带长 380m、宽 200m，矿脉走向地表以东西向为主，矿脉倾向南东，局部倾向北西，倾角 70°~75°。矿脉走向控制长 50~220m，延深 240~450m，矿脉平均厚度 0.19~0.38m，平均品位 WO_3 1.81%。

(4) 南北向脉组：在麻疯崇区段的东侧，发育南北向的盲矿脉，长 400m、宽 20m，倾向东，倾角 60°~75°，走向长 50~390m，平均厚度 0.16~0.54m，平均品位 WO_3 1.591%，矿化区间标高 0~390m。

2) 松寺区段

松寺区段位于矿区西部，F_2 断层上盘矿化面积 0.5km²，在距离 F_2 断层 600m 范围内，含矿石英脉成组成带按 100~200m 间距略具雁列式排列。按矿脉空间展布，分为北、中、南 3 个脉组。

(1) 北脉组矿化较弱，矿脉稀散，走向北西，倾向南西，倾角 70°~80°，厚度 0.03~1.9m。

(2) 中脉组长 400~500m，走向北西，倾向北东，倾角 70°~80°，厚度 0.12~0.22m。

(3) 南脉组长 500m，走向北西，倾向北东，倾角 70°~80°，厚度 0.12~0.22m。

3 个脉组平均品位 WO_3 1.314%。

3) 黄土坳区段

黄土坳区段位于矿区东部，矿化带东西长 1000m、南北宽 200~800m。矿脉走向南东东，倾向南或北，倾角 60°~80°。区段内有少量北东向，倾向南东的矿脉。矿脉长 30~260m，脉幅 0.03~0.06m，平均品位 WO_3 0.926%。

4) 上紫坑区段

上紫坑区段位于矿区南缘。矿化带由石英云母线、1~10cm 石英细脉群组成，长 500m，宽 500m，面积 0.25km²。矿脉走向 80°~100°，倾向北，倾角 75°~85°。矿脉具有脉体细小多变、膨缩迅速特点，探槽内脉体由一壁延伸不到另一壁尖灭的现象屡见不鲜。垂向形态分带极不明显，地表标志带中部石英云母线脉、细脉分段密集成组出现，往下大部脉体迅速尖灭，部分主干脉断续延伸较大，但延伸数百米仍然是细脉、薄脉。矿化弱，品位低，平均品位 WO_3 0.108%，地表局部品位较高，往下变贫，没有出现工业矿体。深部隐伏岩体顶部白云母花岗岩、部分白云母花岗岩枝，具有云英岩型钨矿化，平均品位 WO_3 0.127%，局部 WO_3 品位达到工业要求，赋存标高在 -200m 以下，规模有限，品位偏低。

2. 矿石物质成分

(1) 矿物组成：金属矿物有黑钨矿、白钨矿、黄铜矿、方铅矿、闪锌矿、辉铋矿、辉钼矿、黄铁矿、锡石、毒砂、绿柱石、锆石、辉锑矿、自然铋、自然银等；脉石矿物主要有石英、白云母、电气石、长石、萤石、磷灰石、黄玉、方解石等；次生矿物有钨华、铋华、泡铋矿、钼华、孔雀石、铜蓝、褐铁矿、软锰矿等。

化学成分：矿石物质组分查定研究表明，矿石化学组成元素较少，主要成分为 SiO_2，含量占

92.23%，其他元素含量低微；有用组分主要为WO_3、Cu、Ag。从矿床上部到下部没有明显变化。

（2）矿石结构主要有半自形、他形晶粒状结构，局部具压碎结构。矿石构造主要有块状构造。矿脉的上部、尾部具梳状和晶洞构造。白钨矿往往具细脉状、树枝状、网脉状构造。

（3）矿物的生成顺序：主要成矿阶段金属矿物生成顺序是黑钨矿－白钨矿－黄铁矿－雌黄铁矿－毒砂－闪锌矿－黄铜矿－自然铋。

（4）矿石类型：大致可分为块状石英脉型矿石和条带状石英脉型矿石两种自然类型。

3. 变质作用和围岩蚀变

矿区接触变质作用叠加在区域变质作用之上，变质强度与距离隐伏岩体远近相关。自隐伏岩体向外，大致可以分为3个变质带，即角岩带、角岩化带、斑点板岩带，带厚分别为0~170m、100~200m、40~400m。工业矿体主要赋存于花岗岩外接触带——角岩化带之上。围岩蚀变主要有云英岩化、黑云母化、电气石化、硅化等。

（三）矿床成因

1. 成矿温度

矿区包裹体测温研究结果表明：钨矿石英脉形成温度210~430℃，平均316℃，属高中温热液矿床。矿床垂向上由上往下，成矿温度升高。

2. 成矿盐度

含盐种类为NaCl，盐度随温度升高而增加，垂向变化明显，由下往上成矿盐度升高（表6-33）。盐度等值线与石英等值线变化似乎一致，具有相似的形态、产状特征。

表6-33 小龙钨矿39号脉包裹体盐度、温度一览表

Table 6-33 Salinity and temperature of inclusions in vein 39 of Xiaolong tungsten mine

采样标高/m	样数/个	石英包体盐度/% NaCleqv	石英包体温度/℃	黑钨矿包体温度/℃
258	2	8.6	318	250
210	2	17.8	333	325
160	2	21.2	325	370

3. 成矿阶段

（1）第一阶段为硅酸盐阶段，是成矿的早期，形成的脉体有云英岩型钨矿、长石石英脉、矽卡岩。云英岩型钨矿位于隐伏岩体上部白云母花岗岩中，岩体表面，岩枝、岩脉部分具钨矿化，WO_3品位有的达到工业要求，上紫坑、松寺区、麻疯窠区段钻孔中均具有这种脉体；长石石英脉见于矿区南部隐伏岩体内，组成矿物为石英及微斜长石块体，金属矿物罕见；矽卡岩沿钙质岩层裂隙发育成不规则、似层状，多以矽卡岩化砂岩、板岩形式出现。矽卡岩矿物有透闪石、帘石、石榴子石、白钨矿。不规则石英体中有的含粒状松脂光泽白钨矿，这些脉体形成早于含黑钨矿石英脉，它们均被后者切穿。

（2）第二阶段为黑钨矿、白钨矿阶段，是主要的矿化阶段，具有工业价值的钨矿体绝大部分在本阶段形成。按矿石组合不同可以分为2种脉体：黑钨矿白钨矿电气石硫化物石英脉和黑钨矿白钨矿白云母硫化物石英脉。

（3）第三阶段为石英硫化物阶段，形成白钨矿硫化物石英脉和电气石硫化物石英脉。

(4) 第四阶段为碳酸盐阶段，是矿化的尾声，形成少量萤石、方解石脉，结束全部成矿热液活动。

4. 成矿机制

小龙矿床成矿裂隙构造属新华夏系构造，其中中组矿脉浅部走向东西，深部转为北东，其成矿机制有待查明。

二十、兴国县画眉坳钨矿床

画眉坳钨矿区位于江西省赣州市兴国县与宁都县交界处，南西距离兴国县城约55km。地理坐标：东经115°50′36″—115°51′50″，北纬26°30′47″—26°31′54″，矿区面积2.4992km²。

画眉坳钨矿是1941年7月由当地矿工发现的。其后众多矿工闻风而至，最多时达万人左右。1941年开始先后有马振图、吴磊伯、严坤元、康永孚等到该区开展地质调查。

1953年始，先后有重工业部地质局长沙地质勘探公司二〇七地质队、画眉矿山地质队、冶金部地质局江西分局二一〇地质队和二二四地质队、江西省地质局钨矿普查勘探大队到矿区做过勘查。1962—1965年江西有色冶金地质勘探公司六一八队对矿区主带进行补充勘探，还对雷公地进行了评价工作；1975—1979年江西有色冶金地质勘探公司二队对主带10m中段以下进行了深部详细评价，并对雷公地区段进行了初步勘探。累计探明资源储量WO₃ 10.29×10⁴t，品位1.45%，BeO 5074t，品位0.05%，伴生有铜、锌等矿均可利用。

（一）矿区地质

画眉坳矿区处于于山成矿带中北部，小龙－画眉坳矿集区西部。其东、西两侧分别为青塘－银坑坳陷带、兴国断陷盆地。

1. 地层

区内出露地层主要由中上南华统沙坝黄组变质岩组成，其岩性有含砾变质砂岩、含铁硅质岩、凝灰岩、硅质千枚岩、钙质板岩、片岩等，总厚度大于1200m（图6-103）。

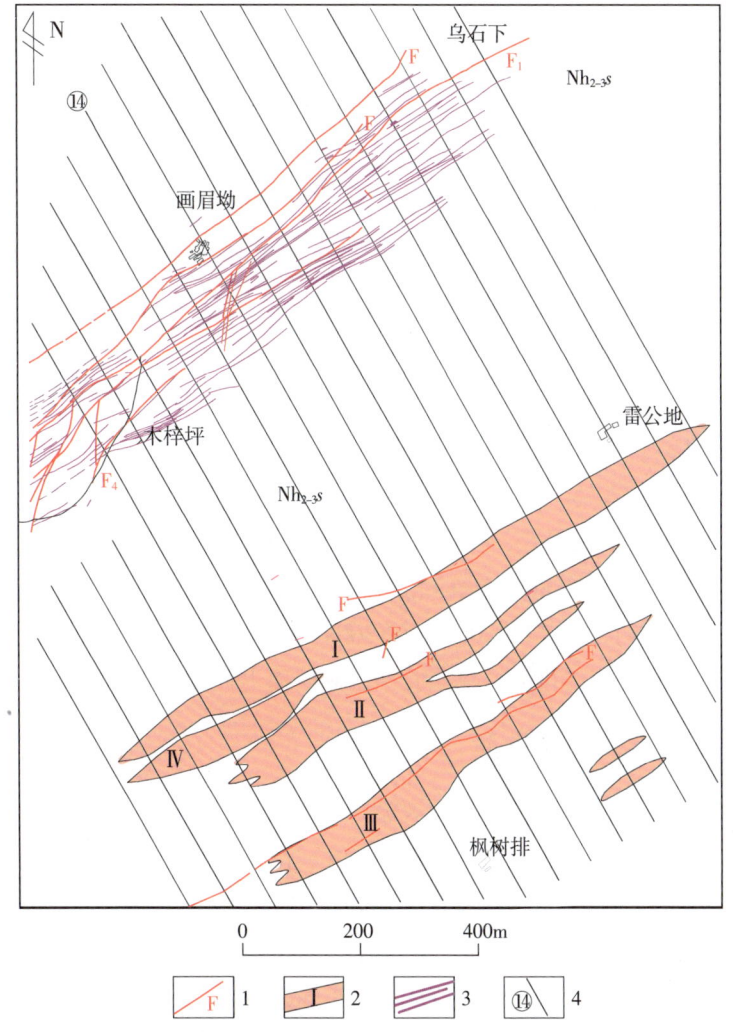

1—断层；2—矿化带及编号；3—石英脉；4—勘探线及编号；
Nh₂₋₃s—中上南华统沙坝黄组。

图6-103 兴国县画眉坳钨矿地质略图

Fig. 6-103 Geological sketch of Huameiáo tungsten mine in Xingguo County

2.岩浆岩

矿区未见岩浆岩出露地表。钻孔证实主带10线—13线于标高100m埋藏着花岗岩体。主带西区标高100~500m间大量花岗岩脉侵入于变质岩系中,厚度0.1~2m不等。一般沿层面、片理面或小角度斜交的裂隙面贯入,随深度加大,岩脉条数增多,厚度加宽。主带东区标高10~150m间只存在少量花岗岩脉,推断花岗岩体隐伏在标高-100m以下。雷公地区段标高70m以上尚未见花岗岩脉,推断花岗岩体埋藏标高更低。花岗岩化学类型属富碱质,为超酸性、铝过饱和型。花岗岩化学成分见表6-34。根据花岗岩和矿脉壁云母测定,同位素年龄为160Ma(杨春光等,2010),属燕山早期产物。

表6-34 画眉坳钨矿花岗岩化学成分表

Table 6-32 Chemical composition of granite in Huamei′ao tungsten deposit

单位:%

岩 性	SiO_2	Ai_2O_3	CaO	MgO	Fe_2O_3	FeO	MnO	TiO_2	P_2O_5	K_2O	Na_2O
细粒黑云母花岗岩	73.55	14.06	0.950	10.508	0.472	1.93	0.10	0.250	0.20	3.80	3.38
细粒白云母花岗岩	75.27	13.87	0.587	0.230	0.560	0.94	0.35	0.100	0.14	3.00	4.40
钠长石化花岗岩	75.29	13.55	0.641	0.307	0.470	1.02	0.14	0.025	0.14	3.16	4.40

3.构造

矿区处于鹰潭-安远北北东向大断裂西侧,矿区东、西两侧为次级北北东向断裂夹持,由沙坝黄组构成向南东倾斜的单斜构造,走向北东东,倾向南东,倾角平缓,一般20°~40°。在片岩层中往往发育紧闭的复卧式小褶曲,但规模较小。

成矿裂隙可分为两组:①产状与层面、片理面一致或小角度斜交的裂隙,延伸短小,是控制早期不规则石英体、花岗岩脉和矽卡岩化的裂隙;②倾向330°~340°,倾角75°~85°的剪张性裂隙带,延伸大,是黑钨矿-石英脉充填的主要成矿裂隙,为北北东向断裂带伴生的裂隙带。

矿区主要断裂呈北东东向,属与区域北北东向断裂带相伴形成的压扭性断裂带,成矿前后都有活动。走向60°~80°,倾向北北西为主,南南东次之,倾角75°~85°。往往沿着或小角度斜交矿脉发育。矿脉走向延长700~800m,深300~400m。破碎带宽窄不一,宽者达0.20~0.3m。角砾呈次棱角状,大小不一,无定向排列,泥质胶结。断层面上往往有近水平擦痕。矿脉有被破碎、拉长现象。

(二)矿床地质

1.矿体形态、产状、规模

矿区北面为主带画眉坳区段、南面为雷公地区段,两区段水平间距600余米。画眉坳区段长2200m,宽300m,延深大于800m,矿化面积0.70km²。矿脉平行密集成群分组,单脉长30~200m,交替延长可达500~900m,最长者达950m;平均宽度0.45m,一般宽0.10~3.00m,最宽达5.0m;一般延深400~500m,最大达800m以上。依其走向变化,可分东、西两个区段:西区为单独大脉及部分平行薄脉,分布于主干断裂F_1两侧,走向65°~80°,倾角67°~82°,倾向北西,平均脉宽0.69m;东区为密集平行薄脉,平均含脉密度4.4条/m,矿脉走向45°~60°,倾角70°~85°,倾向北西,平均脉宽0.33m。主带西区工程控制到标高300m,东区工程控制到标高100m。主带矿脉工程控制程度高。

雷公地矿带长1500m,宽600m,延深大于800m,矿化面积0.43km²。地表分为Ⅰ、Ⅱ、Ⅲ带以及其他规模较小的矿化标志带。走向北东东，倾向北北西，倾角30°~75°。矿脉平行密集成群分布，具"五层楼"式分带特征（图6-104）。

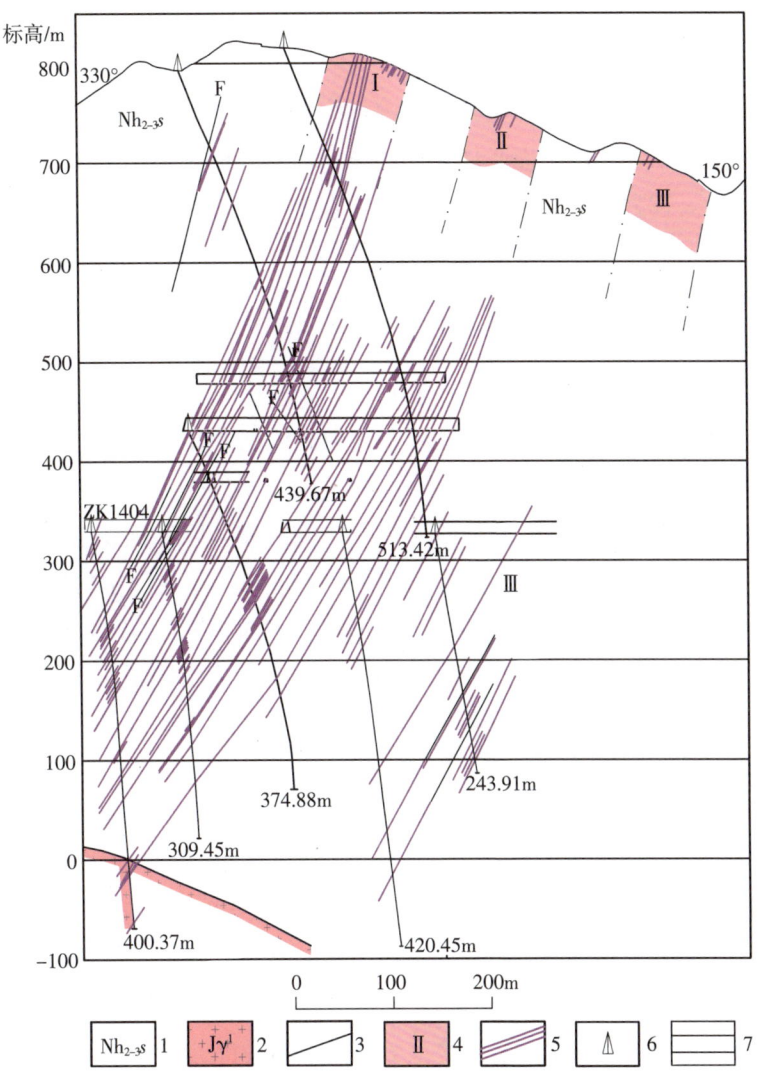

1—中上南华统沙坝黄组；2—花岗岩；3—断层；4—矿化带及编号；5—石英脉；6—钻孔；7—坑道。

图6-104 画眉坳钨矿14线剖面图
Fig. 6-104 Profile of line 14 of Huamei'ao tungsten mine

2. 矿化及矿化分带

矿床脉侧围岩蚀变主要有硅化、电气石化、绢云母化、矽卡岩化、绿泥石化、黄铁矿化等。主要组分为钨，其平均品位 WO_3 1.286%；其他伴生组分的平均品位为 BeO 0.046%、Mo 0.023%、Bi 0.084%、Cu 0.056%、Zn 0.197%、FeS_2 4.266%。矿区矿物组合分带，上部为黑钨矿、白钨矿、闪锌矿，中部为黑钨矿、黄铁矿、辉铋矿、白云母，中下部为绿柱石、辉钼矿、辉铋矿、黄铜矿、黄铁矿、长石、锂云母、萤石，下部为黄铁矿、辉钼矿、方铅矿、方解石。一般矿体中上部多亲氧矿物，下部多硫化矿物，黑钨矿在中上部富集，绿柱石在中下部富集，WO_3 与 BeO 呈逆相关。黑钨矿在上部多为板状、放射状结晶，黑色金属光泽；而下部多呈块状或囊状结晶，褐红色半金属光泽。绿柱石在中部呈柱状、束状结晶，附生于脉壁中，呈淡蓝色、淡绿色的完美晶体；在下部则多呈块状，生于主脉分支复合处或两侧小脉中，以浅绿色、深绿色与硫化物密切共生为特点。

矿化变化特点是上部的矿化呈跳跃式和连续的变化，而下部则表现为风暴式和不连续变化。

黑钨矿组分：向上部 WO_3、Mo 含量增加，向下 Fe、Nb、Ta、Sc 含量增加。绿柱石以向下部 BeO、Rb、Sb 含量递增为特征。

形成"上钨下铍"矿化分带现象的物理-化学因素为：钨是亲氧元素，其络阴离子在氧化环境中易于沉淀，所以钨多富集于中、上部，而矿体下部还原介质对钨的析出不利，故钨含量降低，但却有利于硫化物的沉淀或富集。铍为二性元素，呈络化物存在于 K、Na 较多的碱性溶液中，当 pH 值大于 7.2 时，铍离子分开或形成沉淀，在溶液上升过程中或与围岩发生交代作用时，使溶液变为碱性，由于钨、铍对碱性溶液影响的不同，铍在碱性溶液中非常灵敏，而钨则较差，所以铍较钨先析出，并在中、下部富集，而钨则在中、上部富集。

3. 成矿期次与成矿年龄

本矿床成矿期次可以划分为 3 个阶段，不同阶段之间矿化强弱在时间及空间上亦有所差异。本矿床成矿期或阶段具体划分如下。

（1）气化高温热液期，长石-石英，绿柱石-黑钨矿化阶段：以气化高温矿物或氧化物为主，长石、石英、绿柱石、白云母、萤石及少量辉钼矿、黑钨矿在此时期形成。本阶段中溶液富含氧和挥发组分，Mn、Fe、Be、W 等浓度也较大，S 的浓度小，故而溶液酸性强，温度亦较高。

（2）中温热液期，石英-黑钨-硫化物阶段：为主要成矿阶段，大量黑钨矿并有白钨矿、萤石和硫化矿物形成。本阶段中 S 的浓度激增，O 的浓度相对减少，溶液本身处于还原环境中，具酸性，温度亦较前为低。

（3）低温热液期，石英-硫化物-硅酸盐阶段：硫化物丰富，并有少量黑钨、白钨、萤石、方解石产生。本阶段中 O 的含量高，S 的浓度剧烈减少，金属组分几乎绝迹，硅酸盐在矿化中起了极大作用。

各种矿物沉淀顺序大致如下：

（1）白云母（含 Li）、长石、绿柱石、石英→萤石、辉钼矿、黑钨矿（少量）、石英。

（2）黑钨矿（大量）、石英→辉钼矿、白钨矿、黄铁矿→黄铜矿、闪锌矿、辉铋矿、黄铁矿、石英。

（3）黑钨矿（微量）、白钨矿、石英→黄铁矿、方铅矿→绢云母、绿泥石、方解石。

根据矿脉壁云母测定，同位素年龄为 160Ma。据此可看出本矿床属燕山早期第一阶段产物。

4. 矿化富集规律

矿体呈脉状，其富集变化在空间上具有明显的分带性：平面上表现为由西往东富集，剖面上由上往下呈现为矿化标志带→矿脉上部贫矿区→矿脉中部富矿区→矿脉下部贫矿区→石英脉尾根部无矿区→花岗岩枝→隐伏花岗岩。每区段之矿脉又有中组较南、北二组矿脉富集和由南往北矿化逐渐富集的规律。单一矿脉中有中部富集，两端变贫和分支复合，弯曲部位富集，沿倾斜中、上部矿化重叠富集，向下部变贫的特征。细部品位呈跳跃式变化，具含矿连续至微间断的变化规律。品位高低的分带性与隐伏花岗岩体接触面起伏大致吻合（图 6-105）。

（三）矿床地球化学特征

1. 成岩成矿年代学

据曾载淋（2012）对花岗岩的锆石进行 U-Pb 同位素年代学测定，谐和年龄为 (167.5±0.65)Ma。

脉型（脉宽）	主脉脉幅	花岗岩体出露情况	出露间隔/m	WO₃矿化情况	石英习性	黑钨矿结晶习性
标志带(<0.03m)		无	200~300	无或偶见矿化	乳白色光泽强透明好↓灰白—雪白色光泽暗淡透明度差	分布脉旁,垂直脉壁生长,晶体完整↓分布脉中,晶体块状,晶形不完整
小脉带(0.03~0.10m)		无	100~150	矿化弱、不均,品位0.1%~1%		
脉带(0.10~0.20m)		无	100~150	矿化强连续跳跃,品位1.5%		
中脉带(0.20~0.50m)		偶见岩枝	150~300	矿化强连续跳跃,品位1.5%		
大脉带(>0.50m)		少量岩枝	100~200	矿化弱分段贫富,品位0.5%		
脉根带(>0.50m)		较多岩枝	100~200	偶见矿化,品位0.2%~0.1%		
脉尾带(0.10~0.03m)		多量岩枝	50	无矿化,品位<0.05%		
无脉带		岩枝区	100~150			
无脉带		隐伏花岗岩体区				

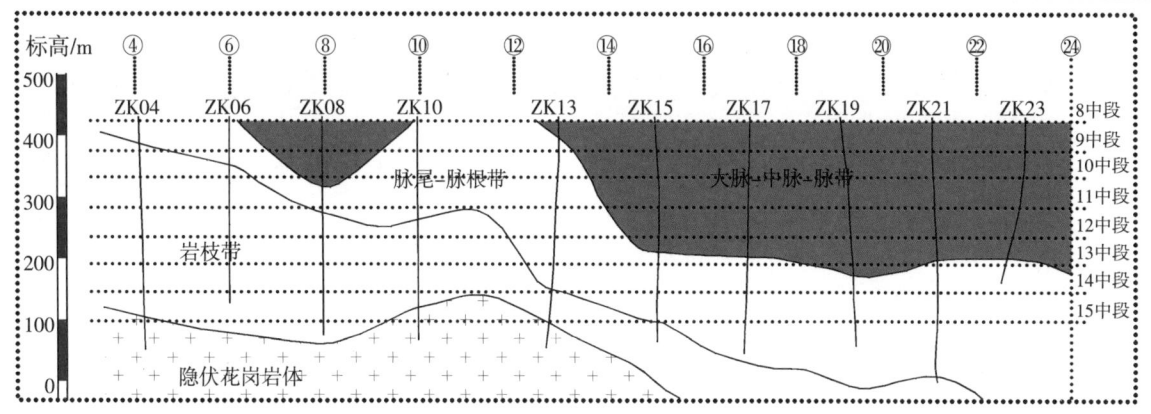

图 6-105　画眉坳钨矿矿脉富集分带与隐伏花岗岩体接触面起伏吻合示意图

Fig. 6-105　Schematic diagram of the coincidence between the enrichment zoning of the tungsten vein and the fluctuation of the contact surface of the concealed granite body in Huamei´ao deposit

石英单矿物 Rb-Sr 等时线年龄为（157.6±5.7）Ma，与王登红等（2010）测得云母 Ar-Ar 年龄 153.4Ma 等在误差范围内基本一致。矿脉中辉钼矿 Re-Os 同位素测年结果为（158.5±3.3）Ma（丰成友等，2010）。可见，石英脉形成时间与成矿时间一致，略晚于隐伏岩体的结晶年龄。

2. 成矿流体包裹体

主要为二相气液包裹体和少量二氧化碳包裹体，包裹体形态呈不完全负晶状、浑圆状、米粒状和不规则状等。V12 的 3 件样品包裹体发育，成群片分布，主要为二氧化碳包裹体和部分二相气液包裹体；包裹体形态呈不完全负晶状、浑圆状、长条状和不规则状等。

通过测定 V 石英矿物的 100 多个包裹体的均一温度，流体包裹体的均一温度分布于 130~380℃区间；两条脉中均发现少量二氧化碳包裹体，其均一温度集中在 340~380℃之间，接近含矿岩浆气液流体侵位初始温度。V8 成矿流体的均一温度集中于 200~280℃和 130~170℃两个区间，V12 成矿流体的均一温度集中于200~280℃和140~180℃两个区间，推断两条矿脉均经历了200~280℃和（150±20）℃两个峰期的成矿作用。结合矿物结晶温度和矿物交结关系可知，前者指示为氧化物（钨矿）成矿阶段的温度，后者为硫化物期阶段的温度。

（四）雷公地区段找矿预测标志

矿床赋存于隐伏花岗岩体顶部外接触带震旦系之中，具有典型的"五层楼"赋存特征，即矿带由顶部至根部或由边部至内部呈脉线—小脉—脉—中脉—大脉，最后变小尖灭消失。雷公地区段标高70m以上尚未见花岗岩脉，推断大岩体比画眉坳区段埋藏深度更大。该区段所揭露矿脉为"五层楼"的中上部位，深部还有很大的延深空间。近期揭露Ⅰ、Ⅱ、Ⅲ带以及其他规模较小的矿化标志带，西段地表钨矿化线脉稀疏乃至消失，但是375m、330m中段工程揭露存在大量盲矿脉，据此推测东部深部有盲矿脉存在。

前期勘查资源储量估算范围为标高330m以上。深、边部工程控制程度低，资源情况未彻底查明。因矿区盲矿脉较多，加上矿脉联接存在问题，当时所估算的资源储量不能反映其真实性。矿山生产70多年，生产探矿资源储量大幅增加，延长了矿山寿命，品位变富、脉幅增大、盲脉增多是资源储量大幅增加的主要原因，此外，矿化标志带的深部隐伏矿脉亦是资源储量增加的潜力区。深、边部稀疏控制的钻探工程反映的矿化信息是资源调查潜力区重要依据。

二十一、崇仁县香元（聚源）钨矿床（内、外接触带式）

香元钨矿床位于江西省崇仁县城西约18km处，1958年由江西省地质局区域测量大队二分队在追索重砂异常中首次发现。矿区以往以石英大脉白钨矿为主要探采对象，累计查明WO_3资源储量7000余吨，经过50多年的开采，原矿山保有资源量几近枯竭。2012年5月—2015年7月，矿山委托江西有色地质勘查一队开展资源储量核实工作，在矿区浅表地段发现细脉-网脉带型白钨矿体群，与石英大脉组成混合矿带，随后进行补勘，又发现了蚀变花岗岩型矿体，2015年底提交的核实报告备案WO_3资源储量$12.6×10^4$t。老矿山新钨矿化类型的突破，使濒临关闭的小矿一跃成为石英细网脉、石英大脉与蚀变花岗岩型大型矿床。

（一）矿区地质概况

香元钨矿床位于赣中地区，属钦杭成矿带江西中段徐山-武功山成钨亚带钨矿田的重要组成部分。

1. 地层

矿区地层主要为下南华统上施组及分布在低洼溪沟处的第四系冲洪积物（图6-106、图6-107）。

上施组：出露厚度大于900m，岩性主要为绿泥石化变质石英砂岩和绢云母石英片岩夹白云质灰岩，两套岩性呈互层状产出，分层厚度30~50m。中深部受花岗岩侵入热变质作用影响，变为云母石英角岩和云母角岩。总体产状为走向北东，倾向南东，倾角20°~50°。源里组下段W丰度值达$262.80×10^{-6}$。

2. 岩浆岩

矿区被燕山早期花岗岩体围绕，西面为紫云山岩株，北西面为塘坊岩株，东南面为白陂岩株，矿区为王元花岗斑岩枝，深部为一半隐伏岩基。区内有零星的花岗斑岩脉等。王元二长花岗斑岩枝为灰白色，中粒斑状结构、似斑状结构，块状构造。主要矿物成分有石英（35%~50%）、钾长石（25%~

30%)、斜长石（20%~30%）、黑云母及白云母（5%~10%），微量绿泥石、黄铁矿、方解石等。斑晶为石英和长石，粒径2~3mm，含量15%~20%。基质呈他形微晶产出。石英有波状消光，钾长石半自形条纹长石，边缘常有钠长石化，具环带构造，表面有绢云母化和绿泥石化蚀变矿物。岩枝上盘与围岩接触，由于气化热液蚀变作用或充填交代作用，形成不均匀的云英岩化。岩体W、Sn、Mo等元素含量高（表6-35），与钨矿化关系密切，为矿区成矿母岩。

王元二长花岗斑岩呈岩枝状产出，在矿区内走向30°~40°，沿走向长约900m，地表出露最宽200m，倾角50°~70°。矿区西侧岩体往深部倾角变缓至30°~40°。由于气化热液蚀变作用或充填交代作用，岩枝上盘内接触带形成云英岩化细脉浸染型钨矿体。

3. 构造

矿区位于罗山复式背斜南翼，上施组构成一倾向南东的单斜构造，处于北东向的遂川－临川大断

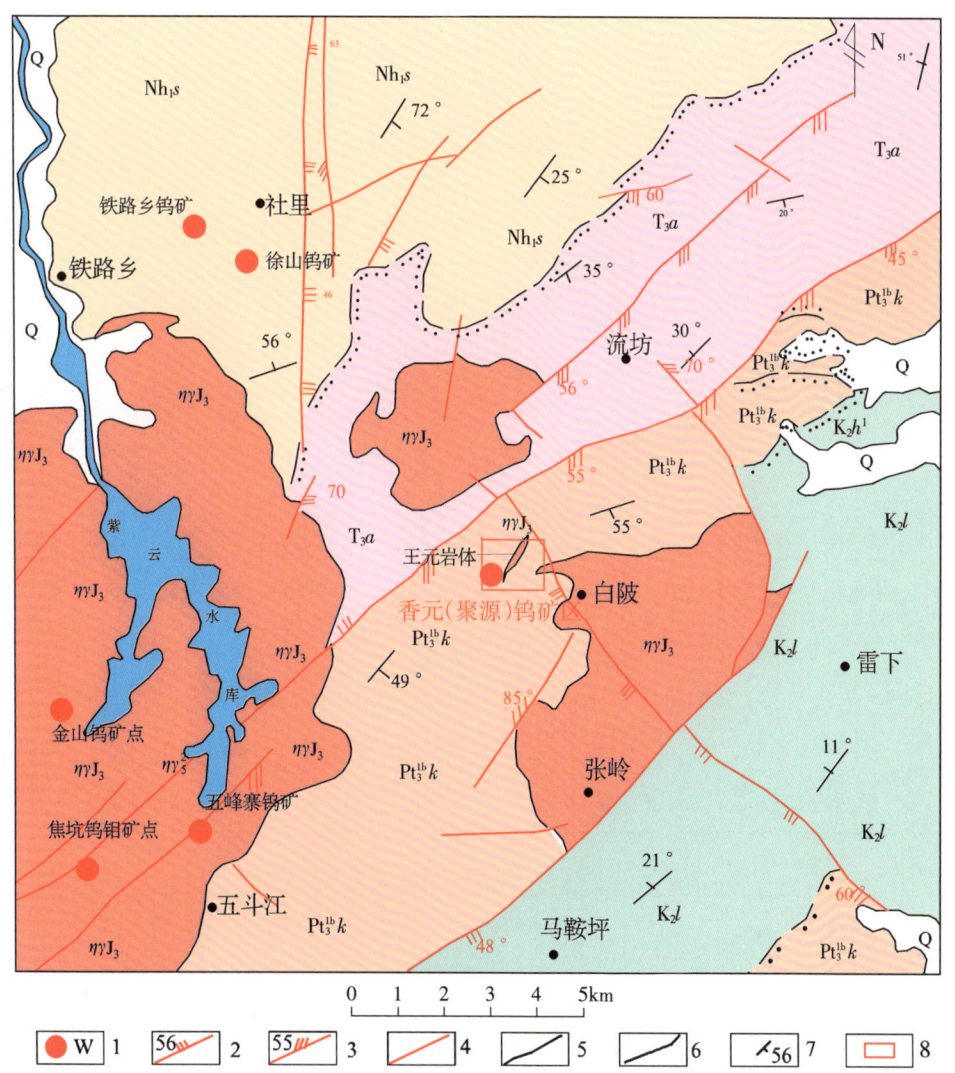

1—矿床、矿点；2—压性断裂及产状；3—压扭性断裂及产状；4—性质不明断裂；5—实测地质界线；6—实测不整合界线；7—地层产状；8—矿区范围；Q—第四系；K_2l—上白垩统圭峰群莲荷组；K_2h—上白垩统圭峰群河口组；T_3a—上三叠统安源组紫家冲段；Nh_1s—下南华统上施组；$Pt_3^{1b}k$—上青白口统库里组；$\eta\gamma J_3$—燕山期二长花岗岩。

图6-106 香元（聚源）钨矿区域地质略图

Fig. 6-106 Regional geological sketch of Xiangyuan (Juyuan) tungsten mine

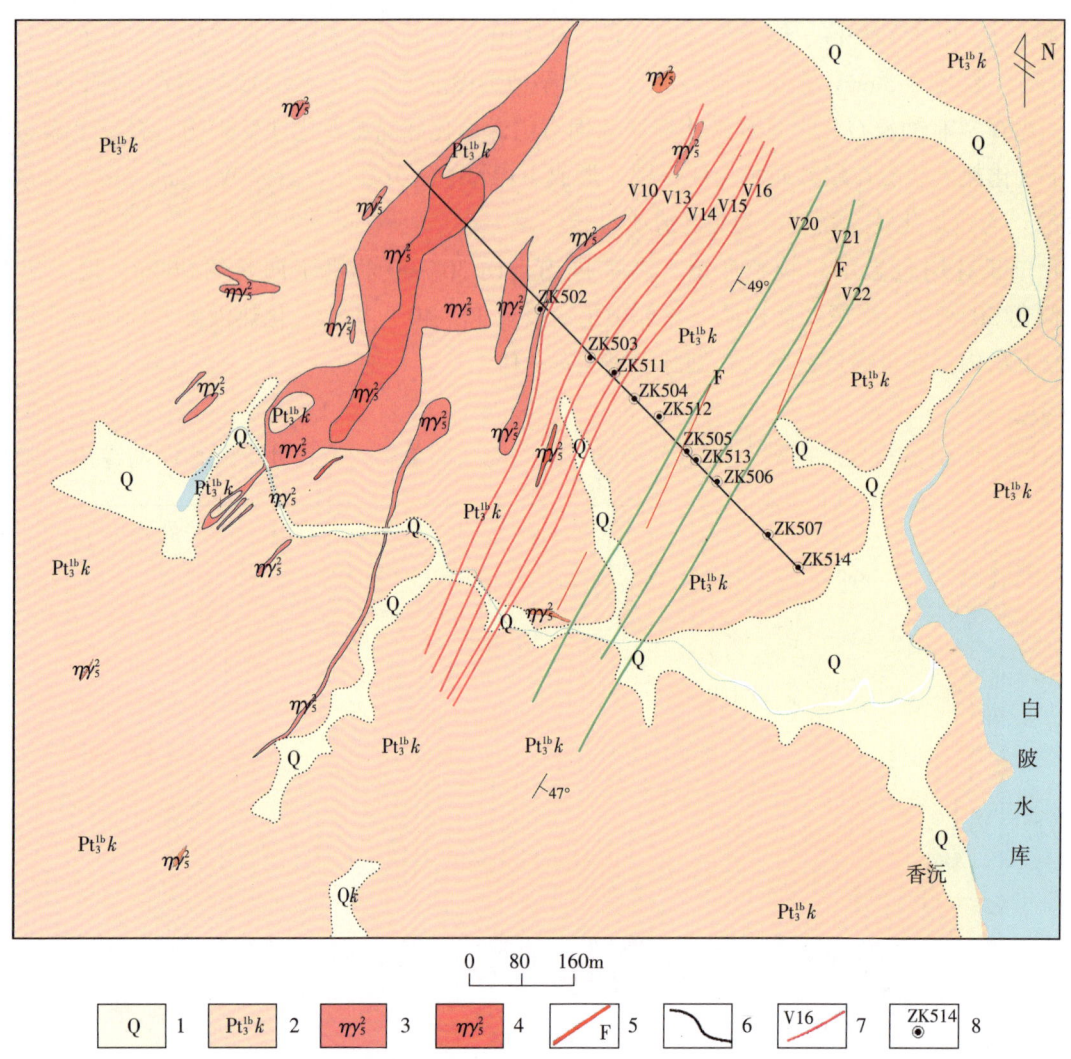

1—第四系；2—上青白口统上部库里组；3—二长花岗斑岩；4—云英岩化二长花岗斑岩；5—断裂；
6—地质界线；7—钨矿体及编号；8—竣工钻孔及编号。

图 6-107 香元矿区地质简图

Fig. 6-107 Geological diagram of Xiangyuan mining area

表 6-35 香元矿区岩浆岩主要元素含量表

Table 6-35 Contents of main elements of magmatic rocks in Xiangyuan mining area

岩石名称	元素含量										
	Au	Ag	Cu	Pb	Zn	W	Sn	Mo	Bi	As	Sb
花岗斑岩1	6.72	0.223	159.9	23.66	28.85	87.82	9.25	2.955	15.14	12.55	0.345
花岗斑岩2	2.86	0.302	135.0	29.78	30.01	87.39	7.08	4.107	5.041	28.54	0.413
二长花岗斑岩1	31.25	0.154	94.72	12.16	87.38	133.56	10.82	8.486	16.41	7.63	0.700
二长花岗斑岩2	0.18	0.491	6.95	144.7	123.1	151.98	20.0	1.944	4.832	18.83	0.663

注：主要元素含量单位除 Au 为 10^{-9} 外，其余均为 10^{-6}。

裂的一系列次级断裂带上，与北东向层间构造复合控制了矿区王元花岗岩体及内外接触带钨矿体的空间展布。

矿区裂隙构造以上施组层间密集的裂隙为特征，控制了钨矿的形成就位。裂隙常成群成带出现，可分为北东向、北北东向、北西向、北西西向、南北向等，以北东向节理裂隙最为发育（图6-108），占总量的90%，是矿区主要含矿裂隙之一，走向30°~60°不等，倾向南东，倾角一般为30°~50°，常由一组相互平行、密集出现的脉组构成，具有明显的膨大缩小和分支复合现象。其次是北西向裂隙，走向300°~320°，多倾向南西，倾角40°~55°，与北东向裂隙常交叉出现，构成网脉带。上施组裂隙带平行产出，间距一般10~30m，走向北东，倾向南东，倾角20°~50°，浅部稍陡，深部变缓，与岩层产状一致。

（二）矿床地质特征

矿区有两种钨矿化类型：一是变质岩层间错动带似层状石英细脉－网脉－大脉带型矿体；二是云英岩化蚀变斑岩型矿体。矿区共圈定矿体43个，其中石英细脉－网脉带型矿体30个，编号为V1~V30；云英岩化斑岩型矿体13个，编号为γV1~γV13。

1. 矿体特征

1）石英细脉－网脉－大脉带型矿体

该类型矿体分布在王元二长花岗斑岩岩体上盘（南东盘）上施组中，倾向南东，倾角30°~50°，浅部倾角稍陡，深部倾角变缓，与地层产状基本一致。矿体中石英脉脉幅一般1~5cm，最大可达85cm，由2~3个方向的石英脉组成，其中以北东走向细脉－网脉－大脉为主导（图6-109），其次为北西向、北北东向。矿体中矿石品位与石英含脉率呈正相关系。据统计，含脉率高者矿体品位较高，含脉率为2%~5%时，可达到工业品位要求；含脉率为4%~6%时，矿体品位厚度较为均匀、稳定。石英脉两侧常见云母镶边构造，宽度1~5cm。

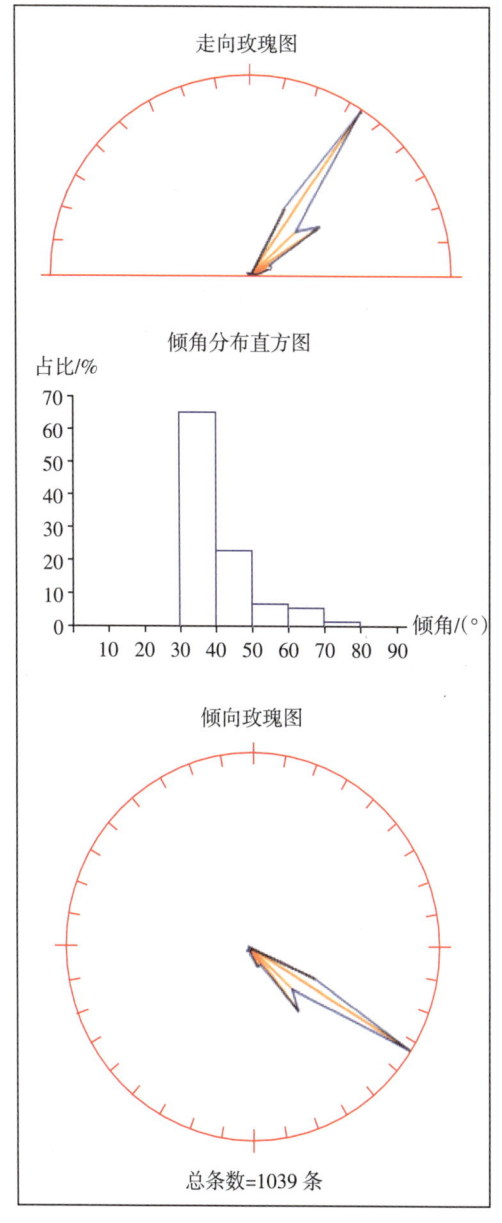

图6-108 香元矿区节理裂隙玫瑰花图

Fig. 6-108 Rose diagram of joint fissures of Xiangyuan mining area

矿体形态较简单，呈似层状产出，各个矿体一般距离10~20m。矿体长度一般700~1000m，倾斜延深一般200~400m，单工程矿体厚度一般1~14m，平均厚度3.32m。矿体WO_3品位0.141%~0.432%。

2）云英岩化蚀变斑岩型矿体

云英岩化斑岩型矿体产在王元二长花岗斑岩枝上部的云英岩化带中，钨矿化强度与石英细脉发育强度正相关。矿体产状与斑岩枝及石英细脉产状基本一致，走向北东，倾向南东。矿体在岩体上部倾角较陡（55°~60°），下部随岩体倾角变缓矿体倾角也变缓（20°~40°）。受岩体形态、规模影响，矿体一

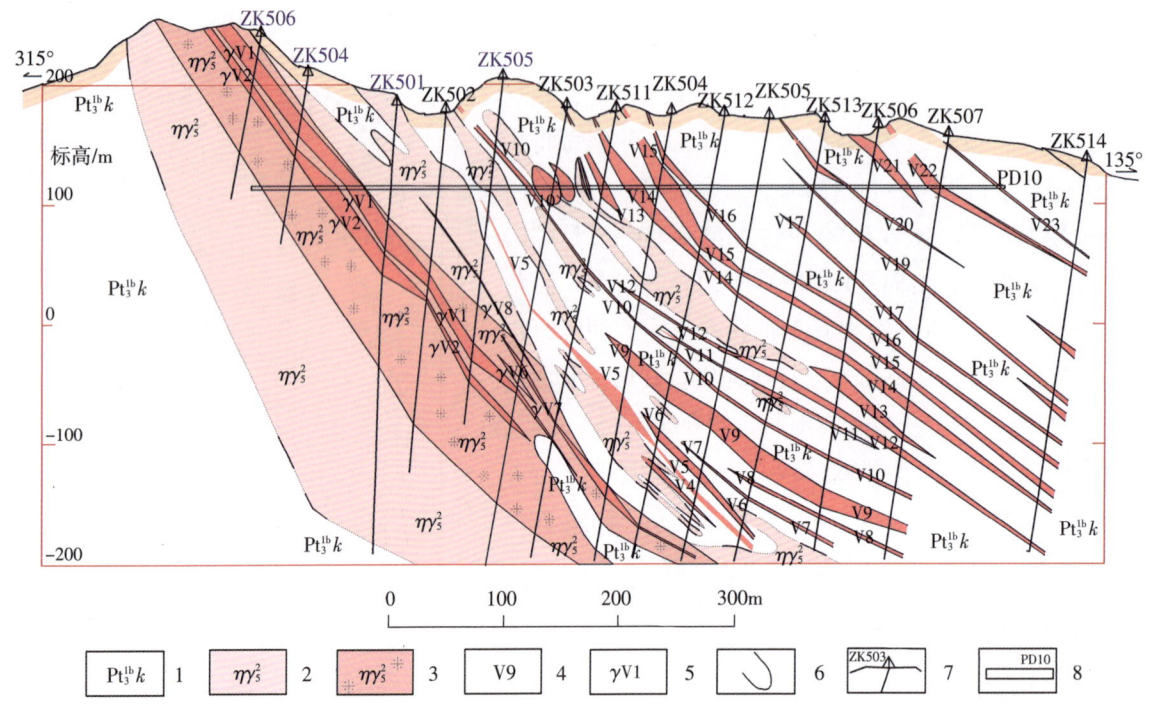

1—上青白口统上部库里组；2—燕山期二长花岗斑岩；3—云英岩化二长花岗斑岩；4—石英细脉－网脉－大脉带型钨矿体及编号；5—云英岩化斑岩型钨矿体及编号；6—地质界线；7—钻孔及编号；8—坑道及编号。

图 6-109　香元矿区 5 线剖面图

Fig. 6-109　Profile of line 5 in Xiangyuan mining area

一般规模较小，呈板状或透镜状产出。矿体长度一般 100~250m，倾斜延深一般 100~200m。矿体厚度一般 1~10m，平均厚度 5.32m，矿体 WO_3 平均品位 0.120%~0.290%。

2. 矿石特征

1）矿石类型

矿区矿石自然类型分为两类：一是石英细脉－网脉－大脉带型白钨矿石，是矿区主要的矿石类型；二是云英岩化斑岩型白钨矿石，属矿区次要矿石类型。

矿石工业类型分为含白钨矿石英细脉－网脉带型矿石和云英岩化花岗岩细脉浸染型矿石。

2）矿石矿物成分

矿区石英细脉－网脉－大脉带型和云英岩化斑岩型钨矿石矿物成分均比较简单，金属矿物主要有白钨矿、黑钨矿、黄铁矿、黄铜矿、磁黄铁矿、褐铁矿等，其中白钨矿和黑钨矿含量占 95%。矿石中钨主要以白钨矿的形式出现（占比大于 80%），少量以黑钨矿的形式出现（占比小于 10%）。脉石矿物主要为石英、白云母、长石、黄玉、碳酸盐矿物、黑云母、绢云母、绿泥石、磷灰石等。

3）矿石化学成分

石英细脉－网脉－大脉带型钨矿石中 WO_3 含量一般 0.05%~0.35%；云英岩化斑岩型钨矿石 WO_3 含量一般 0.05%~1.00%。

4）矿石结构构造

矿石结构主要有半自形晶粒结构、他形晶粒结构、填隙（间）结构、包含结构、交代结构；矿石构造主要有块状构造、脉状构造、网脉状构造、浸染状构造、角砾状构造。

3. 围岩蚀变

矿体围岩蚀变主要以硅化、云英岩化为主，其次有碳酸盐化、绢云母化、黄铁矿化、绿泥石化等。

4. 成矿阶段

根据尹晓燕（2019）的岩相学研究，发现一些较为明显的交代、穿插现象，如：钍石交代锆石，黄铁矿包裹钍石，黄铁矿侵入磷灰石，钍石包裹磷灰石，锆石包裹独居石，磷钇矿包裹钍石，磷灰石交代独居石等。矿床的成矿作用划分为3个矿化阶段：石英-含钨矿物阶段、石英-白钨矿阶段及后生改造阶段。

在石英-含钨矿物阶段形成大量矿物，有基础造岩矿物，如长石、石英、云母等，少量的独居石、锆石、钍石、磷灰石等。除此之外，石英-含钨矿物阶段还形成了多种含钨矿物以及磷钇矿等矿物。石英、云母的形成延续到石英-白钨矿阶段，绝大多数白钨矿以及黄铁矿、黄铜矿、萤石也是在这个阶段形成。后生改造阶段发生了后生改造作用，形成了绢云母、绿泥石等。

（三）矿床地球化学特征

1. 花岗斑岩地球化学特征

1）花岗斑岩岩石地球化学特征

根据苏晔等（2020）的岩石地球化学研究，花岗斑岩具有富 SiO_2（75.08%~76.11%）、K_2O（4.57%~5.39%）、Al_2O_3（12.64%~13.83%）和富碱质（K_2O+Na_2O=7.82%~8.70%），低 P_2O_5（平均为0.02%）、CaO（0.34%~0.76%）和MgO（0.05%~0.06%）等特征。铝饱和指数A/CNK介于1.05~1.20之间，平均值为1.11，为强过铝质岩石。另外岩体 Fe_2O_3 含量为0.16%~0.46%，FeO^T/MgO 值较高（18.63~24.98）。

花岗斑岩呈现出富集Rb、Th、U、K、Sm等元素，强烈亏损Ba、Sr、P、Ti、Zr和Eu等元素的特征。结合花岗斑岩岩相学特征，Ba、Sr、Eu的亏损主要由斜长石的分离结晶作用引起，而磷灰石、磷钇矿等富磷矿物分离结晶作用造成P的亏损，锆石的结晶分异作用造成Zr的亏损，而Ti的亏损应为钛铁矿和金红石的分离结晶所致。

K/Rb值介于116~185之间，平均值为152，属于地壳岩石比值范畴（150~350），表明花岗斑岩演化程度较高。Zr/Hf值相对较低，为16.1~19.4，也指示了岩石具有较高的演化程度，可能为锆石等富锆矿物分离结晶所致。Nb/Ta值为9.0~13.4，平均值为10.7，介于下地壳（8.3）与地幔（>17）之间，接近于地壳平均值（约11），暗示岩浆源区主要为地壳物质；而岩体较高的Rb/Sr值（4.6~15.0），可能与Rb在残余岩浆中富集和斜长石分离结晶作用过程造成Sr亏损有关。

稀土元素总量为 $117.72×10^{-6}$~$139.05×10^{-6}$，稀土元素球粒陨石标准化配分曲线明显右倾，$(La/Yb)_N$=10.07~15.89，轻稀土元素相对富集，重稀土元素相对亏损，轻、重稀土元素分馏明显，δEu=0.04~0.11，Eu强烈亏损。

2）花岗斑岩U-Pb年代学特征

根据苏晔等（2020）对花岗斑岩开展的锆石U-Pb年代学研究，锆石测试结果显示，时代为晚侏罗世，加权平均年龄为（152.4±1.0）Ma（n=15，MSWD=0.97），可代表岩浆侵入结晶的年龄。

3）花岗斑岩Sr-Nd-Hf同位素特征

根据苏晔等（2020）对花岗斑岩开展的Sr-Nd-Hf同位素研究，I_{Sr} 值在0.709 702~0.717 566之间，平均值为0.714 717，显示出成岩岩浆主要为地壳物质部分熔融。$\varepsilon_{Nd}(t)$ 值为-8.8~-8.1，两阶段Nd模式年龄值为 1.66~1.60Ga，表明岩浆主要来源于元古宙地壳，与 $\varepsilon_{Nd}(t)$-t 图解结果极为一致。$\varepsilon_{Nd}(t)$-I_{Sr} 图解上 4 个样品点基本落入地壳区域，同样表明岩浆源区以地壳物质为主。

花岗斑岩中捕获锆石与同岩浆锆石 $^{176}Lu/^{177}Hf$ 值均小于 0.002，表明锆石中放射成因积累的 Hf 同位素含量极少，其 $^{176}Hf/^{177}Hf$ 值能代表锆石结晶时体系中的 Hf 同位素组成。在 Hf 同位素图解中，所有样品点基本位于下地壳演化线。花岗斑岩中捕获锆石 $^{176}Hf/^{177}Hf$ 值变化范围为 0.282 316~0.282 380，平均值为 0.282 347，根据锆石 U-Pb 加权平均年龄（160.7±1.4）Ma，计算的 $\varepsilon_{Hf}(t)$ 值变化在-12.7~-10.5 之间，平均值为-11.6，两阶段模式年龄为 1.86~2.01Ga。同岩浆锆石 $^{176}Hf/^{177}Hf$ 值变化范围为 0.282 341~0.282 417，平均值为 0.282 385，根据锆石 U-Pb 加权平均年龄（152.4±1.0）Ma 计算出 $\varepsilon_{Hf}(t)$ 值变化在-11.9~-9.3 之间，平均值为-10.4，两阶段 Hf 模式年龄为 1.78~1.95Ga。捕获锆石和同岩浆锆石两阶段年龄均表明聚源花岗斑岩物质来源主要为古元古代地壳物质。

2. 成矿流体特征

1) 流体包裹体特征

尹晓燕（2019）对香元钨矿床与白钨矿密切共生的石英矿物中流体包裹体进行的研究表明，成矿阶段的产物晶型一般较差，较少可以达到半自形—自形。石英中发育大量的流体包裹体。

将香元钨矿中石英的流体包裹体分为 5 个类型：Ⅰ型，富液两相流体包裹体；Ⅱ型，富气两相流体包裹体；Ⅲ型，单相包裹体；Ⅳ型，含 CO_2 三相流体包裹体；Ⅴ型，含子矿物包裹体。以Ⅰ型为主，占包裹体总数的 90%以上。

根据流体包裹体显微测温分析结果，含矿石英中Ⅰ型包裹体的均一温度分布范围为 245~395℃，大多集中在 283~395℃区间内，平均值为 329.8℃，计算获得含矿石英中流体包裹体盐度范围为 0.66%~6.24%NaCleqv。根据流体包裹体显微激光拉曼光谱分析结果，成矿流体成分复杂，气相以 H_2O、CO_2 为主，其次为 CH_4 及 N_2；液相以 H_2O 为主，其次为 CO_2、CH_4、N_2 以及 CO_3^{2-}。

2) H-O 同位素特征

尹晓燕（2019）对主成矿期石英开展了 H-O 同位素研究，δD 值范围为-68.3‰~-58.6‰，$\delta^{18}O_{SiO_2}$ 值范围为 11.2~13.6，根据香元钨矿主成矿期均一温度峰值为 330℃，计算得出成矿流体的 $\delta^{18}O_{H_2O}$ 范围为 5.1‰~7.5‰。H-O 同位素特征图解显示样品点部分落在岩浆水范围内，部分落在岩浆水区域附近，向大气降水线方向偏移。

（四）成矿作用机制与成矿模式

香元钨矿产于岩体外接触带中，矿体由含钨石英脉带组成，底板为含碳千枚岩，属于典型的外接触带石英细脉-网脉-大脉带型白钨矿床。

矿床主成矿花岗岩株隐伏于深部，王元花岗斑岩为其一枝。花岗斑岩岩体 W 含量介于 $3.0×10^{-6}$~$38×10^{-6}$ 之间，平均为 $11.4×10^{-6}$。

燕山早期半隐伏花岗岩基及深隐伏花岗岩株为成矿主因，形成了石英细脉-网脉-大脉带型与（王元花岗斑岩枝）云英岩化蚀变斑岩型矿床，组成"二位一体"矿床。上施组北东向层间构造与北东向的遂川-临川大断裂的一系列次级断裂活动复合，形成了层间错动带型控岩（枝）控矿构造。上施组含碳酸盐岩地层为形成以白钨矿为主的矿石提供了钙质来源。

第七章　细脉浸染型钨矿床

江西的细脉浸染型钨矿床最早是20世纪初期发现的，由云英岩化、硅化、钠化等多种蚀变组成的细脉浸染型钨矿体，先后称为云英岩型、岩体型、蚀变花岗岩型钨矿。20世纪60年代，发现了似层状浸染型、斑岩型、爆破角砾岩筒型钨矿床。21世纪以来，大湖塘钨矿田蚀变岩型钨矿床实现了重大找矿突破，使其成为了江西省重要的钨矿床类型，也是世界上重要的钨矿床类型之一。这类由岩浆热液呈细脉浸染状充填、交代作用形成的矿床宜统称为细脉浸染型钨矿床，并根据钨矿化赋存的形式不同，分为蚀变花岗岩型、斑岩型、角砾岩筒型、似层状（细脉）浸染型4个亚类。

（1）蚀变花岗岩型钨矿床：是指以中深成花岗岩为成矿主因，形成于岩体内外接触带的蚀变岩细脉浸染型矿床。

根据矿床式分为：内外接触带式，代表性矿床有石门寺、花山洞等；内接触带式，代表性矿床有大湖塘、洪水寨；外接触带细脉浸染型+大脉式，代表性矿床有狮尾洞；"地下室"式，代表性矿床有茅坪、徐山、松树岗、大吉山（见第六章）等。

矿体赋存于成矿花岗岩体顶部和边部，尤以云英岩化、硅化等蚀变岩带内最发育，蚀变岩与正常花岗岩呈渐变过渡关系。矿体多呈似层状、带状、盖状、不规则状产出，矿体一般是中部厚度较大而两端逐渐变小，局部膨大缩小，长、宽规模大于延深规模，相比于石英脉型矿床矿脉数量大幅减少，常由数个或十余个矿体组成，往往单个矿体规模较大。

（2）斑岩型钨矿床：是指以浅成、超浅成斑岩为成矿主因的矿床，以形成于岩体内为主的蚀变岩细脉浸染型矿床。其中，岩体内型的如阳储岭，矿床的矿体多呈面型层状、大透镜状，其次为扁豆状、带状等沿筒状、倒喇叭状岩体上部的接触带分布，与围岩无截然的界线，矿体规模较大；岩墙型如大湖塘、牛角坞（青术下）；岩瘤型如峁美山（见第六章）。

（3）角砾岩筒型：在围岩处于封闭状态，当岩浆流体或气液积聚到一定程度时，在地下发生爆炸，形成（隐爆）角砾岩筒型钨矿床，岩浆引爆型的如胎子崄、阳储岭，气液引爆型的如石门寺、狮尾洞。矿体形态呈筒状、囊状、带状、脉状及扁豆状。

（4）似层状浸染型钨矿床：含矿岩浆热液沿一定的层位或空隙扩散沉淀所形成的矿床。这类矿床较少，已知有枫林、隘上。该类钨矿床目前仅在石炭纪地层中发现，矿体大致顺地层产状赋存于下石炭统梓山组和上石炭统黄龙组中，受地层岩性控制明显。

赣北地区大湖塘式蚀变花岗岩型、阳储岭式斑岩型、胎子崄式角砾岩筒型钨矿床均以白钨矿化为主。赣中南地区隘上式似层状浸染型钨矿床以黑钨矿化为主，枫林式似层状浸染型钨矿床以钨铁矿化为主，其次为白钨矿。细脉浸染型钨矿床共（伴）生矿物有40余种。金属矿物主要有黑钨矿、白钨矿、辉钼矿、黄铜矿、斑铜矿、锡石，次为铜蓝、辉铜矿，偶见磁黄铁矿、毒砂、方黄铜矿、闪锌矿、黄铁矿、硫砷铜矿、砷黝铜矿等。非金属矿物主要有石英，其次为长石、电气石、白云母、绢云母、萤石、方解石、黄玉等。

该类矿床面型蚀变发育，矿体内发育有钠长石化、钾长石化、白（锂）云母化、云英岩化、硅化、绿泥石化、绢云母化、叶蜡石化等面型蚀变。并具较好的分带性。钨矿化往往与钾长石化、云英岩化、硅化有关。

大湖塘钨矿田发育较为完全且具代表性，成矿作用大致可分为 4 个阶段。

（1）硅酸盐阶段：含矿热液在岩体外接触带及岩体上部交代晋宁期花岗闪长岩和燕山期花岗岩，形成黑云母、绢（白）云母和石英，从围岩中带出大量的钙质。

（2）氧化物阶段：为主要的成矿阶段。岩浆结晶晚期分异出大量的以 W 为主的含矿溶液，在成矿过程中萃取了围岩中的部分矿质，与析出的含 Ca 成矿物质结合，形成了以石英、白钨矿为主，其次为黑钨矿、辉钼矿、锡石的矿物组合。

（3）硫化物阶段：也是重要的成矿阶段。形成以辉钼矿、黄铜矿、斑铜矿、白钨矿为主和少量的黑钨矿、黝锡矿、闪锌矿、黄铁矿等硫化物的矿物组合。

（4）碳酸盐阶段：成矿后期热液继续交代已蚀变的岩石和矿石，形成以方解石、萤石为主和少量的白钨矿等矿物组合。

洪水寨钨锡矿床成矿作用可分为气化 – 高温（锡石 – 黑钨矿 – 石英组合）阶段、高中温（黑钨矿 – 硫化物组合）阶段和低温（碳酸盐）阶段；前两个阶段是钨锡主要成矿阶段。

黑钨矿 – 铌钽矿组合型矿床显示"上钨下铌钽"的趋势，如松树岗、徐山铌钽钨矿床钨矿化均产于成矿花岗岩体外接触带，而铌钽矿化产于内接触带；茅坪钨矿床"地下室"矿体中铌钽矿化明显增强。

不同的矿床具有不同的矿化分带及矿化特征。大湖塘钨矿锡、铜具有分区性，锡在东陡崖富集成工业矿体，而在平苗难以达到伴生组分要求；铜趋向富集于平苗，形成厚度较大的铜矿体，东陡崖则以伴生组分出现。东陡崖钨、锡主要富集于西部燕山期岩体相对凸起部位；平苗则趋向富集于岩脉或岩舌的前锋部位。石门寺钨钼铜矿细脉浸染型矿体在垂直方向上矿化分带明显，由外接触带向内接触带钨品位逐渐降低，铜品位有增高的趋势，钨与黄铜矿等金属硫化物有反消长关系。内外接触带均见细脉浸染状黑钨矿化，而细脉浸染状白钨矿化则主要出现在外接触带的晋宁期黑云母花岗闪长岩中。矿体中钨的品位高低还与其中石英细脉的发育程度呈正相关关系。

第一节　蚀变花岗岩型钨矿床

蚀变花岗岩型钨矿床是江西省内主要的钨矿床类型之一，代表性矿床包括赣北大湖塘钨矿田内的大湖塘、石门寺、狮尾洞，该类矿床往往并非单一矿化类型，常与石英脉型、隐爆角砾岩型矿床相伴，构成"多位一体"矿床；另一类矿床为"地下室"矿床，例如茅坪、徐山等矿床在隐伏岩体外接触带主要以石英脉型矿体为主，岩体内主要以蚀变花岗岩型矿体为主，具有"上脉下体"的空间分布特征。

一、大湖塘钨铜钼多金属矿田

（一）概述

大湖塘矿田地处赣西北九岭山脉武宁县、靖安县和修水县的交界区域，地理坐标东经 114°48′—

115°03′、北纬 28°40′—29°01′，面积约 227km²，是钦杭成钨带九岭亚带九岭尖矿集带最重要的矿田，也是世界上以蚀变花岗岩型为主规模最大的钨矿田，是燕山期多次成矿、"多位一体"式典型矿田。矿田累计探明资源储量：WO_3 166.19×10⁴t、Cu 91.60×10⁴t、Mo 3.84×10⁴t、Sn 2.0×10⁴t、Ag 594t。

矿田于 1957—1958 年由江西冶勘二二〇队（1958 年改组为江西省地质局区域测量大队）发现并概查，是第一次找矿突破。第二次突破性找矿进展是 2010—2017 年，由江西省地质矿产勘查开发局赣西北大队、九一六大队新发现了规模巨大的蚀变花岗岩型矿床。探明石门寺世界级钨矿床，大湖塘、狮尾洞（蓑衣洞）超大型钨矿床。三个矿床，依北北东向，呈"三星连珠"式大致等距分布，间距约 3km 左右（图 7-1）。

矿田位于凭祥–歙县–苏州结合带宜丰段北侧（上盘），九岭逆冲推覆隆起核部，叠覆于晋宁期华南洋潜没带与扬子陆缘中元古代—新元古代早期火山岛弧之上。

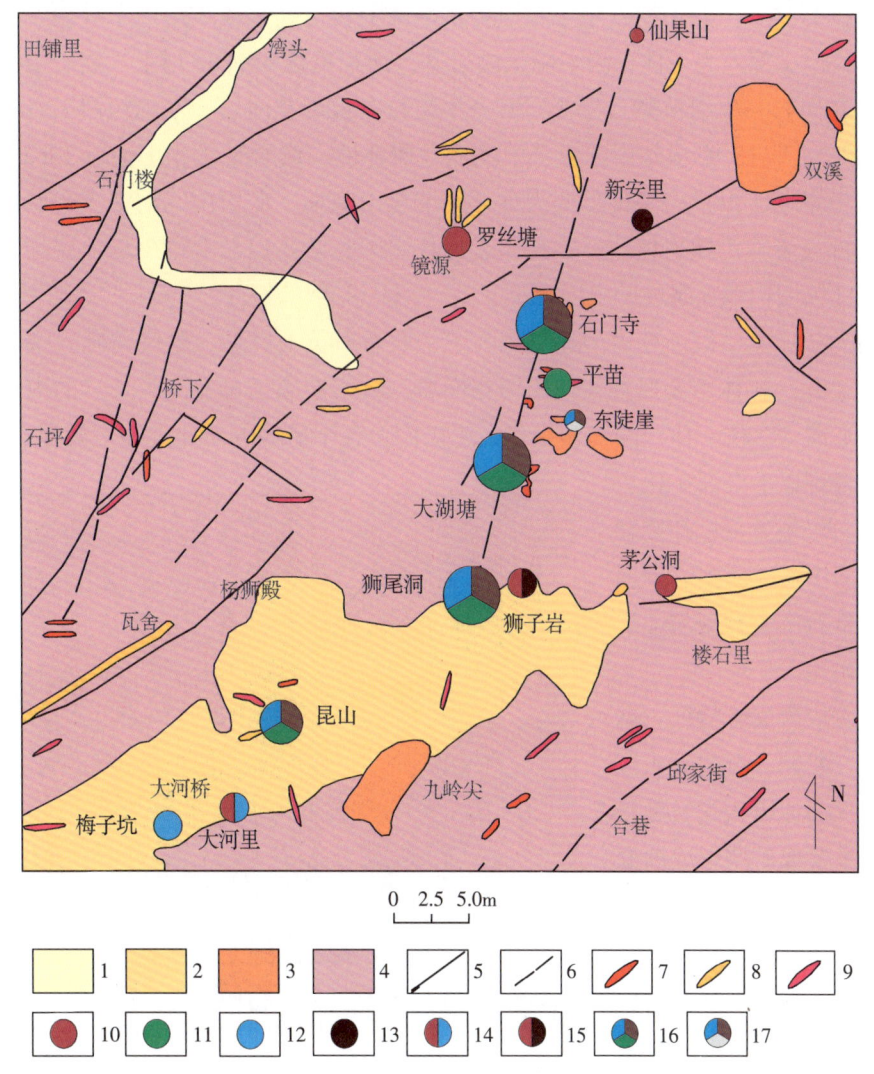

1—第四系；2—上青白口统下部双桥山群；3—燕山晚期花岗岩；4—晋宁期黑云母花岗闪长岩；5—断裂；6—推测断裂；7—早白垩世花岗斑岩脉；8—石英脉；9—钨矿床；10—铜矿床；11—钼矿床；12—锡矿床；13—钨钼矿床；14—钨锡矿床；15—钨铜矿床；16—钨铜钼多金属矿床；17—钨锡铜多金属矿床。

图 7-1 大湖塘矿田区域地质简图（据项新葵等，2015）

Fig. 7-1 Regional geological map of Dahutang ore field

1. 矿田地质

大湖塘矿田内出露上青白口统下部双桥山群浅变质岩和第四系残积物。双桥山群的安乐林组和修水组为一套深海相泥砂质浊积岩，岩性主要为变余云母细砂岩、千枚状页岩和板岩等，地层巨厚，但出露零星。

矿田构造：基底褶皱构造属九岭北东东向复式褶皱带，晋宁期黑云母花岗闪长岩体的侵入导致褶皱两翼的产状变化较大，两翼地层的倾角一般在50°以上。区内断裂构造广泛发育，常成带出现，主要有北东—北北东向、北西向、近东西向及近南北向四组，其中北东—北东东向断裂带最为醒目，南北向断裂带形成最晚。北东—北东东向断裂带延伸性好，大部分延伸长度在数十千米至百余千米，宽度数千米，呈带状平行展布，它控制了区内燕山期岩浆岩带及矿带的分布，是矿田内的主控矿构造。

区内岩浆多期、多阶段活动频繁。晋宁期大规模中酸性岩浆侵入，形成了九岭大型复式花岗岩基，是区内主要赋矿围岩之一。燕山期发生了花岗岩浆多次上侵活动，浅表形成了规模不等的岩株，面积一般小于 0.5km²，但深部连为一体，为半隐伏的岩基，面积可达 400km² 以上。岩石类型从早到晚依次为似斑状二云母花岗岩→中细粒黑云母花岗岩→中粗粒白云母花岗岩→中细粒白云母花岗岩→成矿花岗斑岩→成矿后花岗斑岩。形成于中深成至中浅成地质环境，成岩时代介于 151~136Ma 之间。即侏罗纪末期至早白垩世早期，以早白垩世早期为主，归于燕山晚期。矿田内钨铜钼多金属矿基本上产于燕山期花岗岩体内部或者燕山期岩体与晋宁期黑云母花岗闪长岩体以及双桥山群地层的内外接触带，燕山期岩浆岩为该区钨铜钼多金属成矿主因。

大湖塘矿田的矿床类型以蚀变岩型钨矿床为主，兼有石英大脉型、隐爆角砾岩型、斑岩型及伟晶岩（石英）壳型矿化。矿体主要赋存在燕山期花岗岩与晋宁期黑云母花岗闪长岩的内外接触带，并以外接触带为主，形成"多位一体"的钨铜钼多金属矿床。各个矿区的矿化类型之间存在差异，石门寺、大湖塘矿区几乎发育以上全部矿化类型，均以蚀变花岗岩型为主；外接触带即晋宁期花岗岩中矿体居多。狮尾洞矿区为外接触带石英大脉型与蚀变花岗岩混合型钨矿床。

矿田具有多次成岩成矿特征。据项新葵等（2015）研究，石门寺矿区石门寺矿段第一次为似斑状黑云母花岗岩，为该矿段主要成矿期形成蚀变花岗岩巨型（白）钨矿床、似伟晶岩壳矿化、气成隐爆角砾岩筒型（黑、白）钨矿床；第二次为中细粒黑云母花岗岩，形成蚀变花岗岩型矿床；第三次为花岗斑岩（墙），部分形成（黑、白）钨矿体，随后形成石英大脉型黑钨矿床；第四次为成矿后花岗斑岩（墙）（图7-2）。

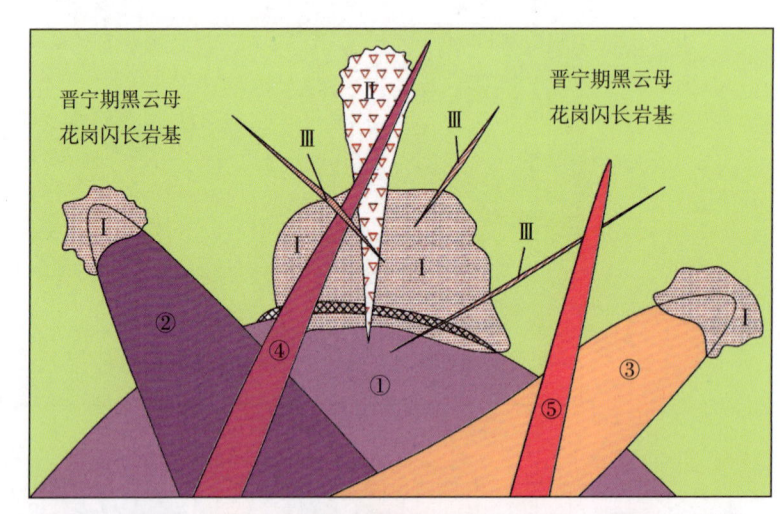

1—似斑状黑云母花岗岩；2—细粒黑云母花岗岩；3—白云母花岗岩；
4—成矿期花岗岩；5—成矿后花岗斑岩；6—细脉浸染型矿体；
7—热液隐爆角砾岩型矿体；8—石英脉型矿体；9—似伟晶岩壳。

图7-2 大湖塘矿田石门寺矿床燕山期岩浆岩演化系列和成矿关系图
Fig. 7-2 Yanshanian magmatic rock evolution series and metallogenic relationship of Shimensi deposit in Dahutang ore field

石门寺苗尾区段、大湖塘矿区、狮尾洞矿区，成矿岩体主要呈隐伏 – 半隐伏状态。石门寺苗尾区段为白云母花岗岩，狮尾洞矿区为二云母花岗岩，大湖塘矿区成矿花岗岩序列为似斑状黑云母花岗岩、中细粒黑云母花岗岩、斑状花岗岩（花岗斑岩）、二云母花岗岩、中粗粒白云母花岗岩、中细粒白云母花岗岩、成矿后斑岩。其中二云母花岗岩与中粗粒白云母花岗岩、中细粒白云母花岗岩是相变关系还是侵入关系，不同学者认识不一，有待进一步研究确定。

2. 近矿围岩蚀变及矿化分带

细脉浸染型矿体的近矿围岩蚀变普遍而均匀，面积广、厚度大，为面型蚀变。蚀变种类与围岩岩性关系密切，内接触带似斑状黑云母花岗岩中钾长石化明显，外接触带黑云母花岗闪长岩中黑鳞云母化强烈，二者共有的蚀变为云英岩化和绿泥石化。细脉浸染型矿体在垂直方向上矿化分带明显，由外接触带向内接触带，钨品位逐渐降低，铜品位有增高的趋势，钨与黄铜矿等金属硫化物有反消长关系。虽然内外接触带均见细脉浸染状钨矿化，但细脉浸染状白钨矿化主要出现在外接触带的黑云母花岗闪长岩中。矿体中钨的品位高低还与石英细脉的发育程度有关，与含脉率、含脉密度有一定的消长关系，在似斑状黑云母花岗岩中尤其明显，含脉率、含脉密度愈高，蚀变愈强，矿化也越强，钨的品位也越高。

据对石门寺矿区的研究成果，热液隐爆角砾岩型矿体，钾长石化和云英岩化强烈，还有萤石化、电气石化等蚀变。钾长石化表现为长英质填充于胶结物中，似斑状黑云母花岗岩及黑云母花岗闪长岩角砾边缘出现粉红色钾长石，较小的角砾周围可形成钾长石的环带构造，角砾和岩块内形成大量粉红色的钾长石交代斑晶和密集的钾长石石英细脉。热液隐爆角砾岩体边缘云英岩化强烈，原岩的矿物成分、结构构造全部消失，形成宽十余米、长和深几十米的富石英云英岩体。热液隐爆角砾岩型矿体逆向矿化分带明显，黑钨矿与黄铜矿等金属硫化物呈反消长关系。由上而下，钨、锡品位明显降低，铜、钼品位显著增高。矿体上部见锡石与黑钨矿共生，与钾长石共生的萤石呈绿色及蓝色；在其下部PD402、PD3、PD802等平硐中，出现黄铜矿、黄锡矿等金属硫化物，与白钨矿微脉共生，与黄铜矿共生的萤石则变为紫色及黄色。

矿区石英大脉型矿体的两侧，一般都对称发育有宽窄不一的线型蚀变，且伴随着不同的矿化。同一岩石单元中，脉侧蚀变带的宽度与石英脉幅成正比，靠近脉壁蚀变作用较强。

3. 矿石矿物

细脉浸染型矿体的矿石中，矿物组合较简单。主要金属矿物有白钨矿、黑钨矿、黄铜矿，偶见辉钼矿、磁黄铁矿、毒砂、斑铜矿、闪锌矿、黄铁矿、硫砷铜矿、砷黝铜矿等；主要非金属矿物为石英，其次为黑云母、长石、白云母等。矿石结构类型主要有结晶结构、交代结构，金属矿物粒度较细，矿石构造以细脉 – 微脉浸染构造为主。以细粒结构为主的白钨矿、金属硫化物及石英、绢云母等脉石矿物沿成矿裂隙充填、交代，形成脉幅小于10mm（部分脉幅小于1mm）的细脉 – 微脉状构造。白钨矿等金属矿物在石英细脉 – 微脉中呈小团块状、星散状分布。在矿体的不同部位，含矿石英细脉 – 微脉的形态及组合方式有所变化，可分为平行脉、交叉脉、树枝脉及网脉等构造。在含矿石英细脉 – 微脉脉侧及被石英细脉 – 微脉分割的蚀变围岩中，白钨矿、黑钨矿、金属硫化物呈星散状分布，形成稀疏浸染状构造或稠密浸染状构造。

热液隐爆角砾岩型矿体的矿石中，矿物组合较复杂，矿物种类较多。主要金属矿物有黑钨矿、白钨矿、黄铜矿、辉钼矿、斑铜矿，其次为黄锡矿、闪锌矿、锡石、磁黄铁矿、黄铁矿、毒砂。氧化矿物有褐铁矿、铜蓝、孔雀石、辉铜矿、钨华、钼华等。非金属矿物主要为石英、长石，另见有白云母、萤石、电气石、方解石等。

石英大脉型矿体的矿石，主要由粗晶黑钨矿和块状石英组成，各矿体中的矿物组合大同小异。矿石矿物以黑钨矿为主，少量白钨矿；伴生金属矿物主要为辉钼矿、黄铜矿；脉石矿物有石英、白云母、方解石等。黑钨矿常为粗大的板状或柱状晶体，长轴长 3~6cm 不等，多分布于大脉两壁，长轴垂直或斜交脉壁生长，形成对称梳状构造。

4. 矿床地球化学特征

1) 流体包裹体特征

矿田存在富液相包裹体（Ⅰ型）、纯液相包裹体（Ⅱ型）、富气体包裹体（Ⅲ型）以及纯气相包裹体（Ⅳ型）四种类型。富液相包裹体占包裹体总量的 70% 以上，气液比在 10%~30% 之间，大小大部分在 5~10μm 之间。

细脉浸染型矿体中的包裹体的均一温度分布在 119~378℃ 之间，主要集中在 142~268℃ 之间，平均值为 218℃，盐度分布在 0.88%~9.47%NaCleqv 之间，集中 4.03%~8.81%NaCleqv 之间；热液隐爆角砾岩型矿体的均一温度分布在 139~354℃ 之间，主要集中在 171~287℃ 之间，平均值为 229℃，盐度分布在 2.57%~8.00%NaCleqv 之间，集中在 3.06%~6.45%NaCleqv 之间；石英大脉型矿体的均一温度分布在 153~335℃ 之间，主要集中在 190~270℃ 之间，平均值为 238℃，盐度分布在 2.90%~8.95%NaCleqv 之间，集中在 4.0%~7.0%NaCleqv 之间。

矿田成矿流体密度介于 $0.64~0.99g/m^3$ 之间，其中细脉浸染型矿体流体的密度介于 $0.64~0.99g/m^3$ 之间，热液隐爆角砾岩型矿体流体的密度介于 $0.68~0.96g/m^3$ 之间，大脉型矿体流体的密度介于 $0.69~0.96g/m^3$ 之间。三种矿体的密度基本相同，均属于低密度型流体。

矿田三种不同类型矿体中的Ⅰ型包裹体，除检测到 CH_4 外，还不同程度地检测到 N_2、CO_2、H_2O。其成矿流体为中—高温、中—低盐度的 $NaCl-H_2O-CH_4±$（CO_2、N_2）体系。

石门寺矿区细脉浸染型矿体中的富液相包裹体的均一温度及盐度，可能代表了花岗岩成岩时捕获并封存在矿物晶格缺陷中的岩浆水的均一温度和盐度。流体包裹体均一温度的区间较大，显示出流体体系经历了一个降温的过程，因此，在冷却过程中发生连续的流体不混溶作用是该矿区流体的演化特征。

2) 稳定同位素

（1）硫同位素特征。矿田金属硫化物的 $δ^{34}S$ 变化范围较小，分布比较集中，在 –2.29‰~–0.91‰ 之间，平均值为 –1.65‰~1.56‰。硫的来源比较均一。硫同位素组成更多地显示出岩浆硫的特征，推测成矿流体中硫主要来自岩浆。

（2）铅同位素特征。矿田内硫化物矿石的铅同位素组成相当均一，$^{206}Pb/^{204}Pb$ 值范围石门寺矿床为 18.109~18.268（平均 18.201），大湖塘矿床为 18.151~18.718（平均 18.303）；$^{207}Pb/^{204}Pb$ 值范围石门寺矿床为 15.586~15.708（平均为 15.627），大湖塘矿床为 15.617~15.671（平均 15.632）；$^{208}Pb/^{204}Pb$ 值范围石门寺矿床为 38.208~38.715（平均为 38.472），大湖塘矿床为 38.322~38.442（平均为 38.348）。矿田矿石铅同位素组成低 $μ$（9.58±）、高 $ω$（36.889~39.589）值的特征指示了矿石铅来源于富 Th、亏 U 的源区，具有下地壳来源的特征，但同时也有部分来自上地壳。

（3）氢-氧同位素。据大湖塘矿田研究成果，大湖塘石英样品的氢同位素组成变化范围非常小，

δD_{V-SMOW} 值介于 -71.3‰~-65.4‰ 之间，为正常岩浆水（-80‰~-50‰）的范围内，平均值为 -67.19‰。石英包裹体流体氧同位素组成变化范围较小，$\delta^{18}O_{H_2O}$ 值介于 1.61‰~3.65‰ 之间，平均值为 2.65‰，均偏离岩浆水（5.5‰~9.5‰）的变化范围。

在 δD-$\delta^{18}O_{H_2O}$ 关系图中，氢-氧同位素组成既不落入岩浆水区域，也不在大气降水线附近，而均落在岩浆水区域的左侧，推测原始热液主要来自燕山期花岗岩岩浆水。而 $\delta^{18}O_{H_2O}$ 值有向大气降水线方向漂移的趋势，产生这种现象的原因可能是大气降水的加入，造成了氧同位素向大气降水方向漂移，这说明大湖塘矿田的成矿流体主要为岩浆水与大气降水的混合。

大湖塘矿田内的石门寺、大湖塘及南侧的昆山三个矿床在矿床地理位置上从北到南依次分布，而它们的氧同位素组成依次有序地降低，石英样品氢-氧同位素组成投点具有非常明显地向大气降水线方向漂移趋势。这种现象可能反映了石门寺、大湖塘、昆山三个矿床成矿标高大致等深但成矿岩体由地表到浅隐伏或深隐伏，从而导致成矿流体混入的大气降水依次增加。

(4) 碳-氢同位素。大湖塘矿田方解石 $\delta^{13}C_{PDB}$ 值变化范围在 -17.5‰~-6.4‰ 之间，平均值为 -10.34‰；$\delta^{18}O_{SMOW}$ 值变化范围在 8.18‰~17.87‰ 之间，平均值为 12.55‰。从这些数据中可以看出一个明显的特征，即要么较大，要么较小，因此可分为两个组。将样品碳-氧同位素组成投影在方解石 $\delta^{13}C_{PDB}$-$\delta^{18}O_{SMOW}$ 图解上发现，大湖塘矿区样品落入花岗岩区及低温蚀变区和有机质氧化作用区；石门寺矿区样品绝大多数落在花岗岩及低温蚀变区域，也有几件落在有机质氧化作用区域（图 7-3）。其原因可能是，地幔或深源的甲烷在向上运移的过程中，发生强烈的同位素分馏，轻的同位素在气体的上部集中，被氧化为 CO_2，并通过化学反应，从而沉淀形成方解石；另外，显微激光拉曼光谱显示大湖塘钨多金属矿区流体包裹体中气相成分含有较多的 CH_4 与少量的 CO_2。因此，大湖塘钨多金属矿田成矿流体中的碳可能来源于下地壳或上地幔，也有一部分可能是由深源甲烷转化而来。

3) 稀土元素含量

晋宁期黑云母花岗闪长岩轻、重稀土元素的分馏程度中等，$(La/Yb)_N$ 值介于 8.05~17.71 之间，平均值为 12.77，中等程度的负 Eu 异常（Eu/Eu^* 值介于 0.52~0.66 之间），稀土元素球粒陨石标准化曲线

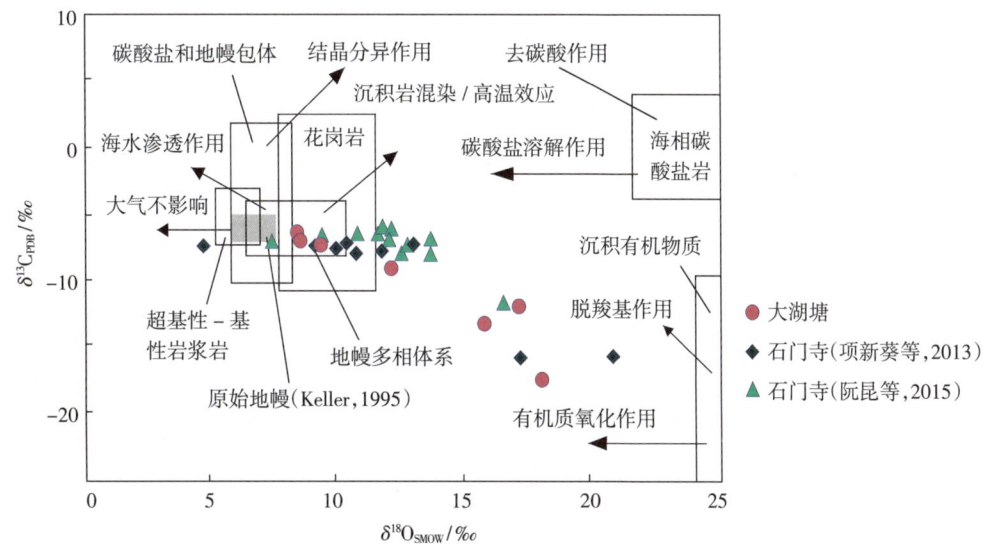

图 7-3　大湖塘矿田主要矿区方解石 $\delta^{13}C_{PDB}$-$\delta^{18}O_{SMOW}$ 图解

Fig. 7-3　Calcite in main mining area of Dahutang ore field $\delta^{13}C_{PDB}$-$\delta^{18}O_{SMOW}$ diagram

呈较平滑的右倾型。燕山期含矿花岗岩稀土元素含量不高，ΣREE 为 $45.19\times10^{-6}\sim114.63\times10^{-6}$。矿区燕山期含矿花岗岩稀土元素配分模式相似，球粒陨石标准化曲线呈清楚的右倾型（图7-4a）。其球粒陨石标准化曲线互相平行，紧密排列，说明它们起源相同；铕负异常明显，说明岩石形成过程中发生了强烈的结晶分异作用，Eu/Eu^* 为 $0.21\sim0.53$，其中似斑状黑云母花岗岩平均为 0.41，细粒黑云母花岗岩平均为 0.50，花岗斑岩平均为 0.24。

矿区似斑状黑云母花岗岩、细粒黑云母花岗岩和花岗斑岩的微量元素配分模式也基本一致，与晋宁晚期黑云母花岗闪长岩相比总体呈稍陡的右倾型（图7-4b），微量元素配分曲线趋势一致，暗示了它们可能具有相同的起源。不同岩石之间一些元素具有不同程度的富集或亏损，表明不同岩石在岩浆演化过程中存在着一定的差异。

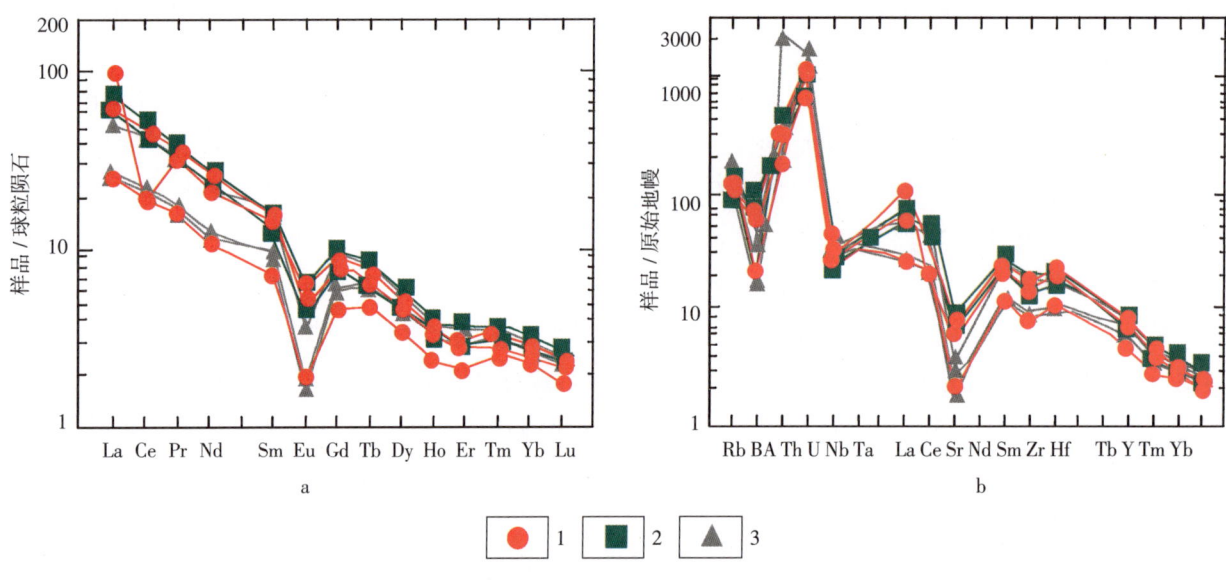

1—似斑状黑云母花岗岩；2—中细粒黑云母花岗岩；3—花岗斑岩。

图7-4 石门寺钨矿成矿母岩稀土元素球粒陨石标准化配分图（a）和微量元素原始地幔标准化蛛网图（b）

Fig. 7-4 Normalized REE chondrite distribution map (a) and normalized spider web map of trace element primitive mantle (b) of the ore-forming parent rock of Shimensi tungsten deposit

（二）武宁县石门寺钨铜钼矿床

石门寺钨铜钼矿床位于大湖塘矿田北部，武宁县城西南方向38km，赣西北武宁县境与修水、靖安三县交界处，向西北有简易公路（20km）通往石门楼镇，与县级公路相连，分别达武宁、修水等地，交通亦较便利。

矿区于1957年发现后，在2010年之前，只针对矿区石英大脉型黑钨矿进行过普查工作。2010—2012年，江西省地质矿产勘查开发局九一六大队开始对石门寺矿区进行钨的储量核实与勘查工作，新发现了蚀变花岗岩型、隐爆角砾岩筒型钨矿床，并新发现了矿区南部的苗尾矿段，WO_3 资源量 22×10^4t，全区合计提交资源储量 WO_3 84.4755×10^4t，另在标高900m以下深部探获资源量 WO_3 11.7723×10^4t，共提交资源储量合计 96.2478×10^4t，共生及伴生 Cu、Mo 金属量分别为 50.2677×10^4t 和 0.55×10^4t，Ag金属量为194t。经查，该矿床为一超大型（世界级）钨、共（伴）生中型铜-钼矿床，实现了找矿的重大突破。

1. 矿区地质概况

矿区内除少量第四系残坡积层外,主要为晋宁期黑云母花岗闪长岩和燕山期酸性深成至浅成花岗岩基岩,断裂构造较为发育(图7-5)。

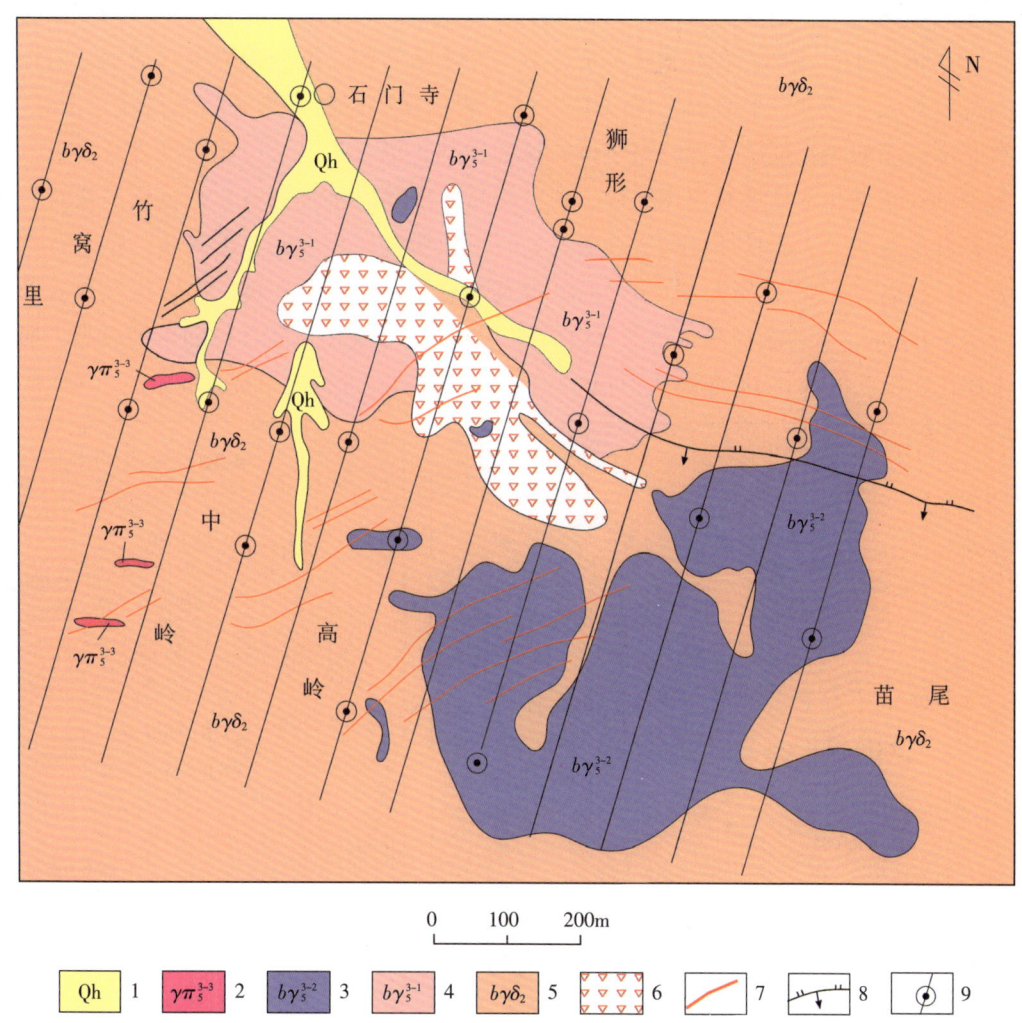

1—第四系残坡积层;2—燕山期花岗斑岩;3—燕山期细粒黑云母花岗岩;4—燕山期似斑状黑云母花岗岩;5—晋宁期黑云母花岗闪长岩;6—热液隐爆角砾岩;7—含矿石英大脉;8—断层;9—钻孔。

图7-5 石门寺钨铜钼矿床地质简图

Fig. 7-5 Geological diagram of Shimensi tungsten-copper-molybdenum deposit

1)岩浆岩

(1)晋宁期

晋宁期形成的黑云母花岗闪长岩为九岭岩基的一部分,是矿区乃至整个九岭地区最主要的岩石单元。矿区北部罗溪附近可见黑云母二长花岗岩侵入中新元古代浅变质岩系中,并被南华纪地层不整合覆盖。黑云母花岗闪长岩为灰色,粗粒花岗结构,斑杂状构造,主要由斜长石、石英、黑云母组成。黑云母花岗闪长岩 CaO(1.61%~1.94%)、$FeO+Fe_2O_3$(5.12%~5.33%)、MgO(1.49%~1.62%)、TiO_2(0.71%~0.72%)含量较高,而 SiO_2(67.84%~68.77%)、K_2O+Na_2O(5.8%~6.57%)及 Na_2O/K_2O(0.56~0.72)含量较低;显示出铝强过饱和的特点,里特曼指数 σ 为1.31~1.73,具钙碱性特点。

(2) 燕山期

燕山期侵入的岩浆岩可分为似斑状黑云母花岗岩、中细粒黑云母花岗岩、白云母花岗岩和成矿花岗斑岩及少量成矿后花岗斑岩。

似斑状黑云母花岗岩：地表露头仅约 0.024km²，见于矿区中部，分布于 12 线—16 线、8 线—7 纵线之间标高 1100m 之下，顶部面积超过 1.7km²，为一半隐伏岩体。勘查工程资料显示，岩体的形态较规则，为一规模较大、顶部较平缓的岩株（图 7-6）。岩株顶部控制了热液隐爆角砾岩型矿体的分布，同时矿区东北部云英岩型钨铜矿体也分布于该岩株的顶部。似斑状黑云母花岗岩为灰白色，似斑状结构，基质为中细粒结构，常见潜基连斑结构，块状构造。斑晶以条纹长石、石英和奥长石为主。奥长石为自形—半自形板状，一般具环带构造；条纹长石呈他形粒状，可见卡氏双晶；原生石英的粒径较大，一般为 0.5~1.0cm，长石斑晶大者大于 2cm。基质主要由奥长石、石英、白云母及黑云母组成，石英粒度一般小于 0.4cm，近等轴粒状，与部分白云母一起沿斑晶状长英质颗粒间熔蚀斑晶，形成锯齿状边缘和交代穿孔结构。锆石 U-Pb 年龄为（148.3±1.9）~（147.4±0.58）Ma（Mao et al., 2014）。

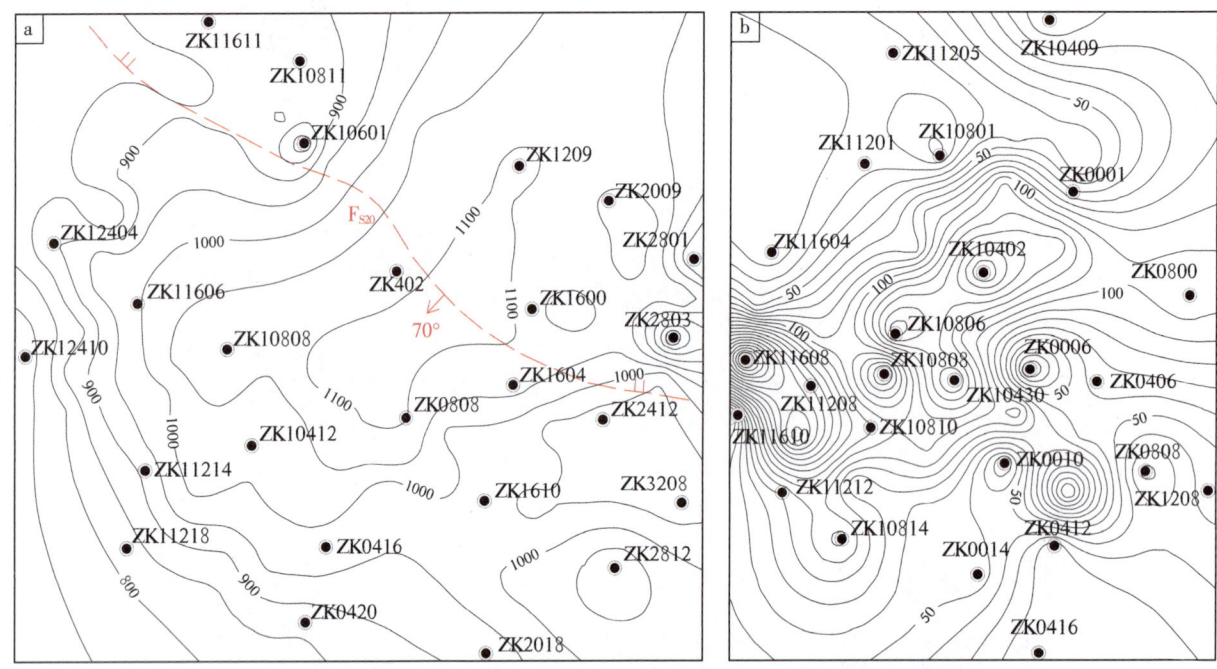

图 7-6　石门寺矿段似斑状黑云母花岗岩株顶面等高线图（a）和花岗斑岩等厚线图（b）

Fig. 7-6　Contour map of the top surface of porphyritic biotite granite plant in Shimensi ore block (a) and contour map of granite porphyry (b)

中细粒黑云母花岗岩：以小岩株出露于矿区东南部，出露面积 0.16km²，深部向北西向延伸至矿区中部。岩株顶部形态复杂，呈陡峻的多峰状起伏，常分枝呈脉状插入晋宁晚期黑云母花岗闪长岩及似斑状黑云母花岗岩中，接触界面陡立。中细粒黑云母花岗岩为灰色，中细粒花岗结构，部分地段含少量长石斑晶，块状构造。斜长石含量 20%~21%，半自形板状，普遍具聚片双晶，少数具卡钠复合双晶，粒径 0.6mm×0.8mm~1.4mm×2.4mm；钾长石为正条纹长石，含量 33%~34%；石英透明，他形粒状，含量 39%~40%；黑云母自形鳞片状，约占 7%。

白云母花岗岩：见于苗尾矿段深部钻孔中，其特点与大湖塘矿区白云母花岗岩相同，锆石 U-Pb 年龄为（146±0.64）~（144.67±0.96）Ma（Mao et al., 2014）。

成矿花岗斑岩：零星见于矿区中部和西南部，形态极不规则，常呈脉状膨大缩小、分支复合。总体上分为走向北西、倾向北东与走向北东、倾向北西的2组脉群，倾角均较陡，受成矿期北西向和北东向2组扭性断裂控制。花岗斑岩颜色为浅肉红色，斑状结构，块状构造。斑晶粒度以中细粒为主，斜长石含量为10%~15%、石英含量为20%、黑云母含量为5%。基质主要是钾长石微粒，其次为少量石英和绢云母，光性模糊，隐晶结构。LA-ICP-MS锆石U-Pb年龄为141Ma（盛继福等，2018）、146Ma（项新葵等，2015）。

成矿后花岗斑岩：锆石U-Pb年龄为(139.0±1.2)Ma（项新葵等，2020）。

从石门寺矿段同一标高燕山期岩浆岩的结构变化可以看出，从具似斑状结构、斑晶为粗粒、基质为中细粒的似斑状黑云母花岗岩→细粒花岗结构的黑云母花岗岩→具斑状结构、斑晶为中细粒、基质为隐晶质的花岗斑岩（侵入顺序由早到晚），粒度有规律地逐级变细。

似斑状黑云母花岗岩侵入晋宁期黑云母花岗闪长岩基中，岩株边缘粒度较小，在内接触带形成厚度不大的边缘相。两者之间接触界面清楚截然，且在内接触带发育厚0.5~1.5m的似伟晶岩壳。似伟晶岩壳主要由巨晶钾长石充填、交代于似斑状黑云母花岗岩株边缘的收缩裂隙中，为矿区岩浆岩中一个清楚而稳定的标志层。巨晶钾长石自形程度高，长轴总体平行排列，垂直接触界面生长，形成梳状构造。偶见似斑状黑云母花岗岩岩枝直接插入黑云母花岗闪长岩中，未见似伟晶岩壳，岩枝或黑云母花岗闪长岩常蚀变为白色细粒长英岩脉；长英岩脉中见有与钾长石共生的绿色萤石和黑云母花岗闪长岩蚀变残余的浅紫色石英，以及糜棱岩蚀变残余呈定向排列的黑云母集合体。

中细粒黑云母花岗岩侵入黑云母花岗闪长岩中，众多钻孔揭示出，中细粒黑云母花岗岩在约标高1000m穿过似伟晶岩壳而侵入似斑状黑云母花岗岩和黑云母花岗闪长岩中。矿区中部见中细粒黑云母花岗岩呈脉动关系侵入似斑状黑云母花岗岩中，接触界面清楚；ZK0003、ZK0403、ZK0406等钻孔附近的地表可见零星出露的中细粒黑云母花岗岩侵入似斑状黑云母花岗岩及热液隐爆角砾岩之中。

矿区西南部见成矿花岗斑岩脉侵入黑云母花岗闪长岩中；中部地表见零星的花岗斑岩脉或岩枝侵入似斑状黑云母花岗岩中。钻孔中见花岗斑岩穿切其他3类岩石单元，接触界面清楚，但极不规则。

燕山期黑云母花岗岩特征是富硅（72.80%~74.47%，平均73.60%）而贫铁（1.16%~1.61%，平均1.43%）、镁（0.24%~0.44%，平均0.36%）、钙（0.57%~1.04%，平均0.90%）、钛（0.14%~0.24%，平均0.19%），属SiO_2强烈过饱和岩石；属于铝过饱和型钙碱性岩石。TiO_2、Al_2O_3、MgO、Na_2O、K_2O与SiO_2、CaO与SiO_2的相关性较好（图7-7），显示岩石为同源岩浆分异后多次侵入形成。

白云母花岗岩多呈不规则岩脉或岩瘤产出，零星分布在矿集区中部平苗、茅公洞一带。呈浅白色，中粗粒花岗结构，块状构造，以长石、石英、白云母为主，少量萤石、绢云母，钻孔部分岩芯可见黄铜矿、白钨矿等矿化特征。对岩石薄片进行镜下观察，发现石英呈他形粒状，粒径1mm×1.3mm~3mm×4.5mm，含量约占30%；斜长石呈自形板柱状，粒径0.6mm×1.5mm~3mm×5mm，含量约30%，可见明显的聚片双晶和卡纳复合双晶，被石英和细小片状白云母交代，并伴生有萤石颗粒；钾长石呈自形-半自形板柱状，粒径0.7mm×1.2mm~2mm×5mm，含量约20%，弱黏土化，部分呈文象结构；原生白云母呈自形片状，粒径0.5mm×1mm~4mm×5.5mm，含量15%~20%；次生白云母少量，呈他形细小鳞片状，主要交代长石。岩石具有高硅、过铝、低钛的特性，SiO_2含量为73.14%~74.19%，Al_2O_3含量为14.71%~15.51%，TiO_2含量为0.07%~0.09%，A/CNK=1.24~1.31，均大于1。由A/CNK-A/NK图解（图7-8a）可知为过铝质系列岩，K_2O+Na_2O=7.92%~8.22%，K_2O/Na_2O=0.93~1.01，显示富钾富钠的特征；在

K_2O-SiO_2 判别图（图 7-8b）上投点，样品均落在高钾钙碱性区域内。因此，该白云母花岗岩属于高硅富碱的高钾钙碱性过铝质花岗岩类岩石。通过 LA-ICP-MS 锆石 U-Pb 定年法测得大湖塘矿田平苗矿段中粗粒白云母花岗岩年龄为 (145.7±0.6)Ma。

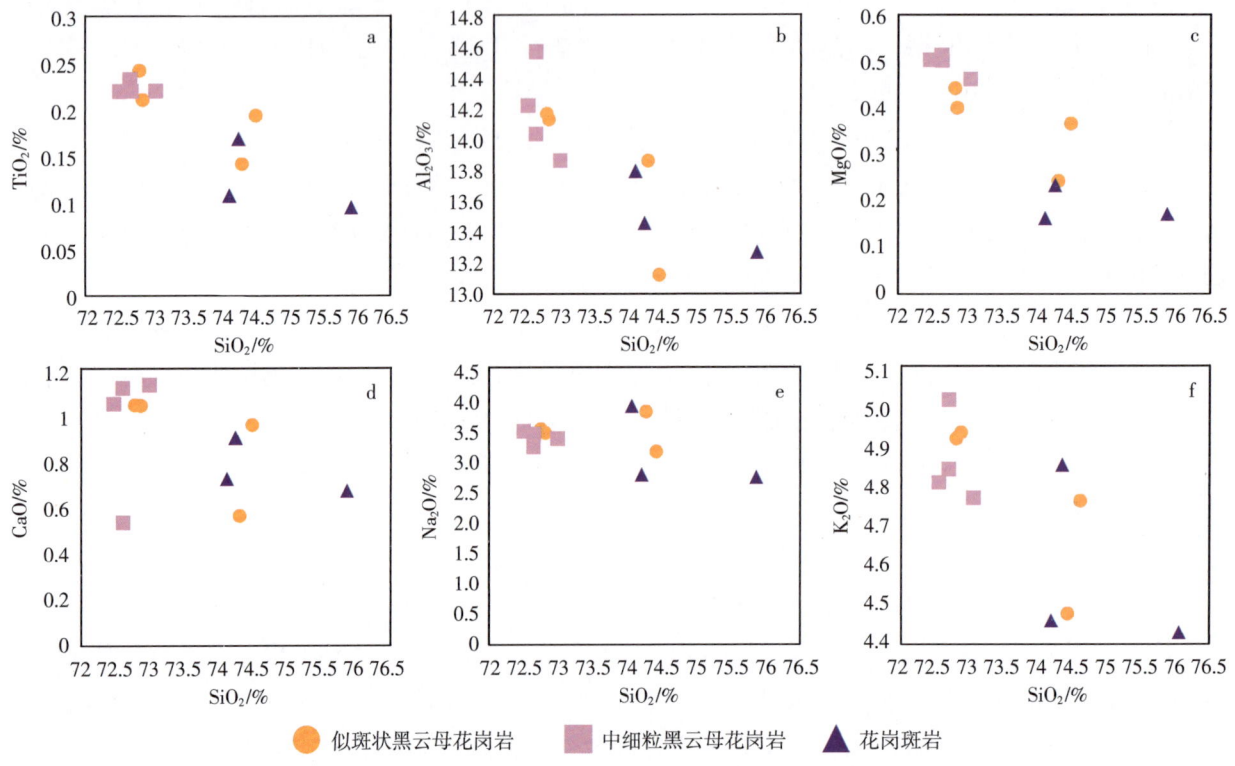

图 7-7 石门寺钨多金属矿床燕山期花岗岩主要氧化物 Haker 图解

Fig. 7-7 Haker diagram of main oxides of Yanshanian granite in Shimensi tungsten polymetallic deposit

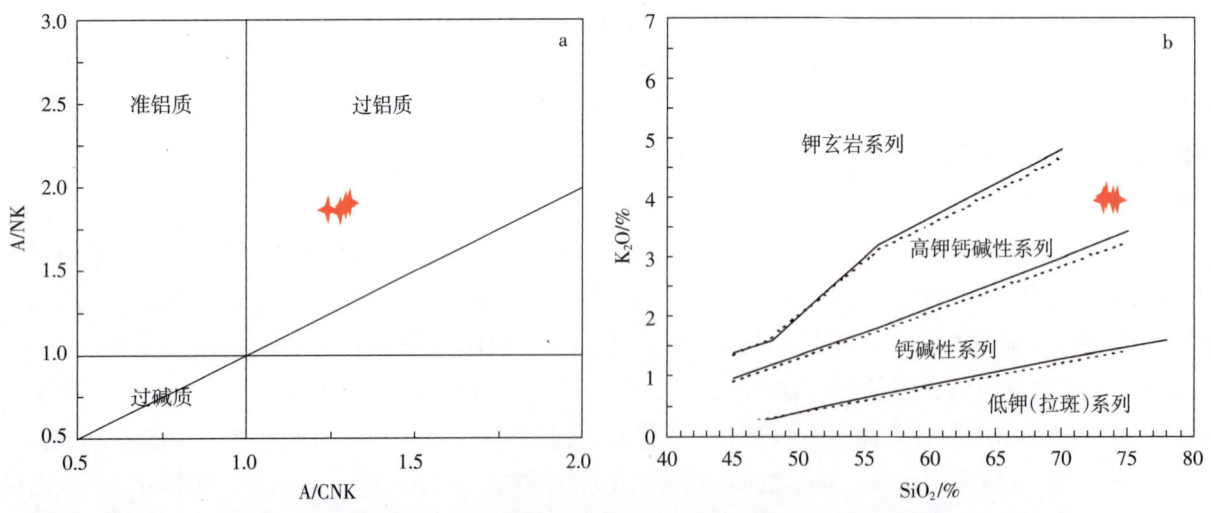

图 7-8 大湖塘矿田白云母花岗岩主量元素判别图解（据余振东等，2020）

Fig. 7-8 Discrimination diagram of main elements of muscovite granite in Pingmiao mining area of Dahutang

岩石总体表现为稀土元素总量很低，ΣREE 为 22.74×10^{-6}~29.91×10^{-6}，LREE 相对 HREE 富集，可能是榍石、磷灰石和锆石的分离结晶，锆石具有类似石榴子石的效应，会使得 HREE 亏损，或是在岩浆高度演化的晚期 REE 进入流体所致。在球粒陨石标准化稀土元素配分模式图（图 7-9a）上，显示向右倾斜的深"V"形，为高度演化的花岗岩。$(La/Yb)_N$ 值为 4.44~5.99，均远大于 1，说明轻重稀土分馏明显。Eu/Eu^* 值为 0.02~0.04，均小于 1，表现出 Eu 的强烈亏损。$TE_{1,3}$ 值介于 1.12~1.17 之间，且 Nb/Ta 值为 1.41~2.16，均大于 1，显示出较明显的四分组效应。岩石的 $(La/Sm)_N$ 值为 2.48~2.67，暗示岩浆过程主要受部分熔融作用。在微量元素原始地幔蛛网图（图 7-9b）上，该白云母花岗岩微量元素分布较一致，富集大离子亲石元素 Rb、Th 和 U，相对富集 Ta、Hf，强烈亏损 Ba、Sr、Ti 等，具有典型的高 Rb，低 Ba、Sr 的特性（余振东和项新葵，2020）。

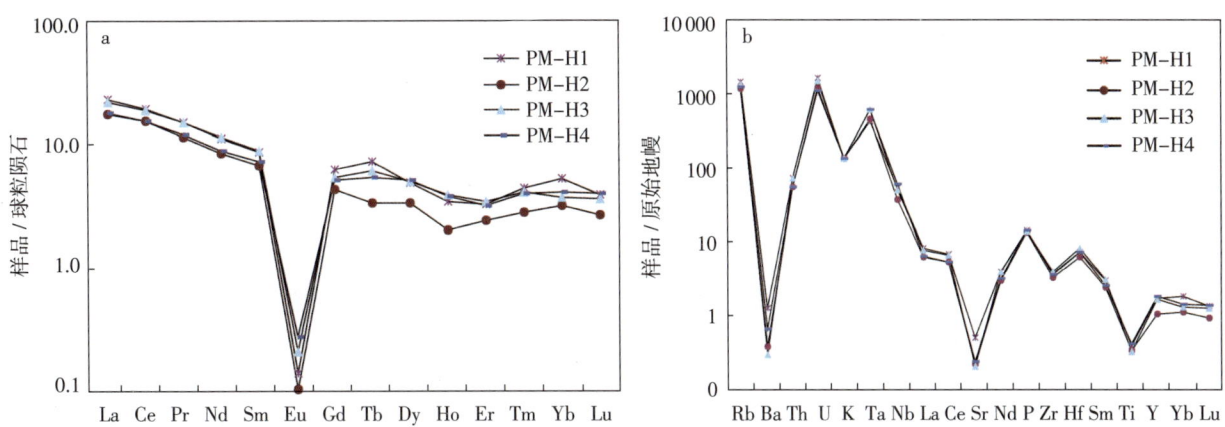

图 7-9 大湖塘矿田白云母花岗岩稀土元素球粒陨石标准化配分图（a）和微量元素原始地幔标准化蛛网图（b）

Fig. 7-9 Standardized distribution map of muscovite granite rare-earth elements (a) and trace elements of the original mantle standardized spider web map (b) in Pingmiao mining area of Dahutang

2) 构造

矿区的构造具有多期性，主要有 3 种形式：韧性剪切带、断裂和裂隙。按走向可分为北北东向、北东东向、北东向和北西向 4 组，属于晋宁期北东东向构造体系和燕山期北北东向构造体系及其复合产物。

(1) 韧性剪切带

石门寺矿区北缘晋宁晚期黑云母花岗闪长岩中，发育一组走向北东东、倾向南南东、倾角中等的韧性剪切带。其中，石门寺韧性剪切带规模最大，后演化为硅化破碎带，为矿区主要的控矿构造，与北北东向仙果山-大湖塘-狮尾洞基底断裂的交叉部位为含矿岩体侵位的通道，控制着矿床的分布。

石门寺韧性剪切带出露宽 100 余米，向东延伸到靖安县新安里钨矿，向西延伸到田埠里、宋家坪一带，长达 25km 以上；ZK11611 等钻孔揭示其向南插入矿区深部。韧性剪切带分带现象明显，从两侧往中心，依次为糜棱岩化黑云母花岗闪长岩→糜棱岩→千枚糜棱岩→糜棱片岩。糜棱岩由棕黑色鳞片状黑云母条带与灰白色亚颗粒化的长石、石英条带或条纹组成，原岩结构、构造完全消失，S-C 组构发育，S-C 剪切面理产状 160°∠45°~55°。

韧性剪切带的底部叠加了燕山期的强烈硅化，形成厚 20 余米、产状与韧性剪切带一致的硅化带。硅化带地貌上突起，主要由白色微细粒石英岩组成，局部仍残留韧性剪切带的组构，偶见细粒黑钨矿、辉钼矿和黄铜矿化。在 ZK11611 孔中见到燕山期细粒黑云母花岗岩岩枝侵入硅化带中，地表可见燕山期花岗斑岩岩脉侵入硅化带中。

成矿后，石门寺韧性剪切硅化带仍有一定的活动。最为显著的是在燕山运动的作用下，紧靠其上盘底部形成了一条与之平行的逆冲断裂F_{24}，错断燕山期似斑状黑云母花岗岩与晋宁晚期黑云母花岗闪长岩之间的接触界面以及内外接触带中的矿体，断面上、下发育厚 30~50m 不等的灰色隐晶质的低温硅化带，伴随有叶蜡石化和黄铁矿化，部分钻孔中还见有玉髓再次破碎形成的断层角砾岩。

(2) 断裂

石门寺矿区的北西向断裂较发育，长度大于200m 的有 F_1、F_7、F_9、F_{11}、F_{20}、F_{22}、F_{23}，产状陡立，倾向南西，局部倾向北东，断面平整，走向上呈舒缓波状，部分地段形成厚 0.5~4.0m 的碎裂岩及构造透镜体，主要为张扭性，运动方式主要为左行平移。其中，F_{20} 规模较大，多次活动且成矿期继承性明显，延伸 1~2km，为矿区重要的导矿构造。热液隐爆角砾岩体的分枝，沿 300°走向的断裂呈狭长的带状分布。该断裂从燕山期似斑状黑云母花岗岩体顶部切穿接触界面，延伸到晋宁晚期黑云母花岗闪长岩中。在矿区中部，8线—0线之间，隐爆角砾岩顺 F_{20} 贯入；8线—108线之间，燕山期细粒黑云母花岗岩和花岗斑岩明显受 F_{20} 控制，几乎全部分布于该断裂的南东侧。含矿石英大脉呈现靠近 F_{20} 发育、远离 F_{20} 则分布稀疏的现象，部分大脉接近 F_{20} 时，脉幅变厚并突然截止，构成"入"字形样式。

北西向断裂在成矿后仍有活动，多表现为正断层。在 12 线—24 线之间，晋宁晚期黑云母花岗闪长岩与燕山期似斑状黑云母花岗岩之间的接触界面及内外接触带中的矿体被 F_{20} 错断，北东盘上升，视断距 200~250m，其余北西向断裂对矿体的错动不大。

(3) 裂隙

含矿石英大脉容矿裂隙主要呈北东东向，产状主要有 2 组：335°∠65°和 345°∠55°（图 7-10），前者为成矿期形成的裂隙，后者为改造利用成矿前的裂隙。断面平整或呈缓波状，含矿石英大脉形态规则，厚度稳定，常平行成带出现，部分地段具尖灭侧现、分支复合现象。石英大脉中常见气化－高温阶段的白云母、黑钨矿和中温阶段的辉钼矿垂直两壁生长，形成对称分布的梳状构造，大脉中存在少量晶洞，充填方解石。坑道中见多处裂隙在成矿期右行平移形成的平行于脉壁的脉内剪切面，其中充填辉钼矿、黄铜矿等金属硫化物。有产状 328°~334°∠62°~65°、脉宽 10~20cm 的黑钨矿石英大脉，脉内 X 型裂隙发育，其中充填着脉幅小于 1mm 的白钨矿微脉，且清楚地切割了两壁梳状生长的黑钨矿晶体。

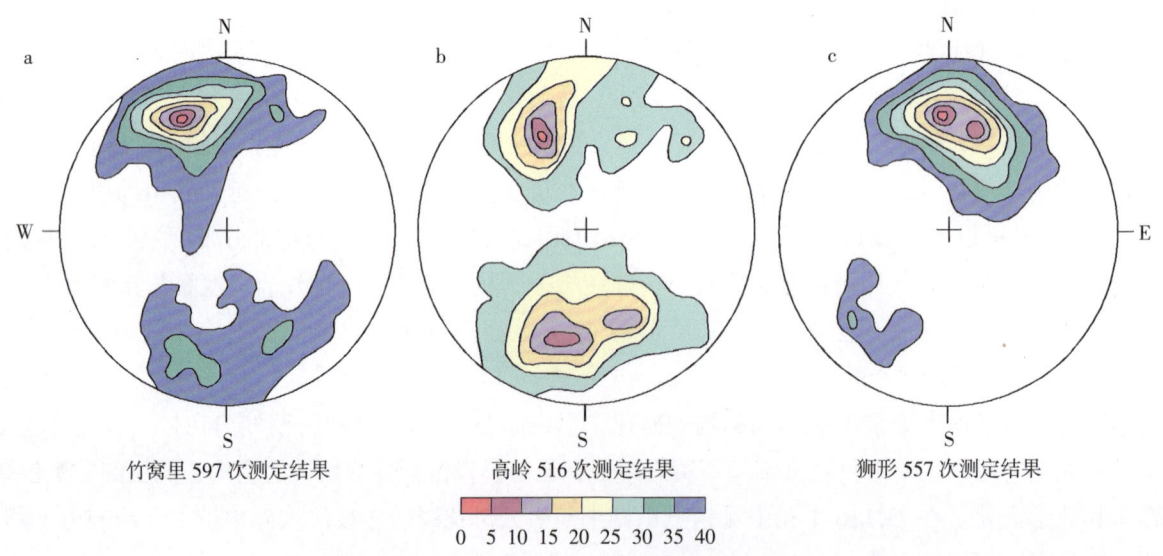

图 7-10　石门寺矿区含矿裂隙产状统计图

Fig. 7-10　Statistical map of ore bearing fracture occurrence in Shimensi mining area

石门寺矿区成矿前及成矿期裂隙常等距（8~10m）发育、平行分布，部分地段密集成带出现，一般延伸100~200m，局部具尖灭侧现特点。节理面平直且延伸较稳定。矿区节理优势产状大致可分为5组（图7-10）：335°∠60°、355°∠60°、15°∠55°、195°∠60°、155°∠50°，其中以前两组节理最发育，它们改造和利用了成矿前的节理；后三组为成矿期新生节理。

2. 矿体特征

石门寺矿床矿体主要产在燕山期似斑状黑云母花岗岩和晋宁期黑云母花岗闪长岩侵入接触面附近，接触面多见有似伟晶岩壳发育。矿体分布于燕山期酸性花岗岩体内外接触带。石门寺矿区矿体分为4类：最主要的矿体（Ⅰ$_1$矿体）为细脉浸染型以白钨矿为主的厚大的似层状矿体，其次为热液隐爆角砾岩型矿体与石英大脉型矿体以及花岗斑岩型矿体。其中，黑云母花岗闪长岩中细脉浸染状白钨矿矿体WO$_3$的资源储量占整个矿区的95%。这三类主要矿体围绕燕山期花岗岩体，共生或交织，形成石门寺"四位一体"型钨（共伴生铜、钼、锡、锌、铋等）多金属矿床（图7-11、图7-12）。

细脉浸染型矿体分布于石门寺矿区四周，外接触带部分为厚大的工业钨（铜）矿体，矿化连续性较好；内接触带矿体普遍较薄较贫，夹石多，矿化连续性较差。Ⅰ$_1$为其主矿体，呈层状、似层状沿燕山期花岗岩侵入接触面展布，绝大部分赋存于外接触带的晋宁期黑云母花岗闪长岩中，走向最大延伸1800m，倾向最大延深1200m。以钨矿体为主，共生铜、钼矿体。矿体在横剖面上总体呈巨厚层状，沿倾斜方向

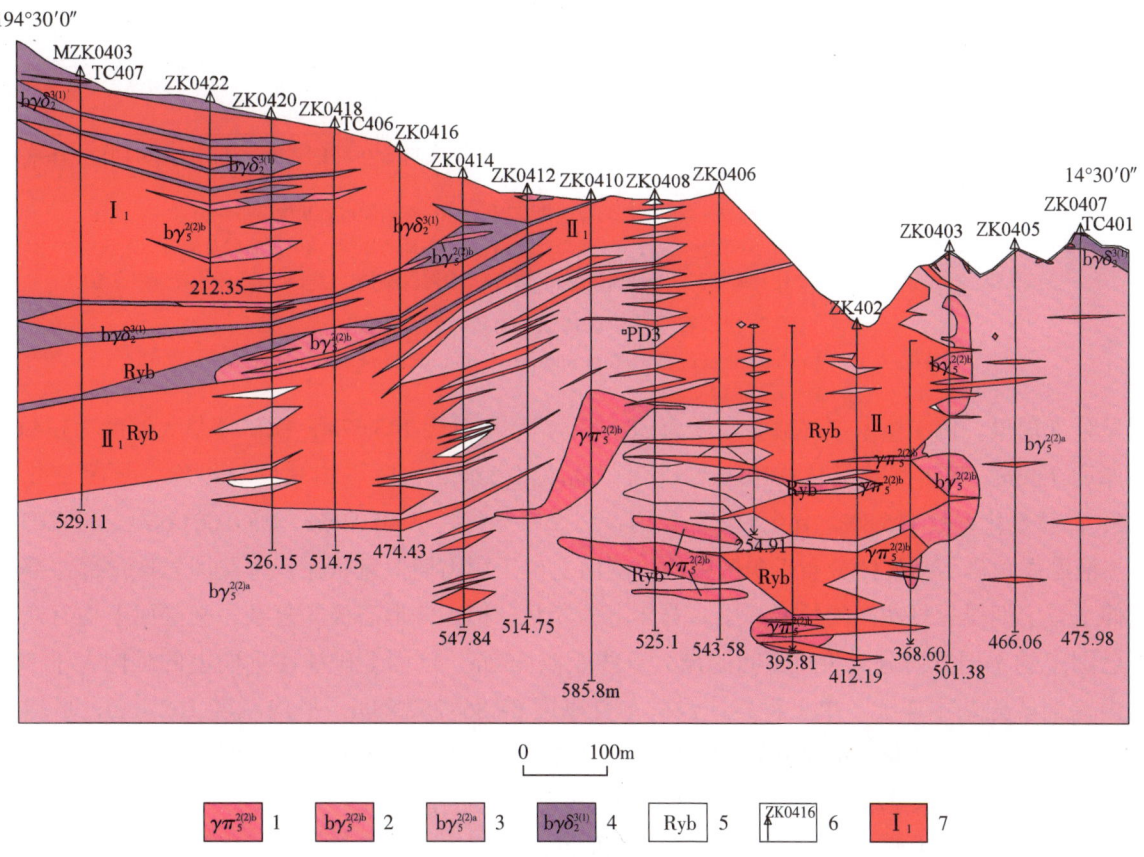

1—燕山期黑云母花岗斑岩；2—燕山期细粒黑云母花岗岩；3—燕山期似斑状黑云母花岗岩；
4—晋宁晚期黑云母花岗闪长岩；5—热液隐爆角砾岩；6—钻孔及编号；7—矿体及编号。

图7-11 石门寺矿区4线地质剖面示意图

Fig. 7-11 Geological profile of line 4 in Shimensi mining area

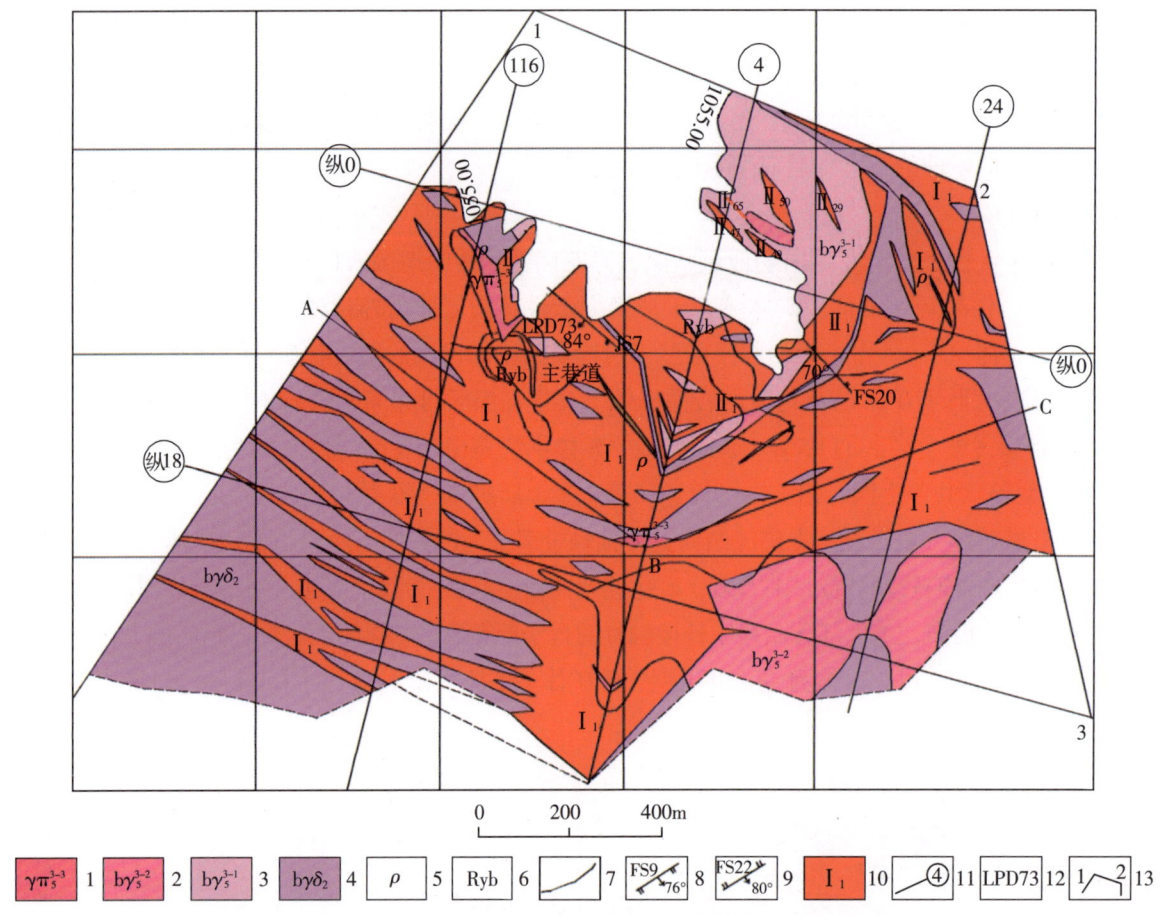

图 7-12 石门寺矿区1055m中段地质平面图

Fig. 7-12 Geological plan of 1055m middle section of Shimensi mining area

1—燕山期黑云母花岗斑岩；2—燕山期细粒黑云母花岗岩；3—燕山期似斑状黑云母花岗岩；4—晋宁晚期黑云母花岗闪长岩；5—似伟晶岩；6—角砾状花岗岩；7—地质界线；8—正断层及编号、产状；9—逆断层及编号、产状；10—矿体及编号；11—勘探线及编号；12—老窿及编号；13—矿权范围边界及拐点编号

具明显分支现象。钨矿体单工程最大厚度为389.33m，平均厚度143.67m；铜矿体最大厚度为134.69m，平均厚度7.46m。WO_3平均品位0.193%，Cu平均品位0.524%，Mo平均品位0.099%。厚度变化系数63.7%，品位变化系数115.8%。伴生矿产品位为：Ag 2.713×10^{-6}、Sn 0.045%、Ga 0.001 68%、Bi 0.031%。

热液隐爆角砾岩型矿体分布于矿区中部，剖面上位于燕山期似斑状黑云母花岗岩株顶部，部分地段延伸至晋宁期黑云母花岗闪长岩基中。总体上为筒状，但矿体形态极为复杂，平剖面上均有众多分支。已圈定的不同方向分支尖灭点间的最大直线距离550m；剖面上矿体在垂向上的延伸大于500m，矿体内钨铜矿化基本连续。单工程累计钨矿垂直厚度38.86~282.88m，平均厚度162.46m，平均品位0.147%。普遍伴有铜矿化，品位0.1%~0.3%。花岗斑岩型矿体具云英岩化、绿泥石化，常见稠密浸染状黄铜矿、白钨矿，也见小团块黑钨矿，部分斑岩体可构成工业矿体。

石英大脉型矿体主要分布于矿区中部，矿脉形态较规则，脉壁平整，常平行成带出现，部分地段具尖灭侧现、分支复合现象，产状主要有两组：330°~350°∠55°~70°和150°~200°∠40°~55°。单一矿脉走向延长一般120~200m，最长可达485m，平均脉幅20~40cm。平均品位 WO_3 0.282%、Cu 0.064%~3.90%、Mo 0.033%。

3. 成矿期次与成矿年龄

石门寺钨矿区成矿作用大致分为四期：第一期成矿为燕山期似斑状黑云母花岗岩侵位中岩浆热液在岩体内外接触带形成细脉浸染型矿床，形成白钨矿、黑钨矿、锡石等矿化，主要围岩蚀变为黑鳞云母化、硅化、云英岩化；第二期成矿为以岩浆热液隐爆作用为主的角砾岩型矿化，形成白钨矿、黑钨矿、黄铜矿、辉钼矿等矿床，围岩蚀变主要有硅化、钾长石化、云英岩化；第三期成矿为形成花岗斑岩型矿床，以黄铜矿、白钨矿、黑钨矿等为主；第四期成矿主要为岩浆期后以充填方式形成的石英大脉型矿体，可见黄铜矿化交代早期黑钨矿，主要矿化为黑钨矿、辉钼矿、白钨矿、黄铜矿等，围岩蚀变主要为硅化、云英岩化、碳酸盐化。矿区辉钼矿Re-Os等时线年龄为（149.6±1.4）~（139.2±1）Ma，平均值为143Ma，代表了辉钼矿及矿化主要的形成年龄，形成时代主要为早白垩世早期。

4. 矿化富集规律

石门寺矿区最主要的矿体为细脉浸染型以白钨矿为主的厚大的似层状矿体。矿体呈似层状、筒状、脉状分布于燕山期酸性花岗岩体上部及外接触带300~800m范围内，总体产状平缓，走向最大延伸1800m，倾向最大延深1200m。热液隐爆角砾岩型矿体以岩筒为中心矿化富集，向周边分支尖灭。石英大脉型矿体（含黑钨矿、白钨矿、黄铜矿、辉钼矿等）厚度稳定，相对上述两类矿体而言品位较高，但矿化不均匀，黑钨矿常呈囊状集合体在石英脉中分段富集，在矿脉分支、交叉、产状急变、膨大缩小等地段也常出现矿化富集。

（三）靖安县大湖塘钨铜钼矿床

大湖塘，又称大雾塘，位于靖安县与武宁县交界处，南东距靖安县城50km，北东距武宁县城60km。大湖塘矿区包含5个部分，分别是平苗矿段、东陡崖矿段、一矿带矿段、大岭上矿段、槽头港矿段（图7-13）。

2012—2017年，江西省地质矿产勘查开发局赣西北大队完成了矿区的储量核实与勘查工作，全区保有探明+控制+

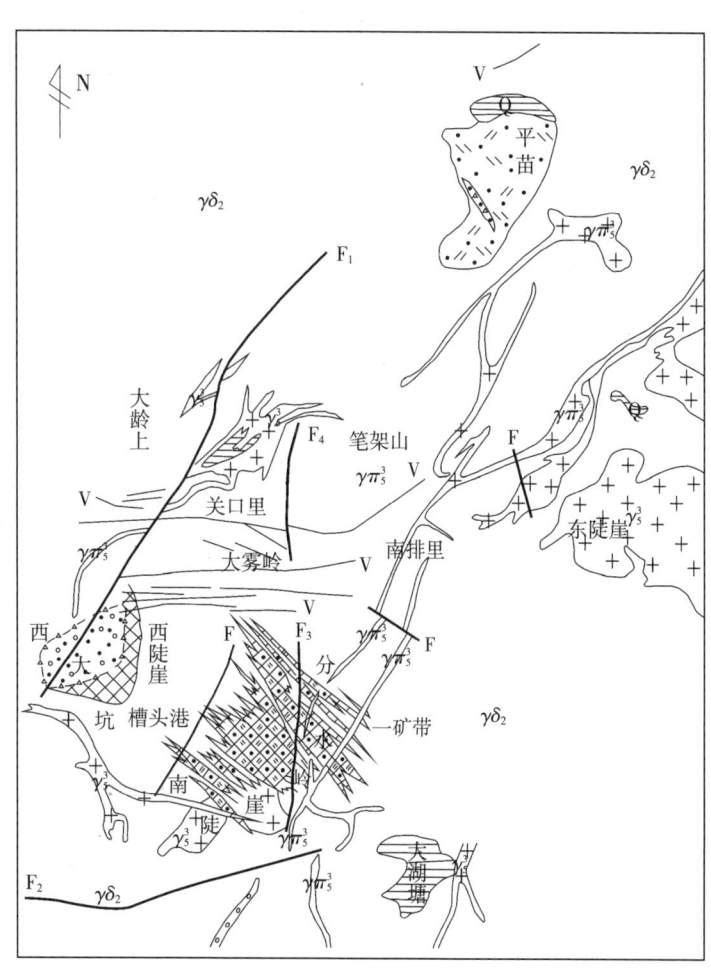

1—断层；2—破碎带；3—卵石岩墙；4—细脉带型钨矿；
5—隐爆角砾岩筒型矿体；6—石英网脉带型矿体；7—石英壳型矿体；
8—云英岩型矿体；9—大脉（>0~1m）型矿体；$\gamma\pi_5^3$—燕山晚期花岗斑岩；
γ_5^3—燕山晚期花岗岩；$\gamma\delta_2$—晋宁期九岭花岗闪长岩。

图7-13 大湖塘钨铜钼矿地质略图
（据江西省地质矿产勘查开发局赣西北大队，2017，修编）
Fig. 7-13 Geological sketch of Dahutang tungsten copper molybdenum deposit

推断资源量（原122b+332+333类）WO₃矿石量1.749 44×10⁸t，金属量3.120 38×10⁵t，伴生铜金属量1.614 82×10⁵t，伴生钼金属量3.855×10³t，伴生银3.78×10²t，伴生锡1.889×10³t（表7-1）。

表7-1 大湖塘矿区资源量统计表

Table 7-1 Statistics of resources in Dahutang mining area

矿段	主产钨		伴生矿产/t			
	矿石量×10⁴t	WO₃量/t	Cu	Mo	Ag	Sn
平苗	2597	52 170	31 151	—	57	281
东陡崖	231	5799	—	—	—	1585
一矿带	10 384.6	209 847	122 175	2050	321	—
大岭上	839.8	12 577	—	—	—	—
槽头港	3442	31 645	8156	1805	—	23
合计	17 494.4	312 038	161 482	3855	378	1889

1. 矿区地质特征

矿区广泛分布晋宁期黑云母花岗闪长岩，燕山期成矿花岗岩呈半隐伏状态出露。矿床主要受北北东向断裂带控制。

1）岩浆岩

（1）岩石特征

燕山期岩浆活动频繁，具多次岩浆侵入，它们以不同形态、不同产状的大小侵入体沿北东向、近东西向侵入晋宁期黑云母花岗闪长岩内。地表多呈岩墙产出，岩性为中细粒白云母花岗岩、花岗斑岩；在东陡崖一带，呈岩株出露，出露小岩株，面积0.34km²，岩性为中细粒白云母花岗岩。工程揭露证实，矿区深部均为隐伏的燕山期花岗岩，岩性以斑状二云母花岗岩、白云母花岗岩为主。成岩时代为早白垩世（表7-2）。

表7-2 燕山期花岗岩及岩石学特征表

Table 7-2 Yanshanian granite and its petrological characteristics

时代	燕山晚期					
岩石名称	斑状二云母花岗岩(γ_5^{3-1a})	中细粒黑云母花岗岩(γ_5^{3-1b})	斑状黑云母花岗岩(γ_5^{3-1c})	中粗粒白云母花岗岩(γ_5^{3-2a})	中细粒白云母花岗岩(γ_5^{3-2b})	花岗斑岩($\gamma\pi_5^3$)
同位素年龄	(144.2±1.3)Ma	143Ma		(142.2±1.0)Ma		(134.6±1.2)Ma
产状	岩株	岩株	岩脉、岩枝	岩株	岩株、岩脉	岩脉
结构构造	似斑状花岗结构，块状构造	中细粒花岗结构，块状构造	似斑状结构，块状构造	中粗粒花岗结构，块状构造	中细粒花岗结构，块状构造	斑状结构，块状构造

续表7-2

时代	燕山晚期					
岩石名称	斑状二云母花岗岩(γ_5^{3-1a})	中细粒黑云母花岗岩(γ_5^{3-1b})	斑状黑云母花岗岩(γ_5^{3-1c})	中粗粒白云母花岗岩(γ_5^{3-2a})	中细粒白云母花岗岩(γ_5^{3-2b})	花岗斑岩($\gamma\pi_5^3$)
主要矿物及含量	斑晶： 钾长石28% 斜长石40% 石英20% 白云母6% 黑云母少量 基质： 与斑晶成分一致	更长石20%~21% 钾长石33%~34% 石英39%~40% 黑云母5% 白云母2%	斑晶： 石英16% 条纹长石14% 斜长石7% 黑云母6% 基质： 钾长石大量,石英少量	钾长石15% 斜长石27% 石英50% 白云母8%	更钠长石35% 钾长石25% 石英35% 白云母5%~6%	斑晶： 石英10% 钾长石5%~6% 斜长石10%~15% 黑云母3% 基质： 钾长石大量、石英少量
主要副矿物	黄铜矿、黄铁矿、锆石	黄铜矿、斑铜矿、黄铁矿、毒砂、铁金红石、独居石、锌尖晶石	黄铜矿、斑铜矿、毒砂、锌尖晶石	锆石、黄铜矿、闪锌矿	黄铁矿、黄铜矿、闪锌矿、锡石	钛铁金红石

数据来源：江西省靖安县大湖塘矿区钨矿资源储量核实报告。

(2) 岩石地球化学特征

燕山期花岗岩主量元素平均含量统计见表7-3。

表7-3 大湖塘矿区燕山期花岗岩主量元素含量统计表

Table 7-3 Statistical table of main elements content of Yanshanian granite in Dahutang mining area

岩性	特征值	SiO_2/%	Al_2O_3/%	Fe_2O_3/%	FeO/%	CaO/%	MgO/%	K_2O/%	Na_2O/%	样本数/个
斑状黑云母花岗岩	最大值	73.77	14.05	0.17	1.34	0.85	0.31	5.04	3.37	2
	最小值	73.36	14.00	0.15	1.34	0.83	0.29	4.82	3.35	
中细粒黑云母花岗岩	最大值	77.77	12.49	0.05	1.39	0.72	0.28	4.15	1.60	2
	最小值	77.22	12.17	0.03	1.35	0.68	0.26	4.13	1.36	
似斑状二云母花岗岩	最大值	74.85	14.13	0.06	1.57	0.85	0.33	5.40	3.65	5
	最小值	73.93	13.89	0.01	1.01	0.64	0.20	4.17	2.09	
中粗粒白云母花岗岩	最大值	75.52	16.10	0.08	0.71	0.57	0.08	4.59	4.30	4
	最小值	72.67	14.08	0.01	0.62	0.34	0.05	3.73	3.42	
中细粒白云母花岗岩	最大值	76.22	15.07	0.24	0.65	0.42	0.04	3.96	4.46	3
	最小值	74.34	14.23	0.02	0.26	0.15	0.01	3.96	3.64	
花岗斑岩	最大值	73.36	15.40	0.20	0.82	0.58	0.15	3.80	4.55	2
	最小值	73.20	15.18	0.15	0.71	0.56	0.12	3.28	4.16	
花岗岩(黎氏值)		71.27	14.25	1.24	1.62	1.62	0.80	4.03	3.79	

数据来源：江西省靖安县大湖塘矿区钨矿资源储量核实报告。

从主量元素分析，区内燕山期花岗岩 SiO_2 含量介于 72.22%~77.77%，属 SiO_2 过饱和岩石；K_2O+Na_2O 含量一般在 5.5%~8.4%之间，暗色花岗岩 K_2O 含量普遍高于 Na_2O，而 Na_2O 含量低于黎氏中国花岗岩平均值，表现出相对富钾质而贫钠质的特点；淡色花岗岩及燕山晚期花岗斑岩 K_2O 含量普遍低于 Na_2O，而 Na_2O 含量高于黎氏中国花岗岩平均值，表现相对富钠质特点。A/CNK 为 1.11~1.58，属过铝质花岗岩系列；里特曼指数为 0.88~2.32，在 SiO_2- K_2O 图解上，大多落入高钾钙碱性系列，少量落入钙碱性系列；固结指数为 0.1~3.8；分异指数较高，为 88.30~94.39，岩浆岩分异程度好。

钨微量元素测试结果（表 7-4）表明，区内各阶段花岗岩 W 元素平均含量在 $33.5×10^{-6}$~$294.2×10^{-6}$ 之间，高出维氏值几十倍，尤其是燕山期第一阶段的细粒黑云母花岗岩及第二阶段的中粗粒白云母花岗岩，高出维氏值上百倍，表明花岗岩中的成矿元素丰度是成矿的重要物质基础，应是区内钨多金属矿田的主要成矿物质来源。

表 7-4 大湖塘矿区各类花岗岩钨微量元素含量统计表

Table 7-4 Statistical table of tungsten trace element content of various granites in Dahutang mining area

特征值	不同岩性钨微量元素含量/$×10^{-6}$							地壳（维诺格拉多夫）
	黑云母花岗闪长岩	斑状二云母花岗岩	细粒黑云母花岗岩	斑状黑云母花岗岩	中粗粒白云母花岗岩	中细粒白云母花岗岩	花岗斑岩	
最高值	234.0	98.5	156.0	40.3	548.0	236.0	76.1	1.3
最低值	50.5	27.8	129.0	26.7	30.7	16.6	54.6	
平均值	118.5	64.5	142.5	33.5	249.2	92.0	65.4	
样本数/个	6	3	2	2	4	3	2	
时代	$\gamma\delta_2^3$	γ_5^{3-1a}	γ_5^{3-1b}	γ_5^{3-1c}	γ_5^{3-2a}	γ_5^{3-2b}	$\gamma\pi_5^3$	

数据来源：江西省靖安县大湖塘矿区钨矿资源储量核实报告。

2）构造

矿区的构造主要表现形式为断裂和裂隙构造。

断裂构造：主要有北北东向、近东西向、南北向及北西向四组，其中以前二者为主。矿区北北东向断裂规模较大的主要为 F_1、F_4，走向 30°~35°，倾向南东，倾角 60°~80°，力学性质为压扭性，属成矿前断裂，为岩脉充填；近东西向断裂，走向 90°~70°，倾向北、北北西，倾角 75°~80°，表现形式为构造破碎带，其与北北东向断裂联合控制了区内成矿岩体的展布和矿体的空间分布；其他断裂不发育，北西向断裂规模较小，切割燕山期花岗岩脉或矿体，属成矿后断裂。

裂隙构造：区内裂隙构造较为发育，是区内的主要容矿构造，具多期性、多向性特征。成矿前形成裂隙是区内的主要容矿构造，按走向划分主要有北东东向、北西向和北西西向三组，三组裂隙相互交织，平面上往往成组成带密集出现，纵向上交织成网格状，多为石英充填（照片 7-1）。容矿裂隙构造多分布于岩体与围岩的接触带附近或断裂构造的两侧。成矿后裂隙主要有南北向及北东向两组，往往切断成矿前裂隙（照片 7-2），并产生较小的错距，属破矿构造。

2. 矿床特征

大湖塘矿区钨矿体呈似层状、板状、透镜状、脉状分布于燕山期花岗岩体内外接触带或外接触带一定范围内，成因类型属岩浆期后高中温热液矿床。辉钼矿 Re-Oe 等时线年龄为（143.7±1.2）Ma，成矿时代与燕山晚期花岗岩的形成时代〔(144.2±1.3)~(142.2±1.0)Ma〕基本一致。根据矿体的特征、矿石组构与矿物组合特征,可将矿体划分为三类:一是分布于燕山期花岗岩体内外接触带,以外接触带为主的细脉浸染型矿体,矿体多赋存于晋宁期黑云母花岗闪长岩中,少量分布于燕山期花岗岩中,呈似层状、树枝状等产出;矿化与石英细(网)脉的发育程度呈正相关,矿石矿物以白钨矿化为主,少量的黑钨矿、黄铜矿辉钼矿(照片7-3、照片7-4);矿床达大型规模。二是分布于燕山期花岗岩体内接触带的蚀变花岗岩型矿体,矿体赋存于花岗岩体侵入的前锋或岩凸部位,呈板状、透镜状产出,矿石矿物以黑钨矿为主,少量白钨矿、黄铜矿(照片7-5、照片7-6);矿床规模达大型。三是石英大脉

照片7-1 不同方向石英细(网)脉带

Photo 7-1 Quartz fine (net) vein belt formed by fracture filling in different directions

照片7-2 晚期裂隙切割早期裂隙

Photo 7-2 Late fracture cutting early fracture

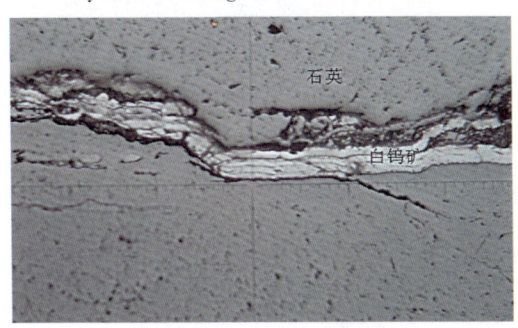

照片7-3 白钨矿在石英裂缝中呈脉状分布(单偏光)

(据湖南有色金属研究院)

Photo 7-3 Scheelite is distributed in veins in quartz fractures (Single polarized light)

照片7-4 白钨矿交代黑钨矿(单偏光)

(据湖南有色金属研究院)

Photo 7-4 Scheelite replaced wolframite (Single polarized light)

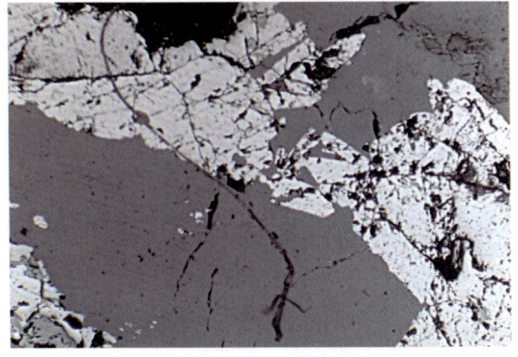

照片7-5 石英细脉中黑钨矿(反射光)

(据福建省地质矿产勘查开发局三明实验室)

Photo 7-5 Wolframite in quartz veinlets (Reflected light)

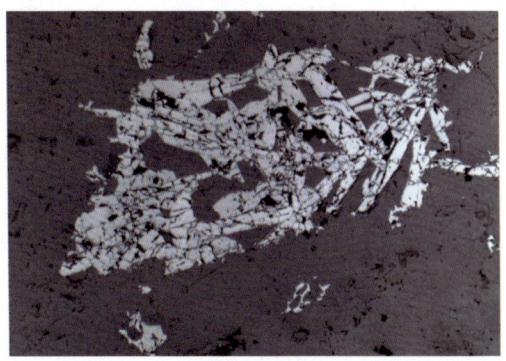

照片7-6 板状的黑钨矿(反射光)

(据福建省地质矿产勘查开发局三明实验室)

Photo 7-6 Plate wolframite (Reflected light)

型矿体，主要分布于燕山早期花岗岩体外接触带，即晋宁期黑云母花岗闪长岩中；矿石矿物主要为黑钨矿，其次为白钨矿、黄铜矿、辉钼矿，少量锡石（照片7-7、照片7-8），脉石矿物主要为石英，矿床规模为小型。这三类矿体围绕着成矿母岩燕山早期花岗岩的内外接触带分布。此外，还发育有气成隐爆角砾岩筒、似伟晶岩壳、花岗斑岩（墙）钨矿化。

照片7-7 石英脉中的黑钨矿聚集体
Photo 7-7 Wolframite aggregates in quartz veins

照片7-8 石英脉中黄铜矿交代黑钨矿
Photo 7-8 Chalcopyrite metasomatic wolframite in quartz vein

1）一矿带与槽头港矿段

一矿带矿段为大湖塘矿区主矿段，由内外接触带蚀变岩型（占比77.01%）（图7-14）、蚀变花岗岩型（占比22.85%）及石英大脉型（占比0.14%）组成的"三位一体"型钨矿床，保有钨矿资源储量矿石量 $1.03846×10^8t$，WO_3 $2.09847×10^5t$，平均品位0.202%。保有伴生铜矿石量 $1.02297×10^8t$，金属量 $1.22175×10^5t$，Cu 平均品位0.119%；银矿石量 $1.03489×10^8t$，金属量321t，Ag 平均品位 $3.102×10^{-6}$；钼矿石量 $1.5869×10^7t$，金属量2050t，Mo平均品位0.013%。

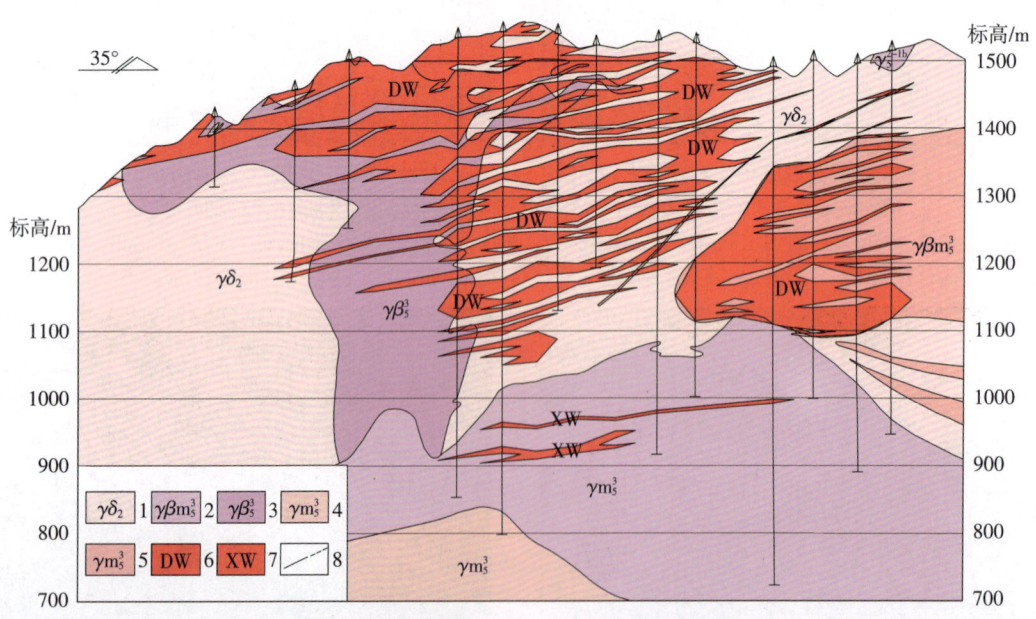

1—晋宁期黑云母花岗闪长岩；2—燕山晚期斑状二云母花岗岩；3—燕山晚期中细粒黑云母花岗岩；4—燕山晚期中粗粒白云母花岗岩；
5—燕山晚期中细粒白云母花岗岩；6—外带蚀变花岗岩型钨矿体及编号；7—内带蚀变岩型钨矿体及编号；8—实测及推测地质界线。

图7-14 大湖塘矿区一矿带矿段5线剖面图

Fig. 7-14 Profile of line 5 in Yikuangdai ore section of Dahutang mining area

槽头港矿段位于南陡崖西部,一矿带西侧,属武宁县境。矿床类型为细脉浸染型钨矿床(图7-15),保有333+334类钨矿资源量矿石量3.442 0×10⁷t,WO₃ 5.916 3×10⁴t,平均品位0.172%,其中333类WO₃ 3.164 5×10⁴t。保有伴生铜金属量8156t,伴生钼金属量1805t,伴生锡金属量23t。

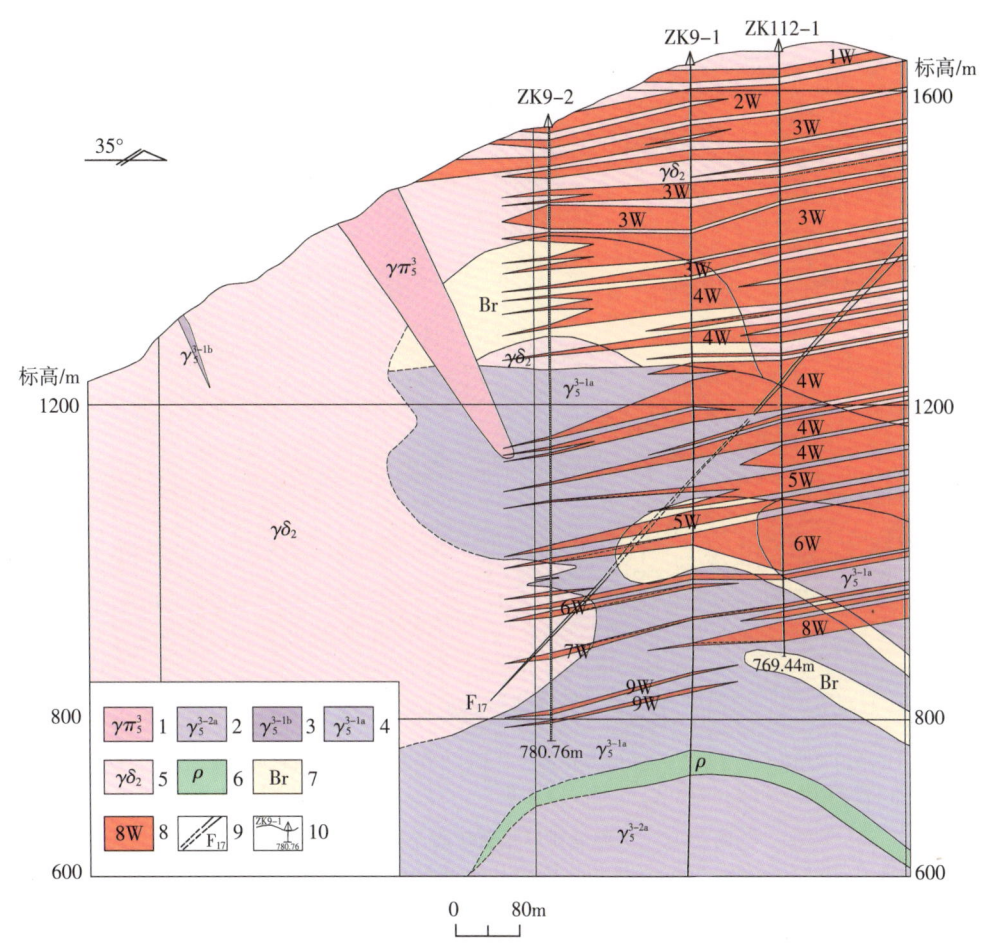

1—燕山晚期花岗斑岩;2—燕山晚期第二阶段第一次侵入中粗粒白云母花岗岩;
3—燕山晚期第一阶段第二次侵入中细粒黑云母花岗岩;4—燕山晚期第一阶段第一次侵入斑状二云母花岗岩;
5—晋宁期黑云母花岗闪长岩;6—似伟晶岩脉;7—隐爆角砾岩;8—钨矿体及编号;9—断层及编号;10—已施工钻孔编号及孔深。

图7-15 大湖塘矿区槽头港矿段9线地质剖面图

Fig. 7-15 Geological profile of line 9 in Caotougang ore section of Dahutang mining area

2)平苗矿段

平苗矿段位于靖安县境,大湖塘矿田北部。平苗矿段矿床类型为外接触带蚀变岩型钨矿床(图7-16),保有钨矿资源储量矿石量2.597 0×10⁷t,WO₃ 5.217 0×10⁴t,平均品位0.201%。保有伴生铜矿石量2.506 7×10⁷t,金属量3.115 1×10⁴t,Cu平均品位0.124%;银矿石量2.555 0×10⁷t,金属量57t,Ag平均品位2.248×10⁻⁶;锡矿石量3.90×10⁵t,金属量281t,Sn平均品位0.072%。

3)东陡崖矿段

东陡崖矿段位于靖安县境,大湖塘矿田东部。东陡崖矿段矿床类型为内接触带蚀变花岗岩型钨矿床(图7-17),保有钨矿资源储量矿石量2.310×10⁶t,WO₃ 5799t,平均品位0.251%。保有伴生锡矿石量1.304×10⁶t,金属量1585t,Sn平均品位0.122%。

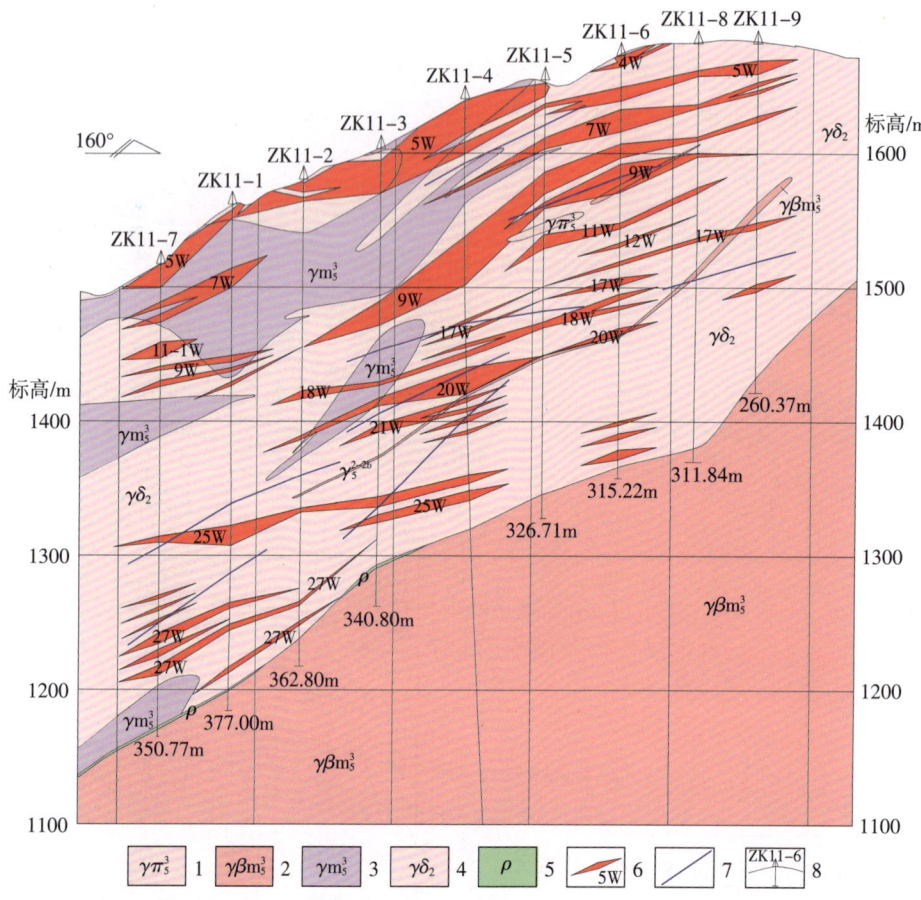

1—燕山晚期花岗斑岩；2—燕山晚期中细粒白云母花岗岩；3—燕山晚期斑状二云母花岗岩；
4—晋宁期黑云母花岗闪长岩；5—伟晶岩；6—钨矿体及编号；7—石英脉；8—钻孔及编号。

图 7-16　大湖塘矿区平苗矿段 11 线地质剖面图

Fig. 7-16　Geological profile of line 11 in Pingmiao ore section of Dahutang mining area

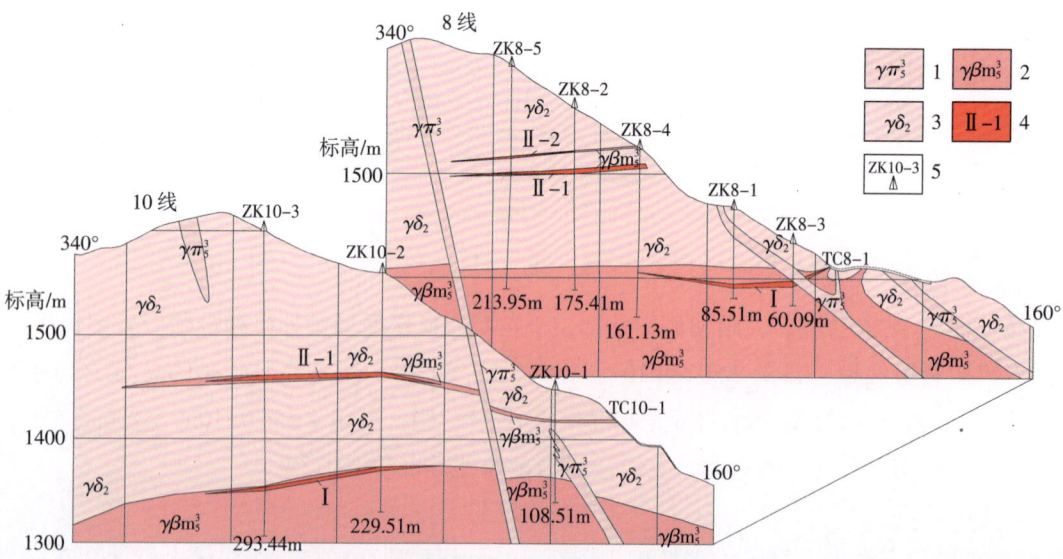

1—燕山晚期花岗斑岩；2—燕山晚期中细粒白云母花岗岩；3—晋宁期黑云母花岗闪长岩；4—钨矿体及编号；5—钻孔及编号。

图 7-17　大湖塘矿区东陡崖矿段剖面联系图

Fig. 7-17　Profile of Dongdouya ore section in Dahutang mining area

4) 大岭上矿段

大岭上矿段位于武宁县境，大湖塘矿田西部，大岭上关口里，西陡崖地区。大岭上矿段矿床类型以外接触带蚀变岩型为主，兼有石英大脉钨矿床、气成隐爆岩筒矿化（图7-18），保有钨矿资源储量矿石量 $8.398×10^6$t，WO_3 12 577t，平均品位 0.150%。

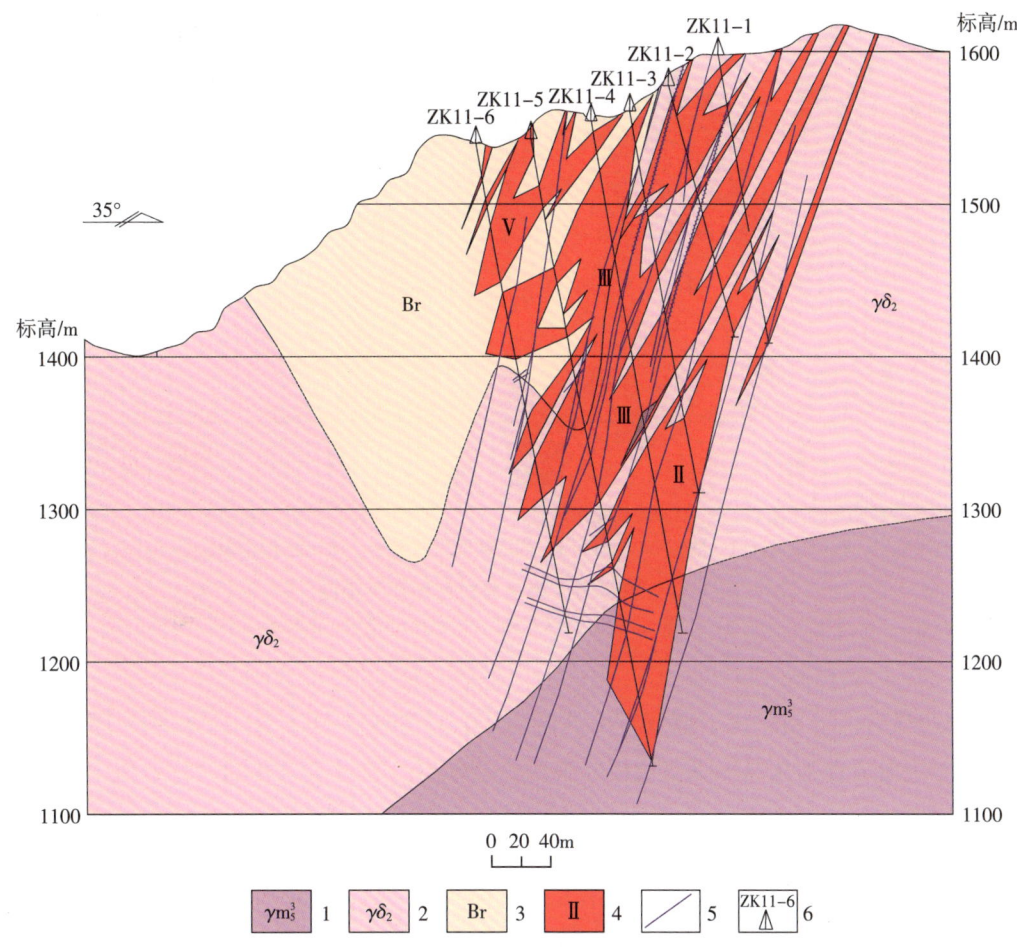

1—燕山晚期斑状二云母花岗岩；2—晋宁期黑云母花岗闪长岩；3—隐爆角砾岩；4—钨矿体及编号；5—石英脉；6—钻孔及编号。

图 7-18　大湖塘矿区大岭上矿段 11 线剖面图

Fig. 7-18　Profile of line 11 in Dalingshang ore section of Dahutang mining area

（四）武宁县狮尾洞（蓑衣洞）钨铜钼矿床

狮尾洞矿床位于武宁县城 215°方向 41km 处石门楼镇。大地构造位置处于扬子板块东南缘江南地块中段，大湖塘钨矿田南部。

1997 年前曾称蓑衣洞矿区。2010—2012 年，江西省地质矿产勘查开发局赣西北大队对狮尾洞矿区本部进行详查工作，获得资源量：WO_3 $37.94×10^4$t，Cu $25×10^4$t，Sn $1.8×10^4$t，Mo $2.9×10^4$t，钨矿找矿成果显著，达超大型钨矿床规模。2012—2017 年该队对矿区东侧的狮子岩矿段进行勘查，获得资源量：WO_3 $1.149\ 5×10^4$t，Cu $0.18×10^4$t，Ag 22t。

1. 矿区地质概况

矿区内花岗岩大面积出露，上青白口统下部双桥山群分布于东南部，断裂构造发育（图7-19）。

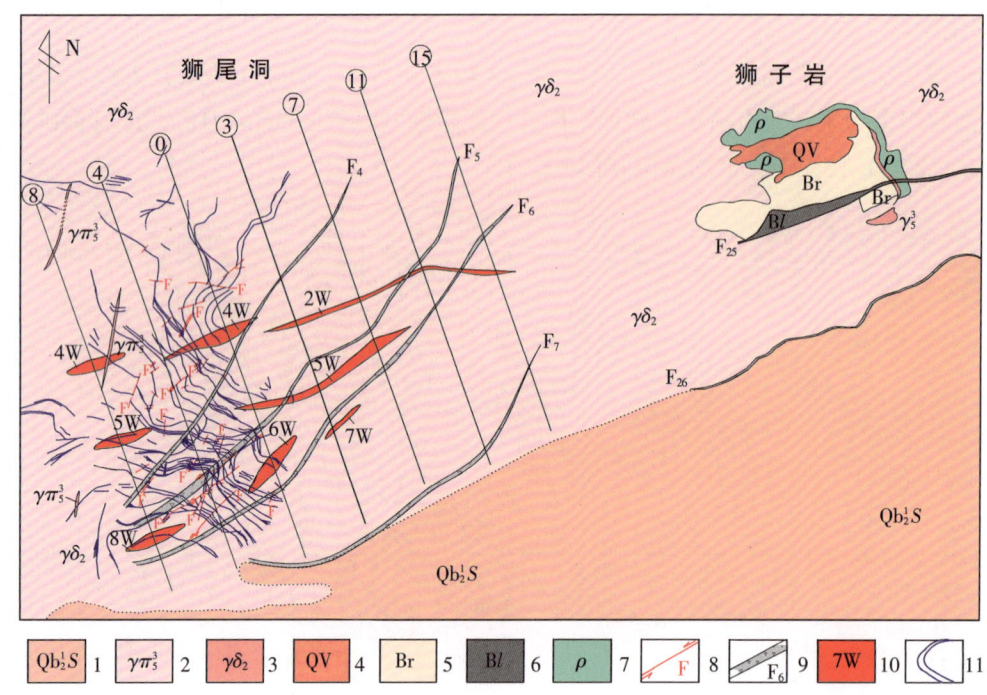

图 7-19 狮尾洞-狮子岩矿区地质平面图

Fig. 7-19 Geological diagram of Shiweidong–Shiziyan mining area

1—上青白口统下部双桥山群浅变质岩；2—燕山晚期花岗斑岩；3—晋宁期黑云母花岗闪长岩；4—石英体；5—隐爆角砾岩；6—构造角砾岩；7—伟晶岩；8—性质不明断层；9—构造破碎带及编号；10—钨矿体及编号；11—石英脉。

1）地层

在矿区南部边缘有上青白口统下部双桥山群浅变质岩系分布，总体走向北东东、倾向南南东，倾角 60°~80°不等。主要岩性为灰绿—深灰色板岩夹变质杂砂岩。岩石具有较高钨背景值，围岩含钨丰度 9.13×10^{-6}。

2）岩浆岩

矿区大面积出露晋宁期黑云母花岗闪长岩，为主要围岩。燕山期花岗岩呈隐伏状侵入晋宁期黑云母花岗闪长岩体内。此外，还有成矿后花岗斑岩脉。

燕山期岩浆岩可分为燕山期似斑状黑云母花岗岩和似斑状中细粒白云母花岗岩，后者为成矿岩体。似斑状中细粒白云母花岗岩呈隐伏岩株状产出，遍布于矿区标高 900m 以下，常大于 1000m，与晋宁期黑云母花岗岩的接触面凹凸不平，波状起伏。总体走向近北东，倾向南东，北接触带倾角 40°~45°，南接触带倾角 20°~30°。

在空间上，花岗岩接触带不规则，岩体的隆起、凹陷处，有利钨矿的富集。

燕山期的花岗岩分异指数及氧化系数均高于花岗斑岩，是形成钨矿的高峰阶段。燕山晚期第二阶段的花岗斑岩虽然钨的丰度较高，但规模小、分异差，不利成矿。

黑钨矿、白钨矿的形成与黑云母花岗闪长岩关系最为密切。由于黑云母花岗闪长岩为低硅高铁钙的岩石，在岩石蚀变过程中，黑云母析出的铁质及斜长石析出的钙质成分与钨元素结合形成钨酸铁与钨酸钙。

钨、锡矿床与岩浆岩的化学成分同样有一定的关系。对钨成矿的有利母岩，K_2O+Na_2O 含量都在 8% 左右，属硅、铝过饱和碱性岩石。对锡成矿有利的岩浆岩，从矿区来看碱度较与钨成矿有关的岩体低，而酸度略高。

3）构造

狮尾洞钨多金属矿区断裂构造和节理裂隙发育。

断裂构造主要有北北东向、近东西（北东东），次为北西向。近东西向断裂分布在茅公洞—狮子岩一线，呈构造破碎带产出，走向70°~80°，倾向南，倾角68°~80°，其与北东—北北东向的断裂控制着矿体及矿化带的分布范围，同时也控制燕山期花岗岩的展布，是区内主要的控岩控矿构造。北东向的断裂构造最为发育，规模最大的主要有4条，其特征基本相同，走向30°~35°，倾向南东东，倾角40°~50°，该组断裂与北东东向的构造裂隙带控制区内矿体、矿脉的展布，但后期切割矿体与岩脉，证明断裂具有多次活动的迹象。北西向断裂也十分发育，但规模较小，明显切割矿体或矿脉，属成矿后断裂。

成矿裂隙主要为北东东向剪张裂隙带，倾向320°~340°，倾角45°~55°，其次为北西西向裂隙带，倾向190°~220°，倾角60°~80°。成矿裂隙为后期含矿热液的充填提供了良好的储矿构造，从而构成北东东向或北西西向的含钨石英大脉及含钨石英细脉带。

2. 矿床地质特征

狮尾洞矿区主要矿化类型有两种，即外带蚀变花岗岩型和石英大脉型矿体，形成复合矿体，其中蚀变花岗岩型矿体是该区最重要的矿床类型，占整个矿区钨储量的90%以上。

石英大脉型矿化主要赋存于燕山期斑状白云母花岗岩的外接触带，即晋宁期黑云母花岗闪长岩中，在上青白口统下部双桥山群浅变质岩中也可见及。地表出露的石英脉以细脉或薄脉为主（5~30cm），各组方向均有，总体呈"S"形产出，有时相互切穿，有时出现分叉与合并。脉幅向深部逐渐变宽，并出现复合现象，构成石英大脉。在1170m中段以下，石英大脉按照走向主要可分为北东东向、北西西向两组，形成折线状矿体（图7-20）。其中，以北东东向为主，石英大脉最大延长650m，最大延深573m，倾向北、北北东或北北西，倾角陡，为60°~80°，脉幅宽0.5~1.15m；钨矿化较强，但不均匀，WO_3品位0.13%~5.497%，平均1.81%。北西西走向石英大脉，走向长度60~510m，倾斜延深40~522m，倾向以北东、北北东为主，倾角25°~68°，平均39°。脉宽一般0.18~0.59m，平均厚0.39m；钨矿化不均匀，出现分段富集，WO_3品位0.037%~9.531%，平均2.57%。

蚀变花岗岩型矿体主要赋存于晋宁期黑云母花岗闪长岩中。矿化具有以下三个特征：一是矿区北东向断裂构造带是区内的主要导矿构造，矿化集中富集地段，主要分布于F_4~F_6构造破碎带间，其两侧矿化明显变弱或分散；二是主要矿化围绕着石英大脉密集地段展布，集中分布于石英大脉两侧围岩的细脉或网脉中，少量分布于晋宁期黑云母花岗闪长岩的裂隙中；三是矿化强度与石英细脉或网脉的发育程度呈正相关，含脉率高、含脉密度大，则矿化强，反之则弱。

由于蚀变花岗岩型和石英大脉型矿化在形成时间上，是先行后继的关系，在赋存的空间上，两者紧密相伴。因此，矿区圈定的矿体为细脉浸染型和石英大脉型复合矿体。由于细脉浸染型矿体全区占比极高，因此将复合矿体统称为细脉浸染型矿体。

矿区共圈定细脉浸染型钨矿体32个，其中主要钨矿体16个，集中分布在矿区的8线—15线之间。矿体多埋藏于地表以下，少数出露地表。主要矿体控制长度在100~600m之间，延深122~770m不等，矿体总体呈北东—北东东走向，倾向北西—北北西，倾角45°~55°；形态呈板状、纺锤状、楔状及不规则状；矿体主要赋存于晋宁期黑云母花岗闪长岩中，燕山期花岗斑岩控制了矿体的底界（图7-21）。矿体的赋存标高1546~932m。厚度8.17~81.90m，平均厚度36.21m；WO_3品位平均0.176%。

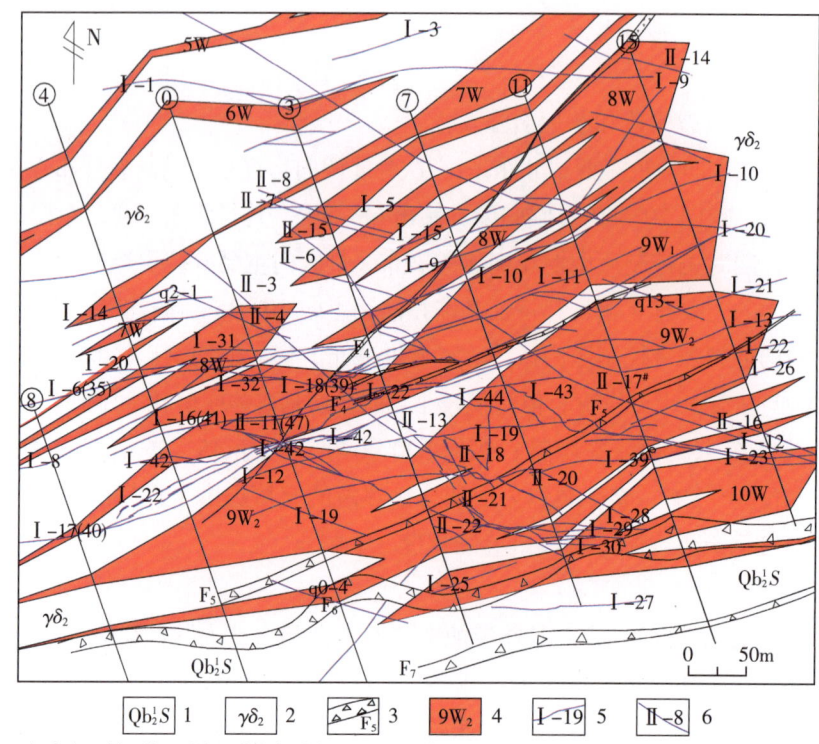

1—上青白口统下部双桥山群浅变质岩；2—晋宁期黑云母花岗闪长岩；3—构造破碎带及编号；
4—蚀变花岗岩型矿体及编号；5—近东西向石英大脉及编号；6—北西向石英大脉及编号。

图 7-20 狮尾洞矿区 1170m 中段平面图

Fig. 7-20 Plan of 1170 middle section of Shiweidong mining area

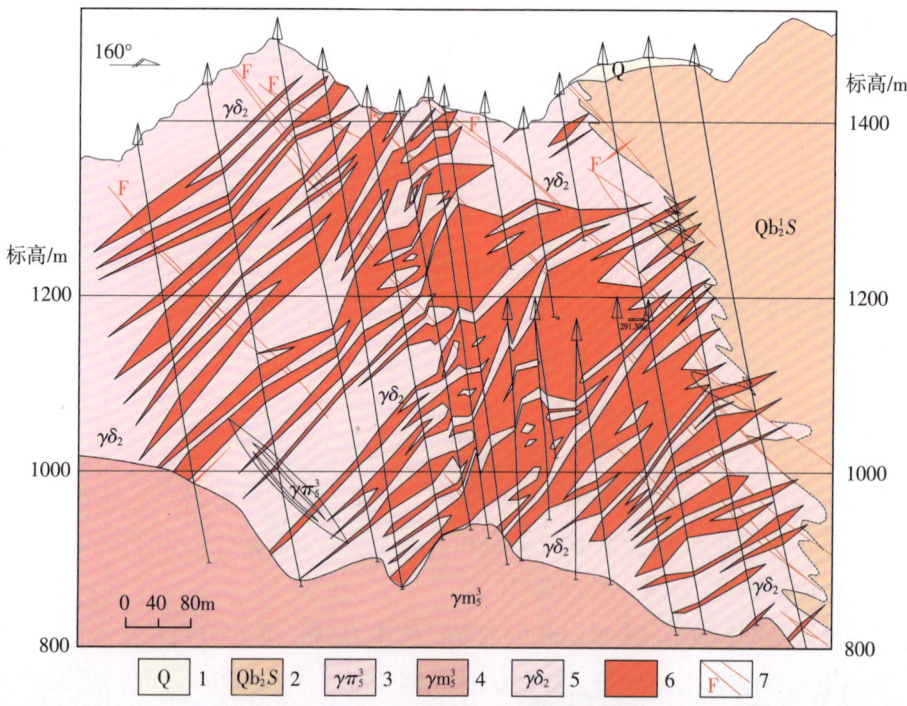

1—第四系；2—上青白口统下部双桥山群浅变质岩；3—燕山期花岗斑岩；4—燕山晚期似斑状花岗岩；
5—晋宁期黑云母花岗闪长岩；6—蚀变花岗岩型钨矿体；7—构造破碎带。

图 7-21 狮尾洞矿区 7 线地质剖面图

Fig. 7-21 Geological profile of line 7 in Shiweidong mining area

(五）矿田成矿作用

大湖塘矿田是居世界之首的以巨型蚀变花岗岩为主，石英脉型、气成隐爆角砾岩筒型、斑岩（脉）型、伟晶（石英）壳型组成的"五位一体"矿床。该矿田的成矿作用具有典型的启示意义。

燕山晚期（148~139Ma）S 型江南组合花岗岩是成矿主因，具有多次成岩成矿作用，成岩成矿环境由中深成向中浅成转变，由黑云母花岗岩、二（白）云母花岗岩（含似伟晶岩壳）向浅成花岗斑岩补体演化，并有气成隐爆角砾岩筒形成。成矿花岗岩基呈半隐伏岩株产出。含巨量钨等成矿物质，成矿与保存条件优越。矿床大致呈等距等深分布。

矿田不同类型矿床具有不同的矿物组合，反映成矿物源有所差别。晋宁期黑云母花岗闪长岩为主要成矿围岩，钨含量较高，矿田大部分外接触带蚀变岩细脉浸染状矿床产于其中。这种面状岩浆热液充填交代形成的巨型矿体，在成矿过程中萃取围岩中的钙，形成白钨矿，矿床物源以燕山期花岗岩为主，也有部分由围岩提供。石英脉型、隐爆角砾岩筒型等岩浆热液充填型矿体，与围岩接触面小，蚀变作用强于脉侧，矿石矿物以黑钨矿为主。

矿田共（伴）生铜较丰富，是其一大特点，也是钦杭成矿带"钨铜同床"矿床又一典型矿例。燕山期花岗岩位于九岭推覆地体，处于凭祥–歙县–苏州结合带北侧（上盘），晋宁期华南洋壳或扬子陆缘弧盆火山岩消减带上，与陆壳混杂，形成了富钨多铜 S 型花岗岩体，进而形成大湖塘矿田。

二、修水县花山洞钨矿床（内、外接触带式）

花山洞钨矿床位于江西省修水县程坊乡境内，距县城西南方向 35km，地理坐标：东经 114°15′，北纬 28°54′。

20 世纪 90 年代，江西有色地质勘查开发院在开展 1:5 万水系沉积物测量时，在该区圈定了Ⅰ、Ⅱ、Ⅲ三个含钨隐爆角砾岩筒，并发现两组含钨石英脉带。2011—2013 年，江西省地质矿产勘查开发局赣中南研究院在该区开展了深部隐伏矿体探寻工作，在Ⅲ号隐爆角砾岩筒附近发现了厚大"四位一体"[蚀变花岗岩型（细脉浸染状）–似层状云英岩型–热液隐爆角砾岩型–石英脉型] 钨矿体，获资源储量 WO_3 $1.136\,8\times10^4$t，伴生钼 18t，钨矿达中型规模。花山洞钨矿床是江西境内首个晋宁期钨矿床，也是华南少数晋宁期钨矿床中规模较大的一个钨矿床。

（一）矿区地质概况

矿床处于九岭逆冲推覆隆起与九岭成钨亚带西段。

1. 地层

矿区地层主要为上青白口统下部双桥山群安乐林组及修水组中段。岩性为绢云板岩夹薄层状变质细粒岩屑石英砂岩或变质粉砂岩，局部夹中—厚层变质细粒岩屑石英砂岩。变细粒岩屑石英砂岩内发育平行层理及小型交错层理，总体走向为近东西向（图 7-22）。

安乐林组：矿区隐爆角砾岩型白钨矿体及石英脉型钨钼矿体的赋矿层位，下部为灰色中—厚层变质砂岩夹薄层状斑点板岩，上部由灰色薄层状斑点板岩、斑点状云母角岩夹少量薄层状变质细粒石英砂岩组成。

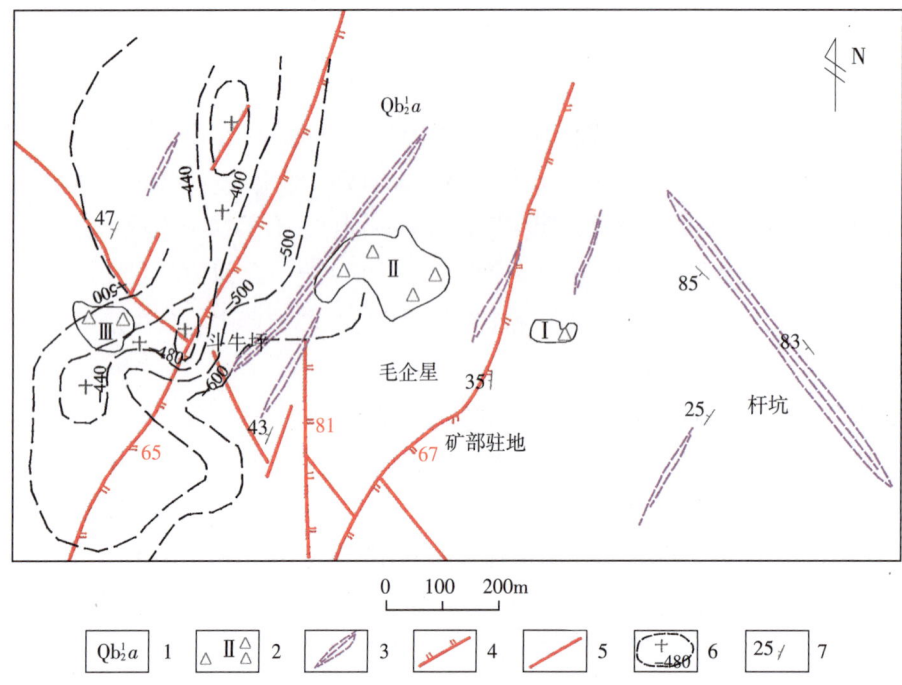

1—上青白口统下部双桥山群安乐林组；2—隐爆角砾岩筒；3—石英脉钨矿体；4—压扭性断裂；
5—性质不明断裂；6—隐伏花岗岩及标高(m)；7—地层产状。

图 7-22 修水县花山洞钨矿地质简图

Fig. 7-22 Geological diagram of Huashandong tungsten mine in Xiushui County

2. 岩浆岩

区内地表未见岩浆岩出露，但地表之下 560~800m 揭露到隐伏岩体。隐伏岩体形态大致呈北东向凸起，与外围山口－漫江岩体及李阳斗岩瘤同属晋宁期九岭花岗闪长岩基。岩体上部为分异程度高的二云母二长花岗岩，中部为细粒花岗闪长岩，下部为英云闪长岩。

隐伏花岗岩具有富硅低碱的特征。SiO_2 含量 69.79%~71.41%，平均值为 70.68%，属酸性岩类；K_2O+Na_2O 含量 6.16%~6.54%，且 $K_2O<Na_2O$，K_2O/Na_2O 值为 0.69~0.86，全部样品 $Al_2O_3>K_2O+Na_2O+CaO$，里特曼指数为 1.34~1.60，属硅铝过饱和钙碱性岩类。成矿元素高度集中，W 平均含量为 $83.3×10^{-6}$，Bi 平均含量为 $6.68×10^{-6}$。稀土元素组成总体表现为稀土总量较低，ΣREE 变化于 $116.24×10^{-6}$~$132.72×10^{-6}$ 之间，δEu 为 0.59~0.77，具较明显的负铕异常。稀土元素配分曲线具有右倾轻稀土富集型配分的特征，La/Yb 值（9.73~12.02）较高，轻、重稀土分馏明显。

LA-ICP-MS 锆石 U-Pb 年龄值：花岗闪长岩为（863±18）Ma；二云母二长花岗岩为 803Ma、807Ma。前者年龄值大于双桥山群年龄值，时代为晋宁期。

3. 构造

区内褶皱构造为九岭复式褶皱的次级李阳斗－花山洞复背斜。该复背斜轴迹呈北西西向，由安乐林组组成。

区内断裂为北北东向、北北西向及近南北向三组。

矿区含矿石英脉成矿裂隙主要有北北东向、北西向及东西向三组，以北北东向石英脉最发育，常成带分布，走向 20°，倾向北西，倾角陡，单脉幅 0.5~15cm 不等；次为北西向顺层平行产出石英脉带，平直，走向延伸很远，在斗牛场和杆坑分别形成了北北东向、北西向石英脉带型钨矿体。

矿区以发育隐爆角砾岩筒为突出特点，为重要的控矿容矿构造。共有3个隐爆角砾岩，大致呈东西向相间产出。由东往西依次编号Ⅰ、Ⅱ、Ⅲ。总体倾向西南，倾角上缓下陡；地表倾角一般为60°，深部倾角为80°左右。其中Ⅱ号岩筒呈反"S"漏斗状，Ⅲ号岩筒呈上小下大的鸭梨状。隐爆角砾岩筒是本区重要而独特的控矿容矿构造。

4. 围岩蚀变

矿化岩体外接触变质带较窄，热接触变质程度低，仅具弱角岩化，宽度约5m，其典型的变质矿物为电气石。隐爆角砾矿化岩筒及石英脉矿化体内主要见有碳酸盐（铁白云石）化、绢云母化、硅化、黄铁矿化。蚀变花岗岩型矿体以云英岩化为主，石英脉型矿体以脉侧云英岩化为主。

（二）矿床地质特征

1. 矿体形态、产状、规模

矿区钨矿体从内接触带到外接触带大体可划分为蚀变花岗岩型（细脉浸染状）-似层状云英岩型-热液隐爆角砾岩型-石英脉型4类矿体（图7-23）。主要工业矿物为白钨矿、黄铜矿、辉钼矿、黑钨矿，次要金属矿物为黄铁矿、磁黄铁矿、白铁矿、毒砂、闪锌矿，偶见硫砷铜矿、方黄铜矿、黝铜矿。主要非金属矿物为石英，其次为长石、黑云母、白云母、绢云母、电气石等。

蚀变花岗岩型（细脉浸染状）矿体（V10）：产于岩体内接触带蚀变花岗岩中，呈透镜体状，控制长230m，倾斜深220m，平均厚度11.85m，WO_3平均品位0.33%。

云英岩型（浸染状）矿体：似层状产于外接触带云英岩中，V8规模较大，控制长310m，倾斜深190m，平均厚20.5m，WO_3平均品位0.64%。

气液隐爆角砾岩型矿体：呈筒状产于隐爆角砾岩筒中，有钨矿体3个。其中：Ⅰ$_{V1}$、Ⅱ$_{V1}$长轴长度分别为47m、213m，短轴长度分别为10m、36m，垂高分别为150m、167m，WO_3平均品位分别为0.434%、0.18%；V7

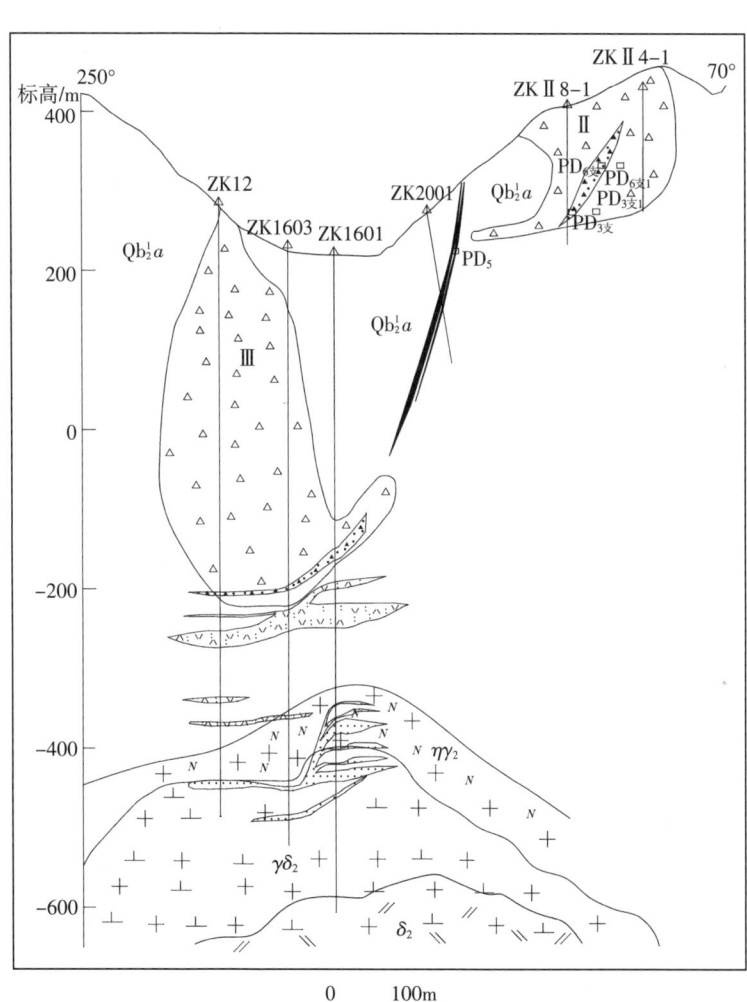

1—晋宁期英云闪长岩；2—晋宁期花岗闪长岩；3—晋宁期二云母二长花岗岩；4—隐爆角砾岩筒及编号；5—晋宁期蚀变花岗岩型钨矿体；6—云英岩蚀变花岗岩型钨矿体；7—隐爆角砾岩型钨矿体；8—石英脉型钨矿体；9—钻孔及编号；10—平硐及编号；Qb_2^1a—上青白口统下部双桥山群安乐林组。

图7-23 修水县花山洞钨多金属矿区地质剖面图
（据刘先进，2014，修改）

Fig. 7-23 Geological profile of Huashandong tungsten polymetallic mining area in Xiushui County

矿体长 271m，倾斜深 300m，厚 5.13m，WO_3 平均品位 0.33%。

石英脉型矿体：呈脉状产于隐爆角砾岩筒外围，已圈定矿体 4 条。其中：北北东向矿脉 3 条，呈厚度 10~20cm 的薄脉带产出，V3、V4、V5 脉带长 98~167m，延深 85~94m，厚度 2.9~5.12m，WO_3 平均品位 0.307%~0.381%；北西西向脉带 1 条（V11），位于矿区东部，走向北西西，倾向南西，倾角 76°~87°，矿体控制长 130m，见矿平均厚度 28.74m，由石英薄脉带组成，脉宽 0.5~20cm，含脉密度 1~10 条/m，含脉率 10%~30%，WO_3 平均品位 0.22%。

2. 矿石特征

1）矿石成分

蚀变花岗闪长岩型矿体矿石矿物：主要为白钨矿。矿石中含量最多的金属矿物为磁黄铁矿，半自形粒状，粒径 0.02~0.2mm。次为黄铁矿、黄铜矿、毒砂、辉钼矿等。常见辉钼矿呈细脉状、团块状、星点状与白钨矿共生。

云英岩型矿体矿石矿物：矿石主要成分为石英、白云母，主要金属矿物为白钨矿、菱铁矿、黄铁矿。白钨矿颗粒较大，呈浸染状、条带状充填在云英岩中。

隐爆角砾岩型矿体矿石矿物：主要金属矿物为白钨矿、黑钨矿、黄铁矿、黄铜矿、辉钼矿。常可见辉钼矿生长于石英胶结物裂隙中，并与白钨矿、黄铁矿等矿物共生。局部见少量黑钨矿边缘被白钨矿蚀变交代。

石英脉型矿体矿石矿物：脉石矿物为石英，少量云母角岩。主要金属矿物为黑钨矿、白钨矿、辉钼矿及黄铁矿，以块状、星点状、浸染状产出于石英脉以及石英脉夹砂质板岩中。

矿石中主要有益组分为 WO_3，品位一般为 0.12%~0.35%，最高达 3.0%。品位变化系数为 82%~171%，属均匀—不均匀。

矿体中伴生有益组分主要为 Mo，含量普遍较低。V3 矿体 Mo 品位一般为 0.03%，最高 0.09%，平均 0.02%，变化系数 98%。V4 矿体 Mo 品位一般为 0.027%，最高 0.09%，ZK2041 工程中单样 Mo 最高品位 0.57%。

2）矿石结构构造

矿石结构主要有他形晶粒结构、碎裂结构、变余角砾结构、不等粒变晶结构等。

矿石构造有星点状构造、细脉状构造、角砾状构造、薄膜状构造、浸染状构造。

3）矿石类型

白钨矿-黄铁矿矿石：为本矿区主要矿石类型，分布于 3 个硅化隐爆角砾岩中。

黑钨矿-白钨矿-辉钼矿-黄铁矿矿石：是矿区内品位较高的矿石类型，大部分分布于石英脉矿石中，少量分布于砂质板岩角砾中。

隐爆角砾岩型矿石（白钨-黄铁矿矿石）：矿石由石英与强硅化砂质板岩呈混杂胶结形成。白钨矿及黑钨矿主要产于石英与砂质板岩的接触界面上，少数呈浸染状产于石英及砂质板岩中。

3. 辉钼矿 Re-Os 年代学

刘进先（2015）对矿区钻孔、探矿坑道中采集的辉钼矿样品进行了 Re-Os 同位素研究。辉钼矿样品的 ^{187}Re 值变化于 $0.323\,9×10^{-6}$~$60.53×10^{-6}$ 之间，^{187}Os 值介于 $4.337×10^{-6}$~$816.5×10^{-9}$ 之间，Re 与 Os 的含量变化较为协调。模式年龄为 816.4~798.4Ma，年龄加权平均值为 (815±5)Ma（MSWD=1.01）；计算等时线年龄为 (807.2±5.7)Ma。二者在误差范围内是一致的，代表了辉钼矿的结晶时间。用于测年的辉钼矿样品与黑钨矿、白钨矿属于同一成矿阶段，因此获得的辉钼矿 Re-Os 同位素年龄为花山洞钨矿床的成矿年龄，属于晋宁期。

（三）成矿作用

江南晋宁期花岗岩带规模颇大，成矿很少，九岭晋宁期花岗闪长岩基规模巨大，未形成矿床。九岭、百花尖系列均为英云闪长岩（岩体）－花岗闪长岩（主体）－黑云母二长花岗岩（补体）。花山洞岩体是九岭岩基外侧的一个隐伏型卫星式小岩株，与九岭岩基相比，其补体为二云母二长花岗岩，属分异程度高的酸性岩体。主岩体之上形成悬浮式岩瘤，岩瘤之上为气液型隐伏角砾岩筒，显示成矿流体相当活跃，是形成"四位一体"矿床的重要基因。

花山洞钨矿床是晋宁期成矿最典型一例，成矿作用也比较独特，值得进一步深入研究。

三、大余县洪水寨钨锡矿床

矿区位于大余县城 320°方位直距约 17.5km 处，地理坐标为东经 114°11′19″—114°15′03″，北纬 25°28′22″—25°29′48″，行政上隶属大余县浮江乡。洪水寨钨锡矿发现于 1918 年，经历了长期的民采矿活动；1958—1959 年，江西省地质局钨矿普查勘探大队进行了矿区勘探；2005 年赣南地质调查大队对矿区进行资源储量核实；2009—2020 年，安徽省金联地科公司对矿山资源储量进行核实工作，新增 WO_3 3723t，Sn 459t，累计探明资源储量 WO_3 7173t，Sn 10 128t，Li_2O 16 696t，Rb_2O 7829t。矿山为呈似反"S"状展布的云英岩细脉浸染带型钨锡锂铷矿床。

（一）矿区地质概况

矿区处于崇余犹矿集区九龙脑－营前矿集带南部，九龙脑花岗岩基东南部。

1. 地层

矿区出露地层为上震旦统老虎塘组（图 7-24），分布于矿床东、西两侧。老虎塘组下部为暗灰色、紫灰色、灰绿色中厚层状变余石英杂砂岩与中薄层状粉砂质板岩、板岩、硅质板岩呈韵律互层；中部为灰紫色厚—巨厚层状变余细粒长石石英杂砂岩、岩屑石英杂砂岩、中细粒或不等粒长石石英砂岩、岩屑石英砂岩夹变余粉砂岩、粉砂质板岩、板岩；上部为灰—深灰色含碳粉砂岩与含碳粉砂质板岩、含碳板岩、硅质板岩、硅质岩互层。

2. 岩浆岩

矿区岩浆岩主要为中粒黑云母花岗岩，仅在岩体边缘见由数米至数十米宽微细粒含斑黑云母花岗岩组成的边缘相。主要矿物组成为钾长石（20%~30%）、微斜长石（15%~20%）、石英（35%~40%）、黑云母（5%）、白云母（5%）。

3. 构造

矿区主轴为一条北西向具枢纽特征的，西端南倾、中端陡倾、东端北倾的左行走滑带，两侧由羽状近东西向、北西向的短小张裂隙组成一条成矿裂隙带。

（二）矿床地质特征

矿床类型为云英岩石英细脉浸染型。矿带总体呈北西走向，为一条"游龙"，赋存于斑状中粒黑云

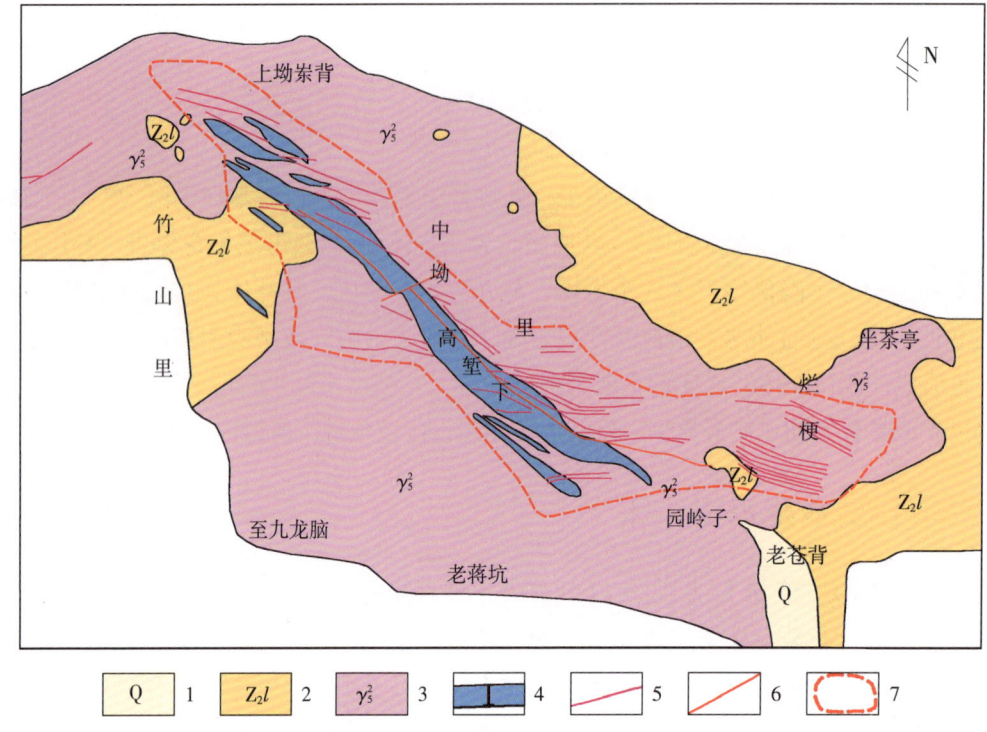

1—第四系；2—上震旦统老虎塘组；3—燕山期斑状中粒黑云母花岗岩；4—云英岩细脉带及编号；
5—石英脉；6—实测走滑断层；7—矿体集中区

图 7-24　大余县洪水寨钨锡矿矿区地质图

Fig. 7-24　Geological map of Hongshuizhai tungsten tin mine in Dayu County

母花岗岩中。出露于上坳、中坳、大水坑一带。次级矿带产状走向为近东西、北西，倾向南南西，倾角 60°~80°。全区共有次级矿带 10 条，均作狭长条状产出，其中以Ⅰ号矿带最长（990m）、最宽（50m），规模最大，横贯矿区中部，其余 9 条矿带多分布于Ⅰ号矿带的两端及带的两侧，尤以西端分布最密，成平行排列，构成雁行状。

云英岩细脉带由云英岩化岩石及形态不同的石英脉石构成。带中云英岩化强烈，是本区最重要的工业矿石。云英岩组成矿物主要有石英、白云母、铁锂云母、黄玉、萤石、长石、绿泥石等；金属矿物有黑钨、锡石、辉钼矿、黄铜矿、闪锌矿等矿物浸染其内，呈致密半自形—他形粒状结构，有时云母片成定向排列而构成片麻状构造。云英岩中石英细脉构造形态极为复杂，多呈密集平行排列，分支复合、膨大缩小、相互交替及不规则出现。在云英岩细脉带中，石英脉最大密度达 9 条/m，一般是 1~4 条/m，这些石英脉不论在其水平方向和垂直方向上变化均很大，延深极为短浅，无一固定形态。云英岩中石英细脉的产出增强了云英岩的矿化强度和有用矿物的集中结晶析出。

（三）矿床地球化学特征

1. 花岗岩岩石地球化学特征

矿区花岗岩具有富 Si、富碱、高 K、贫 Ca、贫 Mg 的特征。其中 SiO_2 含量为 73.25%~77.45%（平均 75.49%），Al_2O_3 含量为 12.04%~13.86%（平均 12.81%），CaO 含量为 0.49%~0.80%（平均 0.65%），MgO 含量为 0.09%~0.15%（平均 0.11%），K_2O 含量为 4.59%~5.54%（平均 5.09%），K_2O+Na_2O 含量为 7.85%~8.91%（平均 8.44%），A/CNK=0.96~1.09（平均 1.05），反映其为准铝质到弱过铝质高钾钙碱性系列岩石。

九龙脑花岗岩稀土元素总量中等（ΣREE=105.48×10^{-6}~230.50×10^{-6}，平均160.85×10^{-6}），轻、重稀土分馏不明显[(La/Yb)$_N$=0.78~1.77，平均1.28]，轻稀土之间、重稀土之间的分馏亦较弱[(La/Sm)$_N$=1.49~1.81，平均1.61；(Gd/Yb)$_N$=0.51~1.34，平均0.79)]，Eu为强烈负异常（δEu=0.07~0.10，平均0.09），表现为较为平缓的海鸥型强负Eu异常的稀土分配模式（图7-25a）。在微量元素原始地幔标准化蛛网图（图7-25b）中，表现出富含Rb、K，亏损Ba、Sr等大离子亲石元素（LILE）和富含Th、U、Ce、Y、Sm、Nd、Ta、Hf，而亏损Nb、P等高场强元素（HFSE）的特征。其中Sr表现为相对于La、Ce、Nd等轻稀土元素的亏损，与Eu负异常一致，亦反映了斜长石可能为源区残留相或斜长石分离结晶作用的影响。岩石具有较强的Nb、P负异常，显示岩浆陆壳成因特点。Rb/Sr和Rb/Ba的值远高于原始地幔的相应值（分别为0.029和0.088），反映出岩浆经历了较高程度的分异演化或者源区中低程度的部分熔融。

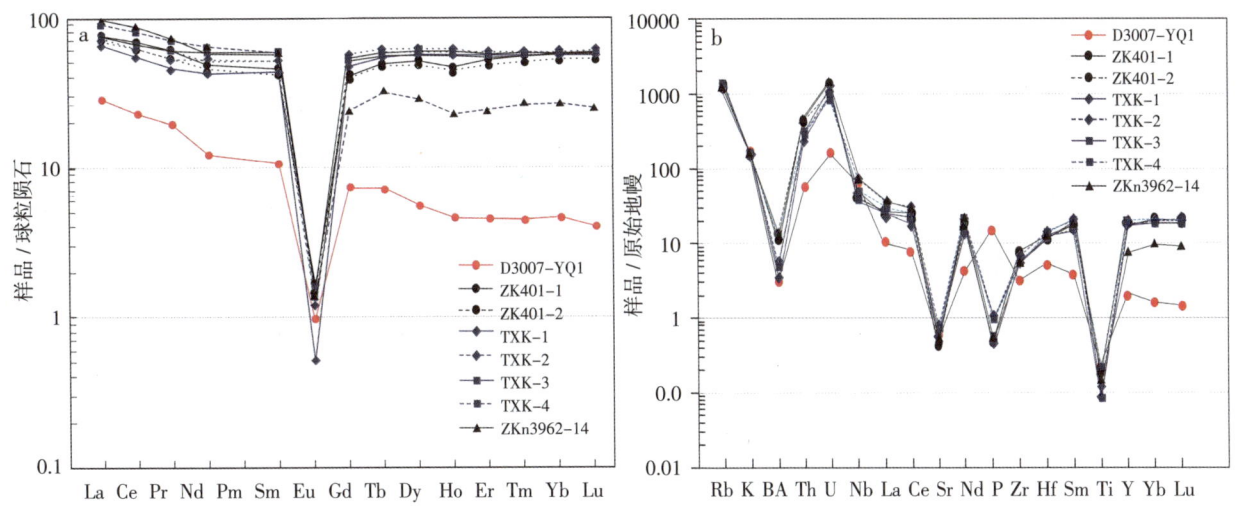

图7-25 九龙脑岩体稀土元素球粒陨石标准化配分模式（a）和微量元素原始地幔蛛网图（b）

Fig. 7-25 Normalized REE chondrite distribution model (a) and trace element primitive mantle spider diagram (b) of Jiulongnao pluton

2. 成岩成矿时代

据丰成友（2011）对九龙脑岩体进行的同位素测年研究工作，^{206}Pb/^{238}U年龄为（160.9±2.4）~（143.9±2.0）Ma，^{206}Pb/^{238}U加权平均年龄为（155.8±1.2）Ma（MSWD=0.60），代表岩体的结晶年龄。

据丰成友（2011）对矿区辉钼矿中Re-Os同位素含量测试研究成果，模式年龄为（157.9±2.3）~（154.4±2.5）Ma，加权平均年龄为（156.3±1.3）Ma（MSWD=1.5）。通过等时线年龄计算，获得^{187}Re-^{187}Os等时线年龄为（157.0±3.3）Ma（MSWD=2.5），与加权平均年龄在误差范围内一致，可代表辉钼矿的结晶年龄，能有效代表洪水寨钨矿成矿时代，与成岩时代基本一致。

（四）成矿作用机制

洪水寨矿床成矿作用可分为气化-高温（锡石-黑钨矿-石英组合）阶段、高中温（黑钨矿-硫化物组合）阶段和低温（碳酸盐）阶段，前两个阶段是锡钨主要成矿阶段。蚀变与钨锡矿化密切相关，蚀变强，矿化亦好。钨锡矿化富集部位为：①云英岩内平行石英细脉密集处；②矿脉复合部位；③云英岩化强烈地段；④黄玉、叶片状铁锂云母聚集部位和钾长石化显著部位。

（五）找矿预测

洪水寨矿区资源已近枯竭，但矿区除在洪水寨区段勘查工作程度较高外，其他区段，如北部及西北的枫树埂和东北部的上坝仔区段均发现钨矿体，但工作控制程度较低，对矿体的数量、规模、产状及矿石质量变化等特征揭露了解不足；另外，在洪水寨区段（老矿区）除主矿带（如Ⅰ号矿带）原勘探工程控制程度较好，在Ⅰ号矿带北部及西部较小云英岩化带（如Ⅸ号矿带）经矿山开拓工程揭露证实，局部钨钼（锡）矿化也较好，说明区内仍有找矿前景。

四、崇义县茅坪钨锡矿床

茅坪钨锡矿床位于崇义县城100°方位约13km处。矿区发现于1918年，江西省冶勘二〇二队（1955）、江西省地质局钨矿普查勘查大队、江西省地质局九〇八队（1955—1963年）和江西省冶勘六一六队（1965—1969年）均开展过工作。1980—1988年江西有色地质勘查二队开展详查，累计查明（探明+推断）资源量：WO_3 $5.762×10^4t$、Sn 5336t、Mo 2164t、Cu 2380t、Zn 4581t，钨矿达大型矿床规模。根据矿区深边部调查工作，矿区深部的隐伏岩体内部发育有似层状"马鞍式"蚀变岩浸染型钨锡（铌钽）矿体，初步推算锡矿潜在资源量达$3.54×10^4t$，矿山有待进行详细控制与评价工作。

（一）矿区地质概况

矿床位于崇余犹矿集区西华山－张天堂矿集带中北段，天门山花岗岩株北侧是"石英脉+地下室"成矿模式的原型矿床。

1. 地层

矿区出露地层为底下寒武统牛角河组浅变质岩系，为一套韵律清楚的类复理石建造。岩性主要为石英细砂岩、粉砂岩和绢云母板岩，其中以石英细砂岩为主，并互相构成夹层、互层形式。地层走向近南北，倾向以东为主，局部倾向近西，倾角35°~75°（图7-26）。

2. 岩浆岩

矿区地表未见花岗岩出露，闪长岩脉等脉岩较为发育。深部发育隐伏花岗岩体，属天门山岩体北延的一个凸起岩株。

花岗岩顶板标高-5~-300m，呈北西－南东向的短轴椭球体，侵位最高部位处于矿区中部上茅坪区段近东西向和北西向脉组交叉部位的下部，岩体顶部产状平缓，向四周倾斜，西部、西南部和南部较缓，倾角30°~35°；西北部、东部较陡，倾角50°~55°。岩性主要为斑状花岗岩和细粒白云母花岗岩，斑状花岗岩分布在岩体边缘部位，细粒白云母花岗岩则分布在岩体中部。岩体中云英岩化普遍较强，岩石部分蚀变为云英岩化花岗岩，云英岩化强烈的岩石则为云英岩，均有钨锡矿化，富集地段形成云英岩化花岗岩浸染型钨锡矿体。

3. 构造

（1）褶皱以背斜为主，由牛角河组组成，轴向近南北和北东。两翼次一级褶皱也较发育，主要包括沈埠西－高桥下、下茅坪－上茅坪、大摆口－下泌水背斜和沈埠西－上茅坪向斜等。

（2）矿区断裂构造主要有北东东、近东西向、北西向。按产状和特征大致可分为下列几组。

北东东向断裂构造：为矿区主干断裂构造，走向60°，倾向北西，倾角60°~70°，宽几米至十几米，常为构造破碎带产出,局部为中基性闪长岩脉充填。

近东西断裂构造:倾向北或南,倾角50°,呈构造破碎带出现,发育断层角砾岩,角砾呈半棱角状。断层面较平直光滑,并可见近于水平的斜擦痕。

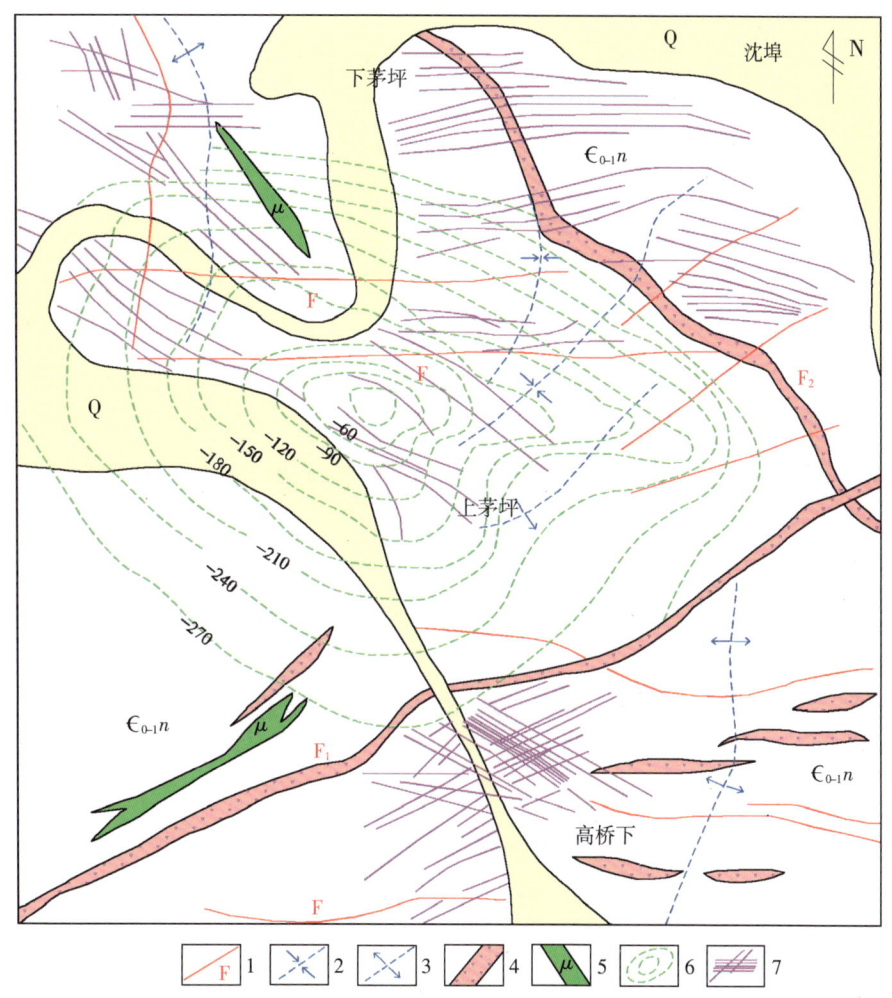

1—断层;2—向斜;3—背斜;4—破碎带;5—岕岩脉;6—隐伏花岗岩顶面等高线(m);7—矿脉;
Q—第四系;$\epsilon_{0-1}n$—底下寒武统牛角河组。

图 7-26 茅坪钨锡矿床地质简图
Fig. 7-26 Geological diagram of Maoping tungsten tin deposit

(3) 成矿裂隙有近东西向、北西—北西西向、北北东向、北北西向四组。

近东西向裂隙:地表延伸稳定,规模较大,一般延长 200~500m,最大延长达 1600m,倾向北、南均有,倾角 40°~50°。该组裂隙主要分布在下茅坪、高桥下区段,是矿区主要工业矿脉的容矿裂隙。

北西—北西西向裂隙:规模相对于近东西向裂隙较小,延伸呈断续状,一般延长 100~300m,最大可达 500 余米,倾向以北东向为主,少数南倾,倾角 55°~70°。该组裂隙全区均见及,但主要分布在上茅坪区段,部分裂隙形成工业矿脉。

北北东向、北北西向裂隙:该两组裂隙发育程度相对较差,规模也相对更小,地表延长 100 余米。该两组裂隙倾向东,倾角 60°~70°,个别裂隙形成工业矿脉,且集中分布于上茅坪区段。脉壁光滑、平整,矿脉形态、脉幅、产状沿走向和倾向变化稳定。

（二）矿床地质特征

1. 矿体特征

茅坪钨矿为"二位一体"矿床：一是上部石英脉型黑钨矿体，为矿山开采的主要矿产；二是深部隐伏花岗岩体顶部的云英岩化蚀变花岗岩浸染型钨矿化（体），尚未开展系统评价工作。石英脉型黑钨矿床主要赋存在燕山早期花岗岩顶部及其外接触带的寒武系浅变质岩系中，又包括陡倾斜和缓倾斜两种矿脉，上部或浅部的矿脉以陡倾斜为主，并以外接触带为主。地表出露矿脉呈密集细－薄脉形式存在，深部以密集薄脉－大脉形式出现。

1）石英脉型矿床

石英脉型矿体主要赋存于底下寒武统浅变质岩系中，少部分延伸进入隐伏花岗岩中。按矿脉产出的空间位置、矿脉产状不同等特征，自北往南分为下茅坪、上茅坪和高桥下3个区段。下茅坪区段分布有1个脉组，位于花岗岩体顶部北侧，矿脉呈东西走向、南倾；上茅坪区段分布有4个脉组，位于花岗岩体顶部上方，各脉组走向相互交叉出现；高桥下区段分布有3个脉组，位于花岗岩体顶部南侧，矿脉呈东西或北北东走向，北倾。3个区段各脉组在标高20m处汇集于花岗岩体顶部，不同走向矿脉在平面上相互交叉、穿插，构成网格状格局。

矿脉脉组多，矿脉条数多，矿化面积大，规模也较大，共有工业矿脉67条。单脉沿走向延伸一般为300~500m，最大达800m；沿倾向延深200~300m，少数达500m；脉宽一般0.20~0.50m，最大1.05m。主要矿体特征如表7-5所列。

（1）下茅坪区段：分布于矿区北面，埋藏深度20~525m，赋存于标高194~-242m，工业矿脉22条。脉组呈东西向展布，长1000余米、宽400m；单脉延长一般200~400m，最长达800m；延深一般200~300m，少数大于400m；脉宽一般0.10~0.20m，最宽0.32m。矿脉走向为东西或北西，倾向南，倾

表7-5 茅坪矿区各区段矿脉分布、产状及规模一览表

Table 7-5 List of vein distribution, occurrence and scale in each section of Maoping mining area

区段	脉号	工业矿脉/条	产状/(°)		规模/m		
			倾向	倾角	厚度	延长	延深
下茅坪	V1~39	22	160~210	30~55	0.08~0.20	100~500	100~300
上茅坪	V64~99	4	350~30	55~70	0.10~0.65	300~500	100~400
	V43~63	4	180~205	40~70	0.10~0.20	100~400	100~250
	V58	1	40~50	55~70	0.15~0.30	500~700	250~350
	V350	1	330~350	41~75	0.05~0.20	160~260	120~200
高桥下	V100~255	27	330~10	25~40	0.20~0.60	200~800	300~500
	V261~284	4	340~10	60~70	0.10~0.30	100~200	100~200
	盲1~盲4	4	180或360	85	0.12~0.50	250	100
全区		67					

角 20°~40°。脉组在平面上呈右侧排列。

（2）上茅坪区段：分布于矿区中部，自地表至标高-5m，工业矿脉有 35 条。按矿脉产状分为北西西向、近东西向、北西向、东西向 4 个脉组，还零星分布有南北走向、北东走向、北西走向的矿脉。该区段矿脉大部分已被采空。

（3）高桥下区段：分布于矿区南部，埋藏深度 20~590m，赋存于标高 380~-287m，脉组长 1100m、宽 600m；总体走向近东西，倾向北或南。北倾脉倾角有缓有陡，以缓倾角为主；南倾脉倾角为 55°~65°。北倾脉陡倾角及南倾脉仅有零星数十条。脉组在平面上呈左侧排列，剖面上呈前侧排列。矿脉走向以近东西向为主，工业矿脉 35 条。

2) 蚀变花岗岩型矿床

云英岩化花岗岩浸染型钨锡钽铌矿体发育于隐伏花岗岩凸起部位顶部云英岩中，岩体顶面似伟晶岩壳以下 150m 范围内，矿化面积 0.72km²，矿体呈似层状、板状、扁豆状、透镜状产出（图 7-27），近东西向展布，长数百米至千余米，厚几米到几十米。矿体除钨锡矿化外还有铌钽矿化，是"地下室"型矿床。

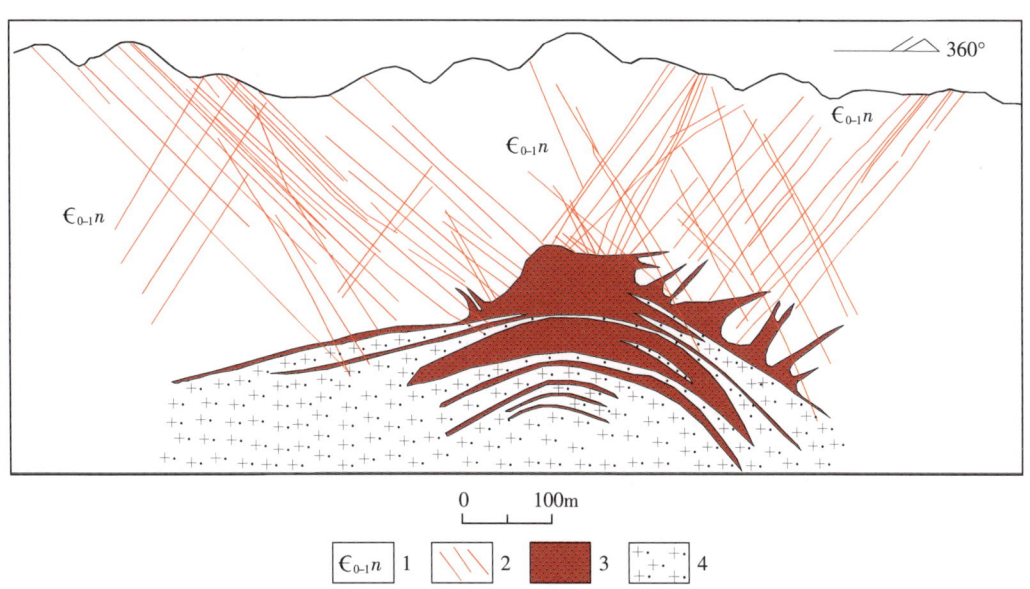

1—底下寒武统牛角河组浅变质岩；2—石英脉型矿体；3—蚀变花岗岩型钨锡矿体；4—花岗岩。

图 7-27 茅坪矿区 300 线剖面图（据胡东泉，2011，修改）

Fig. 7-27 Profile of line 300 in Maoping mining area

2. 矿石特征

（1）石英脉型：石英脉型钨锡矿石中，金属矿物以黑钨矿、锡石、辉钼矿、黄铜矿、闪锌矿为主，次为少量黄铁矿、辉铋矿、毒砂、方铅矿、自然铋、白钨矿等；非金属矿物以石英、黄玉、铁锂云母、白云母、萤石为主，少量黑云母、微斜长石、绿泥石、方解石、电气石、氟磷酸铁锰矿等；黑钨矿石、锡石为主要工业矿物，辉钼矿、黄铜矿、闪锌矿等为伴生工业矿物。矿石多呈半自形—他形粒状结构、出熔结构、交代熔蚀结构，多以块状构造、对称梳状构造、碎裂构造及晶洞构造产出。

（2）蚀变花岗岩型：矿石矿物主要有锡石、黑钨矿，次有辉钼矿、钽铁矿、铌铁矿、黄铁矿、闪锌矿、黄铜矿等；脉石矿物主要有石英、白云母、长石，次有黄玉、萤石。矿石呈花岗变晶结构，多以浸染状、细脉浸染状构造产出。

3. 有益组分及矿化分带特征

石英脉型矿石主要有益组分 WO_3、Sn 存在一定的变化规律：矿脉在地表均以密集的细小石英脉线形式产出，一般脉宽 1~5cm，少数可达 10~20cm，矿脉平均品位 WO_3 0.399%、Sn 0.259%；随着矿脉延深深度增加，WO_3、Sn 品位逐渐升高。下茅坪区段坑道平均品位 WO_3 5.982%、Sn 0.691%，到矿床下部，矿化逐渐减弱，品位逐渐降低，但变化不太明显；上茅坪区段坑道平均品位 WO_3 5.448%、Sn 0.453%，WO_3、Sn 品位以标高 150~50m 矿化最好、品位最高，到矿床下部，矿化逐渐减弱，品位逐渐降低。高桥下区段坑道平均品位 WO_3 3.871%、Sn 0.469%；WO_3、Sn 品位在标高 100~-200m 矿化最好、品位最高，向上、下矿化逐渐减弱，品位逐渐降低。矿石伴生有益组分及品位变化规律：伴生有益组分上茅坪以 Mo 为主，次为 Zn、Cu、Pb、Bi、Ag 等，下茅坪、高桥下以 Sn 为主；全区平均品位 Sn 0.469%、Mo 0.189%。云英岩化蚀变花岗岩型矿体，矿石平均品位 WO_3 0.176%、Sn 0.231%、Nb_2O_5+Ta_2O_5 0.028 4%，与石英脉型比较，显示锡、钽、铌矿化增强。

4. 矿体围岩

石英脉型矿床脉侧蚀变包括硅化、云英岩化和黄玉化。蚀变宽数厘米至数十厘米，近矿脉强，远离矿脉弱，矿脉密集地段硅化的强度和范围更大。云英岩化、钠长石化主要发生在隐伏花岗岩体顶部内带 100~250m 范围内，呈面型发育。黄玉化主要发育于隐伏花岗岩体顶部，与云英岩化相伴生，云英岩化强烈的地段黄玉化也强。

（三）矿床地球化学特征

1. 流体包裹体特征

据胡东泉（2011）研究，黑钨矿中流体包裹体均一温度范围 320~412℃，盐度为 4%~12%NaCleqv；黄玉流体包裹体均一温度集中于 340~360℃，盐度为 5.7%~9.6%NaCleqv；石英中流体包裹体均一温度主要集中于 190~250℃和 300~360℃两个区间，盐度为 1.6%~7.9%NaCleqv。

周龙全（2017）对矿床黄玉单晶中流体包裹体进行研究，流体包裹体的均一温度介于 200~509℃之间，峰值位于 420~500℃之间，盐度为 4.32%~19.22%NaCleqv，峰值介于 17%~19%NaCleqv，较胡东泉（2011）获得的石英脉型钨矿床成矿温度和盐度均高出许多，其峰值（420~500℃）在一定程度上衔接了石英脉型黑钨矿高温阶段的演化历史。综上认为，石英脉型钨矿的成矿流体在早阶段具有高温、中高盐度、富挥发分、富含多种离子的特征。

2. 单矿物微量元素特征

陈光弘（2020）对茅坪矿床含矿石英脉和云英岩中黑钨矿和云母进行了原位 LA-ICP-MS 分析测试，结果显示蚀变岩型矿石中云母稀土元素比石英脉中的稀土元素高；云英岩和石英脉中黑钨矿均表现出相似的稀土元素分布模式，富集了稀土元素，云英岩中黑钨矿具有负 Eu 异常，而石英脉中的黑钨矿显示出正 Eu 异常。茅坪矿床不同开采水平的云母和黑钨矿微量元素组成特征表明，成矿流体主要由深部岩浆热液形成，并在浅部混有大气降水。

3. 辉钼矿 Re-Os 同位素年代学

李光来（2011）对茅坪矿床石英脉中辉钼矿的 Re-Os 同位素进行测试和研究，辉钼矿中 Re 含量 $361×10^{-9}$~$1489×10^{-9}$，模式年龄变化范围为（158.3±2.2）~（155.9±2.3）Ma，加权平均年龄为（157.0±1.2）Ma（MSED=0.81），计算获得等时线年龄为（157.4±2.2）Ma（MSWD=1.3），代表矿床的成矿时代。

(四)成矿作用

茅坪矿床是"五层楼+地下室"矿床模式的典型矿床,其成矿作用有重要理论和实践意义。

一是成矿隐伏花岗岩体是出露于矿区南面的天门山岩株北延的一个凸起岩株。矿区发育以近东西向为主,倾向有南有北,中等倾角的成矿剪切型裂隙带,受隐伏岩体顶托和成矿流体扩容在岩体上方外接触带形成了一幅呈"扇"形、"X"状石英钨矿脉展布形式,说明隐伏成矿岩体既是成矿流体的供应者,又是促使成矿裂隙转化为拉张、成矿流体上升充填扩容成矿的重要动力。

二是茅坪外接触带石英脉钨矿床,顶部线脉带和细脉带遭到部分剥蚀,工业矿体主要为薄脉-大脉带,根部带矿化稍弱,部分进入隐伏花岗岩体上部,具"五层楼"式特征。

三是"地下室"式蚀变花岗岩型矿体具云英岩化、钠长石化、黄玉化,矿体呈"马鞍"状、火焰式枝杈状。矿化除钨外,锡矿化增强,并出现钽铌矿化,具"地下室"矿化的重要特征。

矿区蚀变花岗岩型矿体,钨资源潜力很大,值得进一步详细勘查研究。

五、横峰县松树岗铌钽钨锡矿床

松树岗铌钽钨锡矿床位于横峰县境内,南距县城约23km。江西冶勘十一队(现江西省有色地勘一队)于1976年在松树岗评价石英脉型钨、锡、铜矿期间,在深部发现了隐伏的钠长石化花岗岩铌、钽矿,遂转入评价,历经1988年、2004年、2017年勘查,探获资源量:Ta_2O_5 4.244×10^4t、Nb_2O_5 6.3591×10^4t、WO_3 639t、Sn 428t、Mo 360t、Li_2O 60.38×10^4t、Rb_2O 60.18×10^4t,居亚洲之首。该矿床是石英脉小型钨矿床+"地下室"式钽铌世界级矿床典型一例。

(一)矿区地质概况

松树岗钽铌钨锡矿床位于信江-钱塘地块怀玉山复式向斜南西部,赣东北深大断裂的南东侧,灵山铌钽钨锡矿田西端,成矿条件优越(图7-28)。

1. 地层

矿床位于灵山岩体西侧约3km,区内主要出露震旦系和寒武系。

莲沱组(Nh_1l):分布于矿区中、北部和西部边缘,为一套砂质、凝灰质、泥质和硅质等互层组成的浅变质岩,是矿区的主要地层。下段岩性为灰白色、浅灰色厚层状粗—中粒变余含砾岩屑石英砂岩、变余长石石英砂岩;上段岩性为灰色、深灰色中厚层状砂质千枚岩、砂质板岩、凝灰质板岩、硅质板岩等。

2. 岩浆岩

矿区成矿岩浆岩是灵山复式花岗岩基西侧,晚次形成的一个隐伏花岗岩体。该岩体呈岩株状不对称分布,西陡东缓。区内岩浆岩主要为中细粒黑云母花岗岩,另有花岗斑岩、云斜煌斑岩、闪长岩等岩脉。在含矿隐伏岩体顶部或边缘还发育有似伟晶岩。隐伏岩体岩石遭受钠长石化,形成钠长石化花岗岩,即铌钽的工业矿体。成岩时代为早白垩世,即燕山晚期。

3. 构造

矿区处于葛源-临江湖北东向复式向斜北西翼,受北北东向构造复合形成北北东向次级叠加褶皱,形成松树岗向南西倾伏北西翼倒转背斜,控制隐伏岩体侵位与产状。

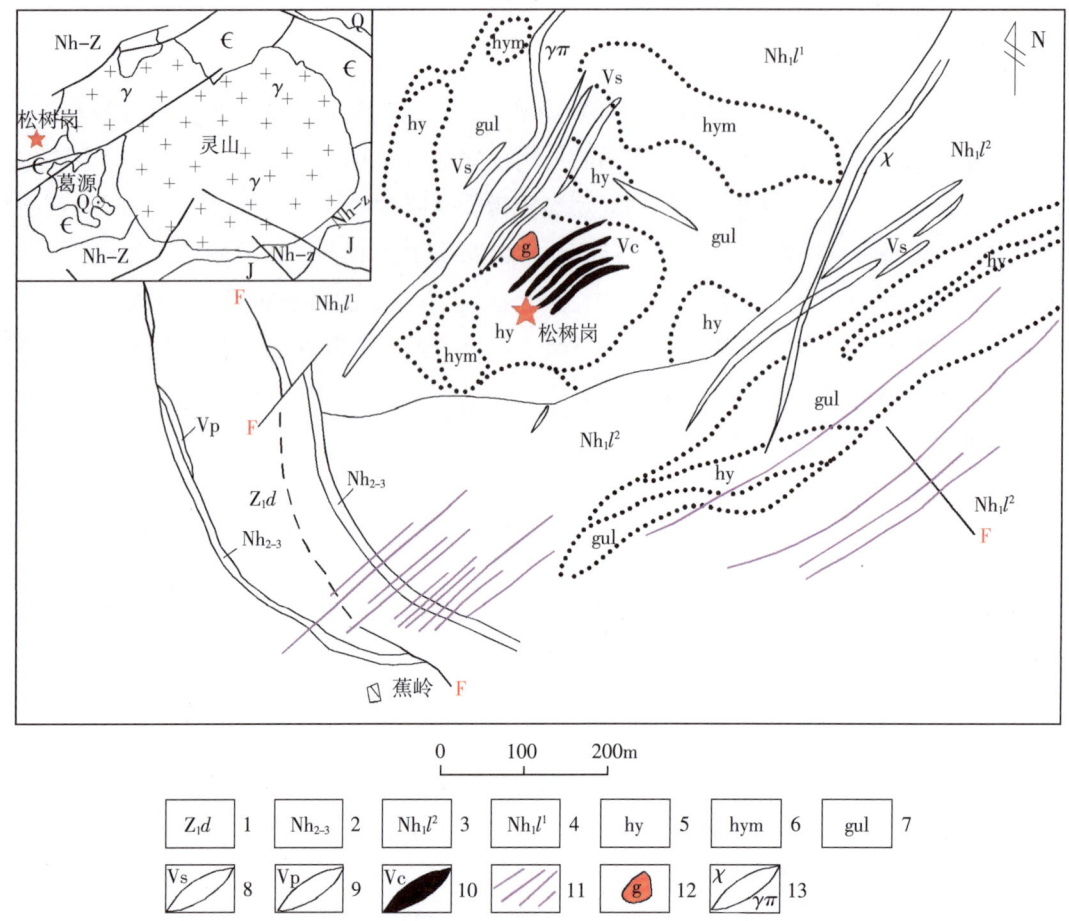

1—下震旦统陡山沱组；2—中—上南华统；3—下南华统莲沱组上段；4—下南华统莲沱组下段；5—黄玉化蚀变带；6—铁锂云母化蚀变带；7—硅化蚀变带；8—石英型锡矿体；9—矽卡岩型铅锌矿体；10—细脉带型钨矿体；11—石英大脉型矿体；12—云英岩型矿体；13—煌斑岩/花岗斑岩脉；Nh-Z—南华系—震旦系；∈—寒武系；J—侏罗系；Q—第四系；γ—灵山杂岩体

图 7-28 松树岗矿床地质简图
Fig. 7-28 Geological diagram of Songshugang deposit

区内断裂构造以北北东向和北东东向 2 组最发育，其次有北西向断裂，为岩脉充填。成矿裂隙主要为北北东向，南部焦岭—杨岗一线多为石英脉型钨锡多金属矿充填，其次有北西向裂隙形成硅化蚀变带。

（二）矿床地质特征

松树岗矿床矿化类型有蚀变花岗岩型铌钽锂铯（铷）矿化、细脉带型钨矿化、石英脉型-蚀变花岗岩（云英岩）型锡矿化、石英脉型钨锡多金属矿化，另有矽卡岩型铅锌矿化，见于矿区西部中上南华统大塘坡组间冰期含碳酸盐岩地层中。该矿床具有显著的分带性，以隐伏花岗岩为中心向上、向外，矿化类型有蚀变花岗岩型钽铌（锂铷）矿化→细脉带型钨锡矿化→细脉带型钨矿化→石英脉型钨锡矿化→脉型萤石矿化。深部为含 Nb-Ta 的花岗岩，铌钽矿物赋存在花岗岩中，而黑钨矿-锡石-石英脉赋存在浅部的震旦纪浅变质岩中，具有典型的"上脉下体"的成矿结构（图 7-29）。

1. 蚀变花岗岩型铌钽矿床

1) 矿体特征

铌钽矿体主要由伟晶岩型、钾长石化花岗岩型、云英岩化花岗岩型、钠长石化花岗岩型 4 个矿带

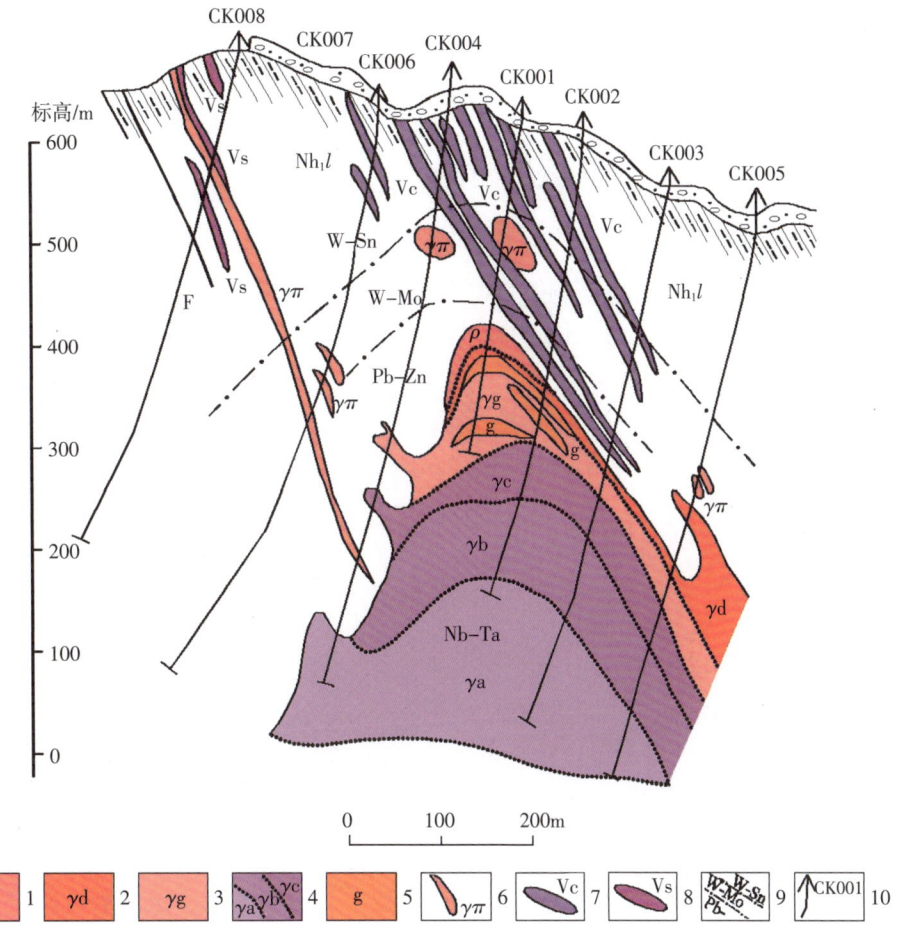

1—似伟晶岩带（Ⅰ带）；2—钾化花岗岩带（Ⅱ带）；3—云英岩化花岗岩带（Ⅲ带）；4—强-中-弱钠长石化花岗岩带（Ⅳ带）；5—云英岩；6—花岗斑岩；7—细脉带型钨矿体；8—石英脉型锡矿体；9—元素分带；10—钻孔及编号。

图 7-29 松树岗矿床 0 线剖面图

Fig. 7-29 Profile of line 0 of Songshugang deposit

构成，隐伏花岗岩体内各矿带及矿石类型表现出渐变过渡关系：上部伟晶岩型、钾长石化花岗岩型矿体较薄，厚度变化大，连续性差，仅零星分布；云英岩化花岗岩型矿体位于钠长石化花岗岩型矿石之上，呈似鞍状产出，属中间过渡体；钠长石化花岗岩型矿体厚度大，产出稳定，为该矿床的主体。

似伟晶岩型铌钽矿化带（Ⅰ带）：位于岩体顶部，形态呈一岩壳，厚 0~18m，厚度变化大。矿化岩石为似伟晶岩，铌钽矿物以钽铁矿为主，少量细晶石。Ta_2O_5 品位 0.005%~0.075%，变化大，平均品位 0.010%，品位变化系数为 60.6%，品位较低，仅局部构成工业矿体，伴生钨、锡矿化。该类矿体规模小，不具工业意义。

钾长石化花岗岩型铌钽矿化带（Ⅱ带）：隐伏于似伟晶岩型矿化带之下，连续性差，厚 1~35m，矿化岩石为钾长石化花岗岩。钽铌矿物以钽铌铁矿为主，少量细晶石，Ta_2O_5 品位 0.006 4%~0.032%，平均 0.015%，品位变化系数为 42.0%。矿化连续性差，规模小。

云英岩化花岗岩型铌钽矿化带（Ⅲ带）：位于Ⅱ带之下，呈渐变过渡，厚度 15~170m，呈似鞍状。矿化岩石为钾化（钠长石化）、云英岩化花岗岩。局部云英岩化强烈时形成石英岩，有大量铌铁矿、钽铌铁矿、细晶石、锡石、钨铁矿、闪锌矿、方铅矿、黄铜矿化。Ta_2O_5 品位 0.006 4%~0.028%，多数集中于 0.010%~0.020%，平均品位 0.015%，品位变化系数为 42.0%。该带可圈定数条脉状锡矿体，但不具工业开采价值。该矿带规模大，厚度稳定，是浅部矿段主要工业矿化类型。

钠长石化花岗岩型铌钽矿化带（Ⅳ带）：位于矿化岩体下部，矿带规模大，厚度稳定，是中、深部矿段主要工业矿化类型。从上至下划分为弱→中→强钠长石化 3 个亚带：

弱钠化花岗岩型亚带（Ⅳ1）位于Ⅲ带之下，厚 40~60m，呈马鞍状或似层状，矿石金属矿物有细晶石、钽铌铁矿、锡石、闪锌矿和黄铁矿，Ta_2O_5 平均品位 0.014%，品位变化小，变化系数为 27.4%。

中钠化花岗岩型亚带（Ⅳ2）位于弱钠化矿亚带之下，呈渐变过渡关系，厚 40~180m，铌钽矿物主要为铌铁矿、钽铌铁矿、细晶石，其他副矿物有锆石、独居石、钍石等，Ta_2O_5 平均品位 0.013%，品位变化小，变化系数为 25.5%。

强钠化花岗岩型亚带（Ⅳ3）位于Ⅳ2亚带之下，呈渐变过渡关系，因钻井未揭穿，厚度不详。该带钠长石化强烈，并以出现氟化物-冰晶石为特征。铌钽矿物为铌铁矿、钽铌铁矿，副矿物有大量黄铁矿、磁铁矿，尚有钍石、锆石、冰晶石等，Ta_2O_5 平均品位 0.014%，品位变化小，变化系数为 7.6%。

2）矿石特征

矿区铌钽矿石类型分为 5 种：似伟晶岩型、钾长石化花岗岩型、云英岩型、钾化（钠长石化）云英岩化花岗岩型和钠长石化花岗岩型，其产出与上述蚀变分带相一致，其中钠长石化花岗岩型矿石为矿化主体，其次为云英岩型和云英岩化型矿石。

矿石中主要稀有金属矿物有铌钽铁矿、铌铁矿、钽铌铁矿、细晶石、四方锡矿；有色金属矿物有锡石、方铅矿、黑钨矿、闪锌矿和少量辉钼矿、辉铋矿等。非金属矿物主要有石英、铁锂云母、钾长石、黄玉、钠长石、白云母及少量萤石等。其中稀有金属矿物多嵌布于铁锂云母、钠长石等矿物粒间，也有包裹于造岩矿物之中，粒径 0.02~0.31mm。铌钽独立矿物中的铌、钽含量占矿石中铌、钽总量的 60%~70%，其余分散在锡石、黄玉、黑钨矿等矿物之中。

蚀变花岗岩型钽铌矿石化学成分：SiO_2 67.1%~74.4%，Al_2O_3 14.53%~17.40%，Fe_2O_3 0.87%~1.16%，K_2O 3.06%~4.08%，Na_2O 3.77%~4.02%。主要有用组分 Ta_2O_5、Nb_2O_3 含量分别为 0.141% 和 0.021 6%。矿石中伴生有益组分主要有 Li_2O、Rb_2O_3，其平均含量分别为 0.174% 和 0.198 2%。

2. 钨锡矿床

1）矿体特征

脉型钨锡矿产主要分布于隐伏岩体外接触带的浅变质岩中，包括细脉浸染型和石英脉型 2 类。

细脉浸染型钨矿体赋存于下南华统碎屑岩中。矿化带长 350m，宽 180m；矿体厚 1~3m，长 345m，最大倾向延深 390m，呈脉状、脉带状产出。该类矿体品位较稳定，矿石平均品位：WO_3 0.245%、Sn 0.649%、Mo 0.05%。

石英脉型钨锡矿体产于下南华统碎屑岩中，主要分布于焦岭、杨枚岗一带，延长和延深数十米至数百米，矿带延长可达 2700m、宽达 320m。矿体呈脉状，单脉厚一般为 0.1~0.55m，较厚者达 1~2m；矿石品位：Sn 0.394%、WO_3 0.214%。围岩蚀变有云英岩化、黄玉化、铁锂云母化和萤石化等。另有浅表出露的云英岩型锡矿，规模小，矿石品位：WO_3 0.310%、Sn 0.449%、Pb 2.436%、Zn 3.436%、Cu 1.227%。

2）矿石特征

石英脉型矿石类型有黑钨矿-石英型、锡石-石英型、硫化物-石英型（包括 Pb-Zn 和 Cu）。金属矿物以黑钨矿、锡石、黄铜矿、闪锌矿、方铅矿为主，次为少量黄铁矿、辉钼矿、毒砂等；非金属矿物以石英、白云母、萤石为主，少量绿泥石、方解石、电气石等。

矿石多呈半自形—他形粒状结构，多以块状构造、对称梳状构造、晶洞构造产出。

3. 围岩蚀变

蚀变花岗岩型铌钽矿体分带与岩石蚀变分带对应，自岩体接触带向深部依次出现伟晶岩化、钾化、云英岩化、钠长石化的矿化蚀变分带，各矿化蚀变带为渐变关系。其中，钠长石化蚀变花岗岩是铌钽等稀有金属矿的主要产出部位，位于矿体的中、下部，呈厚大似层状产出。

石英脉型钨锡矿体围岩蚀变有云英岩化、黄玉化、铁锂云母化、硅化、萤石化等。

4. 成矿阶段

矿床成矿分2个成矿期4个成矿阶段。

岩浆晚期自交代成矿期：为岩浆残余-气液阶段，主要发生碱质交代（钠长石化、钾化）作用，伴生铌、钽矿化，但未构成工业意义矿化。

岩浆期后成矿期：分气成-高温热液、高温热液和中低温热液3个成矿阶段。气成-高温热液阶段发生钠长石化、云英岩化、黄玉化和铁锂云母化，构成钽铌矿主体，伴生钨锡矿化；高温热液成矿阶段发生云英岩化、黄玉化、铁锂云母化、硅化、萤石化，形成钨锡矿化；中低温热液成矿阶段发生萤石化、绿泥石化和碳酸盐化，形成铅、锌、铜、硫化物矿化。

（三）矿床地球化学特征

1. 成矿流体特征

黄定堂（1999）对矿床浅部钨锡石英脉中石英流体包裹体的显微测温结果显示，石英脉形成温度为180℃~302℃，属于中高温矿床。浅部含钨锡石英脉中石英的$\delta^{18}O$值为9.97‰~10.03‰（平均10.00‰），与深部花岗岩中石英的$\delta^{18}O$值（9.51‰~10.78‰，平均10.08‰）一致，表明浅部的钨锡石英脉与深部的隐伏花岗岩具有直接的成因联系。矿床中未蚀变及蚀变花岗岩氧同位素组成$\delta^{18}O_{\text{全岩-SMOW}}$分别为7.9‰~8.9‰和7.2‰~8.8‰；钨铁矿石和铅锌矿石中$\delta^{18}O_{\text{石英-SMOW}}$为9.1‰~11.1‰，按其成矿温度计算，钨铅锌成矿时含矿流体应有较多大气降水成分。

2. 稳定同位素特征

据黄定堂（2003）对矿床稳定同位素研究，$\delta^{34}S$为0.6‰~6.0‰，多数为1‰~3‰，平均3.76‰，具变化范围窄、塔式分布、接近陨石硫的同位素组成特征；铅同位素组成稳定，具正常铅性质，$^{206}Pb/^{204}Pb$为17.949~18.399，$^{207}Pb/^{204}Pb$为15.443~15.667，$^{208}Pb/^{204}Pb$为38.006~38.584，铅源具混合铅性质。单阶段铅模式年龄为169~100Ma，平均为129Ma。

3. 成岩与成矿时代

关于松树岗隐伏岩体成岩时代研究工作较多，先后获得成岩年龄为131~124Ma（K-Ar法同位素年龄值，袁忠信，1988）、128Ma（Rb-Sr等时线法，陈毓川等，2002），为燕山晚期岩体，与矿区铌铁矿LA-ICP-MS U-Pb测试获得的成矿年龄较一致（130~129Ma，Che et al.，2019），即松树岗隐伏岩体的成岩时代与矿床的形成时代同属燕山晚期（早白垩世）。

（四）成矿作用机制

松树岗矿床是一个与燕山期S型碱长花岗岩有关的岩浆气成-热液铌钽钨多金属矿床，成矿作用可能包括岩浆熔离晚期的结晶分异（碱质交代作用）和高—中温岩浆热液充填 2 个作用阶段。

灵山黑云母花岗岩经熔融作用，形成含铌钽钨锡花岗岩浆，岩浆结晶分异作用早期部分铌钽钨锡进入黑云母和副矿物晶格中，亲花岗岩元素在侵入岩顶部"预富集"。结晶分异作用中期，二价、四价阳离子已晶出，残余岩浆中含有大量挥发分和一价元素，对冷凝部分产生碱质交代作用；早期钾长石化和钠长石化，使黑云母和副矿物中的铌钽钨锡析出，转入熔体中，它们与残浆中的 F 形成 $[(NbTa)OF_5]^{2-}$、H_2WO_4、$[Sn(F,OH)_6]^{2-}$ 等稳定络合物；在早期蚀变以后，K 转入溶液中，当溶液中 K 的浓度增加到一定程度时，产生钾长石化，继而钠长石化。流体在 $t-p-x$ 条件下迁移，部分 Nb、Ta 沉淀下来，形成钽铌铁矿和少量细晶石，W、Sn 开始少量沉淀形成黑钨矿和锡石。晚期的强烈钠长石化使大量的钾和部分硅转入溶液中，使 K、Si、F 在残浆中的浓度加大，形成云英岩的物质基础。在岩浆结晶分异的晚期，残浆中 K、F 浓度升高，随着成矿溶液温度下降，酸度增高，形成铁锂云母、石英、黄玉等云英岩矿物，铌、钽、钨、锡与溶液中的 Fe^{2+}、Mn^{2+} 等离子结合生成细晶石、钽铌铁矿、黑钨矿、锡石沉淀，至此钽铌全部析出。

热液成矿作用后期部分以流体相为主的组分发生脉动式的减压沸腾和贯入，充填于围岩和裂隙，形成钨锡石英脉和钨锡铅锌石英脉。在钨锡矿床的外围出现矽卡岩型铅锌矿体。

六、丰城市徐山钨铜矿床

徐山钨铜矿区位于丰城市 168°方位约 33km 处。1958 年，由江西省地质局区域测量大队发现，江西省地质局九〇七大队、江西有色冶勘六一四队、江西有色地质勘查三队相继在该区开展了矿产勘查与评价工作。2010 年，江西有色地质矿产勘查开发院对矿区资源储量进行了核查，累计探明 WO_3 $6.3724×10^4$t、Cu $1.4×10^4$t，伴生 Ag 53t。徐山钨铜矿是一个斜拉式石英脉+蚀变花岗岩型矽卡岩"地下室"大型钨铜典型矿床。

（一）矿区地质概况

矿区大地构造位于华南加里东造山带北缘武功山隆起区东端，东南邻遂川 – 临川大断裂带与抚州盆地，北临萍乡 – 广丰深断裂带。

1. 地层

矿区主要出露地层有南华系上施组（Nh_1s）变质岩和第四系的堆积物（图 7-30）。上施组主要岩石有千枚岩、砂质千枚岩、千枚状粉砂岩、变余粉砂岩、变余砂岩夹碳酸盐岩层及钙质碎屑岩。该地层中成矿元素 W、Cu 含量偏高，是克拉克值的 10 倍以上，是该区域钨矿床的主要赋矿层位。该地层总体走向北东 – 南西，倾向各处不一，东北部倾向南西，浩元—曾家一线以西的地层倾向南东，东部倾向北西，地层倾斜平缓，倾角 10°~30°，仅有徐山北西地段倾角在 30°~50°之间。

变质岩中有矽卡岩产出，未出露地表，分布于深部标高 80~-350m，主要赋存在上施组上段及中段，有多层含钙质长石石英砂岩透镜体。矽卡岩普遍具有条带状构造，条带的产状与变质岩的层理产状一致，因而，矽卡岩体的产状随变质岩的产状变化而变化，呈似层状、断续扁豆状或透镜状，与透辉石角岩没有截然的界线，多呈过渡关系，它们常交替出现。

2. 岩浆岩

矿区岩浆岩未出露地表，隐伏于矿区下部，为遭受过蚀变的黑云母花岗岩，是紫云山 – 白陂半隐

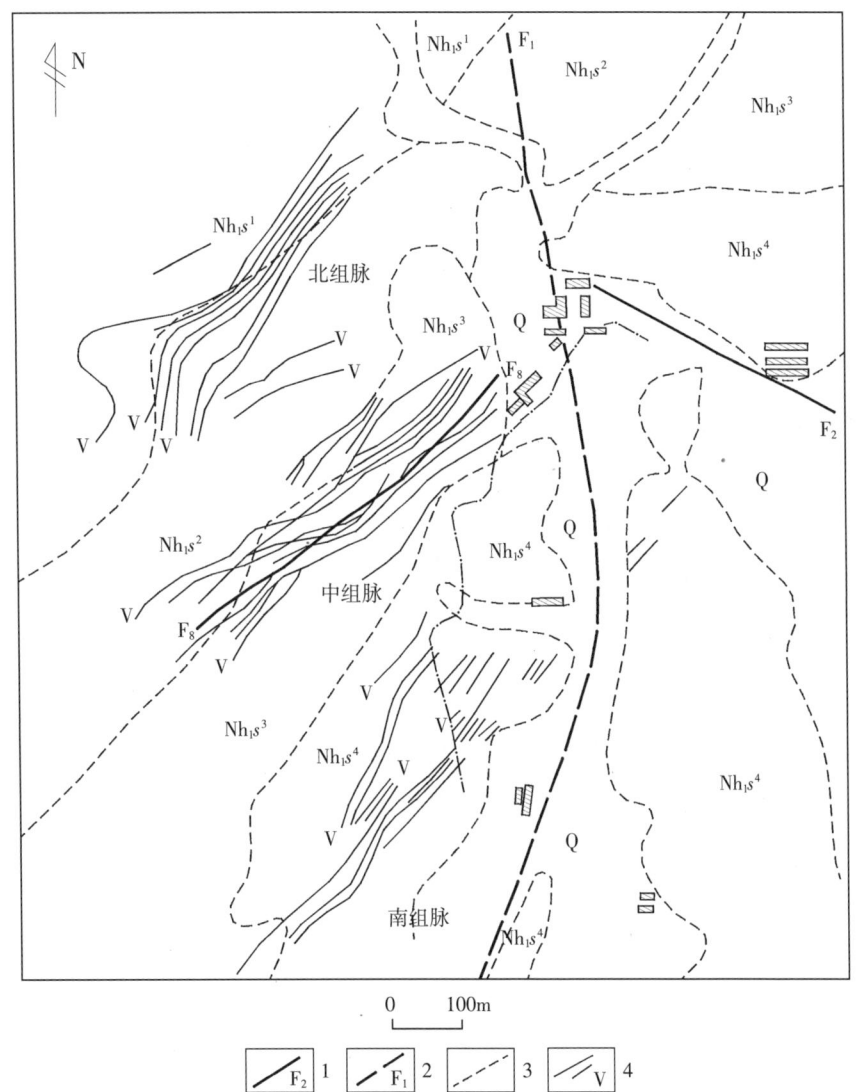

1—实测断层及编号；2—推测断层及编号；3—地质界线；4—含矿石英脉；
Q—第四系；Nh_1s^1、Nh_1s^2、Nh_1s^3、Nh_1s^4—下南华统上施组一、二、三、四岩性段。

图 7-30　徐山钨铜矿区地质略图
（据江西有色地质勘查三队，1985；引自江西省地质矿产勘查开发局，2015）
Fig. 7-30　Geological sketch of Xushan tungsten copper mining area

伏花岗岩基北面的一个隐伏岩株。侵位标高 380~-90m。花岗岩体呈岩舌状，岩舌前缘走向约 50°，显示由南东向北西方向上侵。岩体外接触带局部地段见宽 1m 左右破碎带，岩舌前缘顶部有长石和石英粗大晶体组成的厚 5~50cm 的似伟晶岩壳或厚 1~14m 的石英块体，靠近接触面常有变质岩捕房体和混染现象。区内在深部，花岗岩脉、岩枝发育，越靠近岩体，岩脉增多，厚度增大，根据揭露的 208 条岩脉统计，70%的岩脉分布于距岩体 0~50m 的范围内，远离岩体，岩脉减少，超过 200m 不见岩脉出现。

矿区花岗岩从上到下可分为 5 个岩石类型，即微斜长石化黑云母花岗岩、电气石化花岗岩、早期云英岩化花岗岩、钠长石化花岗岩和晚期云英岩化花岗岩。各类岩石之间没有截然的界线，它们均呈过渡关系。

3. 构造

(1) 褶皱构造：矿区一级褶皱为黄金岭－老虎山向斜，仅见中段。两翼地层倾角20°~35°，向斜轴位于浩元—曾家一线，轴向北北东－南南西，枢扭向210°，倾伏角10°~30°，轴面产状300°∠88°，属直立宽展向斜。矿区次级褶皱发育于向斜两翼，其西翼较东翼发育，主要分布在5线—4线，规模不大，一般延长150~300m后即消失。褶皱轴向北东－南西，基本上与石英脉平行，两翼平缓，是徐山钨铜矿区主要的控矿构造。

(2) 含矿裂隙：矿区含钨石英脉裂隙分南、中、北三组脉带，走向北北东，向南东倾斜，倾角35°~45°；石英脉带内部主要由若干总体走向大致平行的主矿脉组成，而脉与脉之间又由北北东向、北西向的小脉相沟通，主脉与小脉夹角较小。

（二）矿床地质特征

徐山钨铜矿床发育三类钨矿化类型：外带石英脉型、内带蚀变（云英岩化）花岗岩型和少量矽卡岩型（图7-31），其中石英脉型钨矿是矿床主体，WO_3资源储量占全矿总量的66%，蚀变岩体型和矽卡岩型分别占29%和5%。矿床矿化分带具"五层楼+地下室"的分带模式。

1. 矿体产状和规模

1) 石英脉型矿体

(1) 矿体产状和规模。矿体为含钨石英脉，产于变质岩中，矿化面积约1km²，根据矿脉总体走向可分为北东向中组（31°~68°）和北北东向（15°~20°）北、南两组。各脉组间距100~150m，各组特征

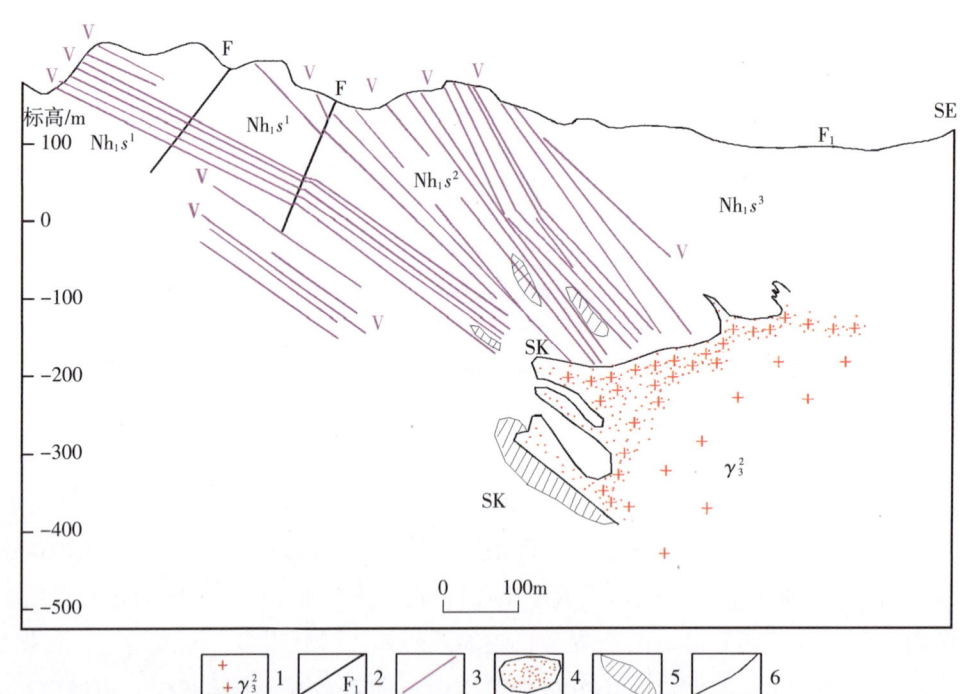

1—燕山期花岗岩；2—断层及编号；3—石英脉型矿体；4—蚀变花岗岩型矿体；5—矽卡岩矿体；6—地层界线；
Nh_1s^1、Nh_1s^2、Nh_1s^3—下南华统上施组一、二、三岩性段。

图7-31 徐山钨铜矿区0线剖面示意图
（据江西有色地质勘查三队，1985；引自江西省地质矿产勘查开发局，2015）

Fig. 7-31 Profile of line 0 in Xushan tungsten copper deposit area

如下所述。

南组矿脉：该组矿脉稀疏较分散，走向延伸长，倾斜延深较小，共有73条，出露地表的仅有11条。矿带延长可达2000m，宽50~280m，最大矿化深度为标高-280m。主矿脉长200~1600m，平均890m；延深110~430m，平均350m；脉幅0.10~0.45m，平均0.2m；平均品位WO_3 0.761%、Cu 0.192%、Ag 22.03×10^{-6}。

中组矿脉：中组矿脉集中，脉幅较大，延长、延深均较大，是矿区主矿脉地段，位于矿区的中部，其下部是隐伏花岗岩体的舌前缘。该组矿脉共有44条，其中隐伏矿脉29条；矿带最大延长达1100m，一般为100~300m，宽250m，最深矿化标高-250m。主矿脉延长150~1000m，平均680m；平均延深450m；脉幅0.17~0.81m，平均0.31m；平均品位WO_3 1.20%、Cu 0.496%、Ag 24.19×10^{-6}。

北组矿脉：该组矿带长约900m，宽约100m，最大矿化标高达-350m。主矿脉长100~800m，平均600m；脉幅0.14~0.31m，平均0.19m；平均品位WO_3 0.996%、Cu 0.48%、Ag 21.98×10^{-6}。

(2) 矿脉空间展布及形态变化。三组矿脉的走向延伸有明显差异，矿带长度由南组矿脉到北组矿脉逐渐变短，在平面上组成一个明显的雁行构式；在剖面上中组矿脉与北组矿脉在深部收敛形成斜"V"字构式，而中组矿脉和南组矿脉则呈平行排列；在纵向上脉组呈现出由南西向北东深部侧伏的展布特点，并以中组矿脉最为明显。矿脉形态比较复杂（图7-32），常见的形态有分支复合、尖灭再现、尖灭侧现、折线状、舒缓波状、网络状、平行细脉状、树枝状及膨缩状，其次有瓜藤状、羽状、弯曲状、须根状。在0线以西平行脉状和简单脉状居多，而0线以东则以不规则脉状和网络状居多，且单脉主要呈缓波状，含有扁长的透镜状夹石。

2) 蚀变花岗岩型矿化

该类矿化主要产在隐伏花岗岩舌前缘和顶部，矿化面积约0.2km²。矿体均分布在脉型钨矿根部相

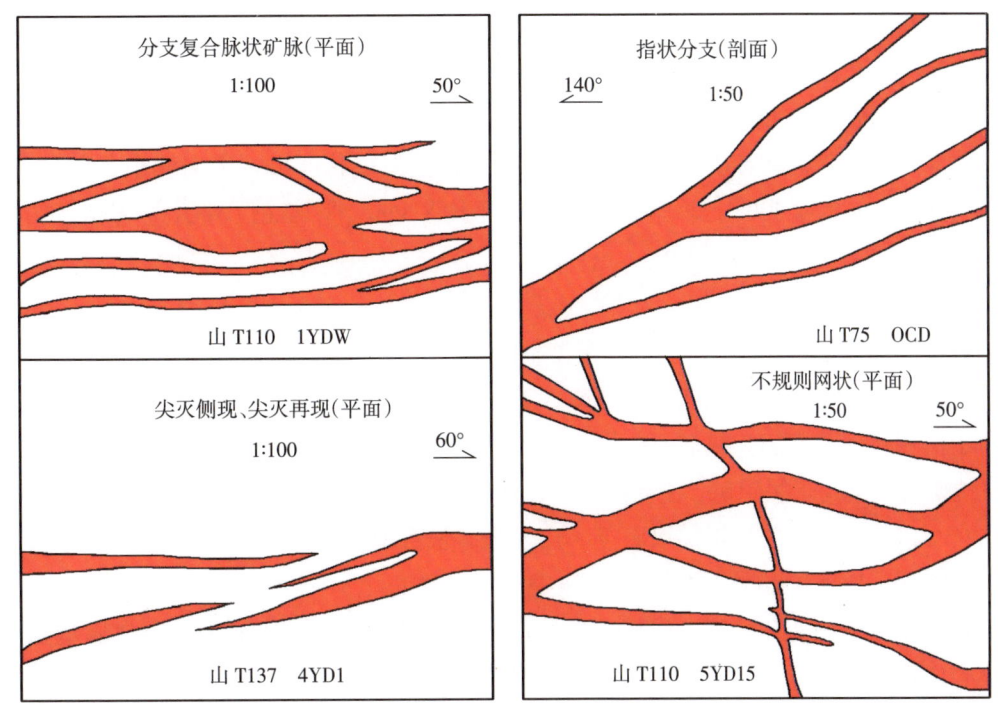

图7-32 徐山钨铜矿床矿脉形态特征图

Fig. 7-32 Vein morphological characteristics of Xushan tungsten copper deposit

对应的花岗岩内带。矿区编号的花岗岩型钨矿体共有 5 个，其中与中、北组脉状矿体对应的以及与南组脉状矿体对应的两个矿体是规模最大的花岗岩型钨矿体，WO_3 资源量占该类型的 96%，矿体最大厚度 64.8m，最薄约 2m；在 0 线—8 线厚度大，向两侧急剧变薄。

与中、北组石英脉型钨矿体对应的蚀变花岗岩型钨矿体（Gr-Ⅰ）产在岩体的顶面、岩舌前缘，矿体顶板随接触面的形态而变化，底板似燕尾状参差不齐，其产状与中、北组脉状矿体基本一致。矿体倾斜延深约 150m，长约 700m，宽 100~200m，平均厚度约 29.6m，WO_3 平均品位约 0.408%。

与南组脉型矿体相对应的花岗岩型矿体（Gr-Ⅱ）为透镜状、扁豆体，顶底板界线较平整，矿体延深方向与脉型钨矿近于一致，倾向南东，倾角 20°~30°。Gr-Ⅱ与 Gr-Ⅰ矿体在平剖面上基本一致，即不规则的斜"U"字形。该矿体的倾斜延深 100~500m，长约 600m，宽 50~80m，平均厚度约 8m，WO_3 平均品位约 0.162%。

Gr-Ⅰ和 Gr-Ⅱ与变质岩内的石英脉型钨矿体相对应，变质岩内脉型矿体矿化较弱的部位，其下部花岗岩型钨矿体内不存在矿体或矿化也较弱。而且花岗岩型钨矿化与云英岩化关系密切，呈正相关关系，有早期云英岩化和晚期云英岩化两种。

3）矽卡岩型钨矿化

矽卡岩型钨矿赋存在花岗岩体外接触带的矽卡岩内，未出露地表，隐伏在标高 90~-250m，分别与中组、北组矿脉对应，呈似层状、透镜状。该矿区内共有 14 个矽卡岩型钨矿体，其中编号的矿体有 SK-Ⅰ、SK-Ⅱ、SK-Ⅲ，SK-Ⅰ对应于中组含矿石英脉带，SK-Ⅱ、SK-Ⅲ对应于北组含矿石英脉带。

SK-Ⅰ矿体：分布于中组脉带内，呈南北向似层状产出，倾向东，倾角 5°~20°。矿体分上、下 2 矿层。上层矿体长 400m；宽 80~120m，平均 100m；垂厚 1.39~14.78m，平均 6.79m；平均品位 WO_3 0.282%、Cu 0.111%、Ag 4.47×10^{-6}。下层矿体长 400m；宽 70~130m，平均 100m；垂厚 1.01~11.73m，平均 4.34m；平均品位 WO_3 0.179%、Cu 0.056%、Ag 5.2×10^{-6}。

SK-Ⅱ矿体：产于北组脉带内，呈透镜状产出，走向北西西，倾向北北东，倾角 10°左右。矿体长 180m，宽 110m；厚度 1.31~15.55m，平均 7.78m；平均品位 WO_3 0.523%、Cu 0.15%、Ag 4.2×10^{-6}。

SK-Ⅲ矿体：位于北组脉带下盘（标高 8~-300m），呈似层状产出，走向北东，倾向南东，倾角 45°左右；控制长 300m，宽 200m；垂厚 2.7~23.0m，平均 8.86m；平均品位 WO_3 0.302%、Cu 0.072%。

2. 矿石特征

1）矿石组成

矿床中矿石物质组分较复杂。由于矿床类型不同，其矿石中的矿物种类和含量也不相同，3 种矿床类型的主要工业金属矿物都是黑钨矿、白钨矿、黄铜矿。脉型钨矿石中 3 种矿物的含量最高，而且黑钨矿含量高于白钨矿；花岗岩型钨矿石中白钨矿含量高于黑钨矿；矽卡岩型钨矿石中 3 种矿物的含量少，而且白钨矿含量远高于黑钨矿。主要脉石矿物的含量，3 类矿石有明显不同，脉型钨矿石以石英为主，含量在 95%以上；花岗岩型钨矿以石英、白云母、长石为主，含量在 95%以上；矽卡岩型钨矿以石榴子石、透辉石、符山石的矽卡岩矿物为主，含量在 98%以上。

矿石主要物质组分的变化特征：①黑钨矿、白钨矿和黄铜矿、黄铁矿的含量以脉型钨矿床最多，矽卡岩型钨矿床最少；②各类矿床中钨矿物和黄铜矿、黄铁矿的含量都具正比关系；③白钨矿的含量从脉型钨矿到花岗岩型钨矿再到矽卡岩型钨矿呈递增关系；④在脉型钨矿床中，中组矿脉和北组矿脉的矿物成分比南组矿脉复杂，中下部的硫化物含量较上部高，显示逆向垂直分带。

2) 结构构造

石英脉型钨矿主要以结晶结构、固溶体分离形成的结构及压力作用形成的结构为主，常见结构包括自形—半自形板状结构、他形粒状结构、自形—半自形粒状结构、乳滴状结构、固溶体分解结构、文象结构、星状结构、压碎结构等。蚀变花岗岩型钨矿和矽卡岩型钨矿则以交代熔蚀结构为主，常见网状结构、交叉状结构、残余结构、格状结构、交代熔蚀结构等。

石英脉型钨矿主要以填充作用形成的构造为主，常见条带状构造、放射状构造、斑（点）状构造、角砾状构造等。花岗岩型钨矿和矽卡岩型钨矿主要以充填交代作用形成的构造为主，常见细脉状构造、网脉状构造、浸染状构造、条带状构造、块状构造等。

3. 围岩蚀变

蚀变花岗岩型矿床主要有微斜长石化、电气石化、早期云英岩化、钠长石化和晚期云英岩化 5 种，其次还有绿泥石化、矽卡岩化及黄铁矿化。微斜长石化及早期云英岩化分布广泛，遍及整个岩体，主要分布在岩体中下部；电气石化则多出现在岩体中部稍偏下的部位；晚期云英岩化主要出现在岩舌前缘及顶部，或石英脉带的两侧，是岩浆期后热液蚀变的产物。各类蚀变在时间上和空间上没有截然的界线，它们逐渐过渡。蚀变作用经历了 2 个阶段，前 4 种蚀变为岩浆晚期的自交代作用，晚期云英岩化为岩浆期后热液蚀变作用。晚期云英岩化与钨矿化关系最密切，它是形成云英岩化花岗岩型钨矿床的重要因素。资料证明，云英岩化强烈，蚀变带宽，则钨矿体厚度大，品位高；反之矿体薄，品位低。

矿区含钨石英脉侧蚀变主要有硅化、电气石化、黄铁矿化、碳酸盐化，以硅化分布最广泛。矽卡岩型矿体主要蚀变为矽卡岩化。

由于花岗岩的侵入，矿区变质岩发生了广泛的热变质，形成宽广的角岩化带，由岩体向外可将其划分为 3 个热变质带：强角岩化带→中角岩化带→弱角岩化带。

4. 矿化元素分带

矿石主要有用组分为 W，伴生组分有 Cu、Ag、Mo、Sn、Nb、Ta 等，其中 Cu、Ag 可综合利用，Ag 主要赋存于黄铜矿中，Nb、Ta 在蚀变岩体型黑钨矿中含量较高，Nb、Ta 品位可分别达 0.388%~3.19%、0.378%~0.496%。全矿平均品位 WO_3 0.74%、Cu 0.35%、Ag 12.0×10^{-6}。

5. 成矿期次

矿床矿化大致分为 5 个矿化阶段。

（1）序幕先导性矿化阶段：形成少量石英 – 白钨矿 – 硫化物组合。

（2）早期云英岩化（电气石化）阶段：形成白云母 – 黑钨矿 – 电气石 – 锡石组合（形成温度主要在 300~385℃之间）为主，其次有白云母 – 黑云母、锡石 – 绿柱石、黑钨矿 – 石英组合。

（3）后期云英岩化及硫化物阶段：形成白钨矿 – 硫化物 – 石英组合（形成温度 235~335℃）；电气石 – 白钨矿 – 黑钨矿 – 白云母 – 石英 – 硫化物组合。

（4）晚期矿化阶段：形成少量石英 – 黄铜矿组合。

（5）尾声碳酸盐阶段（形成温度 180~250℃）：形成方解石 – 黄铁矿 – 萤石组合，为成矿后阶段。

（三）矿床地球化学特征

1. 流体包裹体特征

根据胡聪聪（2014）对徐山钨铜矿床中流体包裹体研究成果，矿床的流体包裹体分为气液两相包裹体（Ⅰ型）、纯液相包裹体（Ⅱ型）和 CO_2 包裹体（Ⅲ型）3 类，其中气液两相包裹体按常温下包裹体气液比不同又可分为富液相（I_a 型）和富气相（I_b 型）包裹体。矿床的含矿石英脉的流体包裹体的均一温度的变化表现出了两个峰值阶段：170~270℃、370~410℃。

该矿床的成矿流体的盐度为 4%~19%NaCleqv，主要集中在 7%~10%NaCleqv、11%~14%NaCleqv 两个区间，为中低盐度的流体。成矿流体的盐度区间分布较宽，可能是由两种流体的混合作用形成的。

从成矿早期到成矿晚期，随着温度的降低，盐度有增大的趋势。早期（370~410℃）氧化物－硅酸盐阶段，对应的盐度主要集中在 7%~10%NaCleqv 之间；晚期（170~270℃）硫化物－氧化物阶段，对应的盐度主要集中在 11%~14%NaCleqv 之间。造成这种现象的原因可能是早期流体的挥发分的逸失以及温度的降低，从而改变了流体的物理化学条件，盐度有所增加，使钨矿沉淀富集。因此，温度条件也是该矿床的重要成矿因素。

2. 硫、铅同位素特征

根据胡聪聪（2014）对徐山钨铜矿床中矿石矿物的硫、铅同位素的地球化学特征研究成果，硫同位素总体分布符合塔式分布特征，峰值为 2.5‰~3.0‰，变化范围较窄，且黄铁矿、黄铜矿的硫同位素的值均为在 0 值附近的正值，这表明徐山钨铜矿床成矿流体沉淀的硫化物中的硫同位素的来源较为单一，均一化程度较高，而且这种成矿流体中富集 H_2S。

徐山钨铜矿床矿石矿物的铅同位素组成：$^{206}Pb/^{204}Pb$ 在 18.133~18.711 之间，平均值为 18.268，极差为 0.578；$^{207}Pb/^{204}Pb$ 在 15.605~15.669 之间，平均值为 15.633，极差为 0.064；$^{208}Pb/^{204}Pb$ 在 38.400~38.772 之间，平均值为 38.584，极差为 0.372；计算的 Pb 的单阶段演化模式年龄为 429~27Ma，变化范围较大，表明该矿床矿石矿物铅同位素组成不是正常铅，而是有放射性成因铅的混入。徐山钨铜矿床矿石矿物铅同位素的 μ 值在 9.51~9.63 之间，平均值为 9.55，在造山带铅和地幔铅之间，远大于地幔原始铅的值。徐山钨铜矿床的 Th/U 值在 3.73~3.99 之间，平均值为 3.88，与全球上地壳平均值一致，表明成矿物质来源于地壳。因此铅同位素的组成特征表明成矿物质来源于地壳，与硫同位素的组成特征是一致的。

3. 白云母铷－锶同位素特征

根据李光来（2011）对徐山钨铜矿床含黑钨矿石英脉的镶边白云母的铷－锶同位素测试研究成果，所获得的 $^{87}Rb/^{86}Sr$ 值为 369.7~819.8，$^{87}Rb/^{86}Sr$ 值为 1.623 677~2.569 813，计算获得 Rb-Sr 等时线年龄为（147.1±3.4）Ma，I/Sr 为 0.894±0.026，MSWD 值为 0.71，说明该等时线年龄可信度较高，徐山钨铜矿床的成矿时代为晚侏罗世。

（四）成矿物质来源与成矿模式

1. 成矿物质来源

上述对徐山钨铜矿床矿石矿物硫、铅同位素和白云母铷－锶同位素地球化学特征的研究表明，该矿床的成矿物质来源较为单一，为壳源物质。硫同位素特征表明其来源为岩浆硫或花岗岩，铅同位素的特征表明了成矿物质来源于地壳、造山带。铅的原始来源说明了徐山钨铜矿床可能虽然发源于幔源的岩浆活动，但并未提供成矿物质，可能为成岩成矿提供了热量。白云母的高 I/Sr 值可能反映了成矿流体对花岗岩及其源岩高 I/Sr 值的继承，以及流体自生演化过程中对矿体围岩中 Sr 的萃取。矽卡岩型矿体以白钨矿为主，蚀变花岗岩型矿体白钨矿多于黑钨矿，石英脉型矿体以黑钨矿为主，说明从围岩中萃取的钙由多变少。

2. 成矿模式

徐山钨铜矿床的成矿模式具有以下特点：

一是北、中、南3组石英矿脉大致等距呈雁行式展布，其成矿裂隙推测是矿区东北F_1南北右行走滑断裂带派生的剪张带，由于成矿花岗岩体顶托与成矿流体充填扩容，裂隙张裂，使脉体结构复杂化。

二是成矿花岗岩是紫云山半隐伏花岗岩基北西延伸的一个隐伏岩株，侵位于矿床南东侧，形成斜拉式"石英脉+地下室"式成矿构造样式，也导致矿脉由南西向北东方向侧伏。

三是白钨矿的形成与萃取了地层中的钙有关。矽卡岩型矿体萃取钙最多，蚀变花岗岩型矿体居其次，石英脉型矿体最少，以黑钨矿为主。矿床是变质岩系含钙地层形成矽卡岩矿体的一个实例。

四是矿床与钦杭成钨带其他钨矿床类似，含铜较高，推测矿区处于萍乡-绍兴逆冲推覆深断裂带上盘，地壳中混入有晋宁期富铜火山岩。

五是蚀变花岗岩矿体钽铌矿化，是石英脉型钨矿体之下"地下室"式矿体钽铌矿化增强的又一实例。

第二节 斑岩型和角砾岩筒型钨矿床

一、都昌县阳储岭钨钼矿床（斑岩型）

阳储岭斑岩型钨钼矿床是江西斑岩型钨钼矿床的典型代表。矿床位于都昌县城北东方向约13km处，系1961年江西省区域测量大队发现。1975—1978年江西省地质局物化探大队进行水系沉积物化探和地质普查工作，肯定了矿区远景。1977—1984年江西省地质局九一六大队详查探明为大型钨（钼）矿床。截至2011年底，累计查明资源储量 WO_3 6.019×10^4t，平均品位0.20%；Mo 3.308×10^4t，平均品位0.03%~0.06%。矿床于1978年开采至今。

（一）矿区地质概况

阳储岭钨钼矿床位于钦杭成矿带九岭隆起带与九岭成钨亚带东部。

1. 地层

矿区除沟谷有第四系外，均为上青白口统下部双桥山群（图7-33），厚约1706.58m。走向近东西，倾角50°~70°。岩性以板岩、粉砂质板岩为主，夹变余粉砂岩、变余凝灰质粉砂岩、变余凝灰质砂岩、变余沉凝灰岩。地层水平层理较发育，类复理石韵律清晰，经受了不同程度的热变质作用。

2. 岩浆岩

阳储岭杂岩体呈一北窄南宽三角形状岩株侵入上青白口统下部双桥山群板岩中，出露面积2.7km²。主要岩性及侵入顺序为：二长花岗斑岩（147~141.5Ma）与花岗闪长斑岩（146.0Ma）→花岗闪长岩（144.4~142.3Ma），为燕山期晚侏罗世末—早白垩世初产物。其中花岗闪长岩是杂岩体的主体，其南侧李公岭有隐爆角砾岩分布，规模较大者1处，规模200m×250m，呈椭圆形的筒状体，边缘有数米至数十米宽震碎带，角砾以变质岩为主，亦见蚀变二长花岗斑岩自碎角砾，胶结物为二长花岗斑岩。爆破

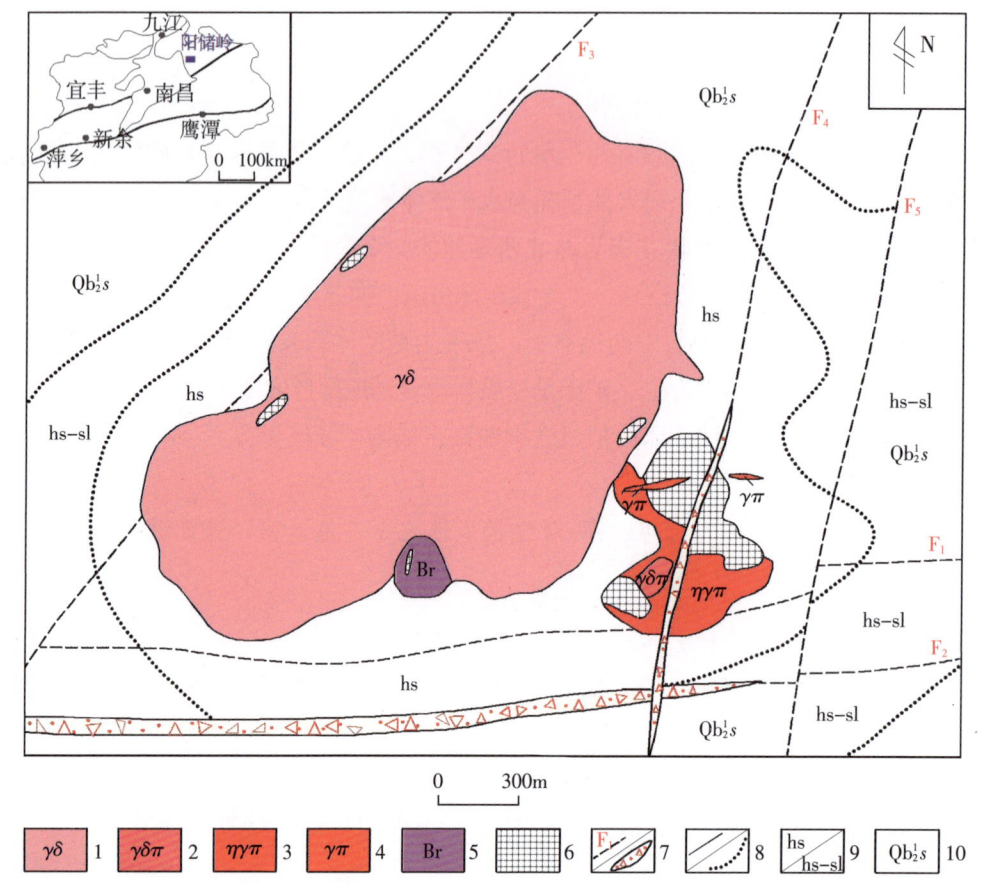

图 7-33　阳储岭钨钼矿区地质简图

Fig. 7-33　Geological diagram of Yangchuling tungsten–molybdenum deposit

1—花岗闪长岩；2—花岗闪长斑岩；3—二长花岗斑岩；4—花岗斑岩；5—隐爆角砾岩；6—矿体；7—断层及编号/破碎带；8—地质界线/蚀变界线；9—角岩/角岩化板岩；10—上青白口统下部双桥山群。

角砾岩具蚀变和浸染状钨钼矿化。

含矿斑岩为二长花岗斑岩和花岗闪长斑岩，二者呈渐变关系，并分布于花岗闪长岩东南外接触带中，地表呈"葫芦状"产出，面积约 0.3km²。

3. 构造

矿区多为斜歪褶曲，轴面向北倾斜，少数近于直立，局部出现倒转褶曲。

断裂构造较发育，主要有东西向断裂（F_1、F_2）、北北东向断裂（F_3、F_4、F_5）等。断裂复合控制了区内成岩成矿作用。大岩体边界形态受东西向构造体系和北北东向构造体系制约。李公岭爆破角砾岩地表出露形态为一不规则的椭圆形，深部向南东东方向倾斜，主要受东西向构造体系控制。

白钨矿和辉钼矿化主要赋存于石英网脉中，岩体中石英脉的发育特征对矿体的分布、产状及规模起了重要的控制作用。绝大多数石英细脉为岩体次生裂隙所控制，次为原生冷缩裂隙所控制的石英脉，形态不规则、短小，走向延伸一般 3~10m。多组方向的石英脉的形成，使石英细脉呈网状交错，以北西西走向（300°~329°）出现的频率最高，占 20%。斑岩体外围Ⅱ矿带石英脉以北西西向最为发育；Ⅲ矿带以近东西方向和北东方向为主；Ⅳ号矿带以北西向占绝对优势；爆破角砾岩则是以北东东向和近东西向最为发育。

(二) 矿床地质特征

1. 矿体特征

矿床由4个矿带、1个矿化带组成，矿体均赋存于岩体及爆破角砾岩内部，浅变质岩中仅有零星薄矿体。主要工业矿体赋存于花岗闪长斑岩中，部分矿体赋存于斑状花岗闪长岩中。

钨钼矿体主要呈近水平似层状、透镜状、网脉状产出（图7-34），具上（白）钨下铜、上富下贫的矿化特征。区内钨钼矿体均主要呈细脉浸染状产出于二长花岗斑岩、花岗闪长斑中，花岗闪长岩内有零星小矿体产出。二长花岗斑岩、花岗闪长斑岩体中可圈定出Ⅰ号、Ⅱ号2个矿带，矿带总体走向均为北西，倾向南东，倾角5°~15°。Ⅰ号矿带为主矿带，走向延伸200~500m，宽100~300m；层厚数米至数十米，最厚为139m；WO_3品位多介于0.15%~0.20%之间，平均0.19%；Mo品位多介于0.05%~0.06%之间，平均0.06%；伴生有Cu、Pb、Zn、Be、Au、Ag等有益元素。

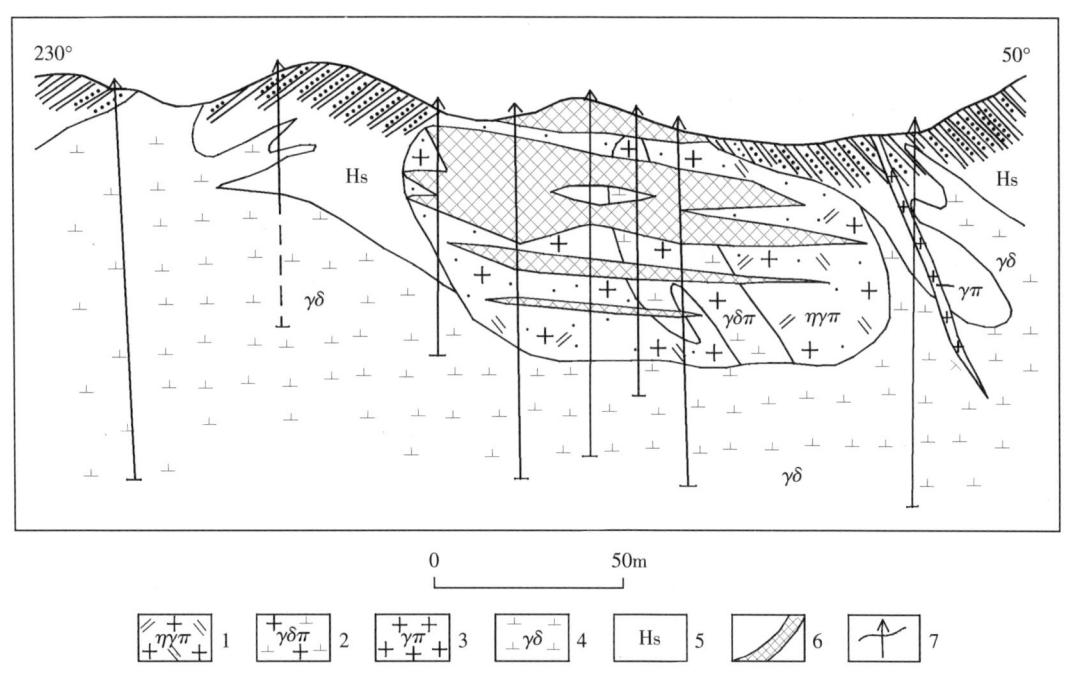

1—二长花岗斑岩；2—花岗闪长斑岩；3—花岗斑岩；4—花岗闪长岩；5—角岩；6—钨矿体；7—钻孔。

图7-34 阳储岭钨钼矿区14线地质剖面图
（据江西省地质局九一六大队，1984，修改）
Fig. 7-34 Geological profile of line 14 in Yangchuling tungsten-molybdenum deposit

2. 矿石特征

1) 矿石矿物组成

矿石矿物近40种。金属矿物主要有白钨矿和辉钼矿，次为黄铁矿、磁黄铁矿，少量黑钨矿、锡石、辉铋矿、黄铜矿、方铅矿、闪锌矿等，仅白钨矿和辉钼矿具工业意义；非金属矿物主要有钾长石、绿泥石、石英、白云母、角闪石、黑云母、方解石，偶有绿帘石、黄玉、电气石、磷灰石、萤石等。白钨矿占钨金属总量的81.37%，其他分散在长石、云母中，钨华含量甚微。

白钨矿常见有3种色调，即乳白色、浅灰色和蜡黄色；白钨矿多呈不规则粒状，粒径最大在1~5cm之间，一般在0.2~0.6cm之间，以浸染状嵌布于其他矿物粒间时，颗粒较细，多呈单体产出，分布于长英脉中时，颗粒较粗或为不规则团块状集合体。白钨矿与其他矿物的生成顺序较复杂，但总的趋势为黄铁矿→白钨矿→黄铁矿、磁黄铁矿→辉钼矿→黄铁矿。

钼矿化以辉钼矿为主，占钼金属量的71.66%，其他分散在长石、云母、黄铁矿等矿物中，钼华含量甚微。钼矿化以细脉浸染状为主，呈叶片状、鳞片状集合体，少数在石英脉中呈团块状产出，片径一般在0.08~0.1cm之间，最大达2cm。偶有自然钼、硫酸盐类矿物包体，多与石英、黄铁矿、云母连生，常与绿泥石、方解石、绢云母共生。

2）矿石结构构造

矿石主要为致密块状，少数为角砾状构造。矿石自然类型比较单一，矿物类型比较简单，属花岗闪长斑岩浸染细脉型钨、钼矿石类型。自变质阶段有部分浸染状钨、钼矿物沉淀，中温热液阶段是细脉浸染状和网脉状钨、钼矿化的主要沉淀阶段，低温的碳酸盐化和硅化与钼的关系不够明显。

3. 围岩变质与蚀变

矿床可分为接触热变质和热液蚀变2类。接触热变质带可分石英云母角岩带（宽200~600m）和黑云母绿泥石斑点角岩化带（宽500m左右）。

阳储岭斑岩钨钼矿床具典型的斑岩型矿床蚀变分带特征。矿区蚀变强烈发育的地段在花岗闪长岩体的东南部及主含矿岩体花岗闪长斑岩、二长花岗斑岩中。这里有两组不同走向断层交叉，岩体缓倾斜，有利于热液的富集与活动。

蚀变类型与矿化类型密切相关（图7-35），钾化和硅化作用是钨（钼）矿化作用的主导蚀变类型；绢英岩化作用是钼（钨）矿化的主导蚀变类型。多期次蚀变空间分带与多期次成矿作用的钨钼矿体赋存部位基本相一致。

4. 成矿期次

矿区钨钼矿床的形成均与成矿岩体的多次侵入和演化有着密切的关系，每次侵入活动都伴随着钨

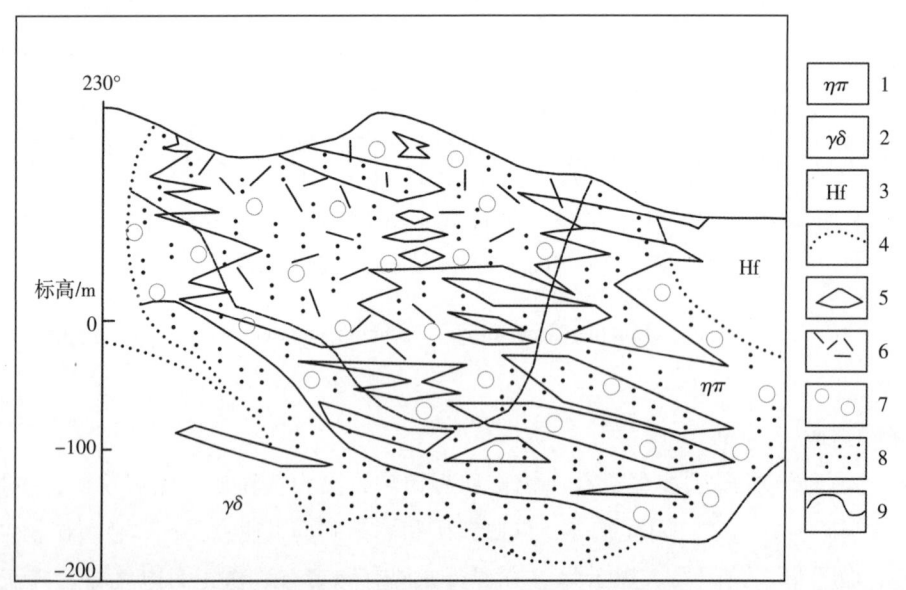

1—二长花岗斑岩；2—花岗闪长斑岩；3—角岩；4—地质界线；
5—矿体；6—钾硅化带；7—石英-绢云母化带；8—绿泥石-碳酸盐化带；9—蚀变带界线。

图7-35 阳储岭钨钼矿斑岩体14线蚀变带与矿化叠加剖面图

Fig. 7-35 Superimposed section of line 14 alteration zone and mineralization of Yangchuling tungsten–molybdenum porphyry

钼矿化作用。矿区内主要有与斑岩体、花岗闪长岩体、爆破角砾岩有关的 3 次成矿作用。成矿期次划分 3 个成矿期，5 个成矿阶段（图 7-36）。其中（硅酸盐）- 氧化物（硫化物）阶段是钨矿最重要的成矿阶段；硫化物 -（碳酸盐）阶段是辉钼矿的重要成矿阶段。

5. 矿化富集规律

斑岩体顶部前锋部位，钨钼品位较富，裂隙发育的斑岩体，钨矿化与硅化、钾化相关，成分复杂

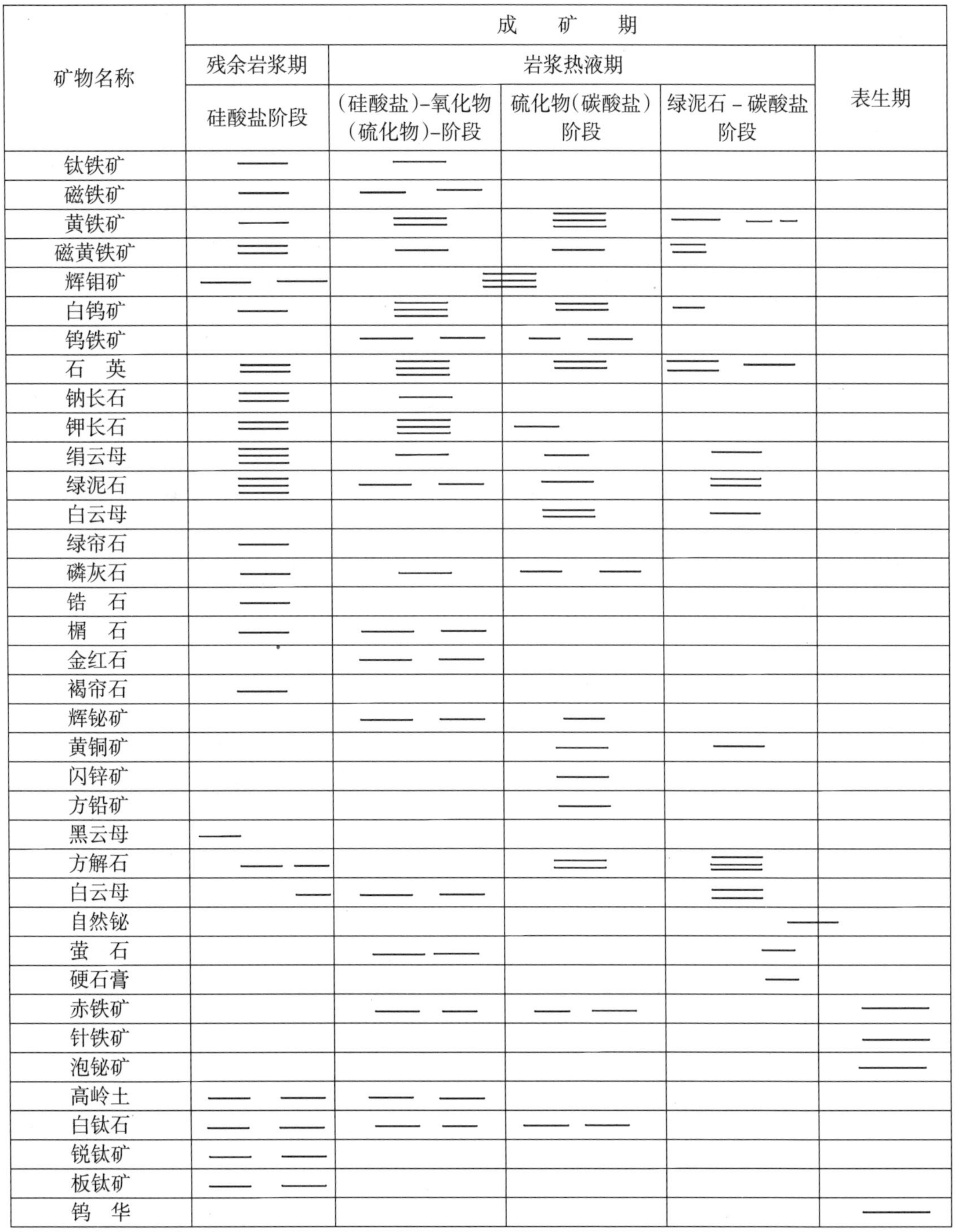

矿物名称	成矿期				
	残余岩浆期	岩浆热液期			表生期
	硅酸盐阶段	（硅酸盐）-氧化物（硫化物）-阶段	硫化物(碳酸盐)阶段	绿泥石 - 碳酸盐阶段	
钛铁矿	—	—			
磁铁矿	—	—			
黄铁矿		—	≡	— —	
磁黄铁矿	≡				
辉钼矿			≡		
白钨矿		≡			
钨铁矿		—	—		
石 英	≡	≡	≡	—	
钠长石	—				
钾长石	—				
绢云母	≡				
绿泥石	≡			—	
白云母			=		
绿帘石	—				
磷灰石	—	—			
锆 石	—				
榍 石	—	—			
金红石		—			
褐帘石	—				
辉铋矿		—	—		
黄铜矿			—		
闪锌矿			—		
方铅矿			—		
黑云母	—				
方解石	—		—	=	
白云母					
自然铋					—
萤 石		—		—	
硬石膏				—	
赤铁矿		—			—
针铁矿					—
泡铋矿					—
高岭土	—	—			
白钛石	—	—			
锐钛矿	—				
板钛矿	—				
钨华					—

图 7-36 阳储岭钨钼矿成矿期划分与矿物生成顺序略图

Fig. 7-37 Metallogenic period division and mineral generation sequence of Yangchuling tungsten–molybdenum deposit

的钾长石硫化物石英脉富集钨。钼矿化与黄铁矿化、绿泥石化、方解石和绢云母化有关，较单纯的硫化物石英脉富钼。多期次蚀变矿化叠加地段矿化强。爆破角砾岩筒中钨钼矿化好，钼主要富集于岩浆质胶状物中。双桥山群中富含凝灰质组分的层位，经蚀变矿化后易形成富矿。

（三）矿床地球化学特征

1. 含矿斑岩岩石地球化学特征

根据何成敏等（1981）、迟实福（1985）研究，花岗闪长斑岩的 SiO_2 含量为66%~68%，二长花岗斑岩的 SiO_2 含量为68%~74%，一般为69%~71%，较华南含钨花岗岩值偏低，较德兴含矿斑岩值偏高。二长花岗斑岩 K_2O+Na_2O 含量为5.29%~7.53%，花岗闪长斑岩 K_2O+Na_2O 含量为6.18%~7.25%，低于华南含钨花岗岩，而高于或接近于德兴斑岩的数值。

花岗闪长斑岩和二长花岗斑岩的微量元素含量相近，具有相似的配分曲线，表现为低 Nb、Ta、TR_2O_3、Rb、Pb、Sn、F 等含量，高 Cu、Cr、Co、V 含量。含矿斑岩的稀土元素总量较低，总体表现为轻稀土元素富集的右倾型配分曲线，弱负 Eu 异常。含矿斑岩微量元素特征显示，两种含矿斑岩是同源的，并与华南含钨花岗岩和德兴花岗闪长斑岩有所不同，江西省地质矿产勘查开发局（2015，2017）将其归为 I-S 型。

2. 流体包裹体（T、P）

矿物流体包裹体类型以气液包裹体为主，固相包裹体较少。石英包裹体均一温度为186~284℃，白钨矿包裹体均一温度为253℃，石英包裹体的爆裂温度为281℃~307℃，说明钨钼矿床主要形成于高中温热液阶段。石英包裹体气体成分以 H_2、CO_2、CH_4 为主，含少量 CO。由花岗闪长岩→花岗闪长斑岩→含钨石英脉，其 CH_4、CO、CO_2 含量总的趋势是升高的。CO_2 含量以含钨石英脉最高，气体成分以还原性气体为主，钨钼成矿时应系弱还原性环境。

矿化石英脉成矿溶液冰点为-37~-32℃，低于过饱和 NaCl 溶液冰点（-21℃），与斑岩型铜矿床的结冰温度（-40~-24℃）相近。

成矿溶液具有高浓度、高氧化还原电位，呈中性偏弱酸、弱碱的性质。成矿溶液阳离子含量 $Na^+>K^+>Fe^{2+}>Ca^{2+}>Mg^{2+}$，阴离子含量 $HCO_3^->Cl^->SO_4^{2-}>F^-$。具富 Na^+、HCO_3^-，贫 Mg^{2+}、F^- 特点。岩浆期后含矿热液中 Na^+、HCO_3^-、Cl^-、SO_4^- 含量增加。含矿热液属富 Cl^-、SO_4^-、HCO_3^-，贫 F^-、弱酸、弱碱性的钠质溶液。钨在溶液中呈重碳酸或碳酸羟络合物运移。另外，成矿介质微量气体中主要成分为 CO_2。

3. 稳定同位素

根据张玉学（1982）对阳储岭矿床稳定同位素研究成果，矿床氧化物成矿阶段的矿液水同位素组成 $\delta^{18}O$ 值为5.1‰~6.9‰，平均值为5.9‰；δD 值为-69‰~54‰，平均值为-60‰。硫化物阶段的矿液水氢同位素值高，平均 δD 值为-46‰。与岩浆水的同位素组成（$\delta^{18}O$ 值为9.0‰~10.3‰，δD 值-67‰~75‰）相比，成矿热水具有较低的 $\delta^{18}O$ 值和较高的 δD 值，且愈到成矿晚期 δD 值愈高，反映成矿流体混入大气降水，愈接近成矿晚期混入的量愈多。

碳同位素组成：$\delta^{13}C$ 值变化范围较窄，为-8.9‰~-6.7‰，平均值为-7.9‰，属于岩浆来源的 $\delta^{13}C \approx -8‰~-5‰$。

硫同位素组成：矿田中硫化物具有相同的硫源，$\delta^{34}S$ 值变化范围在-0.5‰~7.35‰之间，平均3.05‰，与岩体一致，说明矿床成矿热液的硫来源于岩浆。金属矿物中黄铁矿 $\delta^{34}S$ 值最高（3.1‰~3.7‰），其次是磁黄铁矿（3.1‰）、黄铜矿（3.0‰）、辉钼钼矿（1.6‰）。

4. 成矿时代

根据曾庆权（2019）的研究，矿床辉钼矿 Re-Os 模式年龄为（145.5±2.2）~（143.3±2.0)Ma，等时线年龄为（145.4±1.0)Ma，成岩与成矿年龄基本一致，表明阳储岭钨钼矿床成岩成矿时代约为 145Ma。辉钼矿中 Re 含量为 $16.62×10^{-6}$~$87.76×10^{-6}$，平均值为 $44.68×10^{-6}$，与壳幔混源岩浆热液矿床中 Re 的含量相似，指示阳储岭钨钼矿床成矿物质为壳幔混源。

二、瑞金市胎子崟钨矿床（角砾岩筒型）

胎子崟钨矿床位于瑞金市南西约 16km 处，属瑞金市武阳镇管辖，系 1966 年由江西省地质局九〇八大队在进行 1:5 万区域重砂测量中发现的。随后，1966—1980 年先后开展了普查评价，估算 333 类 WO_3 资源储量 940t。

（一）矿区地质概况

胎子崟钨矿床位于武夷成矿带西坡南段，处于石城－寻乌北北东向深大断裂、云霄－上杭－会昌北西向断裂构造带及会昌环状构造的交会部位，武夷山成钨带西南部。矿体主要赋存在隐爆角砾岩筒中。

1. 地层

矿区出露地层单一（图 7-37），主要出露由底下寒武统牛角河组（$\epsilon_{0-1}n$）变余细粒长石石英砂岩、变余粉砂岩、板岩，夹含碳板岩、碳质板岩等组成的一套浅变质岩系。

2. 岩浆岩

矿区位于石城－寻乌深断裂带浅成隐爆角砾岩带中部。出露的岩浆岩主要有花岗岩脉、花岗斑岩、霏细玢岩、石英闪长玢岩及煌斑岩等。

（1）花岗岩脉：在地表和钻孔中均见细粒花岗岩脉，沿东西向、北东向、北西向裂隙贯入，延长数米至数十米，脉宽一般 0.1~0.5m，钻孔 400m 以下常密集出现。岩石呈灰白色—微带肉红色，细粒花岗结构，主要矿物有钾长石（30%~31%）、酸性斜长石（28%~29%）、石英（30%）、白云母（5%）；次有黑云母、电气石、萤石等，副矿物有锆石、金红石。

（2）花岗斑岩脉：是矿区出露最广的脉岩，主要分布在矿区南部，多呈近东西的脉状产出，倾向北、局部倾向南，倾角 25°~48°，延伸 100~1000m，出露宽一般 2~40m 不等。走向近南北向者呈追踪状。岩石呈灰白色—微带肉红色，斑状结构，块状构造，基质显微晶质结构。斑晶主要为石英、斜长石、钾长石，次为黑云母。基质以石英、长石为主。斑晶大小一般 0.2~3.5mm，基质小于 0.01mm。

（3）霏细斑岩脉：呈脉状产出，分布在矿区中部，走向 30°~60°，倾向南东，由于呈追踪状，局部倾向北西，倾角 60°~85°，延长 150~300m，出露宽一般 1~5m。进入角砾岩体遭受破碎，呈角砾状。岩石呈灰白色，局部微带肉红色，少斑－斑状结构，岩脉中心长石斑晶稍多，边缘具流动构造—带状构造。岩石由斑晶和基质两部分组成，斑晶以长石为主，少量石英和云母，基质也为长英质组成，呈显微嵌晶结构、霏细结构、隐晶结构。

（4）石英闪长玢岩脉：沿矿区南部东西向断裂充填贯入，延伸超过 1000m，宽 2~10m。岩石呈浅灰白色—肉红色，斑状结构，基质显微晶质结构。由斑晶和基质两部分组成，斑晶以斜长石为主，少量石英和角闪石。局部暗色矿物增多，结构更细，递变为闪长玢岩。

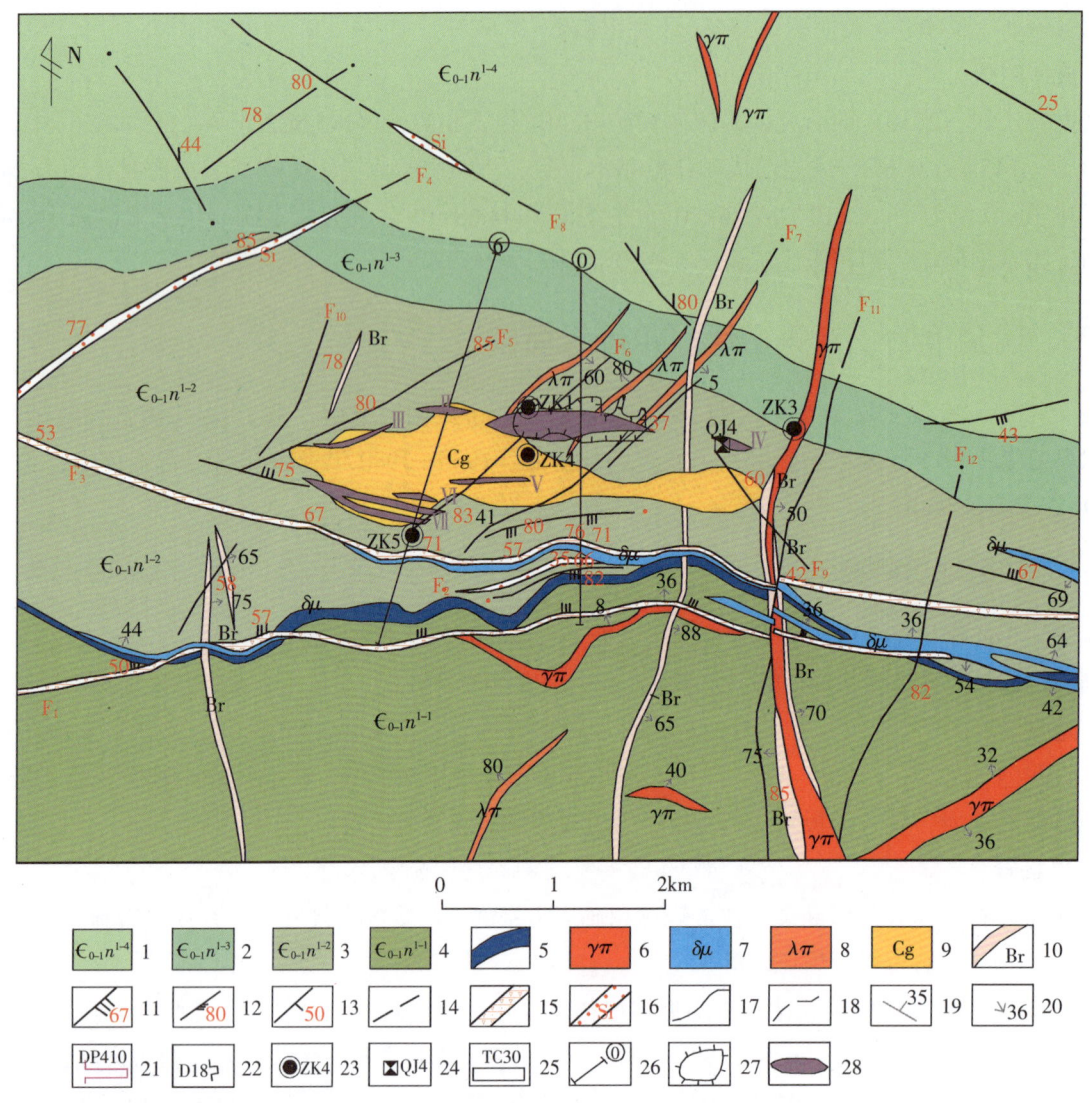

1—寒武系牛角河组第四岩性段；2—寒武系牛角河组第三岩性段；3—寒武系牛角河组第二岩性段；4—寒武系牛角河组第一岩性段；
5—碳质板岩（标志层）；6—花岗斑岩；7—石英闪长玢岩；8—霏细斑岩；9—侵入（接触）角砾岩；10—热液注入角砾岩；
11—压性断裂及产状；12—压扭性断裂及产状；13—扭性断裂及产状；14—推测断裂；15—断裂破碎带；16—硅化破碎带；
17—实测地质界线；18—推测地质界线；19—地层产状；20—岩脉产状；21—坑道及编号；22—民窿及编号；23—钻孔及编号；
24—浅井及编号；25—探槽及编号；26—剖面线及编号；27—露天采矿场；28—矿体。

图7-37 瑞金胎子崠矿区地质图

Fig. 7-37 Geological map of Taizidong deposit of Ruijin

3. 构造

1) 断裂构造

断裂构造主要发育有东西向、北北东向2组，其中东西向断裂构造是矿区主导构造。区内见有7条东西向断裂，横跨矿区较大的有2条（F_1、F_3），倾向北，倾角57°~86°。断裂面呈舒缓坡状，带内岩石由于强烈的挤压作用形成一系列构造透镜体呈侧列分布，围绕构造透镜体片状矿物形成挤压片岩，局部见有陡立的片理带。

与东西向断裂伴生2组扭性断裂（北东向断裂和北西向断裂）及1组横张断裂（近南北向断裂）。北东向断裂主要有4条（F_4~F_7），走向30°~60°，一般倾向北西，个别倾向南东，倾角陡（79°~87°）。

断裂一般具压扭性质，被霏细玢岩充填追踪，由西到东略呈斜列式分布。北西向断裂在矿区不发育，规模也较小（小于 200m）。主要断裂有 F_8、F_9 等 5 条断裂。走向 300°~330°，倾角北东（F_8 倾向南西），倾角 40°~80°，具扭性性质。追踪断裂往往沿北东、北北东、北西、北北西及层面等几个方向裂面延伸而构成总体呈南北走向的断裂组，近南北向张性断裂沿断裂充填的热液注入角砾岩。矿区还有 5~6 条长石石英脉充填的南北向裂隙形成网状脉带，脉带总体呈东西走向。

北北东向构造主要以断裂（部分充填花岗斑岩）为主，较大断裂构造有 3 条（F_{10}、F_{11}、F_{12}），均为压扭性断裂。断裂走向为 10°~30°，倾向东，倾角 40°~82°，挤压带主断面宽一般仅 0.2~0.4m，影响可达数米，延伸 100~400m。一般断裂面呈舒缓坡状，断裂带的岩石受到挤压破碎，形成挤压透镜体，局部糜棱岩化，断裂旁侧岩石遭受硅化。

由于隐爆作用，岩块张裂，矿区内的热液注入角砾岩呈南北向追踪状，除追踪北东向、北西向 2 组扭裂外，还追踪北北东向和北北西向的 2 组裂隙（图 7-38）。北北东向的霏细玢岩亦沿追踪裂隙贯入，含矿长石石英脉的追踪更为普遍。北北东向构造和东西向构造以及它们的伴生构造之间互相交叉，常呈反接复合，北北东向切断东西向而截接复合。还有一组是层间近东西向平缓裂隙，有含矿长石石英脉充填。

2) 隐爆角砾岩筒特征

隐爆角砾岩筒平面形态上呈近东西向，透镜状，东西长 410~450m，南北宽 10~75m，长度比约为 6:1，在角砾岩两端有时可呈脉状产出。剖面上为一向南微倾（倾角约 80°）或近乎直立的岩墙状，延伸大于 500m，可达标高 0m 以下。

角砾成分主要是变质砂岩、板岩碎块，少见霏细斑岩角砾，多为棱角—次棱角状，角砾岩大小相差悬殊，小者 0.5~1cm，大者大于 1~2m，一般 2~15cm，具有明显位移，大角砾被脉体充填

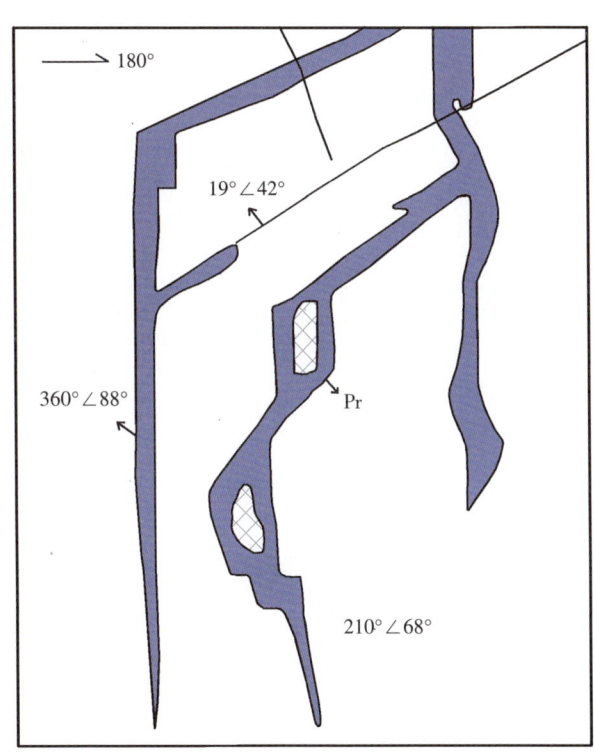

图 7-38　胎子崬矿区石英脉沿裂隙追踪

Fig. 7-38　Tracking of quartz vein along fracture in Taizidong deposit

胶结而呈网脉状，小角砾则分布在脉体内呈捕虏体。胶结物主要为岩浆岩物质——石英长石脉体以及黑钨矿、黄铁矿、黄铜矿、闪锌矿等，极少有岩石碎屑，脉体在角砾间呈不规则网状，热液矿化使脉体内出现大量硫化物。

角砾岩筒与围岩界线清晰，截然分开。在岩筒边缘伴生有热液交代角砾岩。碎屑物主要为酸性斑岩角砾、变质岩角砾，胶结物有绢云母、绿泥石及长英质。

（二）矿床地质特征

1. 矿体形态、产状、规模

区内矿化集中，面积不大，所圈出的 7 个矿体均分布在角砾岩筒内外约 0.05km²。从平面展布特点来

看，大致可分为南、北两个矿带。北带包括Ⅰ号、Ⅱ号、Ⅲ号、Ⅳ号矿体；南带包括Ⅴ号、Ⅵ号、Ⅶ号矿体。另外在Ⅵ号、Ⅶ号矿体之间，Ⅶ号矿体南断裂带旁侧及Ⅲ号矿体北热液注入角砾岩中分别有3个小矿体未编号。

矿体在平面上多为近东西走向的透镜状、不规则带状。剖面上呈近乎直立而自然尖灭的不规则楔状。Ⅰ号矿体为矿区最大的矿体，资源量约占91%，长140m，最大水平厚度23.5m，平均水平厚度7.29m，推测深度60m。次为Ⅶ号矿体（图7-39）。

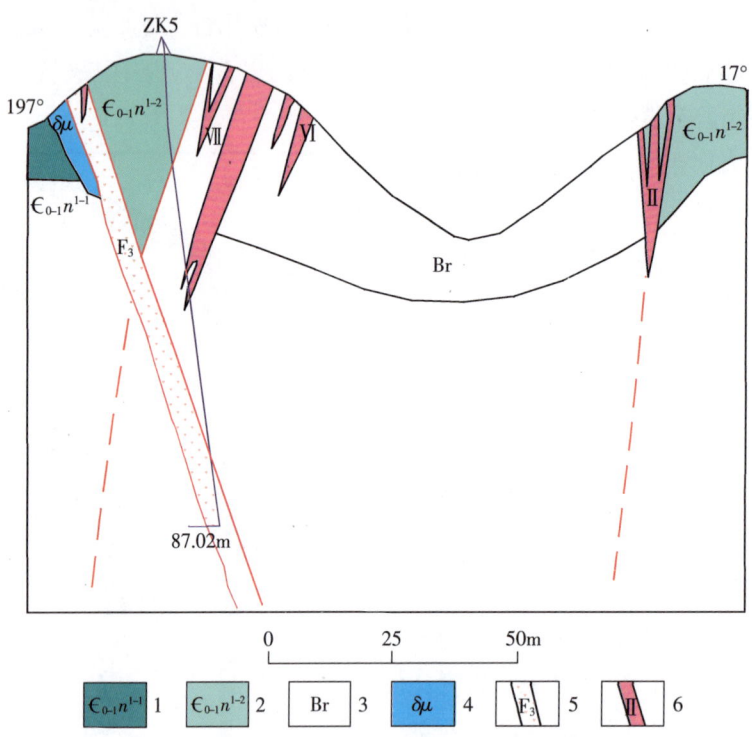

1—底下寒武统牛角河组第一岩性段；2—底下寒武统牛角河组第二岩性段；
3—隐爆角砾岩；4—石英闪长玢岩；5—断层及编号；6—矿体及编号。

图7-39 瑞金胎子崠矿区6线剖面图

Fig. 7-39 Profile of line 6 in Taizidong deposit of Ruijin

2. 矿石特征

1) 矿石成分

金属矿物有黑钨矿、黄铁矿、铁闪锌矿、方铅矿、毒砂、黄铜矿、斑铜矿等。非金属矿物有石英、正长石、钾长石、白云母、黄玉、萤石、绿泥石、绢云母、方解石、叶蜡石、玉髓等。

矿区内Ⅰ号矿体品位最高，次为Ⅶ号矿体。Ⅰ号矿体，矿体中心钨含量高，边部含量低，Ⅶ号矿体也有类似特征；走向上角砾岩筒西部偏高，向东部逐渐降低。矿体延伸不大，向下尖灭，品位变贫。其他伴生有益组分铜、铅、锌、铌、钽等含量均较低，铌、钽在矿体边部含量较高，即随着钨的增高而增高；锌则相反，在角砾岩带中部偏高，而在边部偏低。

2) 矿石结构构造

矿石结构：结晶结构、交代结构。

矿石构造：条带状构造、角砾状构造、复脉构造、块状构造、晶洞构造、梳状构造、细脉浸染状构造。

3. 围岩蚀变

矿区围岩蚀变主要为硅化、绢云母化，次为绿泥石化、高岭石化、碳酸岩化。沿长石石英细脉两侧及隐爆角砾岩脉侧角砾中硅化较强，一般宽度不大，1cm左右。在垂直分带上，上部硅化较强，下部硅化逐渐减弱。霏细斑岩、热液注入角砾岩旁侧见有不同程度的硅化现象。

4. 矿化分带

矿体依产出部位不同可分隐爆角砾岩内接触带及外接触带两类，其矿化特征有所区别。

分布在侵入隐爆角砾岩内接触带的矿体，如Ⅶ号矿体、Ⅰ号矿体西端等，伟晶质石英长石脉体充填于围岩角砾之间不同方向的裂隙内构成不规则网状（角砾状）矿体。脉石矿物主要为长石，次为石英。黑钨矿围绕角砾边缘及沿细小脉壁生长。

分布在侵入隐爆角砾岩外接触带的矿体，如Ⅰ号矿体中部及东部等，长石石英细脉沿层间裂隙及纵横、斜切层面的不同方向追踪裂隙充填，构成网脉状矿体。脉石主要为石英，次为长石、绢云母。长石石英细脉脉幅较小，一般1~5mm，大者1~5cm。裂隙交叉处，脉体膨大，黑钨矿沿长石石英细脉脉壁生长，往往脉幅越小，含钨越富，形成小钨脉。

4. 成矿期次与成矿年龄

根据矿物共生组合、矿脉的穿插关系等特征，矿区可划分为3个成矿阶段（图7-40）。

主要矿物	成矿阶段		
	石英-长石-黑钨矿阶段	石英-硫化物阶段	萤石-碳酸盐阶段
石 英	————————	————————	———
长 石	————————		
黑钨矿	————	—	
黄 玉	————	——	
白云母	———	——	
萤 石			
黄铁矿		————	——
毒 砂		———	
绢云母		————	
闪锌矿		———	
方铅矿		——— —	
黄铜矿		————	
斑铜矿		——	
绿泥石		————	——
叶蜡石		———	——
方解石			————
菱铁矿			————

图7-40 瑞金胎子崠矿区矿物生成顺序略图

Fig. 7-40 Outline of mineral generation sequence in Taizidong deposit of Ruijin

石英-长石-黑钨矿阶段：是区内最主要成矿阶段。按其矿物共生组合，这个阶段形成石英-长石-黑钨矿矿石。共生矿物还有黄玉、白云母、萤石、黄铁矿、毒砂等。按矿体内部结构特征，矿石类型可划分为细网脉状矿石及不规则网脉状（角砾状）矿石。

石英-硫化物阶段：本阶段未形成大的工业矿化，形成的矿物组合类型有石英-铁闪锌矿、黄铁矿，石英-黑钨矿-闪锌矿，石英-黄铁矿，铁闪锌矿，黄铁矿等。共生矿物尚有黄铜矿、斑铜矿、萤石、长石、绢云母、黑钨矿等。依照矿石结构构造尚可划分为块状矿石、细脉浸染状矿石、角砾状矿石等。

萤石-碳酸盐阶段：矿区出现的一些碳酸盐细脉及萤石、晶洞等均属此阶段产物。此阶段表现较弱，矿区较少见。共生矿物主要为菱铁矿、玉髓、绿泥石以及少量硫化物等。

5. 矿化与角砾岩的关系

矿体在平面上分布在角砾岩筒的内外接触带，在剖面上则分布在角砾岩筒的两侧或顶部。矿体内部，黑钨矿直接与角砾岩胶结物石英长石脉共生，靠脉壁沿角砾边缘生长。其内外接触带的黑钨矿也多与细脉有关，而大脉则矿化较贫。

热液注入角砾岩内矿化不普遍，与硫化物共生，局部也可达工业品位。

（三）矿床地球化学特征

矿床中石英流体包裹体以液相包裹体为主，均一温度有两组：320℃（240~380℃）和165℃（150~180℃）；黑钨矿爆裂温度为310℃。岩筒历经多阶段矿化，成矿最少可划分出高温热液石英-黑钨矿阶段和中温石英-硫化物阶段。

（四）隐爆与成矿作用

胎子崠矿床处于石城-寻乌深断裂隐爆角砾岩筒带与东西向构造复合地区。根据矿区燕山晚期大量花岗岩脉、花岗斑岩脉，推测深部有隐伏花岗岩株存在。岩体顶托使矿床上部壳体伸展，断裂张裂，并发生隐爆作用，形成东西向长透镜状角砾岩筒，沿断裂带有多种岩脉贯入。随后，长石石英成矿流体沿岩筒及旁侧充填形成钨矿体，并发生围岩蚀变。经少量钻孔探索，矿体向下呈楔状尖灭，推测深度仅60m，WO_3品位偏低，矿床规模不大。

建议依据"以筒找体"思路，布置钻孔，探测隐伏花岗岩体内外接触带矿化情况，作出确切评价。

第三节 似层状浸染型钨矿床

一、抚州市东乡区枫林铜钨铁矿床

枫林铜钨铁矿床位于抚州市东乡区北东约6km处，相传在明清时期开采过铁。矿区于1959年兴建铁矿山，在开采过程中发现了赤铁矿体下的辉铜矿体，1965年由江西省地质局九一一大队进行勘探，查明为中型铜矿床。此后江西省地质局九一二大队进行了补充勘探。至2011年底，累计查明资源储量：铜40.14×10^4t，平均品位1.02%；WO_3 1.91×10^4t，平均品位0.67%；铁矿石380.80×10^4t，平均品位

（TFe）40.07%；为一中型铜钨矿床。矿床伴生有硒、碲、银、金、钴等有益组分，伴生银391.00t，也达中型规模。

（一）矿区地质概况

枫林铜钨铁矿床处于万年逆冲推覆体前缘赣东北北东向深断裂带西北（上）盘，南临抚州断陷红盆地，属钦杭成矿带德兴-东乡斑岩铜矿带南西部。研究表明，矿床是一个由沉积型赤铁矿、S型花岗岩形成的钨矿床和I型花岗岩形成的铜矿床组成的"三型共生"矿床。铜矿床具有典型的次生富集带铜矿体与原生带含铜黄铁矿体及斑岩铜矿体。

花岗闪长斑岩脉普遍具绢云母化、高岭土化、硅化和碳酸盐化等蚀变，常见细脉浸染状黄铁矿、黄铜矿矿化。钻孔中见厚80m的花岗闪长斑岩铜矿体。

1. 地层

矿区出露的地层以上青白口统下部万年群和上古生界为主（图7-41），南部断陷盆地中为上白垩统红色碎屑岩层。上古生界与万年群呈角度不整合或断层接触，包括上泥盆统—下石炭统华山岭组、梓山组和上石炭统黄龙组，总厚约400m。

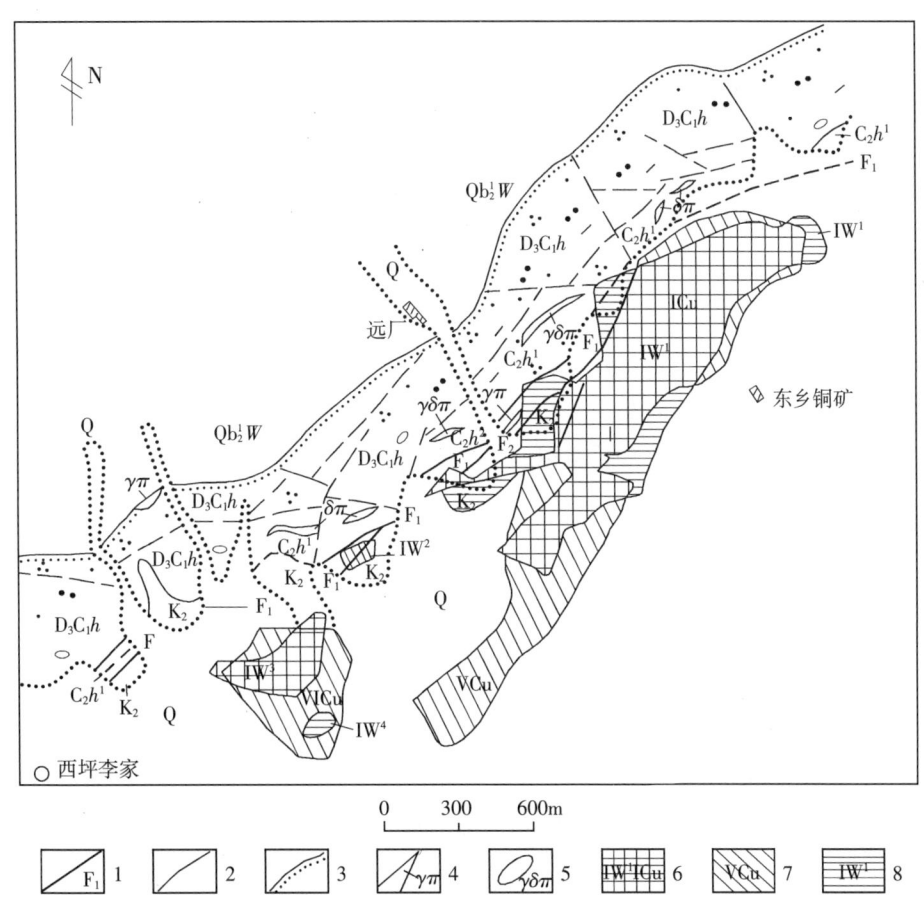

1—断裂及编号；2—地质界线；3—不整合界线；4—花岗斑岩脉；5—花岗闪长斑岩脉；6—铜钨矿体及编号；7—铜矿体及编号；8—钨矿体及编号；Q—第四系；K_2—上白垩统；C_2h^2—上石炭统黄龙组上段；C_2h^1—上石炭统黄龙组下段；D_3C_1h—上泥盆统—下石炭统华山岭组；Qb_2^1W—上青白口统下部万年群。

图7-41 枫林铜钨矿区地质略图

Fig. 7-41 Geological sketch of Fenglin copper-tungsten mining area

黄龙组下段为浅海潮坪相碎屑岩夹钙质砂岩、泥灰岩段，含菱铁矿层总厚度66m，是主要赋矿层段；上段为白云岩、灰岩段，厚166m，具黄龙组与藕塘底组的过渡性岩性组合特征。

2. 岩浆岩

区内燕山早期中酸性脉岩分布较广，矿区南部东乡火山盆地分布有早白垩世火山岩系。此外，晚石炭世地层中局部夹有凝灰质火山碎屑岩。

矿区所见脉岩主要有两种，一是花岗斑岩（S型），另一种是花岗闪长斑岩（I型），次为英安岩。这些脉岩大多沿北东—北北东向层理、片理或层间破碎带产出，产状与地层多有10°~15°夹角，脉体长数十米至500余米，最长达1500m，宽5~20m，倾向延伸400~600m。花岗斑岩主要分布于46线—175线，侵位于万年群和上石炭统黄龙组中；花岗闪长斑岩主要分布于80线—79线，斑岩LA-ICP-MS锆石U-Pb同位素年龄为（161.0±1.0）~（156.4±1.5）Ma（欧阳永棚等，2016），斑岩体侵入时代属燕山早期。

3. 构造

赣东北深断裂带从矿区南侧大王桥附近"红层"下通过，矿区处于其上盘。

矿区浅部构造为北东向枫林向斜的北翼，总体为由石炭系组成的单斜构造，地层总体走向40°~60°，倾向南东，倾角25°~40°，局部60°。

断裂是本区构造主要而普遍的表现形式，尤以梓山组和黄龙组地层中最发育。矿区见有4组构造。

东西向构造：主要发育于西北部万年群中，构成东西向褶皱，同走向断层较发育。

北东向构造：该组断裂属赣东北逆冲推覆深大断裂带相伴的次级断裂构造，是矿区规模最大、生成最早的一组导矿控岩、控矿的断裂。除枫林向斜外，同走向断裂较发育，规模大，早期显压扭性，后期为正断层。矿区中部F_1断层较重要，走向50°~65°，倾向南东，倾角35°~40°，矿区内沿走向长3500m，斜长大于1000m，断层影响宽度1~60m，明显控制铜硫、钨、铁矿体及脉岩分布。

北西向构造：矿区有北西向小褶曲横跨于北东向单斜之上，使地层和其中的层状硫化物矿体发生波状起伏。此外，北西向横断层较发育，为张扭性断裂，走向290°~300°，倾向不一，倾角较陡，其左行平移作用致两盘有数米至30m水平错移。

此外，矿区尚有规模不大的北北东向断裂。

（二）矿床地质特征

1. 矿体形态、产状、规模

矿床下部为与隐伏型成矿花岗闪长斑岩有关的下部似层状（热液）型铜硫矿床，上部层状辉铜矿体，二者上下叠置，中深部发现有隐爆角砾岩筒型、斑岩型铜矿（化）体。矿床上部为成因有不同认识的赤铁矿和与花岗斑岩有关的钨矿体叠加的钨铁矿床。

矿区已探明有8个钨矿体（或含钨赤铁矿体）、4个赤铁矿体、6个铜矿体和1个硫矿体。矿区矿带呈北东向展布，长2600m，宽约400m，各种矿体的空间分布自上而下依次为钨矿体—铁矿体（含钨铁帽）—次生富集铜矿体—原生铜矿体及硫矿体。

本区钨矿是一个独特的矿化类型。矿化范围从0线—79线，全长达2000m，断续分布（单工程控制的零星小矿体未计在内）。钨矿体多位于铁矿体之中，其产状与铁矿体相同。矿体长度从100~700m不等，沿倾斜延伸从几十米到300余米，平均厚度3~8m，平均品位WO_3 0.40%~0.60%（表7-6）。

矿区钨矿体形态以似层状、层状为主，次为透镜状、扁豆状，矿体产状与地层产状基本一致

(图 7-42)。矿层顶板多为泥质砂岩，底板及矿体组成多为砂岩或含凝灰质砂岩层，其下一般为铜硫矿层的顶板石英砂岩。

表 7-6 枫林铜钨矿区钨矿体规模、产状及品位一览表

Table 7-6 List of scale, occurrence and grade of tungsten ore body in Fenglin copper-tungsten mining area

矿体编号	分布范围/线	矿体长度/m	最大延伸/m	矿体厚度/m			品位/%			产状/(°)	
				最大	最小	平均	最大	最小	平均	倾向	倾角
Ⅰ	61—63	100	60	11.17	10.43	10.8	0.55	0.54	0.55	150	40
Ⅱ	0—7	270	50	4.26	1.79	2.67	0.52	0.42	0.48	150	
Ⅲ	9—11	100	70	11.03	4.19	7.61	0.54	0.44	0.51	150	35
Ⅳ	1—31	700	350	21.33	1.15	7.66	1.05	0.39	0.60	150	40
Ⅴ	19—39	550	250	17.85	1.54	8.44	1.36	0.42	0.74	150	40
Ⅵ	39—47	300	260	29.16	1.47	6.57	0.62	0.41	0.47	150	40
Ⅶ	23	100	125	3.37	1.53	2.45	0.44	0.40	0.41	150	50
Ⅷ	75—79	200	10	5.37	4.78	5.08	4.00	0.54	2.69	150	35

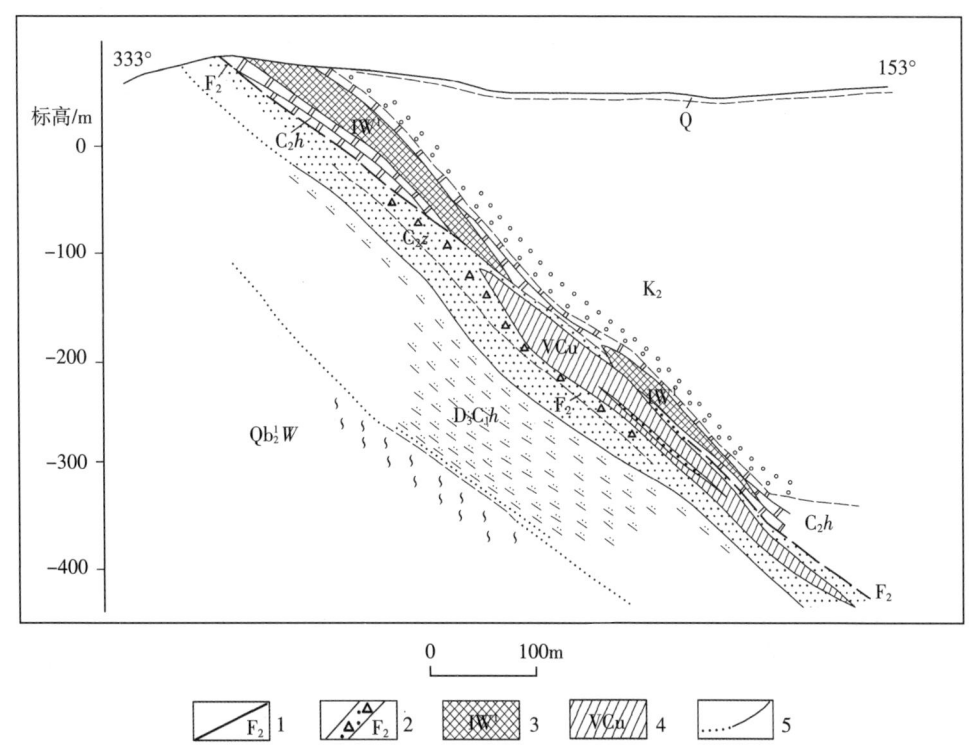

1—断层及编号；2—硅化破碎带；3—钨矿体及编号；4—铜矿体及编号；5—地层界线；Q—第四系；K_2—上白垩统；C_2h—上石炭统黄龙组；C_1z—下石炭统梓山组；D_3C_1h—上泥盆统—下石炭统华山岭组；Qb_2^1W—上青白口统下部万年群。

图 7-42 枫林铜钨矿区 31 线剖面图（据江西省地质矿产勘查开发局九一二大队资料修改）

Fig.7-42 Profile of line 31 in Fenglin copper-tungsten mining area

2. 矿石特征

1) 矿石物质组成

矿床矿石矿物不少于 50 种，但多数矿石矿物组成简单，以 1~2 种矿物为主。

铜矿体中除主要成矿元素 Cu、S、W 外，普遍含有 Ag（12.22×10^{-6}）、Au（0.10×10^{-6}）、Pb、Zn、Bi、Co、Se、Te、In、Sc 和 Sn 等伴生元素，其中大多可综合回收和利用。

铜矿体中含铜矿物 I 号矿体以辉铜矿为主，其他矿体以黄铜矿为主，还有斑铜矿、黝铜矿、方黄铜矿、墨铜矿、孔雀石、铜蓝及自然铜等；钨矿体含钨矿物除较低温的钨铁矿、钨锰矿、白钨矿外，还有钨呈离子状态吸附于赤铁矿中；铁矿石中铁矿物主要为赤铁矿；硫矿石中以黄铁矿为主。

2) 矿石类型、结构构造

钨矿石类型主要有黑钨－白钨矿石和含钨赤铁矿石两种。含钨赤铁矿石呈致密块状，并多具条带状、纹理状构造；铁矿石以赤铁矿石为主，硫矿石以黄铁矿石为主。以上三类矿物组成均较单一。

铜矿石类型较复杂，而且因矿体而异，如 I 号铜硫矿体以辉铜矿黄铁矿石和黄铁辉铜矿石为主，多见于矿体中上部，次为黄铁矿石，多出现于矿体底部。而 VI 号铜硫矿体以黄铜黄铁矿石为主，局部（如裂隙交叉部位）见晶质块状辉铜矿富矿体。

层状硫化物矿石有同生、显微粒状和生物（有孔虫、珊瑚等化石碎片）结构，以及变斑状、压碎状、晶粒状、交代和乳滴状、方格状和似文象结构；具层纹状、条带状、鲕状、环带状、浸染状、块状、角砾状等构造，局部还有脉状、细脉状、网脉状和细脉浸染状构造等。

3. 围岩蚀变

矿区内围岩蚀变普遍，呈长条状分布，走向与构造破碎带方向吻合，分带不明显，属"中温热液蚀变"范畴。菱铁矿化多发育在含钙质的岩石中，绿泥石化主要发育在泥质岩石中，砂岩中主要发育硅化，花岗斑岩中则主要发育绢云母化、高岭土化。与成矿有关的蚀变主要有菱铁矿化、绿泥石化、硅化、绢云母化，还有少量高岭土化、萤石化等。各种蚀变类型、蚀变组合与原岩岩性和矿化类型有关，其中与钨铁矿化有关的多为硅化、萤石化，次为重晶石化和高岭土化等。

4. 矿化及矿化分带

矿区内矿化与成矿分带具有氧化次生分带与矿床原生分带的复合特征，矿床有原生带硫化物型铜硫矿体、次生富集带辉铜矿体和氧化带钨铁矿体 3 种类型。铜硫矿体位于下部，辉铜矿体位于中部，钨铁矿体位于上部，且多出露地表，自下而上构成硫矿体、铜硫矿体－辉铜矿体－钨铁矿体的组合。在钨矿体中，往往白钨矿在上，钨锰矿居中，钨铁矿在下。

5. 矿化富集特征

不同地段赤铁矿中含钨各异。但总的变化趋势是西部含量高，向东逐渐降低。其中以 19 线—31 线最为富集。钨在赤铁矿中的含量变化是随含铁量的增高而趋向明显的富集。

（三）矿床地球化学特征

1. 花岗斑岩岩石地球化学特征

矿区矿石与花岗斑岩的稀土元素组成特征不同，其中，铜硫矿石具有 ΣREE 低且变化大、$\Sigma Ce/\Sigma Y$ 略低、δEu 正异常型、δCe 正异常型、La/Yb 略小、Sm/Nd 稍大和 Eu/Sm 较大的特征。矿石与花岗斑岩截然不同，反映了成矿与花岗斑岩之间有明显的差异。

2. 流体包裹体特征

根据矿区包裹体研究资料，金属矿物中包裹体爆裂温度：黄铁矿 140~320℃、黄铜矿 170~310℃、斑铜矿 270~360℃、辉铜矿 280~310℃、胶黄铁矿 230~280℃、黑钨矿 305℃，反映矿床成矿流体属中温流体。

3. 稳定同位素

（1）硫同位素：矿床 $\delta^{34}S$ 值介于 0.8‰~4.5‰之间，表明区内 $\delta^{34}S$ 均为正值，且变化区间较窄，趋于零值的深源硫性质。

（2）氧同位素：测试资料显示，矿区块状、细脉状和角砾状 3 种硫化物铜矿石中的石英 $\delta^{18}O$ 值分别为 13.42‰、12.88‰和 13.40‰，彼此很相近，差值仅为 0.61‰，且均产于花岗闪长斑岩和围岩中的细脉状硫化物石英脉的石英具有近似的 $\delta^{18}O_{SMOW}$ 值，前者 12.86‰、12.78‰，后者 12.81‰，两者差值更小。通过计算求得块状矿石和细脉状矿石中与硫化物共生的石英沉淀时，含矿流体 $\delta^{18}O$ 值分别为 1.04‰和 1.31‰。这说明矿区形成铜硫矿体的含矿流体具有相近的氧同位素组成，进而可以推断它们是在相似的物理化学条件下形成的，为具有成因联系的同期成矿作用的产物。

（四）成矿作用机理

关于东乡铜矿的成因一直存在争议，主要包括斑岩型矿床、中温热液为主的热液型铜矿、海底火山喷流沉积－后期热液改造模式等观点。

在矿床勘探时期，勘查单位与陈毓川等（1981）认为，产于上部的钨铁氧化物矿体是原生硫化矿体经表生氧化，形成氢氧化铁凝胶，再脱水变成的赤铁矿，也就是说含钨硅铁质岩都是古氧化铁帽。江西省地质局九一一大队于 1966 年提交的《江西省东乡县枫林铜矿区地质勘探储量报告书》论述了赤铁矿石中有大量可见的胶状和皮壳状构造。

1978 年，徐克勤教授认为，本区矿床是火山沉积为主、热液叠加为辅的同生沉积矿床。主要依据是：产于黄铁矿型铜矿层之上的大部分赤铁矿层都是含钨的，因此认为铁矿层是含铁硅质岩，是火山喷气、喷泉形成的富含铁硅的卤水溶液沉积而成。

钨赤铁矿层中有两种产出形式：一种是据电子探针扫描显示含钨赤铁矿石中无钨矿物单体存在，钨在含钨赤铁矿中呈离子吸附状态；含钨赤铁矿石中具清晰的条带状、纹理状韵律层理；花岗斑岩中的赤铁矿捕虏体保留有清晰的层理；矿体顶板见蜓类化石，矿体上部泥灰岩中产丰富的海相动物化石；赤铁矿测温无爆裂；矿体具胶状、微－细粒状结构，条带状、纹理状构造等。另一种为钨矿物在赤铁矿石呈细脉状、细网脉状构造，说明其成矿作用以充填为主，交代次之；矿石同时具多孔状、熔蚀结构，筛孔状构造。

20 世纪 60 年代以来，江西地区黄龙组中铜矿床出现海相火山沉积、海底热水喷流沉积成因观点，江西省地质矿产勘查开发局通过勘查实践对枫林等此类矿床的成因一直在进行探索，逐渐认识到黄龙组主要为浅海或潮坪沉积，海相火山物质不多，海底热水喷流沉积多见于深海喷流点或洋底，且枫林铜矿床与德兴斑岩型铜矿田同属于赣东北深大断裂带上，矿床有花岗闪长斑岩脉分布，成矿可能主要与斑岩有关。20 世纪 80 年代江西省地质矿产勘查开发局九一二大队运用"多位一体"铜矿床找矿模式，"以层（铜矿层）以脉（斑岩）找体"，在矿床中深部钻遇 88m 厚含铜矿花岗岩斑岩体。深部断落于红层盆地之下，为铜矿床与 I 型斑岩有关的认识提供了佐证。

矿区层状赤铁矿床成因，根据其以致密块状赤铁矿为主，具微细粒状、条带状、层纹状构造，与常见的铁帽所具的蜂窝状、皮壳状结构不同，即无风化碎裂特征，并发现燕山早期斑岩中有层纹状赤铁矿角砾捕房体，推测应为浅海沉积赤铁矿层，即黄龙组中下部形成菱铁矿层，上部形成赤铁矿层，有可能相当于宁乡式铁矿，层位偏新。

枫林钨矿床的形成与燕山期S型花岗岩有关。沉积赤铁矿层受燕山运动影响发生碎裂，叠加钨矿较强矿化，钨呈（石英）细脉状、浸染状、晶簇状，并呈离子状渗入铁矿层中，黑钨矿成矿温度305℃，显然是岩浆热液产物。硫化物氧化后形成巢状、裂隙状、皮壳状褐铁－铁锰质残留在赤铁矿层中。因此，枫林矿床是一个产于石炭纪的沉积型赤铁矿，燕山期I型花岗闪长斑岩成铜，S型花岗（斑）岩成钨的"三型共生"矿床。

矿床形成遭受氧化淋滤作用，形成了典型的硫化物矿床氧化富集带：上部形成硫化物氧化淋滤带，在沉积赤铁矿中叠加了许多硫化物硅质骨架"铁帽"，其中有含钴、铋、铜、钨多种氧化物；中部为次生硫化物富集带，在含矿砂岩中形成似层状辉钼矿富矿体；下部为原生硫化物带，形成似层状、透镜状含铜黄铁矿体。

（五）找矿方向

《中国矿产地质志·江西卷》（江西省地质矿产勘查开发局，2015）提出枫林铜钨铁矿床的导岩导矿构造为赣东北深大断裂带，该断裂带从矿区南侧大王桥一带通过，断面北西倾，沿深大断裂带侵入的燕山早期I型、S型侵入体与黄龙组碳酸盐岩、碎屑岩有利围岩耦合成矿。成矿后于晚白垩世时矿区南部发生断陷成盆，使矿床局部包括成矿斑岩发生断落，该矿床根部成矿主岩体分布于红层盆地的下部。循此思路，可望找到矿床断失部分，可能存在接触交代矽卡岩型矿床。但据物探资料，该槽形断陷盆地深度较大，"寻根"工作有较大难度。

二、于都县隘上钨矿床

隘上钨矿床位于于都县城南东约24km。矿床历经1957—1958年、1963—1964年和1973—1976年3次普查评价，于1976年由江西冶勘十三队探明为小型钨矿床。截至2011年底，累计查明WO_3资源储量$0.37×10^4$t，WO_3平均品位0.96%，伴生Bi、Sn可综合利用。矿区于1957年投产，后受开采技术条件限制，于1983年闭坑，矿区深部仍保有一定的资源量。矿床规模较小，以独特的似层状砂岩、细脉浸染型+石英大脉型钨矿床著称。

（一）地质概况

隘上钨矿床位于宁（都）－于（都）坳陷南部，盘古山钨矿田北部，铁山垅花岗岩株的东部。

1. 地层

矿区出露地层较简单，包括上泥盆统嶂崀组（D_3zd）、下石炭统梓山组（C_1z）和上石炭统黄龙组（C_2h）及第四系（Q），以梓山组出露面积最广，为主要赋矿地层。大理岩化灰岩分布于矿区西南部边缘。岩层走向为310°~330°，倾向南西，倾角20°~40°。

梓山组（C_1z）为矿区主要地层，是大脉型、细脉型、浸染型矿体的赋存围岩，总体以砂质岩石为主，次为泥砂质和泥质岩石及很少的含钙质岩、石英砂岩（或石英岩）与底砾岩。根据岩性变化规律，可将该组进一步分为上、中、下3段，分别以底砾岩、含电气石-黄玉砂岩、石英砂岩层间砾岩为标志层。

2. 岩浆岩

矿区地表未见岩浆岩出露。矿区西部出露有燕山早期铁山垅花岗岩株，主体岩性以斑状黑云母花岗岩为主，补体主要岩性为细粒白云母花岗岩或细粒二云母花岗岩。

钻孔中揭露有隐伏花岗岩体，岩性包括中-细粒黑云母花岗岩、白云母花岗岩及少量二云母花岗岩。花岗岩中斜长石晶体小，局部蚀变为白云母；叶蜡石化很弱，但蚀变强弱不连续。根据岩性推测隐伏花岗岩体和铁山垅、盘古山隐伏岩体为同一半隐伏花岗岩基。

3. 构造

1) 褶皱

矿区位于铁山垅向斜东翼，轴向北北西，向北倾伏，由古生界组成。由于石炭系和泥盆系中砂质、泥质、粉砂质呈软硬互层，使得小褶皱和顺层小型逆掩断层非常发育，为浸染型钨矿化提供了良好条件。

2) 断裂

区内主要有北北东向、北北西向2组张性断裂。

北北东向断裂（靖石-白鹅断裂带）：分布于矿区东南部外围，为区域性深大断裂。矿区内与其伴生的北东东向压扭性断裂与剪张性成矿裂隙，走向60°~70°，倾向南东，倾角75°~83°，是石英大脉型钨矿床的主要成矿裂隙。

北北西向断裂：发育较弱，主要发育于近背斜轴处，向外减弱，延深不大，走向325°，倾向北东，倾角较陡。偶见充填式石英脉，均无矿化。

（二）矿床地质特征

陇上钨矿床主要包括似层状细脉浸染型和石英大脉型2类钨矿化类型。细脉浸染型钨矿主要见于乌鸦山区段。

1. 似层状细脉浸染型矿体

该类型矿体主要分布于矿区仙人顶、中埂、乌鸦山、笼灯咀和鸡笼层5个区段。矿体产于梓山组各类角岩和电气石粉砂岩中（图7-43），含矿层走向北北西，倾向南西西，倾角20°~30°。黑钨矿多呈微粒浸染状产出，或产于细小石英脉中，矿体呈似层状、透镜状、囊状产于含矿层的蚀变带中（图7-44），俗称"满上砂"式矿体。矿体由多个矿巢叠置而成，规模小[一般（3~4）m×0.5m]，连续性差，WO_3品位低（0.08%~0.336%）、变化大，黑钨矿细小，回收率低（33%）。围岩蚀变主要为黄玉化与电气石化。

2. 石英大脉型矿体

该类型矿体为矿床开采主体，全区分南、中、北和新南4个脉组（图7-45），组间距100~150m，组内矿脉大致平行，走向北东，延长大于1000m，宽近700m，共有工业矿脉31条。矿体为稀疏大脉，发育于岩体内外接触带，以外带为主。矿体形态受剪张性裂隙控制，呈侧幕状分布，构成向北东撒开，向南西略收敛，向上撒开，向下收敛的帚状构造。矿脉呈上大下小，单脉厚0.15~0.5m，最厚不超过1m的单脉型矿床。矿脉一般在泥质岩石中延伸较稳定，而在砂质岩石中易分成若干不规则的小支脉，局部尖灭侧现、平行分支、分支复合、膨大缩小等现象普遍发育。

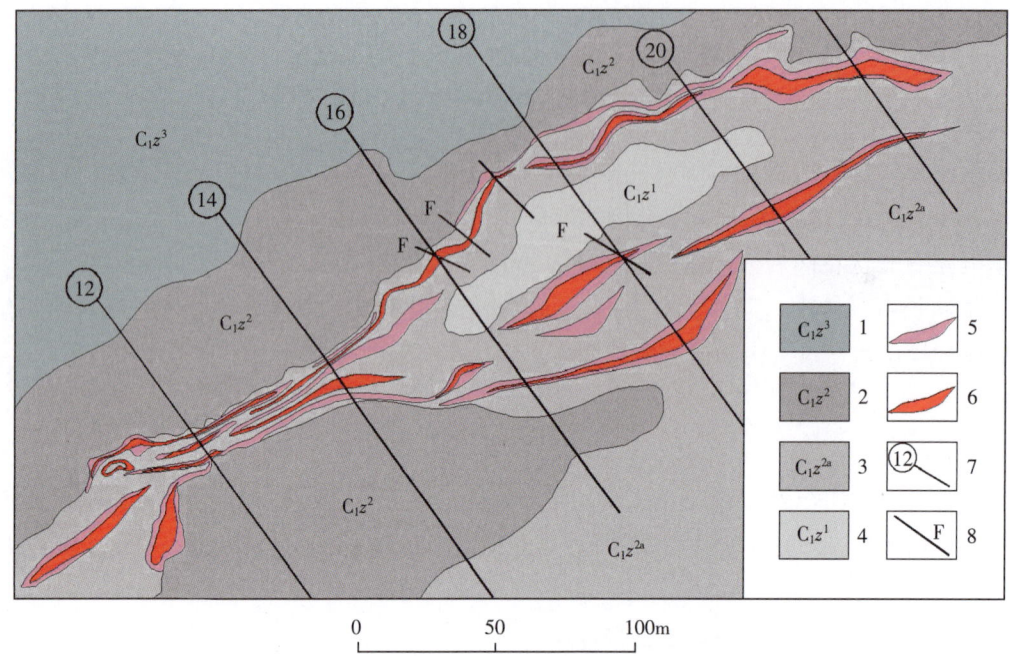

1—梓山组上段；2—梓山组中段；3—梓山组中段含细脉浸染型钨矿砂页岩；4—梓山组下段；
5—矿化层；6—矿层（体）；7—勘探线及编号；8—断层。

图 7-43　隘上钨矿床乌鸦山区段地质略图

Fig. 7-43　Geological sketch of Wuyashan section of Aishang tungsten deposit

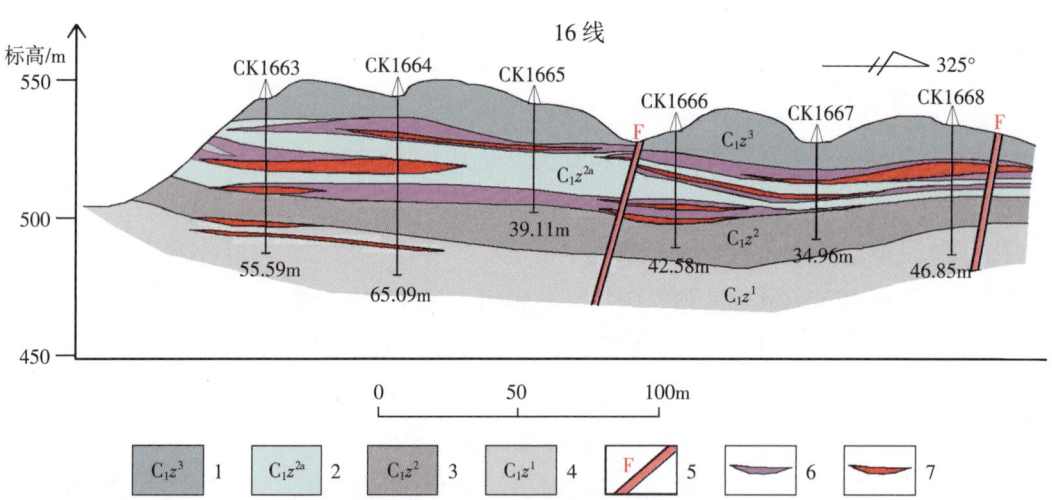

1—梓山组上段；2—梓山组中段角页岩含矿建造；3—梓山组中段；4—梓山组下段；5—破碎带；6—矿化体；7—矿体。

图 7-44　隘上钨矿床乌鸦山区段 16 线剖面图

Fig. 7-44　Profile of line 16 in Wuyashan section of Aishang tungsten deposit

矿石中主要金属矿物为黑钨矿，其次为锡石、黄铜矿、黄铁矿、绿柱石、辉钼矿、辉铋矿、铁闪锌矿等；非金属矿物有石英，其次有电气石、白云母及少量黄玉、萤石等。

矿石全矿 WO_3 品位 $0.259\%\sim1.259\%$，平均 0.96%；伴生有用组分 Be、Bi、Mo 在少数样品中较高外，均无综合利用价值。WO_3 品位变化系数为 $132\%\sim143\%$，为品位变化不均匀矿床，含矿率为 $10\%\sim30\%$。

1—梓山组上段；2—梓山组中段；3—梓山组中段含细脉浸染型钨矿砂页岩；4—梓山组下段；5—燕山期花岗岩；
6—断层；7—地质界线；8—细脉浸染型矿体；9—石英脉型矿体；10—勘探线及编号。

图 7-45 隘上钨矿床矿体分布图

Fig. 7-45 Ore body distribution of Aishang tungsten deposit

电气石化是矿床最为普遍的蚀变，与成矿关系最为密切；其次为硅化；黄玉化、黄铁矿化、绢云母化蚀变极少见。

3. 成矿作用

似层状浸染型钨矿在矿物的共生组合上表现出如下特点：电气石及石英包裹交代黄玉，电气石穿插黄玉、石英及黑钨矿，金红石充填于各矿物的裂隙中，黑钨矿切穿黄玉、电气石，粒状石英、黄铜矿、黄铁矿生于石英脉裂隙内，浸染型矿体被石英脉切穿等。依据矿物共生组合的特点，可初步将该类矿产的成矿作用划分为3个阶段。

第一阶段（气化期）：本期主要生成黄玉、红柱石、电气石及少量的黑钨矿和锡石，最早生成的是黄玉、红柱石及石英，到气化期的中期和后期，则有大量的电气石及少量的黑钨矿沉淀。本期为似层状细脉浸染型矿体主要形成时期，成矿流体沿梓山组层间错动带和角岩化砂页岩微裂隙及粒间空隙充填交代成矿。

第二阶段（高温热液期）：本期生成电气石、石英、大量的黑钨矿、金红石、少量黄玉。这期矿液活动的特点是大量的电气石及黑钨晶体析出，氟的挥发物大量减少。本期为石英大脉矿体主要形成时期。

第三阶段（中温热液期）：主要生成石英、黄铁矿、黄铜矿及白云母、萤石。此阶段的作用不强，不是主要的成矿期。本期以产出硫化物为其特征，且黄铁矿多于黄铜矿。矿化均很弱，只在细脉浸染型矿体中见细脉或星点。石英多呈糖粒状，近矿围岩蚀变以黄铁矿化为主。

第四节 江西省其他钨矿床

江西省其他钨矿床见表7-7，钨矿点见表7-8。

表7-7 江西省其他钨矿床特征一览表

Table 7-7 Characteristics of other tungsten deposits in Jiangxi Province

序号	类型	矿床名称	工作程度	矿床地质简况	矿床规模	利用情况
1	石英脉型	大余县大龙山钨钼矿	勘探	矿脉产于隐伏花岗岩体顶部外接触带浅变质岩中，共19条。主脉长800m，平均脉幅0.43m，斜深450m，平均品位 WO_3 1.273%、Mo 0.32%	中型	漂塘钨矿开采
2	石英脉型	大余县铁仓寨钨矿	详查	矿体分布于震旦系浅变质岩与燕山期花岗岩顶界的外接触带中，共19条石英脉黑钨矿体，长80~620m，延深52~275m，平均品位 WO_3 1.109%	小型	已利用
3	石英脉型	大余县满埠钨矿	详查	矿体分布于震旦系与隐伏花岗岩顶界的内外接触带中，共10条矿体。累计查明资源储量 WO_3 1856t，共生 Mo 563t。平均品位 WO_3 0.524%、Mo 0.192%	小型	已利用
4	石英脉型	大余县棕树坑钨锡矿	勘探	矿脉产于隐伏花岗岩体顶部外接触带寒武系浅变质岩中，共54条。主脉长280m，平均脉幅0.25m，斜深400m，平均品位 WO_3 0.49%、Sn 0.20%	小型	已闭坑
5	石英脉型	大余县下垅钨矿	勘探	矿脉产于花岗岩体内接触带，共22条。主脉长600m，脉幅0.8~1.8m，斜深250m，平均品位 WO_3 0.863%	小型	下垅钨矿开采
6	石英脉型	大余县牛斋钨矿	普查	矿体石英脉一般长200~500m，厚0.12~0.35m，主要矿体13条，走向长150~750m，延深80~250m，平均厚0.14~0.28m，平均品位 WO_3 1.27%，共生锡	小型	开采矿区
7	石英脉型	崇义县铅厂罗形坳钨矿	详查	以细脉组为主，细脉组宽60m左右，其密度2条/m，细脉组矿脉共有15条，延长约300m。平均品位 WO_3 0.96%~5.00%，共伴生钼、铋、锡	小型	开采矿区

续表 7-7

序号	类型	矿床名称	工作程度	矿床地质简况	矿床规模	利用情况
8	石英脉型	崇义县柯树岭钨锡矿	勘探	矿脉产于花岗岩体上部外接触带震旦系浅变质岩中，共 13 条。主脉长 400m，脉幅 0.15~0.2m，斜深 450m，平均品位 WO_3 1.04%、Sn 1.604%	中型	崇义县钨矿开采
9	石英脉型	崇义县仙鹅塘锡坑矿	勘探	矿脉产于花岗岩体上部外接触带震旦系浅变质岩中，共有 14 条。主脉长 330m，脉幅 0.2~0.5m，斜深 320m，平均品位 WO_3 0.41%、Sn 0.60%	中型	茅坪钨矿开采
10	石英脉型	崇义县大坪（龟子背）钨矿	勘探	矿脉产于花岗岩体上部外接触带寒武系浅变质岩中，共 31 条。主脉长 300m，脉幅 0.3~0.5m，斜深 300m，平均品位 WO_3 1.386%	中型	下垅钨矿开采
11	石英脉型+蚀变花岗岩型+矽卡岩型	崇义县天井窝钨矿	普查	石英矿脉产于花岗岩体内接触带，共有 64 条。主脉长 140m，脉幅 0.2~0.7m，斜深 50m，平均品位 WO_3 0.775%。近年发现矽卡岩型白钨矿和蚀变花岗岩型厚大钨矿体	中型	章源公司勘查
12	石英脉型+矽卡岩型	崇义县高垅钨矿	详查	产于隐伏花岗岩上部奥陶系变质岩中的石英脉型钨矿床，脉幅 0.2~1m，脉幅向深部变大。脉侧含钙地层中有矽卡岩型白钨矿	小型	未开采
13	石英脉型	崇义县长流坑钨铜矿	普查	矿产体于寒武系浅变质岩中，共发现 10 余条石英脉（黑）钨铜矿体	小型	未开采
14	石英脉型	上犹县大棚山钨矿	详查	矿区内有 7 条含矿石英脉，矿脉平行排列，矿带延深大于 330m，自西向东呈带状排列，品位 WO_3 1.29%~1.31%	小型	开采矿区
15	石英脉型	上犹县桐苦钨矿	详查	矿脉产于花岗岩体内接触带，共 251 条。主脉长 430m，脉幅 0.2~0.3m，斜深 90m，平均品位 WO_3 0.611%	小型	民隆开采
16	石英脉型	上犹县张天堂钨锡矿	勘探	矿脉产于花岗岩体内接触带，共 84 条。主脉长 980m，脉幅 0.1~0.3m，斜深 265m，平均品位 WO_3 0.969%、Sn 0.397%	小型	民隆开采
17	石英脉型	龙南县夹湖钨矿区	普查	以细脉组为主，细脉组宽 60cm 左右，其密度 2 条/m，细脉组矿脉共 15 条，延长约 300m，品位 WO_3 0.96%~5.00%，共伴生锡、钼	小型	开采矿区
18	石英脉型	定南县蒲芦合钨矿	勘探	矿脉产于花岗岩体与寒武系浅变质岩及侏罗系火山碎屑岩的内、外接触带，共有 27 条。主脉长 550m，平均 0.47m，斜深 200m，平均品位 WO_3 0.319%	小型	定南县钨矿开采
19	石英脉型	南康县红桃岭钨锡矿	普查	矿脉产于花岗岩体内接触带，共 24 条。主脉长 500m，平均脉幅 0.38m，斜深 200m，平均品位 WO_3 0.284%、Sn 0.287%	小型	南康县钨矿开采
20	石英脉型	南康市罗垅钨矿区	勘探	矿区脉幅大于、等于 50cm 的矿脉 15 条，矿山开采的矿脉有 9 条，平均品位 WO_3 0.43%	小型	已利用
21	石英脉型	信丰县上坪钨矿	详查	矿脉产于花岗岩体与侏罗系碎屑岩的接触带，共 10 条。主脉长 409m，平均脉幅 0.48m，斜深 150m，以黑钨矿、白钨矿为主，平均品位 WO_3 1.07%	小型	信丰县钨矿开采

续表 7-7

序号	类型	矿床名称	工作程度	矿床地质简况	矿床规模	利用情况
22	石英脉型	会昌县白鹅钨矿	详查	矿脉产于花岗岩体内接触带，共 14 条。主脉长 600m，脉幅 0.05~2.0m，斜深 100m。平均品位 WO_3 0.589%	小型	会昌县钨矿开采
23	石英脉型	宁都县廖坑钨钼矿	勘探	矿脉产于花岗岩体顶部外接触带震旦系浅变质岩中，共 14 条。主脉长 600m，平均脉幅 0.5m，斜深 500m，平均品位 WO_3 0.635%、Mo 0.068%	小型	宁都县钨矿开采
24	石英脉型	于都县上坪钨矿	勘探	矿脉产于隐伏花岗岩体顶部外接触带震旦系浅变质岩中，共 19 条。主脉呈脉带状，长 700m，平均厚大于 20m，斜深 500m。平均品位 WO_3 0.25%	中型	铁山垅钨矿开采
25	石英脉型	赣县东埠头钨矿区	普查	矿区石英脉可分为北北西和北西 2 组，自西向东 3 组矿脉，脉组间距为 50~100m，平均品位 WO_3 0.78%，共伴生钼、铜、铋	小型	开采矿区
26	石英脉型	赣州市笔架山钨矿	详查	工业含矿石英脉 4 条，呈左行侧列状平行排列。主脉长 200~500m，延深 50~200m，厚 0.25~0.60m，平均品位 WO_3 1.54%，共生锡	小型	开采矿区
27	石英脉型	赣县白石山钨铜矿	勘探	矿脉产于花岗岩体上部外接触带震旦系浅变质岩中，共 31 条。主脉长 500m，平均脉幅 0.34m，斜深 350m，平均品位 WO_3 0.40%、Cu 0.64%	小型	画眉坳钨矿开采
28	石英脉型	赣县新安钨（银铋）矿	普查	产于寒武系底下统牛角河组的隐伏矿床，含白钨矿石英脉 13 条。WO_3 4292t，平均品位 0.237%；Ag 50t，Bi 543t	小型	开采矿区
29	石英脉型	赣县葛藤坳钨铍矿	勘探	矿脉产于花岗岩体内接触带，共 7 条。主脉长 573m，平均脉幅 0.31m，斜深 150m，平均品位 WO_3 0.78%、BeO 0.39%	小型	民窿开采
30	石英脉型	乐安县傍岭钨矿区	普查	含矿石英脉有 20 条，脉带全长 950m，宽 50~120m。平均品位 WO_3 1.61%，共伴生钼、铋、锡	小型	停采
31	石英脉型	遂川县良碧洲钨矿	普查	矿脉产于花岗岩内接触带，共有 130 条。主脉长 250m，平均脉幅 0.25m，斜深 150m，平均品位 WO_3 0.896%	小型	小龙钨矿开采
32	石英脉型	遂川县岗上钨矿	普查	矿脉产于花岗岩内接触带，共有 9 条。主脉长 1300m，脉幅 0.3~0.5m，平均品位 WO_3 1.04%	小型	未开采
33	石英脉型	安福县武功山钨铜矿	勘探	矿脉产于花岗岩体与震旦系的内外接触带。主脉长 600m，脉幅 0.68~0.80m，斜深 400m，平均品位 WO_3 0.701%，北区含 Cu 0.76%	小型	北区已闭坑，南区由安福县钱山钨矿开采
34	石英脉型	宜春市新坊钨钼矿	普查	矿脉产于花岗岩体内接触带，共有 18 条。主脉长 800m，脉幅 0.2~1.5m，斜深 100m，平均品位 WO_3 1.44%、Mo 0.059%	小型	宜春市新坊钨矿开采
35	石英脉型	分宜县黄竹坪钨钼矿	普查	矿脉产于花岗岩体外接触带震旦系浅变质岩中，共有 30 条。主脉长 990m，平均脉幅 0.4m，斜深 350 余米，平均品位 WO_3 1.217%、Mo 0.052%	小型	分宜县大岗山钨矿开采

续表 7-7

序号	类型	矿床名称	工作程度	矿床地质简况	矿床规模	利用情况
36	石英脉型	鄱阳县白茶坞钨矿	详查	产于花岗岩外接触带变质岩中的石英脉型黑钨(锡)矿床	中型	未开采
37	石英脉型	靖安县欣荣钨矿区	普查	矿体产于侵入岩体构造破碎带内，共有矿体68条，走向长128m，脉幅一般为0.15~0.30m，平均品位 WO_3 0.66%	小型	开采矿区
38	石英脉型	资溪县架上(三口峰)钨钼矿	详查	产于南华系–震旦系变质岩中，从北往南可分为4个钨钼石英脉矿带	小型	开采矿区
39	石英脉型	横峰县钨锡矿	普查	已探明3个锡矿体和1个钨矿体，钨矿体为石英细脉带，共伴生锡，平均品位 WO_3 0.22%、Sn 0.36%	小型	已利用
40	蚀变岩型	大余县白水洞钨锡矿	详查	矿体产于花岗岩体内接触带云英岩化蚀变岩中，共有29个。主矿体呈带状，长400m，平均厚1m，斜深120m。平均品位 WO_3 0.115%、Sn 0.309%	小型	大余县钨矿开采
41	矽卡岩型	瑞昌市东雷湾铜钨矿	详查	东雷湾矽卡岩型铜矿床中共伴生有白钨矿	小型	已利用
42	斑岩型	浮梁县牛角坞(青术下)钨矿	详查	主要有钨矿体2个。其中，W1矿体产于细晶岩脉(瓷石矿体)上盘双桥山群含钙板岩中，矿体走向长650m，斜长达330m，矿体水平厚度为0.32~8.24m；W2矿体产于花岗斑岩脉内及其下盘接触带中，走向长610m，倾向延深100~500m，呈隐伏脉产出，水平厚1.33~17.18m，平均5.91m，矿体单工程品位 WO_3 0.121%~0.640%，平均为0.323%	中型	未开采
43	砂矿	于都县隘上钨锡矿	勘探	矿体产于第四纪河流冲积层中，似层状，长8200m，宽150~650m，厚2~5m，埋深3~8m，平均含 WO_3 69g/m³、Sn 287g/m³	小型	勘探
44	砂矿	于都县铁山垅钨锡砂矿	勘探	沉积型钨锡砂矿，矿层厚27m，矿体平均厚24m	小型	已停采
45	砂矿	崇义县杨梅寺金锡钨砂矿床	普查	金(锡、钨)矿体断续分布，长11 200m。由上往下圈出101号、102号和103号3个矿体。锡、钨矿体常由多个平行小矿床组成，总宽度40~360m。矿层厚0.5~3.5m，平均厚1.5m	小型	已停采
46	砂矿	南康赤土钨砂矿床	普查	金(锡、钨)矿体以201号为主，全长12 500m，平行的202号矿体长860m。金矿体宽30~210m，锡钨矿体宽200~600m。混合砂层厚1.5~6.1m，平均厚4.1~5.37m，厚度变化系数13.4%~28.1%；砂锡钨矿体以矿层计算，平均厚1.99m，往下游有变薄趋势；泥皮层厚0~3m，平均1.75m	小型	已停采

表 7-8 江西省钨矿点一览表

Table 7-8 List of tungsten ore occurrences in Jiangxi Province

序号	矿点名	类型	序号	矿点名	类型
1	万年县丰林塘钨矿	石英脉型	27	丰城市潮水岗钨矿化点	石英脉型
2	上饶县丝茅岗钨矿	石英脉型	28	丰城市上柿元钨矿化点	石英脉型
3	德兴县皈大钨矿	石英脉型	29	丰城市火烧坡钨矿化点	石英脉型
4	修水县太阳山钨矿	矽卡岩型	30	丰城市曲元钨矿化点	石英脉型
5	浮梁县文殊庵钨矿	石英脉型	31	宜春市徐家源钨矿	石英脉型
6	浮梁县沙子岭钨矿	石英脉型	32	宜春市太平山钨矿	石英脉型
7	浮梁县沙阳坑钨矿	石英脉型	33	宜春市明月山钨铜矿	石英脉型
8	浮梁县朱屋岭钨矿	石英脉型	34	宜春市高富岭钨矿	石英脉型
9	浮梁县荞麦岭钨矿	石英脉型	35	宜春市棕皮山钨矿	石英脉型
10	铜鼓县张家坳钨矿	石英细脉带型	36	宜春市棕背山钨矿	石英脉型
11	万载县朱家坊钨矿	细脉浸染型	37	萍乡市下村钨矿	石英脉型
12	修水县高湖钨矿	石英脉型	38	萍乡市坪凌钨矿	石英脉型
13	修水县菖蒲沅钨矿	石英脉型	39	萍乡市青龙山钨铜矿	石英脉型
14	修水县红崖钨矿	石英脉型	40	萍乡市东江钨矿	石英脉型
15	修水县水晶山钨矿	石英脉型	41	安福县火烧山钨矿	石英脉型
16	武宁县仙果山钨矿	石英脉型	42	安福县老山钨矿	石英脉型
17	武宁县珠山钨矿	石英脉型	43	安福县金排山钨矿	石英脉型
18	武宁县新安里钨锡矿	石英脉型	44	安福县戈源钨矿	石英脉型
19	靖安县茅公洞钨矿	石英脉型	45	安福县野鸡潭钨矿	石英脉型
20	都昌县黄岗山钨钼矿	石英脉型	46	乐安县观音岭钨矿	石英脉型
21	奉新县千里峰钨矿	石英脉型	47	乐安县老华山钨矿	石英脉型
22	奉新县大水钨矿	石英脉型	48	乐安县欧坊钨矿化点	石英脉型
23	宜春市茶田钨矿	石英脉型	49	乐安县小都钨矿	石英脉型
24	崇仁县上界钨矿	石英脉型	50	乐安县青罗坑钨矿	石英脉型
25	丰城市大港山钨矿化点	石英脉型	51	乐安县鱼子坑钨矿	石英脉型
26	丰城市金山钨矿	石英脉型	52	乐安县路南钨矿	石英脉型

续表 7-8

序号	矿点名	类型	序号	矿点名	类型
53	乐安县狮子石钨矿	石英脉型	80	万安县寨头脑钨矿	石英脉型
54	宜黄县下狮溪钨矿	石英脉型	81	万安县龙眼石钨矿	石英脉型
55	宜黄县阎半天钨矿	石英脉型	82	万安县金鹅堂钨矿	石英脉型
56	宜黄县聂家廖钨矿	石英脉型	83	万安县曾企钨矿	石英脉型
57	宜黄县下南沅钨矿	石英脉型	84	万安县社评钨矿	石英脉型
58	宜黄县上南沅钨矿	石英脉型	85	万安县王柏龙钨矿	石英脉型
59	宜黄县西沅钨矿	石英脉型	86	万安县部公坡钨矿	石英脉型
60	宜黄县东港钨矿	石英脉型	87	万安县大藏山钨矿	石英脉型
61	宜黄县东华山钨矿化点	石英脉型	88	万安县弹前钨矿	石英脉型
62	宜黄县王土合钨矿	石英脉型	89	万安县大仚钨矿	石英脉型
63	宜黄县黄井垄钨矿	石英脉型	90	遂川县佛祖仙钨矿	石英脉型
64	宜黄县舟陂钨矿	石英脉型	91	遂川县盘古仙钨矿	石英脉型
65	宜黄县邹家地钨矿	石英脉型	92	遂川县圳陶钨矿	石英脉型
66	宜黄县桃坪钨矿	石英脉型	93	遂川县黄沙圆钨矿	石英脉型
67	宜黄县马坳钨矿	石英脉型	94	宁都县大康头钨矿	石英脉型
68	崇仁县双坪钨矿	石英脉型	95	宁都县上炉斜钨矿	石英脉型
69	黎川县姜窠钨矿	石英脉型	96	宁都县猪将钨矿	石英脉型
70	井冈山市杨坑钨矿	石英脉型	97	南丰县开沅钨矿	石英脉型
71	万安县红桃峰钨矿	石英脉型	98	广昌县癫痫山钨矿	石英脉型
72	吉安县大小源钨矿	石英脉型	99	广昌县珠坑钨矿	石英脉型
73	永丰县中村钨矿	石英脉型	100	广昌县金华山钨矿	石英脉型
74	永丰县紫子脑钨矿	石英脉型	101	兴国县土固钨矿	石英脉型
75	永丰县白沙潭钨矿	石英脉型	102	兴国县罗家地钨矿	石英脉型
76	永丰县罗峰岭钨矿	石英脉型	103	兴国县兰华山钨矿	石英脉型
77	永丰县下村钨矿	石英脉型	104	兴国县再脑钨矿	石英脉型
78	永丰县理坊钨矿	石英脉型	105	兴国县石坝钨矿	石英脉型
79	永丰县高斜钨矿	石英脉型	106	兴国县均村钨矿	石英脉型

续表 7-8

序号	矿点名	类型	序号	矿点名	类型
107	兴国县刘家庄钨矿	石英脉型	134	赣县过桥坳钨矿	石英脉型
108	兴国县潭石坪钨铜矿	石英脉型	135	赣县赤足坑钨矿	石英脉型
109	兴国县下迳钨矿	石英脉型	136	赣县水口钨矿	石英脉型
110	兴国县月形钨铍矿	石英脉型	137	赣县郑屋钨矿	石英脉型
111	兴国县猪尖窝钨矿	石英脉型	138	赣县吊井鬼窝钨矿	石英脉型
112	兴国县黄连坑钨矿	石英脉型	139	赣县枫树下钨矿	石英脉型
113	兴国县郭坑钨矿	石英脉型	140	赣县牛栏坑钨矿	石英脉型
114	兴国县坪湖钨矿	石英脉型	141	赣县塘坑钨矿	石英脉型
115	兴国县杨山钨矿	石英脉型	142	赣县上留田钨矿	石英脉型
116	于都县石罗钨矿	石英脉型	143	赣县峰山钨矿	石英脉型
117	于都县坳下钨矿	石英脉型	144	赣县磨连石钨矿	石英脉型
118	于都县白果钨矿	石英脉型	145	赣县牛岭坳钨矿	石英脉型
119	于都县陶朱坑钨矿	石英脉型	146	赣县下坑钨矿	石英脉型
120	赣县天生寨钨矿	石英脉型	147	赣县大营前钨矿	石英脉型
121	赣县广教寺钨矿	石英脉型	148	赣县白田坑钨矿	石英脉型
122	赣县桂湖钨矿	石英脉型	149	赣县猪坑河钨矿	石英脉型
123	赣县肖家庄钨矿	石英脉型	150	赣县下芫田钨矿	石英脉型
124	赣县石桥坑钨矿	石英脉型	151	赣县芫田口钨矿	石英脉型
125	赣县郭屋崇钨铍矿	石英脉型	152	赣县渗水窝钨矿	石英脉型
126	赣县大牯崇钨矿	石英脉型	153	南康市兰坑钨矿	石英脉型
127	赣县其林山钨矿	石英脉型	154	南康市龙江脑钨矿	石英脉型
128	赣县罗仙崇钨矿	石英脉型	155	南康市伏山钨矿	石英脉型
129	赣县伏云钨矿	石英脉型	156	上犹县牛岭钨矿	石英脉型
130	赣县中窝钨矿	石英脉型	157	上犹县焦龙钨矿	矽卡岩型
131	赣县半径钨矿	石英脉型	158	上犹县蛤蟆落井钨矿	石英脉型
132	赣县南坑钨矿	石英脉型	159	上犹县石岭脑钨矿	石英脉型
133	赣县佛岭背钨矿	石英脉型	160	上犹县峨窝子钨矿	石英脉型

续表 7-8

序号	矿点名	类型	序号	矿点名	类型
161	上犹县三台岭白钨矿	石英脉型	188	崇义县砂坑里钨矿	石英脉型
162	上犹县船底窝钨矿	石英脉型	189	崇义县管岩钨矿	石英脉型
163	上犹县茶亭坳钨矿	石英脉型	190	崇义县塘坳钨矿	石英脉型
164	上犹县信地钨锡矿	石英脉型	191	崇义县五子云钨矿	石英脉型
165	上犹县举望白钨矿	矽卡岩型	192	崇义县湖斋洞锡钨矿	石英脉型
166	上犹县光菇山钨矿	石英脉型	193	崇义县车子坳钨矿	石英脉型
167	上犹县石灰岭钨铅锌矿	石英脉型	194	崇义县矮岭钨锡矿	石英脉型
168	上犹县上寨钨矿	石英脉型	195	崇义县园洞钨矿	石英脉型
169	上犹县大人埂锡钨矿	石英脉型	196	崇义县上达白钨矿	石英脉型
170	上犹县雷峰仙钨矿	石英脉型	197	崇义县坪背山背钨矿	石英脉型
171	上犹县鸡笼罩钨矿	石英脉型	198	崇义县天台山钨铅锌矿	石英脉型
172	上犹县水口钨矿	石英脉型	199	崇义县雪竹山钨锡矿	石英脉型
173	上犹县倒嶂上钨矿	石英脉型	200	崇义县鲤鱼山锡钨矿	石英脉型
174	上犹县船岭锡钨矿	石英脉型	201	崇义县小罗坑钨锡矿	石英脉型
175	上犹县上坑钨矿	石英脉型	202	崇义县老屋场钨矿	石英脉型
176	上犹县社溪段上钨矿	石英脉型	203	崇义县黄竹坑钨矿	石英脉型
177	上犹县司茅坳钨矿	石英脉型	204	崇义县塘漂孜钨矿	细脉浸染型+石英脉型
178	崇义县梅树坪钨矿	石英脉型	205	大余县老磨背钨锡矿	石英脉型
179	崇义县白水洞钨矿	石英脉型	206	大余县桥孜坑钨矿	石英脉型
180	崇义县塘泥坳钨矿	石英脉型	207	大余县大平钨矿	石英脉型
181	崇义县横基子钨矿	石英脉型	208	大余县鸭婆寨钨矿	石英脉型
182	崇义县偏岭子钨矿	石英脉型	209	大余县左于刘坑钨矿	石英脉型
183	崇义县高岭头钨矿	石英脉型	210	大余县龙头嵊钨矿	石英脉型
184	崇义县白石垴钨矿	石英脉型	211	大余县新开山钨锡矿	石英脉型
185	崇义县桐油坳钨矿	石英脉型	212	大余县阿婆脚钨矿	石英脉型
186	崇义县西坑钨锡矿	石英脉型	213	大余县新店里钨矿	石英脉型
187	崇义县珠子湖锡钨矿	石英脉型	214	大余县罗家背钨矿	石英脉型

续表 7-8

序号	矿点名	类型	序号	矿点名	类型
215	大余县大水坑钨矿	石英脉型	234	寻乌县竹子坑钨矿	石英脉型
216	大余县中寨钨矿	石英脉型	235	寻乌县葛廷坑钨矿	石英脉型
217	大余县老山坑钨矿	石英脉型	236	寻乌县老鹰咀钨矿	石英脉型
218	大余县排竹坑钨矿	石英脉型	237	全南县凉山寨钨铍矿	石英脉型
219	大余县长岭头钨矿	石英脉型	238	全南县龙江钨矿	石英脉型
220	大余县茶园山钨矿	石英脉型	239	全南县黄皮钨矿	石英脉型
221	大余县里鱼钨矿	石英脉型	240	武宁县帽岭钨矿	石英脉型
222	安远县上黄沙钨矿	石英脉型	241	全南县小姑村钨矿	石英脉型
223	安远县玉坑桥钨矿	石英脉型	242	全南县岐山钨矿	石英脉型
224	安远县猪牯塘钨矿	石英脉型	243	全南县中洞钨矿	石英脉型
225	信丰县月岭钨矿	石英脉型	244	龙南县石壁湖钨矿	石英脉型
226	信丰县石骨山钨矿	石英脉型	245	龙南县白石岭钨矿	石英脉型
227	信丰县山蕉坝钨矿	石英脉型	246	龙南县九曲钨矿	石英脉型
228	信丰县上迳钨矿	石英脉型	247	龙南县谢营钨矿	石英脉型
229	信丰县牛牯坑钨矿	石英脉型	248	龙南县马脚坳钨矿	石英脉型
230	瑞金市大塘钨矿点	石英脉型	249	龙南县园段钨铜矿	石英脉型
231	会昌县鲜坑钨矿	石英脉型	250	龙南县十三排钨矿	石英脉型
232	会昌县高嶂背钨矿	石英脉型	251	龙南县银盏洞钨矿	石英脉型
233	寻乌县秦米寨钨锡矿	石英脉型	252	龙南县石门钨矿	石英脉型

下篇 区域成矿规律与找钨攻略

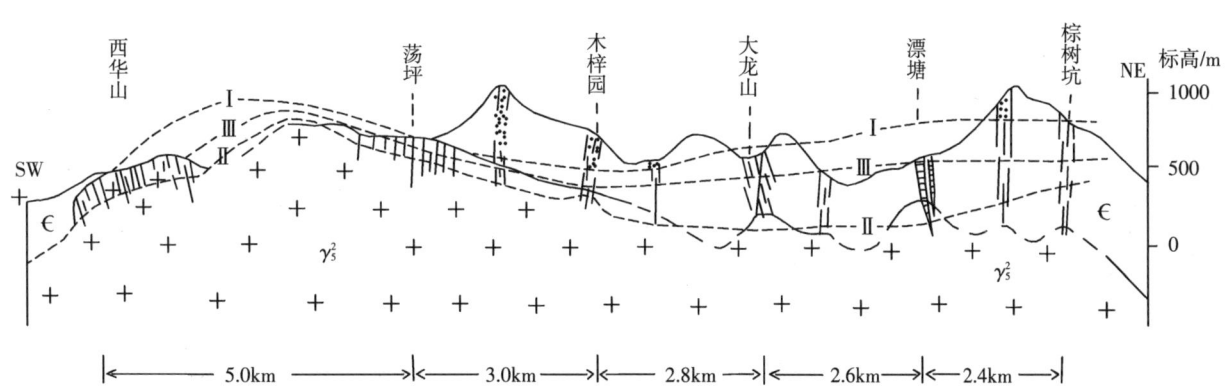

第八章 成钨区带及其特征

我国成矿单元经郭文魁（1987）、陈毓川等（2007）、徐志刚等（2008）等学者研究划分，以地质构造单元为背景，形成了成矿域、成矿省、成矿带、成矿亚带、矿集区、矿田的分级体系。杨明桂等（2018，2021）对华南构造-成矿单元进行了综合区划，增加了成矿区和矿集带的划分。本书以此为基础，以钨矿床分布特征与规律为依据，进行了钨矿成矿单元区划（表8-1）。

表 8-1 江西省及邻区钨矿成矿单元区划

Table 8-1 Division of tungsten ore-forming units of Jiangxi Province and its adjacent region

成矿域	成矿省	成矿亚省	成矿带	成矿亚带
古华南洋成矿域与滨太平洋成矿域复合区	华夏成钨省	下扬子亚省	长江中游成钨带	
			江南成钨带	江南西段亚带
				江南东段亚带
			湘桂成钨带	
			钦杭北段成钨带	九岭-黄山亚带
				萍乡-临安亚带
				武功山-仙霞岭亚带
		南岭亚省	钦杭南段成钨带	湘中南亚带
				桂东亚带
			诸广-云开成钨带	诸广亚带
				云开亚带
			于山-九连山成钨带	于山亚带
				九连山亚带
			武夷成钨带	武夷隆起亚带
				永梅坳陷亚带
			东南沿海成钨带	

第一节 成矿域、成钨省、成钨带

一、成矿域

陈毓川等（2007）、徐志刚等（2008）在黄汲清等（1945，1977）划分的古亚洲洋、特提斯洋、滨太平洋三大构造域的基础上，厘定了古亚洲、特提斯、秦祁昆、滨太平洋四大成矿域。江西省地质矿产勘查开发局（2015）在新建立的古华南洋构造域的基础上，厘定了古华南洋成矿域，该成矿域燕山期时分别与滨太平洋构造域、特提斯构造域复合，形成了东部的华夏成矿省，该成矿省由东向西钨成矿趋弱，锡矿床增多。华南西部钨矿床主要分布于滇东南地区（图8-1）。华夏成钨省占据华夏成矿省大部分地区。

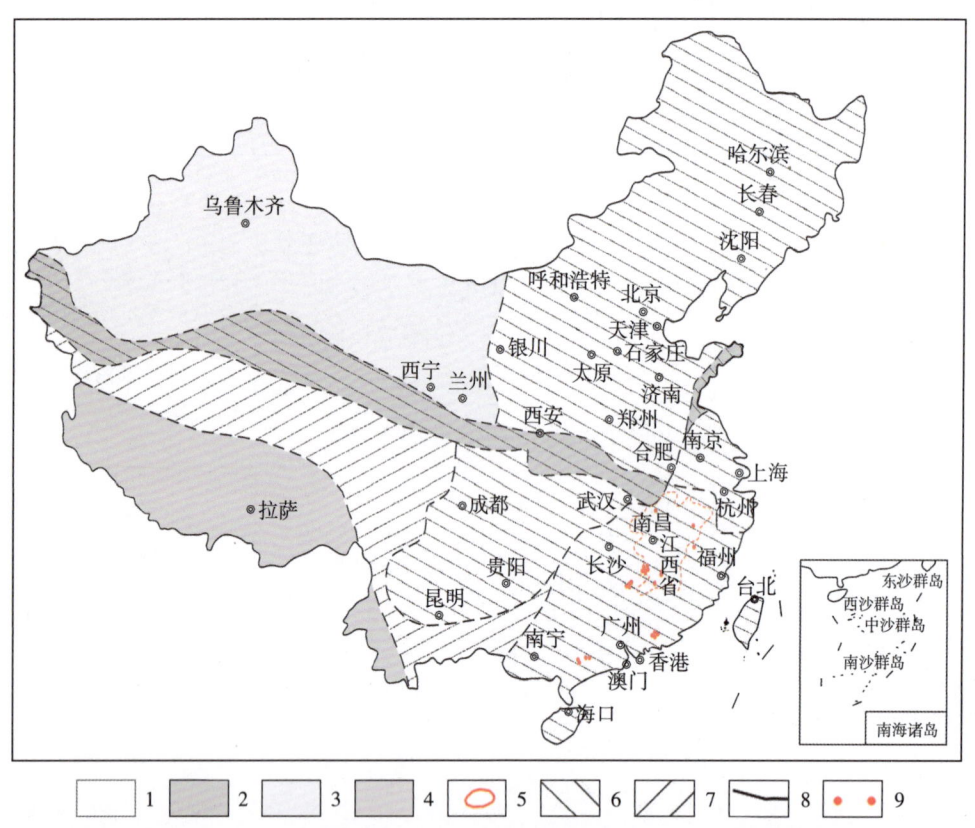

1—古亚洲构造成矿域；2—秦祁昆构造成矿域；3—古华南洋构造成矿域；4—特提斯构造成矿域；5—江西省；
6—滨太平洋构造成矿域；7—特提斯主要影响区；8—构造成矿域界线；9—华夏钨矿主要分布区。

图8-1 中国构造成矿域区划与江西省区位略图（据程裕淇，1994；徐志刚等，2008；杨明桂等，2018）
Fig. 8-1 Tectonic metallogenic domain zoning in China and regional location of Jiangxi Province

二、华夏成钨省

华南地区长期以来，以扬子准地台、华南准地槽（造山带）为基础，划分为扬子、华南两个成矿省；杨明桂等（2018）根据区域地质构造与矿产资源特征，分划为西扬子、东华夏与东南海域（含台湾、海南岛）3个成矿省。这种划分突显了3个成矿省独特的矿产资源特色与不同的成矿规律。

华夏成钨省处于古华南洋构造成矿域与滨太平洋构造成矿域强烈的复合地区，东临太平洋（图8-2），范围包括下扬子地块与华夏古板块陆区部分，江西省处于其中心地带。行政区划范围包括浙江省、广东省、福建省、上海市、香港特别行政区、澳门特别行政区全境、湖南省大部以及鄂东南、苏中南、桂东地区，面积约110万 km^2。华夏成钨省构造－岩浆－成矿作用在滨太平洋地区乃至全球有其显著的独有特征，是居世界之首的钨成矿省（图8-3）。

区内自中新元古代以来下扬子地块与华夏板块长期相互作用，发生了多旋回构造－岩浆－成矿活动，形成了世界上具有典型意义的多旋回花岗质岩浆成钨体系。

区内岩石圈以薄壳中厚上地幔为特征，为世界级壳型钨地球化学块体，构成了成钨的重要基因。区内是东亚燕山期陆内活化造山岩浆成矿大爆发的重要地区。岩浆成矿活动中侏罗世启动于钦杭带，晚侏罗世激化于南岭及邻区，早白垩世扩展至整个成矿省，广泛分布的S型花岗岩形成了钨锡钼铋钽铌金银铀与稀散、稀有以及非金属成矿系列，分布较广的I型、I-S型中酸性侵入岩形成了铜钼钨金银多金属成矿系列，构成一个完整的、世界罕有的、以南岭及邻区为核心的、呈核幔式扩展的大规模花岗岩质岩浆成矿省。

三、成钨亚省、成钨带

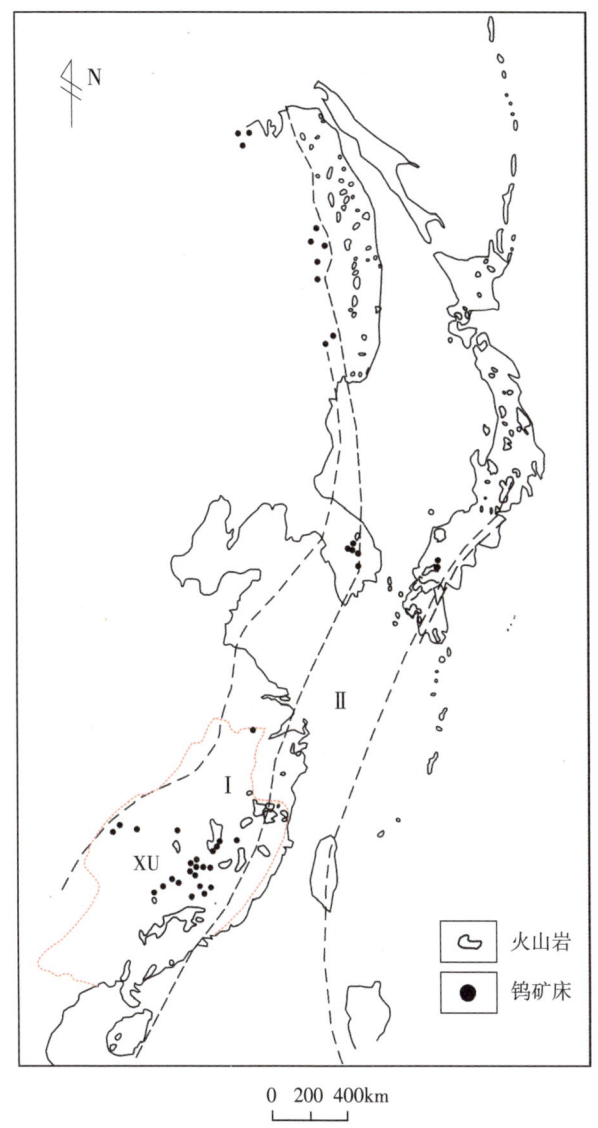

Ⅰ—前泥盆纪地块；Ⅱ—中新生代火山活动带；XU—华夏成钨省。

图 8-2　滨西太平洋钨矿带北部
（据徐克勤等，1981，修改）

Fig. 8-2　North of the West Coast Pacific Tungsten Ore Belt

华夏成钨省，根据其地质构造背景与成钨特征，分为下扬子、南岭两个成钨亚省。

下扬子成钨亚省处于下扬子地块，湘桂造山带及钦杭华南洋潜没构造带北段，控矿构造以隆、坳交替控（钨）带为特征，具S型花岗岩成钨多金属成矿系列，与I型、I-S型中酸性侵入岩成铜（钨）多金属两大岩浆成矿系列，是一个钨优铜富的成矿亚省，所属长江中游、江南、湘桂、钦杭北段等成矿带，受扬子反S型构造体系约束，成矿带主要成弧形或北东东向展布。

需要说明的是，钦杭成矿带是华夏成钨省的主带，为全国也是全球最重要的世界级、超大型、大型钨矿床集中分布地带。考虑到其北段成钨富铜，南段以钨为主，铜居其次，杨明桂等（2018）将其北段归于下扬子亚省，南段归于南岭亚省。

南岭成钨亚省主要形成于南华纪加里东期造山带。西部是钦杭南段坳陷带，中部为诸广－云开、于山－九连山、武夷隆起带，其间有宁（都）于（都）、永（安）梅（州）、粤北等中小型坳陷，东部为沿海燕山晚期火山岩带。燕山期时新华夏构造体系复合归并、包容前期构造，控制着钦杭南段、诸广－云开、于山－九连山、武夷、沿海等成矿带，均循北北东向展布。

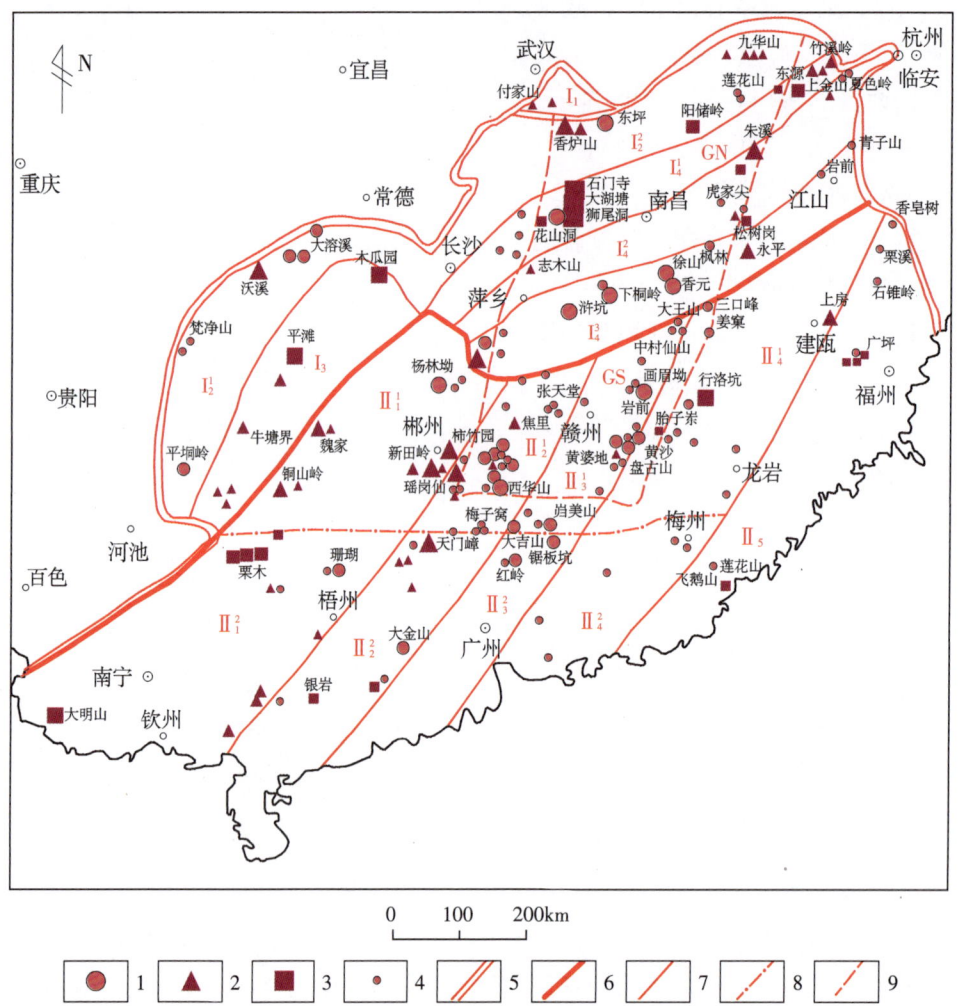

1—石英脉型主要钨矿床；2—矽卡岩型主要钨矿床；3—细脉浸染型主要钨矿床；4—重要钨矿点；5—成矿省界线；6—成矿亚省界线；7—成矿带界线；8—成矿亚带界线；9—成矿区界线；Ⅰ—扬子成矿亚省；$Ⅰ_1$—长江中游成钨带，$Ⅰ_2$—江南成钨带，$Ⅰ_2^1$—江南西段亚带，$Ⅰ_2^2$—江南东段亚带；$Ⅰ_3$—湘桂成钨带；$Ⅰ_4$—钦杭北段成钨带，$Ⅰ_4^1$—九岭－黄山亚带，$Ⅰ_4^2$—萍乡－临安亚带，$Ⅰ_4^3$—武功山－仙霞岭亚带。Ⅱ—南岭成钨亚省；$Ⅱ_1$—钦杭南段成钨带，$Ⅱ_1^1$—湘中南亚带，$Ⅱ_1^2$—桂东亚带；$Ⅱ_2$—诸广－云开成钨带，$Ⅱ_2^1$—诸广亚带，$Ⅱ_2^2$—云开亚带；$Ⅱ_3$—于山－九连山成钨带，$Ⅱ_3^1$—于山亚带，$Ⅱ_3^2$—九连山亚带；$Ⅱ_4$—武夷成钨带，$Ⅱ_4^1$—武夷隆起亚带，$Ⅱ_4^2$—永梅坳陷亚带；$Ⅱ_5$—东南沿海成钨带。GN—赣北成钨区，GS—赣南成钨区。

图 8-3 华夏成钨省地质简图

Fig. 8-3 Geological map of Cathaysian Tungsten Province

（一）下扬子成钨亚省

1. 长江中游成钨带

该带晋宁期时为弧后盆地，南华纪—三叠纪形成弧形坳陷，是一个薄壳幔隆带。燕山晚期早白垩世早中期（145~130Ma）形成I型中酸性岩带。该带以铜铁金成矿为主，钨呈共（伴）生产出，规模很小。

该带西段为鄂东南矿集区，钨矿床（点）分布于大冶市阳新石英二长花岗闪长岩基南侧一些小型花岗闪长斑岩株与古生代碳酸盐岩接触带，有中型的付家山、龙角山、阮宜湾和小型的大凤脑、马岭山等矽卡岩型钨铜矿床（李均权等，2005）。该带东段为九（江）瑞（昌）矿集区，钨矿化进一步减弱，在东雷湾矽卡岩型铜矿床和通江岭脉带型铜矿床（正勘查）中共（伴）生有白钨矿。

长江下游很少见到钨矿床报道，唯镇江市谏壁发现一处燕山晚期小型钨钼矿床，由蚀变花岗岩型、斑岩（脉）型、矽卡岩型钨钼矿体组成（盛继福和王登红等，2018）。

2. 江南成钨带

江南成钨带形成于江南反S型隆起构造带，为一个钨锑金地球化学块体。该带早在1946年于湘北沅陵沃溪金锑矿中发现白钨矿，1957年以来不断取得了找钨重大突破，迄今已成为一条重要的钨矿带。

钨矿床成矿期包括晋宁期和燕山期。燕山期成矿始于燕山早期的晚侏罗世晚期，主成矿期为燕山晚期早白垩世早中期（145~130Ma），与成矿相关的侵入岩为S型花岗岩，以形成高温热液钨锡多金属矿床为主，其次为中低温热液钨锑金矿床。

江南西段亚带晋宁期钨矿床有黔东南四堡复式花岗岩体南侧的罗城县平峒岭中型石英脉型钨矿床，梵净山复式花岗岩体附近的江口县黑湾河、印江县标水岩小型石英脉型钨矿床。燕山期花岗岩浆期后高温热液钨矿床有桃源县西安、安化县大溶溪、司徒铺3处中型钨矿床，岳阳市崔家坳小型钨矿床与临湘市多处钨矿点。另有著名的沅陵市沃溪中低温热液型钨锑金中型矿床与安化县渣滓溪钨锑中型矿床。

江南东段亚带内钨矿床的成矿岩体主要为燕山晚期S型江南组合花岗岩，主要分布于幕阜山—九宫山—莲花山—九华山一带，处于江南东段隆起与九江坳陷交界地带与江南东段东部倾没坳陷地带。在坳陷带中形成矽卡岩型矿床，在隆起带中形成石英脉型矿床。鄂东南地区有通城市花桥墩、杨石岭钨矿点，通山县石人山等钨矿点。赣北有修水县香炉山大型、张天罗-大岩下中型矽卡岩钨矿床，武宁县东坪规模居世界前列的超大型石英脉钨矿床以及鄱阳县莲花山钨锡矿田。皖南有由贵池区鸡头山矽卡岩钨钼矿床，青阳县九华山高家桥、鸡头山、百丈岩钨钼矿，桂林镇钼钨铅锌矿床组成的钨钼多金属矿田。

3. 湘桂成钨带

该带为在扬子板块东南陆缘湘桂加里东期造山带基础上形成的一条重要钨锑成矿带，以加里东、印支、燕山多期成钨为特征。湘西境内有印支期桃江县木瓜园大型斑岩钨矿床，燕山早期城步县平滩大型蚀变花岗岩钨矿床，新邵县分水坳矽卡岩钨矿床。

桂东境内加里东期钨矿床主要分布于越城岭地区。加里东期有兴安县牛塘界中型矽卡岩钨矿床，大凤坳小型矽卡岩钨矿床。据盛继福和王登红等（2018）资料，资源县鸭头水，全州县界牌、牛皮源、黄毛源、横溪源等小型矽卡岩钨矿床和十余处钨矿点，以及融水县发现的思英口、桐榕山、八结3处石英脉钨矿点，成矿时代都归属加里东期，形成了一个罕见的加里东期钨矿田。燕山期有融安县麻江小型石英脉钨矿床。

4. 钦杭成钨带

钦杭成钨带形成于钦杭华南洋潜没构造带，地质构造极其复杂，成矿条件十分优越，大致以萍乡-衡阳间为界，分为北、南2个成钨带（图8-4）。

钦杭北段成钨带是世界上燕山期S型花岗岩成钨最丰富的地带，也有I型、I-S型中酸性岩浆岩成铜钨、成钨钼作用。

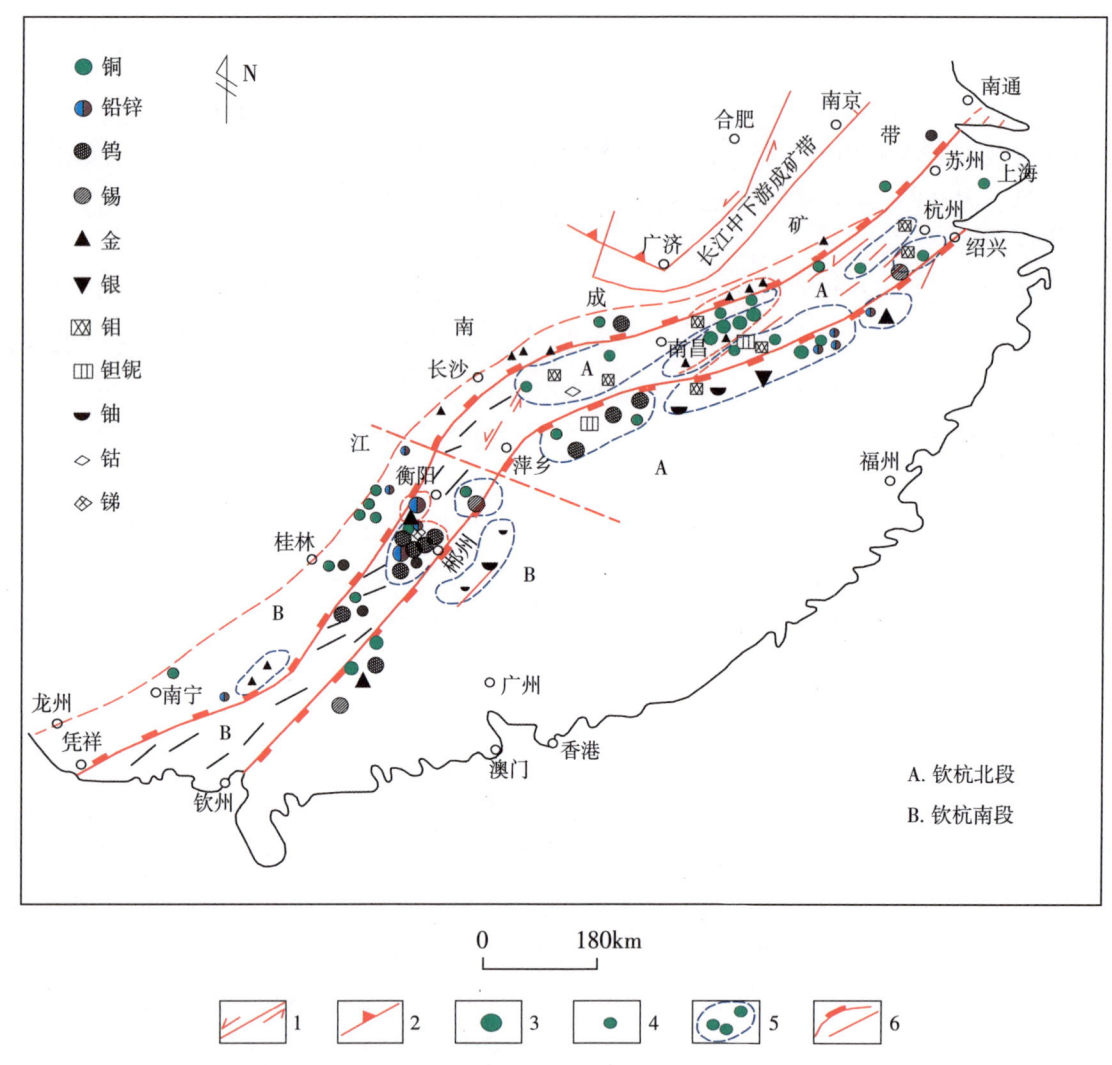

1—走滑断裂带；2—逆冲推覆断裂带；3—大型或超大型矿床；4—中小型矿床；
5—主要矿带或矿田；6—钦杭成矿带分界断裂与分界线。

图 8-4　钦杭成矿带地质矿产略图（据杨明桂等，1997，修改）
Fig. 8-4　Sketch map of geology and mineral resources of Qinhang Metallogenic Belt

1) 九岭-黄山亚带

该亚带处于凭祥-歙县-苏州结合带上（北）盘，西部九岭段为逆冲推覆隆起，东部黄山段为扬子型坳陷。钨矿床除花山洞矿床形成于晋宁期外，以燕山晚期为主。九岭段湘东北浏阳县境有焦溪岭小型石英脉钨矿床和多处矿点，赣北地区有修水县花山洞晋宁期中型钨钼矿床。燕山晚期 S 型花岗岩成矿系列的钨矿床有九岭山主峰九岭尖钨矿集区，拥有石门寺世界级、狮尾洞和大湖塘超大型、昆山中型钨铜钼矿床以及浮梁县瑶里乡牛角坞（青术下）中型蚀变花岗斑岩墙瓷石白钨矿床。I-S 型中酸型岩浆成矿系列的钨矿床在江西境内有都昌县阳储岭大型斑岩钨钼矿床，延入皖南有祁门县东源大型斑岩钨钼矿床、休宁县长岭尖小型石英脉钨铋矿床。黄山段以矽卡岩型钨矿床为主，包括绩溪县上金山大型钨矿床、际下中型钨银矿床、逍遥中型钨铜矿床，宁国县竹溪岭大型钨钼矿床，黄山市南山小型钨铜矿点，以及黄山市岭脚、宁国县西坞口小型石英脉钨矿床。区内钨矿点颇多，具有良好钨矿资源潜力。

2) 萍乡-临安亚带

该亚带处于钦杭坳陷地带，西段为萍乡-乐平华南型坳陷带，坳陷带西部萍乡—高安一带坳陷深、推滑叠覆强，成矿以中低温热液铜铅锌钴金为主，且多为准平原"断根"矿床。仅有上栗县I型斑岩接触带形成的志木山小型矽卡岩铜钼钨铁"断根"矿床。另在上高县蒙山印支期S型花岗岩体接触带有白钨矿点。萍乐坳陷带东段为构造岩片堆叠带，在塔前-赋春上石炭统—二叠系与S型花岗岩接触带形成了深隐伏世界规模最大的浮梁县朱溪钨铜矿床。在产于上青白口统下部万年群变质岩中的I-S型斑岩中形成了塔前毛家园中型斑岩钼钨矿床。在万年推覆隆起虎家尖大型破碎带蚀变岩型银金矿床中有低温热液钨铁矿体。该带东段处于信江-钱塘扬子型坳陷带北部。在赣东北有横峰县松树岗世界级燕山晚期蚀变花岗岩型钽铌矿床，浅部为石英脉钨锡钼矿体。在怀玉山-大茅山燕山晚期S型花岗岩基有丝茅岗、坂大等石英脉钨矿点。在浙西北有淳安县小型铜山矽卡岩钨铁矿床，临安县夏色岭钨钼、千亩田钨铍小型石英脉型矿床，该区另有多处石英脉型钨矿点。该亚带中深部钨资源潜力巨大。

3) 武功山-仙霞岭亚带

该亚带处于南华加里东期造山带前缘，萍乡-绍兴逆冲推覆深断裂带上（南）盘。西临茶陵晚白垩世断陷带。除永平铜（钨）矿床外，以钨为主的矿床的成矿岩浆岩均为燕山早期晚侏罗世S型南岭组合花岗岩。湘东境内有著名的锡田-邓阜仙钨锡矿田，处于永（新）莲（花）坳陷中，产有邓阜仙中型石英脉黑钨矿床和锡田超大型似层状矽卡岩钨锡矿床。武功山钨钽铌矿集区发育有雅山超大型蚀变花岗岩钽铌锂铷矿床及相伴产出的小型石英脉钨矿床，浒坑大型石英脉黑钨矿床，下桐岭大型石英大脉与网脉钨钼铋矿床，另有中小型钨矿床8处。徐山钨矿田有钨矿床（点）5处，以丰城市徐山大型石英脉+"地下室"式钨铜矿床和崇仁县香元（聚源）大型石英大脉与网脉白钨矿床为代表。该带东部钨成矿趋弱，在饶南坳陷有铅山县永平似层状矽卡岩铜矿床中伴生的白钨矿达大型规模，在龙头岗小型似层状矽卡岩铜矿床中也伴有白钨矿化。浙西常山县有岩前小型石英脉钨锡矿床，诸暨市有青子山石英脉钨矿点。

（二）南岭成钨亚省

该亚省以成钨著名于世的南岭命名，位于南华加里东期造山带。钨矿分布受新华夏系北东向构造带与南岭东西向构造带复合控制。以钦杭南段、诸广-云开、于山-九连山、武夷4条北北东向成钨带为主体。南岭构造带的河池-连平东西向断裂-花岗岩带构成了该成钨亚省的南、北分界。由湘南矿集区与崇余犹矿集区构成成钨亚省核心，钨矿床密集分布。成钨始于中侏罗世，在晚侏罗世进入高峰期，以S型南岭组合花岗岩成矿为主。西、南、东外侧成岩成矿向燕山晚期递变，至东南沿海地带成钨与火山作用有关，成矿趋弱。西部具多期成矿特征。越城岭、都庞岭一带有加里东期、海西期、印支期、燕山早期、燕山晚期5期成钨活动。

1. 钦杭南段成钨带

该带处于钦杭华南洋潜没构造带南部，总体为一个华南型坳陷，其中有属于南岭东西向构造带的大瑶山基底隆起，南部为钦州海西-印支期造山带。以河池-连平断裂-花岗岩带为界分为湘东南、桂东两个亚带。

1) 湘东南亚带

该亚带为一个规模巨大的钨锡多金属矿床密集区。其中，湘南矿集区著名于世，拥有柿竹园世界级矽卡岩钨锡铋矿床、新田超大型矽卡岩钨矿床、黄沙坪大型矽卡岩钨钼铅锑锡铋铁矿床，并有红旗岭等一批中小型矽卡岩钨矿床。此外，香花岭大型锡多金属矿床、荷花坪中型锡金属矿床都共（伴）生钨矿。北部有衡阳市川口钨矿田，包含杨林坳超大型石英脉型细脉浸染型钨矿床。该亚带西南部有道县魏家大型矽卡岩钨矿床，临武县铜山岭 I 型花岗闪长斑岩铜钼铅锌矿床深部新发现大型矽卡岩钨矿床。此外，在醴陵、常宁、江华等地有中小型钨矿床分布。荷花坪矿床辉钼矿 Re-Os 同位素等时线年龄为（224±1.9）Ma，成矿时代属印支期（蔡明海等，2006），值得进一步研究。

2）桂东亚带

该亚带位于广西壮族自治区东部钦杭南段成钨带南部，具多期成钨特征。加里东期有金秀瑶族自治县、崇左县西大明山小型石英脉钨矿床和矿点，灌阳县有集义海西期石英脉钨矿点。

印支期钨矿床主要分布于都庞岭地区，著名的栗木蚀变花岗岩钽铌锡钨矿田内发育有老虎头、水溪庙、金竹源 3 处大型钽铌锡钨矿床和鱼菜、三个黄牛、沟挂垒 3 处小型锡钨矿床。根据成矿条件对比分析，推测都庞岭花岗岩基中的李贵福钨锡多金属矿床和苍梧县社峒钨矿床也可能形成于印支期，有待进一步研究证实。

带内以燕山期成钨为主。著名的富（川）贺（县）钟（山）钨锡矿集区，北部由花山-姑婆山等燕山早期 S 型南岭组合花岗岩组成东西向岩带，形成水岩坝，可达钨锡矿田规模，以矽卡岩型、石英脉型矿床为主。燕山晚期钨矿床分布较广，时限为 130~90Ma。钟山县珊瑚钨矿田长营岭石英脉型钨锡矿床具大型规模，周边有八步岭钨锡矿床和杉木冲、大椿、金盆岭等低温热液型钨锑矿点。崇左县大明山大型层状浸染型、石英脉型钨矿床形成于燕山晚期。博白县境的油麻坡、三叉冲、泥冲、松旺等一批中小型矽卡岩钨矿床，时代也可能为燕山晚期。

2. 诸广-云开成钨带

该带居于南岭成钨亚省中部，是世界上最密集最重要的以石英脉型黑钨矿床为主的成矿带。西面以萍乡-北海断裂带为界与钦杭南段成钨带相邻，南部直达雷州半岛，总体上是一个北北东向隆起带。以河池-连平断裂-花岗岩带和粤北东西向小型坳陷带为界，可进一步分为诸广、云开两个亚带。

1）诸广亚带

该亚带大致以越城岭-兴国东西向构造花岗岩带为界。北部万洋山区成钨较弱，仅有中小型钨矿床（点）分布。成矿时期始于中侏罗世（瑶岗仙、焦里），高峰期为晚侏罗世（162~145Ma），结束于早白垩世（瑶岭）。南部钨矿床众多。诸广山复式花岗岩基两侧为燕山早期 S 型南岭组合成矿花岗岩半隐伏岩区，在湘东南形成了桂（东）汝（城）宜（章）钨矿集区，发育有宜章县瑶岗仙大型石英脉、矽卡岩型钨矿床，桂东县青洞，汝城县大蒲、将里寨等中型石英脉钨矿床，大山、高坳小型石英脉钨矿床，塘丘矿、砖头坳小型矽卡岩钨矿床，头天门中型蚀变花岗岩钨钼矿床以及多处钨矿点。

诸广山复式花岗岩基东侧的赣西南有著名的崇（义）大（余）上（犹）钨矿集区，自东向西为西华山-张天堂钨锡矿集带、左拔-樟斗矿集带、崇义向斜内宝山中型矽卡岩钨银铅锌矿床、九龙脑-淘锡坑钨锡矿集带。在大庾岭南侧的粤北梅子窝钨锡钽矿田，处于诸广山复式花岗岩基东南延伸地带。燕山早期形成了始兴县梅子窝"五层楼"式石英脉钨矿床，石人峰中型石英脉钨矿床。此外，曲江县瑶岭中型石英脉钨矿床，白云母 K-Ar 年龄为（79±0.8）Ma（王登红等，2014），成矿属燕山晚期；南雄县棉土高中型石英脉钨矿床成矿花岗岩体锆石 U-Pb 年龄为 238Ma（孙立强等，2011），时代可能为印支期，有待进一步研究。

2) 云开亚带

该亚带北部为粤北东西向坳陷西段，主体为云开北北东向加里东期后隆起，中部有罗定"隆中盆"，东缘有阳春小坳陷。与诸广亚带相比，该亚带钨成矿稍弱，锡金多金属成矿增强。

云开隆起中发育有著名的信宜县银岩燕山晚期大型斑岩钨锡钼矿床与云浮县大金山大型石英脉型钨矿床，廉江县南和中型石英脉型钨矿床，阳春县小南山中型石英脉钨矿床。怀集、阳春、乐昌、四会、廉江、云浮、电白等县（市）境内还有多处小型石英脉钨矿床（点）。

粤北东西向坳陷处于燕山早期大东山-贵东、广宁-佛冈两条花岗岩基带之间，小型花岗岩株较多。燕山早期花岗岩以形成钨锡矿为主，有具大型远景的天门嶂锡钨多金属矿床，阳山县佛平侗、东坑坪矽卡岩-蚀变花岗岩-石英脉型"三位一体"钨锡多金属矿床，乳源县和尚田、阳山高形等石英脉型、蚀变花岗岩型锡钨矿床，英德市单竹坑中型矽卡岩型钨矿床。

沿吴川-四会北北东向深断裂带形成一条燕山期，I-S型中酸性侵入岩株带和一串金铜钼铅锌钨矿床。在其北部于粤北坳陷中形成了著名的大宝山燕山早期I型斑岩"多位一体""多型共生"大型铜铅锌钼钨铁矿床。在断裂带南段阳春盆地中形成了石菉燕山晚期大型斑岩铜矿床，深部发现厚大白钨矿体。

3. 于山-九连山钨矿带

该带为一条北北东向构造隆起复式花岗岩带和重要的钨锡多金属成矿带，以河池-连平断裂-花岗岩带为界，分为于山、九连山两个亚带。

1) 于山亚带

该亚带北部为中强剥蚀隆起带，燕山早期花岗岩体呈岩基或大型岩株出露，形成的大王山矿集区，包括宜黄县大王山、永丰县中村、宁都县金华山等中小型石英脉钨矿床以及30余处钨矿点。该亚带中部构造隆升与剥蚀较弱，残留有宁（都）于（都）小型坳陷及一些小型向斜盆地。带内有小龙-画眉坳、赣（县）于（都）两个钨多金属矿集区，前者包括永丰县小龙中型石英脉钨矿床、宁都县画眉坳大型石英脉钨（铍钼铋）矿床和廖坑等一批中小型石英脉型钨矿床（点）。在宁于坳陷中有兴国县山棚下、宁都县狮吼山、于都县岩前等中小型矽卡岩型钨矿床。赣于矿集区西部为长坑中小型石英脉钨矿田，南部为黄婆地-庵前滩矽卡岩型、石英脉型钨矿田，以东部盘古山-铁山垅矿田规模最大，包括盘古山、黄沙大型石英脉钨矿床，上坪中型石英脉钨矿床，以及铁山垅、坑尾窝、隘上等一批中小型钨矿床。全区计有钨矿床（点）40余处。

该亚带南部为三南（龙南、全南、定南）矿集区，区内有中侏罗世A型花岗岩和晚侏罗世S型花岗岩，成钨以后者为主，形成一个重要的钨矿集区，已发现钨矿床、矿点50余处，包括全南县大吉山、定南县岿美山2处大型石英脉钨矿床。

2) 九连山亚带

该亚带北部处于大东山-贵东燕山早期花岗岩基带与粤北坳陷东部，钨锡成矿远景较好，已知有著名的连平县锯板坑大型石英脉型钨矿床、翁源红岭石英脉+"地下室"式钨钼矿床和樟天洞小型石英脉钨矿床。中南部的九连山-云雾山隆起花岗岩区遭受中强剥蚀，仅新丰、从化、增城、恩平等县境有石英脉钨矿点分布。

4. 武夷成钨带

该带西以鹰潭-安远-阳江，东以政和-大浦两条北北东向断裂带为界，成钨岩体为燕山早期与晚期S型花岗岩，以晚期为主。钨成矿作用与西部于山-九连山带相比，显得弱化，钨矿床分布比较稀疏。该带可进一步分为武夷隆起和永梅坳陷两个成钨亚带。

1）武夷隆起亚带

该亚带总体是一个北北东向构造隆起复式花岗岩带。在宁化-顺昌北东东向断裂带以北的北武夷为加里东期造山带根部暴露区，大部分地区为复式花岗岩基，是一个强剥蚀区。在闽西北浦城、松溪、建阳、邵武等县（市）境内有小型石英脉钨矿床（点）分布；在赣东资溪、黎川一带也以石英脉型钨矿为主，包括资溪县三口峰、黎川县姜寨（潭下）石英脉钨矿床，具小型规模。南武夷东北部为永（安）梅（州）坳陷所据，隆起带变窄。在福建境内有清流县行洛坑燕山晚期超大型石英大脉-网脉钨（钼）矿床，建瓯市上房燕山早期大型似层状矽卡岩钨钼矿床，宁化、清流、武平、长汀等县（市）境内有一批小型石英脉钨矿床（点）。赣东南石城县有海罗岭、姜坑里燕山晚期小型蚀变花岗岩钽铌矿床，伴有石英脉钨钼矿体；瑞金市有燕山晚期胎子崠小型爆破岩筒型钨矿床。延至粤东、龙川、龙门、东莞县（市）有多处小型石英脉钨矿床（点）分布。

2）永梅坳陷亚带

该亚带位于一个遭受剥蚀较强的华南型坳陷，上叠有晚侏罗世—早白垩世火山盆地，燕山期花岗岩出露较广，地质结构比较复杂。闽西南的永安、大田、龙岩、三明、连城、尤溪和粤东的梅州、大浦、蕉岭、惠阳、惠东、博罗等县（市）有少量小型石英脉型钨矿床分布，钨矿点较多。

5. 东南沿海成钨带

该带为一条燕山晚期火山岩带（晚侏罗世晚期—早白垩世）钨矿点分布区，钨矿床不多。浙东沿海仅有象山柴岙石英脉钨矿点。成矿带始自丽水市以南，延至粤东。浙南境内有丽水市香皂树、云和县栗溪、庆元县石锥岭等石英脉钨矿点。闽东境内有闽侯县广坪、宁德、九曲岭小型陆相火山岩型钨矿床，另有10余处石英脉型、陆相火山岩型钨矿点（盛继福和王登红等，2018）。粤东以产锡为主，钨居其次，包括澄海区莲花山中型斑岩钨锡矿床、潮汕飞鹅山小型石英脉钨矿床，以及10余处钨矿点。

四、江西省成钨区与钨矿集区（带）

江西省处于华夏成钨省中心地带，是世界上最富集的成钨地带，省境北部属下扬子成钨亚省，南部属南岭成钨亚省。大致以江西中部的莲花、吉水、宜黄、资溪一线近东西向成钨相对较弱地带为界，北面为赣北成钨区，南面为赣南成钨区（图8-5）。

赣北成钨区隆坳交互，其中长江中游成铜钨带东部的九瑞矿集区以铜为主，共（伴）生钨，主要成钨带为江南东段成钨带西部，钦杭北段成矿带的九岭-黄山、萍乡-临安、武功山-仙霞岭成钨亚带西部。矿带循东西向、北东东向展布，中间为鄱阳盆地，成钨地带分布于盆地周缘隆起山地与坳陷丘陵区。隆起区以石英脉型细脉浸染型钨矿床为主，坳陷区以矽卡岩型钨矿床为主。该区有香炉山-东坪、九岭尖、武功山矿集区（带）和徐山、朱溪、莲花山钨矿田。

赣南成钨区总体是一个北东向隆起区，其间坳陷规模小，与南岭东西向构造-花岗岩带复合，是世界石英脉型黑钨矿床最密集的地带，包括崇（义）（大）余（上）犹、大王山-金华山、小龙-画眉坳、遂（川）万（安）兴（国）、赣（县）于（都）、三南（龙南、全南、定南）等钨矿集区。

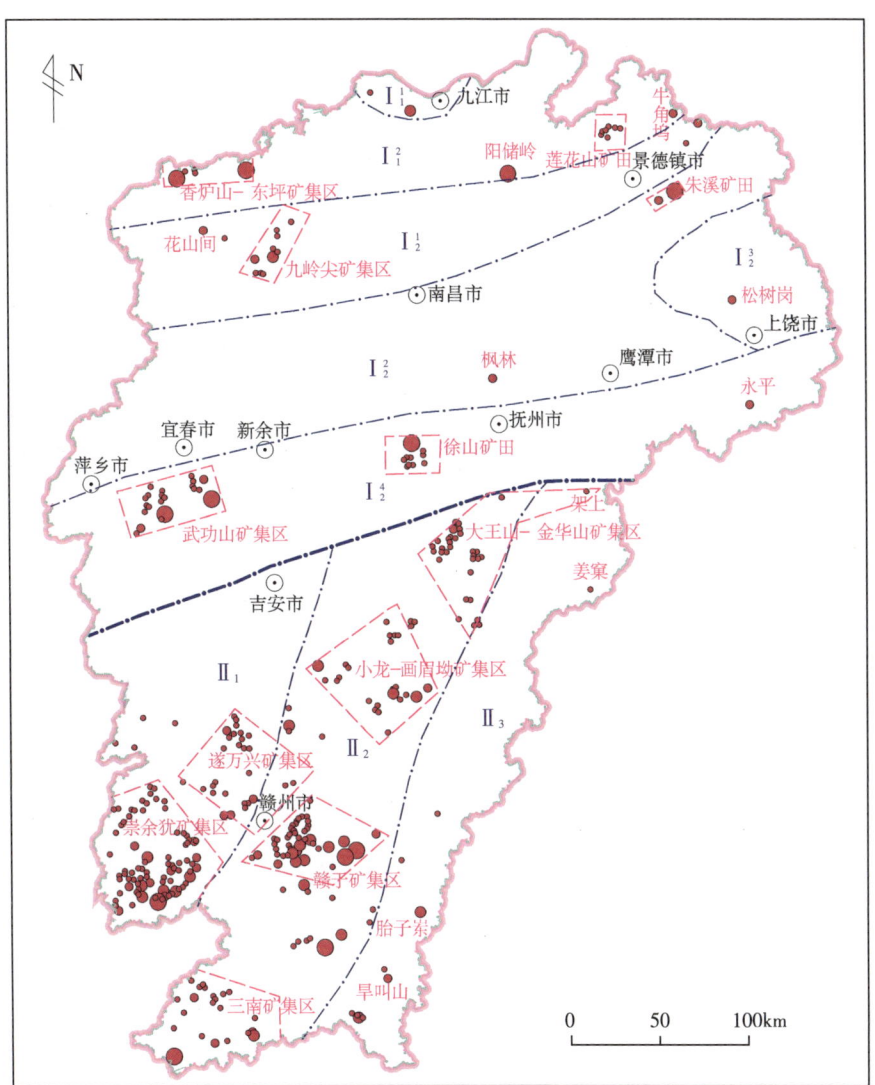

Ⅰ—赣北成钨区：Ⅰ$_1^1$—长江中游成铜钨带–九瑞铜钨矿集区，Ⅰ$_1^2$—江南东段成钨带；
Ⅰ$_2$—钦杭北段成钨带：Ⅰ$_2^1$—九岭–黄山亚带，Ⅰ$_2^2$—萍乡–临安亚带，Ⅰ$_2^3$—武功山–仙霞岭亚带；
Ⅱ—赣南成钨区：Ⅱ$_1$—诸广成钨亚带；Ⅱ$_2$—于山成钨亚带；Ⅱ$_3$—武夷成钨带。

图 8-5　江西省钨成矿区与钨矿集区分布图

Fig. 8-5　Distribution of ore concentration areas in tungsten forming mining areas in Jiangxi Province

第二节　赣北成钨区

　　江西省萍乡–广丰断裂带以北地区曾长期归属扬子准地台，从 20 世纪 80 年代以来，才逐步揭开了其复杂的地质构造面纱。该区自中新元古代以来经历了洋—裂谷—陆表海—大陆的多旋回构造演化历程。地表遭受了严重的消减叠覆，构成了优越的成矿条件，现已成为我国乃至世界上最重要的钨铜多金属成矿地区。该区钨矿床发现较晚，以 1948 年发现的武功山钨矿床最早，全区钨矿床主要发现于 1957—1958 年的钨矿普查，实现了"南钨北扩"。经 60 多年来的勘查，取得了矽卡岩型、细脉浸染型钨矿床找矿的重大突破。朱溪、石门寺为世界级钨矿床，狮尾洞、大湖塘、香炉山、东坪为超大型钨矿床，大型钨矿床有阳储岭、浒坑、下桐岭、徐山、香元（聚源）、永平（伴生）等8处，实现了"北钨超南"。

一、成钨地质背景

（一）多旋回地质演化过程

区内中新元古代为华南洋及其陆缘弧盆活动时期（1200~820Ma）。晚青白口世华南洋消亡，扬子板块与华夏–东南亚板块在区内宜丰—景德镇一线碰撞对接，发生了晋宁运动，陆缘弧盆造山，并遭受严重消减叠覆。晚青白口世晚期华南裂谷系形成，区内为以钦州–苏州裂谷海槽为主干的皖浙赣火山堑垒区。青白口纪末钦州–苏州裂谷苏皖段闭合，发生休宁运动弱造山，信江–钱塘地块与下扬子地块连接，南华纪始转变为陆表海，萍乡—乐平一带成为坳拉谷海槽。中志留世末华南裂谷系闭合，发生了加里东期造山，下扬子地块沿宜丰—景德镇一线向南，南华造山带北缘的武功山–饶南褶皱带沿萍乡—广丰一线向北，相向推覆对冲，地壳又一次大规模消减叠覆，至此江西北部地壳全部固结。晚古生代全境处于陆表海环境，中三叠世末发生的印支运动使区内北部地壳隆升，南部褶皱造山。进入大陆发展时期，又经历了燕山期陆内活化造山与晚白垩世—古近纪造山后地壳伸展块断时期。

（二）强烈消减叠覆的复杂构造

1. 下扬子地块赣北部分的残体结构

下扬子地块是在中新元古代华南洋下扬子陆缘弧盆的基础上于晋宁运动造山时期形成的地块，随华南洋俯冲消亡和板块碰撞，中元古代和晚青白口世（约860Ma前）的地层完全遭到叠覆。加里东期造山时，下扬子地块向南南东方向大规模逆冲推覆，前缘的万年薄皮推覆体推进叠覆到信江–钱塘地块怀玉山复向斜北缘，九岭厚皮推覆体也随之推进，共同将华南洋壳、钦州–苏州裂谷海槽叠覆殆尽。燕山运动九岭推覆体再次向萍乡–乐平坳陷带推覆对冲。同时，下扬子地块北部又遭到大别推覆体叠覆，巨大的扬子陆块在这一地区残留宽度最窄处仅130km。

2. 钦杭华南洋潜没构造带江西段的消减叠覆拼贴结构

该带历经晋宁、加里东、印支、燕山多次运动造山作用，形成了一个极为复杂的消减叠覆拼合结构（见图3-1），潜没于浏阳–宜丰、德兴–戈阳–东乡、皖南歙县伏川地区的中新元古代华南洋，仅有从深处推移至浅表的洋壳残片。加里东期钦州–苏州裂谷海槽，残留在弋阳登山的上青白口统上部登山群出露面积很小，上高城附近出露的下南华统漫田岩组也是从深处推移上来的残片。信江–钱塘地块西部的怀玉山复向斜，受到北、南两侧对冲推覆消减，向西呈楔状尖灭，留下杨溪、黄马等一串残片。广丰微陆块成了一个弧岛式残块。中元古界铁沙街岩组为一个面积约$40km^2$残片，武功山–饶南加里东推覆型褶断带自东向西叠覆于怀玉复向斜广丰微陆块和钦州–苏州裂谷带之上。加里东期后区内上叠了晚古生代以来的沉积盖层。经印支运动褶皱后，燕山期陆内活化造山，地壳强烈挤压扭动，沉积盖层又一次褶皱，形成萍（乡）乐（平）坳陷带，北部受到叠覆、对冲，怀玉坳陷带又一次受到挤压。晋宁期以来形成的扬子反S型构造体系定型，新生的新华夏构造体系，一系列北北东向断裂带构成了区域复合构造格局。复经晚白垩世—古近纪伸展作用，断隆成山，断陷成盆。江西北部西侧为两湖–茶陵北北东向侧列式断陷盆地带，中部为鄱阳湖断陷盆地，东部有德（兴）乐（平）、信江–抚州断陷盆地，构造了隆、坳、盆构造面貌。

(三) 多旋回沉积作用

前已述及中元古代及约 860Ma 前的新元古代沉积在扬子陆缘已叠覆殆尽，华夏陆块仅残留有中元古界小块田里岩组片岩和铁沙街细碧角斑岩片。上青白口统下部双桥山群构成了下扬子地块的褶皱基底，在江南岛弧为一套巨厚的浅变质含少量火山凝灰质的泥砂浊流沉积，偶夹薄碳酸盐岩层，在九江坳陷南缘含有细碧岩石英角斑岩，为沿（长）江弧后盆地沉积。万年推覆隆起的万年群与双桥山群时代相同，岩性相近，只是双桥山群上部有一套较厚的火山凝灰岩层，为弧前盆地沉积，这些弧盆沉积浅变质岩系是区内石英脉型钨矿床的主要围岩。

晚青白口世晚期至早古生代地层，与九江坳陷、修（水）武宁复向斜、怀玉复向斜、广丰微陆块形成扬子型沉积盖层，上青白口统上部砂砾岩-火山碎屑岩构成准盖层；南华系至中三叠统为陆表海型碎屑岩、碳酸盐岩沉积，下震旦统陡山沱组碎屑岩、碳酸盐岩，中寒武统杨柳岗组不纯灰岩为形成矽卡岩型钨多金属矿床的有利围岩。武功山隆起、饶南坳陷上青白口统上部至奥陶系于加里东期造山时形成褶皱基底。中晚泥盆世—中三叠世江西全境均为华南型陆表海碎屑岩、碳酸盐岩沉积，其中上石炭统黄龙组或藕塘底组为最有利的矽卡岩型钨多金属矿床围岩，其次为二叠系碳酸盐岩地层。晚三叠世进入大陆沉积阶段，相继形成了"煤盆"、早白垩世"火（山）盆"、晚白垩世—古近纪"红盆"沉积。

(四) 多旋回花岗岩与成钨作用

区内为多旋回花岗岩的典型地区。晋宁期岩体分布于九岭、星子，扬子（休宁）期岩体仅见于赣皖交境的石耳山，均具云英闪长岩或石英闪长岩（导体）-花岗闪长岩（主体）-二长花岗岩序列，形成的钨矿床仅九岭花山洞一处。加里东期岩体主要分布于南华加里东期造山带北缘的武功山—弋阳慈竹一带，另有万载丰顶山岩株，具英云闪长岩（导体）-花岗闪长岩+二长花岗岩（主体）-正花岗岩（补体）序列，未发现钨矿床。印支期岩体有宜丰甘坊、上高蒙山两处，以二长花岗岩为主体，蒙山岩体见弱钨锡铅锌银矿化。

燕山期为陆内活化造山、岩浆成矿大爆发时期。区内在形成 S 型成钨花岗岩的同时，在坳陷带、隆坳交接带，深断裂带形成了一批 I 型成铜（钨）和 I-S 型成钨钼中酸性小岩株。该期早白垩世火山活动主要分布在德兴-乐平、东乡-广丰火山盆地，尚未发现钨矿化。

燕山期成岩成钨在萍乡—浮梁一带启动最早，形成于燕山早期中晚侏罗世，武功山—饶南一带为晚侏罗世，九岭—阳储岭一带主要形成于燕山晚期晚侏罗世末期至早白垩世中早期，怀玉山-临安亚带为早白垩世，江南东段成矿亚带香炉山—莲花山一带为早白垩世中期。

二、江南东段成钨带香炉山—莲花山段成钨特征

江南东段成钨带西段的香炉山—莲花山一带，沿长江中游坳陷带与江南隆起的交接地带，自西而东形成了幕阜山白岭、香炉山、九宫山、东坪、彭山、星子、五里街、莲花山等一串燕山期 S 型花岗岩体，其中湖口县五里街晚侏罗世花岗闪长岩-二长花岗岩体遭受强烈侵蚀，仅见石英脉钼矿点，白岭岩体也形成于晚侏罗世，其他岩体均形成于早白垩世中晚期（132~100Ma）。岩体呈黑云母-二云母-白云母二长花岗岩演化序列。黑云母二长花岗岩以成钨为主（香炉山、东坪），二云母-白云母二长花岗岩以成锡铅锌为主（彭山），白云母二长花岗岩以成钽铌铍为主（白岭、星子）。在该带形成了

香炉山－东坪钨矿集区和莲花山钨锡矿田。

（一）香炉山－东坪矿集区

1. 成钨地质背景

该区位于赣西北与鄂东南田比岭地区，江南隆起九宫山凸起与长江中下游坳陷带南部交接地带，呈近东西展布（图8-6）。

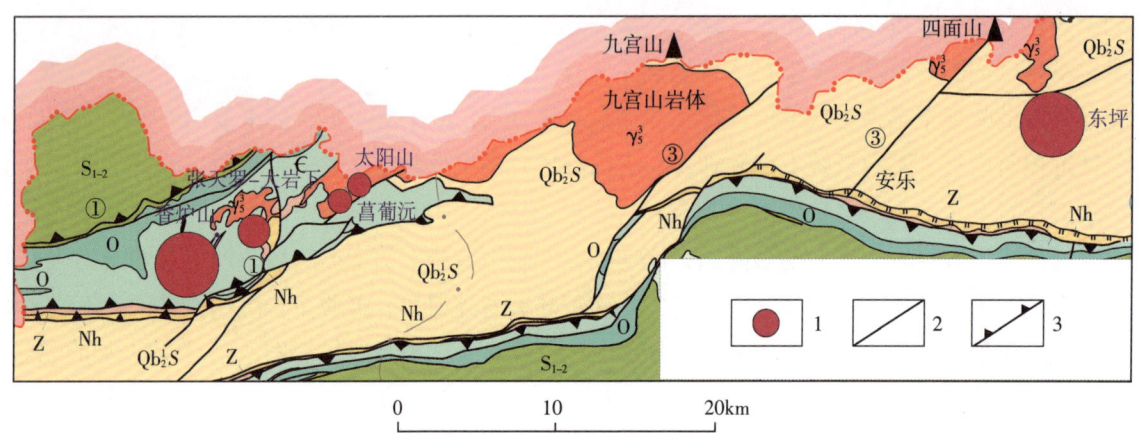

1—钨矿床（点）；2—挤压走滑断裂带；3—滑脱带；S_{1-2}—中下志留统；O—奥陶系；∈—寒武系；Z—震旦系；Nh—南华系；Qb_2^2S—上青白口统下部双桥山群；γ_5^3—燕山晚期花岗岩。

图 8-6 香炉山－东坪矿集区（江西部分）简图

Fig. 8-6 Schematic diagram of Xianglushan–Dongping ore concentration area

长江中下游坳陷带以码头－九宫山断褶带为界，西面为厦铺近东西向复向斜，东面为瑞昌弧寻状褶皱带。地层由南华系至中志留统组成，地层中发育层间滑脱带。

复合发育的新华夏构造体系有北东向华夏式和北北东向新华夏式两组断裂带。北东向的码头－香炉山褶断带是郯庐断裂带的末梢部分，具左行挤压扭动特征，断裂连续性较差，沿带东西向发生弯转，或出现东西向叠加褶皱，厦铺东西向复向斜南翼的香炉山北东向背斜是该带南部的一个叠加褶皱。北北东向左行挤压走滑断裂带，西侧有著名的麻城－团凤－幕阜山断裂带，东侧有崭春－九宫山、大洞－安乐断裂带。

以九宫山大型花岗岩株为中心，西有香炉山花岗岩株，东有四面山花岗岩株及东坪隐伏花岗岩株，组成一条近东西向燕山晚期S型成钨花岗岩带，显示九宫山岩株向西面的太阳山、高湖、香炉山半隐伏花岗岩体倾伏，四面山花岗岩株向南东面的东坪隐伏花岗岩株倾伏。

区域布格重力异常显示九宫山岩体与太阳山、香炉山岩体在深部可联为一体，呈近东西向、北东东向展布上（图8-7）。四面山花岗岩体异常呈卵圆状，长轴呈北西－南东向，东坪隐伏成矿花岗岩体恰在其东南方。

2. 成钨特征

香炉山－东坪钨矿集区钨矿床发现于1957年，经几十年勘查研究，相继查明了香炉山、东坪超大型钨矿床及张天罗－大岩下中型钨矿床，钨资源储量计约$52×10^4 t$，且仍具资源潜力。该矿集区由中、西、东3部分组成。成矿区内分布有成矿晚期的低温热液萤石矿床。

中部九宫山－太阳山石英脉型钨矿田：处于九宫山凸起北缘，成矿岩体为九宫山、太阳山花岗岩株，由石英脉型钨矿床（点）组成（见图5-18）。在鄂东南境内有通山县老鸦尖、百人山、老朱冲垄钨

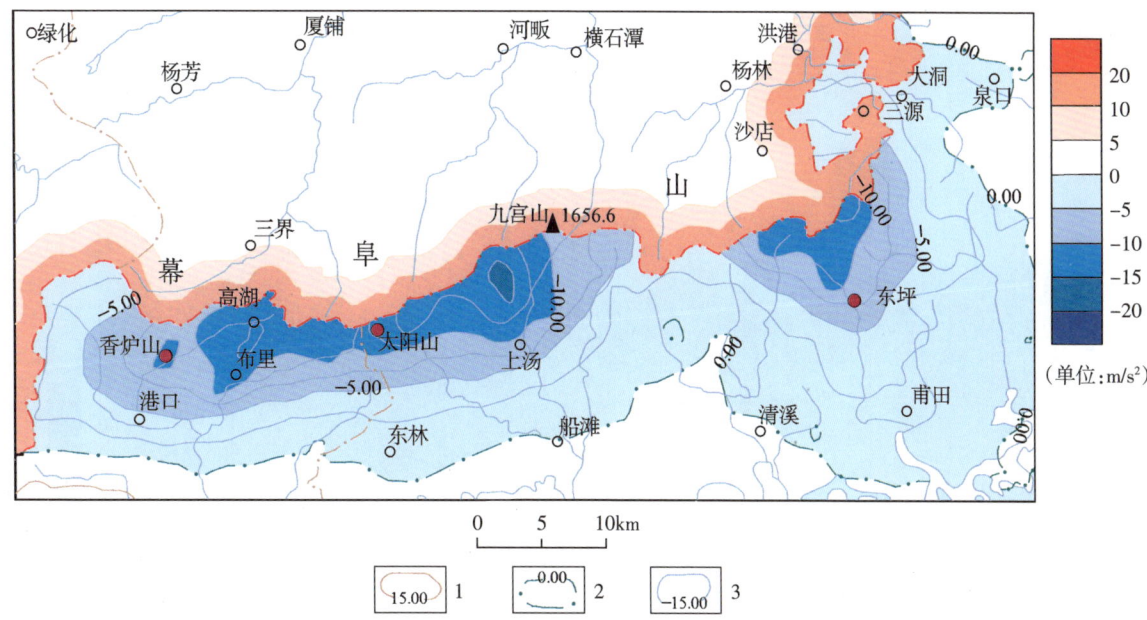

1—布格重力局部异常正等值线及标注；2—布格重力局部异常零等值线及标注；3—布格重力局部异常负等值线及标注。

图 8-7 香炉山-东坪地区布格重力异常图

Fig. 8-7 Bouguer gravity anomaly in Xianglushan – Dongping area

矿点，在江西境内太阳山花岗岩体中有太阳山小型钨矿床。

该带西部有修水县香炉山矽卡岩型钨矿田，成矿的香炉山花岗岩体分为两支。北东支花岗岩受北北东向构造控制，向南南西方向延伸，与下震旦统陡山沱组含锰灰岩、灰岩夹碳质泥岩耦合形成了大岩下-张天罗似层状矽卡岩钨矿床。该支花岗岩沿香炉山北东向倾伏背斜轴部入侵，并随倾伏背斜倾伏，在侵入体与中寒武统杨柳岗组碳酸盐岩层接触带形成了独特的接触带似层状矽卡岩型白钨主矿体，在背斜与岩体南西倾伏端形成似层状囊状矽卡岩白钨矿体。

东部武宁县东坪大型石英脉型钨矿床位于赣鄂两省交界的四面山燕山晚期花岗岩株以南，为一隐伏型成矿花岗岩株和隐伏型石英脉型钨矿床。矿体产于双桥山群安乐林组浅变质岩中，浅表为石英-云母线脉标志带，具工业价值的石英大脉在标志带下 100m 左右深处，燕山晚期成矿黑云母花岗岩隐伏于标高 -569.30~-989.87m 处。矿区西部发育北北东断裂带。矿脉与脉带走向为北东向，1 号与 2 号主矿带向南东东陡倾，3 号矿带则向北西西陡倾。1 号、3 号矿带控制 333 类以上 WO_3 资源量 $21×10^4$t；2 号矿带控制矿脉 76 条，平均厚度 0.9m，勘查程度偏低，与 3 号矿带深部交会部位未控制。全区估算 WO_3 资源总量约 $26×10^4$t。矿床达超大型规模，为世界上规模最大的石英大脉型钨矿床。

3. 找钨方向

根据区域布格重力异常和 W 元素地球化学图（图 8-8），推测东坪矿床外围西面与南面可能存在隐伏成矿花岗岩株和钨矿床。

（三）莲花山矿田

莲花山矿田位于江南东段成钨带西部的鄱阳、浮梁县交界处的莲花山区，面积约 350km²。区内广泛分布上青白口统下部双桥山群浅变质岩系，燕山晚期花岗岩株成群产出，北北东向、北东向断裂成带分布（图 8-9）。矿田内有白茶坞中型钨床 1 处，小型钨矿床 9 处。

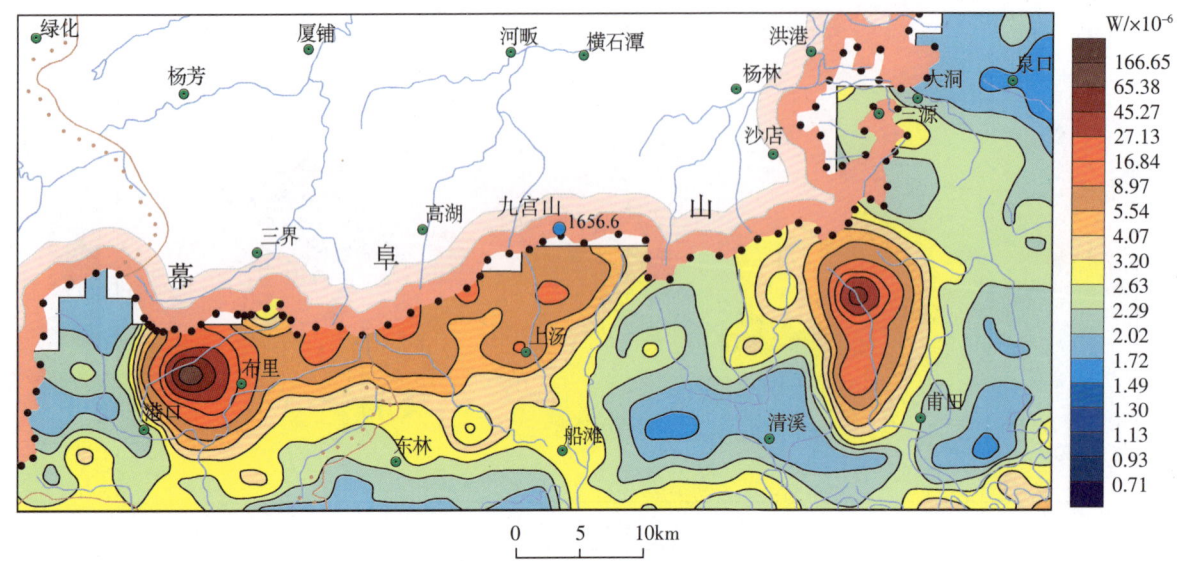

图 8-8 香炉山-东坪地区 W 元素地球化学图

Fig. 8-8 Geochemical map of W element in Xianglushan–Dongping area

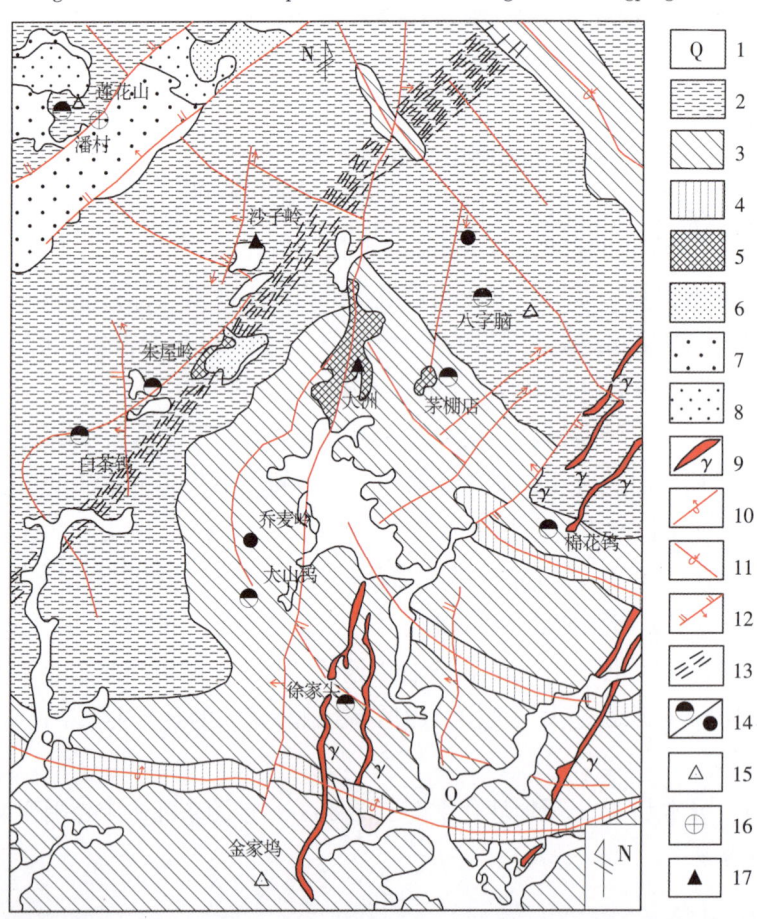

1—第四系；2—双桥山群横涌组第四岩段；3—双桥山群横涌组第三岩段；4—双桥山群横涌组第二岩段；5—燕山晚期第二阶段第四次花岗岩；6—燕山晚期第三次花岗岩；7—燕山晚期第二次花岗岩；8—燕山晚期第一次花岗岩；9—花岗岩脉；10—倒转背斜轴；11—倒转向斜轴；12—断层；13—韧性剪切带；14—锡钨矿床（点）；15—金矿床；16—萤石矿床；17—瓷土矿床。

图 8-9 莲花山矿田地质矿产图（据曹晓明等，2006）

Fig. 8-9 Geological and mineral map of Lianhuashan ore field

1. 成矿条件

1）赋矿地层及围岩条件

矿田内地层为新元古界横涌组，主要岩性为泥砂质板岩、凝灰质板岩夹少量钙质板岩及变沉凝灰岩。由于燕山期花岗岩的侵入作用影响，区内发生较广泛的不同程度的热变质作用，形成石英云母角岩、斑点板岩及钙硅角岩（表8-2）。

表 8-2　莲花山矿田赋（成）矿地层岩性特征表

Table 8-2　Lithologic characteristics of ore bearing (forming) strata in Lianhuashan ore field

赋（成）矿地层	地层代号	岩性特征	主要成矿元素平均含量/$\times 10^{-6}$					
			W	Sn	Mo	Cu	Pb	Zn
横涌组第四岩段上部	$Pt_3^1h^{4-2}$	紫红色、灰绿色、黄绿色粉砂质板岩、板岩夹同色薄—中厚层变余含凝灰质粉砂岩，局部角岩	11.1	5.24	1.79	58.24	14.12	79.41
横涌组第四岩段下部	$Pt_3^1h^{4-1}$	灰绿色、青灰色中—厚层状变余含凝灰质粉（细）砂岩夹同色板岩、粉砂质板岩，局部为变沉凝灰岩，普遍具角岩化	12.4	5.21	1.26	51.78	26.18	99.44
横涌组第三岩段上部	$Pt_3^1h^{3-2}$	紫红色、灰绿色板岩和粉砂质板岩夹同色薄—中厚层变余含凝灰质粉（细）砂岩，近矿围岩深部多蚀变为角岩	11.8	5.22	1.52	55.01	20.15	89.43
横涌组第三岩段下部	$Pt_3^1h^{3-1}$	黄绿色、青灰色、灰绿色薄—中厚层变余含凝灰质粉（细）砂岩夹同色粉砂质板岩，近矿围岩深部多蚀变为角岩	15.3	6.69	1.30	38.31	21.56	108.44
横涌组第二岩段上部	$Pt_3^1h^{2-2}$	紫红色、黄绿色板岩夹同色粉砂质板岩、薄—中厚层变余含凝灰质粉砂岩及少量变凝灰质细砂岩	11.3	6.89	1.30	57.85	74.14	104.98
地壳克拉值（黎彤，1976）			1.1	1.7	1.3	63	12	94

2）成矿岩浆岩特征

区内出露7个花岗岩体，并有5个隐伏花岗岩体。根据重力资料推测，莲花山区深部为一半隐伏花岗岩基。

北部潘村至板坑坞一带以地表出露的复式岩体为主，有4次岩浆侵入活动。南部（八字脑、茅棚店、大山坞、徐家尖、棉花坞）则以隐伏—半隐伏的花岗岩株产出为特征，反映出矿田岩浆由南向北上侵，剥蚀程度向南趋弱。据1:5万蛟塘幅区域地质调查资料，区内花岗岩年龄值在135~100Ma之间，为燕山晚期。区内具多次岩浆活动特征，形成黑云母花岗岩-二云母花岗岩-白云母花岗岩序列。北部潘村岩体以黑云母花岗岩为主，向南浅色花岗岩增多。总体上看有黑云母花岗岩富钨，二云母花岗岩富锡的趋势。

矿田内各期次不同岩性的花岗岩岩石化学特征详见表8-3。区内花岗岩均属铝过饱和钙碱性系列，为陆壳重熔S型花岗岩类型。

表 8-3 莲花山矿田岩浆岩岩石化学特征表

Table 8-3 Petrochemical characteristics of magmatic rocks in Lianhuashan ore field

岩体名称		潘村	潘村	沙地岭	板坑钨	板坑钨	寡妇桥	大洲	茅棚店、八字脑	徐家尖大山钨脉岩	维氏值
	岩性	中粗粒斑状黑云母花岗岩	中粗粒斑状黑云母花岗岩	细-粗粒状二云母花岗岩	中粗粒斑黑云母花岗岩	中细粒黑云母花岗岩	中细粒黑云母花岗岩	中细粒白云母花岗岩	细粒白云母花岗岩	细粒白云母花岗岩	
氧化物含量/%	SiO$_2$	74.21	69.80	74.41	74.70	73.52	72.38	74.52	72.14	72.24	
	TiO$_2$	0.23	0.40	0.10	0.07	0.05	0.04	0.04	0.05	0.05	
	Al$_2$O$_3$	13.71	14.02	13.36	13.42	14.17	14.62	13.72	15.8	15.12	
	Fe$_2$O$_3$	1.72	2.15	0.68	0.72	0.86	1.57	1.07	1.25	1.18	
	FeO	1.87	2.67	0.99	0.94	0.58	0.77	0.84	0.68	0.55	
	MnO	0.03	0.06	0.21	0.21	0.22	0.22	0.21	0.03	0.04	
	MgO	0.54	1.30	0.17	0.03	0.04	0.33	0.00	0.16	0.13	
	CaO	0.53	0.89	0.30	0.38	0.48	0.46	0.30	0.12	0.57	
	Na$_2$O	2.45	2.68	3.08	3.40	4.36	4.00	3.44	2.80	4.42	
	K$_2$O	4.36	4.61	4.66	4.40	3.88	4.08	3.98	4.22	4.01	
	P$_2$O$_5$	0.09	0.11	0.10	0.10	0.22	0.14	0.22	0.11	0.33	
	烧失量	1.08	1.35	1.03	0.59	0.70	0.59	1.26	—	1.07	
	总量	100.80	100.02	98.92	98.60	99.14	99.00	99.60	97.35	99.68	
特征参数	DI	88.10	81.91	90.81	91.90	92.01	90.52	91.07	88.13	91.41	
	σ	1.48	1.99	1.92	1.92	2.22	2.22	1.75	1.7	2.43	
	K$_2$O/Na$_2$O	6.81	7.29	7.74	7.80	8.24	8.08	7.42	7.02	8.43	
	(K$_2$O+Na$_2$O)/%	1.78	1.72	1.51	1.29	0.89	1.02	1.16	1.51	0.91	
	σEu	0.468	0.392	0.421	0.318	0.412	—	0.405	—	—	
微量元素含量/×10^{-6}	W	5.00	5.00	8.22	7.20	8.70	7.13	7.60	1.03	6.16	1.50
	Sn	7.74	6.48	46.64	33.40	26.70	58.76	58.20	603.40	20.31	3.00
	Mo	0.51	0.51	0.51	0.50	0.50	0.50	0.57	1.00	0.68	1.00
	Bi	2.90	2.61	6.56	4.50	8.30	4.77	10.30	45.99	9.80	0.01
	Cu	27.32	25.13	55.00	40.50	36.70	24.72	43.50	571.55	3.07	20.00
	Pb	12.86	13.23	14.38	7.00	6.70	8.67	10.30	47.74	13.07	20.00
	Zn	26.29	21.55	24.88	25.30	27.30	26.69	34.50	911.18	39.62	60.00
	V	11.07	21.01	7.23	6.60	8.50	7.66	9.85	—	31.00	0.00
	Ag	0.10	0.10	0.10	0.10	0.10	0.11	0.14	4.38	0.12	0.05

3）控矿构造特征

区内主要构造形迹为石鼓复式背斜北翼和北东—北北东向断裂。石鼓复式背斜北翼的次级褶皱由一系列向南西弯曲的紧密同斜弧形褶皱组成，褶皱轴向自东向西由北北西渐变为北西和北东。

区内断裂发育，北东向左行挤压走滑断裂分布于北部潘村和东部茅棚店—棉花坞一带，近南北向左行走滑断裂带纵贯中部，以大洲断裂规模最大，沿断裂有花岗岩脉充填或形成硅化带。

4）矿田地球物理和地球化学特征及与成矿的关系

矿田为北北西向椭圆形重力低异常（图 8-10），显示区内为一半隐伏大型花岗岩株。1:20 万重砂测量在区内圈出一级黑钨矿、锡石重砂异常面积 17km^2，茅棚店、八字脑等锡矿床处于异常浓集中心的重合部位。区内发育 1:20 万水系沉积物西源村 W、Sn 异常，八字脑-诸蒋 Sn 异常和大山坞 Sn 异常，各异常面积达数十平方千米，分带清晰（图 8-11）。

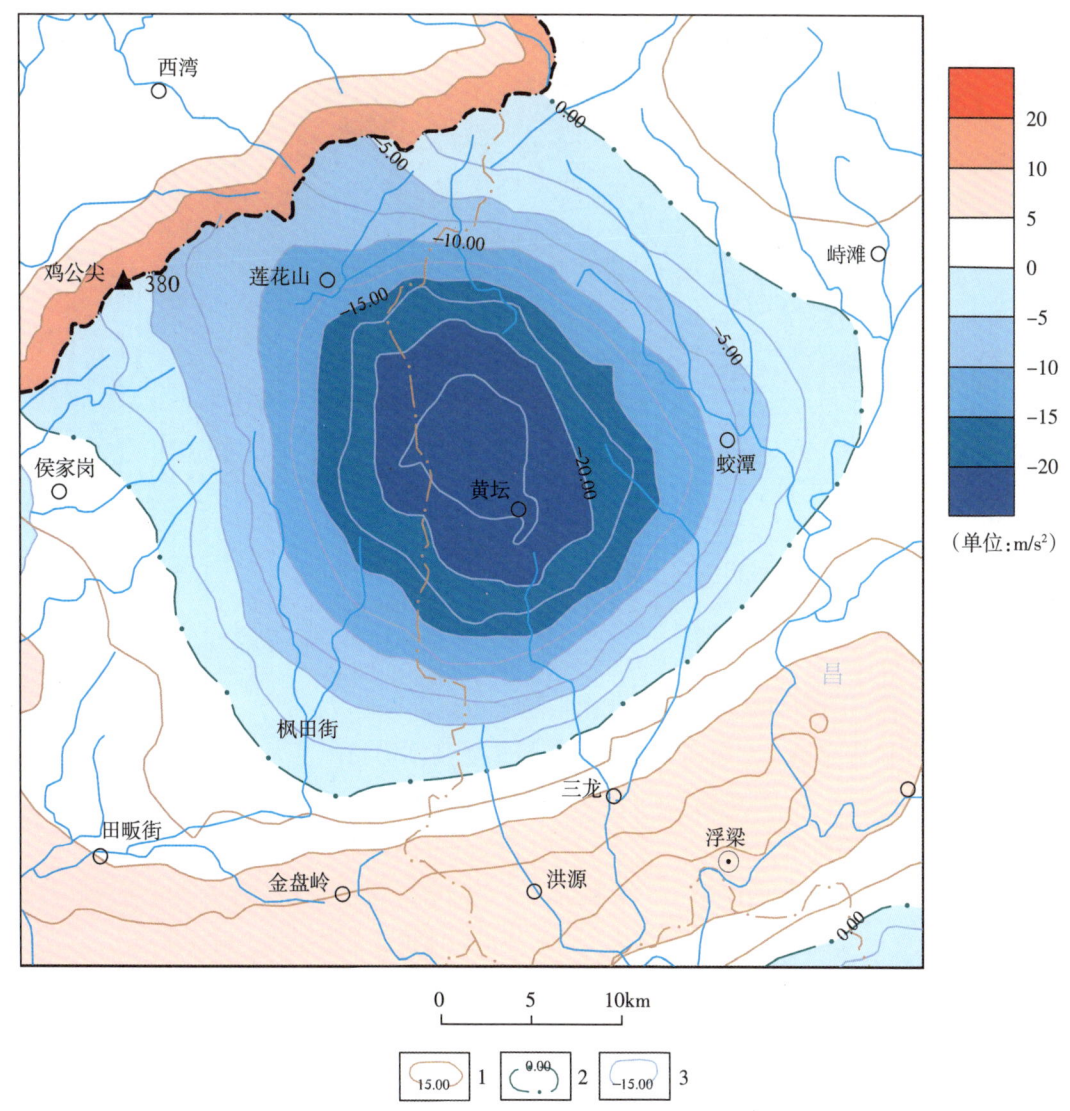

1—布格重力局部异常正等值线及标记；2—布格重力局部异常零等值线及标记；3—布格重力局部异常负等值线及标记。

图 8-10　莲花山矿田布格重力局部异常平面图

Fig. 8-10　Local anomaly plan of Bouguer gravity in Lianhuashan ore field

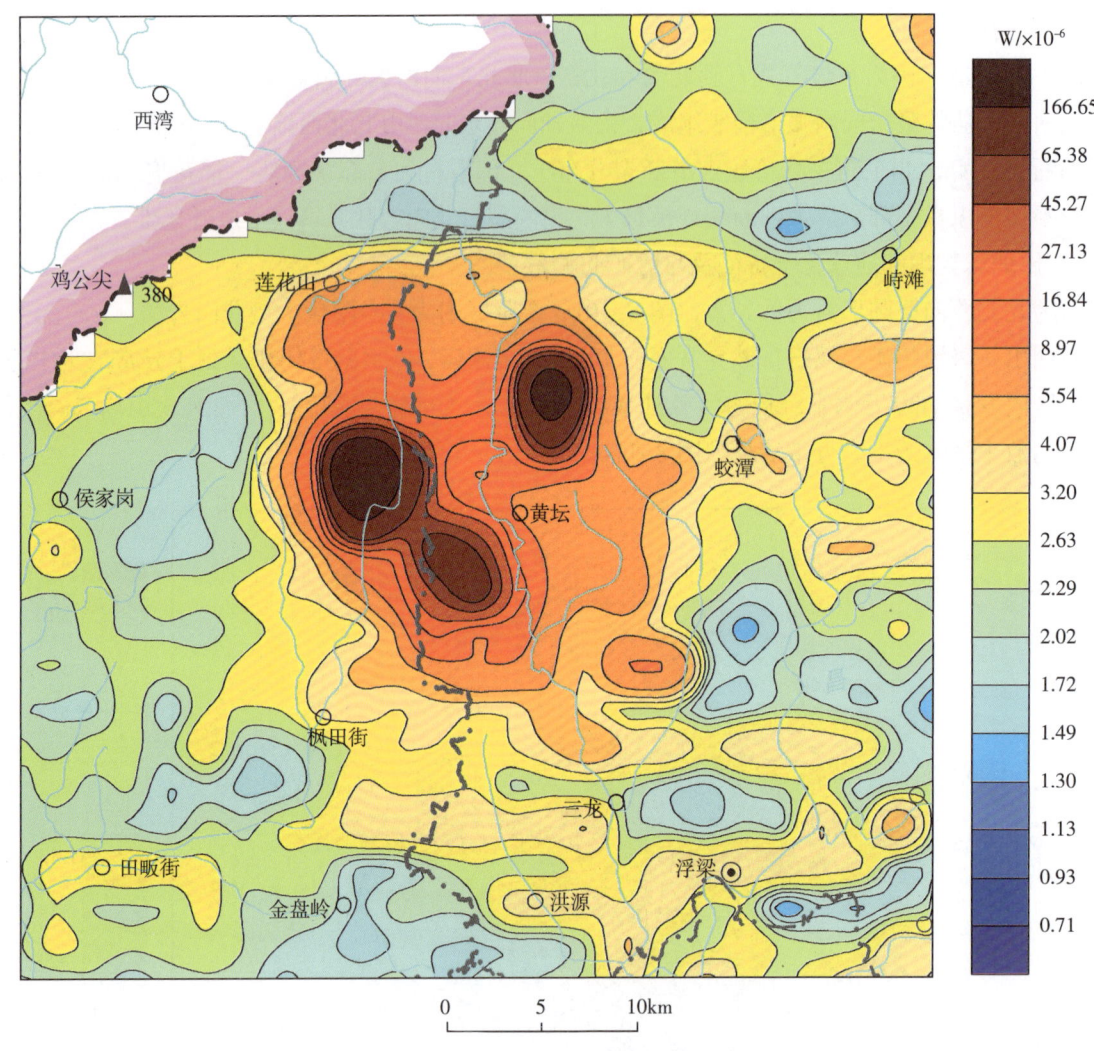

图 8-11 莲花山矿田 W 元素地球化学图
Fig. 8-11 Geochemical map of W element in Lianhuashan ore field

2. 矿床类型及其特征

矿田钨锡矿床（点）均围绕燕山期的莲花山半隐伏花岗岩基星罗棋布，主要分布于花岗岩株（瘤）的内外接触带，萤石矿床充填于北东向断裂中，高岭土矿则不均匀产于大洲花岗岩株的表层。矿田主要钨（锡）矿床特征见表 8-4。其中钨锡矿床具有以下特征。

1）蚀变花岗岩型锡钨矿床

该类型矿床在矿田南部地区的徐家尖、茅棚店、八字脑矿区均有产出，其中茅棚店锡矿是该区石英脉+"地下室"式蚀变花岗岩型矿床的典型代表。该矿体沿岩体顶部呈似层状、扁豆状产出，具小型规模。

岩体顶部正接触带上往往发育 1~10cm 厚的伟晶岩壳。垂向上自上而下可见矿化伟晶岩—硫化物花岗岩—锡（钨）矿化花岗岩—蚀变花岗岩的明显分带。

2）石英脉（带）型钨锡矿床

该类型矿床为区内主要类型，主要产于潘村、白茶坞、朱屋岭、八字脑、棉花坞、徐家尖等地，多数矿体分布于隐伏处的接触带，少量产于花岗岩体内（潘村）。西部矿区（白茶坞、朱屋岭、大山坞等）以石英脉型为主，矿脉"五层楼"式分带不明显；东部矿区（八字脑、棉花坞、徐家尖矿段）则

表 8-4 莲花山矿田主要钨(锡)矿床特征表

Table 8-4 Characteristics of main tungsten (tin) deposits in Lianhuashan ore field

矿区	矿床类型	矿床规模	数量/个	矿体基本特征							矿体分布特征	矿床成因
				形态	规模/m		厚度	产状		品位/%		
					长	延深(宽)		倾向	倾角/(°)	WO$_3$	Sn		
潘村	石英脉型钨(锡)矿(主要)，云英岩型锡矿(次要)	小型	38	脉状、透镜状	170~350	57~117	0.08~1.40	SE或NW	50~85	0.07~8.32	0.17~2.21	主要产于岩体外接触带的石英脉中，锡矿体主要分布于内接触带的云英岩及石英脉中	气成高温热液成因
白茶钨	石英脉型钨(锡)矿	中型	25	脉状、透镜状	50~500	50~375	0.10~5.70	NWW	50~85	0.08~6.86	0.08~0.98	主要分布于外接触带，以石英大脉为主，少量石英细脉带	
朱屋岭	石英脉型钨(锡)矿	小型	30	脉状、透镜状	50~400	15~200	0.10~8.20	SE或E	65~80	0.06~1.41	0.10~1.28	矿体大脉为主，以石英大脉为主，少量石英细脉带	
八字脑	石英脉型锡(钨)矿	小型	22	脉状、透镜状	100~810	50~360	0.80~3.95	SW或NE	61~87	0.07~9.60	0.14~1.19	主要分布于外接触带，以石英细脉带为主	
茅棚店	蚀变花岗岩型锡钨矿	小型	3	似层状、透镜状	234~360	36~278	1.57~3.59	S	10~20	0.01~0.51	9.16~10.00	产于中细粒二云母花岗岩内接触带内	岩浆高温热液成因
	石英脉型钨(锡)矿		40	脉状、透镜状	60~500	50~326	9.28~16.29	NW	60~85	0.06~3.38	0.13~3.65	主要分布于外接触带，以石英细脉带为主，少量石英大脉	
徐家尖	蚀变花岗岩型锡矿	中型	7	似层状、透镜状	50~470	30~216	1.0~9.55	NE或NW	0~15或50~75	0.01~0.15	0.13~1.11	产于岩体中细粒二云母-黑云母花岗岩内接触带中或花岗岩岩脉内	
棉花钨	石英脉型钨(锡)矿(主要)、蚀变花岗岩型锡矿(少量)	小型	23	脉状、透镜状	100~420	50~160	0.40~2.50	NW或SE	60~85	0.08~1.48	0.4~2.39	主要分布于外接触带，以石英细脉带为主，蚀变花岗岩型锡矿化主要产于浅部岩脉中	

以富锡石英脉为特征。所有脉状矿体均受相应的断裂旁侧的裂隙系统控制。矿体主要为北北东—北东向，少部分为北西—北北西向，偶有东西向及南北向，倾角50°~85°，延伸长50~810m，宽度或延深15~360m，厚度一般在0.1~9.55m之间，品位为WO_3 0.06%~9.60%、Sn 0.08%~3.65%。矿石矿物除黑钨矿、锡石外，常伴生有黄铁矿、黄铜矿，局部见少量方铅矿、闪锌矿、辉钼矿等金属矿物。

各矿区独立的含矿石英大脉相对较少，多与钨锡石英细脉带相伴产出。含矿石英大脉厚度一般为0.1~1.2m，矿体规模往往比石英细脉带要小些。在空间的数量分布上，矿田中部（白茶坞、朱屋岭、八字脑、棉花坞等）矿床中大脉所占比例相对要高，为含矿石英脉总量的10%~15%，其他矿区一般小于5%。

3. 成矿规律

1) 矿化空间分带

矿田的成矿作用具明显的分带性。以朱屋岭—板坑坞一带为中心，由内向外依次为钨（锡）矿带→锡（钨、铜）矿带→铜、铅、锌、金多金属矿带。矿化分带主要表现在矿田的东部和东南部，西部不明显。中心地区的白茶坞、朱屋岭及大山坞矿段以钨成矿为主，钨锡资源量比为6.6~7.8。向南东至徐家尖、棉花坞、茅棚店及八字脑一带，锡矿化逐渐增强，钨锡资源量比为0.5~1.0。再向南东至外蒋和金家坞一带，则以铜（铅锌）和金（银）矿化为特征。

区内共产出钨、锡矿床（点）12个，其中中型矿床1个（白茶坞），小型矿床9个，钨、锡矿点2个。各类钨、锡矿床均产于花岗岩体内及其附近。剥蚀程度较浅或隐伏、半隐伏的岩株内或附近，往往产出一定规模的钨、锡矿床，如潘村、茅棚店、白茶坞等矿床。圈套规模的断裂及其旁侧裂隙带是石英脉（带）型钨、锡矿床就位的重要空间，如朱屋岭、八字脑、徐家尖、大山坞、棉花坞等矿床。在矿种上，同一矿床（点）中往往钨锡相伴产出，相对而言，以横贯全区的大洲北北东向走滑断裂（硅化破碎带）为界，西侧以钨成矿为主，共（伴）生少量锡矿，如白茶坞、朱屋岭、大山坞等；东侧则以锡成矿为特征，含少量钨矿，如八字脑、茅棚店、棉花坞等。

钨锡矿床的垂向蚀变分带相对明显，由成矿为中心向外，为正常花岗岩→钾长石化（钾长石-钠长石化）带→白云母化（或白云母-云英岩化）带→硅化-角岩化带。其中，内接触带或正接触带的白云母化（或白云母-云英岩化）带往往产出蚀变花岗岩型矿体，而位于外接触带的硅化-角岩化带则是石英脉（带）型钨锡矿的主要产出部位（图8-12）。

2) 钨锡成矿因素分析

变质基底弧形构造的次级背斜轴部是控制区内锡（钨）矿床、矿点就位的有利构造部位，该区几乎所有锡（钨）矿床、矿（化）点均分布于背斜轴部或附近就是佐证。不同级别的背斜与断裂构造复合控制岩脊、岩凸的分布，最终直接影响锡（钨）矿体的富集和产出（白茶坞、徐家尖、茅棚店等）。燕山期的岩浆活动是锡、钨、萤石矿床形成的主因。地表以隐伏—半隐伏的岩瘤（墙）产出为主，深部与复式岩基相连。据已有的物探和地质资料，深部岩浆活动中心大致在板坑坞—沙子岭一带。岩性主要为黑云母花岗岩与二云母-白云母花岗岩序列，二云母-白云母花岗岩处于半隐伏—浅剥蚀状态，面积小于$5km^2$的二云母-白云母花岗岩小岩体、岩瘤（脉）与锡钨成矿关系密切。同时，二（白）云母花岗岩（尤其是晚期补充侵入的中细粒花岗岩）中的成矿元素Sn、W、As、Bi、Li以及F、B等矿化剂元素含量很高，其中白云母花岗岩中Sn含量可达$405×10^{-6}$，高于同区黑云母花岗岩数十倍以上，为锡（钨）矿床的形成提供了丰富的物质基础。

岩浆活动从早到晚，由黑云母花岗岩向浅色花岗岩演化，矿化逐渐增强。含锡钨二云母-白云母花岗岩的典型组合特征是高硅、富碱、富挥发分。在补体侵入的中细粒含矿花岗岩株（瘤、脉、墙）边部，往往发育一个连续的以低硅高钠为特征的似伟晶岩壳，壳内副矿物组合复杂，电气石、黄玉、萤石等高温-气成矿物较多（茅棚店、朱屋岭、寡妇桥、棉花坞、徐家尖等），这是本区含锡钨花岗岩的直接标志。另外，由岩浆侵入主期至补体侵入，岩体的蚀变作用、自变质作用、热变质及交代作用明显增强，锡（钨）矿化强度显著增大，金属矿物组合相对复杂，可在岩体内接触带直接形成蚀变花岗岩型锡钨矿床，在外接触带形成石英脉型钨（锡）矿。

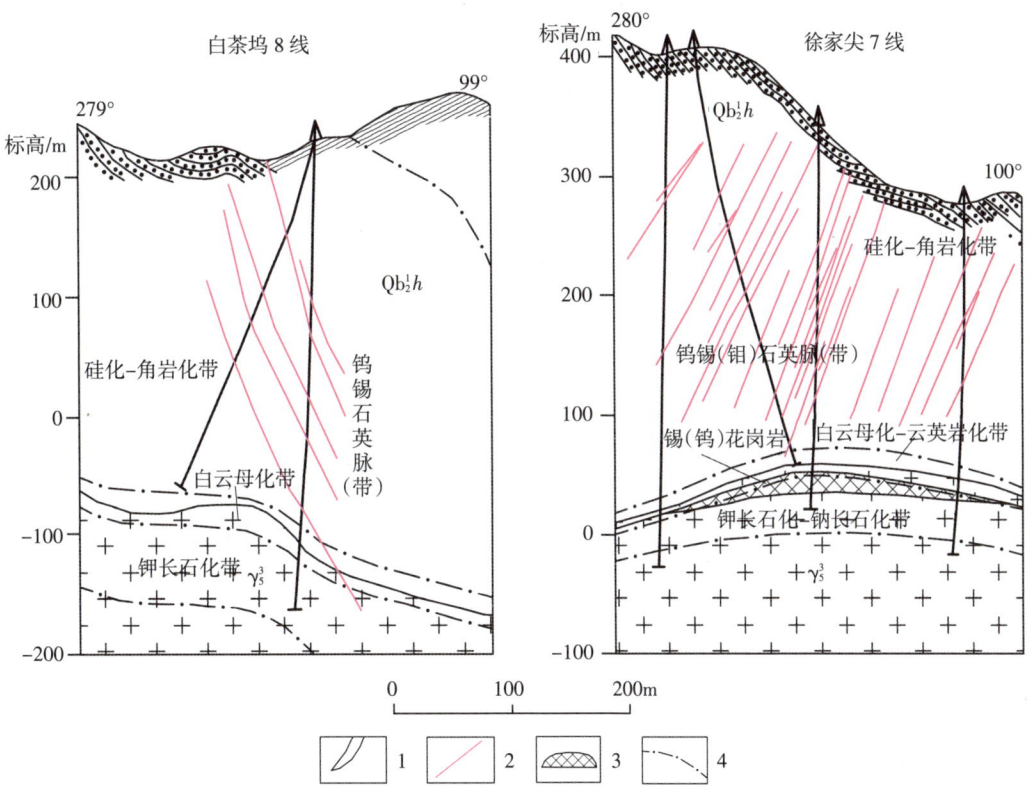

1—石英脉（带）；2—锡钨矿化石英脉（带）；3—蚀变花岗岩型锡（钨）矿（化）体；4—蚀变界线；
Qb_2^1h—上青白口统下部双桥山群横涌组；γ_5^3—燕山晚期第二阶段白云母-黑云母花岗岩。

图 8-12 莲花山矿田矿床矿化蚀变垂直分带图（据江西省地质矿产勘查开发局赣西北大队，2013a，修改）
Fig. 8-12 Vertical zoning of mineralization and alteration of Lianhuashan ore field

3）成矿模式

综上所述，区内矿床（点）、矿化具有以下特点：一是钨（锡）矿床（点）空间上往往围绕黑云母花岗岩-中细粒二云母-白云母花岗岩株（瘤、墙）分布，上部石英脉（带）型和下部蚀变花岗岩型锡（钨）矿体相伴产出，组成石英脉+"地下室"式矿床结构；二是含矿石英大脉与细脉带往往相伴，但"五层楼"式分带不明显，可能与成矿花岗岩中浅成侵位有关；三是随黑云母花岗岩向浅色花岗岩演化，矿化增强，且由 W（Sn）型向 Sn（W）型转化；四是矿田东部以与浅色花岗岩有关的锡矿化为主，西部则以黑云母花岗岩为主，钨矿化强于锡矿化，垂向上钨矿化从上部品位变化均匀的蚀变花岗岩型矿体向下逐渐减弱，而锡矿化则明显增强；五是矿田外围形成破碎带蚀变岩型金矿床；六是中低温萤石成矿形成较晚，严格受断裂构造控制；七是高岭土矿床的形成与中细粒二云母-白云母花岗岩株关系密切，且需叠加有利的风化淋滤条件。依据这些成矿特点，初步总结出矿田的综合成矿模式（图 8-13）。

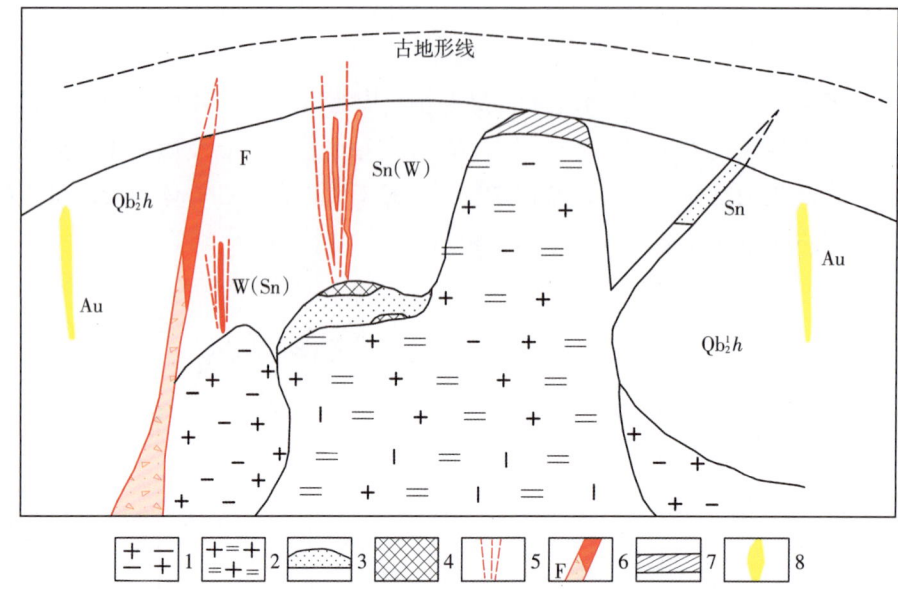

1—燕山晚期黑云母花岗岩；2—燕山晚期二云母-白云母花岗岩；3—"地下室"式蚀变花岗岩型锡（钨）矿；
4—蚀变花岗岩脉（云英岩）型锡矿；5—矿脉带（钨锡）；6—热液充填型脉状萤石矿；7—风化残积型高岭土矿；
8—破碎带蚀变岩型金矿；Qb_2^1h—上青白口统下部双桥山群横涌组浅变质岩。

图 8-13 莲花山矿田成矿模式图

Fig. 8-13 Metallogenic model of Lianhuashan ore field

三、九岭-黄山成钨亚带九岭—阳储岭段成钨特征

（一）地质构造概况

该亚带为钦杭北段成钨带北亚带，处于凭祥-歙县-苏州结合带宜丰-景德镇逆冲推覆断裂带上（北）盘九岭推覆隆起，北邻修（水）武（宁）复向斜。九岭隆起是一个厚皮状推覆体，叠覆于华南洋潜没带与钦州-苏州裂谷闭合带的萍（乡）乐（平）坳陷带北部，深部结构复杂，推覆隆起由上青白口统下部双桥山群泥砂浊积浅变质岩层组成，西部走向近东西，东部向北东方向偏转，西宽东窄，中部被北鄱阳盆地覆盖。

区内组成钨成矿围岩的九岭晋宁期花岗岩基，规模最大，岩性为英云闪长岩（导体）-花岗闪长岩（主体）-黑云母二长花岗岩（补体）。印支期甘坊黑云母花岗岩株侵入于九岭岩基南部，与早侏罗世古阳寨黑云母二长花岗岩和九岭岩体及燕山晚期多个早白垩世钽铌锂矿化花岗岩瘤和岩墙群形成复式岩体。另有铜鼓县西向晚侏罗世二长花岗岩、燕山晚期早白垩世花岗岩株。在九岭北部自西而东有上杉、吉山、大湖塘、云山等燕山晚期花岗岩株，南部沿宜丰-景德镇断裂带有花岗岩瘤分布。隆起构造东部有 I-S 型阳储岭、S 型鹅湖与五股尖等花岗岩体。

（二）岩浆岩与成矿特征

该亚带花岗岩具多期性，岩浆成矿有晋宁、燕山两期。

晋宁期九岭花岗闪长岩基中未发现有关金属矿床。2014 年，江西省地质矿产勘查开发局赣中南地质勘查研究院在岩基西晋宁期小岩株中发现了修水县花山洞中型钨矿床，成矿岩体隐伏于地面下 700m

深处，是由英云闪长岩－花岗闪长岩分异演化到晋宁期罕见的二云母二长花岗岩，并有隐爆角砾岩筒形成，为一个石英脉型、细脉浸染状蚀变花岗岩型、角砾岩筒型"三位一体"钨矿床。该矿床中二云母二长花岗岩的 LA-ICP-MS 锆石 U-Pb 年龄为 807Ma，辉钼矿 Re-Os 模式加权平均年龄为（805±5）Ma（刘进先等，2015）。

燕山期成矿花岗岩时代以早白垩世为主，其次为晚侏罗世晚期（昆山、铜鼓），成矿各异。S 型花岗岩大湖塘序列花岗岩以"钨主共铜"为特征；云山黑云母二长花岗岩－二云二长花岗岩株以"锡主共铜"为特征；鹅湖岩体为花岗闪长岩（导体）二长花岗岩（主体）－正长花岗岩+白云母花岗岩（补体），为高硅过铝富碱岩石，以成金为主；宜丰县同安一带的二云母白云母花岗岩小岩瘤以钽铌锡锂矿化为主。带内花岗质岩墙成矿颇具特色，在宜丰县同安地区形成含钽铌瓷石酸性岩墙群，在浮梁县牛角坞（青术下）矿区形成瓷石白钨酸性岩墙群，钨矿床具中型规模。都昌县阳储岭大型斑岩钨钼矿床，成矿岩体主要为二长花岗斑岩与花岗闪长斑岩，最后形成的花岗闪长岩成矿较弱，具反序演化特征，并伴有隐爆角砾岩筒型钨钼成矿，成矿岩体与皖南祁门县东源、宁国县竹溪岭等钨钼矿床同属 I-S 型中酸性岩。

该亚带花岗质岩浆成矿的多期性和多变性及成矿岩体的多型性，与其所处于板块结合带上盘的特殊构造环境有关，与推覆壳体之下的复杂结构有关，值得进一步研究。

（三）九岭尖钨矿集区

九岭尖钨（铜钼）矿集区位于九岭山脉主峰九岭尖（海拔 1794m）一带的修水、武宁、靖安三县交界地区，钦杭北段成矿带九岭亚带中部，由江西冶勘地质分局二二○队发现于 1957 年，近期经九一六大队、赣西北大队勘查取得了重大找矿突破。矿集区北起仙果山、南至大河桥，呈北东向分布，面积约 80km²。矿床（点）密集分布，已发现钨铜钼矿床（点）8 处，包括中部的大湖塘钨铜钼矿田和南部的昆山钨铜钼矿田，其中石门寺矿床为世界级钨铜矿床，狮尾洞、大湖塘矿床为超大型钨矿床，昆山为近大型钨铜钼矿床，尚有茅公洞小型钨矿床以及仙果山、燕子崖、大河里等矿点（图 8-14）。其中，石门寺、大湖塘、狮尾洞 3 个矿区获 333 类以上资源储量：$WO_3>166\times10^4t$，$Cu>91.59\times10^4t$，$Mo>3.84\times10^4t$，$Sn>2.0\times10^4t$，$Ag>594t$。

1. 矿集区地质

九岭尖矿集区位于九岭逆冲推覆隆起和九岭晋宁期—燕山期复式花岗岩基中部（图 8-14）。宜丰－景德镇晋宁期华南洋俯冲消减带上（北）盘。

1) 赋矿地层与围岩

区内地层为上青白口统下部双桥山群浅变质岩系，岩性以变余云母细砂岩为主，其次为千枚岩、板岩。地层走向主要为北东东向。残留于矿集区西南部的昆山一带，是成矿围岩之一。

规模巨大的晋宁期九岭花岗岩基为区内主要成矿围岩，以九岭序列为主体，从早到晚的侵入序列为含堇青石云英闪长岩（杂体）—含堇青石花岗闪长岩（主体）—含堇青石二长花岗（LA-ICP-MS 锆石 U-Pb 年龄值约为 813Ma）。化学成分为：SiO_2 67.8%~68.7%，CaO 1.6%~1.9%，MgO 1.5%~1.6%，FeO 0.7%，Na_2O 2.4%~2.5%，K_2O 0.4%。花岗岩的稀土配分曲线为 Eu 弱亏损的右倾斜型，Nd 模式年龄为 1.81~1.66Ga，略大于双桥山群的 Sm-Nd 同位素年龄 1.79~1.5Ga（张海祥等，2000）。该区花岗岩具中酸性、强过铝质、高铁镁、富钾质的特征，属晋宁同造山期 S 型酸性花岗岩。

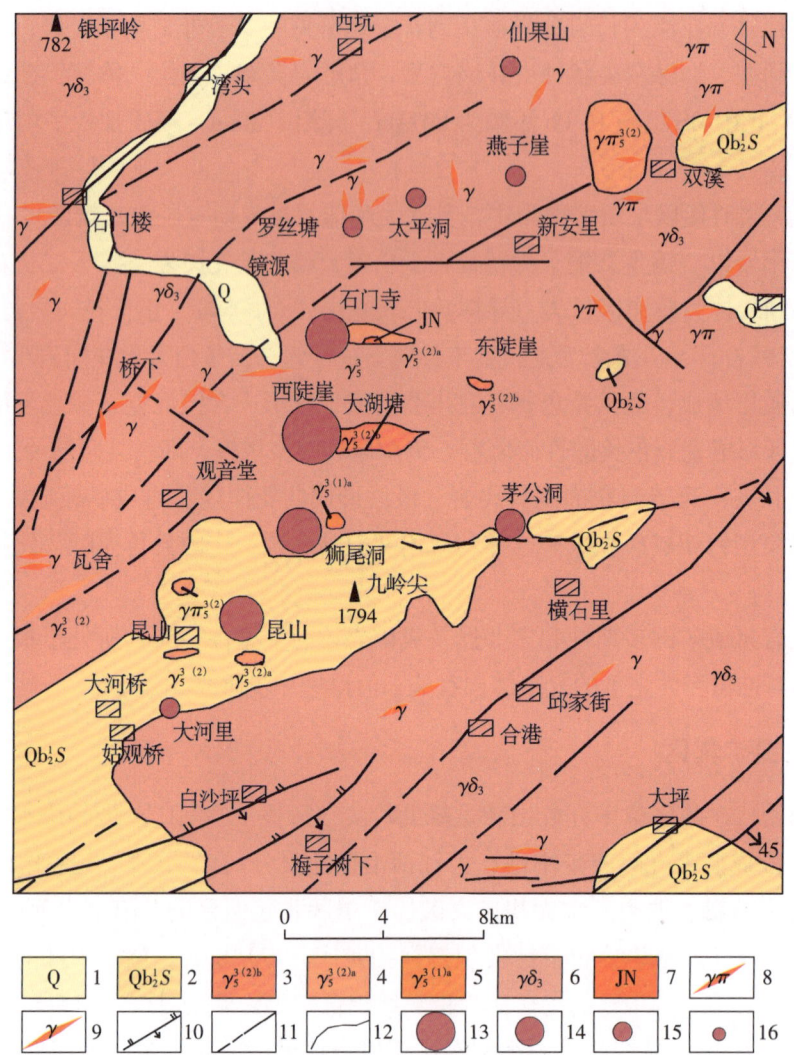

图 8-14 九岭尖矿集区地质矿产简图

Fig. 8-14 Geological and mineral resources diagram of Jiulingjian ore concentration area

1—第四系；2—上青白口统下部双桥山群；3—燕山晚期花岗斑岩；4—燕山晚期细粒白云母花岗岩；5—燕山晚期似斑状黑云母花岗岩；6—燕山晚期似斑状二云母花岗岩；7—晋宁期黑云母花岗闪长岩；8—花岗斑岩脉；9—隐爆角砾岩筒；10—实测及推测逆断层；11—实测及推测不明断层；12—实测及推测地质界线；13—超大型钨矿床；14—中型钨矿床；15—小型钨矿床；16—钨矿点。

2）成矿岩浆岩

区内成矿岩浆岩为燕山期 S 型江南组合大湖塘序列花岗岩。根据布格重力异常研究，九岭花岗闪长岩基是一个多处被燕山期酸性花岗岩侵入的残体（图 8-15），其中九岭尖矿集区是一个"体中体"式半隐伏燕山期花岗岩基，仅有少量小岩株露出。茅公洞、石门寺、大湖塘、狮尾洞、昆山等矿区在钻孔中揭露隐伏成矿花岗岩体，并且区内有大量花岗岩、花岗斑岩墙分布，组成一个北北东向中浅成花岗岩带。推测隐伏岩基向南西倾伏，与一个个小岩株相对应，形成以大湖塘矿田为中心的一串矿床。

江南组合大湖塘序列花岗岩的组成为似斑状黑云花岗岩-细粒黑云母花岗岩-似斑状二（白）云母花岗岩-二（白）云母花岗岩-黑云母花岗斑岩。岩体化学成分：SiO_2 含量大于 71.6%，属 SiO_2 过饱和岩石；K_2O+Na_2O 含量 7%~8%，K_2O 含量高于 Na_2O，相对富钾，贫 Fe、Mg、Ca；Al_2O_3 含量较高，为 13.02%~15.09%。岩石里特曼指数为 1.46~2.28，属钙碱性岩类 S 型花岗岩。成矿花岗岩具有稀土总量低、轻稀土相对富集、Eu 值小等共性。稀土配分曲线右倾明显（图 8-16），表现为同源岩浆演化特点，为上地壳经不同程度的部分熔融形成的 S 型花岗岩。花岗岩 Nd 值为 -8.23~-4.03，两阶段模式年龄为 1709~141Ma；Hf 值为 -8.89~-2.43，两阶段模式年龄为 1757~917Ma（黄兰椿等，2012；王辉等，2015；张明玉等，2016），显示花岗岩形成时代可能早于双桥山群（860~820Ma）。矿床从南往北，即从昆山→狮尾洞→大湖塘→石门寺矿区，同一系列成矿花岗岩的稀土总量和重稀土含量逐渐减少，表明岩浆是从南往北、从早到晚依次侵位的。成矿花岗岩株同位素年龄为 151~136Ma，即侏罗纪晚期至早白垩世早期，归于燕山晚期。

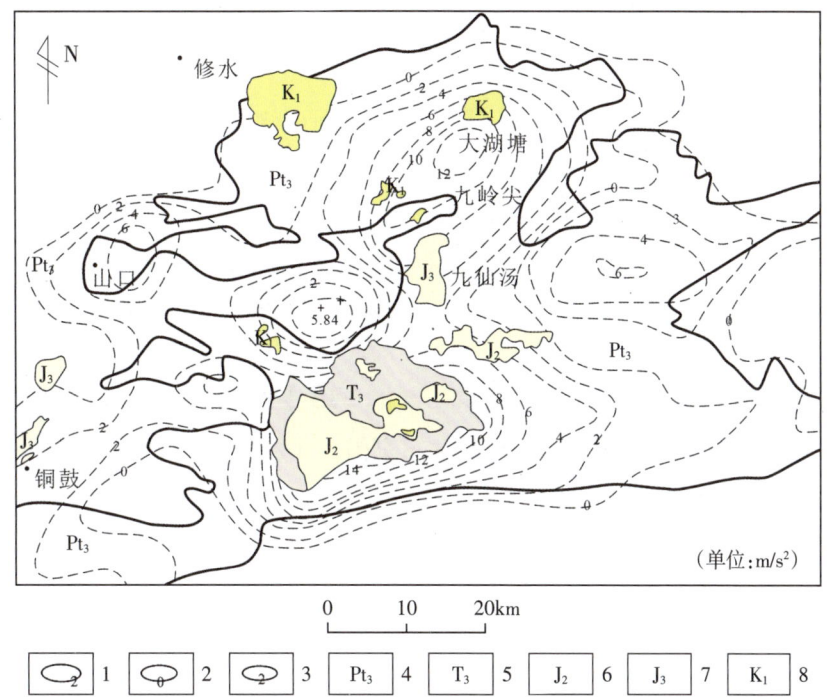

1—重力正异常线及标注；2—重力零异常线及标注；3—重力负异常线及标注；4—晋宁期九岭岩基；5—印支期晚三叠世花岗岩；6—燕山期中侏罗世花岗岩；7—燕山期晚侏罗世花岗岩；8—燕山期早白垩世花岗岩。

图 8-15 九岭尖矿集区区域重力等值图（40km×40km 滑动窗口剩余异常）

Fig. 8-15 Regional gravity isogram of Jiulingjian ore concentration area (40km×40km sliding window remaining abnormality)

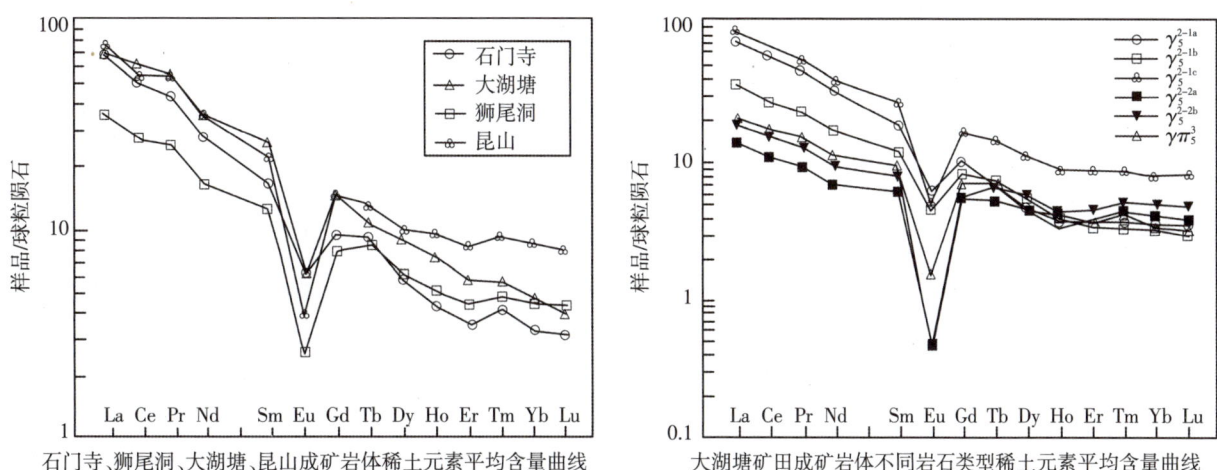

图 8-16 大湖塘序列花岗岩稀土配分模式图

Fig. 8-16 REE distribution pattern of granite in Dahutang sequence

3) 控矿构造

九岭逆冲推覆体发育的逆冲推覆断裂带与北东向、北北东向左行挤压走滑断裂系统对九岭尖矿集区的形成分别起着重要的控制作用。逆冲推覆断裂带发育于矿集区南侧，由晋宁-加里东期逆冲推覆型韧性剪切作用形成的3条断裂带组成，自北向南依次为带溪-云山断裂带、棋坪-靖安断裂带和宜丰-景德镇断裂带，属晋宁期洋壳俯冲、加里东-燕山期逆冲推覆作用形成的复合型超壳断裂带。其中，带溪-云山与棋坪-靖安断裂带呈反"S"状，西段进入湘东，走向转向南西，中段走向近东西，东段转向北东；宜丰-景德镇断裂带亦呈反"S"状，北距九岭尖约45km，推测为矿集区壳层拆离造浆构造带。九岭推覆体下部为混入有华南洋壳或岛弧火山的地壳，形成了矿集区独特的成钨富铜的S型花岗岩。

北东向左行挤压走滑断裂带控制了矿集区展布，东、西两侧的石境-九仙汤和瑞昌-铜鼓两条北东向的大断裂将矿集区夹持于其间，区内亦有小型北东向断裂分布。瑞昌-铜鼓大断裂带是燕山期以来长期活动的重要的控岩、控矿、导热、发震断裂带，燕山期造山后形成了九江县赛湖、武宁、铜鼓等一串晚白垩世—古近纪小型断陷盆地。沿该断裂带有铜鼓、温汤、古桥（玉龙）、罗溪等温泉分布，亦是一条破坏性地震（5级左右）带。石境-九仙汤大断裂带规模稍小，除控岩控矿外，也是九仙汤温泉的导热构造。

北北东向左行挤压走滑断裂带在矿集区外侧有船滩-铜鼓、武宁岩-宜丰呈左行侧列状分布的北北东向大断裂带，区内北北东向断裂及其相伴的北东东向、北西西向断裂规模次之。但通过矿田（床）控岩控矿构造分析，上述构造为控制矿田（床）的主要构造。例如：石门寺、大湖塘、狮尾洞成矿花岗岩体与岩墙群主要受北北东向、北西西向断裂控制，包括昆山矿区的矿脉主要为与北北东向断裂系统相伴的北东东向、北西西向断裂-裂隙带，而与北东向断裂带相伴的近东西向、北西向容矿断裂-裂隙带居于次要地位，反映矿集区北东向大断裂"控区"，北北东向的断裂系统"控床含脉"的分级控矿特征。

4) 成矿模式

九岭尖矿集区的形成受燕山晚期半隐伏花岗岩基多次中深—中浅成多峰成矿岩株控制，形成主要由成矿岩株及其接触带控制的细脉浸染型、石英大脉型、斑岩型、隐爆角砾岩筒型、石英壳型组成的"多位一体"钨多金属矿床。根据控岩控矿因素、成矿特征、成矿物质来源、成矿作用，建立九岭尖矿集区钨多金属矿床大致"等距""等深"的"多位一体"成矿模式（图8-17）。

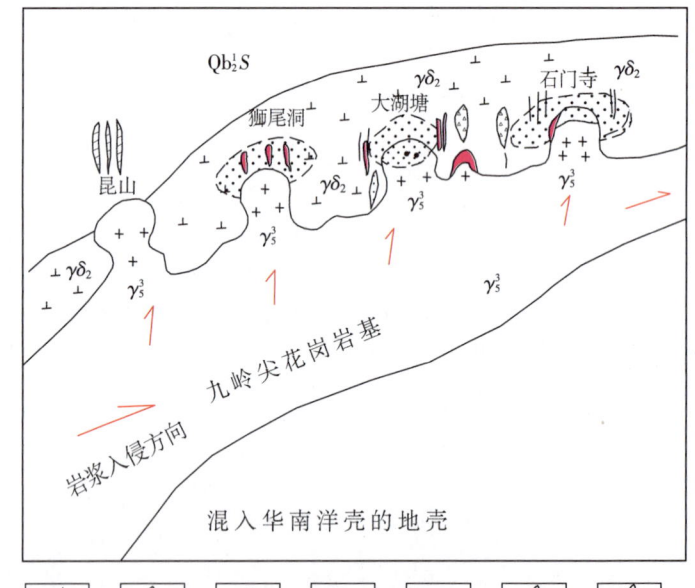

1—石英脉钨（黑）矿体；2—石英脉带钨（黑）铜矿体；3—细脉钨（白）铜矿体；4—细脉钨（黑）铜钼锡矿体；5—石英脉（似伟晶岩）钨钼矿化体；6—角砾岩筒型钨（铜钼锡）矿体；7—花岗岩钨（黑）矿体；Qb_2^1S—上青白口统下部双桥山群；γ_5^3—燕山晚期花岗岩；$\gamma\delta_2$—晋宁期花岗闪长岩

图8-17 九岭尖矿集区中段"多位一体"钨矿床模式图

Fig. 8-17 Model diagram of "multiple in one" tungsten deposit in the middle section of Jiulingjian ore concentration area

2. 找钨方向

1) 九岭尖矿集区

该区原是一个以石英脉型为主的黑钨矿产地，根据钨矿床"多位一体"特征，"以脉找体"取得了多个细脉浸染型白钨矿床的找矿突破，同时也认识到"体中体"隐伏—半隐伏燕山期花岗岩中找寻钨矿床的重要条件。区内石英脉钨矿床（点）较多，通过加强地质与物化探工作，有望取得找矿新发现。

2) 九岭尖矿集区向南西铜鼓城西、排埠、万载仙源一带

晋宁期花岗闪长岩区与一系列北（东）北东向、近东西断裂带复合，形成一个显著的北东向布格重力异常带（见图 8-15）和 W 元素地球化学异常带（图 8-18）。江西省地质矿产勘查开发局物化探大队在铜鼓城西张家坳燕山晚期花岗岩株中发现有石英细脉带型钨矿，在万载县西部朱家坊于晋宁期花岗闪长岩中发现隐伏的花岗岩脉及细脉（浸染）型白钨矿床。因此，九岭地区具有较大的钨资源潜力，值得进一步勘查。

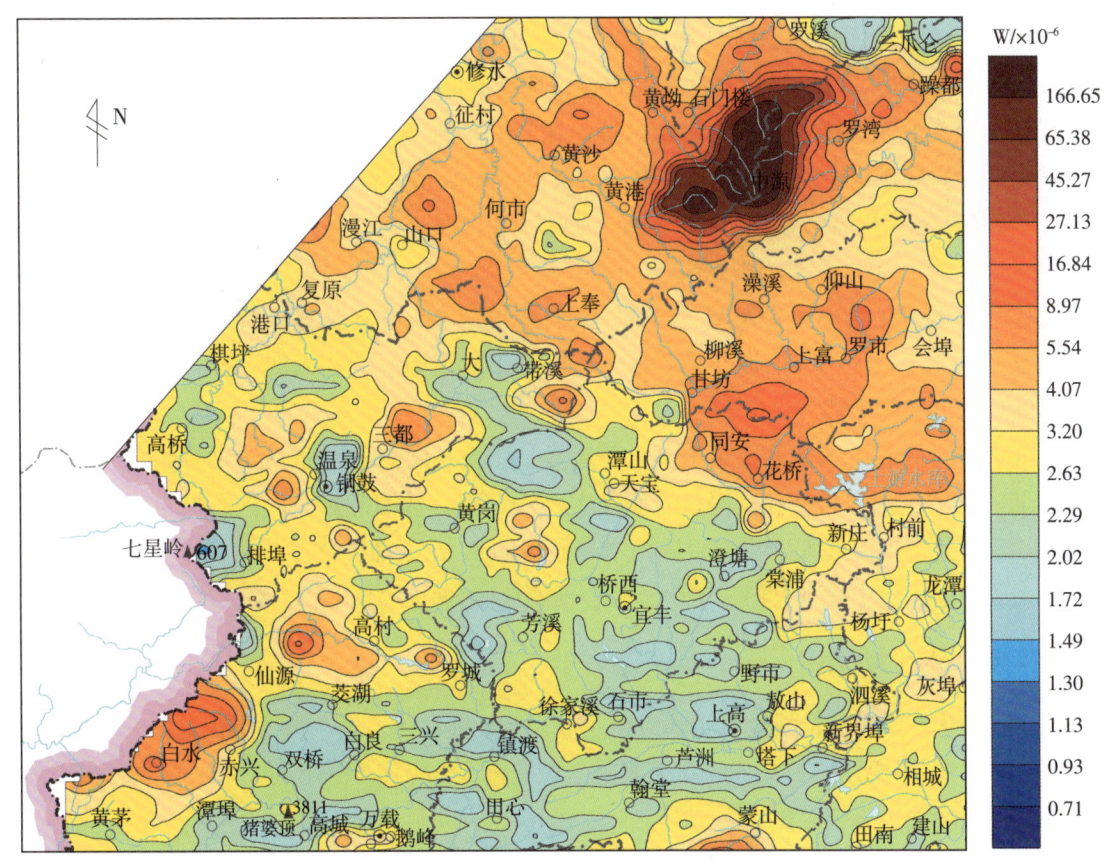

图 8-18 九岭尖外围地区 W 元素地球化学图

Fig. 8-18 Geochemical map of W element of Jiulingjian peripheral area

四、萍乡-临安成钨亚带萍乡—上饶段成钨特征

该亚带是钦杭北段成钨带中心地带，涉及萍乡-乐平由中上泥盆统—中侏罗统组成的坳陷带。万年推覆隆起和信江-钱塘地块的怀玉山南华系—中侏罗统组成的复式向斜，总体是一个坳陷地带，又被南鄱阳、信江、高安等断陷盆地掩盖。

区内长期未发现具开采价值的钨矿床，浮梁县朱溪深隐伏巨型钨矿床的发现，为本区找矿打开了一只"深地"之眼，显示深部钨资源潜力巨大。

（一）怀玉山复向斜

怀玉山复向斜位于信江-钱塘地块西部，由南华系—中侏罗统沉积盖层组成，其中有怀玉山、灵山两个燕山晚期S型花岗岩基，据布格重力资料推测两个岩基深部连为一体。怀玉山岩基南缘有上饶丝茅岗石英脉型钨矿点，怀玉山岩基北东部花岗岩枝外接触带南华系中有德兴市坂大石英脉黑钨矿点。横峰县灵山花岗岩基西面的松树岗为"地下室"式隐伏蚀变花岗岩体型钽铌锂矿床，规模属世界级，其上部的石英脉型钨锡钼矿体 WO_3 资源量116t，其次有玉山县西坑坞小型钨矿床。

（二）万年推覆隆起

万年推覆隆起为一舌状推覆体，由上青白口统下部万年群浅变质泥砂质、凝灰质碎屑岩组成，其上残留有零星的上泥盆统—中侏罗统。东北部为上叠的德兴-乐平早白垩世火山盆地与晚白垩世红层叠合盆地。侵入岩有周坊、裴梅中侏罗世花岗岩株，晚侏罗世福泉山-丰林塘等花岗岩株。

该推覆体前缘为赣东北逆冲深断裂带与构造蛇绿岩混杂岩带，是德兴铜金银铅锌矿集区和东乡枫林铜铁钨矿床的导岩导矿构造。枫林矿区是由晚石炭世沉积型赤铁矿、燕山早期I型花岗闪长斑岩形成的铜矿床、S型成矿花岗斑岩形成的似层状浸染型铁矿床组成的"三型共生"矿床。钨矿体主要叠加于赤铁矿层中，以钨铁矿为主，具中型规模。

在推覆体北部的万年县虎家尖大型破碎带蚀变岩型银（金）矿床的南西部，发育有低温热液破碎带玉髓脉钨铁矿体，规模很小，已被开采殆尽。在虎家尖矿床南面约3km处，燕山期丰林塘花岗岩体内也有含钨铁矿石英细脉出露。

值得重视的是，隆起区东部的福泉山是由石炭系—二叠系组成的北东向短轴背斜，背斜轴部有福泉山燕山早期晚侏罗世花岗岩株和花岗斑岩瘤出露，发育有一处铜矿点。区内布格重力异常与此背斜吻合（图8-19），异常规模远大于花岗岩株，并有显著的W元素地球化学异常（图8-20），且在上石炭统—二叠系碳酸盐岩层中发现有白钨矿化，综合推测该区为一个找钨远景区。

（三）萍乡-乐平坳陷带

该带是形成于华南洋潜没带与钦州-苏南裂谷带、万年推覆体之上，由中上泥盆统—下侏罗统组成的坳陷带，呈北东偏东向展布，中段被南鄱阳断陷盆地掩盖，分为萍乡-上高、乐平-浮梁两个坳陷。

1.乐平-浮梁坳陷朱溪钨矿田

燕山早期萍（乡）乐（平）坳陷带东段的乐平-浮梁坳陷处于九岭逆冲推覆体前缘，形成由万年群变质基底与石炭系—侏罗系沉积盖层组成叠置的一系列构造岩片。

朱溪钨矿田处于塔前-赋春深断裂带上盘（北西）牛角岭变质岩片和下盘（南西）朱溪上石炭统—上三叠统岩片中（图8-21），坳陷中长期未获找钨突破。朱溪深隐伏型钨矿床的发现，展示了区内优越的成钨地质条件。

1）地质构造特征

（1）地层

区内变质基底由上青白口统下部万年群组成，为一套浅变质的含火山凝灰质砂泥质浊积岩。沉积盖层则由上石炭统—上三叠统组成。上石炭统黄龙组沉积不整合于万年群之上，底部发育数十厘米厚石英砾岩，主要为白云质灰岩、白云岩，为最有利的成矿围岩。中下二叠统以灰岩为主，夹硅泥质岩、镁质黏土，为较有利的成矿围岩。上二叠统为乐平组煤系与长兴组灰岩，下三叠统碳酸盐岩与上三叠统安源组煤系之间为角度不整合。

（2）岩浆岩

区内自晋宁期以来有多次岩浆侵入活动，以燕山早期花岗质岩浆成矿为主。

Ⅰ. 燕山期前侵入岩

晋宁期含铜花岗闪长斑岩：见于朱溪矿区南部上石炭统与万年群接触带附近，花岗闪长斑岩呈岩瘤状产出，直径约15m，发育斑岩型铜矿化，为"无根"的小断块。斑岩锆石U-Pb年龄为（847.2±9.4）Ma（万浩章等，2015）。

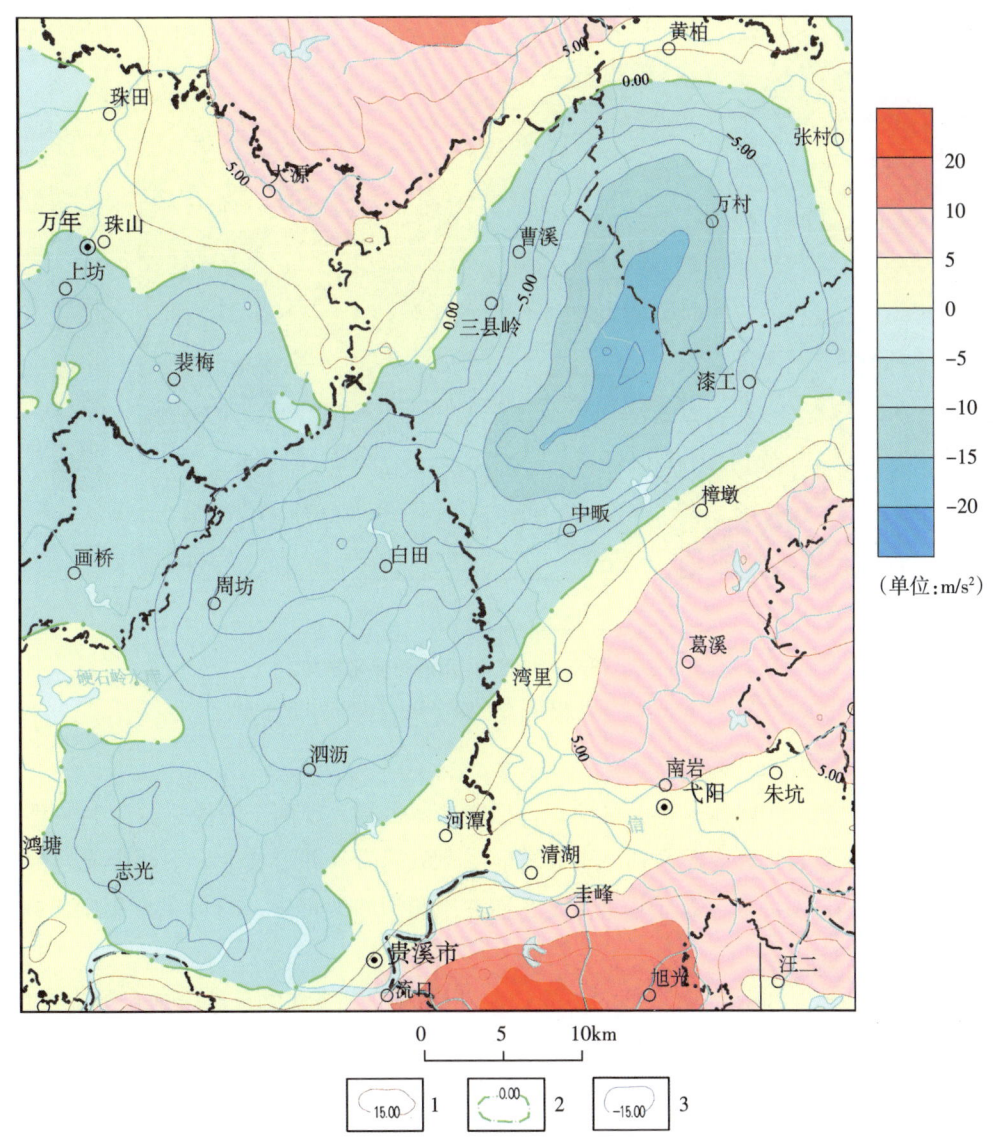

1—布格重力局部异常正等值线及标记；2—布格重力局部异常零等值线及标记；3—布格重力局部异常负等值线及标记。

图 8-19 福泉山地区布格重力局部异常平面图

Fig. 8-19 Local anomaly plan of Bouguer gravity in Fuquanshan area

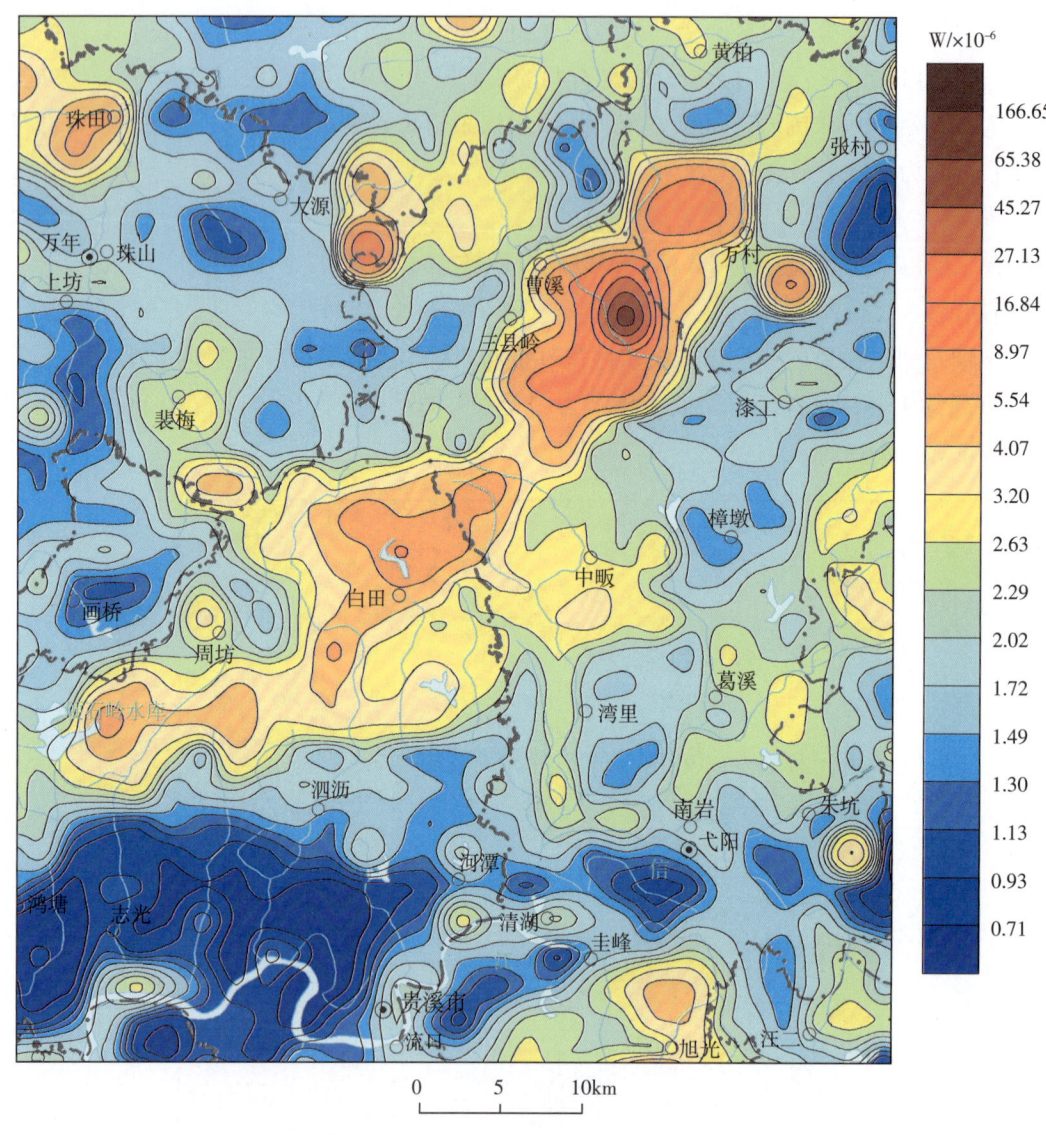

图 8-20 福泉山地区 W 元素地球化学图
Fig. 8-20 Geochemical map of W element in Fuquan mountain area

Ⅱ. 燕山期成矿岩浆岩

区内最主要成矿岩浆岩的时代为燕山早期，包括晚侏罗世早、晚两个阶段。分为 I-S 型中酸性花岗闪长岩和 S 型花岗岩两个岩浆岩成矿系列，组成塔前-赋春岩带，并形成上、下两个成岩台阶。

塔前-赋春岩带：自西向东分布于塔前-赋春逆冲推覆深断裂带中，岩体主要集中出露于毛家园、弹岭、朱溪 3 处。

塔前岩体包括形成稍早的塔前南东部的主要成矿花岗闪长岩墙和北东部未成矿的花岗闪长岩墙及北部成矿的毛家园 I-S 型斑状花岗闪长岩，后者遭受强烈剥蚀，形成风化丘陵，出露面积约 4km²。斑状花岗闪长岩年龄为（159.7±1.8）Ma（刘善宝等，2014）、（160.9±2.5）Ma（胡正华等，2015），属晚侏罗世早期，侵入于塔前花岗闪长岩墙；并有形成于晚侏罗世晚期的花岗斑岩墙，其锆石 U-Pb 年龄为（150.8±1.3）Ma（陈国华等，2015）。

弹岭岩体呈小岩株状产出，面积 0.15km²，遭受强烈剥蚀，大部分成为山间沉积洼地，露头仅见于

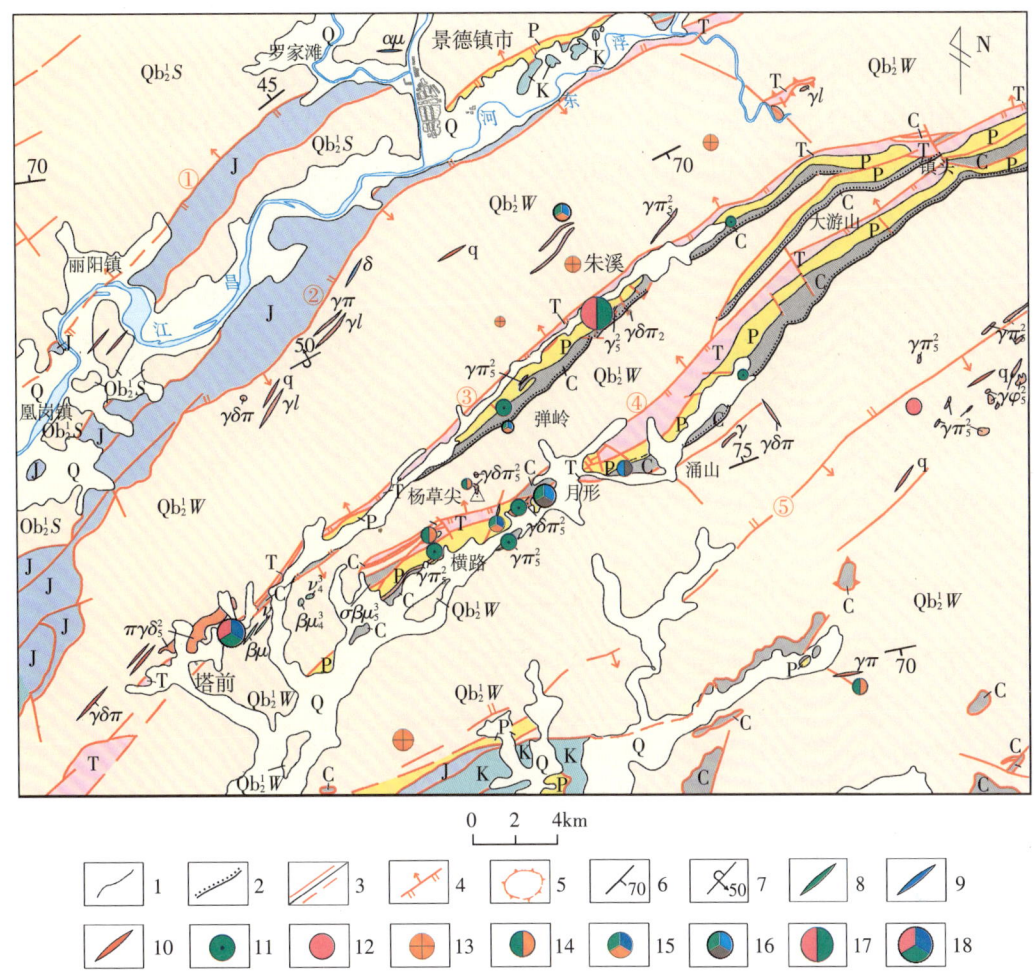

1—地质界线；2—角度不整合界线；3—实测/推测断裂；4—逆冲推覆断裂；5—构造窗；6—正常岩层产状；7—倒转岩层产状；8—基性岩脉；9—中性岩脉；10—酸性岩脉；11—铜矿（化）点；12—钨矿（化）点；13—金矿（化）点；14—铜金矿点；15—铜钼金矿点；16—铜铅锌矿点；17—钨铜矿床；18—钨钼铜矿床；Q—第四系；K—白垩系；J—侏罗系；T—三叠系；P—二叠系；C—石炭系；Qb_2^1S—上青白口统下部双桥山群；Qb_2^1W—上青白口统下部万年群；$γψ_5^2$—燕山晚期钠长花岗岩；$γδπ_5^2$—燕山早期花岗闪长斑岩；$γπ_5^2$—燕山早期花岗斑岩；$γ_5^2$—燕山早期花岗岩；$ν_4/νβ_4$—海西晚期辉长岩/辉绿岩；$γδπ_2$—晋宁期花岗闪长斑岩；
①丽明－罗家滩逆冲推覆断裂带；②凰岗－湘湖逆冲推覆断裂带；③塔前－赋春逆冲推覆深断裂带；
④横路－大游山逆冲推覆断裂带；⑤临港－乐河逆冲推覆断裂带。

图 8-21　朱溪矿田区域地质矿产简图（据江西省地质矿产勘查开发局，2015）

Fig. 8-21　Regional geological and mineral map of Zhuxi ore field

盆地北部。该岩体长期以来均认为是花岗斑岩，但根据 1:5 万塔前幅区域地质调查资料，其斑晶为长石（5%~10%）和黑云母（5%），基质为长石（50%）、云母（5%~10%），SiO_2 含量 63.96%，应属 I-S 型花岗闪长斑岩。该岩体东部有大量花岗闪长岩枝与零星岩脉，锆石 U-Pb 年龄为 (160.2±0.8) Ma（刘战庆等，2016），时代为晚侏罗世早期。

朱溪矿区浅部主要为中酸性岩脉，以闪长岩、闪长玢岩、煌斑岩脉为主，还有少量花岗闪长斑岩、花岗斑岩等岩脉。矿区深部标高 −400m 以下见隐伏花岗岩前锋带，主岩体隐伏于标高 −1600m 以下，岩性主要为黑云母花岗岩、二云母白云母花岗岩株、碱长二云母花岗岩枝。黑云母花岗岩锆石 U-Pb 加权平均年龄为 (146.9±0.97) Ma（王先广等，2015），时代为晚侏罗世末。此外，在该带南侧万年群变质岩中见有杨草尖黑云母花岗闪长斑岩瘤，面积 0.16km²。

(3) 构造

朱溪矿田处于牛角岭变质岩片南部与塔前-赋春上石炭统—上三叠统组成的单斜中。南面为杨草尖变质岩片、涌山构造岩片和横路-大游山单斜岩片。矿田北缘为塔前-赋春逆冲推覆导岩导矿的深断裂带。由于逆冲推覆作用，矿田底部黄龙组与万年群之间的角度不整合处往往发生挤压或滑动，构成了矿田的基本构造框架（图8-22）。

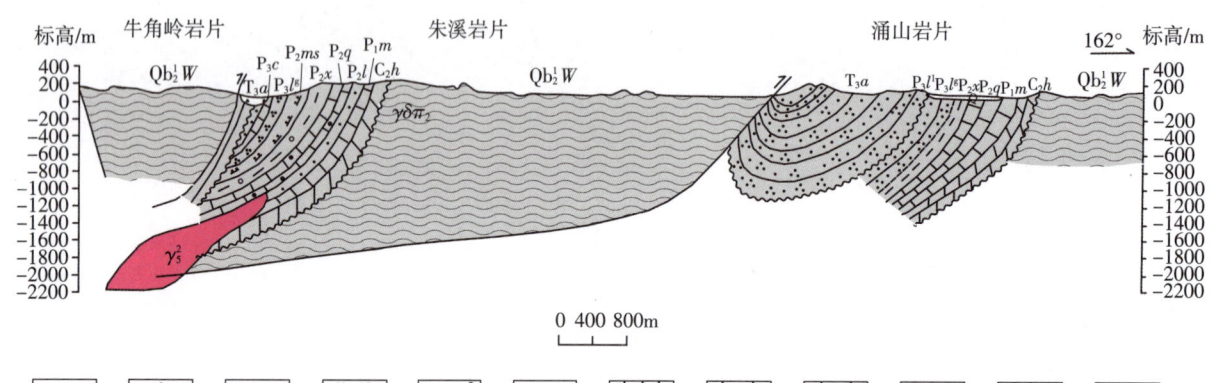

1—浮土；2—石英砂岩；3—砂岩；4—硅质岩；5—碳质泥岩；6—泥岩；7—白云岩；8—灰岩；9—生物碎屑灰岩；10—千枚岩；11—平行不整合、角度不整合界线；12—逆冲推覆断裂；Q—第四系；T_3a—上三叠统安源组；P_3c—上二叠统长兴组；P_3l^l—上二叠统乐平组老山段；P_3l^g—上二叠统乐平组官山段；P_2ms—中二叠统鸣山组；P_2x—中二叠统小江边组；P_2q—中二叠统栖霞组；P_2l—中二叠统梁山组；P_1m—下二叠统马平组；C_2h—上石炭统黄龙组；Qb_2^1W—上青白口统下部万年群；γ_5^2—燕山早期花岗岩；$\gamma\delta\pi_2$—晋宁期花岗闪长斑岩。

图 8-22 朱溪矿田区域构造剖面（修改自钟南昌，1991）
Fig. 8-22 Regional structural profile of Zhuxi ore field

区内燕山期有多次断裂活动，燕山早期以向南南东逆冲推覆构造为主导，燕山晚期在塔前矿区均有向北西逆冲破矿构造分布，与向南南东的逆冲推覆断裂"对冲"使矿床遭到严重破坏，而且相当强烈复杂。所以深层逆冲推覆深断裂导岩导矿，对冲式断裂破矿，是该矿集区构造控矿的主要特征。

塔前-赋春逆冲推覆深断裂带：断裂带使万年群组成的牛角岭变质岩片逆冲于塔前-赋春向斜之上，使向斜北翼遭到破坏叠覆，残留下南翼单斜。断裂带走向北东，西部塔前—朱溪段浅部产状陡立，朱溪矿区布设于断裂上盘的ZK4216至1217.5m深处尚未见到断裂变缓，最近施工的钻孔发现断裂浅部呈铲式。东部镇头—赋春段产状趋缓，并出现飞来峰、构造窗构造（图8-23、图8-24、图8-25），总体具铲式特征。

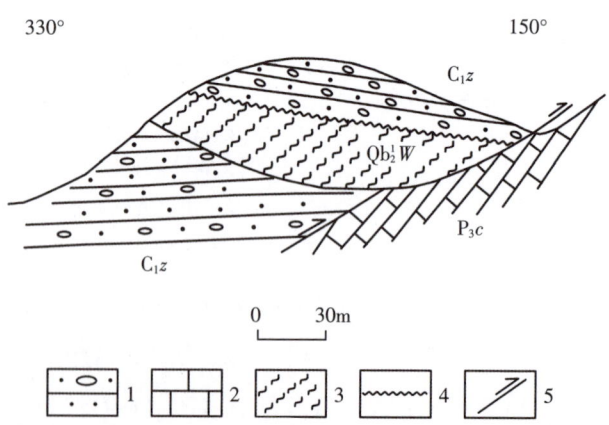

1—砂砾岩；2—灰岩；3—变质岩；4—角度不整合接触界线；5—断裂；P_3c—上二叠统长兴组；C_1z—下石炭统梓山组；Qb_2^1W—上青白口统下部万年群。

图 8-23 镇头-中姚亭飞来峰剖面素描图
（据江西省地质调查院，1999）
Fig. 8-23 Profile sketch of Zhentou-Zhongyaoting feilaifeng

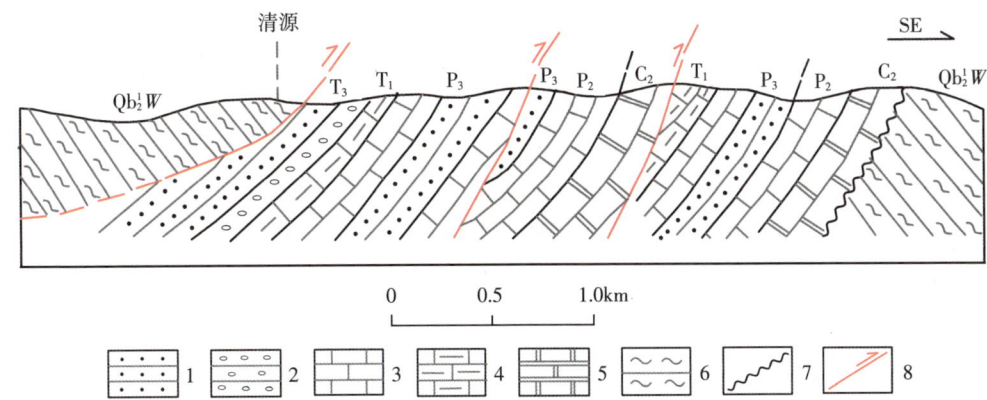

1—粉砂岩；2—砾岩；3—灰岩；4—泥质灰岩；5—大理岩；6—绿泥石片岩；7—角度不整合界线；8—逆冲推覆断裂；
T_3—上三叠统；T_1—下三叠统；P_3—上二叠统；P_2—中二叠统；C_2—上石炭统；$Qb_2^1 W$—上青白口统下部万年群。

图 8-24 江西塔前－赋春断裂带镇头乡构造剖面素描图（修改自钟南昌等，1991）
Fig. 8-24 Structural profile of Zhentou Township, Taqian-Fuchun fault zone, Jiangxi Province

(4) 区域地球物理化学特征

重力异常：主要有塔前－朱溪、横路－大游山、珍珠山 3 个北东向重力低异常带（$-2 \sim -10 \text{m/s}^2$），重力低异常有塔前、朱溪和珍珠山等，推测为隐伏岩体引起。

磁异常：区域上 1:5 万航磁异常与地磁异常总体呈北东向展布，部分单个航磁异常呈北西向展布（图 8-26）。航磁与地磁异常两者吻合性较好，均为低缓正磁异常，异常值为 50~150nT。根据磁异常的特征可划分为塔前、月形、朱溪 3 个磁场抬高区，这 3 个磁场抬高区均为区内的主要矿区位置，并出露有中酸性岩浆岩小岩体。航磁化极的垂向一阶导数圈出的正异常是中酸性岩体的重要标志之一。

电法异常：朱溪、塔前、弹岭、横路、张家坞等地均有低阻高极化异常，视电阻率几欧姆米至几百欧姆米，视极化率 7%~30%。

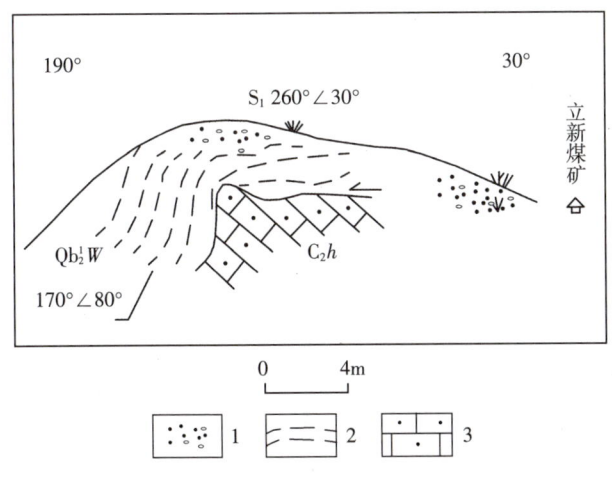

1—变质岩风化残积物；2—千枚岩；3—碎裂灰岩；
$C_2 h$—上石炭统黄龙组；$Qb_2^1 W$—上青白口统下部万年群。

图 8-25 镇头乡构造窗剖面素描图
Fig. 8-25 The profile sketch of structural window section in Zhentou township
（江西省地质调查院，1999；1:5 万大游山幅区域地质调查资料）

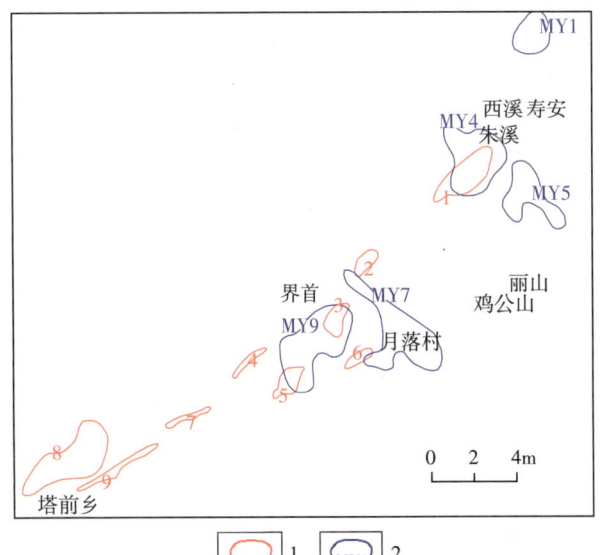

1—地面磁测异常及编号；2—航磁异常及编号。

图 8-26 朱溪矿田区域磁测异常图
Fig. 8-26 Regional magnetic anomaly map of Zhuxi ore field

土壤地球化学异常：1:20万土壤地球化学测量在区内发现4处甲类和1处乙类土壤地球化学异常，分别是月形Cu、Au、Pb、Zn、Ag、Mo、Sb、As、W、Bi异常（245甲），涌山Au、Mo、Pb、Zn异常（247甲），涌山–赋春Au、Pb、Zn、Mo、Hg异常（246甲），朱溪Cu、Au、Ag、Pb、Zn、Sb、As、Sn、W异常（228甲），塔前W、Bi、Mo、Pb异常（243乙）。这5处异常与矿床（点）、矿化点吻合较好，应属矿致异常。

水系沉积物异常：区内1:10万水系沉积物测量结果显示，在塔前、横路、曹冲和朱溪等地发育有4处甲类异常，月形、沿沟、涌山和徐村等地有7处丙类异常。主要成矿元素浓度为Cu 50×10^{-6}~700×10^{-6}，Pb 50×10^{-6}~800×10^{-6}，Zn 150×10^{-6}~800×10^{-6}，Mo 2×10^{-6}~25×10^{-6}，As 50×10^{-6}~500×10^{-6}。组合异常呈同心椭圆状或长条状，主要成矿元素三级浓度分带明显。一般北东向与北西向构造交会处常形成地球化学异常，其特点是北东向呈"带"，北西向呈"串"，总体上受北东向构造和北西向构造联合控制。从土壤地球化学异常和水系沉积物异常分布特征来看，成矿元素组合呈现出一定的变化规律，即自南西往北东由W–Mo–Cu组合演变为Cu–Pb–Zn–Ag组合（图8–27）。

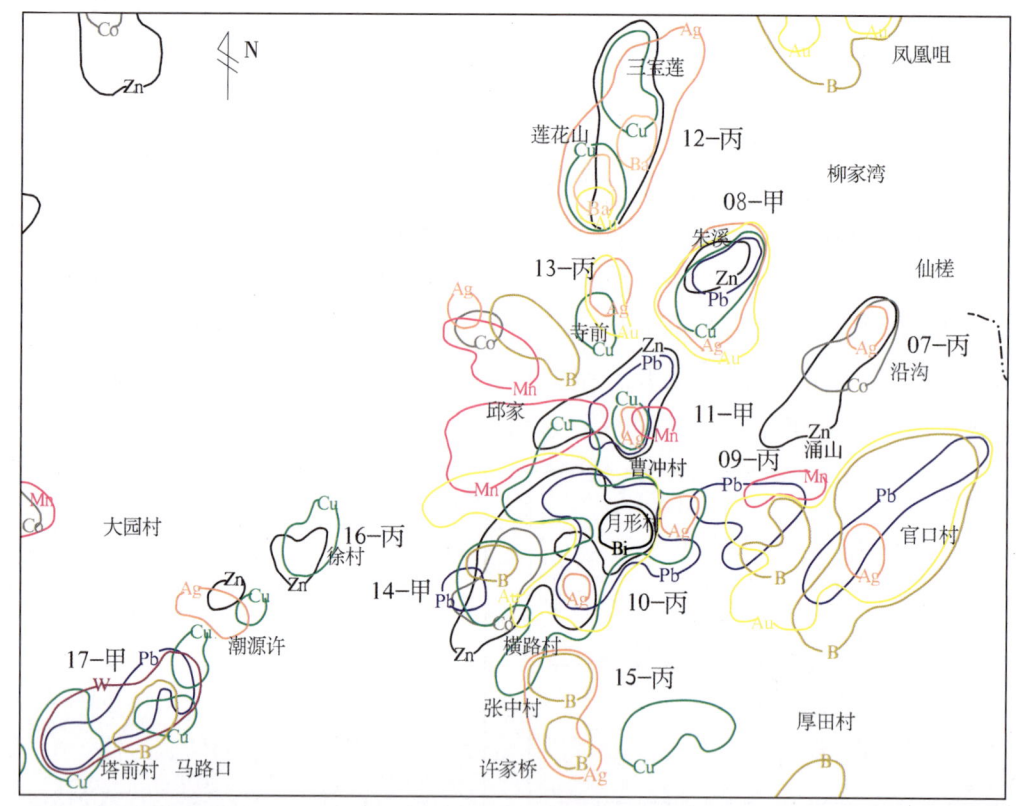

图8–27 朱溪矿田区域水系沉积物异常图（据江西省地质局物化探大队，1976；1:10万水系沉积物测量）
Fig. 8–27 Regional stream sediment anomaly map of Zhuxi ore field

重砂异常：区域内重砂测量发现异常点较多，主要有6处异常，分别是下冲CuⅠ重砂异常、珍珠山CuⅠ重砂异常、塔前CrⅡ重砂异常、凰岗AuⅠ重砂异常、朱家冲–涌山AuⅠ重砂异常、涌山–珍珠山WⅠ重砂异常等（图8–28）。

2）朱溪钨矿田

该矿田受塔前–赋春深断裂带控制，自南西向北东形成塔前–毛家园、弹岭、朱溪等矿床，以朱溪矿床规模最大，构造也最简单。成岩成矿具有 I-S 型、S 型两个系列和上、下两个台阶，其中上台阶的毛家园花岗闪长（斑）岩株成矿较弱，弹岭矿区工作程度低，铜钼成矿条件有利，具有较好找矿远景；下台阶的朱溪与塔前矿段成矿条件优越。

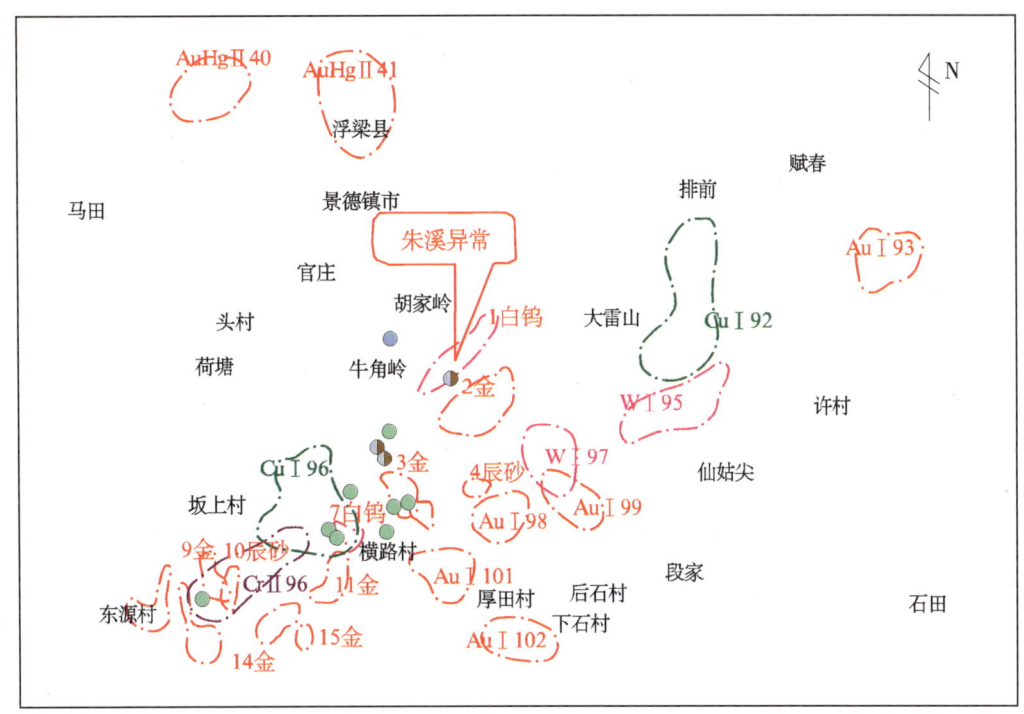

图 8-28　朱溪矿田区域重砂异常图（据江西省地质局物化探大队，1976；1:10 万水系沉积物测量）

Fig. 8-28　Regional heavy sand anomaly map of Zhuxi Ore Field

(1) 塔前钼钨铜矿床

塔前矿床包括塔前南、毛家园两个矿段。

Ⅰ. 毛家园矿段

该矿段处于塔前-赋前断裂带上盘，成矿岩体为毛家园花岗闪长岩株，走向北东，呈椭圆状，长 4km，宽约 1km，侵入万年群中和塔前铜钼矿床。沿接触带发生角岩化，在岩体西南部形成中型细脉型钼钨（白）矿床（图 8-29），与铜厂、城门山等重要成铜岩体相比，SiO_2 含量偏高，为 68.7%，具 I-S 型岩石特征，故出现钼钨矿化，而铜成矿较弱。

Ⅱ. 塔前南矿段

塔前南矿床与北侧的毛家园矿床相邻，故长期归于同一矿床。事实上，塔前矿床成矿在先，毛家园矿床成矿在后，成矿台阶前者在下，后者在上，矿床特征也有明显不同，宜分别进行研究。

塔前南矿床形成于塔前-赋春导岩导矿深断裂带（F_1）下盘（图 8-30）与万年隆起北坡逆冲构造前缘破坏矿床的 F_2 逆冲断裂带之间，形成强烈的对冲挤压结构。中部被毛家园花岗闪长岩体侵入，分为北东、南西两段，相伴有花岗闪长斑岩、闪长玢岩墙。主要有似层状矽卡岩型（白）钨钼铜矿体 4 条，产于茅口组或栖霞组及安源组中，分别为含铜钼白钨矿、白钨矿-辉钼矿、辉钼矿体，走向北东，长 1200~1400m，厚 6.11~15.83m，矿体埋深控制至标高-350m。受对冲式构造挤压，岩层与矿体陡立倒转扭曲，矿床具中型规模，未揭露到深部成矿主侵入岩体，有待进一步勘查。

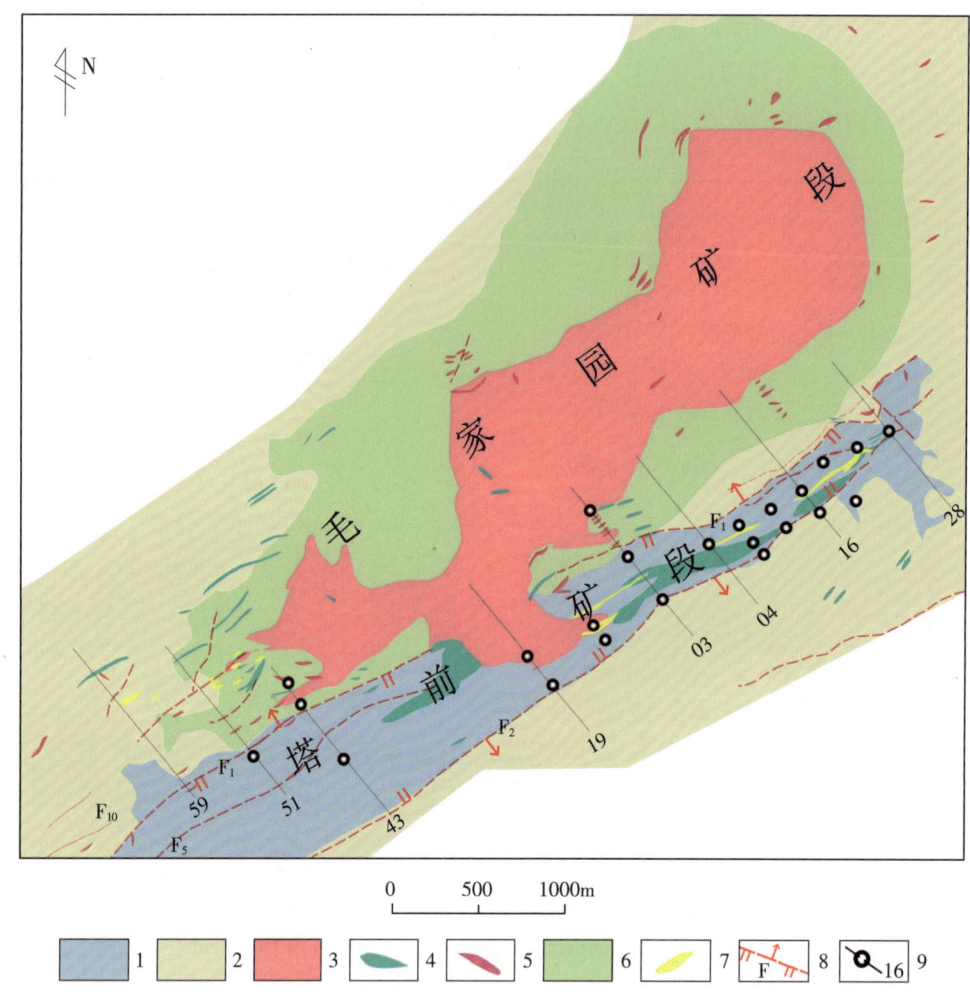

1—晚古生代—中生代沉积盖层；2—上青白口统下部万年群；3—似斑状花岗闪长岩；4—中酸性岩脉（墙）；
5—花岗斑岩脉；6—角岩化带；7—钼钨矿体；8—逆冲推覆构造；9—勘探线及钻孔。

图 8-29　塔前－毛家园矿区地质简图

Fig. 8-29　Geological diagram of Taqian-Maojiayuan mining area

(2) 朱溪钨铜矿床

朱溪矿床发现于20世纪60年代，中浅部经多次勘查为小型铜钨矿床。21世纪以来，在全国第二空间找矿的推动下，江西省地质矿产勘查开发局九一二大队通过"以层找体"进行深部勘查，发现了深部燕山期晚侏罗世隐伏成矿S型花岗岩株，钨资源量居世界首位。

矿床处于塔前-赋春深断裂带下盘，赋矿地层为上石炭统—中下二叠统，呈北西倾斜的单斜构造，隐伏成矿岩体呈多锋状由北西向南东方向上侵，前锋岩枝已上侵至标高-400m处，显示岩浆来自塔前-赋春断裂带深处。

主要赋矿地层为不整合面之上的上石炭统黄龙组白云质灰岩、灰岩、白云岩，其次为下二叠统马平组灰岩，为隔档式向斜残留下的南翼。

朱溪巨型钨（铜）矿床的发现在成矿作用方面有诸多启示。

一是矿床产于坳陷带导矿的逆冲推覆深断裂带下盘，是成矿与矿床隐伏较深的基本因素，且矿床未遭受后期构造破坏，为矿田中的一个"安全岛"，是保存下巨大矿床的重要条件。

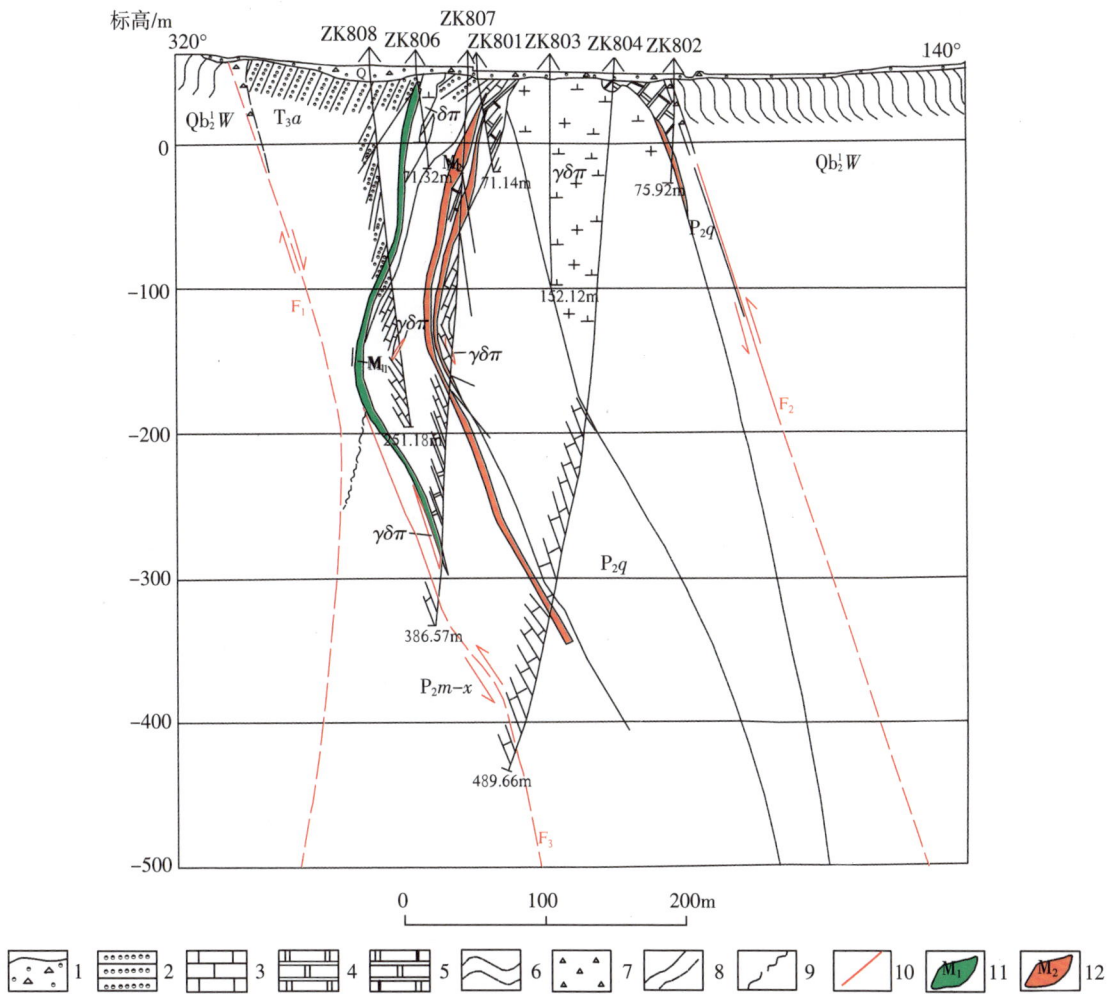

图 8-30 塔前矿区 8 线剖面图

Fig. 8-30 Profile of line 8 in Taqian mining area

二是矿床浅部为产于上石炭统黄龙组中的似层状铜（钨）矿体，长期被部分专家学者视为晚石炭世同生（火山）沉积矿床或晚石炭世海底热水喷流沉积、燕山期岩浆热液叠改矿床。朱溪矿床勘查研究表明，矿床呈上铜钨下钨铜分带，上部铜钨矿体具似层状热液交代成因特征，中深部递变为矽卡岩钨铜矿体，均形成于晚侏罗世末，且黄铜矿化稍晚于白钨矿化。再者上石炭统黄龙组以角度不整合沉积于万年群变质岩系的不整合面上，黄龙组为浅海碳酸盐岩沉积，底部有数十厘米厚石英砾层，显然不具备海底热水喷流沉积的形成条件，而且钨铜矿化已进入不整合面之下，万年群浅变质岩中也有少量钨铜矿体。这些证据均表明成矿花岗岩是成矿的必要条件，黄龙组及马平组碳酸盐岩是有利的围岩条件，构成了成矿的基本前提。

三是朱溪成矿 S 型花岗岩体形成了巨型钨矿床和中型铜矿床，这是钦杭成矿带发现的又一钨铜共生矿床。作者认为这种现象很可能与钦杭板块结合带地壳中不均匀地混染有晋宁期华南洋含铜洋壳物质有关，值得进一步研究。

2. 萍乡－高安坳陷

该坳陷北部被九岭推复体叠覆。燕山晚期九岭南推，武山隆起北滑，在坳陷中发生推滑对冲，形成一个坳陷深、叠覆强的地带（图8-31），剥蚀程度低。燕山期形成的矿床埋深大，成矿后遭受推滑构造叠覆与强烈破坏，找矿难度大，近20年以来找矿未获重大进展。杨明桂等（2020）通过研究，认为该带深部矿产资源潜力较大。

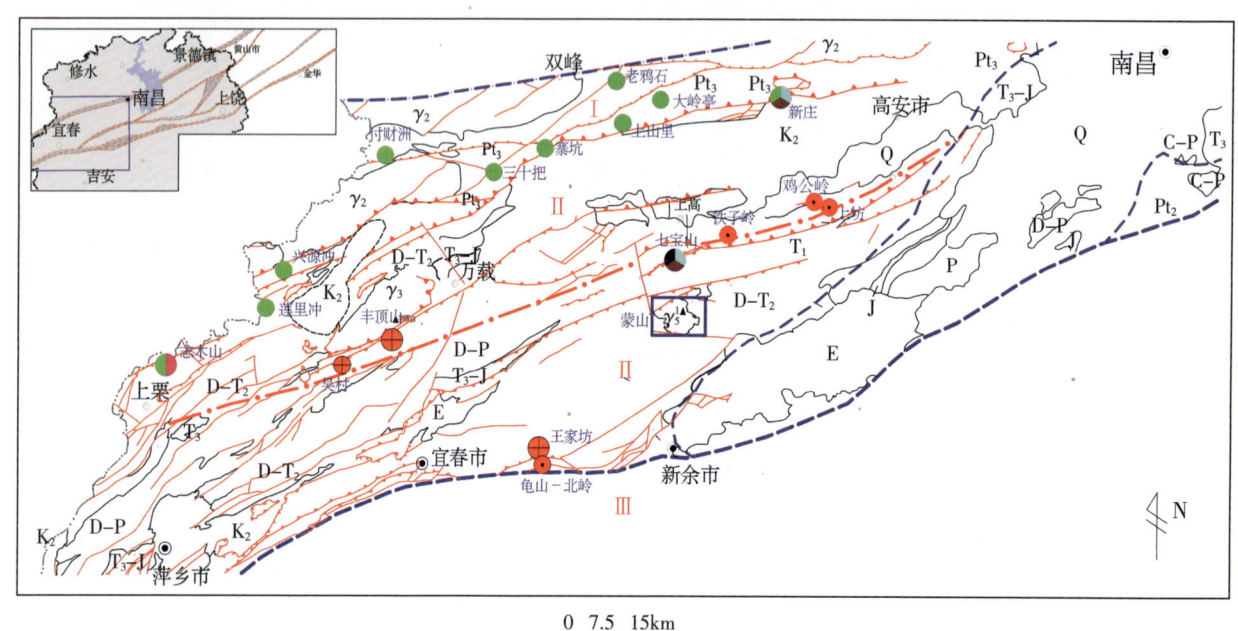

1—逆冲推覆断裂带；2—滑覆断裂；3—隐伏深断裂；4—铜矿；5—铅锌钴矿；6—铜钼矿；7—金矿；8—铜铅锌矿；9—铁矿；10—蒙山硅灰石（钨锡多金属）矿田；Q—第四系；E—古近系；K₂—上白垩统；D-T₂—泥盆系—中三叠统；T₃-J—上三叠统—侏罗系；Pt₃—新元古界；γ₃—加里东期花岗岩；γ₂—晋宁期花岗岩；Nh₁—下南华统漫田岩片；Ⅰ—九岭逆推覆隆起；Ⅱ—萍乡－高安坳陷；Ⅲ—武功山隆起。

图 8-31　萍乡－高安坳陷地质简图（据杨明桂等，2020，修改）

Fig. 8-31　Geological sketch of Pingxiang–Gao'an depression

1）燕山早期Ⅰ型岩浆成矿特征

区内金属矿床主要成矿时期在燕山早期，已发现宜丰新庄－高安县村前中型矽卡岩铜铅锌铁矿床，上高县七宝山中型铅锌钴矿床，上栗县志木山小型铜钼（钨铁）矿床，宜春市五宝山小型钴银（铅锌）矿床，分宜县铁坑小型钼（铁）矿床，另有余家坪铜钼、石围钴、燕子窝铅锌、铁子岭铁（铅锌）等矿点。此外，在蒙山印支期花岗岩世界级硅灰石矿田中有弱的锡钨铅锌矿化。燕山晚期以微细金、锑等中低温热液矿化为特征。这是一条 Cu、Au、Pb、Zn、Cd、Co 等化学异常带，钨异常较弱，主要出现于蒙山、铁坑、志木山。

燕山早期受七宝山深断裂带控制形成的主要矿床，由于处于坳陷地带埋藏较深，加上受区内推滑覆对冲构造严重叠覆破坏，仅有上栗县志木山矿床和袁州区余家坪矿点有Ⅰ型成矿花岗闪长斑岩出露。志木山花岗闪长斑岩 K-Ar 年龄为 164Ma，与宜丰－景德镇深断裂带南缘的村前成矿花岗闪长斑岩取得的 LA-ICP-MS 锆石 U-Pb 年龄（169.3±1.1）Ma（王强等，2012）相近，同属燕山早期中侏罗世产物。

七宝山、志木山、五宝山矿床均为由深部推挤到浅表的准原地矿床，未见原地矿体根部。

2) 推滑覆对冲带的主要特征

萍乡–高安坳陷北侧的九岭南麓逆冲推覆构造规模巨大。北部的九岭往南进入萍乐–高安坳陷北部，主逆推覆断裂带在万载兴源冲—宜丰—南昌西山一线，前缘断裂带在上栗—七宝山—荷岭一线，宽达50km，由一系列逆冲推覆断裂带和飞来峰、构造窗组成。南侧的武功山北麓滑覆构造，后缘滑脱带在武功山隆起北麓的袁州—分宜一带，中部叠瓦式褶断带在萍乡—杨桥—蒙山一带，逆推覆带前缘西段推进到志木山以北的湘东北浏阳县境至万载兴源冲，与九岭南麓主逆冲推覆带对冲，东部前缘达上高县徐家渡—高安县灰埠一线，滑脱带宽40~50km。

北推南滑的两个构造前缘在志木山、黄茅—丰顶山—七宝山一线形成一条宽约20km的对冲带，位置与七宝山深断裂带大体一致。带内推滑构造岩片交织，在上高七宝山地区由下南华统变质基底组成的漫田岩片被推挤出地表。燕山早期形成的矿床遭到叠覆和破坏。

上栗县志木山矿床处于推滑覆对冲带的武功山滑覆构造带前缘逆冲推覆带。矿床产于燕山早期花岗闪长斑岩株与中二叠统茅口组碳酸盐岩的接触带及附近，属接触交代矽卡岩型铜钼钨铁多金属矿床（图8-32），为向北西方向逆推覆于上三叠统安源组煤系地层之上的一个构造岩片。矿床空间上大致分为南矿段和北矿段。北矿段以铜、钼矿为主，南矿段以磁铁矿为主，钼、钨次之。从内向外的蚀变分带大致为内矽卡岩带→外矽卡岩带→大理岩带→透闪石化灰岩，矽卡岩化广泛发育于花岗闪长斑岩与

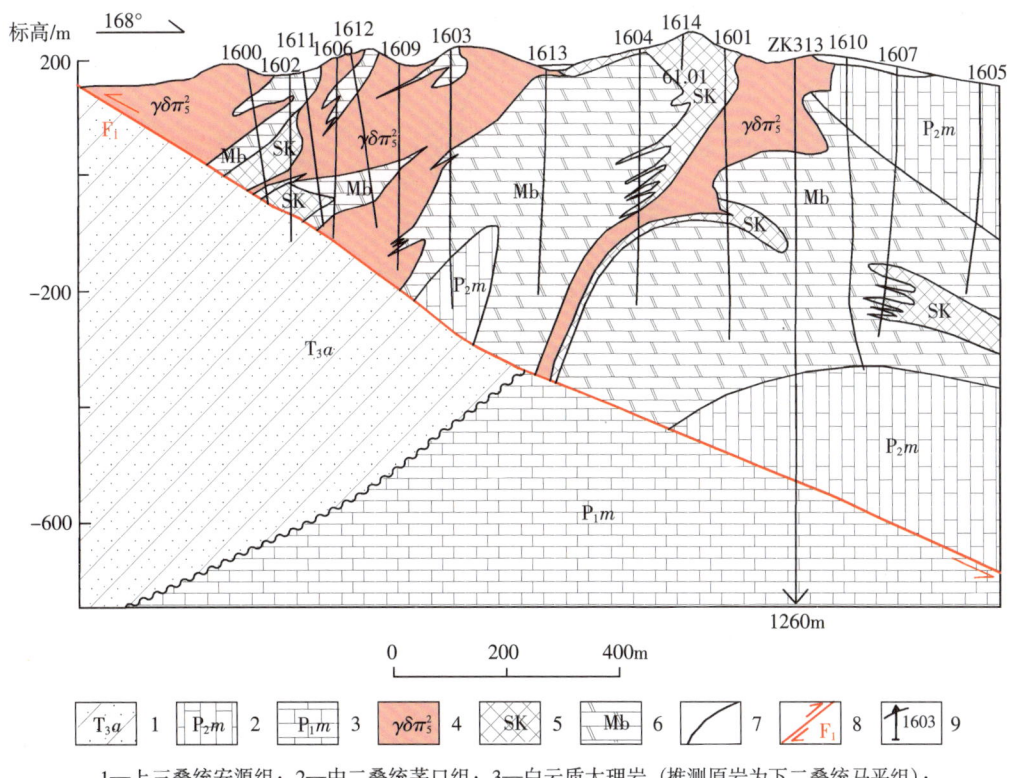

1—上三叠统安源组；2—中二叠统茅口组；3—白云质大理岩（推测原岩为下二叠统马平组）；
4—燕山早期花岗闪长斑岩；5—矽卡岩；6—大理岩；7—地质界线；8—断层；9—钻孔位置及编号。

图8-32 上栗县志木山矿区16线地质剖面简图

Fig. 8-32 Geological profile of line 16 in Zhimushan deposit of Shangli County

二叠系茅口组灰岩接触带。近期所施工的 ZK813，于 730m 处见 3.32m 厚的构造角砾岩，进一步证实逆冲推覆断裂具有较大规模；断裂之下至 1 277.1m，均见下二叠统马平组中细粒白云石大理岩，岩石褐铁质不规则发育。推覆体上盘"准原地"岩体及矿体顶部已遭剥蚀，矿床仅具小型规模，逆冲推覆断裂使其下部断失。

3) 燕山晚期微细浸染型金（锑、汞）成矿特征

受燕山晚期经七宝山深断裂带与推滑覆对冲影响，萍乡－高安坳陷中形成一条微细浸染金矿化带，并有锑、汞矿化出现，是江西该类矿的最主要产地。

4) 找矿方向

该带坳陷深，叠覆强，燕山期成矿侵入岩零星出露，坳陷北缘燕山早期形成的铜矿床产于构造窗中。坳陷中燕山早期形成的以中温热液为主的志木山、七宝山、五宝山矿床，均为准原地的"断根"矿床，其次为低温热金、锑矿化。考虑到该区北面九岭隆起形成了重要的九岭尖钨矿集区，南面有武功山钨矿区，东面同处于萍乡－乐平坳陷带中发现了朱溪隐伏世界级钨矿床，推断该区处于燕山早期区域岩浆成矿垂直分带的上部中低温热液成矿带，成钨中高温岩浆热液成矿带隐伏于深部。

由于成矿花岗岩埋深较大，布格重力异常不明显。值得注意的是，从宜春市金瑞至萍乡市赤山有一条北东向低缓重力异常（图 8-33）和 W 元素地球化学异常带（图 8-34）南西段。在宜春市竹亭煤矿勘查中，曾钻遇一条黑钨矿石英脉，是一个值得探索的找钨地区。

该带找矿难度很大，建议通过对非原地"断根"矿床的"寻根"，由浅而深不断探索，有望在深部取得找矿突破。

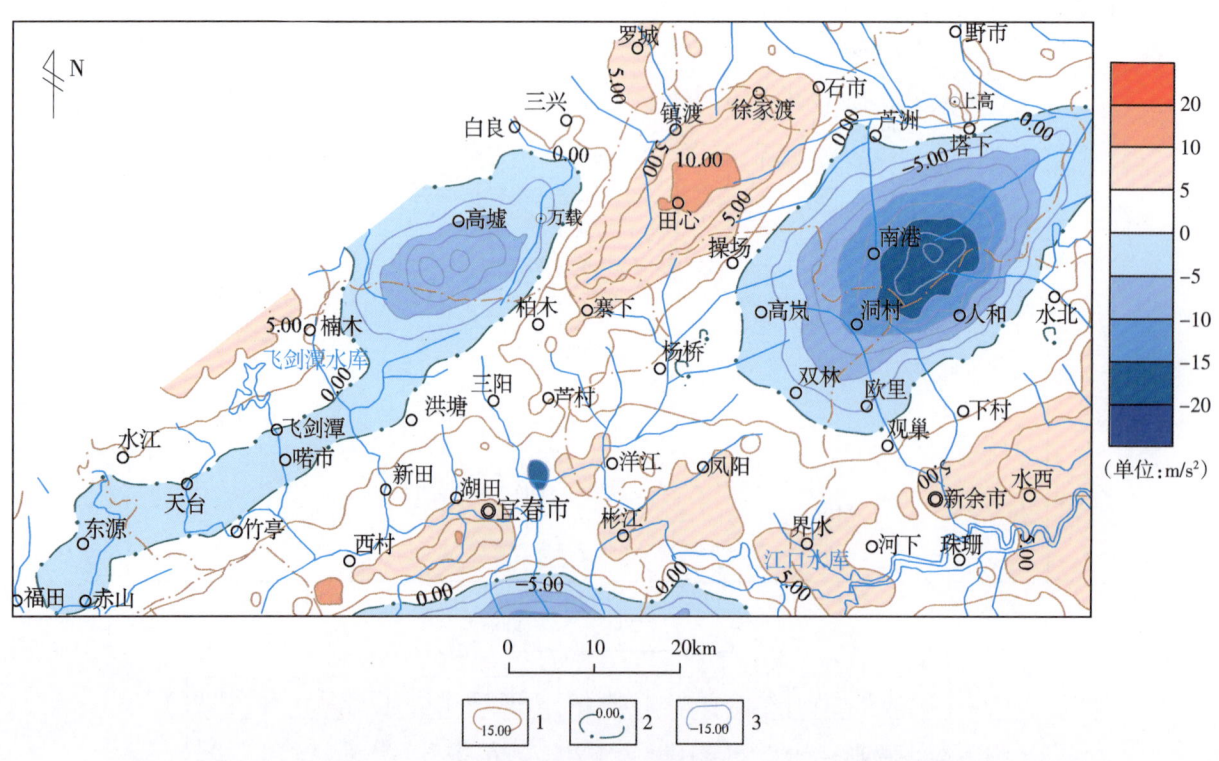

1—布格重力局部异常正等值线及标记；2—布格重力局部异常零等值线及标记；3—布格重力局部异常负等值线及标记。

图 8-33 萍乡－乐平坳陷带西段布格重力局部异常平面图

Fig. 8-33 Local anomaly plan of Bouguer gravity in the west section of Pingle Depression Belt

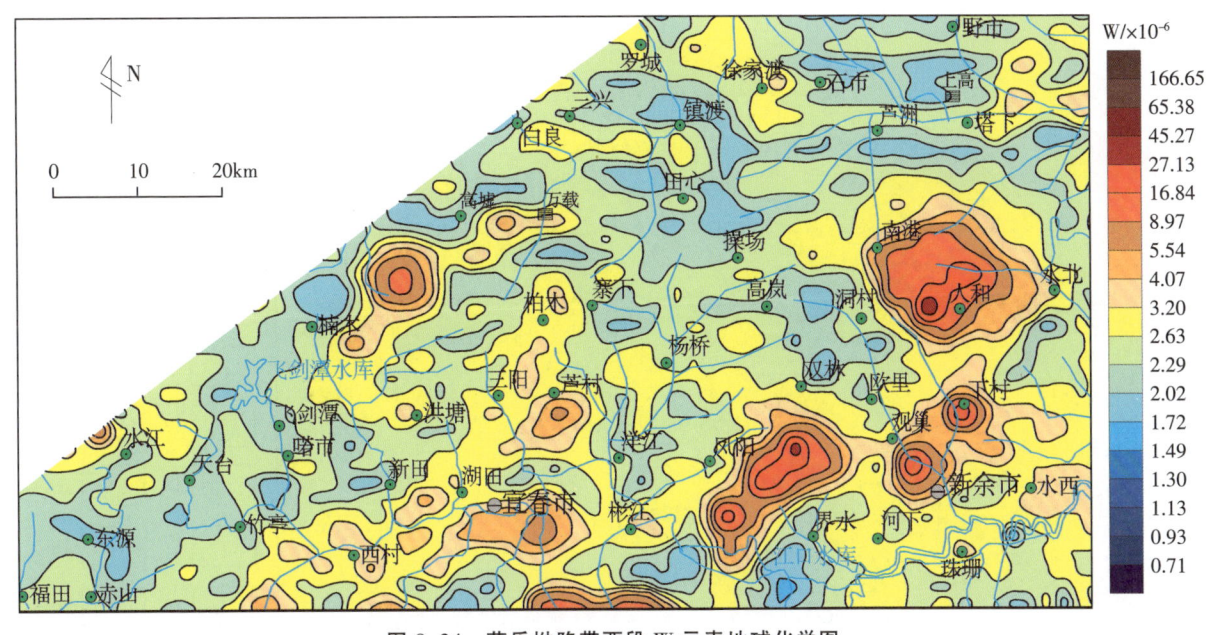

图 8-34 萍乐坳陷带西段 W 元素地球化学图

Fig. 8-34 Geochemical map of W element in the western section of Pingle depression belt

五、武功山 - 仙霞岭成钨亚带武功山—永平段成钨特征

该亚带属钦杭北段成矿带南亚带，处于南华加里东期造山带北缘，是加里东期、燕山期沿萍乡 - 绍兴深断裂带向北面广丰微陆块、信江 - 钱塘地块逆冲推覆的构造带。西段为武功山 - 玉华山推覆型隆起复式花岗岩带，上青白口统上部—奥陶系中浅变质的泥砂质、火山凝灰岩质碎屑岩广泛裸露，是一条加里东期、印支期、燕山早期复式花岗岩带。中段为抚州晚白垩世断陷盆地。东段为饶南石炭系—中侏罗统组成的饶南坳陷，由于遭受剥蚀，中深变质的上青白口统—南华系褶皱基底与加里东期花岗岩有较大面积出露。印支期、燕山早期晚侏罗世花岗岩多呈岩株，少呈岩基状（葛仙山）；燕山晚期早白垩世中浅成花岗岩呈岩基、岩株状分布于铜钹山地区，上叠有东乡、贵溪、铅山、广丰等白垩纪火山盆地。区内自西向东钨成矿作用趋弱，主要有武功山钨钽铌矿集区和徐山钨（铜）矿田，饶南有永平铜（钨）矿床。

（一）武功山矿集区

该矿集区位于武功山隆起，广泛出露震旦系—寒武系变质岩，以武功山加里东期、燕山早期复式花岗岩体为中心，形成一个加里东期递进变质热穹隆与燕山造山后隆滑构造。燕山期形成一系列北北东向、北东向左行挤压走滑断裂和浒坑钨矿田。东部受加里东期北西面走滑剪切带和北北西向地层控制，形成北北西向加里东期、燕山早期花岗岩带和下铜岭钨矿田。成矿岩体为燕山早期。带内有钨矿床（点）21处，其中大型2处，小型2处，超大型钽铌矿床1处（图8-35）。

区域布格重力异常图上有武功山、雅山2处异常（图8-36），在加里东期花岗岩基中有多个"体中体"式燕山期花岗岩株。在W元素地球化学图中（图8-37），W元素异常与布格重力异常比较吻合，浒坑矿田花岗岩基中有太平山、浒坑、钱山3处W元素异常，在下桐岭矿田有雅山、下桐岭2处W元素异常。此外，南部严田发育有W元素异常，但无布格重力异常，该W元素异常是否为浒坑矿田沿水系形成的次生异常，值得进一步调查。

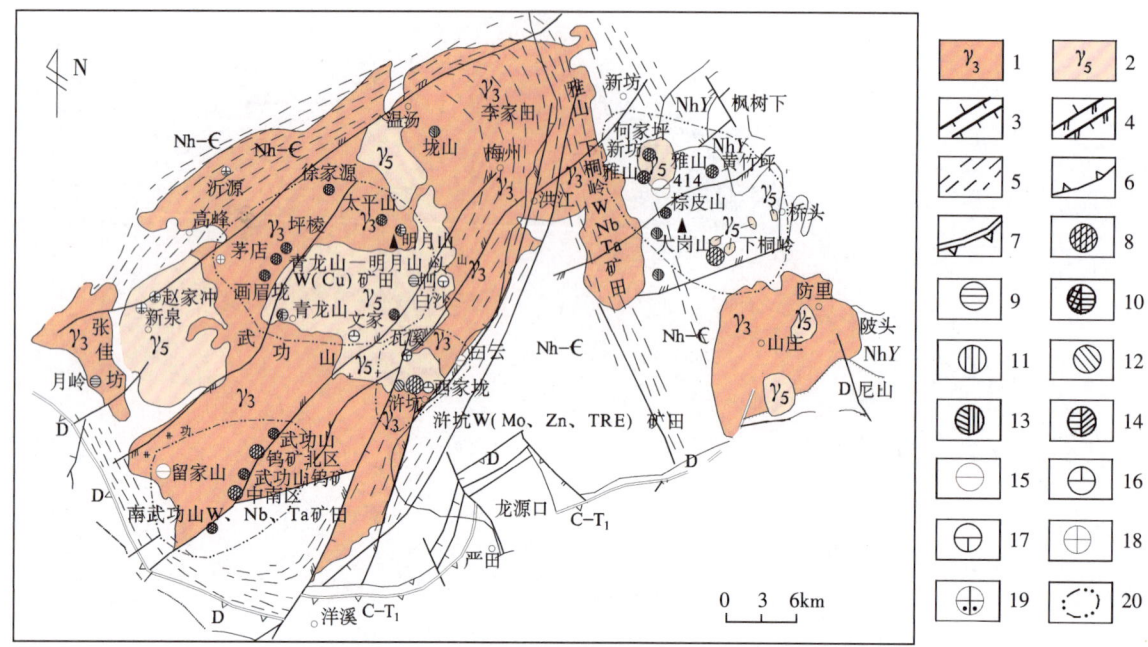

1—加里东期花岗岩；2—燕山期花岗岩；3—正、逆断层；4—走滑断层；5—韧性剪切带；6—滑脱断层；7—花岗岩穹隆构造；8—钨矿；9—铜矿；10—钨铜矿；11—铅矿；12—锌矿；13—铅锌矿；14—铜钼矿；15—铌钽矿；16—铍、锂矿；17—稀土矿；18—岩金矿；19—砂金矿；20—矿田范围；C-T₁—石炭系—下三叠统；D—泥盆系；Nh-∈—南华系—寒武系；NhY—南华系杨家桥群。

图 8-35　武功山矿集区地质、矿产分布图（据江西省地质矿产勘查开发局，2015）

Fig. 8-35　Geological and mineral distribution map of Wugongshan ore concentration area

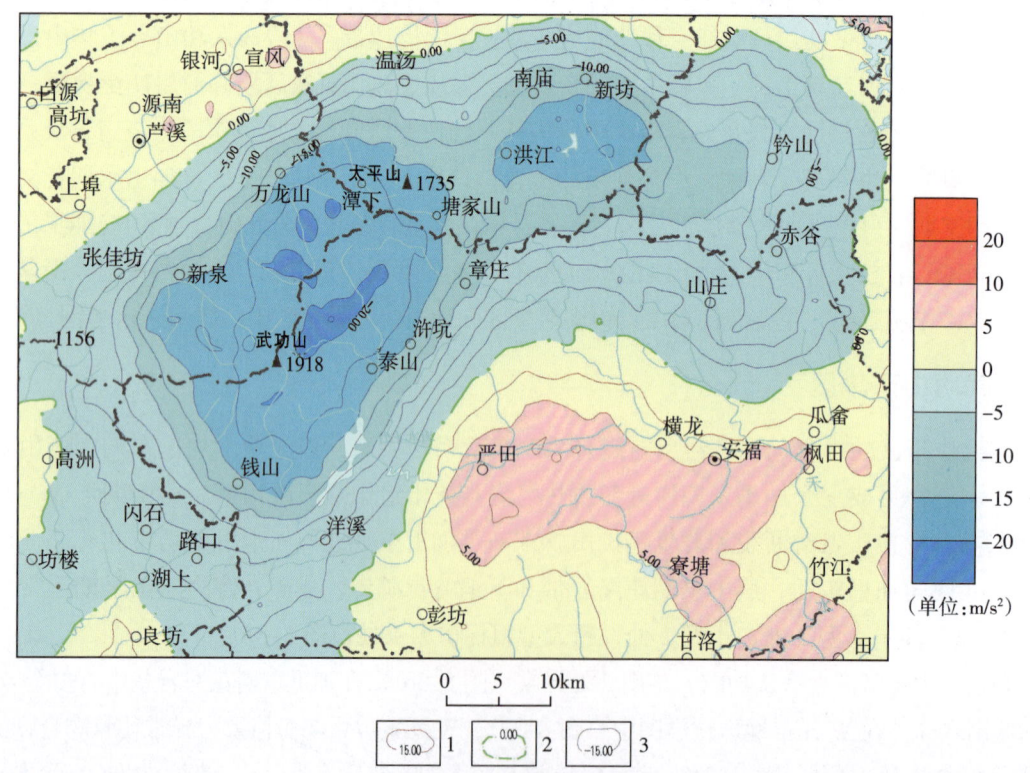

1—布格重力局部异常正等值线及标记；2—布格重力局部异常零等值线及标记；3—布格重力局部异常负等值线及标记。

图 8-36　武功山矿集区布格重力局部异常平面图

Fig. 8-36　Local anomaly plan of Bouguer gravity in Wugongshan ore concentration area

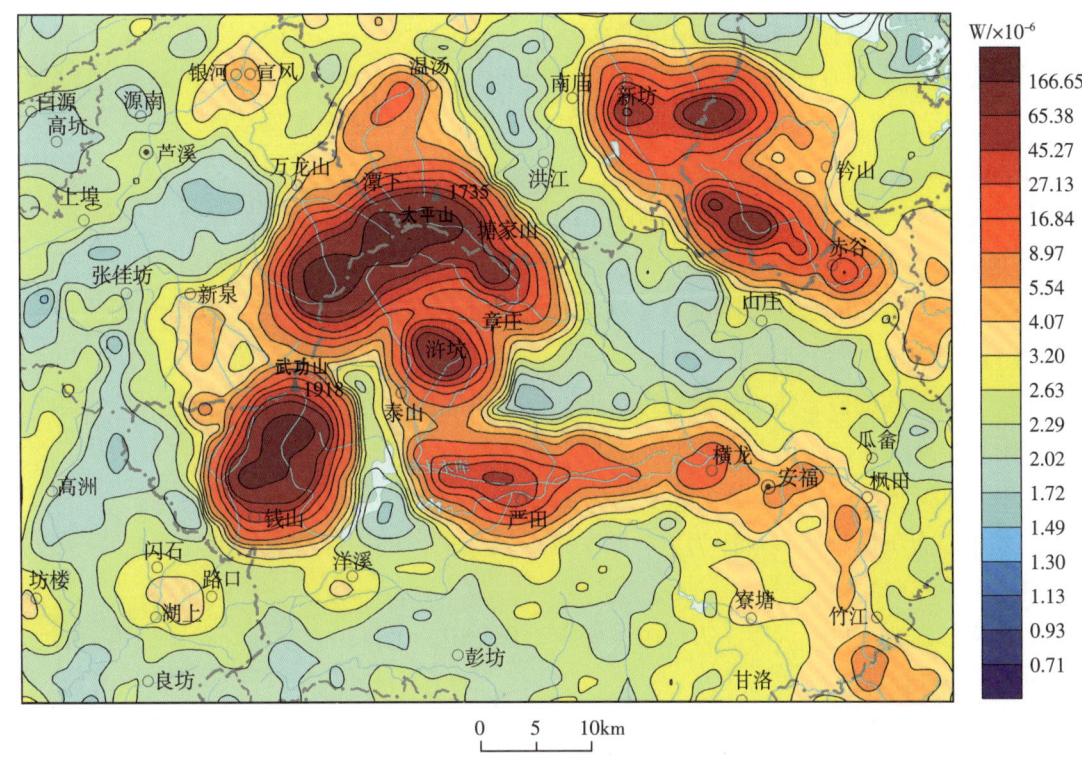

图 8-37 武功山矿集区 W 元素地球化学图

Fig. 8-37 Geochemical map of W element in Wugongshan ore concentration area

1. 浒坑钨矿田

浒坑钨矿田形成于武功山加里东期与燕山早期复式花岗质岩基中，燕山早期花岗岩呈"体中体"式侵入加里东期花岗岩基中，加里东期花岗岩基侵入南华系—寒武系变质岩中。

1) 成矿地质背景

(1) 武功山加里东期构造岩浆活动特征

区内加里东期侵入体由石英闪长岩、花岗闪长岩、二长花岗岩组成。其中武功山规模最大，为片麻状变形花岗岩，另有新泉、张家坊两个岩株。武功山岩基是一个典型的轻气泡式强力侵入体，沿接触带形成一个环形动热变质带，使南华系—寒武系发生韧性剪切变形和低角闪岩相变质，同时沿岩基北西侧的温汤－张家坊，南东侧的章庄－泰山形成韧性剪切带与岩浆热流体复合形成动热变质混合岩化带。

(2) 燕山期构造岩浆活动特征

燕山早期在武功山加里东期岩基上形成了 8 条北东向至北北东向左行挤压走滑断裂带，其中复式花岗岩基北西侧、南东侧的断裂带叠加在加里东期动热变形带上。这些断裂带为燕山期的控岩控矿构造，成矿后仍有活动，是现今的导热控泉构造带。

燕山早期晚侏罗世成钨花岗岩以浒坑复式花岗岩株规模较大，出露面积约 $150km^2$，另有江元岩株和万龙山、新泉、钱山、鸡冠岩等岩株（瘤），主要由黑云母花岗岩、二云母花岗岩和白云母花岗岩组成。据江西地质科学研究所研究成果（1985），早次形成的黑云母花岗岩有同化混染特征，特征矿物为黑云母、钛铁矿，岩石蚀变不明显；晚次形成的淡色花岗岩粒度变细，钾钠碱交代明显，白云母、磁铁矿取代黑云母、钛铁矿。随 SiO_2 含量增高，热液蚀变出现，稀土总量（ΣREE）降低，重稀土含量增高，

δCe/δEu 降低，Eu 亏损趋于明显，呈海鸥型配分图式。江元花岗岩株锆石 U-Pb 年龄为 (145.4±2.3)Ma（1:5 万浒坑幅区域地质调查资料）。浒坑白云母花岗岩 LA-ICP-MS 锆石 U-Pb 年龄为 151.6Ma（刘培等，2018），含钨石英脉中白云母 K-Ar 年龄为 150.2Ma，成岩与成矿属晚侏罗世。

2）矿田成矿特征

该区有浒坑石英大脉型钨矿床 1 处，明月山中型石英脉型矿床 1 处，徐家源、太平山、鸡冠岩、青龙山–万龙山小型石英脉型矿床 4 处，画眉坳、坪凌、下村、火烧山、金排山、老山、东江、香炉山、泥湖坳、野鸡潭等 10 处石英脉型（个别为伟晶岩型铍–钨）钨–锡（或钨–钼、钨–铜）矿（化）点，累计查明 WO_3 资源储量近 $9×10^4$ t。

矿床主要分布于该成矿岩体内外接触带附近，但是鸡冠岩、野鸡潭矿床（点）位于燕山期小岩瘤内外接触带附近，推测存在隐伏主成矿花岗岩体。

矿床类型有石英脉型（包括石英大脉型、石英网脉型）和蚀变花岗岩型 2 个类型。

浒坑钨矿床以石英脉型黑钨矿床为主，其次为西家垅矿段的网脉型、蚀变花岗岩型（云英岩化）黑钨矿和白钨矿。

太平山、明月山、下村、坪凌、火烧山、老山、青龙山、金排山、东江、戈源、鸡冠岩、野鸡潭等均为石英脉型黑钨矿床（点）。

徐家源钨矿床为石英脉型黑钨矿床、白钨矿床。

3）找矿方向

矿田南部沿北东向断裂带有鸡冠岩、野鸡潭石英脉型钨矿点和严湖头巾萤石矿点分布，断裂带中仅见晚侏罗世花岗岩瘤。该处为 W 元素地球化学显著异常区，在布格重力图上有重力低小异常，可运用"以脉找体"方法，寻找隐伏成矿花岗岩体与隐伏矿体。

2. 下桐岭钨矿田

下桐岭钨矿田位于武功山钨矿集区东部，以北北东向章庄–泰山断裂带与浒坑钨矿田分界，北部属分宜县、南部属安福县，面积约 850km²。

1）地质成矿背景

该钨矿田受北西向构造复式花岗岩带控制，呈北北西向展布，处于神山复背斜南翼，出露地层自北东向南西依序为南华系—寒武系，岩性为浅变质的含火山凝灰质、南华冰碛、泥砂质碎屑岩，主要成矿围岩为上震旦统老虎塘组含碳酸盐岩夹层的硅质岩。加里东期武功山岩基东部的南庙岩体呈北北西向出露于矿田西部，山庄加里东期—燕山期晚侏罗世复式花岗岩基出露于矿田南部。

矿田成矿花岗岩仅有雅山岩株和下桐岭 1 号、2 号花岗岩小岩株。雅山岩株侵入上震旦统老虎塘组中，面积 9.5km²。岩性自岩体中心向边缘为黑云母→二云母花岗岩→锂白云母钠长石化花岗岩，为超酸过铝富碱（钠）高分异花岗岩。锆石 U-Pb 年龄约为 161Ma（楼法生等，2005），LA-ICP-MS 锆石 U-Pb 年龄为 150Ma（杨泽黎等，2014），成岩时代为晚侏罗世。下桐岭 1 号岩株面积 0.17km²，2 号岩株面积 0.08km²，侵入老虎塘组中，岩性为黑云母花岗岩、二云母花岗岩、白云母花岗岩，属偏铝质、高碱、超酸性花岗岩。雅山岩体锆石 U-Pb 加权年龄为 (150.2±1.4)Ma（邱检生等，2014），成岩时代为晚侏罗世。

矿田西侧为一条北北西向加里东期韧性剪切带。矿田内断裂构造十分发育，主要断裂为北东向、北北东向及北西向。下桐岭岩体沿北东向和北西向断裂交会部位侵入，显然受这两组断裂控制，花岗斑岩、石英斑岩脉及辉绿岩多沿此方向发育。现已证实，北东向与北西向或北东东向断裂交会处常有花岗岩体发育，是钨、钼、铋等有色金属矿床的成矿有利地段，也是寻找隐伏岩体良好部位。

矿田主要控矿构造有 4 组。

北东组：走向 56°，倾向北西或南东，倾角大小不等，一般 74°。为石英斑岩脉、花岗斑岩脉、含矿石英脉所充填，规模不等，延长几十米到数千米。该组构造与区域构造线一致，自西向东有由北东向北东东偏转的趋势。

北西组：是最发育的一组断裂构造，走向 297°，倾向北东，倾角 73°，其余为细小裂隙，并见石英斑岩脉、花岗斑岩脉及辉绿岩脉充填。

东西组：包括北东东向及北西西向两组裂隙。走向一般 70°~80°，倾向北或南，倾角 65°~73°，常见大脉及细脉充填其间。

北北东组：不甚发育。走向 20°~25°，为含矿石英脉或细石英脉充填，分布比较零星。

细、网脉状裂隙：为北西组、北西西组、北东组及北北东组细脉互相交织而成，并有带状产出的特征。

2）矿田成矿特征

矿田北部雅山花岗岩株形成超大型的雅山蚀变花岗岩型钽铌锂（铯、铷）矿床及雅山、新坊、黄竹坪 3 处小型钨矿床，茶田、高富岭、棕皮山 3 处矿点。矿田南部为下桐岭大型规模钨钼铋（铍）矿床。

下桐岭矿区以中部北东向石英斑岩为界，划分为 2 个矿段：北西侧为 1 号矿段，南东侧为 2 号矿段。1 号矿段矿化主要集中于 1 号岩体内，钨、钼、铋矿化均具工业价值，以网脉状矿化为主，次为大脉型钨矿体，为一中型钨钼矿床，铋矿规模为小型，并伴生中型铍矿。2 号矿段矿化产于岩体及内外接触带，以网脉型钨矿为主，大脉型钨矿体规模小，品位低，断续分布于网脉型矿体中，岩体与围岩外接触带附近有矽卡岩钨矿化体，为一大型钨矿床，共（伴）生钼矿、铋矿达小型规模。

黄竹坪和雅山小型钨矿床主要为石英大脉型钨矿，也发育有少量网脉型矿体。新坊、茶园、高富岭钨矿床（点）为石英大脉型钨矿。棕皮山钨矿点以石英细脉型钨矿化为主，次为石英大脉型矿体。

矿田成矿模式（图 8-38）：雅山花岗岩岩浆分异程度高，具有较高的 W、Nb、Ta、F、Li 含量，由黑云母花岗岩、二云母花岗岩分异演化至锂白云母钠化花岗岩，形成了以钽铌锂为主、钨居其次的成矿特征。下桐岭岩体中，黑云母花岗岩发育于深边部，成矿主要为二云母、白云母花岗岩，形成钨钼铋（铍）矿床。雅山、下桐岭成矿条件不同之处是雅山岩体岩浆分异程度更高，成矿岩体为钠化强烈的锂白云母花岗岩，所以二云母、白云母花岗岩以成钨为主，钠化锂白云母花岗岩以形成钽铌矿为主。矿田为一规模较大的椭圆形布格重力负异常区，与矿田钨矿床（点）分布在空间上吻合，推测矿田深部为一隐伏成矿花岗岩基。运用"以脉找体"，有望找到新的隐伏成矿花岗岩株与隐伏钽铌钨钼铋矿床。

（二）徐山钨矿田

徐山钨矿田主体位于丰城市南部，南东部位于崇仁县北西部，南西角跨入新干县境内。其范围是东经：115°39′55″—115°58′32″，北纬：27°43′12″—27°59′36″，面积 926km²。该区地处武功山隆起东部，为武功山-仙霞岭成钨亚带的一个重要矿田。区内已查明大型钨矿床 2 处，小型钨矿床 1 处，矿点 8 处（图 8-39）。

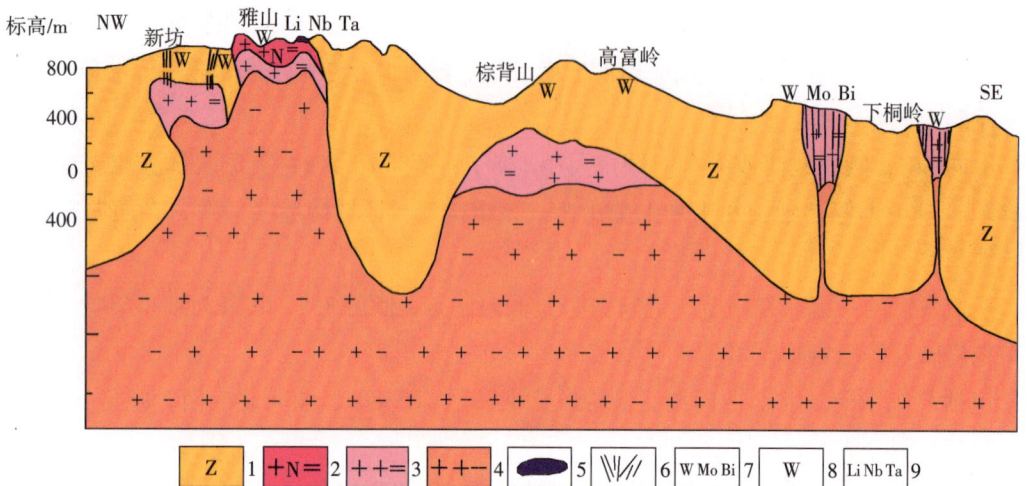

1—震旦系浅变质岩；2—钠化白云母花岗岩；3—白云母花岗岩；4—黑云母花岗岩；
5—伟晶岩壳；6—脉状矿体；7—钨钼铋矿；8—钨矿；9—铌钽锂矿。

图 8-38　下桐岭钨矿田成矿模式图

Fig. 8-38　Metallogenic model of Xiatongling tungsten ore field

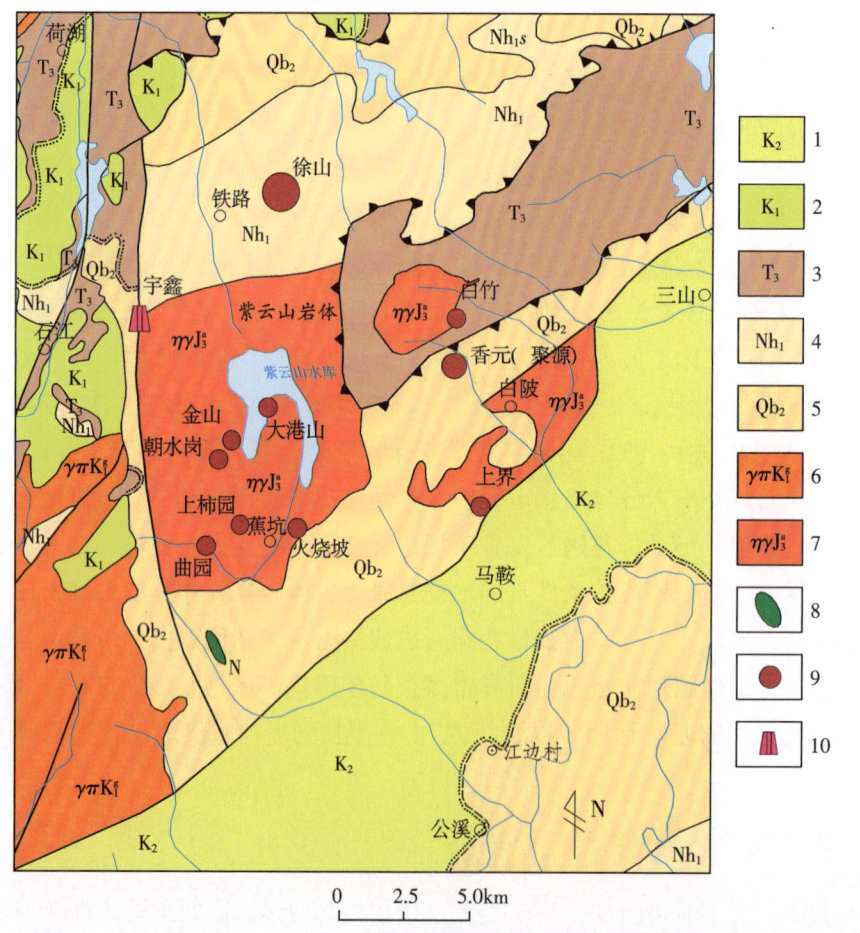

1—上白垩统；2—下白垩统；3—上三叠统；4—下南华统；5—上青白口统；6—早白垩世花岗斑岩；
7—晚侏罗世二长花岗岩；8—基性岩脉；9—钨矿床（点）；10—萤石矿床。

图 8-39　徐山钨矿田地质简图

Fig. 8-39　Geological sketch of Xushan tungsten ore field

1. 地层与构造

徐山矿田所在的玉华山推覆变质岩块，北面为萍乡-广丰深断裂带，西面为赣江断裂带，东南面为临川-遂川断裂带。矿田地层主要为上青白口统上部库里组和下南华统上施组。库里组主要岩性为凝灰质碎屑岩，上施组为一套浅灰色、灰白色变余细粒凝灰质砂岩，凝灰质粉砂岩，细屑沉凝灰岩夹白云岩。矿田北面，徐山推覆体推覆于荷湖安源组煤系盆地和早白垩世火山盆地之上；矿田东部，鹿岗构造窗中为上三叠统安源组煤系地层；矿田西面，以南北向断裂为界与玉华山早白垩世火山盆地相隔；东南面抚州断陷盆地分布上白垩统红色碎屑岩。矿田及邻区北东向、北东向、近南北向断裂发育。

2. 岩浆岩

燕山早期岩浆活动最为强烈，矿田内与成矿关系密切的岩浆岩是晚侏罗世紫云山半隐伏花岗岩体，早白垩世花岗岩分布有紫云山、白竹、白陂岩体。紫云山岩体呈岩基状，面积约 89.89km²。根据区内布格重力异常特征（图 8-40），推测 3 个岩体深部连为一体。白陂岩体呈北东向产于临川-遂川大断裂带下盘（北西），侵入库里组与上施组中。百竹岩株侵入上三叠统安源组中，接触带变质较强，宽达 600m，形成了角岩化石榴子石片岩和堇青石角岩。在三叠系碳质岩系中，大致可分红柱石角岩带和堇青石角岩带。

紫云山岩基第一次侵入形成黑云母花岗岩（导体），第二次侵入形成中粒似斑状黑云母二长花岗岩（主体），第三次侵入形成细粒黑云母花岗岩。SiO_2 含量呈递增变化，由 72.6% 升高至 75.6%，属酸性岩类。里特曼指数（σ）为 2.11，属钙碱性岩类。含铝度（A/KNC）为 1.68，属铝过饱和型。总之由早单

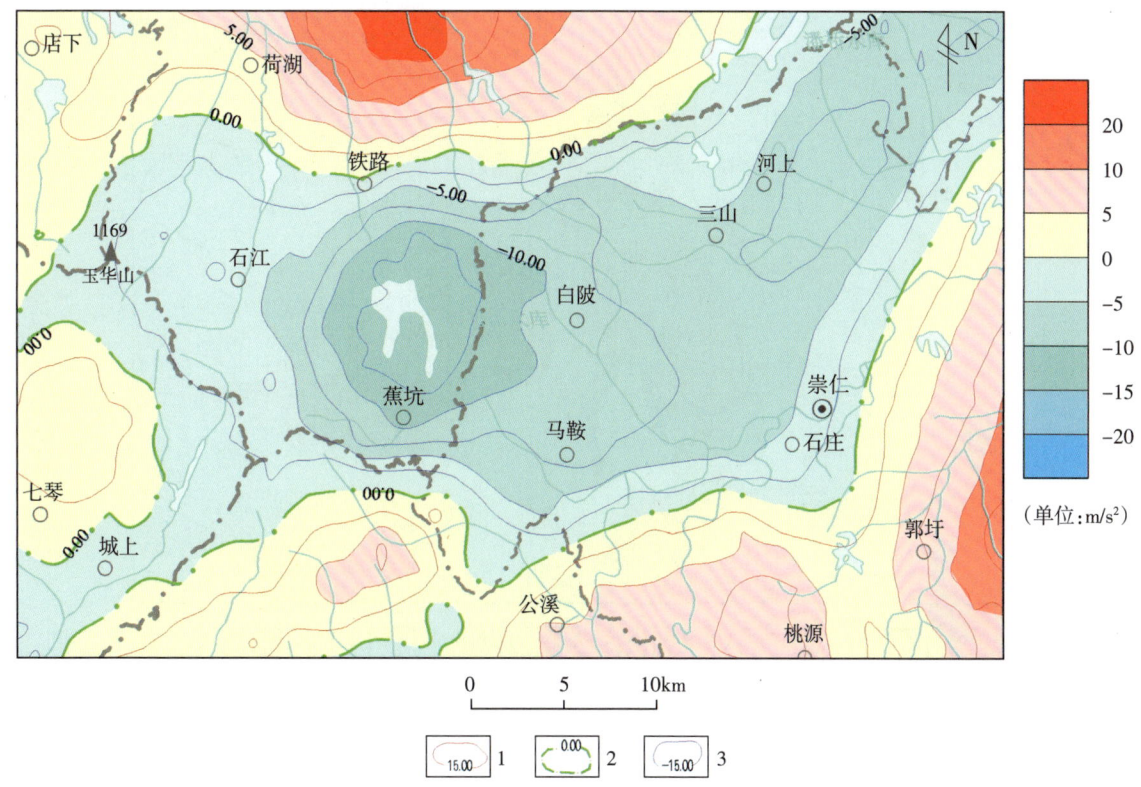

1—布格重力局部异常正等值线及标记；2—布格重力局部异常零等值线及标记；3—布格重力局部异常负等值线及标记。

图 8-40 徐山钨矿田布格重力局部异常平面图

Fig. 8-40 Local anomaly plan of Bouguer gravity in Xushan tungsten ore field

元到晚单元，表现为 SiO_2 含量趋增，基性组分递减，Fe+Mg+Ca 趋减；CIPW 标准矿物钾长石、钠长石增多，钙长石趋减；分异指数递增，碱性组分和氧化系数趋减。这种变化特征反映岩浆趋向酸性，成岩深度减小。微量元素总体显示出亲铜特征，亲铁元素 Cu、Pb、Zn、Ni、Cr、Li 较富集，Co、W、K 等较贫，而钨矿化多形成于该单元中的晚期岩体内。

1:20 万水系沉积物地球化学测量结果显示，矿田北西面分布有荷湖、徐山、紫云山 3 个串珠状 W 元素异常（图 8-41），W 最大值分别为 $271×10^{-6}$、$280×10^{-6}$、$108×10^{-6}$，面积分别为 $8km^2$、$16km^2$、$12km^2$，并伴有 Sn、Bi、Mo、Cu、Pb、Ag 等元素异常。徐山矿区内，各异常元素极值为 Sn $60.5×10^{-6}$，Cu $967×10^{-6}$，Ag $2300×10^{-9}$，异常强度高、规模大、分带性良好，部分异常地段经查证，大多为矿致异常。

1:20 万新干幅区域地质测量圈出了 3 处锡石、白钨矿、黑钨矿、黄铜矿重砂组合异常，重砂异常均被套合于水系沉积物异常之中，显示出该区 W、Cu、Sn 等成矿元素的重要地球化学异常信息。区内圈出黑钨矿异常 2 处，总面积为 $56.77km^2$。其中一级异常 1 处，面积为 $22km^2$。

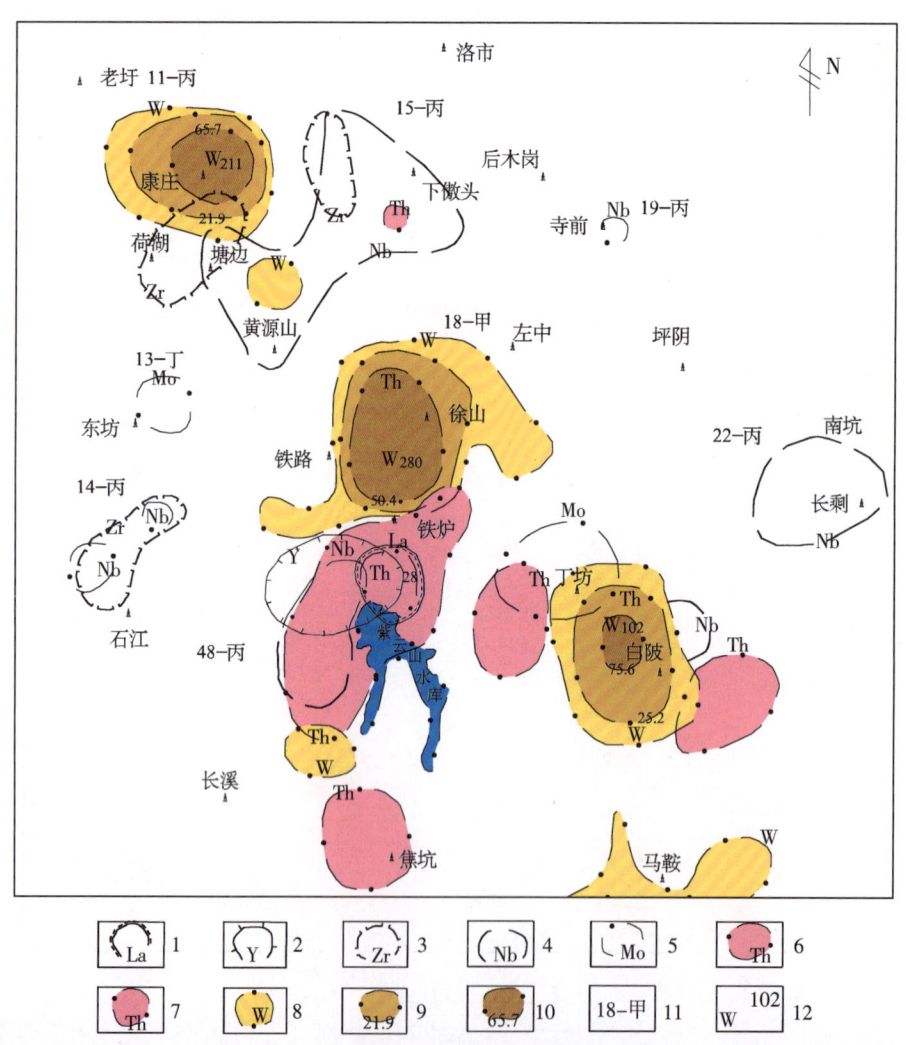

1—镧元素异常；2—钇元素异常；3—锆元素异常；4—铌元素异常；5—钼元素异常；6—钍异常一级浓密带；7—钍异常二级浓密带；8—钨异常一级浓密带；9—钨异常二级浓密带；10—钨异常三级浓密带；11—异常编号与类别；12—钨异常最高含量及位置（单位：$×10^{-6}$）。

图 8-41 徐山钨矿田水系沉积物测量地球化学异常分布图

Fig. 8-41 Distribution of geochemical anomalies in stream sediment survey of Xushan tungsten ore field

区内自然重砂异常与石英脉型钨（锡）矿套合关系良好，异常及其附近已有一大型高温热液型钨矿床和部分钨矿化点。自然重砂与石英脉型钨（锡）矿具有相关性，自然重砂对寻找石英脉型钨（锡）矿具有良好效果。

3. 矿田成矿特征

徐山钨矿田已发现有徐山石英脉型、"地下室"蚀变花岗岩型、矽卡岩型"三位一体"的大型钨矿床，香元大型石英大脉-网脉型钨矿床，金山小型石英脉型钨铋矿床，以及大港山、王元、白竹、朝水岗、上柿元、曲元、火烧坡、上界等钨矿床（点）8处。

徐山钨矿为大型钨矿床，共（伴）生有小型规模铜矿和银矿。其中石英脉型钨矿是矿床主体，WO_3 资源储量占全矿总量的66%，蚀变花岗岩型和矽卡岩型分别占29%和5%。石英脉型钨矿石中以黑钨矿为主，矽卡岩型和蚀变花岗岩型钨矿石中白钨矿居多（表8-5）。

表 8-5　徐山钨矿田其他钨矿床（点）矿石特征一览表
Table 8-5　Ore characteristics of other tungsten deposits (points) in Xushan tungsten ore field

矿床名称	白竹	大港山	金山	朝水岗	上界	上柿元	火烧坡	曲元
矿床类型	石英脉型白钨矿床	石英脉型黑钨矿床	石英脉型黑钨矿床	石英脉型黑钨矿床	石英脉型黑钨矿床	石英脉型黑钨矿床	石英脉型黑钨矿床	石英脉型黑钨矿床
矿石特征	矿石矿物主要为褐铁矿和少量的磁铁矿、黄铁矿、孔雀石等	矿石矿物为黑钨矿、黄铁矿、磁铁矿、褐铁矿等，脉石矿物主要是石英和云母	矿石矿物主要为黑钨矿，次为黄铁矿、黄铜矿和锡石；脉石矿物主要为石英和云母	矿石矿物主要为黑钨矿，其次为黄铁矿、黄铜矿、镜铁矿；脉石矿物主要为石英和云母	矿石矿物主要为黑钨矿，其次是白钨矿、锡石、黄铁矿、黄铜矿；脉石矿物主要为石英	矿石矿物为黑钨矿和锰、铁的次生矿物；脉石矿物主要为石英和云母	矿体地表风化深，原生钨矿物难辨认；脉石矿物主要为石英和云母	矿石矿物主要为褐铁矿，原生钨矿物难以辨认；脉石矿物主要为石英和云母
结构构造	矿体在地表氧化程度甚深，原生矿物难以见及	自形—半自形结构、交代结构；细脉状构造、块状构造	自形结构、熔蚀结构；块状构造	自形—半自形板状结构、交代熔蚀结构；细脉状构造、块状构造	自形结构、熔蚀结构；块状构造、星点状构造	自形结构、熔蚀结构；块状构造	原生钨矿物结构构造难以辨认	原生钨矿物结构构造难以辨认

香元，又名聚源，位于白竹花岗岩株与白陂花岗岩株之间，王元花岗斑岩枝上盘（南东），为大脉、细脉、网脉混合石英脉型与蚀变（云英岩化）花岗岩型"二位一体"大型白钨矿床。白竹钨矿点为石英脉型白钨矿床，勘查程度低。金山钨矿为石英脉型小型钨（黑钨矿）铋矿床。大港山、朝水岗、上柿元、曲元、火烧坡、上界等均为石英脉型黑钨矿点（表8-6）。

4. 矿田成矿模式

根据布格重力异常推测，徐山钨矿田内紫云山、白竹、白陂3个花岗岩体深部可联为一体，矿田特征之一为白钨矿与黑钨矿并存，并有矽卡岩型白钨矿体形成，与上施组含碳酸盐岩夹层、库里组火山凝灰岩有关。另一特征是，徐山钨矿床中共生铜矿达小型规模，推测与玉华山推覆地体深部地壳中混入中新元古代弧盆含铜细碧角斑岩有关。

表 8-6 徐山钨矿田其他钨矿床(点)矿石品位一览表

Table 8-6　Ore grades of other tungsten deposits (points) in Xushan tungsten ore field

名称		白竹	大港山	金山	朝水岗	上界	上柿元	火烧坡	曲元
平均品位/%	WO_3	1.26	0.14	3.379	1.01	0.15~0.2	0.01	0.01	0.01
	Cu	0.07	0.0074	0.072		0.02	0.0002		
	Pb	0.0017							
	Zn	0.018							
	Bi		0.054	0.65		0.02	0.002		
	Sn		0.003	0.023		0.0015	0.0015	0.001	0.001
	Mo			0.023		0.0035	0.001	0.001	0.002

矿田矿床有3种产出模式，徐山矿床为外接触带斜拉式石英脉型、"地下室"型、矽卡岩型"三位一体"矿床；大港山、上界为产于花岗岩体中的石英脉型钨矿点；香元矿床产于紫云山、白竹、白陂3个岩体之间，仅有王元花岗斑岩枝出露，为以大脉、细脉、网脉混合石英脉带型与蚀变花岗岩型"二位一体"钨矿床。成矿花岗岩枝与脉带状矿床指示深部有隐伏成矿花岗岩与相关矿床。据此，初拟徐山钨矿矿田模式，如图8-42所示。

值得注意的是，徐山矿田北西方向荷湖康庄地区有一处显著的W元素地球化学异常，同处于紫云山布格重力负异常北面延伸方向。该处是一个构造窗，出露安源组煤系地层，发育有北东向、北北东向、近南北向断裂，构造复杂，为一个有利的找钨靶区。

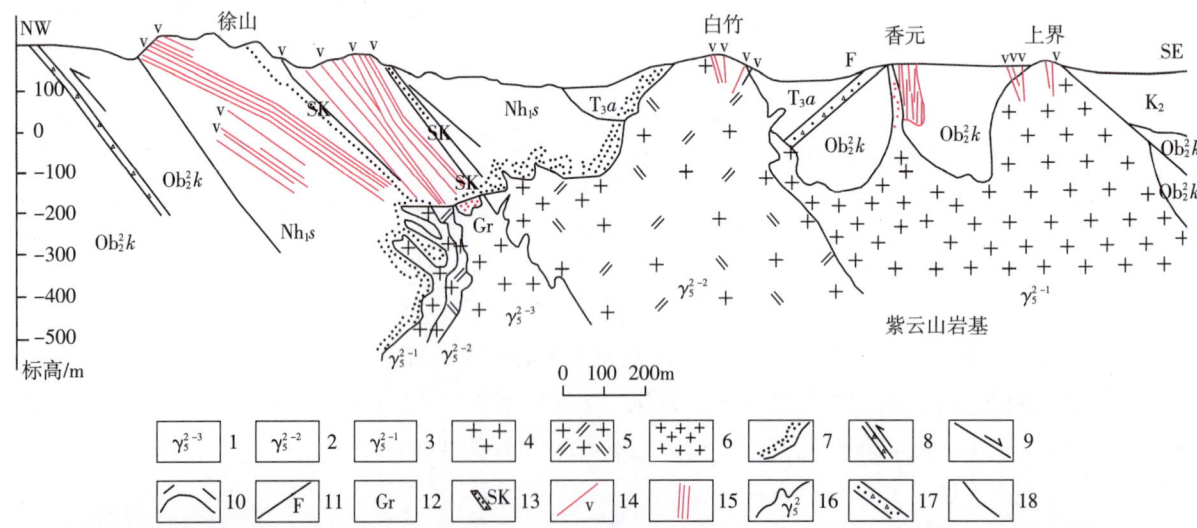

1—燕山早期第一次侵入体；2—燕山早期第二次侵入体；3—燕山早期第三次侵入体；4—中粒黑云母花岗岩；5—中粒似斑状黑云母二长花岗岩；6—细粒黑云母花岗岩；7—角岩化；8—萍乡-广丰深大断裂；9—正断层；10—逆断层；11—性质不明断层；12—蚀变花岗岩型钨矿体；13—矽卡岩型钨矿体；14—石英脉型钨矿脉；15—石英脉型钨矿床；16—侵入接触界线；17—构造破碎带；18—地层界线；K_2—上白垩统；T_3a—上三叠统安源组；Nh_1s—下南华统上施组；Qb_2^2k—上青白口统上部库里组。

图 8-42　徐山钨矿田成矿模式图

Fig. 8-42　Metallogenic model of Xushan tungsten ore field

第三节 赣南成钨区

赣南成钨区位于莲花、吉水、资溪一线以南的江西南部,处于南岭成钨亚省中心地带,是我国钨业的发祥地和世界上石英脉型黑钨矿床分布最广、资源最丰富的地区(图8-43)。

该区于加里东期造山时形成褶皱基底,由中上泥盆统—中侏罗统形成沉积盖层,燕山陆内活化造山时,地壳挤压扭动隆升,沉积盖层遭到剥蚀。在新华夏构造体系约束下形成了诸广、于山、武夷山北北东向隆起带。晚白垩世—古近纪地壳伸展,隆起带再次遭到剥蚀,同时形成了吉泰-赣州、南城-宁都断陷盆地带。区内总体上为一个隆起区,沉积盖层残留不多,除永(新)莲(花)、宁(都)于

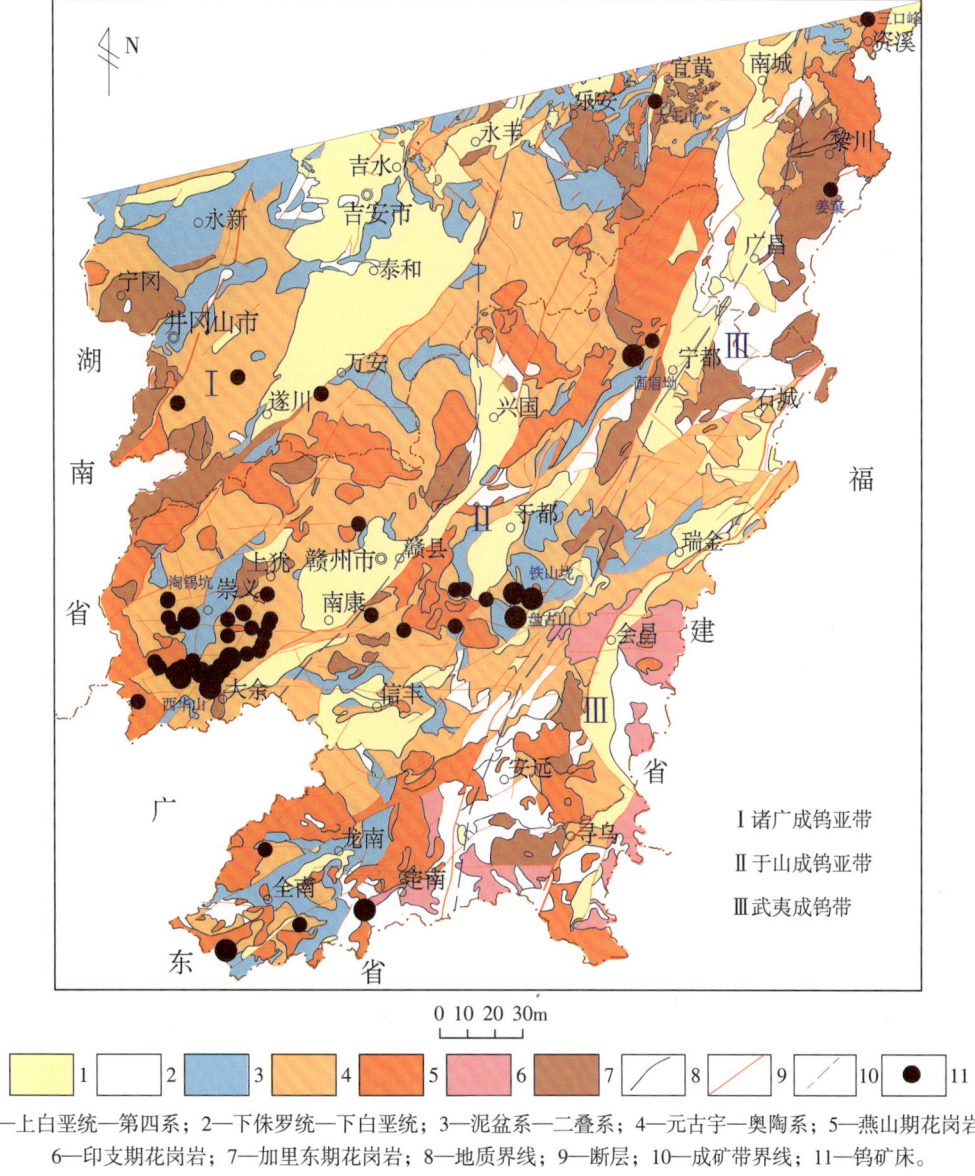

1—上白垩统—第四系;2—下侏罗统—下白垩统;3—泥盆系—二叠系;4—元古宇—奥陶系;5—燕山期花岗岩;
6—印支期花岗岩;7—加里东期花岗岩;8—地质界线;9—断层;10—成矿带界线;11—钨矿床。

图 8-43 赣南成钨区及成矿单元划分图

Fig. 8-43 Division of tungsten forming area and metallogenic unit in southern Jiangxi

（都）两个小型坳陷外，仅有崇义等一些残留向斜。加里东期造山带造山后遭到剥蚀，自西而东，诸广隆起主要出露浅变质的南华系—下志留统，属加里东期造山带上部带；于山隆起主要出露中浅变质的上青白口统上部—奥陶系，属加里东期造山带中部带；武夷隆起主要出露中深变质的上青白口统上部—寒武系，属加里东期造山带下、根部带，其中有零星的古元古代结晶基底天井坪岩组露出。基底褶皱十分复杂，西部有诸广弧、吉水弧及近南北向褶皱，中部于山隆起以近南北向褶皱为主，东部武夷隆起以北东向褶皱为主。

燕山运动以来的新华夏构造体系控制着区内以北北东向为主导的隆、坳、盆格局，形成了以北北东向、北东向压扭性断裂带为主导的断裂网络，为区内最重要的控岩控矿构造，并与南岭东西向构造岩浆岩带复合，构成了区内优越的成钨构造条件。

该区为加里东期、印支期、燕山期复式 S 型花岗岩区。燕山期 I 型中酸性侵入岩仅零星见于银坑、红山等地。中侏罗世 A 型花岗岩见于本区南部。早侏罗世双峰式火山岩、早白垩世鸡笼嶂组、版石组 S 型火山岩分布于寻乌 - 龙南岩区。区内成矿侵入岩以燕山期 S 型花岗岩为主，始于中侏罗世，高峰为晚侏罗世，结束于早白垩世初期。

区内成钨作用以诸广成钨亚带、于山成钨亚带为主，武夷成钨带在江西境内成钨作用明显趋弱。该区燕山期成矿后，经造山后伸展，断隆成山遭到剥蚀，以于山隆起北部、武夷隆起剥蚀较强，矿床保存条件较差，断陷盆地区对钨矿床进行了叠覆。

一、诸广成钨亚带东部

该亚带处于湘赣两省交境的罗霄山脉中南部的万洋山、诸广山脉，主体为近南北向的加里东期、印支期、燕山期复式花岗岩带，是一条重要的成钨亚带。其东部属赣南成钨区，东面以吉泰、赣州断陷盆地与于山成钨亚带相隔。该亚带根据成钨特征进一步划分为北段万洋山区和南段诸广山区。万洋山区仅有零星的钨矿点分布，诸广山区有遂（川）万（安）兴（国）和崇（义）（大）余（上）犹两个钨矿集区。

（一）万洋山区成钨特征

该区北部为由永（新）莲（花）中泥盆统—下侏罗统组成的坳陷，南部为万洋山隆起，东部为吉泰晚白垩世断陷盆地。花岗岩主要出露于隆起区，以加里东期花岗闪长岩分布最广，有茅坪岩基、长坪岩株、汤湖岩基；其次为印支期花岗闪长岩，有黄洋界岩株和南风面岩基。

燕山晚期早白垩世花岗斑岩呈小岩株，分布于南风面一带。浆山、盘古仙、圳陶等钨矿点产于南西面印支期花岗岩株中，杨坑钨矿点产于岩体外接触带奥陶系浅变质岩中。最近在遂川县西北部大坑乡寒武系中新发现了凤凰山中型石英脉型白钨矿床，取得了找钨突破。

该区南风面地区处于北东向黄坳断裂带上，仅有早白垩世花岗岩分布，已知 5 个钨矿点成矿岩体不明。区内有一个浓集度很高、规模较大的 W 元素地球化学异常，推测该区深部可能存在成钨花岗岩体。遂川县西北面为浅剥蚀的隆起区，寒武系浅变质岩广布，新发现的凤凰山石英脉型钨矿床具有"五层楼"矿床特征，深部未控制，远景可望扩大，附近是一个钨远景区。在永新县敖城、井冈山向斜之间的坳南北北东向背斜寒武系出露区，有一系列北北东向断裂与北西向断裂交会，且为布格重力负异常区；背斜北端天河之西也发育有 W 元素地球化学异常，具有一定的成钨条件，也值得进一步调查。

(二) 遂万兴钨矿集区

1. 成矿地质条件

该区北西面以临川–遂川北东向断裂带与吉泰盆地相邻，沿带残留有中上泥盆统—下石炭统，北东面为由北西向的宝山中上泥盆统—下石炭统组成的向斜，南东也残留有泥盆系，南面为油石、赣州晚白垩世断陷盆地。区内广泛分布震旦系、寒武系浅变质岩，是一个隆起块体。该区处于越城岭–瑞金构造复式花岗岩带东部，是加里东期、燕山早期、燕山晚期复式花岗岩基区，西面以东为赣江断裂带与汤湖南风面的岩基带相邻。南风面与永丰、清溪复式岩带构成一条大复式岩带。

加里东期花岗岩基被燕山期花岗岩侵位，分成大坪、沙地等小岩体，另有社溪岩株和伏山、内潮等小岩株。燕山早期晚侏罗世弹前花岗岩基由黑云母二长花岗岩、黑云母正长花岗岩组成，SiO$_2$含量4.29%~74.60%，为S型花岗岩。燕山晚期早白垩世花岗斑岩主要呈小岩株、岩瘤侵入燕山早期花岗岩基中。该区北部有龙眼石小岩株，东南部有笔架山黑云母二长花岗岩株（图8-44）。该区东部兴国县境有由清溪加里东期花岗闪长岩株与白石山燕山早期花岗岩小岩株组成的复式岩体。

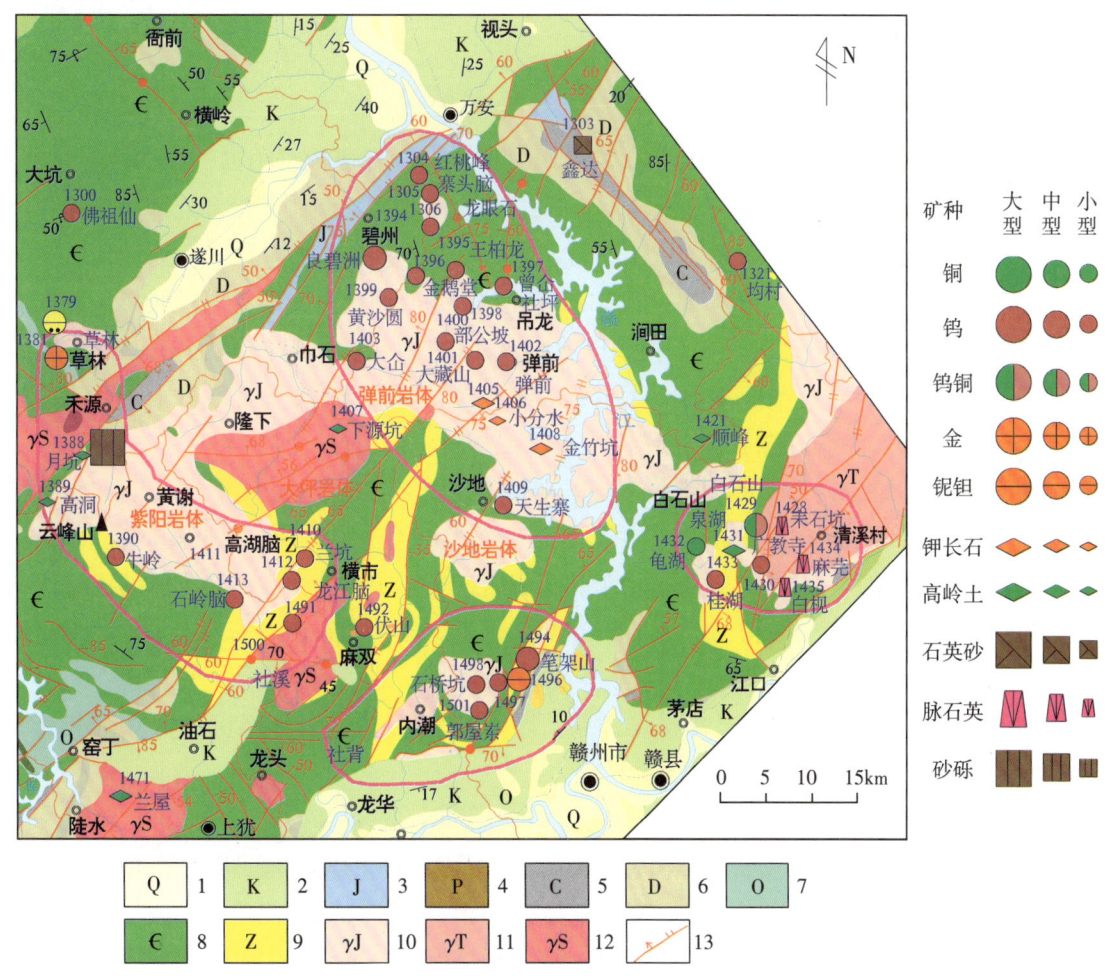

图8-44 遂万兴钨矿集区地质简图

Fig. 8-44 Geological diagram of Sui-Wan-Xing tungsten ore concentration area

1—第四系；2—白垩系；3—侏罗系；4—二叠系；5—石炭系；6—泥盆系；7—奥陶系；8—寒武系；9—震旦系；10—侏罗纪花岗岩；11—三叠纪花岗岩；12—志留纪花岗岩；13—断层。

2. 成矿特征

该矿集区包括弹前、紫阳、笔架山、白石山4个钨矿田。

（1）弹前矿田：位于弹前花岗岩基东部，遭受较强剥蚀。弹前岩体具有大型花岗岩基成钨的典型特征，钨矿床（点）主要分布于岩基边缘，以石英脉型钨矿床（点）为主，除良碧洲小型钨矿床外，有金鹅堂、王柏龙、社坪、曾畲、大畲、天生寨等钨矿点。燕山晚期早白垩世花岗斑岩小岩株、岩瘤在弹前岩基中形成了部公坡、大藏山、弹前钨矿点，在矿田北部形成红桃峰、寨头脑石英脉型钨矿点和龙眼石隐爆角砾岩筒型钨矿点。

（2）紫阳矿田：弹前复式岩基西部紫阳燕山早期花岗岩体北西边缘与上泥盆统佘田桥组灰岩接触带形成了邹家地矽卡岩型（白）钨矿点，岩体东南边缘形成了牛岭、石岭脑、龙江脑、段上等钨矿点。

（3）笔架山矿田：燕山早期晚侏罗世笔架山二长花岗岩株侵入寒武系变质碎屑岩中，成钨条件有利，形成了笔架山小型石英脉型钨矿床及石桥坑、肖家庄、郭屋紫等钨矿点。

（4）白石山矿田：形成于由震旦系组成的北北东向紧密背斜与北北东向断裂带西侧。在白石山燕山早期花岗岩株形成白石山小型石英脉型钨铜矿床和广教寺石英脉型钨矿点，在桂湖花岗岩株形成桂湖钨铜矿点。

（三）崇余犹钨矿集区

该矿集区位于赣州市西南崇义、大余、上犹县境，诸广-云开成钨带中部，诸广成钨亚带南部，处于北西面的北东向赣江断裂带和南东面北东向南城-大余断裂带之间。西面和北面为剥蚀程度较强的构造隆起花岗岩基带，东南面为赣州、池江断陷盆地。区内广泛出露震旦系—下古生界浅变质岩系，为燕山早期成矿花岗岩半隐伏区。该矿集区成矿条件优越，是我国也是世界上石英脉黑钨矿床最密集的地区，共有钨矿床、矿点90多处。矿床类型以剪切裂隙石英脉黑钨（锡石、白钨）铍钼铋萤石矿床为主，其次为蚀变花岗岩型钨（锡）矿床，另有断裂破碎带石英脉型钨锡矿床及矽卡岩型（白）钨铅锌矿床。在钨矿床外围发育小型破碎带型银铅锌矿床和石英脉型金矿点（图8-45）

区内受近南北向、北东向褶皱断裂带与燕山早期半隐伏花岗岩带复合控制，形成西部的九龙脑-焦里黑钨矿集带和东部的西华山-张天堂钨矿集带，中部为中泥盆统—下三叠统碎屑岩（碳酸盐岩）组成的崇义向斜，发育铅厂（宝山）矽卡岩中型钨铅锌银矿床。矿集区中一个个出露的浅隐伏—半隐伏燕山早期花岗岩株形成一个个钨矿田、矿床。矿集区以崇义-南康东西向断裂带为界，南面相对抬升，矿田、矿床密布；北面相对下降，矿田、矿床比较稀疏。

区域布格重力负异常（图8-46）与花岗岩基带、隐伏岩株吻合较好，水系沉积物W元素地球化学异常与矿集带、矿田、矿床对应较好（图8-47）。

1. 西华山-张天堂矿集带

该带是一条世界罕见的密集型石英脉黑钨矿集带，是我国钨业的发祥地。西华山是我国发现最早的钨矿床，也是世界上首先发现的大型黑钨矿床，为新中国首批建成的近现代化矿山。木梓园是世界上发现的第一个隐伏石英脉型钨矿床，漂塘钨锡矿床是外接触带石英脉型钨矿床"五层楼"成矿模式的首个原型。西华山钨矿是世界上罕见的"多次成岩成矿"的钨矿床，由于两次成岩成矿形成了"楼下楼"钨矿床模式的原型，也是成矿岩体内"三层楼"钨矿床模式的原型。茅坪钨矿床是"五层楼+地下室"钨矿床模式的原型。西华山-漂塘是半隐伏多样式成矿花岗岩基预测的成功范例，在区内揭示了钨矿床"四维结构"等距、等深、侧列、侧伏、分带等特征，是世界上研究水平最高的钨矿集带。

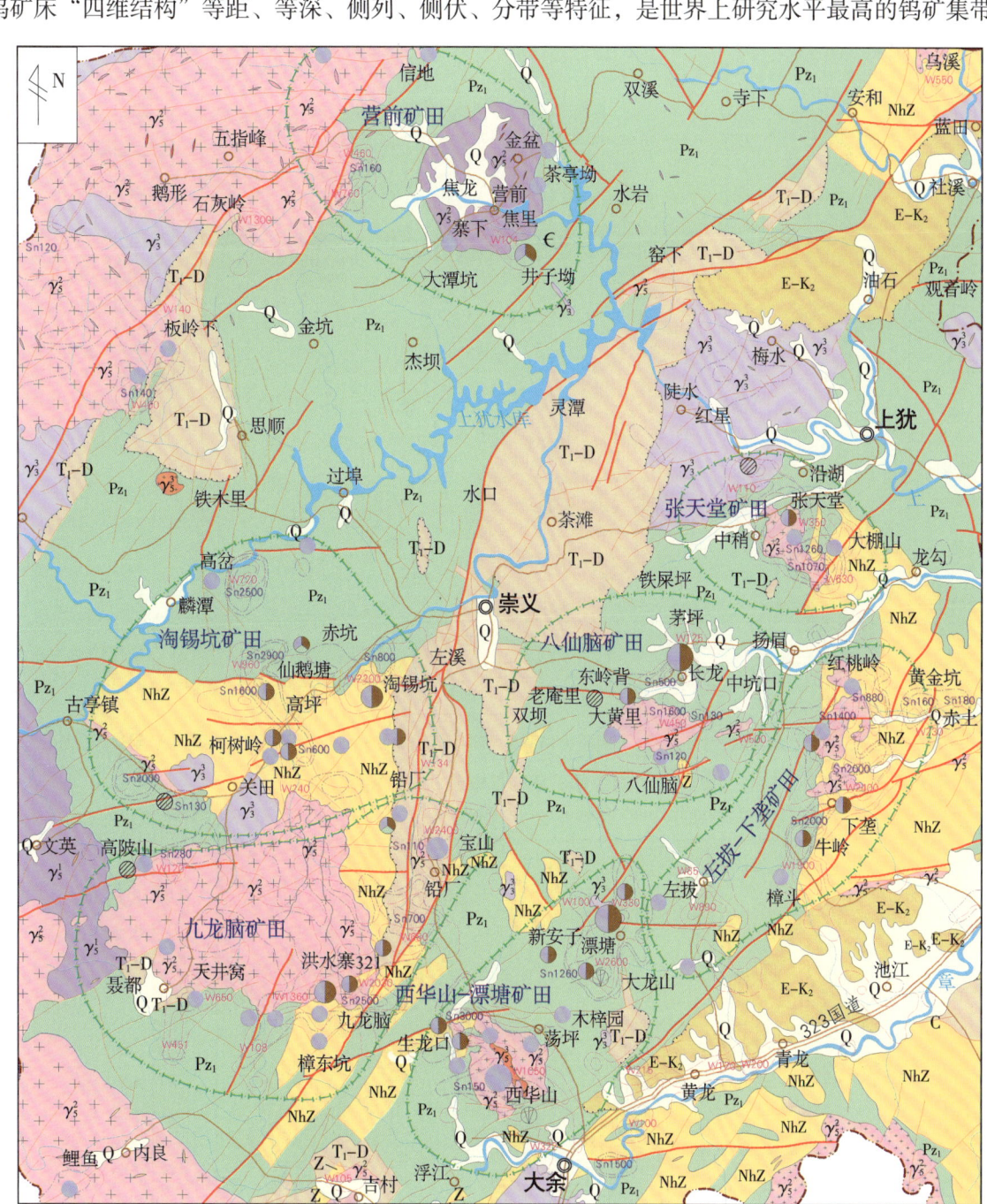

1—脉岩；2—断裂；3—地质界线/不整合界线；4—矿田及矿田范围；5—水系沉积物 W 元素异常等值线及异常值（W 20×10⁻⁶、W 80×10⁻⁶、W 300×10⁻⁶）；6—水系沉积物 Sn 元素异常等值线及异常值（Sn 50×10⁻⁶、Sn 100×10⁻⁶、Sn 500×10⁻⁶）；7—多金属矿；8—锡矿；9—钨矿；10—钨锡矿；Q—第四系；E-K$_2$—古近系—上白垩统；J—侏罗系；T$_1$-D—下三叠统—泥盆系；Pz$_1$—下古生界；NhZ—南华系—震旦系；γ$_5^3$—燕山晚期花岗岩；γ$_5^2$—燕山早期花岗岩；γ$_5^1$—印支期花岗岩；γ$_3^3$—加里东晚期花岗岩。

图 8-45　崇余犹矿集区地质矿产图（修改自《中国矿产地质志·江西卷》，2015）

Fig. 8-45　Geological and mineral map of Chong–Yu–You ore concentration area

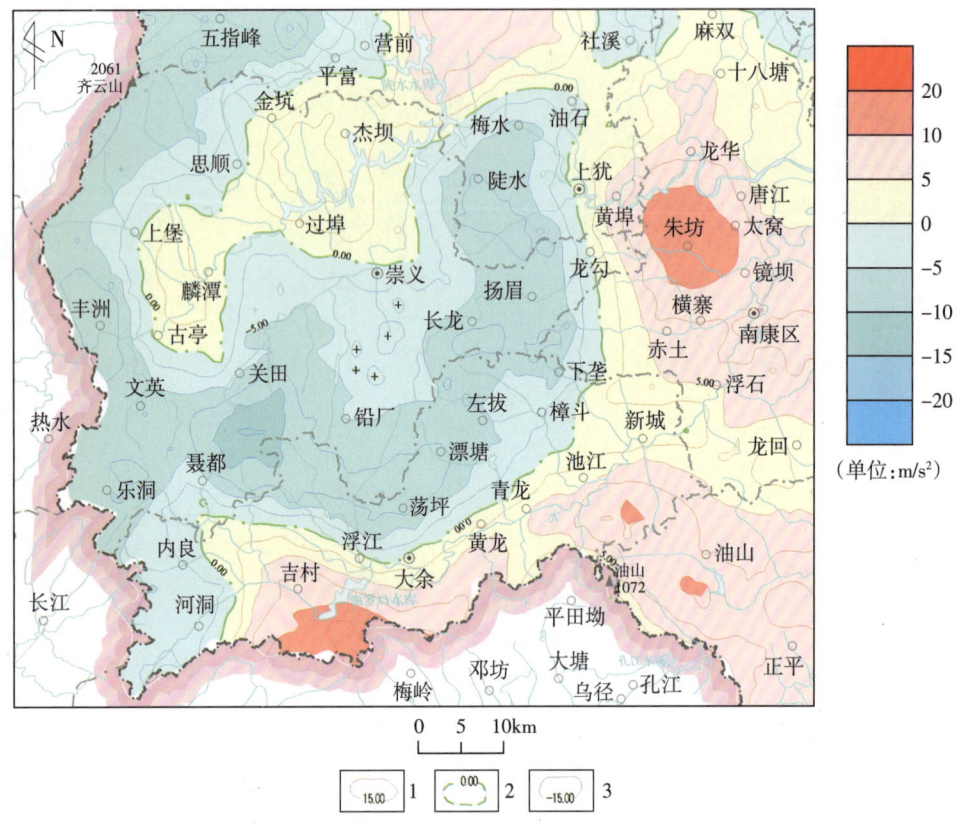

1—布格重力局部异常正等值线及标记；2—布格重力局部异常零等值线及标记；3—布格重力局部异常负等值线及标记

图 8-46　崇余犹矿集区布格重力局部异常平面图
Fig. 8-46　Local anomaly plan of Bouguer gravity in Chong-Yu-You ore concentration area

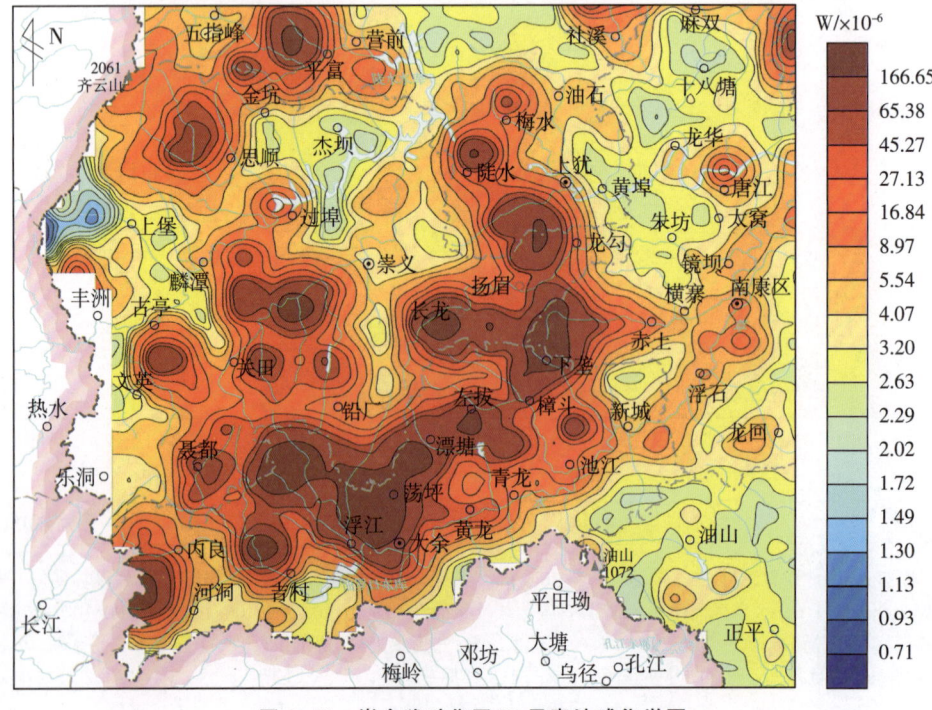

图 8-47　崇余犹矿集区 W 元素地球化学图
Fig. 8-47　Geochemical map of W element in Chong-Yu-You ore concentration area

1) 成钨地质条件

区内广泛分布震旦系—寒武系巨厚的浅变质泥砂浊积岩。上寒武统水石组中夹碳酸盐岩层，形成一系列紧密的同斜褶皱（图 8-48），轴向由北部的近南北向向南部渐转为北东向。该区西邻崇义由中泥盆统—下三叠统组成的向斜。区内周边和山岭上残留有上志留统磨拉石沉积和中上泥盆统岩片。池江断陷盆地北西边缘有石炭系、二叠系碳酸盐岩断块，说明该带在晚白垩世断陷盆地形成前是一个近南北向至北东向的宽缓背斜，是燕山期成矿花岗岩基的重要控矿构造。

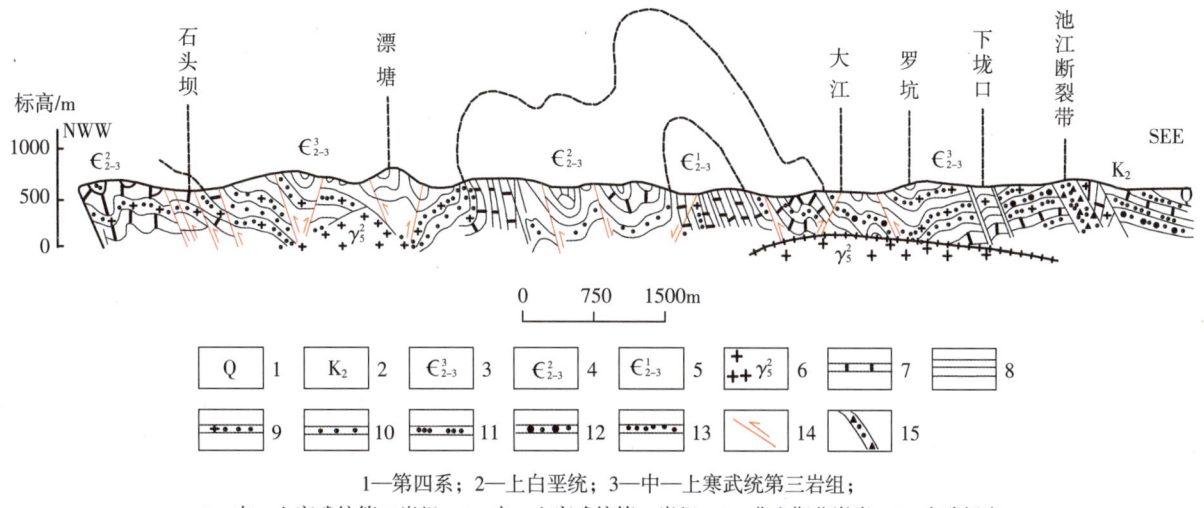

1—第四系；2—上白垩统；3—中—上寒武统第三岩组；4—中—上寒武统第二岩组；5—中—上寒武统第一岩组；6—燕山期花岗岩；7—含碳板岩；8—板岩；9—变质含长石细砂岩；10—变质含砾粗砂岩；11—细砂岩；12—砂砾岩；13—砂岩；14—断层；15—硅化破碎带。

图 8-48 漂塘-池江断裂带地质剖面图（据江西省地质局科学研究所，1965）

Fig.8-48 Geological profile of Piaotang–Chijiang fault zone

区内断裂发育，以新华夏断裂体系为主导，北东向左行压扭性断裂成带分布，与其配套的有一系列北西向断裂和北西向张剪性裂隙带、北东向裂隙和剪张性裂隙带。南东侧的大余-南城北东向断裂带，燕山期时为左行压扭性断裂带，区内北西向、东西向断裂也可作为其伴生断裂。区内东西向断裂与剪张性断裂带也很发育。根据西华山-茅坪地质调查，断裂带有大致等距分布特征。带内呈现出北东向背斜与断裂带控制成矿花岗岩基带与矿化带，其与东西向、北西向、北东向的断裂结点，控制多峰状岩基的一个个成矿岩株。北西向、北东向、东西向断裂带为石英脉钨矿体主要容矿构造。

该带以北有上犹加里东期花岗岩体，以南有大余加里东期花岗岩体，南部有加里东期塘下角闪辉石岩株，以及漂塘、丫山等海西期闪长岩株。与成钨有关的侵入岩为燕山早期（晚侏罗世）S 型花岗岩。已出露的岩体包括西部的西华山、天门山、张天堂 3 个岩株，东部的红桃岭、下垅岩株。根据大部分钨矿床深部都有隐伏成矿花岗岩体的发现，推测有西华山-张天堂、左拔-红桃岭两个半隐伏成矿花岗岩基带，构成了成钨的优越条件。

2) 西华山矿田与漂塘矿田

西华山矿田与漂塘矿田是勘查研究程度较高的相连接的两个矿田（图 8-49）。

(1) 西华山钨矿田

主要形成于西华山燕山期复式花岗岩株中。岩株由燕山早期（160~145Ma）斑状中粒黑云母花岗岩（导体）-西华山小岩株中粒黑云母花岗岩（主体）-含斑细粒二云母花岗岩（补体）-燕山期（<130Ma）

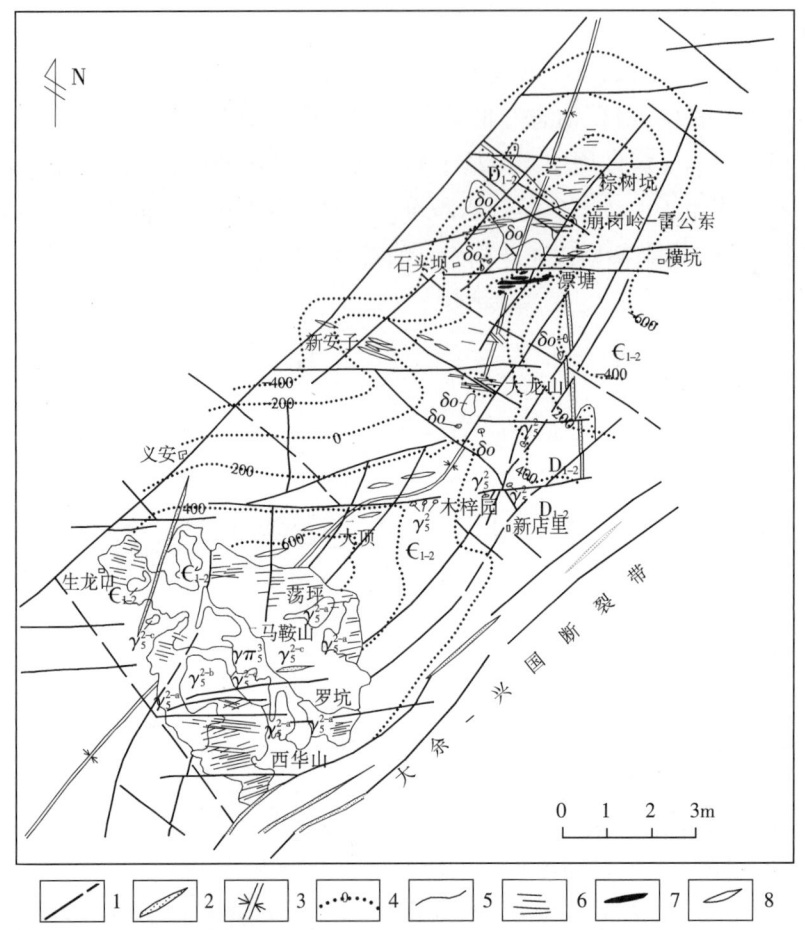

1—断裂及推测部分；2—硅化（破碎）带；3—基底复向斜轴线；4—隐伏花岗岩顶板等高线；5—地质界线；
6—含矿石英脉；7—含矿石英细脉带矿体；8—矿化标志带；D_{1-2}—下—中泥盆统；ϵ_{1-2}—下—中寒武统；
$\gamma\pi_5^3$—早白垩世花岗斑岩；γ_5^{2-c}—晚侏罗世第三次细粒斑状黑云母花岗岩；γ_5^{2-b}—晚侏罗世第二次中细粒黑云母花岗岩；
γ_5^{2-a}—晚侏罗世第一次中粒斑状黑云母花岗岩；γ_5^2—晚侏罗世细粒花岗岩；δo—石英闪长岩。

图 8-49　江西省大余县西华山－漂塘矿田区域地质略图（修改自杨明桂等，1981）

Fig. 8-49　Regional geological sketch of Xihuashan-Piaotang ore field in Dayu County, Jiangxi Province

马鞍山岩墙斑状细粒花岗岩（花岗斑岩）组成。钨矿床有西华山大型长石石英脉黑钨矿床，荡坪中型石英脉黑钨绿柱石矿床，生龙口、牛孜石、下罗鼓山、罗坑 4 个小型石英脉黑钨矿床。另在西华山岩体外接触带寒武系中西北面有洞脑石英脉黑钨矿点，西南部有排竹坑钨矿点（详见第六章）。

（2）漂塘钨矿田

自南而北依次分布有新店里（矿点）、木梓园钨钼（中型）、大龙山钨钼（中型）、崩岗山钨（小型）、漂塘钨锡（大型）、石雷钨（中型）、棕树坑钨锡（小型）及西侧的新安子钨锡（中型）与石圳钨锡（矿点）等石英脉型钨矿床（点）。出露地层为寒武系浅变质碎屑岩。成矿岩体为西华山－张天堂花岗岩基隐伏部分。木梓园矿床成矿斑状细粒黑云母花岗岩隐伏于标高 400~300m 深处，锆石 U-Pb 年龄为 153.3Ma（张文兰等，2009）。大龙山矿床采矿坑道揭露到隐伏的成矿黑云母花岗岩，部分矿脉进入岩体，岩体顶面也有矿脉出现，具"楼下楼"特征。漂塘钨锡矿床钻孔揭露到细—中粒似斑状黑云母花岗岩顶面标高 200~300m，TIMS 锆石 U-Pb 年龄为 161.8Ma（张文兰等，2009）。石雷矿床钻孔中见黑云母、二云母花岗岩，棕树坑矿床成矿岩体潜伏较深，仅见花岗岩脉。新安子矿脉赋存标高

600~-250m，钻孔中揭露到细粒白云母花岗岩脉，预测隐伏花岗岩体标高-300m，表明西华山－漂塘半隐伏花岗岩基为北倾伏，向西侧伏。

从西华山矿田到漂塘矿田钨矿床和矿点成串集中分布，矿田南端止于池江断裂带，北端倾伏于左拔东西向断裂带附近。矿带的中心线相应地与花岗岩基的隆起带脊部叠合，同受北北东向的背斜和北北东向断裂带控制，组成了"三位一体"的构造－岩浆－钨矿带。

矿带上各矿床之间还分布有稀疏的钨矿脉或含矿裂隙，所以矿带上矿化具有连续性。

脉状钨矿不同级别的成矿单元在空间展布上都表现出不同程度的等距特点。其中矿床在矿带上等距分布规律尤为明显，在预测木梓园隐伏矿床的过程中曾起到一定作用。沿西华山－漂塘矿带的中心线，自南而北分布着西华山、荡坪、木梓园、大龙山、漂塘、棕树坑6个钨矿床，它们都产在出露的或隐伏的花岗岩峰上，自南而北矿床间隔为5.3km、2.8km、2.6km、2.4km，除产于花岗岩内的西华山与荡坪2个矿床的间隔偏大外，其他矿床依 $(2.4+0.2n)$km（$n=1, 2, 3, \cdots$）的规律性间距分布。自南而北 n 值递次变小，也就是说矿床间距具有递变性。

区内东西向断裂的展布具有大致的等距性。间距向北递次变小，受这些东西向断裂限制、隔开的一个个花岗岩峰和与之对应的钨矿床也就具有类似的等距特点。

西华山－漂塘钨矿带与西华山－漂塘花岗岩隆起带在走向上协调一致，它们在垂向上有以下两点十分有趣的相关关系（图8-50）。

其一，位于矿带中心线上的6个钨矿床的赋矿深度，没有随同花岗岩隆起带向北北东方向下伏。木梓园、大龙山、漂塘、棕树坑等矿床的矿化地段保持在标高800~100m之间，富矿区间恒处于海拔400~520m之间。产于西华山复式花岗岩株接触带的钨矿床，其成矿部位限于岩体表壳带内。由于岩体侵位较高，赋矿标高随岩峰顶面作同步变化，其主脉组的赋矿地段在标高500~800m之间。上述特点说明成矿作用在温压条件约束下形成的等深规律，因局部因素影响，赋矿间隔会有所变化。

其二，由于岩体下伏，赋矿区间等深，矿床与花岗岩峰的空间关系随之作规律性变化，即由产于花岗岩的内接触带（西华山、荡坪）向接触带（木梓园）、外接触带（漂塘、棕树坑）递变。矿床具工业价值的矿化深度相应地由50~150m、200~250m增大到500~800m。

（3）八仙脑钨矿田

矿田广泛分布寒武系浅变质岩，有零星震旦系出露，成矿以天门山燕山早期花岗岩株为中心，岩

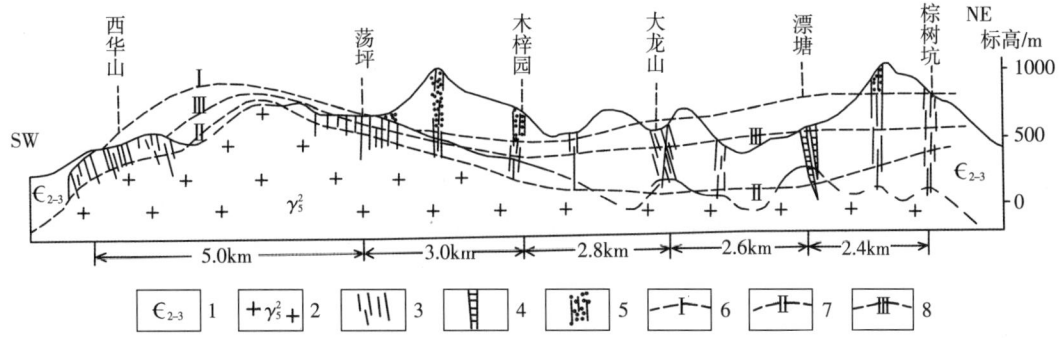

1—中-上寒武统；2—燕山早期黑云母花岗岩；3—石英大脉型矿体；4—石英细脉带型矿体；5—矿化标志带；
6—各矿床主要工业矿体上界连线；7—各矿床主要工业矿体下界连线；8—各矿床主要工业矿体最好部位连线。

图8-50 江西省大余县西华山－漂塘矿带纵向地质剖面图（据杨明桂等，1981）

Fig. 8-50 Longitudinal geological profile of Xihuashan–Piaotang ore belt in Dayu County, Jiangxi Province

体主体为中细粒斑状黑云母花岗岩，补体为细粒斑状黑云母花岗岩、花岗斑岩岩瘤。

矿田北部发育有茅坪大型钨锡钼矿床。成矿燕山早期隐伏花岗岩顶板标高-50~-300m，距天门山岩体约5km。岩性主要为斑状黑云母花岗岩和细粒白云母花岗岩。该矿床是一个由石英细脉-薄脉-大脉"三层楼+地下室"式的典型矿床。"地下室"钨锡（钽铌）矿床呈似层状、透镜状富集于隐伏岩体顶部似伟晶岩壳以下100~250m范围内。矿床查明资源储量为 WO_3 $5.72×10^4$t、Sn $0.5×10^4$t、Mo $0.11×10^4$t。

矿田中部八仙脑钨矿区具中型规模，包括北部产于天门山岩体中的长龙坑石英脉黑钨矿点，中部产于天门山岩体南面外接触带的牛角窝矿床。成矿早期形成裂隙充填石英型钨矿体和成矿晚期形成断裂充填钨硫化物矿体，深部隐伏中细粒斑状黑云母花岗岩凸起部位形成的蚀变花岗岩型钨矿体。矿床中辉钼矿 Re-Os 法年龄为 157.9Ma（丰成友等，2010）。

矿田西南部为大黄里、东岭背小型石英脉钨矿床，产于外接触带寒武系中。矿田东面外接触带有龟子背中型钨锡矿床及白石脑钨矿点。矿田西北部外接触带为老庵里断裂破碎带型锡多金属矿床，硅化断裂带走向近东西，由碎裂岩、构造角砾岩、片理化带组成，局部充填有石英脉。查明资源量（原333+334类）Sn $4.21×10^4$t、Pb+Zn $27.53×10^4$t、Cu $3.91×10^4$t、Ag 518t，具大型矿床远景。矿床东部上寒武统水石组灰岩夹层与天门山岩体接触带有矽卡岩钨锡矿化。

（4）张天堂钨矿田

矿田以张天堂燕山早期花岗岩株为中心，东侧为震旦系，西侧为寒武系。形成了大棚山、张天堂、皮鞘坑、大社龙、马岭、牛塘、长窝子等小型石英脉钨矿床及船岭、上坑、丝茅坳、倒嶂上等钨矿点。

张天堂、下垄钨矿田北部遭到较强剥蚀，形成了扬眉冲积型钨锡砂矿床。

（5）左拔-下垄矿田

总体呈北北东向展布，北面的下垄地区成矿花岗岩出露，矿床规模较小；南面的左拔地区成矿花岗岩具半隐伏状，成矿条件优越。

该矿田南部与漂塘矿田之间隐伏岩体下凹，因此矿化较弱，矿带相隔，出露地层为震旦系—寒武系。由北东到南西，牛岭、樟斗、左拔钨矿床呈串珠状分布。牛岭矿床钨锡石英脉产于隐伏中细粒黑云母花岗岩体内，矿脉有百余条，矿体走向东西、向北陡倾，延深150~300m，查明资源量（原112b+333类）WO_3 $1.15×10^4$t、Sn $0.40×10^4$t，钨达中型规模。樟斗钨钼（铋、铍）矿床矿体产于寒武系浅变质岩中，地表出露燕山早期中粗粒斑状黑云母花岗岩，主成矿岩体隐伏于标高-170~-265m深处，主要矿脉5条，钨矿床具中型规模。左拔石英脉钨（钼铋铍）矿床产于寒武系变质岩中，隐伏在花岗岩体顶面标高-100~-200m之间，钨矿床具中型规模。矿田南部为阿婆脚石英脉型钨矿点。矿田与北面下垄矿田总体呈北北东-南南西向展布，成矿花岗岩由下垄矿田的红桃岭花岗岩大型岩株，逐渐向南南西方向倾伏，左拔矿体北部的牛岭矿床为内接触带矿床。樟斗床成矿岩体呈半隐伏状，左拔矿床成矿岩体呈隐伏状，二者为外接触带石英脉型钨矿床。

矿田北部东面为震旦系，西面为寒武系，自北向南为红桃岭、平案脑、下垄3个燕山早期S型花岗岩株，形成红桃岭、平案脑、下垄3个小型石英脉钨矿床，东北面外接触带震旦系中有官坑孜石英脉型钨矿点。

2. 九龙脑-营前矿集带

该带西面以北北东向赣江断裂带与诸广山复式花岗岩基分界，东面以长潭-樟东坑北北东向断裂带与崇义向斜接界。以崇义-古亭东西向断裂带为界南西广泛分布震旦系—下古生界变质地层，北西以寒武系—奥陶系为主。上寒武统水石组夹灰岩层增多，奥陶系中出现砾岩组，上奥陶统古亭组以灰岩为主。该区基底褶皱属诸广山弧形褶皱带南段，以北北西向紧密褶皱为主。根据东邻崇义向斜和西侧沿赣江断裂带弧前的中上泥盆统残层推测，区内是一个被剥蚀的北北东向沉积盖层背斜。区内断裂以北北东向、北东向为主，东西向崇义－南康断裂带具有重要控矿作用，其次北西向断裂也比较发育。该区南部为关田加里东期、燕山早期复式花岗岩基，形成九龙脑钨矿田；北部营前中侏罗世花岗岩株形成营前钨矿田。中部淘锡坑隐伏花岗岩区形成淘锡坑钨矿田。该区北西面，沿赣江断裂带形成蛤蟆落井、峨窝子、船底窝、信地、上寨、雷锋仙、石灰岭、白水洞、塘泥坳、横基子、偏岭子、仙人洞等10多处一串钨矿点。

1）九龙脑钨矿田

矿田所在的关田－九龙脑复式花岗岩基属近南北向诸广山复式花岗岩基带一个东西向分支，由关田加里东期花岗闪长岩株和九龙脑燕山早期晚侏罗世花岗岩基组成。九龙脑岩基南部为中粗粒黑云母花岗岩，往北逐渐过渡为中细粒二云母花岗岩。区内地层东北面以震旦系为主，西南面以寒武系、奥陶系为主（图8-51）。

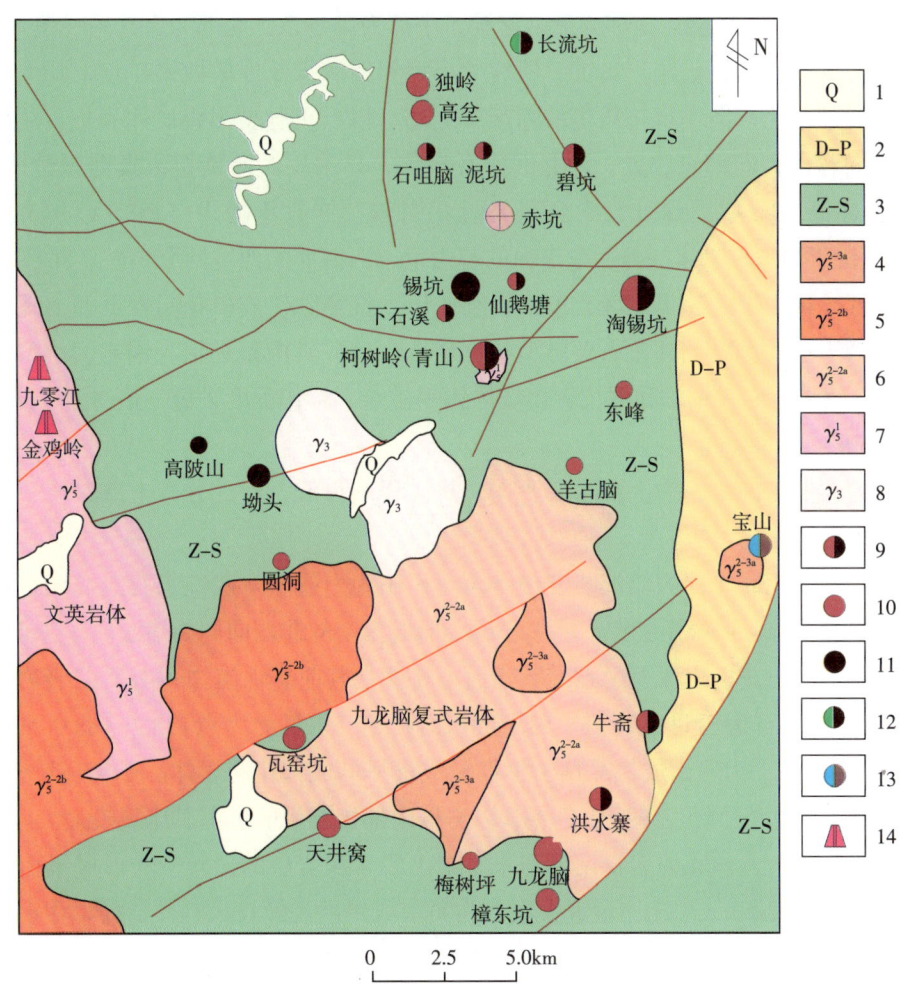

1—第四系；2—泥盆系—二叠系碎屑岩、碳酸盐岩建造；3—震旦系—志留系变余粉砂岩、板岩建造；4—燕山早期第三阶段第一次侵入花岗岩；5—燕山早期第二阶段第二次侵入花岗岩；6—燕山早期第二阶段第一次侵入花岗岩；7—印支期文英、柯树岭花岗岩体；8—加里东期关田花岗闪长岩体；9—钨锡矿床（点）；10—钨矿床（点）；11—锡矿床（点）；12—钨铜矿床；13—钨铅多金属矿床；14—萤石矿床。

图 8-51　九龙脑矿田－淘锡坑矿田地质简图（据李伟等，2021）

Fig. 8-51　Geological map of Jiulongnao–Taoxikeng ore field

该矿田北部具花岗岩基成矿特征，钨矿床多分布于岩基边缘及其外接触带。环绕岩基北部边缘有山背、上达、园洞、矮岭、湖斋洞、塘坳、车子坳、天台山等钨矿点，岩基内有雪竹山、鲤鱼山、龙头嵊、鸭婆寨钨矿点。

岩基南接触带及外接触带成钨条件良好。沿接触带有九龙脑中型带状蚀变花岗岩钨钼矿床，产于岩体与震旦系的内外接触带，洪水寨小型细脉浸染型钨锡矿床产于岩基东南缘内接触带，牛斋小型钨矿床产于岩基东南缘外接触带。天井窝小型钨矿床产于岩基西南缘与奥陶系古亭组大理岩的接触带，花岗岩体内形成石英脉型钨矿体，接触带形成矽卡岩型钨矿体。岩基南接触带的梅树坪钨矿点，在内带花岗岩中有14条石英钨矿脉，多已采空，近年在502m中段、482m中段新发现5条含钨石英脉盲矿体，显示一定资源前景。在岩基南面远接触带的震旦系与寒武系中，形成樟东坑中型石英脉型钨矿床和老屋场、满埠、大水坑、茶园山等钨矿点，说明深部有隐伏成矿花岗岩体。

2）淘锡坑钨矿田

矿田处于崇义－南康东西向断裂带与北北东向、北东向、北西向多组断裂复合地区，是一个隐伏成矿花岗岩型钨矿田。出露地层：南部为下志留统，中部为震旦系，北部为寒武系—奥陶系。

矿田南部有淘锡坑大型钨矿床，锡坑、柯树岭小型钨锡矿床及仙鹅塘钨矿点，均为石英脉型。淘锡坑钨矿床处于两条北北东向左行挤压走滑断裂带之间，以石英脉型黑钨矿体为主，主脉带北西走向显示略向北东方向弯曲，向南东收敛，向北西撒开态势，显示反倾向旋扭，具剪张性成矿裂隙特征。成矿岩体隐伏于标高50m以下深处为含斑黑云母花岗岩，锆石年龄为(158.7±3.9)Ma（郭春丽等，2007），主岩株隐伏于淘锡坑矿床深处，东南面的曾山里、西南面的西坑两个钨矿点深部为隐伏岩凸。

矿田中部发育赤坑中型破碎带热液充填银铅锌矿床。推测隐伏成矿花岗岩下凹出现中低温热液成矿。矿田北部有产于奥陶系中的高垒石英脉型钨铜矿床，钨矿具中型远景，铜矿为小型，未出露成矿岩体。北部还有长流坑小型钨铜矿和泥坑、碧坑等钨锡矿点，工作程度较低，值得进一步勘查。

3）营前钨矿田

淘锡坑矿田与营前矿田之间为上犹水库所据，找矿程度很低，广泛分布上寒武统—奥陶系浅变质岩系，未发现花岗岩出露。

营前矿田西北面为北北东向的赣江断裂带南段。矿田内出露上寒武统水石组。该组下段以变余砂岩为主，上段为变余砂岩、板岩互层夹多层灰岩层，形成紧密的北西向同斜褶皱。

矿田以营前－笔架山花岗岩株为中心，笔架山小岩株在营前岩株南2km处，二者岩性相似，营前岩株主体为似斑状角闪石黑云母花岗岩，SHRIMP锆石U-Pb年龄为(172.2~168.0)Ma（郭春丽等，2016），时代为中侏罗世，为赣南成钨区燕山早期形成最早的成钨花岗岩体。矿床环绕营前岩株产出，北有三台岭钨矿点，东有茶亭坳、举望钨矿点，以岩株南部接触带的焦里矿床规模最大。

焦里大型钨矿床产于营前花岗岩株南缘与水石组上段含灰岩层的接触带，形成紧密褶皱型似层状矽卡岩钨矿床（详见第五章），矿床储量近大型，为赣南成钨区规模较大、共(伴)生矿产最富的矽卡岩型矿床。

3. 找矿方向

崇余犹矿集区已发现钨矿床众多，勘查程度较高，但仍有较大钨资源潜力，进一步勘查方向应以外接触带石英脉型钨矿床（点）勘查评价为重点，继续运用"五层楼+地下室"钨矿床模式，开展深部找矿。

二、于山成钨亚带

该亚带为赣南成钨区的中轴,面积最大,钨矿床(点)最多,包括大王山、小龙-画眉坳、赣县-于都、三南(龙南、全南、定南)4个钨矿集区。东面以鹰潭-安远断裂带和南城-广昌、宁都、版石等断陷盆地与武夷成钨带分界。主体为于山北北东向构造隆起花岗岩带,包括宁(都)于(都)小型北北东向坳陷。加里东期褶皱基底主要由南华系、震旦系、寒武系变质岩系组成,局部有上青白口统上部潭头群出露。基底褶皱轴向以近南北向为主,北部有近东西至北东东向、北北西向,南部有北西向、近东西向叠加褶皱。隆起带上残留段由零星上古生界—下三叠统组成的盖层褶皱,包括藤田北西向向斜、信丰东西向向斜和"三南"地区近东西向、北东向向斜等。在"三南"—安远一带有一条近东西向展布的早侏罗世—早白垩世陆相中小型火山盆地带。

该亚带是一条加里东期、印支期、燕山期复式花岗岩带,以燕山期为主。北部为大型燕山早期、印支期、加里东期花岗岩基带;中部以燕山早期为主,其次为印支期、加里东期花岗岩类;南部以燕山早期为主,其次有加里东期、印支期、燕山晚期花岗岩类。由于燕山期后遭较强剥蚀,有大片燕山早期花岗岩基出露。北部剥蚀尤强,岩基出露规模大。主要成钨部位在岩基外侧、残留的坳陷和上古生界—三叠系分布区。

区内有一条显著的北北东向断裂带,其次为北东向断裂带。南部东西向断裂较多,其次有北西向断裂,构成复合断裂网络。

(一)大王山矿集区

该区位于宜黄、乐安、永丰、宁都县境,处于于山成钨带北部,是燕山期后强剥蚀的加里东期、印支期、燕山早期复式花岗岩基区。加里东期造山带下部带裸露,地层主要为上青白口统上部、南华系、震旦系。燕山早期的坪溪、黄陂、新丰街三大花岗岩基,实可合并为一体。钨矿点主要产于岩基边缘。新丰街岩基内有分散出露的4处钨矿点,黄陂岩基是一个富铀花岗岩基,形成桃山超大型铀矿田。区内钨矿床(点)主要形成于大王山、水浆、金华山晚侏罗世花岗岩株内外接触带。区内零星出露有早白垩世花岗岩小岩株、岩瘤。全区有小型钨矿床5处和钨矿点32处,包括大王山、东港、中村、金华山4个钨矿田(图8-52)。

1. 大王山矿田

矿田出露地层为南华系浅变质岩,有北北东向排列的大王山、欧坊、路南、小都4个晚侏罗世黑云母花岗岩株,东临宜黄南北向断裂带及宜黄晚白垩世断陷槽地。宜黄大王山钨矿床为石英脉+石英矿囊型钨(钼铋)小型矿床,乐安傍岭为小型石英脉型钨矿床,其余有14处石英脉型钨矿点。

2. 东港矿田

矿田位于宜黄南北向断裂带断陷槽地东侧,新丰街燕山早期晚侏罗世花岗岩基北东缘外接触带南华系变质岩,发育有东港等6处石英脉型钨矿点。此外,新丰街岩基中部沿北东向的断裂带有马坳、大康头、开沅、猪将等钨矿点分布。

3. 中村矿田

矿田形成于黄陂晚侏罗世黑云母二长花岗岩基西北隅凹部,中村-长冈北北东向"S"形断裂带中部。区内有中村小型石英脉型钨矿床和萘子脑、罗峰岭钨矿点及南坑大型萤石矿床。矿田西部的水浆晚侏罗世黑云母花岗岩株西北部有白沙潭钨矿点，下村花岗岩小岩株外接触带南华系变质岩中分布有下村、高斜、理坊、上炉斜钨矿点和陈坊萤石矿点。该矿田地质工作程度很低，具有一定的找钨远景。

4. 金华山矿田

矿田位于宁都县境新丰街花岗岩基东南侧，出露有金华山北北东向黑云母二长花岗岩株和南华纪—震旦纪浅变质岩地层，总体被北北东向断裂带夹持。珠坑钨矿床产于花岗岩中，发现较早，曾大规模开采，钨矿体深度一般仅 50~60m，往下为不含钨石英脉。矿床具矿脉多、矿化浅的特征，是一个典型的"西瓜皮"式钨矿床，具有小型钨矿床规模。金华山石英脉型钨矿床产于岩株东侧外接触带，具小型规模。

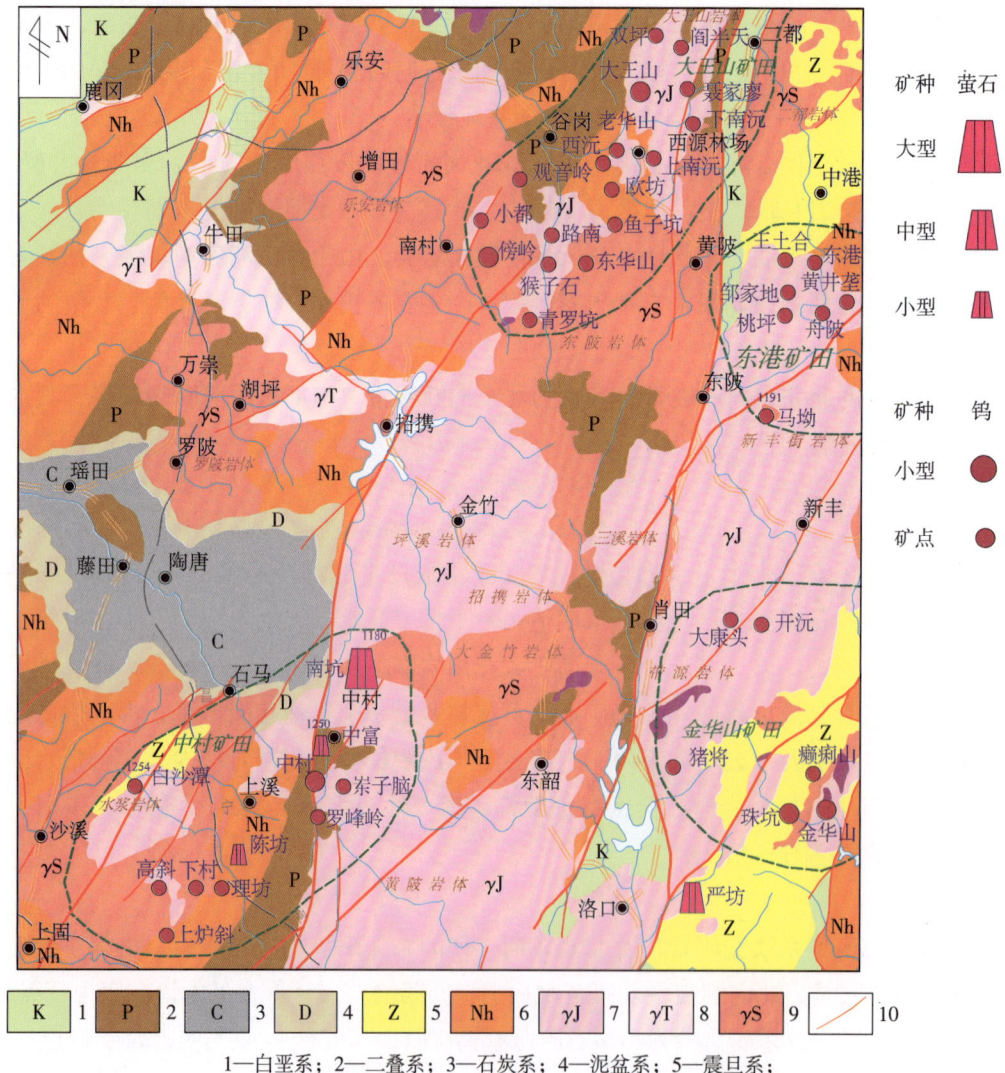

图 8-52 大王山钨矿集区地质简图

Fig. 8-52 Geological diagram of Dawangshan tungsten ore concentration area

（二）小龙 – 画眉坳矿集区

矿集区位于泰和、兴国、宁都县境内，吉泰、兴国 – 赣州、宁都断陷盆地之间的隆起花岗岩带，东南部为宁于坳陷，在燕山期后遭受较强的剥蚀。区内广泛出露南华系、震旦系及部分上青白口统上部变质岩。西部为北北西向的东固燕山早期黑云母花岗岩基，东部有江背北北东向燕山早期黑云母花岗岩基，西面有佛子山、鼎龙、长冈，东面有狮吼山燕山早期花岗岩株，是一个钨、萤石矿集区，钨矿床主要分布于东固岩基西北部和江背岩基北部内外接触带。外接触带成钨条件良好，形成小龙、画眉坳–青塘两个钨矿田（图8-53）。

1. 小龙矿田

矿田分布于东固岩基西北部与兰华山岩株内外接触带。区内出露地层：西面为南华系、震旦系，东面为上青白口统上部潭头群。矿田内有小龙中型钨矿床、见龙小型钨铜矿床及大小源、土固、罗家地、再脑、兰华山等钨矿点。

泰和县小龙钨矿床产于震旦系、寒武系中，处于临川–遂川断裂带南东侧，东固北东向断裂带南侧。区内发育北东向、北西向断裂。东距东固花岗岩基约12km，东南距佛子山花岗岩株12km。矿床

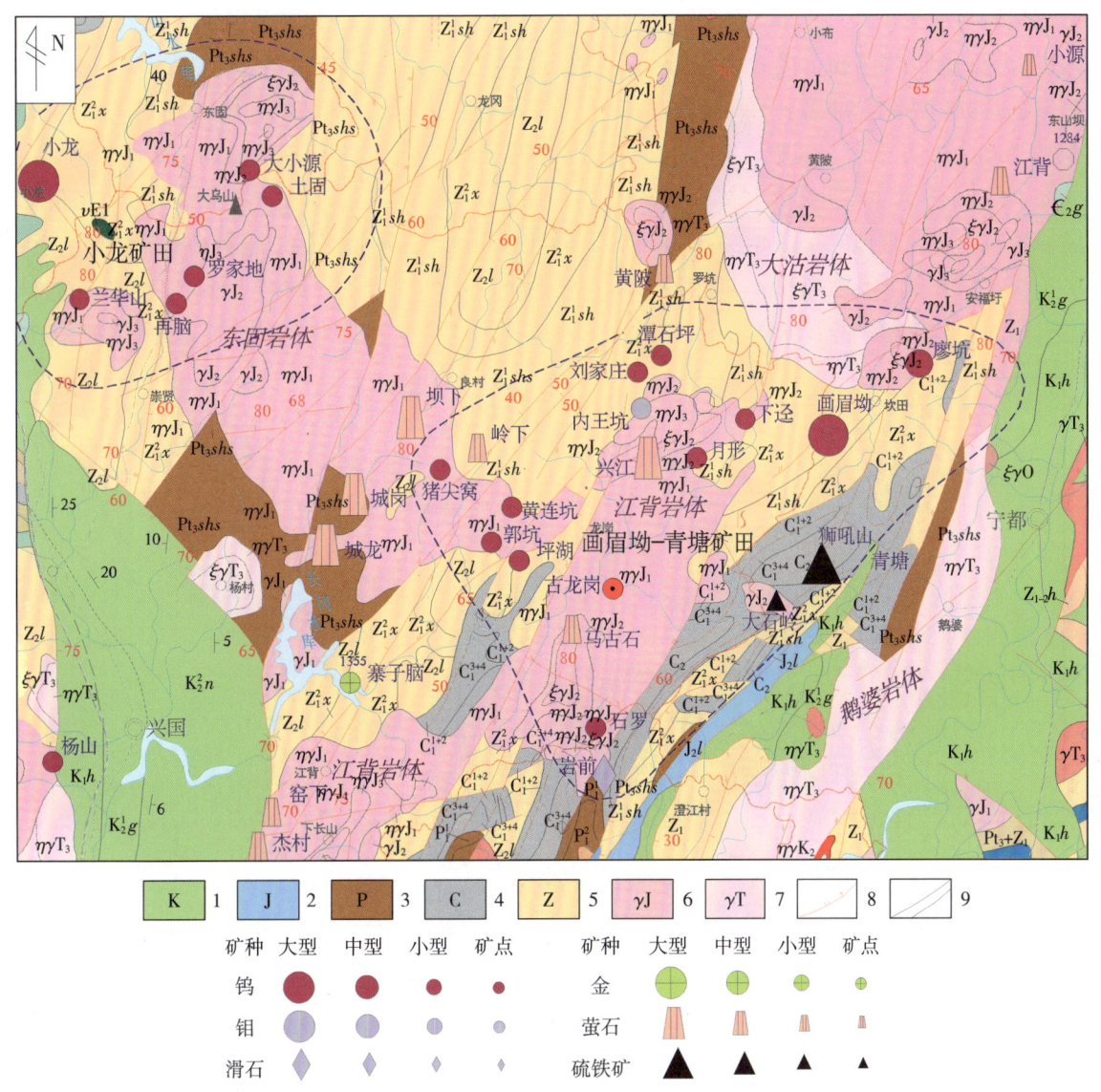

1—白垩系；2—侏罗系；3—二叠系；4—石炭系；5—震旦系；6—三叠纪花岗岩；7—侏罗纪花岗岩；8—断裂；9—地质界线/不整合界线。

图8-53 小龙–画眉坳钨矿集区地质简图

Fig. 8-53 Geological diagram of Xiaolong–Huamei'ao tungsten ore concentration area

为石英大脉型钨矿床，成矿花岗岩体隐伏于标高-240m深处，具黑云母花岗岩-二云母花岗岩-白云母花岗岩序列，深部隐伏白云母花岗岩顶盖，发育云英岩型钨矿化。

2. 画眉坳-青塘矿田

矿田处于山隆起中东部与宁（都）于（都）坳陷北部青塘向斜相邻地区，为北北东向中村-长冈和鹰潭-安远北北东向断裂带所夹持，中部发育多条北北东向断裂。区内出露地层以南华系变质岩为主，中部赤水、岭下出露下石炭统梓山组煤系地层，东部宁都坳陷中为上泥盆统—上石炭统碎屑岩及碳酸盐岩地层。矿田北面有大沽、黄陂加里东期花岗闪长岩株，矿田处江背、东固、黄陂3个燕山早期花岗岩基之间，青塘向斜中有狮吼山、大棚下燕山早期花岗岩株。燕山早期花岗岩有4次侵入，第一次侵入形成粗粒斑状黑云母花岗岩，边缘为细粒结构，具铌、钽稀土矿化；第二次侵入为中细粒斑状二云母花岗岩，呈岩株侵入第一次岩体中，具铌、钽稀土矿化；第三次侵入主要形成中细粒斑状黑云母花岗岩与细粒斑状二云母花岗岩，呈岩株、岩瘤状，具强烈钨、锡矿化及铜、铅、锌、银矿化；第四次侵入为细粒花岗岩瘤，侵入第一次侵入形成的岩基中，具弱钨、锡矿化。

矿田水系沉积物测量结果显示，区内存在W、Mo、Ag、Bi、Be、Sn、Cu、Pb、Zn等异常，异常分布面积达200余平方千米。其中，W、Mo、Ag、Bi浓集中心最明显，具有明显的三级浓度分带。W、Mo、Ag、Bi、Sn异常主要沿岩浆岩体分布，而Cu、Pb、Zn异常则分布星散。异常集中分布于张家地-画眉坳-廖坑、李家地地区（图8-54~图8-57），异常分布区是区内钨、钼、铜等矿化集中区。

矿田石英脉型钨矿床大部分产于江背岩基北接触带，以外带为主，或产于外带卫星花岗岩株中；其次产于东固岩体东南端的青塘向斜中，以弱矽卡岩型矿床为主。区内共有钨矿床4处、钨矿点7处。

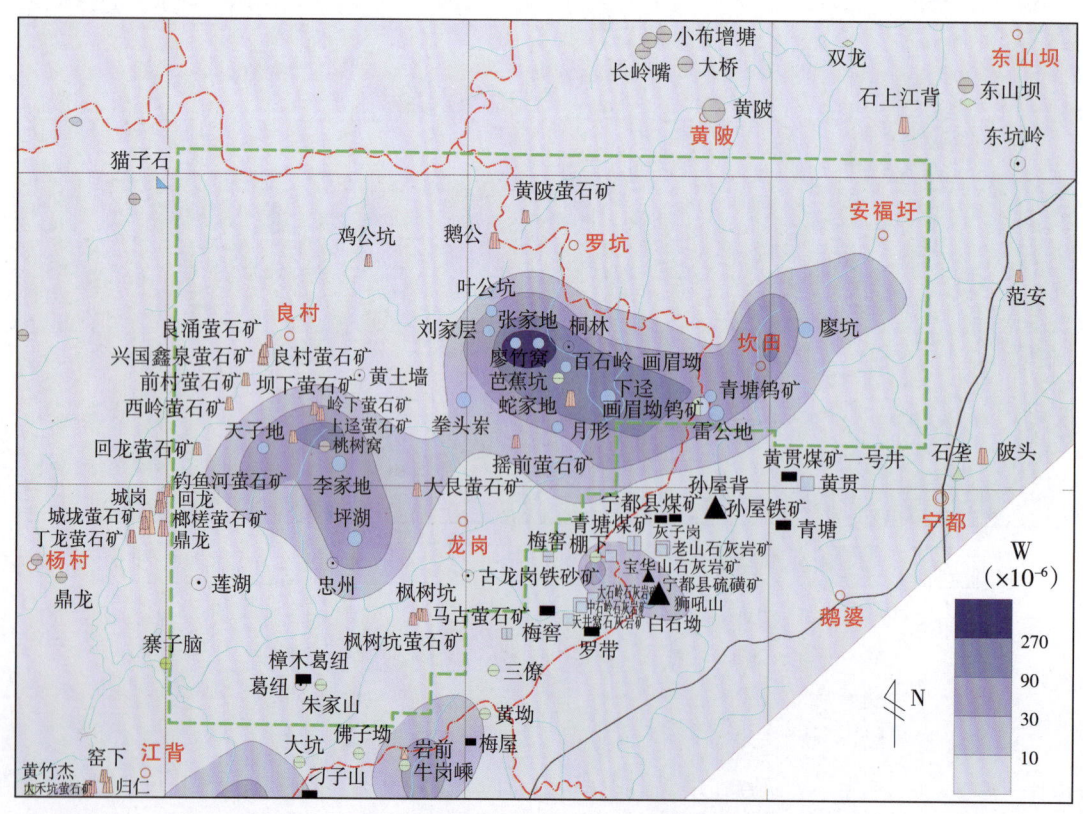

图 8-54 画眉坳-青塘矿田 W 元素 1:20 万水系沉积物异常图

Fig. 8-54 Anomaly map of W element 1:200 000 stream sediments in Huameiʹao–Qingtang ore field

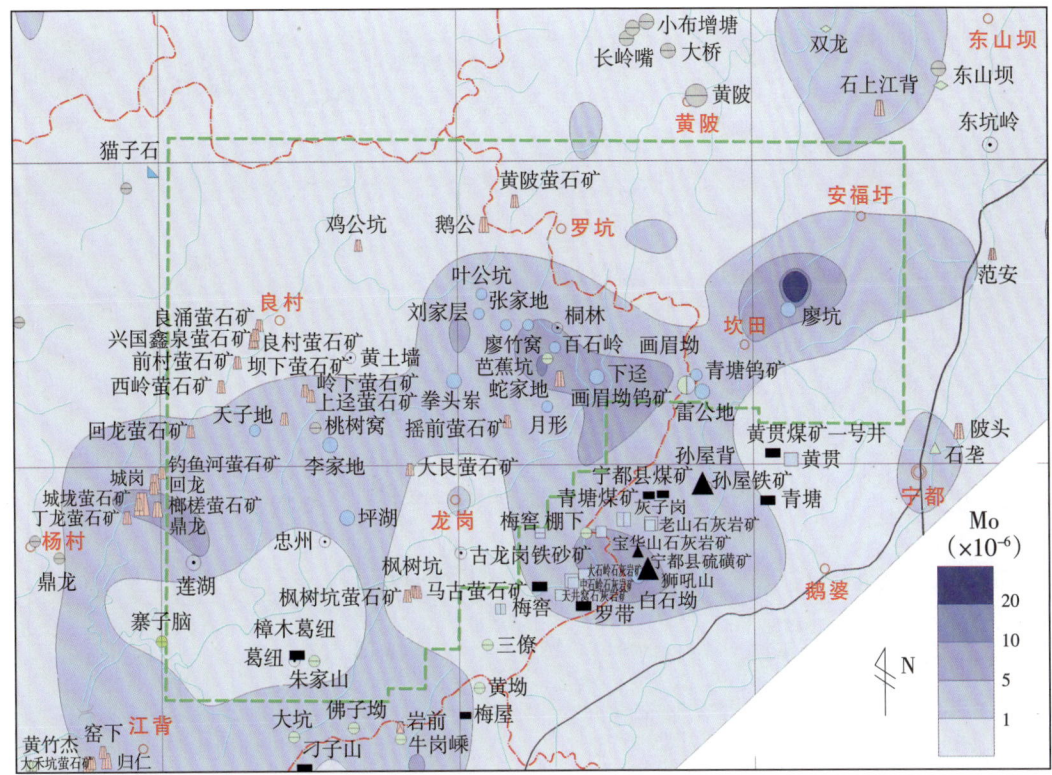

图 8-55　画眉坳-青塘矿田 Mo 元素 1:20 万水系沉积物异常图

Fig. 8-55　Anomaly map of Mo element 1:200 000 stream sediments in Huameiʹao−Qingtang ore field

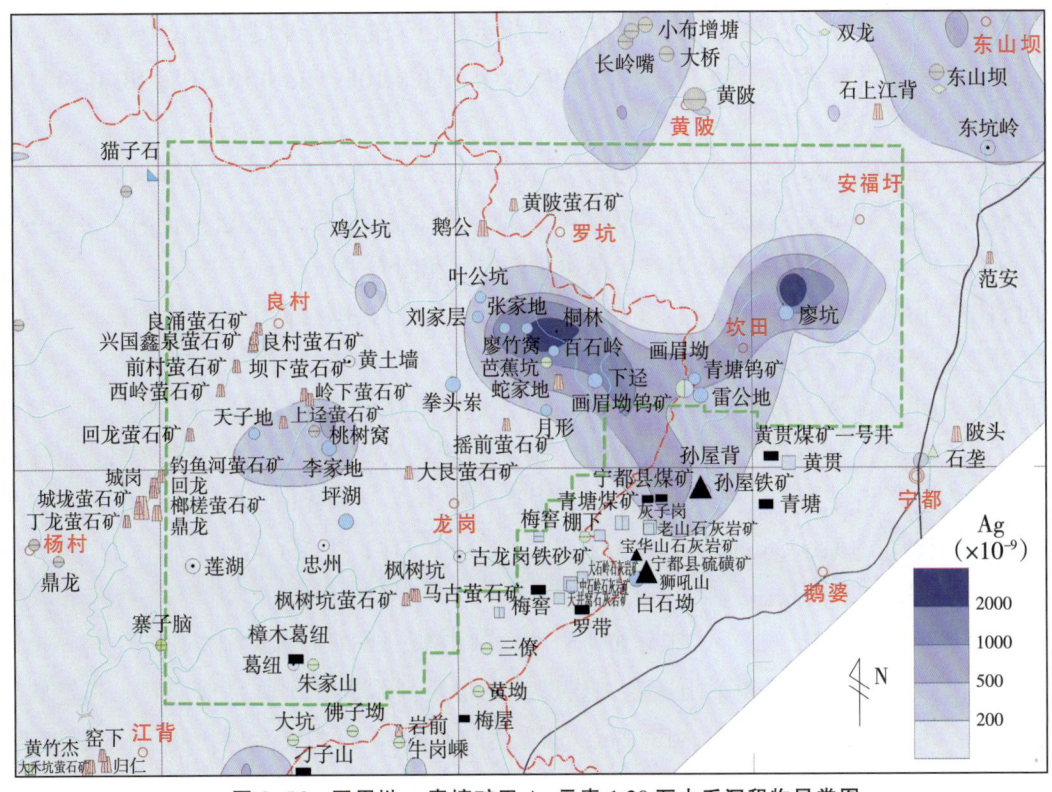

图 8-56　画眉坳-青塘矿田 Ag 元素 1:20 万水系沉积物异常图

Fig. 8-56　Anomaly map of Ag element 1:200 000 stream sediments in Huameiʹao−Qingtang ore field

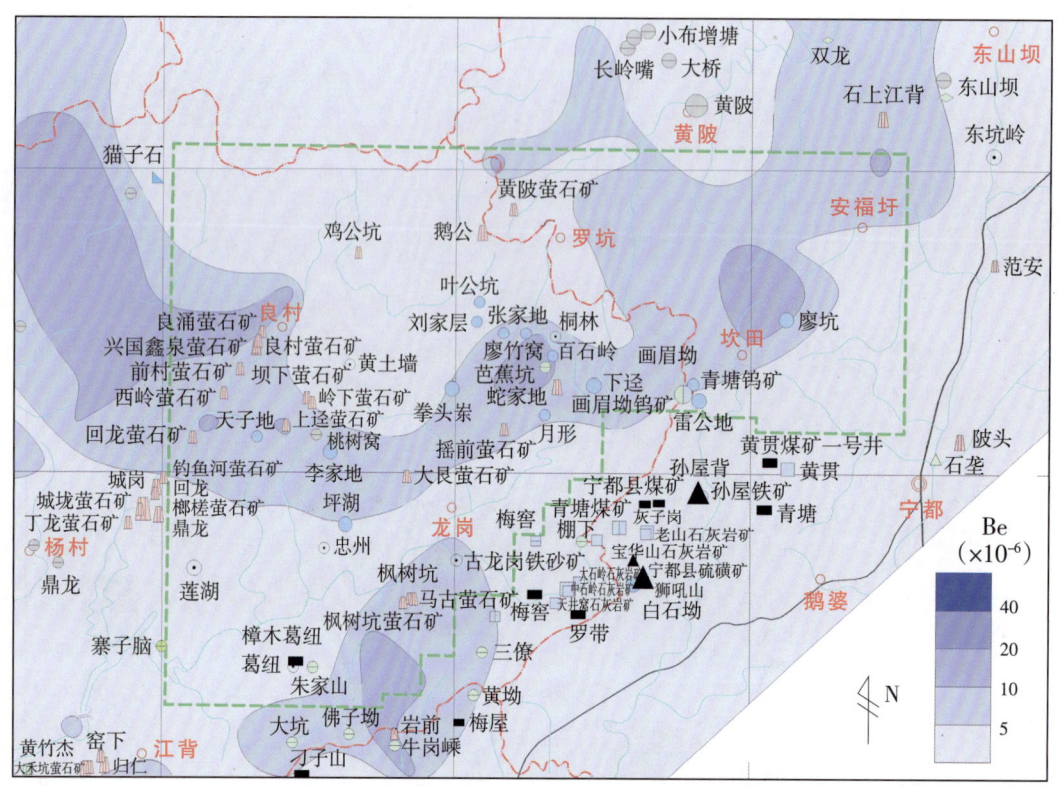

图 8-57　画眉坳－青塘矿田 Be 元素 1:20 万水系沉积物异常图

Fig. 8-57　Anomaly map of Be element 1:200 000 stream sediments in Huamei´ao–Qingtang ore field

画眉坳钨铍矿床产于江背岩基北面的上南华统上施组含白云岩夹层变质碎屑岩中。矿床于 1941 年发现并开采，1953 年以来经多次勘查，累计探明 WO_3 $10.03×10^4$t、Be $0.13×10^4$t、Bi $0.13×10^4$t、Mo $0.05×10^4$t，为一大型钨矿床。

矿床于标高 100m 发现隐伏细粒黑云母花岗岩、细粒白云母花岗岩和钠长石化花岗岩，矿体以北东东向石英大脉带为主，深部见铍矿化。矿区南部雷公地区段上施组白云岩夹层与花岗岩接触带发育矽卡岩钨铜锌矿体。廖坑小型石英脉钨矿床产于燕山早期廖坑花岗岩中。

青塘向斜中有山棚下、狮吼山、岩前 3 处矽卡岩型钨矿床。兴国县梅窖乡山棚下钨铜矿床是江西省地质矿产开发总公司新发现的一处具中型远景的似层状矽卡岩型钨（白）钼矿床，产于青塘向斜西翼的下石炭统梓山组上部至上石炭统黄龙组之下的含钙地层与燕山早期花岗岩株的接触带，属矽卡岩型－蚀变花岗岩型矿床。矿体呈似层状、透镜状、脉状、团包状，主要为石榴子石透辉石矽卡岩，矿体走向延伸 100m 至数百米，斜深 50~400m，单矿体厚一般 2~3m，WO_3 平均品位 0.312%，Mo 平均品位 0.067%，估算资源量（原 333+334 类）WO_3 10 782.65t，共（伴）生 Mo 4851t。矿体沿走向两端仍有较大延伸，具有较好的找矿前景。

宁都县青塘镇狮吼山硫钨（铜）矿床分布于青塘向斜中部，产于下石炭统梓山组上部至上石炭统黄龙组之下的含钙地层与燕山早期茶山迳花岗岩株接触带及其附近。矿体呈似层状、透镜状，矿体 1~11 层，分布总长 2150m，总厚度 0.1~18.73m，延深达 700m。矿石主要金属矿物为磁黄铁矿、黄铁矿，伴生矿物有白钨矿、黑钨矿、黄铜矿。矽卡岩矿物主要为透辉石、透闪石、符山石、石榴子石。

于都县岩前钨滑石透闪石矿床产于燕山早期江背花岗岩基东南凸出部与青塘向斜石炭系、二叠系接触带。花岗岩与石炭系梓山组、黄龙组和二叠系马平组、栖霞组的碳酸盐岩接触带形成小型矽卡岩型（白）钨矿床，与中二叠统小江边组镁质黏土岩形成接触热变质型似层状中型滑石矿床，与小江边组似层状、透镜状灰岩形成接触热变质型透闪石块体。此外，该区还发育有少量石英脉型黑钨矿体，规模小，价值不大。

（三）赣（县）于（都）矿集区

该区北西面以大余－南城北东向大断裂与赣州断陷盆地分界，东南面为鹰潭－安远北北东向大断裂与信丰－瑞金北东向大断裂交会地带，有一串小型断陷盆地。矿集区西部为于山隆起花岗岩带中段的一部分，东部为宁于坳陷南部于都残留复向斜，中部被于都断陷盆地叠盖，南西面为信丰近东西向残留复向斜。矿集区分为各具特征的大埠、长坑、黄婆地－庵前滩、盘古山－铁山垅4个钨矿田（图8-58）。

1. 大埠矿田

矿田为一个由寒武纪浅变质岩与大埠燕山早期似斑状黑云母二长花岗岩基组成的隆起地质块体，是一个较强剥蚀地区。该区处于赣州断陷盆地与大余－南城北东向大断裂北支南东侧，沿断裂带有加里东期甘霖花岗闪长岩株分布，大余－南城北东向大断裂南支贯穿矿田中部。矿田东面大概以罗坳－东埠头断裂带为界与长坑矿田分界。矿田总体呈北东向展布，钨矿点主要产于岩基边缘及岩基中的寒武系、中泥盆统残留体接触带，并沿大余－南城南支断裂带成串分布。矿田内有石英脉型钨矿点22处，小型钨矿床2处。

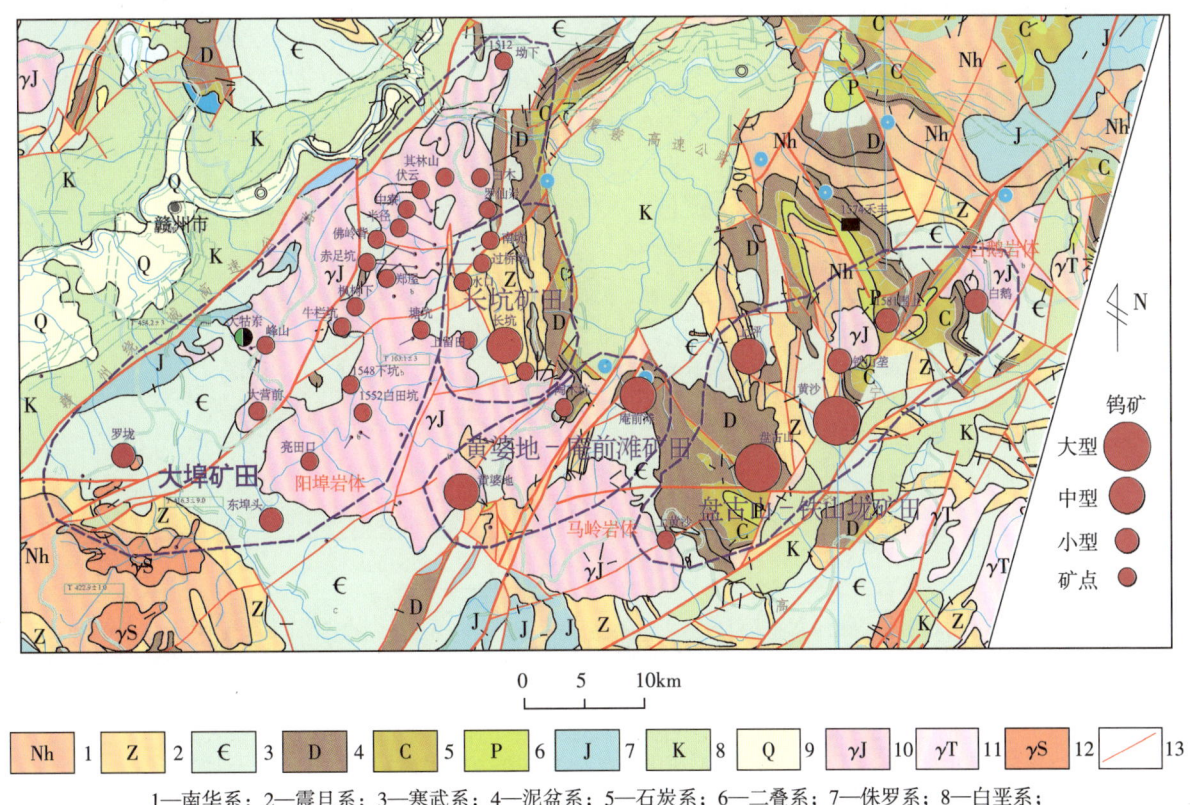

1—南华系；2—震旦系；3—寒武系；4—泥盆系；5—石炭系；6—二叠系；7—侏罗系；8—白垩系；9—第四系；10—侏罗纪花岗岩体；11—三叠纪花岗岩；12—志留纪花岗岩；13—断层

图8-58 赣（县）于（都）钨矿集区地质简图

Fig. 8-58 Geological diagram of Gan (county) –Yudu tungsten ore concentration area

东埠头小型石英脉钨矿床产于大埠花岗岩基南西外接触带寒武系中，罗坨小型石英脉钨矿床与渗水窝钨矿点产于大余－南城北东向大断裂带旁侧寒武系中，附近出露两个二长花岗岩株，时代有燕山早期与志留纪的不同认识，有待进一步研究确定。

2. 长坑矿田

矿田位于大埠花岗岩基东部与于都断陷盆地之间的一个近南北向盖层褶皱残留体，震旦系—寒武系出露较广，上泥盆统—中二叠统呈近南北向残片分布于矿田东部。矿田为近南北向、近东西向断裂围绕，中部有多条北东向断裂发育，构成一个断块。矿田内沿合龙－长坑北东向断裂有燕山早期二长花岗岩株出露，除此之外有花岗岩脉分布（图8-59）。长坑钨矿床钻孔中见隐伏成矿似斑状黑云母花岗岩。

矿田自南向北依次为栏地窝锡钨矿点、合龙中型钨矿、将军石金银矿化点、长坑桐子坪中型钨矿

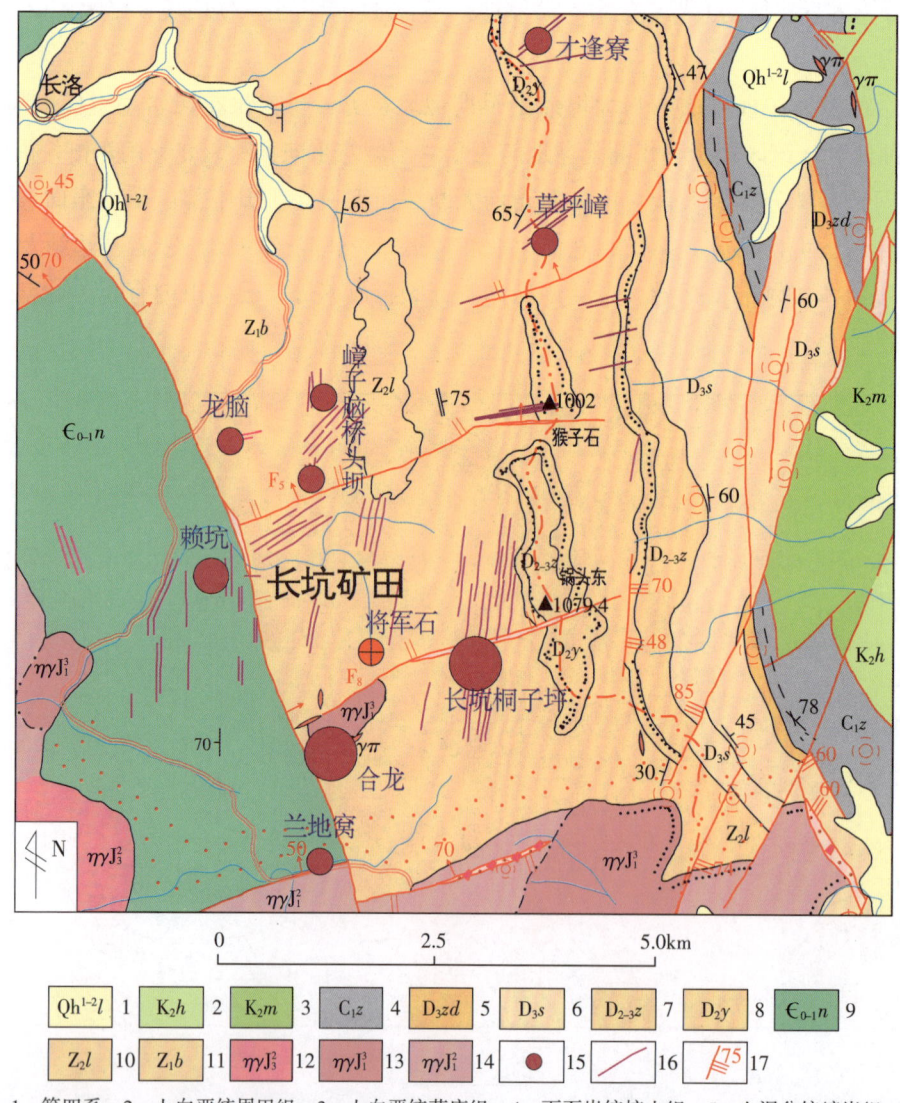

1—第四系；2—上白垩统周田组；3—上白垩统茅店组；4—下石炭统梓山组；5—上泥盆统嶂紫组；
6—上泥盆统三门滩组；7—中上泥盆统中棚组；8—中泥盆统云山组；9—底下寒武统牛角河组；10—上震旦统老虎塘组；
11—下震旦统坝里组；12—晚侏罗世中细粒少斑黑云二长花岗岩；13—早侏罗世细粒含斑黑云二长花岗岩；
14—早侏罗世中粒斑状黑云二长花岗岩；15—钨、钨锡矿床(点)；16—含钨石英脉；17—断层及产状。

图 8-59　长坑（合龙）钨锡矿田地质简图

Fig. 8-59　Geological diagram of Changkeng (Helong) tungsten-tin ore field

床、赖坑小型钨矿床及嶂子脑桥头坝、草坪嶂、才逢寮等钨矿点，呈北东向大致等距分布，构成隐伏成矿花岗岩与半隐伏钨矿田，资源远景较大。

3. 黄婆地-庵前滩矿田

矿田位于赣于矿集区中部，西面为大埠岩基东南凸出部，东面为马岭晚侏罗世二长花岗岩株，中部为银坑-大桥北北东向断裂带。该断裂带为于都断陷盆地的控盆断裂带，将矿田内的寒武系与中泥盆统—二叠系切割成断片或碎块。

矿田有黄婆地、庵前滩中型钨矿床，猪栏门小型钨矿床及东坑、陶朱坑等钨矿点，主要钨矿床类型为矽卡岩型与石英脉型。

（1）黄婆地钨矿床为中型矽卡岩型白钨矿床与小型石英脉型黑钨矿床"二位一体"矿床。矽卡岩型白钨矿床产于上石炭统黄龙组碳酸盐岩地层与大埠岩基东南部似斑状黑云母花岗岩接触带，呈似层状、脉带状产出。石英脉型黑钨矿床产于矿区西北部寒武纪变质岩与花岗岩的内外接触带。

（2）庵前滩钨矿床位于银坑-大桥北东向断裂带与北西向断裂交会地区，除广泛出露的寒武系外，还有上泥盆统出露，地表出露一个晚侏罗世花岗岩瘤，钻孔中见隐伏黑云母花岗岩岩株，岩体顶面标高0~20m。石英脉型黑钨矿床产于底下寒武统牛角河组和上泥盆统中棚组、三门滩组以及花岗岩体中；矽卡岩型（白）钨矿床产于矿区西北部三门滩组底部含钙长石石英砂页岩和大理岩透镜体与花岗岩接触带，矿床具中型规模。

（3）猪栏门钨矿床产于大埠花岗岩基东南端舌状部分，位于黄婆地矿床东面，为白钨矿和黑钨矿共生的小型矽卡岩钨矿床。江西地质科学研究所在江西冶勘十三队勘查基础上作了较详研究。矿区花岗岩为中细粒似斑状黑云母花岗岩、细粒白云母花岗岩，矽卡岩矿体产于黑云母花岗岩与茅口组碳酸盐岩内外接触带中。

4. 盘古山-铁山垅矿田

矿田处于银坑-大桥、鹰潭-安远北北东向断裂带之间，是与信丰-瑞金北东向断裂交会地区，西北面与东南面为晚白垩世断陷盆地。区内为一系列由中泥盆统—石炭系组成的北北西向褶皱，伴有南北向、北北西向、东西向多组断裂，震旦系、寒武系呈条带状和碎块状出露。矿田南西外侧有马岭晚侏罗世二长花岗岩株，中部有铁山垅中粗粒黑云母花岗岩株，北东面有白鹅黑云母花岗岩株。矿田是一个浅剥蚀、半隐伏花岗岩区，在W元素地球化学图上为一个北北东向高浓度中心（图8-60），成矿条件优越。

矿田以石英脉型矿床为主，并以"五层楼"式为特征。西北部有上坪中型钨矿床，主要产于震旦系—寒武系浅变质岩中，部分延入中上泥盆统沉积碎屑岩中，地表仅见东西向花岗斑岩墙。在标高150m深处揭露到隐伏中粗粒黑云母花岗岩株。矿田主体自南西向北东有盘古山大型钨矿床，龙王山北、陶珠坑钨矿点，黄沙大型钨矿床，铁山垅小型钨矿床、围上钨矿点，隘上小型钨矿床等一串大致等距的矿床（点），间距2~3km。其中，盘古山隐伏成矿花岗岩株和铁山垅花岗岩株都产于北北西向向斜轴部，是一条半隐伏成矿花岗岩基带。该带自北东向南西成矿花岗岩由出露到隐伏，且逐渐变深，与布格重力负异常吻合（图8-61），矿化深度与矿体深度逐渐增大，最大矿化延深在盘古山矿床达1300m，成矿黑云母花岗岩株隐伏于地表以下1100m深处。

矿田北东部位有白鹅小型石英脉钨矿床，产于白鹅晚侏罗世黑云母花岗岩株中。此外，在铁山垅钨矿西侧的小型盆地中，有冲积型钨砂矿，已被开采殆尽。

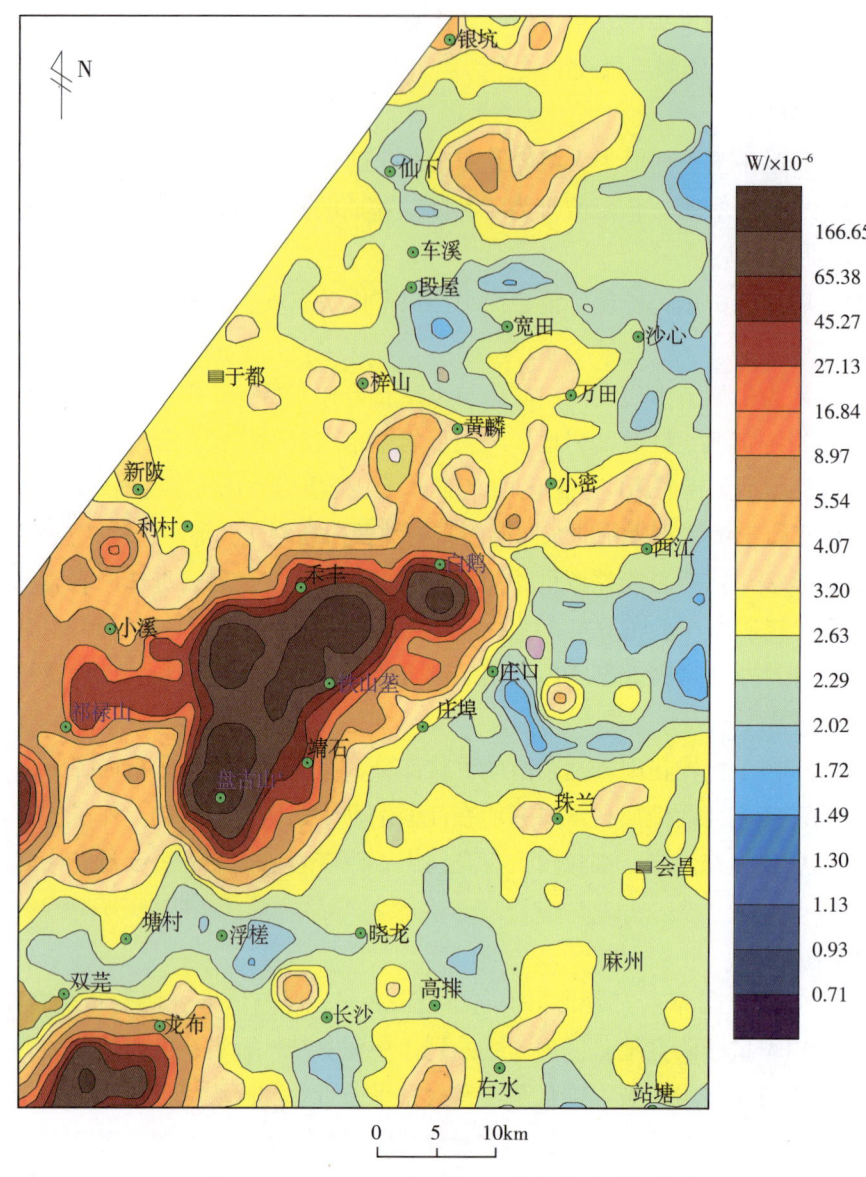

图 8-60 盘古山－铁山垅矿田钨元素地球化学图
Fig. 8-60 Geochemical map of W element in Pangushan-Tieshanlong ore field

（四）三南矿集区

三南（龙南、全南、定南）矿集区位于江西省南部，于山成钨亚带南部，为处于贵东、龙源坝、陂头、寨背、隘高、定南花岗岩基或大型花岗岩株之间的一个较弱剥蚀区，是江西省最南部重要的钨（锡）矿集区。区内矿床类型众多，包括石英大脉型钨矿床、石英细脉带型钨矿床、蚀变破碎带－石英脉复合型钨矿床、矽卡岩型钨矿床（图 8-62）。

在矿床中，除钨（黑钨矿、白钨矿）是最主要矿种外，主产、共生、伴生的矿种依次是锡、钼、铋、铅、锌、铜、铍、铌、钽、银等，也是本书的记述重点。区内铀矿床、离子型稀土矿床、萤石矿床非常丰富，另有铁、钛铁矿等矿床（点）。

矿集区包含大吉山、官山和岿美山 3 个钨矿田。钨矿床、矿点共计有 48 处，其中龙南县 27 处，

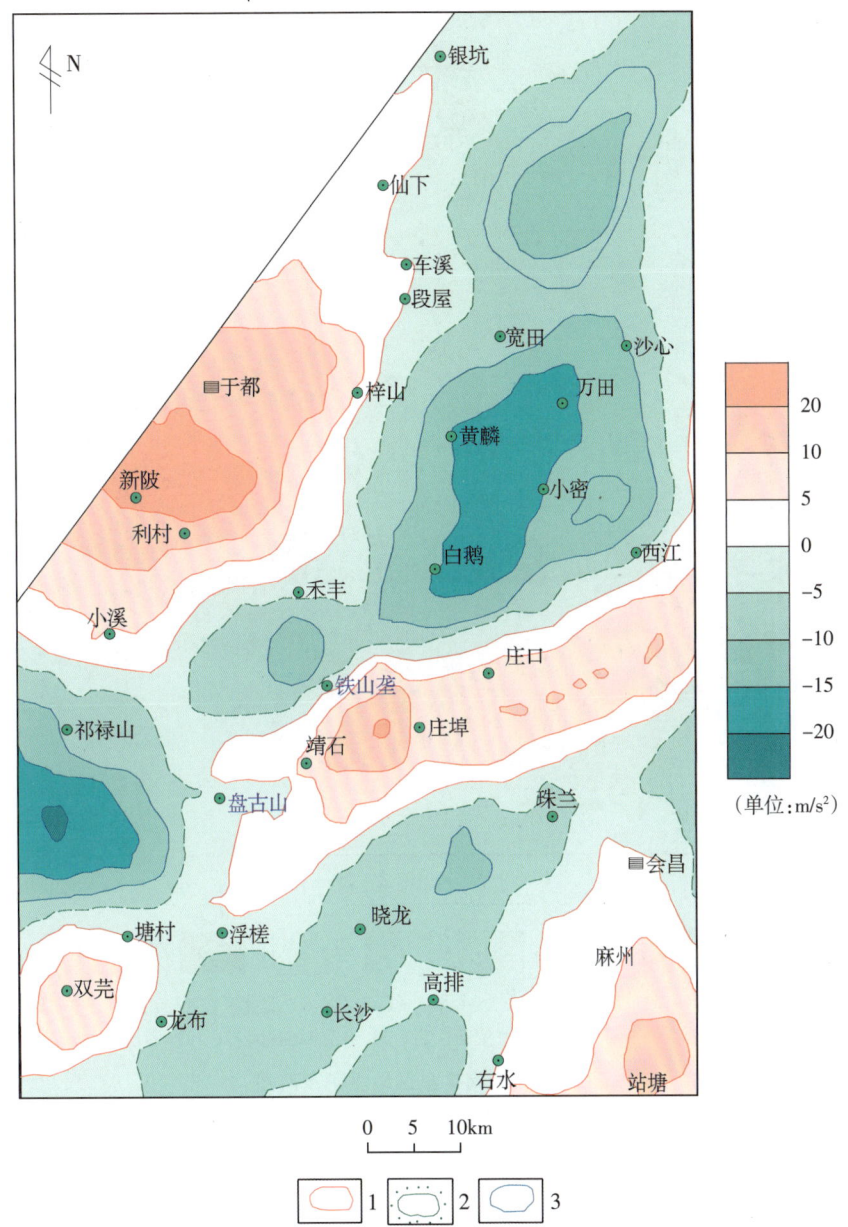

1—布格重力正异常等值线；2—布格重力异常零等值线；3—布格重力负异常等值线。

图 8-61 盘古山-铁山垅矿田布格重力局部异常平面图

Fig. 8-61 Local anomaly plan of Bouguer gravity in Pangushan–Tieshanlong ore field

全南县 17 处，定南县 4 处。区内经过普查、详查、勘探和开采的大型矿床有大吉山矿床，中、小型矿床有岿美山矿床、官山矿床、夹湖矿床等。

1. 成矿地质条件

1) 地层

(1) 南华系—震旦系

主要分布在该区北部和南部与广东省交界处，为一套变质砂岩、板岩、千枚岩、含砾砂岩、变余凝灰质砾岩、沉凝灰岩及以硅质岩为主的海相浊积岩建造。

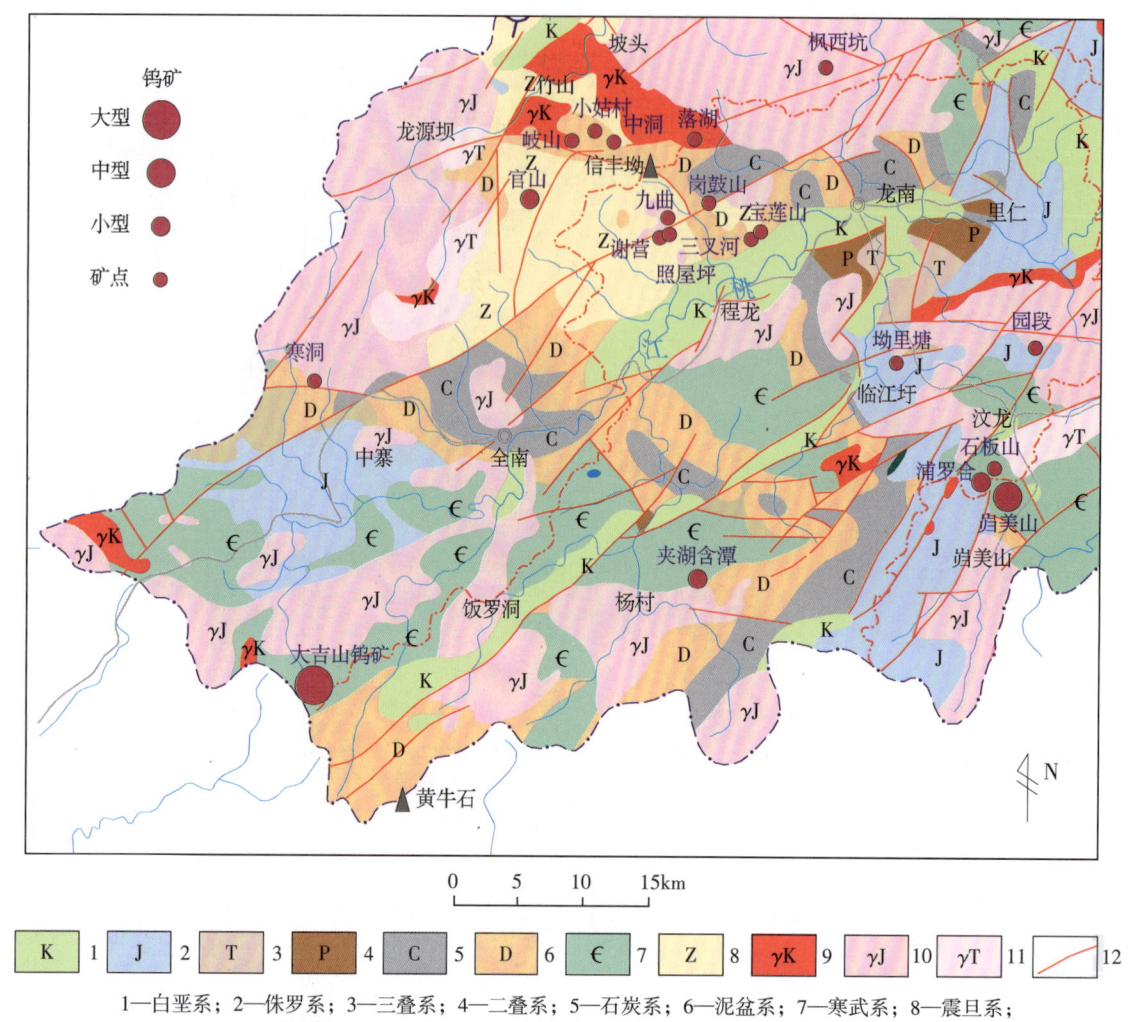

图 8-62 三南矿集区地质矿产简图

Fig. 8-62 Geological and mineral resources diagram of Quannan–Longnan–Dingnan ore concentration area

1—白垩系；2—侏罗系；3—三叠系；4—二叠系；5—石炭系；6—泥盆系；7—寒武系；8—震旦系；9—白垩纪花岗岩；10—侏罗纪花岗岩；11—三叠纪花岗岩；12—断层。

(2) 下古生界

寒武系分布广泛，底下寒武统牛角河组下部为深灰色、灰黑色厚层状变余沉凝灰岩及含碳硅质板岩；上部为灰色、深灰色厚层状变余砂岩、变余长石砂岩及灰黑色厚层状变沉凝灰岩、深灰—灰绿色粉砂质板岩和千枚状板岩，夹黑色含碳硅质岩；底部含磷、硅质结核，偶见石煤层分布。中寒武统高滩组岩性主要为变余砂岩及板岩、粉砂质板岩、含碳板岩，顶部有时见不稳定的灰黑色灰岩。上寒武统水石组岩性主要为变余砂岩及板岩夹少量含碳板岩，顶部见厚度不稳定的灰岩。

奥陶系仅在该区西部零星分布。下奥陶统主要由含碳板岩、灰绿色粉砂质板岩、变余粉砂质板岩等组成。中—上奥陶统由硅质板岩、含碳板岩、变余砂岩、灰绿色板岩和砂质板岩等组成。

(3) 上古生界

中泥盆统：下部为灰白色石英砂岩、凝灰质砂岩、砂砾岩、砾岩，夹紫红色和灰绿色页岩及沉凝灰岩等；上部为紫红色页岩、粉砂岩与砂岩互层。上泥盆统：主要是碳酸盐岩夹砂泥质的建造，下部为灰紫色、灰绿色石英砂岩及硬砂岩、粉砂岩、页岩和白云岩；上部为砂岩、钙质砂岩、页岩、砂质灰岩和泥灰岩、白云岩等。

石炭系：下石炭统下部的杨家源组零星分布在龙南县程龙、全南县小慕等地，其岩性主要为灰色薄层钙质页岩夹钙质砂岩，其下见有灰岩。下石炭统上部梓山组主要分布在全南、龙南一带，其下部主要为石英细砂岩和粉砂质页岩；中部为石英砂岩、粉砂岩、页岩夹碳质页岩；上部为粉砂质页岩夹厚层状中细粒石英砂岩和呈透镜状的无烟煤。上石炭统黄龙组上部为厚层状浅灰色致密灰岩，下部为浅灰色、灰白色白云质灰岩。

下二叠统马平组主要为厚层状浅灰色致密灰岩和生物灰岩。中二叠统栖霞组为深灰—黑色厚层状灰岩；小江边组为灰黑色含碳钙质页岩，夹似层状灰岩及钙质粉砂岩；车头组为碳质页岩、硅质粉砂岩、细砂岩、含锰灰岩。上二叠统乐平组为煤系地层；大隆组零星分布，为粉砂岩、石英细砂岩及泥岩，夹少量泥灰岩或泥质灰岩。

(4) 中生界

下三叠统铁石口组分布在龙南五里山、大罗、窖岭、汶龙、程龙等地，岩性主要为灰黄色、黄绿色薄层状泥质页岩、粉砂岩及钙质页岩，间夹少量泥质灰岩。下侏罗统菖蒲组主要分布在龙南东部和全南南部，岩性为由玄武岩和流纹岩组成的双峰式火山岩。中侏罗统漳平组为一套以紫红色为主的杂色砂泥质碎屑岩。

下白垩统鸡笼嶂组为一套酸性火山岩，下段为砾岩，上段为流纹质熔结凝灰岩、流纹岩。石溪组为砾岩、砂质岩、凝灰质碎屑岩、流纹岩，分布于南迳、东坑、九连山、临塘等盆地。上白垩统赣州群主要由紫红色、棕红色砂岩、含砾砂岩、粉砂岩，夹灰绿色、灰色、灰黄色及紫色泥岩组成。

(5) 地层与成矿关系

以海相沉积为主的碳酸盐岩和含钙的岩石，如含钙砂岩、含钙板岩等，是白钨矿床形成的一个重要条件。白钨矿床的成矿围岩包含震旦系、寒武系、上泥盆统、石炭系和二叠系等的碳酸盐岩层。

岩性及其组合特征对成矿有一定的影响。当板岩、千枚岩这些具致密、塑性的岩石分布较广且较厚时，对矿化起到屏蔽作用。如产于赋矿岩体中的全南牛牯寨石英大脉型矿床中，脉幅 0.2m 以上的矿体往上到外接触带时普遍变小或呈"脉芒"；龙南蒲芦合大脉型钨矿床中，脉幅 0.1~0.9m 的矿脉，往上到变质岩时，脉幅迅速变小、分散以至尖灭。当广泛分布变质砂岩、石英砂岩、粉砂岩时，主要显示脆性岩石特征，易形成断裂、裂隙，利于形成外接触带钨矿床，如全南大吉山钨矿床、定南岿美山钨矿床等。

2) 侵入岩

(1) 时空分布

区内岩浆岩分布广泛，约占全区总面积的 40%。岩浆岩时代主要有加里东期、印支期和燕山期三期。

加里东期 S 型花岗岩有出露于东南部的定南岩基。印支期 S 型花岗岩出露于西北部的龙源坝、三仙寨，南部的大吉山，中部的东江，东部的隘高、岩前峰。

燕山早期是区内岩浆侵入活动鼎盛时期。中侏罗世有三南组合的龙南塔背 A 型正长花岗岩－碱性花岗岩复式岩基和寨背铝质 A 型花岗岩基及车步辉长闪长岩，主要形成于伸展环境。

晚侏罗世 S 型花岗岩在区内分布最广。西北部有寨下－官山－岗鼓山半隐伏岩带，中部有程龙岩株，东部有定南岩株。大量花岗岩出露于南部大吉山－岿美山岩带，有大吉山、下湖、杨村、洞源、岿美山等一串岩株，是主要的成钨岩体。

燕山晚期早白垩世侵入岩规模较小，但分布较广，以小型 S 型花岗岩株为主，多呈复式岩体补体产出，出露于龙源坝、陂头、寨背（西）、双坑、饭池嶂、渡坑、足洞等地。

(2) 不同时代类型侵入岩的成矿作用

加里东期—印支期花岗岩，岩体规模较大，分布较广，是离子型稀土矿的母岩。

燕山期早期中侏罗世侵入岩，形成于伸展环境。其中，中侏罗世车步辉长岩、辉长闪长岩为残坡积钛铁矿砂矿的母岩。塔背 A 型花岗岩为风化壳型锆石矿母岩。寨背铝质 A 型花岗岩为离子型稀土矿床的母岩。

燕山早期晚侏罗世同造山 S 型花岗岩是区内钨锡矿床的重要成矿岩体。大吉山、峒美山、官山等钨矿床均形成于这一时期。

燕山晚期后造山 S 型花岗岩，岩体规模较小，形成的钨矿床数量少、规模较小，成矿岩体主要分布于官山矿田北部，如中洞等钨矿床。该期龙南足洞岩体为岩浆分异程度较高的二云母、白云母花岗岩，重稀土元素得到富集，形成了著名的足洞离子型重稀土矿床。

(3) 控矿构造特征

该区周边为剥蚀程度较高的花岗岩基所围绕。区内为剥蚀程度较浅的沉积盖层与中生代陆相火山盆地残留区，加上断裂发育，形成了变质基底、沉积盖层、火山盆地与侵入岩体错综复杂的构造面貌。

Ⅰ. 褶皱

基底褶皱：由震旦纪、寒武纪、奥陶纪巨厚的海相泥砂质浅变质岩构成基底褶皱。由于出露十分零碎，见有东西向、北西向、近南北向褶皱片断。一般为同斜紧密褶皱。

盖层褶皱：主要由中、上泥盆统和下三叠统组成。大部分为残留向斜。主要有近南北—北北东向、北西西—东西向、北东向 3 组，它们互相叠加。多数为短轴褶皱。

中生代盆地：燕山期陆相火山盆地为龙南 - 会昌火山盆地带西南段，受北东向断裂带控制，有南迳 - 东坑、九连山、临塘等盆地。晚白垩世断陷盆地呈北东向展布，其一侧或两侧往往为北东向断裂所限，呈地堑式、半地堑式盆地景观。

Ⅱ. 断裂

东西向断裂带：主要有两条断裂带，控制着不同时代的岩层与岩体分布。其中南迳 - 五户断裂带位于九连山北侧，主干断裂走向近东西，向南或向北陡倾斜，由一系列平行断裂所组成；足洞（东延至寻乌桂竹帽）断裂带主要发育于花岗岩和部分混合岩中，控制了花岗岩体的南北边界，又在花岗岩体内形成了一系列挤压性破裂带。

北东向构造带：龙南、全南一带存在一系列北东向挤压性断裂带，主干断裂带有龙南 - 版石断裂带、九连山 - 安远断裂带，其次有龙源坝 - 崇仙断裂带，走向北东偏东50°左右，长数十千米到百余千米。断裂带控制了中生代火山盆地和红层断陷盆地，也是重要温泉带。

北北东向构造带：该区位于鹰潭 - 安远北北东向深断裂带西侧，有招携 - 小江北北东向大断裂带南延至区内，为一组北北东向断裂带，经龙南至大吉山一带，另在峒美山地区也有北北东向断裂带分布。断裂显示左行斜冲。全南南部 - 定南径脑北北东向压扭性断裂旁侧出现压扭性裂隙群，呈帚状旋扭构造等。

其他还有北西向、南北向断裂带，规模较小。

3) 重力异常

区内布格重力负异常以全南为中心，形成一个环形异常，反映了矿集区燕山期半隐伏花岗岩基的轮廓（图 8-63）。

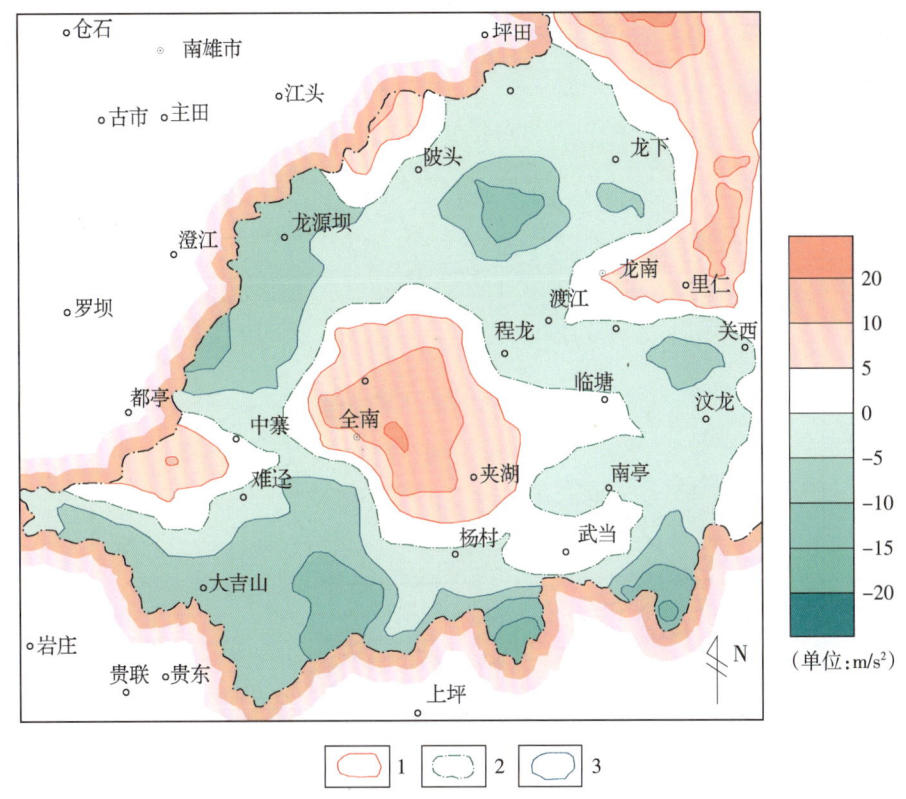

1—布格重力正异常等值线；2—布格重力异常零等值线；3—布格重力负异常等值线。

图 8-63　三南矿集区布格重力局部异常平面图

Fig. 8-63　Local anomaly plan of Bouguer gravity in Quannan–Longnan–Dingnan ore concentration area

4) 矿田与矿床分布

区内钨矿床时空分布与晚侏罗世花岗岩基本一致，形成北、南两条东西向构造－花岗岩－钨矿带。北带官山矿田形成于官山沉积盖层背斜北翼及帽岭东西向断裂带。中洞－官山北北东向断裂带和北东向龙南－版石北东向大断裂复合控制了官山半隐伏花岗岩体与钨矿田。南带位于被剥蚀的上叠盖层背斜基底变质岩出露区，与断裂带复合形成大吉山、岿美山两个钨矿田。并在北北东向（大吉山）、北东向（含潭）与北北西向（岿美山）断裂带控制下形成隐伏、半隐伏成矿花岗岩体和钨矿田（床）。其中岿美山钨矿田在北北东向断裂带控制下南延 10km 左右，即为粤北锯板坑大型钨矿床。

矿集区包含有大型钨矿床 2 处，小型钨矿床 5 处，钨矿点 19 处。

官山矿田有官山、九曲（图 8-64）、中洞等小型石英脉钨矿床和岗鼓山小型远景的矽卡岩白钨矿床，以及 9 处钨矿点。

大吉山矿田有大吉山大型钨矿床，夹湖、含潭小型钨矿床，以及银盏崟、石门、鸡啼石、青龙山、大雄峰等钨矿点。

岿美山矿田有岿美山大型钨矿床，蒲罗合小型钨矿床，以及十二排、石板山、坳里塘、欧都、彤华山等钨矿点。岿美山钨矿床发现于 1918 年，经长期开采，1952—2012 年累计探明 WO_3 $3.69×10^4$t。近期发现了矽卡岩型钨（白）矿床及闪长玢岩型白钨矿体，矿床总体达大型规模。

(1) 脉状钨矿床的排列组合形式

区内钨矿脉的容矿裂隙有北西西向、北北东向、近东西向和北北西向 4 组，主要为北北东向、北

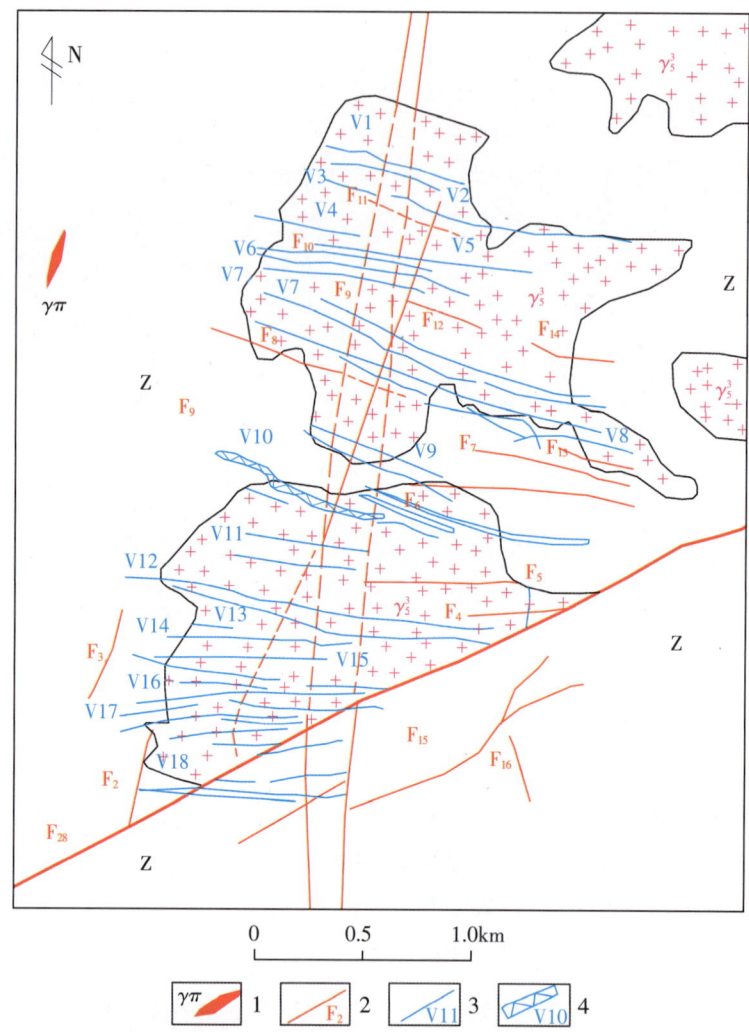

1—花岗斑岩体；2—断层及编号；3—石英脉钨矿体及编号；
4—断裂带钨多金属矿脉及编号；Z—震旦系；γ_5^3—燕山晚期花岗岩体。

图 8-64 龙南九曲矿区地质简图（据江西省地质调查研究院，2009）
Fig. 8-64　Geological map of Jiuqu deposit in Longnan

东向左行走滑断裂带的伴生或派生裂隙带，分别为晚期断裂破碎带。

大吉山矿床总体呈北北东向分布的北、中、南3组，北西西向矿脉带作韵律性近似等距分布。按相邻两组矿脉距离，在西南方向又发现了另一组（南组）矿脉。岿美山矿区矿脉呈北北西向平列式分布。

垂直方向则以脉体的大小、疏密分带为主，如大吉山矿床，从上至下依次为较密集的细脉带、细脉与大脉混合带和含主要矿体的大脉带。

岿美山矿床，上部脉组有薄脉带、大脉带，到根部带后，在深部出现了一组后侧型新的脉带，构成了"楼下楼"成矿样式。

夹湖含潭黑钨矿床、白钨矿床，存在东西向、北东东向和北西西向3组矿脉。九曲钨矿床为北东向断裂带派生的"入"字形北西西向脉群，其中多条（V10、V3、V17、V8等）断裂带有成矿晚期形成的含铜、铅、锌、银较富的石英钨矿脉。

岩浆侵入的成矿演化过程可以划分出硅酸盐期—氧化物期—硫化物期—碳酸盐期，即从气化高温向中低温方向演化推进。

硅酸盐期：主要表现为矽卡岩、云英岩、钠长石化花岗岩等，出现较多电气石、黄玉等时，显示交代-充填作用。此期有大吉山"69岩体蚀变花岗岩型钽铌矿床"形成，黑钨矿、白钨矿呈细小粒状，分散于矿体和近矿蚀变围岩中，一般不构成主要矿化期。

氧化物期：石英脉型黑钨矿床的主要矿化期。石英脉体切割硅酸盐期矿化体，又被硫化物期脉体所穿切或叠置。钨矿床主要的矿物组合类型为绿柱石-锡石-黑钨矿（及一些主要矿床中的白钨矿）和辉钼矿-长石-石英。

硫化物期：石英脉型矿床中，黑钨矿降至次要地位，多种硫化矿物，如方铅矿、闪锌矿、黄铜矿、辉铋矿出现，含锡量减少，以黝锡矿为主。黑钨矿出现于较早阶段，呈中小块粒或板状集合体，沿脉壁继白云母之后或首先晶出。含FeO较低，多属钨铁锰矿或铁钨锰矿。

碳酸盐期：通常还有少量硫化矿物，如黄铁矿等，碳酸盐矿物有菱锰矿、白云母、方解石等，偶见白钨矿。

岩浆的侵入和成矿，大体多沿上述演化和推进，钨矿床总体呈现逆向垂直分带，即气化高温阶段的产物在浅部，中低温阶段的产物在较深部（江西省地质矿产勘查开发局，2015）。

(2) 不同类型矿床的成矿特征

区内主要钨矿床往往具"多位一体"特征，如大吉山钨矿床有石英大脉型和"地下室"式蚀变花岗岩型；岿美山钨矿床有石英大脉型和似层状矽卡岩型及闪长玢岩型；九曲、中洞钨矿床有石英大脉型与破碎带石英大脉型等不同类型的矿床。

区内除大吉山钨矿床为石英脉+"地下室"式外，宝莲山钨矿床已出露"五层楼"上部的3个带，深部有待验证。

接触交代或层控矽卡岩型钨矿床的成矿岩体主要为花岗岩，次要为闪长岩。主要成矿围岩包括中—晚寒武世泥砂质变质岩中的碳酸盐岩夹层，晚泥盆世和晚石炭世中钙质砂岩、钙质页岩、灰岩等。岩体与含钙地层侵入接触界面呈不规则波状起伏，且层间破碎带发育，利于被充填交代富集成矿，如岿美山、小姑村、岗鼓山等。

龙南岗鼓山钨矿床据江西冶勘十三队勘查，主要产于上泥盆统锡矿山组中，具中型矿床远景。由于钻探控制较浅，仅见花岗岩脉，未见成矿花岗岩体，推测深部有隐伏岩体，宜"以层找体"，进一步勘查（详见第五章）。

三、武夷成钨带东部

武夷山脉呈北北东向耸立于中国东南部，是一条隆起花岗岩带。1957年江西冶勘二二〇队四分队温克佳、李春仁等在闽西清流县发现了行洛坑石英脉钨矿，开启了该带找钨的序幕。经福建省地质局所属地质队勘查，该钨矿是一个石英大脉与细脉浸染状矿体混合型超大型钨矿床，并相继发现上房大型钨矿床、潭和小型钨矿床和新路口、珠地等多处钨矿点。江西境内于1957年以来也发现了一批分布零星的钨矿床（点）。

武夷成钨带东部的江西部分，大致以石城县为界，北部资溪-黎川区为燕山期后强剥蚀区，南部石城-寻乌区为较强剥蚀区，成钨储钨条件有所差异。

（一）资溪-黎川区

该区西邻南城-广昌、宁都北北东向断陷盆地，为一个北北东向隆起山地，大部分地区为加里东期巨大的黎川花岗岩基和稍小的会同岩基及驿前、宁化岩株所据。燕山期花岗岩体有厚村岩基，以燕山早期晚侏罗世黑云母二长花岗岩为主体，被燕山晚期早白垩世石英闪长岩株、花岗斑岩瘤侵入。南华系中深变质岩呈残块在岩体间或其边缘出露。一系列北北东向断裂带呈"多"字形斜列展布，北东东向断裂带规模较小，形成早白垩世花岗斑岩岩墙群。

1. 资溪县架上（三口峰）钨矿床

矿床产于厚村燕山早期花岗岩基西北端岩舌状凸出部与南华系—震旦系洪山组片岩、片麻岩、混合岩外接触带，洪山-广昌北北东向大断裂带上。该矿床为石英大脉与细脉混合带矿床，以黑钨矿为主，其次为白钨矿、辉钼矿。矿区内见花岗岩脉，推测成矿花岗岩体隐伏于深部。具小型钨矿床规模，矿床未完全控制。该区南部宁都县境有河源中型伟晶岩（墙）锂（辉石）矿床，产于南华系变质岩地层中，推测成矿与晚侏罗世花岗岩有关。

2. 姜窠钨铜铅锌矿床

矿床位于黎川县熊村镇南姜窠，为江西省地质局科学研究所于1966年发现的。矿床产于下南华统万源组变粒岩、片岩层与姜窠晚侏罗世黑云母二长花岗岩株接触带，具小型石英脉钨铜铅锌矿床远景。

（二）石城-寻乌区

区内岩浆成矿以燕山晚期早白垩世为主，以锡、铀、钽铌、稀土、萤石为主，钨居其次。

1. 北段石城-瑞金区

区内广泛出露南华系—寒武系，南部瑞金市附近有上泥盆统—中二叠统残片分布。上叠有石城、瑞金等小型北北东向断陷盆地，两侧为鹰潭-安远、永平-寻乌北北东向断裂带夹持，中部有北东向、北西向断裂分布。石城为一锡、钽铌、钨、萤石矿田，有松岭中型斑岩锡矿床，楂山里超大型萤石矿床，海罗岭、姜坑里小型钽铌锂矿床。海罗岭钽铌矿床形成于早白垩世花岗岩株隐爆岩筒中，矿区中有石英脉型黑钨、锡石矿体分布。

瑞金市胎子崟隐爆角砾岩筒型钨矿床，产于底下寒武统牛角河组变质岩中，处于瑞金断陷盆地西侧、信丰-瑞金北东向大断裂北西侧，北西向、北北东向、近南北向、近东西向多组断裂交会地区。矿区内以近东西向断裂为主，其次为北东向、南北向、北西向断裂，有花岗斑岩、石英闪长玢岩、霏细斑岩墙分布。隐爆角砾岩筒呈近东西透镜状，钨矿体产于岩筒边部与外侧，也呈东西向展布。主要矿物为黑钨矿、黄铁矿、黄铜矿、闪锌矿等。值得进一步研究的是，引发隐爆作用的侵入岩体有待探寻。

2. 南段会昌-寻乌-安远地区中部

该区为会昌-留车断陷盆地带。会昌盆地中有著名的周田盐矿，盆地西缘为一条萤石矿带，东部为南武夷隆起，为强剥蚀区。出露南华系—震旦系寻乌岩组深变质混合岩化岩石，是一条由加里东期、印支期、燕山早期及燕山晚期小岩体组成的复式花岗岩基带。沿周田盆地东缘是一条燕山晚期早白垩世晚期隐爆角砾岩筒带，形成红山、青龙山等中小型铜多金属矿床。该区西部即鹰潭-安远断裂带与会昌-留车断陷盆地之间为一条北北东向较强剥蚀的隆起带，基底地层主要为寻乌岩组深变质混合岩化地层，局部有中侏罗统残留，由加里东期、印支期、燕山早期花岗岩组成一条花岗岩基带。燕山晚期早白垩世花岗岩、花岗斑岩呈岩株或岩瘤出露。区内有中寨、菖蒲小型早侏罗世双峰式火山盆地和版石、鸡笼嶂、锡坑迳、横迳 4 个早白垩世火山盆地。区内发育北北东向、北东向、北西向、东西向多组断裂。

燕山早期晚侏罗世花岗岩形成了多处钨矿点，会昌水头晚侏罗世二长花岗岩与早白垩世正长花岗岩复式岩基中，有猪牯圹和高嶂背钨矿点，寻乌县单观嶂二长花岗岩基南部有竹子坑、葛遥坑、老鹰咀钨矿点。

燕山晚期早白垩世潜火山或浅成花岗岩、花岗斑岩以成锡钼为主，有著名的会昌锡坑锡矿田和铜坑嶂小型斑岩钼（铜锡）矿床。钨成矿较弱，有会昌旱叫山早白垩世二云母（白云母）花岗岩株钽铌钨矿床、帽子顶早白垩世花岗岩株秦米寨钨矿点。

第九章　区域成钨时空演化规律与动力学特征

根据江西省地质矿产勘查开发局杨明桂等著的《中国矿产地质志·华南洋—滨太平洋构造演化与成矿》(2020)一书，运用李四光倡导的从区域构造形迹、构造体系分析入手的思路与方法，结合板块活动对区内晋宁、加里东、印支、燕山4场造山运动和对岩浆成矿时空演化、造山运动的方式与方向进行了研究。本志在其研究的基础上，就区域岩浆成钨时空演化规律与动力学问题作进一步探讨。

第一节　晋宁–加里东–印支期花岗岩成钨作用的时空演化特征

华夏成钨省在20世纪60年代初，徐克勤等（1963）在江西等省区域地质调查的基础上，建立了区内多旋回花岗岩类时序，并探讨了花岗岩的成矿专属性。地质界在此后的较长时期内认为，华南花岗岩类由陆内向陆缘，自晋宁期、加里东期、海西期、燕山早期及燕山晚期，由老向新发展演化，花岗岩成钨时期为燕山期。自20世纪80—90年代，上述认识开始有重大变化：一是晋宁期华南洋的发现，扬子–加里东期华南裂谷岩系的研究进展，重塑了区域构造-花岗岩类时空演化格局；二是逐渐发现加里东期、印支期、晋宁期花岗岩类也有钨矿形成，区内具有多旋回花岗岩类成岩成钨特征，且加里东期、印支期钨矿床（点）的发现有逐渐增多的趋势（图9-1）。但这方面的矿产地质与区域时空分布规律的研究尚处早期阶段，有待深化。

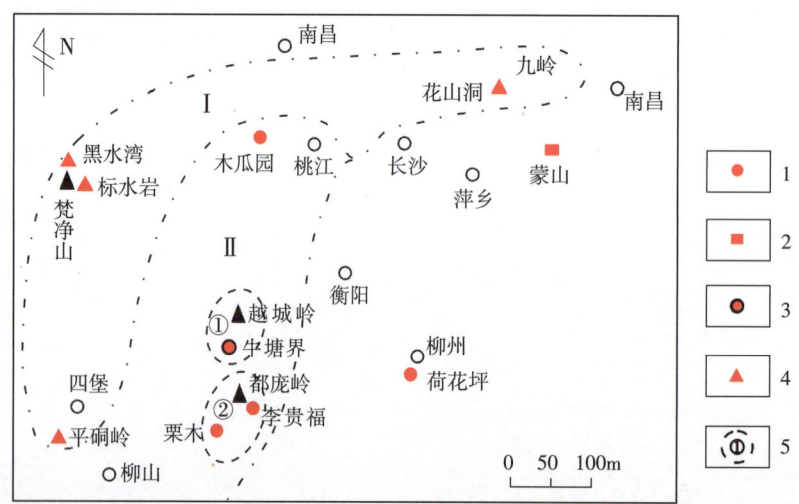

1—印支期钨矿床；2—印支期硅灰石（钨）矿田；3—加里东期钨矿床；4—晋宁期钨矿床；5—成钨带界线；
①越城岭加里东期钨矿田；②都庞岭印支期钨矿田；Ⅰ—江南晋宁期成钨带，Ⅱ—湘桂加里东–印支期成钨带。

图 9-1　华夏成钨省燕山期前钨矿分布简图
Fig. 9-1　Distribution diagram of pre-Yanshanian tungsten deposits in Cathaysian Tungsten Forming Province

一、晋宁期钨矿成矿演化特征

前已述及华南洋东部于晚青白口世（约820Ma）俯冲消亡；扬子板块与华夏-东南亚板块碰撞发生剧烈的晋宁运动，在其东部形成了反"S"形的钦杭华南洋潜没带与扬子-华夏陆缘弧盆造山带，受后期构造改造叠覆与新地层的掩盖。扬子陆缘的江南隆起带为一个规模较大、出露较好的残体，也是一条重要的晋宁期花岗岩类岩带，已发现4处晋宁期钨矿床。华夏陆缘仅残留有零星的晋宁期岩片，该期中酸性侵入岩很少，唯有浙江诸暨晋宁期石英闪长岩体形成石英脉型金矿（朱安庆等，2009），说明强烈的晋宁运动形成的花岗岩类与钨矿床大部分遭到叠盖。

江南隆起带晋宁期形成的褶皱主要有两期：早期为近南北向宽展型褶皱（江西省地质矿产勘查开发局，2017，2020），显示地壳有一次区域性东西向收缩；晚期也是造山主期形成北东—近东西—南西向反"S"形紧密褶皱带，为扬子板块与华夏板块碰撞形成的造山带。

该带晋宁期花岗岩类分布于桂北四堡、黔东南梵净山、湘赣北部九岭和皖南许村。除许村外，都有钨矿床发现。在四堡岩体南侧形成罗城县坪硐岭中型石英脉钨矿床，该县宝坛锡矿形成时代也为晋宁期。梵净山复式花岗岩体东南部形成了江口县黑湾河、西北部形成了印江县标水岩小型石英脉锡钨矿床。

九岭岩体为复式大型岩基，由云英闪长岩（导体）-花岗闪长岩（主体）-二长花岗岩（补体）组成，未形成钨矿床。在大岩基西面的修水县花山洞晋宁期小岩株中形成了石英脉型、细脉浸染云英岩化蚀变岩型和气液隐爆角砾岩筒型"三位一体"中型钨矿床。与九岭岩基相比，花山洞岩体的岩浆序列为花岗闪长岩-二长花岗岩-细粒二云母花岗岩，即岩浆分异程度高，成岩成矿环境由中深成向中浅成演化。

二、加里东期、印支期钨矿成矿演化特征

华夏成矿省加里东期、印支期造山活动地域相近，主要包括江南隆起带以南的湘桂造山带、钦杭构造带与南华造山带，造山期形成的花岗岩类分布范围广，但已发现的钨矿床主要分布在湘桂造山带，其他地区也有发现，但十分零散，研究程度也较低。

（一）加里东期构造演化与花岗岩类成钨特征

扬子板块与华夏-东南亚板块在晋宁期碰撞拼接成陆，并合为一体不久，地壳强烈伸展（约815Ma），华夏陆块及扬子陆缘发生裂解，形成了扬子-加里东期以南华裂谷海盆为主体，以钦州-苏州裂谷海槽为主干，包括皖浙赣、湘桂黔两大堑垒区的华南裂谷系。该裂谷系于志留纪时，除钦州裂谷海槽外全部闭合，发生了强烈的加里东造山运动，形成华南造山系的褶皱变形格局，揭示造山运动的方式与方向具有"北贴西拼"的运动学特征，形成了近东西向、南北向弧形等相复合的褶皱带，沿钦杭构造带发生大规模对冲（杨明桂等，2012）。

随同造山运动，形成了大规模的S型花岗岩，分布于湘桂造山带、钦杭构造带、南华造山带等广大地区。杨明桂等（2012）与江西省地质矿产勘查开发局（2017）研究表明，华南加里东期造山系经受剥蚀后可以分出根部带、中部带和上部带。根部带地层（北武夷、云开）遭受深变质，以原地或近

原地的侵入-交代型变形花岗岩类为主，发育混合岩化；中部带（于山北、武功山）发育一个个花岗岩热穹隆，地层围绕热穹隆发生叠进变质，变形花岗岩类居多；上部带地层发生浅变质，以远地非变形侵入型花岗岩类为主，岩浆分异程度有所增强，局部出现二云母或白云母花岗岩，矿化趋于明显。例如，处于上部带的上犹陡水加里东期花岗岩有锡矿化，其风化壳形成残积砂锡矿。

华夏成钨省加里东期钨矿主要见于越城岭，除牛塘界中型、大风坳小型矽卡岩钨矿床外，还有多处钨矿点时代可能归属为加里东期，另有桂西金秀镍钴矿床。华夏成钨省加里东期花岗岩分布很广，但为何钨矿床分布局限于湘桂造山带？初步分析认为：①湘桂造山带处于华南造山系上部带，寒武系—奥陶系浅变质岩区加里东期花岗岩为原地侵入型花岗岩类，岩浆分异程度较高，如牛塘界矿区出现了二云母成矿花岗岩，利于钨、锡、铜等矿产形成；②华夏成矿省岩浆成钨作用与造山活动强度密切相关。湘桂造山带加里东期时，处于"北贴西拼"造山活动的西部前缘地带，造山带"西拼"受到江南古陆阻挡，强烈的挤压环境利于壳层熔融成浆和钨元素活化，再经岩浆分异，形成含钨成矿流体，与含碳酸盐岩地层接触交代成矿。

（二）印支期构造演化与花岗岩类成钨特征

华夏成钨省于中三叠世末发生的印支运动（安源期）使晚古生代—中三叠世陆表海沉积褶皱，并转变成陆，形成的褶皱带显示造山运动与加里东期造山范围大体相同，且与其"北贴西拼"运动学特征基本一致，如在钦杭带北段，形成的北东向褶皱带，其左行侧列特征指示地壳右行扭动，即东西向、北东东向萍乡-绍兴断裂带南侧向西推移。在钦杭带南段的湘中地区形成一条近南北向褶皱和向西弯曲的弧形褶曲，具明显的向西推挤的动力学特征。

印支期形成的S型花岗岩类与加里东期花岗岩类分布范围基本一致，向东略有扩展，在皖南、闽中也有分布。中三叠世岩石类型主要为花岗闪长岩（导体）-黑云母二长花岗岩（主体）-正长花岗岩（补体）；晚三叠世岩石类型主要为黑云母二长花岗岩与二云母、白云母花岗岩，与晋宁期、加里东期S型花岗岩类序列相比进一步向酸性、超酸性演化，随之矿化程度也有提升。

印支期钨矿分布，也以湘桂造山带为主，与加里东期钨矿相比，有所扩大，在都庞岭地区有栗木钽铌锡钨矿田、李贵福钨锡多金属矿床，在湘中有桃江县木瓜园大型斑岩型钼矿床，另外郴州地区荷花坪钨矿床时代与王仙岭成矿花岗岩时代均为印支期。在越城岭（印支期）以成钼为主，在赣中蒙山印支期花岗岩株形成居世界之首的接触热变质型硅灰石矿田，仅有钨锡多金属矿点。

印支期S型花岗岩类向酸性、超酸性演化，成钨作用趋强。华夏成钨省受到青藏川滇古特提斯洋闭合造山活动影响，成钨的趋势是西强东弱。与加里东期造山成钨特征相近，显示与印支运动"北贴西拼"的动力学特征相关。这种动力学成岩成钨模式有待在实践中进一步检验。

第二节 燕山期岩浆成钨大爆发的时空演化规律

东亚燕山期陆内岩浆成矿大爆发是世界关注的重大地质事件，华夏成矿省是其中一个重要且研究程度较高的地区，江西省又处于其中心地带。为了解这一事件的发生发展过程、成岩成矿特征与动力机制，杨明桂等（2006）从燕山期岩浆活动研究入手，收集利用已有的大量同位素测年数据与地质资料综合分析，得出了该期岩浆成矿大爆发启动于钦杭成矿带中段，激化于南岭及邻区，并以此为"核心"呈核幔式扩展。这一认识在《中国矿产地质志·江西卷》（2015）、《中国区域地质志·江西志》（2017）、《中国矿产地质志·华南洋－滨太平洋构造演化与成矿》的研著工作中得到进一步完善，提出了华南大陆燕山期花岗岩核幔式分带模式。燕山期是华夏成钨省成钨的最主要时期，上述理论认识揭示了华夏成钨省花岗岩类成钨的时空演化规律。

一、燕山期岩浆活动的时空演化规律

华夏成钨省大量的岩浆岩同位素年龄值清晰地显示，燕山期造山运动自中侏罗世始至早白垩世，经历了以下 3 个发展演化时期，呈核幔式扩展。

（一）中侏罗世钦杭中段初动期

中侏罗世钦杭成矿带中段率先进入了运动的初动期，即运动第 1 幕形成了 I 型浅成岩浆岩，以花岗闪长（斑）岩为主体，近期获得的 SHRIMP 和 LA–ICP–MS 锆石 U–Pb 年龄值介于 171~163Ma 之间。I 型斑岩主要分布在德兴铜厂、上饶船坑、广丰铜山、高安村前、上栗县志木山一带，以成铜为主，钨在志木山矿区呈共（伴）生组分出现；具有 I 型或 I-S 过渡型的花岗质斑岩在湖南浏阳七宝山、常宁水口山、桂阳宝山、铜山岭、黄沙坪一带分布较多。

同一时期（169~164Ma），赣南南部、粤中与闽西南地区仍处于伸展环境，有 A 型岩浆岩形成，赣南南部形成了全南正长岩、塔前正长岩-碱性花岗岩及寨背铝质 A 型花岗岩。呈现出钦杭中段开始造山、华南南部继续伸展的态势。

（二）晚侏罗世核心区爆发期

燕山早期晚侏罗世时，钦杭中段继续有 I 型或 I-S 型斑岩活动，如赣东北乐平塔前、铅山永平、粤西封开园珠顶等。大规模的 S 型花岗岩岩浆侵入活动主要在以诸广山、南岭及邻区为中心，西南起自云开大山，东至武夷山脉的北东向椭圆形岩区（图 9-2），面积约 30 万 km^2，构成华南 S 型花岗岩区核心。除营前、瑶岗仙等少数成钨花岗岩为中侏罗世外，同位素年龄值主要集中于 162~154Ma 之间。该期形成大量花岗岩，以深—中成侵位为主，花岗岩主要序列为花岗闪长岩（导体）－黑云母二长花岗岩（主体）－正长花岗岩＋二（白）云母碱长花岗岩（补体），是钨锡多金属矿成矿母岩。早白垩世早中期仅有零星花岗岩类小岩体形成，以中—浅成为主，仅有弱的钨矿化。此外，在深断裂带有 I 型中酸性成矿岩浆岩分布，如吴州－四会矿集带、银坑矿田等。这时，江南与长江中下游进入初动期，有少量花岗岩体形成。

（三）早白垩世构造岩浆成矿扩展期

早白垩世时进入燕山运动晚期，花岗质岩浆侵入活动围绕以"南岭"与"钦杭中部"为核心的花岗岩区向外侧扩展。在白垩世早中期（146~135Ma），形成了闽粤沿海成钨的 S 型花岗岩带，武夷、江南东段以 S 型为主的花岗岩带，以长江中游 I 型中酸性成铜钨岩带及闽粤沿海岩带。其中，江南东段九岭尖矿集区的成矿花岗岩与成矿年龄为 151~136Ma，主要为早白垩世早中期。江南西段沅陵县沃溪钨锑金矿床石英包裹体 Rb–Sr 等时线年龄为 (144.8±11.7)Ma（史明魁等，1993），时代为侏罗纪与白垩纪

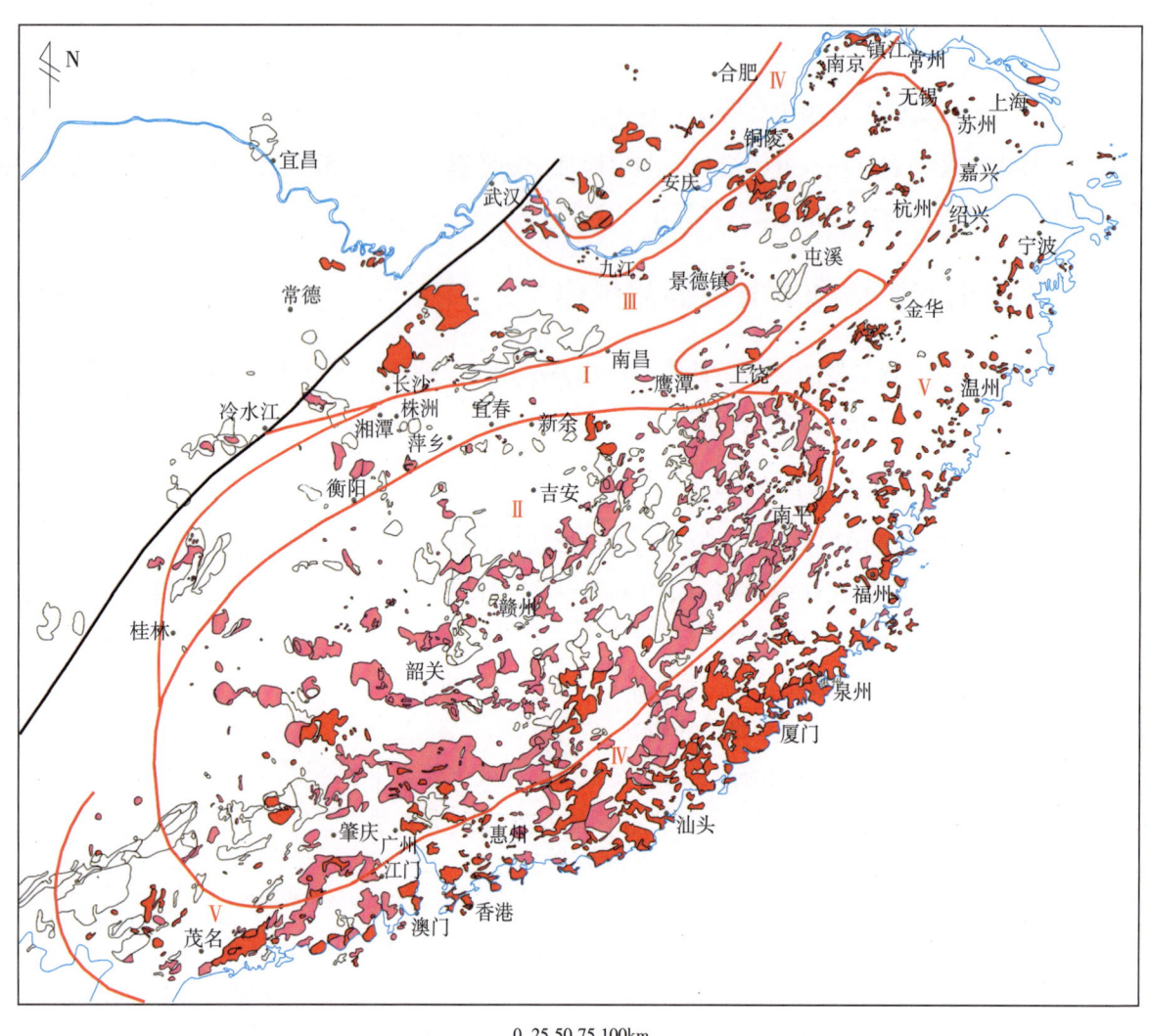

1—燕山期花岗岩区西界；2—次级岩区界线；3—燕山早期花岗岩；4—燕山晚期花岗岩；
Ⅰ—燕山早期钦杭成矿带中段中晚侏罗世 I 型斑岩、S 型花岗岩带；Ⅱ—南岭燕山早期晚侏罗世 S 型花岗岩核心成岩区；
Ⅲ—江南燕山晚期 S 型花岗岩为主岩带；Ⅳ—长江中下游燕山晚期早白垩世 I（A）型花岗岩带；
Ⅴ—燕山晚期早白垩世 S（A）型花岗岩扩展分布岩区。

图 9-2　华南大陆燕山期花岗岩核幔式分布扩展简图（据杨明桂，2006，修改）

Fig. 9-2　Core mantle type distribution and expansion diagram of Yanshanian granite in South China Continent

之交；溆浦县曾家溪锑矿、白钨矿年龄为 115~111Ma（王登红等，2014）。总之，该区花岗岩成岩与成矿年龄在晚侏罗世晚期至早白垩世在浙闽地区沿上杭－云霄深断裂带形成了 I 型浅成与潜火山斑岩带，沿崇安、石城、福安－南靖、丽水－莲花山、宁海－诏安等断裂带有 I 型或 I-S 型与铜钼多金属成矿有关的中酸性浅成－潜火山小型侵入体分布。早白垩世末至晚白垩世初在浙闽沿海出现 A 型晶洞碱长、碱性花岗岩带。长江中下游岩带在早白垩世早中期形成以 I 型扬子组合与铜金多金属成矿有关的中酸性侵入岩带，早白垩世中晚期形成与火山、潜火山岩有关的玢岩型铁矿和斑岩型铜矿。在长江两岸形成江北（怀宁香茗山－安庆黄梅尖）和江南（贵池花园巩、繁昌浮山）两条 A 型侵入岩带，其岩性主要为石英正长岩，其次为正长岩、石英二长岩和碱性花岗岩。在桂东、粤西地区，燕山期花岗岩时代自东而西，即南岭核心区向西和钦杭成矿带中段外侧，由晚侏罗世（花山—姑婆山、云开一带）渐变为早白垩世中晚期，如湘南界牌岭含锡多金属花岗斑岩、桂东珊瑚成钨花岗岩、王社钨铜成矿花岗岩、昆仑关花岗岩、贵港龙头山成金花岗斑岩、大明山成钨花岗岩、大黎与铜钼成矿有关的石英二长岩等成岩或成矿年龄集中在106~85Ma之间，是该区重要成矿时期（卢友月等，2016），但岩浆成矿成钨活动与南岭核心区相比，显然趋弱。

如上所述，华南燕山期花岗质岩浆侵入活动于中侏罗世启动于钦杭成矿带中段，激化于晚侏罗世南岭核心区，扩展于早白垩世早中期。早白垩世晚期，沿海地带与长江下游地区开始向造山后伸展转变，构成呈北东向延伸、向沿海方向偏移的核幔式扩展模式。

二、燕山期火山活动与发展演化过程

华南燕山期火山活动具有阶段性和穿时性，根据近期在区内获得的SHRIMP或LA-ICP-MS锆石U-Pb年龄值，可以得出其活动的总趋势，即火山活动发生于燕山期大规模花岗质岩浆侵入之后，以赣东闽南粤东活动较早，始自晚侏罗世晚期，主要活动时期为早白垩世，即燕山运动晚期。火山活动围绕侵入稍早的岩浆活动区向沿海方向发展，根据其时空演化可进一步分为长江中下游、苏浙闽（北）沿海、武夷-闽（南）粤（东）沿海、桂东粤西4个区带（图9-3）。发展演化阶段大致可分为：晚侏

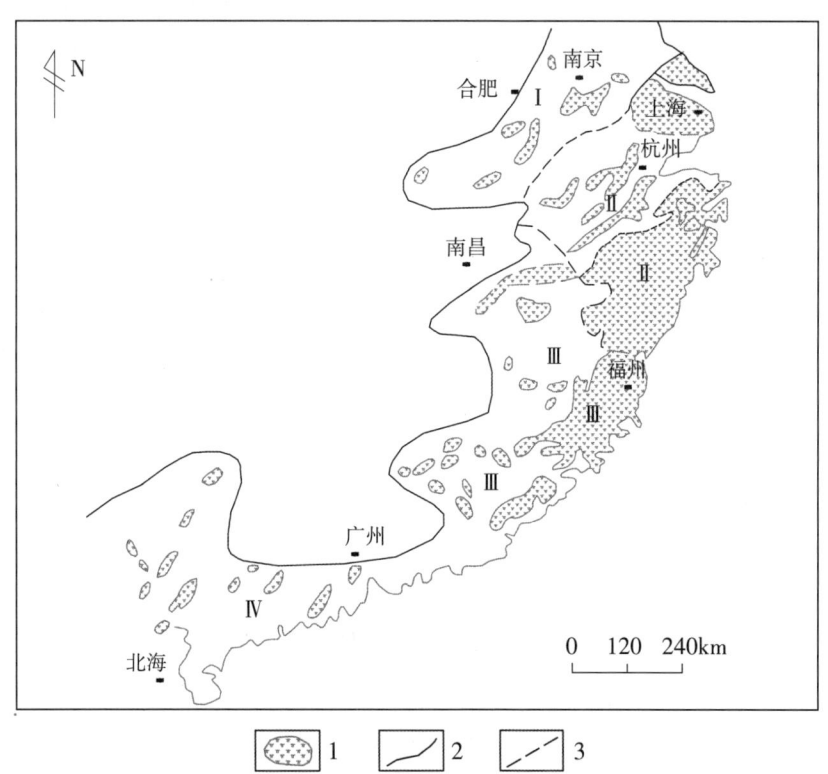

1—火山岩盆地；2—火山岩区界线；3—火山岩带界线；Ⅰ—长江中下游白垩纪中晚期（130~95Ma）火山岩带；
Ⅱ—苏浙闽（北）早白垩世中晚期（135~95Ma）火山岩区；Ⅲ—赣闽粤晚侏罗世晚期—早白垩世（150~95Ma）火山岩区；
Ⅳ—桂东粤西沿海早白垩世晚期—晚白垩世（130~70Ma）火山岩带。

图9-3 华南东部陆区白垩纪火山岩分布略图（修改自都洵和张永康，1998）
Fig. 9-3 Distribution of Cretaceous volcanic rocks in the eastern land area of South China

罗世晚期—早白垩世早期（150~130Ma）、早白垩世中期（130~120Ma）、早白垩世晚期（120~95Ma），局部可延至晚白垩世（浙江小雄组火山岩及桂东粤西地区）。燕山期火山活动总体上始自武夷-闽（南）粤（东）区，其次为苏浙闽（北）沿海区和长江中下游区，最后为桂东粤西沿海岩带，即在时空上于燕山期花岗质岩浆侵入之后随侵入岩核幔式扩展模式向沿海方向发展。

三、燕山期岩浆成钨大爆发的时空演化规律

长期成钨作用研究表明，燕山期花岗岩类是区内钨矿床成矿主因。在华夏壳型钨地球化学背景下，燕山期花岗质岩浆时空核幔式扩展模式与成钨大爆发的时空演化具有高度规律性联系。

（一）中侏罗世成钨初始期

燕山期中侏罗世成钨启动于钦杭成矿带中段以I型成铜斑岩为主，仅有共（伴）生钨矿化。在南岭核心区的诸广成钨亚带内，有湘南瑶岗仙、赣西南营前S型成钨花岗岩并形成大中型钨矿床。

（二）晚侏罗世成钨大爆发期

晚侏罗世钦杭成矿带中段有S型、I-S型成钨花岗岩类及钨矿床形成，但大规模S型花岗岩类成钨活动发生在南岭核心区与钦杭成矿带中段，形成了一个岩浆成钨大爆发的"核心区"。成岩成矿主要处于深中—中浅成环境，较为有利于气成高温热液钨矿床的形成。矿床类型以石英脉型最广，主要分布于隆起带，且以形成"五层楼"式垂直分带矿床为特征；矽卡岩型钨矿床规模大，以形成于坳陷带居多；蚀变岩型钨矿床分布也较广，且以"地下室"式居多。值得注意的是，该期花岗岩在武夷隆起带内也发育较多，但成钨趋弱。这时，江南、岭南、武夷也有少数晚侏罗世钨矿床形成。

（三）早白垩世成钨扩展期

进入早白垩世，S型花岗岩与成钨活动在南岭核心区已进入尾声，主要向赣南、江南、钦杭成矿带北东段、岭南、粤西、桂东扩展。在武夷隆起形成了晚侏罗世、早白垩世S型花岗岩复合成岩成钨区。成岩与成钨环境从深中成向中浅成演化，多处出现隐爆角砾岩筒型钨矿床，但仍以石英脉型钨矿床最广，多处矿床不具"五层楼"式垂直分带；矽卡岩型矿产规模较大，特别是形成了石门寺式巨型细脉浸染型钨矿床，浅成的I-S型阳储岭式（钨钼），S型银岩式斑岩型钨锡矿、牛角坞（青术下）等斑岩墙型钨矿床，以及多处隐爆角砾岩筒型钨矿床。

这时在长江中游形成了I型中酸性以成铜金多金属为主的铜钨成矿带。随着花岗质侵入岩由深—深中成核心区向中深—中浅成扩展区的演化，进一步发展出现了东南沿海火山岩带，成钨作用显著弱化，仅有零星小规模的与火山、潜火山有关的钨矿床（点）形成。

第三节　燕山期陆内活化造山岩浆成钨的动力学特征

关于东亚陆区燕山运动的动力学问题，地质界公认这一事件是欧亚板块与古太平洋板块相互作用的结果，但对运动方式的认识存在着较大分歧。李四光早在20世纪（1973）就根据新华夏构造体系，并通过模拟得出了大陆相对向南、太平洋相对向北的近南北向扭动的论断。从20世纪70年代板块学

说传入我国以来,古太平洋向大陆俯冲或斜冲模式居于主导地位,并得出了成岩成矿向洋分带的认识,也有学者进一步提出板缘俯冲、陆内拉张之说。

江西省地质矿产勘查开发局（2015,2017）、杨明桂等（2020）在李四光研究的基础上,基于华夏成矿省燕山期陆内活化造山岩浆成矿大爆发核幔式扩展规律,S型花岗质岩浆成矿活动由深到浅、由浅及表规律,以及成型于燕山期的新华夏构造体系与增生定型于燕山期扬子型反S型构造体系的形变规律,建立了华夏成矿省燕山期陆内活化造山岩浆成矿大爆发的动力学模型（图9-4）,阐明了这场运动是以欧亚板块与古太平洋板块近南北相对左旋挤压扭动作用为主导,与古太平洋板块俯冲作用、陆内近南北向收缩,以及地壳蠕变效应相复合的动力学特征。这一动力学模式为揭示江西及华夏成矿省岩浆成钨规律提供了以下重要认识。

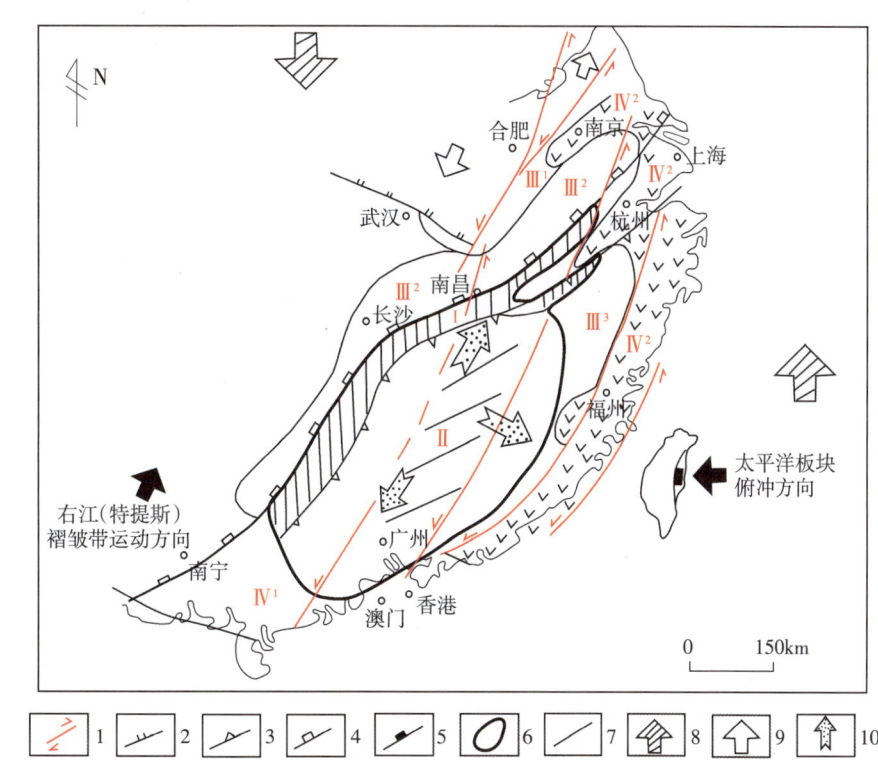

1—挤压走滑断裂带；2—逆冲推覆断裂带；3—加里东期地壳叠接断裂带；4—晋宁期板块结合带；
5—燕山期（玉里）板块俯冲带；6—核心区界线；7—扩展区分带界线；8—欧亚板块与古太平洋板块构造扭动方向；
9—地块构造作用方向；10—上地幔蠕散作用方向；Ⅰ—钦杭成矿带中段中晚侏罗世构造岩浆成矿作用启动地带；
Ⅱ—诸广－南岭晚侏罗世构造岩浆成矿作用核心区；Ⅲ¹—长江中下游早白垩世早中期构造岩浆成矿作用早扩展区；
Ⅲ²—江南早白垩世中期构造岩浆成矿作用早扩展区；Ⅲ³—武夷早白垩世早中期构造岩浆成矿作用早扩展区；
Ⅳ¹—桂东早白垩世中晚期构造岩浆成矿作用中扩展区；Ⅳ²—沿海早白垩世中期构造火山侵入杂岩成矿作用中晚扩展区。

图 9-4　华南成矿省燕山期核幔扩展模式与动力作用略图（据杨明桂等,2020）
Fig. 9-4　Schematic diagram of Yanshanian core mantle expansion model and dynamic action in South China Metallogenic Province

一、超强持续挤压扭动导致岩石圈物质大规模调整,是大规模成钨的动力基本基因

欧亚板块与古太平洋板块超大的规模与体能,且相对挤压扭动持续约 8000 万年之久,导致岩石圈物质熔融并大规模调整。与晋宁期、加里东期、印支期不同,除形成壳熔 S 型成钨锡多金属花岗岩系

列外，还首次出现了具有较大规模的壳幔同熔 I 型以成铜金多金属为主、成钨为次的成矿系列，以及 I-S 型中酸性岩浆成钨钼系列。华夏成矿省钨资源遥居世界之首，同时铜、锡、铅锌、钽、铌、金、银、铀、"三稀"等矿产在全国也居重要地位。

二、强烈挤压扭动活动导致岩浆成钨大爆发呈核幔式演化

前已述及，燕山期陆内活化造山于中侏罗世启动于钦杭华南洋褶皱带中段，至晚侏罗世扩展激化于扬子－加里东期南华裂谷海盆中心的诸广山、南岭及其相邻地区，形成岩浆成矿大爆发的核心区，也是华夏成钨省核心成钨区。该区以中深成岩浆成钨环境为主，以形成"五层楼＋地下室"式矿床和矽卡岩型等气成高温热液型矿床为特征，是世界上钨矿床最多、钨资源最富的地区。

至早白垩世，花岗质岩浆与成钨活动从核心区向外侧扩展，岩浆成钨环境由中深成向中浅成演化，受区域近南北向左行挤压扭动约束，活动主轴呈北东向，在江南中西段形成了大规模 S 型花岗岩成钨活动，成为仅次于核心区的主要成钨地区。成钨作用向北发展到长江中游，形成了 I 型中酸性岩浆铜钨成矿带。

随着岩浆活动由深而浅演化，于晚侏罗世晚期在粤东闽南开始了火山活动，至早白垩世中晚期达到高潮期。据杨明桂等（2020）研究，这种火山岩形成了区域性左行挤压扭动与陆壳蠕散环境，称之为独特的造山－蠕散型火山岩，即在造山活动作用以诸广山、南岭及其邻区为核心大规模 S 型花岗岩侵位于硬化程度较高的上地壳引发地壳热胀，向上向外侧扩张。东南沿海是一个弧形自由面，成了蠕散效应扩展的主要方向，形成了东南沿海火山岩带，而且粤东闽南地处弧形沿海的凸出部，在近南北向左行扭动作用下最早发生伸展扩张。

综上所述，华夏成钨省在燕山期岩浆成钨大爆发事件中，岩浆成钨活动受核幔式时空模式约束，S 型花岗质岩浆成钨活动呈现由深到浅、由浅及表的演化规律，成钨活动由超强向强、由强向弱演化。

三、以挤压扭动为主导，多动力系统复合控钨动力学特征

欧亚板块与古太平洋板块相对左行扭动是华夏成矿省燕山期岩浆成钨大爆发的主导性动力体系，形成的新华夏构造体系和扬子反 S 型构造体系是区内岩浆成钨的主要控矿构造。由于古太平洋板块向陆缘俯冲，区内特别是华南南部加里东期、印支期由"西拼"形成的近南北向构造再次受到挤压，也是部分地区岩浆成钨作用的一个构造条件。欧亚板块板内近南北向收缩后形成南岭近东西向构造花岗岩带，而同时使加里东期、印支期由"北贴"形成的近东西向构造进一步发展。区内东西向构造断裂在多处见及，其中南岭东西向构造带与钦杭成矿带南段和诸广－云开、于山－九连山复合构成了南岭成钨亚省的中轴地带。在桂西地区还出现了由特提斯构造动力系统形成的右江北西向构造带，与南岭东西向、新华夏系北北东向构造构成了复合控岩控矿构造格局。

四、陆壳硬化条件下由大规模岩浆侵入活动引发的蠕变效应是控岩控钨的主要动力因素

燕山期陆内活化造山，是在陆壳固结程度较高的背景下发生的。大规模壳熔 S 型花岗质岩浆由深处向上地壳上部入侵，引发的蠕变效应特别显著。其中伸展效应相当明显，可能是一些学者得出燕山

运动是伸展运动判断的一个原因。

晚侏罗世南岭核心造山区因大量花岗质岩浆上侵，热胀扩展，在上隆扩张顶托的同时，地壳向外侧蠕散，随之引发上地壳伸展作用渐趋增强，与区域造山作用力复合联合，导致岩浆侵位环境的差异。在沿海地带伸展效应明显增强，导致火山岩带的形成。这是一种深处挤压扭动重熔造浆，浅层伸展喷发的同造山–蠕散型火山岩。造山期壳层物质调整引发的多序次动力转变效应如图 9-5 所示。

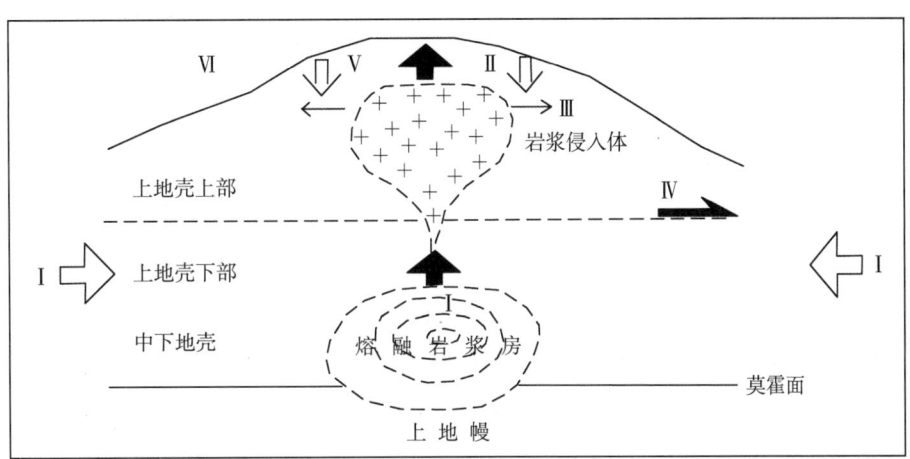

Ⅰ—第一序次动力方向；Ⅱ—第二次序动力方向；Ⅲ—第三序次动力方向；Ⅳ—上地壳扩容逃逸方向；Ⅴ—第四序次动力方向。

图 9-5 燕山期陆内活化造山热动力过程模式

Fig. 9-5 Thermal dynamic process model of Yanshanian intracontinental activation orogeny

区内大量燕山期多次侵入形成的花岗岩体，总是由中粗粒花岗结构向似斑状或中细粒结构及斑岩结构演变，反映出随着多次岩浆入侵地壳热胀扩张，引发伸展效应，使岩石结构相应发生变化。在横峰县灵山早白垩世晚期形成的花岗岩大岩墙和正长–碱长花岗岩中出现晶洞构造。大余县西华山由 4 次侵入形成的花岗岩岩株，根据岩石熔化试验结果（吴永乐等，1987），岩石开始部分熔化温度在 780~720℃范围内，燕山早期（160~145Ma）3 次入侵的花岗岩初熔压力范围大体一致，分别为 100~160MPa、100~120MPa、100~120MPa（p_{H_2O}），燕山晚期（<130Ma）第 4 次侵入的斑状细粒花岗岩，岩石初熔压力范围为 80~100MPa（p_{H_2O}），相对最低。在这个多次成岩中不排除有围岩剥蚀变浅的因素，但岩体侵位产生的伸展效应是一个重要因子。

在成矿花岗岩体上侵发生顶托作用与成矿流体在区域挤压扭动驱动下，发生的注入扩容作用，在石英脉钨矿床中十分显著。"五层楼"式垂直分带钨矿床就是一个典型的由下而上成矿流体强力注入扩容动力模型。剪切容矿裂隙由于成矿流体注入扩容，形成的"之"字形追踪式钨矿脉是一个普遍现象。这也可能是一些学者将这类容矿裂隙误判为张性裂隙的原因之一。

第十章　找钨攻略与资源潜力分析

钨是重要的战略资源。研究表明，江西省处于华夏成钨省的中心地带、燕山期岩浆成钨大爆发的核心地带，成钨条件优越，资源丰富，是我国最重要的钨矿产地和钨业基地，也是世界钨的主要供应地。而且江西钨矿床往往与锡、铜、钼、铋、钽、铌、锂、铍、铯、铷、铅锌、金银、萤石等战略性矿产共（伴）生，是战略性矿产资源的宝库。因此，江西钨矿是中国的"国宝"。

为了保持我国钨矿资源优势，找寻规模大、品位高、开采条件好、综合资源多的钨矿床，实现择优高质量开发、钨业繁荣、生态环境优美，是地质工作面临的重要任务。因此，需要对已取得的找钨经验与理论技术进行总结，对江西省内钨矿资源潜力进行新的分析。

第一节　找钨攻略

一、矿集区大比例尺综合性、立体化、精细化钨矿地质调查与资源预测

江西省域研究划分的钨矿集区（带），多数仍有良好的资源潜力，是进一步找钨的主战场。要通过进一步钨矿资源潜力分析，优选一批找钨远景好的矿集区（带）或矿田，进行1:25 000大比例尺综合性、立体化、精细化钨矿地质调查。在此基础上进行精准资源预测，这是实现高质量、高水平找钨工作最重要的第一步。要达到这一目标，要扎实做好以下工作。

（一）从综合研究做起，充分收集利用已有地、矿、物、化资料成果，深入综合研究

（1）江西省内大量钨矿床是用重砂法找到的，土壤、分散流地球化学测量在寻找钨矿床方面也发挥了较好成效，而且已积累的资料相当丰富，重在深入二次开发。要在充分收集利用和综合研究分析的基础上，部署找矿预测工作，重在研究提高地球化学穿透功能上下功夫。

（2）深部地质观察是立体化地质调查工作的重要部分。新中国成立以来已进行了大量勘探，矿山众多，要切实加强钻探资料收集利用和必要的岩芯再观察、再研究。要下矿山坑道、进采场，观察记录、编录素描，深入综合分析。

（二）精细地质调查

要在已有区域地质调查的基础上，针对成钨地质条件与控矿因素，重点深入调研。

1. 赋矿地层精细调研

特别注意不整合面、硅钙面、碳酸盐岩、含钙碎屑岩薄层与夹层的调查研究，变质岩系中的钙质

夹层要精细研究划分。

2. 成矿花岗岩精细调研

调研中要牢牢抓住这个成钨主因，查清岩体侵入序列、岩石学、地球化学、年代学及其与成钨时空的关系，重在进行隐伏成矿岩体预测。西华山－漂塘地区通过热接触变质带的研究和"以脉（矿脉、岩脉）找体"预测半隐伏花岗岩基的成功方法已得到广泛应用。运用布格重力异常寻找隐伏花岗岩体也见成效。运用广域电磁法找寻隐伏小岩体的方法经在朱溪矿区测试，初获效果，正进一步扩大试验查证。

3. 控矿构造精细调研

江西省内新余铁矿田叠加褶皱和复杂褶曲样式的研究（江西省地质矿产勘查开发局，2015），焦里钨银铅锌矿产紧密型褶皱控矿的研究，西华山－漂塘被剥蚀盖层背斜再造的研究，崇余犹矿集区新华夏断裂体系与东西向断裂带复合控矿的研究，西华山钨矿田成矿剪切裂隙带性质的研究，漂塘、淘锡坑、八仙脑钨矿床多阶段多次成钨裂隙的性质转变与成矿晚阶段断裂带石英大脉的发现，以及志木山准原地研究和塔前南矿床破矿构造的研究等，为矿集区精细调研提供了成功范例与经验，要在这一基础上，不断深化、提升研究水平。

（三）矿床精准预测

在综合性、主体化调研的基础上，运用矿床模式，进行矿床精准预测，及时验证。

二、矿田矿床四维结构研究

20世纪60年代江西省地质局科学研究所、九〇九大队、九〇八大队与中南地质研究所通过西华山－漂塘石英脉型钨矿田研究，总结的钨矿床"等距、等深、侧列、侧伏、分带"四维时空研究常见的"五种结构式"，经几十年来在实践中检验和不断发展，对岩浆热液矿床找矿预测具有普遍意义。

（一）等距性

矿床、矿体的大致等距分布，受控于构造变形的大致等距特征。最早发现于西华山－漂塘钨锡矿田，前已述及该矿田在北北东向残留背斜、断裂带与东西向带复合制约下形成的西华山－漂塘半隐伏成矿花岗岩基"成田"，其一串大致等距的隐伏花岗岩株"成床"（见图8-51、图8-52）。

该矿田中木梓园隐伏钨矿床就是运用地表线脉＋细脉＋少数薄脉组成的标志带，结合等距性缺位预测，进行验证发现的。稍（其）后谭忠福等运用这一等距规律，在豫西发现了大型的南泥湖钨矿床。迄今矿床（体）大致等距规律已多地可见。如盘古山－铁山垅钨矿田、九瑞铜（钨）矿集区的矿田（床）分布，鄂东南铁铜金钨矿集区排骨状矿田（床）的分布，以及大湖塘钨矿田等矿床分布都呈现大致的等距性（图8-52、图10-1）。至于矿体、矿脉、矿组等大致等距分布更是多见。

（二）等深性

矿床空间分布等深性首次发现于西华山－漂塘矿田。杨明桂等（2020）通过研究发现了大湖塘钨钼矿田、盘古山－铁山垅钨矿体等也呈现相同特征。这种现象发生于倾斜状的隐伏、半隐伏成矿花岗岩基，形成一串倾斜状不等深排列的成矿花岗岩株。矿床就位受大致相同的温压条件约束，出现了不等深的成矿岩株和大致等深分布的矿床，导致矿床由内接触带型→内外接触带型→近外接触带型→远外接触带型变化（图10-1）。

另外值得注意的现象是，矿床就位受温压条件约束，出现矿体向上"飘离"成矿岩体的现象。如德兴铜厂环绕成矿花岗闪长斑岩的斑岩铜矿体下延展千米深处，逐渐向上"飘离"斑岩体；朱溪矽卡岩型钨矿床，在成矿花岗岩外接触带形成巨厚矽卡岩矿体，内接触带形成蚀变花岗岩矿体（化），随深度增加，矽卡岩矿体在逐渐减薄变贫的同时，向上"飘离"接触带。

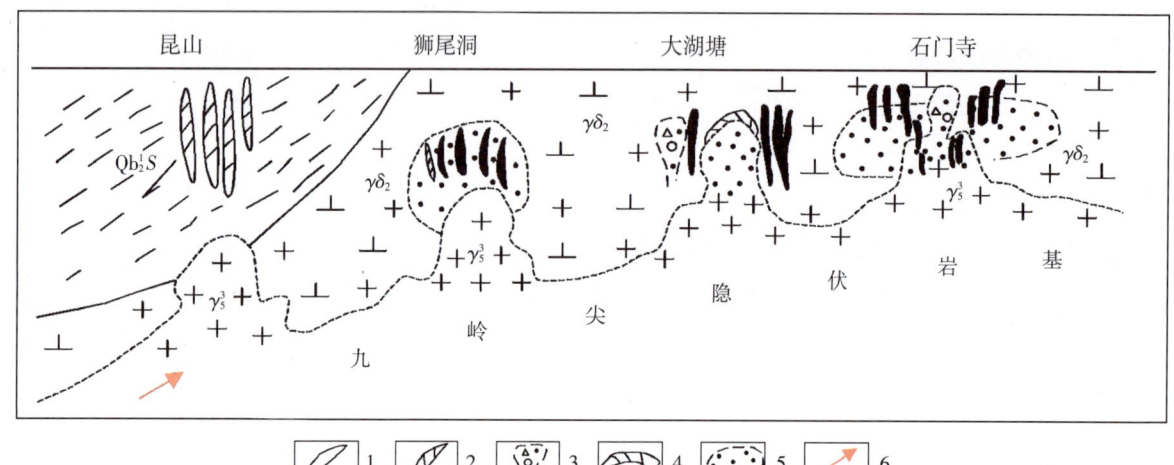

1—石英大脉型钨（铜钼）矿体；2—石英细脉带型钨钼铜矿体；3—隐爆岩筒型钨铜钼矿化体；4—石英壳型钨铜钼矿化体；5—蚀变花岗岩型钨铜钼矿体；6—岩浆入侵方向；Qb_2^1S—上青白口统下部双桥山群变质岩系；γ_5^3—燕山晚期九岭尖"体中体"式花岗岩；$\gamma\delta_2$—晋宁期九岭花岗闪长岩。

图10-1 大湖塘矿田"体中体"燕山晚期花岗岩钨铜钼矿床成矿模式图（据杨明桂等，2020）
Fig. 10-1 Metallogenic model of "body in body" late Yanshanian granite W-Cu-Mo deposit in Dahutang ore field

（三）侧列性

走滑断裂带与剪切带普遍呈侧列状结构，受其控制的矿床（体）也常呈侧列分布。

侧列现象在平面上分为右行侧列与左行侧列，沿走向追索矿体进行采矿时，常常运用左手（右行）定律与右手（左行）定律。在剖面上分为前侧与后侧，热液型矿脉成矿流体由下而上充填，矿脉以后侧居多（图10-2）。裂隙性质由剪张性到张剪性、总体的侧列角由小到大，由侧列变为斜列（雁列式）。矿脉往往由一系列侧列分布小脉体组成，矿床可由若干侧列分布的脉组组成，如木梓园钨矿床；逆冲推覆型导岩导矿构造，矿床在剖面上往往呈多峰状侧列展布，如朱溪钨矿床。

（四）侧伏性

侧伏性是矿田（床）四维时空研究的重要一维。

长江中游铜钨成矿亚带成矿作用具有明显侧伏特征，燕山成矿期时鄂东南矿集区矿床就位较高，主要产于二叠系—下三叠统中，九瑞矿集区矿床就位较低，主要产于上石炭统—三叠系中。成矿后鄂东南矿集区陆壳抬升幅度大于九瑞矿集区。整个成矿亚带剥蚀程度西强东弱，鄂东南矿集区以中度剥蚀为主，成矿岩体以小型岩基、大型岩株为主体，小型岩株围绕大岩体分布。九瑞矿集区则以弱剥蚀为主，主要成矿岩体为小岩株。从而形成成矿亚带总体由北西西向南东东侧伏（图10-3）。

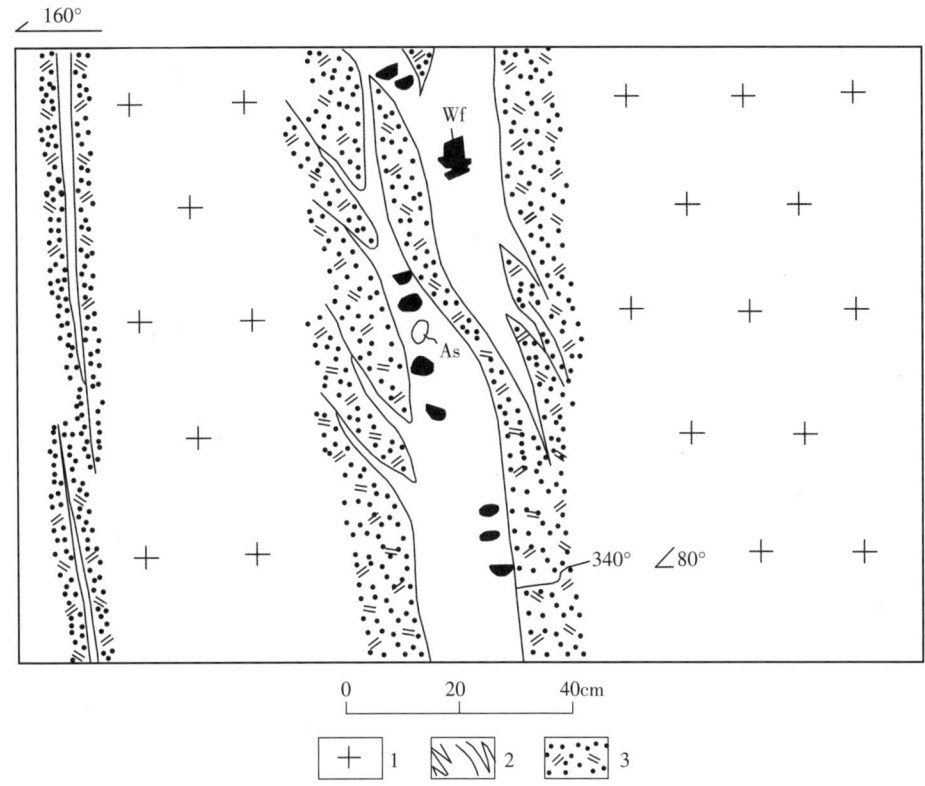

1—中粒黑云母花岗岩；2—含矿石英脉；3—云英岩。

图 10-2　赣南大余县西华山钨矿床 230m 中段 112 石门西壁素描图（据吴永乐等，1987）

Fig. 10-2　Sketch of the west wall of Shimen 112, middle section 230m, Xihuashan tungsten deposit, Dayu County, southern Jiangxi

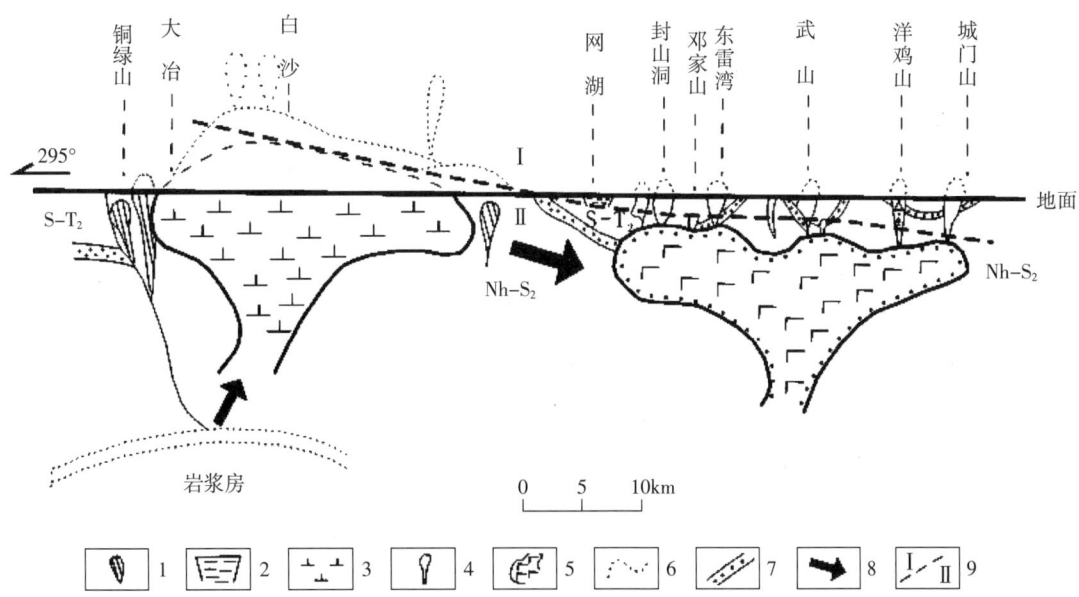

1—早白垩世石英闪长玢岩；2—隐爆石英闪长玢岩；3—石英闪长岩；4—花岗闪长斑岩；5—推测的花岗闪长岩体；6—推测的侵入体剥蚀部分；7—上泥盆统五通组砂岩；8—岩带侧伏方向；9—推测的第一、第二侵入体侵位成矿台阶。

图 10-3　大冶铜绿山—九江城门山燕山期中酸性侵入体形态与侧伏简略剖面图（据杨明桂等，2011）

Fig. 10-3　Schematic cross-sectional view of the form and flanking of the Yanshanian intermediateacid intrusion from Tonglushan (Daye) to Chengmenshan (Jiujiang)

脉状矿床的侧伏与成矿岩株呈现规律性空间配置关系：①外带矿脉向隐伏成矿岩株侧伏；②内带矿脉随岩株侧伏方向侧伏，如西华山钨矿床成矿花岗岩株主要由北北西向南西西侧伏；③当成矿岩株产状近于直立时，外带矿脉呈扇状展布，如黄沙钨矿床，当隐伏成矿岩体产状歪斜时，外带矿脉呈不对称扇状，如盘古山钨矿床（图10-4），或斜拉式，如徐山钨铜矿床。此外，还有内接触带石英脉钨矿床沿成矿岩体倾伏与延伸，形成盲脉带，如浒坑钨矿床（图10-5）。

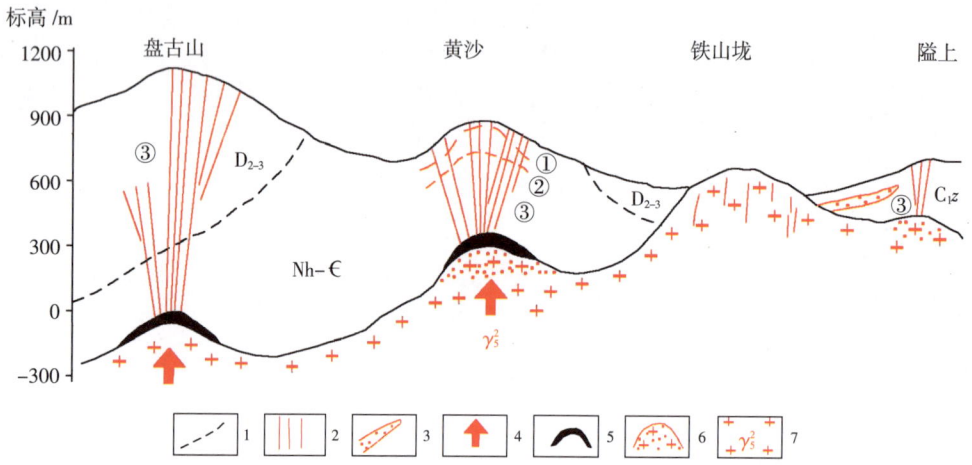

1—不整合面；2—石英钨矿脉：①线脉带，②细脉带，③薄脉－大脉带；3—似层状浸染状钨矿床；4—岩浆与含矿流体上涌和扩壳形成扇状矿脉群；5—似伟晶岩（石英）壳；6—"地下室"式蚀变花岗岩钨（铌钽）矿体（化）；7—燕山早期花岗岩；C_1z—下石炭统梓山组；D_{2-3}—中上泥盆统；$Nh-\epsilon$—南华系—寒武系褶皱基底浅变质岩。

图 10-4 盘古山－铁山垅钨矿田地质剖面略图（据杨明桂等，2021）

Fig. 10-4 Geological profile of Pangushan–Tieshanlong tungsten ore field

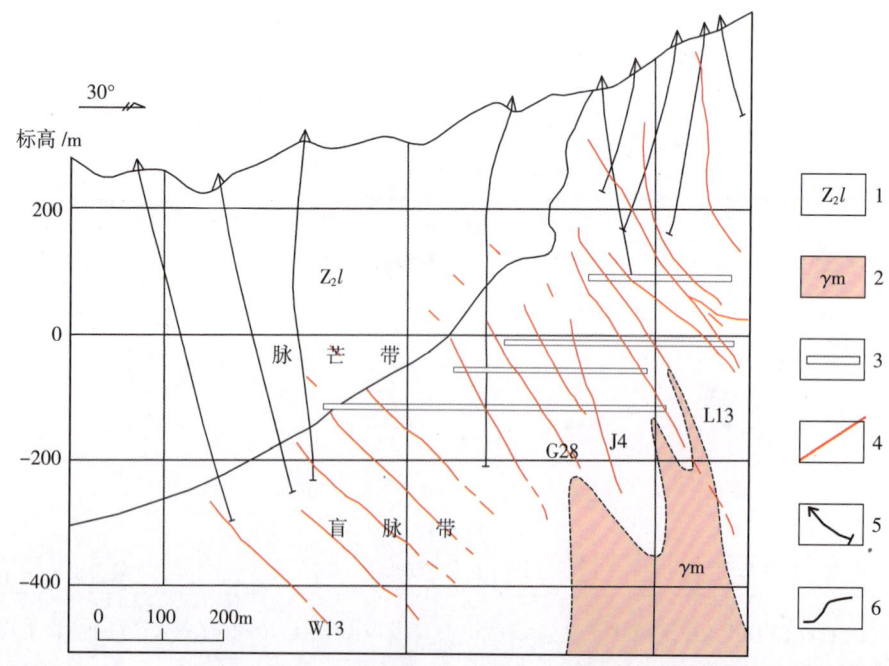

1—老虎塘组片岩、片麻岩、混合岩；2—细粒白云母花岗岩；3—坑道；4—矿脉及推测矿脉；5—钻孔；6—地质界线。

图 10-5 江西浒坑钨矿 310 线剖面示意图

Fig. 10-5 Profile of line 310 of Hukeng tungsten mine in Jiangxi Province

（五）分带性

矿床成矿分带性是普遍现象，运用矿床分带性找矿古已有之。矿床分带性包括矿床脉动成矿分带和矿床沉淀成矿分带两类。

1. 矿床脉动成矿分带

矿床脉动成矿分带是岩浆热液矿床多次脉动充填交代成矿的普遍现象，大部分矿床由早阶段到晚阶段，由气成高温热液到中低温热液，形成自下而上的成矿垂直分带，即顺向沉淀分带。而华南大部分石英脉型钨锡矿床，由于早阶段钨锡氧化物气成高温成矿流体先行占据了成矿裂隙上部，后来的晚阶段中温多金属硫化物成矿流体就位于矿脉中下部，形成逆向分带。大余县漂塘石英细脉带型钨锡矿床情况有所不同。矿床具有氧化物期、硫化物期两个重要成矿期，7个脉动成矿阶段。但各脉动成矿阶段的成矿空间不断发生迁移，不完全重合，出现了顺向与逆向垂直成矿分带并存的局面。

2. 矿床沉淀成矿分带

区内矿床沉淀成矿分带的典型实例很多，如横峰县灵山矿田，在松树岗石英脉钨锡钼矿体下发现了世界级蚀变花岗岩型钽铌矿床，"地下室"式钨矿体中钽铌组分增高是普遍特征，外围出现铅锌矿床。朱溪钨矿床呈上铜（钨）下钨铜顺向分带。石英脉型钨矿床同一成矿阶段往往下部主要富集锡石，黑钨矿次之；中部富集黑钨矿、绿柱石，而锡石次之；上部除黑钨矿外，硫化物发育。在崇（义）（大）余（上）犹、盘古山-铁山垅矿集区，钨矿床外围出现金银铅锌矿床（化），卫星式萤石矿床更为常见。这种分带规律在找矿勘查中起到了重要指导作用。

三、普适性"四多"矿床模式

20世纪60年代在南岭发现了"五层楼"式石英脉型钨矿床。70年代在长江中下游先后由陈毓川等建立了玢岩铁矿成矿模式（1974，1978）和江西地质科学研究所建立了与斑岩有关的"三位一体""多位一体"铜矿床模式（1975，1977，1980）。陈毓川、朱裕生出版了《中国矿床成矿模式》一书（1993），杨明桂等建立了江西钨矿床"多位一体"模式（2008）和"多台阶"矿床模式（2011），毛景文、张作衡、裴荣富主编了《中国矿床模型概论》（2010）。迄今已涌现出了大量不同的矿床模式，对找矿预测起到了重要指导作用。杨明桂等通过《中国矿产地质志·华南洋—滨太平洋构造演化与成矿》研著，结合区内找矿实践取得的经验，从中提取出了普适性的"多位一体、多层楼、多台阶、多序列组合"的"四多"矿床模式，对于钨等金属矿产找矿预测具有广泛的实用意义。

（一）"多位一体"矿床模式

1. "多位一体"矿床模式的普适性

1974年，江西地质科学研究所与赣西北大队合作，以城门山铜矿田为原型，建立了与I型中酸性斑岩有关的接触交代型、似层状、斑岩型"三位一体"铜矿床模式。江西地质科学研究所通过对江西全省铜矿地质研究，1977年在"三位一体"铜矿床模式的基础上建立了具有较广普适性的与斑岩有关的"多位一体"铜矿床模式。该模式以燕山期壳幔同熔I型斑岩为成矿主因，有利地层为形成似层状矿体的重要条件。对此，地质界出现了不同的认识，认为江西北部产于上石炭统黄龙组或藕塘底组中的似层状铜矿体为海相火山成因的"黄矿"。事实上，这一时期火山活动很微弱，与成铜关系不明显，上述观点赞同者不多，后来转变为海底热水喷流沉积成因，并争议至今。

研究表明，华夏成矿省岩浆作用形成的接触交代型或热液型似层状矿床，有利赋矿层位众多。最有利的构造－岩性组合为钙硅面＋平行不整合面（或层滑面），其中最有利的岩层为碳酸盐岩薄层、夹层。

上述似层状矿体在成矿岩体外接触带成矿大多由高中温热液向中低温热液作顺向沉淀分带，以成矿岩体为中心的成矿半径均一般在2km以内，以1km左右居多，以锑、金、银、萤石矿成矿半径最大，朱溪式钨矿半径可能在3~4km之间。高中温热液矿体远离成矿岩体经多次多处钻孔验证，都没有见矿。

这种与斑岩有关的"多位一体"矿床模式与长江中下游成矿带中浅成I型中酸性岩体的广义矽卡岩型"三位一体"铁铜矿床模式成矿特征有相似之处。主要差别是后者缺少斑岩型、隐爆角砾岩筒型矿床（体）。

地质勘查表明，不但斑岩铜矿具"多位一体"组合特征，玢岩铁矿模式也是"多位一体"矿床模式大家庭中最经典的一员。杨明桂等（2008）建立了华南钨矿床的"多位一体"模式（图10-6），前已述及大湖塘钨钼矿田具有蚀变花岗岩型、石英脉型、隐爆岩筒型、伟晶岩（石英壳）型、斑岩（墙）型等"五位一体"成矿特征；横峰县灵山松树岗钽铌钨锡钼矿田具有蚀变花岗岩型、石英大脉型、细脉带型、伟晶岩（壳）型"四位一体"成矿特征；相山火山岩型铀矿田具有潜花岗岩亚型、岩熔亚型、隐爆岩筒亚型"三位一体"成矿特征。这些矿床（田）的多位一体组合规律不但可用以指导找矿预测，而且显示成矿流体丰富，利于形成大型、超大型矿床。

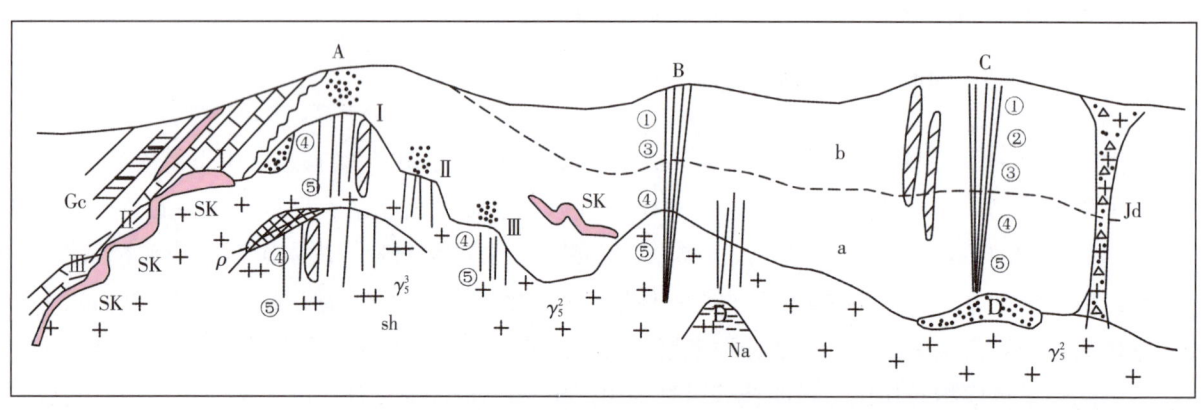

1—浅海相沉积盖层；2—浅变质褶皱基底；3—燕山早期花岗岩；4—燕山晚期花岗岩；5—石英脉型钨矿；6—蚀变花岗岩型钨矿；7—钠化蚀变花岗岩型钨铌钽矿；8—断裂破碎带型锡（钨）矿；9—似层状－接触交代钨矿；10—似层状钨矿；11—伟晶岩壳钨矿；12—隐爆角砾岩筒型钨矿；热变质带：a.角岩带，b.斑点板（千枚）岩带；"五层楼"式分带：①线脉带，②细脉带，③薄脉带，④大脉带，⑤根脉带；成矿环境：A—内接触带型矿床，B—内、外接触带型矿床，C—外接触带型矿床，D—"地下室"式矿床；多台阶钨矿床：Ⅰ—第一台阶；Ⅱ—第二台阶；Ⅲ—第三台阶；Sh—"楼下楼"式矿体。

图10-6 "多位一体"钨矿和"五层楼＋地下室、楼下楼"钨矿成矿模式图（修改自杨明桂，2008）
Fig. 10-6 Metallogenic model map of "multi location integrated" tungsten deposit and "five floors + basement and downstairs" tungsten deposit

2."多位一体"矿床模式的找矿实践

以成矿岩体为中心由多种矿床式构成的成矿组合，受构造、围岩成矿作用约束，具有一定的空间配置关系。通过矿床模式的构建，进行矿床、矿体"缺位"预测，已取得了良好的找矿成效。

（1）"以脉找体"：即从浅表矿脉入手追索隐伏成矿岩体内及其周缘矿体，俗称"金线吊葫芦"方法。这方面成功实例很多。如九瑞矿集区邓家山隐伏成矿斑岩株及铜矿床的发现；南岭地区多个石英脉钨矿体下"地下室"式隐伏蚀变花岗岩矿体的发现；石门寺世界级钨矿床和狮尾洞超大型钨矿床是在1957年发现中小型的石英脉型黑钨矿体，于21世纪以来才发现相伴的巨大蚀变花岗岩型白钨矿床；崇仁县香元钨矿床原为石英大脉型中小型白钨矿床，经勘查为一石英大脉、细脉带、蚀变花岗岩型"三位一体"大型钨矿床。

（2）"以层找体"：即从浅表似层状矿体入手，追寻隐伏成矿岩体内及其周缘矿体。世界级的朱溪矿床就是由浅部似层状铜矿体追索到深部隐伏成矿花岗岩株接触带的巨厚钨铜矿体，是一个以矽卡岩型为主的"五位一体"矿床（详见第五章）。铅山县永平铜钼（钨）矿床是一个1965年勘查的产于上石炭统潮坪相藕塘底组的大型似层状铜（钨）矿床。有的学者认为是一个典型的海底热水喷流沉积叠改的似层状矽卡岩型铜（钨）矿床，矿床中部的燕山早期十字头富斜花岗岩株是否为成矿岩体，长期存在争议。21世纪以来经进一步勘查，在十字头岩株之下，发现了隐伏隐爆花岗闪长斑岩筒型斑岩钼铜矿体，说明矿床为一个典型的二次成岩成矿的"二位一体"铜钼（钨）矿床（详见第五章）。

（3）"以体找层"：即从已知的成矿岩体入手，推测其与有利成矿地层的耦合部位追索矿体，这方面的成功实例尚少。瑞昌市武山铜矿床深部黄龙组似层状铜矿体的发现可为一例。前已述及武山北矿带黄龙组似层状矿体，原勘查止于武山花岗闪长斑岩株北接触带，经研究预测在岩株南侧与黄龙组耦合地段可能存在似层状铜矿体，由于武山向斜呈隔档式，地层向深部变缓，经近期钻探验证，打到了似层状铜矿体，扩展了矿床规模，可望成为长江中下游成矿带首个超大型铜矿床（杨明桂等，2020）。岿美山钨矿床和徐山钨铜矿床先是石英脉型钨矿床，后在深处隐伏花岗岩与碳酸盐岩夹层接触带发现了矽卡岩型钨矿床。

（二）"多层楼"矿床模式

1. 石英脉型钨"多层楼"式矿床

20世纪60年代建立的"五层楼"式石英脉型钨矿床，后来定名为"五层楼"模式，开启了矿床垂直结构分带研究的先河，是我国地质工作者的一项创新成果，发展到今天已成为普适性"多层楼"矿床模式的主要成员。

"五层楼"式石英脉型钨矿床，形成于成矿花岗岩株外接触式或以外接触带为主的矿床（图10-7）。其形成机理是成矿流体向剪切裂隙带充填扩容。相应地形成上锡钨铍下铋钼铜铅锌硫化物的逆向矿化分带。研究表明，形成于深中成环境的南岭组合成矿花岗岩，利于形成"五层楼"式矿床，而中浅成的江南组合成矿花岗岩形成石英脉型钨矿床垂直分带结构较差。而且呈现"五层楼"式完美分带的矿床只是一部分，有的只能分三带或四带。关于产于成矿花岗岩体内的石英脉型钨矿床，杨明桂（1981）建立了"脉芒带、大脉带、根部带"3带模式（图10-8），"脉芒带"产于成矿花岗岩株围岩中，为零散、不规则钨矿化石英小脉，具找矿指示意义。西华山矿区西部深处，浒坑矿区西南部"上脉芒、下盲脉"即为其例。

江西运用"五层楼""三层楼"模式，勘查石英脉型矿床取得了众多找矿成果，但江西有石英脉型小型钨矿床、钨矿点300余处，大部分勘查研究程度不高，进一步用好"模式"，加强勘查研究，将取得更多的重要发现。

分段	分段定量指标(各级脉幅的脉体条数与总条数之比)/%					工业意义	延深/m	构造分带模式	名称
	>1≤5/cm	>5≤10/cm	>10≤20/cm	>20≤50/cm	>50/cm				
顶部	90±10 (20~30)	10±10	0	0	0	可作找矿标志,有时下部个别矿脉可供开采	200~400	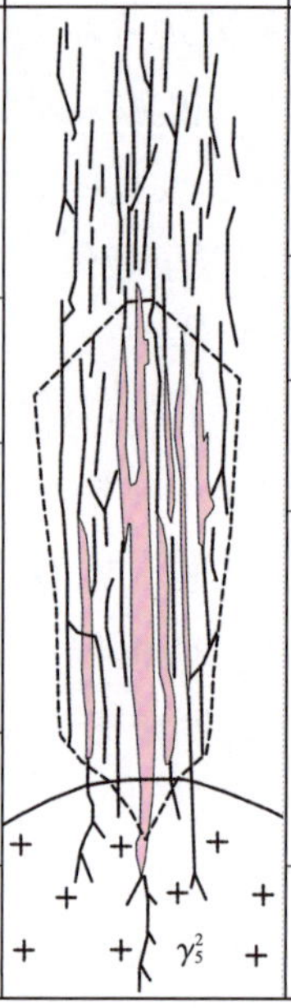	线脉带
上部	70±10 (30~45)	20±5	1~10	1~5	<1	部分具工业价值,细脉带型矿床具工业价值	100~300		细脉带
									薄脉带
中部	45±5 (30~35)	28±7	5~10	2~10	<2	工业矿床的主要部位	200~400		大脉带
下部	55±15 (40~50)	22±7	7~8	5~10	5	局部或部分具工业价值	50~150		
根部						无工业价值	50~100 (?)		尖灭带

注:括号内百分数为矿带内>1~≤5cm脉体条数与包括≤1cm的脉体总条数之比。

图 10-7 石英脉型钨矿床"五层楼"矿床模式(据杨明桂等,1981,修改)

Fig. 10-7 "Five + levels" model of quartz vein type tungsten deposit

名称	工业意义	延深/m	矿体分带模式
脉芒带	可作找矿标志	100~300	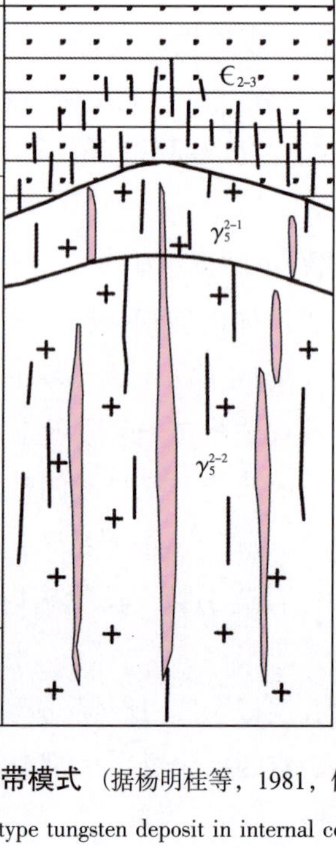
大脉带	工业矿床	60~300	上楼 / 下楼
尖灭带	无价值	20~80	

图 10-8 内接触带石英脉型钨矿床"三层楼""楼下楼"分带模式(据杨明桂等,1981,修改)

Fig. 10-8 Zoning model of "three floors" and "downstairs" of quartz vein type tungsten deposit in internal contact zone

2. 多层位成矿形成的"多层楼"式矿床

该类岩浆热液矿床、似层状矽卡岩矿床在坳陷区比较常见。如德安县彭山矿田 1960 年江西省地质局区域测量大队在进行土壤化探异常时发现闪锌矿露头，经赣西北大队、九一六大队勘查，是一个多层位矿田，在隐伏成矿花岗岩株外接触带下南华统莲沱组上部中粗粒砂岩中形成似层状浸染型尖峰坡式（锡）– 张十八式（铅锌）矿床，在下震旦统陡山沱组中形成似层状矽卡岩型曾家垅式锡矿床，在上震旦统硅质岩中形成红花尖矿带似层状网脉型锡矿床，组成"三层楼"式矿床。上高县七宝山铅锌钴矿床形成于中泥盆统棋子桥组 – 上泥盆统佘田桥组、麻山组及上石炭统黄龙组 4 个以碳酸盐岩为主的地层中。

永平似层状矽卡岩铜（钨）矿体以上石炭统藕塘底组成矿为主，但二叠系中也有铜钨矿体。香炉山矽卡岩型钨矿田赋矿地层以中寒武统杨柳岗组为主，但在浅表最先发现的是下震旦统陡山沱组中的钨矿体。张天罗 – 大岩下似层状矽卡岩型钨矿床，多条花岗岩枝侵入震旦系不同层位形成"三层楼"式矿体（图 10-9）。

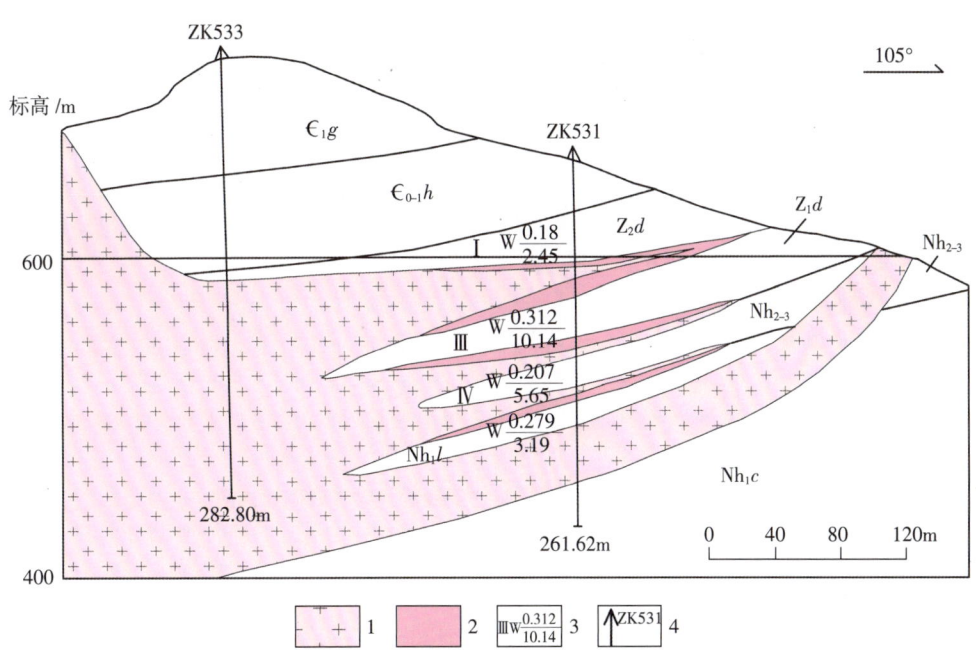

1—燕山晚期中细粒黑云母花岗岩；2—钨矿体；3—矿体编号 [分子为平均品位（%），分母为矿体厚度（m）]；4—钻孔及编号；
$\epsilon_1 g$—下寒武统观音堂组碳质页岩；$\epsilon_{0-1} n$—底–下寒武统牛角河组；$Z_2 d$—上震旦统灯影组硅质岩；
$Z_1 d$—下震旦统陡山沱组含锰泥质灰岩；Nh_{2-3}—中–上南华统冰碛砾岩；$Nh_1 l$—下南华统莲沱组砂岩。

图 10-9　江西香炉山钨矿田张天罗矿床 53 线剖面图（据陈波等，2012）
Fig. 10-9　Profile of line 53 of Zhangtianluo deposit in Xianglushan tungsten ore field, Jiangxi Province

（三）"多台阶"矿床模式

区内随着中深部矿床勘查的开展，成矿多台阶现象不断发现。杨明桂等（2008）首建鄂东南 – 赣西北成矿亚带层 – 体耦合"蛋糕蜡烛"型多台阶成矿模式和钨矿床的"楼下楼"模式。2020 年，在已有研究基础上，提出了普适性的"多台阶"矿床模式概念。初步研究认为，"多台阶"成矿地质因素比较复杂，有褶皱叠褶型、多层次构造拆离型等。对于岩浆岩成钨矿床来说，主要是由同期成矿岩流体侵位标高的差异性和产状形态的多样性形成的不同尺度的"多台阶"成矿特征，对于"深地"矿床预测具有重要意义与作用。

1. 区域成岩成钨"多台阶"特征

首先隆起带与坳陷带就是成岩成矿的两个大台阶。不但构成明显高差，而且燕山期成矿花岗岩类在隆起带出露广、规模大，高中温矿床多；坳陷带则岩体少、规模小，隐伏、半隐伏成矿岩体与矿床多，中低温矿床多。

江西省燕山期成钨花岗岩类与钨矿床可分为三大台阶（图10-10）。上台阶为大王山台阶，以大王山矿集区为代表，成矿花岗岩呈岩基或大岩株出露，钨矿床大部被剥蚀，仅留下遭到不同程度剥蚀的中小型矿床和较多矿点。第二台阶为西华山–漂塘台阶，成矿岩体为半隐伏花岗岩基，为轻剥蚀（西华山）、弱剥蚀（漂塘）、隐伏型（木梓园）钨矿床，为省内最广最重要且利于开发的钨矿台阶，诸广成钨亚带北部的万洋山地区东部为一大面积浅剥蚀区，是一个具有潜力的钨矿远景区。第三台阶为朱溪台阶，为深隐伏成矿岩体与钨矿床，属具有巨大资源潜力的钨矿台阶。

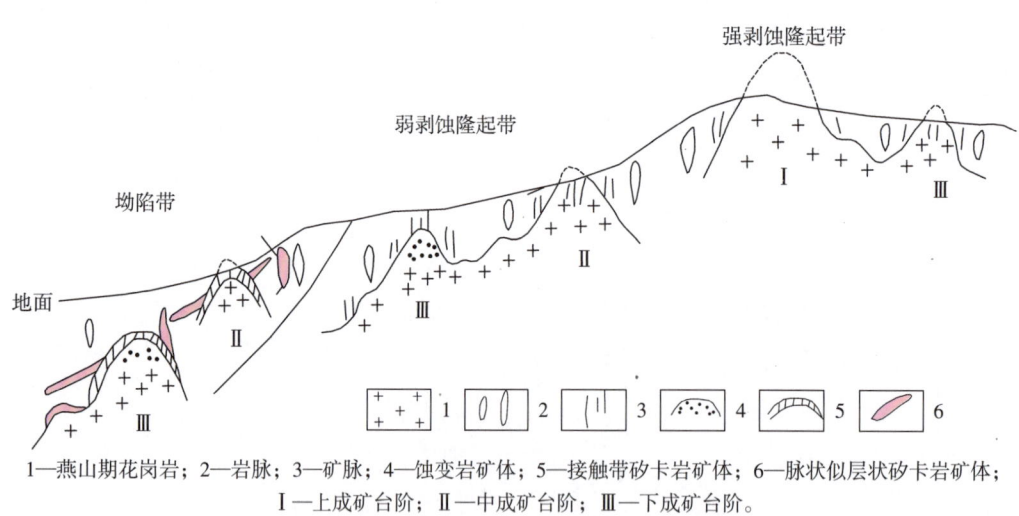

1—燕山期花岗岩；2—岩脉；3—矿脉；4—蚀变岩矿体；5—接触带矽卡岩矿体；6—脉状似层状矽卡岩矿体；
Ⅰ—上成矿台阶；Ⅱ—中成矿台阶；Ⅲ—下成矿台阶。

图10-10 燕山期区域"多台阶"成岩成矿模式图

Fig. 10-10 Regional multi-step diagenesis and mineralization model of Yanshanian Period

2. 矿集区尺度的"多台阶"矿床

成矿侵入岩体就位标高的不同造成了矿集区矿床空间分布的多台阶性。最早发现于著名的德兴矿集区铜厂斑岩铜矿田成矿花岗闪长岩小岩株，出露于标高200~400m的低山，而银山矿田九区潜火山斑岩成矿岩体隐伏于标高-1400m深处，二者就位标高差在1800m左右。

朱溪矿集带：上台阶塔前毛家园、弹岭、张家坞成矿花岗闪长小岩株出露标高100~200m，而朱溪世界级钨铜矿成矿花岗岩株标高-1600m深处，高差也在1800m左右。

最近发现的武宁县东坪超大型石英脉钨矿床，其西北面的四面山燕山期花岗岩株出露标高为1447m，而东坪成钨花岗岩株隐伏于标高-569.3m深处，高差在2000m以上。

3. 矿床尺度的"多台阶"矿体

（1）岩体侵入面起伏与赋矿岩层耦合形成的"多台阶"矿体。如崇义宝山矽卡岩型钨矿床，由于成矿花岗岩体侵入面呈枝杈状与石炭系不同层位接触交代成矿，形成了"多台阶"矿体（图10-11）。

西华山花岗岩株呈台阶式向西侧伏：上台阶烂埂子矿体已剥蚀成残体；中台阶为矿床主矿体，受到轻剥蚀；下台阶为矿床西部隐伏矿体。

（2）多峰式成矿岩体形成"多台阶"矿体。朱溪钨矿床即为其例。

(3) 受成矿岩体侵入界面形成的"多台阶"矿体。即杨明桂等（2008）所称的"楼下楼"矿床，一种是由先、后两次成矿花岗岩体，形成上、下两个层次矿体，如西华山钨矿床（图10-12）；另一种是受隐伏成矿花岗岩体侵入界面控制，形成上、下两个层次石英钨矿脉，如崇义县淘锡坑钨矿床

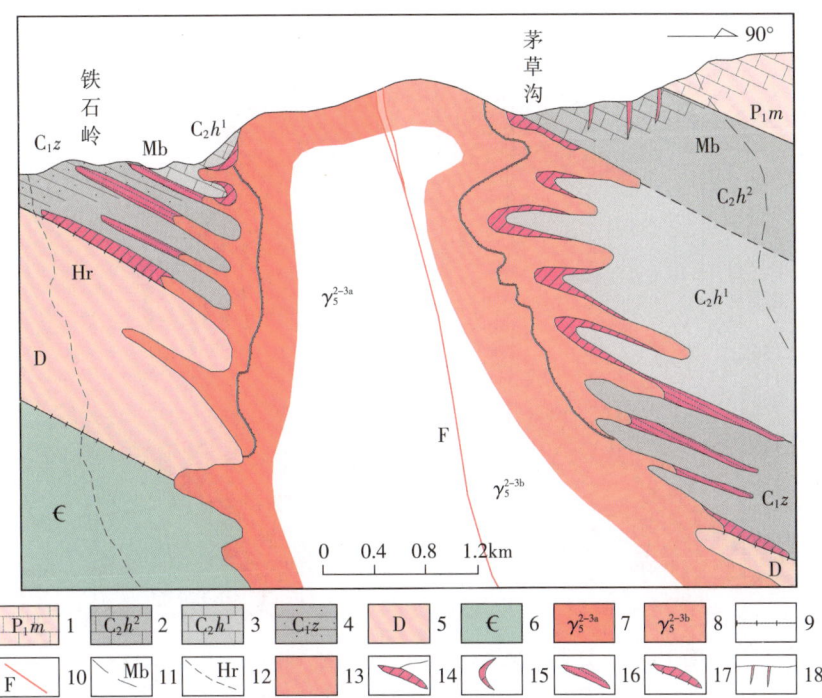

1—下二叠统马平组；2—上石炭统黄龙组上段；3—上石炭统黄龙组下段；4—下石炭统梓山组；5—泥盆系；6—寒武系；7—燕山早期第三阶段花岗岩；8—似斑状黑云母花岗岩；9—不整合界面；10—通天岩断层；11—大理岩化边界线；12—角岩化边界线；13—浸染状钨钼矿化蚀变花岗岩；14—岩体顶部帽壳状钨多金属矿化矽卡岩；15—黄龙组接触带项圈状钨多金属矿化矽卡岩；16—梓山组似层状钨钼多金属矿化矽卡岩；17—梓山组底部不整合面似层状富硫化物多金属矿化矽卡岩；18—裂隙充填型钼多金属矿脉。

图 10-11 崇义宝山矽卡岩型钨多金属矿床地质剖面图（据韦星林等，2010，修改）
Fig. 10-11 Geological profile of Baoshan skarn type tungsten polymetallic deposit in Chongyi County

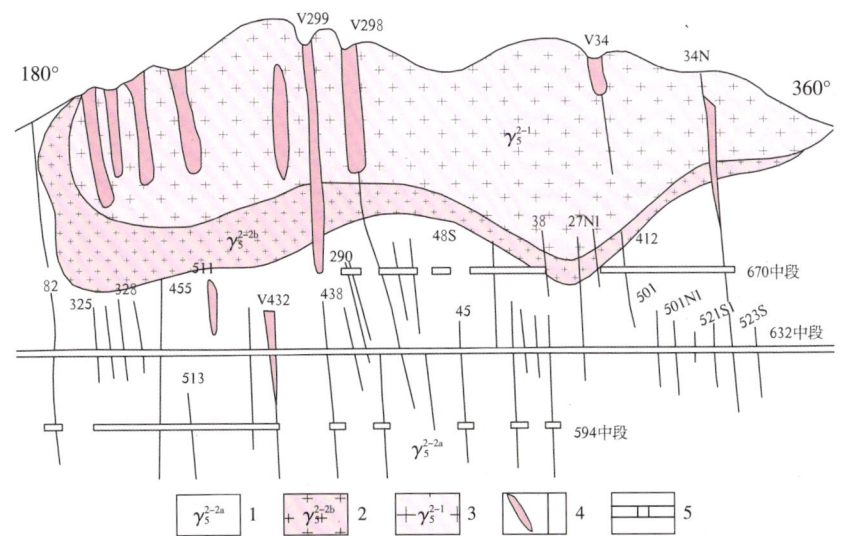

1—中粒黑云母花岗岩；2—细粒黑云母花岗岩；3—斑状中粒黑云母花岗岩；4—矿脉；5—坑道。

图 10-12 江西省西华山508线剖面（据卢汉堤等，2016）
Fig. 10-12 Profile of line 508 in Xihuashan, Jiangxi Province

(图10-13)，外接触带石英钨矿脉达大型规模，内接触带石英钨矿脉达中型规模。西华山矿区通过花岗岩株西部变质岩下找矿，外接触带见零散的含钨石英小脉，即"脉芒带"；地表下350m深处的侵入岩台阶内接触带发现了一组石英脉钨矿"盲脉"（图10-14）。

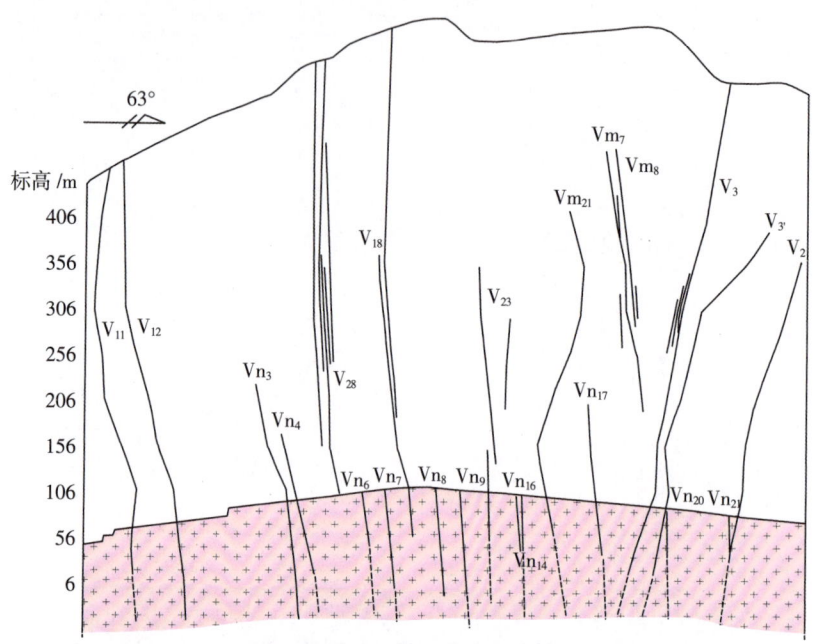

图10-13　江西省淘锡坑钨矿区剖面图（据徐敏林等，2011）

Fig. 10-13　Profile of Taoxikeng tungsten mining area in Jiangxi Province

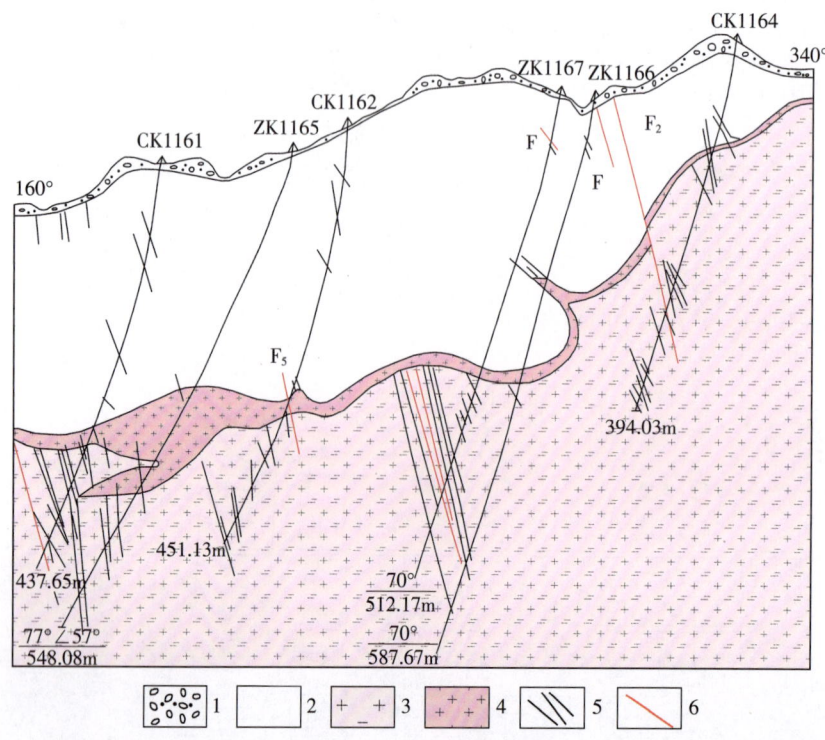

1—第四系；2—浅变质岩；3—黑云母花岗岩；4—细粒花岗岩；5—矿脉；6—断层破碎带。

图10-14　江西省西华山钨矿区116线剖面图（据谢明璜等，2009，2013）

Fig. 10-14　Profile of line 116 in Xihuashan tungsten mining area, Jiangxi Province

4. S型岩浆同源演化多成矿组合模式

江西已发现钨矿床、矿点400余处，矿产地遍布全省。钨矿是我国资源储量遥居世界之首的优势矿产，由于已探明的资源储量已相当丰富，找钨工作已不在重点之列。但需提出的是，江西的钨矿床共（伴）生矿种特多，根据燕山期S型花岗岩同源演化成矿组合模式（图10-15）（杨明桂等，2015），在岩浆成钨演化过程中形成W、Sn、Cu、Mo、Bi、Be（Au、Ag）与Sn、W、Pb、Zn、Be（Ta、Nb、Li、Cs、Rb）及Ta、Nb、Li、Be（Sn、W、Cs、Rb）三大成矿组合。其中，Cu、Sn、Bi与稀散金属等战略性矿产尤其丰富，构成多成矿组合巨大的资源宝库。可以从钨入手，通过勘查研究，打开"多宝库"之门。

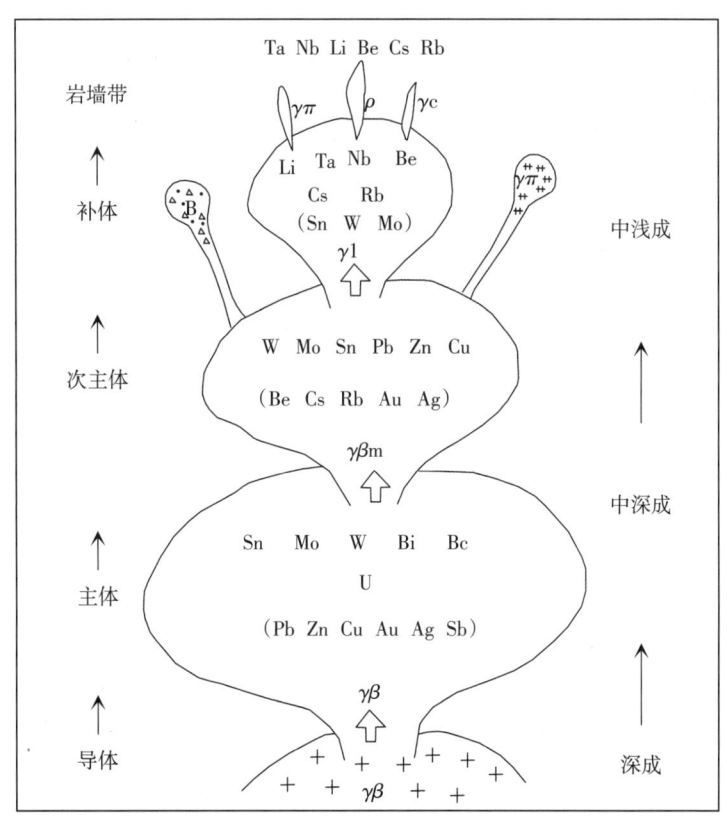

γδ—花岗闪长岩；γβ—黑云母花岗岩；γβm—二（白）云母花岗岩；γl—锂（铁锂）云母钠化花岗岩；γπ—花岗斑岩（脉）；B—隐爆角砾岩筒；γc—细晶岩脉；ρ—伟晶岩脉；W Mo Sn—成矿元素与成矿组合。

图10-15 燕山期S型同源岩浆演化多序列成矿组合模式图（据江西省地质矿产勘查开发局，2015）

Fig. 10-15 Multi sequence metallogenic combination model of Yanshanian S-type homologous magmatic evolution

（1）以钨带锡、铋、铍：江西矽卡岩型矿床往往钨、锡"分家"，如彭山矿田有锡无钨，香炉山矿田有钨无锡。但多数石英脉型、细脉浸染型钨矿床，锡、铋、铍（绿柱石）是常见的共（伴）生矿种，如漂塘石英脉型矿床、茅坪石英脉型+"地下室"式矿床均达大型规模。由黑云母花岗岩向二（白）云母花岗岩演化，成矿组合由以钨为主向以锡为主演化。江西铋资源储量居全国第三位，主要产于石英脉型钨矿床，如下桐岭、盘古山、黄沙、大吉山、东坪、大王山等；其次产于蚀变花岗岩型钨矿床（洪水寨、九龙脑）和矽卡岩型钨矿床（香炉山、铅厂、宝山）。

（2）以钨带铜、银、金：铜是主要战略资源，我国铜资源不足。江西誉为"亚洲铜都"，铜矿床主要为与Ⅰ型酸性斑岩有关的"多位一体"矿床。但在赣北成钨区，尤其是钦杭成矿带"钨铜同床"相继发现。例如，石门寺细脉浸染型钨矿床中，共（伴）生铜 $43.8×10^4$t，银 978.8t；狮尾洞细脉浸染型钨矿床共（伴）生铜 $15.52×10^4$t，银 424.56t；朱溪矽卡岩型钨矿床共（伴）生铜 $34.52×10^4$t，银 2215t，锌 $2.961×10^4$t；徐山石英脉型钨矿床共（伴）生铜 $3.58×10^4$t，银 123t，铜与钨的储量之比约为 3:5。

（3）以钨带钽、铌、锂：成钨花岗岩由黑云母二长花岗岩、正长或碱长二（白）云母花岗岩演化至锂（铁锂）云母钠化花岗岩，形成 Ta、Nb、Li（Sn、W、Mo、Cs、Rb）成矿组合。江西超大型雅山蚀变花岗岩钽铌锂铯铷矿床是以发现外接触带石英脉型钨矿床为先，当进一步调查时发现的。世界级的松树岗"地下室"式蚀变花岗岩型钽铌矿床，是"由脉·（石英脉钨锡钼矿体）找体"发现的。洪水寨云英岩细脉浸染型钨锡矿床经近期勘查是一个共生的中型锂铷矿床，茅坪等"地下室"式钨矿床钽、铌矿化明显增强。江西大量外接触带型石英脉型钨矿床，深部"地下室"矿床，因成矿花岗岩演化阶段不同可分别形成钨、锡、钽、铌蚀变岩型矿床。其中，钽、铌矿床共（伴）生锂、铯、铷丰富。值得注意的是，东坪石英脉型钨矿床，除共（伴）生铜、铋、锌、金、银外，还伴生镓 498t。因此，从钨入手，可带出稀有、稀散金属元素的大家族。

第二节　钨矿资源潜力分析

江西省成矿地质条件优越，形成了巨量的钨矿资源。自 1907 年发现西华山钨矿床以来，经历了石英脉型黑钨矿在赣南遍地开花和新中国成立以来大规模勘查勘探和不断深入的钨矿地质科学研究。在第一个五年计划期间，探明了一批重点钨矿床的资源储量，同时实现了"南钨北扩"，还新发现香炉山等多处矽卡岩型中型钨矿床。1963 年世界上第一个隐伏石英脉型钨矿床——木梓园的发现和 1966 年"五层楼"钨矿床模式的建立，促进石英脉型黑钨矿资源大幅增长。20 世纪 80—90 年代，阳储岭斑岩型钨矿床和茅坪、徐山"地下室"式蚀变花岗岩型钨矿的发现，使钨矿资源又一次扩大。2008 年，新总结了"五层楼＋地下室"与"多位一体"钨矿床模式，进一步扩展了找矿视野。进入 21 世纪以来，尤其是 2010 年以来，迄今短短十年间取得了爆发式找矿成果，新发现了朱溪世界级深隐伏以矽卡岩型为主的"五位一体"式钨矿床、大湖塘世界级以蚀变花岗岩型为主的"五位一体"式钨矿田和张天罗－大岩下中型矽卡岩型钨矿床。石英脉型钨矿床也有喜人找矿进展，发现了东坪隐伏超大型钨矿床和香元、昆山大中型钨矿床，以及具大型远景的昆山、长坑钨矿床。全省钨资源量猛增至 800 多万吨。江西找钨的发展过程说明，随着找矿不断突破，成矿条件、成矿规律的认识不断深入，江西钨矿资源显示出越来越大的潜力。

现据本志所述的钨成矿条件、成矿规律，统称"三多"普适性矿产模式与成矿花岗岩同源演化成矿组合模式，结合钨矿床保存条件，对江西钨资源潜力作进一步分析，提出今后找钨方向。

首先，华夏成钨省与壳型钨地球化学块体燕山期陆内活化造山岩浆成钨大爆发的核幔式演化模式，揭示了晚侏罗世的成钨高峰期，构成了钦杭成矿带中段与诸广山、南岭及邻区成钨核心区，是我国也是世界上钨矿资源最丰富、潜力最大的地区，居于战略地位。早白垩世成钨活动向外侧大面积扩展，钨资源潜力进一步扩大，由成钨扩展形成主轴呈北东向的江南中段成钨远景好、资源潜力大。江西处于华夏成钨省中心，具有得天独厚的钨资源优势，以下分区进行分析。

一、赣北成钨区钨资源潜力分析

赣北成钨区成钨地质条件、成钨作用方式与赣南成钨区比较，具以下特征：以隆坳交互，燕山期成钨花岗岩出露较少，规模较小；以 S 型花岗岩为主，兼有 I 型、I-S 型成钨中酸性岩体；石英脉型钨矿床较赣南成钨区少，矽卡岩型、细脉浸染型"多位一体"的白钨矿床规模大，成钨后受剥蚀较弱，矿床保存较好；钨资源超过赣南成钨区，钨资源潜力大。该区长江中游铜（钨）成矿带，钨为矿床共（伴）生矿产，主要成钨地带为江南东段成钨亚带与钦杭北段成钨带。

（一）江南东段成矿亚带

该成钨地带主要处于江南隆起东段与九江坳陷交接地带，燕山期花岗岩体大致呈串珠状等距分布，自西向东：幕阜山花岗岩基主体黑云母花岗岩遭受较强剥蚀，铌钽成矿主要为小岩瘤和卫星式小岩体。香炉山-东坪为半隐伏花岗岩钨矿区，彭山为隐伏型花岗岩与锡铅锌锑萤石矿田；星子花岗岩株形成绿柱石-石英矿床和伟晶岩型锂铌钽矿点；五里亭花岗岩基临近鄱阳湖，遭受强烈的剥蚀，仅见钼钨矿化；莲花山半隐伏花岗岩区为钨锡矿田。该带以香炉山-东坪钨矿集区和莲花山钨锡矿田的钨资源潜力较大。

1. 香炉山-东坪钨矿集区

该矿集区位于鄂赣边界，处于郯庐断裂带末梢与九江坳陷九宫山凸起复合地带（见图 9-1）。区域布格重力资料显示，燕山晚期半隐伏的九宫山-香炉山花岗岩基由矿集区中部的九宫山向西面的香炉山背斜倾伏，形成香炉山超大型与张天罗-大岩下中型矽卡岩型钨矿床，香炉山矿床接触带未完全控制，有望进一步扩大规模。四面山-东坪半隐伏花岗岩基，由四面山向南东方的东坪倾伏，形成超大型的东坪石英脉型钨矿床，矿带深部未控制，可进一步扩大规模。该矿田半隐伏岩基产状形态与成矿特征未进行整体调研，有望发现新的重要钨矿床。

2. 莲花山钨锡矿田

该矿田发现有钨锡萤石矿床（点）十余处，成矿岩体为一以隐伏为主的花岗岩基，仅潘村钨锡矿床产于小花岗岩株中，其他均为产于花岗岩外接触带双桥山群浅变质岩石中的石英脉型矿床。茅棚店矿床深部发现"地下室"式蚀变花岗岩钨锡矿床。矿田勘查程度总体偏低，运用"以脉找体"模式进行勘查，有望取得找矿突破。

（二）钦杭北段成钨带

该带江西段具"两隆夹一坳"的地质构造成矿背景，北部为由九岭逆冲推覆隆起形成的九岭-黄山成钨亚带西部，中部为萍乡-乐平华南型坳陷，万年推覆隆起，信江-钱塘地块西部的扬子型坳陷。近期取得朱溪、大湖塘、东坪等找钨的重大突破，钨资源储量达 600×10^4t 以上，钨资源潜力很大，并共（伴）生有丰富的铜、钼、铋、铌钽、铷等资源。

1. 九岭-黄山成矿亚带

（1）九岭尖矿集区：该区大湖塘以细脉浸染状钨、铜矿床为主的"多位一体"钨矿田的发现，展现巨大的资源远景。大湖塘矿田为一个"体中体"式半隐伏型燕山晚期成矿花岗岩基，矿田有多处小型钨矿床、矿点，有待进一步勘查。值得注意的是，瑞昌-铜鼓、云山-黄茅两条北东向断裂带之间，显示为一条布格重力负异常带的晋宁期花岗岩基、燕山晚期半隐伏"体中体"式成钨花岗岩带。在铜鼓城西、万载有钨矿床发现，后者隐伏成矿岩体尚未揭露。通过对该区地质、重力、化探综合研究，认为以发现"体中体"式成矿花岗岩体和细脉浸染型钨矿床为目标，有望取得新的找钨铜较大成果。

(2) 阳储岭-牛角坞（青术下）斑岩型钨矿：阳储岭为一大型I-S型斑岩型钨铜矿床，东延至鄣公山地区，有牛角坞（青术下）中型中酸性斑岩墙瓷石-白钨矿床，并发现矽卡岩型白钨矿化。该区为一大型元素地球化学异常和布格重力负异常带，地质工作程度较低，需加强找钨工作。

2. 萍乡-临安成钨亚带

该亚带江西段具有钨资源潜力的地区主要为萍乡-乐平坳陷带与怀玉坳陷及万年隆起东部的福泉山地区。

(1) 萍乡-乐平坳陷带：该带为由中泥盆统—中侏罗统组成的一条北东向坳陷带，恰为晋宁期华南洋潜没带和钦州-苏南扬子-加里东期裂谷海槽闭合带。坳陷带西部的萍乡-高安坳陷北部燕山早期遭九岭推覆体叠覆，燕山晚期九岭南推、武功山隆起北滑，在坳陷中发生对冲，是一个深坳陷、强叠覆地带。该带北部具有四层成矿结构：一是燕山晚期原地型中低温微细金成矿与锑、汞矿化；二是以村前铜矿为代表的原地型成矿；三是七宝山、五宝山、志木山来自中深处的准原地矿床；四是以来自深处的万载兴源冲为代表产于蛇绿岩套中的铜矿床，深部资源潜力大，找矿难度大。南部蒙山印支期花岗岩形成硅灰石矿田，有信息表明存在燕山期花岗岩，值得进一步研究，找寻与其有关的钨多金属矿床。萍乡-乐平坳陷带东段乐平-婺源坳陷，受北面九岭逆冲推覆作用，形成由上青白口统下部双桥山群、万年岩群浅变质岩与石炭系—中侏罗统组成的构造岩片堆叠带，有I型、S型、I-S型侵入岩零星出露。以塔前-赋春矿集带最为重要，具两个岩浆岩成矿台阶，上台阶仅有零星中小型铜钼铅锌矿床，下台阶发现有深隐伏的、规模居世界之首的朱溪钨（铜多金属）矿床。在月形小型铜矿床东部第二台阶发现了具有中型规模的铜矿床，尚未发现成矿岩体，远景有望扩大，显示出该带第二台阶钨铜资源潜力很大。研究发现，塔前南矿段中型似层状矽卡岩型钨钼铜矿床于燕山晚期受到南北构造对冲，强烈挤压，是一个第二台阶的"断根"矿床，有待"以层找体"，矿床规模有望扩大。

朱溪矿田第二台阶找钨的重大突破，引起对萍乡-高安坳陷矿产资源潜力的进一步分析。该坳陷由于推滑叠覆，浅部处于中低温成矿环境。除了其构造背景有利外，北面为九岭尖矿集区，南面为武功山钨钼矿集区，向南西进入湖南省境为钦杭南段钨成矿带，推测其深部具有很大的钨矿资源潜力。值得注意的是，万载-萍乡间有一条北东向布格重力低异常带，在竹亭煤矿区钻孔中曾揭露一条含钨石英矿脉，该区有待由浅而深逐步勘查探索，揭示出其矿产资源面貌。

(2) 怀玉山坳陷带：处于赣东北蛇绿混杂逆冲深断裂带南东侧，是一个燕山期后隆起型坳陷，广泛分布南华系—下古生界。由于隆起，围岩遭到较强剥蚀，燕山晚期上台阶花岗岩为怀玉山、灵山两个岩基，是一个显著的钨、锡元素地球化学异常区。

怀玉山岩基遭受剥蚀程度不一，中部较强，边部较弱，周边发现萤石矿床众多。岩体分异良好、挥发分丰富，东北部见凸出的小花岗岩株。江西省地质局二二〇普查队1958年在外接触带南华系—寒武系中发现坂大石英脉黑钨矿点；江西冶勘四队普查发现有似层状矽卡岩型钨锡矿体，值得进一步勘查。

布格重力负异常显示，灵山卵形岩基与怀玉山岩基在深部可能相连。主体为早白垩世早中期环斑花岗闪长岩与环斑黑云母二长花岗岩，已剥蚀成圆形洼地。早白垩世中晚期，沿早期的岩基边缘入侵形成了细粒角闪黑云母花岗岩与晶洞黑云碱长花岗岩，构成环形山，有大型伟晶岩型铌钽矿形成。

在灵山岩基两侧的松树岗矿床，中浅部为石英脉型钨锡钼矿体，深部为世界级"地下室"式蚀变花岗岩型钽铌矿床，成矿花岗岩体隐伏于地表下250m深处，与灵山岩基构成上、下两个岩浆岩成矿台阶。由此表明，怀玉山坳陷围绕第一台阶岩基探明卫星式隐伏岩体与矿床是一个重要方向。

(3) 福泉山地区：位于万年推覆隆起东部前缘，赣东北逆冲深断裂带上（北西盘）的福泉山北东向背斜。背斜核部为上青白口统下部万年群，两翼为石炭系—二叠系，成矿晚侏罗世二长花岗岩株出露于背斜核部，另在其南西面的姚坂有花岗斑岩瘤出露。据谢春华（2012）的调查，在上石炭统黄龙组中有似层状矽卡岩白钨矿床形成，民采甚盛。该处为一布格重力负异常，推测为一半隐伏成矿花岗岩基，具有良好找钨条件。

3. 武功山-仙霞岭成矿亚带

该亚带在江西境内西段为武功山隆起，东段为饶南坳陷。武功山隆起有武功山钨钽矿集区、徐山钨矿田。东部饶南坳陷找钨工作程度较低，有永平铜钼（钨）矿床。

1) 武功山矿集区

(1) 浒坑钨矿田：为加里东期花岗闪长岩基中燕山早期晚侏罗世"体中体"式花岗岩形成的钨矿田，成钨岩体为青龙山大型岩株，浒坑、青龙山、明月山等钨矿床及多处钨矿点主要产于岩体内接触带。

浒坑钨矿床产于青龙山花岗岩株南东部内接触带，为石英大脉与石英网脉"二位一体"矿床。1954—1956年，经江西冶勘二一二队勘探为中型钨矿床，后经进一步勘查，在矿区西南部沿岩体向南西下伏的内接触带发现了大量盲脉，使矿床达大型规模。上震旦统老虎塘组中仅有稀疏的薄脉矿床标志带，具"脉芒带-大脉带-根部带"三带模式特征。矿田其他多处内接触带钨矿床勘查程度较低，借鉴浒坑矿床找矿经验，有望取得成效。再者，大湖塘"体中体"式钨矿田"以脉找体"发现了细脉浸染型巨大的钨矿床的经验，值得在矿田勘查中借鉴。

该矿田南西面钱山地区有产于加里东期花岗闪长岩中的石英脉型小型钨矿床和矿点，可用"以脉找体"找寻下台阶隐伏成矿岩体，扩大矿床远景。

(2) 雅山-下铜岭钨钽铌锂矿田：矿田出露地层为上震旦统—寒武系浅变质岩。矿田西北部雅山晚侏罗世黑云母-二云母-锂白云母花岗岩株形成雅山超大型蚀变花岗岩型锂铌钽铷矿床及新坊、雅山等石英脉型钨矿床或矿点；东南部下桐岭晚侏罗世1号花岗岩瘤形成石英网脉、大脉混合带钨钼铋矿床，2号花岗岩瘤形成石英细脉、网脉钨矿带，并叠加有矽卡岩型钨矿化。该矿田与浒坑矿田相比，花岗岩分异程度更高、剥蚀较弱。结合区内北西向布格重力负异常的特征，推测深处有半隐伏大型成矿岩株，具有良好找矿远景。

2) 徐山钨矿田

徐山钨矿田处于临川-遂川北东向断裂带北西段，矿田内广泛分布有上青白口统上部库里组和夹白云岩薄层的上施组，东部构造层中出露上三叠统安源组煤系地层。成钨花岗岩有紫云山大岩株和白竹、流坊小岩株，时代为晚侏罗世，结合布格重力负异常特征推断为半隐伏岩基。出露的花岗岩株及接触带形成白竹、上界等8个石英脉型钨矿点，属上台阶岩体与矿床。徐山大型钨铜石英脉型与"地下室"式蚀变花岗岩型、矽卡岩型矿床，成矿花岗岩隐伏于地表下300m深处。香元大型石英大脉与网脉混合带型钨矿床，浅表仅出露二长花岗斑岩墙，成矿主岩体隐伏较深，尚未揭露，所以矿田下台阶成矿岩体与矿床为重点找矿方向。矿田西北部有康庄钨元素地球化学异常，需进行查证。

3) 饶南坳陷

饶南坳陷位于上饶市南部，为一近东西向石炭纪—早侏罗世坳陷，上叠覆多个早白垩世火山盆地。燕山期后强烈伸展，北部沦为信江晚白垩世断陷盆地。南部北武夷山脉隆升，强烈剥蚀，为一条残留有火山盆地的加里东期、燕山早期、燕山晚期复式花岗岩基带，燕山期花岗质岩体主要呈岩基、大岩株出露。中部在加里东期上青白口统上部—南华系基底褶皱的背景上，残留有石炭系—下侏罗统组成向斜盆地，有较多的加里东期、燕山早期、燕山晚期 S 型花岗岩株及永平、船坑、铜山等 I 型中酸性小岩株分布。该区成钨作用较弱，加上找矿工作与研究程度偏低，找矿方向尚不明确。值得注意的是，铅山县永平铜矿产于上石炭统藕塘底组与火烧岗 – 十字头花岗岩株耦合形成的大型似层状铜矿床，伴生钨资源量达 $13.34×10^4$t，平均品位 0.08%。铅山县龙头岗、藕塘底组与燕山早期花岗斑岩耦合形成小型似层状矽卡岩型铜矿床中，也见有白钨矿，在葛仙山燕山早期花岗岩基东缘也曾发现矽卡岩型白钨矿化。在该区矿产勘查工作中，宜注意钨的综合找矿与评价。

二、赣南成钨区钨资源潜力分析

赣南成钨区处于华夏成钨省燕山期岩浆岩成钨大爆发的核心地区，成钨条件优越，钨矿床密布，但钨资源储量近期被赣北成钨区大幅度赶超，引起了地质界思考。笔者经过研究对比分析，对此有以下认识。

首先，赣北成钨区燕山成钨期形成隆坳交互构造格局，其中钦杭带为最有利成矿地带。成矿后隆起区出露的上台阶成钨花岗岩体与矿床主要受到较弱剥蚀，坳陷区下台阶成钨花岗岩体与矿床基本未受剥蚀，而且成矿作用高度集中、矿床较少、规模大的矿床多。大湖塘钨矿田巨大的细脉浸染型矿床，以浅隐伏矿床为主；朱溪矽卡岩巨型钨矿体为深隐伏矿床，两地钨资源储量（333 级以上）高达 $569×10^4$t。赣南成钨区燕山成钨期主要处于隆升状态，形成了诸广、于山、武夷 3 条隆起带和宁（都）于（都）小型坳陷，成矿后以断块隆升为主。研究表明，燕山成钨期时，隆起带仍有较多上古生界—三叠系盖层；成钨期后，已残留不多。上台阶成钨花岗岩和钨矿床遭到严重剥蚀，露出岩基，其上形成的内外接触带石英脉型钨矿床，还可能有矽卡岩型矿床，已剥蚀殆尽，只残留岩体下根部石英脉型小型钨矿床及矿点，现在广泛分布的是中台阶中小型成矿花岗岩株和遭到轻剥蚀的钨矿床及第三台阶隐伏成矿花岗岩体和外接触带型钨矿床，其中一部分已发现为"五层楼+地下室"式钨矿床。

其次，赣南成钨区以石英脉黑钨矿床为主，矿床（点）多，资源储量较小，露头矿大多已剥蚀一部分矿体。一方面其中以普查矿床、预查矿点居多，200 多处矿床（点）中经勘探的 21 处、详查 9 处，部分矿床还未备案。此次补充了多处，且大部分矿床是 20 世纪 50—60 年代勘探和详查的，其中一类矿床经勘查开发大幅增加了储量，一类经补充详查或勘查都由中小型成为大型。近期发现的遂川县凤凰山、于都县小东坑、崇义县碧坑和东峰都是由小型矿点经勘查发现的，远景还可望扩大。有的石英脉型中小型矿床经勘查发现了"地下室"式蚀变花岗岩型矿床，成为大型。还要指出，石英脉型钨矿床勘查多以钻探为主，矿体不厚且钨品位不均匀，资源储量计算要求对高品位样品进行处理后，往往工业矿体成了非工业矿体，影响了矿床储量合理估算与矿床评价。通过开发坑道验证的资源储量大幅增加，再者石英脉型矿床中深部往往有盲脉的发现，也使矿床增储，规模变大。

由上所述，赣南成钨区石英脉型钨矿床资源潜力很大，成矿条件好，加上运用"五层楼+地下室"和"多位一体"矿床模式，开拓了找矿思路，以找大中型矿为目标，可以打开新的局面。

根据该区钨矿成矿规律和保存条件，以下从钨成矿单元与区域上、中、下成钨台阶强弱剥蚀区，进行钨资源潜力分析。

（一）诸广成钨亚带

该亚带江西省部分西部为与湘赣交界的近南北向万洋山－诸广山加里东期、印支期、燕山期复式花岗岩带，中部为近东西向的汤湖－清溪加里东期、印支期、燕山期复式花岗岩带。燕山早期主要成钨花岗岩呈岩基出露，燕山晚期早白垩世花岗斑岩呈小岩株、小岩瘤出露，众多小型钨矿床、矿点主要产于上台阶燕山早期花岗岩基边缘，具有资源远景的是上台阶花岗岩基外接触带的第二台阶的卫星式中小型成矿花岗岩株，如笔架山、伏山、白石山、龙眼石等。北部万洋山地区，已知钨矿床稀少。其东部永新（东）－遂川（西北）为一浅剥蚀区，下古生界浅变质岩广布，残留有中泥盆世—二叠纪地层，花岗岩出露，遂川凤凰山中型"五层楼"式钨矿床的发现是一个突破，加上遂川佛祖仙、杨坑产于寒武系和奥陶系浅变质岩中的石英脉型钨矿点，深处应有第三台阶隐伏成矿花岗岩体，具有良好的找矿远景。

著名的崇（义）（大）余（上）犹钨矿集区是诸广山成钨亚带东部成矿岩体与钨矿床弱剥蚀区，除中部崇义向斜，大部分上古生界—下三叠统沉积盖层遭到剥蚀，大量钨矿床密集分布于九龙脑－营前、西华山－张天堂两个半隐伏成矿花岗岩基，出露的天门山、西华山、八仙脑、红桃岭以及营前花岗岩株为区域第二台阶成钨岩体，大多数成钨岩株为第三台阶隐伏的成矿岩株。该区石英脉型黑钨矿床总体勘查程度较高。21世纪以来，运用"五层楼＋地下室"模式，对部分矿区进行勘查，淘锡坑矿区由小型变为大型，八仙脑、牛岭矿床由小型变为中型，说明区内仍有资源潜力。此外，该区除崇义向斜中的宝山矽卡岩型钨矿床赋矿地层为石炭系外，上寒武统水石组碳酸盐岩夹层中形成有焦里大型似层状矽卡岩型钨锡铅锌矿床，在上奥陶统古亭组大理岩中也有天井窝小型矽卡岩型钨矿床。该区应继续运用"五层楼＋地下室"模式，使一批石英脉型矿床规模由小变大，并发现更多"地下室"式蚀变花岗岩型矿床。同时，注意在该区寻找"多层位"的矽卡岩型矿床。

（二）于山成钨亚带

该亚带是赣南成钨区最重要的一条成钨亚带，呈北北东向展布，主体为于山隆起与东南部的宁（都）于（都）坳陷。自北向南有大王山、小龙－画眉坳、赣（县）于（都）、三南（龙南、全南、定南）4个钨矿集区。自北向南，剥蚀程度由强趋弱。成矿花岗岩与钨矿床具有明显多台阶就位特征，石英脉型钨矿床（点）众多，也有多处"地下室"式蚀变花岗岩型和矽卡岩型钨矿床发现，仍有较大钨矿资源潜力。

1. 大王山矿集区

该区为一巨大加里东期、印支期、燕山早期复式花岗岩基。燕山早期上台阶花岗岩遭剥蚀呈巨大岩基出露，围绕岩基有多个下台阶的卫星式花岗岩株出露，北部有大王山、欧坊、路南、傍岭岩株，西部有水浆，东部有东港、金华山、头陂等岩株，岩基边缘有中村等中小型钨矿床和东港等钨矿点。主要钨矿床形成于基岩外围花岗岩株，有大王山小型钨矿床，广昌县珠坑已采空的中小型钨矿床和20多处钨矿点。值得注意的是，第二台阶钨矿点多产于南华系—震旦系变质岩和加里东期花岗岩中，大部分未经详细勘查。该区应运用"五层楼＋地下室"模式对变质岩中矿点进行勘查，注重对加里东期花岗岩中矿点寻找"石门寺式"细脉浸染型钨矿床，有望取得找钨突破。

2. 小龙-画眉坳矿集区

该区燕山早期成钨花岗岩上台阶岩体已剥露为大型岩基，边缘有大量石英脉型钨矿点分布；中台阶成矿花岗岩株出露于宁于坳陷中，形成矽卡岩型山棚下和狮吼山铁钨铜与岩前钨-滑石矿床；下台阶形成石英脉型画眉坳大型钨矿床，成矿花岗岩株隐伏于地表下800m深处。小龙中型钨矿床成矿花岗岩体隐伏于标高-240m深处。该矿集区下台阶钨资源潜力大。宁于坳陷内大棚山矽卡岩型白钨矿床已控制规模具中型远景，矿体向两端仍有较大的延伸，显示坳陷内具有矽卡岩型钨矿床较好的远景。

3. 赣（县）于（都）矿集区

该区西部处于于山隆起中段，东部处于宁于坳陷南部。西部燕山早期大埠上台阶花岗岩体呈岩基出露，但其中有寒武系浅变质岩残留，属中强剥蚀岩体。岩基内及边缘有20多处石英脉型钨矿点分布。岩基西南部外围有东埠头、罗坑等小型钨矿床（点），东面外围有长坑石英脉型钨矿田，属中台阶钨矿床，成矿岩体为小岩株或呈隐伏状态。

该区东部宁于坳陷南部上石炭统黄龙组与大埠花岗岩体东南凸出部位接触形成了黄婆地中型矽卡岩型钨矿床，庵前滩晚侏罗世花岗岩侵入寒武纪变质岩中形成了石英脉型钨矿床，在上泥盆统中形成了矽卡岩型钨矿床和盘古山-铁山垅钨矿田。成矿花岗岩为下台阶半隐伏岩基，出露有铁山垅、白鹅两个岩株。盘古山大型石英脉型钨矿床燕山早期成矿花岗岩体隐伏于地下1400m深处。该区下台阶石英脉+"地下室"式钨矿床与矽卡岩型钨矿床有良好找矿远景。

4. 三南（龙南、全南、定南）矿集区

该区主要分布由上青白口统上部—寒武系变质岩基底与中泥盆统—二叠系组成的残留向斜，上覆早侏罗世、早白垩世火山盆地，晚侏罗世S型花岗岩出露的上台阶岩体西面有寨下岩基和大吉山、下湖、杨村、岿美山、程龙等多处岩株，岩体边缘有零星钨矿点分布。早白垩世花岗斑岩、花岗岩株、岩瘤也有出露，成钨作用不明显。区内已发现大吉山、岿美山、官山、夹湖等钨矿床，成矿花岗岩均为下台阶隐伏岩体。此外，岿美山深部隐伏成矿花岗岩与底下寒武统牛角河组大理岩夹层形成了矽卡岩型钨矿体。因此，寻找下台阶大吉山式石英脉+"地下室"式钨（铌钽）矿床和岿美山式石英脉+矽卡岩型钨矿床是重要方向。

（三）武夷成矿带

该带西部处于江西省东部，是一条加里东期后、燕山期后遭受强烈剥蚀地带。北段资溪、黎川县境付坊加里东期花岗闪长岩呈巨大岩基出露，燕山早期上台阶花岗岩沿赣闽省界形成厚村岩基和熊村、会仙峰大型岩株，其中有早白垩世中酸性小岩株、岩瘤，总体受到较强剥蚀。该区地质找矿工作程度偏低，仅发现2处钨矿产地。其中，1958年江西省地质局二二〇普查队发现了资溪县三口峰矿点，近期经九一二大队详查，为一小型石英脉带钨矿床，尚未揭露到深部隐伏成矿岩体。江西省地质局科学研究所1966年发现的黎川县熊村乡姜窠（潭下）具小型远景的石英脉型钨多金属矿床，产于晚侏罗世小岩瘤与下南华统万源群中，有待进一步勘探。以上说明该区第二台阶钨矿床有一定远景。

该带中段区域瑞金市境内，南华系—寒武系变质岩广布，南部有部分下古生界出露，上覆有多个小型晚白垩世断陷盆地。石城境内沿永平-寻乌北东向断裂带有一串燕山晚期中浅成花岗（斑）岩小岩株、岩瘤分布，形成姜坑里小型蚀变花岗岩型和海罗岭小型隐爆岩筒型蚀变花岗岩钽铌锂矿床，其

次有石英脉型钨锡钼矿体。在瑞金境内，胎子崶隐爆角砾岩型钨矿床，产于底下寒武统牛角河组中，有中酸性岩脉出露，深部围岩热变质明显，推断地下 400~600m 深处存在隐伏成矿花岗岩体，尚待验证。

该带南端会昌、寻乌、安远县境，为一个加里东期、印支期、燕山早期、燕山晚期复式花岗岩区，南华系—震旦系寻乌岩组深变质岩出露较广，未见上古生界分布，上覆多处早白垩世火山盆地和周田－留车晚白垩世断陷盆地。该区遭加里东期后、燕山期后强烈剥蚀。燕山早期花岗岩呈小型岩基或大型岩株出露，在水头岩基、单观嶂岩基中及边部发现 5 处钨矿点，燕山早期 S 型花岗岩、潜火山斑岩以成锡为主，I 型斑岩以成铜为主。

通过上述成钨区带、矿集区、矿田分级资源潜力与找矿方向分析，赣南成钨区上台阶钨矿床遭受大量剥蚀，多已开采，已不具资源潜力。其中，下台阶与赣北成钨区上中台阶为重要勘查开发对象，资源丰富、潜力巨大。赣北成钨区萍乡－乐平、怀玉山坳陷带以朱溪为代表的下台阶深隐伏钨矿床，其中富厚矿体可供开发，又可为国家提供丰富的资源储备。

结 语

"世界钨都"江西省于1907年首先在大余县西华山发现石英脉型黑钨矿床,一百多年以来,发生了辐射效应,成了华南和全国钨矿分布不断扩展的策源地。一代又一代地质工作者在赣鄱大地开展了艰辛的找钨勘查和地质科学研究。特别是在新中国成立以来,在进行大规模钨矿勘查,实现了"南钨北扩",预测发现了世界第一个隐伏型石英脉黑钨矿床。与此同时,自主自强,开拓创新,不断深化了成钨条件、成钨规律的认识,建立了一系列富有找矿成效的矿床模式,取得了一系列找矿重大突破和引领世界的钨矿地质理论技术。尤其是21世纪以来,发现了世界规模最大的朱溪深隐伏以矽卡岩型为主的"五位一体"式钨矿床和大湖塘以细脉浸染型为主的"五位一体"式钨矿田及东坪"五层楼"式隐伏石英脉型黑钨矿床。使江西钨矿资源储量达$820×10^4$t,遥居世界之首,使钨矿地质研究登上世界新高地,而且钨资源潜力巨大。在这一积淀厚重的沃土上,通过《江西省钨矿地质志》研编与整体性研究总结,取得了一系列重要的钨矿地质科学成果。

一、全球钨矿床分布规律表明江西省是世界钨矿成矿的中心地区

全球钨矿成矿以江西省为中心,钦(州湾)杭(州湾)成矿带为居世界之首的成钨带,华夏成矿省为居世界之首的成钨省,中国是世界钨矿资源最丰富的国家。

二、进一步厘清了区域优越的成钨地质基因

江西处于古华南洋构造成矿域与滨太平洋构造成矿域强烈复合地带,华夏成钨省中心地带,成钨地质条件优越。具有以燕山期花岗岩类为成钨主因的优越成钨背景条件和以新华夏构造体系为主导的多体系复合多级序构造控岩控矿特征。

(一)重要成钨地质前提

1. 华夏壳型钨地球化学块体

谢学锦院士厘定的华南世界级钨地球化学块体,研究表明系壳型钨地化块体,区内地层、S型花岗岩钨元素普遍高于全球地壳和花岗岩钨平均含量,其范围与华夏成钨省高度吻合,故改称为华夏钨地球化学块体,是华夏成钨省也是江西成钨的重要物质前提。

2. 钦(州湾)杭(州湾)晋宁期华南洋潜没构造带

该带自中元古代(约1200Ma)以来,历经大洋—裂谷海槽—陆表海槽—陆盆的环境转变与大洋俯冲、古板块碰撞、陆内多期对冲及多期岩浆成矿演化,为燕山期陆内活化造山启动地带。中侏罗世—早白垩世发生大规模岩浆成钨作用,形成了居世界之首的钦杭成钨带,其中江西段为世界钨矿资源最丰富的地区。

3. 扬子-加里东期南华裂谷中央海盆

扬子-加里东期（约815~416Ma），华南裂谷海盆中央盆地位于南岭的赣南、湘南、粤北一带，是地壳结构脆弱地区，又是一个多向构造的结点。构成了燕山期陆内岩浆成钨大爆发的"爆心"区，也是世界上钨矿床最重要最丰富的地区。

4. 隆起与坳陷交互地区

经长期发展演化于燕山期形成的交互展布的隆起带、坳陷带，由于隆坳成钨特征差异，成为岩浆成钨带的控带构造。隆起带以石英脉型、细脉浸染型钨矿床为主，坳陷带以矽卡岩型钨矿床为主。燕山成钨期后，隆起带与坳陷带不同的剥蚀程度造成了钨矿床不同的保留条件。

5. 多层位碳酸盐岩赋矿地层

省内碳酸盐岩层形成了丰富的矽卡岩型钨矿床，沉积盖层中除著名的上石炭统（黄龙组、藕塘底组）外，下震旦统陡山沱组、中寒武统杨柳岗组、下石炭统梓山组上部、二叠系等都可成为矽卡岩型钨矿床的赋矿地层。同时褶皱基底变质岩系，从上青白口统下部双桥山群到下古生界，有多层碳酸盐岩夹层形成了矽卡岩型钨矿床，其中焦里紧密褶皱似层状矽卡岩钨银铅锌矿床近大型规模。

需要指出的是，江西境内通过长期调查，未发现海相火山沉积或海底热水喷流沉积的钨矿床。

（二）燕山期大规模花岗质岩为成钨主因

华夏成钨省是多旋回花岗岩典型地区，具有以燕山期为主的多期花岗岩成钨特征。研究表明，晋宁期钨矿床零星分布于江南隆起带，加里东期、印支期钨矿床主要分布于湘桂造山带，均以S型花岗岩成钨为主。江西境内发现花山洞晋宁期中型钨矿床1处，加里东期、印支期仅发现钨矿点。大量钨矿床形成于燕山期。

燕山期成钨花岗岩类以S型花岗岩为主，其次为I-S型与I型中酸性花岗岩类，形成两大花岗岩成钨岩类。

S型花岗岩类由晋宁期发展至燕山期。岩性由以中酸性为主向以酸性、超酸性为主演化。燕山期花岗岩除了分布广，而且分异程度高，形成的含矿气流体十分丰富，除钨等金属元素外，F、B等丰度值都很高，构成了成钨主因。

（三）以新华夏构造体系为主导构成了多体系复合多级序控岩控矿格局

新华夏挤压扭动体系是滨太平洋构造成矿域的主体构造。赣北成钨区以扬子反S型隆坳交互构造为基础与新华夏断裂带复合。赣南成钨区以新华夏构造体系为主体与南岭东西向构造带、南北向构造带、右江北西向构造相复合，分级控制矿集区、矿田、矿床的成岩成矿格局与四维结构。新华夏构造体系以北北东向为主体的新华夏式和以北东向为主体的华夏式构造形成的近东西向、北西西向、北东东向等剪切裂隙带是石英脉型钨矿床的优势容矿裂隙，成组成带密集分布，数量之多，规模之大，是一大地质景观。

三、对钨矿床系列、类型、矿床式与典型矿床成矿特征进行了全面系统研究总结

江西及华夏成钨省钨矿床以燕山期S型花岗岩岩浆热液钨多金属系列为主，其次为I-S型过渡型中酸性岩钨钼多金属成矿亚系列，I型中酸性岩铜（钨）多金属成矿亚系列以及S型花岗岩浆（混合）热

液系列。书中总结阐述了 65 个钨矿床的成矿特征，由矽卡岩型、石英脉型、细脉浸染型三大钨矿床类型与繁多的矿床式构成了型式纷呈具有重要典型意义的成钨系统。

1. 矽卡岩型钨矿床

矽卡岩型钨矿床以白钨矿为主，拥有规模居世界之首的朱溪式接触带矽卡岩型为主"五位一体"矿床，香炉山式接触带似层状大型钨矿床，张天罗－大岩下式似层状、焦里式紧密褶皱型、黄婆地式似层状＋脉带状等多种样式的中型钨矿床，永平式似层状矽卡岩大型铜（钨）＋斑岩钼（铜）矿床。

2. 石英脉型钨矿床

江西是世界上石英脉型钨矿床最多地区，以黑钨矿为主，拥有规模居世界之首的东坪超大型石英脉型钨矿床和西华山、大吉山、漂塘、画眉坳、茅坪、淘锡坑、浒坑、下桐岭、徐山、香元、岿美山等大型钨矿床，近期勘查的昆山、长坑、合龙钨矿床具大型矿床远景。有西华山式内接触带石英脉型、下桐岭式石英大脉细脉混合脉带型、浒坑式帚状石英大脉型、漂塘式以石英细脉带为主"五层楼式"钨锡矿床，香元式石英大脉细脉混合脉带型白钨矿，茅坪式石英大脉＋"地下室"蚀变岩型、徐山式石英大脉＋"地下室"蚀变岩、矽卡岩型矿床，大吉山式、松树岗式石英大脉型钨矿床＋"地下室"式钽铌矿床，岿美山式石英大脉＋"地下室"矽卡岩、闪长玢岩矿床等。

3. 细脉浸染型钨矿床

细脉浸染型钨矿床包括蚀变花岗岩细脉浸染型、外接触带细脉浸染型、斑岩细脉浸染型、似层状细脉浸染型、角砾岩筒角砾状细脉浸染型等。有规模居世界之首的石门寺式以外接触带细脉浸染型为主的石英大脉型、隐爆岩筒浸染型、斑岩型"四位一体"矿床；超大型大湖塘式以内接触带蚀变花岗岩细脉浸染型和外接触带细脉浸染型为主，与石英大脉型、隐爆岩筒型、石英壳型等组成"四位一体"矿床；狮尾洞式超大型外接触带细脉浸染型与石英大脉混合型；洪水寨式断裂带细脉浸染状、隘上式似层状浸染型＋石英大脉型，枫林式 S 型花岗斑岩似层状浸染型钨矿床与沉积型赤铁矿、似层状 I 型斑岩热液型铜矿床组成"三型共生"矿床。

4. 中低温热液钨矿床

中低温热液钨矿床根据万年县虎家尖远成矿花岗岩体大型银（金）矿床，晚期形成的破碎带低温玉髓钨铁矿床与赣北地区燕山期远成矿岩体中低温（混合）热液金银锑矿床综合分析，江南地区以湘北沃溪钨锑金矿床为代表，构成了以成矿花岗岩为中心的远接触带中低温岩浆（混合）热液钨（金、银、锑）矿床。

四、厘定了华夏成钨省，对成钨区带成钨地质特征进行了系统研究总结

新厘定了钨资源居世界之首的华夏成钨省，下分下扬子、南岭两个成钨亚省及长江中游、江南、湘桂、钦杭北段、钦杭南段、诸广－云开、于山－九连山、武夷山、东南沿海等 9 个成钨带，其中钦杭成钨带是世界上最重要的成矿带。进一步清晰地展示出以江西、湖南、粤北为中心的成钨格局。

将江西划分为赣北、赣南两个成钨区，涉及 8 条成钨带、亚带、划分出 13 个钨矿集区（带）及重要钨矿田。赣北以规模巨大的矽卡岩型、细脉浸染型为特征，以白钨矿为主；赣南以"五层楼＋地下室"式钨矿床为特征，以石英脉型黑钨矿床为主。按成钨区、成矿带、矿集区或矿田进行了地质、钨地球化学异常、布格重力异常等成钨地质条件与成矿特征进行了系统总结。崇余犹为世界上石英脉型黑钨矿床最密集最重要的矿集区，九岭尖为世界上规模最大的细脉浸染型白钨矿集区。

结 语

五、构建了燕山期岩浆成钨大爆发的"核幔状"时空扩展演化模式，探讨了晋宁、加里东、印支多期成钨动力学机制，建立了燕山期以强扭动为主导，大洋俯冲、陆内多向汇聚与蠕散效应相复合的成钨动力学模式

华夏成钨省燕山期陆内活化造山中侏罗世启动于钦杭带中段与南岭及邻区，晚侏罗世进入运动激化与成钨高峰期，以深中成岩成钨环境为主，构成了岩浆成钨大爆发核心地区，早白垩世由核心区向外扩展，以中深—中浅成岩成钨环境为主。继花岗岩大规模侵入期之后，由晚侏罗世晚期至早白垩世发生了大规模向沿海方向迁移的火山活动。呈现出世界上具有独特性的时空上"核幔状"扩展，成岩成钨环境由深到浅、由浅及表的演化规律。

华夏成钨省多期成岩成钨作用具有不同的动力学特征，晋宁期花岗岩类与钨矿床形成于华南洋俯冲消亡，扬子古板块与华夏古板块近南北向碰撞的动力环境。

加里东期、印支期造山均具"北贴西拼"动力学特征，成钨花岗岩类与钨矿床（点）主要分布于湘桂造山带，形成于南华造山带"西拼"的前缘挤压环境。

燕山期陆内活化造山强度大，持续时间长，引发岩石圈物质大规模调整，是大规模成钨的重要动力学条件。欧亚板块与古太平洋板块近南北向强烈左行扭动是燕山期造山与成岩成钨的主导性动力。古太平洋板块俯冲、陆内近南北向收缩，右江造山带受古、中特提斯闭合影响，向北东方向挤压形成了陆内多向汇聚的动力场。在陆壳硬化条件下大规模花岗质岩浆上涌引发上地壳热胀与强烈蠕散，是导致区内由"核"及"幔"成岩成矿钨环境，由深向浅表演化和形成东南沿海造山-蠕散型火山岩带的重要动力因素。据此构造了世界上独特的燕山期岩浆成钨大爆发的强扭动，洋俯冲、陆内多向汇聚与蠕散效应相复合的动力学模式。

六、提出了找钨攻略，进行了钨资源潜力分析，研究表明省域钨资源潜力巨大，明确了找钨方向

通过长期找钨与勘查，此次在区域成钨地质条件、成钨规律的理论认识研究提升与钨矿床模式的优化基础上提出了找钨攻略。

一是开展矿集区大比例尺立体化精细地质、地球物理、地球化学调查与高质量矿床预测。

二是矿田、矿床四维结构，"等距性、等深性、侧列性、侧伏与倾伏性、分带性"等五种结构式精细研究。

三是"多位一体""多层楼""多台阶""多序列成钨组合"的"四多"矿床模式的研究应用。

以"多位一体"模式进行"缺位预测"，以"多层楼"模式进行矿床深部预测，以"多台阶"模式进行区域、矿集区、矿床深部预测。此外，江西钨矿床共（伴）生组分十分丰富，是我国重要宝库，从钨入手，以岩浆同源演化多序列成矿组合模式为指引，综合找矿，以钨带锡铋铍，以钨带铜金银，以钨带钽铌锂铯铷，打开"多宝"之门。

以成钨地质条件、成矿规律为基础，首次运用以隆起、坳陷为两大地质构造背景，以此次建立的区域成钨"上、中、下"三大台阶与成矿剥蚀保存条件相结合进行成矿区带钨资源潜力分析，运用"四多"钨矿模式进行矿集区、矿田钨资源潜力分析。得出了赣南成钨区上台阶钨矿床由于剥蚀与开发已不具资源潜力,赣北成钨区上中台阶与赣南成钨区中下台阶为重要勘查开发台阶,资源丰富,潜力巨大。萍乡-乐平坳陷下台阶深隐伏矿床潜力巨大,其浅中富厚矿体可供开发,又是重要储备资源。

七、存在问题与建议

晋宁期华南洋潜没构造带,是我国南部及邻区一条重要成矿带,其东部钦杭带已发现是世界上最重要的成钨带,锡居其次;西部金沙江—红河段锡多钨少,且研究程度偏低。建议将该带东西部联系起来,进行整体性深入研究,把这条巨型"金腰带"做大做强。

江西及邻区区域成钨下台阶为隐伏矿床,资源潜力大,找矿难度高,是找钨攻关的重要方向。建议在不断优化矿床模式,进行精细地质调研的同时,加强地球化学勘查深穿透找矿勘测。以找寻隐伏成钨岩体为目标,提高重磁精细勘查水平,加大广域电磁法、量子重力等新技术新方法试验研究。

Concluding Remarks

In 1907, the quartz vein-type wolframite deposit was first discovered in Xihuashan, Dayu County, Jiangxi Province, the well-known "Tungsten Capital of the World". In the past one hundred years, Jiangxi has became the original place for ever-expanding distribution of tungsten resources in South China and even in all over the country, owing to its radiation effect for tungsten prospecting. Generations of geologists have arduously carried out the geological exploration for tungsten deposits, and a series of geoscientific researches in Jiangxi. Especially, since the founding of the People's Republic of China, large-scale explorations for tungsten deposits have been carried out to achieve the goal of "tungsten expansion from south to north", and the world's first concealed quartz vein-type wolframite deposit was discovered by predicting. At the same time, a series of deposit models with rich prospecting results have been constructed, and a series of significant breakthroughs for prospecting and world-leading geological theories and technologies related to tungsten deposits have been made through self-reliance, pioneering and innovation, and also the continuously deepening understanding for tungsten-formation conditions and regularities. Especially, since the 21st century, Zhuxi deeply concealed "five-stage integration-style" tungsten deposit predominated by the skarn type, whose scale is the largest in the world, Dahutang "five-stage integration-style" tungsten orefield dominated by the veinlet-disseminated type, and Dongping "five-storeyed building-style" concealed quartz-vein -type wolframite deposit have been discovered, with their total amount of tungsten resource reserves reaching 8.2 million tons in Jiangxi, which ranked top in the world, thereby making Jiangxi's geological research of tungsten resources at the world's leading position. It is worth mentioning that the potential of tungsten resources is also tremendous in Jiangxi Province. In the meantime, a series of significant geoscientific achivements for tungsten have been made through the compilation of "Geology of Tungsten in Jiangxi Province" and the integrated research.

1. Jiangxi Province being the center of tungsten mineralization in the world demonstrated by the global distribution law of tungsten deposits

Jiangxi Province is the center of global tungsten mineralization, the QinHang metellogenic belt and the Cathaysian metallogenic province is the world's largest tungsten belt and province, respectively. China is the country with the most abundant tungsten resources in the world.

2. Further clarification of the superior tungsten-formation geological basic factor within the region

Jiangxi Province is situated in the strong compound belt between the Poleo-South China Ocean tectonic metallogenic domain and the Peri-Pacific tectonic metallogenic domain, and in the center of the Cathaysian metallogenic province, with the advantageous tungsten-formation geological conditions. Meanwhile, It is characterized by the favourable tungsten-metallogenic setting, with the Yanshanian granitoids being the major factor of tungsten-formation, and the multi-systematic, complex, multistage sequential rock-controlling and ore-controlling structure, with the Neocathaysian tectonic system being its dominance.

2.1 Major geological preconditions for tungsten-formation

2.1.1 Geochemical block with cathaysian crustal type

The research shows that the world-class tungsten geochemical block in South China, determinated by academician Xie Xuejing, belongs to the crustal-type tungsten geochemical block. The tungsten content of the strata and S-type granite within the region are higher than the average tungsten content within the crust and granite over the whole world, and the block range is highly consistent with that of the Cathaysian tungsten metallogenic province. Hence, it is renamed as the Cathaysian tungsten geochemical block, being the major material prerequisite both for the Cathaysian tungsten metallogenic province and the tungsten mineralization in Jiangxi.

2.1.2 Subduction tectonic belt of the South China Ocean in the Qinzhou Bay and Hangzhou Bay during the Jinning period

Since the Meso-proterozoic (about 1200Ma), this belt has undergone through the environmental transition from the ocean-rift trough-epicontinental trough-continental basin, and the subduction of oceanic plates, the collision of the Paleoplates, the intercontinental multistage ramping and the multistage magmatically metallogenic evolution, being the initial belt for the Yanshanian intracontinental mobilized orogeny. The large-scale magmatic tungsten mineralization took place during the Mid-Jurassic--Early Cretaceous Epoch, thus forming the Qinghang tungsten-metallogenic belt ranking as the top in the world, of which the tungsten resources in Jiangxi section are the richest in the world.

2.1.3 Central basin in the Yanngtze-Caleodonian South China rift

During the Yangtze-Caleodonian period (about 815Ma-416Ma), the central basin in the South China rift sea basin, situated along Southern Jiangxi, Southern Hunan and Northern Guangdong of Nanling Mountains, is not only a weak area of crustal structure, but also a multi-directional tectonic knot. Therefore, it constitutes the "explosion center" of the Yanshanian intracontinental great magmatic tungsten-formation explosion, being the richest and most important area of tungsten deposits in the world.

2.1.4 Interactive area between uprift and depression

The uprift belt and depression belt with the interactive distribution was formed as a result of a long-term development and evolution during the Yanshanian period, which became the belt-controlling structure of the magamatic tungsten-formation belt, due to the characteristic differentiation of tungsten mineralization between uprift and depression. The uprift belt is dominated by the quartz-vein-type and veinlet-disseminated-type tungsten deposit, while the depression belt is dominated by the skarn-type tungsten deposit. After the postmagmatic tungsten-formation during the Yanshanian period, the different reservation conditions of tungsten deposits were caused by the various denudation degree between the uprift belt and depression belt.

2.1.5 Ore-bearing strata of the multi-horizon carbonate rock

The abundant skarn-type tungsten deposits were formed in the carbonate layers within the province. In the sedimentary cover, except the famous Upper Carboniferous system (Huanglong Formation and Outangdi Formation), the Lower Sinian Doushantuo Formation, the Mid-Cambrian Yangliugang Formation, the upper part of the Lower Carboniferous Zishan Formation, and the Permian system could become the ore-bearing strata of the skarn-type tungsten deposit. At the same time, in the folded basement metamorphic rock series, from the Shangqiaoshan Group in the lower part of the Upper Qingbaikou Series to the Lower Paleozoic, there are layers of carbonate rocks interbedded to form the skarn-type tungsten deposits. Among them, the compact folded stratoid skarn-type W-Ag-Pb-Zn deposits in Jiaoli are nearly the large-scale ones.

It should be pointed out that the marine volcanic sedimentary or submarine thermal spouting sedimentary tungsten deposits have not been discovered yet through the long-term geological survey within the province.

2.2 A largr scale of Yanshanian granitoids being the major cause for tungsten mineralization

The Cathaysian tungsten-metallogenic province is a typical region of polycyclic granite, characterized by tungsten mineralization of multi-stage granite dominated by the Yanshanian period. The study indicates that Jinning tungsten deposits are scattered in Jiangnan uplift belt, while Caledonian and Indocinian tungsten deposits mainly occur in Xianggui orogene, all of which are dominated by tungsten mineralization of S-type granite. One medium-size Jinning tungsten deposit has been found in Huashandong, while the Caledonian and Indosinian tungsten occurrences have been only discovered within the province. Meanwhile, a great number of tungsten deposits have been discovered in Yanshanian strata.

Yanshanian tungsten-formation granitoids are mainly dominated by S-type granites, followed by I-S type and I-type intermediate and acidic granitoids, thus forming two major tungsten-formation granitoids.

S-type granitoids were developed from Jinning period to Yanshanian period, and the lithology has evolved from the intermediate-acidic-dominated to acidic-and super-acidic-dominated. Yanshanian granite is characterized by a wide distribution, a higher differential degree and the abundant ore-bearing gas-fluids. Except the metallic elements such as tungsten, the abundance of F and B is higher. All these constitute the major cause for tungsten-formation.

2.3 Multi-systematic, complex, multistage sequential rock-controlling and ore-controlling framework with the Neocathaysian structure system as its dominance

Neocathaysian compressional-shear system is the hosting structure of Peri-Pacific tectonic metallogenetic domain. The tungsten-formation district in Northern Jiangxi was combined with the Neocathaysian fault belt, based on the Yangtze reverse S-type uplift-depression interactive structure, while the tungsten-formation district in Southern Jiangxi was combined with the EW tectonic belt and the SN tectonic belt in the Nanling region, and the NW tectonic belt in the Youjiang area, with the Neocathaysian tectonic system as its major component, which gradually controlled the diagenetic and metallogenic framework and four-dimensional texture of ore concentration district, ore field and ore deposit. The nearly EW-, NWW- and NEE-trending shear fissure zones, formed by the Neocathaysian with the NNE-trending structure as its major component and the Cathaysian with the NE-trending structure as its main body in the Neocathaysian tectonic system, are the favourable hosting-fissures of quartz vein-type tungsten deposit, occurring in groups and belts with a dense distribution, a large quantity and a large scale, which are a great geological landscape.

3. Systematic summary of the series, types and styles of tungsten deposit, as well as metallogenic characteristics of the typical deposit

The tungsten deposits in Jiangxi and the Cathaysian tungsten-metallogenic province are dominated the Yanshanian S-type graniticmagmatic thermal W-polymetallic ore series. The following are I-S type transitional type intermediate-acidic rock W-Mn polymetallic ore-forming sub-series, and I-type intermediate-acidic rock Cu (W)polymetallic ore-forming sub-series as well as S-type granite magmatic (mixed) thermal series. The metallogenic charateristics of 65 tungsten deposits have been summarized in this book. Therefore, skarn-type, quartzvein-type and veinlet-disseminated type tungsten deposits as well as the numerous deposit-styles compose various types of tungsten-formation system with a typical significance.

3.1. Skarn-type tungsten deposit

The skarn-type tungsten deposit is dominated by the scheelite, including Zhuxi-style contact zone skarn-type "five-stage integration" deposit, whose scale ranks top in the world, Xianglushan-style contact zone stratoid large scale tungsten deposit, various patterns of medium-size tungsten deposit, such as the Zhangtianluo-Dayanxia-style stratoid, the Jiaoli-style compact folded type, the Huangpodi-style stratiform+vein zoning., etc, and Yongping-style stratoid skarn-type large scale copper (W)+porphyritic molybdenum and copper deposits as well.

3.2. Quartz-vein type tungsten deposit

The Quartz-vein type tungsten deposit is predominated by the wolframite, being the area where this kind of deposit is the richest in the world, including Dongping ultra-large-scale quartz vein-type tungsten deposit, whose scale ranks top in the world, and large-scale tungsten deposits such as Xihuashan, Dajishan, Piaotang, Huameiao, Maoping, Taoxikeng, Hukeng, Xiatongling, Xushan, Xiangyuan and Guimeishan, etc. The recently prospected tungsten deposits of Kunshan, Changkeng and Helong hold the perspective of being the large-scale deposit. The deposits here are the Xihuashan-style endocontact quartz-vein type, the Xiatongling-style quartz big vein and veinlet mixed vein-zoning type, the Hukeng-style brush quartz big vein type, the Piaotang-style "five-storeyed building-style" W-Sn deposit with quartz veinlet zone as its dominance, the Xiangyuan-style scheelite deposit of mixed vein zone with quartz big vein and veinlet , the Maoping-style quartz big vein + "basement-style" altered rock type, the Xushan-style quartz big vein + "basement-style" altered rock-type skarn-type deposit, and the Dajishan and Songshugang-style quartz big vein tuntsten deposit + "basemen-style" tantalum and niobium deposit as well as the Guimeishan-style quartz big vein + "basement" skarn and diaritic porphyrite deposit and so on.

3.3. Veinlet-disseminated tungsten deposit

The veinlet-disseminated tungsten deposit includes altered granite veinlet-disseminated type, exocontact veinlet-disseminated type, phorphyrite veinlet- disseminated type, stratoid veinlet-disseminated type, breccia pipe brecciform veinlet-disseminated type, etc. In the meantime, there are the world's largest-scale Shimensi-style "four-stage integration" deposit composed of the quartz big vein-type, the cryptoexplosion pipe-type, the disseminated-type and the porphyry-type, which is dominated by the exocontact veinlet disseminated-type; the ultralarge scale Dahutang- style "four-stage integration" deposit composed of the quartz big vein type, the cryptoexplosion pipe-type and the quartz crustal-types, etc, which is dominated by the endocontact altered granite veinlet- disseminated-type and the exocontact veinlet-disseminated-type; the Shiweidong-style super-large deposit composed of the exocontact veinlet-disseminated-type and the quartz big vein mixed type; the Hongshuizhai-style deposit composed of the faulted zone veinlet-disseminated-type, the Aishang-style straoid disseminated-type + the quartz big vein-type, the Fengling-style "paragenetic deposits with three types"composed of the S-type granite-porphyry stratiform disseminated tungsten deposit, the sedimentary-type hematite, and the stratoid I-type phorphry thermal-type copper deposit.

3.4. Meso-epithermal tungsten deposit

The meso-epithermal tungsten deposit based on the comprehensive analysis of the Hujiajian large-scale Ag(Au) deposits of distalore-forming granite body in Wannian County, the later formed fracture zone epithermal chalcedong ferberite deposits, the meso-epithermal (mixed)Au, Ag and Sb deposits in Yanshanian distalore-forming rock mass in Norther Jiangxi, and the meso-epithermal mixed Au-Ag-Sb deposits in Jiangnan region, is represented by the Woxi W-Sb-Au deposits of Northern Hunan, constituting the meso-epithermal magmatic mixed thermal tungsten (Au-Ag-Sb) deposit in the far-contact zone with the ore-forming granite as the center.

4. Definition of the Cathaysian tungsten-metallogenic province and systematic research & conclusion of tungsten-formation geological features of tungsten-metallogenic district and belt

The Cathaysian tungsten-metallogenic province with tungsten resources ranking top in the world has been newly defined, which can be divided into the lower Yangtze and Nanling tungsten-metallogenic sub-provinces, as well as 9 tungsten-metallogenic belts, such as the middle reaches of the Yangtze River, Jiangnan, Xianggui, north section of QingHang belt, south section of QingHang, Zhuguang-Yunkai, Yushan-Jiulianshan, Mt. Wuyishan and southeast coast. Among them, the QingHang tungsten-metallogenic belt is the most important belt in the world. Therefore, it further displays the tungsten-metallogenic framework is centered around Jiangxi, Hunan and norther Guangdong.

Jiangxi can be divided into two tungsten-metallogenic districts: Northern Jiangxi and Southern Jiangxi, involving 8 tungsten-formation zones and sub-zones, 13 tungsten ore-concentrated districts (zones)and major tungsten ore fields. Northern Jiangxi is characterized by super-large-scale skarn-type and veinlet-disseminated-type deposits, dominated by scheelite deposits, while Southern Jiangxi is characterized by "five-storeyed building" + "basement" tungsten deposits, predominated by quartz vein-type wolframite deposit. At the same time, the tungsten-formation geological conditions and metallogenic characteristics of the geology, W geochemical anomaly and Bouguer gravity anomaly and so on, have been systematically summarized in accordance with the tungsten-metallogenic district, zone, ore-concerntrated district or ore field. Therefore, the ore-concentrated districts in the world are Chong-Yu-You counties (Chongyi, Dayu, and Shangyou in Jiangxi province) where the densest and most important quartz vein-type wolframite deposit is enriched, and Jiulingjian county where the largest-scale veinlet-disseminated-type scheelite deposit is enriched.

5. Construction of the evolutional model of "core-mantle-style" spatial-temporal expansion during the Yanshanian magmatic tungsten-metallogenic big explosive eruption, discussion of the multi-stage tungsten-metallogenic dynamic system during Jinning, Caledonian and Indosianian periods, and establishment of tungsten-formation dynamic model led by the intensive shear in combination with the oceanic plate subduction, intracontinental multi-direction convergence and creeping effect

The Yanshanian intracontinental activation orogeny in the Cathaysian tungsten-metallogenic province took place in the middle section of QingHang belt, Nanling and its neighbouring areas during the middle Jurassic, while during Late Jurrassic period the movement was intensified and tungsten mineralization reached the peak, which was predominated by the plutonic and meso-diagenetic and tungsten-formation environment, thus constituting the core area of tungsten-formation caused by the big explosive eruption of magma. During the early Cretaceous, it was expanded from the core area to outwards, with the meso-plutonic and meso-epidiagenetic and tungsten-formation environment being predominant. Following the large-scale intrution of the granite, the large-scale volcanic activity migrating towards coastals took place from the late stage of the lower Jurassic to the early Cretaceous, thus displaying the unique "core-mantle" spatial-temporal expansion in the world, and showing the evolution regularity of diagenetic and tungsten-formation environment from deep to shallow and and from shallow to surface.

Multi-stage diagenetic and tungsten mineralization in the Cathaysian tungsten metallogenic province holds the different dynamic characteristics, with Jinning granitoids and tungsten deposits formed in the dynamic environment of South China Ocean subduction and extinction, and the nearly SN-direction collision between the Yangtze Paleoplate and Cathaysian Paleoplate.

Both Caledonian and Indosinian orogenic movements hold the dynamic characteristics of "north-west matching". Tungsten-forming granitoids and tungsten deposit(occurrences)are mainly distributed in Xianggui orogenic belt, and formed in frontal compressional environment of Nanhua orogenic belt of "west-matching".

The Yanshanian intracontinental activation orogeny was characterized by the intensive and long duration, which led to the large-scale adjustment of materials in the lithosphere, thus forming the major dynamics condition of large-scale tungsten mineralization. The nearly SN-trending intensive left-lateral sinistral shear between the Eurasian Plate and Paleopacific Plate is the leading dynamics for Yanshanian orogeny, diagenesis and tungsten-formation. Accomanying with Paleopacific Plate subduction, intracontinental nearly SN-trending contraction, the dynamics field of intracontinental multi-direction convergene was formed as a result of Youjiang orogenic belt compressed towards the NE-trending direction under the impact of the closing of Paleo-and Meso-Tethys Ocean. Under the indurated condition of the continental crust, hot expansion and intensive creeping of the upper crust initiated by the upwelling of the large-scale grantoids magma is the major dynamic factor which led to the diagenesic and metallogenic environment of the tungsten from "core" to "mantle", and the evolution from deep to shallow, as well as the formation of orogenic-creeping type volcanic belt along Southeast China Coast. As a consequence, the unique dynamic model was constructed by the intensive shear generated by the big explosive eruption of Yanshanian magmatic tungsten mineralization in the world in combination with the ocean subduction, intracontinental multi-direction convergene and creeping effect.

6. To put forward the strategy for tungsten prospecting, and carry out the potential analysis of tungsten resources. The research indicates that the tungsten resources potential is enormous within the Province, and specifies the direction for tungsten prospecting

Through the tungsten prospecting and exploration for a long term, the strategy for tungsten exploration has been put forward on the basis of research and promotion for the tungsten-formation geological conditions and the theory of tungsten metallogenic regularity, as well as the optimization of tungsten deposit model.

First, large-scale three-dimensional refined geology, geophysical and geochemical surveying, and high quality prediction of deposit within the ore-concentrated district have been conducted.

Second, the delicated study on the four-dimensional (4D texture of orefield and deposit, namely "equal distance, eaqual depth, lateral aligning, lateral trending and zoning" has been carried out.

Third, the research and application of the deposit models of "multi-stage integration","multi-storeyed building", "multi-step" and "multi-sequence tungsten-formation assemblage" have been done.

"Deficiency prediction" has been carried out by means of the model of"multi-stage integration", the deep prediction of deposit has also been made based on the model of "multi-storeyed building", and the deep prediction for the region, ore-concentrated district and deposit has been done with the model of "multi-step". In addition, the paragenetic and associated components of tungsten deposit are very plentiful, being the important treasure of tungsten in our county. Starting from tungsten prospecting, taking the model of magmatic homologous evolution multi-sequence metallogenic assemblages as guidance, and in combination with comprehensive prospecting, we could open the door of "multi-treasures" through the explorations for Sn, Bi and Be, Au, Ag and Cu, and Ta, Nb, Li, Cs and Ru, with tungsten being dominant in each exploration.

Based on the tungsten-formation condition and metallogenic regularity, and with the uprift and depression as the geological tectonic setting for the first time, the potential of tungsten resources of metallogenic province and belt has been analyzed, in combination with the establishment of three big steps of "upper, middle and lower" regional tungsten-formation and metallogenic denudation and retention conditions, while the analysis of tungsten resources potential of ore-concentrated district and orefield was made in terms of "four-multiple" tungsten ore model. So, there is lack of resources potential in the upper step of tungsten deposit in Southern Jiangxi tungsten-formation district, while the upper and middle steps of tungsten-formation in Northern Jiangxi tungsten-formation district and middle-lower step in Southern Jiangxi tungsten-formation district have became the significant exploration and development districts, with typically rich resources and great potential for tungsten prospecting and exploration. The deep concealed deposit of the lower step in Pingxiang-Leping depression has great potential, and its shallow-middle and rich-thick orebodies are avariable for development, being an important reserve.

7. Problems and suggestions

The South China Ocean subduction tectonic belt of the Jinning period is a significant metallogenic belt in Southern China and its adjacent areas. The QingHang belt in the east of the tectonic belt has been discovered as the world's most important tungsten metallogenic belt, followed by the tin metallogenic belt, while there is much tin, but less tungsten in Jinshajiang-Honghe section in its western part with a lower degree of the related geological research. Therefore, it is suggested that the eastern and western parts of the belt should be linked together to conduct a comprehensive and in-depth study so as to make this giant "golden belt" bigger and stronger.

The concealed deposits occur in the lower step of tungsten-formation in Jiangxi and its neighbouring areas, with great potential and many prospecting difficulties, which is an important direction for tungsten prospecting. Thereby, it is suggested that the deep penetration geochemistry exploration has to be improved, with the tungsten deposit model optimized and the elaborated geological research carried out simultaneously. Meanwhile, with the goal of searching for concealed tungsten-formation rock bodies, we should improve the level of gravity and magnetic fine exploration, and strengthen the test and research on new technologies and methods such as universal electromagnetic method and qantum gravity and so on.

附 图

照片 0-1　1981 年国际钨矿地质讨论会在江西南昌召开
陈鑫（左1）、苗树屏（左2）、P·H 容格仑（中）、朱训（右1）
Photo 0-1　1981 International Symposium on Tungsten Geology Held in Nanchang, Jiangxi Province

照片 0-2　编写组参观大湖塘矿区
Photo 0-2　The compilation team visited the Dahutang mining area

照片 0-3　大湖塘矿区坑道内石英脉
Photo 0-3　Quartz vein in the tunnel of Dahutang mining area

照片 0-4　大湖塘矿区地表石英脉
Photo 0-4　Quartz vein on the surface of Dahutang mining area

照片 0-5　编写组参观浒坑矿区集体合影
Photo 0-5　Group photo of the compilation team visiting Hukeng mining area

照片 0-6　浒坑矿区坑道内变质岩与白云母花岗岩接触界线
Photo 0-6　Contact boundary between metamorphic rock and muscovite granite in the tunnel of Hukeng mining area

照片0-7 编写组参观下桐岭矿区露天开采

Photo 0-7 The compilation team visited the opencast mining in Xiatongling mining area

照片0-8 编写组参观阳储岭矿区隐爆角砾岩

Photo 0-8 Compilation team visited cryptoexplosive breccia in Yangchuling mining area

照片0-9 欧阳永鹏介绍朱溪钨铜矿区

Photo 0-9 The compilation team visited Zhuxi tungsten copper mining area

照片0-11 编写组参观漂塘矿区集体合影

Photo 0-11 Group photo of the compilation team visiting Piaotang mining area

a—细脉浸染状白钨矿化；b—团斑状白钨矿化；c、d—团块状黄铜矿化+浸染状白钨矿化；e—团块状或稠密浸染状白钨矿化+浸染状黄铜矿化；f—星点状白钨矿化+细脉状黄铜矿化（泛蓝色荧光的为白钨矿）。

照片0-10 朱溪钨铜矿区岩芯

Photo 0-10 Core photo of Zhuxi tungsten copper mining area

照片 0-12　漂塘矿区细脉带

Photo 0-12　Veinlet belt in Piaotang mining area

照片 0-13　编写组参观茅坪钨矿"地下室"

Photo 0-13　The compilation team visited the "basement" of Maoping tungsten mining area

照片 0-14　茅坪钨矿选厂

Photo 0-14　Tungsten ore concentration plant of Maoping mining area

照片 0-15　编写组参观淘锡坑矿区集体合影

Photo 0-15　Group photo of the compilation team visiting Taoxikeng mining area

a—156m 中段 Vn3，厚度 0.1m；b—106m 中段 Vn3，厚度 0.2m。

照片 0-16　淘锡坑钨矿内接触带石英脉

Photo 0-16　Quartz vein from internal contact zone of Taoxikeng tungsten mining area

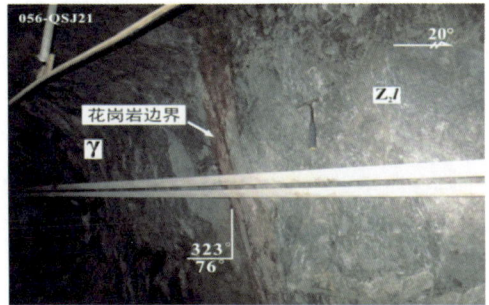

照片 0-17　56m 中段花岗岩与变质细砂岩接触界线

Photo 0-17　Contact boundary between granite and metamorphic fine sandstone in 56m middle section

照片 0-18　56m 中段接触界线的坑道图

Photo 0-18　Photo of tunnel at contact zone of 56m middle section

主要参考文献

安徽省地质矿产局，1987. 安徽省区域地质志[M]. 北京：地质出版社.

白文吉，甘启高，杨经绥，等，1986. 江南古陆东缘蛇绿岩完整剖面的发现和基本特征[J]. 岩石矿物学杂志，5（4）：289-299.

柏道远，熊雄，杨俊，等，2014. 雪峰造山带中段地质构造特征[J]. 中国地质，41（2）：399-418.

蔡富春，吴开兴，2016. 江西宝山钨多金属矿床地质特征及矿化富集规律探讨[J]. 中国钨业，31（5）：1-6.

蔡富春，吴开兴，2015. 江西宝山夕卡岩型钨多金属矿床成矿规律及深部成矿预测[J]. 中国钨业，30（3）：1-5.

蔡明海，张文兵，彭振安，等，2016. 湘南荷花坪锡多金属矿床成矿年代研究[J]. 岩石学报，32（7）：2111-2123.

蔡世海，1994. 赣南茅草沟矿区隐伏银多金属矿体的发现及其意义[J]. 地质与勘探，30（1）：23-26.

曹晓明，周贤旭，钟浩，2011. "就矿找矿"的认识与实践[J]. 东华理工大学学报（自然科学版），34（1）：51-56.

曾庆权，胡正华，王先广，等，2019. 江西省都昌县阳储岭钨钼矿年代学研究[J]. 中国地质，46（4）：841-849.

曾庆涛，毛建仁，张传林，等，2007. 赣南天门山岩体锆石 SHRIMP 定年和冷却史及其矿床学意义[J]. 矿物岩石地球化学通报，26（S1）：348-349.

曾庆友，2012. 江西省安福县浒坑钨矿床主要控矿因素及矿化富集规律[J]. 西部探矿工程（10）：175-179.

曾庆友，2013. 江西省泰和县小龙钨矿床地质特征及其成因探讨[J]. 西部探矿工程（1）：111-117.

曾宪荣，郭中勋，1981. 宝山夕卡岩型白钨矿床地质特征[C]//江西省地质局钨矿地质论文集. 南昌：江西省地质局，179-191.

曾祥福，1986. 论铅山永平铜硫钨矿床的成因[J]. 江西地质科枝，（2）：10-22.

曾勇，杨明桂，1999. 赣中碰撞混杂岩带[J]. 中国区域地质（1）：18-23.

曾跃，李红源，刘源红，等，2014. 江西赖坑钨矿田地质特征及找矿远景[J]. 中国高新技术企业，290（1）：108-110.

曾载淋，贺根文，2016. 赣南钨矿成矿单元划分及其成矿地质特征[C]//2016年江西省地质学会学术年会论文集. 南昌：江西科学技术出版社：21-28.

曾载淋，李雪琴，2006a. 江西诸广山 - 万洋山钨多金属找矿主要成果与新认识[C]//南京地质矿产研究所，华东地区地质调查成果论文集（1999—2005）. 北京：中国大地出版社：163-171.

曾载淋，田幽军，2006b. 赣南地区钨矿找矿史回顾及新一轮钨矿找矿思考[J]. 资源调查与环境，27（2）：94-102.

曾载淋，张永忠，陈郑辉，等，2011. 江西省于都县盘古山钨铋（碲）矿床地质特征及成矿年代学研究[J]. 矿床地质，30（5）：949-958.

曾载淋，张永忠，朱祥培，等，2009. 赣南崇义地区茅坪钨锡矿床铼 - 锇同位素定年及其地质意义[J]. 岩矿测试，28（3）：209-214.

曾载淋，朱祥培，许建祥，2007. 赣南钨矿资源状况与资源远景展望[J]. 中国钨业，22（6）：16-18.

曾志方，曾佐勋，曾永红，2008. 湖南姑婆山钨锡矿田构造控矿特征与成因探讨[J]. 地质与勘探，44（3）：1-7.

陈斌，庄育勋，1994. 粤西云庐紫苏花岗岩及其麻粒岩包体的主要特点和成因讨论[J]. 岩石学报，10（2）：139-150.

陈波，2012. 赣北香炉山钨矿田矿床控制因素及成矿模式[J]. 地质与勘探，48（3）：562-569.

陈耿炎，1990. 香炉山隐伏白钨矿床地质特征及成因探讨[J]. 地质与勘探，26（6）：15-20.

陈国华，舒良树，舒立旻，等，2015. 江南东段朱溪钨（铜）多金属矿床的地质特征与成矿背景[J].中国科学：地球科学，45（12）：1799-1818.

陈国华，万浩章，舒良树，等，2012. 江西景德镇朱溪铜钨多金属矿床地质特征与控矿条件分析[J]. 岩石学报，28（12）：3901-3914.

陈国华，詹天卫，王先广，等，2019. 江西省蒙山地区石竹山硅灰石矿床成矿岩浆岩锆石 U-Pb 年龄及意义[J]. 江西地质，20（2）：82-88.

陈国华，2014. 江西景德镇朱溪铜钨多金属矿床地质特征与控矿条件研究[D]. 南京：南京大学.

陈国雄，成秋明，刘天佑，2013. 奇异性理论在南岭花岗岩体重力异常识别中的应用[J]. 地质论评，59（S1）：145-146.

陈辉，倪培，陈仁义，等，2016. 浙西北平水铜矿细碧角斑岩成岩年龄及其地质意义[J]. 中国地质，43（2）：410-418.

陈骏，陆建军，陈卫锋，等，2008. 南岭地区钨锡铌钽花岗岩及其成矿作用[J]. 高校地质学报，14（4）：459-473.

陈骏，王鹤年，2004. 地球化学[M]. 北京：科学出版社.

陈骏，王汝成，朱金初，等，2014. 桂北牛塘界加里东期花岗岩及其矽卡岩型钨矿成矿作用研究 [J]. 中国科学：地球科学，44（7）：1357-1373.

陈立泉，刘春生，李宗朋，等，2019. 江西崇仁聚源钨矿床地质特征及成因探讨[J]. 中国钨业，34（2）：1-6.

陈润生，2018. 福建基础地质调查研究进展与方向[J]. 福建地质，37（2）：83-108.

陈伟，曾载淋，陈郑辉，等，2016. 南岭盘古山科学钻探（NLSD-2）选址及深部找矿意义[C]// 2016 年江西省地质学会学术年会论文集. 南昌：江西科学技术出版社：91-104.

陈伟，周新鹏，贺根文，等，2017. 物化探综合方法在天井窝钨多金属找矿中的应用[J]. 物探与化探，41（4）：594-604.

陈文迪，张文兰，王汝成，等，2016. 桂北苗儿山－越城岭地区独石岭钨（铜）矿床研究：对复式岩体多时代差异性成矿的启示[J]. 中国科学：地球科学，46（12）：1602-1625.

陈文文，2015. 江西石门寺钨铜多金属矿蚀变分带及其元素迁移规律研究[D]. 南昌：东华理工大学.

陈锡华，赖凌，余祖寿，等，2010. 江西修水县梅子坑钼矿床地质特征及成因初探. 资源调查与环境（3）：194-201.

陈小勇，陈为光，2014a. 江西省钨矿的发现与经济意义 [C]//江西地学新进展 2014：江西省地质学会成立五十周年学术年会论文集. 南昌：江西科学技术出版社：160-163.

陈小勇，刘素楠，丁明，2014b. 江西省大余县大江地区钨矿找矿潜力分析[J]. 中国钨业，29（6）：1-6.

陈小勇，谢有炜，丁明，等，2013. 江西崇义牛角窝钨多金属"三位一体"矿床类型及成矿机制探讨 [J]. 中国钨业，28（6）：8-12.

陈艳凤，2004. 永平铜矿床成矿物质来源及成因探讨[J]. 有色金属（矿山部分），56（5）：19-20，35.

陈毓川，裴荣富，张宏良，等，1989. 南岭地区与中生代花岗岩类有关的有色及稀有金属矿床地质[M]. 北京：地质出版社.

陈毓川，王登红，徐志刚，等，2014. 华南区域成矿和中生代岩浆成矿规律概要[J]. 大地构造与成矿学，38（2）：219-229.

陈毓川，王登红，朱裕生，等，2007. 中国成矿体系与区域成矿评价[M]. 北京：地质出版社.

陈毓川，王登红，2012. 华南地区中生代岩浆成矿作用的四大问题[J]. 大地构造与成矿学，36（3）：315-321.

陈振胜，张理刚，1990. 蚀变围岩氢氧同位素组成的系统变化及其地质意义：以西华山钨矿为例 [J]. 地质找矿论丛，5（4）：69-79.

陈郑辉，陈毓川，王登红，等，2009. 矿产资源潜力评价示范研究：以南岭东段钨矿资源潜力评价为例 [M]. 北京：地质出版社.

陈郑辉，王登红，刘善宝，等，2008. 赣南淘锡坑钨矿的石英中子活化分析研究. 地质学报，82（7）：978-985.

陈郑辉，王登红，屈文俊，等，2006. 赣南崇义地区淘锡坑钨矿的地质特征与成矿时代[J]. 地质通报，25（4）：496-501.

陈志中，1986. 南岭地区脉型钨锡矿床构造控制规律探讨[J]. 中山大学学报，25（3）：55-62.

陈尊达，胡立楼，1984. 黄沙脉钨矿床的地质特征及原生分带[C]//国际钨矿地质讨论会论文汇编. 北京：地质出版社.

成隆才，胡宗绍，潘世伟，等，1984. 赣南矿（α-BiF$_3$）：一种含氟、铋的新矿物[J]. 岩石矿物及测试，3（2）：119-123.

程敏清，王存昌，1989. 江西黄沙钨铋石英脉型矿床的找矿矿物学研究[J]. 地质与勘探，25（6）：25-28.

程裕淇，1994. 中国区域地质概论[M]. 北京：地质出版社.

迟实福，姬金生，1985. 阳储岭斑岩型钨钼矿床含矿斑岩及矿化特征[J]. 吉林大学学报（地球科学版），39（1）：37-58.

但小华，蒋少涌，占岗乐，2019. 江西省武宁县狮尾洞及外围钨矿床地质特征及控矿因素[J]. 东华理工大学学报（自然科学版），42（4）：342-350.

地球科学大辞典编委会，2005. 地球科学大辞典·应用科学卷[M]. 北京：地质出版社.

地质矿产部南岭项目构造专题组，1988. 南岭区域构造特征及控岩控矿构造研究[M]. 北京：地质出版社.

邓军，李文昌，莫宣学，等，2016. 三江特提斯复合造山带与成矿作用[M]. 北京：科学出版社.

翟裕生，1996. 关于构造-流体-成矿作用研究的几个问题[J]. 地学前缘，3（4）：230-236.

丁炳华，史仁灯，支霞臣，等，2008. 江南造山带存在新元古代（~850Ma）俯冲作用：来自皖南SSZ型蛇绿岩锆石SHRIMP U-Pb年龄证据[J]. 岩石矿物学杂志，27（5）：375-388.

丁明，曾以吉，谢有炜，等，2015. 物化探工作在崇义东峰矿区的应用及找矿效果[J]. 中国钨业，30（5）：1-6.

丁明，陈小勇，丁勇，等，2013. 江西高垄钨多金属矿床地质特征及找矿远景[J]. 中国钨业，28（1）：6-11.

丁明，2016. 江西省崇义县淘锡坑钨矿地质特征及找矿意义[D]. 南京：南京大学.

丁昕，蒋少涌，倪培，等，2005. 江西武山和永平铜矿含矿花岗质岩体锆石SIMS U-Pb年代学[J]. 高校地质学报，11（3）：383-389.

丁勇，梁景时，2011. 江西赣县钨矿床成矿地质特征及成矿预测[J]. 中国钨业，26（5）：6-9.

都洵，张永康，1998. 东南区区域地层[M]. 武汉：中国地质大学出版社.

杜安道，屈文俊，李超，等，2009. 铼-锇同位素定年方法及分析测试技术的进展[J]. 岩矿测试，28（3）：288-304.

杜安道，屈文俊，王登红，等，2012. 铼-锇法及其在矿床学中的应用[M]. 北京：地质出版社.

杜安道，赵敦敏，工淑贤，等，2001. Carius管溶样和负离子热表面电离质谱准确测定辉钼矿铼-锇同位素地质年龄[J]. 岩矿测试，20（4）：247-252.

樊献科，张智宇，侯增谦，等，2020. 江西大湖塘钨矿田平苗矿区含矿花岗岩矿物学特征及对成矿的指示意义等[J]. 岩石学报，36（12）：3757-3782.

樊献科，2019. 江西大湖塘超大型钨多金属矿田成矿机制研究[D]. 北京：中国地质科学院.

方贵聪，陈毓川，陈郑辉，等，2016. 赣南盘古山钨矿隐伏花岗岩体岩石学与地球化学特征[J]. 中国地质，43（5）：1558-1568.

方贵聪，陈毓川，陈郑辉，等，2014. 赣南盘古山钨矿床锆石U-Pb和辉钼矿Re-Os年龄及其意义[J]. 地球学报，35（1）：76-84.

方贵聪，陈郑辉，陈毓川，等，2012. 石英脉型钨矿原生晕特征及深部成矿定位预测：以赣南淘锡坑钨矿11号脉为例[J]. 大地构造与成矿学，36（3）：406-412.

丰成友，曾载淋，屈文俊，等，2010. 赣南钨矿成矿年代学及成岩成矿时差讨论. 矿床地质，29（Z7）：431-432.

丰成友，曾载淋，王松，等，2012a. 赣南矽卡岩型钨矿成岩成矿年代学及地质意义：以焦里和宝山矿床为例[J]. 大地构造与成矿学，36（3）：337-349.

丰成友，丰耀东，许建祥，等，2007b. 赣南张天堂地区岩体型钨矿晚侏罗世成岩成矿的同位素年代学证据[J]. 中国地质，34（4）：642-650.

丰成友，黄凡，曾载淋，等，2011a. 赣南九龙脑矿田东南部不同类型钨矿的辉钼矿Re-Os年龄及地质意义[J]. 中国钨业，26（4）：6-11.

丰成友，黄凡，曾载淋，等，2011b. 赣南九龙脑岩体及洪水寨云英岩型钨矿年代学[J]. 吉林大学学报，41（1）：111-121.

丰成友，王松，曾载淋，等，2012b. 赣南八仙脑破碎带型钨锡多金属矿床成矿流体和年代学研究[J]. 岩石学报，28（1）：52-64.

丰成友，许建祥，曾载淋，等，2007a. 赣南天门山-红桃岭钨锡矿田成岩时代精细测定及其地质意义[J]. 地质学报，81（7）：952-963.

丰成友，张德全，项新葵，等，2012c. 赣西北大湖塘钨矿床辉钼矿 Re-Os 同位素定年及其意义 [J]. 岩石学报，28（12）：3858-3868.

冯志文，夏卫华，章锦统，等，1989. 江西黄沙钨矿床特征及成矿流体性质讨论[J]. 地球科学，14（4）：423-432.

福建省地质矿产局，1985. 福建省区域地质志[M]. 北京：地质出版社.

福建省地质矿产局，1992. 台湾省区域地质志[M]. 北京：地质出版社.

福建省地质矿产局，1996. 台湾省岩石地层[M]. 武汉：中国地质大学出版社.

付建明，马丽艳，程顺波，等，2013. 南岭地区锡（钨）矿成矿规律及找矿[J]. 高校地质学报，19（2）：202-212.

干正如，方金龙，2006. 资源危机矿山的探矿实践[J]. 有色金属（矿山部分），59（5）：24-26.

干正如，杨春光，2009. 画眉坳钨矿雷公地矿区探矿前景分析[J]. 有色金属，61（3）：36-38.

高承树，洪应龙，吴昌嘉，等，2013. 西华山钨矿南西深边部矿体地质特征及矿化预测[C]//江西省地质学会学术年会论文集. 南昌：江西科学技术出版社：107-111.

高林志，陈建书，戴传固，等，2014a. 黔东地区梵净山群与下江群凝灰岩 SHRIMP 锆石 U-Pb 年龄 [J]. 地质通报，33（7）：949-959.

高林志，丁孝忠，曹茜，等，2010. 中国晚前寒武纪年表和年代地层序列[J]. 中国地质，37（4）：1014-1020.

高林志，陆济璞，丁孝忠，等，2013. 桂北地区新元古代地层凝灰岩锆石 U-Pb 年龄及地质意义 [J]. 中国地质，40（5）：1443-1452.

高林志，杨明桂，丁孝忠，等，2008. 华南双桥群和河上镇群凝灰岩中的锆石 SHPIMP U-Pb 年龄：对江南新元古代造山带演化的制约[J]. 地质通报，27（10）：27-10.

高林志，张恒，丁孝忠，等，2014b. 江山 – 绍兴断裂带构造格局的新元古代 SHRIMP 锆石 U-Pb 年龄证据 [J]. 地质通报，2014（6）：763-775.

广东省地质矿产局，1988. 广东省区域地质志[M]. 北京：地质出版社.

广西壮族自治区地质局，1985. 广西壮族自治区区域地质志[M]. 北京：地质出版社.

贵州省地质矿产局. 1986. 贵州省区域地质志[M]. 北京：地质出版社.

郭春丽，陈毓川，黎传标，等，2011a. 赣南晚侏罗世九龙脑钨锡铅锌矿集区不同成矿类型花岗岩年龄、地球化学特征对比及其地质意义[J]. 地质学报，85（7）：1188-1205.

郭春丽，陈毓川，蔺志永，等，2011b. 赣南印支期柯树岭花岗岩体 SHRIMP 锆石 U-Pb 年龄、地球化学、锆石 Hf 同位素特征及成因探讨[J]. 岩石矿物学杂志，30（4）：567-580.

郭春丽，蔺志永，王登红，等，2008. 赣南淘锡坑钨多金属矿床花岗岩和云英岩石特征及云英岩中白云母 $^{40}Ar/^{39}Ar$ 定年[J]. 地质学报，82（9）：1274-1284.

郭春丽，毛景文，陈毓川，2010b. 赣南营前岩体的年代学、地球化学、Sr-Nd-Hf 同位素组成及其地质意义[J]. 岩石学报，26（3）：919-937.

郭春丽，王登红，陈毓川，等，2007a. 赣南中生代淘锡坑钨矿区花岗岩锆石 SHRIMP 年龄及石英脉 Rb-Sr 年龄测定[J]. 矿床地质，26（4）：432-442.

郭春丽，王登红，陈毓川，等，2007b. 赣南中生代淘锡坑钨矿区花岗岩铅石 SHRIMP 年龄及石英脉 Rb-Sr 年龄测定[J]. 矿床地质，26（4）：432-442.

郭春丽，2010a. 赣南崇义 – 上犹地区与成矿有关中生代花岗岩类的研究及对赣南崇义 – 上犹地区与成矿有关中生代花岗岩类的研究及对南岭地区中生代成矿花岗岩的探讨[D]. 北京：中国地质科学院.

郭家松，华仁民，黄小娥，2011. 赣南钨矿深部细粒花岗岩钼（钨）矿化特征及找矿前景[J]. 中国钨业，26（8）：8-11.

郭家松，谢明璜，马有涌，等，2018. 江西小东坑钨矿床地质特征探析[J]. 中国钨业. 33（5）：7-14.

郭令智，施央申，马瑞士. 1980. 华南大地构造格架和地壳演化 [C]//国际交流地质学术论文集（一）. 北京：地质出版社：109-116.

郭文魁，1987. 1:400万中国内生金属成矿图及说明书[M]. 北京：地图出版社.

国家地震局地学断面编委会，1992. 1:100万青海门源至福建宁德地学断面（附说明书）[M]. 北京：地震出版社.

国家地震局深部物探成果编写组，1986. 中国地壳及上地幔地球物理探测成果[M]. 北京：地震出版社.

国家地质总局水文地质工程研究所，1979. 中华人民共和国水文地质图集[M]. 北京：地质出版社.

何维基，2018. 赣南钨矿床时空分布规律及找矿新进展[J]. 中国钨业，33（4）：1-8.

何细荣，陈国华，刘建光，等，2011. 江西景德镇朱溪地区铜钨多金属矿找矿方向[J]. 中国钨业，26（1）：9-14.

何雨明，杨牧，2011. 隐爆角砾岩矿床的几点认识[J]. 西部探矿工程（1）：171-172.

核工业华东地质局，1990. 赣杭构造陆相火山岩成矿带铀矿成矿规律[M]. 北京：原子能出版社.

赫英，1985. 关于西华山花岗岩株成岩阶段划分问题的几点看法[J]. 地质论评，31（2）：173-178.

黑欢，2012. 赣南地区淘锡坑钨矿床地质特征及成矿作用研究[D]. 西安：长安大学.

侯增谦，王二七，莫宣学，等，2008. 青藏高原碰撞造山与成矿作用[M]. 北京：地质出版社.

胡聪聪，潘家永，张勇，等，2013. 赣中徐山钨矿床流体包裹体地球化学特征及其地质意义[J]. 东华理工大学学报（自然科学版），36（S1）：1-8.

胡聪聪，2014. 赣中徐山钨矿床地球化学特征及成因探讨[D]. 南昌：东华理工大学.

胡东泉，华仁民，李光来，等，2011. 赣南茅坪钨矿流体包裹体研究[J]. 高校地质学报，17（2）：327-336.

胡瑞忠，毕献武，Turner G，等，1999. 哀牢山金矿带金成矿流体He和Ar同位素地球化学[J]. 中国科学（D辑：地球科学），29（4）：321-330.

胡世玲，邹海波，周新民，等，1993. 安徽歙县堇青石花岗岩和江西德兴钠长花岗岩中白云母和青铝闪石的$^{40}Ar/^{39}Ar$年龄及其地质意义[M]//中国东南大陆岩石圈结构与地质演化. 北京：冶金出版社：67-77.

胡世玲，邹海波，周新民，1992. 江南元古宙碰撞造山带的两个$^{40}Ar/^{39}Ar$年龄值[J]. 科学通报，37（3）：286-290.

胡正华，楼法生，李永明，等，2018. 江西武宁县东坪钨矿床中与成矿有关的岩浆岩年代学、地球化学及岩石成因[J]. 地球科学，43（S1）：243-263.

胡正华，王先广，陈毓川，等，2020. 江南钨矿带（江西段）成矿规律[J]. 中国钨业，35（5）：10-19.

胡正华，2015. 赣东北朱溪钨多金属矿床形成条件与成矿规律[D]. 成都：成都理工大学.

湖北省地质矿产局，1990. 湖北省区域地质志[J]. 北京：地质出版社.

湖南省地质矿产局，1988. 湖南省区域地质志[J]. 北京：地质出版社.

华仁民，陈培荣，张文兰，2005a. 南岭与中生代花岗岩类有关的成矿作用及其大地构造背景[J]. 高校地质学报，11（3）：291-304.

华仁民，韦星林，王定生，等，2015b. 试论南岭钨矿"上脉下体"成矿模式[J]. 中国钨业，30（1）：16-23.

华仁民，张文兰，陈培荣，等，2003a. 赣南大吉山与漂塘花岗岩及有关成矿作用特征对比[J]. 高校地质学报，9（4）：609-619.

华仁民，陈培荣，张文兰，等，2003b. 华南中、新生代与花岗岩类有关的成矿系统[J]. 中国科学（D辑：地球科学），33（4）：335-343.

华仁民，张文兰，李光来，等，2008. 南岭地区钨矿床共（伴）生金属特征及其地质意义初探[J]. 高校地质学报，14（4）：527-538.

华仁民，李光来，张文兰，等，2010. 华南钨和锡大规模成矿作用的差异及其原因初探[J]. 矿床地质，29（1）：9-23.

华仁民，2005b. 南岭中生代陆壳重熔型花岗岩类成岩-成矿的时间差及其地质意义[J]. 地质论评，51（6）：633-639.

黄安杰，温祖高，刘善宝，等，2013. 江西乐平塔前钨钼矿中辉钼矿Re-Os定年及其地质意义[J]. 岩石矿物学杂志，32（4）：496-504.

黄定堂，1999. 茅坪钨锡矿床地质特征[J]. 中国钨业，14（3）：23-27.

黄定堂，2003. 灵山岩体演化特征及其与稀有金属的成矿作用[J]. 地质与勘探，39（4）：35-40.

黄汲清，陈柄蔚，1987. 中国及邻区特提斯海的演化[M]. 北京：地质出版社.

黄汲清，任纪舜，姜春发，等，1977. 中国大地构造的基本轮廓[J]. 地质学报，51（2）：117-135.

黄汲清，1945. 中国主要地质构造单位[M]. 北京：科学出版社.

黄兰椿，蒋少涌，2012a. 江西大湖塘钨矿床似斑状白云母花岗岩锆石 U-Pb 年代学、地球化学及成因研究 [J]. 岩石学报，28（12）：3887-3900.

黄兰椿，蒋少涌，2012b. 江西大湖塘钨矿床似斑状白云母花岗岩锆石 U-Pb 年代学、地球化学及成因研究 [J]. 岩石学报，28（12）：3887-3900.

黄兰椿，蒋少涌，2013. 江西大湖塘富钨花岗斑岩年代学、地球化学特征及成因研究[J]. 岩石学报，29（12）：4323-4335.

黄凝，徐平，袁晶，2014. 江西分宜下桐岭地区钨矿地质特征与成矿预测[J]. 地质学刊，38（4）：630-637.

黄品赟，2012. 江西淘锡坑锡矿中两期锡石的形态学和地球化学研究[D]. 南京：南京大学.

黄小娥，李光来，郭家松，等，2012. 赣南樟东坑钨矿成矿花岗岩及矿化特征[J]. 地质与勘探，48（4）：685-692.

黄修保，余忠珍，邹国庆，2003. 赣西北地区中元古界双桥山群沉积学特征[J]. 地质通报，22（1）：43-49.

黄懿，朱明湘，1948. 赣西武功山钨矿地质[R]. 北京：中央地质所.

黄长煌，2017. 台湾玉里带变质岩 LA-ICP-MS 锆石 U-Pb 年龄及其地质意义[J]. 地质通报，36（10）：1722-1739.

黄长煌，2016. 福建东山变质岩 LA-ICP-MS 锆石 U-Pb 同位素年龄及其地质意义[J]. 中国地质，43（3）：738-750.

姬芳，2007. 江西省崇义地区钨矿资源开发与潜力评价[D]. 北京：中国地质大学（北京）.

贾宝华，彭和求，唐晓珊，等，2004. 湘东北文家市蛇绿混杂岩带的发现及意义[J]. 现代地质，18（2）：229-236.

江超强，张勇，潘家永，等，2016. 江西大雾塘钨矿岩石地球化学特征及其意义[J]. 西部探矿工程（5）：176-180.

江超强，2016. 江西大雾塘钨多金属矿床地球化学特征及成因探讨[D]. 南昌：东华理工大学.

江善元，2013. 闽中裂谷南段稀有金属矿床主要类型特征及找矿前景展望 [C]//2013 年华东六省一市地学科技论坛论文集. 福州：福建省地图出版社：98-104.

江苏省地质矿产局，1984. 江苏省区域地质志[M]. 北京：地质出版社.

江西省地方志编纂委员会，1988. 江西省志·江西省地质矿产志[M]. 北京：方志出版社.

江西省地质科学研究所，1977. 江西省铜矿地质特征、分布规律与找矿方向[R]. 南昌：江西省地质科学研究所.

江西省地质矿产局，1984. 江西省区域地质志[M]. 北京：地质出版社.

江西省地质矿产局，1986. 1:200 万中国南岭及其邻区地质构造图说明书[M]. 北京：地质出版社.

江西省地质矿产局，1988. 中国南岭及其邻区地质构造图（1:2 000 000）说明书[M]. 北京：地质出版社.

江西省地质矿产勘查开发局，2015. 中国矿产地质志·江西卷[M]. 北京：地质出版社.

江西省地质矿产勘查开发局，2017. 中国区域地质志·江西志[M]. 北京：地质出版社.

江西省地质矿产勘查开发局，2020. 中国矿产地质志·华南洋：滨太平洋构造演化与成矿[M]. 北京：地质出版社.

江西省地质矿产厅，1997. 江西省岩石地层[M]. 武汉：中国地质大学出版社.

蒋国豪，胡瑞忠，谢桂青，等，2004. 江西大吉山钨矿成矿年代学研究[M]. 矿物学报，24（3）：253-256.

蒋华，2020. 大湖塘矿床云母矿物成因及其对钨矿的指示[D]. 合肥：合肥工业大学.

蒋少涌，彭宁俊，黄兰椿，等，2015. 赣北大湖塘矿集区超大型钨矿地质特征及成因探讨[J]. 岩石学报，31（3）：639-654.

蒋中和，蒋加燥，甘先平，2014. 湖南省宜章县瑶岗仙钨矿接替资源勘查 [M]//危机矿山接替资源找矿勘查案例（上册）. 北京：地质出版社：135-149.

康永孚，李崇佑，1991. 中国钨矿床地质特征、类型及其分布[J]. 矿床地质，10（1）：19-26.

康永孚，苗树屏，李崇佑，等，1994. 中国钨矿床[M]. 北京：地质出版社.

孔昭庆，2004. 论中国钨业之科学发展[J]. 中国钨业，19（3）：1-4.

矿产资源工业要求手册编委会，2010. 矿产资源工业要求手册[M]. 北京：地质出版社.

黎彤，袁怀雨，吴胜昔，等，1999. 中国大陆壳体的区域元素丰度[J]. 大地构造与成矿学（2）：101-107.

黎彤，1976. 化学元素的地球丰度[J]. 地球化学，5（3）：167-174.

李宝龙，季建清，付孝悦，等，2008. 滇西点苍山－哀牢山变质岩系锆石SHRIMP定年及其地质意义[J]. 岩石学报，24（10）：2322-2330.

李秉伦，谢奕汉，赵瑞，等，1985. 江西都昌阳储岭钙碱性杂岩体岩浆作用及地球化学[J]. 岩石学报，1（2）：1-16.

李崇佑，许静，1981. 江西及邻省钨矿成因类型[C]//钨矿地质讨论会文集（中文版）. 北京：地质出版社，58-68.

李大新，赵一鸣，2004. 江西焦里夕卡岩银铅锌钨矿床的矿化夕卡岩分带和流体演化[J]. 地质论评，50（1）：16-24.

李光来，华仁民，黄小娥，等，2011a. 赣中下桐岭钨矿辉钼矿Re-Os年龄及其地质意义[J]. 矿床地质，30（6）：1075-1082.

李光来，华仁民，李响，等，2010. 赣南八仙脑破碎带型钨锡多金属矿床成矿流体和年代学研究[J]. 矿物学报，30（3）：273-277.

李光来，华仁民，韦星林，等，2013. 赣南铁山垅含钨花岗岩的岩石地球化学特征[J]. 矿物学报，（A2）：16-17.

李光来，华仁民，韦星林，等，2014. 赣南樟东坑钨矿两类矿化中辉钼矿的Re-Os同位素定年及其地质意义[J]. 地球科学（中国地质大学学报），39（2）：165-173.

李光来，2011b. 赣南及邻区燕山期花岗岩演化与钨矿成矿作用[D]. 南京：南京大学.

李光来，2011c. 赣中下桐岭钨矿辉钼矿Re-Os年龄及其地质意义[D]. 矿床地质，30（6）：1075-1086.

李光来，2011d. 江西中部徐山钨铜矿床单颗粒白云母Rb-Sr等时线定年及其地质意义[J]. 地球科学（中国地质大学学报），36（2）：107-113.

李红艳，毛景文，孙亚利，等，1996. 柿竹园钨多金属矿床的Re-Os同位素等时线年龄研究[J]. 地质论评，42（3）：261-267.

李洪桂，羊建高，李昆，2010. 钨冶金学[M]. 长沙：中南大学出版社.

李华芹，刘家齐，魏林，1993. 热液矿床流体包裹体年代学及其地质应用[M]. 北京：地质出版社.

李惠，刘运正，何厚强，等，1987. 赣南脉钨矿床的某些地球化学特征及地球化学找矿标志[M]. 地质与勘探，23（7）：46-53.

李江涛，梁斌，何文劲，等，2016. 藏北羌塘盆地基底的地质构造演化：来自侏罗纪雁石坪群砂岩碎屑锆石U-Pb同位素年代学证据[J]. 中国地质，43（4）：1216-1226.

李均权，谭俊明，李江洲，等，2005. 湖北省矿床成矿系列[M]. 武汉：湖北科学技术出版社.

李丽侠，陈郑辉，施光海，等，2014. 江西峁美山钨矿矿床的成矿年龄及地质特征[J]. 岩矿测试. 33（2）：287-295.

李璞，戴橦谟，邱纯一，等，1963. 内蒙和南岭地区某些伟晶岩和花岗岩的钾-氩法绝对年龄测定[J]. 地质科学，1：1-9.

李秋金，李金梅，王芳，2015. 闽中梅仙铅锌矿矿田赋矿变质岩系对比与深部找矿前景探讨[C]//华东六省一市地学科技论坛. 南昌：江西科学技术出版社：221-228.

李诗斌，曾载淋，2006. 赣南地区成矿地质条件分析及其钨矿找矿的指导意义[J]. 东华理工学院学报，29（A1）：28-37.

李淑琴，曾小华，周先军，等，2021. 江西凤凰山钨矿床地质特征及成因浅析[J]. 矿产勘查，12（6）：1306-1313.

李水如，王登红，梁婷，等，2008. 广西大明山钨矿区成矿时代及其找矿前景分析[J]. 地质学报，82（7）：873-879.

李四光，1942. 南岭何在？[J]. 地质论评，7（6）：253-266.

李四光，1973. 地质力学概论[M]. 北京：科学出版社.

李伟，刘翠辉，谭友，等，2021. 赣南柯树岭岩体锆石U-Pb年龄、岩石地球化学及成矿作用特征[J]. 地质论评，67（5）：1309-1320.

李伟，于长琦，曾载淋，等，2018. 赣南狮吼山硫铁－钨多金属矿床H-O-S同位素组成特征[J]. 岩矿测试，37（6）：713-720.

李献华，王一先，赵振华，1998. 闽浙古元古代斜长角闪岩的离子探针锆石U-Pb年代学[J]. 地球化学，27（4）：327-334.

李献华，周国庆，赵建新，1994. 赣东北蛇绿岩的离子探针锆石U-Pb年龄及其构造意义[J]. 地球化学，23（2）：125-131.

李晓峰，Watanabe Yasushi，华仁民，2008. 华南地区中生代Cu-Mo-W-Sn成矿作用与洋岭/转换断层俯冲[J]. 地质学报，82（5）：625-640.

李岩，赵苗，潘小菲，等，2014a. 景德镇朱溪钨（铜）矿床花岗斑岩的锆石U-Pb年龄、地球化学特征及其与成矿关系探讨[J]. 地质论评，60（3）：693-708.

李岩，2014b. 江西省朱溪钨（铜）多金属矿床成矿作用研究[D]. 北京：中国地质大学（北京）.

李亿斗，盛继福，BEL L L，等，1986. 西华山花岗岩下陆壳起源的证据[J]. 地质学报，70（3）：256-274.

李逸群，颜晓锺，1991. 中国南岭及邻区钨矿床矿物学[M]. 武汉：中国地质大学出版社.

李毅，杨佑，1991. 茅坪钨锡矿床基本地质特征[J]. 矿产与地质，5（23）：284-292.

李永明，李吉明，2018. 赣北东坪钨矿区二云母花岗岩地球化学特征及其构造动力学意义[J]. 中国钨业，33（2）：1-9.

李赞春，唐尚熹，1990. 焦里上犹银多金属矿床地质特征[J]. 江西地质，4（4）：357-369.

李兆麟，顾鹰程，承旗，1986. 赣北钨、锡、钼含矿建造地球化学初步研究[J]. 矿物岩石地球化学通报，5（3）：125-127.

林金华，2009. 安溪县郭埔铁多金属矿地质特征及成因探讨[J]. 能源与资源（4）：123-125.

林黎，余忠珍，罗小洪，等，2006a. 江西大湖塘钨矿田成矿预测[J]. 东华理工学院学报(S1)：139-142.

林黎，占岗乐，喻晓平，2006b. 江西大湖塘钨（锡）矿田地质特征及远景分析[J]. 资源调查与环境，27（1）：25-32.

林运淮，2010. 岩控脉钨矿的预测[J]. 地质论评，56（1）：141-152.

凌联海，李谊春，钟达洪，2001. 赣西地区泥盆纪岩石地层划分与对比[J]. 江西地质，15（2）：87-91.

刘家军，何明勤，李志明，等，2004. 兰坪白秧坪银铜多金属矿集区碳氧同位素组成极其意义[J]. 矿床地质，23（1）：1-10.

刘家齐，汪雄武，曾贻善，等，2002. 西华山花岗岩及钨锡铍矿田成矿流体演化[J]. 华南地质与矿产（3）：91-96.

刘家齐，1989. 西华山花岗岩及其成矿作用[J]. 中国地质科学院院报（19）：83-104.

刘家远，沈纪利，1982. 江西钨的成矿岩浆体系[J]. 吉林大学学报（地球科学版）（1）：81-90.

刘家远，1978. 江西与中酸性斑岩有关铜矿床的含矿岩体特征及对成矿的控制[J]. 地质科技（5）：12-24.

刘家远，1980. 两类花岗质岩石、复杂的形成作用、不同的成矿专属性：再论江西内生金属成矿的岩浆机制[J]. 江苏地质，（2）：24-32.

刘家远，2005. 西华山钨矿的花岗岩组成及与成矿的关系[J]. 地质找矿论丛，20（1）：6-7.

刘建光，王先广，陈国华，等，2014. 江西钨铜矿找矿实践[J]. 地质学刊，38（S1）：79-84.

刘建明，赵善仁，刘伟，等，1997. 成矿地质流体体系的主要类型[J]. 地球科学进展，13（2）：161-165.

刘进先，陈浩文，刘兴畅，等，2015. 江西修水花山洞钨矿床同位素年代学研究及其意义[J]. 资源调查与环境，36（1）：1-9.

刘俊生，彭琳琳，陈巧云，等，2016. 江西瑞金胎子紫钨矿床地质特征及成因探讨[J]. 中国钨业，31（3）：8-14.

刘珺，叶会寿，谢桂青，等，2008. 江西省武功山地区浒坑钨矿床辉钼矿Re-Os年龄及其地质意义[J]. 地质学报，82（11）：1572-1579.

刘珺，毛景文，叶会寿，等，2008a. 江西省武功山地区浒坑花岗岩的锆石U-Pb定年及元素地球化学特征[J]. 岩石学报，28（8）：1813-1822.

刘珺，叶会寿，谢桂青，等，2008b. 江西省武功山地区浒坑钨矿床辉钼矿Re-Os年龄及其地质意义[J]. 地质学报，82（11）：1572-1579.

刘梦庚，1981. 中国南方脉型钨矿床的沙钨矿床的原生分带及其成因[C]//钨矿地质讨论论文集（中文版）：221-231.

刘南庆，黄剑凤，韩润君，等，2014. 江西大湖塘地区燕山期构造-岩浆热液成矿系统及其成矿机理[J]. 地质找矿论丛，29（3）：311-320.

刘荣军，2008. 江西崇义宝山矿区深部生产探矿实践[J]. 中国钨业，23（4）：8-12.

刘荣军，2009. 江西宝山花岗岩体特征初探[J]. 中国钨业，24（2）：15-19.

刘若兰，慕纪录，1990. 木梓园钨钼矿床流体包裹体研究及在成矿阶段划分中的应用[J]. 成都地质学院学报，17（3）：18-28.

刘善宝，陈毓川，范世祥，等，2010. 南岭成矿带中、东段的第二找矿空间：来自同位素年代学的证据. 中国地质，37（4）：1034-1049.

刘善宝，刘战庆，王成辉，等，2017. 赣东北朱溪超大型钨矿床中白钨矿的稀土、微量元素地球化学特征及其Sm-Nd定年[J]. 地学前缘，24（5）：17-30.

刘善宝，王登红，陈毓川，等，2008. 赣南崇义－大余－上犹矿集区不同类型含矿石英中白云母 $^{40}Ar/^{39}Ar$ 年龄及其地质意义[J]. 地质学报，82（7）：932-940.

刘书生，杨永飞，郭林楠，等，2018. 东南亚大地构造特征与成矿作用[J]. 中国地质，45（5）：863-889.

刘爽，2011. 江西省园岭寨钼矿床地质特征及矿床成因[D]. 西安：长安大学.

刘武刚，陈友智，2006. 马坑铁矿中矿段地质特征及成因认识[J]. 有色金属（矿山部分），58（2）：14-16.

刘亚光，周殿超，陈胜高，等，1997. 江西省岩石地层[M]. 武汉：中国地质大学出版社.

刘英俊，马东升，1984a. 元素地球化学[M]. 北京：科学出版社.

刘英俊，马东升，1984b. 江西隘上沉积－叠加成因钨矿床的元素地球化学判据[J]. 中国科学（12）：1126-1135.

刘英俊，马东升，1987. 钨的地球化学[M]. 北京：科学出版社.

刘战庆，刘善宝，梁婷，等，2015. 南岭九龙脑矿田典型矿床构造解析：以淘锡坑钨矿床为例[J]. 地学前缘，23（4）：1-18.

柳志青，1980. 脉状钨矿床成矿预测理论[M]. 北京：科学出版社.

龙细友，王显华，2009. 江西武功山地区浒坑钨矿地质特征和成因探讨[J]. 江西有色金属，23（4）：3-7.

楼法生，沈渭洲，王德滋，等，2005. 江西武功山穹隆复式花岗岩的锆石 U-Pb 年代学研究[J]. 地质学报，79（5）：636-644.

卢汉堤，谭运金，2016. 南岭地区钨矿床"多位一体"式成矿作用探讨[J]. 中国钨业，31（1）：22-26.

卢焕章，1986. 华南钨矿成因[M]. 重庆：重庆出版社.

卢克豪，王旭东，2009. 赣漂塘钨矿矿体圈定方法的若干探讨[J]. 中国钨业，24（6）：5-8.

卢宇，陈炳才，莫名淡，1982. 江西省阳储岭斑岩型钨钼矿床地质特征 [C]//中国地质科学院矿床地质研究所文集. 北京：中国地质科学院矿床地质研究所：51.

鲁麟，于萍，任鹏，等，2013. 江西赣州盘古山钨矿床黑钨矿标型及指示意义[J]. 地质论评，59（S1）：309-310.

陆松年，于海峰，李怀坤，等，2009. 中央造山带（中－西部）前寒武纪地质[M]. 北京：地质出版社.

陆松年，2001. 新元古时期 Rodinia 超大陆研究进展述评[J]. 前寒武研究进展，24（2）：116-122.

罗刚，瞿泓滢，肖荣阁，等，2016. 江西省花山洞钨矿花岗岩锆石 U-Pb 定年及其地质意义[J]. 现代地质，30（5）：1014-1025.

罗兰，蒋少涌，杨水源，等，2010. 江西彭山锡多金属矿集区隐伏花岗岩体的岩石地球化学、锆石 U-Pb 年代学和 Hf 同位素组成[J]. 岩石学报，26（9）：2818-2834.

罗贤昌，王端明，1984. 江西画眉坳钨矿主矿带硫化物中银，金赋存状态及形成机理[J]. 矿物岩石，4（1）：36-40，117-123.

吕科，王勇，肖剑，2011. 西华山复式花岗岩株地球化学特征及构造环境探讨 [J]. 东华理工大学学报（自然科学版），34（2）：117-128.

满发胜，工小松，1988. 阳储岭斑岩型钨钼矿床同位素地质年代学研究[J]. 矿产与地质，2（1）：61-66.

毛景文，陈懋弘，袁顺达，等，2011. 华南地区钦杭成矿带地质特征和矿床时空分布规律[J]. 地质学报，85（5）：636-658.

毛景文，吴胜华，宋世伟，等，2020. 江南世界级钨矿带：地质特征、成矿规律和矿床模型 [J]. 科学通报，65（33）：3746-3762.

毛景文，谢桂青，郭春丽，等，2007. 南岭地区大规模钨锡多金属成矿作用：成矿时限及地球动力学背景 [J]. 岩石学报，23（10）：2329-2338.

毛景文，谢桂青，郭春丽，等，2008. 华南地区中生代主要金属矿床时空分布规律和成矿环境 [J]. 高校地质学报，14（4）：510-526.

毛景文，谢桂青，李晓峰，等，2004. 华南地区中生代大规模成矿作用与岩石圈多阶段伸展 [J]. 地学前缘，11（1）：45-55.

毛景文，张作衡，王义天，等，2002. 华北克拉通周缘中生代造山型金矿床的氮同位素和氮含量记录 [J]. 中国科学（D辑：地球科学），32（9）：705-717.

毛志昊，2016. 江西大湖塘超大型斑岩钨矿床成矿动力学背景与成矿作用[D]. 北京：中国地质大学（北京）.

莫名浈，毕远成，杨祚安，1985. 江西省都昌县阳储岭斑岩钨钼矿床地质[R]. 九江：江西省地质矿产局九一六大队.

莫宣学，路凤香，沈上越，等，1993. 三江特提斯火山作用与成矿[M]. 北京：地质出版社.

莫柱孙，李洪谟，康永孚合，1958. 中国南部钨矿工业类型和勘探方法的初步总结[M]. 北京：地质出版社.

莫柱孙，叶伯丹，潘维祖，等，1980. 南岭花岗岩地质学[M]. 北京：地质出版社.

穆治国，黄袥生，陈成业，等，1981. 漂塘—西华山石英脉型钨矿床碳氢和氧稳定同位素研究[C]//钨矿地质国际讨论论文集：152–170.

南京大学地质系花岗岩火山岩及成矿理论研究所，1980. 中国东南部花岗岩类的时空分布、岩石演化、成因类型和成矿关系的研究[R]. 南京：南京大学.

聂荣锋，卢克豪，2007. 漂塘钨矿木梓园矿区地质找矿成效[J]. 矿产与地质，21（3）：312–315.

欧阳美才，2002. 漂塘钨矿木梓园矿区开展第二轮地质找矿见成效[J]. 中国钨业，17（5）：17–20.

欧阳永棚，陈国华，饶建锋，等，2014. 景德镇朱溪铜钨多金属矿床地质特征及成矿机制初探 [J]. 地质学刊，38（3）：359–364.

欧阳永棚，饶建锋，曾祥辉，等，2015. 朱溪钨铜多金属矿床围岩蚀变特征及其找矿意义[J]. 江西地质，16（3）：182–191.

欧阳永棚，饶建锋，尧在雨，等，2018. 朱溪式矽卡岩型矿床成矿作用及找矿方向[J]. 地质科技情报，37（3）：148–158.

潘大鹏，2016. 赣西北大湖塘石门寺钨矿区花岗岩的成因及其对钨矿的指示意义[D]. 南京：南京大学.

潘桂棠，李兴振，王立全，等，2002. 青藏高原及邻区大地构造单元初步划分[J]. 地质通报，21（11）：701–707.

潘桂棠，侯增谦，徐强，等，2003. 西南"三江"多岛弧造山过程成矿系统与资源评价[M]. 北京：地质出版社.

潘世龙，潘岳，王涛涛，2015. 江西省宜黄县上南源矿区铜多金属矿地质特征及找矿远景分析 [J]. 城市建设理论研究，5（11）：1–3.

裴荣富，梅燕雄，毛景文，等，2008. 中国中生代成矿作用[M]. 北京：地质出版社.

钱姣凤，1991. 试论西华山花岗岩及钨矿化[J]. 江西地质科技，18（3）：147–156.

邱检生，McInnes BIA，徐夕生，等，2004. 赣南大吉山五里亭岩体的锆石 LA-ICP-MS 定年及其与钨成矿关系的新认识[J]. 地质论评，50（2）：125–133.

屈文俊，杜安道，2003. 高温密闭溶样电感耦合等离子体质谱准确测定辉钼矿铼 – 锇地质年龄 [J]. 岩矿测试，22（4）：254–262.

全国地层委员会，2014. 中国地层指南及中国地层指南说明书[M]. 北京：地质出版社.

饶建锋，欧阳永棚，陈国华，等，2015. 朱溪钨铜多金属矿床矿体类型多样性及其对找矿的指示意义[C]//第十三届华东六省一市地学科技论坛文集. 南昌：江西省科学技术出版社：107–115.

任纪舜，2013. 1:1 000 000 国际亚洲地质图[M]. 北京：地质出版社.

任英忱，程敏清，王存昌，1986. 江西盘古山石英脉型钨矿床钨铋矿物特征及矿物的垂直分带[J]. 矿床地质，5（2）：63–74.

任英忱，1998. 江西盘古山 – 黄沙黑钨矿石英脉矿床铋硫盐矿物再研究[J]. 地质找矿论丛，13（4）：1–17.

阮昆，王晓娜，吴奕，等，2013. 大湖塘矿田构造、花岗岩与钨成矿关系探讨[J]. 中国钨业，28（5）：1–5.

阮昆，潘家永，曹豪杰，等，2015. 大湖塘石门寺钨矿床碳、氧、硫同位素研究 [J]. 矿物岩石，35（01）：57–62.

山峰，1976. 华南某细脉带钨锡矿床地质特征[J]. 地质学报（1）：3–18.

盛继福，陈郑辉，刘丽君，等，2015. 中国钨矿成矿规律概要[J]. 地质学报，89（6）：1038–1050.

施美凤，林方成，李兴振，等，2011. 东南亚中南半岛与中国西南邻区地层分区及沉积演化历史 [J]. 中国地质，38（5）：1244–1256.

石礼炎，高天钧，张克尧，等，1996. 福建省与岩浆岩活动有关的矿床成矿系列研究[J]. 福建地质，15（1）：1–19.

史明魁，熊成云，贾德裕，等，1993. 湘桂粤赣地区有色金属隐伏矿床综合预测[M]. 北京：地质出版社.

舒良树，周国庆，施央申，等，1993. 江南造山带东段高压变质蓝片岩及其地质时代研究[J]. 科学通报，38（20）：1879-1882.

舒良树，施央申，郭令智，1995. 江南中段板块-地体构造与碰撞造山运动学[M]. 南京：南京大学出版社.

水涛，徐步台，梁如华，等，1988. 中国浙闽变质基底地质[J]. 北京：科学出版社，59-82.

宋生琼，胡瑞忠，毕献武，等，2011a. 赣南崇义淘锡坑钨矿床氢、氧、硫同位素地球化学研究. 矿床地质，30（1）：1-10.

宋生琼，胡瑞忠，毕献武，等，2011b. 赣南淘锡坑钨矿床流体包裹体地球化学研究. 地球化学，40（3）：237-248.

宋世伟，毛景文，谢桂青，等，2018. 矽卡岩型钨矿床成矿相关岩体识别：以江西景德镇朱溪超大型矽卡岩型钨矿床为例[J]. 矿床地质，37（5）：940-960.

宋世伟，张成江，黄小东，2013. 热液隐爆角砾岩成矿过程分析[J]. 高校地质学报，19（S1）：234-235.

宋叔和，康永孚，涂光炽，等，1993. 中国矿床（中册）[M]. 北京：地质出版社.

苏晔，李光来，唐傲，等，2020. 赣中聚源钨矿区花岗斑岩锆石 U-Pb 年代学、岩石地球化学和 Sr-Nd-Hf 同位素特征及成因探讨[J]. 大地构造与成矿学，44（5）：971-985.

苏晔，2017. 赣中聚源钨矿花岗斑岩地球化学特征及其地质意义[D]. 南昌：东华理工大学.

孙殿卿，2000. 孙殿卿著作选集[M]. 北京：地震出版社，212-213.

孙恭安，史明魁，张宏良，等，1985. 大吉山花岗岩岩石学、地球化学及成矿作用研究 [M]//南岭地质矿产报告集. 武汉：中国地质大学出版社，326-363.

孙际茂，娄亚利，黄杰，等，2013. 辰山岩体周边白钨矿床地质特征与找矿前景[J]. 地质找矿论丛，28（1）：85-94.

孙立强，凌洪飞，沈渭洲，等，2011. 粤北棉土窝岩体的地球化学与成因研究[J]. 矿物岩石地球化学通报，30（S1）：93.

孙莉，肖克炎，邢树文，等，2016. 南岭钨锡稀土成矿带资源特征与潜力分析[J]. 地质学报，90（7）：1589-1597.

孙涛，2006. 新编华南花岗岩分布图及其说明[J]. 地质通报，25（3）：332-335.

谭忠福，张启富，袁正新，1988. 中国东部新华夏系[M]. 武汉：中国地质大学出版社.

唐照友，2013. 江西省花山洞钨钼矿成因类型分析[J]. 低碳世界(16)：183-185.

陶奎元，1994. 火山岩相构造学[J]. 南京：江苏科学技术出版社.

童军义，付文树，2009. 浅议宜黄大王山钨多金属矿成矿特征及找矿方向[J]. 中国西部科技，8（10）：11-12.

万浩章，刘战庆，刘善宝，等，2015. 赣东北朱溪铜钨矿区花岗闪长斑岩 LA-ICP-MS 锆石 U-Pb 定年及地质意义[J]. 岩矿测试，34（4）：494-502.

万天丰，2013. 新编亚洲大地构造区划图[J]. 中国地质，40（5）：1351-1365.

汪帮勤，黄定堂，李新芝，等，2004. 下桐岭钨多金属矿床地质特征及成矿作用[J]. 中国钨业，19（6）：25-29.

汪群英，路远发，陈郑辉，等，2012a. 赣南淘锡坑钨矿床流体包裹体特征及其地质意义 [J]. 华南地质与矿产，28（1）：35-44.

汪群英，2012b. 江西盘古山钨矿床成矿流体特征[D]. 西安：长安大学.

王安城，1987. 大余木梓园隐伏花岗岩体的预测[J]. 桂林冶金地质学院学报，7（3）：191-197.

王德滋，周新民，2002. 中国东南部晚中生代花岗质火山-侵入杂岩成因与地壳演化[M]. 北京：地质出版社.

王登红，陈毓川，陈郑辉，等，2007. 南岭地区矿产资源形势分析和找矿方向研究[J]. 地质学报，81（7）：882-890.

王登红，陈郑辉，黄国成，等，2012. 华南"南钨北扩"、"东钨西扩"及其找矿方向探讨 [J]. 大地构造与成矿学，36（3）：322-329.

王登红，唐菊兴，应立娟，等，2010a. "五层楼+地下室"找矿模型的适用性及其对深部找矿的意义 [J]. 吉林大学学报（地球科学版），40（4）：733-738.

王登红，陈富文，张永忠，等，2010b. 南岭有色-贵金属成矿潜力及综合探测技术研究[M]. 北京：地质出版社.

王登红，徐志刚，盛继福，等，2014a. 全国重要矿产和区域成矿规律研究进展综述[J]. 地质学报，88（12）：2176-2191.

王登红，2014b. 全国成岩成矿年代谱系[M]. 北京：地质出版社.

王登红，杨建民，闫升好，等，2002. 西南三江新生代矿集区的分布格局及找矿前景[J]. 地球学报，23（2）：135-140.

王登红，赵正，刘善宝，等，2016. 南岭东段九龙脑矿田成矿规律与找矿方向[J]. 地质学报，90（9）：2399-2411.

王登红，赵正，刘善宝，等，2020. 南岭东段九龙脑矿田成矿规律与深部找矿示范[M]. 北京：科学出版社.

王定生，陆思明，胡本语，等，2011. 江西茅坪钨锡矿床地质特征及成矿模式[J]. 中国钨业，26（2）：6-11.

王辉，丰成友，李大新，等，2015. 赣北大湖塘钨矿成岩成矿物质来源的矿物学和同位素示踪研究[J]. 岩石学报，31（3）：725-739.

王丽丽，2015. 华南赣州地区早古生代晚期-中生代花岗岩类地球化学与岩石成岩[D]. 北京：中国地质大学（北京）.

王强，孙燕，张雪辉，等，2012. 江西省村前铜多金属矿床斜长花岗斑岩 LA-ICP-MS 锆石 U-Pb 年龄及地质意义[J]. 中国地质，39（5）：1143-1150.

王少铁，赵正，方贵聪，等，2017. 赣南樟（东坑）-九（龙脑）钨多金属矿床矿物学、年代学特征及地质意义[J]. 地学前缘，24（5）：120-130.

王先广，胡正华，2021. 江南钨矿带（江西段）成矿规律[M]. 北京：地质出版社.

王先广，刘战庆，刘善宝，等，2015. 江西朱溪铜钨矿细粒花岗岩 LA-ICP-MS 锆石 U-Pb 定年和岩石地球化学研究[J]. 岩矿测试，34（5）：592-599.

王显华，龙细友，2010. 江西省丰城市徐山钨矿床构造迭加及成矿构造演化模式[J]. 西部探矿工程（12）：147-151.

王旭东，倪培，蒋少涌，等，2008. 赣南漂塘钨矿流体包裹体研究[J]. 岩石学报，24（9）：2163-2170.

王旭东，倪培，蒋少涌，等，2009. 江西漂塘钨矿成矿流体来源的 He 和 Ar 同位素证据[J]. 科学通报，54（21）：3338-3344.

王旭东，倪培，袁顺达，等，2012a. 赣南木梓园钨矿流体包裹体特征及其地质意义[J]. 中国地质，39（6）：1790-1797.

王旭东，倪培，袁顺达，等，2012b. 江西黄沙石英脉型钨矿床流体包裹体研究[J]. 岩石学报，28（1）：122-132.

王旭东，倪培，张伯声，等，2010. 江西盘古山石英脉型钨矿床流体包裹体研究[J]. 岩石矿物学杂志，29（5）：539-550.

王旭东，倪培，袁顺达，等，2013. 赣南漂塘钨矿锡石及共生石英中流体包裹体研究[J]. 地质学报，87（6）：850-859.

王泽华，周玉振，1981. 西华山脉钨矿床两层矿化特征及成矿模式[C]//钨矿地质讨论会论文集. 北京：地质出版社：197-205.

王泽华，1988. 西华山花岗岩株地质特征及其与成矿关系[J]. 矿产与地质，2（S1）：106-112.

王长明，邓军，张寿庭，等，2007. 河南崔香洼金矿原生晕地球化学特征和深部找矿预测[J]. 地质与勘探，43（1）：58-63.

王长明，徐贻赣，吴淦国，等，2011. 江西冷水坑 Ag-Pb-Zn 矿田碳、氧、硫、铅同位素特征及成矿物质来源[J]. 地学前缘，18（1）：179-193.

韦星林，幸世军，2010. 江西宝山钨多金属矿床"一体多位"成矿定位模式[J]. 中国钨业，25（4）：5-10.

韦星林，2012. 赣南钨矿成矿特征与找矿前景[J]. 中国钨业，27（1）：14-21.

魏文凤，胡瑞忠，彭建堂，等，2011. 赣南西华山钨矿床的流体混合作用：基于 H、O 同位素模拟分析[J]. 地球化学，40（1）：45-55.

翁世劼，孔庆寿，黄海，1987. 浙闽赣粤中生代晚期火山地质[M]. 北京：地质出版社.

吴礼彬，赵先超，孙明明，等，2016. 安徽钨矿成矿特征及时空分布规律研究[J]. 地质论评，62（S1）：231-232.

吴胜华，王旭东，熊必康，2014. 江西香炉山矽卡岩型钨矿床流体包裹体研究[J]. 岩石学报，30（1）：178-188.

吴显愿，张智宇，郑远川，等，2019. 赣北大湖塘超大型钨矿多期似斑状花岗岩岩浆作用、成因及意义[J]. 岩石矿物学杂志，38（3）：318-338.

吴筱萍，欧阳永棚，周耀湘，等，2015. 景德镇朱溪钨铜多金属矿床岩浆岩地球化学特征及其对成矿的约束[J]. 中国地质，42（6）：1885-1896.

吴新华，周春华，康建云，等，2009. 江西赣江西龙南—定南—全南地区泥盆系与钨铋多金属矿的关系探讨[J]. 资源调查与环境，30（1）：40-46.

吴永乐，1987. 西华山钨矿地质[M]. 北京：地质出版社.

吴至军，徐敏林，赵磊，等，2009. 江西淘锡坑大型钨矿构造控矿机制探讨[J]. 中国钨业，24（1）：16-20.

伍广宇，梁伟，魏琳，等，2001. 广东省三水盆地及西缘喜马拉雅期内生成矿的地质特征与同位素年代学证据[M]. 北京：地震出版社.

席斌斌，张德全，周利敏，等，2008. 江西省全南县大吉山钨矿成矿流体演化特征[J]. 地质学报，82（7）：956-966.

夏宏远，梁书艺，谢为鑫，等，1981. 江西黄沙钨矿床的原生分带及其成因[C]//钨矿地质讨论会论文集. 北京：地质出版社.

向磊，舒良树，2010. 华南东段前泥盆纪构造演化：来自碎屑锆石的证据 [J]. 中国科学（D辑：地球科学），40（10）：1377-1388.

项新葵，刘显沭，詹国年，2012. 江西省大湖塘石门寺矿区超大型钨矿的发现及找矿意义 [J]. 资源调查与环境，33（3）：141-151.

项新葵，汪石林，詹国年，等，2011. 石门寺"一区三型"钨铜钼矿床地质特征[C]//"资源保障－环境安全－地质工作使命"：华东六省一市地学科技论坛文集. 浙江：浙江国土资源杂志社：60-71.

项新葵，王朋，孙德明，等，2013b. 赣北石门寺钨多金属矿床辉钼矿 Re-Os 同位素年龄及其地质意义 [J]. 地质通报，32（11）：1824-1831.

项新葵，王朋，詹国年，等，2013c. 赣北石门寺钨多金属矿床同位素地球化学研究[J]. 地球学报，34（3）：263-271.

项新葵，王朋，詹国年，等，2013d. 赣北石门寺超大型钨多金属矿床地质特征[J]. 矿床地质，32（6）：1171-1187.

项新葵，王鹏，孙德明，等，2013a. 赣北石门寺钨多金属矿床硫、铅、碳、氧同位素地球化学研究 [J]. 地球学报，34（3）：1-9.

项新葵，王朋，孙德明，等，2013. 赣北石门寺钨多金属矿床同位素地球化学研究 [J]. 地球学报，34（03）：263-271.

项新葵，尹青青，詹国年，等，2017. 江西大湖塘北区石门寺矿段钨矿成矿条件与找矿预测[J]. 吉林大学学报（地球科学报），47（3）：645-658.

肖剑，工勇，洪应龙，等，2009. 西华山钨矿花岗岩地球化学特征及与钨成矿的关系 [J]. 东华理工大学学报（自然科学版），32（1）：22-31.

谢家荣，1936. 中国矿产时代及矿产区域[J]. 地质论评，1（3）：363-380.

谢家荣，1961. 中国大地构造问题[J]. 地质学报，41（2）：218-229.

谢家荣，1963. 盐矿地质[C]//矿床学论文集：钾磷矿床研究. 北京：科学出版社.

谢明璜，郭家松，王定生，2011. 江西大吉山钨矿容矿裂隙演化及与成矿关系探讨[J]. 中国钨业，26（5）：1-5.

谢明璜，王定生，刘方，等，2013. 江西大余西华山岩体边部找矿前景探讨[J]. 中国钨业，28（3）：1-6.

谢明璜，王定生，陆思明，2008. 江西西华山钨矿西南区找矿潜力分析 [J]. 东华理工大学学报（自然科学版），31（3）：201-206.

谢明磺，王定生，刘方，等，2009. 江西大余西华山岩体边部找矿前景探讨[J]. 中国钨业，28（3）：1-6.

谢学锦，刘大文，向运川，等，2002. 地球化学块体：概念和方法学的发展[J]. 中国地质，29（3）：225-233.

谢学锦，1995. 用新观念与新技术寻找巨型矿床[J]. 科学中国人（5）：14-16.

谢学锦，2001. 大型特大型矿床的地球化学预测研究[C]//"九五"科技成果汇编. 北京：中国地质科学院，152-153.

邢光福，2006. 中国东南部中生代火山岩地层调查研究新进展[C]//华东地区地质调查成果论文集. 北京：中国大地出版社.

幸世军，陈冬生，李光来，2010. 江西樟东坑钨钼矿床"上钨下钼"垂向分带规律浅析[J]. 中国钨业，25（5）：8-12.

熊盛青，杨海，丁燕云，等，2018. 中国航磁大地构造单元划分[J]. 中国地质，45（4）：658-680.

熊欣，徐文艺，文春华，2015. 江西香炉山矽卡岩型白钨矿矿床成因与流体特征[J]. 矿床地质，34（5）：1046-1056.

徐备，郭令智，施央申，1992. 皖浙赣地区元古代地体和多期碰撞造山带[M]. 北京：地质出版社.

徐德明，付建明，陈希清，等，2017. 都庞岭环斑花岗岩的形成时代、成因及其地质意义 [J]. 大地构造与成矿学，41（3）：561-576.

徐国风，1981. 我国赣中 XS 铜钨矿床金属矿物标型特征研究及其实际意义[J]. 地球化学杂志，10（4）：329-336.

徐国辉，2013. 赣北狮尾洞钨多金属矿床地球化学特征及成矿机理探讨[D]. 南昌：东华理工大学.

徐嘉炜，1984. 郯城庐江平移断裂系统[J]. 构造地质论丛(3)：18-32.

徐克勤，程海，1987. 中国钨矿形成的大地构造背景[J]. 地质找矿论丛，2（3）：1-7.

徐克勤，丁毅，1943. 江西省南部钨矿地质志[R]. 重庆：经济部中央地质调查所.

徐克勤，胡受奚，孙明志，等，1981. 华南钨矿床区域成矿条件分析 [C]//钨矿地质讨论会论文集. 北京：地质出版社：243-257.

徐克勤，刘英俊，俞受鋆，等，1960. 江西南部加里东期花岗岩的发现[J]. 地质论评，20（3）：112-114.

徐克勤，孙鼐，王德滋，等，1963a. 华南多旋回的花岗岩类的侵入时代、岩性特征、分布规律及其成矿专属性的探讨 [J]. 地质学报，43（1）：1-26.

徐敏林，冯卫东，张凤荣，等，2006. 崇义淘锡坑钨矿成矿地质特征[J]. 资源调查与环境，27（2）：159-163.

徐敏林，漆富勇，赵磊，等，2011a. 江西崇义淘锡坑大型钨矿床成矿花岗岩体研究[J]. 资源调查与环境，32（2）：120-128.

徐敏林，钟春根，2011b. 江西淘锡坑大型钨矿床找矿新突破[J]. 中国钨业，26（3）：1-5.

徐敏林，2010. 江西上犹焦里大型白钨矿床构造控矿机制探讨[J]. 中国钨业，25（4）：11-14.

徐胜，刘丛强，1997. 中国东部地幔包体的氦同位素组成及其地幔地球化学演化意义. 科学通报，42（11）：1190-1198.

徐岩，朱德彬，赖志坚，等，2006. 江西盘古山-铁山垅矿田基本特征和区域成矿规律 [C]//第八届全国矿床会议论文集. 北京：地质出版社，610-612.

徐贻赣，曾载淋，2006. 赣南 W、Sn 多金属成矿区划及找矿方向 [J]. 资源调查与环境，27（4）：290-296.

徐有华，吴新华，楼法生，2008. 江南古陆中元古代地层的划分与对比 [J]. 资源调查与环境，29（1）：1-11.

徐兆文，任启江，邱检生，1995. 河南省栾川三道庄和黄背岭矿区含矿矽卡岩的对比研究 [J]. 矿物学报，15（1）：88-96.

徐志刚，陈毓川，王登红，等，2008. 中国成矿区带划分方案 [M]. 北京：地质出版社.

许建祥，曾载淋，王登红，等，2008. 赣南钨矿新类型及"五层楼+地下室"找矿模型 [J]. 地质学报，82（7）：880-887.

许泰，王勇，2014. 赣南西华山钨矿床硫、铅同位素组成对成矿物质来源的示踪 [J]. 矿物岩石地球化学通报，33（3）：342-347.

许泰，2013. 赣南西华山钨矿床成矿流体特征及矿床成因研究 [D]. 南昌：东华理工大学.

许志琴，杨经绥，侯增谦，等，2016. 青藏高原大陆动力学研究若干进展 [J]. 中国地质，43（1）：1-42.

薛荣，王汝成，陈光弘，等，2019. 松树岗钽铌钨锡矿床石英脉的矿物学研究：云母和黑钨矿成分对热液成矿过程的制约 [J]. 矿石矿物学杂志，28（4）：507-520.

杨春光，干正如，2010. 画眉坳钨矿的成因分析及富集规律 [J]. 有色金属（矿山部分），62（6）：30-32.

杨帆，肖荣阁，白凤军，等，2013. 江西赣州淘锡坑钨矿床稀土地球化学研究 [J]. 地质与勘探，49（6）：1139-1153.

杨明桂，曾勇，2006. 中国东南部几个区域地质问题 [C]//加强地质工作促进可持续发展（文集）：2006 年华东"六省一市"地球科学论坛. 南昌：江西科学技术出版社.

杨明桂，曾载淋，赖志坚，等，2008. 江西钨矿床"多位一体"模式与成矿热动力过程[J]. 地质力学学报，14（3）：241-250.

杨明桂，黄水保，楼法生，等，2009. 中国东南陆区岩石圈结构与大规模成矿作用 [J]. 中国地质，36（3）：528-543.

杨明桂，2012a. 钦杭结合带与钦杭成矿带的特征与演化 [M]//江西省地质学会. 江西地学新进展. 南昌：江西科学技术出版社，1-13.

杨明桂，刘亚光，黄志忠，等，2012b. 江西中部新元古代地层的划分及其与邻区对比 [J]. 中国地质，39（1）：49-50.

杨明桂，吕细徐，黄越，等，2012c. 台海两岸地质构造的关联问题 [M]//江西地质新进展. 南昌：江西科学技术出版社.

杨明桂，祝平俊，熊清华，等，2012d. 新元古代-早古生代华南裂谷系的格局及其演化[J]. 地质学报，86（9）：1367-1375.

杨明桂，卢德揆，1981. 西华山-漂塘地区脉状钨矿的构造特征与排列组合形式 [C]//钨矿地质讨论会论文集. 北京：地质出版社，293-303.

杨明桂，梅勇文，周子英，等，1998. 罗霄－武夷隆起与郴州－上饶坳陷成矿规律及预测 [M]. 北京：地质出版社.

杨明桂，梅勇文，1997. 钦－杭古板块结合带与成矿带的主要特征 [J]. 华南地质与矿产（3）：52-58.

杨明桂，王发宁，曾勇，等，2004. 江西北部重要成矿地质 [M]. 北京：中国大地出版社.

杨明桂，王发宁，曾勇，等，2007. 江西北部金属成矿地质 [M]. 北京：中国大地出版社.

杨明桂，王光辉，2019a. 华南陆区板块活动与构造体系的形成演化：纪念李四光先生诞辰 130 周年 [J]. 地质学报，93（3）：528-544.

杨明桂，王光辉，黄雷，等，2019b. 论内生矿床"研断寻根"和"深地"找矿 [C]//江西省地质学会 2019 年论文汇编. 南昌：江西科学技术出版社：13-23.

杨明桂，王光辉，徐梅桂，等，2016a. 江西省及邻区滨太平洋构造活动的基本特征 [J]. 华东地质，37（1）：10-18.

杨明桂，徐梅桂，胡青华，等，2016b. 鄂皖赣巨型矿集区的构造复合成矿特征 [J]. 地学前缘，23（4）：129-136.

杨明桂，王光辉，2020a. 论华夏成矿省燕山期岩浆成矿大爆发的核幔式扩展模式与动力机制：纪念李四光先生诞辰 130 周年 [J]. 地质力学学报，26（1）：1-12.

杨明桂，王光辉，2020b. 华南新元古代晚期地层层序与南华间冰期—冰后期大规模沉积成矿作用 [J]. 华东地质，41（3）：197-208.

杨明桂，吴安国，钟南昌，1988. 华南中晚元古代地层划分、沉积建造特征及其地质构造演化 [J]. 江西地质，2（2）：112-121.

杨明桂，吴富江，宋志瑞，等，2015. 赣北：华南地质之窗 [J]. 地质学报，89（2）：222-233.

杨明桂，余忠珍，曹钟清，等，2011. 鄂东南－赣西北坳陷金属成矿地质特征与层－体耦合成矿模式 [J]. 资源调查与环境，32（1）：1-15.

杨明桂，余忠珍，唐维新，等，2018a. 论"深地"找矿攻略 [J]. 上海国土资源，39（4）：65-74.

杨明桂，祝平俊，王光辉，2018b. 论华南构造－成矿单元划分 [C]//江西省地质学会 2018 年论文汇编. 南昌：江西科学技术出版社，83-93.

杨明桂，1990. 江西燕山期的构造演化形式 [C]//国际大陆岩石圈构造演化与动力学讨论会第三届全国构造会议论文集. 北京：中国地质科学院.

杨树春，2012. 大吉山钨矿床地质特征及北组深部资源潜力预测 [J]. 科技视界，（11）：184-186.

杨文采，2016. 揭开南岭地壳形成演化之谜 [J]. 地质论评，62（2）：257-266.

杨学明，杨晓勇，陈双喜，2000. 岩石地球化学 [M]. 合肥：中国科学技术大学出版社.

杨泽黎，邱检生，邢光福，等，2014. 江西宜春雅山花岗岩体的成因与演化及其对成矿的制约 [J]. 地质学报，88（5）：850-868.

杨振，王汝成，张文兰，等，2014. 桂北牛塘界加里东期花岗岩及其矽卡岩型钨矿成矿作用研究 [J]. 中国科学（D 辑：地球科学，44（7）：1357-1373.

杨子江，1986. 下桐岭钨矿床成矿特征的探讨 [J]. 地质论评，32（1）：50-58.

冶金部南岭钨矿专题组，1985. 华南钨矿 [M]. 北京：冶金工业出版社.

冶金工业部湖南、江西、广东地质分局，1959. 中国南部黑钨矿脉状矿床的地质与勘探 [M]. 北京：地质出版社.

叶海敏，张翔，朱云鹤，2016. 江西石门寺钨多金属矿床花岗岩独居石 U-Pb 精确定年及地质意义 [J]. 大地构造与成矿学，40（1）：58-70.

叶少贞，汪国华，千金军，等，2015. 赣北九岭成矿带昆山钼钨铜矿区找矿新进展 [J]. 中国钼业，30（2）：16-22.

叶少贞，夏节华，徐军，等，2016. 赣北九岭成矿带昆山钨钼铜矿床地质特征 [J]. 中国钨业，31（4）：7-13.

叶少贞，2004. 昆山钨矿床地质特征及成因初探 [J]. 资源调查与环境，25（S1）：86-91.

叶天竺，吕志成，庞振山，等，2014. 勘查区找矿预测理论与方法（总论）[M]. 北京：地质出版社.

叶天竺，韦昌山，王玉往，等，2017. 勘查区找矿预测理论与方法（总论）[M]. 北京：地质出版社.

尹晓燕，2019. 赣中聚源大型石英脉型白钨矿床成矿流体演化过程中钨的矿物学行为[D]. 南昌：东华理工大学.

于成涛，张芳荣，黄新曙，等，2006. 九岭新元古代花岗岩侵位机制探讨 [J]. 东华理工学院学报（A1）：143-148.

于根生，肖柯才，1985. 赣东北古蛇绿岩带的存在及其地质构造意义的讨论 [J]. 江西地质，(1-2)：39-50.

于萍，2012. 江西盘古山钨矿矿物学特征研究 [D]. 西安：长安大学.

于全，陈国华，康川，2018. 江西朱溪超大型钨矿床成矿年代学、矿物学及成矿过程研究 [J]. 高校地质学报，24（6）：872-895.

于全，2017. 江西朱溪超大型钨矿成矿年代学及矿物学研究 [D]. 南京：南京大学.

於崇文，彭年，2009. 南岭地区区域成矿分带性[M]. 北京：地质出版社.

袁琪，2016. 江西大湖塘石门寺钨矿晚侏罗世含矿花岗岩矿物学及年代学研究[D]. 南昌：东华理工大学.

袁顺达，2017. 南岭钨锡成矿作用几个关键科学问题及其对区域找矿勘查的启示 [J]. 矿物岩石地球化学通报，36（5）：736-749.

袁学诚，宋宝春，寿嘉华，等，1990. 台湾-黑水地学断面 [C]//1990年中国地球物理学会第六届学术年会论文集. 北京：地震出版社.

袁学诚，2007. 再论岩石圈地幔蘑菇云构造及其深部成因[J]. 中国地质，34（5）：737-758.

袁莹，祝新友，李顺庭，等，2014. 赣南淘锡坑钨矿碱长花岗岩厘定及意义[J]. 矿产勘查，5（5）：767-772.

袁忠信，白鸽，佘时美，等，1988. 江西灵山花岗岩地质特征及其成岩、成矿作用[M]. 北京：北京科学技术出版社.

张春茂，肖渊甫，骆学全，等，2012. 江西省枫林铜矿床地质特征及成因探讨[J]. 地球科学进展，27（S1）：289-291.

张达，吴淦国，狄永军，等，2006. 闽中地区新元古代古构造环境及铅锌矿成矿预测研究[C]//华东地区地质调查成果论文集. 北京：地质出版社.

张大权，丰成友，李大新，等，2012. 江西省崇义县淘锡坑钨锡矿床流体包裹体特征及矿床成因 [J]. 吉林大学学报，42（2）：374-383.

张德会，金旭东，毛世德，等，2011. 成矿热液分类兼论岩浆热液的成矿效率[J]. 地学前缘，18（5）：90-102.

张国伟，郭安林，董云鹏，等，2019. 关于秦岭造山带[J]. 地质力学学报，2019，25（5）：150-172.

张海祥，孙大中，朱炳泉，等，2000. 赣北元古代变质沉积岩的铅钕同位素特征[J]. 中国区域地质，19（1）：66-71.

张怀峰，陆建军，王汝成，等，2014. 广西栗木大岐岭隐伏花岗岩的成因及构造意义：岩石地球化学、锆石U-Pb年代学和Nd-Hf同位素制约[J]. 中国科学（D辑：地球科学），44（5）：901-918.

张怀峰，2012. 广西栗木矿区印支期花岗岩成因及其与成矿关系矿物学岩石学矿床学[D]. 南京：南京大学.

张家菁，梅玉萍，王登红，等，2008. 赣北香炉山白钨矿床的同位素年代学研究及其地质意义 [J]. 地质学报，82（7）：927-931.

张家菁，2005. 武夷山南段西坡铜锡多金属矿成矿规律及找矿方向[D]. 武汉：中国地质大学（武汉）.

张理刚，庄龙池，钱雅倩，等，1984. 江西西华山-漂塘地区花岗岩及其钨锡矿床的稳定同位素地球化学[C]//钨矿地质讨论会论文集（中文版）. 北京：地质出版社.

张庆林，何桂红，谢刚，2007. 崇义县八仙脑钨锡矿床特征[J]. 资源调查与环境，28（1）：40-45.

张思明，陈郑辉，施光海，等，2011. 江西省大吉山钨矿床辉钼矿铼-锇同位素定年[J]. 矿床地质，30（6）：1113-1121.

张文兰，华仁民，王汝成，等，2006. 赣南大吉山花岗岩成岩与钨矿成矿年龄的研究[J]. 地质学报，80（7）：956-962.

张文兰，华仁民，王汝成，等，2009. 赣南漂塘钨矿花岗岩成岩年龄与成矿年龄的精确测定[J]. 地质学报，83（5）：659-670.

张文兰，华仁民，王汝成，等，2012. 赣南铁山垄钨矿成矿花岗岩的SHRIMP锆石U-Pb定年 [J]. 矿床地质，31（S1）：633-634.

张文兰，华仁民，王汝成，等，2012. 赣南铁山垄钨矿成矿花岗岩的SHRIMP锆石U-Pb定年 [J]. 矿床地质，31（S1）：633-634.

张训华，郭兴伟，杨金玉，等，2010. 中国及邻区重力特征与块体构造单元初划[J]. 中国地质，37（4）：881–887.

张彦杰，周效华，廖圣兵，等，2010. 皖赣鄣公山地区新元古代地壳组成及造山过程[J]. 地质学报，84（10）：1401–1427.

张彦杰，周效华，廖圣兵，等，2011. 江南造山带北缘鄣源基性岩地质–地球化学特征及成因机制[J]. 高校地质学报. 17（3）：393–405.

张勇，潘家永，马东升，等，2017. 赣西北大雾塘钨矿区地质特征及同位素年代学研究[J]. 矿床地质，36（3）：749–769.

张勇，潘家永，马东升. 2020. 赣西北大湖塘钨矿富锂–云母化岩锂元素富集机制及其对锂等稀有金属找矿的启示[J]. 地质学报，94（11）：3321–3342.

张玉学，1982. 阳储岭斑岩钨钼矿床地质地球化学特征及其成因探讨[J]. 地球化学，11（2）：122–132.

张岳桥，董树文，李建华，等，2011. 中生代多向挤压构造作用与四川盆地的形成和改造[J]. 中国地质，38（2）：234–247.

张云政，翁纪昌，云辉，2009. 竹源沟钨钼矿床地质特征及找矿远景分析[J]. 中国地质，36（1）：166–173.

章荣清，2014. 湘南含钨和含锡花岗岩成因及成矿作用：以王仙岭和新田岭为例[D]. 南京：南京大学.

赵磊，2013. 江西崇–余–犹成矿带钨多金属矿地质特征和资源评价[D]. 南京：南京大学.

赵鹏，姜耀辉，廖世勇，等，2010. 赣东北鹅湖岩体SHRIMP锆石U-Pb年龄、Sr-Nd-Hf同位素地球化学与岩石成因[J]. 高校地质学报，16（2）：218–225.

赵正，陈毓川，郭娜欣，等，2016. 南岭科学钻探（NLSD-1）矿化规律与深部找矿方向[J]. 中国地质，43（5）：1613–1624.

赵正，王登红，陈毓川，等，2017. "九龙脑成矿模式"及其深部找矿示范："五层楼+地下室"勘查模型的拓展[J]. 地学前缘，24（5）：8–16.

赵正，2012. 南岭东段银坑矿田构造–岩浆活动与成矿规律研究[D]. 北京：中国地质科学院.

浙江省地质矿产局，1989. 浙江省区域地质志[M]. 北京：地质出版社.

郑训平，李艳磊，王定生，等，2013. 江西于都小东坑钨铜多金属矿找矿前景分析[J]. 矿产与地质，27（S1）：6–13.

郑跃鹏，喻铁阶，吴开华，等，1991. 茅坪钨锡多金属矿床流体包裹体特征及地质意义[J]. 矿产与地质，5（23）：311–317.

中国地质调查局，2004. 中华人民共和国地质图（1∶250万）说明书[M]. 西安：中国地图出版社.

中国地质科学院地质研究所，2006. 中国西部及邻区地质图（1∶2 500 000）[M]. 北京：地质出版社.

中国地质科学院矿产资源研究所，2018. 中国矿产地质志·钨矿卷[M]. 北京：地质出版社.

中国科学院地球化学研究所同位素年龄实验室，湖北地质科学研究所同位素年龄实验室，1972. 南岭及其邻区花岗岩同位素年龄的研究[J]. 地球化学，1（2）：119–134.

中国科学院贵阳地球化学研究所，1979. 华南花岗岩类地球化学[M]. 北京：科学出版社.

中国矿床发现史·江西卷编委员会，1996. 中国矿床发现史·江西卷[M]. 北京：地质出版社.

中华人民共和国国土资源部，2002. 钨、锡、汞、锑矿产地质勘查规范 DZ/T 0201—2002[S]. 北京：地质出版社.

钟南昌，黄金喜，诸宝森，等，1991. 江西宜丰–乐平推覆构造特征及找矿研究[J]. 江西地质，5（S1）：1–116.

钟玉芳，马昌前，余振兵，等，2011. 赣西北蒙山岩体的锆石U-Pb-Hf、地球化学特征及成因[J]. 地球科学（中国地质大学学报），36（4）：703–720.

钟玉芳，马昌前，余振兵，等，2005. 江西九岭花岗岩类复式岩基锆石SHRIMP U-Pb年代学[J]. 地球科学，30（60）：685–691.

周道隆，上官俊，1936. 赣南钨矿志[R]. 南昌：江西地质矿业调查所.

周龙全，李光来，苏晔，等，2017. 赣南茅坪钨矿床黄玉单晶流体包裹体研究[J]. 矿床地质，36（4）：921–934.

周旻，曾晓建，陈正钱，2006. 江西葛源稀有金属矿床铌钽赋存状态[J]. 江西有色金属，20（4）：1–5.

周文婷，潘家永，张勇，等，2014. 江西省徐山石英脉型钨矿床流体包裹体研究[J]. 东华理工大学学报（自然科学版），37（2）：170–173.

周显荣，陈祺，欧阳永棚，等，2019. 赣北朱溪与大湖塘钨多金属矿床对比研究[J]. 合肥工业大学学报（自然科学版），41（3）：289–298.

周新民，2007. 南岭地区晚中生代花岗岩成因与岩石圈动力学演化[M]. 北京：科学出版社.

周雪桂，吴俊华，屈文俊，等，2011. 赣南园岭寨钼矿辉钼矿 Re-Os 年龄及其地质意义[J]. 矿床地质. 30（4）：690-698.

周玉振，高承树，洪应龙，等，2010. 西华山花岗岩成岩成矿及矿化模型[J]. 中国钨业，25（1）：12-17.

周玉振，2007. 西华山钨矿开矿百年回顾[J]. 江西有色金属，21（3）：1-3.

朱安庆，张永山，陆祖达，等，2009. 浙江省金属非金属矿床成矿系列和成矿区带研究[M]. 北京：地质出版社.

朱碧，蒋少涌，丁昕，等，2008. 江西永平铜矿区花岗岩热液蚀变与岩石成因：矿物化学、元素地球化学和 Sr-Nd-Hf 同位素制约[J]. 岩石学报，24（8）：1900-1916.

朱介寿，蔡学林，曹家敏，等，2005. 中国华南及东海地区岩石圈三维结构及演化[J]. 北京：地质出版社.

朱清波，靳国栋，赵希林，等，2020. 赣北晚中生代岭上超镁铁岩的岩石成因：年代学与地球化学制约[J]. 中国地质，47（4）：1092-1108.

朱祥培，高贵荣，梁景时，2006. 江西崇义八仙脑钨锡多金属矿床特征及找矿方向[J]. 资源调查与环境，27（2）：120-126.

朱训，1960. 赣东北深断裂带及其地质找矿意义[M]//朱训论文选·江西地质卷. 北京：中国大地出版社.

朱焱龄，李崇佑，林运淮，1981b. 赣南钨矿地质[M]. 南昌：江西人民出版社.

朱焱龄，1981a. 漂塘脉钨矿床多阶段矿化特征[C]//钨矿地质讨论会议论文集. 北京：地质出版社.

朱章显，易顺华，章泽军，1999. 山口－漫江岩体中发育的两种类型断裂构造[J]. 地学前缘，6（4）：338-339.

朱志成，王建文，俞寒飞，2018. 江西省横峰县松树岗稀有金属矿床成矿模式探讨[J]. 世界有色金属，（15）：95-97.

祝新友，王京彬，王艳丽，等，2015. 浆液过渡态流体在矽卡岩型钨矿成矿过程中的作用：以湖南柿竹园钨锡多金属矿为例[J]. 岩石学报，31（3）：891-905.

邹继蓉，1982. 徐山三位一体钨矿床黑钨矿的初步研究[J]. 地质地球化学（12）：51-53.

邹欣，2006. 江西淘锡坑钨矿地球化学特征及成因研究[D]. 北京：中国地质大学（北京）.

左梦璐，2016. 江西雅山与大吉山两类稀有金属花岗岩成矿差异性研究[D]. 北京：中国地质大学（北京）.

左全狮，张中山，周欣，2015. 江西大湖塘矿田地质特征、控矿因素及找矿前景分析[J]. 矿产勘查，6（1）：25-32.

左全狮，2006. 江西九岭山西段大湖塘－李扬斗成矿区成矿地质条件分析及进一步找矿前景评价[J]. 资源环境与工程，20（4）：348-353.

Chappell B W, White A J R, 1974. Two contrasting granite types [J]. Pacific Geology, 8: 173-174.

Che X D, R C, Wu F Y, et al., 2019. Episodic Nb-Ta mineralisation in South China: Constraints from in situ LA-ICP-MS columbite-tantalite U-Pb dating [J]. Ore Geology Reviews, 105: 71-85.

Chen G H, Gao J F, Lu J J, et al., 2020. In situ LA-ICP-MS analyses of mica and wolframite from the Maoping tungsten deposit, southern Jiangxi, China, 39 (6): 811-829.

Hoefs J, 1997. Stable Isotope Geochemistry [M]. 3rd ed. Berlin: Springer-Verlag.

Mao J W, Cheng Y B, Chen M H, et al., 2013. Major types and time-space distribution of Mesozoic ore deposits in South China and their geodynamic settings [J]. Mineralium Deposita, 48(3): 267-294.

Mao J W, Xie G Q, Duan C, et al., 2011. A tectono-genetic model for porphyry- skarn-stratabound Cu-Au-Mo-Fe and magnetite-apatite deposits along the Middle-Lower Yangtze River Valley, Eastern China [J]. Ore Geology Reviews, 43 (1): 294-314.

Mao J W, Zhang Z C, Zhang Z H, 1999. Re-Os isotopic dating of molybdenites in the Xiaoliugou W (Mo) deposit in the northern Qi-lian moutains and its geological significance[J]. Geochimica et Cos-mochimica Acta, 63 (11-12): 1815-1818.

Ouyang Y P, Rao J F, 2018. Using the catchment-based fractal model to delineate geochemical anomalies associated with Cu-W polymetallic deposits in the Zhuxi, Jiangxi Province[J]. Arabian Journal of Geosciences, 797 (11): 1-14.

Ouyang Y P, Wei J, Lu Y, et al., 2019. Muscovite $^{40}Ar-^{39}Ar$ age and Its Geological Significance in the Zhuxi W (Cu) Deposit, Northeastern Jiangxi[J]. Journal of Central South University, 26 (12): 3488-3501.

Pan X, Hou Z, Zhao M, et al., 2018. Geochronology and geochemistry of the granites from the Zhuxi W-Cu ore deposit in South China: Implication for petrogenesis, geodynamical setting and mineralization[J]. Lithos, 304-307: 155-179.

Shu L S, Wang J Q, Yao J L, 2019. Tectonic evolution of the eastern Jiangnan region, South China: new findings and implications on the assembly of the Rodinia supercontinent[J]. Precambrian Research, 322: 42-65.

Simmons S F, Sawkins F J, Schlutter D J, 1987. Mantle derived helium in two Peruvian hydrothermal ore deposits [J]. Nature, 329: 429-432.

Song S W, Mao J W, Xie G Q, et al., 2018. The formation of the world-class Zhuxi scheelite skarn deposit: implications from the petrogenesis of scheelite-bearing anorthosite[J]. Litho, 312: 153-170.

Song S W, Mao J W, Xie G Q, et al., 2019. In situ LA-ICP-MS U-Pb geochronology and trace element analysis of hydrothermal titanite from the giant Zhuxi W (Cu) skarn deposit, South China [J]. Mineralium Deposi-ta, 54 (4): 569-590.

Stuart F M, Turner G, Duckworth R C, et al., 1994. Helium isotopes as tracers of trapped hydrothermal fluids in ocean floor sulfides[J]. Geology, 22: 823-826.

Sun D M, Xiang X K, Wang P, et al. 2013. Jiangxi Province Jiuling Ore concentration arra Shimen temple tungsten copper polymetallic metallogenic environment and ore prospects [J]. Acta Geologica Sinica (English Edition), 87: 775.

Taylor H P, 1974. The application of oxygen and hydrogen isotope studies to problem of hydrothermal alteration and ore deposition[J]. Economic Geology, 69 (6): 843-883.

Touret J, L, R. 2001. Fluid inclusion in metamorphic rocks [J]. Litho, 55: 1-25.

Wan Y S, Liu D Y, Xu M H, et al., 2007. SHRIMP U-Pb zircon geochronology and geochemistry of metavolcanic and metased: mentary rocks in Northwestern Fujian Cathaysia block China: Tecfonic implications and the need to redefine lithostratigraphic nits[J]. Gondwana Research, 12 (1-2): 166-183.

Wang D H, Huang F, Wang Y, et al., 2020. Regional metallogeny of Tungsten-tin-polymetallic deposits in Nanling region, South China[J]. Ore Geology Reviews, 120: 1-24.

Wilson J. T, 1965. A new class of faults and their bearing on continental drift[J]. Nature, 207: 343-347.

Xiang Y X, Yang J H, Chen J Y, et al., 2017. Petrogenesis of Lingshan highly fractionated granites in the Southeast China: Implication for Nb-Ta mineralization[J]. Ore Geology Reviews, 89: 495-525.

Zhang J, Liu X X, Li W, et al., 2021. The metallogenic epoch and geological implications of the tungsten-tin polymetallic deposits in southern Jiangxi Province, China: Constraints from cassiterite U-Pb and molybdenite Re-Os isotopic dating[J]. Ore Geology Reviews, 134, 1-18.

Zhang J, Liu X X, Zeng Z L, et al., 2021. Age constraints on the genesis of the Changkeng tungsten deposit, Nanling region, South China[J]. Ore Geology Reviews, 134: 1-16.

Zhao W W, Zhou M F, 2018. Mineralogical and metasomatic evolution of the Jurassic Baoshan scheelite skarn deposit, Nanling, South China[J]. Ore Geology Reviews, 95: 182-194.

Zhao Z, Liu C, Guo N Xi, et al., 2018a. Temporal and spatial relationships of granitic magmatism and W mineralization: Insights from the Xingguo orefield, South China[J]. Ore Geology Reviews, 95: 945-973.

Zhao Z, Wen W Z, Lin L, et al., 2018b. Constraints of multiple dating of the Qingshan tungsten deposit on theTriassic W(-Sn) mineralization in the Nanling region, South China[J]. Ore Geology Reviews, 94: 46-57.

主要引用的内部资料

北京矿产地质研究所，988. 江西荡坪钨矿宝山铅锌矿区伴生银矿石工艺矿物学研究.

东华理工大学，2009. 江西省大余县西华山钨矿接替资源专题研究报告.

江西省地质局赣南地质勘探大队. 1958. 江西省于都县盘古山钨铋矿地质勘探总结报告.

赣南地质调查大队，1989. 江西省上犹县焦里矿区银多金属矿详细普查地质报告.

赣南地质调查大队，2002. 江西省黄婆地矿业开发公司赣县黄婆地钨锌多金属矿储量地质报告.

赣南地质调查大队，2004. 江西省崇义县八仙脑钨锡铅锌银矿普查报告.

赣南地质调查大队，2005. 江西省崇义县淘锡坑矿区钨矿资源潜力评价报告.

赣南地质调查大队，2010. 江西省崇义县八仙脑矿区锡多金属矿普查地质报告.

赣南地质调查大队，2017. 南岭东段九龙脑矿田地质与地球化学测量课题成果报告.

赣南地质调查大队，2018. 江西省崇义县淘锡坑矿区钨矿资源储量核实报告.

赣南地质调查大队，2018. 江西省崇义县新安子矿区钨锡资源储量核实报告.

赣南地质调查大队，2018. 江西省赣州市赣县区黄婆地矿区钨矿资源储量核实报告.

赣南地质调查大队，2019. 江西省赣州市赣县区赖坑合龙矿区（整合）钨矿资源储量核实报告.

赣南地质调查大队，2021. 江西崇义柯树岭–赣县合龙锡多金属矿集区矿产地质调查2019年度成果报告.

赣南地质调查大队区调分队，1986. 于都县盘古山一带钨矿地质特征及成矿预测.

赣南地质调查大队十分队，1989. 江西省上犹县焦里矿区银多金属矿详细普查地质报告.

赣西北大队，1985. 江西省修水县香炉山–横山地区综合物化探成果报告总结.

赣西北大队，1988. 江西省修水县港口乡香炉山钨矿区详查报告.

赣西北大队，1995. 1:5万港口幅地质图及说明书.

赣西北大队，2007. 江西省修水县香炉山钨矿田形坪钨银矿普查地质报告.

赣西北大队，2007. 江西省修水县香炉山钨矿外围多金属矿资源前景预测研究.

赣西北大队，2010. 江西省修水县洞下–官塘尖钨多金属矿详查中间性地质报告.

赣州鑫宇矿冶有限公司，2019. 江西省遂川县凤凰山钨矿（变更矿种）详查报告.

赣州有色冶金研究所，1983. 江西崇义宝山矿床成矿规律的研究.

江西地质科学研究所，1985. 江西钨矿地质特征及成矿规律（上、下册）.

江西地质矿产勘查开发局调查研究大队区调二队408队，1995. 1:5万区域地质调查报告（白陂幅）.

江西省地质调查研究院，2009. 江西于都–全南地区钨矿评价地质报告.

江西省地质调查研究院，2009. 江西诸广山地区钨多金属矿评价地质报告.

江西省地质调查研究院，2013. 江西崇义淘锡坑外围钨矿调查评价成果报告.

江西省地质局综合队，江西省地质局九〇九大队，中南地质科学研究所，1965. 大余县木梓园区域地质构造和脉钨矿的排列组合形式.

江西省地质矿产勘查开发局，2018. 华夏成矿省华南洋–滨太平洋构造演化与成矿作用.

江西省地质科学研究所，江西省地质局九〇九大队，宜昌地质科学研究所，1965. 江西省大余县木梓园钨矿带成矿规律与预测.

江西有色地质勘查二队，2009. 江西省大余县荡坪钨矿接替资源勘查报告.

江西有色地质勘查二队，2018. 江西省于都县小东坑矿区钨矿勘探报告.

江西有色地质勘查一队，2015. 江西省崇仁县聚源钨矿资源储量核实报告.

江西有色地质勘探二队，1995. 江西省崇义县宝山矿区茅草沟段深部银多金属矿勘探报告.

江西有色地质勘探公司第二队第二分队，1982. 江西崇义宝山白钨铅锌矿区找矿评价地质报告.

江西省地质局九〇九大队，1965. 木梓园隐伏花岗岩体预测.

江西省地质局九〇九大队，1966. 木梓园隐伏矿床地质特征及研究方法.

江西省地质局九〇八大队八〇五分队，1964. 于都县隘上钨矿区详细普查总结报告.

江西省地质局九〇九大队，1966. 江西省于都县盘古山钨铋矿535中段储量报告.

江西省地质局九〇九大队三分队，1967. 瑞金县胎子崇钨矿区详细普查报告.

江西省地质局九〇九大队四分队，1971. 江西省于都县隘上铁矿地质普查找矿报告.

江西省地质局九〇九大队五分队，1972. 江西省寻乌县老墓铁矿详细普查评价总结报告.

江西省地质局九〇九大队一分队，1980. 江西省瑞金县胎子崇钨矿区普查评价报告.

江西省地质矿产勘查开发局九一二大队，1973. 江西省宜黄县大王山钨矿补充勘探报告.

江西省地质矿产勘查开发局九一二大队，2015. 浮梁县朱溪矿区及外围铜钨多金属矿勘查技术研究与示范.

江西省地质矿产勘查开发局九一二大队，2015. 江西省浮梁县朱溪外围（30线—78线）钨铜矿普查报告.

江西省地质矿产勘查开发局九一六大队，1984. 江西省都昌县阳储岭钨钼矿区详查地质报告.

江西省地质矿产勘查开发局九一六大队，2012. 江西省武宁县大湖塘北区钨矿资源储量核实报告.

长沙地质勘探公司二〇一队，1956. 大余县西华山钨矿地质勘探总结报告.

中国地质科学院矿产资源研究所，2012. 江西省崇义县淘锡坑钨矿床总结研究报告.